GEOMETRY E

500 FAMOUS QUESTIONS AND 1500 THEOREMS IN PLANE GEOMETRY

几 何 瑰 宝

平面几何500名题暨1500条定理(下)

(第2版)

沈文选 杨清桃 编著

哈尔滨工业大学出版社
HARBIN INSTITUTE OF TECHNOLOGY PRESS

内 容 简 介

本书共有三角形、几何变换，三角形、圆，四边形、圆，多边形、圆，完全四边形，以及最值，作图，轨迹，平面闭折线，圆的推广十个专题。对平面几何中的 500 余颗璀璨夺目的珍珠进行了系统地、全方位地介绍，其中也包括了近年来我国广大初等几何研究者的丰硕成果．

本书中的 1 500 余条定理可以广阔地拓展读者的视野，极大地丰厚读者的几何知识，可以多途径地引领数学爱好者进行平面几何学的奇异旅游，欣赏平面几何中的精巧、深刻、迷人、有趣的历史名题及最新成果．

该书适合于广大数学爱好者及初、高中数学竞赛选手，初、高中数学教师和数学奥林匹克教练员使用，也可作为高等师范院校数学专业开设"竞赛数学""中学几何研究"等课程的教学参考书．

图书在版编目(CIP)数据

几何瑰宝：平面几何 500 名题暨 1500 条定理．下/
沈文选，杨清桃编著．—2 版．—哈尔滨：哈尔滨工业
大学出版社，2021.7(2024.11 重印)
ISBN 978-7-5603-9528-9

Ⅰ.①几… Ⅱ.①沈…②杨… Ⅲ.①平面几何—习
题集 Ⅳ.①O123.1-44

中国版本图书馆 CIP 数据核字(2021)第 122777 号

策划编辑	刘培杰　张永芹	
责任编辑	聂兆慈　宋　淼　张嘉芮	
出版发行	哈尔滨工业大学出版社	
社　　址	哈尔滨市南岗区复华四道街 10 号　邮编 150006	
传　　真	0451-86414749	
网　　址	http://hitpress.hit.edu.cn	
印　　刷	哈尔滨市颉升高印刷有限公司	
开　　本	787mm×960mm　1/16　印张 100.75　字数 1 802 千字	
版　　次	2010 年 7 月第 1 版　2021 年 7 月第 2 版	
	2024 年 11 月第 5 次印刷	
书　　号	ISBN 978-7-5603-9528-9	
定　　价	168.00 元(上，下)	

目　录

❸

平面几何500名题暨1500条定理（下）

❻

平面几何500名题暨1500条定理(下)

8

P
M
J
H
W
B
M
T
J
Y
Q
T
D
L
(X)

⑬

❶

第三章　　四边形、圆

❖简单四边形面积的贝利契纳德公式

将凸四边形和凹四边形统称为简单四边形.

贝利契纳德公式　　若简单四边形的四边长为 a,b,c,d,两对角线长为 e,f,则该四边形的面积为

$$S=\frac{1}{4}\sqrt{4e^2f^2-(a^2-b^2+c^2-d^2)^2}$$

此公式由贝利契纳德(Bretschneide,1808—1878)于 1842 年提出,它是秦九韶的三斜求积公式的推广.若在上述公式中令 $d=0,e=c,f=a$,则得到三角形面积公式

$$S_\triangle=\frac{1}{2}\sqrt{c^2a^2-(\frac{c^2+a^2-b^2}{2})^2}$$

证法 1　　如图 3.1,简单四边形 $ABCD$ 中,记 $AB=a,BC=b,CD=c$, $DA=d,AC=e,BD=f$.作 $CF\perp BD$ 于 F,$AE\perp BD$ 于 E,作 $CP/\!/BD$ 交 AE 或其延长线于 P,则

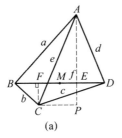
(a)

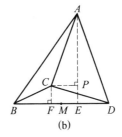
(b)

图 3.1

$$S_{ABCD}=S_{\triangle ABD}\pm S_{\triangle BCD}=\frac{1}{2}BD(AE\pm CF)=$$

$$\frac{1}{2}BD\cdot AP=\frac{1}{2}fAP \qquad ①$$

设 M 是 BD 的中点,则

$$a^2-d^2=AB^2-AD^2=(AB^2-AE^2)-(AD^2-AE^2)=\overrightarrow{BE}^2-\overline{DE}^2=$$

$$(\overrightarrow{BE}+\overrightarrow{ED})(\overrightarrow{BE}-\overrightarrow{ED})=$$
$$\overrightarrow{BD}(\overrightarrow{BM}+\overrightarrow{ME}-\overrightarrow{EM}-\overrightarrow{MD})=$$
$$\overrightarrow{BD}\cdot 2\overrightarrow{ME}$$

即
$$a^2-d^2=2\overrightarrow{BD}\cdot\overrightarrow{ME} \qquad ②$$

$$b^2-c^2=BC^2-CD^2=\overrightarrow{BF}^2-\overrightarrow{FD}^2=$$
$$(\overrightarrow{BF}+\overrightarrow{FD})(\overrightarrow{BF}-\overrightarrow{FD})=$$
$$\overrightarrow{BD}(\overrightarrow{BM}+\overrightarrow{MF}-\overrightarrow{FM}-\overrightarrow{FD})=$$
$$2\overrightarrow{BD}\cdot\overrightarrow{MF}$$

即
$$b^2-c^2=2\overrightarrow{BD}\cdot\overrightarrow{MF} \qquad ③$$

② - ③ 得
$$a^2-b^2+c^2-d^2=2\overrightarrow{BD}(\overrightarrow{ME}-\overrightarrow{MF})=2\overrightarrow{BD}\cdot\overrightarrow{FE}$$

即
$$a^2-b^2+c^2-d^2=2\overrightarrow{BD}\cdot\overrightarrow{FE} \qquad ④$$

则
$$4e^2f^2-(a^2-b^2+c^2-d^2)^2=4e^2f^2-4(\overrightarrow{BD}\cdot\overrightarrow{FE})^2=$$
$$4f^2(e^2-\overrightarrow{FE}^2)$$

又 $e^2-FE^2=AP^2$,则
$$4e^2f^2-(a^2-b^2+c^2-d^2)^2=4f^2\cdot AP^2 \qquad ⑤$$

比较式 ① 与 ⑤,知
$$16S^2=4f^2\cdot AP^2=4e^2f^2-(a^2-b^2+c^2-d^2)^2$$

故
$$S=\frac{1}{4}\sqrt{4e^2f^2-(a^2-b^2+c^2-d^2)^2}$$

证法 2 如图 3.1,简单四边形 $ABCD$ 中,记 $AB=a,BC=b,CD=c,$ $DA=d,AC=e,BD=f$,两对角线 AC 与 BD 所夹的锐角为 α,则由三角形面积公式有

$$S=S_{\triangle ABC}+S_{\triangle CDA}=\frac{1}{2}ef\cdot\sin\alpha$$

又设 AC,BD 所在直线交于点 P,令 $AP=e_1,PC=e_2,DP=f_1,PB=f_2,$ 不妨令 $\angle APB=\alpha$,则由三角形的余弦定理,有

$$a^2=e_1^2+f_2^2-2e_1f_2\cdot\cos\alpha$$
$$b^2=f_2^2+e_2^2-2e_2f_2\cdot\cos(180°-\alpha)=f_2^2+e_2^2+2e_2f_2\cdot\cos\alpha$$
$$c^2=e_2^2+f_1^2-2e_2f_1\cdot\cos\alpha$$
$$d^2=e_1^2+f_1^2+2e_1f_1\cdot\cos\alpha$$

于是
$$a^2+c^2-b^2-d^2=2(e_1f_2+e_2f_1+e_2f_2+e_1f_1)\cdot\cos\alpha=2ef\cdot\cos\alpha$$

若 $\angle APB=180°-\alpha$,则

$$a^2 + c^2 - b^2 - d^2 = -2ef \cdot \cos \alpha$$

故 $$S^2 = \frac{1}{4} e^2 f^2 (1 - \cos^2 \alpha) = \frac{1}{4} e^2 f^2 - \frac{(a^2 - b^2 + c^2 - d^2)^2}{4e^2 f^2}$$

由此即证结论.

❖ 平面四边形的面积公式

将凸四边形、凹四边形、折四边形统称为平面四边形.

凸、凹四边形的面积是指所围平面部分的大小,当行走方向按逆时针时面积为正值,反之面积为负值. 而折四边形的面积是指由四个顶点和自交点这五个点组成的两个三角形面积的代数和. 为方便,记有向面积为 $\overline{S}$.

上述约定如图 3.2 所示.

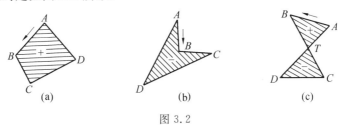

图 3.2

定理 1 设平面四边形 $ABCD$ 的对角线 AC,BD 所成的角为 θ,$AC = l_1$,$BD = l_2$,记面积为 $\overline{S}$,则 $|\overline{S}| = \frac{1}{2} l_1 l_2 \sin \theta.$ [①] ①

证法 1 当 $ABCD$ 为凸,凹四边形时,如图 3.3(a),(b),是大家熟知的,证明从略. 以下证明当 $ABCD$ 为折四边形的情形,图 3.3(c) 所示.

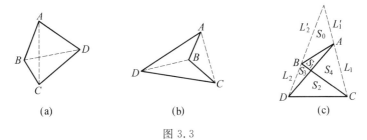

图 3.3

设直线 BD,AC 相交于点 P,则

---

① 王方汉. 四边封闭折线统一的面积公式[J]. 中学数学,1998(2):28-29.

$$\angle APB = \theta$$

记 $PA = l'_1$，$PB = l'_2$，$|\overline{S}_{\triangle ABP}| = S_0$，$|\overline{S}_{\triangle ABT}| = S_1$，$|\overline{S}_{\triangle TCD}| = S_2$，$|\overline{S}_{\triangle BTD}| = S_3$，$|\overline{S}_{\triangle ATC}| = S_4$，因

$$\overline{S} = \overline{S}_{\triangle ABT} + \overline{S}_{\triangle TCD}$$

而

$$\overline{S}_{\triangle ABT} = S_1 > 0, \overline{S}_{\triangle TCD} = -S_2 < 0$$

则

$$\overline{S} = S_1 - S_2$$

又由

$$S_1 - S_2 = (S_0 + S_1 + S_3) + (S_0 + S_1 + S_4) -$$
$$(S_0 + S_1 + S_2 + S_3 + S_4) - S_0 =$$
$$|\overline{S}_{\triangle APD}| + |\overline{S}_{\triangle BPC}| - |\overline{S}_{\triangle CPD}| - |\overline{S}_{\triangle APB}| =$$
$$\frac{1}{2}\sin\theta((l_2 + l'_2)l''_1 + (l_1 + l'_1)l'_3 -$$
$$(l_1 + l'_1)(l_2 + l'_2) - l'_1 l'_2) =$$
$$-\frac{1}{2}l_1 l_2 \sin\theta$$

故

$$|\overline{S}| = \frac{1}{2}l_1 l_2 \sin\theta$$

证法 2　如图 3.3,四边形 $ABCD$ 的对角线交于 O,线段 AC 是四边形内部的一条对角线,取其方向上的一个单位法向量 e,则点 B,D 到 AC 的距离分别为 $|\overrightarrow{OB} \cdot e|$，$|\overrightarrow{OD} \cdot e|$.

故

$$S = \frac{1}{2}|\overrightarrow{AC}|(|\overrightarrow{OB} \cdot e| + |\overrightarrow{OD} \cdot e|) =$$
$$\frac{1}{2}|\overrightarrow{AC}|(|\overrightarrow{OB} \cdot e - \overrightarrow{OD} \cdot e|) =$$
$$\frac{1}{2}|\overrightarrow{AC}||(\overrightarrow{OB} - \overrightarrow{OD}) \cdot e| =$$
$$\frac{1}{2}|\overrightarrow{AC}||\overrightarrow{DB} \cdot e| =$$
$$\frac{1}{2}|\overrightarrow{AC}||\overrightarrow{DB}|\cos(\frac{\pi}{2} - \alpha) =$$
$$\frac{1}{2}l_1 l_2 \sin\alpha$$

定理 2　记四边形 $ABCD$ 的面积为 S,则用向量外积表示为

$$S = \frac{1}{2}|\overrightarrow{AC} \times \overrightarrow{BD}|$$　　　　②

证明　设 $\overrightarrow{AC}$ 与 $\overrightarrow{BD}$ 的夹角为 α,根据向量外积的定义知:
$|\overrightarrow{AC} \times \overrightarrow{BD}| = |\overrightarrow{AC}||\overrightarrow{BD}|\sin\alpha$,由定理 1 知公式 ② 成立.

❺

定理 3 记四边形 $ABCD$ 的面积为 S，则用向量内积表示为

$$S = \frac{1}{2}\sqrt{(|\overrightarrow{AC}||\overrightarrow{BD}|)^2 - (\overrightarrow{AC} \cdot \overrightarrow{BD})^2} \qquad ③$$

证明 设 $\overrightarrow{AC}$ 与 $\overrightarrow{BD}$ 的夹角为 α，由向量的夹角公式知：

$$|\cos\alpha| = \frac{|\overrightarrow{AC} \cdot \overrightarrow{BD}|}{|\overrightarrow{AC}||\overrightarrow{BD}|}$$

则

$$\sin\alpha = \sqrt{1-\cos^2\alpha} = \sqrt{1 - \frac{(\overrightarrow{AC} \cdot \overrightarrow{BD})^2}{(|\overrightarrow{AC}||\overrightarrow{BD}|)^2}}$$

故

$$S = \frac{1}{2}|\overrightarrow{AC}||\overrightarrow{BD}|\sin\alpha = \frac{1}{2}\sqrt{(|\overrightarrow{AC}||\overrightarrow{BD}|)^2 - (\overrightarrow{AC} \cdot \overrightarrow{BD})^2}$$

定理 4 记四边形 $ABCD$ 的面积为 S，四个顶点坐标分别为 $A(x_1,y_1)$，$B(x_2,y_2)$，$C(x_3,y_3)$，$D(x_4,y_4)$，则

$$S = \frac{1}{2}|(x_3-x_1)(y_4-y_2) -$$

$$(x_4-x_2)(y_3-y_1)| \qquad ④$$

证明 由已知得：

$$\overrightarrow{AC} = (x_3-x_1, y_3-y_1)$$

$$\overrightarrow{BD} = (x_4-x_2, y_4-y_2)$$

$$|\overrightarrow{AC}| = \sqrt{(x_3-x_1)^2 + (y_3-y_1)^2}$$

$$|\overrightarrow{BD}| = \sqrt{(x_4-x_2)^2 + (y_4-y_2)^2}$$

$$\overrightarrow{AC} \cdot \overrightarrow{BD} = (x_3-x_1)(x_4-x_2) + (y_3-y_1)(y_4-y_2)$$

代入公式 ③ 整理即得公式 ④.

公式 ②③ 是公式 ① 的向量形式，公式 ④ 是公式 ③ 的坐标形式

定理 5 记四边形 $ABCD$ 的面积为 S，$AB=a$，$BC=b$，$CD=c$，$\angle ABC=\theta$，$\angle BCD=\varphi$，则

$$S = \frac{1}{2}ab\sin\theta + \frac{1}{2}bc\sin\phi - \frac{1}{2}ac\sin(\theta+\varphi) \qquad ⑤$$

证明 根据定理 2 知 $S = \frac{1}{2}|\overrightarrow{AC} \times \overrightarrow{BD}|$

而

$$|\overrightarrow{AC} \times \overrightarrow{BD}| =$$

$$|(\overrightarrow{AB}+\overrightarrow{BC}) \times (\overrightarrow{BC}+\overrightarrow{CD})| =$$

$$|\overrightarrow{AB} \times \overrightarrow{BC} + \overrightarrow{BC} \times \overrightarrow{BC} + \overrightarrow{BC} \times \overrightarrow{CD} + \overrightarrow{AB} \times \overrightarrow{CD}| =$$

$$|\overrightarrow{AB} \times \overrightarrow{BC} + \overrightarrow{BC} \times \overrightarrow{CD} + \overrightarrow{AB} \times \overrightarrow{CD}|$$

若四边形是凸四边形，如图 3.4，$\overrightarrow{AB} \times \overrightarrow{BC}$，$\overrightarrow{BC} \times \overrightarrow{CD}$，$\overrightarrow{AB} \times \overrightarrow{CD}$ 同向.

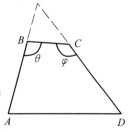

图 3.4

故
$$| \overrightarrow{AB} \times \overrightarrow{BC} + \overrightarrow{BC} \times \overrightarrow{CD} + \overrightarrow{AB} \times \overrightarrow{CD} | =$$
$$| \overrightarrow{AB} \times \overrightarrow{BC} | + | \overrightarrow{BC} \times \overrightarrow{CD} | + | \overrightarrow{AB} \times \overrightarrow{CD} | =$$
$$ab \sin \theta + bc \sin \varphi + ac \sin(\theta + \varphi - \pi) =$$
$$ab \sin \theta + bc \sin \varphi - ac \sin(\theta + \varphi)$$

若四边形为凹四边形,分图 3.5 和图 3.6 两种情况:

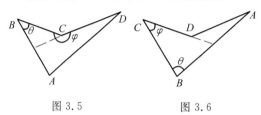

图 3.5   图 3.6

图 3.5 中,$\overrightarrow{AB} \times \overrightarrow{BC}$ 与 $\overrightarrow{AB} \times \overrightarrow{CD}$ 同向,$\overrightarrow{AB} \times \overrightarrow{BC}$ 与 $\overrightarrow{BC} \times \overrightarrow{CD}$ 反向.

则
$$| \overrightarrow{AB} \times \overrightarrow{BC} + \overrightarrow{BC} \times \overrightarrow{CD} + \overrightarrow{AB} \times \overrightarrow{CD} | =$$
$$|| \overrightarrow{AB} \times \overrightarrow{BC} | - | \overrightarrow{BC} \times \overrightarrow{CD} | + | \overrightarrow{AB} \times \overrightarrow{CD} || =$$
$$| ab \sin \theta - bc \sin(2\pi - \varphi) + ac \sin(2\pi - \theta - \varphi) | =$$
$$| ab \sin \theta + bc \sin \varphi - ac \sin(\theta + \varphi) |$$

显然 $\sin(\theta + \varphi) < 0$,所以 $ab \sin \theta + bc \sin \varphi - ac \sin(\theta + \varphi) > 0$

故
$$| \overrightarrow{AB} \times \overrightarrow{BC} + \overrightarrow{BC} \times \overrightarrow{CD} + \overrightarrow{AB} \times \overrightarrow{CD} | =$$
$$ab \sin \theta + bc \sin \varphi - ac \sin(\theta + \varphi)$$

图 3.6 中,$\overrightarrow{AB} \times \overrightarrow{BC}$ 与 $\overrightarrow{BC} \times \overrightarrow{CD}$ 同向,$\overrightarrow{AB} \times \overrightarrow{BC}$ 与 $\overrightarrow{AB} \times \overrightarrow{CD}$ 反向.

则
$$| \overrightarrow{AB} \times \overrightarrow{BC} + \overrightarrow{BC} \times \overrightarrow{CD} + \overrightarrow{AB} \times \overrightarrow{CD} || =$$
$$|| \overrightarrow{AB} \times \overrightarrow{BC} | + | \overrightarrow{BC} \times \overrightarrow{CD} | - | \overrightarrow{AB} \times \overrightarrow{CD} | =$$
$$| ab \sin \theta + bc \sin \varphi - ac \sin(\pi - \theta - \varphi) | =$$
$$| ab \sin \theta + bc \sin \varphi - ac \sin(\theta + \varphi) |$$

由于 $\frac{1}{2} ab \sin \theta$ 表示 $\triangle ABC$ 的面积,$\frac{1}{2} bc \sin \varphi$ 表示 $\triangle BCD$ 的面积,

$\frac{1}{2} ac \sin(\theta + \varphi)$ 表示 $\triangle BCD$ 与 $\triangle CDA$ 的面积和,结合图形可得:

$$\frac{1}{2} ab \sin \theta + \frac{1}{2} bc \sin \varphi - \frac{1}{2} ac \sin(\theta + \varphi) > 0$$

故
$$| \overrightarrow{AB} \times \overrightarrow{BC} + \overrightarrow{BC} \times \overrightarrow{CD} + \overrightarrow{AB} + \overrightarrow{CD} | =$$
$$ab \sin \theta + bc \sin \varphi - ac \sin(\theta + \varphi)$$

综上知 $| \overrightarrow{AC} \times \overrightarrow{BD} | = ab \sin \theta + bc \sin \varphi - ac \sin(\theta + \varphi)$. 代入公式 ② 即得公式 ⑤.

定理 6 记四边形 $ABCD$ 的面积为 S,$AB = a$,$BC = b$,$CD = c$,$DA = d$,AC,

BD 的夹角为 α，则

$$S = \frac{1}{4} \mid a^2 - b^2 + c^2 - d^2 \mid \tan \alpha \qquad ⑥$$

证明　设 AC 与 BD 的夹角为 α，相交于点 O，则

$$l_1 l_2 \cos \alpha = \mid \overrightarrow{AC} \cdot \overrightarrow{BD} \mid =$$

$$\mid (\overrightarrow{OC} - \overrightarrow{OA}) \cdot (\overrightarrow{OD} - \overrightarrow{OB}) \mid =$$

$$\mid \overrightarrow{OC} \cdot \overrightarrow{OD} - \overrightarrow{OA} \cdot \overrightarrow{OD} - \overrightarrow{OC} \cdot \overrightarrow{OB} + \overrightarrow{OA} \cdot \overrightarrow{OB} \mid =$$

$$\frac{[\mid (\overrightarrow{OA} - \overrightarrow{OD})^2 - (\overrightarrow{OC} - \overrightarrow{OD})^2]}{2}$$

$$\frac{[(\overrightarrow{OC} - \overrightarrow{OB})^2 - (\overrightarrow{OA} - \overrightarrow{OB})^2 \mid]}{2} =$$

$$\frac{\mid d^2 - c^2 + b^2 - a^2 \mid}{2} =$$

$$\frac{\mid a^2 - b^2 + c^2 - d^2 \mid}{2}$$

则

$$\cos \alpha = \frac{\mid a^2 - b^2 + c^2 - d^2 \mid}{2 l_1 l_2}$$

将上式代入式 ① 式即得式 ⑥.

定理 7　在平面四边形 $ABCD$ 中，若 $AB = a$，$\angle A = \alpha$，$\angle B = \beta (\alpha, \beta \in (0, \pi))$，点 C, D 到直线 AB 的距离为 h_1, h_2，则

$$\overline{S} = \frac{1}{2}(a(h_1 + h_2) - h_1 h_2 \delta)$$

其中 $\delta = \cot \alpha + \cot \beta$.

这个定理的证明并不困难，参见图 3.7（证略）. 该定理是"三角形面积 $=\frac{1}{2}$ 底边 × 高"的推广.

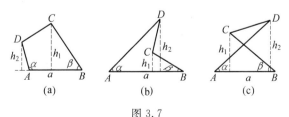

图 3.7

与平面四边形面积有关的，还有如下结果（应用）.

定理 8　顺次联结平面四边形四边的中点，必组成一个平行四边形，并且该平行四边形的面积等于原四边形面积的一半.（注：当这四点共线时，则认为它们组成的平行四边形是退化的.）

证明　在平面四边形 $ABCD$ 中，边 AB, BC, CD, DA 的中点依次为 E, F,

❽

$G,H.$ 以下证明 $EFGH$ 为平行四边形,且 $\overline{S}_{EFCH}=\dfrac{1}{2}\overline{S}_{ABCD}.$

联结 AC,BD,由 $EF \underline{\underline{\parallel}} \dfrac{1}{2}AC \underline{\underline{\parallel}} HG$ 知 $EFGH$ 为平行四边形.

设直线 AC 与 BD 所夹的角为 $\theta,AC=l_1,BD=l_2$,则

$$|\overline{S}_{ABCD}|=\frac{1}{2}l_1 l_2 \sin\theta$$

而

$$|\overline{S}_{EFGH}|=EF \cdot EH\sin\theta=$$

$$\frac{1}{2}l_1 \cdot \frac{1}{2}l_2\sin\theta=\frac{1}{4}l_1 l_2\sin\theta$$

则

$$|\overline{S}_{EFGH}|=\frac{1}{2}|\overline{S}_{ABCD}|$$

若 $ABCD$ 为凸或凹四边形,如图 3.8 所示,因 $EFGH$ 的行走方向与 $ABCD$ 的行走方向保持一致(同正或同负),故

$$\overline{S}_{EFGH}=\frac{1}{2}\overline{S}_{ABCD}$$

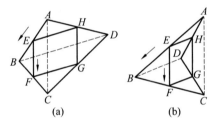

图 3.8

若 $ABCD$ 为折四边形,如图 3.9 所示,有三种情况:

(1) 当 $|\overline{S}_{\triangle ABT}|<|\overline{S}_{\triangle TCD}|$ 时,$\overline{S}_{ABCD}<0$,此时 $EFGH$ 的行走方向为负,如图 3.9(a) 所示,故

$$\overline{S}_{EFGH}=\frac{1}{2}\overline{S}_{ABCD}(<0)$$

(2) 当 $|\overline{S}_{\triangle ABT}|>|\overline{S}_{\triangle TCD}|$ 时,$\overline{S}_{ABCD}>0$,此时 $EFGH$ 的行走方向为正,如图 3.9(b),故

$$\overline{S}_{EFGH}=\frac{1}{2}\overline{S}_{ABCD}(>0)$$

(3) 当 $|\overline{S}_{\triangle ABT}|=\overline{S}_{\triangle TCD}|$ 即 $AC \parallel BD$ 时,$\overline{S}_{ABCD}=0$,而 $\overline{S}_{EFGH}=0$(因 E,F,G,H 四点共线),如图 3.9(c) 所示,故 $\overline{S}_{EFGH}=\dfrac{1}{2}\overline{S}_{ABCD}(=0)$. 证毕.

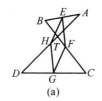 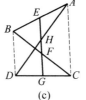

(a)　　　　　　(b)　　　　　　(c)

图 3.9

❖凸四边形的面积公式

定理 1 　设 $ABCD$ 为凸四边形,其四边长分别为 $AB=a$,$BC=b$,$CD=c$,$DA=d$,$p=\dfrac{a+b+c+d}{2}$,面积为 S,则

$$S=\sqrt{(p-a)(p-b)(p-c)(p-d)-abcd\cos^2\dfrac{B+D}{2}}$$

证明 　如图 3.10,在四边形 $ABCD$ 中,易知有

$$2S=ab\sin B+cd\sin D$$

$$4S^2=a^2b^2\sin^2 B+c^2d^2\sin^2 D+2abcd\sin B\sin D \quad ①$$

另一方面根据余弦定理,有

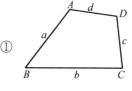

图 3.10

$$a^2+b^2-2ab\cos B=c^2+d^2-2cd\cos D$$

$$a^2+b^2-c^2-d^2=3(ab\cos B-cd\cos D) \quad ②$$

$$\dfrac{(a^2+b^2-c^2-d^2)^2}{4}=a^2b^2\cos^2 B+c^2d^2\cos^2 D-2abcd\cos B\cos D$$

则

$$4S^2+\dfrac{1}{4}(a^2+b^2-c^2-d^2)^2=$$

$$a^2b^2+c^2d^2-2abcd(\cos B\cos D-\sin B\sin D)=$$

$$a^2b^2+c^2d^2-2abcd\cos(B+D)=$$

$$a^2b^2+c^2d^2+2abcd-4abcd\cos^2\dfrac{B+D}{2}=$$

$$(ab+cd)^2-4abcd\cos^2\dfrac{B+D}{2}$$

即

$$16S^2=4(ab+cd)^2-(a^2+b^2-c^2-d^2)^2-16abcd\cos^2\dfrac{B+D}{2}=$$

$$(2ab+2cd+a^2+b^2-c^2-d^2)$$

➓

从而

$$(2ab + 2cd - a^2 - b^2 + c^2 + d^2) - 16abcd\cos^2\frac{B+D}{2} =$$

$$((a+b)^2 - (c-d)^2)((c+d)^2 - (a-b)^2) - 16abcd\cos^2\frac{B+D}{2} =$$

$$(a+b+c-d)(a+b-c+d)(c+d+a-b)(c+d-a+b) -$$

$$16abcd\cos^2\frac{B+D}{2}$$

即

$$S^2 = (p-a)(p-b)(p-c)(p-d) - abcd\cos^2\frac{B+D}{2}$$

所以

$$S = \sqrt{(p-a)(p-b)(p-c)(p-d) - abcd\cos^2\frac{B+D}{2}}$$

当凸四边形 $ABCD$ 有外接圆时,则

$$B + D = \pi$$

即

$$\frac{B+D}{2} = \frac{\pi}{2}$$

则

$$\cos\frac{B+D}{2} = 0$$

从而有

推论 1 　若凸四边形 $ABCD$ 有外接圆,则

$$S = \sqrt{(p-a)(p-b)(p-c)(p-d)}$$

注 　这个公式的另证参见后面的圆内接四边形的面积问题中的定理1.

当凸四边形 $ABCD$ 有内切圆时,则有

$$a + c = b + d$$

即

$$a - b = d - c$$

即

$$a^2 + b^2 - 2ab = c^2 + d^2 - 2cd \qquad ③$$

由 ②③ 可得

$$ab - cd = ab\cos B - cd\cos D$$

则

$$a^2b^2 + c^2d^2 - 2abcd = a^2b^2\cos^2 B + c^2d^2\cos^2 D - 2abcd\cos B\cos D$$

即

$$a^2b^2\sin^2 B + c^2d^2\sin^2 D = 2abcd - 2abcd\cos B\cos D$$

再由式 ① 知

$$4S^2 = 2abcd - 2abcd(\cos B\cos D - \sin B\sin D) =$$

$$2abcd(1 - \cos(B+D)) =$$

$$4abcd\sin^2\frac{B+D}{2}$$

故
$$S = \sqrt{abcd \sin^2 \frac{B+D}{2}}$$

从而得到

推论 2　若凸四边形 $ABCD$ 有内切圆,则
$$S = \sqrt{abcd \sin^2 \frac{B+D}{2}}$$

从推论 2 又易得如下命题.

推论 3　若凸四边形 $ABCD$ 既有内切圆又有外接圆,则 $S = \sqrt{abcd}$.

当凸四边形 $ABCD$ 有内切圆时,由推论 2 及定理,有
$$abcd \sin^2 \frac{B+D}{2} = (p-a)(p-b)(p-c)(p-d) - abcd \cos^2 \frac{B+D}{2}$$

故
$$abcd = (p-a)(p-b)(p-c)(p-d)$$

从而又得到

推论 4　若凸四边形 $ABCD$ 有内切圆,则
$$(p-a)(p-b)(p-c)(p-d) = abcd$$

定理 2　任意凸四边形的面积等于一组对边中点分别与对边两端点连线和对边组成的两个三角形的面积之和(图 3.11).

证明　在凸四边形 $ABCD$ 中,设 E,F 分别是 AB,CD 的中点,如图 3.12 所示,分别作 $BG \perp CD,AH \perp CD,EI \perp CD$,设
$$BG = h_1, AH = h_2, EI = h, CF = FD = a$$
则四边形 $ABGH$ 为梯形,EI 为此梯形的中位线,则
$$h_1 + h_2 = 2h$$

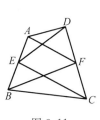

图 3.11

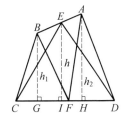

图 3.12

又 $S_{\triangle BCF} = \frac{1}{2}ah_1, S_{\triangle AFD} = \frac{1}{2}ah_2$,则
$$S_{\triangle BCF} + S_{\triangle AFD} = \frac{1}{2}a(h_1 + h_2) = \frac{1}{2}a \cdot 2h = ah$$

又因 $S_{\triangle ECD} = \frac{1}{2}CD \cdot h = \frac{1}{2} \cdot 2a \cdot h = ah$,则

$$S_{\triangle BCF} + S_{\triangle AFD} = S_{\triangle ECD}$$

而
$$S_{\triangle BCF} + S_{\triangle AFD} + S_{\triangle ABF} = S_{ABCD}$$

故
$$S_{ABCD} = S_{\triangle ABF} + S_{\triangle CDE}$$

❖圆内接四边形的面积问题

本书中圆内接四边形均指圆内接凸四边形. 关于圆内接四边形的面积问题有下述结论:

定理 1 内接于圆的四边形 $ABCD$ 的四边长分别为 a,b,c,d,如图 3.13 所示,则此四边形的面积可由下述公式算出[1][2]

$$S = \sqrt{(p-a)(p-b)(p-c)(p-d)}$$

⓬ 其中 $p = \dfrac{1}{2}(a+b+c+d)$.

证明 如图 3.13,设 E 为一双对边 AD 和 BC 所在直线的交点(如若两双对边所在直线均无交点,则 $ABCD$ 为矩形. 这时,结论极易证明. 这里,我们略去),并设 $DE = x$,$CE = y$. 由于

$$\triangle BAE \backsim \triangle DCE$$

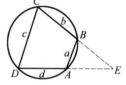

图 3.13

我们有

$$\frac{S_{\triangle ABE}}{S_{\triangle CDE}} = \frac{a^2}{c^2} \qquad\qquad ①$$

且

$$\frac{x}{c} = \frac{DE}{CD} = \frac{BE}{AB} = \frac{y-b}{a}$$

$$\frac{y}{c} = \frac{CE}{CD} = \frac{AE}{AB} = \frac{x-d}{a}$$

将这两式首尾两端相加、减,并运用比例性质可得

$$\frac{x+y}{c} = \frac{x+y-b-d}{a} = \frac{b+d}{c+a}$$

$$\frac{x-y}{c} = \frac{y-x-b+d}{a} = \frac{d-b}{c+a}$$

由此得出

———————————

[1] 朱汉林. 涉及有外接圆四边形的三个定理及证明[J]. 中学数学(苏州),1992(12):10-11.

[2] 约翰逊. 近代欧氏几何学[M]. 单墫,译. 上海:上海教育出版社,2000:68-71.

$$x + y + c = \frac{c}{c-a}(b+c+d-a) = \frac{2c(p-a)}{c-a}$$

$$x + y - c = \frac{c}{c-a}(b+d+a-c) = \frac{2c(p-c)}{c-a}$$

$$x - y + c = \frac{2c(p-b)}{c+a}$$

$$y + c - x = \frac{2c(p-d)}{c+a}$$

于是,按三角形面积的海伦－秦九韶公式,有

$$S_{\triangle DCE} = \sqrt{\frac{x+y+c}{2} \cdot (\frac{x+y+c}{2} - c)} \cdot$$

$$\sqrt{(\frac{x+y+c}{2} - y)(\frac{x+y+c}{2} - x)} =$$

$$\frac{1}{4}\sqrt{(x+y+c)(x+y-c)} \cdot$$

$$\sqrt{(x-y+c)(-x+y+c)} =$$

$$\frac{c^2}{c^2-a^2}\sqrt{(p-a)(p-b)(p-c)(p-d)}$$

从而,由式 ① 得

$$S_{\triangle BAE} = \frac{a^2}{c^2}S_{\triangle DCE} = \frac{a^2}{c^2-a^2} \cdot \sqrt{(p-a)(p-b)(p-c)(p-d)}$$

因此,四边形 $ABCD$ 的面积为

$$S = S_{\triangle DCE} - S_{\triangle BAE} = \sqrt{(p-a)(p-b)(p-c)(p-d)}$$

定理 2　四边长度一定的凸四边形中,能内接于圆的四边形面积最大.

证明　如图 3.14,已知凸四边形 $ABCD$ 的四边长依次为 a,b,c,d. 联结 AC,若用 S 表示四边形 $ABCD$ 的面积,则

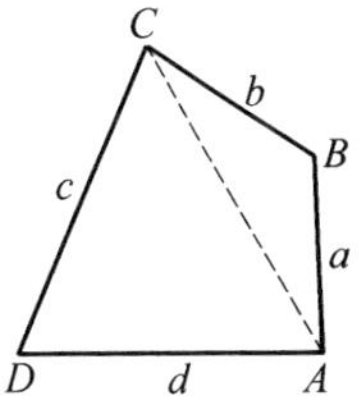

$$S = S_{\triangle ABC} + S_{\triangle ADC} = \frac{1}{2}ab\sin B + \frac{1}{2}cd\sin D$$

即 　　　　　　$4S = 2ab\sin B + 2cd\sin D$ 　　　　　②

而由余弦定理,有

$$a^2 + b^2 - 2ab\cos B = AC^2 = c^2 + d^2 - 2cd\cos D$$

即 　　　　$a^2 + b^2 - c^2 - d^2 = 2ab\cos B - 2cd\cos D$ 　　　③

②,③ 两式两边平方后分别相加,得

$$16S^2 + (a^2 + b^2 - c^2 - d^2)^2 = 4(a^2b^2 + c^2d^2) +$$

$$8abcd(\sin B\sin D - \cos B\cos D)$$

即 　　　$16S^2 = 4(a^2b^2 + c^2d^2) - (a^2 + b^2 - c^2 - d^2)^2 -$

图 3.14

$$8abcd\cos(B+D)$$

亦即 $\qquad 16S^2 = 4(ab+cd)^2 - (a^2+b^2-c^2-d^2)^2 -$

$$8abcd(1+\cos(B+D))$$

显然,上式中当 $B+D=180°$ 时,即当四边长确定的四边形 $ABCD$ 能内接于一个圆时,其面积 S 取最大值.

由定理 1 可知,若已知四条线段 a,b,c,d,顺序不一定相同,这样的四边形内接于圆时,其面积是确定的,因而有如下结论:

定理 3 已知四条线段 a,b,c,d,每一条小于其他三条的和.对三种可能的圆周次序(即 $abcd$,$acdb$,$adbc$)中的任何一种,它们都可以组成一个唯一的圆内接四边形.这样确定的三个四边形,一般说来,不是相似的,但它们的外接圆相同,面积相同.

对于定理 3 中的三个四边形中,任意两个有一条对角线是相等的,注意到这个事实,若用 e 表示将 a,d 与 b,c 分开的对角线;用 f 表示将 a,b 与 c,d 分开的对角线;用 g 表示将 a,c 与 b,d 分开的对角线,则有如下结论:

定理 4 设一个四边形内接于半径为 R 的圆,它的边的三种可能的圆周次序的相异对角线为 e,f,g,则四边形的面积 S 为

$$S = \frac{efg}{4R}$$

事实上,边长为 a,b,f 与边长为 c,d,f 的三角形面积分别为

$$S_1 = \frac{abf}{4R}, \quad S_2 = \frac{cdf}{4R}$$

注意到托勒密定理,有

$$S = S_1 + S_2 = \frac{(ab+cd)f}{4R} = \frac{efg}{4R}$$

❖凸四边形顶点处的有关点、线问题

定理 1 设 M,N 分别为凸四边形 $ABCD$ 的对角线 BD,AC 的中点,则

$$AB^2 + BC^2 + CD^2 + DA^2 = AC^2 + BD^2 + 4MN$$

简证 由

$$AB^2 + BC^2 + CD^2 + DA^2 = \frac{1}{2}AC^2 + 2BN^2 + \frac{1}{2}AC^2 + 2DN^2 =$$

$$AC^2 + 2(\frac{1}{2}BD^2 + 2MN^2)$$

即证.

推论 1 $AB^2 + BC^2 + CD^2 + DA^2 \geqslant AC^2 + BD^2$.

推论 2 凸四边形 $ABCD$ 为平行四边形的充要条件是 $AB^2 + BC^2 + CD^2 + DA^2 = AC^2 + BD^2$.

推论 3 $AB^2 + BC^2 + CD^2 + DA^2 + AC^2 + BD^2$ 等于两双对边中点连线及两对角线中点连线平方和的 4 倍.

定理 2 凸四边形顶点处各外角的平分线顺次相交,所得四点共圆. 对内角结论也成立.

证明提示 利用三角形内角和定理计算可得四边形对角和相等,即对角和为 $180°$.

定理 3 凸四边形四顶点在对角线上的射影组成的四边形与原四边形相似.

证明 如图 3.15,设 A_1, B_1, C_1, D_1 分别为四边形 $ABCD$ 顶点在对角线上的射影. 又设 AC 与 BD 交于 O.

由 A, D_1, A_1, D 四点共圆,有

$$\frac{OA_1}{OA} = \frac{OD_1}{OD}$$

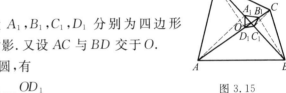

图 3.15

同理

$$\frac{OB_1}{OB} = \frac{OC_1}{OC}, \frac{OA_1}{OB} = \frac{OB_1}{OB}$$

将 $A_1 B_1 C_1 D_1$ 反转后与 $ABCD$ 为位似形,因而相似.

❖凸四边形分割图形面积关系式

定理 1 在凸四边形 $ABCD$ 中,对角线 AC 与 BD 交于点 O,设 $\triangle AOB$, $\triangle COD$, $\triangle BOC$, $\triangle DOA$ 的面积分别为 S_1, S_2, S_3, S_4,则有 $S_1 S_2 = S_3 S_4$.

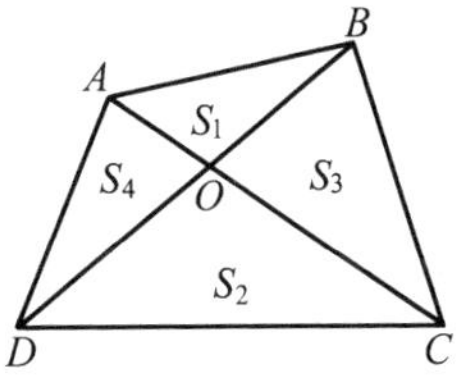

证明 如图 3.16,因

$$\frac{S_1}{S_3} = \frac{AO}{OC}, \frac{S_4}{S_2} = \frac{AO}{OC}$$

则

$$\frac{S_1}{S_3} = \frac{S_4}{S_2}$$

即

$$S_1 \cdot S_2 = S_3 \cdot S_4$$

图 3.16

若 $AB \mathbin{/\mkern-5mu/} CD$,则 $S_{\triangle ACD} = S_{\triangle BCD}$,可见 $S_3 = S_4$,再据定理,有

$$S_3 = S_4 = \sqrt{S_1 \cdot S_2}$$

从而梯形 $ABCD$ 的面积 $S = S_1 + S_2 + S_3 + S_4 = (\sqrt{S_1} + \sqrt{S_2})^2$.

由此,我们可以得到下列结论:

推论 1 梯形两腰和两对角线所在的两个三角形的面积相等,且等于梯形两底与两对角线所在的三角形面积之积的算术平方根,即 $S_3 = S_4 = \sqrt{S_1 S_2}$.

推论 2 如果梯形的两底与两对角线所在的三角形的面积分别为 S_1 和 S_2,那么梯形的面积 $S = (\sqrt{S_1} + \sqrt{S_2})^2$.

推论 3 凸四边形为梯形的充要条件是有一对相对的三角形面积相等.

证明提示 由一对相对三角形面积相等,可推得这两个三角形相似,得内错角相等即证.

推论 4 凸四边形为平行四边形的充要条件是两对相对的三角形面积相等.

推广 1 凸四边形对角线上任一点与另两个顶点的连线将该四边形分成四个三角形,对顶的两三角形面积之乘积相等,如图 3.17 中的 $S_1 S_2 = S_3 S_4$.

推广 2 三角形一顶点和对边上一点的连线上任一点与另两个顶点的连线将该三角形分成四个三角形,其对顶的两三角形面积的乘积相等.如图 3.18 中的 $S_1 S_3 = S_2 S_4$.

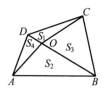

图 3.17

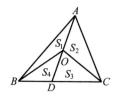

图 3.18

定理 2 在平行四边形中

(1)平行四边形两条对角线将该平行四边形分成面积相等的四个三角形.

(2)平行四边形的边上任一点和对边两端点的连线将该平行四边形分成面积相等的两部分,即图 3.19 中的 $S_3 = S_1 + S_2 = \frac{1}{2} S_{ABCD}$.

(3)平行四边形内任一点与四个顶点的连线将其分成四个三角形,则对顶的两三角形面积之和相等,即图 3.20 中的 $S_1 + S_2 = S_3 + S_4$.

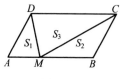

图 3.19

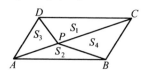

图 3.20

定理 3 凸四边形 $ABCD$ 的对角线 AC,BD 相交于点 K,如果有面积和式①

$$S_{\triangle AKB} + S_{\triangle CKD} = S_{\triangle BKC} + S_{\triangle DKA} \qquad (*)$$

那么 K 是 AC 或 BD 的中点.

证明 若 K 不是 AC 的中点,设点 M 是 AC 的中点,如图 3.21 所示,易知

$$S_{\triangle CKD} - S_{\triangle DAK} = (S_{\triangle CMD} + S_{\triangle MDK}) -$$
$$(S_{\triangle DMA} - S_{\triangle MDK}) = 2S_{\triangle MDK}$$

同理 $S_{\triangle BKC} - S_{\triangle AKB} = 2S_{\triangle MBK}$

将上述两式代入题设条件式,得

$$2S_{\triangle MDK} = 2S_{\triangle MBK}$$

从而,知 K 是 BD 的中点.

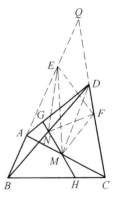

图 3.21

反过来,当 K 为 AC 或 BD 的中点时,有题设条件式($*$).可以证明满足式($*$)的点 K 的轨迹就是过 AC,BD 中点的直线,称为牛顿线(此时,当然需要约定面积是所谓的"有向面积",即当 A,K,B 三点成逆时针方向时,约定 $S_{\triangle AKB}$ 为正;当 A,K,B 三点成顺时针方向时,约定 $S_{\triangle AKB}$ 为负).

定理 4 若 P 是凸四边形 $ABCD$ 内部的点,满足等式

$$S_{\triangle PAB} + S_{\triangle PCD} = S_{\triangle PAD} + S_{\triangle PBC}$$

则点 P 在过两对角线的中点所在直线上与两边相交的线段上.

证明 如图 3.22,设 M,N 分别为对角线 AC,BD 的中点,则有

$$S_{\triangle MAB} + S_{\triangle MCD} = S_{\triangle MAD} + S_{\triangle MBC}$$
$$S_{\triangle NAB} + S_{\triangle NCD} = S_{\triangle NAD} + S_{\triangle NBC}$$

显然 M,N 是满足条件的点 P.

设直线 BA 与 CD 相交于点 Q,取 $QE = AB$,$QF = CD$,则 Q,E,F 均为定点,且

$$S_{\triangle MAB} + S_{\triangle MCD} = \frac{1}{2}S_{ABCD} = S_{\triangle MQE} + S_{\triangle MQF} =$$
$$S_{\triangle QEF} + S_{\triangle MEF}$$

及 $S_{\triangle NAB} + S_{\triangle NCD} = S_{\triangle QEF} + S_{\triangle NEF}$

所以 $MN /\!/ EF$.设 MN 上任一点为 P',则有 P' 满足题设条件

图 3.22

---

① 单墫.平面几何中的小花[M].上海:上海教育出版社,2002:14-15.

$$S_{\triangle P'AB} + S_{\triangle P'CD} = S_{\triangle QEF} + S_{\triangle P'EF} = \frac{1}{2} S_{ABCD}$$

从而知点 P 的轨迹是过 M,N 的线段 GH,G,H 是在边上的点.

定理 5 在凸四边形 $ABCD$ 中,A_1,A_2 是边 AB 上的顺次的三等分点,C_1,C_2 是边 CD 上顺次的三等分点,如图 3.23 所示,则 $S_{A_1 A_2 C_1 C_2} = \frac{1}{3} S_{ABCD}$.

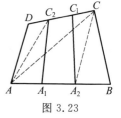

图 3.23

证明 因 A_1,A_2,C_1,C_2 均为三等分点,联结 AC,AC_2,A_2C,则①

$$S_{\triangle BCA_2} = \frac{1}{3} S_{\triangle BCA}, S_{\triangle ADC_2} = \frac{1}{3} S_{\triangle ACD}$$

从而

$$S_{\triangle BCA_2} + S_{\triangle ADC_2} = \frac{1}{3}(S_{\triangle BCA} + S_{\triangle ACD}) = \frac{1}{3} S_{ABCD}$$

而 $S_{\triangle A_2 C_2 A_1} = S_{\triangle A_1 C_2 A}, S_{\triangle C_2 A_2 C_1} = S_{\triangle C_1 A_2 C}$,所以

$$S_{A_1 A_2 C_1 C_2} = S_{\triangle A_2 C_2 A_1} + S_{\triangle C_2 A_2 C_1} = \frac{1}{2} S_{A C_2 C_1 B} =$$

$$\frac{1}{2}(1 - \frac{1}{3}) S_{ABCD} = \frac{1}{3} S_{ABCD}$$

推论 在凸四边形 $ABCD$ 中,$A_1,A_2,\cdots,A_{n-1}$ 是边 AB 上顺次的 n 等分点,$C_1,C_2,\cdots,C_{n-1}$ 是边 DC 上顺次的 n 等分点,且记

$$A = A_0, B = A_n, D = C_0, C = C_n$$

$$S_{A_0 A_1 C_1 C_0} = S_1, \cdots, S_{A_{i-1} A_i C_i C_{i-1}} = S_i, i = 1, 2, \cdots, n$$

则

$$S_i = \frac{1}{2}(S_{i-1} + S_{i+1}), i = 1, 2, \cdots, n-1$$

事实上,由定理 4,知

$$S_i = \frac{1}{3}(S_{i-1} + S_i + S_{i+1}), i = 2, 3, \cdots, n-1$$

即可推得结论成立.

定理 6 在凸四边形 $ABCD$ 中,A_1,A_2 是边 AB 上顺次的三等分点,B_1,B_2 是边 BC 上顺次的三等分点,C_1,C_2 是边 CD 上顺次的三等分点,D_1,D_2 是边 DA 上顺次的三等分点,A_2C_1 与 B_1D_2,B_2D_1 分别交于点 M,N,A_1C_2 与 B_2D_1,B_1D_2 分别交于点 K,L,则 $S_{MNKL} = \frac{1}{9} S_{ABCD}$.

证明 如图 3.24,联结 A_1D_2,BD,B_1C_2,则

---

① 单墫.平面几何中的小花[M].上海:上海教育出版社,2002:78.

$$A_1D_2 \parallel BD \parallel B_1C_2$$

即有

$$\frac{A_1L}{LC_2} = \frac{A_1D_2}{B_1C_2} = \frac{A_1D_2}{BD} \cdot \frac{BD}{B_1C_2} = \frac{1}{3} \times \frac{3}{2} = \frac{1}{2}$$

即

$$\frac{A_1L}{A_1C_2} = \frac{1}{3}$$

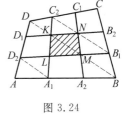

图 3.24

同理(可以用 $A_2B_1 \parallel AC \parallel D_1C_2$),有

$$\frac{KC_2}{A_1C_2} = \frac{1}{3}, \frac{A_2M}{A_2C_1} = \frac{NC_1}{A_2C_1} = \frac{1}{3}$$

从而 L, K 为 A_1C_2 的三等分点,M, N 为 A_2C_1 的三等分点. 由定理 4 知

$$S_{LMNK} = \frac{1}{3} S_{A_1A_2C_1C_2} = \frac{1}{3} \times \frac{1}{3} S_{ABCD} = \frac{1}{9} S_{ABCD}$$

注 将图 3.24 中的 9 个小四边形(由左而右,由上而下)的面积分别记为 S_{11}, S_{12}, S_{13}, $S_{21}, S_{22}, S_{23}, S_{31}, S_{32}, S_{33}$,则

$$S_{22} = \frac{1}{3}(S_{12} + S_{22} + S_{32}) = \frac{1}{3} \times \frac{1}{3} S = \frac{1}{9} S$$

且这个面积数按图形中所对应的位置组成一个等差数阵的面积 $\begin{bmatrix} S_{11} & S_{12} & S_{13} \\ S_{21} & S_{22} & S_{23} \\ S_{31} & S_{32} & S_{33} \end{bmatrix}$.

推论 在凸四边形 $ABCD$ 中,若将每边等分为 $(2n+1)$ 份,联结对边相应的分点,那么中间一块的面积是整个四边形面积的 $\dfrac{1}{(2n+1)^2}$.

注 若将凸四边形的每边 n 等分,联结对边相应的分点得 n^2 个小四边形,每个小四边形的面积记为 $S_{ij}(i, j = 1, 2, \cdots, n)$,则这 n^2 个面积数按图形中所对应的位置组成一个等差数阵,即

$$\begin{bmatrix} S_{11} & S_{12} & \cdots & S_{1n} \\ S_{21} & S_{22} & \cdots & S_{2n} \\ \vdots & \vdots & & \vdots \\ S_{n1} & S_{n2} & \cdots & S_{nn} \end{bmatrix}$$

此情形还可推广到一组对边被 n 等分,另一组对边被 m 等分的情形.

定理 7 设 P 为凸四边形 $A_1A_2A_3A_4$ 内任一点,M_i 为 A_iA_{i+1} 中点($i = 1$, $2, 3, 4, A_5 = A_1$),联结 PM_i,记 S_i 为四边形 $A_iM_{i-1}PM_i$($i = 1, 2, 3, 4, M_0 = M_4$)的面积,则[1]

---

[1] 杨之. 凸 $2n$ 边形的一个性质[J]. 中学数学月刊,1998(12):19.

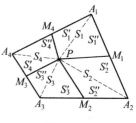

$$S_1 + S_3 = S_2 + S_4$$

证明　如图 3.25,联结 PA_i,将四边形 $A_iM_{i-1}PM_i$ 分成两个三角形的面积依次记为 S'_i,S''_i,则

$$S_i = S'_i + S''_i$$

由于 M_i 为 A_iA_{i+1} 中点,故有

$$S''_1 = S'_2, S''_2 = S'_3, S''_3 = S'_4, S''_4 = S'_1$$

所以 $S'_1 + S''_1 + S'_3 + S''_3 = S''_4 + S'_2 + S''_2 + S'_4$

即 $S_1 + S_3 = S_2 + S_4$.

图 3.25

推论 1　P 为 $\triangle ABD$ 内任一点,C 为边 BD 上任一点,M_1,M_2,M_3,M_4 分别为 AB,BC,CD,DA 的中点,则 $S_1 + S_3 = S_2 + S_4$.特别当 P 在 BD 上时,有 $S_1 = S_2 + S_4$,如图 3.26 所示.

推论 2　设 $ABCD$ 为一凹四边形,如图 3.27 所示,延长 BC,DC 与对边相交形成一个打阴影的区域,当 P 为这阴影区域内任一点时,仍有 $S_1 + S_3 = S_2 + S_4$.

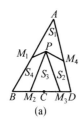
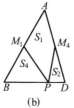

(a)　　　　　(b)

图 3.26

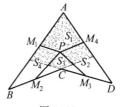

图 3.27

推论 3　顺次联结凸四边形四边中点与各边形成四个小三角形,如图 3.28(a) 所示,其面积分别记作 S_1,S_2,S_3,S_4,则 $S_1 + S_3 = S_2 + S_4$.

运用类似于定理 7 的证明方法,可得

推论 4　设 P 为凸 $2n$ 边形 $A_1A_2\cdots A_{2n}$ 内任一点,M_i 为 A_iA_{i+1} 中点($i = 1,\cdots,2n,A_{2n+1} = A_1$),联结 PM_i,记 $S_i = S_{A_iM_{i-1}PM_i}$($i = 1,\cdots,2n,M_0 = M_{2n}$),则

$$S_1 + S_3 + \cdots + S_{2n-1} = S_2 + S_4 + \cdots + S_{2n}.$$

如图 3.28(b),其中画的是 $n = 4$ 的情形.

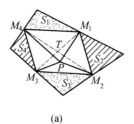
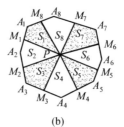

(a)　　　　　　　(b)

图 3.28

❖凸四边形的正弦、余弦、射影定理

定理 在凸四边形中

(1) 每边乘以该边与其余各边按顺时针方向所成角正弦的代数和为零.

(2) 任一边的平方等于其余三边的平方和减去这三边中每两边与该两边所成角余弦乘积的 2 倍.

(3) 任一边等于其他三边乘以该边与第一边按顺时针方向所成角余弦的代数和.

证明 如图 3.29,将凸四边形 $ABCD$ 的一边 AB 置于平面直角坐标系的 x 轴上,并作此四边形关于 x 轴对称的凸四边形 $ABC'D'$. 这两个四边形各边对应如图 3.29 所示的向量,则

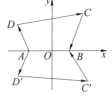

图 3.29

$$\overrightarrow{AB} = \overrightarrow{CB} + \overrightarrow{DC} + \overrightarrow{AD}$$
$$\overrightarrow{AB} = \overrightarrow{C'B} + \overrightarrow{D'C'} + \overrightarrow{AD'}$$

设 A,B,C,D 表示其内角,$AB=a,BC=b,CD=c,DA=d$,根据复数与向量的对应关系得

$$a = b \cdot \mathrm{e}^{-\mathrm{i}B} + c \cdot \mathrm{e}^{\mathrm{i}(\pi-(B+C))} + d \cdot \mathrm{e}^{\mathrm{i}(2\pi-(B+C+D))} \qquad ①$$
$$a = b \cdot \mathrm{e}^{\mathrm{i}B} + c \cdot \mathrm{e}^{-\mathrm{i}(\pi-(B+C))} + d \cdot \mathrm{e}^{-\mathrm{i}(2\pi-(B+C+D))} \qquad ②$$

(1) 由 $\dfrac{①-②}{2\mathrm{i}}$,并利用 $\sin\theta = \dfrac{1}{2\mathrm{i}}(\mathrm{e}^{\mathrm{i}\theta} - \mathrm{e}^{-\mathrm{i}\theta})$,得

$$b\sin(-B) + c\sin(\pi-(B+C)) + d\sin(2\pi-(B+C+D)) = 0$$

即　　$a\sin(a,a) + b\sin(b,a) + c\sin(c,a) + d\sin(d,a) = 0$

其中 (x,a) 表示边 x 按顺时针方向与边 a 所成的角(以下均同).

(2) 同 $① \times ②$,并利用 $\cos\theta = \dfrac{1}{2}(\mathrm{e}^{-\mathrm{i}\theta} + \mathrm{e}^{\mathrm{i}\theta})$,得

$$a^2 = b^2 + c^2 + d^2 - 2bc\cos\langle b,c\rangle - 2bd\cos\langle b,d\rangle - 2cd\cos\langle c,d\rangle$$

其中 $\langle b,c\rangle$ 表示两边 b,c 的夹角,余类推.

(3) 由 $\dfrac{①+②}{2}$,并利用 $\cos\theta = \dfrac{1}{2}(\mathrm{e}^{\mathrm{i}\theta} + \mathrm{e}^{-\mathrm{i}\theta})$,得

$$a = b\cos(-B) + c\cos(\pi-(B+C)) + d\cos(2\pi-(B+C+D))$$

即　　　　　$a = b\cos(b,a) + c\cos(c,a) + d\cos(d,a)$

将凸四边形其他三边分别置于 x 轴上,便可类似地得到(1),(2),(3)中其余 3 个恒等式.

此定理中的 3 个结论,也可分别称之为凸四边形的正弦定理、余弦定理和射影定理.

❖ 非圆内接平面四边形的类正弦、余弦、射影定理

定理 对任意平面四边形 $ABCD$（凸、凹、折）,设 $AB=a,BC=b,CD=c,DA=d$,令 $\angle DAB+\angle DCB=\alpha\neq180°,\angle ADB-\angle ACB=\beta,\angle BDC-\angle BAC=\gamma$（此时有 $\angle DBC-\angle DAC=\beta,\angle DBA-\angle DCA=\gamma$）,则

(1) $\dfrac{ef}{\sin\alpha}=\dfrac{ac}{\sin\beta}=\dfrac{bd}{\sin\gamma}$.

(2) $(ac)^2=(ef)^2+(bd)^2-2bdef\cos\beta,(bd)^2=(ef)^2+(ac)^2-2acef\cos\gamma$.

(3) $ef=ac\cos\gamma+bd\cos\beta,ac=ef\cos\gamma+bd\cos\alpha,bd=ef\cos\beta+ac\cos\alpha$.

(4) $ef<ac+bd,ac<ef+bd,bd<ef+ac$.

证明 如图 3.30,作 $\angle BCE=\angle DCA,\angle CBE=\angle CDA$,由

$$\triangle BCE\backsim\triangle DCA$$

有

$$BE=\frac{AD\cdot BC}{DC}=\frac{bd}{c}$$

且

$$\frac{EC}{BC}=\frac{AC}{DC}$$

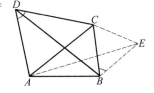

图 3.30

而 $\angle ECA=\angle BCD$,则

$$\triangle ECA\backsim\triangle BCD,\text{有}$$

$$AE=\frac{AC\cdot BD}{DC}=\frac{ef}{c}$$

且

$$\angle AEC=\angle DBC,\angle EAC=\angle BDC$$

当 $\alpha>180°$ 时,由 $\angle ABC+\angle EBC=\angle ABC+\angle ADC<180°$,知存在与四边形 $ABCD$ 在 AB 同侧的 $\triangle ABE$,且

$$\angle ABE=\angle ABC+\angle EBC=360°-\alpha$$

$$\angle BEA=\angle BEC-\angle AEC=\angle DAC-\angle DBC=-\beta$$

$$\angle BAE=\angle BAC-\angle EAC=\angle BAC-\angle BDC=-\gamma$$

显然这三内角之和为 $180°$.

$\alpha<180°$ 时,知存在与四边形 $ABCD$ 在 AB 异侧的 $\triangle ABE$,且 $\angle ABE=\alpha$,$\angle BEA=\beta,\angle BAE=\gamma$.

(1) 在 $\triangle ABE$ 中运用正弦定理,即证得(1).

(2) 在 $\triangle ABE$ 中运用余弦定理即证得.

(3) 由(1) 有

$$ac = \frac{ef \sin \beta}{\sin \alpha}, bd = \frac{ef \sin \gamma}{\sin \alpha}$$

注意到 $\alpha + \beta + \gamma = 180°$,则

$$ac \cos \gamma + bd \cos \beta = \frac{ef}{\sin \alpha}(\sin \beta \cos \gamma + \cos \beta \sin \gamma) = ef$$

余同理可证.

(4) 由(2) 并注意到 $\alpha \neq 180°, 1 + \cos \alpha > 0$,且

$$(ef)^2 = (ac)^2 + (bd)^2 - 2abcd \cos \alpha =$$
$$(ac + bd)^2 - 2abcd(1 + \cos \alpha) < (ac + bd)^2$$

即证得第一式. 余同理可证.

定理中的(1),(2),(3) 可看作是非圆内接四边形的类正弦、余弦、射影定理.(2) 中还有一式参见凸四边形的类 II 型余弦定理,该定理对于凹、折四边形也是成立的.

❖ 凸四边形的类 I 型余弦、正弦定理

下面,我们设凸四边形 $ABCD$ 的边长 $AB = a, BC = b, CD = c, DA = d$,对角线长 $AC = e, BD = f$.

定理 以 $\langle b, d \rangle$ 表示边 BC 与 DA 所成的角,余类推,则对凸四边形 $ABCD$,有

(1) $a^2 + c^2 = e^2 + f^2 - 2bd \cos \langle b, d \rangle$.

(2) $b^2 + d^2 = e^2 + f^2 - 2ac \cos \langle a, c \rangle$.

(3) $(a^2 + c^2 - b^2 - d^2)^2 = 4e^2 f^2 \cos^2 \langle e, f \rangle$.

(4) $\dfrac{\sin A}{bc} + \dfrac{\sin C}{ad} = \dfrac{\sin B}{cd} + \dfrac{\sin D}{ab}$.

证明 (1) 由三角形余弦定理,有

$$2bc \cos \langle b, c \rangle = b^2 + c^2 - f^2, 2cd \cos \langle c, d \rangle = c^2 + d^2 - e^2$$

再代入平面凸四边形余弦定理

$$a^2 = b^2 + c^2 + d^2 - 2bc \cos \langle b, c \rangle - 2bd \cos \langle b, d \rangle - 2cd \cos \langle c, d \rangle$$

整理即证得.

(2) 类似于(1) 即证.

(3) 设 AC 与 BD 交于 O,在 $\triangle AOB, \triangle BOC, \triangle COD, \triangle DOA$ 中分别用余弦定理表示 a^2, b^2, c^2, d^2,整理即证,或由非圆内接四边形的类正弦、余弦、射影

P
M
J
H
W
B
M
T
J
Y
Q
W
B
T
D
L
(X)

定理中(2)的第一式变形而得.

对于 $\square ABCD$ 结论显然成立.对于非平行四边形,如图 3.31 所示,不妨设 AD 不平行于 BC,延长 AD,BC 相交于点 E,令 $AB=a,BC=b,CD=c,DA=d,CE=x,DE=y$.

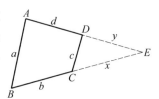

图 3.31

在 $\triangle ABE$ 中,由正弦定理,有

$$\frac{a}{\sin E}=\frac{b+x}{\sin A}=\frac{d+y}{\sin B}$$

则

$$x=\frac{a\sin A}{\sin E}-b,\ y=\frac{a\sin B}{\sin E}-d$$

在 $\triangle CDE$ 中,由正弦定理,有

$$\frac{x}{\sin D}=\frac{y}{\sin C}=\frac{c}{\sin E}$$

则

$$x=\frac{c\sin D}{\sin E},\ y=\frac{c\sin C}{\sin E}$$

于是

$$\frac{a\sin A}{\sin E}-b=\frac{c\sin D}{\sin E}$$

$$\frac{a\sin B}{\sin E}-d=\frac{c\sin C}{\sin E}$$

所以

$$\frac{\sin E}{ac}=\frac{\sin A}{bc}-\frac{\sin D}{ab}=\frac{\sin B}{cd}-\frac{\sin C}{ad}$$

亦即

$$\frac{\sin A}{bc}+\frac{\sin C}{ad}=\frac{\sin B}{cd}+\frac{\sin D}{ab}$$

推论 1 梯形的两条对角线长的平方和等于两腰的平方和加上两底乘积的 2 倍.

推论 2 平行四边形对角线长的平方和等于四边长的平方和,反之亦真.

❖凸四边形的类 Ⅱ 型余弦定理

定理　记凸四边形 $ABCD$ 的四边长依次为 $AB=a,BC=b,CD=c,DA=d$,两对角线长 $AC=e,BD=f$,则①

$$\cos(B+D)=\frac{(ac)^2+(bd)^2-(ef)^2}{2abcd} \qquad ①$$

①　杨克昌.余弦定理在四边形的一个推广[J].数学通报,2003(7):13.

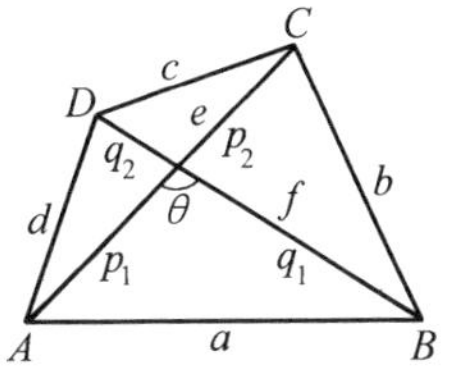

证明 如图 3.32,设两对角线交角为 θ,e,f 分别由 p_1,p_2 与 q_1,q_2 组成. 由余弦定理得

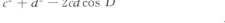

图 3.32

$$e^2 = a^2 + b^2 - 2ab\cos B$$
$$e^2 = c^2 + d^2 - 2cd\cos D$$

两式相减得

$$\frac{1}{2}(a^2 + b^2 - c^2 - d^2) = ab\cos B - cd\cos D \qquad \textcircled{2}$$

设四边形 $ABCD$ 的面积为 S,则

$$2S = ab\sin B + cd\sin D \qquad \textcircled{3}$$

②,③ 两式平方和得

$$4S^2 + \frac{1}{4}(a^2 + b^2 - c^2 - d^2)^2 = (ab)^2 + (cd)^2 - 2abcd\cos(B+D)$$

变形即得

$$4S^2 + \frac{1}{4}(a^2 - b^2 + c^2 - d^2)^2 = (ac)^2 + (bd)^2 - 2abcd\cos(B+D) \qquad \textcircled{4}$$

同时,由四边形面积公式 $S = \frac{1}{2}ef\sin\theta$,则

$$4S^2 = (ef)^2\sin^2\theta \qquad \textcircled{5}$$

由三角形余弦定理得

$$a^2 = p_1^2 + q_1^2 - 2p_1 q_1\cos\theta$$
$$b^2 = p_2^2 + q_1^2 - 2p_2 q_1\cos\theta$$

两式相减得

$$b^2 - a^2 = p_2^2 - p_1^2 + 2eq_1\cos\theta$$

同理

$$d^2 - c^2 = p_1^2 - p_2^2 + 2eq_2\cos\theta$$

上两式相加得

$$b^2 - a^2 + d^2 - c^2 = 2ef\cos\theta$$

即

$$\frac{1}{4}(b^2 - a^2 + d^2 - c^2)^2 = (ef)^2\cos^2\theta \qquad \textcircled{6}$$

由 ⑤,⑥ 相加得

$$4S^2 + \frac{1}{4}(a^2 - b^2 + c^2 - d^2)^2 = (ef)^2 \qquad \textcircled{7}$$

综合式 ④,⑦ 即得

$$(ef)^2 = (ac)^2 + (bd)^2 - 2abcd\cos(B+D)$$

整理即得式 ① 成立.

注 显然式 ① 也可以写成

$$(ef)^2 = (ac)^2 + (bd)^2 - 2abcd\cos\alpha$$

其中 $\alpha = \angle DAB + \angle DCB \neq 180°$.

此式与非圆内接平面四边形的类余弦定理中的(2)组成一个和谐整体.此式证明也可参见图 3.30,运用余弦定理 $AE^2 = AB^2 + BE^2 - 2AB \cdot BE\cos\alpha$ 即推得.

特别地,类似直角三角形,我们在四边形 $ABCD$ 中取 $\angle B + \angle D$ 为 $\dfrac{\pi}{2}$ 或 $\dfrac{3\pi}{2}$ 这一特殊值,得

推理 1 在四边形 $ABCD$ 中,若 $\angle B + \angle D = \dfrac{\pi}{2}$ 或 $\dfrac{3\pi}{2}$,则有

$$(ac)^2 + (bd)^2 = (ef)^2 \qquad ⑧$$

式 ⑧ 形式上类似直角三角形的勾股定理.

取 $\angle B + \angle D = \pi$,注意到此时四边形为圆内接四边形,得

推论 2 在圆内接四边形 $ABCD$ 中,两对角线之积等于两组对边积的和,即

$$ac + bd = ef \qquad ⑨$$

注意到 $\cos(\angle B + \angle D) \geqslant -1$,于是由式 ① 推得

推论 3 在四边形 $ABCD$ 中有不等式

$$ac + bd \geqslant ef \qquad ⑩$$

当且仅当 $\angle B + \angle D = \pi$,即四边形 $ABCD$ 为圆内接四边形时,式 ⑩ 中等号成立.

注意到 $\cos(\angle B + \angle D) < 1$,于是由式 ① 推得

推论 4 在四边形 $ABCD$ 中有不等式

$$ac - bd < ef \qquad ⑪$$

注 如果我们注意到,任意平面四边形都可通过平移变换变成以对角线为边的平行四边形;反之,平行四边形亦可通过平移变换变成以相邻边长为对角线长的任意四边形.于是前述定理与推论等价于下列结论:

结论 1 平行四边形的四边之积等于其内(或外)任一点到两组相对顶点的距离之乘积的平方和减去这点到四顶点的距离与任意一组对边关于这点所张角的和的余弦之乘积的 2 倍(图 3.33).

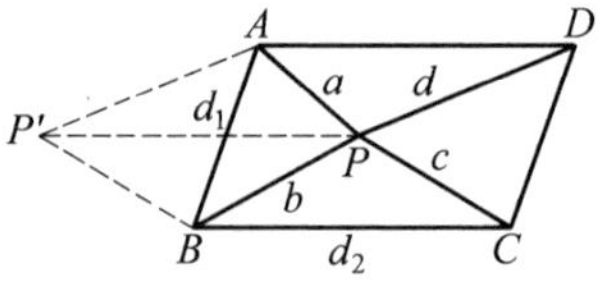

图 3.33

结论 2 四边形对角线乘积的平方等于两组对边乘积的平方和的充要条件是一组对角互余.

结论 3 四边形对角线乘积等于两组对边乘积之和的充要条件是一组对角互补.

结论 4 四边形两组对边乘积之和不小于对角线乘积.(托勒密不等式)

结论 5 四边形对角线乘积大于两组对边乘积之差.

❖对角线垂直的凸四边形的八点圆定理

定理 凸四边形 $ABCD$ 中,$AC \perp BD$,P,Q,R,S 分别为 AB,BC,CD,DA 的中点,由 P,Q,R,S 向对边引垂线,垂足分别是 P',Q',R',S',则 R',P,Q,S',P',R,Q',S 八点共圆.

该八点圆是在 1944 年由美国俄亥俄州辛辛那提市的路易丝・布兰德提出的.

证明 如图 3.34,四边形 $ABCD$ 各边中点 P,Q,R,S 是一个平行四边形的顶点,其各边都与相应的对角线 AC,BD 平行,由于 $AC \perp BD$,所以 $\square PQRS$ 是矩形,对角线 PR,QS 是矩形外接圆的直径.

因为 $\angle PP'R = \angle QQ'S = \angle RR'P = \angle SS'Q = 90°$,所以 P',Q',R',S' 都在矩形外接圆上.

因此,P,Q,R,S,P',Q',R',S' 八点共圆.

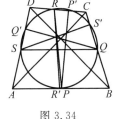

图 3.34

注 此定理即是说,若凸四边形的对角线互相垂直,则四边的中点以及这些中点在对边上的射影,这八点共圆.

❖对角线垂直的平面四边形的八点圆定理

定理 在对角线互相垂直的平面四边形中,过对角线交点向每边作垂线得四垂足,并假定每垂线又与对边相交,得四交点,则所得八点共圆.

证明 在平面四边形 $ABCD$ 中,$AC \perp BD$ 于 P,$PE \perp AB$ 于 E 而交 CD 于 E',$PF \perp BC$ 于 F 而交 DA 于 F',$PG \perp CD$ 于 G 而交 AB 于 G',$PH \perp DA$ 于 H 而交 BC 于 H'(图略)下面仅证 $ABCD$ 为凸四边形情形.

联结得四边形 $EFGH$,由 P,E,B,F 四点共圆等,有

$\angle PFE = \angle PBE$,$\angle PFG = \angle PCG$,$\angle PHE = \angle PAE$,$\angle PHG = \angle PDG$

由 $AC \perp BD$,知上述四式右端之和为 $180°$,则 $\angle EFG + \angle EHG = 180°$,即有 E,F,G,H 四点共圆.

又 $\angle EG'G = \angle PBE + \angle BPG'$,$\angle BPG' = \angle DPG + \angle PCG$

从而 $\angle EG'G = \angle PFE + \angle PFG = \angle EFG$,即知 G' 在圆 $EFGH$ 上.

同理,H',E',F' 三点也在圆 $EFGH$ 上.

注 对于凹、折四边形 $ABCD$ 的情形也类似可证得上述结论.特别地,当四边形 $ABCD$ 的顶点组成垂心组时,E',F',G',H' 四点不存在,而 E,F,G,H 四点共线.

推论 在对角线互相垂直平面四边形(四顶点不构成垂心组)中,对角线交点在各边上的射影是圆内接四边形的顶点.

❖ 对角线垂直的凸四边形垂足等角共轭点定理

定理 凸四边形 $ABCD$ 中,若 $AC \perp BD$,则两对角线的等角线交于一点 Q,且 $\triangle QAB,\triangle QBC,\triangle QCD,\triangle QDA$ 的垂心共线.

证明 如图 3.35,由于 $AC \perp BD$,注意到:在两对角线互相垂直的四边形中,过对角线交点向每边作垂线得四垂足,又若每垂线与对边相交得四交点,则所得八点共圆;两点是四边形的等角共轭点的充要条件是这两点在各边上的射影共圆.由此知点 P 的等角共轭点存在,设为 Q.令 $\triangle QAB,\triangle QBC,\triangle QCD,\triangle QDA$ 的垂心分别为 H_1,H_2,H_3,H_4,则

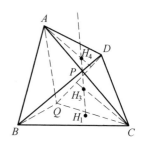

图 3.35

$$AH_4 = QD \cdot |\cot \angle DAO|$$

$$CH_3 = QD \cdot |\cot \angle DCQ|$$

从而

$$\frac{AH_4}{CH_3} = \left|\frac{\cot \angle DAQ}{\cot \angle DCQ}\right| = \left|\frac{\cot \angle CAB}{\cot \angle ACB}\right| = \frac{AP}{PC}$$

又 $\angle H_4AP = \angle H_3CP$,故 $\triangle AH_4P \backsim \triangle CH_3P$,所以 $\angle APH_4 = \angle CPH_3$,即知 H_4,P,H_3 三点共线.

同理,H_2,P,H_3 共线,H_1,P,H_4 共线.

故 H_1,H_2,H_3,H_4 共线.

❖ 凸四边形中的等角共轭点问题

定理 1 设自一点向一圆内接四边形及两条对角线(所在直线)引垂线,则两对角线上的垂足是顺次联结四边上的垂足所成四边形的等角共轭点.

证明 如图 3.36,设四边形 $A_1A_2A_3A_4$ 内接于圆,点 P 在两对角线上的射

影为 P_1, P_2, 点 P 在四边形上的射影为 $B_1, B_2, B_3,$
$B_4.$ 因为 P, A_4, B_3, P_2, B_4 共圆(PA_4 为直径),所以

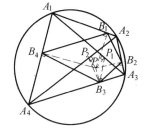

$$\angle P_2 B_3 B_4 = \angle P_2 A_4 B_4$$

同理 $\qquad \angle P_1 B_3 B_2 = \angle P_1 A_3 B_2$

又 $\angle P_2 A_4 B_4 = \angle P_1 A_3 A_2$,所以 $P_2 B_3, P_1 B_3$ 为
$\angle B_2 B_3 B_4$ 的等角线.

同理可证 $P_2 B_2, P_1 B_2$ 为 $\angle B_1 B_2 B_3$;$P_2 B_1, P_1 B_1$
为 $\angle B_2 B_1 B_4$;$P_2 B_4, P_1 B_4$ 为 $\angle B_1 B_4 B_3$ 的等角线.

故 P_1, P_2 是四边形 $B_1 B_2 B_3 B_4$ 的等角共轭点.

图 3.36

定理 2 凸四边形任一对等角共轭点联结线的中点与两对角线的中点共线.

证明 如图 3.37,设,P, P' 为四边形 $ABCD$ 的等角共轭点,O 为 PP' 的中点,作 $\angle PXD = \angle AP'D$,$\angle PYA = \angle AP'D$,所以

$$\triangle PXD \backsim \triangle P'AD, \triangle PYA \backsim \triangle DP'A$$

所以 $S_{\triangle PXD} + S_{\triangle PYA} = \dfrac{(PD^2 + PA^2) S_{\triangle DP'A}}{DA^2}$

因为 $\angle BP'C = 180° - \angle AP'D$(参见三角形等角共轭点定理)$=$

$\qquad 180° - \angle AYP = \angle BYP$

所以 $\qquad \triangle BYP \backsim \triangle BP'C$

同理 $\qquad \triangle PXC \backsim \triangle BP'C$

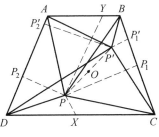

图 3.37

所以 $S_{\triangle PXC} + S_{\triangle PYB} = \dfrac{(PC^2 + PB^2) S_{\triangle P'BC}}{CB^2}$

所以 $S_{\triangle PAB} + S_{\triangle PCD} = \dfrac{(PD^2 + PA^2) S_{\triangle P'DA}}{DA^2} + \dfrac{(PC^2 + PB^2) S_{\triangle P'CB}}{CB^2} =$

$\qquad \dfrac{(PD^2 + PA^2 - DA^2) S_{\triangle P'DA}}{DA^2} +$

$\qquad \dfrac{(PC^2 + PB^2 - CB^2) S_{\triangle P'BC}}{CB^2} + S_{\triangle P'DA} + S_{\triangle P'BC} =$

$\qquad \dfrac{PD \cdot PA \cos \angle APD \cdot P'P'_2}{DA} +$

$\qquad \dfrac{PC \cdot PB \cos \angle CPB \cdot P'P'_1}{CB} + S_{\triangle P'AD} + S_{\triangle P'BC} =$

$\qquad \cot \angle APD \cdot PP_2 \cdot P'P'_2 + \cot \angle CPB \cdot PP_1 \cdot P'P'_1 +$

$\qquad S_{\triangle P'AD} + S_{\triangle P'BC} =$

$\qquad \cot \angle APD (PP_2 \cdot P'P'_2 - PP_1 \cdot P'P'_1) +$

$$S_{\triangle P'AD} + S_{\triangle P'BC} = S_{\triangle P'AD} + S_{\triangle P'BC}$$

故

$$S_{\triangle ODC} + S_{\triangle OAB} = \frac{S_{\triangle PDC} + S_{\triangle P'DC} + S_{\triangle PAB} + S_{\triangle P'AB}}{2} =$$

$$\frac{S_{\triangle P'AD} + S_{\triangle P'BC} + S_{\triangle P'DC} + S_{\triangle P'AB}}{2} = \frac{S_{ABCD}}{2}$$

由凸四边形分割图形面积关系中定理 4 知 O 必在 AC 与 BD 中点连线上.

定理 3 设 P,Q 是凸四边形 $ABCD$ 的等角共轭点,则

(1)$\triangle PAB$,$\triangle QBC$,$\triangle PCD$,$\triangle QDA$ 的垂心共线.

(2)$\triangle QAB$,$\triangle PBC$,$\triangle QCD$,$\triangle PDA$ 的垂心也共线.

(3)以上所得两直线互相平行.

证明 (1)如图 3.38,设 $\triangle PAB$,$\triangle QBC$,$\triangle PCD$,$\triangle QDA$ 的垂心为 H_i $(i=1,2,3,4)$.

作 $\square ABCR$,$\square APCS$,因为

$$PH_1 \perp AB$$

且 $PH_1 = AB \mid \cot \angle APB \mid$,$PH_3 \perp CD$

且 $PH_3 = CD \mid \cot \angle CPD \mid$

$$\cot \angle APB = -\cot \angle CPD$$

(参见三角形等角共轭定理1),所以

$$\frac{PH_1}{PH_3} = \frac{AB}{CD} = \frac{RC}{CD}$$

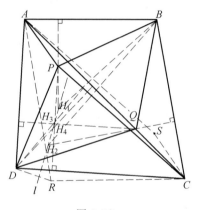

图 3.38

所以 $\triangle PH_1H_3 \backsim \triangle CRD$(边角边)且 $PH_1 \perp AB$,$AB /\!/ RC$,所以 $H_1H_3 \perp RD$.同理 $H_2H_4 \perp RD$($\triangle QH_2H_4 \backsim \triangle ARD$),所以 H_1H_3,H_2H_4 平行或重合(同垂直 RD).同理 H_1H_2,H_3H_4 平行或重合(同垂直 SQ),H_2H_3,H_4H_1 平行或重合(同垂直 SQ).

由上便得 H_1,H_2,H_3,H_4 共线 l 且 $l \perp DR$ 及 SQ.

(2)同上可证.

(3)由前面证明知,所得两直线都垂直 DR 及 SQ,故它们必互相平行.

❖ 平面四边形对角线垂直的一个充要条件

定理 平面四边形的对角线互相垂直,则一双对边的平方和等于另一双对边的平方和,对边中点连线长(中位线长)相等;反之结论亦成立.

证明 设 MN,PQ 是平面四边形(凸、凹)$MQNP$ 的两条对角线,又设 R,

S,T,K,E,F 分别为 QN,NP,PM,MQ,PQ,MN 的中点,将这些中点联结,则 $KRST,RFTE,KFSE$ 均为平行四边形,从而

$$2(KF^2 + KE^2) = EF^2 + KS^2$$
$$2(ER^2 + RF^2) = EF^2 + RT^2$$

则

$$PM^2 + QN^2 = PN^2 + QM^2 \Leftrightarrow$$
$$4KE^2 + 4KF^2 = 4ER^2 + 4RF^2 \Leftrightarrow$$
$$KS^2 = RT^2 \Leftrightarrow KS = RT \Leftrightarrow$$
$$KRST \text{ 为矩形 } \Leftrightarrow KT \perp KR \Leftrightarrow MN \perp PQ$$

❖定差幂线定理问题

定差幂线定理　对于平面上的两条线段 AC,BD,$AC \perp BD$ 的充分必要条件是 $AB^2 - AD^2 = CB^2 - CD^2$.

此结论可以推广到空间,即有

对于空间中任意四点 A,B,C,D(四点不共线),有 $\overrightarrow{AC} \perp \overrightarrow{BD}$ 的充分必要条件是 $|\overrightarrow{AB}|^2 - |\overrightarrow{AD}|^2 = |\overrightarrow{CB}|^2 - |\overrightarrow{CD}|^2$.

证明　由

$$|\overrightarrow{AB}|^2 + |\overrightarrow{CD}|^2 - (|\overrightarrow{BC}|^2 + |\overrightarrow{AD}|^2) =$$
$$\overrightarrow{AB}^2 + \overrightarrow{CD}^2 - \overrightarrow{BC}^2 - \overrightarrow{AD}^2 =$$
$$\overrightarrow{AB}^2 + (\overrightarrow{AD} - \overrightarrow{AC})^2 - (\overrightarrow{AC} - \overrightarrow{AB})^2 - \overrightarrow{AD}^2 =$$
$$\overrightarrow{AB}^2 + \overrightarrow{AD}^2 + \overrightarrow{AC}^2 - 2\overrightarrow{AD} \cdot \overrightarrow{AC} - \overrightarrow{AC}^2 - \overrightarrow{AB}^2 + 2\overrightarrow{AC} \cdot \overrightarrow{AB} - \overrightarrow{AD}^2 =$$
$$2\overrightarrow{AC}(\overrightarrow{AB} - \overrightarrow{AD}) = 2\overrightarrow{AC} \cdot \overrightarrow{DB}$$

知

$$\overrightarrow{AC} \perp \overrightarrow{BD} \Leftrightarrow \overrightarrow{AC} \cdot \overrightarrow{DB} = \mathbf{0} \Leftrightarrow$$
$$|\overrightarrow{AB}|^2 - |\overrightarrow{AD}|^2 = |\overrightarrow{CB}|^2 - |\overrightarrow{CD}|^2$$

注　在历史上,定差幂线定理指的是上述定理的必要性,即为:若直线 l 垂直于线段 AB 于点 H,M_1 与 M 为 l 上两点,则有 $M_1A^2 - MA^2 = M_1B^2 - MB^2$.

❖四点勾股差的性质定理

对任意四点 A,B,C,D,四点勾股差 P_{ABCD} 定义为

$$P_{ABCD} = AB^2 - BC^2 + CD^2 - DA^2$$

由此定义可得四点勾股差的如下基本性质：

定理 对于四点勾股差 P_{ABCD}，有

（1）（四点勾股差与四边形带号面积的类似性之一）

$$P_{ABCD} = -P_{BCDA} = P_{CDAB} = -P_{DABC} =$$

$$P_{DCBA} = -P_{ADCB} = P_{BADC} = -P_{CBAD}$$

（2）（四点勾股差与四边形带号面积的类似性之二）

$$P_{ABCD} = P_{ABD} - P_{CBD} = P_{ACD} - P_{ACB}$$

（3）（四点勾股差与四边形带号面积的类似性之三）

$$P_{AABC} = -P_{BAC}, P_{ABBC} = P_{ABC}, P_{ABCC} = -P_{ACB}, P_{CABC} = P_{ACB}$$

（4）（一般勾股定理，一般定差幂线定理）

$P_{ABCD} = 0$ 的充要条件是两点 A, C 重合，或 B, D 重合，或 $AC \perp BD$.

（5）（勾股差与投影的关系）

若 A, C 两点不重合，且 B, D 在 AC 上的投影分别为 P, Q，则 $P_{ABCD} = 2\overrightarrow{AC} \cdot \overrightarrow{PQ}$

（6）（勾股差的可分性）

若 E 为 BD 上任一点，则 $P_{ABCD} = P_{ABCE} + P_{AECD}$.

（7）若有点 X, Y 满足 $BX \perp AC, DY \perp AC$，则 $P_{ABCD} = P_{AXCY}$.

❖平面四边形各边的中点定理

对于平面四边形各边的中点，有一系列有趣结论：例如，平面四边形各边的中点是一平行四边形的顶点. 还有后面的平面四边形的热尔岗定理. 这里再介绍一条定理：

定理 无外接圆的平面四边形，若两对对边的中垂线相交，则这两交点的连线垂直于两对角线中点的连线.

事实上，设四边形 $ABCD$ 的边 AB 与 CD 的中垂线交于点 P，边 AD 与 BC 的中垂线交于点 Q；E, F, G, H 分别为 AB, BC, CD, DA 的中点，M, N 分别为 AC, BD 的中点. 由三角形的中线长公式，有

$$PM^2 = \frac{1}{2}(PA^2 + PC^2) - \frac{1}{4}AC^2, PN^2 = \frac{1}{2}(PB^2 + PD^2) - \frac{1}{4}BD^2$$

$$QM^2 = \frac{1}{2}(QA^2 + QC^2) - \frac{1}{4}AC^2, QN^2 = \frac{1}{2}(QB^2 + QD^2) - \frac{1}{4}BD^2$$

注意到 $PA = PB, PC = PD, QA = QD, QC = QD$，则得

$$PM^2 - PN^2 = \frac{1}{4}(BD^2 - AC^2), QM^2 - QN^2 = \frac{1}{4}(BD^2 - AC^2)$$

从而 $PM^2 - PN^2 = QM^2 - QN^2$，故由定差幂线定理知 $PQ \perp MN$.

❖ 空间四边形余弦定理

如图 3.39，$A_1A_2A_3A_4$ 是空间任意一个四边形. 设 $a_1 = A_1A_2$，$a_2 = A_2A_3$，$a_3 = A_3A_4$，$a_4 = A_4A_1$，θ_{12}，θ_{23} 各是 $\triangle A_1A_2A_3$，$\triangle A_2A_3A_4$ 的一个内角. 如图 3.36，过顶点 A_2 作与向量 $\overrightarrow{A_3A_4}$ 同方向的射线 $A_2A'_4$，并定义不大于 $180°$ 的 $\angle A_1A_2A'_4 = \theta_{13}$，$0° \leqslant \theta_{13} \leqslant 180°$.

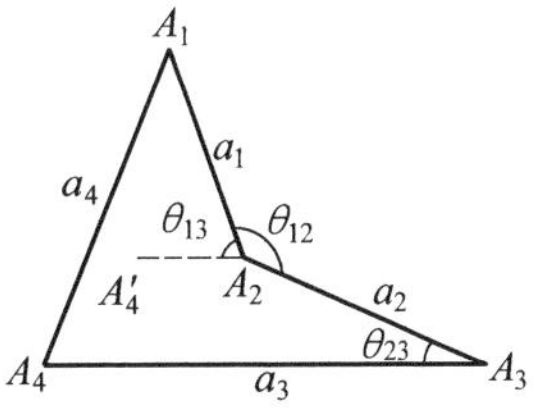

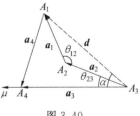

图 3.39

空间四边形余弦定理 设 $A_1A_2A_3A_4$ 是空间任意一个四边形，且 $A_1A_2 = a_1$，$A_2A_3 = a_2$，$A_3A_4 = a_3$，$A_4A_1 = a_4$，θ_{12}，θ_{23}，θ_{13} 为上面所定义，则[1]

$$a_4^2 = a_1^2 + a_2^2 + a_3^2 - 2a_1a_2\cos\theta_{12} - 2a_2a_3\cos\theta_{23} - 2a_1a_3\cos\theta_{13} \qquad ①$$

证明 如图 3.40，联结 A_1A_3，设向量 $\boldsymbol{a}_1 = \overrightarrow{A_2A_1}$，$\boldsymbol{a}_2 = \overrightarrow{A_3A_2}$，$\boldsymbol{d} = \overrightarrow{A_3A_1}$，$\boldsymbol{a}_3 = \overrightarrow{A_3A_4}$. 向量 $\boldsymbol{d}$ 的正方向与向量 $\boldsymbol{a}_3$ 的正方向夹角为 $\alpha(0° < \alpha < 180°)$，以线段 A_3A_4 所在直线为射影轴 μ 其正方向与 $\boldsymbol{a}_3$ 的正方向相同. 显然，θ_{23}，θ_{13} 分别是向量 $\boldsymbol{a}_2$，$\boldsymbol{a}_1$ 的正方向与射影轴 μ 的正方向的夹角. 因

$$\boldsymbol{d} = \boldsymbol{a}_2 + \boldsymbol{a}_1$$

图 3.40

有

$$射影_\mu\boldsymbol{d} = 射影_\mu(\boldsymbol{a}_2 + \boldsymbol{a}_1) = 射影_\mu\boldsymbol{a}_2 + 射影_\mu\boldsymbol{a}_1$$

$$射影_\mu\boldsymbol{d} = |\boldsymbol{d}|\cos\alpha = d\cos\alpha$$

$$射影_\mu\boldsymbol{a}_2 = |\boldsymbol{a}_2|\cos\theta_{23} = a_2\cos\theta_{23}$$

$$射影_\mu\boldsymbol{a}_1 = |\boldsymbol{a}_1|\cos\theta_{13} = a_1\cos\theta_{13}$$

则

$$d\cos\alpha = a_2\cos\theta_{23} + a_1\cos\theta_{13} \qquad ②$$

在 $\triangle A_1A_2A_3$ 中利用三角形余弦定理，有

$$d^2 = a_1^2 + a_2^2 - 2a_1a_2\cos\theta_{12} \qquad ③$$

在 $\triangle A_1A_3A_4$ 中，同样有

① 王德源. 空间 n 边形余弦定理[J]. 中学数学教学，1983(4)：12-14.

P
M
J
H
W
B
M
T
J
Y
Q
W
B
T
D
L
(X)

33

$$a_4^2 = a_3^2 + d^2 - 2a_3 d \cos \alpha \qquad ④$$

则将 ②,③ 两式代入式 ④ 得

$$a_4^2 = a_3^2 + (a_1^2 + a_2^2 - 2a_1 a_2 \cos \theta_{12}) - 2a_3(a_2 \cos \theta_{23} + a_1 \cos \theta_{13})$$

即 $a_4^2 = a_1^2 + a_2^2 + a_3^2 - 2a_1 a_2 \cos \theta_{12} - 2a_2 a_3 \cos \theta_{23} - 2a_1 a_3 \cos \theta_{13}$

故命题为真.

❖简单四边形的余弦定理

在凸四边形的正弦、余弦、射影定理中,已介绍了凸四边形的余弦定理,这里再介绍简单四边形的余弦定理.

简单四边形的余弦定理　设 $ABCD$ 是平面上任意一个简单四边形,且 $AB = a, BC = b, CD = c, AD = d$. 则

$$d^2 = a^2 + b^2 + c^2 - 2ab \cos B - 2bc \cos C + 2ac \cos(\angle B + \angle C) \qquad ①$$

证明　简单四边形包括凸四边形和凹四边形,凹四边形根据在哪一顶点凹,又分四种情况,分别证明如下:

(1) 如图 3.41,$ABCD$ 是一个凸四边形,过点 B 引射线 $BE \parallel CD$ 则 $\angle ABE = \theta_{13}$.

易知,当 BE 在 B 内时,$\theta_{13} = (\angle B + \angle C) - 180°$.

当 BE 在 B 外时,$\theta_{13} = 180° - (\angle B + \angle C)$.

无论上述哪种情况,把 $a_1 = a, a_2 = b, a_3 = c, a_4 = d, \theta_{12} = \angle B, \theta_{23} = \angle C$ 及 θ_{13} 代入式 ① 即得

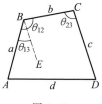

图 3.41

$$d^2 = a^2 + b^2 + c^2 -$$
$$2ab \cos B - 2bc \cos C + 2ac \cos(\angle B + \angle C)$$

(2) 如图 3.42,$ABCD$ 是一个凹四边形,且在点 A 凹.过点 B 作 $BE \parallel CD$,则 $\angle ABE = \theta_{13}$.

易证,$\theta_{13} = 180° - (\angle B + \angle C)$.

将 $a_1 = a, a_2 = b, a_3 = c, a_4 = d, \theta_{12} = \angle B, \theta_{23} = \angle C$ 及 θ_{13} 代入式 ① 化简后得

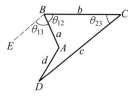

图 3.42

$$d^2 = a^2 + b^2 + c^2 - 2ab \cos B - 2bc \cos C +$$
$$2ac \cos(\angle B + \angle C)$$

如图 3.43,3.44,$ABCD$ 是一个凹四边形且分别在点 B, C, D 凹的情况,可用类似的方法证明.

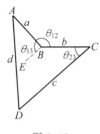

图 3.43

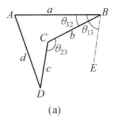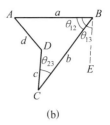

(a) (b)

图 3.44

由以上定理,可以得到两个推论:

推论 1 设 $ABCD$ 是一个简单四边形,且 $AB = a$,$BC = b$,$CD = c$,$DA = d$,对角线 $AC = e$,$BD = f$,则

$$b^2 + d^2 = e^2 + f^2 + 2ac\cos(\angle B + \angle C)$$

证明 在证明简单四边形余弦定理时,联结 AC 和 BD 总是可以得

$$e^2 = AC^2 = a^2 + b^2 - 2ac\cos B$$
$$f^2 = BD^2 = b^2 + c^2 - 2bc\cos C$$

在式 ① 两边同时加上 b^2 得

$$b^2 + d^2 = (a^2 + b^2 - 2ab\cos B) + (b^2 + c^2 - 2bc\cos C) + 2ac\cos(\angle B + \angle C)$$

即

$$b^2 + d^2 = e^2 + f^2 + 2ac\cos(\angle B + \angle C)$$

推论 2 设 $ABCD$ 是任一个凸四边形,且 $AB = a$,$BC = b$,$CD = c$,$DA = d$,对角线 $AC = e$,$BD = f$,令 $\angle ADB = \alpha$,$\angle DBC = \beta$,则

$$e^2 + f^2 = a^2 + c^2 + 2bd\cos(\alpha - \beta)$$

证明 把 $ADBC$ 看成是一个空间四边形,那么 $a_1 = DA = d$,$a_2 = DB = f$,$a_3 = BC = b$,$a_4 = AC = e$,$\theta_{12} = \alpha$,$\theta_{23} = \beta$,如图 3.45 所示,过点 D 作 $DE \parallel BC$,则 $\angle ADE = \theta_{13}$.

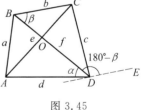

图 3.45

易证,当 $\alpha \geqslant \beta$ 时,$\theta_{13} = 180° - (\alpha - \beta)$;当 $\alpha < \beta$ 时,$\theta_{13} = 180° + (\alpha - \beta)$.

无论 θ_{13} 为什么角,由公式 ① 得

$$e^2 = d^2 + f^2 + b^2 - 2df\cos\alpha - 2fb\cos\beta + 2db\cos(\alpha - \beta)$$

上式两边同时加上 f^2 有

$$e^2 + f^2 = (d^2 + f^2 - 2df\cos\alpha) + (f^2 + b^2 - 2fb\cos\beta) + 2bd\cos(\alpha - \beta)$$

因 $a^2 = d^2 + f^2 - 2df\cos\alpha$,$c^2 = f^2 + b^2 - 2fb\cos\beta$,则

$$e^2 + f^2 = a^2 + c^2 + 2bd\cos(\alpha - \beta)$$

由推论 2 可得下面三个推论:

P
M
J
H
W
B
M
T
J
Y
Q
W
B
T
D
L
(X)

㉟

推论 3　梯形的两对角线平方和等于两腰的平方和加上两底乘积的 2 倍(图 3.46).

推论 4　等腰梯形对角线平方等于腰的平方与两底之积的和.

推论 5　平行四边形对角线平方和等于四边的平方和(图 3.47).

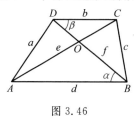
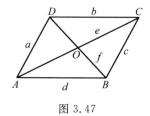

图 3.46　　　　　　　　　　　　图 3.47

❖平行四边形的余形定理

　　平面四边形的余形定理　　在平行四边形工 BCD 内取一点 K,过 K 引两邻边的平行线 EF,GH,交 AB 于 G,BC 于 F,CD 于 H,AD 于 E,则

$$S_{GBFK} = S_{EKHD} \Leftrightarrow 点 K 在对角线 AC 上.$$

　　平行四边形的余形及余形定理,在欧几里得《原本》中已指出:"平行四边形中两余形相等."(卷 1 命题 43)三国时期赵爽《周髀算经·日高图》注中说:"黄甲与黄乙,其实(面积)相等."在长方形中赵爽的说法与欧几里得的见解正相一致.什么是平行四边形的余形? 它是指图 3.48 中用两条与边平行在形内互交于 K 的直线,分平行四边形成四部分,对角线 AC 的余形是平行四边形 $EBHK$ 及 $GKFD$;而对角线 BD 的余形是平行四边形 $AEKG$ 及 $KHCF$.注意: $S_{EDHK} = S_{GKFB}$ 或 $S_{AEKG} = S_{KHCF}$ 只是偶然现象.而在图 3.49 中过对角线 AC 上的点 K 所作两线段 EF,GH 分原形为六部分,易于看出 $\square EDHK$ 与 $\square GKFB$ 形异而面积相等.这两小平行四边形欧几里得称为余形.它的逆命题应是:"如果平行四边形中二余形面积相等,那么二者的公共点在原平行四边形的对角线上."命题是真的(证明见完全四边形的牛顿线定理证法 7 中的引理 1).

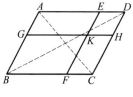
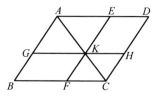

图 3.48　　　　　　　　　　　　图 3.49

❖凸四边形为平行四边形的两个充要条件

定理 1　凸四边形为平行四边形的充要条件是凸四边形两对角线的平方和等于四条边的平方和.

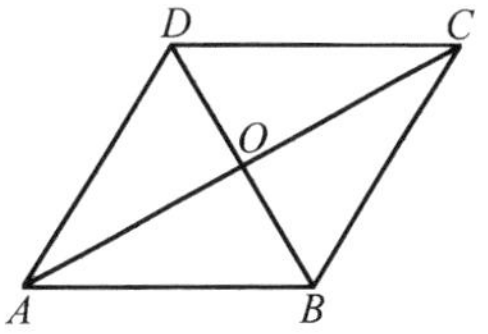

证明　必要性. 如图 3.50, 设 O 是 $\square ABCD$ 两对角线的交点, 则由斯特瓦尔特定理, 有

$$AO^2 = \frac{1}{2}AB^2 + \frac{1}{2}AD^2 - \frac{1}{4}BD^2$$

图 3.50

故　　　　　　　　　　　$4AO^2 + BD^2 = 2AB^2 + AD^2$

即　　　　　　　　$AC^2 + BD^2 = AB^2 + BC^2 + CD^2 + DA^2$

充分性.[①]设 AC, BD 为凸四边形 $ABCD$ 的两条对角线, 它们相交于 O, $OA = a, OB = b, OC = c, OD = d$, 则由题意有

$$(a+c)^2 + (b+d)^2 = AB^2 + BC^2 + CD^2 + DA^2 \qquad ①$$

设 $\angle AOB = \alpha$, 则由三角形的余弦定理得

$$AB^2 = a^2 + b^2 - 2ab\cos\alpha, \quad BC^2 = b^2 + c^2 - 2bc\cos\alpha$$

$$CD^2 = c^2 + d^2 - 2cd\cos\alpha, \quad DA^2 = d^2 + a^2 - 2da\cos\alpha$$

将以上四式相加, 得

$$AB^2 + BC^2 + CD^2 + DA^2 = 2a^2 + 2b^2 + 2c^2 + 2d^2 + 2(a-c)(b-d)\cos\alpha \quad ②$$

将 ② 代入 ①, 得

$$2ac + 2bd = a^2 + b^2 + c^2 + d^2 + 2(a-c)(b-d)\cos\alpha$$

所以

$$(a-c)^2 + (b-d)^2 + 2(a-c)(b-d)\cos\alpha = 0 \qquad ③$$

令 $f(a-c, b-d) = (a-c)^2 + (b-d)^2 + 2(a-c)(b-d)\cos\alpha$, 则

$$f(a-c, b-d) \geqslant 2(a-c)(b-d) + 2(a-c)(b-d)\cos\alpha$$

此处等号成立的充要条件是

$$a - c = b - d \qquad ④$$

则

$$2(a-c)(b-d) + 2(a-c)(b-d)(1+\cos\alpha) = 0 \qquad ⑤$$

因为 $1 + \cos\alpha > 0$, 所以

$$2(a-c)(b-d)(1+\cos\alpha) = 0$$

---

①　徐道. 数学问题 1601[J]. 数学通报, 2006(4):63.

必有 $a-c$ 与 $b-d$ 至少有一个为 0,不失一般性,令
$$a-c=0 \qquad ⑥$$

由 ③,④,⑥ 得 $a=c,b=d$,所以,四边形 $ABCD$ 是平行四边形.

定理 2 凸四边形为平行四边形或梯形的充要条件是凸四边形一组对边的中点和两条对角线的交点共线.

证明 如图 3.51,设 M,N 分别为凸四边形 $ABCD$ 的边 AB,CD 的中点,P 为 AC 与 BD 的交点.

充分性.若 M,P,N 共线.作 DC 的平行线,使其与 PA,PB 分别相交于 C',D',与 PM 交于 N'.联结 $C'M$,$D'M$,作 $C'E \perp AB$ 于 E,作 $D'F \perp AB$ 于 F.由
$$C'D' \mathbin{/\mkern-5mu/} CD$$

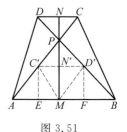

图 3.51

有
$$\frac{C'N'}{CN}=\frac{PN'}{PN}=\frac{N'D'}{ND}$$

而 $CN=ND$,即知 N' 为 $C'D'$ 的中点.易证
$$S_{\triangle PC'N'}=S_{\triangle PD'N'},S_{\triangle MC'N'}=S_{\triangle MD'N'},S_{\triangle PAM}=S_{\triangle PBM}$$

从而
$$S_{\triangle AMC'}=S_{\triangle BMD'}$$

又 $AM=MB$,则必有 $C'E=D'F$.注意到 C',D' 在 AB 同侧,故 $C'D' \mathbin{/\mkern-5mu/} AB$.即 $AB \mathbin{/\mkern-5mu/} CD$.(注:若作 $MG \mathbin{/\mkern-5mu/} BD$ 交 AP 于 G,则 G 为 AP 中点,作 $NH \mathbin{/\mkern-5mu/} DB$ 交 PC 于 H,则 H 为 PC 中点,由 $\triangle PGM \backsim \triangle PHN$ 可得 $\triangle PAM \backsim \triangle PCN$,即有 $AB \mathbin{/\mkern-5mu/} CD$.)

当 $AB=CD$ 时,$ABCD$ 为平行四边形;当 $AB \ne CD$ 时,$ABCD$ 为梯形.

必要性.显然(略).

❖ 平行四边形为矩形的一个充要条件

定理 平行四边形为矩形的充要条件是平面内任一点到平行四边形两双相对顶点的距离的平方和相等.

证明 充分性.令 P 为 $\square ABCD$ 所在平面内任一点,Q 为 AC 与 BD 的交点,分别取 PA,PB,PC,PD 的中点 R,S,T,K,则四边形 $KPSQ,PRQT$ 均为平行四边形,有
$$2(PK^2+PS^2)=PQ^2+SK^2,2(PR^2+PT^2)=PQ^2+RS^2$$

由题设 $PB^2+PD^2=PA^2+PB^2$,即
$$4PK^2+4PS^2=4PR^2+4PT^2$$

则
$$RT^2=KS^2$$

（38）

而 $RT = \dfrac{1}{2}AC$，$KS = \dfrac{1}{2}BD$，故

$$AC = BD$$

即证.

必要性. 设 P 到矩形 $ABCD$ 的边 AB，DC，BC，AD 边的距离分别为 d_1，d_2，d_3，d_4，由勾股定理有

$$PA^2 + PC^2 = PB^2 + PD^2$$

❖简单四边形重心性质定理

简单四边形的两条对角线将四边形分为两对三角形，两对三角形重心连线的交点，称为简单四边形的重心（参见简单四边形重心的作法）. 三角形的重心与三顶点相连，分成三个面积相等的小三角形. 简单四边形的重心与四顶点相连，分成的四个小三角形面积不一定相等（除非为平行四边形）. 但我们有如下的结论.

定理 1　设简单四边形 $A_1A_2A_3A_4$ 的重心为 G，则有

$$S_{\triangle GA_1A_2} + S_{\triangle GA_3A_4} = S_{\triangle GA_2A_3} + S_{\triangle GA_4A_1} \qquad ①$$

为证明定理 1，需引入三角形的有向面积公式.

在复平面内，$\triangle ABC$ 的有向面积（记为 $\overline{\triangle ABC}$）为

$$\overline{\triangle ABC} = \dfrac{1}{2}\mathrm{Im}(\overline{A}B + \overline{B}C + \overline{C}A) \qquad ②$$

其中 A，B，C；$\overline{A}$，$\overline{B}$，$\overline{C}$ 分别表示三个顶点对应的复数及共轭复数（以下类似）.

我们约定：$\triangle ABC$ 的绕向为逆时针方向时，其有向面积为正数；$\triangle ABC$ 的绕向为顺时针方向时，其有向面积为负数. 且有

$$S_{\triangle ABC} = | \overline{\triangle ABC} | \qquad ③$$

由复数的运算性质又知，若复数 $z_1 = x_1 + y_1\mathrm{i}$，$z_2 = x_2 + y_2\mathrm{i}$，则易得

$$\mathrm{Im}(\overline{z}_1 z_2) = x_1 y_2 - x_2 y_1 \qquad ④$$

下面仅以凸四边形情形证明定理 1：①

证明　根据四边形重心的定义知，凸四边形的重心必在四边形的内部，$\triangle GA_1A_2$，$\triangle GA_2A_3$，$\triangle GA_3A_4$，$\triangle GA_4A_1$ 的绕向相同，由此可知，$\overline{\triangle GA_1A_2}$，

---

① 曾建国. 四边形重心的一个性质及推广[J]. 数学通报，2005(3)：30-31.

$\triangle GA_2A_3,\triangle GA_3A_4,\triangle GA_4A_1$ 同号.则根据 ③ 可知,欲证 ①,只需证明

$$\overline{\triangle}GA_1A_2+\overline{\triangle}GA_3A_4=\overline{\triangle}GA_2A_3+\overline{\triangle}GA_4A_1$$

即要证

$$\mathrm{Im}(\overline{G}A_1+\overline{A}_1A_2+\overline{A}_2G+\overline{G}A_3+\overline{A}_3A_4+\overline{A}_4G)=$$
$$\mathrm{Im}(\overline{G}A_2+\overline{A}_2A_3+\overline{A}_3G+\overline{G}A_4+\overline{A}_4A_1+\overline{A}_1G) \tag{⑤}$$

以重心 G 为原点建立复平面 xGy,设 $A_j=x_j+y_j\mathrm{i}(j=1,2,3,4)$.根据四边形的重心坐标公式并注意到 G 为原点易得

$$x_1+x_2+x_3+x_4=y_1+y_2+y_3+y_4=0 \tag{⑥}$$

由于 $G=0$,则式 ⑤ 可化为

$$\mathrm{Im}(\overline{A}_1A_2+\overline{A}_3A_4)=\mathrm{Im}(\overline{A}_2A_3+\overline{A}_4A_1) \tag{⑦}$$

根据 ④,可将式 ⑦ 写成

$$x_1y_2-x_2y_1+x_3y_4-x_4y_3=x_2y_3-x_3y_2+x_4y_1-x_1y_4$$

即

$$x_1y_2+x_3y_2+x_3y_4+x_1y_4=x_2y_3+x_2y_1+x_4y_1+x_4y_3$$

即

$$(x_1+x_3)(y_2+y_4)=(x_2+x_4)(y_1+y_3) \tag{⑧}$$

由式 ⑥ 得

$$x_1+x_3=-(x_2+x_4),y_2+y_4=-(y_1+y_3)$$

故知式 ⑧ 成立.

命题得证.同理,可证明凹四边形 $ABCD$ 的情形.

定理 2　设 P 为简单四边形 $A_1A_2A_3A_4$(非平行四边形)所在平面内任意一点,则等式

$$\overline{\triangle}PA_1A_2+\overline{\triangle}PA_3A_4=\overline{\triangle}PA_2A_3+\overline{\triangle}PA_4A_1 \tag{⑨}$$

成立的充要条件是:点 P 与四边形的两条对角线 A_1A_3,A_2A_4 的中点 M,N 三点共线.

证明　建立复平面 xOy,使 Ox 轴不垂直于 MN,设 $A_j=x_j+y_j\mathrm{i}(j=1,2,3,4)$,$P=x+y\mathrm{i}$,$M=x_0+y_0\mathrm{i}$,$N=x'_0+y'_0\mathrm{i}$ 根据中点坐标公式知

$$x_0=\frac{x_1+x_3}{2},y_0=\frac{y_1+y_3}{2}$$

$$x'_0=\frac{x_2+x_4}{2},y'_0=\frac{y_2+y_4}{2} \tag{⑩}$$

根据公式 ②,④ 可得

$$2\overline{\triangle}PA_1A_2=\mathrm{Im}(\overline{P}A_1+\overline{A}_1A_2+\overline{A}_2P)=xy_1-x_1y+x_1y_2-x_2y_1+x_2y-xy_2$$

同理可得

$$2\overline{\triangle}PA_2A_3=xy_2-x_2y+x_2y_3-x_3y_2+x_3y-xy_3$$

$$2\overline{\triangle PA_3A_4} = xy_3 - x_3y + x_3y_4 - x_4y_3 + x_4y - xy_4$$

$$2\overline{\triangle PA_4A_1} = xy_4 - x_4y + x_4y_1 - x_1y_4 + x_1y - xy_1$$

将以上四个等式代入式 ⑨ 经化简整理可得

$$2((y_1 + y_3) - (y_2 + y_4))x - 2((x_1 + x_3) - (x_2 + x_4))y +$$

$$(x_1 + x_3)(y_2 + y_4) - (x_2 + x_4)(y_1 + y_3) = 0 \qquad ⑪$$

利用式 ⑩ 可将上式写成

$$(y_0 - y'_0)x - (x_0 - x'_0)y + (x_0y'_0 - x'_0y_0) = 0 \qquad ⑫$$

依题设知 $x_0 \neq x'_0$,则方程 ⑫ 表示一条直线设为 l,其斜率为

$$k_l = \frac{y_0 - y'_0}{x_0 - x'_0} = k_{MN}$$

设线段 MN 的中点为 G(即为四边形 $A_1A_2A_3A_4$ 的重心),容易验证点 G 的

坐标 $(\frac{x_0 + x'_0}{2}, \frac{y_0 + y'_0}{2})$ 适合方程 ⑪. 表明直线 l 就是 MN,即 P, M, N 三点共

线.

反之,若 P, M, N 三点共线. 根据点 G 坐标及 MN 的斜率可得直线 MN 的

方程为 ⑫ 也即 ⑪,进而可知式 ⑨ 成立. 命题得证.

在定理 2 中,若四边形 $A_1A_2A_3A_4$ 是平行四边形,则 M, N 重合为一点,平

面内任意一点 P 都满足式 ⑨(这可从上面式 ⑫ 恒成立得知).

在定理 2 中,当四边形 $A_1A_2A_3A_4$ 为凸四边形,P 为其内部一点时,则有

定理 $2'$ 设 P 为凸四边形 $A_1A_2A_3A_4$(非平行四边形)内一点,则等式

$$S_{\triangle PA_1A_2} + S_{\triangle PA_3A_4} = S_{\triangle PA_2A_3} + S_{\triangle PA_4A_1} \qquad ⑬$$

成立的充要条件是:点 P 与四边形的两条对角线 A_1A_3, A_2A_4 的中点 M, N 三点

共线.

证明 因 P 为凸四边形 $A_1A_2A_3A_4$ 内部一点,则 $\triangle PA_1A_2, \triangle PA_2A_3,$

$\triangle PA_3A_4, \triangle PA_4A_1$ 的绕向相同,由此可知,$\overline{\triangle PA_1A_2}, \overline{\triangle PA_2A_3}, \overline{\triangle PA_3A_4},$

$\overline{\triangle PA_4A_1}$ 同号. 在式 ⑨ 两边取绝对值即得式 ⑬. 命题得证.

在定理 $2'$ 中,当 P 为线段 MN 的中点 G(G 即为四边形 $A_1A_2A_3A_4$ 的重心)

时,由充分性即得定理 1 中的凸四边形情形.

❖简单四边形重心坐标公式

对于简单四边形的重心坐标公式,为讨论问题的方便,仅以图 3.52 的情形

来推导,设四边形 $ABCD$ 各顶点坐标为 $A(0,0), B(x_2,0), C(x_3,y_3), D(x_4,$

y_4). 联结 AC, BD, 则 $\triangle ABD$, $\triangle BCD$, $\triangle ABC$, $\triangle ACD$ 之重心分别为 $G_1\left(\dfrac{x_2+x_4}{3}, \dfrac{y_4}{3}\right)$, $G_2\left(\dfrac{x_2+x_3+x_4}{3}, \right.$ $\left. \dfrac{y_3+y_4}{3}\right)$, $G_3\left(\dfrac{x_2+x_3}{3}, \dfrac{y_3}{3}\right)$, $G_4\left(\dfrac{x_3+x_4}{3}, \dfrac{y_3+y_4}{3}\right)$. ①

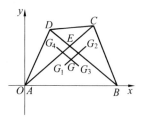

图 3.52

由于 G_1G_2 与 G_3G_4 之交点 G 就是四边形 $ABCD$ 之重心. 由两点式公式可求出 G_1G_2 及 G_3G_4 的直线方程为

$$y = \frac{y_3}{x_3}x - \frac{x_2y_3 - x_3y_4 + x_4y_3}{3x_3} \tag{①}$$

$$y = \frac{y_4}{x_4 - x_2}x - \frac{x_2y_3 + x_2y_4 + x_3y_4 - x_4y_3}{3(x_4 - x_2)} \tag{②}$$

由 ①, ② 两式可解得四边形 $ABCD$ 的重心坐标为

$$x_g = \frac{x_2^2y_3 + x_2x_3y_3 + x_3^2y_4 - x_3x_4y_3 + x_3x_4y_4 - x_4^2y_3}{3(x_2y_3 + x_3y_4 - x_4y_3)}$$

$$y_g = \frac{x_2y_3^2 + x_3y_3y_4 + x_3y_4^2 - x_4y_3^2 - x_4y_3y_4}{3(x_2y_3 + x_3y_4 - x_4y_3)}$$

定理 重心在对角线交点上的四边形必然是平行四边形.

证明 如图 3.52, 对角线 AC 及 BD 的方程由两点式可得

$$y = \frac{y_3}{x_3}x \tag{③}$$

$$y = \frac{y_4}{x_4 - x_2}x - \frac{x_2y_4}{x_4 - x_2} \tag{④}$$

比较 ①, ③ 及 ②, ④ 可见 AC 与 G_1G_2 斜率相同, BD 与 G_3G_4 斜率相同, 即 $AC /\!/ G_1G_2$, $BD /\!/ G_3G_4$. AC, BD, G_1G_2, G_3G_4 四线构成一个平行四边形, E, G 在平行四边形相对的两顶点上. E, G 共点的充要条件是 AC 与 G_1G_2 重合且 BD 与 G_3G_4 重合, 此时四边形重心 G 即其对角线的交点, 即直线 G_1G_2 与 AC 截距也相等; 直线 G_3G_4 与 BD 亦然, 因而得方程组

$$\begin{cases} \dfrac{x_2y_3 - x_3y_4 + x_4y_3}{3x_3} = 0 \\[2mm] \dfrac{x_2y_3 + x_2y_4 + x_3y_4 - x_4y_3}{3(x_4 - x_2)} = \dfrac{x_2y_4}{x_4 - x_2} \end{cases}$$

化简得

$$\begin{cases} x_2y_3 - x_3y_4 + x_4y_3 = 0 \tag{⑤} \\ x_2y_3 - 2x_2y_4 + x_3y_4 - x_4y_3 = 0 \tag{⑥} \end{cases}$$

① 郭幼操. 四边形的重心[J]. 数学通报, 1994(6): 36-37.

⑤＋⑥得

$$2x_2y_3 - 2x_2y_4 = 0$$

而 $x_2 \neq 0$,则

$$y_3 = y_4$$

即

$$AB \ /\!/ \ CD$$

把 $y_3 = y_4$ 代入 ⑤ 得

$$x_2y_4 - x_3y_4 + x_4y_4 = 0$$

则

$$y_4 \neq 0, x_2 = x_3 - x_4 \Rightarrow AB = CD$$

即 AB 与 CD 既平行且相等,故四边形 $ABCD$ 确实是平行四边形,即唯有平行四边形的重心在对角线上.

❖平面四边形的欧拉定理

平面四边形的欧拉定理　平面四边形的四边平方和等于对角线的平方和再加上两对角线中点连线的平方的 4 倍,即①

$$a^2 + b^2 + c^2 + d^2 = e^2 + f^2 + 4m^2$$

其中 m 是两对角线中点连线的长度.

本问题是欧拉于 1750 年提出的.

证明　如图 3.53,设 M, N 分别是平面四边形 $ABCD$ 的对角线 BD, AC 之中点,联结 AM, CM.

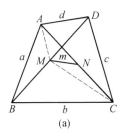
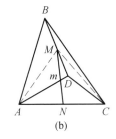
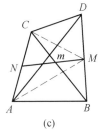

(a)　　　　(b)　　　　(c)

图 3.53

由于 AM 是 $\triangle ABD$ 的中线,CM 是 $\triangle BCD$ 的中线,则

$$AB^2 + AD^2 = \frac{1}{2}(BD^2 + 4AM^2)$$ ①

① 单墫. 数学名题词典[M].南京:江苏教育出版社,2002:573-574.

$$BC^2 + CD^2 = \frac{1}{2}(BD^2 + 4CM^2) \qquad ②$$

又由于 MN 是 $\triangle MAC$ 的中线,则

$$2(AM^2 + CM^2) = AC^2 + 4MN^2 \qquad ③$$

由 ①,②,③ 易得

$$AB^2 + BC^2 + CD^2 + DA^2 = AC^2 + BD^2 + 4MN^2$$

注 若凸四边形的对角线互相平分,$|MN| = 0$,则 $AB^2 + BC^2 + CD^2 + DA^2 = AC^2 + BD^2$,即平行四边形的四边平方和等于对角线的平方和.

❖平面四边形的热尔岗定理

㊹ **平面四边形的热尔岗定理** 设点 L,M,N,K 分别是平面四边形 $ABCD$ 的四边 AB,BC,CD,DA 的中点,P,Q 分别是对角线 AC,BD 的中点,则三线段 LN,MK,PQ 相交于一点,且都被该交点所平分.

该定理于 $1810 \sim 1811$ 年间被法国数学家热尔岗所发现.

证明 如图 3.54,在凸四边形 $ABCD$ 中,因 $LM \parallel AC,KN \parallel AC$,则

$$LM \parallel KN$$

同理 $\qquad\qquad LK \parallel MN$

从而 $LMNK$ 是平行四边形,其对角线 LN 和 MK 互相平分于点 O.

又因 $QM \parallel DC,KP \parallel DC$,则

$$QM \parallel KP$$

同理 $\qquad\qquad\qquad QK \parallel MP$

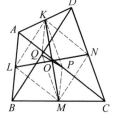

图 3.54

则四边形 $KQMP$ 是平行四边形,其对角线 PQ 和 MK 互相平分于 MK 之中点 O.

故 LN,MK,PQ 交于一点,且都被该交点所平分.

对于凹四边形,折四边形同理可证结论成立.

注 对于空间四边形,上述结论也是成立的.

❖梯形的施坦纳定理

梯形的施坦纳定理　　梯形的两对角线的交点与两腰延长线的交点的连线必平分梯形的上、下底.

此定理由瑞士数学家施坦纳首先提出.

证法 1　如图 3.55,梯形 $ABCD$ 中,$AB \ /\!/ \ CD$,AC,BD 交于点 E,BC,AD 的延长线交于点 F,EF 分别交 AB,CD 于点 N,M.

由于 AC,BD,FN 交于一点,根据塞瓦定理,得

$$\frac{AN}{NB} \cdot \frac{BC}{CF} \cdot \frac{FD}{DA} = 1$$

又因 $DC \ /\!/ \ AB$,则

$$\frac{FD}{DA} = \frac{FC}{BC}$$

即

$$\frac{AN}{NB} = 1$$

亦即

$$AN = NB$$

又由 $\dfrac{DM}{AN} = \dfrac{MC}{NB}$,有

$$DM = MC$$

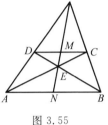

图 3.55

证法 2　如图 3.55,因 $DC \ /\!/ \ AB$,则由 $\dfrac{DM}{NB} = \dfrac{ME}{EN} = \dfrac{MC}{AN}$,有

$$\frac{DM}{NB} = \frac{MC}{AN} \qquad\qquad ①$$

由 $\dfrac{DM}{AN} = \dfrac{FM}{FN} = \dfrac{MC}{NB}$,有

$$\frac{DM}{AN} = \frac{MC}{NB} \qquad\qquad ②$$

由 ①,② 两式相乘,相除得

$$DM^2 = MC^2 , AN^2 = NB^2$$

故

$$DM = MC , AN = NB$$

❖梯形的中线长公式

定理　梯形两底边的中线长等于两腰平方和之 2 倍与两底差之平方的差的方根之半.

证明　如图 3.56,设 M,N 分别为梯形 $ABCD$ 的两底 AB,CD 的中点,过 D 作 BC 的平行线 DE,与 AB 相交于 E,作 $\triangle AED$ 的中线 DF,则

$$AF = \frac{1}{2}(AB - DC) = AM - DN \qquad ①$$

而

$$AF = AM - FM \qquad ②$$

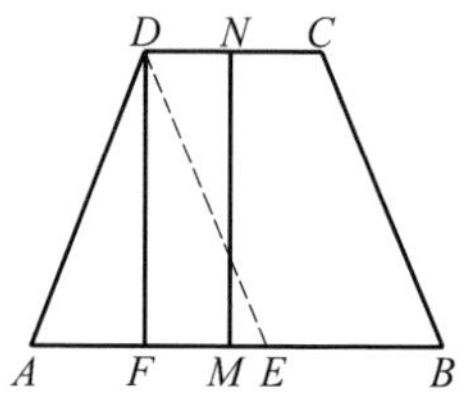

比较 ① 和 ② 得 $DN = FM$.

又因 $DN \parallel FM$,则四边形 $FMND$ 为平行四边形,从而 $MN \underset{=}{\parallel} DF$.

由于 DF 为 $\triangle AED$ 的中线,那么由三角形的中线长公式可知

$$DF = \frac{1}{2}\sqrt{2(DE^2 + AD^2) - AE^2}$$

又 $DE = BC,AE = AB - DC$,则

$$MN = DF = \frac{1}{2}\sqrt{2(BC^2 + AD^2) - (AB - DC)^2}$$

图 3.56

❖梯形的中位线定理

梯形的中位线定理　在梯形 $ABCD$ 中,点 E,F 分别是腰 AD,BC 的中点,则 $EF = \frac{1}{2}(AB + CD)$.

证明　如图 3.57,因 E,F 分别为腰 AD,BC 的中点,即

$$\frac{DE}{EA} = \frac{CF}{FB}$$

从而

$$EF \parallel AB$$

联结 AC 交 EF 于点 M,则 M 为 AC 的中点. 在 $\triangle ABC$ 中,有

$$MF = \frac{1}{2}AB$$

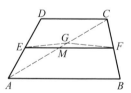

图 3.57

同理
$$EM = \frac{1}{2}CD$$

故
$$EF = MF + EM = \frac{1}{2}(AB + CD)$$

梯形的中位线定理的逆定理（梯形的判定定理） 若 E,F 分别是平面四边形 $ABCD$ 的边 AD,BC 的中点,且满足 $EF = \frac{1}{2}(AB + CD)$,则 $AB // DC$.

证明 如图 3.57,联结 AC,取 AC 的中点 G,联结 EG,GF.

由三角形中位线定理,有

$$EG \, \underline{\underline{\parallel}} \, \frac{1}{2}CD, GF \, \underline{\underline{\parallel}} \, \frac{1}{2}AB$$

于是

$$EG + GF = \frac{1}{2}(CD + AB)$$

而已知 $EF = \frac{1}{2}(AB + CD)$,即有

$$EG + GF = EF$$

亦知点 G 在 EF 上.从而 $EF // DC, EF // AB$,故 $AB // DC$.

❖梯形中位线定理的推广

定理 1 梯形 $ABCD$ 中,点 E,F 分别在腰 AB,CD 上,$EF // AD$,$\dfrac{AE}{EB} = \dfrac{m}{n}$,则

$$(m + n)EF = mBC + nAD$$

证明 如图 3.58,过 E 作 CD 的平行线交 BC 于 P,交 AD 反向延长线于 Q,显然 $QPCD$ 是平行四边形,有

$$QD = PC \qquad \qquad ①$$

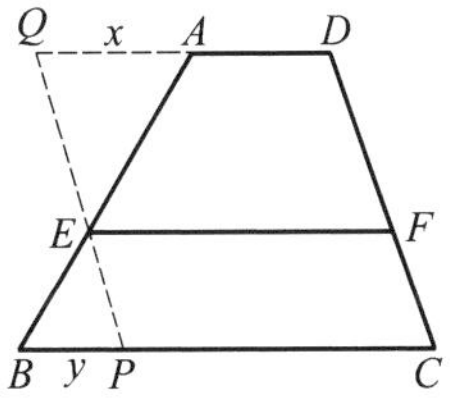

令 $AQ = x, BP = y$,则

$$\frac{x}{y} = \frac{AE}{EB} = \frac{m}{n}$$

图 3.58

即

$$y = \frac{n}{m}x \qquad \qquad ②$$

由 ① 得

$$x + AD = BC - y \qquad \qquad ③$$

由 ② 与 ③ 解出 x 得

$$x = \frac{m(BC - AD)}{m + n}$$

于是 $\quad EF = QD = x + AD = \frac{m(BC - AD)}{m + n} + AD = \frac{mBC + nAD}{m + n}$

所以 $\qquad\qquad (m + n)EF = mBC + nAD$

特别是当 E, F 是 AB, CD 中点时, $m = n$, 由公式可得 $EF = \frac{AD + BC}{2}$, 这就是梯形中位线定理.

定理2 若 E, F 分别为四边形 $ABCD$ 的边 AB, CD 上的点, 且 $\frac{AE}{EB} = \frac{DF}{FC} = \frac{m}{n}$, $AD = b$, $BC = a$. 设 AD 与 BC 所在直线的夹角为 α, 则

$$EF^2 = \frac{(am)^2 + (bn)^2 + 2ambn\cos\alpha}{(m + n)^2}$$

⊕48

证明 如图 3.59, 联结 BD, 过 E 作 $EO \parallel AD$ 交 BD 于 O, 联结 OF, 则 $OF \parallel BC$, 且有

$\angle OFE = \angle FEO$, $\angle FEO = \angle FQD$

(其中点 Q 为直线 EF 与直线 AD 的交点) 从而

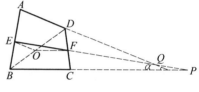

图 3.59

$$\angle OFE + \angle FEO = \angle FPC + \angle DQF = \alpha$$

(其中点 P 为直线 EF 与直线 BC 的交点)

因 $\qquad\qquad OE = \frac{bn}{m + n}, OF = \frac{am}{m + n}$

在 $\triangle EOF$ 中, 依余弦定理, 有

$$EF^2 = \left(\frac{bn}{m + n}\right)^2 + \left(\frac{am}{m + n}\right)^2 - 2 \cdot \frac{bn}{m + n} \cdot \frac{am}{m + n} \cdot \cos(180° - \alpha)$$

即 $\qquad\qquad EF^2 = \frac{(am)^2 + (bn)^2 + 2ambn\cos\alpha}{(m + n)^2}$

特别地, 若令 $EF = l$, 且

(1) $\frac{m}{n} = 1$, 得 $l = \frac{1}{2}\sqrt{a^2 + b^2 + 2ab\cos\alpha}$ 为任何四边形对边中点连线长公式.

(2) $\frac{m}{n} = 1, b = 0$, 得 $l = \frac{a}{2}$ 为三角形中位线定理.

(3) $\frac{m}{n} = 1, \alpha = 0°$, 得 $l = \frac{a + b}{2}$ 为梯形中位线定理.

(4) $\dfrac{m}{n}=1, \alpha=180°$, 得 $l=\dfrac{a-b}{2}$ 为梯形两对角线中点连线长公式.

(5) $\alpha=0$, 得 $l=\dfrac{am+bn}{m+n}$ 即为定理 1 分梯形两腰长为 $\dfrac{m}{n}$ 的线段长公式.

(6) $\alpha=180°$, 得 $l=\dfrac{am-bn}{m+n}$ 为分梯形两对角线为 $\dfrac{m}{n}$ 的线段长公式.

$\vdots$

❖梯形的重心定理

定理　梯形的重心在它的中线上,且内分中线之比为 $\dfrac{2m+n}{m+2n}$. (其中, m, n 分别为梯形的两底边之长)

证明　设 M, N 是梯形 $ABCD$ 的下底 AB 与上底 CD 的中点,即 MN 为其中线. 而中线 MN 和延长两腰所构成的两三角形:$\triangle ABS$ 和 $\triangle DCS$ 的中线 SM 和 SN,三条中线共于一条直线,而这两三角形的重心又都在此直线上,故梯形 $ABCD$ 的重心在这两三角形的重心的连线上,即它的中线上.

如图 3.60,联结 AC,将梯形分为两个三角形:$\triangle ABC$ 和 $\triangle ACD$,设点 P, Q 分别为它们的重心,则梯形 $ABCD$ 的重心必在直线 PQ 上. 由于点 P 和 Q 分别在中线 MN 的异侧,所以直线 PQ 必与中线 MN 相交,设点为 G,那么 G 就是梯形 $ABCD$ 的重心了,从而

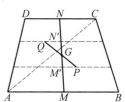

图 3.60

$$\frac{PG}{QG}=\frac{S_{\triangle ACD}}{S_{\triangle ABC}}=\frac{DC}{AB} \qquad ①$$

过 P, Q 分别作底边的平行线与中线相交于 M' 和 N',由三角形重心定理知,$MM'=NN'=\dfrac{1}{3}MN$,故点 M 和 N' 把中线 MN 三等分,即 $M'N'=\dfrac{1}{3}MN$.

由 $\triangle QN'G \backsim \triangle PM'G$,得

$$\frac{PG}{QG}=\frac{M'G}{N'G} \qquad ②$$

由 ① 和 ② 知

$$\frac{M'G}{N'G}=\frac{DC}{AB}$$

于是

$$\frac{M'G+N'G}{N'G}=\frac{DC+AB}{AB}$$

得
$$\frac{M'N'}{N'G}=\frac{DC+AB}{AB}$$ ③

以 $M'N'=\dfrac{1}{3}MN$ 代入 ③,得

$$\frac{\frac{1}{3}MN}{N'G}=\frac{DC+AB}{AB}$$

所以
$$N'G=\frac{\frac{1}{3}MN\cdot AB}{DC+AB}$$ ④

同理有

$$M'G=\frac{\frac{1}{3}MN\cdot DC}{DC+AB}$$ ⑤

50

而
$$\frac{NG}{MG}=\frac{\frac{1}{3}MN+N'G}{\frac{1}{3}MN+M'G}$$ ⑥

将 ④,⑤ 代入 ⑥,化简得

$$\frac{NG}{MG}=\frac{2AB+DC}{AB+2DC}$$

即
$$\frac{NG}{MG}=\frac{2m+n}{m+2n}$$

推论 1 若梯形两底边长之比为 k(即若 $\dfrac{AB}{CD}=k$),则重心将中线内分之比为 $\dfrac{2k+1}{k+2}$.

特别地,当梯形的一底边之长趋于零时,两底边长之比为 0 或 ∞,则重心分其中线之比为:$\dfrac{1}{2}$ 或 2,即三角形重心定理.

推论 2 梯形的对角线交点和重心分中线 NM 三段之比为
$$NO:OG:MG=3:2(k-1):(k+2)$$

❖筝形蝴蝶定理

如果凸四边形 $ABCD$ 中,$AB=BC$ 且 $CD=AD$,则称它为筝形.因为它像一只瓦片风筝.图3.61中画出了筝形 $ABCD$.我们把对角线 AC 叫作筝形的横架,BD 叫作筝形的中线.

筝形蝴蝶定理 如果 $ABCD$ 是以 BD 为中线的筝形，过其对角线交点 M 作两直线分别与 AB,CD 交于 P,Q，与 AD,BC 交于 R,S，联结 PR,SQ 分别与横架 AC 交于 G,H，则 $MG=MH$，如图 3.61 所示.

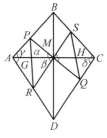

图 3.61

如利用三角知识，可给出一个简单证明：

证法 1 记 $MA=MC=a$，$MG=x$，$MH=y$，由面积关系及正弦定理可得

$$\frac{x}{x-a}\cdot\frac{a-y}{y}=\frac{MG}{AG}\cdot\frac{CH}{MH}=\frac{S_{\triangle MPR}}{S_{\triangle APR}}\cdot\frac{S_{\triangle CQS}}{S_{\triangle MQS}}=$$

$$\frac{S_{\triangle MPR}}{S_{\triangle MQS}}\cdot\frac{S_{\triangle CQS}}{S_{\triangle APR}}=$$

$$\frac{MP\cdot MR}{MQ\cdot MS}\cdot\frac{CQ\cdot CS}{AP\cdot AR}=$$

$$\frac{MP}{AP}\cdot\frac{MR}{AR}\cdot\frac{CQ}{MQ}\cdot\frac{CS}{MS}=$$

$$\frac{\sin\gamma}{\sin\alpha}\cdot\frac{\sin\delta}{\sin\beta}\cdot\frac{\sin\alpha}{\sin\delta}\cdot\frac{\sin\beta}{\sin\gamma}=1$$

（式中 $\alpha,\beta,\gamma,\delta$ 诸角如图 3.61 所示）即 $x(a-y)=y(a-x)$，由此推出 $ax=ay$，即 $x=y$.

证法 2 记 $MA=MC=a$，$MG=x$，$MH=y$，在图 3.62 中用面积关系可得

$$\frac{x}{a-x}\cdot\frac{a-y}{y}=\frac{MG}{AG}\cdot\frac{CH}{MH}=\frac{S_{\triangle MPR}}{S_{\triangle APR}}\cdot\frac{S_{\triangle CQS}}{S_{\triangle MQS}}=$$

$$\frac{MP}{MQ}\cdot\frac{MR}{MS}\cdot\frac{CS\cdot CQ}{AP\cdot AR}=$$

$$\frac{S_{\triangle APC}}{S_{\triangle AQC}}\cdot\frac{S_{\triangle ARC}}{S_{\triangle ASC}}\cdot\frac{CS\cdot CQ}{AP\cdot AR}=$$

$$\frac{S_{\triangle APC}}{S_{\triangle ASC}}\cdot\frac{S_{\triangle ARC}}{S_{\triangle AQC}}\cdot\frac{CS\cdot CQ}{AP\cdot AR}=$$

$$\frac{AP\cdot AC}{CS\cdot AC}\cdot\frac{AR\cdot AC}{CQ\cdot AC}\cdot\frac{CS\cdot CQ}{AP\cdot AR}=1$$

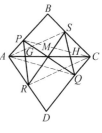

图 3.62

下略.

❖ 四边形蝴蝶定理

四边形蝴蝶定理 设四边形 $ABCD$ 中对角线 AC,BD 交于 AC 之中点 M.

过 M 作两直线分别交 AB, DC 于 P, Q, 交 AD, BC 于 R, S. 联结 PR 与 QS 分别交 AM, CM 于 G, H, 则 $MG = MH$. [①]

证明 记 $MA = MC = a$, $MG = x$, $MH = y$, 则有

$$\frac{x}{a-x} \cdot \frac{a-y}{y} = \frac{MG}{AG} \cdot \frac{CH}{MH} = \frac{S_{\triangle MPR}}{S_{\triangle APR}} \cdot \frac{S_{\triangle CQS}}{S_{\triangle MQS}} =$$

$$\frac{S_{\triangle MPR}}{S_{\triangle MQS}} \cdot \frac{S_{\triangle CQS}}{S_{\triangle CBD}} \cdot \frac{S_{\triangle CBD}}{S_{\triangle ABD}} \cdot \frac{S_{\triangle ABD}}{S_{\triangle APR}} =$$

$$\frac{MP \cdot MR}{MQ \cdot MS} \cdot \frac{CQ \cdot CS}{CD \cdot CB} \cdot \frac{MC}{MA} \cdot \frac{AB \cdot AD}{AP \cdot AR} =$$

$$\frac{S_{\triangle PAC}}{S_{\triangle QAC}} \cdot \frac{S_{\triangle RAC}}{S_{\triangle SAC}} \cdot \frac{S_{\triangle QAC}}{S_{\triangle DAC}} \cdot \frac{S_{\triangle SAC}}{S_{\triangle BAC}} \cdot \frac{MC}{MA} \cdot \frac{S_{\triangle BAC}}{S_{\triangle PAC}} \cdot \frac{S_{\triangle DAC}}{S_{\triangle RAC}} =$$

$$\frac{MC}{MA} = 1$$

下略.

❖ 四边形蝴蝶定理的推广

四边形蝴蝶定理的推广 设 M 是四边形 $ABCD$ 的对角线的交点. 过 M 作两直线分别与 AB, CD 交于 P, Q, 与 AD, BC 交于 R, S. 联结 PR, QS 分别与 MA, MC 交于 G, H, 如图 3.63, 3.64 所示, 则 $\dfrac{MG}{AG} \cdot \dfrac{CH}{MH} = \dfrac{MC}{MA}$.

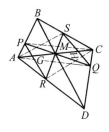

图 3.63

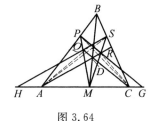

图 3.64

证明 只要把四边形蝴蝶定理的证法去头截尾留中段即可.

图 3.63 中 $ABCD$ 是凸四边形. 如果是凹四边形、折四边形呢?

看看图 3.64, 凹四边形 $ABCD$ 的两条对角线交于 M. 过 M 作两直线分别交直线 AB, CD 于 P, Q, 交直线 AD, BC 于 R, S. 直线 PR, QS 分别与直线 AC 交

---

① 井中. 蝴蝶定理的新故事[J]. 中学数学, 1992(1): 1-5.

于 $G,H.$ 那么,是不是仍然有等式 $\dfrac{MG}{AG}\cdot\dfrac{CH}{MH}=\dfrac{MC}{MA}$ 成立呢?

有趣的是,可以依样画葫芦,一字不改地写出证明

$$\dfrac{MG}{AG}\cdot\dfrac{CH}{MH}=\dfrac{S_{\triangle MPR}}{S_{\triangle APR}}\cdot\dfrac{S_{\triangle CQS}}{S_{\triangle MQS}}=$$

$$\dfrac{S_{\triangle MPR}}{S_{\triangle MQS}}\cdot\dfrac{S_{\triangle CQS}}{S_{\triangle CBD}}\cdot\dfrac{S_{\triangle CBD}}{S_{\triangle ABD}}\cdot\dfrac{S_{\triangle ABD}}{S_{\triangle APR}}=$$

$$\dfrac{MP\cdot MR}{MQ\cdot MS}\cdot\dfrac{CQ\cdot CS}{CD\cdot CB}\cdot\dfrac{MC}{MA}\cdot\dfrac{AB\cdot AD}{AP\cdot AR}=$$

$$\dfrac{S_{\triangle APC}}{S_{\triangle AQC}}\cdot\dfrac{S_{\triangle ARC}}{S_{\triangle ASC}}\cdot\dfrac{S_{\triangle AQC}}{S_{\triangle ADC}}\cdot\dfrac{S_{\triangle ASC}}{S_{\triangle ABC}}\cdot\dfrac{MC}{MA}\cdot\dfrac{S_{\triangle ABC}}{S_{\triangle APC}}\cdot\dfrac{S_{\triangle ADC}}{S_{\triangle ARC}}=\dfrac{MC}{MA}$$

再看图 3.65,折四边形 $ABCD$ 的两对角线交于 M,过 M 作两直线分别与直线 AB,CD 交于 P,Q,与直线 AD,BC 交于 $R,S.$ 直线 PR,QS 分别交直线 AC 于 $G,H.$ 我们希望有 $\dfrac{MG}{AG}\cdot\dfrac{CH}{MH}=\dfrac{MC}{MA}$ 是不是对呢?

我们一字一字地检查,前述证明仍适合于这种情形.

还有变化吗? 如果在图 3.63 中,用直线 PS 与 RQ 代替 PR,QS,得到图 3.66 是否仍有等式 $\dfrac{MG}{AG}\cdot\dfrac{CH}{MH}=\dfrac{MC}{MA}$ 成立?

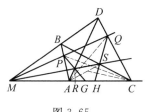

图 3.65

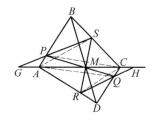

图 3.66

回答是肯定的,但证法却不能再如法炮制了,不过手法仍有点雷同.

$$\dfrac{MG}{AG}\cdot\dfrac{CH}{MH}=\dfrac{S_{\triangle MPS}}{S_{\triangle APS}}\cdot\dfrac{S_{\triangle CRQ}}{S_{\triangle MRQ}}=$$

$$\dfrac{S_{\triangle MPS}}{S_{\triangle MRQ}}\cdot\dfrac{S_{\triangle CRQ}}{S_{\triangle APS}}=\dfrac{MP}{MQ}\cdot\dfrac{MS}{MR}\cdot\dfrac{S_{\triangle CRQ}}{S_{\triangle APS}}=$$

$$\dfrac{S_{\triangle PAC}}{S_{\triangle QAC}}\cdot\dfrac{S_{\triangle CRQ}}{S_{\triangle APS}}\cdot\dfrac{MS}{MR}=$$

$$\dfrac{S_{\triangle PAC}}{S_{\triangle APS}}\cdot\dfrac{S_{\triangle CRQ}}{S_{\triangle QAC}}\cdot\dfrac{MS}{MR}=$$

$$\dfrac{BC}{BS}\cdot\dfrac{RD}{AD}\cdot\dfrac{MS}{MR}=\dfrac{S_{\triangle BMC}}{S_{\triangle BMS}}\cdot\dfrac{S_{\triangle DMR}}{S_{\triangle DMA}}\cdot\dfrac{MS}{MR}=$$

$$\frac{S_{\triangle BMC}}{S_{\triangle DMA}} \cdot \frac{S_{\triangle DMR}}{S_{\triangle BMS}} \cdot \frac{MS}{MR} =$$

$$\frac{BM \cdot MC}{DM \cdot MA} \cdot \frac{DM \cdot MR}{BM \cdot MS} \cdot \frac{MS}{MR} = \frac{MC}{MA}$$

有了这个证明过程作蓝本,把图 3.66 改成凹四边形或折四边形,我们可以一字不改地证明同样的结论.读者不妨一试.

❖四边形蝴蝶定理的演变

四边形蝴蝶定理的演变有下述情形:

定理 1 过两直线间线段 AB 的中点 M,引两直线间的任意两条线段 CD 和 $EF(C,E$ 在同一条直线上),又 CF,ED 分别交 AB 于 P,Q,则 $PM=MQ$.

这条定理即为直线对上的蝴蝶定理,其证明在后面的相应条目中.

定理 2 线段 AB 两端点分别在 $\triangle KGH$ 的边 KG, KH 上,P 是 AB 的中点,过 P 作直线 CD,EF 交 GH 于 C,E,交 HK 于 D,交 KG 于 F.联结 FC,DE 并交 AB 于 M,N,则 $PM=PN$.

事实上,如图 3.67 所示,可类似于定理 1 而证.

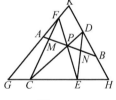

图 3.67

注 此命题即为三角形中的蝴蝶定理.

❖四边形坎迪定理

定理 1 如图 3.68(a),(b),在任意四边形 $ABCD$ 中,经过对角线 AC,BD 的交点 O 任作两条直线,分别交直线 AD,BC,AB,CD 于 E,F,G,H,GF,EH 分别交 BD 于 I,J,则[1][2][3]

$$\frac{OI \cdot OB}{BI} = \frac{OJ \cdot OD}{DJ}$$

或

$$\frac{1}{OI} - \frac{1}{OB} = \frac{1}{OJ} - \frac{1}{OD}$$

[1] 井中.蝴蝶定理的新故事[J].中学数学,1992(1):1-5.

[2] 熊光汉.一道全国冬令营选拔赛题的推广[J].中学教研,1992(1):43.

[3] 李裕民.四边形中的蝴蝶定理和坎迪定理[J].中学数学(苏州),1995(5):22-23.

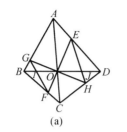
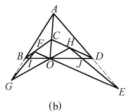

(a) (b)

图 3.68

证法 1

$$\frac{OI}{BI} \cdot \frac{DJ}{OJ} = \frac{S_{\triangle FOG}}{S_{\triangle BFG}} \cdot \frac{S_{\triangle DEH}}{S_{\triangle EOH}} = \frac{S_{\triangle FOG}}{S_{\triangle EOH}} \cdot \frac{S_{\triangle DEH}}{S_{\triangle DAC}} \cdot \frac{S_{\triangle DAC}}{S_{\triangle ABC}} \cdot \frac{S_{\triangle ABC}}{S_{\triangle BFG}} =$$

$$\frac{OF \cdot OG}{OE \cdot OH} \cdot \frac{DE \cdot DH}{DA \cdot DC} \cdot \frac{OD}{OB} \cdot \frac{BC \cdot AB}{BF \cdot BG} =$$

$$\frac{S_{\triangle BFD}}{S_{\triangle BED}} \cdot \frac{S_{\triangle BGD}}{S_{\triangle BHD}} =$$

$$\frac{S_{\triangle BED}}{S_{\triangle ABD}} \cdot \frac{S_{\triangle BHD}}{S_{\triangle BCD}} \cdot \frac{OD}{OB} \cdot \frac{S_{\triangle BCD}}{S_{\triangle BFD}} \cdot \frac{S_{\triangle ABD}}{S_{\triangle BGD}} = \frac{OD}{OB}$$

故

$$\frac{OI \cdot OB}{BI} = \frac{OJ \cdot OD}{DJ}$$

证法 2 分别过 G,F,E,H 作平行于 AC 的线段 h_1, h'_1, h_2, h'_2,于是有

$$\frac{BG}{DE} = \frac{AB \cdot h_1}{AD \cdot h_2}, \frac{BF}{DH} = \frac{BC \cdot h'_1}{CD \cdot h'_2}, \frac{OE}{OF} = \frac{h_2}{h'_1}, \frac{OH}{OG} = \frac{h'_2}{h_1}$$

又

$$\frac{BI}{OI} \cdot \frac{OJ}{DJ} = \frac{S_{\triangle BFG}}{S_{\triangle OFG}} \cdot \frac{S_{\triangle OEH}}{S_{\triangle DEH}} = \frac{BG \cdot BF \sin \angle ABC \cdot OE \cdot OH}{OG \cdot OF \cdot DE \cdot DH \sin \angle ADC} =$$

$$\frac{BG}{DE} \cdot \frac{BF}{DH} \cdot \frac{OE}{OF} \cdot \frac{OH}{OG} \cdot \frac{\sin \angle ABC}{\sin \angle ADC} =$$

$$\frac{AB \cdot h_1}{AD \cdot h_2} \cdot \frac{BC \cdot h'_1}{CD \cdot h'_2} \cdot \frac{h_2}{h'_1} \cdot \frac{h'_2}{h_1} \cdot \frac{\sin \angle ABC}{\sin \angle ADC} =$$

$$\frac{AB \cdot BC \cdot \sin \angle ABC}{AD \cdot CD \cdot \sin \angle ADC} = \frac{S_{\triangle ABC}}{S_{\triangle ADC}} = \frac{OB}{OD}$$

因此

$$\frac{BI}{OI \cdot OB} = \frac{DJ}{OJ \cdot OD}, \frac{OB - OI}{OI \cdot OB} = \frac{OD - OJ}{OJ \cdot OD}$$

即

$$\frac{1}{OI} - \frac{1}{OB} = \frac{1}{OJ} - \frac{1}{OD}$$

定理 2 如图 3.69,四边形 $ABCD$ 的对角线 AC,BD 相交于点 O,直线 MN 过点 O 且与对边 BC,AD 分别交于点 M,N,过 O 任作两条直线 EF,GH 分别交对边 AB,CD 于点 E,F,G,H,联结 GF,EH 分别交直线 MN 于点 I,J,如果有 $MO = NO$,那么 $IO = JO$.

证明 设 $AO = a, BO = b, CO = c, DO = d, EO = e, FO = f, GO = g, HO =$

h，$\angle EON = \alpha$，$\angle HON = \beta$，$\angle COM = \gamma$，$\angle BOM = \theta$，则

在 $\triangle GFO$ 中，由三角形角分线计算公式有

图 3.69

$$\frac{1}{IO} = \frac{g\sin\beta + f\sin\alpha}{gf\sin(\alpha+\beta)} \qquad ①$$

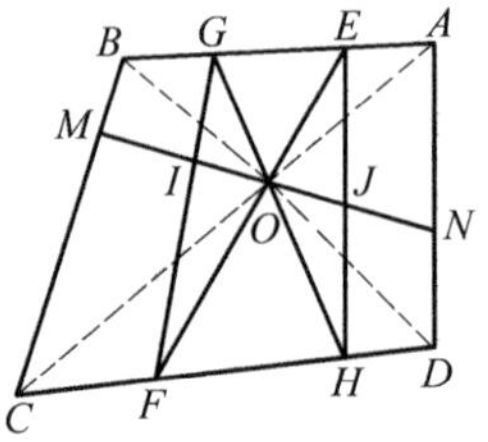

同理，在 $\triangle AOB$ 和 $\triangle COD$ 中，分别有

$$g = \frac{ab\sin(\pi-\theta-\gamma)}{a\sin(\pi-\beta-\gamma)+b\sin(\beta-\theta)} =$$

$$\frac{ab\sin(\theta+\gamma)}{a\sin(\beta+\gamma)+b\sin(\beta-\theta)} \qquad ②$$

$$f = \frac{cd\sin(\pi-\theta-\gamma)}{c\sin(\alpha-\gamma)+d\sin(\pi-\theta-\alpha)} = \frac{cd\sin(\theta+\gamma)}{c\sin(\alpha-\gamma)+d\sin(\theta+\alpha)} \qquad ③$$

将②，③代入式①，整理得

$$\frac{1}{IO} = \frac{\dfrac{\sin\alpha\sin(\beta-\theta)}{a}+\dfrac{\sin\alpha\sin(\beta+\gamma)}{b}}{\sin(\theta+\gamma)\sin(\alpha+\beta)} + \frac{\dfrac{\sin\beta\sin(\theta+\alpha)}{c}+\dfrac{\sin\beta\sin(\alpha-\gamma)}{d}}{\sin(\theta+\gamma)\sin(\alpha+\beta)}$$

同理可得

$$\frac{1}{JO} = \frac{\dfrac{\sin\beta\sin(\alpha+\theta)}{a}+\dfrac{\sin\beta\sin(\alpha-\gamma)}{b}}{\sin(\theta+\gamma)\sin(\alpha+\beta)} +$$

$$\frac{\dfrac{\sin\beta\sin(\beta-\theta)}{c}+\dfrac{\sin\alpha\sin(\beta+\gamma)}{d}}{\sin(\theta+\gamma)\sin(\alpha+\beta)}$$

故有

$$\frac{1}{IO} - \frac{1}{JO} = \frac{(\dfrac{1}{c}-\dfrac{1}{a})\sin\theta+(\dfrac{1}{b}-\dfrac{1}{d})\sin\gamma}{\sin(\theta+\gamma)}$$

又因为

$$\frac{1}{MO} - \frac{1}{NO} = \frac{c\sin\gamma+b\sin\theta}{bc\sin(\theta+\gamma)} - \frac{a\sin\gamma+d\sin\theta}{ad\sin(\theta+\gamma)} =$$

$$\frac{(\dfrac{1}{c}-\dfrac{1}{a})\sin\theta+(\dfrac{1}{b}-\dfrac{1}{d})\sin\gamma}{\sin(\theta+\gamma)}$$

则

$$\frac{1}{IO} - \frac{1}{JO} = \frac{1}{MO} - \frac{1}{NO}$$

而 $MO = NO$，故 $IO = JO$.

从上面的证明过程可以发现，我们已经证明了一个更一般的结论，当点 O 不一定是 MN 之中点时，仍可得 $\dfrac{1}{IO} - \dfrac{1}{JO} = \dfrac{1}{MO} - \dfrac{1}{NO}$. 因此有：

定理 3 如图 3.69(其中点 O 不一定是 MN 的中点)，四边形 $ABCD$ 的对角线相交于点 O，直线 MN 过点 O 且与对边 BC，AD 分别相交于点 M，N，过 O

任作两条直线 EF,GH，分别交对边 AB,CD 于点 E,F,G,H，联结 GF,EH 分别交直线 MN 于点 I,J，则有 $\dfrac{1}{IO}-\dfrac{1}{JO}=\dfrac{1}{MO}-\dfrac{1}{NO}$.

沿用前述证法，不难得到另一结论：

定理 4　如图 3.70(a),(b)，四边形 $ABCD$ 的对角线 AC,BD 相交于点 O，直线 MN 过点 O 且与对边 BC,AD 分别相交于点 M,N，过点 O 任作两条直线 EF, GH 分别各交对边 AB,CD 于点 E,F，交 BC,AD 于点 G,H，作直线 GF,EH 分别交直线 MN 于点 I,J，则有 $\dfrac{1}{IO}-\dfrac{1}{JO}=$

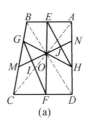
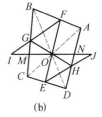

图 3.70

$\dfrac{1}{MO}-\dfrac{1}{NO}$.特别地，如果 $MO=NO$，那么 $IO=JO$.(证明略)

显然，在上述定理 4 中，当直线 MN 与 BD 重合时，结论仍然成立，故对于图 3.70(a) 可变成一些有趣结论(略)；对于图 3.70(b)，则相应可得

定理 5　如图 3.71，在四边形 $ABCD$ 中，若过两对角线交点 O 任引两条直线，它们分别各交一组对边于点 $E,F,G,$ H，联结 GF,EH 并分别延长交直线 BD 于点 I,J，则有 $\dfrac{1}{IO}-$

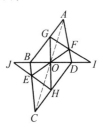

图 3.71

$\dfrac{1}{JO}=\dfrac{1}{MO}-\dfrac{1}{NO}$；特别地，当 O 为 BD 之中点时，则有 $IO=JO$.

若过点 O 的任意两条直线中有一条与对角线重合时，还可得如下推论：

推论　如图 3.72，四边形 $ABCD$ 的对角线 AC,BD 相交于点 O，直线 MN 过点 O 且与对边相交于点 M,N，过 O 任作直线 EF 交四边形中一组对边于 E,F，作直线 BF, DE 分别交直线 MN 于点 I,J，则有 $\dfrac{1}{IO}-$

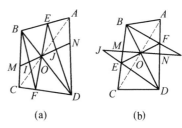

(a)　　　　(b)

图 3.72

$\dfrac{1}{JO}=\dfrac{1}{MO}-\dfrac{1}{NO}$；特别地，如果 $MO=NO$，那么 $IO=JO$.

❖ 四边形坎迪定理的推广

定理 过四面角 $S-ABCD$ 对角面的交线 SO 的任意三平面分别与四面角的面或棱交于 SM,SN,SE,SF，SG,SH,SG,SF 及 SE,SH 所确定的平面分别与 SM，SN 所确定的平面交于 SI,SJ，且 SI,SM 在 SO 的同旁，SA 与 SM,SN 不共面(图 3.73)，则[①]

$$\frac{1}{\cot \angle ISO} - \frac{1}{\cot \angle JSO} = \frac{1}{\cot \angle MSO} - \frac{1}{\cot \angle NSO}$$

①

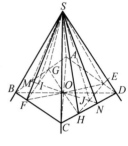

图 3.73

$$\frac{1}{\cot(I-SA-O)} - \frac{1}{\cot(J-SA-O)} =$$
$$\frac{1}{\cot(M-SA-O)} - \frac{1}{\cot(N-SA-O)}$$

②

其中 $(I-SA-O)$ 表示 SI,SA 确定的平面与 SO,SA 确定的平面所构成的二面角的平面角，以此类推.

证明 作一平面和 $SO,SA,SB,SC,SD,SE,SF,SG,SH,SM,SN,SI$，$SJ$ 分别交于 $O,A,B,C,D,E,F,G,H,M,N,I,J$，在四边形 $ABCD$ 中，由坎迪定理得

$$\frac{1}{IO} - \frac{1}{JO} = \frac{1}{MO} - \frac{1}{NO}$$

则

$$\frac{1}{IO} - \frac{1}{MO} = \frac{1}{JO} - \frac{1}{NO}$$

把上式两边通分、化简、整理，得

$$\frac{MI}{IO} = \frac{NJ}{JO} \cdot \frac{MO}{NO}$$

由三角形面积公式可把上式化为

$$\frac{MS\sin \angle MSI}{OS\sin \angle ISO} = \frac{NS\sin \angle NSJ}{OS\sin \angle JSO} \cdot \frac{MS\sin \angle MSO}{NS\sin \angle NSO}$$

则

$$\frac{\sin \angle MSI}{\sin \angle ISO\sin \angle MSO} = \frac{\sin \angle NSJ}{\sin \angle JSO\sin \angle NSO}$$

③

$$\sin \angle MSI = \sin(\angle MSO - \angle ISO) =$$

① 张殿书.四面角中的蝴蝶定理和坎迪定理[J].中学数学(苏州),1996(9):19-20.

$$\text{式 ③ 左边} = \frac{\sin \angle MSO\cos \angle ISO - \cos \angle MSO\sin \angle ISO}{1} = \frac{1}{\cot \angle ISO} - \frac{1}{\cot \angle MSO}$$

同理可证

$$\text{式 ③ 右边} = \frac{1}{\cot \angle JSO} - \frac{1}{\cot \angle NSO}.$$

由以上两式易知 ③ 成立.

在三面角 $S - MAI$ 和 $S - OAI$ 中,由正弦定理,得

$$\frac{\sin \angle MSI}{\sin(M - SA - I)} = \frac{\sin \angle ISA}{\sin(O - SM - A)}$$

$$\frac{\sin \angle ISO}{\sin(I - SA - O)} = \frac{\sin \angle ISA}{\sin(I - SO - A)}$$

两式相除,化简、整理得

$$\frac{\sin \angle MSI}{\sin \angle ISO} = \frac{\sin(I - SO - A)}{\sin(O - SM - A)} \cdot \frac{\sin(M - SA - I)}{\sin(I - SA - O)} \qquad ④$$

同理可证

$$\frac{\sin \angle NSJ}{\sin \angle JSO} = \frac{\sin(J - SO - A)}{\sin(A - SN - O)} \cdot \frac{\sin(N - SA - J)}{\sin(J - SA - O)} \qquad ⑤$$

在三面角 $S - MAO$ 和 $S - NAO$ 中,由正弦定理得

$$\frac{\sin \angle MSO}{\sin(M - SA - O)} = \frac{\sin \angle ASO}{\sin(O - SM - A)}$$

$$\frac{\sin \angle NSO}{\sin(N - SA - O)} = \frac{\sin \angle ASO}{\sin(A - SN - O)}$$

两式相除,化简、整理得

$$\frac{\sin \angle MSO}{\sin \angle NSO} = \frac{\sin(A - SN - O)}{\sin(O - SM - A)} \cdot \frac{\sin(M - SA - O)}{\sin(N - SA - O)} \qquad ⑥$$

又 $$\sin(I - SO - A) = \sin(J - SO - A)$$

把 ③ 化为

$$\frac{\sin \angle MSI}{\sin \angle ISO} = \frac{\sin \angle NSJ}{\sin \angle JSO} \cdot \frac{\sin \angle MSO}{\sin \angle NSO}$$

把 ④,⑤,⑥ 代入上式,化简、整理得

$$\frac{\sin(M - SA - I)}{\sin(I - SA - O)\sin(M - SA - O)} = \frac{\sin(N - SA - J)}{\sin(J - SA - O)\sin(N - SA - O)} \qquad ⑦$$

$$\sin(M - SA - I) = \sin((M - SA - O) - (I - SA - O))$$

$$\sin(N - SA - J) = \sin((N - SA - O) - (J - SA - O))$$

把以上两式右边展开再代入 ⑦,经化简、整理就得 ②.

由 ① 知,若 $\angle MSO = \angle NSO$,则

$$\angle ISO = \angle JSO$$

或由 ① 知，若 $(M-SA-O)=(N-SA-O)$，则

$$(I-SA-O)=(J-SA-O)$$

这时的坎迪定理就成为蝴蝶定理.

❖凸四边形四顶点组成的三角形问题

定理 凸四边形四顶点组成的四个三角形，①

（1）其四重心组成的四边形与原四边形相似.

（2）每一顶点与其他三项点组成的三角形的重心的连线共点.

（3）其四个内切圆中任两圆的公切线段，等于其余两圆的公切线段，但这些公切线段以落在各边或对角线上为限.

（4）对四边形 $ABCD$ 中的 $\triangle BCD,\triangle ACB,\triangle BDA,\triangle ABC$ 的面积和外接圆半径依次记为 $S_A,S_B,S_C,S_D,R_A,R_B,R_C,R_D$，则

① $a^2 S_A S_B + b^2 S_B S_C + c^2 S_C S_D + d^2 S_D S_A = e^2 S_A S_C + f^2 S_B S_D$.

② $ac(R_A \cdot R_D + R_B \cdot R_C) + bd(R_A \cdot R_C + R_B \cdot R_D) = ef(R_A \cdot R_B + R_C \cdot R_D)$.

证明 （1），（2）如图 3.74，设四边形 $ABCD$ 中 $\triangle BCD,\triangle ACD,\triangle BDA,\triangle ABC$ 的重心依次为 G_A,G_B,G_C,G_D，取 AC,BD 的中点 M,N，则在 $\triangle MBD$ 中，有 $G_D G_B = \dfrac{1}{3} BD$.由梯形的施坦纳定理（也可看做梯形的性质），知 $G_B B$ 与 $G_D D$ 的交点 P 在 MN 的中点.同理，$G_A A$ 与 $G_C C$ 的交点也在 MN 的中点，即证得 AG_A,BG_B,CG_C,DG_D 共点于 MN 的中点，即知四边形 $ABCD$ 与 $G_A G_B G_C G_D$ 是以 P 为位似中心的位似形.故两个结论即证.

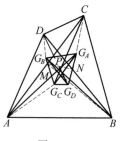

图 3.74

注 若联结 AG_B 延长交 CD 于 Q，则 Q,G_A,B 共线，则有 $G_B G_A = \dfrac{1}{3} AB$，同理有其余 3 式，亦可证得（1）.

（3）切点 P,Q,R,S,E,F,G,H,N,M,K,L 如图3.75 所示，则

---

① 沈文选.平面几何证明方法全书[M].哈尔滨:哈尔滨工业大学出版社,2006:376-378.

$$AP = \frac{1}{2}(AB + AC - BC), BS = \frac{1}{2}(BA + BD - AD)$$

$$CQ = \frac{1}{2}(CA + CD - AD), DR = \frac{1}{2}(DB + DC - BC)$$

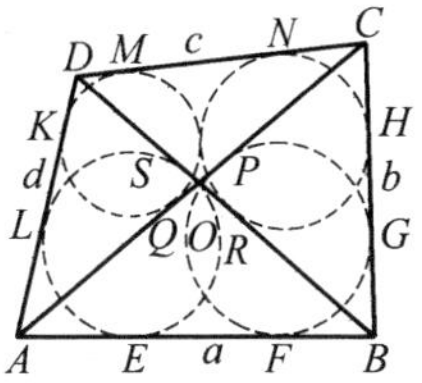

而

$$PQ = AC - (AP + CQ) = \frac{1}{2}((AD + BC) - (AB + CD))$$

图 3.75

$$RS = BD - (BS + DR) = \frac{1}{2}((AD + BC) - (AB + CD))$$

故 $$PQ = RS$$

同理 $$EF = MN, LK = GH$$

（4）设 AC 与 BD 相交于 O，交角为 θ，则有

$$a^2 = OA^2 + OB^2 - 2OA \cdot OB\cos\theta, S_A = \frac{1}{2}BD \cdot DC\sin\theta$$

等这样的各四式代入求证式 ① 两边，则有

$$\frac{1}{4}e^2 f^2 (OA \cdot OC + OB \cdot OD)\sin^2\theta$$

便证得 ①；再利用 $S_A = \dfrac{bcf}{4R_A}$ 等四式代入 ① 便证得 ②.

注 对于(4)②，当 A, B, C, D 共圆时，$R_A = R_B = R_C = R_D$，此即为托勒密定理. 此结论由杨路先生给出.

❖简单四边形四顶点组成的三角形重心四边形定理

定理 在四边形 $ABCD$ 中，G_1, G_2, G_3, G_4，分别为 $\triangle BCD, \triangle CDA,$ $\triangle DAB, \triangle ABC$ 的重心，如图 3.76 所示，则[①]

$$S_{四边形 G_1 G_2 G_3 G_4} = \frac{1}{9} S_{四边形 ABCD}$$

证明 （1）若四边形为凸四边形，取 BC 的中点 M，联结 AM, DM, G_4, G_1 必在 AM, DM 上，且 $\dfrac{MG_4}{MA} = \dfrac{1}{3}, \dfrac{MG_1}{MD} = \dfrac{1}{3}$，所以

$$\frac{MG_4}{MA} = \frac{MG_1}{MD}$$

① 贯福春. 四边形的一个性质[J]. 中学数学, 2004(9): 封底.

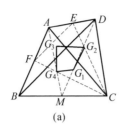 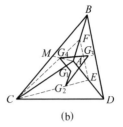

(a)   (b)

图 3.76

$$G_4G_1 \parallel AD$$

所以
$$\frac{G_4G_1}{AD} = \frac{1}{3} \qquad ①$$

同理
$$\frac{G_1G_2}{AB} = \frac{1}{3} \qquad ②$$

设 CG_2 交 AD 于 E，CG_4 交 AB 于 F，联结 EF．因为

$$\frac{CG_2}{CE} = \frac{2}{3}, \frac{CG_4}{CF} = \frac{2}{3}$$

所以

$$\frac{CG_2}{CE} = \frac{CG_4}{CF}$$

$$G_2G_4 \parallel EF$$

$$\frac{G_4G_2}{EF} = \frac{2}{3}$$

又 $\frac{EF}{BD} = \frac{1}{2}$，所以

$$\frac{G_4G_2}{BD} = \frac{1}{3} \qquad ③$$

由 ①，②，③ 得

$$\frac{G_1G_2}{AB} = \frac{G_4G_2}{BD} = \frac{G_4G_1}{AD}$$

则
$$\triangle G_4G_1G_2 \backsim \triangle DAB$$

同理
$$\triangle G_4G_2G_3 \backsim \triangle DBC$$

所以，四边形 $G_1G_2G_3G_4 \backsim$ 四边形 $ABCD$，所以

$$\frac{S_{四边形G_1G_2G_3G_4}}{S_{四边形ABCD}} = \left(\frac{G_1G_2}{AB}\right)^2 = \left(\frac{1}{3}\right)^2 = \frac{1}{9}$$

即
$$S_{四边形G_1G_2G_3G_4} = \frac{1}{9}S_{四边形ABCD}$$

（2）若四边形为凹四边形，沿用上面相同的记号及方法，可得

$$\triangle G_4 G_1 G_2 \backsim \triangle DAB, \triangle G_4 G_2 G_3 \backsim \triangle DBC$$

所以

$$\frac{S_{\triangle G_4 G_1 G_2}}{S_{\triangle DAB}} = \frac{1}{9}, \frac{S_{\triangle G_4 G_2 G_3}}{S_{\triangle DBC}} = \frac{1}{9}$$

$$\frac{S_{四边形 G_1 G_2 G_3 G_4}}{S_{四边形 ABCD}} = \frac{S_{\triangle G_4 G_2 G_3} - S_{\triangle G_4 G_1 G_2}}{S_{\triangle DBC} - S_{\triangle DAB}} = \frac{1}{9}$$

即命题得证.

❖凸四边形四顶点组成的三角形的内(旁)心四边形定理

平面四边形 $ABCD$ 中,以四顶点组成的 $\triangle BCD$, $\triangle ACD$, $\triangle ABD$, $\triangle ABC$ 的内切圆圆心分别记为 I_1, I_2, I_3, I_4,内切圆半径分别为 r_1, r_2, r_3, r_4. $\triangle BCD$, $\triangle ACD$, $\triangle ABD$, $\triangle ABC$ 中 AC, BD 一侧的旁切圆圆心分别记为 I_A, I_B, I_C, I_D. 旁切圆半径分别记为 r_A, r_B, r_C, r_D.

定理 1 四边形 $ABCD$ 中,若 $r_1 + r_3 = r_2 + r_4$,则四边形 $I_1 I_2 I_3 I_4$ 是矩形.[①]

证明 如图 3.77,作 $I_1 G \perp BC$ 于 G, $I_4 H \perp BC$ 于 H, $I_4 N \perp I_1 G$ 于 N,则

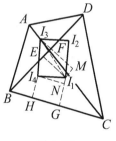

图 3.77

$$BH = \frac{1}{2}(AB + BC - AC)$$

$$CG = \frac{1}{2}(BC + CD - BD)$$

则 $GH = BC - BH - CG = \frac{1}{2}(BD + AC - AB - CD)$

又 $I_1 N = |r_1 - r_4|$,故

$$I_1 I_4^2 = (r_1 - r_4)^2 + \frac{1}{4}(BD + AC - AB - CD)^2$$

同理

$$I_2 I_3^2 = (r_2 - r_3)^2 + \frac{1}{4}(BD + AC - AB - CD)^2$$

又 $r_1 + r_3 = r_2 + r_4$,则

$$r_1 - r_4 = r_2 - r_3$$

① 邹黎明. 涉及四边形的两个优美结论[J]. 中学数学,2005(12):37-38.

即
$$I_1 I_4 = I_2 I_3$$

同理
$$I_1 I_2 = I_4 I_3$$

从而四边形 $I_1 I_2 I_3 I_4$ 是平行四边形.

又作 $I_1 E \perp BD$ 于 E,$I_3 F \perp BD$ 于 F,$I_1 M \perp I_3 F$ 于 M,则
$$I_3 M = r_1 + r_3$$

而
$$EF = | BD - DE - BF |$$

又
$$DE = \frac{1}{2}(BD + DC - BC)$$

$$BF = \frac{1}{2}(BD + AB - AD)$$

则
$$EF = \frac{1}{2} | AD + BC - AB - CD |$$

从而
$$I_1 I_3^2 = (r_1 + r_3)^2 + \frac{1}{4}(AD + BC - AB - CD)^2$$

同理
$$I_2 I_4^2 = (r_2 + r_4)^2 + \frac{1}{4}(AD + BC - AB - CD)^2$$

则 $I_1 I_3 = I_2 I_4$,故 $\square I_1 I_2 I_3 I_4$ 是矩形.

定理 2 四边形 $ABCD$ 中,若 $r_A + r_C = r_B + r_D$,则四边形 $I_A I_B I_C I_D$ 是矩形.

证明 如图 3.78,作 $I_A E \perp BC$ 于 E,$I_D F \perp BC$ 于 F,$I_A M \perp I_D F$ 于 M,则

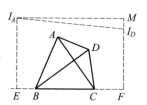

图 3.78

$$I_D M = | r_A - r_D |$$

$$EF = EC + CF = \frac{1}{2}(BC + CD + BD) +$$

$$\frac{1}{2}(AB + BC + AC) - BC =$$

$$\frac{1}{2}(AB + CD + AC + BD)$$

则
$$I_A I_D^2 = (r_A - r_D)^2 + \frac{1}{4}(AB + CD + AC + BD)^2$$

同理
$$I_B I_C^2 = (r_B - r_C)^2 + \frac{1}{4}(AB + CD + AC + BD)^2$$

而 $r_A + r_C = r_B + r_D$,则
$$r_A - r_D = r_B - r_C$$

即
$$I_B I_C = I_A I_D$$

同理
$$I_A I_B = I_C I_D$$

从而四边形 $I_A I_B I_C I_D$ 是平行四边形.同理

$$I_A I_C^2 = I_B I_D^2 = (r_A + r_C)^2 + \frac{1}{4}(AD + BC - AB - CD)^2$$

故 $\square I_A I_B I_C I_D$ 是矩形.

❖ 西姆松定理

西姆松定理　过三角形外接圆上异于三角形顶点的任意一点作三边的垂线,则三垂足点共线(此线常称为西姆松线).

证明　如图 3.79,设 P 为 $\triangle ABC$ 的外接圆上任一点,从 P 向三边 BC,CA,AB 所在直线作垂线,垂足分别为 L,M,N. 联结 PA,PC, 由 P,N,A,M 四点共圆,有

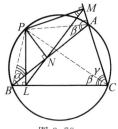

图 3.79

$$\angle PMN = \angle PAN = \angle PAB = \angle PCB = \angle PCL$$

又 P,M,C,L 四点共圆,有

$$\angle PML = \angle PCL$$

故 $\angle PMN = \angle PML$,即 L,N,M 三点共线.

　　注　此定理有许多证法.例如,有上述证法.

如图 3.79,联结 PB,令 $\angle PBC = \alpha$,$\angle PCB = \beta$,$\angle PCM = \gamma$,则

$$\angle PAM = \alpha, \angle PAN = \beta, \angle PBN = \gamma$$

且

$$BL = PB\cos\alpha, LC = PC\cos\beta, CM = PC\cos\gamma$$
$$MA = PA\cos\alpha, AN = PA\cos\beta, NB = PB\cos\gamma$$

对 $\triangle ABC$,有

$$\frac{BL}{LC} \cdot \frac{CM}{MA} \cdot \frac{AN}{NB} = \frac{PB\cdot\cos\alpha}{PC\cdot\cos\beta} \cdot \frac{PC\cdot\cos\gamma}{PA\cdot\cos\alpha} \cdot \frac{PA\cdot\cos\beta}{PB\cdot\cos\gamma} = 1$$

故由梅涅劳斯定理之逆定理,知 L,N,M 三点共线.

西姆松定理还可运用托勒密定理、张角定理、斯特瓦尔特定理来证(略).

　　西姆松定理的逆定理　若一点在三角形三边所在直线上的射影共线,则该点在此三角形的外接圆上.

　　证明　如图 3.79,设点 P 在 $\triangle ABC$ 的三边 BC,CA,AB 所在直线上的射影分别为 L,M,N,且此三点共线.由 $PN \perp AB$ 于 N,$PM \perp AC$ 于 M,$PL \perp BC$ 于 L,知 P,B,L,N 及 P,N,A,M 分别四点共圆,而 AB 与 LM 相交于 N,则 $\angle PBC = \angle PBL = \angle PNM = \angle PAM$,从而 P,B,C,A 四点共圆,即点 P 在 $\triangle ABC$ 的外接圆上.

　　罗伯特·西姆松是英国数学家.他在几何学和算术方面都有一些贡献.作为希腊数学的信徒,他曾于 1756 年校订过欧几里得的《几何原本》.但是,要想

从他的著作中发掘出上述定理却是徒劳的. 据麦凯考证, 西姆松定理实际是 1797 年由华莱士 (W. Wallace, 1768—1843) 发现的. 归功于西姆松, 是因这种通称既久, 故仍沿袭至今.

❖西姆松线的性质定理

西姆松线有许多有趣的性质, 例如, 三角形任一顶点的西姆松线就是过这点的高; 一个顶点的对径点的西姆松线, 是这个顶点所对的边等. 下面, 我们以定理的形式介绍西姆松线的有趣性质:

定理 1 如图 3.80, 设 P 为 $\triangle ABC$ 的外接圆圆 O 上异于顶点的一点, P 在 BC, CA, AB 上的射影分别为 L, M, N. 延长 PL 交圆 O 于 A_1 联结 AA_1, 则西姆松线 $LM \parallel A_1 A$.

证明 考查圆内接四边形 PAA_1C 和 $PMLC$ 可知
$$\angle PA_1 A = \angle PCA = \angle PCM = \angle PLM$$
则 $LM \parallel A_1 A$.

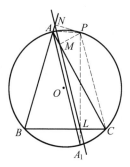

图 3.80

注 (1) 类似地, 还有 $LM \parallel BB_1, LM \parallel CC_1$.

(2) 若自点 P 引三直线分别平行于 BC, CA, AB 交外接圆于 A', B', C', 点 P 的西姆松线为 LMN. 由 $\overset{\frown}{A'B} = \overset{\frown}{PC}$, 有 $\angle BAA' = \angle PBC$. 又 $\angle ANL = \angle BPL$ (由 P, N, B, L 四点共圆), 知 $AA' \perp NL$. 同理有 BB', CC' 均垂直于 NL. 即 AA', BB', CC' 均与点 P 的西姆松线垂直.

定理 2 三角形垂心与其外接圆上一点的连线, 被此点的西姆松线所平分. (施坦纳定理)

证法 1 如图 3.81, 设 P 为 $\triangle ABC$ 的外接圆上异于顶点的任一点, 其西姆松线为 LMN, $\triangle ABC$ 的垂心为 H.

作 $\triangle BHC$ 的外接圆, 则此圆圆 BHC 与圆 ABC 关于 BC 对称, 延长 PL 交圆 BHC 于 P', 则 L 为 PP' 的中点, 设 PL 交圆 BHC 于点 Q, 联结 $P'H$.

由 P, B, L, M 四点共圆, 有 $\angle PLM = \angle PBM = \angle PBA \overset{\text{m}}{=} \overset{\frown}{PA} = \overset{\frown}{QH} \overset{\text{m}}{=} \angle QP'H$.

从而直线 $LMN \parallel P'H$. 注意到直线 LMN 平分 PP', 故直线 LMN 平分 PH.

证法 2 如图 3.81, 易知点 H 关于 AB 的对称点 H' 在 $\triangle ABC$ 的外接圆 Γ 上. 设 P 关于 AB 的对称点为 P'', 则四边形 $PH'HP''$ 为等腰梯形. 注意到 M 为

PP'' 的中点，设直线 LM 与 PH 交于点 K，则 $\angle P''HH' = \angle PH'H = \angle PBC = 180° - \angle PML = KMP''$，从而 $MK \parallel P''H$，即 MK 为 $\triangle PHP''$ 的中位线.

故直线 LMN 平分 PH.

证法 3 如图 3.81，易知点 H 关于 BC 的对称点 H'' 在 $\triangle ABC$ 的外接圆 Γ 上. 设 P 关于 BC 的对称点为 P'，则四边形 $PP'H''H$ 为等腰梯形. 则 $\angle PP'H = \angle PH''A = \angle PBA = PBM = \angle PLM$，从而 $P'H \parallel LM$，即 LM 为 $\triangle PP'H$ 的中位线.

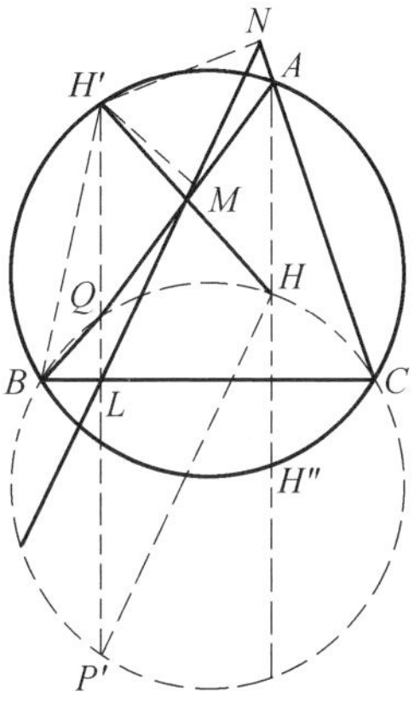

故直线 LMN 平分 PH.

证法 4 如图 3.82，设 P 为 $\triangle ABC$ 外接圆上异于顶点的任一点，其西姆松线为 LMN，H 为 $\triangle ABC$ 的垂心.

设 $PL \perp BC$ 于 L，交圆于另一点 E，延长 EP 至 F，使 $PF = LE$. 设 O 为 $\triangle ABC$ 的外心，作 $OD \perp BC$ 于 D，由 O 作 LF 的垂线必过 EP 的中点，亦即过 LF 的中点，所以 $LF = 2OD$，又 $AH = 2OD$，则 $LF \underset{=}{\parallel} AH$，从而 $AHLF$ 为平行四边形.

设 $PN \perp AC$ 于 N，LN 交 AH 于 S'，联结 PS. 由 $AE \parallel LN$，而 $LE \parallel AS$，则 $LEAS$ 为平行四边形，即知 $PF = EL = AS$，故 $LHSP$ 为平行四边形，从而 PH 被直线 LMN 平分.

证法 5 如图 3.83，联结 AH 并延长交 BC 于 E，交外接圆于 F，联结 PF 交 BC 于 G，交西姆松线于 Q.

由 P, C, L, M 四点共圆，有 $\angle MLP = \angle MCP = \angle AFP = \angle LPF$，即 $\triangle QPL$ 为等腰三角形，即 $QP = QL$.

又 $HE = EF$，$\angle HGE = \angle EGF = \angle LGP = \angle QLG$，则 $HG \parallel NL$，即 PH 与西姆松线的交点 X 为 PH 的中点.

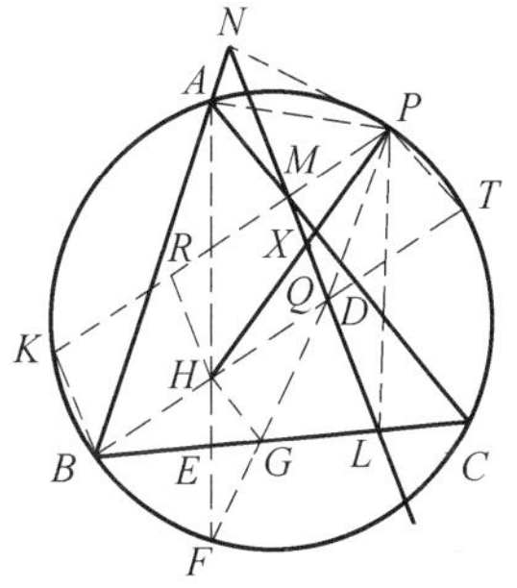

证法 6 联结 PM 并延长交外接圆于 K，联结 BK，过 B 作 $BD \perp AC$ 于 D，延长 BD 交外接圆于 T，则垂心 H 在 BT 上，如图 3.83 所示.

联结 AP，由 A, M, P, N 四点共圆，知 $\angle MNB = \angle MNA = \angle MPA =$

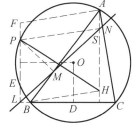

图 3.81

图 3.82

图 3.83

$\angle KPA = \angle KBA$，从而 $BK \parallel MN$.

自 H 作 $HR \parallel BK$ 交 PK 于 R，则 $RHTP$ 为等腰梯形. 而 $HD = DT$，则知 AC 是 HT 的中垂线，从而知 M 是 PR 的中点.

注意到 $ML \parallel KB \parallel RH$，在 $\triangle PRH$ 中，ML 必过 PH 的中点，故 PH 被直线 LMN 平分.

证法 7 如图 3.84，设 $\angle ACP = \theta$，西姆松线 LMN 与高线 AD 交于点 E，PH 交西姆松线 LMN 于点 X. 下证 X 为 PH 的中点.

注意到 $PL = PC \cdot \sin(C + \theta) = 2R \cdot \sin(B - \theta) \cdot \sin(C + \theta)$

$$\angle ELB = \angle MPC = 90° - \theta$$

$DL = b \cdot \cos C - 2R\sin(B - \theta) \cdot \cos(C + \theta) = $

$2R(\sin B \cdot \cos C - \sin(B - \theta) \cdot \cos(C + \theta)) = $

$R(\sin A + \sin(B - C) - \sin A - \sin(B - C - 2\theta)) = $

$2R \cdot \cos(B - C - \theta) \cdot \sin \theta$

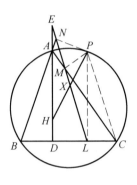

图 3.84

从而

$$ED = \frac{DL \cdot \cos \theta}{\sin \theta} = 2R \cdot \cos(B - C - \theta) \cdot \cos \theta$$

$$HD = 2R \cdot \cos B \cdot \cos C$$

$$EH = 2R(\cos(B - C - \theta) \cdot \cos \theta - \cos B \cdot \cos C) = $$

$$R(\cos(B - C) + \cos(B - C - 2\theta) - \cos(B + C) - $$

$$\cos(B - C)) = $$

$$2R\sin(B - \theta) \cdot \sin(C + \theta) = PL$$

又 $EH \parallel PL$，则

$$\frac{PS}{SH} = \frac{PL}{EH} = 1$$

故 S 为 PH 的中点.

证法 8 如图 3.85，设直线 AH 交圆 O 于 F，则知 D 为 HF 的中点，作 $PL \perp BC$ 于 L，直线 PL 交圆 O 于 A'. 过 H 作 $HK \parallel AA'$ 交 PA' 于 K，则 $HKPF$ 为等腰梯形，且 LD 为其对称轴，从而 L 为 KP 的中点.

又 $KH \parallel A'A \parallel$ 点 P 的西姆松线 l，故 l 与 PH 的交点 X 为 PH 的中点.

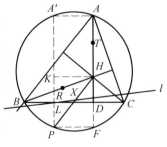

图 3.85

注　设 R, T 分别为 BH, AH 的中点,由 A, B, P, F 共圆,知 T, R, X, D 亦共圆,此圆即 $\triangle ABC$ 的九点圆,即 X 在九点圆上.

证法 9　在图 3.86 中 H 是垂心, D 是边 BC 上高线的垂足. AD 交圆 ABC 于 K,联结 PK,交西姆松线于 Q,交边 BC 于 T,则 $\angle 1 = \angle 2 = \angle 5 = \angle 6$($P$, B, L, M 共圆, $PL \parallel AK$,又 $\angle 2$, $\angle 5$ 为同弧所对圆周角). 于是 $PQ = LQ$. 从 $Rt\triangle PLT$ 知 $PQ = QT$, $\angle 4 = \angle 9$. 又 $BC \perp AK$, $HD = DK$,得 $\triangle TDK \cong \triangle TDH$,则 $\angle 7 = \angle 8 = \angle 9 = \angle 4$, $LN \parallel HT$. Q 是 PT 中点,过 Q 的西姆松线 LN 平行于 $\triangle PHT$ 底边 HT,必交另一边 PH 的中点 X,这就是说 PH 被点 P 的西姆松线平分.

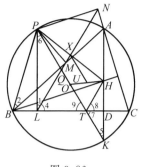

图 3.86

推论 1　定理 2 证明中的西姆松线上的点 X 在三角形的九点圆上.

事实上,图 3.86 中,从定理 2 知 X 是 PH 被西姆松线 LN 所等分的中点, $PX = XH$. 联结外心 O 和垂心 H. 我们知道九点圆圆心 U 在 OH 中点上,九点圆半径是外接圆半径之半. 图 3.86 中 $UX = \dfrac{1}{2}OP$,因此 X 在九点圆上.

推论 2　三角形外接圆上异于顶点的任一点关于三边的对称点在过三角形垂心的一条直线上.

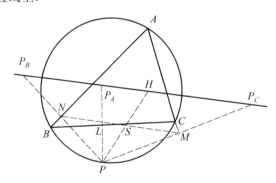

图 3.87

其证明见后面的施坦纳线定理的证明.

定理 3　在 $\triangle ABC$ 外接圆上任意二点 P, P' 对应的西姆松线 SS', $S_1 S'_1$ 交于点 K. 二者交角等于弧 PP' 所对圆周角.

证明　图 3.88 中 P, M, N, A 共圆, $\angle APM = \angle KNN'$,弧 PP' 的圆周角为

$$\angle PAP' = \angle PAM + \angle M'AP' =$$
$$(90° - \angle APM) + (90° - \angle AP'M') =$$

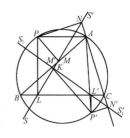

图 3.88

$$180° - \angle APM - \angle AN'M'$$

$(A, P', N', M'$ 同圆$)=$

$$180° - \angle KNN' - \angle NN'K$$

$(A, P, M, N$ 同圆$)= \angle LKL'$

定理 4 三角形外接圆直径两端点所作西姆松线正交,交点在三角形的九点圆上.(正交的西姆松线互为共轭)

证明 从定理 3 易知二者是正交的.

图 3.89 中,SS',S_1S_1' 分别为 P,P' 对应的二西姆松线,且 $SS' \perp S_1S_1'$,二者交于 K,H 为垂心. 定理 2 说 SS',S_1S_1' 分别平分 PH,$P'H$ 于 X,X'. 定理 2 的推论说 X,X' 都在 $\triangle ABC$ 的九点圆上,图 3.89 中 $\angle XKX' = 90°$,可见 K 也在九点圆上.

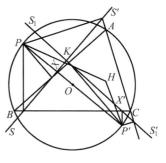

图 3.89

定理 5 三角形的三个外角平分线与其外接圆交点的西姆松线共点.①

证明 如图 3.90,在 $\triangle ABC(AB \geqslant AC)$ 中,X,Y,Z 分别是 $\triangle ABC$ 三个外角 $\angle DAB$,$\angle ABE$,$\angle BCF$ 的平分线 AX,BY,CZ 与 $\triangle ABC$ 外接圆的交点,且点 X_i,Y_i,$Z_i(i=1,2,3)$ 分别是点 X,Y,Z 在直线 AB,BC,CA 上的射影. 联结 BX,CX,由 AX 平分 $\angle DAB$ 及 $XX_2 \perp BC$,易知,点 X_2 是边 BC 的中点,且 $BX_2 = CX_2 = \dfrac{BC}{2}$,$BX = CX$.

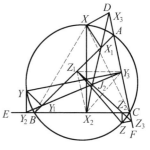

图 3.90

在四边形 $AXBC$ 中,由托勒密定理,得

$$AB \cdot CX = BC \cdot AX + AC \cdot BX$$

则 $$AB - AC = \frac{BC \cdot AX}{CX} = \frac{2CX_2 \cdot AX}{CX} \qquad ①$$

由 $XX_1 \perp AB$,$XX_2 \perp BC$,则易知有

$$\triangle AXX_1 \backsim \triangle CXX_2$$

则 $$\frac{AX}{CX} = \frac{AX_1}{CX_2}$$

即 $$AX_1 = \frac{CX_2 \cdot AX}{CX} \qquad ②$$

① 李耀文.西摩松线的一个性质[J].中学数学,2003(9):41.

由式 ①,②,得

$$AX_1 = \frac{1}{2}(AB - AC) \qquad ③$$

又 $$BX_1 + BX_2 = (AB - AX_1) + \frac{BC}{2} \qquad ④$$

将 ③ 代入 ④,得

$$BX_1 + BX_2 = \frac{1}{2}(AB + BC + CA)$$

这表明:线段 X_1X_2 平分 $\triangle ABC$ 的周长,又直线 X_1X_2 过 $\triangle ABC$ 的边 BC 的中点 X_2.

所以说:直线 X_1X_2 是 $\triangle ABC$ 的周界等分线.

同理可证:直线 Y_1Y_3, Z_1Z_2 也是 $\triangle ABC$ 的周界等分线.

此时,它们共点(即为 $\triangle ABC$ 的第二界心 J_2,如图 3.81 所示).

由上所述,我们还不难推证:

推论 三角形的三个外角平分线与其外接圆交点的西姆松线的交点是原三角形的中点三角形的内心.

证明 如图 3.90,联结 X_2Y_3, Y_3Z_1, Z_1X_2,得中点 $\triangle X_2Y_3Z_1$. 由于 X_1X_2 平分 $\triangle ABC$ 的周长,则有

$$X_1Z_1 = Z_1X_2 = \frac{AC}{2}$$

又 $Y_3X_2 \parallel AB$,所以

$$\angle X_1X_2Y_3 = \angle X_2X_1Z_1 = \angle X_1X_2Z_1$$

即 X_1X_2 为 $\angle Z_1X_2Y_3$ 的平分线.

同理 Y_1Y_3, Z_1Z_2 分别是 $\angle Z_1Y_3X_2, \angle Y_3Z_1X_2$ 的平分线.

所以,西姆松线 $X_1X_2X_3, Y_1Y_2Y_3, Z_1Z_2Z_3$ 的交点 J_2(界心)是中点 $\triangle X_2Y_3Z_1$ 的内心.

定理 6 设 $\triangle ABC$ 的垂心为 H,延长 CH 和外接圆的交点为 D. 在外接圆上取异于顶点的一点 P,若 PD 与 AB 的交点为 E,则 EH 平行于关于点 P 的西姆松线 NLM.

证明 如图 3.91,因 H 为垂心,则 H, D 关于 AB 对称,从而

$$\angle DHE = \angle HDE = \angle PBC \qquad ①$$

由 B, N, P, L 共圆,有

$$\angle PBL = \angle PNL \qquad ②$$

又 PN, CH 都垂直于 AB,从而 $PN \parallel CH$. 设 LM

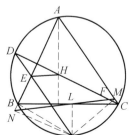

图 3.91

交 HC 于点 F, 于是, 有

$$\angle PNL = \angle DFN \tag{③}$$

由①, ②, ③ 得 $\angle DHE = \angle DFN$, 故 EH // 直线 NLM.

定理 7 若一条直线通过三角形的垂心, 则这条直线交于三边的对称线必交于外接圆上一点, 这点对于三角形的西姆松线平行于已知直线.

证明 如图 3.92, $\triangle ABC$ 的外接圆为圆 O, 设 H 为 $\triangle ABC$ 的垂心, 过 H 的直线 l 分别交 BC, CA, AB 于 G, L, K. 设 l 关于 CA 的对称线交圆 O 于 P. 点 P 在 BC, CA, AB 上的射影分别为 D, E, F, 则 D, E, F 共线, 即为点 P 的西姆松线.

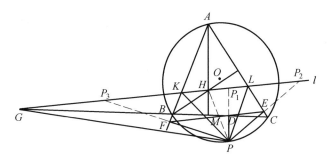

图 3.92

设点 P 关于 BC, CA, AB 的对称点分别为 P_1, P_2, P_3, 则 D, E, F 分别为 PP_1, PP_2, PP_3 的中点, 从而 P_1, P_2, P_3 共线.

联结 PH 交 EF 于 M, 由西姆松线的性质定理 2 知, M 为 PH 的中点, 从而 P_3H // FM, P_1H // DM, P_2H // EM, 即知直线 $P_1P_2P_3$ 与直线 l 重合, 且与直线 FDE 平行.

又 PK, PG, PL 为 l 关于 AB, BC, CA 的对称线, 则此三线交于圆 O 上的点 P.

定理 8 圆上三点对于同一内接三角形的西姆松线所交成的三角形, 与该三点连成的三角形相似.

证明 如图 3.93, 三点 P_1, P_2, P_3 对于 $\triangle ABC$ 的西姆松线所交成的三角形为 $\triangle Q_1Q_2Q_3$.

由定理 3 得 $\angle Q_1 = \angle P_2P_1P_3, \angle Q_2 = \angle P_1P_2P_3$, 所以

$$\triangle Q_1Q_2Q_3 \backsim \triangle P_1P_2P_3$$

定理 9 圆上任一点对于两个固定的内接三角形的西姆松线, 它们的交角大小不因该点的位置而改变.

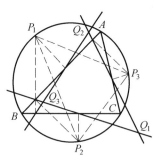

图 3.93

证明　如图 3.94,设 l_1 交 l_2 于 R,l_1 交 l'_1 于 G,l_1 交 l'_2 于 P,l_2 交 l'_2 于 Q,l'_1 交 l'_2 于 K. 由定理 3 知,P_1,P_2 对 $\triangle ABC$ 与 $\triangle A'B'C'$ 的西姆松线 l_1 与 l_2,l'_1 与 l'_2 的交角均等于 P_1P_2 弦所对的圆周角,即两角相等,所以 $\angle PRQ = \angle PKG$.

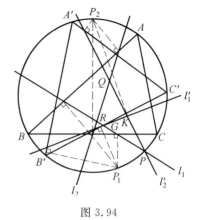

图 3.94

又 P_1 对 $\triangle ABC$ 与 $\triangle A'B'C'$ 的西姆松线 l_1 与 l'_1 的交角为 $\angle PGK$,P_2 为 $\triangle ABC$ 与 $\triangle A'B'C'$ 的西姆松线 l_2 与 l'_2 的交角为 $\angle RQP$.

在 $\triangle PGK$ 与 $\triangle PQR$ 中,因 $\angle PRQ = \angle PKG$,所以 $\angle PGK = \angle PQR$.

故点 P 在圆的任意位置,其对两个固定的内接三角形的西姆松线有固定的交角.

定理 10　圆上一点对于内接三角形的西姆松线夹于该三角形任两边(所在直线)间的线段,等于第三边在该西姆松线上的射影.

证明　如图 3.95,FDE 为点 P 对 $\triangle ABC$ 的西姆松线,DE 是夹在 BC,CA 间的西姆松线段,$A'B'$ 是 AB 在西姆松线上的射影.

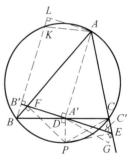

图 3.95

在以 PC 为直径的圆中,作 $DG = PC$ 且 DG 过 PC 的中点,联结 GE,则 $\triangle DGE$ 为直角三角形.

过 A 作 BB' 的垂线,垂足为 L,交圆于 K,联结 AK,则 $\triangle AKL$ 亦为直角三角形.

因为 $\angle ABK \overset{\text{注}}{=\!=\!=} \angle PFD \overset{\text{四点共圆}}{=\!=\!=\!=} \angle PBD = \angle PBC$,所以 $AK = PC = DG$.

又 $\angle AKL = \angle ACB = \angle DPE = \angle DGE$,所以 $\triangle AKL \cong \triangle DGE$. 故 $DE = AL = A'B'$.

同理,$FE = B'C'$,$FD = A'C'$.

注　$\angle ABK = \angle B'FA - 90° = \angle BFD - 90° = \angle PFD$.

定理 11　设 H 是 $\triangle ABC$ 的垂心,M,N 是 $\triangle ABC$ 外接圆上两点,P 是这两点的西姆松线的交点,K 是 H 关于 P 的对称点,则 $\triangle KMN$ 的垂心 L 在 $\triangle ABC$ 的外接圆上,且 L 对 $\triangle ABC$ 的西姆松线垂直于 MN 而通过点 P.

证明　如图 3.96,设 M,N 对 $\triangle ABC$ 的西姆松线分别为 l_M,l_N,其与 HM,

HN 分别交于 S,T,则 S,T 分别为 HM,HN 的中点. 又 P 是 HK 的中点,则 $PT \parallel KN$,$PS \parallel KM$.

过 N 作 KM 的垂线交圆于 L,交直线 MK 于 G,联结 LM,LK. 由于 $\angle TPS$ 为直线 l_M 与 l_N 的交角 α 的补角,则
$$\angle NKM = \angle TPS = 180° - \alpha =$$
$$180° - \angle NLM$$

作 K 关于 NM 的对称点 K',则知 K' 在外接圆上,延长 LK 交圆于 K'',则
$$\angle NLK'' = 90° - \angle LKG =$$
$$90° - \angle K''KM =$$
$$\angle NMK = \angle NMK'$$

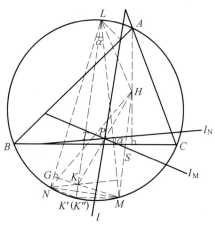

图 3.96

又 $\angle NLK'' = \angle NMK''$,即有 $\angle NMK' = \angle NMK''$,即 K' 与 K'' 重合.

而 $KK' \perp NM$,即 $KK'' \perp NM$,亦即 $LK \perp NM$,故 N 为 $\triangle KNM$ 的垂心.

令 L 对 $\triangle ABC$ 的西姆松线为 l,其与 l_N 的交角等于弦 LN 所对的圆周角 $\angle LMN$. 由于 $\angle LMN = \angle LNK$,且 $PT \parallel KN$,所以 $l \parallel LK$.

又 l 过 LH 的中点,故 l 过点 P. 因 $LK \perp NM$,故 $l \perp NM$.

推论 1 设 M,N 是 $\triangle ABC$ 的外接圆上两点,自 M 引线垂直于 N 的西姆松线,又自 N 引线垂直于 M 的西姆松线,则所引两线交于圆上一点 L,且 L 的西姆松线垂直于 MN 而与前两条西姆松线共点.

事实上,作 $ML \perp PT$,$NL \perp PS$,则 $\angle MLN = \angle TPS$ 的补角(或 $\angle TPS$),故 L 在外接圆上.同定理 12 的证明,可得 $l \perp MN$ 且过点 P.

推论 2 设 L 是 $\triangle ABC$ 的外接圆上一点,MN 是垂直于 L 的西姆松线 l 的一条弦,则 L,M,N 三点的西姆松线共点.

事实上,作 $\triangle LMN$ 的垂心 K,可得 $LM \perp l_N$,$LN \perp l_M$,所以 $l \parallel LK$,故有 L,M,N 三点的西姆松线共点于 P.

定理 12 两三角形有共同的外接圆,则一个三角形的三顶点对于另一个三角形的三条西姆松的交点及另一个三角形三顶点对于此形的三条西姆松线的交点凡六点共圆,圆心是两三角形的垂心联结线的中点.

证明 如图 3.97,令 H_1,H_2 分别为 $\triangle ABC$,$\triangle DEF$ 的垂心,其连线的中点为 M,各顶点对 $\triangle DEF$ 与 $\triangle ABC$ 所作西姆松线分别为 l_A,l_B,l_C,l_D,l_E,l_F,设 H_1 与 D,E,F 联结线的中点分别为 D',E',F';H_2 与 A,B,C 连线的中点分别为 A',B',C'.

由定理 4 知,所得六个中点分别为 l_D,l_E,l_F,l_A,l_B,l_C 与 $H_1D,H_1E,H_1F,H_2A,H_2B,H_2C$ 的交点.

又设 X,Y,Z 为 l_A,l_B,l_C 三线的交点;T,U,V 为 l_D,l_E,l_F 三线的交点,于是 $MA'\ /\!/\ H_1A,MB'\ /\!/\ H_1B,MC'\ /\!/\ H_1C,B'C'\ /\!/\ BC,C'A'\ /\!/\ CA$,从而
$$\angle B'MC'=\angle BH_1C=180°-\angle BAC$$

由定理 3,知 l_B,l_C 的交角 $\angle BX'C=180°-\angle BAC$,故有 B',M,X,C' 四点共圆.同理 C',M,Y,A' 四点共圆,所以
$$\angle MXY=\angle MB'C'=\angle H_1AC=$$
$$\angle MA'C'=\angle MYX$$

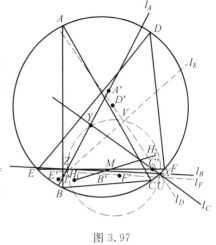

图 3.97

从而 $MX=MY$.

同理,$MY=MZ=MX$,即 X,Y,Z 共圆,圆心为 M.同理 T,U,V 共圆,圆心为 M.

以下证明 $MX=MT$.因 $\triangle MB'C'\backsim\triangle H_1BC$,其相似比为 $\dfrac{1}{2}$,而 $\triangle H_1BC$ 与 $\triangle ABC$ 有相同的外接圆半径 R,故 $\triangle MB'C'$ 的外接圆半径为 $\dfrac{R'}{2}$.由正弦定理,
$$MX=2\cdot\frac{1}{2}R\cdot\sin\angle MC'X=R\cdot\sin\angle MC'X$$

同理
$$MT=2\cdot\frac{1}{2}R\cdot\sin\angle MF'T=R\cdot\sin\angle MF'T$$

由于 $\angle MC'X$ 等于 H_1C 与 l_c 所交成的角,而 $\angle MF'T$ 等于 H_2F 与 l_F 所交成的角,且 H_1C,l_c 与 l_F,H_2F 为 C,F 两点对 $\triangle ABC$ 与 $\triangle DEF$ 的西姆松线,由定理 12,知 $\angle MC'X=\angle MF'T$,故 $MX=MT$.

推论 若两三角形有共同的外接圆,且其中一形的三顶点对于另一形的三条西姆松线交于一点,则另一形三顶点对于此形的三条西姆松线亦交于同一点,这点是两三角形垂心连线的中点.

定理 13 已知 $\triangle ABC$.设直线 l 交 BC,CA,AB 于 X,Y,Z,则

(1) 在 A,B,C 分别引圆 AYZ,圆 BZX,圆 CXY 的切线交 $\triangle ABC$ 的外接圆上一点,这点对于 $\triangle ABC$ 的西姆松线与 l 垂直.

(2) 自 A,B,C 分别作圆 AYZ,圆 BZX,圆 CXY 的直径(所在直线)也交于

△ABC 的外接圆上一点,这点对于 △ABC 的西姆松线与 l 平行.

证明 如图 3.98,O_1,O_2,O_3 分别为三圆圆心.

(1) 在点 A 引圆 AYZ 的切线交圆 O 于 P,联结 PB,则 $\angle PAB = \angle AYZ$.

由于 $\angle ACB$ 与 $\angle PAB + \angle PBA$ 均与 $\angle APB$ 互补,所以,$\angle PBA = \angle BXZ$,从而知 PB 是圆 O_2 的切线.

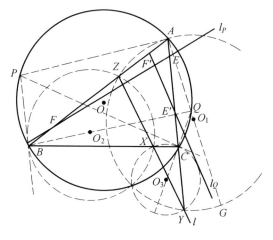

图 3.98

同理,PC 是圆 O_3 的切线.

作 P 对 △ABC 的西姆松线 l_P(即直线 EF),则 P,A,E,F 四点共圆,有 $\angle YEF = \angle APF$,则 $l_P \perp l$.

(2) 联结 AO_1 交圆 O 于 Q,则 $QA \perp AP$,从而 $\angle PBQ = 90°$,而 PB 是圆 O_2 的切线,则 QB 是圆 O_2 的直径所在的直线.

同理,QC 是圆 O_3 的直径所在的直线.

作 Q 对 △ABC 的西姆松线 l_Q,则 A,Q,E',F' 四点共圆,且因 AG 是圆 O_1 的直径而有 $QF' \parallel GZ$,于是

$$\angle AE'F' = \angle AQF' = \angle AGZ = \angle AYZ$$

故有 $l_Q \parallel l$.

定理 14 将圆上四点两两连成四个三角形,而这圆上任两点对于该四个三角形中每形的两条西姆松线分别交于一点,则这样的四个交点共线.

证明 如图 3.99,$P_1P_2P_3P_4$ 为圆内接四边形,M,N 为圆上另两点,点 M 对 △$P_4P_3P_2$ 的西姆松线记为 m_1,余类推;点 N 对 △$P_4P_3P_2$ 的西姆松线记为 n_1,余类推.C_1,C_2,C_3,C_4,D_1,D_2 分别为直线 m_3 与 m_4,m_1 与 m_4,m_1 与 m_2,m_2 与 m_3,m_2 与 m_4,m_1 与 m_3 在直线 P_1P_2,P_2P_3,P_3P_4,P_4P_1,P_1P_3,P_2P_4 上的交点;A_1,A_2,A_3,A_4,B_1,B_2 分别为直线 n_3 与 n_4,n_1 与 n_4,n_1 与 n_2,n_2 与 n_3,n_2 与

n_4, n_1 与 n_3 在直线 P_1P_2, P_2P_3, P_3P_4, P_4P_1, P_1P_3, P_2P_4 上的交点, Q_1 为 m_1 与 n_1 的交点, 余类推.

由于直线 C_4A_4, D_2B_2, C_3A_3 共点于 P_4, 即 $\triangle C_4D_2C_3$ 与 $\triangle A_4B_2A_3$ 对应顶点的连线共点, 则由戴沙格定理, 知这两个三角形对应边所在直线的交点 Q_1, Q_2, Q_3 共线.

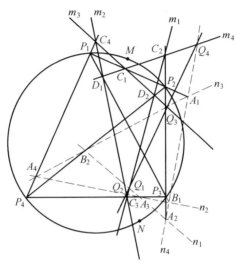

图 3.99

同理, Q_2, Q_3, Q_4 共线. 故 Q_1, Q_2, Q_3, Q_4 共线.

❖ 安宁定理

安宁(Anning) 定理　在圆内接四边形 $ABCD$ 中, 每一个顶点对其他三顶点构成的三角形有一条西姆松线, 则此四条西姆松线共点.

证明　设 H, L 分别为 $\triangle ABD$, $\triangle ACD$ 的垂心, 则 $BH \parallel CL$.

由西姆松线的性质(即施坦纳定理)知, 点 C 对 $\triangle ABD$ 的西姆松线过 CH 的中点 E.

设圆的半径为 R, 则由垂心余弦公式, 知

$$BH = 2R \cdot \cos \angle ABD = 2R \cdot \cos \angle ACD = CL$$

于是, 四边形 $BHLC$ 为平行四边形, 从而 E 为 BL 的中点.

所以, 点 E 在点 B 关于 $\triangle ACD$ 的西姆松上.

类似地, 点 E 也在其他两顶点的西姆松线上.

故四条西姆松线共点于 E.

❖ 施坦纳线定理

西姆松线的性质定理 2 的推论 2 即为如下的定理:

施坦纳线定理 三角形的外接圆上任一点关于三边的对称点共线,这条线通过三角形的垂心.

如图 3.100,设 H 为锐角(对于钝角也可类似讨论)三角形 ABC 的垂心,P 为 $\triangle ABC$ 外接圆上任一点,P 关于边 BC,CA,AB 的对称点分别为 P_1,P_2,P_3,则点 P_1,P_2,P_3 共线于 l,且 l 通过垂心 H.这条直线 l 称为施坦纳线.

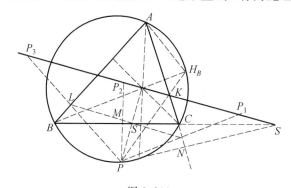

图 3.100

证法 1 如图 3.100,作点 P 的西姆松线,即点 P 在直线 AB,BC,CA 上的投影分辄为 L,M,N,显然 L,M,N 三点共线.联结 PH 交直线 LMN 于点 S,则由西姆松线的性质,知 S 为 PH 的中点.

显然 L,M,N 分别为 PP_3,PP_2,PP_1 的中点,由于 L,M,S,N 四点共线.

故 P_3,P_2,H,P_1 四点共直线.

证法 2 如图 3.100,延长 AH 交 $\triangle ABC$ 的外接圆 Γ 于点 H_A,则 H,H_A 关于 BC 对称.设 P 关于 BC,AC 的对称点分别为 P_2,P_1,则直线 P_2H 与直线 PH_A 关于直线 BC 对称.

类似地,直线 P_1H 与直线 PH_B 关于直线 AC 对称.

设直线 HP_2 与直线 PH_B 交于点 K,则点 K 在 AC 上.

设直线 HP_2 与直线 BC 交于点 S,则

$$\angle CKS = \angle ACB - \angle KSC = \angle ACB - (\angle AH_AP - 90°) =$$
$$\angle AH_AB - \angle AH_AP + 90° = 90° - \angle BH_BP = \angle AKH_B$$

于是,知直线 HP_2 与直线 PH_B 关于直线 AC 对称,从而直线 HP_2 与直线 HP_1 重合,即 P_1,H,P_2 在一条直线上.

类似地,点 P 关于 AB 的对称点 P_3 也在这条直线上.

证法 3　如图 3.101,设点 P 关于 AC,AB 的对称点分别为 P_1,P_3,直线 PP_3 与直线 BH 交于点 E,直线 PP_1 与直线 CH 交于点 F.

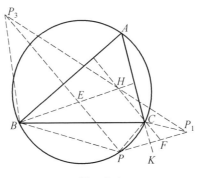

图 3.101

由 $BH \perp AC, PP_1 \perp AC$ 知 $EH \parallel Pf$.
同理 $EP \parallel HF$.

从而,四边形 $EPFH$ 为平行四边形 $\Rightarrow \angle CFP = \angle BEP_3$.

又 $\angle P_1CP = 2\angle PCK = 2\angle ABP = \angle PBP_3$,则等腰三角形 P_1CP 相似于等腰三角形 PBP_3,且 E,F 为其对应点 $\Rightarrow \dfrac{P_1F}{P_1P} = \dfrac{PE}{PP_3} = \dfrac{FH}{PP_3} \Rightarrow$ 点 H 在直线 P_1P_3 上.

同理,点 H 也在直线 P_1P_2 上.故 P_3,P_2,H,P_1 四点共线.

证法 4　如图 3.102.联结 PP_3,PP_2,PP_1 分别与 AB,BC,CA 交于点 L,M,N,则由西姆松定理知,L,M,N 三点共线,且 L,M,N 分别为 PP_3,PP_2,PP_1 的中点,则 P_3,P_2,P_1 三点共线.

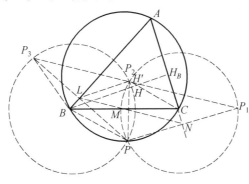

图 3.102

设边 AC 上的高线 BH_B 与直线 P_3P_1 交于点 H',则 $BH' \parallel PP_1$.

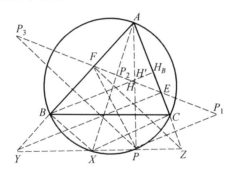

由对称性知
$$BP_3 = BP = BP_2$$

从而知 B 为 $\triangle PP_3P_2$ 的外心.

同理,C 为 $\triangle PP_2P_1$ 的外心.

注意到圆心角与圆周角的关系,则 $\angle P_2H'B = \angle PP_1H' = \angle BCP_2$,即知,$B,P_2,H',C$ 四点共圆 $\Rightarrow \angle P_1H'C = \angle P_2BM = \angle P_2P_3P \Rightarrow CH' \parallel PP_3 \Rightarrow CH' \perp AB \Rightarrow H'$ 为 $\triangle ABC$ 的垂心.

故 H' 与 H 重合.从而 P_3,P_2,H,P_1 四点共线.

证法 5 如图 3.103.

同证法 4,P_1,P_2,P_3 三点共线.

作 $\triangle ABC$ 的外接圆直径 AX,设直线 XP 分别与射线 AB,AC 交于点 Y,Z,作 $YE \perp AC$ 于点 E,作 $ZF \perp AB$ 于点 F,作 $BH_B \perp AC$ 于点 H_B,令直线 BH_B 与 EF 交于点 H'.则由平行得

图 3.103

$$\frac{FH'}{H'E} = \frac{FB}{BY} = \frac{ZX}{XY} = \frac{ZC}{CE} \Rightarrow$$

$$CH' \parallel ZF \Rightarrow CH' \perp AB \Rightarrow H' \text{ 为 } \triangle ABC \text{ 的垂心.}$$

故 H' 与 H 重合.

注意到,直线 YE 与 ZF 的交点是 $\triangle AYZ$ 的垂心,由垂心的性质,知 ZF,AY 分别是 $\angle EFP$ 的内、外角平分线,则点 P 关于 AB 的对称点 P_3 在直线 EF 上.

类似地,点 P_1,P_2 均在直线 EF 上.故 P_3,P_2,H,P_1 四点共线.

注 上述证法 2～5 参考了陕西金磊老师的文章《施坦纳定理的证明及应用》中等数学,2018(8):4-7.

证法 6 如图 3.104,设点 P 关于 AC,BC 的对称点分别为点 P_1,P_2,H 关于 BC 的对称点为 H_A.则由垂心性质知,H_A 在 $\triangle ABC$ 的外接圆上.

注意到 $CP_1 = CP = CP_2$,即知 C 为 $\triangle PP_1P_2$ 的外心,有

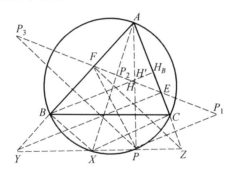

平面几何500名题暨1500条定理(下)

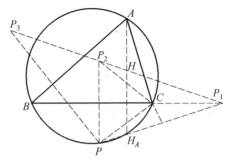

图 3.104

$$\angle PP_2P_1 = \frac{1}{2}\angle PCP_1 = 180° - \angle ACP$$

又由四边形 PH_AHP_2 为等腰梯形,知

$$\angle PP_2H = \angle P_2PH_A = 180° - \angle AH_AP = 180° - \angle ACP = \angle PP_2P_1$$

即知 P_2,H,P_1 三点共线.

类似地,点 P_3,P_2,H 也共线.

故 P_3,P_2,H,P_1 四点共线.

最后,我们指出:上述证法中,证法 1 中直接应用西姆松线的性质即西姆松线平分 PH 而给出了证明.若将证明这条性质(即西姆松线的性质定理 2)的九种证法再组合证法 1 中的 P_1,P_2,P_3 三点共线,则可得证明施坦纳线定理的另外九种证法.

❖朗古莱定理

朗古莱定理　在同一圆周上有 $A_1,A_2,$ A_3,A_4 四点,从其中任意三点作三角形,在圆周上取一点 P,作点 P 的关于这四个三角形的西姆松线,再从点 P 向这四条西姆松线引垂线,求证:四垂足共线.

此直线叫作点 P 的关于 A_1,A_2,A_3,A_4 四点的西姆松线.

证明[①]　如图 3.105,建立平面直角坐标系,设四边形 $A_1A_2A_3A_4$ 的外接圆直径为 1,则

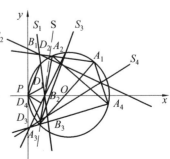

图 3.105

①　于志洪.解析法证明朗古莱定理及其推广[J].中学数学,2005(6):38-39.

圆 O 的方程为：$(x - \frac{1}{2})^2 + y^2 = (\frac{1}{2})^2$.

设顶点按逆时针方向依次为：

$$A_i(\frac{1}{2} + \frac{1}{2}\cos 2\theta_i, \frac{1}{2}\sin 2\theta_i)$$

$(i = 1,2,3,4)$, $\theta_i \in (0, \pi)$, 则 $A_1 A_2$ 的两点式直线方程为：

$$\frac{y - \frac{1}{2}\sin 2\theta_1}{x - \frac{1}{2} - \frac{1}{2}\cos 2\theta_1} = \frac{\sin 2\theta_1 - \sin 2\theta_2}{\cos 2\theta_1 - \cos 2\theta_2}$$

即

$$\frac{2y - \sin 2\theta_1}{2x - 1 - \cos 2\theta_1} = -\cot(\theta_1 + \theta_2) \qquad ①$$

则

$$k_{A_1 A_2} = -\cot(\theta_1 + \theta_2)$$

因

$$A_1 A_2 \perp PB_1$$

则

$$k_{PB_1} = -\frac{1}{k_{A_1 A_2}} = \tan(\theta_1 + \theta_2)$$

从而 PB_1 的点斜式方程为：

$$y = x \cdot \tan(\theta_1 + \theta_2) \qquad ②$$

解 ① 和 ②，得垂足 B_1 的坐标为：

$$B_1[\cos \theta_1 \cos \theta_2 \cos(\theta_1 + \theta_2), \cos \theta_1 \cos \theta_2 \sin(\theta_1 + \theta_2)]$$

轮换 A_1, A_2, A_3 三顶点的坐标，可求得垂足 B_2, B_3 的坐标为：

$$B_2[\cos \theta_2 \cos \theta_3 \cos(\theta_2 + \theta_3), \cos \theta_2 \cos \theta_3 \sin(\theta_2 + \theta_3)]$$
$$B_3[\cos \theta_3 \cos \theta_1 \cos(\theta_3 + \theta_1), \cos \theta_3 \cos \theta_1 \sin(\theta_3 + \theta_1)]$$

显然 B_1, B_2, B_3 三点的坐标满足法线式方程 $S_1: x\cos(\theta_1 + \theta_2 + \theta_3) + y\sin(\theta_1 + \theta_2 + \theta_3) - \cos \theta_1 \cos \theta_2 \cos \theta_3 = 0$

这就是点 P 关于 $\triangle A_1 A_2 A_3$ 的西姆松线，因此 S_1 的法线垂足 D_1 的坐标为：

$$D_1[\cos \theta_1 \cos \theta_2 \cos \theta_3 \cos(\theta_1 + \theta_2 + \theta_3),$$
$$\cos \theta_1 \cos \theta_2 \cos \theta_3 \sin(\theta_1 + \theta_2 + \theta_3)]$$

轮换四顶点的坐标，可得点 P 关于 $\triangle A_1 A_2 A_4$，$\triangle A_2 A_3 A_4$ 和 $\triangle A_3 A_4 A_1$ 的西姆松线 S_2, S_3, S_4 的法线垂足 D_2, D_3, D_4 的坐标分别为：

$D_2[\cos \theta_1 \cos \theta_2 \cos \theta_4 \cos(\theta_1 + \theta_2 + \theta_4), \cos \theta_1 \cos \theta_2 \cos \theta_4 \sin(\theta_1 + \theta_2 + \theta_4)]$
$D_3[\cos \theta_2 \cos \theta_3 \cos \theta_4 \cos(\theta_2 + \theta_3 + \theta_4), \cos \theta_2 \cos \theta_3 \cos \theta_4 \sin(\theta_2 + \theta_3 + \theta_4)]$
$D_4[\cos \theta_3 \cos \theta_4 \cos \theta_1 \cos(\theta_3 + \theta_4 + \theta_1), \cos \theta_3 \cos \theta_4 \cos \theta_1 \sin(\theta_3 + \theta_4 + \theta_1)]$

显然 D_1, D_2, D_3, D_4 四点的坐标满足法线式方程 S：
$x\cos(\theta_1 + \theta_2 + \theta_3 + \theta_4) + y\sin(\theta_1 + \theta_2 + \theta_3 + \theta_4) - \cos \theta_1 \cos \theta_2 \cos \theta_3 \cos \theta_4 = 0$，所以 D_1, D_2, D_3, D_4 四点共线.

推广 1 在同一圆周上有 A_1,A_2,A_3,A_4,A_5 五点的时候,从圆周上的一点 P,向点 P 的关于其中任意四点的西姆松线引垂线,则五垂足共线.

此直线叫作点 P 的关于 A_1,A_2,A_3,A_4,A_5 五点的西姆松线.

证明 如图 3.106,建立平面直角坐标系.设五边形 $A_1A_2A_3A_4A_5$ 的外接圆直径为 1,则圆 O 的方程为:

$$(x-\frac{1}{2})^2+y^2=(\frac{1}{2})^2$$

设顶点按逆时针方向依次为

$$A_i(\frac{1}{2}+\frac{1}{2}\cos 2\theta_i,\frac{1}{2}\sin 2\theta_i)$$

$$(i=1,2,3,4,5),\theta_i\in(0,\pi)$$

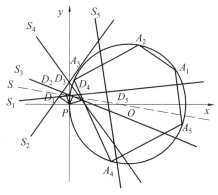

图 3.106

由朗古莱定理的证明可知:P 点关于 A_1,A_2,A_3,A_4 四点;点 P 关于 A_1,A_2,A_3,A_5 四点;点 P 关于 A_2,A_3,A_4,A_5 四点;点 P 关于 A_3,A_4,A_5,A_1 四点;点 P 关于 A_4,A_5,A_1,A_2 四点的西姆松线 S_1,S_2,S_3,S_4,S_5 的法线式方程分别为:

$S_1:x\cos(\theta_1+\theta_2+\theta_3+\theta_4)+y\sin(\theta_1+\theta_2+\theta_3+\theta_4)-\cos\theta_1\cos\theta_2\cos\theta_3$
$\qquad \cos\theta_4=0;$

$S_2:x\cos(\theta_1+\theta_2+\theta_3+\theta_5)+y\sin(\theta_1+\theta_2+\theta_3+\theta_5)-\cos\theta_1\cos\theta_2\cos\theta_3$
$\qquad \cos\theta_5=0;$

$S_3:x\cos(\theta_2+\theta_3+\theta_4+\theta_5)+y\sin(\theta_2+\theta_3+\theta_4+\theta_5)-\cos\theta_2\cos\theta_3\cos\theta_4$
$\qquad \cos\theta_5=0;$

$S_4:x\cos(\theta_3+\theta_4+\theta_5+\theta_1)+y\sin(\theta_3+\theta_4+\theta_5+\theta_1)-\cos\theta_3\cos\theta_4\cos\theta_5$
$\qquad \cos\theta_1=0;$

$S_5:x\cos(\theta_4+\theta_5+\theta_1+\theta_2)+y\sin(\theta_4+\theta_5+\theta_1+\theta_2)-\cos\theta_4\cos\theta_5\cos\theta_1$
$\qquad \cos\theta_2=0.$

因此 S_1,S_2,S_3,S_4,S_5 五条法线的垂足分别为:

$D_1[\cos\theta_1\cos\theta_2\cos\theta_3\cos\theta_4\cos(\theta_1+\theta_2+\theta_3+\theta_4),$
$\quad \cos\theta_1\cos\theta_2\cos\theta_3\cos\theta_4\sin(\theta_1+\theta_2+\theta_3+\theta_4)]$

$D_2[\cos\theta_1\cos\theta_2\cos\theta_3\cos\theta_5\cos(\theta_1+\theta_2+\theta_3+\theta_5),$
$\quad \cos\theta_1\cos\theta_2\cos\theta_3\cos\theta_5\sin(\theta_1+\theta_2+\theta_3+\theta_5)]$

$D_3[\cos\theta_2\cos\theta_3\cos\theta_4\cos\theta_5\cos(\theta_2+\theta_3+\theta_4+\theta_5),$
$\quad \cos\theta_2\cos\theta_3\cos\theta_4\cos\theta_5\sin(\theta_2+\theta_3+\theta_4+\theta_5)]$

$D_4[\cos\theta_3\cos\theta_4\cos\theta_5\cos\theta_1\cos(\theta_3+\theta_4+\theta_5+\theta_1),$

83

$$\cos\theta_3\cos\theta_4\cos\theta_5\cos\theta_1\sin(\theta_3+\theta_4+\theta_5+\theta_1)]$$

$$D_5[\cos\theta_4\cos\theta_5\cos\theta_1\cos\theta_2\sin(\theta_4+\theta_5+\theta_1+\theta_2),$$

$$\cos\theta_4\cos\theta_5\cos\theta_1\cos\theta_2\sin(\theta_4+\theta_5+\theta_1+\theta_2)]$$

显然 D_1,D_2,D_3,D_4,D_5 五点的坐标满足法线式方程:

$$x\cdot\cos\sum_{i=1}^{5}\theta_i+y\cdot\sin\sum_{i=1}^{5}\theta_i=$$

$$x\cdot\cos(\theta_1+\theta_2+\theta_3+\theta_4+\theta_5)+y\cdot\sin(\theta_1+\theta_2+\theta_3+\theta_4+\theta_5)=$$

$$\cos\theta_1\cdot\cos\theta_2\cdot\cos\theta_3\cdot\cos\theta_4\cdot\cos\theta_5=\prod_{i=1}^{5}\cos\theta_i$$

故 D_1,D_2,D_3,D_4,D_5 五点共线.

推广 2　在同一圆周上有 $A_1,A_2,A_3,\cdots,A_n,n$ 点的时候,从圆周上的一点 P,向 P 点的关于其中任意 $(n-1)$ 点的西姆松线引垂线,则这些垂足共线.

此直线叫作的关于 $A_1,A_2,A_3,\cdots,A_n$ 的 n 点的西姆松线.

证明　仿上面建立平面直角坐标系,不难证得 P 点关于其中任 $(n-1)$ 点的西姆松线所引垂线的垂足 $D_1,D_2,D_3,\cdots,D_n$ 的坐标都满足法线式方程:

$$x\cos\sum_{i=1}^{n}\theta_i+y\sin\sum_{i=1}^{n}\theta_i=\prod_{i=1}^{n}\cos\theta_i$$

故 $D_1,D_2,D_3,\cdots,D_n$ 这 n 点共线.

❖巴普定理

巴普定理　圆内接凸四边形所在圆周上任一点到一双对边的距离之积等于该点到另一双对边的距离之积.

证明　如图 3.107,设点 P 在凸四边形 $A_1A_2A_3A_4$ 的外接圆弧 $\overgroup{A_1A_4}$ 上,B_1,B_2,B_3,B_4 分为点 P 在边 $A_1A_2,A_2A_3,A_3A_4,A_4A_1$ 所在直线上的射影,联结 PA_1,PA_2,PA_3,PA_4,则在凸四边形这 $A_1A_2A_3$ 中,有 $\angle PA_1B_1=\angle PA_3B_2$,从而 $Rt\triangle PA_1B_1\backsim Rt\triangle PA_3B_2$.

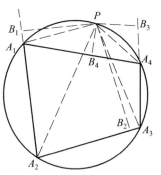

图 3.107

即有

$$\frac{PB_1}{PB_2}=\frac{PA_1}{PA_3}$$

又由 $\angle PA_1B_4=\angle PA_1A_4=\angle PA_3A_4=\angle PA_3B_3$,有 $Rt\triangle PA_1B_4\backsim Rt\triangle PA_3B_3$,有

$$\frac{PB_4}{PB_3} = \frac{PA_1}{PA_3}$$

于是 $$PB_1 = \frac{PA_1}{PA_3} \cdot PB_2, PB_3 = \frac{PA_3}{PA_1} \cdot PB_4$$

故 $$PB_1 \cdot PB_3 = \frac{PA_1}{PA_3} \cdot PB_2 \cdot \frac{PA_3}{PA_1} \cdot PB_4 = PB_2 \cdot PB_4$$

巴普定理可以推广到圆内接凸 $2n$ 边形中去. 由此也可得到西姆松定理在圆内接凸 n 边形的推广.

为了表述方便, 我们不妨作如下定义:[①]

隔边 $2n$ 条线段首尾相连, 任取定一条线段, 标号为1, 将其余线段按逆时针方向依次标号为 $2,3,\cdots,2n$, 则由标号为奇数(或偶数)的线段组成的一组线段叫这 $2n$ 条线段的一组隔边, 且标号为奇数的一组隔边与标号为偶数的另一组隔边互称互补隔边组.

推广 1 圆内接凸 $2n$ 边形所在圆周上任一点到一组隔边的距离之积等于该点到它的互补一组隔边的距离之积.

证明 如图 3.108, 圆内接凸 $2n$ 边形为 $A_1A_2\cdots A_{2n}$, P 为圆周上任一点(因 P 与顶点重合时, 结论显然成立, 故这里只考虑 P 相异于顶点的情况), $PB_i \perp A_iA_{i+1}$ 于 B_i(其中 $1 \leqslant i \leqslant 2n$). 当 $i = 2n$ 时, 记 $2n+1$ 为1, 连接 PA_i(其中 $1 \leqslant i \leqslant 2n$).

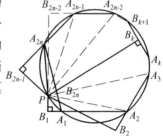

图 3.108

在圆内接凸四边形 $PA_1A_2A_3$ 中

因 $$\angle PA_1B_1 = \angle PA_3B_2$$

则 $$\text{Rt}\triangle PA_1B_1 \backsim \text{Rt}\triangle PA_3B_2$$

从而 $$\frac{PB_1}{PB_2} = \frac{PA_1}{PA_3} \qquad ①$$

同理 $$\frac{PB_2}{PB_3} = \frac{PA_2}{PA_4} \qquad ②$$

$$\vdots$$

$$\frac{PB_k}{PB_{k+1}} = \frac{PA_k}{PA_{k+2}} \qquad ⓚ$$

$$\vdots$$

$$\frac{PB_{2n-1}}{PB_{2n}} = \frac{PA_{2n-1}}{PA_1} \qquad ⓩ_{2n-1}$$

---

① 云保奇. 巴普定理的推广及其它[J]. 中学数学, 2001(5):39.

$$\frac{PB_{2n}}{PB_1} = \frac{PA_{2n}}{PA_2} \qquad \text{②} n$$

将式 ① ～ ②n 两边各相乘,得

$$\left(\frac{\prod\limits_{i=1}^{n} PB_{2i-1}}{\prod\limits_{i=1}^{n} PB_{2i}}\right)^2 = \left(\frac{PA_1}{PA_3} \cdot \frac{PA_3}{PA_5} \cdot \cdots \cdot \frac{PA_{2n-1}}{PA_1}\right) \cdot$$

$$\left(\frac{PA_4}{PA_2} \cdot \frac{PA_6}{PA_4} \cdot \cdots \cdot \frac{PA_2}{PA_{2n}}\right) = 1 \times 1 = 1$$

故

$$\prod_{i=1}^{n} PB_{2i-1} = \prod_{i=1}^{n} PB_{2i}$$

推广 1 得证.

考虑到

$$\frac{PB_1}{PB_2} = \frac{A_1B_1}{A_3B_2}, \cdots, \frac{PB_{2n}}{PB_1} = \frac{A_{2n}B_{2n}}{A_1B_{2n}}$$

又得

$$\frac{A_1B_1}{A_3B_2} \cdot \frac{A_2B_2}{A_4B_3} \cdot \cdots \cdot \frac{A_{2n}B_{2n}}{A_2B_1} =$$

$$\frac{PB_1}{PB_2} \cdot \frac{PB_2}{PB_3} \cdot \cdots \cdot \frac{PB_{2n}}{PB_1}$$

则

$$\frac{A_1B_1}{A_2B_1} \cdot \frac{A_2B_2}{A_3B_2} \cdot \cdots \cdot \frac{A_{2n}B_{2n}}{A_1B_{2n}} = 1$$

即

$$\prod_{i=1}^{2n} \frac{A_iB_i}{A_{i+1}B_i} = 1$$

（当 $i = 2n$ 时,记 $2n+1$ 为 1）

当边数为 $2n+1$ 时,用类似的方法可得

$$\prod_{i=1}^{2n+1} \frac{A_iB_i}{A_{i+1}B_i} = 1$$

（当 $i = 2n+1$ 时,记 $2n+1+1$ 为 1）

综上所述,我们可得如下推广:

推广 2　过圆内接凸 n 边形 $A_1A_2\cdots A_n$ 所在圆周上任一点 P（顶点除外）引各边的垂线,则垂足 B_i 外（内）分边 A_iA_{i+1}（其中 $1 \leqslant i \leqslant n$,且当 $i = n$ 时,记 $n+1$ 为 1）所得分线段之比 $\dfrac{A_iB_i}{A_{i+1}B_i}$ 的积为定值 1,即

$$\prod_{i=1}^{n} \frac{A_iB_i}{A_{i+1}B_i} = 1$$

（当 $i = n$ 时,记 $n+1$ 为 1）

对推广 2 中 $n=3$ 的情况,由西姆松定理得:三垂足共线;进而由梅涅劳斯定

理得：$\dfrac{A_1B_1}{A_2B_1}\cdot\dfrac{A_2B_2}{A_3B_2}\cdot\dfrac{A_3B_3}{A_1B_3}=1$. 可见，推广 2 也可看作西姆松定理的一个推广.

❖共线点的萨蒙定理

定理　自圆上一点引三弦，并以它们为直径画圆，则所画三圆的其他三交点共线.

证明　设 PA,PB,PC 为已知圆上的三弦，如图 3.109 所示，点 Z,X,Y 为以这三弦为直径的圆的其他交点.

联结 PX,PY,PZ，则由 $\angle PXC$ 与 $\angle PXB$ 均为直角，知 B,C,X 三点共线.

同理 A,Y,C 及 A,Z,B 分别三点共线.

由于 X,Y,Z 是点 P 在 $\triangle ABC$ 三边上的射影，故由西姆松定理知 X,Y,Z 三点共线.

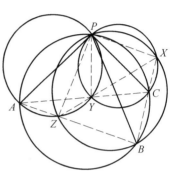

图 3.109

❖西姆松定理的推广

定理 1　过 $\triangle ABC$ 的三顶点引互相平行的三平行线，它们和 $\triangle ABC$ 的外接圆的交点分别为 A',B',C'. 在 $\triangle ABC$ 的外接圆上任取一点 P，设 PA',PB'，PC' 与 BC,CA,AB 或其延长线分别交于 D,E,F，则 D,E,F 共线.[①]

证明　如图 3.110. 因
$$\angle PCE=\angle ABP=\angle A'$$
又 $AA'\parallel BB'$，有
$$\angle A'=\angle BGD$$
则
$$\angle PCE=\angle BGD$$
又 $\angle CBB'=\angle CPB'$，从而在 $\triangle BGD$ 与 $\triangle PCE$ 中，有 $\angle BDP=\angle CEP$.

于是 D,P,E,C 四点共圆. $\angle PDE=\angle PCE=\angle A'$，故 $AA'\parallel DE$.

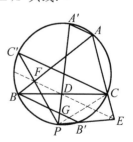

图 3.110

①　汪江松，黄家礼. 几何明珠[M]. 武汉：中国地质大学出版社，1988：191-196

同理可证, $AA' \parallel DF$. 所以 D,E,F 共线.

注　可以证明, 当 $PA' \perp BC$ 时, 定理 1 就成为西姆松定理.

定理 2　若 P,Q 为 $\triangle ABC$ 外接圆半径或延长线上两点, $OP \cdot OQ = R^2$, O 为外心, R 为半径, P 关于 BC,CA,AB 的对称点分别为 U,V,W, QU,QV,QW 分别交 BC,CA,AB 于 D,E,F, 则 D,E,F 共线.

证明　如图 3.111, 联结 CO, 则

$$OP \cdot OQ = OC^2$$

又 $\angle POC = \angle COQ$, 则

$$\triangle OPC \backsim \triangle COQ$$
$$\angle OCP = \angle OQC$$

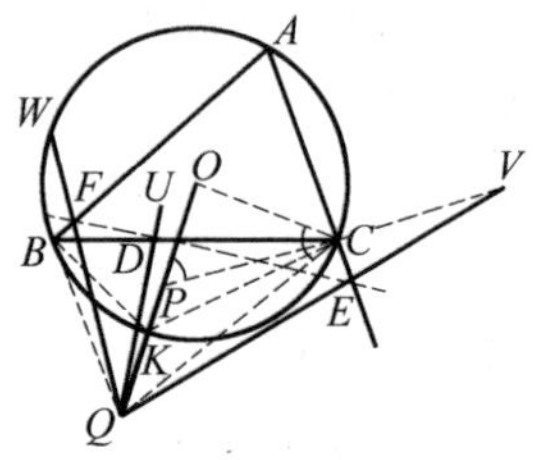

设 OQ 与圆 C 交于 K, 则

$$\angle OKC = \angle OCK$$

又

$$\angle OKC = \angle OQC + \angle KCQ$$
$$\angle OCK = \angle OCP + \angle KCP$$
$$\angle OCP = \angle OQC, \angle PCK = \angle KCQ$$

则

$$\angle QCV = 2\angle KCE$$

同理

$$\angle QBW = 2\angle KBA$$

又 $\angle KCE = \angle KBA$, 则

$$\angle QCV = \angle QBW$$

即

$$\frac{S_{\triangle QCV}}{S_{\triangle QBW}} = \frac{CV \cdot CQ}{QB \cdot WB} = \frac{PC \cdot QC}{PB \cdot QB}$$

同理有

$$\frac{S_{\triangle QAW}}{S_{\triangle QCU}} = \frac{PA \cdot QA}{PC \cdot QC}, \frac{S_{\triangle QBU}}{S_{\triangle QAV}} = \frac{PB \cdot QB}{PA \cdot QA}$$

则

$$\frac{BD}{DC} \cdot \frac{CE}{EA} \cdot \frac{AF}{FB} = \frac{S_{\triangle QBU}}{S_{\triangle QCU}} \cdot \frac{S_{\triangle QCV}}{S_{\triangle QAV}} \cdot \frac{S_{\triangle QAW}}{S_{\triangle QBW}} = 1$$

故 D,E,F 共线.

图 3.111

显然, 当 P(或 Q)在圆周上时, 此定理即为西姆松定理.

由多边形 $A_1A_2A_3\cdots A_n$ 所在的平面上一点 P, 向多边形的各边 A_1A_2, $A_2A_3,\cdots,A_nA_1$ 作垂线, 设垂足为 $B_1,B_2,\cdots,B_n$, 则称多边形 $B_1B_2\cdots B_n$ 为点 P 关于多边形 $A_1A_2\cdots A_n$ 的一阶垂足多边形(简称垂足多边形).

由 P 再作 $B_1B_2\cdots B_n$ 各边的垂线, 设垂足为 $C_1,C_2,\cdots,C_n$, 则多边形 $C_1C_2\cdots C_n$ 称为点 P 关于多边形 $A_1A_2\cdots A_n$ 的二阶垂足多边形.

依此类推, 可定义点 P 关于多边形 $A_1A_2\cdots A_n$ 的 n 阶垂足多边形.

定理 3　设点 P 与凸四边形 $A_1A_2A_3A_4$ 的四个顶点同在一个圆周上, 则点

P 关于四边形 $A_1A_2A_3A_4$ 的二阶垂足四边形的四个顶点在同一直线上.

证明 如图 3.112(1),联结 A_1A_3,过 P 作 A_1A_3 的垂线,垂足为 Q,由题设知.

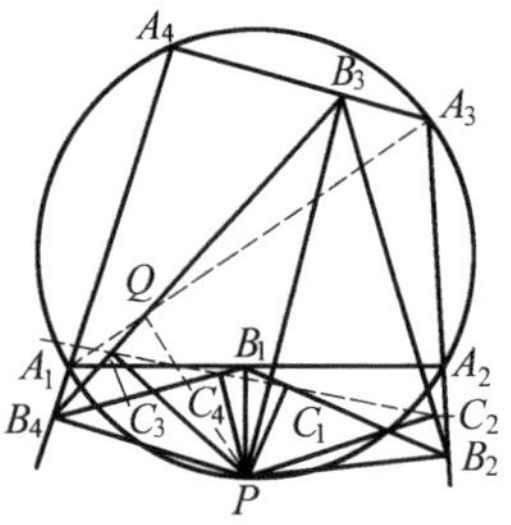

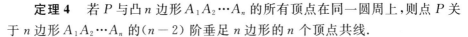

点 P 关于 $\triangle A_1A_2A_3$ 的西姆松线为 B_1B_2Q,同样,点 P 关于 $\triangle A_1A_3A_4$ 的西姆松线为 B_3QB_4. 因

$$\angle A_1B_4P = \angle A_1QP = \angle A_1B_1P = 90°$$

则点 P 在 $\triangle QB_1B_4$ 的外接圆上. 由西姆松定理,点 P 在 $\triangle QB_1B_4$ 三边上的垂足 C_1,C_3,C_4 共线.

图 3.112(1)

同理可证 C_1,C_2,C_4 也共线.

故 C_1,C_2,C_3,C_4 四点共线.

这条直线叫作点 P 关于圆内接凸四边形 $A_1A_2A_3A_4$ 的西姆松线.

更一般的有:

定理 4 若 P 与凸 n 边形 $A_1A_2\cdots A_n$ 的所有顶点在同一圆周上,则点 P 关于 n 边形 $A_1A_2\cdots A_n$ 的 $(n-2)$ 阶垂足 n 边形的 n 个顶点共线.

显然当 $n=3$ 时为西姆松定理. 这一定理还可采用复数方法和极坐标方法来证明. 我国安徽的程李强在1984年读初中时发现了它. 并给出了 $n=4,5$ 时的平面几何证明.

江苏省徐州市的刘泓麟给出了如下的数学归纳法证明[1]:

证明 显然,当 $n=3,4$ 时,命题成立. 假设当 $k=n-1$ 时,命题成立.下证 $k=n$ 时,命题成立.

只需证明最后的 n 个点中有三个点共线,不妨证 $A_{1_{n-2}}$,$A_{2_{n-2}}$,$A_{3_{n-2}}$ 三点共线.

延长 $A_{3_{n-3}}A_{4_{n-3}}$,与 $A_{1_{n-3}}A_{2_{n-3}}$ 交于点 P_1.

命题成立 $\Leftrightarrow P_1,P,A_{2_{n-3}},A_{3_{n-3}}$ 四点共圆.

由 $P,A_{2_{n-3}},A_{3_{n-3}},A_{3_{n-4}}$ 四点共圆

$\Rightarrow P_1,P,A_{2_{n-3}},A_{3_{n-3}}$ 四点共圆

$\Leftrightarrow \angle PP_1A_{3_{n-4}} = 90°$

延长 $A_{3_{n-4}}P_1$,与 $A_{1_{n-4}}A_{2_{n-4}}$ 交于点 P_2,如图 3.112(2).

由 $\angle PP_1A_{3_{n-4}} = 90°$

$\Leftrightarrow P,P_2,A_{2_{n-4}},A_{3_{n-4}}$ 四点共圆.

如此递推得命题成立 $\Leftrightarrow P,P_{n-3},A_{2_1},A_{3_1}$ 四点共圆.

由 $n-1$ 时的假设,知 $P,P_{n-3},A_{2_1},A_{3_1},A_{3_0}$ 五点共圆且以 $A_{1_0}A_{3_0}$ 为直径.

---

① 刘泓麟.西姆松定理的推广[J].中等数学,2021(2):18-19.

则点 $A_{1_{n-1}}, A_{2_{n-2}}, A_{3_{n-2}}$ 在同一直线上.

基于以上证明思路,可对命题作以下证明.

作 $PP_{n-3} \perp A_1 A_3$ 于点 P_{n-3}.

由西姆松定理及四边形的类似证明得

$P, P_{n-3}, A_{2_1}, A_{3_1}, A_{3_0}$ 五点共圆

$\Rightarrow \angle PP_{-3}A_{3_1} = 90°$.

联结 $P_{n-3}A_{3_2}$,与 $A_{1_2}A_{2_2}$ 交于点 P_{n-4}.

类似地,得

$P, P_{n-4}, A_{2_2}, A_{3_2}$ 四点共圆

$\Rightarrow \angle PP_{n-5}A_{3_2} = 90°$

$\vdots$

$\Rightarrow \angle PP_1 A_{3_{n-4}} = 90°$

$\Rightarrow P_1, P, A_{2_{n-3}}, A_{3_{n-3}}$ 四点共圆.

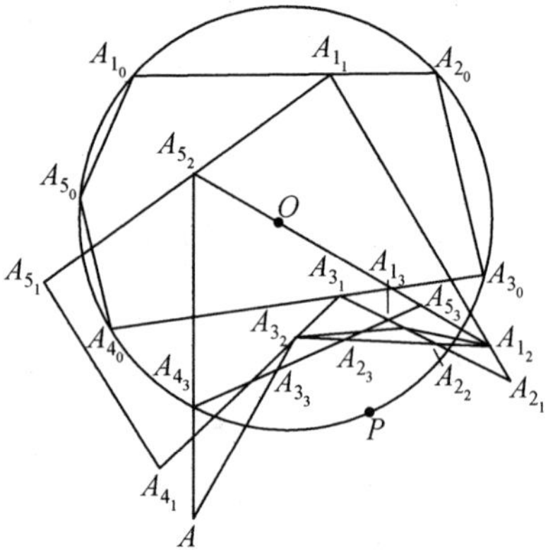

由西姆松定理,知 $A_{1_{n-2}}, A_{2_{n-2}}, A_{3_{n-2}}$ 三点共线.

从而,点 $A_{1_{n-2}}, A_{2_{n-2}}, A_{3_{n-2}}, \cdots, A_{n_{-2}}$ 共线.

综上,命题得证.

于是,得到西姆松定理的一般形式:

n 边形 $A_{1_0} A_{2_0} \cdots A_{n_0}$ 内接于圆 O, P 为圆 O 上的一点. 过点 P 向 n 边形各边作垂线,并顺次联结垂足,形成另一个 n 边形,将此称为一次操作. 对点 P 经过 $n-2$ 次操作后得到的垂足 $A_{1_{n-2}}, A_{2_{n-2}}, \cdots, A_{n_{-2}}$ 共线.

天津的杨世明老师,借助于笛氏坐标系,还把西姆松定理中圆上的点向任意点推广,得到

定理 5 设 $\triangle ABC$ 三边的方程分别为:$a_i x + b_i y + c_i = 0 (i=1,2,3)$,则由平面上的任一点 $P(x,y)$ 向三边引垂线所得的垂足三角形的面积 $S = k \cdot |f(x,y)|$,$f(x,y)$ 是 $\triangle ABC$ 外接圆的方程.

$$k = \frac{|a_1^2 b_2 b_3 \Delta_1 + a_2^2 b_3 b_1 \Delta_2 + a_3^2 b_1 b_2 \Delta_3|}{2(a_1^2 + b_1^2)(a_2^2 + b_2^2)(a_3^2 + b_3^2)}$$

其中

$$\Delta_1 = \begin{vmatrix} a_2 & b_2 \\ a_3 & b_3 \end{vmatrix}, \Delta_2 = \begin{vmatrix} a_3 & b_3 \\ a_1 & b_1 \end{vmatrix}, \Delta_3 = \begin{vmatrix} a_1 & b_1 \\ a_2 & b_2 \end{vmatrix}$$

西姆松定理的推广,还有接下来的清宫定理、他拿定理、卡诺定理、奥倍尔定理以及奥倍尔定理的推广等.

则点 $A_{1_{n-1}}, A_{2_{n-2}}, A_{3_{n-2}}$

图 3.112(2)

❖清宫定理

清宫定理　设 P,Q 是 $\triangle ABC$ 外接圆上异于 A,B,C 的两点,点 P 关于三边 BC,CA,AB 的对称点分别是 L,M,N,联结 QL,QM,QN 交 BC,CA,AB 或其延长线于 D,E,F,则 D,E,F 三点在一条直线上.

这个定理是日本数学家清宫俊雄在16岁时(1926年)发现的关于西姆松定理的一个推广,即若 P,Q 重合,则 D,E,F 三点成为从点 $P(Q)$ 向 BC,CA,AB 或其延长线所引垂线的垂足,D,E,F 所在直线就是点 P 关于 $\triangle ABC$ 的西姆松线.这个定理的物理意义是:将 $\triangle ABC$ 的三边或其延长线作为镜面,于是从点 P 出发的光线照到 D 经 BC 反射后通过 Q,从点 P 出发的光线照到点 E 经 CA 反射后通过 Q,从点 P 出发的光线照到点 F 经 AB 反射后也通过 Q.

清宫定理可以用梅涅劳斯定理的逆定理来证明.

证明　如图 3.113,由 A,B,P,C 四点共圆,知 $\angle PCE = \angle ABP$.

由 P 与 M 关于 CA 对称,得 $\angle PCM = 2\angle PCE$.同理得

图 3.113

$$\angle PBN = 2\angle ABP$$

所以　　　　　$$\angle PCM = \angle PBN$$

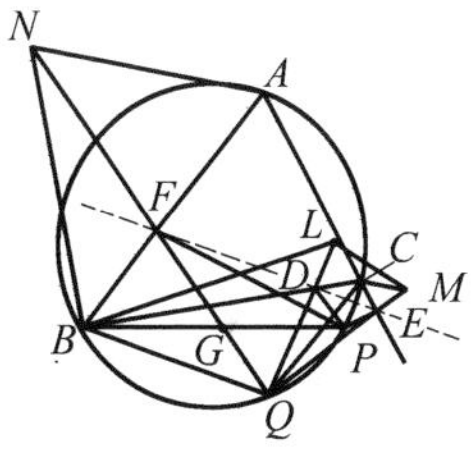

因为 $\angle PCQ = \angle PBQ$,所以

$$\angle PCM + \angle PCQ = \angle PBN + \angle PBQ$$

得　　　　　$$\angle QCM = \angle QBN$$

由于 $\triangle QCM$ 和 $\triangle QBN$ 有一个顶点相同,因此

$$\frac{S_{\triangle QCM}}{S_{\triangle QBN}} = \frac{CM \cdot CQ}{BN \cdot BQ}$$

而 $CM = CP,BN = BP$,于是得

$$\frac{S_{\triangle QCM}}{S_{\triangle QBN}} = \frac{CP \cdot CQ}{BP \cdot BQ}$$

同理可得

$$\frac{S_{\triangle QAN}}{S_{\triangle QCL}} = \frac{AP \cdot AQ}{CP \cdot CQ}$$

$$\frac{S_{\triangle QBL}}{S_{\triangle QAM}} = \frac{BP \cdot BQ}{AP \cdot AQ}$$

于是　　　$$\frac{BD}{DC} \cdot \frac{CE}{EA} \cdot \frac{AF}{FB} = \frac{S_{\triangle QBL}}{S_{\triangle QCL}} \cdot \frac{S_{\triangle QCM}}{S_{\triangle QAM}} \cdot \frac{S_{\triangle QAN}}{S_{\triangle QBN}} =$$

$$\frac{S_{\triangle QBL}}{S_{\triangle QAM}} \cdot \frac{S_{\triangle QCM}}{S_{\triangle QBN}} \cdot \frac{S_{\triangle QAN}}{S_{\triangle QCL}} =$$

$$\frac{BP \cdot BQ}{AP \cdot AQ} \cdot \frac{CP \cdot CQ}{BP \cdot BQ} \cdot \frac{AP \cdot AQ}{CP \cdot CQ} = 1$$

根据梅涅劳斯定理的逆定理, D, E, F 三点在同一条直线上.

注 （1）显然,当 P 与 Q 重合时,清宫定理就成为西姆松定理.

（2）若运用梅涅劳斯定理的第二角元形式也可如下证明:

令 A', B', C' 分别为 Q 关于 BC, CA, AB 的对称点,则可证 PA' 与 BC 的交点 D, PB' 与 CA 的交点 E, PC' 与 AB 的交点 F 共线.

如图 3.114 所示,当点 P 为 $\triangle ABC$ 的某个顶点时,结论是显然成立的;下设点 P 不是 $\triangle ABC$ 的任何顶点. 由假设易知, $A'B = QB, A'C = QC$. 于是由正弦定理,有

$$\frac{\sin \measuredangle BPD}{\sin \measuredangle DPC} = \frac{A'B}{A'C} \cdot \frac{\sin \measuredangle A'BP}{\sin \measuredangle PCA'} = \frac{QB}{QC} \cdot \frac{\sin \measuredangle A'BP}{\sin \measuredangle PCA'}$$

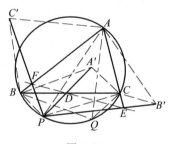

图 3.114

同理

$$\frac{\sin \measuredangle CPE}{\sin \measuredangle EPA} = \frac{QC}{QA} \cdot \frac{\sin \measuredangle B'CP}{\sin \measuredangle PAB'}$$

$$\frac{\sin \measuredangle APF}{\sin \measuredangle FPB} = \frac{QA}{QB} \cdot \frac{\sin \measuredangle C'AP}{\sin \measuredangle PBC'}$$

三式相乘,得

$$\frac{\sin \measuredangle BPD}{\sin \measuredangle DPC} \cdot \frac{\sin \measuredangle CPE}{\sin \measuredangle EPA} \cdot \frac{\sin \measuredangle APF}{\sin \measuredangle FPB} =$$

$$\frac{\sin \measuredangle A'BP}{\sin \measuredangle PCA'} \cdot \frac{\sin \measuredangle B'CP}{\sin \measuredangle PAB'} \cdot \frac{\sin \measuredangle C'AP}{\sin \measuredangle PBC'}$$

又 $\measuredangle A'BQ = 2 \measuredangle CBQ = 2 \measuredangle CAQ = \measuredangle B'AQ$, $\measuredangle QBP = \measuredangle QAP$, 所以, $\measuredangle A'BP = \measuredangle B'AP = -\measuredangle PAB'$. 同理, $\measuredangle B'CP = -\measuredangle PBC'$, $\measuredangle C'AP = -\measuredangle PCA'$. 于是

$$\frac{\sin \measuredangle BPD}{\sin \measuredangle DPC} \cdot \frac{\sin \measuredangle CPE}{\sin \measuredangle EPA} \cdot \frac{\sin \measuredangle APF}{\sin \measuredangle FPB} = -1$$

故由梅涅劳斯定理的第二角元形式即知 D, E, F 三点共线.

❖ 他拿定理

他拿定理 设 P,Q 是关于 $\triangle ABC$ 的外接圆的一对互反点, A',B',C' 分别为点 Q 关于 BC,CA,AB 的对称点, PA' 与 BC 的交于点 D , PB' 与 CA 的交于点 E , PC' 与 AB 的交于点 F ,则 D,E,F 三点共线.

证明 如图 3.115,3.116 所示,设 $\triangle ABC$ 的外心为 O , OP 交其外接圆于 R . 联结 AB' , $AC',BC',BA',PA,PB,PC,QA,QB,QC,RA,$ $RB,RC.$ 同清宫定理证明后注(2)类似,我们有

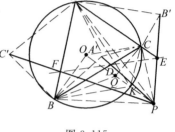

图 3.115

$$\frac{\sin \measuredangle BPD}{\sin \measuredangle DPC} \cdot \frac{\sin \measuredangle CPE}{\sin \measuredangle EPA} \cdot \frac{\sin \measuredangle APF}{\sin \measuredangle FPB} =$$
$$\frac{\sin \measuredangle A'BP}{\sin \measuredangle PCA'} \cdot \frac{\sin \measuredangle B'CP}{\sin \measuredangle PAB'} \cdot \frac{\sin \measuredangle C'AP}{\sin \measuredangle PBC'}$$

因 P,Q 关于 $\triangle ABC$ 的外接圆互为反点,所以, $OB^2 = OP \cdot OQ$,于是, $\triangle OBQ \backsim$ $\triangle OPB$,所以 $\measuredangle OBQ = \measuredangle OPB.$ 又 $\measuredangle OBR = \measuredangle ORB$,因此, $\measuredangle RBQ = \measuredangle PBR.$ 再因 A',Q 关于 BC 对称,所以 $\measuredangle QBA' = 2 \measuredangle QBD$,从而 $\measuredangle PBA' = 2 \measuredangle RBC.$ 同理, $\measuredangle PAB' = 2 \measuredangle RAC.$ 但 $\measuredangle RAC = \measuredangle RBC$,所以, $\measuredangle PAB' = \measuredangle PBA' = -\measuredangle A'BP.$ 同理,

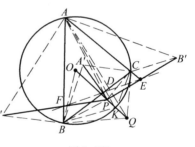

图 3.116

$\measuredangle PBC' = -\measuredangle B'CP$, $\measuredangle PCA' = -\measuredangle C'AP$,于是

$$\frac{\sin \measuredangle BPD}{\sin \measuredangle DPC} \cdot \frac{\sin \measuredangle CEP}{\sin \measuredangle EPA} \cdot \frac{\sin \measuredangle APF}{\sin \measuredangle FPB} = -1$$

故由梅涅劳斯定理的第二角元形式即知 D,E,F 三点共线.

❖ 卡诺定理

卡诺定理 过 $\triangle ABC$ 外接圆上一点 P ,向三边所在直线引斜线分别交 BC,CA,AB 于 D,E,F ,且 $\angle PDB = \angle PEC = \angle PFB$,则 D,E,F 共线.

证明 如图 3.117,因 $\angle PDB = \angle PFB$,则 B,P,D,F 四点共圆,又

$$\angle PFB = \angle PEA$$

由 P,F,A,E 四点共圆,有

$$\angle PFD = \angle PBD = \angle PBC = \angle PAE = \angle PFE$$

故 F,D,E 共线.

注 当 $\angle PDB = \angle PEC = PFB = 90°$ 时,卡诺定理即为西姆松定理.

同样可证明,其逆命题也成立.

据说此定理是卡诺发现的,卡诺是法国军事技术家、政治家、他的《位置几何学》和《横截线论》对近代综合几何的基础作过有价值的贡献.以发现热力学第二定律著称的卡诺是其长子.

❖ 奥倍尔定理

奥倍尔定理是关于圆内接三角形的一个定理,它作为西姆松定理的一个推广,已被矢野健太郎收入《几何的有名定理》(陈永明译,第 86 页)一书.

奥倍尔定理 通过 $\triangle ABC$ 的顶点 A,B,C 引互相平行的直线,设它们与 $\triangle ABC$ 的外接圆的另外三个交点分别为 A',B',C',在 $\triangle ABC$ 的外接圆上取一点 P,设 PA',PB',PC' 与 $\triangle ABC$ 的三边 BC,CA,AB 或其延长线的交点分别为 D,E,F,则 D,E,F 三点共线.

证明 如图 3.118,因 P,A',C,A 四点共圆,则

$$\angle PCE = \angle PA'A$$

延长 PA' 与 BB' 交于点 Q,由 $AA' /\!/ BB'$,知

$$\angle PA'A = \angle DQB$$

则

$$\angle PCE = \angle DQB$$

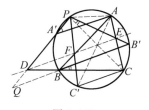

图 3.118

又由 $\angle CPE = \angle CBB' \overset{m}{=} \dfrac{1}{2}\overset{\frown}{CB'}$,则

$$\angle PDC = \angle DQB + \angle DBQ = \angle DQB + \angle CBB' =$$
$$\angle PCE + \angle CPE = 180° - \angle PEC$$

故有 P,D,C,E 四点共圆,因此

$$\angle PCE = \angle PDE$$

即有

$$\angle PDE = \angle PA'A$$

所以

$$DE /\!/ AA'$$

同理

$$DF /\!/ AA'$$

于是,D,E,F 在同一条直线上.

注 如果设 $PA' \perp BC$,联结 CA' 并延长至 S,由 A,B,C,A' 共圆知 $\angle SA'A = \angle FBD$. 由 $AA' /\!\!/ CC'$ 得 $\angle SA'A = \angle A'CC'$,由 $\overset{\frown}{C'AA'}$ 所对的圆周角,知 $\angle A'CC' = \angle DPF$,所以 有 $\angle FBD = \angle DPF$. 于是,D,P,B,F 四点共圆,则有 $\angle PFB = \angle PDB = 90°$. 同理, $\angle PEC = 90°$,这时直线 DEF 就是西姆松线,所以奥倍尔定理是西姆松定理的推广.

❖ 奥倍尔定理的一个推广

定理 如图 3.119,设平面上任一点 M 与 $\triangle ABC$ 三顶点的连线 MA,MB,MC 交其外接圆的另外三点 分别为 A',B',C',P 是外接圆上的任一点,PA',PB', PC' 与 $\triangle ABC$ 的三边 BC,CA,AB 或其延长线分别交 于 D,E,F,则 D,E,F,M 四点共线.[①]

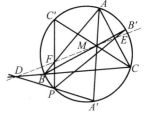

图 3.119

证明 利用帕斯卡定理来证.

对于圆内接六边形 $AA'PB'BC$,由帕斯卡定理, 有 AA' 与 $B'B$ 交于 M,$A'P$ 与 BC 交于 D,PB' 与 CA 交于 E 三点共线.

对于圆内接六边形 $AA'PC'CB$,同理有 AA' 与 CC' 交于 M,$A'P$ 与 CB 交 于 D,PC' 与 BA 交于 F 三点共线.

综上,故 D,E,F,M 四点共线.

为叙述方便,我们称这条直线为 $\triangle ABC$ 关于点 M,P 的奥倍尔线,记作 $l_{M \cdot P}$.

在这个定理中,由于点 M 可以在平面上任取,当点 M 取某特殊点时,就会 派生出特殊的性质,如将点 M 取为 $\triangle ABC$ 的五心(垂心、重心、外心、内心、旁 心)时,相应的就可以得到五个定理.通过对点 P 的特殊选择,这五个定理又可 以演化得出很多有趣的结论.上面奥倍尔定理就是当 M 取为无穷远点时的结 果.下面仅以点 M 是 $\triangle ABC$ 的垂心时为例,给出几个推论.

推论 1 设 H 是 $\triangle ABC$ 的垂心,P 是 $\triangle ABC$ 外接圆上任一点,则点 P 关 于.$\triangle ABC$ 三边 BC,CA,AB 的对称点 A'',B'',C'' 在 $\triangle ABC$ 关于 H,P 的奥倍尔 线 $l_{H \cdot P}$ 上,并且 $l_{H \cdot P}$ 平行于 $\triangle ABC$ 关于点 P 的西姆松线 l_S.

---

① 邓鹤年,姜树民.奥倍尔定理的一个推广[J].中学数学(苏州),1990(7-8):37-38.

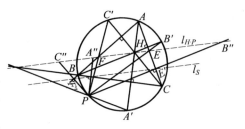

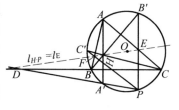

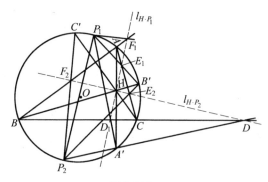

证明 如图 3.120,不失一般性,设 P 是 $\overset{\frown}{BC}$ 上的任一点.就 $l_{H \cdot P}$ 和直线 PA'(对 PB',PC' 也一样)来说,分别位于这两条直线上的点 H 和 A' 关于直线 BC 成对称点,而点 D 是关于 BC 的自对称点,因此,直线 $l_{H \cdot P}$ 和 PA' 关于 BC 成对称.而点 A'' 和 P 是关于 BC

图 3.120

的对称点,故点 A'' 必在 PA' 关于 BC 的对称直线 $l_{H \cdot P}$ 上.同理可证,点 P 关于 CA,AB 的对称点 B'',C'' 也在 $l_{H \cdot P}$ 上.

再设 PD',PE',PF' 分别垂直于 BC,CA,AB 所在直线于 D',E',F',则 D',E',F' 三点共线,这条直线就是点 P 关于 $\triangle ABC$ 的西姆松线 l_S.由于点 A'',B'',C'' 分别是点 P 关于 BC,CA,AB 的对称点,则点 D',E',F' 即为 PA'',PB'',PC'' 的中点,据三角形中位线定理知,$D'E'$ // $A''B''$,即 $l_{H \cdot P}$ // l_S.

推论 2 $\triangle ABC$ 的欧拉线 l_E 关于 $\triangle ABC$ 任一边的对称直线与 $\triangle ABC$ 的外接圆一般交于两点,其中一点必为 $\triangle ABC$ 的垂心 H 关于该边的对称点,设另一点为 P,则 $\triangle ABC$ 关于 H,P 的奥倍尔线 $l_{H \cdot P}$ 就是该 $\triangle ABC$ 的欧拉线 l_E.

证明 如图 3.121,设 $\triangle ABC$ 的欧拉线 l_E 关于边 BC(关于边 CA,AB 边同理可证)的对称直线交 $\triangle ABC$ 的外接圆于 A',P,其中 A' 是 $\triangle ABC$ 的垂心 H 关于 BC 的对称点.由推论 1 所证,PA' 和 $l_{H \cdot P}$ 关于 BC 成对称,而一条直线的对称直线具有唯一性,故 $l_{H \cdot P}$ 和 l_E 必为同一条直线.

图 3.121

推论 3 设 P_1 和 P_2 为 $\triangle ABC$ 外接圆上任意一对对径点,H 为 $\triangle ABC$ 的垂心,则 $\triangle ABC$ 关于 H,P_1 的奥倍尔线 $l_{H \cdot P_1}$,与关于 H,P_2 的奥倍尔线 $l_{H \cdot P_2}$ 互相垂直.

证明 如图 3.122,设 AH 交 $\triangle ABC$ 的外接圆于另一点 A',则 P_1A' 和 $l_{H \cdot P_1}$ 关于 BC 成对称,P_2A' 和 $l_{H \cdot P_2}$ 关于 BC 成对称.由于 P_1P_2 是 $\triangle ABC$ 外接圆的直径,故 $\angle P_1A'P_2$ 是直角,根据成轴对称图形具有保角性,可知 $l_{H \cdot P_1}$ 和 $l_{H \cdot P_2}$ 的夹角也为直角,即 $l_{H \cdot P_1} \perp l_{H \cdot P_2}$.

图 3.122

❖托勒密定理

托勒密定理　圆内接四边形的两组对边乘积之和等于两对角线的乘积.

证法 1　如图 3.123,四边形 $ABCD$ 内接于圆 O,在 BD 上取点 P,使 $\angle PAB = \angle CAD$,则

$$\triangle ABP \backsim \triangle ACD$$

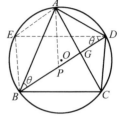

图 3.123

于是

$$\frac{AB}{AC} = \frac{BP}{CD}$$

即

$$AB \cdot CD = AC \cdot BP$$

又 $\triangle ABC \backsim \triangle APD$,有

$$BC \cdot AD = AC \cdot PD$$

上述两乘积式相加,得

$$AB \cdot CD + BC \cdot AD = AC(BP + PD) = AC \cdot BD \qquad ①$$

证法 2　如图 3.123,作 $AE \parallel BD$ 交圆 O 于 E,联结 EB,ED,则知 $BDAE$ 为等腰梯形,有

$$EB = AD, ED = AB, \angle ABD = \angle BDE = \theta$$

且

$$\angle EBC + \angle EDC = 180°$$

令 $\angle BAC = \varphi$,AC 与 BD 交于 G,则

$$S_{ABCD} = \frac{1}{2} AC \cdot BD \sin \angle AGD =$$

$$\frac{1}{2} AC \cdot BD \sin(\theta + \varphi) = \frac{1}{2} AC \cdot BD \sin \angle EDC$$

$$S_{EBCD} = S_{\triangle EBC} + S_{\triangle ECD} =$$

$$\frac{1}{2} EB \cdot BC \sin \angle EBC + \frac{1}{2} ED \cdot DC \sin \angle EDC =$$

$$\frac{1}{2}(EB \cdot BC + ED \cdot DC) \sin \angle EDC =$$

$$\frac{1}{2}(AD \cdot BC + AB \cdot DC) \sin \angle EDC$$

易知

$$S_{ABCD} = S_{EBCD}$$

从而有

$$AB \cdot DC + BC \cdot AD = AC \cdot BD$$

证法 3　如图 3.124,在 AB 延长线上取点 P,使 $\angle PCA = \angle DCB$,则

$$\triangle ACP \backsim \triangle DCB$$

于是
$$\frac{AC}{CD} = \frac{AP}{BD}$$

即
$$AC \cdot BD = CD \cdot AP \qquad ①$$

又由 $\angle CBP = \angle ADC, \angle BPC = \angle CBD = \angle CAD$,

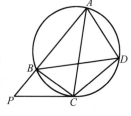

图 3.124

得
$$\triangle ACD \backsim \triangle PCB$$

则
$$\frac{AD}{PB} = \frac{CD}{BC}$$

即
$$AD \cdot BC = CD \cdot PB \qquad ②$$

①－②得
$$AC \cdot BD - AD \cdot BC = CD(AP - PB) = AB \cdot CD$$

即
$$AC \cdot BD = AB \cdot CD + BC \cdot AD$$

证法 4 如图 3.124,设 $AB = a, BC = b, CD = c, DA = d, AC = m, BD = n$, $\angle ABC = \theta$,在 $\triangle ABC$ 和 $\triangle ADC$ 中应用余弦定理有

$$m^2 = a^2 + b^2 - 2ab\cos\theta \qquad ③$$

$$m^2 = c^2 + d^2 - 2cd\cos(180° - \theta) =$$
$$c^2 + d^2 + 2cd\cos\theta \qquad ④$$

③ $\cdot cd + ④ \cdot ab$ 得

$$(ab + cd)m^2 = cd(a^2 + b^2) + ab(c^2 + d^2)$$

$$m = \sqrt{\frac{(ac + bd)(ad + bc)}{ab + cd}} \qquad ⑤$$

同理有

$$n = \sqrt{\frac{(ab + cd)(ac + bd)}{ad + bc}} \qquad ⑥$$

两式相乘即得 $mn = ac + bd$.

运用西姆松定理我们还可以给出托勒密定理的有趣的证明.

托勒密定理的其他证法还可参见作者另著《平面几何范例多解探究》(上册)(哈尔滨工业大学出版社,2018)

注 由⑤,⑥有

$$\frac{m}{n} = \frac{ad + bc}{ab + cd} \qquad ⑦$$

对于托勒密定理,我们有如下推论:

推论 1(三弦定理) 如果 A 是圆上任意一点,AB, AC, AD 是该圆上顺次的三条弦,则

$$AC \sin \angle BAD = AB \sin \angle CAD + AD \sin \angle CAB \qquad \text{⑧}$$

事实上,由式①,应用正弦定理将 BD,DC,BC 换掉即得式 ⑧.

推论 2(四角定理) 四边形 $ABCD$ 内接于圆 O,则

$$\sin \angle ADC \sin \angle BAD = \sin \angle ABD \sin \angle BDC + \sin \angle ADB \sin \angle DBC \qquad \text{⑨}$$

事实上,由式①,应用正弦定理将六条线段都换掉即得式 ⑨.

推论 3(三角中的加法定理) 凸四边形 $ABCD$ 内接于圆 O,令 $\angle ABD = \alpha$,$\angle ADB = \beta$,则

$$\sin(\alpha + \beta) = \sin \alpha \cdot \cos \beta + \cos \alpha \cdot \sin \beta$$

事实上,设圆 O 的半径为 R,过 A 作圆 O 的直径 AE 交 $\overset{\frown}{CD}$ 于 E,则 $AE = 2R$,联结 DE,BE,则

$$\sin(\alpha + \beta) = \sin \angle BAD = \frac{BD}{2R} = \frac{BD \cdot AE}{2R \cdot 2R} =$$

$$\frac{AD \cdot BE + AB \cdot DE}{2R \cdot 2R} =$$

$$\sin \alpha \cdot \sin \angle BAE + \sin \beta \cdot \sin \angle DAE =$$

$$\sin \alpha \cdot \cos \beta + \cos \alpha \cdot \sin \beta$$

推论 4 若 $\triangle ABC$ 是等边三角形,P 在 $\triangle ABC$ 的外接圆的 $\overset{\frown}{BC}$ 上,则 $PC = PA + PB$.

推论 5 若 D 在 $AB = AC$ 的等腰 $\triangle ABC$ 的外接圆的 $\overset{\frown}{BC}$ 上,则 $\dfrac{PA}{PB + PC} = \dfrac{AB}{BC}$ 为定比.

推论 6 若 P 在正方形 $ABCD$ 的外接圆的 $\overset{\frown}{AB}$ 上,则 $\dfrac{PA + PC}{PB + PD} = \dfrac{PD}{PC}$.

推论 7 若 P 在正五边形 $ABCDE$ 的外接圆的 $\overset{\frown}{AB}$ 上,则

$$PC + PE = PA + PB + PD$$

推论 8 若 P 在正六边形 $ABCDEF$ 的外接圆的 $\overset{\frown}{AB}$ 上,则

$$PD + PE = PA + PB + PC + PF$$

注 以上推论的证明均是一次或多次运用托勒定理即可.

❖托勒密不等式与托勒密定理的逆定理

四边形中的托勒密不等式 设 $ABCD$ 为任意凸四边形,则 $AB \cdot CD +$

$BC \cdot AD \geqslant AC \cdot BD$,当且仅当 A,B,C,D 四点共圆时取等号.

证明 如图 3.125,取点 E 使 $\angle BAE = \angle CAD$,

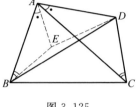

$\angle ABE = \angle ACD$,则

$$\triangle ABE \backsim \triangle ACD$$

即有

$$\frac{AD}{AE} = \frac{AC}{AB}$$

且

$$\frac{AC}{AB} = \frac{CD}{BE}$$

即

$$AB \cdot CD = AC \cdot BE \qquad ①$$

图 3.125

又 $\angle DAE = \angle CAB$,有 $\triangle ADE \backsim \triangle ACB$,亦有

$$AD \cdot BC = AC \cdot ED \qquad ②$$

由式 ① 与式 ②,注意到 $BE + ED \geqslant BD$,有

$$AB \cdot CD + BC \cdot AD = AC \cdot (BE + ED) \geqslant AC \cdot BD$$

其中等号当且仅当 E 在 BD 上,即 $\angle ABD = \angle ACD$ 时成立.此时 A,B,C,D 四点共圆.由此,即有

托勒密定理的逆定理 在凸四边形 $ABCD$ 中,若 $AB \cdot CD + BC \cdot AD = AC \cdot BD$,则 A,B,C,D 四点共圆.

注 对于托勒密定理及其逆定理,我们可以运用反演变换来证明:

设 A,B,C,D 为任意四点,以 D 为反演中心,令 A,B,C,D 的反演点分别为 $A',B',C',$ D'.当且仅当 A,B,C,D 共圆时,A',B',C' 共线.若这一条件满足,则有 $\overrightarrow{A'B'} + \overrightarrow{B'C'} + \overrightarrow{C'A'} = \mathbf{0}$.利用反演变换的性质(可参见调和四边形问题中的式 ②),有

$$AB \cdot \frac{r^2}{DA \cdot DB} \pm BC \cdot \frac{r^2}{DB \cdot DC} \pm CA \cdot \frac{r^2}{DC \cdot DA} = 0$$

去分母,得

$$AB \cdot CD \pm AC \cdot DB \pm AD \cdot BC = 0$$

当且仅当 A,B,C,D 四点共圆时,这一等式成立.

托勒密(C. Ptolemy,约 90—168)是埃及天文学家,地理学家,也是三角学的先驱者之一.他的研究对科学的许多领域(数学、物理学、地理学,特别是天文学)都具有重要意义.他是古代天文学的集大成者,他继承前贤、特别是吉巴尔赫和梅涅劳斯的成就,并加以整理发挥,写了一本名为《数学汇编》的书(阿拉伯人称之为《大汇编》).该书共有 13 篇,其中第一篇主要讲球面三角.在讨论如何计算弧所对的弦的长度时,托勒密把这个定理作为引理提了出来.但也有的资料说,这个定理是吉巴尔赫先提出的,托勒密只是摘引了它.在《数学汇编》一书中,托勒密利用该定理导出了包括加法公式在内的一系列重要三角公式.

托勒密继承了吉巴尔赫的算弦术以及孟纳与毕达哥拉斯的几何成果,同时

利用上述定理有效地改进了计算弦长的方法.他根据两个已知弧所对的弦长,求出这两个弧的和或差所对的弦长,以及已知弧的一半所对的弦长.并使用 60 进制的分数,列出从 $0°$ 到 $180°$ 每相差 $0.5°$ 的弦长表,这就是第一个三角函数表.拿他的这张表与今天的正弦函数表比较,便可知他的计算是十分精确的.

另外,托勒密还以下列事实而闻名,他第一个怀疑欧几里得平行线公设的明显性,试图推证出它的正确性来,这为后来许多几何学家类似的尝试开了个头,一直到罗巴切夫斯基(Лобачевский,1792—1856)才从这种失败的尝试中"醒悟"而发现了非欧几何.

❖托勒密定理的推广

定理 1(直线上的托勒密定理) 若 A,B,C,D 为一直线上依次排列的四点,则
$$AB \cdot CD + BC \cdot AD = AC \cdot BD. ①$$

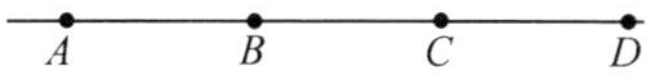

图 3.126

证明 如图 3.126,有
$$AB \cdot CD + BC \cdot AD = AB \cdot CD + BC \cdot (AC + CD) =$$
$$AB \cdot CD + BC \cdot CD + AC \cdot BC =$$
$$(AB + BC) \cdot CD + AC \cdot BC =$$
$$AC \cdot (CD + BC) = AC \cdot BD$$

注 此定理有时也称为直线上的欧拉定理.

定理 2(凸四边形的类 Ⅱ 型余弦定理) 在凸四边形 $ABCD$ 中,恒有
$$(AC \cdot BD)^2 = (AB \cdot CD)^2 + (BC \cdot AD)^2 - 2(AB \cdot CD)(BC \cdot AD)\cos \alpha$$
其中 $\alpha = B + D$(或 $A + C$).

证明 如图 3.127,在 AB,AC,AD 上分别取点 B',C',D' 使 $AB \cdot AB' = AC \cdot AC' = AD \cdot AD' = 1$,则 B,B',D',D 共圆,于是有 $\triangle AB'D' \backsim \triangle ADB$,从而有
$$\frac{B'D'}{BD} = \frac{AB'}{AD} = \frac{AB' \cdot AB}{AD \cdot AB} = \frac{1}{AB \cdot AD'}$$

即
$$B'D' = \frac{BD}{AB \cdot AD} \qquad ①$$

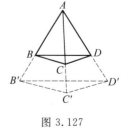

图 3.127

① 汪江松,黄家礼.几何明珠[M].武汉:中国地质大学出版社,1988:67-70.

同理,有 B,B',C',C 共圆,C,C',D',D 共圆,故有

$$B'C' = \frac{BC}{AB \cdot AC} \qquad\qquad ②$$

$$C'D' = \frac{CD}{AC \cdot AD} \qquad\qquad ③$$

在 $\triangle B'C'D'$ 中运用余弦定理,有

$$B'D'^2 = B'C'^2 + C'D'^2 - 2B'C' \cdot C'D' \cdot \cos \angle B'C'D'$$

又 $\angle B'C'D' = \angle B'C'A + \angle AC'D' = \angle ABC + \angle ADC = \alpha$,且将式 ①,②,③ 代入得

$$\left(\frac{BD}{AB \cdot AD}\right)^2 = \left(\frac{BC}{AB \cdot AC}\right)^2 + \left(\frac{CD}{AC \cdot AD}\right)^2 - 2\frac{BC}{AB \cdot AC} \cdot \frac{CD}{AC \cdot AD}\cos \alpha$$

两边同乘以 $(AB \cdot AC \cdot AD)^2$ 得

$$(AC \cdot BD)^2 = (BC \cdot AD)^2 + (AB \cdot CD)^2 - 2(AB \cdot CD)(BC \cdot AD)\cos \alpha$$

注 此定理也可以运用反演的方法证明:设以 D 为反演中心,对 A,B,C 的反演点 A',B',C' 写出余弦定理式 $A'C'^2 = A'B'^2 + B'C'^2 - 2A'B' \cdot B'C' \cdot \cos \angle A'B'C'$,再利用线段的反演长度代入即得欲证结论.

定理 3 在空间四边形 $ABCD$ 中,恒有

$$AB \cdot CD + AD \cdot BC > AC \cdot BD$$

证明 如图 3.128,只要将 $\triangle ABD$ 绕 BD 旋转到 $\triangle BCD$ 所在平面内,然后注意 $AC < A'C$ 即可得证.

定理 4 在空间四边形 $ABCD$ 中,记二面角 $A-BC-D$ 为 θ,$\angle BAD = A$,$\angle BCD = C$,则

$$(AC \cdot BD)^2 = (AB \cdot CD)^2 + (BC \cdot DA)^2 -$$

$$2(AB \cdot CD)(BC \cdot DA)(\cos \theta \sin A \sin C + \cos A \cos C) \qquad ①$$

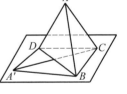

图 3.128

定理的证明可应用三面角余弦定理而得(略).

由公式 ① 不难看出,前面的几个定理都是它的特例.

当 A,B,C,D 共面时,即 $\theta = 180°$,此时

$$(AC \cdot BD)^2 = (AB \cdot CD)^2 + (BC \cdot DA)^2 -$$

$$2(AB \cdot CD)(BC \cdot DA)\cos(A + C) \qquad ②$$

即为定理 2.

又若 $\theta = 180°$,且 $A + C = 180°$,即 A,B,C,D 共圆(或共线),则

$$AC \cdot BD = AB \cdot CD + BC \cdot DA$$

又若 $\theta = 180°$,将 ② 变形,有

$$(AC \cdot BD)^2 = (AB \cdot CD + BC \cdot DA)^2 - 2(AB \cdot CD \cdot BC \cdot DA)(1 + \cos \alpha) \leqslant$$
$$(AB \cdot CD + BC \cdot DA)^2$$

则
$$AC \cdot BD \leqslant AB \cdot CD + BC \cdot DA$$

仿此,从式 ① 出发,同样可以导出定理 3.

定理 5 设一个圆内接凸六边形的对边为 $a,a';b,b';c,c'$;对角线为 e,f, g,其中 e 与 a,a' 无公共顶点,f 与 b,b' 无公共顶点,则
$$efg = aa'e + bb'f + cc'g + abc + a'b'c'$$

证明 设圆内接凸六边形为 $LMNPQR$,LM,MN 等依次为 a,b',c,a',b, c',则 NR,LP,MQ 分别为 e,f,g. 又令 LN,NQ,QL,MP 分别为 x,y,z,u,则由托勒密定理,有 $b'f + ac = ux$,$cg + a'b' = uy$.

上述两式分别乘以 b,c' 再相加,得
$$cc'g + bb'f + abc + a'b'c' = u(bx + c'y) = uez = euz = e(fg - aa')$$
由此即得结论.

注 此定理可以看做是托勒密定理对六边形的推广.

定理 6 对于两个大小不同的圆,从大圆上相异三点 A,B,C 向小圆引切线 AP,BQ,CR,切点分别为 P,Q,R,则两圆内切的充要条件是
$$AB \cdot CR \pm BC \cdot AP \pm CA \cdot BQ = 0$$

证明 必要性. 设圆 ABC 与圆 PQR 内切于点 L,令圆 ABC 与圆 PQR 的半径分别为 R,r,则 $R > r$,又令 $k = \sqrt{\dfrac{R-r}{R}}$,则由内切两圆的性质定理 6,有
$$AP = kAL,BQ = kBL,CR = kCL \tag{①}$$

由 A,B,C,L 四点共圆,不妨设 B 与 L 为相对的顶点,则由托勒密定理,有
$$AB \cdot CL + BC \cdot AL - CA \cdot BL = 0$$

对上述式两边同乘以 k,并代入前述式 ①,得
$$AB \cdot CR + BC \cdot AP - CA \cdot BQ = 0$$

由于选择与 L 为不同的相对顶点,上述式中各项的符号相应变化,从而必要性获证.

充分性. 设有 $AB \cdot CR \pm BC \cdot AP \pm CA \cdot BQ = 0$. 下证圆 ABC 与圆 PQR 相切.

由于满足 $\dfrac{AX}{CX} = \dfrac{AP}{CR}$ 的点 X 的轨迹是一个圆(可参见点的轨迹部分),这个圆与圆 ABC 相交,在 AC 的两侧各有一个交点. 设 M 为与 B 异侧的交点,则
$$\frac{AM}{AP} = \frac{CM}{CR} = t \tag{②}$$

由托勒密定理,有

$$BM \cdot CA = AM \cdot BC + CM \cdot AB$$

将 ② 代入得

$$BM \cdot CA = tAP \cdot BC + tCR \cdot AB$$

此式与条件式比较,可知 $BM = tBQ$. 从而 B 也在同一个圆圆 ACM 上,即过 A, B, C 的圆与圆 PQR 及零圆 M 共轴. 但 M 在圆 ABC 上,所以这共轴圆组是第 Ⅲ 类的(参见共轴圆),组中的圆都在点 M 相切. 结论获证.

注 此定理可以看做是托勒密定理对顶点之一推广到圆的情形. 若将四顶点都推广到圆,则为下面的开世定理.

❖ 开世定理(一)

(104)

定理① 如图 3.129,如果圆 $\omega_A, \omega_B, \omega_C, \omega_D$ 分别与圆 ω 内切(外切)于圆 ω 的内接凸四边形 $ABCD$ 的顶点 A, B, C, D,则两两成对的圆的外公切线长由下式相联系

$$d(\omega_A, \omega_B) \cdot d(\omega_C, \omega_D) + d(\omega_B, \omega_C) \cdot d(\omega_D, \omega_A) = d(\omega_A, \omega_C) \cdot d(\omega_B, \omega_D) \qquad ①$$

注意,在这个定理中,圆 $\omega_A, \omega_B, \omega_C, \omega_D$ 中的有的(或许所有的)圆可能半径为零(零圆),也就是点. 换句话说,ω 上的点,可以看做在这点与 ω 相切的"零圆".

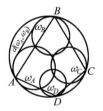

图 3.129

证明 先看一条引理.

引理 已知圆 $\omega(O, R)$ 以及两个在点 A 与 B 内切于它的圆 $\omega_A(O_1, r_1)$ 和 $\omega_B(O_2, r_2)$,则圆 ω_A 与 ω_B 的外公切线长 $d(\omega_A, \omega_B)$ 为

$$d(\omega_A, \omega_B) = \frac{AB}{R} \sqrt{(R - r_1)(R - r_2)} \qquad ②$$

事实上,设外公切线与 ω_A 在点 A_1 相切,与 ω_B 在点 B_1 相切,如图 3.130 所示,则

$$d^2(\omega_A, \omega_B) = A_1B_1^2 = O_1O_2^2 - (r_1 - r_2)^2$$

其次

$$O_1O_2^2 = (R - r_1)^2 + (R - r_2)^2 - 2(R - r_1)(R - r_2)\cos \varphi$$

并且

$$AB^2 = 2R^2 - 2R^2 \cos \varphi$$

① 王玉怀. 波莱密定理的推广[J]. 中学教研(数学)1989(6):33-34.

其中 $\varphi = \angle AOB$.

由所列出的方程,消去 O_1O_2 和 $\cos\varphi$ 之后推得等式

$$A_1B_1^2 = -(r_1-r_2)^2 + (R-r_1)^2 + (R-r_2)^2 - 2(R-r_1)(R-r_2)(1-\frac{AB^2}{2R^2})$$

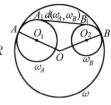

由此经过简单变换后得到

$$d(\omega_A,\omega_B) = \frac{AB}{R}\sqrt{(R-r_1)(R-r_2)}$$

图 3.130

现在来证明开世定理. 在圆 ω 内画出四边形 $ABCD$,并作四个圆 $\omega_A,\omega_B,\omega_C,\omega_D$,在点 A,B,C,D 内切于圆 ω,根据公式 ② 有

$$\left. \begin{aligned} d(\omega_A,\omega_B) &= \frac{AB}{R}\sqrt{(R-r_1)(R-r_2)} \\[2mm] d(\omega_B,\omega_C) &= \frac{BC}{R}\sqrt{(R-r_2)(R-r_3)} \\[2mm] d(\omega_C,\omega_A) &= \frac{CA}{R}\sqrt{(R-r_3)(R-r_1)} \\[2mm] d(\omega_D,\omega_A) &= \frac{DA}{R}\sqrt{(R-r_4)(R-r_1)} \\[2mm] d(\omega_D,\omega_B) &= \frac{DB}{R}\sqrt{(R-r_4)(R-r_2)} \\[2mm] d(\omega_D,\omega_C) &= \frac{DC}{R}\sqrt{(R-r_4)(R-r_3)} \end{aligned} \right\} \qquad ③$$

对于四边形 $ABCD$,托勒密定理成立

$$AB \cdot CD + BC \cdot DA = AC \cdot BD \qquad\qquad ④$$

在表达式 $d(\omega_A,\omega_B) \cdot d(\omega_C,\omega_D) + d(\omega_B,\omega_C) \cdot d(\omega_D,\omega_A) - d(\omega_A,\omega_C) \cdot d(\omega_B,\omega_D)$ 中代入式 ③ 中相应的表达式,并考虑到式 ④,化简后,这个表达式等于零. 这就证明了等式 ①.

如果两圆 ω_A 与 ω_B 外切于圆 ω,那么

$$d(\omega_A,\omega_B) = \frac{AB}{R}\sqrt{(R+r_1)(R+r_2)}$$

这就能对外切于圆 ω 的四个圆证明关系式 ①.

❖勾股定理的拓广

定理 1 如图 3.131,设圆 O 的直径 $BC = 2R$,圆 O_1,圆 O_2,圆 O_3 分别与圆

O 内切于 B,C,A,则圆 O_1,圆 O_2,圆 O_3 间两两外公切线长有如下关系[①]

$$d_{13}^2(R-r_2)+d_{23}^2(R-r_1)=d_{12}^2(R-R_3) \tag{①}$$

其中 $d_{ij}(i \neq j)$ 表示圆 O_i 与圆 O_j 的外公切线长,r_i 是圆 O_i 的半径,且圆 O_i 中的某一个(或全部)可能是"零圆",如图 3.132 所示.

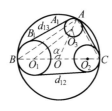

图 3.131

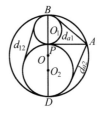

图 3.132

证明 联结 AB,AO,AC,设 $\angle AOB = \alpha$,由余弦定理有

$$AB^2 = 2R^2 - 2R^2 \cos \alpha \tag{②}$$

设圆 O_1,圆 O_3 的外公切线分别切圆 O_1,圆 O_3 于 B_1,A_1,则 $d_{13}=A_1B_1$. 由计算知

$$d_{13}^2 = A_1B_1^2 = O_1O_3^2 - (r_1-r_3)^2 \tag{③}$$

其中

$$O_1O_3^2 = (R-r_1)^2 + (R-r_3)^2 - 2(R-r_1)(R-r_3)\cos \alpha \tag{④}$$

由式 ②,③,④ 可得

$$d_{13}^2 = \frac{AB^2}{R^2}(R-r_1)(R-r_3)$$

以及

$$AB^2 = \frac{R^2 d_{13}^2}{(R-r_1)(R-r_3)}, AC^2 = \frac{R^2 d_{23}^2}{(R-r_2)(R-r_3)}, BC^2 = \frac{R^2 d_{12}^2}{(R-r_1)(R-r_2)}$$

由勾股定理有

$$AB^2 + AC^2 = BC^2$$

所以

$$\frac{R^2 d_{13}^2}{(R-r_1)(R-r_3)} + \frac{R^2 d_{23}^2}{(R-r_2)(R-r_3)} = \frac{R^2 d_{12}^2}{(R-r_1)(R-r_2)}$$

即

$$d_{13}^2(R-r_2)+d_{23}^2(R-r_1)=d_{12}^2(R-r_3)$$

显然,当圆 O_1,圆 O_2,圆 O_3 均是"零圆"时,式 ① 所反映的就是勾股定理.

定理 2(广勾股定理) 在 $\triangle ABC$ 中,若 CD 是边 AB 上的高,D 为垂足,则

$$BC^2 = AB^2 + AC^2 \mp 2AB \cdot AD$$

---

① 黄全福. 勾股定理的一个拓广[J]. 中学生数学,1991(5):31.

证明　如图 3.133，由 $BC^2 = CD^2 + DB^2 = AC^2 - AD^2 + (AB \mp AD)^2 = AC^2 + AB^2 \mp 2AB \cdot AD$ 即证.

推论 1　三角形一边的平方等于、小于或大于其他两边的平方和，视该边的对角是直角、锐角或钝角而定.

推论 2　三角形的一角是直角、锐角或钝角，视该角对边的平方等于、小于或大于其他两边的平方和而定.

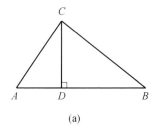
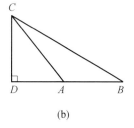

$$(a) \qquad\qquad (b)$$

图 3.133

❖凸四边形为圆内接四边形的几个充要条件

定理 1　凸四边形为圆内接四边形的充要条件是对角互补（或任一外角等于其内对角）.

推论 1　梯形内接于圆的充要条件是等底角.

推论 2　平行四边形内接于圆的充要条件是内角为直角.

定理 2　从 $\triangle ABC$ 形外一点 D（在边 BC 外侧）与三顶点连线，则点 D 在 $\triangle ABC$ 的外接圆上的充要条件是 $AB \cdot DC + AC \cdot BD = BC \cdot AD$.（此即为托勒密定理及逆定理）

定理 3　从 $\triangle ABC$ 形外一点 D（在边 BC 外侧）引三边 BC, AB, AC 所在直线的垂线，垂足为 L, M, N，则点 D 在 $\triangle ABC$ 的外接圆上的充要条件是 L, M, N 共线，即 $LN = LM + MN$.（此即为西姆松定理及逆定理）

定理 4　四点 A, B, C, D 为圆内接四边形的顶点的充要条件是对于线段 AB, CD 所在直线上异于这四点的一点 P，有 $PA \cdot PB = PC \cdot PD$.（圆幂定理及逆定理）

如下的定理 5 与 6 即为后面的四边形内接于圆与其三角形切圆半径相关的定理.

定理 5　在凸四边形 $ABCD$ 中，$\triangle BCD, \triangle ACD, \triangle ABD, \triangle ABC$ 的内切圆半径分别为 r_1, r_2, r_3, r_4，则四边形 $ABCD$ 为圆内接四边形的充要条件是 $r_1 +$

$r_3 = r_2 + r_4$.

定理 6 在凸四边形 $ABCD$ 中,$\triangle BCD$,$\triangle ACD$,$\triangle ABD$,$\triangle ABC$ 的位于 AC,BD 一侧的旁切圆半径分别为 r_A,r_B,r_C,r_D,则四边形 $ABCD$ 为圆内接四边形的充要条件是 $r_A + r_C = r_B + r_D$.

定理 7 对边不平行的凸四边形内接于圆的充要条件是四边形的边的延长线所形成的角的平分线互相垂直.

定理 8 对边不平行的凸四边形内接于圆的充要条件是四边形的边的延长线所形成的一个角的平分线与对角线所形成的一个角的平分线平行.

定理 7 与 8 的必要性证明可参见完全四边形凸四边形内接于圆定理,充分性证明可参照必要性逆推.

❖萨蒙圆问题

定理 1 设 D 为 $\triangle ABC$ 的边 BC 上一点,O,O_1,O_2 分别为 $\triangle ABC$,$\triangle ABD$,$\triangle ADC$ 的外心,则 A,O_1,O,O_2 四点共圆.

证明 如图 3.134,由三角形外心的性质知,边 AB 上的中点 E,O_1,O 三点共线,边 AC 上的中点 F,O,O_2 三点共线,从而

$$\angle EO_1A = \angle BDA, \quad \angle FO_2A = 180° - \angle ADC$$

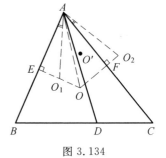

图 3.134

即知 $\angle EO_1A = \angle FO_2A$,从而它们的余角 $\angle EAO_1$,$\angle FAO_2$ 相等,即 $\angle O_1AO_2 = \angle BAC$. 又

$$\angle O_1OO_2 = \angle O_1OA + \angle AOO_2 = \angle C + \angle B = 180° - \angle BAC$$

故

$$\angle O_1AO_2 + \angle O_1OO_2 = 180°$$

即知 A,O_1,O,O_2 四点共圆.

此时,过 A,O_1,O,O_2 四点的圆称为关于点 D 的萨蒙圆.

定理 2 设 D 为 $\triangle ABC$ 的边 BC 上一点,O' 为关于点 D 的萨蒙圆的圆心,则 $O'D \perp BC$ 的充要条件是 AD 恰好过 $\triangle ABC$ 的九点圆圆心.

证明 参见图 3.134,设 $\triangle ABC$,$\triangle ABD$,$\triangle ADC$ 的外心分别为 O,O_1,O_2,则 A,O_1,O,O_2 四点共圆(萨蒙圆),易知 $\triangle AO_1O_2 \backsim \triangle ABC$,且 O_1O_2 是 AD 的垂直平分线,作顶点 A 关于边 BC 的对称点 A',则易知 $\triangle AO'D \backsim \triangle AOA'$.

又设边 BC 上的高的垂足为 G,取 AO 连线的中点 L,则 LG 是 $\triangle AOA'$ 的中

位线,进而知 $\triangle AO'D \backsim \triangle ALG$,即有

$$\angle O'DA = \angle LGA \qquad \qquad ①$$

再作外心 O 关于 BC 的对称点 O'',设 H 为 $\triangle ABC$ 的垂心,M 为 BC 的中点,V 为 $\triangle ABC$ 的九点圆圆心,则由 $\triangle AHV \cong \triangle O'OV$,有 $AH = 2OM = OO''$. 又由 $LM \ // \ AO''$ 知 $\angle ADC = \angle LMG$.

在直角梯形 $AOMG$ 中,有 $\angle LMG = \angle LGM$,故

$$\angle ADC = \angle LGM \qquad \qquad ②$$

而 $\angle LGM + \angle LGA = 90°$,将 ①,② 代入得 $\angle O'DA + \angle ADC = 90°$. 所以 $O'D \perp BC$.

定理 3 设 D 为 $\triangle ABC$ 的边 BC 上一点,V 为 $\triangle ABC$ 的九点圆的圆心,O' 为关于点 D 的萨蒙圆的圆心,E 为 O' 在边 BC 上的射影,则 $VE \ // \ AD$.

证明 参见图 3.134,设 O,H 分别为 $\triangle ABC$ 的外心和垂心,联结 AO,作 $O'L \perp AO$ 于 L,作 $LK \perp AH$ 于 K,作 $OM \perp BC$ 于 M,作 $VF \perp BC$ 于 F. 由 $AH = 2OM$,$VF = \frac{1}{2}(OM + HG)$(其中 G 为边 BC 上高的垂足),易知

$$AK = VF \qquad \qquad ③$$

又因为 $O'L$ 在 BC 上的射影是 EF,而 AL 在 AG 上的射影是 AK,且两者夹角相等(都等于 $\frac{1}{2} | \angle B - \angle C |$),故

$$\frac{O'L}{EF} = \frac{AL}{AK} \qquad \qquad ④$$

由 ③,④ 知 $\mathrm{Rt}\triangle AO'L \cong \mathrm{Rt}\triangle VEF$,有

$$\angle AO'L = \angle VEF \qquad \qquad ⑤$$

又注意到

$$\angle AO'L = \angle ADC \qquad \qquad ⑥$$

由 ⑤,⑥ 得 $\angle VEC = \angle ADC$,所以 $VE \ // \ AD$.

定理 4 设 H 为 $\triangle ABC$ 的垂心,D 为 $\triangle ABC$ 的边 BC 上一点,O' 为关于点 D 的萨蒙圆的圆心,O' 在边 BC 上的射影为 E,V,V_1,V_2 分别为 $\triangle ABC$,$\triangle ABD$,$\triangle ADC$ 的九点圆圆心,则 H,E,V,V_1,V_2 五点共圆.

证明 参见图 3.134,设 O,O_1,O_2 分别为 $\triangle ABC$,$\triangle ABD$,$\triangle ADC$ 的外心.

注意到:若 O 关于边 BC 的对称点 O'',则 V 为 AO'' 的中点. 作点 A,O_1,O_2 关于 BC 的对称点 A',O'_1,O'_2,则知 A',O'_2,O'',O'_1 四点仍共圆. 再以 A 为位似中心,作位似比为 $\frac{1}{2}$ 的位似变换,即可知所得点 H,V,V_1,V_2 一定共圆(且顺便

得知所共圆的大小恰是萨蒙圆的一半).

又在萨蒙圆圆 O' 上取点 A'',使 $AA'' // BC$,因此,$O'E$ 所在直线是 AA'' 的中垂线.作 A'' 关于边 BC 的对称点 A''',易知 AA''' 的中点恰是 E,于是 E 也在上述位似后的圆上.从而结论获证.

❖圆内接四边形的边与对角线关系定理

圆内接四边形边与对角线的关系,除了托勒密定理外,还有如下定理.

定理 1   圆的内接四边形中,夹每条对角线的两组邻边乘积之和的商,等于两条对角线之商.①②③

如图 3.135,若四边形 $ABCD$ 内接于圆,则

$$\frac{DA \cdot AB + BC \cdot CD}{AB \cdot BC + CD \cdot DA} = \frac{AC}{BD}$$

证法 1   (利用正弦定理)如图 3.135,四边形 $ABCD$ 内接于圆,设 $DA = a$,$AB = b$,$BC = c$,$CD = d$,$AC = e$,$BD = f$. 因

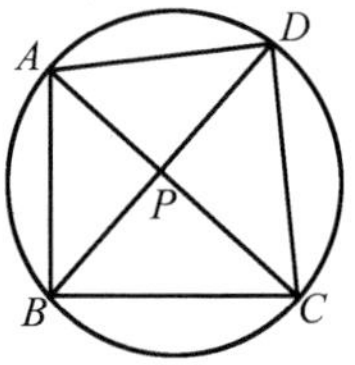

$$\angle DAB + \angle BCD = 180°$$

则

$$\sin \angle DAB = \sin \angle BCD \xlongequal{\text{记}} m$$

又 $\angle ABC + \angle CDA = 180°$,则

$$\sin \angle ABC = \sin \angle CDA \xlongequal{\text{记}} n$$

由 $S_{\triangle DAB} + S_{\triangle BCD} = S_{\triangle ABC} + S_{\triangle CDA}$,有

$$\frac{1}{2}abm + \frac{1}{2}cdm = \frac{1}{2}bcn + \frac{1}{2}dan$$

则

$$\frac{ab + cd}{bc + da} = \frac{n}{m}$$

设 r 为圆的半径,由正弦定理

$$\frac{e}{n} = 2r = \frac{f}{m}$$

所以

$$\frac{e}{f} = \frac{n}{m}$$

图 3.135

①   杨洪林.托勒密定理的佳配 —— 中苏镇定理[J].中学数学研究,2005(8):42-43.

②   孙幸荣,汪飞.两个优美的几何恒等式[J].数学通报,2005(2):27.

③   尚强.初等数学复习及研究(平面几何)习题解答[M].哈尔滨:哈尔滨工业大学出版社,2009:142.

故
$$\frac{ab+cd}{bc+da}=\frac{e}{f} \qquad\qquad (*)$$

注 可直接由面积等式,有

$$\frac{adf}{4r}+\frac{bcf}{4R}=\frac{abe}{4r}+\frac{cde}{4r}$$

即证.

证法 2 (利用余弦定理)记号同上.因

$$\angle ABC + \angle ADC = 180°$$

则
$$\cos\angle ABC + \cos\angle ADC = 0$$

由余弦定理

$$e^2 = b^2 + c^2 - 2bc\cos\angle ABC$$

$$e^2 = a^2 + d^2 - 2ad\cos\angle ADC$$

则
$$\frac{b^2+c^2-e^2}{2bc}+\frac{a^2+d^2-e^2}{2ad}=0$$

即
$$ad(b^2+c^2-e^2)+bc(a^2+d^2-e^2)=0$$

整理后得

$$(ab+cd)(ac+bd)=e^2(ad+bc) \qquad\qquad ①$$

同理可得

$$(ad+bc)(ac+bd)=f^2(ab+cd) \qquad\qquad ②$$

① ÷ ② 并化简即得(*)式.

证法 3 (利用相似形性质)如图 3.135,四边形 $ABCD$ 内接于圆,设 $DA = a$,$AB = b$,$BC = c$,$CD = d$,$PA = e$,$PB = f$,$PC = g$,$PD = h$.由

$$\triangle PAD \backsim \triangle PBC, \triangle PAB \backsim \triangle PDC$$

有
$$\frac{e}{f}=\frac{h}{g}=\frac{a}{c},\frac{e}{h}=\frac{f}{g}=\frac{b}{d}$$

故
$$\frac{ab+cd}{bc+da}=\frac{\dfrac{a}{c}\cdot\dfrac{b}{d}+1}{\dfrac{b}{d}+\dfrac{a}{c}}=\frac{\dfrac{e}{f}\cdot\dfrac{f}{g}+1}{\dfrac{f}{g}+\dfrac{h}{g}}=\frac{e+g}{f+h}$$

采用证法 1 中所设字母,再注意到托勒密定理,则有

推论 $e^2=\dfrac{(ac+bd)(ad+bc)}{ab+cd}$,$f^2=\dfrac{(ac+bd)(ab+cd)}{ad+bc}$.

定理 2 四边长度一定的四边形中,能内接于圆的四边形的对角线乘积最大.

证明 如图 3.136,已知四边形 $ABCD$ 的四边长分别为 a,b,c,d,设对角线 $AC = e$,$BD = f$.

以 C 为顶点 CD 为一边作 $\angle DCP = \angle BCA$,再以 D 为顶点 DC 为一边作 $\angle CDQ = \angle CBA$,设 CP 与 DQ 交于 E,于是有

$$\triangle DCE \backsim \triangle BCA$$

因而

$$\frac{CD}{CB} = \frac{CE}{CA}$$

且 $\angle BCD = \angle ACE$,联结 AE,所以有

$$\triangle BCD \backsim \triangle ACE$$

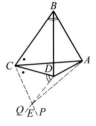

图 3.136

因此,有

$$\frac{b}{f} = \frac{e}{AE}$$

即

$$AE = \frac{ef}{b}$$

另外,由 $\triangle DCE \backsim \triangle BCA$,可得

$$\frac{DE}{BA} = \frac{CD}{CB}$$

即

$$DE = \frac{ac}{b}$$

因此,得

$$DE : AE : DA = \frac{ac}{b} : \frac{ef}{b} : d = ac : ef : bd$$

由于 $AE \leqslant DE + DA$,所以得

$$ef \leqslant ac + bd \qquad (*)$$

易知,由托勒密定理有:若四边形 $ABCD$ 内接于一个圆时,则 $ef = ac + bd$. 因此,由式 $(*)$ 得:四边长度一定的四边形中,能内接于圆的四边形的对角线乘积为最大.

定理 3 设 R 为凸四边形 $ABCD$ 的外接圆半径,$AB = a$,$BC = b$,$CD = c$,$DA = d$,$AC = e$,$BD = f$,则

(1) $R = \dfrac{1}{4S} \sqrt{(ab + cd)(ac + bd)(ad + bc)}$,其中 S 为凸四边形 $ABCD$ 的面积.

(2) $2R^2(a^2 + b^2 + c^2 + d^2) \geqslant (ac + bd)^2$.

(3) $R^2(ab + cd)(ad + bc) \geqslant abcd(ac + bd)$.

(4) $\dfrac{1}{a} + \dfrac{1}{b} + \dfrac{1}{c} + \dfrac{1}{d} \geqslant \dfrac{2\sqrt{2}}{R}$.

证明 (1) 如图 3.137,过 A 作 $AE \parallel BD$ 交圆 O 于 E,则

$$AB = DE, AD = EB$$

由 $S_{\triangle ABC} = \dfrac{AB \cdot AC \cdot BC}{4R}$，$S_{\triangle ADC} = \dfrac{AD \cdot AC \cdot DC}{4R}$ 相加，再

利用托勒密定理有

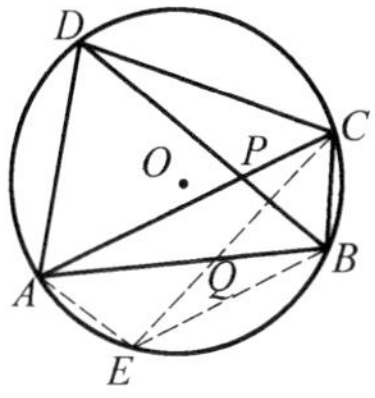

$$DE \cdot BC + BE \cdot DC = BD \cdot CE$$

得到

$$R = \dfrac{AC \cdot BD \cdot CE}{4S}$$

图 3.137

再对 AC，BD，CE 运用定理 1 的推论即得证.

（2）注意到 $0 < e \leqslant 2R$，$0 < f \leqslant 2R$，有

$$\dfrac{1}{e^2} + \dfrac{1}{f^2} \geqslant \dfrac{1}{2R^2}$$

由

$$a^2 + b^2 + c^2 + d^2 \geqslant e^2 + f^2 = (ac + bd)^2 \left(\dfrac{1}{e^2} + \dfrac{1}{f^2} \right)$$

即证（其中用到 $ac + bd = ef$）.

（3）由 $\dfrac{PA}{PD} = \dfrac{AB}{DC} = \dfrac{a}{c}$，有

$$PD = \dfrac{c}{a} PA$$

由 $PA \cdot PC \leqslant R^2$ 及 $\dfrac{AP}{PC} = \dfrac{S_{\triangle ABD}}{S_{\triangle BCD}} = \dfrac{ad}{bc}$ 有

$$\dfrac{AC}{PC} \cdot \dfrac{BD}{PD} = \dfrac{ad + bc}{bc} \cdot \dfrac{ad + cd}{cd} = \dfrac{ef}{PC \cdot \dfrac{c}{a} PA} \geqslant \dfrac{a(ac + bd)}{cR^2}$$

由此即证.

（4）

$$f^2 = (2R \sin A)^2 = a^2 + d^2 - 2ad \cos A \geqslant 2ad(1 - \cos A)$$
$$f^2 = (2R \sin A)^2 = b^2 + c^2 - 2bc \cos C \geqslant 2bc(1 + \cos A)$$

上述两式相乘有

$$(2R \sin A)^4 \geqslant 4abcd \sin^2 A$$

即有

$$abcd \leqslant 4R^4 \sin^2 A \leqslant 4R^2$$

从而

$$\dfrac{1}{a} + \dfrac{1}{b} + \dfrac{1}{c} + \dfrac{1}{d} \geqslant 4\sqrt[4]{\dfrac{1}{abcd}} = \dfrac{2\sqrt{2}}{R}$$

下面介绍圆内接四边形对边延长线的交点与对角线交点有关的结论：

定理 4　如果圆内接四边形 $ABCD$ 的对角线 AC，BD 交于点 M，边 AB，DC 的延长线交于点 P，直线 PE，PF 与其外接圆分别相切于点 E，F，那么 E，F，M 三点共线.

证明　如图 3.138，因

$$\angle CMP = \angle MPA + \angle MAP = \angle MPA + \angle CDM$$

故

$$\angle CDM < \angle CMP$$

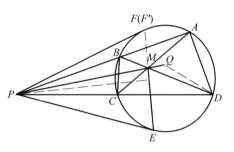

图 3.138

联结并延长 PM 至点 Q，使 $\angle CDQ = \angle CMP$，由此可知 C,D,Q,M 四点共圆，从而有

$$PM \cdot PQ = PC \cdot PD = PE^2$$

因
$$\angle QPB = \angle CMP - \angle MAP =$$
$$\angle CDQ - \angle CDB = \angle QDB$$

故 P,D,Q,B 四点共圆，从而有

$$PM \cdot MQ = BM \cdot MD$$

根据以上两个圆幂等式可得

$$PM \cdot PQ - PM \cdot MQ = PE^2 - BM \cdot MD$$
$$PM(PQ - MQ) = PE^2 - BM \cdot MD$$

即
$$PE^2 - PM^2 = BM \cdot MD$$

联结并延长 EM 交圆于点 F'，作 $PN \perp EF'$ 于点 N，这里不妨假设垂足 N 落在线段 EM 上.

因
$$PE^2 - PM^2 = BM \cdot MD = EM \cdot MF'$$
故
$$(PN^2 + EN^2) - (PN^2 + NM^2) = EM \cdot MF'$$
$$(EN + NM)(EN - NM) = EM \cdot MF'$$
即
$$EN - NM = MF', EN = MF' + NM = F'N$$

从而有 $\mathrm{Rt}\triangle EPN \cong \mathrm{Rt}\triangle F'PN$，$F'P = EP = FP$. 由此可知，点 F',E,F 在以点 P 为圆心的圆上，且它们同时在四边形 $ABCD$ 的外接圆上，而这两圆有且仅有两个交点 E,F 或 E,F'，因此 F 与 F' 两点重合，E,F,M 三点共线.

注　此定理亦即为完全四边形中其折四边形内接于圆定理(1).

定理 5　如果圆内接四边形两组对边的延长线分别相交，那么以所得两个交点及该四边形对角线交点为顶点的三角形的垂心是该四边形外接圆的圆心.

证明　如图 3.139，四边形 $ABCD$ 内接于圆 O，边 AB,DC 的延长线交于点 P，边 AD,BC 的延长线交于点 Q，对角线 AC,BD 交于点 R，直线 PE,PF 与圆

O 分别相切于点 E, F.

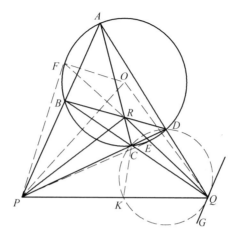

图 3.139

过 C, D, Q 三点作圆,并过点 Q 作此圆的切线 QG.

因 $$\angle CQG = \angle CDQ = \angle ABC$$

故 $AP \parallel QG$,从而可知过 C, D, Q 三点的圆与线段 PQ 相交于两点,其中异于点 Q 的另一交点记为 K.

因 $$\angle CKQ = \angle ADC = \angle PBC$$

故 B, P, K, C 四点共圆.

因 $$PF^2 = PC \cdot PD = PK \cdot PQ$$

故 $$PQ^2 - PF^2 = PQ^2 - PK \cdot PQ = PQ \cdot KQ$$

因 $$OQ^2 - OF^2 = (OQ + OF)(OQ - OF) =$$
$$QC \cdot QB = QK \cdot QP$$

故 $$PQ^2 - PF^2 = OQ^2 - OF^2$$

即 $$PQ^2 + OF^2 = OQ^2 + PF^2$$

由定差幂线定理知,在四边形 $PQOF$ 中,$QF \perp PO$.注意 $EF \perp PO$,故 Q, E, F 三点共线.

又由定理 4 可知,Q, E, R, F 四点共线,从而有 $PO \perp QR$.同理可得 $QO \perp PR$.因此,点 O 为 $\triangle PQR$ 的垂心.

注 此定理亦即为完全四边形中其凸四边形内接于圆定理(6),也可参见勃罗卡定理.

❖蝴蝶定理

蝴蝶定理　　如图 3.140，M 是圆 O 的弦 AB 的中点，CD，GH 是过点 M 的两条弦，联结 CH，DG 分别交 AB 于 P，Q 两点，则 $MP = MQ$.

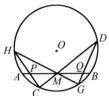

图 3.140

蝴蝶定理作为一道著名的平面几何题，有人称誉它为欧氏几何园地里的"一棵生机勃勃的常青树". 早在 1815 年，英国伦敦出版的数学科普刊物《先生日记》(Gentleman's Diary) 中，同时刊登了蝴蝶定理的两个证明. 第一个是英国著名的自学成才的数学家霍纳 (W. G. Horner 1786—1837) 的解法. 霍纳只受过中等教育，18 岁时担任他的母校的校长.①

证法 1　（霍纳证法）如图 3.141，作 $OG \perp CF$ 于 G，$OH \perp DE$ 于 H. 联结 OM，OP，OQ，MG，MH，则 $OM \perp AB$，G，H 分别为弦 CF，DE 的中点.

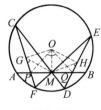

图 3.141

易知 $\triangle CMF \backsim \triangle EMD$，$MG$，$MH$ 为这两个相似三角形对应边上的中线，所以 $\triangle GMF \backsim \triangle HMD$，则 $\angle FGM = \angle DHM$.

又 O，G，P，M 四点共圆，O，H，Q，M 四点共圆，有

$$\angle POM = \angle PGM = \angle QHM = \angle QOM$$

由此得 Rt$\triangle POM \cong$ Rt$\triangle QOM$，所以 $PM = QM$.

《先生日记》中的第二个解法是泰勒给出的（将泰勒的图顺时针旋转 180°，字母与我们用的一致）：

证法 2　（泰勒证法）如图 3.142，过 Q，M，D 作圆与原圆交于 G，D. 联结 GQ 交大圆于 N. 因为

$$\angle QMD = \angle DGN = \angle DCN$$

所以　　　　　　　　　　$AB \parallel CN$

图 3.142

　　因为　　　　　　　　$\angle CDE = \angle HGN$

因此　　　　　　　　　　$\overset{\frown}{CHE} = \overset{\frown}{NEH}$

于是　　　　　　　　　　$\overset{\frown}{CH} = \overset{\frown}{NE}$

①　周春荔. 蝴蝶定理[J]. 数学通报，2004(1)：16-20.

所以 $$HE \parallel CN \parallel AB$$

由于 M 在 HE 的垂直平分线上,得

$$MH = ME$$

联结 HF, EG,由

$$\angle HFE = \angle EGH, \angle HMF = \angle EMG, MH = ME$$

知 $$\triangle HMF \cong \triangle EMG$$

则 $$MF = MG$$

最后,由 $\triangle MFP \cong \triangle MGQ$,得证 $PM = MQ$.

1819 年,迈尔斯·布兰德(Miles Biand)在《几何问题》一书中给出了一种不同寻常的证明:

证法 3 如图 3.143,过 Q 作 CF 的平行线交 EF 于 H,交 CD 的延长线于 G.

易知 $\triangle CPM \backsim \triangle GQM, \triangle FPM \backsim \triangle HQM$,所以

$$\frac{CP}{PM} = \frac{GQ}{QM}, \frac{FP}{PM} = \frac{HQ}{QM}$$

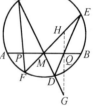

两式相乘得

$$\frac{CP \cdot FP}{PM^2} = \frac{GQ \cdot HQ}{QM^2} \qquad ①$$

图 3.143

但

$$CP \cdot FP = AP \cdot PB = (AM - PM)(AM + PM) = AM^2 - PM^2 \qquad ②$$

由于 $\angle E = \angle C = \angle G$,易知 $\triangle GDQ \backsim \triangle EHQ \Rightarrow \frac{GQ}{DQ} = \frac{EQ}{HQ}$.

于是

$$GQ \cdot HQ = DQ \cdot EQ = AQ \cdot BQ = (AM + MQ)(AM - MQ) = AM^2 - MQ^2$$

$$③$$

将 ②,③ 代入 ① 得

$$\frac{AM^2 - PM^2}{PM^2} = \frac{AM^2 - MQ^2}{MQ^2}$$

化简整理得 $$PM = MQ$$

此后,有不同时代的数学家不断公布新的证法,比如1919年《中学数理》发表了用梅涅劳斯定理的简单证明:

证法 4 如图 3.144,考虑 $\triangle PNQ$ 被直线 EF 所截,有

$$\frac{MP}{MQ} \cdot \frac{EQ}{EN} \cdot \frac{FN}{FP} = 1$$

考虑 $\triangle PNQ$ 被直线 CD 所截,有

$$\frac{MP}{MQ} \cdot \frac{DQ}{DN} \cdot \frac{CN}{CP} = 1$$

相乘得

$$\frac{MP^2 \cdot EQ \cdot DQ \cdot FN \cdot CN}{MQ^2 \cdot EN \cdot DN \cdot FP \cdot CP} = 1$$

由割线定理,有

$$FN \cdot CN = EN \cdot DN$$

所以

$$\frac{MP^2 \cdot EQ \cdot DQ}{MQ^2 \cdot FP \cdot CP} = 1$$

即

$$\frac{MP^2 \cdot BQ \cdot QA}{MQ^2 \cdot BP \cdot PA} = \frac{MP^2(BM+MQ)(BM-MQ)}{MQ^2(BM+MP)(BM-MP)} = 1$$

$$\frac{MP^2}{MQ^2} = \frac{BM^2 - MP^2}{BM^2 - MQ^2}$$

于是

$$\frac{BM^2 - MQ^2}{MQ^2} = \frac{BM^2 - MP^2}{MP^2}$$

则

$$\frac{BM^2}{MQ^2} = \frac{BM^2}{MP^2}$$

所以

$$MP^2 = MQ^2$$

因此有

$$MP = MQ$$

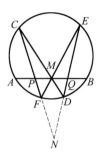

图 3.144

证法 5 如图 3.145,过 D 作 AB 的平行线交圆于点 E,联结 ME,PE.作 $OT \perp DE$ 于 T,联结 OM,则 $OM \perp AB$ 于 M,$TD = TE$,易知 O,M,T 三点共线,MT 是 DE 的中垂线,所以 $MD = ME$,$\angle AME = \angle MED = \angle EDM = \angle DMB$.联结 EH,易知 $\angle EHC + \angle EDC = 180°$,所以 $\angle EHP + \angle EMP = 180°$,因此,$H,E,M,P$ 四点共圆,于是 $\angle MEP = \angle MHP = \angle MHC = \angle CDG = \angle MDQ$,最后由 $\triangle MEP \cong \triangle MDQ$ 可得 $MP = MQ$.

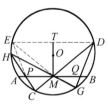

图 3.145

证法 6 (斯特温证法)设 $PM = MQ = a$,$MQ = x$,$PM = y$. 又设 $\triangle EPM$,$\triangle CMQ$,$\triangle FMQ$,$\triangle DMP$ 的面积为 S_1, S_2, S_3, S_4,而 $\angle E = \angle C$,$\angle D = \angle F$,$\angle CMQ = \angle PMD$,$\angle FMQ = \angle PME$,则有

$$\frac{S_1}{S_2} \cdot \frac{S_2}{S_3} \cdot \frac{S_3}{S_4} \cdot \frac{S_4}{S_1} = 1$$

即

$$\frac{PE \cdot EM \cdot \sin E}{MC \cdot CQ \cdot \sin C} \cdot \frac{MC \cdot MQ \cdot \sin \angle CMQ}{MP \cdot MD \cdot \sin \angle PMD} \cdot \frac{DM \cdot DP \cdot \sin D}{MF \cdot FQ \cdot \sin F} \cdot$$

$$\frac{MQ \cdot MF \cdot \sin \angle FMQ}{AE \cdot PM \cdot \sin \angle PME} = \frac{PE \cdot DP \cdot (MQ)^2}{CQ \cdot FQ \cdot (PM)^2} = 1$$

就是

$$PE \cdot DP \cdot (MQ)^2 = CQ \cdot FQ \cdot (MP)^2$$

由相交弦定理有

$$CQ \cdot FQ = BQ \cdot QA = (a-x)(a+x) = a^2 - x^2$$
$$PE \cdot DP = AP \cdot PB = (a-y)(a+x) = a^2 - y^2$$

所以有
$$(a^2 - y^2)x^2 = (a^2 - x^2)y^2$$

即 $a^2 y^2 = a^2 x^2$, 因 x, y 都为正, 则 $x = y$, 即

$$PM = MQ$$

证法 7 如图 3.146, 列出与 MQ 有关的面积方程

$$S_{\triangle MDE} = S_{\triangle MDQ} + S_{\triangle MQE}$$

图 3.146

用三角形面积公式代入得

$$\frac{1}{2}MD \cdot ME\sin(\alpha+\beta) = \frac{1}{2}MD \cdot MQ\sin\beta + \frac{1}{2}ME \cdot MQ\sin\alpha$$

其中 $\alpha = \angle EMQ, \beta = \angle DMQ$. 将上式两端乘以 2, 再除以 $MD \cdot ME \cdot MQ$ 得

$$\frac{\sin(\alpha+\beta)}{MQ} = \frac{\sin\beta}{ME} + \frac{\sin\alpha}{MD} \tag{①}$$

同理

$$\frac{\sin(\alpha+\beta)}{MP} = \frac{\sin\beta}{MF} + \frac{\sin\alpha}{MC} \tag{②}$$

①－②, 得

$$\sin(\alpha+\beta) \cdot \left(\frac{1}{MQ} - \frac{1}{MP}\right) = \frac{\sin\beta}{ME \cdot MF}(MF - ME) - \frac{\sin\alpha}{MC \cdot MD}(MD - MC) \tag{③}$$

G, H 分别是 DC, EF 的中点, 则显然有

$$ME - MF = 2MH = 2OM\sin\alpha, \quad MC - MD = 2MG = 2OM\sin\beta \tag{④}$$

把 ④ 代入 ③ 右边, 因为 $ME \cdot MF = MC \cdot MD$, 所以 ③ 右边为 0, 即

$$\sin(\alpha+\beta)\left(\frac{1}{MQ} - \frac{1}{MP}\right) = 0$$

又 $\sin(\alpha+\beta) \neq 0$, 所以

$$\frac{1}{MQ} - \frac{1}{MP} = 0$$

因此易知 $MP = MQ$.

证法 8 如图 3.147 所示对角作一些标记, 则

$$\frac{AM^2 - PM^2}{BM^2 - QM^2} = \frac{(AM + PM)(AM - PM)}{(BM + QM)(BM - QM)} =$$

$$\frac{PB \cdot PA}{AQ \cdot QB} = \frac{PC \cdot PF}{QE \cdot QD} =$$

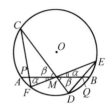

图 3.147

$$\frac{\dfrac{PM}{\sin C}\sin \beta \cdot \dfrac{PM}{\sin F}\sin \alpha}{\dfrac{QM}{\sin E}\sin \alpha \cdot \dfrac{QM}{\sin D}\sin \beta}=\frac{PM^2}{QM^2}=$$

$$\frac{AM^2}{BM^2}=1$$

所以 $\qquad\qquad PM=MQ$

其中,利用了对同弧的圆周角相等,正弦定理和 $AM=BM$ 的条件,运算简洁明快.

证法 9 (图略)作 $OG\perp CF$,$OH\perp DE$,则垂足 G,H 分别为 CF,DE 的中点,且 M,Q,G,O 共圆,M,O,H,P 共圆.联结 OQ,OM,MG,OP,MH,又令 $\angle MOQ=\angle 1$,$\angle MOP=\angle 2$,$\angle MEQ=\angle 3$,$\angle MHP=\angle 4$,于是 $\angle 1=\angle 3$,$\angle 2=\angle 4$.又 $\triangle MCF\backsim\triangle MED$,$G$,$H$ 为 FC,DE 的中点,则

$$\frac{FM}{MD}=\frac{FC}{DE}=\frac{FG}{DH}$$

从而 $\qquad\qquad \triangle MFG\backsim\triangle MDH$

即有 $\qquad\qquad \angle 3=\angle 4,\angle 1=\angle 2$

从而 $\qquad\qquad MP=MQ$

证法 10 如图 3.148,自 P,Q 分别作 CD 的垂线段依次为 x_1,y_1,自 P,Q 分别作 EF 的垂线段依次为 x_2,y_2,再记 $AM=BM=a$,$PM=x$,$QM=y$,则由成对的相似的直角三角形,可得

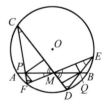

图 3.148

$$\frac{x}{y}=\frac{x_1}{y_1},\frac{x}{y}=\frac{x_2}{y_2},\frac{x_1}{y_2}=\frac{CP}{EQ},\frac{x_2}{y_1}=\frac{FP}{DQ}$$

因此 $\qquad \dfrac{x^2}{y^2}=\dfrac{x_1}{y_1}\cdot\dfrac{x_2}{y_2}=\dfrac{CP\cdot FP}{EQ\cdot DQ}=\dfrac{AP\cdot PB}{BQ\cdot AQ}=$

$$\frac{(a-x)(a+x)}{(a-y)(a+y)}=\frac{a^2-x^2}{a^2-y^2}=\frac{a^2}{a^2}=1$$

所以 $\qquad\qquad x=y$

即 $\qquad\qquad PM=QM$

在沈康身教授的《历史数学名题赏析》中,载有如下的蝴蝶定理的解析证法.

证法 11 如图 3.149,取 M 为原点,弦 AB 为 x 轴,视圆 O 为单位圆,建立直角坐标系,各有关点坐标记为 $M(0,0)$,$Q(q,0)$,$P(-p,0)$,DC,FE 各自斜率为 k_1,k_2,则圆方程为

$$x^2+(y-a)^2=1 \qquad\qquad ①$$

直线 CD 为

$$y = k_1 x \qquad \text{②}$$

直线 EF 为

$$y = k_2 x \qquad \text{③}$$

把②,③分别代入①得

$$(1+k_1)^2 x^2 - 2k_1 a x + a^2 - 1 = 0 \qquad \text{④}$$

$$(1+k_2)^2 x^2 - 2k_2 a x + a^2 - 1 = 0 \qquad \text{⑤}$$

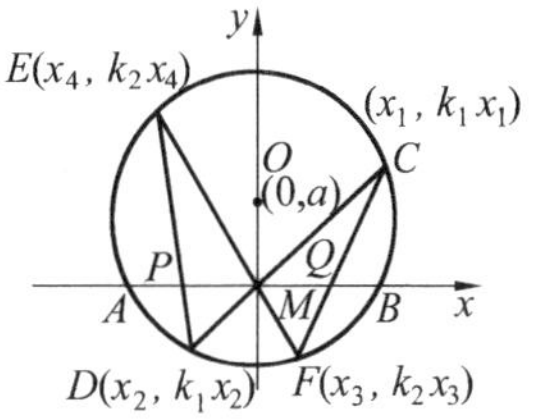

图 3.149

设 CD 与圆 O 交点坐标为 $(x_1, k_1 x_1)$, $(x_2, k_1 x_2)$, 同理设 EF 与圆 O 交点坐标为 $(x_3, k_2 x_3)$, $(x_4, k_2 x_4)$, 其横坐标各应满足 ④ 与 ⑤. 从 ④, ⑤ 及韦达关于根与系数的定理有

$$\frac{x_1 x_2}{x_1 + x_2} = \frac{a^2 - 1}{2k_1 a}, \frac{x_3 x_4}{x_3 + x_4} = \frac{a^2 - 1}{2k_2 a} \qquad \text{⑥}$$

由于 E, P, D 共线 $\dfrac{x_4 + p}{x_2 + p} = \dfrac{k_2 x_4}{k_1 x_2}$ 得

$$p = -\frac{(k_1 - k_2) x_2 x_4}{k_1 x_2 - k_2 x_4} \qquad \text{⑦}$$

由 C, Q, F 共线,同样可得

$$q = \frac{(k_1 - k_2) x_1 x_3}{k_1 x_1 - k_2 x_3} \qquad \text{⑧}$$

由 ⑥ $\dfrac{k_1 x_1 x_2}{x_1 + x_2} = \dfrac{k_2 x_3 x_4}{x_3 + x_4}$, 变形得

$$\frac{x_1 x_4}{k_1 x_1 - k_2 x_4} = -\frac{x_2 x_3}{k_1 x_2 - k_2 x_3} \qquad \text{⑨}$$

比较 ⑦, ⑧, ⑨ 得 $p = q$, 即 $MP = MQ$.

此外还有很多证法可参见作者另著《平面几何范例多解探究》(上册),此处不赘言了. 据说,一位不知名的诗人数学家发现这个问题的图形像蝴蝶的翅膀,想象出"蝴蝶定理"这个美妙的名字. 本题作为 1944 年 2 月号《美国数学月刊》的征解题就直接冠以"蝴蝶定理"的美名,随后"蝴蝶定理"的名称广为流传. 1946 年本题曾成为美国普特南大学生数学竞赛的试题. 由于蝴蝶定理形象洵美,蕴理深刻,近两百年来,关于蝴蝶定理的研究成果不断,引起过许多中外数学家的兴趣.

❖ 直线对上的蝴蝶定理

直线对上的蝴蝶定理 若过两直线间的线段 AB 的中点 M,任引两直线间

的两条线段 CD 和 EF(C,E 在同一直线上),联结 CF,ED 分别交 AB 于 P,Q,则 $PM = MQ$.①

证明　两直线平行时,由平行四边形的性质即可证明.

设两直线交于 S,如图 3.150(a),分别对 $\triangle MAD$ 与截线 CPF,对 $\triangle MCB$ 与截线 DQE,对 $\triangle SCD$ 与截线 EMF,以及对 $\triangle SAB$ 与截线 EMF,由梅涅劳斯定理得

$$\frac{MP}{PA} \cdot \frac{AF}{FD} \cdot \frac{DC}{CM} = 1,\ \frac{MD}{DC} \cdot \frac{CE}{EB} \cdot \frac{BQ}{QM} = 1$$

$$\frac{SE}{EC} \cdot \frac{CM}{MD} \cdot \frac{DF}{FS} = 1,\ \frac{SF}{FA} \cdot \frac{AM}{MB} \cdot \frac{BE}{ES} = 1$$

四式相乘,化简得

$$\frac{MP}{PA} \cdot \frac{AM}{MB} \cdot \frac{BQ}{QM} = 1$$

由 $AM = MB$,得

$$\frac{AP}{PM} = \frac{BQ}{QM}$$

则

$$\frac{AP + PM}{PM} = \frac{BQ + QM}{QM}$$

即

$$\frac{AM}{PM} = \frac{BM}{QM}$$

所以

$$PM = QM$$

对于图 3.150(b) 的情形,上述证明仍适用,但最后略有改变.

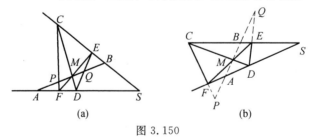

(a)　　　　　(b)

图 3.150

❖坎迪定理

坎迪定理　如图 3.151,过圆 O 弦 AB 上任意一点 M,作两条弦 CD,EF,

①　刘毅.梅涅劳斯定理和塞瓦定理[M].长春:长春出版社,1997:106-107.

联结 ED,CF,如果它们与 AB 分别交于 P,Q,且 $AM=a$,$MB=b,MQ=x,MP=y$,则

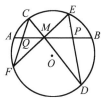

$$\frac{1}{a}-\frac{1}{b}=\frac{1}{x}-\frac{1}{y}$$

图 3.151

此定理的证明基本上可套用蝴蝶定理的证法 6 的途径.并可得出蝴蝶定理是此定理的一种特殊情形,即将此定理的条件定为 $a=b$,则得 $x=y$.

坎迪定理的逆定理也成立.下面给出原定理与逆定理的一个统一证明:

如图 3.151,过圆 O 弦 AB 上任意一点 M,作两条弦 CD,EF,联结 CF 交 AB 于点 Q,点 P 在线段 MB 上.设圆 O 的半径为 R,定义点 X 的幂为 $m(X)=OX-R^2$.则 E,P,D 三点共线 $\Leftrightarrow \dfrac{1}{MQ}-\dfrac{1}{MA}=\dfrac{1}{MP}-\dfrac{1}{MB}\Leftrightarrow \dfrac{M(Q)}{M(P)}=\dfrac{MQ^2}{MP^2}$.

事实上,(i) 注意到

$$\frac{M(Q)}{M(P)}=\frac{MQ^2}{MP^2}\Leftrightarrow \frac{AQ\cdot QB}{AP\cdot PB}=\frac{MQ^2}{MP^2}$$

$$\Leftrightarrow MP^2\cdot AQ\cdot(PQ+PB)=MQ^2\cdot(AQ+QP)\cdot PB$$

$$\Leftrightarrow PQ\cdot(AQ\cdot MP^2-PB\cdot MQ^2)=AQ\cdot BP\cdot PQ\cdot(QM-MP)$$

$$\Leftrightarrow AQ\cdot PQ^2-PB\cdot MQ^2=AQ\cdot PB\cdot(MQ-MP)$$

$$\Leftrightarrow AQ\cdot MP\cdot MB=PB\cdot QM\cdot AM$$

$$\Leftrightarrow (AM-MQ)\cdot MP\cdot MB=(MB-MP)\cdot QM\cdot AM$$

$$\Leftrightarrow \frac{1}{MQ}-\frac{1}{MA}=\frac{1}{MP}-\frac{1}{MB}$$

(ii) 若 E,P,D 三点共线,则

$$\frac{m(Q)}{m(P)}=\frac{-QC\cdot QF}{-PE\cdot PD}$$

$$=\frac{\dfrac{MQ\cdot \sin\angle CMQ}{\sin\angle C}\cdot \dfrac{MQ\cdot \sin\angle FMQ}{\sin\angle F}}{\dfrac{MP\cdot \sin\angle EMP}{\sin\angle E}\cdot \dfrac{MP\cdot \sin\angle DMP}{\sin\angle D}}$$

$$=\frac{MQ^2}{MP^2}$$

(iii) 若 $\dfrac{1}{MQ}-\dfrac{1}{MA}=\dfrac{1}{MP}-\dfrac{1}{MB}$ 时,设 ED 交 MB 于点 P',则有

$$\frac{1}{MQ}-\frac{1}{MA}=\frac{1}{MP'}-\frac{1}{MB}$$

从而 $MP'=MP$,即点 P' 与 P 重合.

故 E,P,D 三点共线.

❖蝴蝶定理、坎迪定理的推广

蝴蝶定理中,把弦 AB 移到圆外,M 是圆心在直线 AB 上的射影,H,N 在直线 AB 上,且 $HM=NM$,这个问题就变成:

定理1 l 是圆 O 外一直线,且 $OM \perp l$,M 是垂足,直线 l 上有 $HM=MN$,过 H,N 分别向圆作割线 HCD,HEF,联结 FC,DE 并延长分别交 l 于 P,Q,则 $MP=MQ$,如图 3.152 所示.

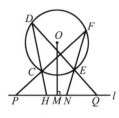

图 3.152

证明
$$1 = \frac{S_{\triangle CPH}}{S_{\triangle EQN}} \cdot \frac{S_{\triangle QEN}}{S_{\triangle QDH}} \cdot \frac{S_{\triangle DHQ}}{S_{\triangle FNP}} \cdot \frac{S_{\triangle PFN}}{S_{\triangle PCH}} =$$

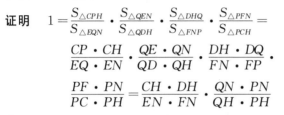

$$\frac{CP \cdot CH}{EQ \cdot EN} \cdot \frac{QE \cdot QN}{QD \cdot QH} \cdot \frac{DH \cdot DQ}{FN \cdot FP} \cdot$$

$$\frac{PF \cdot PN}{PC \cdot PH} = \frac{CH \cdot DH}{EN \cdot FN} \cdot \frac{QN \cdot PN}{QH \cdot PH} \qquad \text{①}$$

由 $OM \perp l$,且 $HM=MN$,知

$$OH=ON$$

设 H 到圆 O 的切线为 t_H,N 到圆 O 的切线为 t_N,则

$$t_H=\sqrt{OH^2-r^2},\ t_N=\sqrt{ON^2-r^2}$$

其中,r 是圆 O 的半径. 即

$$t_H=t_N$$

而
$$t_H^2=CH \cdot DM,\ t_N^2=EN \cdot FN$$

则由 ① 可得

$$QN \cdot PN=QH \cdot PH \qquad \text{②}$$

设 $PH=x,NQ=y,HM=MN=a$,则

$$PN=x+2a,\ QH=y+2a$$

因此,① 可改写成

$$y(x+2a)=x(y+2a)$$

则
$$x=y$$

即
$$PH=QN$$

又由 $HM=MN$,故

$$PM=QN$$

若将坎迪定理中 AB 上的点 M 移出 AB 外,但点 M 在圆内,于是有

定理2 如图 3.153,点 M 是圆 O 内任意一点,且不在弦 AB 上,过 M 作两

条弦 CD，EF 与弦 AB 分别交于 H，N，联结 ED，CF 与 AB 分别交于 P，Q，且 $AH = a_1$，$HB = b_1$，$AN = a_2$，$NB = b_2$，$QH = x$，$PN = y$，则

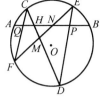

$$\frac{1}{a_2 b_2}\left(\frac{1}{x} - \frac{1}{a_1}\right) = \frac{1}{a_1 b_1}\left(\frac{1}{y} - \frac{1}{b_2}\right)$$

证明 $1 = \dfrac{S_{\triangle NEP}}{S_{\triangle NFQ}} \cdot \dfrac{S_{\triangle FNQ}}{S_{\triangle DHP}} \cdot \dfrac{S_{\triangle HPD}}{S_{\triangle HQC}} \cdot \dfrac{S_{\triangle CQH}}{S_{\triangle ENP}} =$

图 3.153

$$\frac{NE \cdot NP}{NF \cdot NQ} \cdot \frac{FN \cdot FQ}{DH \cdot DP} \cdot \frac{HP \cdot HD}{HQ \cdot HC} \cdot \frac{CQ \cdot CN}{EN \cdot EP} =$$

$$\frac{NP \cdot HP}{NQ \cdot MQ} \cdot \frac{FQ \cdot CQ}{DP \cdot EP} \cdot \frac{NP \cdot HP}{NF \cdot NQ} \cdot \frac{AQ \cdot QB}{AP \cdot PB} \qquad ①$$

由 $AH = a_1$，$HB = b_1$，$HQ = x$，$AN = a_2$，$BN = b_2$，$HP = y$，则

$$AP = a_2 + y,\ BP = b_2 - y,\ AQ = a_1 - x,\ BQ = b_1 + x$$

$$PH = BH - BP = b_1 - b_2 + y,\ QN = AN - AQ = a_2 - a_1 + x$$

则 ① 可改写成

$$y(b_1 - b_2 + y)(a_1 - x)(b_1 + x) = x(a_2 - a_1 + x)(b_2 - y)(a_2 + y)$$

化简整理得

$$b_1 y(b_1 - b_2 + y + x)(a_1 - x) = a_2 x(a_2 - a_1 + x + y)(b_2 - y) \qquad ②$$

又由 $\quad a_2 - a_1 = AN - AH = NH = BH - BN = b_1 - b_2$

因此，② 为

$$b_1 y(a_1 - x) = a_2 x(b_2 - y)$$

故 $\quad \dfrac{1}{a_2 b_2}\left(\dfrac{1}{x} - \dfrac{1}{a_1}\right) = \dfrac{1}{a_1 b_1}\left(\dfrac{1}{y} - \dfrac{1}{b_2}\right)$

现在我们又回到蝴蝶定理，过图形中距弦 AB 的中点 M 等距两点 H，N 作两条弦，有下面的命题。

定理 3 如图 3.154，圆 O 的弦 AB 的中点为 M，H，N 为弦 AB 上两点，且 $HM = NM$，过 H，N 分别作两条弦 CD，EF 联结 DE，CF 分别交 AB 于 Q，P，则 $MP = MQ$.

此题证明利用

$$\frac{S_{\triangle DQH}}{S_{\triangle FPN}} \cdot \frac{S_{\triangle PFN}}{S_{\triangle PCH}} \cdot \frac{S_{\triangle CPH}}{S_{\triangle EQN}} \cdot \frac{S_{\triangle QEN}}{S_{\triangle QDH}} = 1$$

图 3.154

又用"共角定理"，通过换算可得结论.

蝴蝶定理为定理 3 的特殊情况，即蝴蝶定理是 $MN = MH = 0$ 的情形.

我们仍又回到蝴蝶定理，将图 3.154 中弦 AB 向两边等距延长，那么有

定理 4 圆 O 的弦 AB 的中点是 M，延长 AB 的两端使 $HA = NB$，过 H，N 分别向圆作割线 HCD，NEF，联结 ED，FC 分别交 AB 于 P，Q，则 $MP = MQ$，如

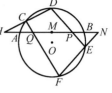

图 3.155 所示.

证明 $\angle HCQ + \angle PEN = 180°, \angle D + \angle F = 180°$

$$1 = \frac{S_{\triangle CQH}}{S_{\triangle EPN}} \cdot \frac{S_{\triangle NEP}}{S_{\triangle NFQ}} \cdot \frac{S_{\triangle FQN}}{S_{\triangle DPH}} \cdot \frac{S_{\triangle HPD}}{S_{\triangle HQC}} =$$

$$\frac{CQ \cdot CH}{EP \cdot EN} \cdot \frac{NE \cdot NP}{NF \cdot NQ} \cdot \frac{FQ \cdot FN}{DP \cdot DH} \cdot \frac{HP \cdot HD}{HQ \cdot HC} =$$

图 3.155

$$\frac{CQ \cdot FQ}{EP \cdot DP} \cdot \frac{NP \cdot HP}{NQ \cdot HQ} = \frac{AQ \cdot BQ}{AP \cdot BP} \cdot \frac{NP \cdot HP}{NQ \cdot HQ}$$

①

设 $AM = BM = a, HM = NM = b, QM = x, PM = y$,则

$$AQ = a - x, BQ = a + x, AP = a + y, BP = a - y$$

$$HP = b + y, NP = b - y, HQ = b - x, NQ = b + x$$

于是 ① 改写为

$$(a - x)(a + x)(b + y)(b - y) = (a + y)(a - y)(b + x)(b - x)$$

化简,整理得

$$(a^2 - b^2)(x^2 - y^2) = 0 \qquad ②$$

在式 ② 中 $a^2 - b^2 \neq 0$ （因 $a \neq b$）,故

$$x = y$$

在定理 4 中是向圆作两条割线,若是向圆作一条割线,一条切线,又有下面的结论.

定理 5 圆 O 的弦 AB 的中点为 M,延长 AB 的两端,使得 $HA = BN$,过 H, N 分别向圆作割线 HCD,切线 NE,联结 EC, ED 分别交 HN 于 P, Q,则 $MP = MQ$,如图 3.156 所示.

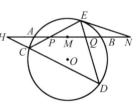

证明 $\angle D + \angle CEN = 180°$

$$\angle HCP + \angle QEN = 180°$$

图 3.156

$$1 = \frac{S_{\triangle CPH}}{S_{\triangle EQN}} \cdot \frac{S_{\triangle QEN}}{S_{\triangle QDH}} \cdot \frac{S_{\triangle DQH}}{S_{\triangle EPN}} \cdot \frac{S_{\triangle PEN}}{S_{\triangle PCH}} =$$

$$\frac{CP \cdot CH}{EQ \cdot EN} \cdot \frac{QE \cdot QN}{QD \cdot QH} \cdot \frac{DQ \cdot DH}{EP \cdot EN} \cdot \frac{PE \cdot PN}{PC \cdot PH} =$$

$$\frac{CH \cdot DH}{EN^2} \cdot \frac{QN \cdot PN}{QH \cdot PH} = \frac{HQ \cdot HB}{EN^2} \cdot \frac{QN \cdot PN}{QH \cdot PH} =$$

$$\frac{NB \cdot NA}{EN^2} \cdot \frac{QN \cdot PN}{QH \cdot PH} = \frac{QN \cdot PN}{QH \cdot PH} \qquad (*)$$

设 $PM = x, MQ = y, HM = MN = a$,则

$$QN = a - y, QH = a + y, PH = a - x, PN = a + x$$

于是(∗)改写成

$$(a+x)(a-y) = (a-x)(a+y)$$

化简,整理得

$$2a(x-y) = 0$$

故

$$x = y$$

如果将定理 5 中线段 HN 移至过圆心,点 M 与圆心重合,这个问题就变成

定理 6 设 EF 为 $\triangle ECD$ 外接圆的直径,过点 F 作切线 FH 与 DC 的延长线交于 H,联结 HO 并延长分别交 EC,ED 及过点 E 的切线于 Q,P,N,则 $QO=OP$,如图 3.157 所示.

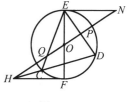

图 3.157

容易证明 $\triangle OFH \cong \triangle OEN$,则 $OH=ON$,那么就是定理 5 中的图 3.156 的线段 HN 过圆心,且 $ON=OH$,点 H,N 分别向圆作割线 HCD,切线 NE,联结 EC,ED 分别交 HN 于 Q,P,应该有 $OP=OQ$. 说明了定理 6 是定理 5 的特殊情形.

定理 7 圆内任意两条弦 AC 与 BD 相交于点 E,联结 AB,CD,任意直线 l 交圆于 M,N,分别交 AB,AC,BD,DC(或它们的延长线)于点 R,Q,P,S. 则

$$\frac{PM \cdot QM}{PN \cdot QN} = \frac{RM \cdot SM}{RN \cdot SN}$$

证明 如图 3.158,联结 AM,AN,BM,BN,CM,CN,DM,DN. 由题意有

$$\left(\frac{PM}{PN} \cdot \frac{QM}{QN}\right)^2 = \left(\frac{S_{\triangle MBD}}{S_{\triangle NBD}} \cdot \frac{S_{\triangle MAC}}{S_{\triangle NAC}}\right)^2 =$$

$$\left(\frac{MB \cdot MD}{NB \cdot ND} \cdot \frac{MA \cdot MC}{NA \cdot NC}\right)^2 =$$

$$\left(\frac{MB}{NA}\right)^2 \cdot \left(\frac{MD}{NC}\right)^2 \cdot \left(\frac{MA}{NB}\right)^2 \cdot \left(\frac{MC}{ND}\right)^2 =$$

$$\frac{RB}{RN} \cdot \frac{RM}{RA} \cdot \frac{SM}{SC} \cdot \frac{SD}{SN} \cdot \frac{RA}{RN} \cdot \frac{RM}{RB} \cdot \frac{SM}{SD} \cdot \frac{SC}{SN} =$$

$$\left(\frac{RM}{RN} \cdot \frac{SM}{SN}\right)^2$$

图 3.158

即

$$\frac{PM \cdot QM}{PN \cdot QN} = \frac{RM \cdot SM}{RN \cdot SN}$$

此定理的条件很弱,加强条件可得到以下结论.

(1) 若直线 l 经过点 E,这时,点 Q,P 均与点 E 重合,如图 3.159 所示,则

$$\frac{EM^2}{EN^2} = \frac{RM \cdot SM}{RN \cdot SN} \Longleftrightarrow \frac{1}{EM} - \frac{1}{EN} = \frac{1}{ER} - \frac{1}{ES}$$

这是蝴蝶定理的推广 —— 坎迪定理.

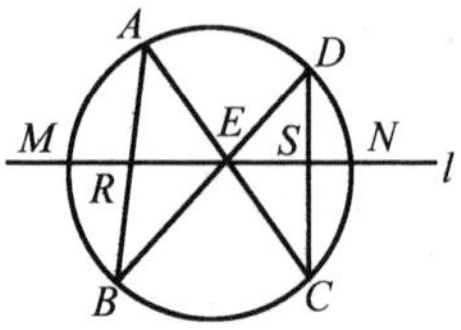

（2）若直线 l 经过点 E，且 $EM = EN$，如图 3.159 所示，则有 $ER = ES$. 这就是蝴蝶定理.

（3）设 BA 与 CD 相交于 F，若直线 l 同时经过点 F，E，如图 3.160 所示，则[1]

$$\frac{EM}{EN} = \frac{FM}{FN} \Leftrightarrow \frac{1}{FM} + \frac{1}{FN} = \frac{2}{EF}$$

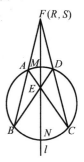

图 3.159

图 3.160

注 可参见线段的调和分割定理 5 的推论 1.

定理9 过圆的弦 AB 上的任意一点 M，引任意两条弦 CD 和 EF，C，E 位于弦 AB 同侧，CE，DF 所在直线与 AB 所在直线分别交于 P，Q 两点，记 $AM = a$，$BM = b$，$PM = x$，$QM = y$.

（1）若 P，Q 位于弦 CD 所在直线两侧，如图 3.161 所示，则为坎迪定理的推广.

（2）若 P，Q 位于弦 CD 所在直线同侧，如图 3.162 所示，则

$$\frac{1}{a} - \frac{1}{b} = \frac{1}{x} + \frac{1}{y} \tag{$*$}$$

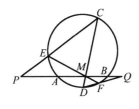

图 3.161

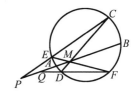

图 3.162

证明[2] （1）如图 3.161，P，Q 位于弦 CD 所在直线两侧，设 S_1，S_2，S_3，S_4 分别表示 $\triangle PEM$，$\triangle QDM$，$\triangle PCM$ 和 $\triangle QFM$ 的面积，记 $\angle CEM = \angle MDQ = \alpha$，$\angle PMC = \angle DMQ = \beta$，$\angle PCM = \angle MFD = \gamma$，$\angle PME = \angle QMF = \delta$，由恒等式

$$\frac{S_1}{S_2} \cdot \frac{S_2}{S_3} \cdot \frac{S_3}{S_4} \cdot \frac{S_4}{S_1} = 1 \tag{①}$$

可得

$$\frac{PE \cdot EM \cdot \sin(\pi - \alpha)}{MD \cdot DQ \cdot \sin \alpha} \cdot \frac{DM \cdot MQ \cdot \sin \beta}{PM \cdot MC \cdot \sin \beta} \cdot$$

$$\frac{PC \cdot CM \cdot \sin \gamma}{MF \cdot FQ \cdot \sin(\pi - \gamma)} \cdot \frac{FM \cdot MQ \cdot \sin \delta}{PM \cdot ME \cdot \sin \delta} = 1$$

① 万喜人.关系圆的一个命题[J].中等数学,2006(3):20.

② 黄海波.坎迪定理的一个类比[J].中学数学,2006(3):46.

即
$$QM^2 \cdot PE \cdot PC = PM^2 \cdot QD \cdot QF \qquad ②$$

由圆幂定理

$$PE \cdot PC = PA \cdot PB = (x-a)(x+b)$$

$$QD \cdot QF = QA \cdot QB = (y+a)(y-b)$$

将以上两式代入式②,得

$$y^2(x-a)(x+b) = x^2(y+a)(y-b)$$

或
$$xy(b-a) = ab(y-x)$$

用 $abxy$ 除遍上式,立得坎迪定理.

(2) 如图 3.162,P,Q 位于弦 CD 所在直线同侧,S_1,S_2,S_3,S_4 意义同上,记 $\angle CEM = \angle CDF = \alpha$,$\angle QMD = \angle CMB = \beta$,$\angle PCM = \angle QFM = \gamma$,$\angle PME = \angle BMF = \delta$,由恒等式①,可得

$$\frac{PE \cdot EM \cdot \sin(\pi - \alpha)}{MD \cdot DQ \cdot \sin(\pi - \alpha)} \cdot \frac{DM \cdot MQ \cdot \sin\beta}{PM \cdot MC \cdot \sin(\pi-\beta)} \cdot$$

$$\frac{PC \cdot CM \cdot \sin\gamma}{MF \cdot FQ \cdot \sin\gamma} \cdot \frac{FM \cdot MQ \cdot \sin(\pi-\delta)}{PM \cdot ME \cdot \sin\delta} = 1$$

即式②成立.

由圆幂定理

$$PE \cdot PC = PA \cdot PB = (x-a)(x+b)$$

$$QD \cdot QF = QA \cdot QB = (y-a)(y+b)$$

将以上两式代入式②,得

$$y^2(x-a)(x+b) = x^2(y-a)(y+b)$$

或
$$xy(b-a) = ab(y+x)$$

用 $abxy$ 除遍上式,立得式(∗).

易见,在上述命题的情形(1)中,特别取 $a=b$,便得到蝴蝶定理的一个类比,可写成

推论 过圆的弦 AB 的中点 M,引任意两条弦 CD 和 EF,联结 CE 和 DF 并延长交 BA(及其反向)延长线于 P 和 Q,则 $PM = QM$.

下面,我们给出与坎迪定理等价的一个命题.

定理 10 AB 是圆 O 内一条弦,过 AB 上一点 M 任作两弦 CD,EF,设 $\triangle EMD$,$\triangle CMF$ 的外接圆分别交直线 AB 于点 G,H,则 $MG - MH = 3(MA - MB)$.

证明 如图 3.163,设 ED,CF 分别交 AB 于 P,Q. 令 $AM = a$,$BM = b$,$PM = y$,$QM = x$. 由相交弦定理得

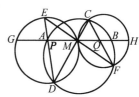

图 3.163

$$GP \cdot PM = EP \cdot PD = AP \cdot PB$$

$$HQ \cdot QM = CQ \cdot QF = QB \cdot QA$$

即
$$(MG - y)y = (a - y)(b + y)$$
$$(MH - x)x = (b - x)(a + x)$$

于是
$$MG = \frac{(a - y)(b + y)}{y} + y$$

$$MH = \frac{(b - x)(a + x)}{x} + x$$

$$MG - MH = \frac{(a - y)(b + y)}{y} + y - \frac{(b - x)(a + x)}{x} - x =$$

$$ab\left(\frac{1}{y} - \frac{1}{x}\right) + 2(a - b)$$

由坎迪定理得

$$MG - MH = ab\left(\frac{1}{b} - \frac{1}{a}\right) + 2(a - b) = 3(a - b)$$

⑬⓪ 此即定理 10，反之若

$$MG - MH = 3(MA - MB)$$

则
$$ab\left(\frac{1}{y} - \frac{1}{x}\right) + 2(a - b) = 3(a - b)$$

即
$$ab\left(\frac{1}{y} - \frac{1}{x}\right) = a - b$$

于是
$$\frac{1}{y} - \frac{1}{x} = \frac{1}{b} - \frac{1}{a}$$

此即坎迪定理.

　　为了方便讨论问题，将定理 10 所示图形中的折四边形 $CDEF$，称为蝶形，且 M 为其蝶心.

　　定理 11[①] 　如图 3.164，在圆的内接蝶形 $CDEF$ 中，联结 CE，作射线 DF. 若 $CE /\!\!/ FD$，设过蝶心 M 的一直线和 CE 平行，且分别和 DF，$\overset{\frown}{CF}$，$\overset{\frown}{DE}$ 交于 G，A，B，则

$$\frac{1}{AM} - \frac{1}{BM} = \frac{1}{GM} \qquad\qquad ①$$

　　证明 　由正弦定理可知

$$\frac{GM}{GF} = \frac{\sin \angle 2}{\sin \angle 1}$$

$$\frac{GM}{GD} = \frac{\sin \angle 3}{\sin \angle 4}$$

① 张殿书. 和圆中内接蝶形相关的系列有趣性质[J]. 数学通报，2011(9)：58-60.

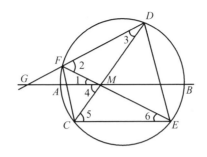

图 3.164

两式相乘,又易知

$$\angle 2 = \angle 5 = \angle 4, \angle 1 = \angle 6 = \angle 3$$
$$GF \cdot GD = GA \cdot GB$$

可得

$$GM^2 = GA \cdot GB$$

设 $AM = a, BM = b, GM = c$,则 $GA = c - a, GB = c + b$.代入上式,得 $c^2 = (c-a)(c+b)$,化为 $bc - ac = ab$

可得

$$\frac{1}{a} - \frac{1}{b} = \frac{1}{c}$$

上式即式 ①.

定理 12 如图 3.165,在圆的内接蝶形 $CDEF$ 中,设一直线分别和射线 DF,$\overset{\frown}{CF}$,弦 CD,EF,$\overset{\frown}{DE}$,射线 CE 交于 G, A, M_1, M_2, B, H,则

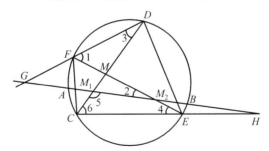

图 3.165

$$\frac{GM_1}{GM_2}\left(\frac{1}{BM_1} - \frac{1}{HM_1}\right) = \frac{HM_2}{HM_1}\left(\frac{1}{AM_2} - \frac{1}{GM_2}\right) \qquad ②$$

证明 由正弦定理,可知

$$\frac{GM_1}{\sin \angle 3} = \frac{GD}{\sin \angle 5}, \frac{GM_2}{\sin \angle 1} = \frac{GF}{\sin \angle 2}$$

$$\frac{HE}{\sin \angle 2} = \frac{HM_2}{\sin \angle 4}, \frac{HC}{\sin \angle 5} = \frac{HM_1}{\sin \angle 6}$$

以上各式相乘,又易知

$$\angle 3 = \angle 4, \angle 1 = \angle 6$$

$$HE \cdot HC = HB \cdot HA, GF \cdot GD = GA \cdot GB$$

可得
$$GM_1 \cdot GM_2 \cdot HA \cdot HB = HM_1 \cdot HM_2 \cdot GA \cdot GB$$

设 $AM_2 = a, BM_1 = b, GM_1 = c, HM_2 = d, GM_2 = m, HM_1 = n$,则 $GA = m - a, GB = b + c, HA = a + d, HB = n - b$. 代入上式,得

$$cm(a + d)(n - b) = dn(m - a)(b + c)$$

把上式两边展开、化简,可化为

$$acn(m + d) - bdm(c + n) + ab(dn - cm) = 0$$

由 $GM_1 + HM_1 = GM_2 + HM_2$,得 $c + n = m + d$,由此得 $cm = c^2 - cd + cn$, 代入上式,可化为 $acn - bdm + abd - abc = 0$.

可得
$$ac(n - b) = bd(m - a)$$

两边都除以 $abmn$,得

$$\frac{c}{m}\left(\frac{1}{b} - \frac{1}{n}\right) = \frac{d}{n}\left(\frac{1}{a} - \frac{1}{m}\right)$$

上式即是式 ②.

当直线 GH 运动至过点 M 时,M_1, M_2 就和 M 重合,则 $GM_1 = GM_2 = GM$, $HM_1 = HM_2 = HM, AM_2 = AM, BM_1 = BM$. 这时的 ② 可化为坎迪定理推广. 故定理 12 是定理 9(1) 的推广.

定理 13 如图 3.166,在圆的内接蝶形 $CDEF$ 中,联结 CE,作射线 DF. 若 $CE \nparallel DF$,设平行于 CE 的一直线分别和 DF、$\overgroup{CF}$、弦 CD, EF、$\overgroup{DE}$ 交于 G, A, M_1, M_2, B,则

$$\frac{1}{AM_2} - \frac{1}{GM_2} = \frac{GM_1}{GM_2 \cdot BM_1} \qquad ③$$

证明 由正弦定理可知

$$\frac{GM_1}{\sin \angle 1} = \frac{GD}{\sin \angle 4}$$

$$\frac{GM_2}{\sin \angle 6} = \frac{GF}{\sin \angle 3}$$

两式相乘,又易知

$$\angle 1 = \angle 5 = \angle 3, \angle 6 = \angle 2 = \angle 4, GD \cdot GF = GA \cdot GB$$

可得
$$GM_1 \cdot GM_2 = GA \cdot GB$$

设 $AM_2 = a, BM_1 = b, GM_1 = c, GM_2 = m$,则 $GA = m - a, GB = b + c$,代入

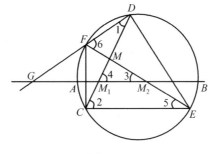

图 3.166

上式得 $cm = (m-a) \cdot (b+c)$

可化为
$$\frac{1}{a} - \frac{1}{m} = \frac{c}{mb}$$

上式即式 ③.

当 GB 过 M 点时,有 $AM_2 = AM, BM_1 = BM, GM_1 = GM_2 = GM$,③ 可化为

$$\frac{1}{AM} - \frac{1}{BM} = \frac{1}{GM}.$$

故定理 13 是定理 11 的推广.

在定理 12 中,若 $CE \nparallel DF$,当 $GB \parallel CE$ 时,GB 就和射线 CE 在无穷远处交于 H,则 HM_2 与 HM_1 的比值趋于 1,而 HM_1 的倒数趋于 0,这时的 ② 可化为 ③.故定理 12 是定理 13 的推广.

定理 14 如图 3.167,在圆的内接蝶形 $CDEF$ 中,设过蝶心 M 的一直线分别和射线 DF、$\overset{\frown}{CF}$、$\overset{\frown}{DE}$,射线 CE 交于 G,A,B,H. 联结 DA,DB,DH,若 $\angle ADM = \angle BDM$,则 $\angle GDM = \angle HDM$.

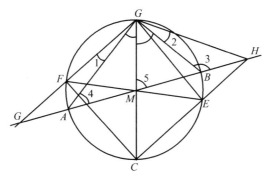

图 3.167

证明 由定理 9(1) 可知

$$\frac{1}{GM} - \frac{1}{HM} = \frac{1}{AM} - \frac{1}{BM}$$

把上式移项、通分、化简,可得

$$\frac{BH \cdot GM \cdot AM}{HM \cdot AG \cdot BM} = 1 \qquad ④$$

设 $\angle GDM = \alpha, \angle HDM = \beta, \angle ADM = \gamma, \angle BDM = \theta$,则 $\angle 1 = \alpha - \gamma$,
$\angle 2 = \beta - \theta$.

由正弦定理可知

$$\frac{BH}{\sin \angle 2} = \frac{DH}{\sin \angle 3}, \frac{HM}{\sin \beta} = \frac{DH}{\sin \angle 5}$$

前式除以后式,得

$$\frac{BH \sin \beta}{HM \sin \angle 2} = \frac{\sin \angle 5}{\sin \angle 3}$$

同理可证

$$\frac{GM \sin \angle 1}{AG \sin \alpha} = \frac{\sin \angle 4}{\sin \angle 5}$$

$$\frac{AM \sin \theta}{BM \sin \gamma} = \frac{\sin \angle 3}{\sin \angle 4}$$

以上三式相乘,得

$$\frac{BH \cdot GM \cdot AM \sin \beta \sin \theta \sin \angle 1}{HM \cdot AG \cdot BM \sin \alpha \sin \gamma \sin \angle 2} = 1$$

式 ④ 除以上式,可得

$$\frac{\sin \alpha \sin \gamma \sin(\beta - \theta)}{\sin \beta \sin \theta \sin(\alpha - \gamma)} = 1$$

化为

$$\sin \alpha \sin \gamma (\sin \beta \cos \theta - \cos \beta \sin \theta) =$$
$$\sin \beta \sin \theta (\sin \alpha \cos \gamma - \cos \alpha \sin \gamma)$$

两边都除以 $\sin \alpha \sin \beta \sin \gamma \sin \theta$,移项,得

$$\frac{1}{\tan \alpha} - \frac{1}{\tan \beta} = \frac{1}{\tan \gamma} - \frac{1}{\tan \theta} \qquad ⑤$$

由上式可知,当 $\gamma = \theta$ 时,则 $\alpha = \beta$.

由于以上推出 ⑤ 的过程只用到正弦定理,且推理过程是可逆的,故得以下
推论.

推论 设一直线上依次有 G, A, M, B, H 五点,且满足定理 9(1),S 为不在
直线 GH 上的任意一点,作射线 SG, SA, SM, SB, SH,又任作一直线分别和以
上射线交于 G', A', M', B', H',则

$$\frac{1}{\tan \angle GSM} - \frac{1}{\tan \angle HSM} =$$
$$\frac{1}{\tan \angle ASM} - \frac{1}{\tan \angle BSM}$$

$$\frac{1}{G'M'} - \frac{1}{H'M'} = \frac{1}{A'M'} - \frac{1}{B'M'}$$

定理 15　如图 3.168,在圆的内接蝶形 $CDEF$ 中,过蝶心 M 的弦 AB 的端点 A,B 分别在 $\overset{\frown}{CF},\overset{\frown}{DE}$ 上,P 为 $\overset{\frown}{CE}$ 上任意一点,联结 PD,PF,分别和 AB 交于 T,N,则射线 CN,ET 和 $\overset{\frown}{DF}$ 共点.

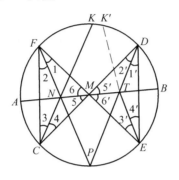

图 3.168

证明　设 CN,ET 分别交 $\overset{\frown}{DF}$ 于 K,K',现在来证明 K' 和 K 重合.

在 $\triangle CMF$ 和 $\triangle EMD$ 中,由塞瓦定理的等价定理,得

$$\frac{\sin \angle 1}{\sin \angle 2} \cdot \frac{\sin \angle 3}{\sin \angle 4} \cdot \frac{\sin \angle 5}{\sin \angle 6} =$$

$$\frac{\sin \angle 1'}{\sin \angle 2'} \cdot \frac{\sin \angle 3'}{\sin \angle 4'} \cdot \frac{\sin \angle 5'}{\sin \angle 6'} = 1$$

易知 $\angle 1 = \angle 1', \angle 2 = \angle 2', \angle 5 = \angle 5', \angle 6 = \angle 6'$.

可得　　　　　　　　$$\frac{\sin \angle 3}{\sin \angle 3'} = \frac{\sin \angle 4}{\sin \angle 4'}$$　　　　　　⑥

易知　　　　　　　　$$\angle 3 + \angle 4 = \angle 3' + \angle 4'$$

若 $\angle 3 > \angle 3'$,则 $\angle 4 < \angle 4'$.⑥ 的左边大于 1,而右边小于 1,这不可能.

若 $\angle 3 < \angle 3'$,则 $\angle 4 > \angle 4'$.⑥ 的左边小于 1,而右边大于 1,这也不可能.

故 $\angle 3 = \angle 3'$,则 $\overset{\frown}{FK'} = \overset{\frown}{FK}$,所以 K' 和 K 重合,因此射线 CN,ET 和 $\overset{\frown}{DF}$ 共点.

下面进一步讨论蝶形图的推广.

定理 16[①]　两条割线 CD,EF,分别交圆于点 C,D,E,F,第三条割线交圆于点 A,B,分别交于 CD,EF,CF,DE,CE,DF(或它们的延长线)于点 P,R,M,N,T,S.

①　袁安全.三割线等比定理[J].数学通报,2013(3):55-57.

则
$$\frac{AT \cdot AS}{BT \cdot BS} = \frac{AM \cdot AN}{BM \cdot BN} = \frac{AP \cdot AR}{BP \cdot BR} \qquad (\text{I})$$

$$\frac{AP \cdot BN}{AM \cdot BR} = \frac{AN \cdot BP}{AR \cdot BM} = \frac{PN}{RM} \qquad (\text{II})$$

$$\frac{AR \cdot BS}{AT \cdot BP} = \frac{AS \cdot BR}{AP \cdot BT} = \frac{RS}{PT} \qquad (\text{III})$$

注 (1)此定理式(I)和谐且便于记忆,而式(II)、式(III)用途广泛.

(2)此定理的图形有多种情形,但它们的证明方法完全一致.

下面以图 3.169 为例给出定理的证明.

证 首先证:
$$\frac{AT \cdot AS}{BT \cdot BS} = \frac{AM \cdot AN}{BM \cdot BN} \qquad ①$$

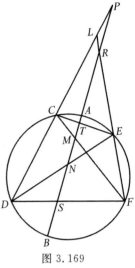

图 3.169

如图 3.170 所示,联结 $AC, AD, AE, AF, BC,$ $BD, BE, BF.$

由面积关系,可得

$$\frac{AT \cdot AS}{BT \cdot BS} = \frac{S_{\triangle ACE}}{S_{\triangle BCE}} \cdot \frac{S_{\triangle ADF}}{S_{\triangle BDF}} =$$

$$\frac{AC \cdot AE}{BC \cdot BE} \cdot \frac{AD \cdot AF}{BD \cdot BF} =$$

$$\frac{AD \cdot AE}{BD \cdot BE} \cdot \frac{AC \cdot AF}{BC \cdot BF} =$$

$$\frac{S_{\triangle ADE}}{S_{\triangle BDE}} \cdot \frac{S_{\triangle ACF}}{S_{\triangle BCF}} =$$

$$\frac{AM}{BM} \cdot \frac{AN}{BN}$$

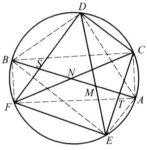

图 3.170

再证
$$\frac{AM \cdot AN}{BM \cdot BN} = \frac{AP \cdot AR}{BP \cdot BR}$$

如图 3.171 所示,联结 $AC, AD, AE, AF, BC,$ $BD, BE, BF.$

由面积关系,可得

$$\frac{AM}{BM} \cdot \frac{AN}{BN} = \frac{S_{\triangle ACF}}{S_{\triangle BCF}} \cdot \frac{S_{\triangle ADE}}{S_{\triangle BDE}} =$$

$$\frac{AC \cdot AF}{BC \cdot BF} \cdot \frac{AD \cdot AE}{BD \cdot BE} =$$

$$\frac{AC \cdot AD}{BC \cdot BD} \cdot \frac{AF \cdot AE}{BF \cdot BE} =$$

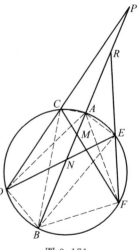

图 3.171

$$\frac{S_{\triangle ACD}}{S_{\triangle BCD}} \cdot \frac{S_{\triangle AEF}}{S_{\triangle BEF}} = \frac{AP}{BP} \cdot \frac{AR}{BR}$$

接着证

$$\frac{AP \cdot BN}{AM \cdot BR} = \frac{PN}{RM}$$

③

如图 3.172 所示, 联结 $AC, AD, BE, BF, CE,$
$CN, EM.$

由面积关系,可得

$$\frac{AP}{PN} \cdot \frac{RM}{BR} = \frac{S_{\triangle ACD}}{S_{\triangle NCD}} \cdot \frac{S_{\triangle MEF}}{S_{\triangle BEF}} =$$

$$\frac{S_{\triangle ACD}}{S_{\triangle BEF}} \cdot \frac{S_{\triangle MEF}}{S_{\triangle CEF}} \cdot \frac{S_{\triangle CEF}}{S_{\triangle CDE}} \cdot \frac{S_{\triangle CDE}}{S_{\triangle NCD}} =$$

$$\frac{AC \cdot AD \cdot CD}{BE \cdot BF \cdot EF} \cdot \frac{MF}{CF} \cdot \frac{CF \cdot EF}{CD \cdot DE} \cdot \frac{DE}{DN} =$$

$$\frac{AC}{BF} \cdot \frac{AD}{BE} \cdot \frac{MF}{DN} =$$

$$\frac{AM}{MF} \cdot \frac{DN}{BN} \cdot \frac{MF}{DN} = \frac{AM}{BN}$$

故

$$\frac{AP \cdot BN}{AM \cdot BR} = \frac{PN}{RM}$$

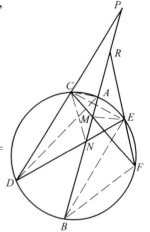

图 3.172

最后证

$$\frac{AR \cdot BS}{AT \cdot BP} = \frac{RS}{PT}$$

④

如图 3.173 所示, 联结 $AE, AF, AD, AC, BC,$
$BD, DT, ES, DE, CF.$

由面积关系,可得

$$\frac{AR}{RS} \cdot \frac{PT}{BP} = \frac{S_{\triangle AEF}}{S_{\triangle SEF}} \cdot \frac{S_{\triangle TCD}}{S_{\triangle BCD}} =$$

$$\frac{S_{\triangle AEF}}{S_{\triangle BCD}} \cdot \frac{S_{\triangle TCD}}{S_{\triangle ECD}} \cdot \frac{S_{\triangle ECD}}{S_{\triangle ECF}} \cdot \frac{S_{\triangle ECF}}{S_{\triangle EDF}} \cdot \frac{S_{\triangle EDF}}{S_{\triangle SEF}} =$$

$$\frac{AE \cdot AF \cdot EF}{BC \cdot BD \cdot CD} \cdot \frac{CT}{CE} \cdot \frac{DC \cdot DE}{FC \cdot FE} \cdot$$

$$\frac{CE \cdot CF}{DE \cdot DF} \cdot \frac{DF}{SF} =$$

$$\frac{AE}{BC} \cdot \frac{AF}{BD} \cdot \frac{CT}{SF} =$$

$$\frac{AT}{CT} \cdot \frac{SF}{BS} \cdot \frac{CT}{SF} =$$

$$\frac{AT}{BS}$$

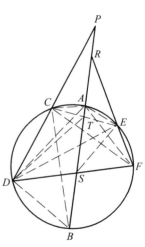

图 3.173

故
$$\frac{AR \cdot BS}{AT \cdot BP} = \frac{RS}{PT}$$

因此由①、②知式（Ⅰ）得证；

由②、③知式（Ⅱ）得证；

由①、②、④知式（Ⅲ）得证.

故原定理证毕.

定理的其他图形情形的证明不再赘述.另外,此定理的条件比较弱,如果将条件加强,则可得到以下几个推论.

推论1 当 P,L,R 三点重合时,图 3.173 就成为图 3.174,则

(i) 由式（Ⅱ）得

$$\frac{AP \cdot BN}{AM \cdot BP} = \frac{PN}{PM}$$

$$\Leftrightarrow \frac{1}{PA} + \frac{1}{PB} = \frac{1}{PM} + \frac{1}{PN}$$

(ii) 由式（Ⅲ）得

$$\frac{AS \cdot BP}{AP \cdot BT} = \frac{PS}{PT}$$

$$\Leftrightarrow \frac{1}{PA} + \frac{1}{PB} = \frac{1}{PT} + \frac{1}{PS}$$

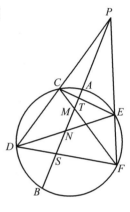

图 3.174

推论2 当 M,N 两点重合时,图 3.174 就成为图3.175,则

(i) 由式（Ⅱ）得

$$\frac{AP \cdot BM}{AM \cdot BR} = \frac{PM}{RM}$$

$$\Leftrightarrow \frac{1}{MA} - \frac{1}{MB} = \frac{1}{MP} + \frac{1}{MR}$$

(ii) $\dfrac{1}{MA} - \dfrac{1}{MB} = \dfrac{1}{MT} - \dfrac{1}{MS}$（坎迪定理）

推论3 当 P,L,R 三点重合及 M,N 两点重合,图 3.173 就成为图 3.176,则

(i) 式（Ⅱ）得

$$\frac{AP \cdot BM}{AM \cdot BP} = \frac{AM \cdot BP}{AP \cdot BM} = \frac{PM}{PM} = 1$$

$$\Leftrightarrow \frac{1}{PA} + \frac{1}{PB} = \frac{2}{PM}$$

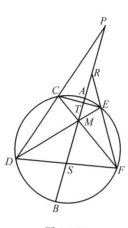

图 3.175

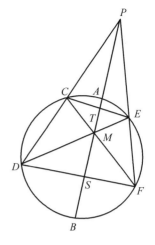

图 3.176

(ii) $\dfrac{2}{PM} = \dfrac{1}{PT} + \dfrac{1}{PS} =$

$\qquad \dfrac{1}{MA} - \dfrac{1}{MB} =$

$\qquad \dfrac{1}{MT} - \dfrac{1}{MS}$

❖圆内接四边形的余弦定理

定理　在圆内接四边形 $ABCD$ 中,若设 $AB=a,BC=b,CD=c,DA=d$,
则

$$\cos A = \frac{a^2 + d^2 - b^2 - c^2}{2(ad + bc)}$$

$$\cos B = \frac{a^2 + b^2 - c^2 - d^2}{2(ab + cd)}$$

$$\cos C = \frac{b^2 + c^2 - a^2 - d^2}{2(bc + ad)}$$

$$\cos D = \frac{c^2 + d^2 - a^2 - b^2}{2(cd + ab)}$$

证明　如图 3.177,联结 AC,BD. 在 $\triangle ABD$ 和 $\triangle BCD$ 中,分别由余弦定
理,得

$$BD^2 = a^2 + d^2 - 2ad\cos A$$

$$BD^2 = b^2 + c^2 - 2bc \cos C$$

因 $ABCD$ 是圆内接四边形,则

$$A + C = 180°$$

即

$$\cos C = -\cos A$$

从而

$$a^2 + d^2 - 2ad \cos A = b^2 + c^2 + 2bc \cos A$$

$$2(ad + bc)\cos A = a^2 + d^2 - b^2 - c^2$$

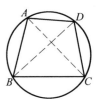

图 3.177

故

$$\cos A = \frac{a^2 + d^2 - b^2 - c^2}{2(ad + bc)}$$

同理可证

$$\cos B = \frac{a^2 + b^2 - c^2 - d^2}{2(ab + cd)}$$

$$\cos C = \frac{b^2 + c^2 - a^2 - d^2}{2(bc + ad)}$$

$$\cos D = \frac{c^2 + d^2 - a^2 - b^2}{2(cd + ab)}$$

❖圆内接四边形的垂心定理

设四边形 $ABCD$ 内接于圆 O,以圆心 O 为原点建立直角坐标系 xOy,设顶点 A,B,C,D 的坐标分别为 (x_1,y_1),(x_2,y_2),(x_3,y_3),(x_4,y_4),令

$$x_H = \sum_{i=1}^{4} x_i, y_H = \sum_{i=1}^{4} y_i \qquad (*)$$

则点 $H(x_H, y_H)$ 称为四边形 $ABCD$ 的垂心.

根据这个定义,我们可以推得[①]

定理 1 圆内接四边形 $ABCD$ 的垂心 H,重心 G,外心 O 三点共线,且 $\frac{HG}{GO} = 3$.

证明 应用同一法.取线段 HO 的内分点 P,使 $\frac{HP}{PO} = 3$,那么只需证明点 P 是四边形 $ABCD$ 的重心 G 即可.

以外心 O 为原点建立直角坐标系 xOy,设顶点 A,B,C,D 的坐标分别为 (x_1,y_1),(x_2,y_2),(x_3,y_3),(x_4,y_4),垂心 H 的坐标为 (x_H, y_H),点 P 的坐标为 (x,y).因为点 P 内分线段 HO 为 $\frac{HP}{PO} = 3$,故由定比分点的坐标公式可得

① 熊曾润. 圆内接四边形的垂心及其性质[J]. 数学教学研究,2003(11):42-43.

$$x = \frac{x_H + 3 \times 0}{1 + 3}, y = \frac{y_H + 3 \times 0}{1 + 3}$$

将(∗)代入上式,得

$$x = \frac{1}{4} \sum_{i=1}^{4} x_i, y = \frac{1}{4} \sum_{i=1}^{4} y_i$$

据此,由此可知点 P 是四边形 $ABCD$ 的重心 G. 命题得证.

显然,这个定理是下列熟知命题的推广:

定理 2(欧拉线定理)   三角形的垂心 H,重心 G,外心 O 三点共线,且 $\frac{HG}{GO} = 2$.

定理 3   若四边形 $ABCD$ 内接圆 (O, R),其垂心为 H,则

$$AH^2 + (BC^2 + CD^2 + DB^2) = 9R^2$$

证明   以外心 O 为原点建立直角坐标系 xOy,设顶点 A, B, C, D 的坐标分别为 $(x_1, y_1), (x_2, y_2), (x_3, y_3), (x_4, y_4)$,垂心 H 的坐标为 (x_H, y_H). 注意到 (∗),则由两点间的距离公式可得

$$AH^2 = (x_H - x_1)^2 + (y_H - y_1)^2 =$$
$$(x_2 + x_3 + x_4)^2 + (y_2 + y_3 + y_4)^2$$
$$BC^2 = (x_3 - x_2)^2 + (y_3 - y_2)^2$$
$$CD^2 = (x_4 - x_3)^2 + (y_4 - y_3)^2$$
$$DB^2 = (x_2 - x_4)^2 + (y_2 - y_4)^2$$

将这四个等式的两边相加,经化简可得

$$AH^2 + (BC^2 + CD^2 + DB^2) = 3(x_2^2 + y_2^2 + x_3^2 + y_3^2 + x_4^2 + y_4^2)$$

但依题设,顶点 B, C, D 都在圆 (O, R) 上,且 O 为原点,可知

$$x_2^2 + y_2^2 = x_3^2 + y_3^2 = x_4^2 + y_4^2 = R^2$$

代入上式得

$$AH^2 + (BC^2 + CD^2 + DB^2) = 9R^2$$

命题得证.

显然,这个定理是下列熟知命题的推广:

定理 4   若 $\triangle ABC$ 的外接圆半径为 R,其垂心为 H,则 $AH^2 + BC^2 = 4R^2$.

定理 5   设四边形 $ABCD$ 内接于圆 O,其垂心为 H,若 $\triangle BCD$ 的重心为 M,则 $AH \parallel OM$.

证明   以外心 O 为原点建立直角坐标系 xOy,使 y 轴不平行于直线 AH. 设顶点 A, B, C, D 的坐标分别为 $(x_1, y_1), (x_2, y_2), (x_3, y_3), (x_4, y_4)$. 垂心 H 的坐标为 (x_H, y_H),直线 AH 的斜率为 k. 注意到 (∗),则由斜率公式可得

$$k = \frac{y_H - y_1}{x_H - x_1} = \frac{y_2 + y_3 + y_4}{x_2 + x_3 + x_4} \qquad ①$$

又设点 M 的坐标为 (x,y)，直线 OM 的斜率 k'. 因为点 M 是 $\triangle BCD$ 的重心，所以有

$$x=\frac{x_2+x_3+x_4}{3},\quad y=\frac{y_2+y_3+y_4}{3} \qquad ②$$

于是(注意 O 为原点)，由斜率公式可得

$$k'=\frac{y}{x}=\frac{y_2+y_3+y_4}{x_2+x_3+x_4} \qquad ③$$

比较 ① 和 ③，可知 $k=k'$，所以 AH // OM. 命题得证.

显然，这个定理是下列熟知命题的推广：

定理 6　设 $\triangle ABC$ 的外心为 O，垂心为 H，若边 BC 的中点为 M，则 AH // OM.

定理 7　设四边形内接于圆 O，其重心为 H，若 $\triangle BCD$ 的重心为 M，则 $AH=3OM$.

证明　以外心 O 为原点建立直角坐标 xOy，设顶点 A,B,C,D 的坐标分别为 (x_1,y_1)，(x_2,y_2)，(x_3,y_3)，(x_4,y_4)，垂心 H 的坐标为 (x_H,y_H). 注意到 ($*$)，由两点间的距离公式可得

$$AH^2=(x_H-x_1)^2+(y_H-y_1)^2=(x_2+x_3+x_4)^2+(y_2+y_3+y_4)^2 \quad ④$$

又设点 M 的坐标为 (x,y)，注意到 ②(且 O 为原点)，由两点间的距离公式可得

$$9OM^2=9(x^2+y^2)=(x_2+x_3+x_4)^2+(y_2+y_3+y_4)^2 \qquad ⑤$$

比较 ④ 和 ⑤，可知 $AH=3OM$，命题得证.

显然，这个定理是下列熟知命题的推广：

定理 8(塞瓦定理)　设 $\triangle ABC$ 的外心为 O，垂心为 H，若边 BC 的中点为 M，则 $AH=2OM$.

❖婆罗摩笈多定理

婆罗摩笈多定理 1　内接于圆的四边形 $ABCD$ 的对角线 AC 与 BD 垂直相交于点 K，过点 K 的直线与边 AD，BC 分别相交于点 H 和 M.[1]

(1) 如果 $KH \perp AD$，那么 $CM=MB$.

(2) 如果 $CM=MB$，那么 $KH \perp AD$.

[1]　汪江松，黄家礼.几何明珠[M].武汉：中国地质大学出版社，1988：131-136.

婆罗摩笈多(Brahmagupta,又称梵藏,约 598—660)是印度卓越的数学家和天文学家.在 638 年,他写了一部有 21 章的天文学著作《婆罗摩笈多修正体系》,其中有专述算术、代数、几何的.他的著作被认为是印度人在几何方面最为出色的.他研究的主要问题是:根据所给的边和外接圆半径,求三角形面积;作三角形使它的边、外接圆半径和面积都是有理数;根据给定的四边形计算它的对角线、面积、高以及与四边形有关的某些另外的线段.他也曾给出过已知四边形四边,求四边形面积的公式

$$S = \sqrt{(p-a)(p-b)(p-c)(p-d)}$$

这里 a,b,c,d 为边,$p = \dfrac{1}{2}(a+b+c+d)$.但遗憾的是这一公式只当四边形内接于圆时才成立.此外,婆罗摩笈多还在 628 年左右正确地给出了负数的四则运算法则,在处理级数问题中,他也是印度数学家中最杰出的一位.

为简便起见,在下面的讨论中,我们把上述的婆罗摩笈多定理 1,简称为婆氏定理 1.

证法 1 如图 3.178.

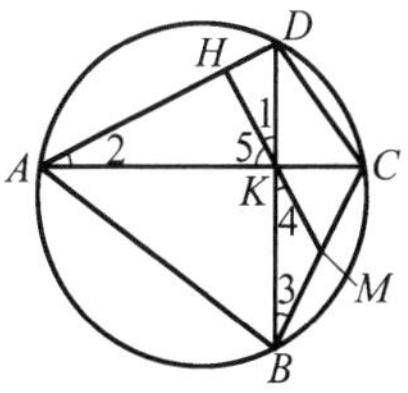

(1) 因 $KH \perp AD$,$AC \perp BD$,则

$$\angle 1 = \angle 2 = \angle 4$$

又 $\angle 2 = \angle 3$,则

$$\angle 3 = \angle 4$$
$$MB = MK$$

同理

$$MC = MK$$

故

$$BM = CM$$

(2) 由 $CM = MB$,即 KM 为 $Rt \triangle BKC$ 斜边 BC 上的中线,因此有

$$KM = MB$$
$$\angle 3 = \angle 4$$

又 $\angle 3 = \angle 2$,$\angle 4 = \angle 1$,则

$$\angle 2 = \angle 1$$

而 $\angle 1 + \angle 5 = 90°$,则

$$\angle 2 + \angle 5 = 90°$$

即

$$KH \perp AD$$

证法 2 (1) 如图 3.178,由三角形角平分线性质定理的推广,有

$$\frac{BM}{MC} = \frac{KB \sin \angle 4}{KC \sin(90° - \angle 4)} = \frac{KB}{KC} \cdot \frac{\sin \angle 4}{\cos \angle 4} = \frac{KB}{KC} \tan \angle 4$$

因 $KH \perp AD$,则

$$\angle 1 = \angle 2 = \angle 4$$

图 3.178

143

平面几何500名题暨1500条定理(下)

144

即
$$\tan \angle 4 = \tan \angle 2 = \frac{DK}{AK}$$

从而
$$\frac{BM}{MC} = \frac{KB}{KC} \cdot \frac{DK}{KA} = 1$$

故
$$BM = MC$$

（2）由 $BM = MC$，得

$$\frac{KB \sin \angle 4}{KC \cos \angle 4} = \frac{BM}{MC} = 1$$

即
$$\tan \angle 4 = \frac{KC}{KB}$$

又 $\dfrac{KC}{KB} = \dfrac{KD}{KA}$，则

$$\tan \angle 4 = \frac{KD}{KA}$$

因 $\angle 4 = \angle 3 = \angle 2$，又 $\angle 1 = \angle 4$，则

$$\angle 1 = \angle 2$$

即
$$\angle 2 + \angle 5 = \angle 1 + \angle 5 = 90°$$

故 $KH \perp AD$. 婆氏定理 1 得证.

接着我们指出，婆氏定理 1 还有下面的

逆定理 若四边形的两对角线互相垂直，并且

（1）过对角线交点向一边所作垂线平分其对边.

（2）对角线交点与一边中点的连线垂直于对边.

（3）对角线交点、交点在一边上的射影及对边中点三点共线.

这三条中只要一条成立，则四边形内接于圆.

下面仅给出（1）的证明，（2），（3）的证明可类似得到.

证明 如图 3.179 所设，$KT \perp CD$，$KH \perp AD$，HK，TK 分别交 BC，AB 于 M，N，且 M，N 分别为 BC，AB 中点，则

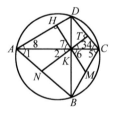
图 3.179

$$\angle 1 = \angle 2 = \angle 3$$
$$\angle 5 = \angle 6 = \angle 7$$

又 $\angle 4 + \angle 3 = 90°$，$\angle 8 + \angle 7 = 90°$，则

$$\angle 4 + \angle 1 = 90°$$
$$\angle 8 + \angle 5 = 90°$$
$$\angle BAD + \angle DCB = 180°$$

从而 $ABCD$ 内接于圆.

婆罗摩笈多定理 2 以 $\triangle ABC$ 的边 AB 和 AC 为边，分别向外作正方形

$ABCD$, $ACFG$, 如图 3.180.

(1) 设 EG 的中点为 M, 则 $AM = \frac{1}{2}BC$, 且 $AM \perp BC$.

(2) 联结 BG, CE 交于点 K, 则 $BG = CE$ 且 $BG \perp CE$.

(3) 联结 BG, CE, DF, 则三条直线交于一点 K, 且 $AK \perp DF$.①

证明 (1) 延长 MA 交 BC 于 H, 延长 AM 至 P, 使得 $MP = AM$, 则四边形 $AGPE$ 为平行四边形, 故 $PG = AE = AB$, $\angle EAG + \angle AGP = 180°$, 因为 $\angle EAG + \angle BAC = 180°$, 所以 $\angle PGA = \angle BAC$, 则 $\triangle PGA \cong \triangle BAC$, 所以 $PA = BC$, 故 $AM = \frac{1}{2}BC$.

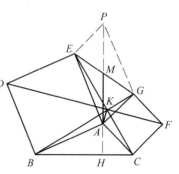

图 3.180

因为 $\angle MAG = \angle ACH$, 则 $\angle HCA + \angle HAC = \angle MAG + \angle HAC = 90°$, 故 $\angle AHC = 90°$, 即 $AM \perp BC$.

(2) 由 $\angle BAE + \angle EAG = \angle CAG + \angle EAG$, 即 $\angle BAG = \angle EAC$, 故 $\triangle BAG \cong \triangle EAC$, 则 $BG = EC$, $\angle AEC = \angle ABG$, 所以 $\angle EKB = \angle EAB = 90°$, 故 $BG \perp CE$.

(3) 设 BG, CE 交于 K, 联结 AK, KD 及 KF, 由 $\angle AGK = \angle ACK$, 则 A, K, C, G 共圆, 所以 $\angle AKC = \angle AGC = 45°$, 则 $\angle AKC = \angle AFC$, 从而 A, K, C, F 四点共圆. 故 $\angle AKF = \angle ACF = 90°$.

同理可证 $\angle AKD = 90°$, 则 D, K, F 三点共线, 故 BE, CE, DF 三线共点, 且 $AK \perp DF$.

注 这个定理中的 3 个结论有如下变式:

变式 1 将图 3.180 中的正方形 $ABDE$ 和 $ACFG$ 绕点 A 旋转任意角度, 如图 3.181, 联结 BC, 取 EG 的中点 M, 结论 1 是否成立?

证明 延长 AM 至 P, 使得 $MP = AM$, 则四边形 $AGPE$ 为平行四边形, 故 $PG = AE = AB$, $\angle EAG + \angle AGP = 180°$, 因为 $\angle EAG + \angle BAC = 180°$, 所以 $\angle PGA = \angle BAC$, 则 $\triangle PGA \cong \triangle BAC$, 所以 $PA = BC$, 故 $AM = \frac{1}{2}BC$.

因为 $\angle ACB = \angle GAP$, 则 $\angle ACB + \angle CAP = \angle GAP +$

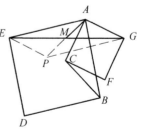

图 3.181

① 龚颖. 婆罗摩笈多定理的变式与应用[J]. 数学通讯, 2017(4): 62-63.

$\angle CAP = 90°$,则 $AM \perp BC$.

因此,无论两个正方形绕点 A 如何旋转,都有 $AM = \dfrac{1}{2}BC$,$AM \perp BC$,结论 1 仍然成立.

变式 2   如图 3.182,将图 3.180 中正方形 $ABDE$、$ACFG$ 绕点 A 旋转任意角度,其他条件不变,那么此时结论 2 是否成立?

证明   由 $\angle EAC + \angle CAB = \angle CAB + \angle BAG = 90°$,即 $\angle EAC = \angle BAG$,$AB = AE$,$AG = AC$,故 $\triangle BAG \cong \triangle EAC$,则 $BG = EC$,$\angle AEC = \angle ABG$,所以 $\angle EKB = \angle EAB = 90°$,故 $BG \perp CE$.

因此,无论两个正方形绕点 A 如何旋转,直线 BG 和 CE 仍然垂直且相等,结论仍然成立.

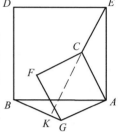

图 3.182

变式 3   如图 3.183,将图 3.180 中的正方形 $ABDE$、$ACFG$ 绕点 A 旋转任意角度,联结 BG,CE,DF,三条直线是否仍然交于一点? 如果仍然交于一点 K,AK 与 DF 的位置关系如何?

证明   设 BG 交 EC 的延长线于 K,联结 AK,KD 及 KF. 因为 $\angle GAB + \angle BAC = \angle BAC + \angle CAE = 90°$,故 $\angle GAB = \angle CAE$,所以 $\triangle GAB \cong \triangle CAE$,则 $\angle AEK = \angle ABK$,所以 A,E,B,K 四点共圆,则 $\angle AKG = \angle AEB = 45°$,而 $\angle ADB = 45°$,所以 A,D,B,K 四点共圆,故 $\angle AKD = \angle ABD = 90°$.

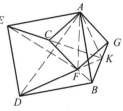

图 3.183

同理,由 A,C,K,G 四点共圆,得到 $\angle AKG = 45°$,则 $\angle FAK = \angle FGK$,那么 F,A,G,K 四点共圆,故 $\angle AKF = \angle AGF = 90°$,所以 DF 与 BG,CE 交于一点 K,且 $AK \perp DF$.

因此,两个正方形绕点 A 旋转任意角度之后,三线仍然交于一点,结论仍然成立.

通过以上分析,我们发现:将婆罗摩笈多定理 2 中的两个正方形旋转任意角度,所对应的结论仍然成立.

❖ 婆罗摩笈多定理的推广

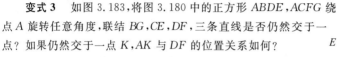

定理 1   如图 3.184,$ABCD$ 为圆内接四边形,AC,BD 交于 K,$KH \perp AD$ 交 BC 于 M,则 $\dfrac{BM}{MC} = \dfrac{\sin 2\angle KCB}{\sin 2\angle KBC}$

证明   由角平分线性质定理的推广,有

$$\frac{BM}{MC} = \frac{BK \sin \angle BKM}{KC \sin \angle MKC}$$

又

$$\frac{BK}{KC} = \frac{\sin \angle KCB}{\sin \angle KBC}$$

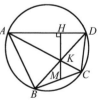

图 3.184

$$\angle BKM = \angle HKD = 90° - \angle ADB = 90° - \angle KCB$$

则 $$\sin \angle BKM = \cos \angle KCB$$

同理 $$\sin \angle MKC = \cos \angle KBC$$

故有 $$\frac{BM}{MC} = \frac{BK}{KC} \cdot \frac{\sin \angle BKM}{\sin \angle MFC} = \frac{\sin \angle KCB}{\sin \angle KBC} \cdot \frac{\cos \angle KCB}{\cos \angle KBC} = \frac{\sin 2\angle KCB}{\sin 2\angle KBC}$$

显然,当 $AC \perp BD$ 时,$2\angle KCB + 2\angle KBC = 180°$,有 $\frac{BM}{MC} = 1$,为婆氏定理 1.

定理 2 如图 3.185,在四边形 $ABCD$ 中,直线 $AD \perp BC$ 于 K,$KT \perp AB$ 于 T,交 DC 于 N,$KH \perp DC$ 于 H 交 AB 于 M,则 $\frac{AM}{MB} = \frac{KA \cdot KD}{KB \cdot KC}$.

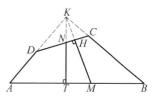

图 3.185

证明 由 $\angle NKC = \angle MAK$(均与 $\angle DKN$ 互余),$\angle NCK = \angle AKM$(均与 $\angle HKC$ 互余),有

$$\triangle CKN \backsim \triangle KAM$$

则 $$\frac{CK}{AK} = \frac{KN}{AM}$$

即 $$AM = \frac{KN \cdot AK}{CK} \qquad ①$$

同理,有

$$\triangle DNK \backsim \triangle KMB$$

则 $$\frac{DK}{KB} = \frac{KN}{MB}$$

即 $$MB = \frac{KN \cdot KB}{DK} \qquad ②$$

由 ①,② 得

$$\frac{AM}{MB} = \frac{KA \cdot KD}{KB \cdot KC}$$

若考虑折四边形 $ACDB$,且当 A,C,D,B 共圆时有 $\frac{KA \cdot KD}{KB \cdot KC} = 1$,得 $AM = MB$,此时即为婆氏定理 1.

定理 3 如图 3.186,圆内接四边形 $ABCD$ 的两对角线 AC,BD 相交于 K,交角为 α,KH 与 AD 交于 H,且 $\angle KHD = \alpha$,HK 交 BC 于 M,则

$$\frac{BM}{MC} = \frac{\sin(\alpha + \angle BCK)}{\sin \angle KBC}$$

证明 因 $\angle HAK = \angle KBC$,$\angle AHK = \angle BKC$(α 的补角),则

$$\angle BCK = \angle AKH = \angle MKC$$

即有 $\qquad\qquad KM = MC$

从而 $\dfrac{BM}{MC} = \dfrac{BM}{MK} = \dfrac{\sin \angle BKM}{\sin \angle KBM} = \dfrac{\sin(\alpha + \angle KCB)}{\sin \angle KBC}$

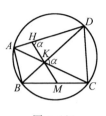

当 $\alpha = 90°$ 时,有 $\dfrac{\sin(\alpha + \angle KCB)}{\sin \angle KBC} = 1$,得 $BM = MC$,即

为婆氏定理 1.

图 3.186

定理 4 如图 3.187,E,F 分别为圆 O 的内接四边形 $ABCD$ 对角线 BD,AC 的中点,分别过 E,F 作 $EK \perp AC$,$FK \perp BD$,两直线交于 K,$KH \perp AD$ 交 BC 于 M,则 $BM = MC$.

显然,当 $AC \perp BD$,K 为 AC,BD 的交点,婆氏定理 1 为其特殊情形.

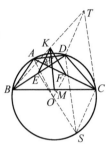

证明 延长 BK 至 T,使 $KT = BK$,联结 AO 交圆 O 于 S,联结 CT,CS,DS,DT,OE,OF,则

$$DT \underset{=}{\parallel} 2EK, \quad SC \underset{=}{\parallel} 2OF$$

图 3.187

又 $OF \perp AC$,$EK \perp AC$,则

$$OF \ /\!/ \ EK$$

同理,$OE \ /\!/ \ FK$,故 $OFKE$ 为平行四边形,则 $OF \underset{=}{\parallel} EK$,从而 $SC \underset{=}{\parallel} DT$,$CT \ /\!/ \ SD$.

又 AS 为直径,$DS \perp AD$,$KM \perp AD$,则 $KM \ /\!/ \ DS \ /\!/ \ CT$ 且 $BK = KT$,故 $BM = MC$.

定理 5 圆内接四边形 $ABCD$ 的对角线 AC,BD 相交于点 P.

(1) 若 O_1 为 $\triangle PCD$ 的外心,则 $O_1P \perp AB$.

(2) 若 $PH \perp AB$,则 PH 过 $\triangle PCD$ 的外心.

证明 (1) 如图 3.188,延长 O_1P 交 AB 于 H,作 $O_1E \perp PC$ 于 E,由于 O_1 为 $\triangle PCD$ 的外心,则

$$\angle PO_1C = 2\angle PDC$$

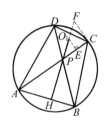

但 $\angle PO_1C = 2\angle PO_1E$,故

$$\angle PDC = \angle PO_1E$$

又由 $\angle PDC = \angle HAP$,$\angle O_1PE = \angle APH$,知

$$\angle AHP = 90°$$

图 3.188

从而 $\qquad\qquad O_1P \perp AB$

(2) 过 PC 的中点 E 作 PC 的垂线交 PH 于 O_1,由 $PH \perp AB$,不难证

$$\angle BDC = \angle BAC = \angle PO_1E$$

又 O_1E 垂直平分 PC,则 O_1 为 $\triangle PCD$ 的外心,即直线 PH 为 $\triangle PCD$ 的外

心.

或者过 PC 的中点 E 作 PC 的垂线交 PH 于 O_1,过 C 作 $CF \perp AC$ 交 HP 的延长线于 F,显然 O_1 为 PF 的中点.由

$$\angle CFP = \angle EO_1P = 90° - \angle EPO_1 = 90° - \angle APH =$$
$$\angle PAH = \angle BDC = \angle CDP$$

知 D,P,C,F 四点共圆.但 $\angle PCF$ 为直角,即 O_1 为 $\triangle CDP$ 的外心,故 PH 所在直线过 $\triangle PCD$ 的外心.

❖圆内接四边形相邻顶点处切线交点共线定理

定理 圆内接四边形相邻顶点处切线的交点在圆内接四边形对角线交点与相对边延长线交点的联线上.

证明 如图 3.189.

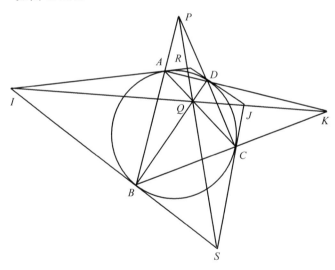

图 3.189

设圆内接四边形 $ABCD$ 的对角线 AC,BD 交于点 Q,对边 AB,CD 的延长线交于点 P(或无穷点 P),对边 AD,BC 交于点 K(或无穷点 K),分别过 A,D 处的圆的切线交于点 R,分别过 B,C 处的圆的切线交于点 S,分别过 A,B 处的圆的切线交于点 I,分别过 C,D 处的圆的切线交于点 J.

下证 R,S 两点在直线 PQ 上,I,J 两点在直线 QK 上.

设过 A 的切线交直线 PQ 于点 R_1,过 D 的切线交直线 PQ 于点 R_2.

在 $\triangle APR_1$ 中,由正弦定理,有 $\dfrac{PR_1}{PA}=\dfrac{\sin\angle PAR_1}{\sin\angle AR_1P}$.

同理,在 $\triangle AQR_1$ 中,有 $\dfrac{QR_1}{QA}=\dfrac{\sin\angle QAR_1}{\sin\angle AR_1Q}$.

于是,$\dfrac{PR_1}{QR_1}=\dfrac{PA}{QA}\cdot\dfrac{\sin\angle PAR_1}{\sin\angle QAR_1}$.

由弦切角定理,知 $\angle PAR_1=\angle ACB$,$\angle QAR_1=\angle ABC$.

于是,$\dfrac{PR_1}{QR_1}=\dfrac{PA}{QA}\cdot\dfrac{\sin\angle ACB}{\sin\angle ABC}$.

同理,$\dfrac{PR_2}{QR_2}=\dfrac{PD}{QD}\cdot\dfrac{\sin\angle DBC}{\sin\angle DCB}$.

从而

$$\dfrac{PR_1}{QR_1}=\dfrac{PR_2}{QR_2}\Leftrightarrow\dfrac{PA}{QA}\cdot\dfrac{\sin\angle ACB}{\sin\angle ABC}=\dfrac{PD}{QD}\cdot\dfrac{\sin\angle DBC}{\sin\angle DCB}$$

$$\Leftrightarrow\dfrac{PA}{QA}\cdot\dfrac{\sin\angle ACB}{\sin\angle DBC}=\dfrac{PD}{QD}\cdot\dfrac{\sin\angle ABC}{\sin\angle DCB}$$

$$\Leftrightarrow\dfrac{PA}{QA}\cdot\dfrac{QB}{QC}=\dfrac{PD}{QD}\cdot\dfrac{PC}{PB}$$

$$\Leftrightarrow\dfrac{PA\cdot PB}{QA\cdot QC}=\dfrac{PD\cdot PC}{QD\cdot QB}$$

注意到圆幂定理,有 $QA\cdot QC=QB\cdot QD$,$PA\cdot PB=PC\cdot PD$,所以,有 $\dfrac{PR_1}{QR_1}=\dfrac{PR_2}{QR_2}$.进而知 R_1 与 R_2 重合于点 R.故 R 点在直线 PQ 上.

同理,S 点也在直线 PQ 上.

同理,可证 I,J 两点在直线 QK 上.

注 (1)若将图形中的四边形 $RISJ$ 看作圆的外切四边形,则上述结论即为牛顿定理及其推广.

(2)点 S 在直线 PQ 上,也可这样证:

设过 B 的切线交直线 PQ 于点 S_1,过 C 的切线交直线 PQ 于点 S_2.

在 $\triangle BPS_1$ 中,由正弦定理,有 $\dfrac{PS_1}{PB}=\dfrac{\sin\angle PBS_1}{\sin\angle BS_1P}$.

同理,在 $\triangle BQS_1$ 中,有 $\dfrac{QS_1}{QB}=\dfrac{\sin\angle QBS_1}{\sin\angle BS_1Q}$.

于是

$$\dfrac{PS_1}{QS_1}=\dfrac{PB}{QB}\cdot\dfrac{\sin\angle PBS_1}{\sin\angle QBS_1}$$

由弦切角定理,知 $\angle PBS_1=180°-\angle ADB$,$\angle QBS_1=180°-\angle DAB$.

于是

$$\frac{PS_1}{QS_1} = \frac{PB}{QB} \cdot \frac{\sin \angle ADB}{\sin \angle DAB}$$

同理

$$\frac{PS_2}{QS_2} = \frac{PC}{QC} \cdot \frac{\sin \angle DAC}{\sin \angle ABC}$$

从而

$$\frac{PS_1}{QS_1} = \frac{PS_2}{QS_2} \Leftrightarrow \frac{PB}{QB} \cdot \frac{\sin \angle ADB}{\sin \angle DAB} = \frac{PC}{QC} \cdot \frac{\sin \angle DAC}{\sin \angle ABC}$$

$$\Leftrightarrow \frac{PQ}{QB} \cdot \frac{\sin \angle ADB}{\sin \angle DAC} = \frac{PC}{QC} \cdot \frac{\sin \angle DAB}{\sin \angle ABC}$$

$$\Leftrightarrow \frac{PB}{QB} \cdot \frac{QA}{QD} = \frac{PC}{QC} \cdot \frac{PD}{PA}$$

$$\Leftrightarrow \frac{PB \cdot PA}{QB \cdot QD} = \frac{PC \cdot PD}{QC \cdot QA}$$

注意到圆幂定理,有 $QB \cdot QD = QA \cdot QC, PA \cdot PB = PD \cdot PC$.
所以有 $\frac{PS_1}{QS_1} = \frac{PS_2}{QS_2}$,进而知 S_1, S_2 重合于点 S.

故 S 在直线 PQ 上.

(3) 此定理也可以看作是后面的马克劳林定理的推论.

❖ 对角线互相垂直的圆内接四边形问题

对角线互相垂直的圆内接四边形中,有一系列有趣的结论.[1][2]

定理 1 对角线互相垂直的圆内接四边形对边所对的两劣弧度数之和为 $180°$.

证明 由条件 $AC \perp BD$ 知 $\triangle PDC$ 是直角三角形,如图 3.190 所示,因此 $\angle PCD + \angle PDC = 90°$,由圆周角性质得到:$\overset{\frown}{AmD} + \overset{\frown}{BnC} = 180°$.类似地证明 $\overset{\frown}{ApB} + \overset{\frown}{DkC} = 180°$.

定理 2 对角线互相垂直的圆内接四边形一组对边的平方和等于这个四边形外接圆的直径的平方.

证明 过四边形一顶点作外接圆的直径 DM,如图 3.191 所示,联结 MA, MC,因为

$$\overset{\frown}{DmA} + \overset{\frown}{BnC} = 180°$$

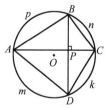

图 3.190

① 戎松魁. 对角线互相垂直的圆内接四边形的性质[J]. 中学教研(数学),1989(3):39-41.

② 何鼎潮,边学平. 神奇的对角线交点[J]. 中学教研(数学),1991(2):34-36.

（可参看定理 1），又

$$\overset{\frown}{DmA} + \overset{\frown}{AlM} = 180°$$

所以 $\overset{\frown}{AlM} = \overset{\frown}{BnC}$，由此得 $AM = BC$. 由 $\triangle MAD(\angle MAD = 90°)$ 得

$$AD^2 + AM^2 = DM^2$$

即

$$AD^2 + BC^2 = 4R^2$$

同理可证

$$DC^2 + AB^2 = 4R^2$$

所以

$$AB^2 + DC^2 = AD^2 + BC^2 = 4R^2$$

定理 3　对角线互相垂直的圆内接四边形的面积等于对边乘积之和的一半.

证明　如图 3.191，有

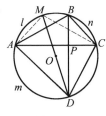

$$S_{ABCD} = S_{AMCD} = S_{\triangle AMD} + S_{\triangle DMC} =$$

$$\frac{1}{2}(AD \cdot AM + DC \cdot MC) =$$

$$\frac{1}{2}(AD \cdot BC + DC \cdot AB)$$

图 3.191

利用托勒密定理可以得到同样的结果，即

$$AC \cdot BD = AD \cdot BC + AB \cdot DC$$

因为 $AC \perp BC$，所以

$$S_{ABCD} = \frac{1}{2}AC \cdot BD$$

即

$$S_{ABCD} = \frac{1}{2}(AD \cdot BC + AB \cdot DC)$$

定理 4　对角线互相垂直的圆内接四边形的两条中位线（联结对边中点的线段）相等.

证明　设 FM，NK 是四边形的中位线，FK 和 NM 是 $\triangle ABC$ 和 $\triangle ADC$ 的中位线，如图 3.192 所示. 此时，有 $FK \parallel AC$，$NM \parallel AC$，即有 $FK \parallel MN$. 且 $FK = NM = \frac{1}{2}AC$，由此得 $NFKM$ 是平行四边形，因为 $\angle KFN = \angle CPD = 90°$，所以四边形 $NFKM$ 是矩形，从而 $FM = NK$.

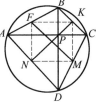

图 3.192

定理 5　在对角线互相垂直的圆内接四边形中，一条中位线的平方等于 $2R^2 - d^2$. 这里 R 表示该四边形外接圆半径，d 是外接圆圆心到该四边形对角线交点的距离.

证明　由于 $\square OFPM$ 的各边和对角线之间存在这样的关系（图 3.193）.

$$FM^2 + OP^2 = 2(FP^2 + MP^2) = \frac{1}{2}\left(\left(\frac{1}{2}AB\right)^2 + \left(\frac{1}{2}CD\right)^2\right)$$

$$FM^2 + d^2 = \frac{1}{2}(AB^2 + CD^2)$$

$$FM^2 + d^2 = \frac{1}{2} \times 4R^2$$

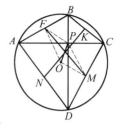

（参见定理2），最后得

$$FM^2 = 2R^2 - d^2$$

图 3.193

推论　四边形对角线的平方和是它中位线平方和的 2 倍.

定理 6　圆 O 的内接四边形 $ABCD$，对角线 AC，BD 垂直相交于 P，过 P 及 AB 中点 M 的直线交 CD 于 M'，相应的有 N，N'，G，G'，H，H'. 则 M，M'，N，N'，G，G'，H，H' 八点共圆.（对比第三章中的对角线垂直的凸四边形的八点圆定理及平面四边形的八点圆定理）

证明　如图 3.194，因 G 是中点，且 $AC \perp DB$，则

$$GP = GC$$

$$\angle GPC = \angle GCP, \angle GCP + \angle CDP = 90°$$

又由 $\angle CDP = \angle CAB$，$\angle GPC = \angle APG'$，则

$$\angle AG'P = 90°$$

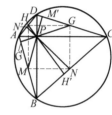

图 3.194

即 $GG' \perp AB$ 于 G'. 同理有 $MM' \perp DC$ 于 M'，故 G'，M，M' 四点共圆.

同理得 H'，N，H，N' 四点共圆.

再看 M，N，G，H 分别是 AB，BC，CD，DA 中点，由 $AC \perp DB$ 知，四边形 $MNGH$ 是矩形，则 M，N，G，H 四点共圆.

根据三点确定一个圆知，M，M'，N，N'，G，G'，H，H' 八点共圆.

定理 7　如果对角线互相垂直的圆内接四边形的外接圆圆心为 O，该四边形对角线交点为 P，那么八点圆的圆心 S 在联结 O，P 的线段 OP 的中点上.

证明　因为 $PF \perp DC$，$OM \perp DC$，所以 $PF /\!/ OM$，如图 3.195 所示，同理可证 $OF /\!/ PM$，$ON /\!/ PK$，$OK /\!/ NP$，所以四边形 $OFPM$ 和 $ONPK$ 都是平行四边形. 由此可得：它们的对角线 FM，OP，NK 在交点 S 互相平分，因而 S 是线段 OP 的中点.

图 3.195

类似于三角形的九点圆，考虑圆内接四边形对角线上特殊的四点，可在上述的八点圆上，即有圆内接四边形的"十二点圆定理"：

定理 8（十二点圆定理）　圆 O 的内接四边形 $ABCD$，对角线 AC，BD 垂直相交于 P，令 $AP = a$，$BP = b$，$CP = c$，$DP = d$（$a \leqslant c$，$d \leqslant b$）K，T，X，Y 分别是

AP,BP,CP,DP 上的点,且 KP,TP,XP,YP 分别为 $\dfrac{a-c+\sqrt{a^2+c^2+6ac}}{4}$,

$\dfrac{b-d+\sqrt{b^2+d^2+6bd}}{4}$, $\dfrac{c-a+\sqrt{a^2+c^2+6ac}}{4}$, $\dfrac{d-b+\sqrt{b^2+d^2+6bd}}{4}$,则

K,T,X,Y 在八点圆上.①

证明 作八点圆的圆心 S,联结 OP,则 S 必在 OP 上,且 $OS=SP$(由定理7"三心共线").过点 O,S 分别作 BP 的垂线,垂足分别为 E,F,联结 ST,如图 3.196.

易证:$OE=\dfrac{c-a}{2}$,$EP=\dfrac{b-d}{2}$.

所以 $SF=\dfrac{c-a}{4}$,$FP=\dfrac{b-d}{4}$

在图中易证得八点圆的半径为 $R=\dfrac{\sqrt{(a+c)^2+(b+d)^2}}{4}$

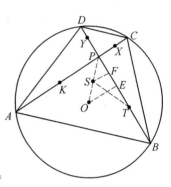

图 3.196

现在我们只要证得点 T 到 S 的距离等于 R 即可证得 T 在八点圆上.在 Rt$\triangle STF$ 中,

$$TS=\sqrt{TF^2+FS^2}=\sqrt{(TP-FP)^2+FS^2}=$$

$$\sqrt{(\dfrac{b-d+\sqrt{b^2+d^2+6bd}}{4}-\dfrac{b-d}{4})^2+(\dfrac{c-a}{4})^2}=$$

$$\sqrt{\dfrac{b^2+d^2+6bd}{16}+\dfrac{a^2+c^2-2ac}{16}}$$

$$\sqrt{\dfrac{a^2+c^2+2ac+b^2+d^2+2bd}{16}}=$$

$$\sqrt{\dfrac{(a+c)^2+(b+d)^2}{16}}=$$

$$\sqrt{\dfrac{(a+c)^2+(b+d)^2}{4}}=R(注意\ ac=bd\,)$$

所以点 T 在八点圆上,同理可证点 K,X,Y 也在八点圆上.所以此十二点共圆.

定理9 对角线互相垂直的圆内接四边形中,如果将外接圆圆心 O 和这个四边形的一条对角线的两个端点联结起来,那么所得的折线将四边形分成面积

① 刘星海.圆内接四边形的"九点圆"[J].数学教学通讯,2000(12):30-31.

相等的两部分.

证明 作 $OF \perp AC, OT \perp BD$,如图 3.197 所示,有

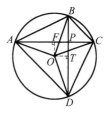

图 3.197

$$S_{OABC} = S_{\triangle AOC} + S_{\triangle ABC} = \frac{1}{2}AC \cdot OF + \frac{1}{2}AC \cdot BP =$$

$$\frac{1}{2}AC \cdot PT + \frac{1}{2}AC \cdot BP = \frac{1}{2}AC(BP + PT) =$$

$$\frac{1}{2}AC \cdot BT = \frac{1}{2}AC \cdot \frac{1}{2}BD = \frac{1}{2}AC \cdot BD =$$

$$\frac{1}{2}S_{ABCD}$$

注 本题还可用另外的方法证明.例如

$$S_{\triangle ABC} = S_{\triangle AOB} + S_{\triangle BOC} = \frac{1}{2}R^2 \sin \angle AOB + \frac{1}{2}R^2 \sin \angle BOC$$

因为

$$\angle BOC + \angle AOD = 180°$$

$$\angle AOB + \angle COD = 180° (参见定理 1)$$

于是有 $S_{\triangle ABC} = \frac{1}{2}R^2 \sin(180° - \angle COD) + \frac{1}{2}R^2 \sin(180° - \angle AOD) =$

$$\frac{1}{2}R^2 \sin \angle COD + \frac{1}{2}R^2 \sin \angle AOD =$$

$$S_{\triangle COD} + S_{\triangle AOD} = S_{\triangle ADC}$$

定理 10 设 d 为对角线互相垂直的圆内接四边形的外接圆圆心到该四边形对角线交点的距离,R 是外接圆的半径,那么这个四边形对角线的平方和等于 $4(2R^2 - d^2)$.

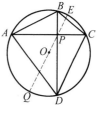

图 3.198

证明 先证 $AP \cdot PC = BP \cdot PD = R^2 - d^2$,如图 3.198 所示.经过对角线交点 P 作外接圆的直径 EQ.由条件

$$PO = d, PA \cdot PC = PB \cdot PD = PE \cdot EQ$$

$$PE = R - d, PQ = R + d$$

得

$$PA \cdot PC = PB \cdot PD = R^2 - d^2$$

由此即可证得本题结论为

$$AC^2 + BD^2 = (AP + PC)^2 + (BP + PD)^2 = AP^2 + PC^2 + 2AP \cdot PC + BP^2 +$$

$$PD^2 + 2BP \cdot PD = (AP^2 + PB^2) + (PC^2 + PD^2) + 4AC \cdot PC =$$

$$AB^2 + DC^2 + 4AP \cdot PC = 4R^2 + 4(R^2 - d^2) = 4(2R^2 - d^2)$$

定理 11 圆 O 的内接四边形 $ABCD$ 中,若对角线 AC, BD 垂直相交于 P,那么 $PA^2 + PB^2 + PC^2 + PD^2$ 为定值.

证明 如图 3.199,联结 OA, OD, OB, OC,设 $\angle AOD = \alpha, \angle BOC = \beta$,圆 O 的半径为 r.

由余弦定理,得

$$AD^2 = r^2 + r^2 - 2r^2 \cos \alpha, BC^2 = r^2 + r^2 - 2r^2 \cos \beta$$

而 $\angle ACD = \dfrac{1}{2}\alpha, \angle BDC = \dfrac{1}{2}\beta, AC \perp BD$, 则

$$\frac{1}{2}\alpha + \frac{1}{2}\beta = 90°, \alpha + \beta = 180°$$

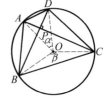

图 3.199

即
$$\cos \alpha + \cos \beta = 0$$

故
$$AD^2 + BC^2 = 4r^2$$

由勾股定理,得

$$AD^2 = PA^2 + PD^2$$
$$BC^2 = PB^2 + PC^2$$
$$PA^2 + PB^2 + PC^2 + PD^2 = 4r^2$$

为定值.

定理 12 圆 O 的内接四边形 $ABCD$,对角线 AC, BD 垂直相交于 P,设圆 O 的半径为 R, $AC^2 + BD^2 = m \leqslant 8R^2$,则 $OP = \dfrac{1}{4}\sqrt{8m^2 - m}$.

证明 如图 3.200,作 OM, ON 分别垂直 AC, BD 于 M, N,由 $AC \perp BD$,知 $OMPN$ 是矩形. 再由垂径定理知

$$AM = MC, BN = ND$$
$$AC^2 + BD^2 = (2AM)^2 + (2DN)^2 = 4(AM^2 + DN^2) =$$
$$4((R^2 - OM^2) + (R^2 - ON^2)) =$$
$$8R^2 - 4(OM^2 + ON^2) = 8R^2 - 4OP^2$$

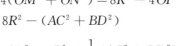

图 3.200

所以
$$4OP^2 = 8R^2 - (AC^2 + BD^2)$$

$$OP^2 = 2R^2 - \frac{1}{4}(AC^2 + BD^2)$$

所以
$$OP^2 = 2R^2 - \frac{1}{4}m$$

即
$$OP = \frac{1}{4}\sqrt{8R^2 - m}, m \leqslant 8R^2$$

定理 13 设对角线互相垂直的圆内接四边形被它的对角线分成的四个直角三角形为 $\triangle APB, \triangle BPC, \triangle CPD, \triangle DPA$,那么这四个三角形的外接圆和内切圆的半径的总和等于该四边形对角线的和.

证明 利用直角三角形的性质:对于边长分别为 a, b, c 的直角三角形,有 $R = \dfrac{1}{2}c, r = \dfrac{a+b-c}{2}$,这里 c 是直角三角形的斜边长,R, r 分别是外接圆和内切圆的半径,如图 3.200 所示,由此可得

$$r_1 + r_2 + r_3 + r_4 + R_1 + R_2 + R_3 + R_4 = \frac{1}{2}(AP + PB - AB) + \frac{1}{2}(PB + PC -$$

$$BC) + \frac{1}{2}(PC + PD - CD) +$$

$$\frac{1}{2}(PD + PA - DA) + \frac{1}{2}AB +$$

$$\frac{1}{2}BC + \frac{1}{2}CD + \frac{1}{2}DA =$$

$$(AP + PC) + (PB + PD) = AC + BD$$

定理 14 圆 O 的内接四边形 $ABCD$,其对角线 AC,BD 垂直相交于 P,$\triangle ABO,\triangle BCO,\triangle CDO,\triangle DOA$ 的垂心分别为 H_1,H_2,H_3,H_4,则 P 必在 $H_1,$ H_2,H_3,H_4 所在的直线上.

证法 1 设 $\triangle OAB,\triangle OBC$ 的高分别是 $OE,$ AC,CH_2,OF,如图 3.201 所示,易知 $AG \parallel CH_2,$ 又

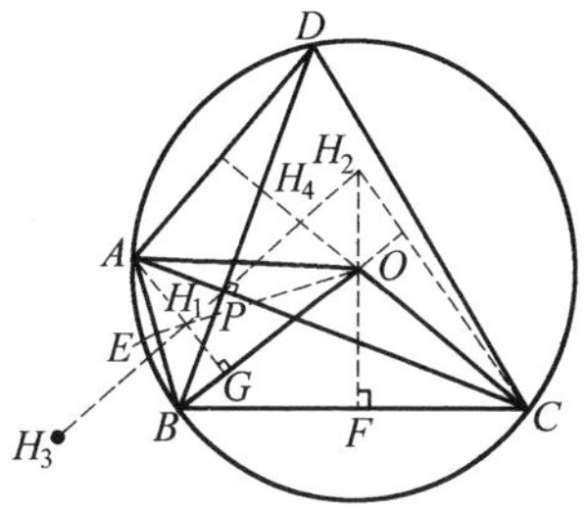

$$AH_1 = \frac{AE}{\sin\angle AH_1E} = \frac{AE}{\sin\angle GBE} =$$

$$\frac{AE}{\sin(90° - \dfrac{\angle AOB}{2})} =$$

$$\frac{AE}{\cos\dfrac{\angle AOB}{2}} = \frac{AE}{\cos\angle ACB}$$

$$CH_2 = \frac{CF}{\sin\angle CH_2F} = \frac{CF}{\sin(90° - \dfrac{\angle BOC}{2})} =$$

$$\frac{CF}{\cos\dfrac{\angle BOC}{2}} = \frac{CF}{\cos\angle CAB}$$

图 3.201

则

$$\frac{AH_1}{CH_2} = \frac{\dfrac{AE}{\cos\angle ACB}}{\dfrac{CF}{\cos\angle CAB}} = \frac{2AE}{\cos\angle ACB} \cdot \frac{\cos\angle CAB}{2CF} =$$

$$\frac{AB\cos\angle CAB}{BC\cos\angle ACB} = \frac{AP}{PC}(AC \perp BD)$$

上面已知 $AG \parallel CH_2$. 从而 $\angle PAH_1 = \angle H_2CP$,联结 H_1P,H_2P,故 $\triangle PAH_1 \backsim \triangle PCH_2$,而 APC 是一直线,即 H_1,P,H_2 在一直线上,同理可得 $H_2,P,H_3;H_3,P,H_4$ 共线,故 P 必在 H_1,H_2,H_3,H_4 所在直线上.

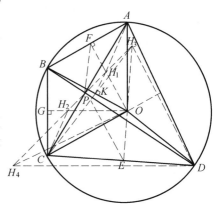

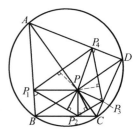

证法 2　如图 3.202,由于 $\angle CH_3D$ 与 $\angle COD$ 互补,注意 $AC \perp BD$,知 $\angle AOB$ 与 $\angle COD$ 互补,即知等腰 $\triangle OAB$ 与 $\triangle H_3CD$ 相似,有

$$\frac{OH_1}{OF} = \frac{H_3O}{H_3E}$$

由 $FP \perp CD$,$EP \perp AB$ 及婆罗摩笈多定理,有 O,F,P,E 为平行四边形.亦有 $OF = EP$. 由 $\dfrac{OH_1}{EP} = \dfrac{H_3O}{H_3E}$ 知 H_3,H_1,P 三点共线.

注意到 $\angle FAH_1 = \angle KOH_1 = \angle ADB = \angle ACB$,所以 $\triangle AFH_1 \backsim \triangle CPB$,从而 $\dfrac{AF}{AH_1} = \dfrac{CP}{CB}$,即

$$CP \cdot AH_1 = AF \cdot 2CG \qquad\qquad ①$$

又由 $\triangle APB \backsim \triangle CGH_2$,故 $\dfrac{AP}{AB} = \dfrac{CG}{CH_2}$ 即

$$AP \cdot CH_2 = CG \cdot 2AF \qquad\qquad ②$$

由①,②得

$$CP \cdot AH_1 = AP \cdot CH_2$$

即 $\dfrac{AH_1}{AP} = \dfrac{CH_2}{CP}$,所以 $\triangle APH_1 \backsim \triangle CPH_2$,故 H_1,H_2,P 三点共线.

同理 H_2,P,H_4 共线或 H_1,H_4,P 共线.

故 H_1,H_2,H_3,H_4,P 五点共线.

定理 15　圆 O 的内接四边形 $ABCD$,其对角线 AC,BD 相交于 P,若点 P 在直线 AB,BC,CD,DA 上的正射影分别是 P_1,P_2,P_3,P_4,则点 P 为四边形 $P_1P_2P_3P_4$ 的内切圆圆心.

证明　如图 3.203,易见 $AP_1PP_4,BP_2PP_1,CP_3PP_2,DP_3PP_4$ 共圆.则

$$\angle P_4AP = \angle P_4P_1P = \angle PP_1P_2 = \angle PBP_2$$

得 P_1P 是 $\angle P_4P_1P_2$ 的平分线.

设 P 到 $P_1P_4,P_1P_2,P_2P_3,P_3P_4$ 的距离为 h_1,h_2,h_3,h_4,则

$$h_1 = h_2$$

同理有

$$h_2 = h_3, h_3 = h_4$$

图 3.202

图 3.203

158

即 $$h_1 = h_2 = h_3 = h_4$$

故 P 是四边形 $P_1 P_2 P_3 P_4$ 内切圆圆心.

❖ 调和四边形问题

在线段的调和分割问题中,已介绍如下的结论:

若 P' 是半径为 r 的圆 O 外一点,则 P' 关于过 P' 的圆的割线上的弦 AB 的调和共轭点 P 在点 P' 的切点弦上,此时有 $\dfrac{PA}{PB} = \dfrac{P'A}{P'B}$,即

$$\frac{PA \cdot P'B}{PB \cdot P'A} = 1 \qquad \qquad ①$$

如果从反演变换来考虑,则 P' 关于圆 O 的反演点是 P' 的切点弦的中点 P,此时,$OP \cdot OP' = r^2$.

若 P',Q' 是半径为 r 的圆 O 外两点,它们关于圆 O 的反演点是 P,Q,则由 $OP \cdot OP' = r^2 = OQ \cdot OQ'$,有 $\dfrac{OP}{OQ} = \dfrac{OQ'}{OP'}$,即知

$$\triangle OPQ \backsim \triangle OQ'P'$$

从而 $\dfrac{P'Q'}{QP} = \dfrac{OP'}{OQ}$,即有

$$P'Q' = QP \cdot \frac{OP'}{OQ} = PQ \cdot \frac{r^2}{OP \cdot OQ} \qquad \qquad ②$$

若 P',Q',R',S' 是半径为 r 的圆 O 外任意四点,它们关于圆 O 的反演点分别为 P,Q,R,S,则由式 ②,有

$$\frac{P'Q' \cdot R'S'}{P'S' \cdot R'Q'} = \frac{PQ \cdot RS}{PS \cdot RQ} \qquad \qquad ③$$

于是

$$\frac{P'Q' \cdot R'S'}{P'S' \cdot R'Q'} = 1 \Leftrightarrow \frac{PQ \cdot RS}{PS \cdot RQ} = 1 \qquad \qquad ④$$

特别地,若 P',Q',R',S' 或 P,Q,R,S 是一个正方形的顶点,则式 ④ 显然成立.并且正方形四顶点共圆,从而其反演四顶点也共圆.于是,我们有

定义   如果一个四边形的顶点是一个正方形的顶点的反形,那么它称为调和四边形.

由上述定义,有如下结论:

定理 1   一个圆内接四边形为调和四边形的充要条件是它的对边之积相等.

如图 3.204,AB 为圆的一条弦,P 为劣弧 $\overparen{AB}$ 上一点,设点 E,F 在弦 AB 上.

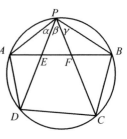

若 E,B 调和分割线段 AF,即有 $\dfrac{AE}{EF}=\dfrac{AB}{BF}$ 或 $AE\cdot BF=EF\cdot AB$.引射线 PA,PE,PF,PB,且 PE,PF 分别与圆交于点 D,C. 令 $\angle APE=\alpha$,$\angle EPF=\beta$,$\angle FPB=\gamma$,由调和点列的角元形式,则有 $\sin\alpha\cdot\sin\gamma=\sin\beta\cdot\sin(\alpha+\beta+\gamma)$

此时,在圆中运用正弦定理,有 $AD\cdot CB=DC\cdot AB$. 这说明由调和点列可以产生调和四边形.

图 3.204

由式 ② 的推导,又可得如下结论:

定理 2 过不在正方形外接圆上任意一点与正方形的顶点作直线,交正方形外接圆于一个调和四边形四顶点.

证明 如图 3.205,设正方形 $A'B'C'D'$ 的外接圆为圆 O,P 为不在圆 O 上的任意一点,直线 PA',PB',PC',PD' 分别交圆 O 于 A,B,C,D. 由 $PA\cdot PA'=PB\cdot PB'$ 知 $\triangle APB\backsim\triangle A'PB'$. 从而 $\dfrac{AB}{A'B'}=\dfrac{PA}{PB'}$,即 $AB=A'B'\cdot\dfrac{PA}{PB'}=A'B'\cdot\dfrac{r^2}{PA'\cdot PB'}$($r^2$ 为点 P 对圆 O 的幂).

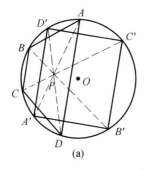

(a)

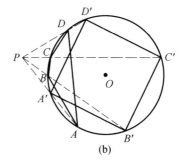

(b)

图 3.205

同理
$$CD=C'D'\cdot\dfrac{r^2}{PC'\cdot PD'}$$

从而
$$\dfrac{AB\cdot CD}{A'B'\cdot C'D'}=\dfrac{PA'\cdot PB'\cdot PC'\cdot PD'}{r^4}$$

同理
$$\dfrac{BC\cdot DA}{B'C'\cdot D'A'}=\dfrac{PA'\cdot PB'\cdot PC'\cdot PD'}{r^4}$$

故
$$\dfrac{AB\cdot CD}{A'B'\cdot C'D'}=\dfrac{BC\cdot DA}{B'C'\cdot D'A'}$$

由此即获证结论.

注 此定理提供了一种作调和四边形的方法.

定理 3 圆内接四边形为调和四边形的充要条件是两对角的平分线的交点在另一对顶点的对角线上.

证明 如图 3.206,设 $ABCD$ 是圆内接四边形.

充分性.设 $\angle B$ 的平分线与 $\angle D$ 的平分线的交点 T 在对角线 AC 上,则由角平分线的性质知

$$\frac{AT}{TC}=\frac{BA}{BC},\frac{AT}{TC}=\frac{DA}{DC}$$

从而

$$\frac{BA}{BC}=\frac{DA}{DC}$$

即有

$$AB\cdot CD=BC\cdot DA$$

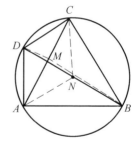

图 3.206

必要性.由 $AB\cdot CD=BC\cdot DA$,有 $\frac{BA}{BC}=\frac{DA}{CD}$.

设 $\angle B$ 的平分线交 AC 于 T_1,$\angle D$ 的平分线交 AC 于 T_2,则 $\frac{AT_1}{T_1C}=\frac{BA}{BC}$,

$\frac{AT_2}{T_2C}=\frac{DA}{DC}$,从而 $\frac{AT_1}{T_1C}=\frac{AT_2}{T_2C}$,亦即 $\frac{AT_1}{AT_1+T_1C}=\frac{AT_2}{AT_2+T_2C}$,故 $AT_1=AT_2$,即 T_1 与 T_2 重合.亦即 $\angle B$ 的平分线与 $\angle D$ 的平分线的交点在对角线 AC 上.

定理 4 圆内接四边形为调和四边形的充要条件是两条对角线的中点是四边形的等角共轭点.

证明 如图 3.207,设 M,N 分别是圆内接四边形 $ABCD$ 的对角线 AC,BD 的中点.

充分性.若 M,N 是四边形 $ABCD$ 的等角共轭点,即有

$$\angle CDM=\angle ADN=\angle ADB \qquad ①$$

$$\angle DAM=\angle DAC=\angle BAN \qquad ②$$

由 ①,并注意到 $\angle DCM=\angle DCA=\angle DBA$,则知 $\triangle DCM \backsim \triangle DBA$,即 $\frac{DC}{CM}=\frac{DB}{BA}$,亦即 $\frac{DC}{\frac{1}{2}AC}=\frac{DB}{BA}$,

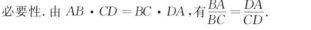

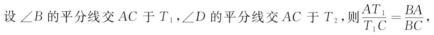

图 3.207

故

$$AB\cdot CD=\frac{1}{2}AC\cdot BD \qquad ③$$

由 ② 有 $\angle DAN=\angle CAB$,再注意到 $\angle ADN=\angle ADB=\angle ACB$,则知 $\triangle ABC \backsim \triangle AND$,有 $\frac{BC}{AC}=\frac{DN}{DA}$,故

$$BC \cdot DA = \frac{1}{2} AC \cdot BD \qquad ④$$

由③,④,即有 $AB \cdot CD = BC \cdot DA$.

必要性:若 $AB \cdot CD = BC \cdot DA$,注意到托勒密定理 $AB \cdot CD + BC \cdot DA = AC \cdot BD$,则 $AB \cdot CD = BC \cdot DA = \frac{1}{2} AC \cdot BD$,即有

$$\frac{DA}{\frac{1}{2}AC} = \frac{BD}{BC}$$

又 $\angle DAM = \angle DAC = \angle DBC$,则

$$\triangle DAM \backsim \triangle DBC \qquad ⑤$$

从而 $\angle ADM = \angle BDC = \angle NDC$

同理,$\angle DCM = \angle BCN$,$\angle CBN = \angle ABM$,$\angle BAN = \angle DAM$.

故 M,N 为四边形 $ABCD$ 的等角共轭点.

定理 5 圆内接四边形为调和四边形的充要条件是以每边为弦且与相邻的一边切于弦的端点的圆交过切点的一条对角线于中点.

证明 如图 3.208,设 M,N 分别是圆内接四边形 $ABCD$ 的对角线 AC,BD 的中点.

充要性.记过 D 与 AB 切于点 A 的圆为 c_1,记过 A 与 BC 切于点 B 的圆为 c_2,依次得 c_3,c_4;记过 B 与 DA 切于点 A 的圆为 d_1,过 C 与 AB 切于点 B 的圆为 d_2,依次得 d_3,d_4.

当 c_1 过点 M 时,由弦切角定理,知

$\angle ADM = \angle MAB = \angle CAB = \angle CDB = \angle CDN$

即 $\angle ADM = \angle CDN$

当 c_2 过点 N 时,由弦切角定理,知

$$\angle BAN = \angle NBC = \angle DBC = \angle DAC = \angle DAM$$

即 $$\angle BAN = \angle DAM$$

同理,$\angle ABM = \angle CBN$,$\angle BCN = \angle DCM$.

从而,点 M,N 为四边形 $ABCD$ 的等角共轭点.

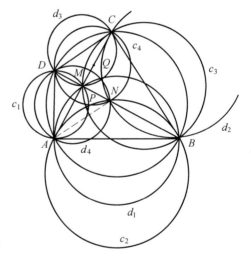

图 3.208

又 M,N 分别为 AC,BD 的中点,由定理 4 知 $ABCD$ 为调和四边形.

必要性. 由定理 4 证明中的式 ⑤,即 $\triangle DAM \backsim \triangle DBC$,有 $\angle ADM = \angle BDC = \angle CAB = \angle MAB$,由弦切角定理的逆定理,知点 M 在圆 c_1 上.

同理,M 在圆 d_1,c_3,d_3 上;N 在圆 c_2,d_2,c_4,d_4 上.

推论 1 在调和四边形 $ABCD$ 中,定理 5 中的圆 c_1,d_1,c_3,d_3 共点于 AC 的中点 M,圆 c_2,d_2,c_4,d_4 共点于 BD 的中点 N.

推论 2 在调和四边形 $ABCD$ 中,定理 5 中的圆 c_1,c_2,c_3,c_4 共点,圆 d_1,d_2,d_3,d_4 共点.

事实上,若设圆 c_1 与 c_2 交于点 P,则

$$\angle MPB = \angle MDA + \angle PAB + \angle PBA =$$
$$\angle CDB + \angle PAB + \angle PBA(M \cdot N \text{ 为等角共轭点}) =$$
$$\angle CAB + \angle PBC + \angle PBA(BC \text{ 切圆 } PAB) =$$
$$\angle CAB + \angle ABC = 180° - \angle MCB$$

从而 M,P,B,C 四点共圆,即圆 c_3 过点 P.

同理,c_4 也过点 P,故 c_1,c_2,c_3,C_4 共点于 P.

同理,d_1,d_2,d_3,d_4 共点于 Q.

注 还可证得 P,Q 也是四边形 $ABCD$ 的等角共轭点.

定理 6 圆内接四边形为调和四边形的充要条件是对顶点处的两切线与另一对顶点的对角线所在直线三线共点或互相平行.

证明 当四边形为筝形时,有一对顶点处的两切线与另一对顶点的对角线所在直线互相平行.下面讨论四边形不为筝形的情形.

如图 3.209,点 Q 是圆内接四边形 $ABCD$ 的分别过顶点 A,C 的切线的交点.

充分性. 当点 Q 在直线 DB 上时,由 $QA = QC,\triangle QAD \backsim \triangle QBA,\triangle QCD \backsim \triangle QBC$ 有 $\dfrac{AD}{BA} = \dfrac{QD}{QA} = \dfrac{QD}{QC} = \dfrac{CD}{BC}$,故 $AB \cdot CD = BC \cdot DA$.

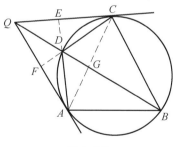

图 3.209

必要性. 当 $AB \cdot CD = BC \cdot DA$ 时,由正弦定理,有

$$\sin \angle ADB \cdot \sin \angle DBC = \sin \angle BDC \cdot \sin \angle DBA$$

联结 AC 交 BD 于 G,延长 AD 交 QC 于 E,延长 CD 交 QA 于 F,则

$$\angle CAF = \angle ECA$$

$$\frac{AG}{GC} \cdot \frac{CF}{FD} \cdot \frac{DE}{EA} \stackrel{(*)}{=\!=\!=} \frac{\sin \angle ADG}{\sin \angle GDC} \cdot \frac{\sin \angle CAF}{\sin \angle FAD} \cdot \frac{\sin \angle DCE}{\sin \angle ECA} =$$

$$\frac{\sin \angle ADG}{\sin \angle GDC} \cdot \frac{\sin \angle DCE}{\sin \angle FAD} \cdot \frac{\sin \angle ADB}{\sin \angle BDC} \cdot \frac{\sin \angle DBC}{\sin \angle DBA} = 1$$

对 $\triangle ACD$ 应用塞瓦定理的逆定理,知 AF,GD,CE 共点于 Q,故过 A,C 的两切线与直线 DB 共点于 Q.

注　此定理提供了作调和四边形的一种方法:先作出一个圆内接三角形,在一顶点处作圆的切线,再将此顶点所对边延长.若这两条线相交,则由交点作圆的另一条切线,所得切点与原三角形三顶点组成调和四边形的四顶点;若这两条线平行,则作与前面切线平行的圆的另一切线,所得切点与原三角形三顶点组成调和四边形的四顶点.其中(*)处是转化成两边夹角正弦的三角形面积公式化简得.

定理 7　圆内接四边形 $ABCD$ 为调和四边形的充要条件是过 C 作 $CT \parallel DB$ 交圆于 T 时,点 T 与 DB 的中点 M,A 三点共线.

证明　如图 3.210,由 $CT \parallel DB$ 知 $DBTC$ 为等腰梯形.联结 BT,DT,则 $DC = BT$,$DT = BC$,注意到 $\angle ABT$ 与 $\angle TDA$ 互补,则

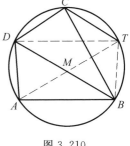

图 3.210

$AB \cdot CD = BC \cdot DA \Leftrightarrow AB \cdot BT = DT \cdot DA \Leftrightarrow$

$$\frac{1}{2}AB \cdot BT \cdot \sin\angle ABT =$$

$$\frac{1}{2}DT \cdot DA \cdot \sin\angle TDA \Leftrightarrow$$

$$S_{\triangle ABT} = S_{\triangle ADT} \Leftrightarrow$$

直线 AT 过 DB 的中点 $M \Leftrightarrow T,M,A$ 三点共线

注　此定理也提供了作调和四边形的一种方法:先作出一个圆内接三角形,在一顶点处作与所对的边的平行线交圆于一点,此点与这条边的中点的连线交圆于另一点,这另一点和三角形三顶点组成调和四边形的四顶点.

定理 8　圆内接四边形 $ABCD$ 为调和四边形的充要条件是一双对顶点满足下述条件:比如顶点 A 的对顶点 C 为下述直线与圆的交点:M 为 BD 的中点,H 为 $\triangle ABD$ 的垂心,直线 MH 交圆于点 F,A 在 BD 上的射影为 E,直线 FE 交圆于点 C.

证明　如图 3.211,设 O 为四边形 $ABCD$ 的外接圆圆心,联结 AO 并延长交圆 O 于点 K,则 AK 为圆 O 的直径.从而

$$\angle BDK = \angle ADK - ADB =$$

$$\angle 90° - \angle ADB = \angle DBH$$

$$\angle DBK = \angle ABK - \angle ABD =$$

$$90° - \angle ABD = \angle BDH$$

于是,$\triangle BDK \cong \triangle DBH$

即知 $BKDH$ 为平行四边形.亦知 M 为对角线 BD 与 HK 的交点,所以 H,M,K 三点共线.

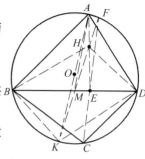

从而 $\angle AFM = \angle AFK = 90°$.

由 $\angle AFM = 90° = \angle AEM$,知 A,F,E,M 四点共圆.

于是,$\angle AMB = \angle AFE = \angle AFC = \angle ADC$.注意 $\angle ABM = \angle ACD$,

从而 $\triangle AMB \backsim \triangle ADC$,有 $\dfrac{AM}{BM} = \dfrac{AD}{CD}$.

同理,$\triangle ADM \backsim \triangle ACB$,有 $\dfrac{AM}{DM} = \dfrac{AB}{CB}$.

故 $ABCD$ 为调和四边形 $\Leftrightarrow AB \cdot CD = CB \cdot AD \Leftrightarrow \dfrac{AD}{CD} = \dfrac{AM}{BM} = \dfrac{AM}{DM} = \dfrac{AB}{CB}$.

图 3.211

注 此定理又提供了调和四边形的一种作法:作一个三角形和一条高线,取垂足边中点与垂心连线交其外接圆于一点,此点与垂足连线交外接圆于一点得调和四边形的第 4 顶点.

定理 9 圆内接四边形 $ABCD$ 为调和四边形的充要条件是某一顶点不妨设为 C 位于劣弧 $\overset{\frown}{DB}$ 上,而在优弧 $\overset{\frown}{DB}$ 上取两点 E,F,使得 D,B 分别为 $\overset{\frown}{EC},\overset{\frown}{CF}$ 的中点,过 C 作 $CT \parallel DB$ 交圆 T 时,点 T 与 $\triangle CEF$ 的内心 I,A 三点共线.

证明 如图 3.212,由题设知 D,I,F 三点共线,B,I,E 三点共线.因 I 为 $\triangle CEF$ 的内心,由内心的性质并注意,$CT \parallel DB$,有 $ID = DC = BT, IB = BC = DT$,从而 $IBTD$ 为平行四边形,即 TI 过 DB 的中点 M,故由定理 7,有

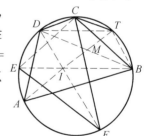

$$AB \cdot CD = BC \cdot DA \Leftrightarrow T,M,A \text{ 三点共线} \Leftrightarrow$$
$$TI \text{ 过 } DB \text{ 的中点 } M$$

图 3.212

定理 10 圆内接四边形 $ABCD$ 为调和四边形的充要条件是某一顶点不妨设为 C 位于劣弧 $\overset{\frown}{DB}$ 上,而在优弧 $\overset{\frown}{DB}$ 上取两点 E,F,使得 D,B 分别为 $\overset{\frown}{EC},\overset{\frown}{FC}$ 的中点,又在劣弧 $\overset{\frown}{EF}$ 上任取点 P,设 I_1,I_2 分别为 $\triangle CEP,\triangle CFP$ 的内心时,A,P,I_2,I_1 四点共圆.

证明 如图 3.213,由题设知 P,I_1,D 及 P,I_2,B 分别三点共线,联结 I_1A,I_2A,则 $\angle I_1DA = \angle I_2BA, \angle I_1PI_2 = \angle BPD = \angle BAD$.

又注意到内心的性质,有 $CD = I_1D, BC = I_2B$. 于是

$$AB \cdot CD = BC \cdot DA \Leftrightarrow \frac{CD}{BC} = \frac{AD}{AB} \Leftrightarrow$$

$$\frac{I_1 D}{I_2 B} = \frac{AD}{AB} \Leftrightarrow \frac{I_1 D}{AD} = \frac{I_2 B}{AB} \Leftrightarrow$$

$$\triangle I_1 DA \backsim \triangle I_2 BA \Leftrightarrow$$

$$\angle I_1 AD = \angle I_2 AB \Leftrightarrow$$

$$\angle I_1 AI_2 = \angle I_1 PI_2 \Leftrightarrow$$

$$A, P, I_2, I_1 \text{ 四点共圆}$$

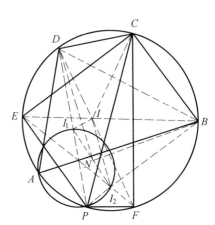

图 3.213

推论 1 设 $\triangle CEF$ 的内心为 I,则 $I_1 I \perp I_2 I$.

证明 如图 3.213,注意内心所张的角与对应顶角的关系,知

$$\angle EI_1 C = 90° + \frac{1}{2} \angle EPC =$$

$$90° + \frac{1}{2} \angle EFC = \angle EIC$$

即有 E, I_1, I, C 四点共圆.

则有

$$\angle I_1 EI = \angle I_1 CI = \frac{1}{2} \angle ECF - \angle ECI_1 =$$

$$\frac{1}{2} (\angle ECF - \angle ECP) =$$

$$\frac{1}{2} \angle FCP = \angle FCI_2$$

同理,$\angle EII_1 = \angle IFI_2$,从而 $\triangle EI_1 I \backsim \triangle II_2 F$.

于是 $\angle EII_1 + \angle FII_2 = \angle EII_1 + \angle I_1 EI =$

$$180° - \angle EI_1 I = \angle ECI = \frac{1}{2} \angle ECF$$

所以 $\angle I_1 II_2 = \angle EIF - (\angle EII_1 + \angle FII_2) = 90° + \frac{1}{2} \angle ECF - \frac{1}{2} \angle ECF = 90°$

故 $I_1 I \perp I_2 I$.

推论 2 设 N 为 $I_1 I_2$ 的中点,则 $BN \perp DN$.

证明 如图 3.213,注意到 D, I, F 共线及内心的性质,有 $DI = DC$, $DI_1 = DC$,从而 $DI = DI_1$.

由推论 1 知 $I_1 I \perp I_2 I$,有 $IN = I_1 N$.

注意到 DN 公用,则 $\triangle DNI_1 \cong \triangle DNI$,从而 $\angle NDI = \frac{1}{2} \angle I_1 DI \stackrel{m}{=\!=\!=}$

$\dfrac{1}{2}\overset{\frown}{PF}.$

同理，$\angle NBI \overset{m}{=\!=} \dfrac{1}{2}\overset{\frown}{EP}.$

又 $\angle IDB + \angle IBD \overset{m}{=\!=} \dfrac{1}{2}\overset{\frown}{FC} + \dfrac{1}{2}\overset{\frown}{CE}$，所以

$$\angle NDB + \angle NBD = \angle NDI + \angle IDB + \angle IBD + \angle NBI \overset{m}{=\!=}$$
$$\dfrac{1}{2}(\overset{\frown}{PF} + \overset{\frown}{FC} + \overset{\frown}{CE} + \overset{\frown}{EP}) = 90°$$

即 $\angle BND = 90°.$

故 $BN \perp DN.$

定理 11　圆内接四边形为调和四边形的充分必要条件是其一顶点对其余三顶点为顶点的三角形的西姆松线段被截成相等的两段.

证明　如图 3.214，设 $ABCD$ 为圆内接四边形，不失一般性，设点 D 在 $\triangle ABC$ 的三边 BC,CA,AB 上的射影分别为 L,K,T，则 LKT 为西姆松线段. 此时 L,D,K,C 及 D,A,T,K 分别四点共圆，且 CD,AD 分别为其直径.

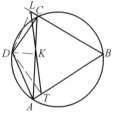

图 3.214

设圆 $ABCD$ 的半径为 R，则由正弦定理，有

$$LK = CD \cdot \sin \angle LCK = CD \cdot \sin(180° - \angle ACB) =$$
$$CD \cdot \sin \angle ACB = \dfrac{CD \cdot AB}{2R}$$

$$KT = AD \cdot \sin \angle BAC = \dfrac{AD \cdot BC}{2R}$$

于是，$LK = KT \Leftrightarrow CD \cdot AB = AD \cdot BC \Leftrightarrow$ 四边形 $ABCD$ 为调和四边形.

定理 12　圆内接四边形为调和四边形的充分必要条件是一条对角线两端点处的切线交点（或无穷远点），两对角线的交点调和分割另一条对角线.

证明　当圆内接四边形为筝形时，易证得结论，这留给读者自证. 下证非筝形时的情形.

设圆内接四边形 $ABCD$ 的两条对角线相交于点 Q，在 A,C 处的两条切线相交于点 P，则由 $\triangle QCD \backsim \triangle QBA$，$\triangle QAD \backsim \triangle QBC$，有 $\dfrac{QD}{QA} = \dfrac{CD}{BA}$，$\dfrac{QA}{QB} = \dfrac{AD}{BC}.$ 从而

$$\dfrac{DQ}{QB} = \dfrac{QD}{QA} \cdot \dfrac{QA}{QB} = \dfrac{CD}{BA} \cdot \dfrac{AD}{BC} \qquad\qquad ①$$

充分性：如图 3.215，当 P,Q 调和分割 DB 时，即有

$$\dfrac{PD}{PB} = \dfrac{DQ}{QB} \qquad\qquad ②$$

此时 P,D,Q,B 共线,且由 $\triangle PDC \backsim \triangle PCB$,有 $\dfrac{PD}{PC}=$

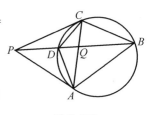

图 3.215

$\dfrac{PC}{PB}=\dfrac{CD}{BC}$. 从而

$$\frac{PD}{PB}=\frac{PD}{PC}\cdot\frac{PC}{PB}=\frac{CD}{BC}\cdot\frac{CD}{BC} \qquad ③$$

由 ①,②,③,得 $\dfrac{AD}{AB}=\dfrac{CD}{BC}$,即 $AD \cdot BC = AB \cdot$

CD,亦即四边形 $ABCD$ 为调和四边形.

必要性:如图 3.210 当 $ABCD$ 为调和四边形时,由性质 4,知 P,D,Q,B 共

线,且有式③成立.由 $AD \cdot BC = AB \cdot CD$,有 $\dfrac{AD}{AB}=\dfrac{CD}{BC}$. 再注意到式①与式③,

则有 $\dfrac{PD}{PB}=\dfrac{DQ}{QB}$,即 $\dfrac{PD}{DQ}=\dfrac{PB}{BQ}$,亦即知点 P,Q 调和分割 DB.

注 必要性也可这样证:由 $\triangle PAB \backsim \triangle PDA$,有 $\dfrac{AB}{DA}=\dfrac{PA}{PD}=\dfrac{PB}{PA}$,从而 $\dfrac{AB^2}{AD^2}=\dfrac{PA}{PD}\cdot$

$\dfrac{PB}{PA}=\dfrac{PB}{PD}$. 又注意到定理 13 有 $\dfrac{AB^2}{AD^2}=\dfrac{BD}{DQ}$. 于是,有 $\dfrac{PB}{PD}=\dfrac{BQ}{DQ}$,故 P,Q 调和分割 DB.

定理 13 圆内接四边形为调和四边形的充分必要条件是其对角线为由另
一条对角线所分四边形所成三角形的共轭中线(或陪位中线),此即为与中线关
于角平分线对称的直线亦即 Q 在边 BC 上时,AQ 为共轭中线 $\Leftrightarrow \dfrac{AB^2}{AC^2}=\dfrac{BQ}{QC}$.

证明 如图 3.216,设圆内接四边形 $ABCD$ 的两
条对角线 AC 与 BD 交于点 Q.

当圆内接四边形为筝形时,易证得结论,这也留
给读者自证.下证非筝形时的情形.

充分性:不失一般性,设有 $\dfrac{AB^2}{AD^2}=\dfrac{QB}{QD}$ 成立时,则

图 3.216

$$\frac{AB^2}{AD^2}=\frac{QB}{QD}=\frac{S_{\triangle ABC}}{S_{\triangle ADC}}=\frac{AB \cdot BC}{AD \cdot DC}, 即有 \frac{AB}{AD}=\frac{BC}{DC}.$$

故 $AB \cdot DC = AD \cdot BC$,所以 $ABCD$ 为调和四边形.

必要性:当 $ABCD$ 为调和四边形时,则由定理 6,知点 A,C 处的切线与直线
DB 共点于 P,如图 3.216. 于是,注意到面积关系与正弦定理,有

$$\frac{CQ}{QA}=\frac{S_{\triangle BCP}}{S_{\triangle BAP}}=\frac{CB \cdot CP \cdot \sin \angle BCP}{AB \cdot AP \cdot \sin \angle BAP}=$$

$$\frac{CB \cdot \sin(180°-\angle BAC)}{AB \cdot \sin(180°-\angle ACB)}=\frac{CB \cdot \sin \angle BAC}{AB \cdot \sin \angle ACB}=\frac{CB^2}{AB^2}$$

此时,亦有 $\dfrac{CD^2}{AD^2} = \dfrac{CB^2}{AB^2} = \dfrac{CQ}{QA}$.

由 $\qquad \dfrac{AB^2}{AD^2} = \dfrac{CB^2}{CD^2} = \dfrac{CB \cdot \sin \angle BAC}{CD \cdot \sin \angle DBC} =$

$$\dfrac{CB \cdot CP \cdot \sin \angle BCT}{CD \cdot CP \cdot \sin \angle DCP} = \dfrac{CB \cdot CP \cdot \sin \angle BCP}{CD \cdot CP \cdot \sin \angle DCP} =$$

$$\dfrac{S_{\triangle BCP}}{S_{\triangle DCP}} = \dfrac{PB}{PD} \qquad\qquad (*)$$

注意到定理 12,当 $ABCD$ 为调和四边形时,P,Q 调和分割 DB,即有

$\dfrac{PB}{PD} = \dfrac{QB}{QD}$. 将其代入式 $(*)$,故 $\dfrac{AB^2}{AD^2} = \dfrac{CB^2}{CD^2} = \dfrac{QB}{QD}$.

注 (1) 必要性可可这样证:由 $AB \cdot DC = BC \cdot AD$,有 $\dfrac{CB^2}{AB^2} = \dfrac{CB}{AD} \cdot \dfrac{DC}{AD} = \dfrac{CB}{AD} \cdot \dfrac{DC}{AB} = \dfrac{CQ}{DQ} \cdot \dfrac{DQ}{AQ} = \dfrac{CQ}{AQ}$.

(2) 由定理 4 知,在调和四边形中,两条对角线的中点是其等角共轭点,在图 3.216 中,设 M 为 AC 的中点,则 $\angle ABM = \angle QBC$,即知 BQ 为 BM 的等角共轭线,亦即 BQ 为 BM 的共轭中线(即中线以该角角平分线为对称轴翻折后的直线). 三角形的三条共轭中线的交点称为共轭重心. 显然 BQ 过 $\triangle ABC$ 的共轭重心,因此,对于过三角形共轭重心的线段 BQ,有 $\dfrac{AB^2}{BC^2} = \dfrac{AQ}{QC}$.

定理 14 在调和四边形 $ABCD$ 中,点 P 在对角线 BD 上,记 O,O_1,O_2 分别为四边形 $ABCD$,$\triangle BCP$,$\triangle ABP$ 的外接圆圆心,则直线 BO 平分线段 O_1O_2.

证法 1 如图 3.217,联结 BO_1,BO_2,OO_1,OO_2. 设 M 为 AC 的中点,则由调和四边形的定理 4 知,$\angle ABP = \angle CBM$,即有 $\angle ABM = \angle CBP$.

设直线 BO 交 O_1O_2 于点 Q,此时 $O_1O_2 \perp BP$,$OO_2 \perp AB$,$OO_1 \perp BC$,注意到一个角的两边与另一个角的两边对应垂直时,则这两个角相等或互补,即知 $\angle OO_2Q = \angle ABP$,$\angle OO_1Q = CBP$. 于是,由正弦定理有

$$\dfrac{OO_1}{OO_2} = \dfrac{\sin \angle OO_2Q}{\sin \angle OO_1Q} = \dfrac{\sin \angle ABP}{\sin \angle CBP} = \dfrac{\sin \angle CBM}{\sin \angle ABM}$$

$$\dfrac{BC}{BA} = \dfrac{\sin \angle BAC}{\sin \angle BCA} = \dfrac{\sin \angle BAM}{\sin \angle BCM}$$

从而

$$\dfrac{O_1Q}{QO_2} = \dfrac{S_{\triangle BO_1O}}{S_{\triangle BO_2O}} = \dfrac{BC \cdot OO_1}{BA \cdot OO_2} = \dfrac{\sin \angle BAM \cdot \sin \angle CBM}{\sin \angle BCM \cdot \sin \angle ABM} =$$

$$\dfrac{\sin \angle BAM}{\sin \angle ABM} \cdot \dfrac{\sin \angle CBM}{\sin \angle BCM} = \dfrac{BM}{AM} \cdot \dfrac{CM}{BM} = 1$$

169

故 $O_1Q = QO_2$.

证法2 如图 3.217,设 M 为 AC 的中点,则由定理4知,$\angle CBM = \angle ABP$,从而

$$\frac{BC}{CD} = \frac{BM}{MA} \qquad ①$$

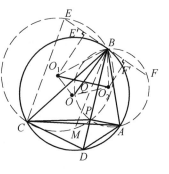

作 $\triangle BCP$,$\triangle ABP$ 的外接圆,过点 B 作圆 O 的切线分别交圆 O_1,圆 O_2 于点 E,F.联结 CE,则由 $\triangle EBC \backsim \triangle PDC$,有

$$\frac{BE}{DP} = \frac{BC}{CD} \qquad ②$$

图 3.217

由 ①,② 有 $\frac{BM}{MA} = \frac{BE}{DP}$,亦即 $BE = \frac{BM \cdot DP}{MA}$.

同理,$BF = \frac{BM \cdot DP}{CM}$.而 $MA = CM$.于是,知 $BE = BF$.

作 $O_1E' \perp EB$ 于 E',作 $O_2F' \perp BF$ 于 F',由垂径定理,知 E',F' 分别为 EB,BF 的中点.在直角梯形 $O_1E'F'O_2$ 中,BO 即为其中位线所在直线,故它一定平分 O_1O_2.

定理15 设 M,N 分别为调和四边形 $ACBD$ 的两条对角线 AB,CD 的中点,则 $AN + NB = CM + MD$.

证明 如图 3.218,因 $ACBD$ 为调和四边形,则 $AD \cdot BC = AC \cdot BD$.

又由托勒密定理,有

$$AD \cdot BC + AC \cdot BD = AB \cdot CD$$

于是有

$$2AC \cdot BD = 2BM \cdot CD$$

即 $\frac{AC}{CD} = \frac{MB}{BD}$,注意到 $\angle ACD = \angle MBD$.

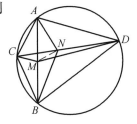

图 3.218

知 $\triangle ACD \backsim \triangle MBD$.即有

$$\frac{AD}{MD} = \frac{AC}{MB} \qquad ①$$

同理,由 $\triangle ACD \backsim \triangle MCB$,有

$$\frac{AC}{MC} = \frac{AD}{MB} \qquad ②$$

由 ①,② 两式相乘,有

$$MC \cdot MD = MB^2 = \frac{1}{4}AB^2 \qquad ③$$

联结 MN,由三角形中线长公式,有

$$MC^2 + MD^2 = 2(MN^2 + \frac{1}{4}CD^2) \qquad ④$$

由 ③×2+④ 得

$$(MC + MD)^2 = 2MN^2 + \frac{1}{4}(AB^2 + CD^2) \qquad ⑤$$

同理

$$(NA + NB)^2 = 2MN^2 + \frac{1}{4}(AB^2 + CD^2) \qquad ⑥$$

由 ⑤,⑥ 两式,即知 $AN + NB = CM + MD$.

定理 16 在调和四边形 $ABCD$ 中,$\angle ADC$ 的平分线交 AC 于 T,O_1 为 $\triangle BDT$ 的外心.若四边形 $ABCD$ 的外接圆圆心为 O,则 $O_1D \perp DO$,$O_1B \perp BO$.

证明 如图 3.219.由定理 3 知 BT 平分 $\angle ABC$,联结 O_1O.于是

$$\angle DTB = \angle DAB + \angle ADT + \angle ABT =$$
$$\angle DAB + \frac{1}{2}\angle ADC + \frac{1}{2}\angle ABC =$$
$$90° + \angle DAB$$

从而

$$\angle DO_1O = \frac{1}{2}\angle DO_1B = 180° - \angle DTB = 90° - \angle DAB$$

又 $\angle BDO = 90° - \frac{1}{2}\angle BOD = 90° - \angle DAB$,则 $\angle DO_1O = \angle BDO$.注意到 $O_1O \perp DB$,则 $\angle O_1DO = 90°$.

故 $O_1D \perp DO$.同理 $O_1B \perp BO$.

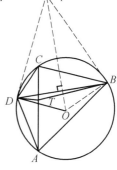

图 3.219

注 (1)由 $\angle OBD = 90° - \frac{1}{2}\angle BOD = 90° - \angle DAB$,又 $\angle DTB = 90° + \angle DAB$,于是 $\angle OBD + \angle DTB = 180°$.注意到弦切角定理的逆定理,知 OB 是 $\triangle DTB$ 外接圆的切线.

(2)由调和四边形定理 6,可推知点 B,D 处的切线的交点即为 $\triangle BDT$ 外接圆的圆心.

定理 17 过调和四边形一顶点作与一相邻(对)顶点处的切线平行的直线,被一条边、一条对角线(或另一边)所在直线截成相等的两条线段.

证明 设 ST 为过顶点的切线,顶点 A,C 处的切线交于点 P,显然 D,B,P 三点共线.当 $NC \parallel ST$ 时,对于图 3.220(a),过 P 作 $EF \parallel ST$,由 $\angle PEA = \angle SDA = \angle EAP$ 知,$PE = PA$.

同理 $PF = PC$.而 $PA = PC$,知 P 为 EF 中点.

故 M 为 NC 的中点.

对于图 3.220(b),令 $\angle TBC = \theta_1$,$\angle CBD = \theta_2$,$\angle ABD = \theta_3$,由 $BC \cdot AD = BC \cdot AB$,知

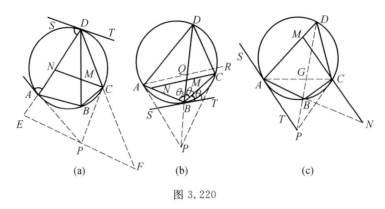

图 3.220

$$\sin \theta_1 \cdot \sin \theta_3 = \sin \theta_2 \cdot \sin \angle ADB = \sin \theta_2 \cdot \sin(\theta_1 + \theta_2 + \theta_3)$$

即 BT, BD, BC, BA 为调和线束. 当 $NC \parallel BT$ 时, 即知 M 为 NC 的中点.

对于图 3.220(c), 注意到 P, G, B, D 为调和点列, 则 AP, AG, AB, AD 为调和线束.

当 $MN \parallel AP$ 时, 即知 C 为 MN 的中点.

定理 18 设 $ABCD$ 为调和四边形, O 为四边形 $ABCD$ 外接圆圆心, P 为 AC 的中点. 则

(1) 记 $\triangle APB$ 的外心为 O_1, $\triangle APD$ 的外心为 O_2 时, $\triangle O_1 PB$ 的外接圆与 $\triangle O_2 PD$ 的外接圆相切;

(2) 四边形 AO_1OO_2 为平行四边形;

(3) 四边形 OPO_1O_2 为等腰梯形;

(4) 设 O_1P 与 AB 交于点 M, O_2P 与 AD 交于点 N, 直线 O_1O_2 与 AB, AD 分别交于点 E, F, 则 O_1, B, P, E; O_2, D, P, F; A, M, P, N; B, D, O, P 分别四点共圆.

(5) 记上述四个圆分别为圆 O_3, 圆 O_4, 圆 O_5, 圆 O_6 时, P, M, E, O_5; P, N, F, O_5 分别四点共圆.

(6) $OP \parallel MN \parallel O_1O_2$;

(7) PO_5 为圆 O_3 与圆 O_4 的内公切线;

(8) 设 K, L 分别为 O_1E, O_2F 的中点, 有

(a) P, O_3, K, O_5; P, O_4, L, O_5 分别四点共圆 (记这两个圆为圆 O_9, 圆 O_{10}). 进而, 圆 O_3, 圆 O_5 及圆 O_9 共轴于 PX; 圆 O_4, 圆 O_5 及圆 O_{10} 共轴于 PY.

(b) X, Y, E, F; X, Y, O_1, O_2 分别四点共圆 (记这两个为圆 O_{11}, 圆 O_{12}).

证明 (1) 如图 3.221, 设 O_3, O_4 分别为 $\triangle O_1 BP$, $\triangle O_2 DP$ 的外心. 欲证圆 O_3 与圆 O_4 相切, 只要证

$$\angle O_3 PO_1 + \angle O_1 PO_2 + \angle O_2 PO_4 = 180°$$

又 $$\angle O_3PO_1 = 90° - \angle O_1BP$$
$$\angle O_2PO_4 = 90° - \angle O_2DP$$

故只要证

$$\angle O_1PO_2 = \angle O_1BP + \angle O_2DP \qquad ①$$

利用已知条件得 $PA^2 = PB \cdot PD$.

事实上,由 P 为等角共轭点知 $\angle ADP = \angle BAP$. 由 $\triangle ADP \backsim \triangle BAP$,有 $PA^2 = PB \cdot PD$.

或者,延长 BP,与圆 O 交于点 W.

由对称性得 $PW = PD$

再由相交弦定理得

$$PA^2 = PA \cdot PC = PB \cdot PW = PB \cdot PD$$
$$\Rightarrow \triangle PAB \backsim \triangle PDA$$
$$\Rightarrow \angle PAB = \angle PDA, \angle PBA = \angle PAD$$
$$\Rightarrow \angle BPC = \angle DPC = \angle BAD$$

设直线 O_1O_2 与 AB, AD 分别交于点 E, F. 由于点 A, P 关于直线 O_1O_2 对称,于是,

$$\angle O_1PE = \angle O_1AE = \angle O_1BE$$
$$\angle O_2PF = \angle O_2AF = \angle O_2DF$$
$$\angle EPF = \angle BAD$$

因此,$\angle O_1PO_2 = \angle O_1BP + \angle O_2DP$

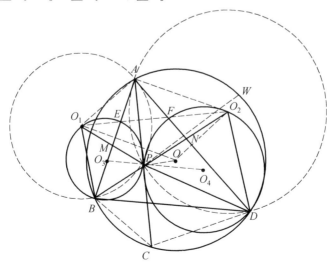

图 3.221

(2) 注意到 AP 为 $\triangle ABC$ 的共轭中线. 即知 $O_1A \perp AD$. 或者,由

$$\angle AO_1B = 2\angle BAD$$

$$\Rightarrow \angle O_1AB = 90° - \angle BAD$$

$$\Rightarrow O_1A \perp AD$$

又易知 $OO_2 \perp AD$,从而,$O_1A \parallel OO_2$.

类似地,$O_2A \parallel OO_1$.

因此,四边形 AO_1OO_2 为平行四边形.

(3) 注意到 $O_1P = O_1A = OO_2$. 又 $OP \parallel O_1O_2$,即证.

(4) 如图 3.222,由 O_1O_2 垂直平分 AP 知

$$\angle O_1PE = \angle O_1AE = \angle O_1BE$$

即 O_1,B,P,E 四点共圆.

类似地,O_2,D,P,F 四点共圆.

在(1)的证明中,得到式 ①.

故
$$\angle O_1PO_2 = \angle PEF + \angle PFE =$$
$$\angle AEF + \angle AFE$$
$$\Rightarrow \angle MPN + \angle MAF = 180°$$
$$\Rightarrow A,M,P,N \text{ 四点共圆.}$$

又 $\angle BPC = \angle DPC = \angle BAD$,则

$\angle BPD = 2\angle BAD = \angle BOD \Rightarrow B,D,O,P$ 四点共圆.

(5) 如图 3.222,记这两个圆分别为圆 O_7、圆 O_8. 显然,点 O_5 在直线 O_1O_2 上.

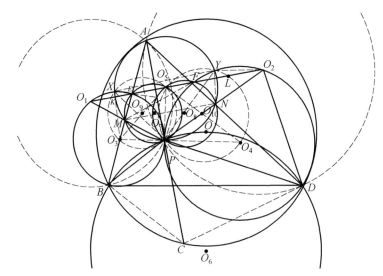

图 3.222

由(4),知 A, M, P, N 四点共圆.

又由对称性,知 $EA = EP$.

于是, $\angle MO_5P = 2\angle MAP = \angle MEP$.

因此, P, M, E, O_5 四点共圆.

类似地, P, N, F, O_5 四点共圆.

(6) 由(3)知 $OP \parallel O_1O_2$. 又由(4)知

$$\angle PMN = \angle PAN = \angle PBA = \angle PO_1E$$

因此, $MN \parallel O_1O_2$.

(7) 由(4),(5)知

$$\angle MPO_5 = 90° - \frac{1}{2}\angle MO_5P =$$
$$90° - \angle BAP$$

又 $\qquad \angle O_3PO_1 = 90° - \angle O_1BP =$
$$90° - \angle O_5EP =$$
$$90° - \angle O_5EA = \angle BAP$$

则 $\qquad \angle MPO_5 + \angle O_3PO_1 = 90°$

故 PO_5 为圆 O_3 与圆 O_4 的内公切线.

推论 直线 O_3O_4 为圆 O_5 的切线.

(8)(a) 由垂径定理知 $O_3K \perp KO_5$. 又由(7),知 $O_3P \perp PO_5$. 从而, P, O_3, K, O_5 四点共圆,且以 O_3O_5 为直径, O_9 为 O_3O_5 的中点.

因此,圆 O_3,圆 O_5 及圆 O_9 共轴.

类似地, P, O_4, L, O_5 四点共圆于圆 O_{10},圆 O_4、圆 O_5 及圆 O_{10} 共轴.

(b) 先证明: X, E, N 三点共线.

事实上,

$$\angle XEO_1 = \angle XPO_1 = \angle XPM = \angle XNM$$

又 $O_1O_2 \parallel MN$,则 X, E, N 三点共线.

类似地, Y, F, M 三点共线.

故

$$\angle XEO_1 = \angle XNM = \angle XYM = \angle XYF$$

从而, X, Y, E, F 四点共圆. 再证明: X, Y, O_1, O_2 四点共圆. 只要证 $\angle XO_1E + \angle XYO_2 = 180°$.

事实上,

$$\angle XO_1E = 180° - \angle O_1XE - \angle O_1EX =$$
$$\angle O_1BA - \angle O_1PX$$
$$180° - \angle XYO_2 = 180° - \angle O_2YF - \angle XYF =$$

$$\angle O_2DA - \angle O_1PX$$

于是,只要证 $\angle O_1BA = \angle O_2DA$

由于 $\angle APB = \angle APD$,故

$$\angle AO_1B = \angle AO_2D$$

从而,$\angle O_1BA = \angle O_2DA$.

注 上述定理18的内容及证明整合了如下文章的内容:

杨标桂.一道两圆相切问题的探究[J].中等数学,2017(6):15-17.

❖圆内接四边形的相关四边形定理

设 $A_1A_2A_3A_4$ 为圆 O 内接四边形,H_1,H_2,H_3,H_4 分别为 $\triangle A_2A_3A_4$,$\triangle A_3A_4A_1$,$\triangle A_4A_1A_2$,$\triangle A_1A_2A_3$ 的垂心,我们称四边形 $H_1H_2H_3H_4$ 为原四边形的"垂心四边形".类似地,我们可以定义一个圆内接四边形的"重心四边形","内心四边形".①②

定理1 圆内接四边形的垂心四边形也内接于圆,并且此两四边形互为垂心四边形.(参见卡塔朗定理)

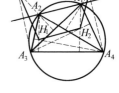

图 3.223

证明 如图3.223,因

$$H_2A_1 \perp A_3A_4, A_3A_4 /\!/ H_3H_4$$

则

$$H_2A_1 \perp H_3H_4$$

又 $H_3A_1 \perp A_2A_4, A_2A_4 /\!/ H_2H_4$,则

$$H_3A_1 \perp H_2H_4$$

从而 A_1 为 $\triangle H_2H_3H_4$ 之垂心.

同样可证 A_2,A_3,A_4 分别为 $\triangle H_1H_3H_4$,$\triangle H_1H_2H_4$,$\triangle H_1H_2H_3$ 之垂心.这就证明了圆内接四边形 $H_1H_2H_3H_4$ 的垂心四边形恰是 $A_1A_2A_3A_4$.

推论 垂心四边形与原四边形全等.

定理2 设 $A_1A_2A_3A_4$ 为圆内接四边形,G_1,G_2,G_3,G_4 依次为 $\triangle A_2A_3A_4$,$\triangle A_1A_3A_4$.$\triangle A_1A_2A_4$,$\triangle A_1A_2A_3$ 的重心,则重心四边形 $G_1G_2G_3G_4$ 内接于圆.

略证(详证见形心圆证明)如下:如图3.224,由重心及相似三角形的性质,易知

① 王扬.圆内接四边形的几个相关四边形[J].中学数学教学,1993(3):7-8.

② 沈文选.从一道竞赛题谈起[J].湖南数学通讯,1993(1):30-32.

$$G_1 G_2 \underline{\underline{/\!/}} \frac{1}{3} A_1 A_2$$

$$G_2 G_3 \underline{\underline{/\!/}} \frac{1}{3} A_2 A_3$$

$$G_3 G_4 \underline{\underline{/\!/}} \frac{1}{3} A_3 A_4$$

$$G_4 G_1 \underline{\underline{/\!/}} \frac{1}{3} A_4 A_1$$

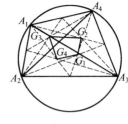

图 3.224

则四边形 $A_1 A_2 A_3 A_4$ 与四边形 $G_1 G_2 G_3 G_4$ 相似,且相似比为 $3:1$,从而 $G_1 G_2 G_3 G_4$ 也为圆内接四边形.

推论 重心四边形与原四边形位似.

定理 3 若 $A_1 A_2 A_3 A_4$ 为圆内接四边形,I_1, I_2, I_3, I_4 分别为 $\triangle A_2 A_3 A_4$,$\triangle A_1 A_3 A_4$,$\triangle A_1 A_2 A_4$,$\triangle A_1 A_2 A_3$ 的内心,则内心四边形 $I_1 I_2 I_3 I_4$ 也内接于圆

证明 如图 3.225,记各弧段 $A_1 A_2$,$A_2 A_3$,$A_3 A_4$,$A_4 A_1$ 的中点依次为 B_1, B_2, B_3, B_4,联结 $B_1 B_3, B_2 B_4$ 相交于 I,则依外角定理,知 $\angle B_3 I B_4 = \angle I B_3 B_2 + \angle I B_2 B_3 = 90°$. 又据引理:在 $\triangle ABC$ 中,E 是其内切圆心,$\angle A$ 的平分线和 $\triangle ABC$ 的外接圆相交于 D,则 $DE = DB = DC$.(证略). 知 A_1, I_3, A_4 在以 B_4 为圆心的圆上,

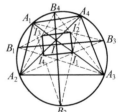

图 3.225

A_1, I_2, A_4 也在以 B_4 为圆心的圆上,所以 A_1, I_3, I_2, A_4 在以 B_4 为圆心的圆上,即 $I_2 I_4$ 垂直于等腰 $\triangle B_4 I_3 I_2$ 的顶角平分线 $B_4 B_2$,进而 $I_2 I_3 /\!/ B_1 B_3$.同理,$I_1 I_4 /\!/ B_1 B_3$,$I_3 I_4 /\!/ B_2 B_4 /\!/ I_1 I_2$,故四边形 $I_1 I_2 I_3 I_4$ 为矩形,内接于圆,从而定理 3 得证.

推论 内心四边形为矩形.

定理 4 如图 3.226,过对角线不垂直的圆内接四边形 $A_1 A_2 A_3 A_4$ 的各顶点分别向不过该顶点的对角线引垂线,记其垂足分别为 B_1, B_2, B_3, B_4,则

四边形 $A_1 A_2 A_3 A_4 \backsim$ 四边形 $B_1 B_2 B_3 B_4$

证略.

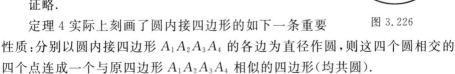

图 3.226

定理 4 实际上刻画了圆内接四边形的如下一条重要性质:分别以圆内接四边形 $A_1 A_2 A_3 A_4$ 的各边为直径作圆,则这四个圆相交的四个点连成一个与原四边形 $A_1 A_2 A_3 A_4$ 相似的四边形(均共圆).

还可将这一结果一般化,得到

定理 5 若以圆内接四边形 $A_1 A_2 A_3 A_4$ 的各边为弦作四个圆,则这四个圆所交四个点连成一个圆内接四边形.(参见古镂钱定理)

证明 如图 3.227,记以 A_1A_2,A_2A_3,A_3A_4,A_4A_1 为弦所作圆的交点依次为 B_2,B_3,B_4,B_1,联结 A_2B_2 并延长至 C_2,A_4B_4 至 C_4,则由圆内接四边形的外角定理,知

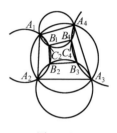

$$\angle C_2B_2B_3 = \angle B_3A_3A_2$$
$$\angle C_2B_2B_1 = \angle B_1A_1A_2$$
$$\angle C_4B_4B_3 = \angle B_3A_3A_4$$
$$\angle C_4B_4B_1 = \angle B_1A_1A_4$$

图 3.227

这四个式子同向相加,得

$$\angle B_1B_2B_3 + \angle B_1B_4B_3 = \angle A_2A_1A_4 + \angle A_4A_3A_2 = \pi$$

故 B_1,B_2,B_3,B_4 四点共圆.

定理 6 圆内接四边形 $A_1A_2A_3A_4$,与其重心四边形 $G_1G_2G_3G_4$,垂心四边形 $H_1H_2H_3H_4$,彼此相位似.[①]

证明 由定理1及定理2的推论即得结论.下面给出另证.首先,如图 3.228,设 A_1G_1,A_4G_4 相交于 G_0,联结 A_1G_4,A_1G_4 交 A_2A_3 于 M,则 M 是 A_2A_3 中点.联结 A_4M,G_1 在 A_4M 上.

$\triangle A_1MG_1$ 被直线 $A_4G_0G_4$ 所截,由梅涅劳斯定理,有

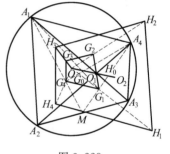

$$\frac{G_1G_0}{G_0A_1} \cdot \frac{A_1G_4}{G_4M} \cdot \frac{MA_4}{A_4G_1} = 1$$

图 3.228

由重心性质,有

$$\frac{A_1G_4}{G_4M} = 2, \frac{MA_4}{A_4G_1} = \frac{3}{2}$$

由此得

$$\frac{G_1G_0}{G_0A_1} = \frac{1}{3}$$

同理

$$\frac{G_4G_0}{G_0A_4} = \frac{1}{3}$$

即 A_1G_1 通过 A_4G_4 上一定点 G_0,且被 G_0 分为 $1:3$,同法可证 A_2G_2,A_3G_3 都通过 A_4G_4 上定点 G_0,且被 G_0 分为 $1:3$.从而

(1) A_1G_1,A_2G_2,A_3G_3,A_4G_4 都经过同一点 G_0;

(2) $\dfrac{G_0G_1}{G_0A_1} = \dfrac{G_0G_2}{G_0A_2} = \dfrac{G_0G_3}{G_0A_3} = \dfrac{G_0G_4}{G_0A_4} = \dfrac{1}{3}$.

所以四边形 $G_1G_2G_3G_4$ 与 $A_1A_2A_3A_4$ 成位似,位似中心是 G_0,位似比 $k_1 =$

① 胡耀宗.圆内接四边形的位似形与欧拉线[J].中学教研(数学),1994(3):26-27.

$\dfrac{1}{3}$,对应点都在位似中心两旁,它们互相成内位似.因四边形 $A_1A_2A_3A_4$ 内接于圆 O,故四边形 $G_1G_2G_3G_4$ 也内接于圆,设其圆心为 O_1,O_1 与 O 是在此位似变换中的一对对应点.由于在位似变换中,对应点连线必过位似中心,故 O,G_0,O_1 三点共线.联结 OG_0,在 OG_0 延长线上取点 O_1,使

$$G_0O_1 = \dfrac{1}{3}OG_0 \qquad\qquad ①$$

则此点 O_1 就是圆 $G_1G_2G_3G_4$ 之圆心.

其次,由欧拉线定理,三角形外心 O,重心 G,垂心 H 三点共线,且 $GH = 2OG$.而由已知条件,$O,G_i,H_i(i=1,2,3,4)$ 共线,它们分别是题设四个三角形的欧拉线.因此四边形 $H_1H_2H_3H_4$ 与四边形 $G_1G_2G_3G_4$ 对应点连线经过同一点 O,且有 $\dfrac{OH_i}{OG_i}(i=1,2,3,4)=3$,故这两个四边形成外位似(对应点在 O 同旁).位似中心为 O,位似比 $k=3$,由四边形 $G_1G_2G_3G_4$ 内接于圆知 $H_1H_2H_3H_4$ 也内接于圆,设后者圆心为 O_2,O_2 与 O_1 是此位似变换对应点,O_1O_2 连线必过位似中心 O.要确定 O_2 位置,只需要在 OO_1 延长线上截

$$OO_2 = 3OO_1 \qquad\qquad ②$$

则 O_2 为所求.再由位似变换传递性知,四边形 $H_1H_2H_3H_4$ 与 $A_1A_2A_3A_4$ 也成位似.位似比为 $k=k_1k_2=\dfrac{1}{3}\times 3=1$.由此可见三个圆内接四边形 $A_1A_2A_3A_4$,$H_1H_2H_3H_4$,$G_1G_2G_3G_4$ 彼此互相位似,三圆心 O,O_2,O_1 共线.且 $\dfrac{OO_1}{O_1O_2}=\dfrac{1}{2}$.

注 上面证明启示我们得出另一重要结论:

四边形 $A_1A_2A_3A_4$ 与 $H_1H_2H_3H_4$ 成位似,则对应点连线 $A_iH_i(i=1,2,3,4)$ 四线共点于位似中心(记为 H_0).又由于位似比为 1,故 H_0 必为对应点 O,O_2 连线段之中点,即

$$OH_0 = \dfrac{1}{2}OO_2 \qquad\qquad ③$$

这里定义 O,G_0,H_0 分别为四边形 $A_1A_2A_3A_4$ 的外心,重心,垂心,则得欧拉线之推广:圆内接四边形的外心 O,重心 G_0,垂心 H_0 共线,且由 ①,②,③ 推知 $\dfrac{OG_0}{G_0H_0}=1$.同时,圆 $G_1G_2G_3G_4$,圆 $H_1H_2H_3H_4$ 的圆心 O_1 和 O_2 也在此直线上(五点共线),不难计算 OG_0：G_0O_1：O_1H_0：$H_0O_2=3$：1：2：6.

定理 7 圆内接四边形一条对角线分成的两个三角形的内心与此对角线两端点的连线交圆于四点,相对两点的连线互相垂直.

证明 如图 3.229,因 M 在 $\angle A_1A_4A_2$ 的平分线 A_4I_4 上,所以 M 平分 $\overset{\frown}{A_1A_2}$.

同理,Q,N,P 分别平分 $\overparen{A_2A_3}$,$\overparen{A_3A_4}$,$\overparen{A_4A_1}$.

联结 MP,则 $\angle MPQ$ 对的弧是 $\angle A_1A_4A_3$ 所对弧的一半,即 $\angle MPQ = \dfrac{1}{2}\angle A_1A_4A_3$. 同理 $\angle PMN = \dfrac{1}{2}\angle A_1A_2A_3$.

而 $\angle A_1A_4A_3 + \angle A_1A_2A_3 = 180°$,故 $\angle MPQ + \angle PMN = 90°$,从而 $MN \perp PQ$.

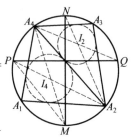

图 3.229

定理 8 圆内接四边形四顶点组成的两相交三角形的内心与公切边所对弧的中点构成等腰三角形,且两内心连线为底边.

证明 如图 3.230,I_2,I_3 分别是 $\triangle A_2A_3A_4$,$\triangle A_3A_4A_1$ 的内心.联结 A_3I_3 并延长交四边形外接圆于点 N,则 N 为 $\overparen{A_1A_4}$ 的中点,设 P 为 $\overparen{A_4A_3}$ 的中点,则 P 在 $\angle A_4A_1A_3$ 的平分线上,从而

$$\angle A_4NP = \angle PNI_3,\angle A_4PN = \angle NPA_1$$

于是 $\qquad \triangle NA_4P \cong \triangle NI_3P$

则 $\qquad\qquad PI_3 = PA_4$

同理 $\qquad\qquad PI_2 = PA_3$

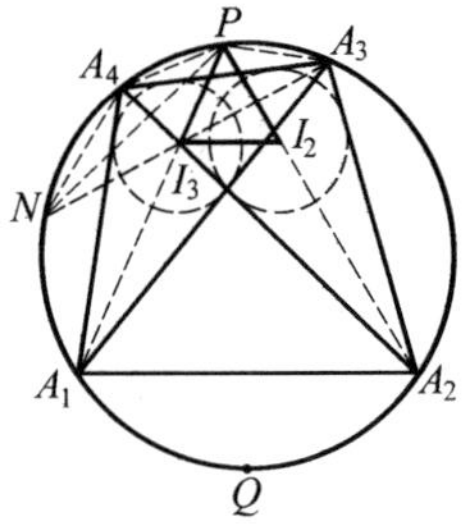

图 3.230

而 $PA_4 = PA_3$,故

$$PI_3 = PI_2$$

若 Q 为 A_1A_2 的中点,也可证 $QI_3 = QI_2$.

定理 9 圆内接四边形 $A_1A_2A_3A_4$ 中,设 $\triangle A_1A_2A_3$,$\triangle A_2A_3A_4$,$\triangle A_3A_4A_1$,$\triangle A_4A_1A_2$ 的内心分别记为 I_1,I_2,I_3,I_4;其内切圆半径分别为 r_1,r_2,r_3,r_4;边 A_1A_2,A_2A_3,A_3A_4,A_4A_1 上的切点依次是 E,F,M,N,G,H,P,Q. 则

(1) $EF = GH,MN = PQ$.

(2) $EF \cdot MN = r_1r_3 + r_2r_4$.

(3) 令 $A_1A_2 = a$,$A_2A_3 = b$,$A_3A_4 = c$,$A_4A_1 = d$,$A_1A_3 = e$,$A_2A_4 = f$,则

$$(e + f - a - c)(e + f - b - d) = 4(r_1r_3 + r_2r_4)$$

证明 (1) 如图 3.231,有

$$A_1E = \frac{1}{2}(A_1A_2 + A_1A_4 - A_2A_4)$$

$$A_2F = \frac{1}{2}(A_1A_2 + A_2A_3 - A_1A_3)$$

从而

$$EF = A_1A_2 - A_1E - A_2F =$$

$$\frac{1}{2}(A_1A_3 + A_2A_4 - A_1A_4 - A_2A_3)$$

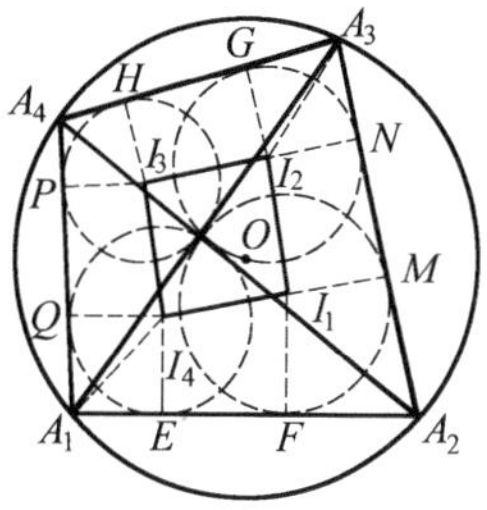

又 $\quad A_3G = \frac{1}{2}(A_3A_4 + A_2A_3 - A_2A_4)$

$$A_4H = \frac{1}{2}(A_1A_4 + A_3A_4 - A_1A_3)$$

从而 $\quad GH = A_3A_4 - A_3G - A_4H =$

$$\frac{1}{2}(A_1A_3 + A_2A_4 - A_1A_4 - A_2A_3)$$

故 $\qquad\qquad\qquad EF = GH$

同理 $\qquad\qquad\qquad MN = PQ$

图 3.231

（2）联结 $A_1I_4, EI_4, A_3I_2, GI_2$，如图 3.231 所示，由

$$\angle A_4A_1A_2 + \angle A_4A_3A_2 = 180°$$

有 $\qquad\qquad \angle I_4A_1E + \angle I_2A_3G = 90°$

所以 $\qquad\qquad \mathrm{Rt}\triangle A_1I_4E \backsim \mathrm{Rt}\triangle I_2A_3G$

所以 $\qquad\qquad A_1E \cdot A_3G = I_4E \cdot I_2G = r_4r_2$

同理 $\qquad\qquad A_2M \cdot A_4P = r_1r_3$

又 $\qquad\qquad A_1E = \frac{1}{2}(A_1A_2 + A_1A_4 - A_2A_4)$

$$A_3G = \frac{1}{2}(A_3A_4 + A_2A_3 - A_2A_4)$$

所以 $\quad r_2r_4 = \frac{1}{4}(A_1A_2 + A_1A_4 - A_2A_4)(A_3A_4 + A_2A_3 - A_2A_4)$

同理 $\quad r_1r_3 = \frac{1}{4}(A_1A_2 + A_2A_3 - A_1A_3)(A_3A_4 + A_4A_1 - A_1A_3)$

故 $\quad 4(r_1r_3 + r_2r_4) = A_2^2A_4^2 + A_1^2A_3^2 - (A_1A_2 + A_2A_3 + A_3A_4 + A_4A_1) \cdot$

$$(A_2A_4 + A_1A_3) + (A_1A_2 \cdot A_2A_3 +$$

$$A_2A_3 \cdot A_3A_4 + A_3A_4 \cdot A_4A_1 + A_4A_1 \cdot A_1A_2) +$$

$$2(A_1A_2 \cdot A_3A_4 + A_2A_3 \cdot A_4A_1) =$$

$$(A_2A_4 + A_1A_3)^2 - ((A_1A_2 + A_3A_4) +$$

$$(A_2A_3 + A_1A_4))(A_2A_4 + A_1A_3) +$$

$$(A_1A_2 + A_3A_4)(A_2A_3 + A_4A_1) =$$

$$(A_1A_3 + A_2A_4 - A_1A_2 - A_3A_4) \cdot$$

$$(A_1A_3 + A_2A_4 - A_2A_3 - A_4A_1) = 2EF \cdot 2MN$$

（3）利用相似三角形把内接四边形中两相对三角形内切圆半径之比转化

为边的代数和即证.

定理 10 四边形外接圆上任一点在它对于四边形四顶点组成的四个三角形的西姆松线上的射影共线.

事实上,注意到圆上一点对于四个三角形的西姆松线构成完全四边形即证.

定理 11 四边形外接圆上任两点对于四边形四顶点组成四个三角形中每个三角形的两条西姆松线各交于一点,这样的四点共线.

事实上,利用笛沙格定理即证.

定理 12 圆内接四边形的四个顶点组成的四个三角形的九点圆,这样的四圆会于一点.

❖圆内接四边形的富尔曼定理

圆内接四边形的富尔曼定理 圆内接四边形四顶点组成的四个三角形的内心,旁心共十六点,分配在八条直线上,每线上四点,而这八条线是互相垂直的两组平行线,每组含四线.

证明 设 $\triangle BCD, \triangle ABD, \triangle ADC, \triangle ABC$ 的旁心分别用 E_x, F_x, G_x, H_x 表示,与 $\angle A$ 有关的三个旁心分别用 F_A, H_A, G_A 表示,余类推,如图 3.232 所示.

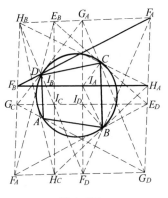

图 3.232

由 $\angle BI_D C = 90° + \dfrac{1}{2}\angle BAC = 90° +$

$\dfrac{1}{2}\angle BDC = \angle BI_A C$,知 B, C, I_A, I_D 共圆. 同理 C, D, I_B, I_A 共圆,且 $I_A I_B I_C I_D$ 为矩形,又 $I_A C \perp E_D E_B, I_A D \perp E_B E_C, I_B D \perp G_A G_C, I_B C \perp G_A G_D$,从而有 D, I_B, I_A, C, G_A, E_B 六点共圆,则 $\angle I_A I_B E_B = \angle I_A D E_B = 90°$,即 E_B, I_B, I_C 共线.

同理,H_C, I_C, I_B 共线. 故 E_B, I_B, I_C, H_C 四点共线.

同理,$G_A, I_A, I_D, F_D; F_B, I_B, I_A, H_A; G_C, I_C, I_D, E_D$ 分别共直线,且两组线是互相垂直的平行线.

由 $\angle BI_C D = 90° + \dfrac{1}{2}\angle BAD$,$\angle BE_B D = \angle I_A CD = \dfrac{1}{2}\angle BCD$(注意到 D, I_A, C, E_B 四点共圆),从而

$$\angle BI_CD + \angle BE_BD = 90° + \frac{1}{2}(\angle BAD + \angle BCD) = 180°$$

即 E_B,D,I_C,B 四点共圆. 由 $I_CB \perp F_AF_D$, $I_CD \perp F_AF_B$ 知 D,I_C,B,F_A 四点共圆. 故 D,I_C,B,F_A,E_B 五点共圆. 则 $\angle I_CE_BF_A = \angle I_CBF_A = 90°$. 又由 I_B,I_A,G_A,E_B 四点共圆, 有 $\angle I_BE_BG_A = \angle I_BI_AG_A = 90°$, 从而 E_B,G_A,F_A 三点共线.

同理, G_A,E_B,H_B 三点共线, 故 H_B,E_B,G_A,F_A 四点共线.

同理, H_B,F_B,G_C,E_C; E_C,H_C,F_D,G_D; G_D,E_D,H_A,F_A 分别共线, 由上证即知结论成立.

❖卡塔朗定理

卡塔朗定理 由圆内接四边形的任意三个顶点构成的四个三角形的垂心共圆.[1]

该定理是比利时数学家卡塔朗(E. C. Catalan, 1814—1894)于 1860 年发现的.

证明 如图 3.233, 四边形 $A_1A_2A_3A_4$ 内接于圆 O, $\triangle A_1A_2A_3$, $\triangle A_2A_3A_4$, $\triangle A_1A_2A_4$, $\triangle A_1A_3A_4$ 的垂心分别是 H_4,H_1,H_3,H_2.

作 $OM \perp A_1A_4$ 于 M. 在 $\triangle A_1A_2A_4$ 中, $A_2H_3 = 2OM$, $A_2H_3 \,/\!/\, OM$. 在 $\triangle A_1A_3A_4$ 中, $A_3H_2 = 2OM$, $A_3H_2 \,/\!/\, OM$. 所以 $A_2H_3 \underline{\underline{/\!/}} A_3H_2$, 四边形 $A_2A_3H_2H_3$ 是平行四边形, $H_2H_3 \underline{\underline{/\!/}} A_2A_3$.

同理可证

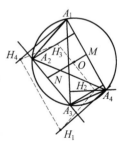

图 3.233

$$H_3H_4 \underline{\underline{/\!/}} A_3A_4, \quad H_4H_1 \underline{\underline{/\!/}} A_1A_4, \quad H_1H_2 \underline{\underline{/\!/}} A_2A_1$$

所以四边形 $H_1H_2H_3H_4$ 与四边形 $A_1A_2A_3A_4$ 全等.

既然四边形 $A_1A_2A_3A_4$ 有外接圆, 则四边形 $H_1H_2H_3H_4$ 必有外接圆, 即 H_1,H_2,H_3,H_4 四点共圆.

① 单墫. 数学名题词典[M]. 南京: 江苏教育出版社, 2002: 437—440.

❖ 普鲁海圆

首先约定:在任意四边形 $A_1A_2A_3A_4$ 中,除任一顶点 A_j 外,以其余三顶点为顶点的三角形,称为四边形 $A_1A_2A_3A_4$ 的子三角形,记作 $\triangle_j(j=1,2,3,4)$.①

定义 设四边形 $A_1A_2A_3A_4$ 内接于圆(O,R),若点 E 满足

$$\overrightarrow{OE}=\frac{1}{2}\sum_{i=1}^{4}\overrightarrow{OA_i} \qquad \text{①}$$

则点 E 称为四边形 $A_1A_2A_3A_4$ 的欧拉圆心;以线段 OE 的第二个三等分点 P 为圆心、$\dfrac{R}{3}$ 为半径的圆,称为四边形 $A_1A_2A_3A_4$ 的普鲁海(Prouhet)圆,记作圆$(P,\dfrac{R}{3})$.

其中,点 P(普鲁海圆心)的向量表示为

$$\overrightarrow{OP}=\frac{2}{3}\overrightarrow{OE}=\frac{1}{3}\sum_{i=1}^{4}\overrightarrow{OA_i} \qquad \text{②}$$

根据这个定义,我们可以推得

定理 1 设四边形 $A_1A_2A_3A_4$ 内接于圆(O,R),其欧拉圆心为 E,则其普鲁海圆$(P,\dfrac{R}{3})$ 必通过诸线段 A_jE 的第二个三等分点 $M_j(j=1,2,3,4)$.

证明 显而易见,只需证明 $|PM_j|=\dfrac{R}{3}(j=1,2,3,4)$ 即可.

依题设,点 E 满足(1),M_j 是 A_jE 的第二个三等分点,即 $A_jM_j:M_jE=2$,于是由定比分点的向量公式可得

$$\overrightarrow{OM_j}=\frac{\overrightarrow{OA_j}+2\overrightarrow{OE}}{1+2}=\frac{1}{3}(\sum_{i=1}^{4}\overrightarrow{OA_i}+\overrightarrow{OA_j}) \qquad \text{③}$$

据此,注意到点 P 满足 ②,则有

$$\overrightarrow{PM_j}=\overrightarrow{OM_j}-\overrightarrow{OP}=\frac{1}{3}\overrightarrow{OA_j}$$

但顶点 A_j 在圆(O,R) 上,所以 $|OA_j|=R$.从而由上式可得 $|PM_j|=\dfrac{R}{3}$ $(j=1,2,3,4)$.命题得证.

---

① 熊曾润.普鲁海圆的美妙性质[J].中学数学教学,2010(1):63-64.

定理 2 设四边形 $A_1A_2A_3A_4$ 内接于圆 (O,R),则其普鲁海圆圆 $(P,\dfrac{R}{3})$ 必通过诸子三角形 $\triangle_j$ 的重心 $G_j(j=1,2,3,4)$.

证明 显而易见,只需证明 $|G_jP|=\dfrac{R}{3}(j=1,2,3,4)$ 即可.

依题设,G_j 是子三角形 $\triangle_j$ 的重心,可知

$$\overrightarrow{OG_j}=\frac{1}{3}(\sum_{i=1}^{4}\overrightarrow{OA_i}-\overrightarrow{OA_j}) \qquad\qquad ④$$

据此,注意到点 P 满足 ②,,是有

$$\overrightarrow{G_jP}=\overrightarrow{OP}-\overrightarrow{OG_j}=\frac{1}{3}\overrightarrow{OA_j}$$

由此可得 $|G_jP|=\dfrac{R}{3}(j=1,2,3,4)$.命题得证.

定理 3 设四边形 $A_1A_2A_3A_4$ 内接于圆 (O,R),其欧拉圆心为 E,子三角形 $\triangle_j$ 的重心为 G_j,过点 G_j 作直线与直线 A_jE 垂直相交于 D_j,则四边形 $A_1A_2A_3A_4$ 的普鲁海圆圆 $(P,\dfrac{R}{3})$ 必通过诸垂足 $D_j(j=1,2,3,4)$.

证明 取线段 A_jE 的第二个三等分点 M_j,则由定理 1 和定理 2 可知,点 M_j 和 G_j 都在圆 $(P,\dfrac{R}{3})$ 上;又依题设有 $\angle G_jD_jM_j=90°$.据此易知,要证圆 $(P,\dfrac{R}{3})$ 通过垂足 D_j,只需证明线段 G_jM_j 是这个圆的直径即可.

依题设,点 M_j 和 G_j 分别满足 ③ 和 ④,所以有

$$\overrightarrow{G_jM_j}=\overrightarrow{OM_j}-\overrightarrow{OG_j}=\frac{2}{3}\overrightarrow{OA_j}$$

由此可得 $|G_jM_j|=\dfrac{2}{3}R$.因此线段 G_jM_j 是圆 $(P,\dfrac{R}{3})$ 的直径$(j=1,2,3,4)$.命题得证.

综合定理 1,2,3,可得

定理 4 圆内接四边形 $A_1A_2A_3A_4$ 的普鲁海圆必通过十二个特殊点,即:各顶点 A_j 与欧拉圆心 E 连线的第二个三等分点 $M_j(j=1,2,3,4)$;各子三角形 $\triangle_j$ 的重心 $G_j(j=1,2,3,4)$;过点 G_j 作直线与直线 A_jE 垂直相交的垂足 $D_j(j=1,2,3,4)$.

❖ 形心圆

形心圆   如图 3.234，设 A,B,C,D 四点共圆，G_a,G_b,G_c,G_d 分别是 $\triangle BCD,\triangle ACD,\triangle DAB,\triangle CAB$ 的形心（重心），则这四个形心也共圆.

该问题见《美国数学月刊》(1965)1026 页，问题 E1740.

一些难度很大的几何问题常常可以用力学的方法迅速解决. 如图 3.235，设 A,B,C,D 四点上各悬挂 1 单位质量的物质，则四个形心处相当于各悬挂了 3 个单位质量的物质. 再设这个系统的重心为 G，则点 G 处的质量是 4 个单位，且 G 在线段 DG_d 上，以 $1:3$ 将此线段分成两段. 同样 G 也位于 AG_a,BG_b,CG_c 上，以 $1:3$ 将它们均分成两段. 于是以相似系数 $-\dfrac{1}{3}$ 作关于 G 点的伸缩变换，就使 A,B,C,D 变成 G_a,G_b,G_c,G_d. 但经过伸缩变换，圆仍然变成圆. 由 A,B,C,D 共圆，知 G_a,G_b,G_c,G_d 也共圆.

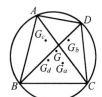

图 3.234

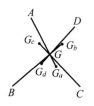

图 3.235

现采用几何方法证明如下：如图 3.236，取 BC 的中点 M，联结 MA,MD，由于 G_d 是 $\triangle ABC$ 的重心，G_d 在 AM 上，且 $MG_d=\dfrac{1}{3}AM$；又由于 G_a 是 $\triangle BCD$ 的重心，G_a 在 DM 上，且 $MG_a=\dfrac{1}{3}DM$，所以 G_aG_d // AD，且 $G_aG_d=\dfrac{1}{3}AD$.

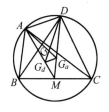

图 3.236

联结 AG_a,DG_d，它们相交于点 G，且 $\dfrac{G_aG}{GA}=\dfrac{1}{3}$，$\dfrac{G_dG}{GD}=\dfrac{1}{3}$. 可见点 G 是 AG_a 上的一个定点，它内分 G_aA 成 $1:3$.

同理可证，BG_b,CG_c 也通过定点 G，且 $\dfrac{G_bG}{BG}=\dfrac{1}{3}$，$\dfrac{G_cG}{GC}=\dfrac{1}{3}$.

由于 G_aA,G_bB,G_cC,G_dD 均过定点 G，且 $\dfrac{G_aG}{GA}=\dfrac{G_bG}{GB}=\dfrac{G_cG}{GC}=\dfrac{G_dG}{GD}=\dfrac{1}{3}$，故

四边形 $G_aG_bG_cG_d$ 是四边形 $ABCD$ 的位似形,其位似中心是 G,其相似比为 $\dfrac{1}{3}$.

既然四边形 $ABCD$ 是圆内接四边形,故四边形 $G_aG_bG_cG_d$ 必是圆内接四边形,即 G_a,G_b,G_c,G_d 必共圆.

上述结论可推广到圆内接任意多边形的情形,即由圆的任意内接多边形 n 个顶点,可以确立与之相类似的多边形,其 n 个顶点就是 n 个小多边形($(n-1)$ 边形)的形心,这 n 个小多边形是由原多边形 n 个顶点中的 $(n-1)$ 个顶点构成.

在三维空间,也有类似的关系.

❖四边形内接于圆与其三角形切圆半径相关的定理

定理 1 四边形 $ABCD$ 顶点组成的三角形 $\triangle BCD$,$\triangle ACD$,$\triangle ABD$,$\triangle ABC$ 的内心分别记为 I_1,I_2,I_3,I_4,内切圆半径分别记为 r_1,r_2,r_3,r_4,则四边形 $ABCD$ 内接于圆的充要条件是

$$r_1 + r_3 = r_2 + r_4$$

证明 如图 3.237,必要性.注意到三角形外心到三边的有向距离和定理,即在 $\triangle ABC$ 中,O 为外心,R,r_4 分别为其外接圆与内切圆半径,记 d_{BC} 为 O 到 BC 的有向距离(若 O,A 在 BC 同侧时,d_{BC} 为正,否则为负),类似地有 d_{AC},d_{AB},令 $BC=a$,$AC=b$,$AB=c$,作 AB,BC,CA 的垂线段 OM,ON,OP,则由托勒密定理,有

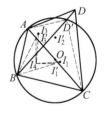

图 3.237

$$OA \cdot MP + OP \cdot AM = OM \cdot AP$$

即
$$R \cdot \frac{a}{2} + (-d_{AC}) \cdot \frac{c}{2} = d_{AB} \cdot \frac{b}{2}$$

亦即
$$b \cdot d_{AB} + c \cdot d_{AC} = R \cdot a$$

同理有
$$c \cdot d_{BC} + a \cdot d_{AB} = R \cdot b, a \cdot d_{AC} + b \cdot d_{BC} = R \cdot c$$

又
$$2S_{\triangle ABC} = 2(S_{\triangle ABO} + S_{\triangle BCO} - S_{\triangle CAO})$$

有
$$c \cdot d_{AB} + a \cdot d_{BC} + b \cdot d_{AC} = r_4(a + b + c)$$

---

① 孙幸荣,汪飞.两个优美的几何恒等式[J].数学通报.2005(2):27.

将前三式相加代入此式即得

$$r_4 = d_{AB} + d_{BC} + d_{AC} - R \qquad\qquad (*)$$

设四边形 $ABCD$ 的外接圆圆心为 O，且点 O 在 $\triangle BCD$ 内部，也在 $\triangle ABC$ 内部，则

$$r_1 = d_{BD} + d_{BC} + d_{CD} - R = |d_{BD}| + |d_{BC}| + |d_{CD}| - R$$

$$r_2 = d_{AC} + d_{AD} + d_{CD} - R = -|d_{AC}| + |d_{AD}| + |d_{CD}| - R$$

$$r_3 = d_{BD} + d_{AD} + d_{AB} - R = -|d_{BD}| + |d_{AD}| + |d_{AB}| - R$$

$$r_4 = d_{AB} + d_{BC} + d_{AC} - R = |d_{AB}| + |d_{BC}| + |d_{AC}| - R$$

于是
$$r_1 + r_3 = r_2 + r_4$$

注　由 $r_1 + r_3 = r_2 + r_4$ 即有 $|r_1 - r_2| = |r_3 - r_4|$，$|r_1 - r_4| = |r_2 - r_3|$．又运用圆内接四边形的相关四边形定理 9(1) 知 $I_1 I_2 I_3 I_4$ 为平行四边形．再注意到圆内接四边形的相关四边形定理 3，或直接由凸四边形四顶点组成的三角形内(旁)心四边形定理 1，知 $I_1 I_2 I_3 I_4$ 为矩形．

充分性．(反证法①)作 $\triangle ABC$ 的外接圆圆 O，假设 D 不在圆周上，设圆 O 交 BD(或 BD 延长线)于 D'，联结 AD'，CD'，设 $\triangle ABD'$，$\triangle BCD'$，$\triangle ACD'$ 的内心分别记为 I'_3，I'_1，I'_2，半径分别记为 r'_3，r'_1，r'_2．

由必要性知 $r'_1 + r'_3 = r'_2 + r_4$，又由凸四边形四顶点组成的三角形内(旁)心四边形定理 1，知四边形 $I'_1 I'_2 I'_3 I_4$ 是矩形，则

$$\angle I'_3 I_4 I'_1 = 90°$$

(1) 若 D' 在线段 BD 上，易知 B，I'_3，I_3 在一直线上，B，I'_1，I_1 在一直线上，因

$$\angle I'_3 AB = \frac{1}{2} \angle D'AB < \frac{1}{2} \angle DAB = \angle I_3 AB$$

则 I'_3 在线段 BI_3 上．

同理 I'_1 在线段 BI_1 上，则

$$\angle I'_3 I_4 I'_1 > \angle I_3 I_4 I_1$$

由平面四边形四顶点组成的三角形内(旁)心四边形定理 1，知当 $r_1 + r_3 = r_2 + r_4$ 时，四边形 $I_1 I_2 I_3 I_4$ 是矩形，即 $\angle I_3 I_4 I_1 = 90°$．矛盾．

(2) 若 D' 在线段 BD 的延长线上，亦矛盾．

则四边形 $ABCD$ 有外接圆．

注　式 $(*)$ 的一般情形为：设 $\triangle ABC$ 内切圆和外接圆半径分别为 r 和 R，外心 O 到边

---

①　邹黎明．涉及四边形的两个优美结论[J]．中学数学，2005(12)：37．

a,b,c 的距离分别为 d_a,d_b,d_c,则

$$\pm d_a \pm d_b \pm d_c = R + r$$

其中,当 A,B 或 C 为钝角时,d_a,d_b 或 d_c 取 "$-$".

为了证明这个结论,先看几条引理:

引理 1 在 $\triangle ABC$ 中,有

$$\cos A + \cos B + \cos C = 1 + 4\sin\frac{A}{2}\sin\frac{B}{2} \qquad ①$$

应用和差化积公式,很易证.

引理 2 $$r = 4R\sin\frac{A}{2}\sin\frac{B}{2}\sin\frac{C}{2} \qquad ②$$

应用半角公式,有

$$\sin\frac{A}{2}\sin\frac{B}{2}\sin\frac{C}{2} =$$

$$\sqrt{\frac{p_b p_c}{bc}}\sqrt{\frac{p_c p_a}{ca}}\sqrt{\frac{p_a p_b}{ab}}\ (\text{其中 } p_a = p - a \text{ 等}) =$$

$$\frac{p_a p_b p_c}{abc} = \frac{p p_a p_b p_c}{p \cdot 4R\Delta} = \frac{\Delta^2}{p \cdot 4R\Delta} = \frac{\Delta}{p} \cdot \frac{1}{4R} =$$

$$\frac{r}{4R}$$

即得 ②

引理 3 O 为 $\triangle ABC$ 外心,$OD \perp BC$ 于 $D(OE \perp CA$ 于 $E,OF \perp AB$ 于 $F)$,则

$$\angle BOD = \angle A \text{ 或 } 180° - \angle A$$

事实上,如图 3.238,若 $\angle A \leqslant 90°$

则 $$\angle BOD \stackrel{m}{=\!=\!=} \frac{1}{2}\ \overset{\frown}{BA'C} \stackrel{m}{=\!=\!=} \angle A$$

若 $\angle A > 90°$,则

$$\angle BOD \stackrel{m}{=\!=\!=} \frac{1}{2}\ \overset{\frown}{BAC} \stackrel{m}{=\!=\!=}$$

$$\frac{1}{2}(360° - \overset{\frown}{BA'C}) \stackrel{m}{=\!=\!=} 180° - \frac{1}{2}\ \overset{\frown}{BA'C} \stackrel{m}{=\!=\!=}$$

$$180° - \angle A$$

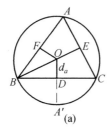(a)
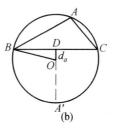(b)

图 3.238

引理 4 在 $\triangle ABC$ 中,

P
M
J
H
W
B
M
T
J
Y
Q
W
B
T
D
L
(X)

平面几何500名题暨1500条定理(下)

190

$$d_a = \pm R\cos A, d_b = \pm R\cos B, d_c = \pm R\cos C \qquad ③$$

事实上,如图 3.238,在 $\triangle BOD$ 中,

由于 $$\angle BOD = \angle A \text{ 或 } 180° - \angle A$$

故 $$d_a = BO \cdot \cos \angle BOD = R\cos A$$

或 $$R\cos(180° - \angle A) = R\cos A$$

或 $-R\cos A$. 类似可证另两个.

于是上述结论的证明水到渠成:

若 $\triangle ABC$ 为直角或锐角三角形,依次用公式 ③,① 和 ②,有

$$d_a + d_b + d_c = R\cos A + R\cos B + R\cos C =$$
$$R(\cos A + \cos B + \cos C) =$$
$$R(1 + 4\sin\frac{A}{2}\sin\frac{B}{2}\sin\frac{C}{2}) =$$
$$R(1 + \frac{r}{R}) = R + r$$

若 $\angle A > 90°$,则由公式 ③:

$$d_a = -R\cos A, d_b = R\cos B, d_c = R\cos C$$

用 ①,②: $-d_a + d_b + d_c =$

$$R(\cos A + \cos B + \cos C) = R + r$$

类似可证 $\angle B > 90°$ 或 $\angle C > 90°$ 的情形.

上述一般结论,有些书中又称为卡诺定理.

定理 2 四边形 $ABCD$ 顶点组成的三角形 $\triangle BCD$,$\triangle ACD$,$\triangle ABD$,$\triangle ABC$ 中 AC,BD 一侧的旁切圆半径分别为 r_A,r_B,r_C,r_D,则四边形 $ABCD$ 内接于圆的充要条件是 $r_A + r_C = r_B + r_D$.①

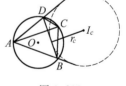

图 3.239

证明 必要性. 如图 3.239,令 $AD = a$,$AB = b$,$BC = c$,$CD = d$,$BD = x$,$AC = y$,并记圆 O 的半径为 R,由三角形的面积公式,得

$$S_{\triangle ABC} = \frac{1}{2}(b + c - y)r_D = \frac{bcy}{4R}$$

所以 $$2Rr_D = \frac{bcy}{b + c - y}$$

同理 $$2Rr_B = \frac{ady}{a + d - y}$$

$$2Rr_C = \frac{abx}{a + b - x}, 2Rr_A = \frac{cdx}{c + d - x}$$

---

① 贯福春. 四边形的两个优美性质[J]. 中学数学,2005(7):37.

于是
$$r_A + r_C = r_B + r_D \Leftrightarrow \frac{abx}{a+b-x} + \frac{cdx}{c+d-x} =$$

$$\frac{ady}{a+d-y} + \frac{bcy}{b+c-y} \qquad ①$$

由圆内接四边形边与对角线关系定理 1 知,$\dfrac{x}{y} = \dfrac{ad+bc}{ab+cd}$,将其变形可得

$$ab(c+d-x) + cd(a+b-x) = ad(b+c-y) + bc(a+d-y) \qquad ②$$

把式 ① 通分,并运用式 ②,可得

$$式 ① \Leftrightarrow x(a+d-y)(b+c-y) =$$
$$y(a+b-x)(c+d-x) \qquad ③$$

而　　式 ③ 左边 $= (x(a+d) - xy)(b+c-y) =$
$$((a+d)x - (ac+bd))(b+c-y) =$$
$$(ac+bd)y + (a+d)(b+c)x -$$
$$(b+c)(ac+bd) - (a+d)xy =$$
$$(ac+bd)y + (ac+bd)x + (ab+cd)x -$$
$$(a+b+c+d)xy =$$
$$(ac+bd)x + (ac+bd)y + (ad+bc)y -$$
$$(c+d)xy - (a+b)xy =$$
$$x^2 y + (a+b)(c+d)y - (c+d)xy -$$
$$(a+b)xy =$$
$$(a+b)y(c+d-x) - xy(c+d-x) =$$
$$(c+d-x)(a+b-x)y =$$
$$式 ③ 右边$$

可见,原命题成立.

充分性.(反证法) 如图 3.240,作 $\triangle ABC$ 的外接圆圆 O,假设 D 不在圆周上,设圆 O 与 BD(或 BD 的延长线)交于 D',联结 AD',CD',设 $\triangle BCD'$,$\triangle ACD'$,$\triangle ABD'$ 中 AC,BD 一侧的旁切圆圆心分别记为 I'_A,I'_B,I'_C,半径分别记为 r'_A,r'_B,r'_C. 由定理 1 知 $r'_A + r'_C = r'_B + r'_D$,由凸四边形四顶点组成的三角形内(旁)心四边形定理 2 知 $I'_A I'_B I'_C I_D$ 是矩形,则 $\angle I'_A I_D I'_C = 90°$.

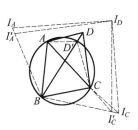

图 3.240

(1) 若 D' 在线段 BD 上,易知点 B,I'_C,I_C 在一直线上,点 B,I'_A,I_A 在一直线上. 又

$$\angle BCI'_c = \frac{1}{2}\angle BCD' < \frac{1}{2}\angle BCD = \angle BCI_c$$

则 I'_c 在线段 BI_c 上.同理 I'_A 在线段 BI_A 上.则

$$\angle I_A I_D I_c > \angle I'_A I_D I'_c$$

又

$$r_A + r_C = r_B + r_D$$

按定理1中注推知四边形 $I_A I_B I_C I_D$ 是矩形,则 $\angle I_A I_D I_c = 90°$.矛盾.

(2)若 D' 在线段 BD 的延长线上,亦可得矛盾.

故四边形 $ABCD$ 内接于圆.

推论 四边形 $ABCD$ 内接于圆 O,$\triangle BCD$,$\triangle ACD$,$\triangle ABD$,$\triangle ABC$ 中 AC,BD 一侧的旁切圆的圆心分别为 I_A,I_B,I_C,I_D,则

$$I_A O^2 + I_C O^2 = I_B O^2 + I_D O^2$$

证明 由欧拉公式:$R^2 + 2Rr_A = I_A O^2$ 等,所以

$$(I_A O^2 + I_C O^2) - (I_B O^2 + I_D O^2) = 2R((r_A + r_C) - (r_B + r_D)) = 0$$

即

$$I_A O^2 + I_C O^2 = I_B O^2 + I_D O^2$$

❖圆内接四边形的特殊点与圆上一点的定值问题

定理 1 矩形外接圆周上任一点,到各顶点距离的平方和为定值.

证明 如图3.241,P 为矩形 $ABCD$ 外接圆周上任一点,圆 O 半径为 R.由勾股定理易得

$$PA^2 + PB^2 + PC^2 + PD^2 = 8R^2$$

定理 2 矩形外接圆周上任一点,到各边中点距离的平方和为定值.[①]

证明 如图3.242,设 P 为矩形 $ABCD$ 外接圆周上任一点,圆 O 半径为 R,x,y,z,u 依次为 P 到 AB,BC,CD,DA 各边中点的距离.

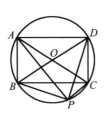
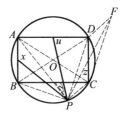

图 3.241　　　　　图 3.242

---

① 刘清阁.矩形外接圆上点的有趣性[J].数学通报,1994(2):25-26.

联结 PA，PB，PC，PD，作平行四边形 $DPCF$，根据"平行四边形对角线的平方和，等于各边平方之和"有

$$(2z)^2 + CD^2 = 2(PC^2 + PD^2)$$

即

$$z^2 = \frac{1}{2}(PC^2 + PD^2) - \frac{1}{4}CD^2$$

同理

$$x^2 = \frac{1}{2}(PA^2 + PB^2) - \frac{1}{4}AB^2$$

$$y^2 = \frac{1}{2}(PB^2 + PC^2) - \frac{1}{4}BC^2$$

$$u^2 = \frac{1}{2}(PD^2 + PA^2) - \frac{1}{4}AD^2$$

于是

$$x^2 + y^2 + z^2 + u^2 = \frac{1}{2}(PA^2 + PB^2 + PB^2 + PC^2 +$$

$$PC^2 + PD^2 + PD^2 + PA^2) -$$

$$\frac{1}{4}(AB^2 + BC^2 + CD^2 + AD^2) =$$

$$PA^2 + PB^2 + PC^2 + PD^2 - \frac{1}{4}(AC^2 + AC^2)$$

而 $PA^2 + PB^2 + PC^2 + PD^2 = 8R^2$，$AC^2 = (2R)^2 = 4R^2$，故

$$x^2 + y^2 + z^2 + u^2 = 8R^2 - \frac{1}{4} \times 8R^2 = 6R^2$$

定理 3　矩形两组对边上关于它的外接圆圆心的对称点将各边分为成比例的线段，则此圆周上任一点到两组对称点的距离的平方和为定值.①

证明　如图 3.243(a) 或 (b)，矩形 $ABCD$ 的外接圆 O 的半径为 R，P 为圆 O 上的一点；M_1 与 M_2，N_1 与 N_2 分别为两组对边 AB 与 CD，BC 与 DA 上关于圆心 O 的对称点，且 $\dfrac{AM_1}{M_1B} = \dfrac{BN_1}{N_1C} = \dfrac{m}{n}$（或 $\dfrac{AM_1}{M_1B} = \dfrac{N_1C}{BN_1} = \dfrac{m}{n}$）. 其中 m，n 为常数.

联结 PA，PB，PC 和 PD. 在 $\triangle PAB$ 中，因为 $\dfrac{AM_1}{M_1B} = \dfrac{m}{n}$，应用斯特瓦尔特定理，则

$$PM_1^2 = \frac{AM_1 \cdot PB^2 + M_1B \cdot PA^2}{AM_1 + M_1B} - AM_1 \cdot M_1B =$$

$$\frac{\dfrac{m}{m+n}AB \cdot PB^2 + \dfrac{n}{m+n}AB \cdot PA^2}{AB} -$$

---

①　王玉怀.矩形外接圆周上点的有趣性质的推广[J].数学通讯,1995(3):30-31.

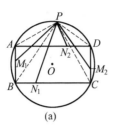 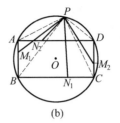

图 3.243

$$\frac{m}{m+n}AB \cdot \frac{n}{m+n} \cdot AB =$$

$$\frac{mPB^2 + nPA^2}{m+n} - \frac{mn}{(m+n)^2}AB^2 \qquad ①$$

同理可得以下结论②,③和④.

在 $\triangle PBC$ 中,有

$$PN_1^2 = \frac{mPC^2 + nPB^2}{m+n} - \frac{mn}{(m+n)^2}BC^2 \qquad ②$$

在 $\triangle PCD$ 中,有

$$PM_2^2 = \frac{mPD^2 + nPC^2}{m+n} - \frac{mn}{(m+n)^2}CD^2 \qquad ③$$

在 $\triangle PDA$ 中,有

$$PN_2^2 = \frac{mPA^2 + nPD^2}{m+n} - \frac{mn}{(m+n)^2}DA^2 \qquad ④$$

将上述 ① ~ ④ 的两边分别相加,则得

$$PM_1^2 + PN_1^2 + PM_2^2 + PN_2^2 = \frac{(m+n)(PA^2 + PB^2 + PC^2 + PD^2)}{m+n} -$$

$$\frac{mn}{(m+n)^2}(AB^2 + BC^2 + CD^2 + DA^2) =$$

$$(PA^2 + PB^2 + PC^2 + PD^2) -$$

$$- \frac{mn}{(m+n)^2}(AB^2 + BC^2 + CD^2 + DA)^2$$

注意到

$$PA^2 + PC^2 = (2R)^2, PB^2 + PD^2 = (2R)^2$$

及

$$AB^2 + BC^2 + CD^2 + DA^2 = (2R)^2 + (2R)^2 = 8R^2$$

则

$$PM_1^2 + PN_1^2 + PM_2^2 + PN_2^2 = 8R^2 - \frac{mn}{(m+n)^2}(8R^2) = 8R^2(1 - \frac{mn}{(m+n)^2})$$

因为 R, m, n 均为常数，所以

$$PM_1^2 + PN_1^2 + PM_2^2 + PN_2^2 = 定值$$

特别地，当 $m = n$ 时，即当 M_1, N_1, M_2 和 N_2 分别为各边中点时，则

$$PM_1^2 + PN_1^2 + PM_2^2 + PN_2^2 = 8R^2\left(1 - \frac{1}{4}\right) = 6R^2$$

定理 4　圆内接四边形外接圆上任一点至各顶点所作切线的距离之积与该点至各条对角线的距离之积的平方相等.①

证明　如图 3.244，设四边形 $A_1A_2A_3A_4$ 的外接圆

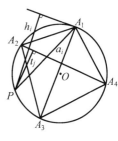

上一点 P 至各顶点所作切线的距离和至各顶点的距离依次为 h_i 和 $a_i (i = 1, 2, 3, 4)$，点 P 至各对角线的距离为 t_j $(j = 1, 2)$，为简便计，设圆 O 直径为 1，则

$$h_1 h_2 h_3 h_4 = a_1^2 a_2^2 a_3^2 a_4^2 = (a_1 a_2 a_3 a_4)^2$$

又根据如下结论：

三角形一边上的高与外接圆直径的积等于另两边的

图 3.244

积.

在 $\triangle PA_2A_4$ 和 $\triangle PA_1A_2$ 中，得

$$t_1 = a_2 a_4, \quad t_2 = a_1 a_3$$

则

$$t_1 t_2 = a_1 a_2 a_3 a_4$$

故

$$h_1 h_2 h_3 h_4 = (t_1 t_2)^2$$

命题得证.

显然，当 $P \in A_i$（即点 P 与任一顶点重合）时，$h_1 h_2 h_3 h_4 = (t_1 t_2)^2 = 0$.

推广 1　圆内接五边形外接圆上任一点至过各顶点所作切线的距离之积与该点至各条对角线的距离之积相等.

略证　$h_1 h_2 h_3 h_4 h_5 = a_1^2 a_2^2 a_3^2 a_4^2 a_5^2$，又在 $\triangle PA_1A_3, \triangle PA_2A_4, \triangle PA_2A_5,$ $\triangle PA_1A_4$ 和 $\triangle PA_3A_5$ 中，得

$$t_1 t_2 t_3 t_4 t_5 = (a_1 a_3)(a_1 a_4)(a_2 a_4)(a_2 a_5)(a_3 a_5) = a_1^2 a_2^2 a_3^2 a_4^2 a_5^2$$

所以

$$h_1 h_2 h_3 h_4 h_5 = t_1 t_2 t_3 t_4 t_5$$

命题得证，显然，当 $P \in A_i$（即点 P 与任一顶点重合）时

$$h_1 h_2 h_3 h_4 h_5 = t_1 t_2 t_3 t_4 t_5 = 0$$

推广 2　圆内接六边形外接圆上一点至过各顶点所作切线的距离之积与该点至各条对角线的距离之积的 $\frac{2}{3}$ 次方相等.

---

① 于志洪. 几个新发现的几何定理[J]. 中学数学(湖北)，1992(5)：26.

略证 图略,仿上面的证明可得到

$$h_1h_2h_3h_4h_5h_6=(t_1t_2\cdots t_9)^{\frac{2}{3}}=((t_1t_2\cdots t_9)^1)^{\frac{2}{3}}=$$
$$((a_1a_2\cdots a_6)^3)^{\frac{2}{3}}=a_1^2a_2^2\cdots a_6^2$$

故命题得证. 显然,当 $P\in A_i$(即点 P 与任一顶点重合)时

$$h_1h_2\cdots h_6=(t_1t_2\cdots t_9)^{\frac{2}{3}}=0$$

推广 3 圆内接七边形外接圆上一点至过各顶点所作切线的距离之积与该点至各条对角线的距离之积的 $\frac{1}{2}$ 次方相等.

略证 图略,仿上面的证明可证得 $h_1h_2\cdots h_7=(t_1t_2\cdots t_{14})^{\frac{1}{2}}=a_1^2a_2^2\cdots a_7^2$,命题得证. 显然,当 $P\in A_i$(即点 P 与任一顶点重合)时

$$h_1h_2\cdots h_7=(t_1t_2\cdots t_{14})^{\frac{1}{2}}=0$$

可得到更一般的推广,现将上述情况列表归纳总结如表 1.

196

表 1

多边形边数	对角线条数	对角线数目与多边形边数之间的关系	结　论
4	2	$4\div 2=2=\dfrac{2}{4-3}$	$h_1h_2h_3h_4=(t_1t_2)^2$
5	5	$5\div 5=1=\dfrac{2}{5-3}$	$h_1h_2h_3h_4h_5=(t_1t_2t_3t_4t_5)^1$
6	9	$6\div 9=\dfrac{2}{3}=\dfrac{2}{6-3}$	$h_1h_2\cdots h_6=(t_1t_2\cdots t_9)^{\frac{2}{3}}$
7	14	$7\div 14=\dfrac{1}{2}=\dfrac{2}{7-3}$	$h_1h_2\cdots h_7=(t_1t_2\cdots t_{14})^{\frac{1}{2}}$
8	20	$8\div 20=\dfrac{2}{5}=\dfrac{2}{8-3}$	$h_1h_2\cdots h_8=(t_1t_2\cdots t_{20})^{\frac{2}{5}}$
9	27	$9\div 27=\dfrac{1}{3}=\dfrac{2}{9-3}$	$h_1h_2\cdots h_9=(t_1t_2\cdots t_{27})^{\frac{1}{3}}$
⋮	⋮		⋮
n	$\dfrac{n(n-3)}{2}$	$n\div\dfrac{n(n-3)}{2}=\dfrac{2}{n-3}$	$h_1h_2\cdots h_n=(t_1t_2\cdots t_{\frac{n(n-3)}{2}})^{\frac{2}{n-3}}$

至此上面的推广可叙述为:

圆内接 n 边形$(n\geqslant 24)$外接圆上一点至过各顶点所作切线的距离之积与该点至各条对角线的距离之积的 $\dfrac{2}{n-3}$ 次方相等.(证明简单,略)

同样,当 $P\in A_i$(即点 P 与任一顶点重合)时

$$h_1h_2\cdots h_n=(t_1t_2\cdots t_{\frac{n(n-3)}{2}})^{\frac{2}{n-3}}=0$$

❖折四边形问题

有两条边相交的四边形称为折四边形. 凸四边形的两条对边和两条对角线就组成折四边形. 折四边形也可称为蝶形, 这个交点也可称为蝶心. 折四边形又是有对顶角的两个三角形.①

在完全四边形中有折四边形, 对于塞瓦点在三角形形外的情形也含有折四边形, 此时塞瓦定理的结论可作为折四边形的一条性质.

折四边形有如下一些有趣性质:

定理 1 折四边形中非对顶角的两对应顶角和相等.

定理 2 联结对角线后的折四边形中的两双对顶三角形面积相等的充要条件是相交两边中有一条边被平分.

证明 如图 3.245, 设折四边形 $ABCD$ 的边 AD 与 BC 交于 E, 记 $AE = m_1$, $ED = m_2$, $BE = n_1$, $EC = n_2$, $\angle AEB = \angle CED = \alpha$, 则

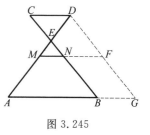

图 3.245

$$(S_{\triangle AEC} + S_{\triangle BED}) - (S_{\triangle AEB} + S_{\triangle CED}) =$$
$$\frac{1}{2}(m_1 n_2 + n_1 m_2 - m_1 n_1 - m_2 n_2)\sin\alpha =$$
$$\frac{1}{2}(n_2 - n_1)(m_1 - m_2)\sin\alpha = 0$$

得 $n_1 = n_2$ 或 $m_1 = m_2$.

定理 3 折四边形非相交对边平行的充要条件是相交边分成的四线段成反比例 (即 $m_1 n_1 = m_2 n_2$).

定理 4 (1) 在有一双对边平行的折四边形中, 相交的一双对边若不互相平分, 则它们的中点连线平行于该双平行的对边且等于其半差.

(2) 若折四边形相交两边中点的连线平行于第三边, 则也平行于第四边.

证明 如图 3.245, 设 N, M 分别为折四边形 $ABCD$ 相交边 BC, AD 的中点.

(1) 过 D 作 $DG \parallel CB$ 交 AB 的延长线于 G, 由 $AB \parallel CD$, 即知

$$MF = MN + NF = \frac{1}{2}(AB + BG)$$

① 沈文选. 平面几何证明方法全书[M]. 哈尔滨: 哈尔滨工业大学出版社, 2006: 383-384.

由此即有
$$MN = \frac{1}{2}(AB - CD)$$

（2）由 $MN \parallel AB$ 知

$$\frac{EM}{EA} = \frac{EN}{EB}$$

即

$$\frac{EM}{EA - EM} = \frac{EN}{EB - EN}$$

亦即

$$\frac{EM}{ED} = \frac{EN}{EC}$$

故

$$MN \parallel CD$$

定理 5　折四边形内接于圆的充要条件是它的对角相等.

定理 6　折四边形有旁切圆的充要条件是一双对边的差等于另一双对边的差.

定理 7　（1）折四边形中,一组对边相等且不平行,另一组对边平行的充要条件是该四边形四个顶点为等腰梯形的四个顶点;

（2）折四边形中,一组对边相等且平行的充要条件是该四边形四个顶点为平行四边形的四个顶点.

定理 8　折四边形中,一组对边相等且不平行的充要条件是另一组对边中点的连线与相等两边所在直线成等角.

定理 9　折四边形中,一组对边相等且不平行的充分条件是以另一组对边中的一边为公共弦,以相等的边各自为弦的圆相等,且公共弦所在直线与该四边形的两条对角线成等角.

定理 10　折四边形中,一组对边相等且不平行的充要条件是以相等的边各自为弦,以另一组对边所在直线的交点为一公共点且相交的两圆为等圆.

定理 11　折四边形中,一组对边相等且不平行的充要条件是以相等的两边为割线段,以这两条边所在直线的交点为一公共点的相交两圆的公共弦平分这相等两边所在直线的夹角.

定理 12　折四边形中,一组对角相等的充要条件是这组对角的顶点,两组对边或其延长线的交点这四点共圆.

定理 13　如图 3.246 所示,折四边形 $BEDF$ 的边 DE,BF 所在直线交于点 A,BE,DF 所在直线交于点 C,记 B,D,E,F 到 AC 所在直线的距离分别为 d_B, d_D,d_E,d_F,则 $\dfrac{1}{d_D} + \dfrac{1}{d_F} = \dfrac{1}{d_B} + \dfrac{1}{d_E}$①

---

　①　田富德.蝶形的一个优美性质[J].中学数学研究,2012(6):20-21.

证明 过 A,B,D 作圆交 AC 所在直线于点 M,联结 BD 交 AC 于点 O,联结 BM,DM.由于 A,B,M,D 四点共圆,易证 $\triangle ABO \sim \triangle DMO$ 及 $\triangle ADO \sim \triangle BMO$,所以

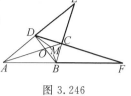

图 3.246

$$\frac{AB}{DM} = \frac{OB}{OM}, \frac{AD}{BM} = \frac{OD}{OM}$$

从而有

$$\frac{AB \cdot BM}{DM \cdot AD} = \frac{OB}{OD}$$

考虑 $\triangle ABD$,直线 AC,BC,DC 分别交 $\triangle ABD$ 三边 BD,AD,AB 所在直线于 O,E,F,则由引理有 $\dfrac{AF}{FB} \cdot \dfrac{BO}{OD} \cdot \dfrac{DE}{EA} = 1$,所以

$$\frac{AB \cdot BM}{DM \cdot AD} = \frac{AE \cdot BF}{AF \cdot DE}$$

设 A,B,M,D 四点所在圆的直径为 $2R$,所以
$$BM = 2R\sin \angle BAM, DM = 2R\sin \angle DAM$$

因此有

$$\frac{AB\sin \angle BAM}{AD\sin \angle DAM} = \frac{AE \cdot BF}{AF \cdot DE}$$

即

$$\frac{DE}{AE \cdot AD\sin \angle DAM} = \frac{BF}{AF \cdot AB\sin \angle BAM} \Leftrightarrow$$

$$\frac{AE - AD}{AE \cdot AD\sin \angle DAM} = \frac{AF - AB}{AF \cdot AB\sin \angle BAM} \Leftrightarrow$$

$$\left(\frac{1}{AD} - \frac{1}{AE}\right) \cdot \frac{1}{\sin \angle DAM} = \left(\frac{1}{AB} - \frac{1}{AF}\right) \cdot \frac{1}{\sin \angle BAM} \Leftrightarrow$$

$$\frac{1}{AD\sin \angle DAM} - \frac{1}{AE\sin \angle DAM} = \frac{1}{AB\sin \angle BAM} - \frac{1}{AF\sin \angle BAM} \Leftrightarrow$$

$$\frac{1}{d_D} - \frac{1}{d_E} = \frac{1}{d_B} - \frac{1}{d_F} \Leftrightarrow \frac{1}{d_D} + \frac{1}{d_F} = \frac{1}{d_B} + \frac{1}{d_E}$$

证毕.

定理 14 如图 3.247 所示,折四边形 $BEDF$ 的边 DE,BF 所在直线交于点 A,BE,DF 所在直线交于点 C,记 A,C,E,F 到 BD 所在直线的距离分别为 d_A,d_C,d_E,d_F,则 $\dfrac{1}{d_C} = \dfrac{1}{d_A} + \dfrac{1}{d_E} + 1\dfrac{d_F}{}$.

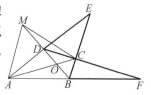

图 3.247

证明 过 A,B,C 作圆交 BD 所在直线于点 M,联结 AC 交 BD 于点 O,联结 AM,CM.由于 A,B,C,M 四点共圆,易证 $\triangle ABO \sim$

$\triangle MCO$ 及 $\triangle BCO \sim \triangle AMO$,所以

$$\frac{AB}{CM} = \frac{AO}{MO}, \frac{BC}{AM} = \frac{CO}{MO}$$

从而有

$$\frac{AB \cdot AM}{CM \cdot BC} = \frac{AO}{CO}$$

考虑 $\triangle ABC$,直线 AD,BD,CD 分别交 $\triangle ABC$ 三边 BC,AC,AB 所在直线于 E,O,F,则由引理有

$$\frac{AF}{FB} \cdot \frac{BE}{EC} \cdot \frac{CO}{OA} = 1$$

所以

$$\frac{AB \cdot AM}{CM \cdot BC} = \frac{AF}{FB} \cdot \frac{BE}{EC}$$

设 A,B,C,M 四点所在圆的直径为 $2R$,所以

$$AM = 2R\sin\angle ABM, CM = 2R\sin\angle CBM$$

因此有

$$\frac{AB\sin\angle ABM}{BC\sin\angle CBM} = \frac{AF}{FB} \cdot \frac{BE}{EC}$$

即

$$\frac{EC}{BC \cdot BE\sin\angle CBM} = \frac{AF}{FB \cdot AB\sin\angle ABM} \Leftrightarrow$$

$$\frac{BE - BC}{BC \cdot BE\sin\angle CBM} = \frac{AB + BF}{FB \cdot AB\sin\angle ABM} \Leftrightarrow$$

$$\left(\frac{1}{BC} - \frac{1}{BE}\right) \cdot \frac{1}{\sin\angle CBM} = \left(\frac{1}{FB} + \frac{1}{AB}\right) \cdot \frac{1}{\sin\angle ABM} \Leftrightarrow$$

$$\frac{1}{BC\sin\angle CBM} - \frac{1}{BE\sin\angle CBM} = \frac{1}{FB\sin\angle ABM} + \frac{1}{AB\sin\angle ABM} \Leftrightarrow$$

$$\frac{1}{d_C} - \frac{1}{d_E} = \frac{1}{d_F} + \frac{1}{d_A} \Leftrightarrow$$

$$\frac{1}{d_C} = \frac{1}{d_A} + \frac{1}{d_E} + \frac{1}{d_F}$$

于是,定理 14 得证.

定理 15 如图 3.248 所示,折四边形 $BEDF$ 的边 DE,BF 所在直线交于点 A,BE,DF 所在直线交于点 C,记 A,B,C,D 到 EF 所在直线的距离分别为 d_A,d_B,d_C,d_D,则 $\frac{1}{d_A} + \frac{1}{d_C} = \frac{1}{d_B} + \frac{1}{d_D}$.

证明 过 A,C,E 作圆交 EF 所在直线于点 M,联结 AC 并延长交 EF 于点 O,联结 AM,AC. 由于 A,C,E,M 四点共圆,易证 $\triangle AOE \sim \triangle MOC$ 及

$\triangle CEO \sim \triangle MAO$,所以
$$\frac{AE}{MC} = \frac{AO}{MO}, \frac{CE}{AM} = \frac{CO}{MO}$$

从而有
$$\frac{AE \cdot AM}{MC \cdot CE} = \frac{AO}{CO}$$

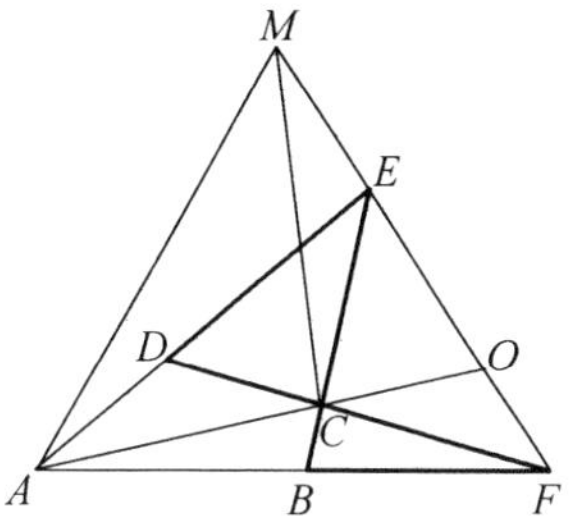

考虑 $\triangle ACE$,直线 AF,CF,EF 分别交 $\triangle ABC$ 三边 CE,AE,AC 所在直线于 B,D,O,则由引理有
$$\frac{AO}{OC} \cdot \frac{CB}{BE} \cdot \frac{ED}{DA} = 1$$

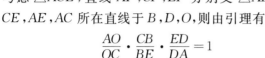

图 3.248

所以
$$\frac{AE \cdot AM}{MC \cdot CE} = \frac{AD \cdot BE}{BC \cdot DE}$$

设 A,C,E,M 四点所在圆的直径为 $2R$,所以
$$AM = 2R\sin \angle AEM, CM = 2R\sin \angle CEM$$

因此有
$$\frac{AE\sin \angle AEM}{CE\sin \angle CEM} = \frac{AD \cdot BE}{BC \cdot DE}$$

即
$$\frac{BC}{BE \cdot CE\sin \angle CEM} = \frac{AD}{AE \cdot DE\sin \angle AEM}$$
$$\frac{BE - CE}{BE \cdot CE\sin \angle CEM} = \frac{AE - DE}{AE \cdot DE\sin \angle AEM} \Leftrightarrow$$
$$(\frac{1}{CE} - \frac{1}{BE}) \cdot \frac{1}{\sin \angle CEM} = (\frac{1}{DE} - \frac{1}{AE}) \cdot \frac{1}{\sin \angle AEM} \Leftrightarrow$$
$$\frac{1}{CE\sin \angle CEM} - \frac{1}{BE\sin \angle CEM} =$$
$$\frac{1}{DE\sin \angle AEM} - \frac{1}{AE\sin \angle AEM} \Leftrightarrow$$
$$\frac{1}{d_C} - \frac{1}{d_B} = \frac{1}{d_D} - \frac{1}{d_A} \Leftrightarrow$$
$$\frac{1}{d_A} + \frac{1}{d_C} = \frac{1}{d_B} + \frac{1}{d_D}$$

于是,定理 15 得证.

最后,我们也指出:本章中介绍的有关平面四边形的有关结论也是折四边形的有关性质.

❖圆外切简单四边形问题

定理1 设 $ABCD$ 为圆的外切简单四边形,则 $AB+CD=BC+AD$. 反之,结论亦成立.

注 此结论包括凸四边形有内切圆,凹四边形有内切圆或旁切圆.

定理2 设简单四边形 $ABCD$ 的对边在延长后相交,如图 3.249 所示,如果 $ABCD$ 是圆的外切简单四边形,则有 $AK \pm AM = CM \pm CK$ 或 $KD+BM = MD+KB$ 或 $BA+DC=AD+CB$ 成立. 反之,只要上述关系式之一得以成立,则 $ABCD$ 就是圆外切四边形.

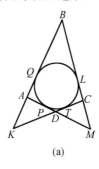
(a)

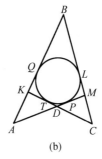
(b)

图 3.249

证明 必要性. 利用切线长定理,对图 3.249(a) 有

$$KA+AM=KQ-AQ+AP+PM=KT+ML=$$
$$KC-CT+CL+MC=KC+CM$$

对图 3.249(b),有

$$AK+CK=AQ-KQ+KT+TC=AP+CL=$$
$$AM-PM+LM+CM=CM+AM$$

同理,可证得其他结论.

通常对充分性的证明采用反证法,但下面的方法似乎更能体现内切圆的特性:对于凸四边形 $ABCD$ 而言,如图 3.250,在 KC 上截取 $KE=KA$,而在 MB 上取 $MF=MA$. 由等式

$$KA+AM=KC+CM$$

可得 $CF=MF-MC=MA-MC=KC-KA=EC$

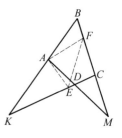

图 3.250

这样由于 $KA = KE$，$MA = MF$，$CE = CF$，$\angle AKD$，$\angle AMB$ 及 $\angle BCD$ 的角平分线就是 AE，AF 及 FE 的垂直平分线，说明这些角平分线相交于一点——$\triangle AEF$ 的外接圆心处. 该点对于 KB 与 KC，KC 与 BC，BC 与 AM 都是等距的，由此知该点与四边形 $ABCD$ 各边等距，且就是内切圆的圆心.

同理，对于凹四边形 $ABCD$ 而言，也可证得结论成立.

注 此定理表明：简单四边形 $ABCD$ 有内切圆的充要条件是由简单四边形 $ABCD$ 生成的折四边形 $AMCK$（M，K 为两组对边延长线的交点）的两邻边之和相等.

类似于定理 2 的证明，我们有下述结论：

定理 3 简单四边形有旁切圆的充要条件是一双对边的差等于另一双对边的差.

定理 4 设凸 $ABCD$ 为圆外切四边形，那么 $\triangle ABC$ 及 $\triangle CDA$ 的内切圆是互切的.

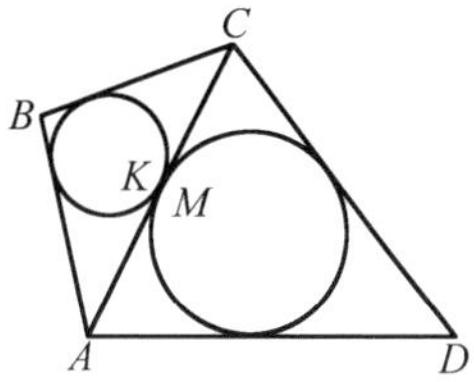

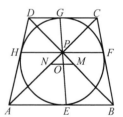

证明 设 $\triangle ABC$ 及 $\triangle CDA$ 的内切圆分别切 AC 于点 K 及 M，如图 3.251 所示，我们只需证明 K 及 M 重合. 事实上由切线长公式及定理 1 知

$$MK = \mid AM - AK \mid =$$

图 3.251

$$\mid \frac{1}{2}(AK + AC - BC) - \frac{1}{2}(AC + AD - CD) \mid =$$

$$\frac{1}{2} \mid AB + CD - BC - AD \mid = 0$$

定理 5 如图 3.252，设凸四边形 $ABCD$ 外切于圆 O，切 AB，BC，CD，DA 于 E，F，G，H，设 EG 与 FH 相交于 P，M，N 分别为 BD，AC 的中点. 则

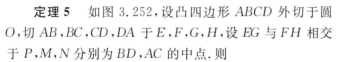

（1）M，N，O 共线.

（2）AC，BD 也过点 P（即四线共点于 P，布利安香定理的特例）.

图 3.252

证明 （1）设圆 O 的半径为 r，则 O 到凸四边形各边距离都为 r，注意到 $AB + CD = AD + BC$，则

$$S_{\triangle OAB} + S_{\triangle OCD} = S_{\triangle OAD} + S_{\triangle OBC} = \frac{1}{2}S_{ABCD}$$

所以 O 必在 MN 上，即 M，O，N 共线.

（2）联结 PA，PC，PB，PD，设 $\angle HPE = \angle FPG = \alpha$，$\angle HPA = \beta$，$\angle CPF = \gamma$，则

$$\angle APE = \alpha - \beta, \angle CPG = \alpha - \gamma$$

于是在 $\triangle AHP$ 中,有

$$\frac{AH}{\sin \beta} = \frac{AP}{\sin \angle AHF}$$

即

$$\frac{\sin \beta}{\sin \angle AHF} = \frac{AH}{AP}$$

同理,在 $\triangle AEP$ 中,有

$$\frac{\sin(\alpha - \beta)}{\sin \angle AEG} = \frac{AE}{AP}$$

而 $AE = AH$,从而

$$\frac{\sin \beta}{\sin \angle AHF} = \frac{\sin(\alpha - \beta)}{\sin \angle AEG} \qquad ①$$

由 $\triangle CPG$,$\triangle CPF$ 亦有

$$\frac{\sin \gamma}{\sin \angle CFH} = \frac{\sin(\alpha - \beta)}{\sin \angle CGE} \qquad ②$$

由弦切角性质,有

$$\angle AHF + \angle CFH = 180°$$

所以

$$\sin \angle AHF = \sin \angle CFH$$

同理

$$\sin \angle AEG = \sin \angle CGE$$

由 ①,② 得

$$\frac{\sin \beta}{\sin \gamma} = \frac{\sin(\alpha - \beta)}{\sin(\alpha - \gamma)}$$

展开化简得

$$\sin \alpha \cdot \sin(\beta - \gamma) = 0$$

但 $\sin \alpha \neq 0$,$\beta - \gamma \in (-\pi, \pi)$,从而 $\sin(\beta - \gamma) = 0$ 有 $\beta = \gamma$,即 A, P, C 共线.
同理 B, P, D 共线.

定理 6　若凸四边形 $ABCD$ 是圆 I 的外切四边形,则

$$\frac{AI^2}{DA \cdot AB} + \frac{BI^2}{AB \cdot BC} + \frac{CI^2}{BC \cdot CD} + \frac{DI^2}{CD \cdot DA} = 2$$

证明　如图 3.253,设凸四边形 $ABCD$ 的四个内角分别为 A, B, C, D,则

$$A + B + C + D = 2\pi$$

由圆的切线性质,得

$$\angle BAI = \angle DAI = \frac{1}{2}A, \quad \angle ABI = \angle CBI = \frac{1}{2}R$$

$$\angle BCI = \angle DCI = \frac{1}{2}C, \quad \angle ADI = \angle CDI = \frac{1}{2}D$$

在 $\triangle ABI$,$\triangle ABD$ 中用正弦定理,有

$$\frac{AI}{AB} = \frac{\sin\frac{B}{2}}{\sin\frac{1}{2}(A+B)}$$

$$\frac{AI}{DA} = \frac{\sin\frac{D}{2}}{\sin\frac{1}{2}(A+D)}$$

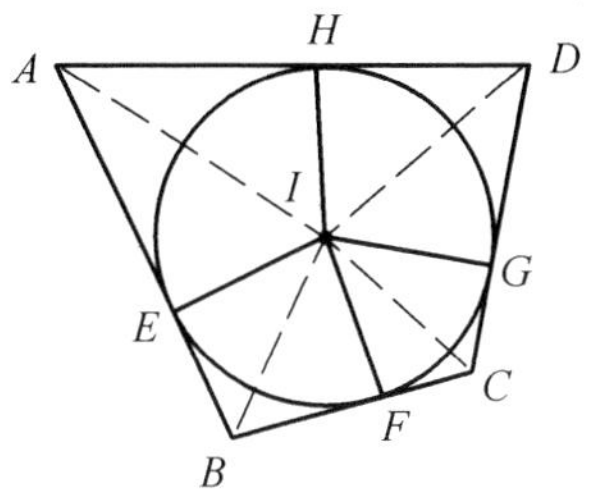

图 3.253

上述两式相乘,有

$$\frac{AI^2}{DA \cdot AB} = \frac{\sin\frac{B}{2} \cdot \sin\frac{D}{2}}{\sin\frac{1}{2}(A+B) \cdot \sin\frac{1}{2}(A+D)}$$

类似地,有

$$\frac{BI^2}{AB \cdot BC} = \frac{\sin\frac{A}{2} \cdot \sin\frac{C}{2}}{\sin\frac{1}{2}(B+A) \cdot \sin\frac{1}{2}(B+C)}$$

由上述两式相加,并化简得

$$\frac{AI^2}{DA \cdot AB} + \frac{BI^2}{AB \cdot BC} = \frac{1}{\sin\frac{1}{2}(A+B)}\left[\frac{\sin\frac{B}{2} \cdot \sin\frac{D}{2}}{\sin\frac{1}{2}(A+D)} + \frac{\sin\frac{A}{2} \cdot \sin\frac{C}{2}}{\sin\frac{1}{2}(2\pi - A - D)}\right] =$$

$$\frac{\sin\frac{B}{2} \cdot \sin\frac{D}{2} + \sin\frac{A}{2} \cdot \sin\frac{C}{2}}{\sin\frac{1}{2}(A+B) \cdot \sin\frac{1}{2}(A+D)}$$

注意到

$$\sin\frac{B}{2} \cdot \sin\frac{D}{2} + \sin\frac{A}{2} \cdot \sin\frac{C}{2} =$$

$$\frac{1}{2}\left(\cos\frac{B-D}{2} + \cos\frac{A-C}{2}\right) - \frac{1}{2}\left(\cos\frac{B+D}{2} + \cos\frac{2\pi - B - D}{2}\right) =$$

$$\cos\frac{A+B-C-D}{4} \cdot \cos\frac{B+C-A-D}{4} =$$

$$\cos\frac{2(A+B) - 2\pi}{4} \cdot \cos\frac{2\pi - 2(A+D)}{4} =$$

$$\sin\frac{1}{2}(A+B) \cdot \sin\frac{1}{2}(A+D)$$

所以

$$\frac{AI^2}{DA \cdot AB} + \frac{BI^2}{AB \cdot BC} = 1$$

同理 $\dfrac{CI^2}{BC\cdot CD}+\dfrac{DI^2}{CD\cdot DA}=1$. 从而原结论获证.

推论 若令 $\dfrac{AO^2}{AD\cdot AB}=T_A$, $\dfrac{BO^2}{BA\cdot BC}=T_B$, $\dfrac{CO^2}{CB\cdot CD}=T_C$, $\dfrac{DO^2}{DC\cdot DA}=T_D$. 则

(1) $T_A=T_C$, $T_B=T_D$;

(2) $T_A+T_B=1$, $T_B+T_C=1$, $T_C+T_D=1$, $T_D+T_A=1$.

定理7 如图 3.254, 已知凹四边形 $ABCD$ 是圆 O 的旁切四边形, 并且内角 $\angle BCD>180°$, 记法同上述推论, 则①

(1) $T_A=T_C$, $T_B=T_D$;

(2) $T_A-T_B=1$, $T_B-T_C=-1$, $T_C-T_D=1$, $T_D-T_A=-1$.

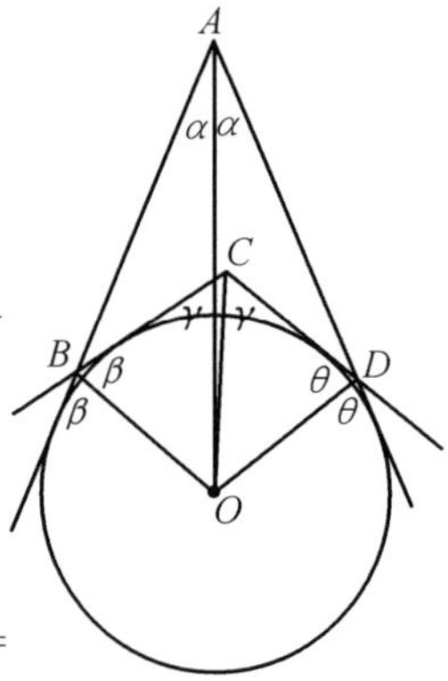

图 3.254

证明 (1) 设 $\angle OAB=\alpha$, $\angle OBC=\beta$, $\angle OCB=\gamma$, $\angle ODC=\theta$.

在 $\triangle AOB$ 中, 根据正弦定理, 得 $\dfrac{AO}{\sin\angle ABO}=\dfrac{AB}{\sin\angle AOB}$, 从而

$$\dfrac{AO}{AB}=\dfrac{\sin\angle ABO}{\sin\angle AOB}=\dfrac{\sin\beta}{\sin(\beta-\alpha)}$$

类似地, $\dfrac{AO}{AD}=\dfrac{\sin\theta}{\sin(\theta-\alpha)}$, 于是

$$T_A=\dfrac{AO^2}{AD\cdot AB}=\dfrac{\sin\beta\sin\theta}{\sin(\beta-\alpha)\sin(\theta-\alpha)}$$

在 $\triangle BOC$ 中, 根据正弦定理, 得 $\dfrac{CO}{\sin\angle CBO}=\dfrac{CB}{\sin\angle BOC}$, 从而 $\dfrac{CO}{CB}=\dfrac{\sin\angle CBO}{\sin\angle BOC}=\dfrac{\sin\beta}{\sin(\beta+\gamma)}$.

类似地, $\dfrac{CO}{CD}=\dfrac{\sin\theta}{\sin(\theta+\gamma)}$, 于是

$$T_C=\dfrac{CO^2}{CB\cdot CD}=\dfrac{\sin\beta\sin\theta}{\sin(\beta+\gamma)\sin(\theta+\gamma)}$$

因为

① 陈辉,苗相军.与圆外切(旁切)的四边形的几个基本恒等式及其推广[J].数学通讯,2016(3):42-43.

$$\sin(\beta+\gamma)\sin(\theta+\gamma)-\sin(\beta-\alpha)\sin(\theta-\alpha)=$$

$$-\frac{1}{2}\big[\cos(\beta+\theta+2\gamma)-\cos(\beta-\theta)\big]+$$

$$\frac{1}{2}\big[\cos(\beta+\theta-2\alpha)-\cos(\beta-\theta)\big]=$$

$$\frac{1}{2}\big[\cos(\beta+\theta-2\alpha)-\cos(\beta+\theta+2\gamma)\big]$$

由四边形 $OBCD$ 的内角和为 $360°$ 得

$$\beta+2\gamma+\theta+(\theta-\alpha)+(\beta-\alpha)=360°$$

所以 $\qquad (\beta+\theta-2\alpha)+(\beta+\theta+2\gamma)=360°$

故 $\qquad \cos(\beta+\theta-2\alpha)=\cos(\beta+\theta+2\gamma)$

于是 $\quad \sin(\beta+\gamma)\sin(\theta+\gamma)-\sin(\beta-\alpha)\sin(\theta-\alpha)=0$

所以 $\quad \sin(\beta+\gamma)\sin(\theta+\gamma)=\sin(\beta-\alpha)\sin(\theta-\alpha)$

所以 $\qquad\qquad\qquad T_A=T_C$

同理可证 $T_B=T_D$.

(2) 在 $\triangle AOB$ 中,根据正弦定理,得

$$\frac{BO}{\sin\angle BAO}=\frac{AB}{\sin\angle BOA}$$

从而 $\qquad \dfrac{BO}{BA}=\dfrac{\sin\angle BAO}{\sin\angle BOA}=\dfrac{\sin\alpha}{\sin(\beta-\alpha)}$

类似地,$\dfrac{BO}{BC}=\dfrac{\sin\gamma}{\sin(\beta+\gamma)}$,于是,

$$T_B=\frac{BO^2}{BA\cdot BC}=\frac{\sin\alpha\sin\gamma}{\sin(\beta-\alpha)\sin(\beta+\gamma)}$$

又由 $\beta+2\gamma+\theta+(\theta-\alpha)+(\beta-\alpha)=360°$ 得 $(\beta+\gamma)+(\theta-\alpha)=180°$,所以,

$$T_A-T_B=\frac{\sin\beta\sin\theta}{\sin(\beta-\alpha)\sin(\theta-\alpha)}-\frac{\sin\alpha\sin\gamma}{\sin(\beta-\alpha)\sin(\beta+\gamma)}=$$

$$\frac{\sin\beta\sin\theta-\sin\alpha\sin\gamma}{\sin(\beta-\alpha)\sin(\theta-\alpha)}$$

又 $\quad \sin\beta\sin\theta-\sin\alpha\sin\gamma=$

$$\frac{1}{2}\big[\cos(\beta-\theta)-\cos(\beta+\theta)\big]-\frac{1}{2}\big[\cos(\alpha-\gamma)-\cos(\alpha+\gamma)\big]=$$

$$\frac{1}{2}\big[\cos(\beta-\theta)+\cos(\alpha+\gamma)\big]=$$

$$\cos(\frac{\beta-\theta+\alpha+\gamma}{2})\cos(\frac{\beta-\theta-\alpha-\gamma}{2})=$$

$$\cos[90°-(\theta-\alpha)]\cos[(\beta-\alpha)-90°]=$$

P
M
J
H
W
B
M
T
J
Y
Q
W
B
T
D
L
(X)

207

$$\sin(\theta - \alpha)\sin(\beta - \alpha)$$

所以
$$T_A - T_B = 1$$

进而可得：
$$T_B - T_C = -1, T_C - T_D = 1, T_D - T_A = -1$$

定理 8   设凸四边形 $ABCD$ 外切于圆 O，p 表四边形 $ABCD$ 的半周长，a,b,c,d 表各顶点至内切圆的切线长，则圆 O 的半径 r 为

$$r = \sqrt{\dfrac{abc + bcd + cda + dab}{p}}$$

证明   如图 3.255，显然有 $\angle AOD + \angle BOC = 180°$. 自 A,B 分别作 DO，CO 的垂线，垂足为 E,F，从而 $\angle AOF = \angle BOE$，即知 $\triangle AOF \backsim \triangle BOE$，于是

$$\frac{OF}{OE} = \frac{OA}{OB} = \frac{\sqrt{r^2 + a^2}}{\sqrt{r^2 + b^2}} \qquad \text{①}$$

对 $\triangle AOD$ 应用勾股定理的拓广定理 2，有

$$AD^2 = AO^2 + OD^2 + 2OD \cdot OF$$

亦有
$$OF = \frac{ad - r^2}{\sqrt{r^2 + d^2}}$$

同理，对 $\triangle BOD$ 有

$$OE = \frac{r^2 - bc}{\sqrt{r^2 + c^2}}$$

将上述两式代入 ① 即可证得结论成立.

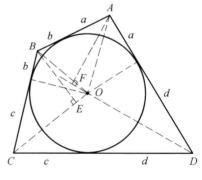

图 3.255

推论   所设同定理，又令 S 为凸四边形 $ABCD$ 的面积，则

$$S = \sqrt{p(abc + bcd + cda + dab)}$$

定理 9   四边形 $ABCD$ 有内切圆或旁切圆圆 O，则 $\triangle OAB, \triangle OBC, \triangle OCD, \triangle ODA$ 的垂心共线.（对比对角线互相垂直的圆内接四边形问题定理 13）

证明   如图 3.256，设四个三角形的垂心依次为 H_1, H_2, H_3, H_4. 令 $H_1 H_2$ 交 AC 于 P.

因为 $AH_1 /\!/ CH_2$，有 $\triangle AH_1 P \backsim \triangle CH_2 P$，又

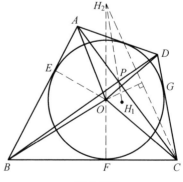

图 3.256

$$\angle H_1AE = \angle BOE = \angle BOF = \angle H_2CF$$

所以 $\mathrm{Rt}\triangle AH_1E \backsim \mathrm{Rt}\triangle CH_2F$,故有 $\dfrac{AH_1}{CH_2} = \dfrac{PA}{PC} = \dfrac{AE}{CF}$. 由牛顿定理知,$P$ 是 AC 与 BD 的交点. 同理有 H_2H_3 与 H_3H_4 均过点 P,故四个垂心共线.

❖与外切于圆的凸四边形的边平行的直线问题

定理　外切于圆的凸四边形中,若一双对边的延长线相交,则另一双对边中的一条边的一端点处的内角平分线与另一端点的切点弦直线相交,所得两交点的连线平行于这一条边.

证明　如图 3.257,凸四边形 $ABCQ$ 外切于圆 I,分别切边 AB,BC,AQ 于 D,E,F,AQ 与 BC 延长后相交于点 P,角平分线 BI 与切点弦直线 DF 交于点 G,角平分线 AI 与切点弦直线 DE 交于点 H.

联结 IE,则 $IE \perp BC$,联结 PI,PH,则

$$\angle EDB = \angle AHD + \frac{1}{2}\angle A$$

且

$$\angle EDB = 90° - \frac{1}{2}\angle B = \frac{1}{2}(180° - \angle B) =$$

$$\frac{1}{2}\angle P + \frac{1}{2}\angle A$$

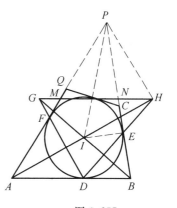

图 3.257

从而　　　　　$$\angle IHE = \angle AHD = \frac{1}{2}\angle P = \angle IPE$$

即知 P,I,E,H 四点共圆,于是

$$\angle PHI = \angle PEI = 90°$$

取 AP 的中点 M,联结 MH,交 BP 于 N,则知 $MH = MA$,即有 $\angle MHA = \angle MAH = \frac{1}{2}\angle A = \angle HAB$,从而 $MH \parallel AB$,即知 N 为 PB 中点.

同理,联结 PG,可证得 $GN \parallel AB$,故 $GH \parallel AB$.

对于图 3.257 中的点 H,可推证:若 $PH \perp AI$,则由 I,E,H,P 四点共圆推证得 D,E,H 共线.

推论 1　三角形的一顶点在另两顶点处的内角平分线上的射影的连线在三角形的一条中位线上.

推论 2 三角形的一条中位线,与平行此中位线的边的一端点处的内角平分线及另一端点关于内切圆的切点弦直线相交于一点.

圆 I 对于 $\triangle PAB$ 而言是其内切圆,对于 $\triangle PQC$ 而言是其旁切圆,于是有

推论 3 三角形一内(外)角平分线上的点为三角形一顶点的射影的充要条件是另一顶点关于内(旁)切圆的切点弦直线与这条内(外)角平分线的交点.①

❖牛顿定理

牛顿定理 圆的外切四边形的对角线的交点和以切点为顶点的四边形的对角线的交点重合.

此定理即是说,若凸四边形 $ABDF$ 外切于圆,边 AB,BD,DF,FA 上的切点分别为 P,Q,R,S,则四条直线 AD,BF,PR,QS 交于形内一点.②

证法 1 如图 3.258,设 AD 与 PR 交于点 M,AD 与 QS 交于点 M',下证 M' 与 M 重合.

由切线的性质,知 $\angle ASM' = \angle BQM'$,则有

$$\frac{AM' \cdot SM'}{QM' \cdot DM'} = \frac{S_{\triangle AM'S}}{S_{\triangle DM'Q}} = \frac{AS \cdot SM'}{DQ \cdot QM'}$$

即

$$\frac{AM'}{DM'} = \frac{AS}{DQ}$$

同理

$$\frac{AM}{DM} = \frac{AP}{DR}$$

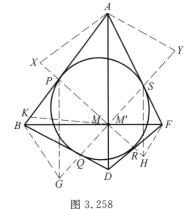

图 3.258

注意到 $AP = AS$,$DR = DQ$,则

$$\frac{AM}{DM} = \frac{AS}{DQ} = \frac{AM'}{DM'}$$

再由合比定理,有 $\dfrac{AM}{AD} = \dfrac{AM'}{AD}$. 于是 M' 与 M 重合,即知 AD,PR,QS 三线共点. 同理,BF,PR,QS 三线共点,故 AD,BF,PR,QS 四直线共点.

证法 2 如图 3.258,过 A 作 $AX \parallel FD$ 交直线 PR 于 X,过 A 作 $AY \parallel BD$

① 沈文选.三角形内切圆中的一条性质及应用[J].中学数学教学,2009(4):54-55.
② 沈文选.牛顿定理的证明、应用及其它[J].中学教研(数学),2010(3):28-31.

交直线 QS 于 Y,设 AD 与 PR,QS 分别交于点 M,M',则由 $\triangle MAX \backsim \triangle MDR$,$\triangle M'AY \backsim \triangle M'DQ$,注意到 $AX = AP$,$AY = AS$,有 $\dfrac{MA}{MD} = \dfrac{AX}{DR} = \dfrac{AP}{DR}$,$\dfrac{M'A}{M'D} = \dfrac{AY}{DQ} = \dfrac{AS}{DQ} = \dfrac{AP}{DR}$,即

$$\frac{MA}{MD} = \frac{M'A}{M'D}$$

从而 M' 与 M 重合,同证法 1,即知 AD,BF,PR,QS 四直线共点.

证法 3 如图 3.258,设 AD 与 PR 交于点 M,在射线 PB 上取点 K,使 $\angle PMK = \angle DMR$,而 $\angle MPK = \angle MRD$,从而 $\triangle MPK \backsim \triangle MRD$,即有

$$\frac{MK}{KP} = \frac{MD}{DR} \qquad\qquad ①$$

由 $\angle AMP = \angle DMR = \angle PMK$ 及角平分线性质,有

$$\frac{MK}{KP} = \frac{MA}{AP} \qquad\qquad ②$$

由 ①,② 有

$$\frac{MA}{MD} = \frac{AP}{DR} \qquad\qquad ③$$

同理,若 AD 与 QS 交于点 M',有

$$\frac{M'A}{M'D} = \frac{AS}{DQ} \qquad\qquad ④$$

由 ③,④ 即有 $\dfrac{MA}{MD} = \dfrac{AP}{DR} = \dfrac{AS}{DQ} = \dfrac{M'A}{M'D}$.以下同证法 1.

证法 4 如图 3.258,设 PR 与 QS 交于点 M,联结 MA,MB,MD,MF.设 $\angle PMS = \angle QMR = \alpha$,$\angle AMS = \beta$,$\angle DMQ = \gamma$,则

$$\angle AMP = \alpha - \beta, \angle DMR = \alpha - \gamma$$

在 $\triangle AMS$ 中应用正弦定理,有

$$\frac{AS}{\sin \beta} = \frac{AM}{\sin \angle ASM}$$

即

$$\frac{\sin \beta}{\sin \angle ASQ} = \frac{AS}{AM}$$

同理,在 $\triangle APM$ 中,有 $\dfrac{\sin(\alpha - \beta)}{\sin \angle APR} = \dfrac{AP}{AM}$

于是

$$\frac{\sin \beta}{\sin \angle ASQ} = \frac{\sin(\alpha - \beta)}{\sin \angle APR} \qquad\qquad ⑤$$

同理,在 $\triangle DMR$,$\triangle DMQ$ 中,亦有

$$\frac{\sin \gamma}{\sin \angle DQS} = \frac{\sin(\alpha - \gamma)}{\sin \angle DRP} \qquad\qquad ⑥$$

注意到弦切角性质，有 $\angle ASQ + \angle DQS = 180°$，有

$$\sin\angle ASQ = \sin\angle DQS$$

同理

$$\sin\angle APR = \sin\angle DRP$$

由 ⑤，⑥ 得

$$\frac{\sin\beta}{\sin\gamma} = \frac{\sin(\alpha-\beta)}{\sin(\alpha-\gamma)}$$

展开化简得

$$\sin\alpha \cdot \sin(\beta-\gamma) = 0$$

而 $\sin\alpha \neq 0, \beta-\gamma \in (-\pi,\pi)$，从而 $\sin(\beta-\gamma)=0$，有 $\beta=\gamma$，即 A,M,D 共线.

同理，B,M,F 共线，故 AD,BF,PR,QS 四直线共点.

注　如图 3.258，同证法 1 所设，对 $\triangle SMF$，$\triangle BMQ$ 分别应用正弦定理有 $\frac{FM}{BM} = \frac{SF}{BQ}$. 对 $\triangle RM'F$，$\triangle PM'B$ 分别应用正弦定理，有 $\frac{FM'}{BM'} = \frac{RF}{BP}$. 注意：$SF=RF$，$BQ=BP$ 可证得 M' 与 M 重合，也可证得结论成立.

证法 5　如图 3.258，从点 B 引 AF 的平行线与 SQ 的延长线交于点 G，则 $\angle SGB = \angle QSF$，而 $\angle DQS = \angle QSF$，从而 $\angle BGQ = \angle BQG$，于是 $BG = BQ = BP$.

同理，从点 F 引 AB 的平行线与 PR 的延长线交于点 H，则 $FH = FS$.

所以，$\triangle BGP$ 和 $\triangle FSH$ 均为等腰三角形. 注意到 $BG \parallel SF$，$FH \parallel PB$，有 $\angle PBG = \angle HFS$，从而 $\triangle PBG \backsim \triangle HFS$. 于是，推知 BF 经过 PR 与 QS 的交点 M.

同理，AD 经过 PR 与 QS 的交点 M，故 AD,BF,PR,QS 四直线共点.

下面，讨论牛顿定理中的四边形变型及切点连线的交点在形处的问题.

圆的外切四边形可以是凸四边形，也可以是凹四边形和折四边形.

定理 1　若凹四边形 $ACDE$ 外切于圆，边 AC,DE,CD,EA 所在直线上的切点分别为 P,Q,R,S，则四条直线 AD,CE,PQ,SR 交于一点.

证明　如图 3.259，设直线 DE 交 AC 于 B，直线 CD 交 AE 于 F，直线 PQ 交 CE 于 M，直线 SR 交 CE 于 M'，下证 M' 与 M 重合.

对 $\triangle CEB$ 及截线 PQM，对 $\triangle CEF$ 及截线 SRM' 分别应用梅涅劳斯定理，有

$$\frac{CM}{ME} \cdot \frac{EQ}{QB} \cdot \frac{BP}{PC} = 1$$

$$\frac{CM'}{M'E} \cdot \frac{ES}{SF} \cdot \frac{FR}{RC} = 1$$

注意到 $BP = BQ$，$FS = FR$，

$CP = CR$，$EQ = ES$，有

$$\frac{CM}{ME} = \frac{PC}{EQ} = \frac{RC}{ES} = \frac{CM'}{M'E}$$

再由合比定理，即知 M' 与 M 重合，从而直线 PQ，SR 与 CE 交于一点．

同理，对 $\triangle ABD$ 及截线 PQ，对 $\triangle ADF$ 及截线 SR 应用梅涅劳斯定理，可证得直线 PQ，SR 与 AD 交于一点，故四条直线 AD，CE，PQ，SR 交于一点．

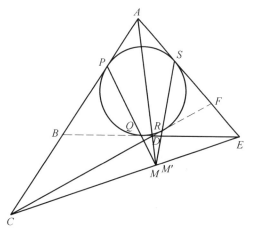

图 3.259

定理 2 若折四边形 $BCFE$ 外切于圆（或折四边形 $BCFE$ 有旁切圆），边 BC，CF，FE，EB 所在直线上的切点分别为 P，R，S，Q，则四条直线 BF，CE，PS，QR 或者相互平行或者共点．

证明 （1）若对角线 BF 与 CE 平行，且 $BC /\!/ FE$ 时，折四边形 $BCFE$ 外切于圆时，四边形 $BCEF$ 必为矩形，此时四条直线 BF，CE，PS，QR 相互平行．

（2）若对角线 BF 与 CE 平行，且直线 BC 与 FE 交于点 A 时，如图 3.260(a) 所示，则由圆的外切四边形对边的和相等推知 $BCEF$ 为等腰梯形，$\triangle ABF$ 和 $\triangle DBF$ 均为等腰三角形，此时，四条直线 BF，CE，PS，QR 相互平行．

（3）若对角线 BF 与 CE 不平行，如图 3.260(b)，(c) 所示，且直线 CB，EF 交于点 A 时，设 BE 与 CF 交于点 D，直线 BF 与直线 QR 交于点 M，直线 BF 与直线 PS 交于点 M'．

对 $\triangle BDF$ 及截线 QRM，对 $\triangle ABF$ 及截线 PSM' 分别应用梅涅劳斯定理有

$$\frac{BQ}{QD} \cdot \frac{DR}{RF} \cdot \frac{FM}{MB} = 1, \frac{AP}{PB} \cdot \frac{BM'}{M'F} \cdot \frac{FS}{SA} = 1$$

注意到 $DQ = DR$，$AP = AS$，$BQ = BP$，$FR = FS$，有

$$\frac{FM}{MB} = \frac{RF}{BQ} = \frac{FS}{PB} = \frac{FM'}{M'B}$$

再由合比定理，即知 M' 与 M 重合，从而直线 PS，QR 与 BF 交于一点．

同理，对 $\triangle CED$ 及截线 QR，对 $\triangle ACE$ 及截线 PS 分别应用梅涅劳斯定理，可证得直线 PS，QR 与 CE 交于一点，故四条直线 BF，CE，PS，QR 相交于一点．

（4）若对角线 BF 与 CE 不平行，且直线 $CB /\!/ EF$ 时，如图 3.261 所示，设直线 BF 与直线 PS 交于点 M，下面证 Q，R，M 三点共线．

由 $BC /\!/ FB$，有 $\dfrac{FM}{MB} = \dfrac{FS}{BP} = \dfrac{FR}{BQ}$，即有

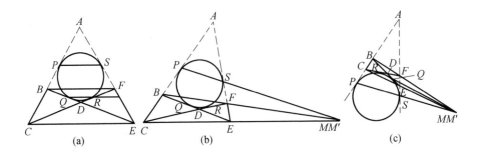

图 3.260

$$1 = \frac{FM}{MB} \cdot \frac{BQ}{RF} = \frac{FM}{MB} \cdot \frac{BQ}{QD} \cdot \frac{DR}{RF}$$

对 △BDF 应用梅涅劳斯定理的逆定理,知 Q,R,M 三点共线. 即直线 PS, QR 与 BF 交于一点.

同理,直线 PS,QR 与 CE 交于一点, 故四条直线 BF,CE,PS,QR 交于一点.

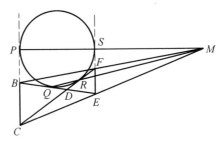

图 3.261

❖ 马克劳林定理

马克劳林(Maclaurin)定理　设 A,B,C,D 内接于圆 Γ 上四点,则圆 Γ 在 A,B 两点的切线的交点,C,D 两点的切线的交点,AC 与 BD 的交点,BC 与 AD 的交点,凡四点共线.

证明　如图 3.262,3.263 所示,设圆 Γ 在 A,B 两点的切线交于点 E,C,D 两点的切线交于点 F,AC 与 BD 交于点 P,BC 与 AD 交于点 Q. 考虑 △ABP 和点 E,由塞瓦定理的第一角元形式,并注意 $\measuredangle BAE = \measuredangle EBA$,有

$$\frac{\sin \measuredangle APE}{\sin \measuredangle EPB} \cdot \frac{\sin \measuredangle PBE}{\sin \measuredangle EAP} = \frac{\sin \measuredangle APE}{\sin \measuredangle EPB} \cdot \frac{\sin \measuredangle PBE}{\sin \measuredangle EBA} \cdot \frac{\sin \measuredangle BAE}{\sin \measuredangle EAP} = 1$$

又 $\measuredangle CPE = \measuredangle APE$,$\measuredangle EPD = \measuredangle EPB$,$\measuredangle PDF = -\measuredangle PBE$, $\measuredangle FCP = -\measuredangle EAP$,$\measuredangle DCF = \measuredangle FDC$,所以

$$\frac{\sin \measuredangle CPE}{\sin \measuredangle EPD} \cdot \frac{\sin \measuredangle PDF}{\sin \measuredangle FDC} \cdot \frac{\sin \measuredangle DCF}{\sin \measuredangle FCP} = \frac{\sin \measuredangle EPA}{\sin \measuredangle BPE} \cdot \frac{\sin \measuredangle PBE}{\sin \measuredangle EAP} = 1$$

再由用塞瓦定理的第一角元形式即知 PE,DF,CF 三线共点,所以 E,P,F 三点共线;同理,E,Q,F 三点共线. 故 E,F,P,Q 四点共线.

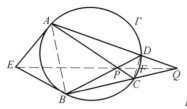

图 3.262　　　　　　　图 3.263

马克劳林定理的加强　　设 A,B,C,D 是内接于圆 Γ 上的四点,圆 Γ 在 $A,$ B 两点处的切线的交点为 E,在 C,D 两点处的切线的交点为 B,AD 与 BC 的交点为 P,AC 与 BD 的交点为 Q,则 E,F,P,Q 成调和点列.

证明　　设直线 AB 与 CD 交于点 H,直线 PH 分别交 QC,QB 于点 I,J,直线 QH 分别交 PB,PD 于点 G,T.以图 3.262 为例来证.图 3.263 情形可类似得证.

考虑 $\triangle CBQ$ 及截线 PAD,由梅涅劳斯定理,有

$$\frac{QA}{AC} \cdot \frac{CP}{PB} \cdot \frac{BD}{DQ} = 1$$

对 $\triangle CBQ$ 及点 H,由塞瓦定理有

$$\frac{QA}{AC} \cdot \frac{CG}{GB} \cdot \frac{BD}{DQ} = 1$$

由上述两式,有 $\dfrac{CP}{PB} = \dfrac{CG}{GB}$,即知点 P,Q 调和分割 CB,有点 P,Q 关于圆 Γ 共轭.于是,点 G 在点 P 关于圆 Γ 的极线上.

同理,点 T 在点 P 关于圆 Γ 的极线上.

故点 P 关于圆 Γ 的极线为 QG.

同理,点 I,J 都在点 Q 关于圆 Γ 的极线上.

因此,点 Q 关于圆 Γ 的极线为 PJ.

由极点、极线的定义,知点 E,F 关于圆 Γ 的极线分别为 AB,CD.

注意到,四条极线 PJ,AB,QG,CD 交于点 H.由极点、极线性质知,$E,F,$ P,Q 四点共线.

考虑经过点 H 的四条线束 HB,HD,HJ,HQ,即 HE,HF,HP,HQ 为调和线束,它们被直线 FQ 所截,故点 E,F,P,Q 成调和点列.

❖ 富斯定理

定理 1(富斯定理)　　设圆外切四边形有外接圆(又称双心四边形),外接圆

半径为 R,内切圆半径为 r,圆心距为 d,则①
$$2r^2(R^2 + d^2) = (R^2 - d^2)^2$$

这个定理是欧拉的学生和朋友富斯(N. Fuss,1755—1826)得到的,他还发现了双心五边形,双心六边形,双心七边形,双心八边形的相应的公式,而有关三角形的相应公式是由欧拉提供的,即
$$r^2 - d^2 = 2rR.$$

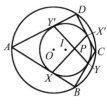

图 3.264

为了证明这个公式,首先要证双心四边形两双对边上切点的连线互相垂直.如图 3.264,设双心四边形 $ABCD$ 的两双对边上切点是 X 与 X',Y 与 Y'.因为
$$\angle PYC = \angle PY'D, \angle PXB = \angle PX'C$$
所以
$$\angle PYB + \angle PY'D = 180°, \angle PXB + \angle PX'D = 180°$$
而
$$\angle PYB + \angle PXB + \angle B + \angle XPY = 360°$$
$$\angle PY'D + \angle PX'D + \angle D + \angle X'PY' = 360°$$
两式相加后得 $\angle XPY + \angle X'PY' = 180°$,但它们是对顶角,所以 $XX' \perp YY'$.

要求证这个关于外接圆和内切圆半径及连心线的关系式,可借助下列轨迹问题:顶点固定在一个圆内的直角,绕着顶点旋转,求过该角的两边与圆的交点的两条圆切线交点的轨迹,即求外切四边形顶点的轨迹.

为此只需取圆形的一部分研究.如图 3.265,X,Y 是圆 I 的两切点,过 X,Y 的两切线交于 B,取点 P 使 $PX \perp PY$,过 P 作 $PN \perp XY$ 交 XY 于 N,$BI \perp XY$ 交 XY 于 M,在 PI 上取一点 O,设 $IO = d$,则 $BO = R$.由 $\angle XPY$ 是直角,可知 $PN^2 = XN \cdot YN$.设 $PI = e$,$\angle BIP = \varphi$,则

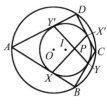

图 3.265

$$PN = MI - e\cos\varphi, XN = MX - e\sin\varphi$$
$$YN = MX + e\sin\varphi$$
记 $MI = \rho$,$MX = \rho'$,则有
$$(\rho - e\cos\varphi)^2 = (\rho' - e\sin\varphi)(\rho' + e\sin\varphi)$$
两边同加 ρ^2,得
$$2\rho^2 - 2\rho e\cos\varphi + (e\cos\varphi)^2 + (e\sin\varphi)^2 = \rho^2 + \rho'^2$$
其中 $\rho^2 + \rho'^2 = MI^2 + MX^2 = r^2$,故
$$2\rho^2 - 2\rho e\cos\varphi + e^2 = r^2 \tag{①}$$
又因为 $\triangle IXB$ 也是直角三角形,所以有

① 单墫. 数学名题词典[M]. 南京:江苏教育出版社,2002:412-415.

$$IX^2 = IB \cdot IM$$

记 $IB = p$，于是

$$r^2 = \rho p \qquad ②$$

将 ② 代入 ①，得

$$2 \cdot \frac{r^4}{p^2} - 2\frac{r^2}{p}e\cos\varphi + e^2 = r^2$$

$$2r^4 = 2pr^2 e\cos\varphi + p^2(r^2 - e^2)$$

得

$$\frac{2r^2}{r^2 - e^2}pe\cos\varphi = \frac{2r^4}{r^2 - e^2} - p^2 \qquad ③$$

在 $\triangle OBI$ 中，由余弦定理，得

$$OB^2 = OI^2 + BI^2 + 2BI \cdot OI\cos\varphi$$

因为 $OB = R, OI = d, BI = p$，所以

$$R^2 = d^2 + p^2 + 2dp\cos\varphi$$

此时，在轨迹问题里 d 还是不定的，如果现选取

$$d = \frac{r^2 e}{r^2 - e^2} \qquad ④$$

那么

$$R^2 = d^2 + p^2 + \frac{2r^2 e}{r^2 - e^2}p\cos\varphi \qquad ⑤$$

将 ③ 代入 ⑤，得

$$R^2 = d^2 + \frac{2r^4}{r^2 - e^2} \qquad ⑥$$

同理，如果对点 A, C, D 也作上述运算，也能得到这个公式，这说明 A, B, C, D 四点共圆.

由 ⑥ 可得

$$r^2 - e^2 = \frac{2r^4}{R^2 - d^2}$$

代入式 ④，得

$$e = \frac{2dr^2}{R^2 - d^2}$$

于是

$$r^2 - e^2 = r^2 - \left(\frac{2dr^2}{R^2 - d^2}\right)^2$$

代入 ⑥ 化简，得

$$2r^2(R^2 + d^2) = (R^2 - d^2)^2$$

事实上，比富斯定理更值得注意的是从前面定理证明过程中得到的关于双心四边形的另一定理. 如果一个圆内有一内含圆（不一定同心），那么自外圆周上一点作内含圆的切线交外圆周于另一点，再以这点作内含圆切线交外圆周于

又一点,将此过程继续下去,便可得到庞斯莱横截线.由 n 条外圆的弦组成的横截线称为 n 边的横截线.法国数学家庞斯莱推得:"如果在外圆上的一点,对其内含圆的四边横截线在此点闭合,那么外圆周上任意起点对其内含圆的四边横截线也在起点闭合."

庞斯莱证明这个定理不仅适用于四边横截线,而且普遍适用于 n 边横截线;不仅适用于圆,而且适用于任何圆锥曲线.

沈康身先生撰文介绍了这个定理是充分必要的.①

定理 2　大圆、小圆内离,它们的半径分别为 R,r,圆心距为 d.两圆分别是某一四边形的外接圆与内切圆的充分必要条件是

$$2r^2(R^2+d^2)=(R^2-d^2)^2$$

证明　充分性(富斯自证).

图 3.266 中,O,I 分别是大小两圆圆心,如果圆心距满足条件,我们就在 OI 延长线上取一点 P,使 $IP=e=\dfrac{2dr^2}{R^2-d^2}$.

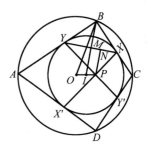

图 3.266

从 P 任作正交两直线 PX 与 PY 交小圆于 X,Y.又过 X,Y 分别作切线交于 B 点.我们来计算 OB 的长:联结 OB,IB,XY,则 $IB\perp XY,M$ 是垂足;作 $PN\perp XY,N$ 是垂足,$PN\parallel IM$.我们设 $IB=p,IM=q,\angle BIP=\varphi$,在 Rt$\triangle PXY$ 中

$$PN^2=NX\cdot NY \tag{①}$$

而
$$PN=IM-IP\cos\varphi=q-e\cos\varphi$$
$$NX=MX-MN=MX-IP\sin\varphi=MX-e\sin\varphi$$
$$NY=MX+MN=MX+e\sin\varphi$$

代入式 ① 后,两边加上 q^2,得

$$2q^2-2qe\cos\varphi+(e\cos\varphi)^2=MX^2-(e\sin\varphi)^2+q^2$$

由于 $MX^2+q^2=MX^2+IM^2=IX^2=r^2$,于是

$$2q^2-2qe\cos\varphi+e^2=MX^2+q^2=r^2 \tag{②}$$

又在 Rt$\triangle IBX$ 中

$$IX^2=IB\cdot IM$$

此即 $r^2=pq$.

将 $q=\dfrac{r^2}{p}$ 代入式 ② 得

①　沈康身.历史数学名题赏析[M].上海:上海教育出版社,2002:564-567.

$$p^2 + \frac{2r^2}{r^2 - e^2} ep \cos \varphi = \frac{2r^4}{r^2 - e^2} \qquad ③$$

我们把命题条件化为

$$2r^2(R^2 - d^2) + 4r^2d^2 = (R^2 - d^2)^2$$

又把 e 与 R, r, d 的关系代入,并化简,得

$$d = \frac{r^2 e}{r^2 - e^2}$$

那么 ③ 就是

$$p^2 + 2dp \cos \varphi = \frac{2r^4}{r^2 - e^2} \qquad ④$$

在 $\triangle IBO$ 中,有

$$OB^2 = d^2 + p^2 + 2dp \cos \varphi$$

借助于 ④ 得

$$OB^2 = d^2 + \frac{2r^4}{r^2 - e^2} \qquad ⑤$$

219

另一方面如把命题条件作恒等变换

$$(R^2 - d^2)^2 = 2r^2(R^2 + d^2) = 4d^2r^2 + 2r^2(R^2 - d^2)$$

$$(R^2 - d^2 - 2r^2)(R^2 - d^2) = 4d^2r^2$$

$$(R^2 - d^2 - 2r^2)(R^2 - d^2)^2 = 4d^2r^2R^2 - 4d^4r^2$$

$$R^2((R^2 - d^2)^2 - 4d^2r^2) = d^2((R^2 - d^2)^2 - 4d^2r^2) + 2r^2(R^2 - d^2)$$

$$R^2 = d^2 + \frac{2r^2(R^2 - d^2)}{(R^2 - d^2)^2 - 4d^2r^2}$$

进一步运用 e 与 R, r, d 的关系式 $e = \frac{2dr^2}{R^2 - d^2}$,下面等式成立

$$\frac{2r^4}{r^2 - e^2} = \frac{2r^2(R^2 - d^2)}{(R^2 - d^2)^2 - 4d^2r^2}$$

也就是说

$$R^2 = d^2 + \frac{2r^4}{r^2 - e^2} \qquad ⑥$$

比较 ⑤,⑥ 得 $OB = R$,即 B 在以 R 为半径的圆上.

延长 XP, YP 交小圆于 X', Y'. 过 X', Y' 又作切线,二者交于点 D,同理可证 $OD = R$. 又延长 BY, DX' 交于点 A,BX, DY' 交于点 C. 由于 AX', AY;CX,CY' 都是小圆的切线,$OA = OC = R$. 这说明 A, B, C, D 共圆. 上文已证四边形 $ABCD$ 既有以 R 为半径的大圆为外接圆,又有以 r 为半径的小圆为内切圆.

必要性. 从上述充分性推导中附带已证如下结论:

引理 双圆四边形外接圆心,内切圆心与相对切点连线交点共线.

平面几何500名题暨1500条定理(下)

220

已给 $ABCD$ 为双圆 O,I 四边形. 在图 3.266 中,我们已证 $XPX' \perp YPY'$,且从引理知 O,I,P 三点共线. 又 BX,BY 是内切圆的切线,$BI \perp XY$,记垂足为 M. 作 $PN \perp XY$,垂足为 N,则 $PN \parallel IM$. 重复在充分性证明中的计算,重新得 ①,②,③ 三式,由于 $OB = R$,在 $\triangle OBI$ 中

$$R^2 = d^2 + p^2 + 2dp \cos \varphi$$

仍取 $d = \dfrac{r^2 e}{r^2 - e^2}$,从式 ③,得

$$R^2 = d^2 + p^2 + \frac{2r^2 e}{r^2 - e^2} p \cos \varphi = d^2 + \frac{2r^4}{r^2 - e^2} \qquad ⑦$$

于是

$$r^2 - e^2 = \frac{2r^4}{R^2 - d^2}$$

代入前式,d 与 r,e 的关系式,有

$$e = \frac{2r^2 d}{R^2 - d^2}$$

借以计算 $r^2 - e^2$,代入 ⑦,化简,得证

$$2r^2(R^2 + d^2) = (R^2 - d^2)^2$$

由定理 1 的证明中已证得如下结论:

定理 3 双圆四边形内切圆相对切点连线正交.

双圆四边形问题

即有内切圆,又有外接圆的四边形称之为双圆四边形,或双心四边形.

前面已介绍了双圆四边形的 3 条性质(即定理 1、引理 1、定理 3).

在下面的讨论中,我们记双圆四边形 $ABCD$ 的外接圆,内切圆圆心分别为 O,I,其半径分别为 R,r,$AB = a$,$BC = b$,$CD = c$,$DA = d$,$AC = e$,$BD = f$,A_1,B_1,C_1,D_1 分别为边 AB,BC,CD,DA 上的内切圆切点;分别与边 AB,BC,CD,DA 相切,又与这边相邻的两边的延长线相切的旁切圆半径分别记为 r_a,r_b,r_c,r_d,旁心分别为 I_a,I_b,I_c,I_d;设 AC 与 BD 交于 P,四边形 $ABCD$ 的面积,半周长记为 S,p.①

定理 1 (1) $\angle A + \angle C = \angle B + \angle D = \pi$,$a + c = b + d = p$;

(2) $S = \sqrt{abcd}$;

① 管宇翔. 双心四边形的性质. 中国初等数学研究文集[M]. 郑州:河南教育出版社,1992: 691-696.

(3) $r = \dfrac{2\sqrt{abcd}}{a+b+c+d} = \dfrac{\sqrt{abcd}}{p}$;

$R = \dfrac{1}{4}\sqrt{\dfrac{(ab+cd)(ac+bd)(ad+bc)}{abcd}}$;

$R \geqslant \sqrt{2}\,r$;

$ef = 2r(r+\sqrt{r^2+4R^2})$;

(4) $\dfrac{R}{r} = \dfrac{\sqrt{1+\sin A \cdot \sin B}}{\sin A \cdot \sin B}$;

(5) $OI = d_0 = R^2 + r^2 - r\sqrt{r^2+4R^2}$, $\dfrac{1}{(R+d_0)^2} + \dfrac{1}{(R-d_0)^2} = \dfrac{1}{r^2}$;

（6）设 O 到四边形 $ABCD$ 的边 AB,BC,CD,DA 的距离分别为 $d_a,d_b,d_c,$ d_d，则 $d_a+d_b+d_c+d_d = r+\sqrt{r^2+4R^2}$；

（7）$\dfrac{AB}{\tan\frac{C}{2}+\tan\frac{D}{2}} = \dfrac{BC}{\tan\frac{D}{2}+\tan\frac{A}{2}} = \dfrac{CD}{\tan\frac{A}{2}+\tan\frac{B}{2}} = \dfrac{DA}{\tan\frac{B}{2}+\tan\frac{C}{2}}$.

证明提示 如图 3.267 所示.

（1）略.

（2）由 $a+c=b+d$ 和圆内接四边形面积公式

$$S = \sqrt{(p-a)(p-b)(p-c)(p-d)}$$

所以

$$S = \left(\frac{c+d+b-a}{2} \cdot \frac{c+d+a-b}{2} \cdot \frac{a+b+d-c}{2} \cdot \frac{a+b+c-d}{2}\right)^{\frac{1}{2}} =$$

$$\sqrt{\frac{2c}{2}\cdot\frac{2d}{2}\cdot\frac{2a}{2}\cdot\frac{2b}{2}} = \sqrt{abcd}$$

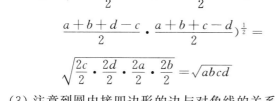

图 3.267

（3）注意到圆内接四边形的边与对角线的关系定理3(1)即有第二式；由前两式运用平均值不等式即得第三式；由 $ef = ac+bd$ 及 $ef = \dfrac{16R^2S^2}{(ab+cd)(ad+bc)}$ 导出方程 $(ef)^2 - 4r^2\cdot ef - 16R^2r^2 = 0$，求根即得第四式.

（4）由 $\sin A = \dfrac{f}{2R} = \dfrac{2S}{ad+bc}$，$\sin B = \dfrac{2S}{ab+cd}$ 代入即得.

（5）在 $\triangle OAI,\triangle OCI,\triangle ODI,\triangle OBI$ 中运用余弦定理后相加即得第一式；第二式左边通分再用到第一式即证得第二式.

（6）将 $eR = ad_b + bd_a = cd_d + dd_c$，$fR = dd_a + ad_d = bd_c + cd_b$ 相加，再注

意到 $e = \sqrt{\dfrac{(ac + bd)(ad + bc)}{ab + cd}}$ 及 $f = \cdots$ 即证.

(7) 由 $AB = AA_1 + A_1B = IA_1(\cos\dfrac{A}{2} + \cot\dfrac{B}{2}) = IA_1(\tan\dfrac{C}{2} + \tan\dfrac{D}{2})$ 等

四式,并注意到 $IA_1 = IB_1 = IC_1 = ID_1$ 即证.

推论 1 双圆四边形中,其切点四边形的面积 $S = \dfrac{r^2(e+f)}{2R}$,周长 $l =$

$2r\sum\cos\dfrac{A}{2}$,其中 e, f 为双圆四边形的对角线长度.

证明 在双圆四边形 $ABCD$ 中,联结内切圆与边长的切点 $A_1B_1, B_1C_1,$
C_1D_1, D_1A_1,联结 AC. 如图 3.268

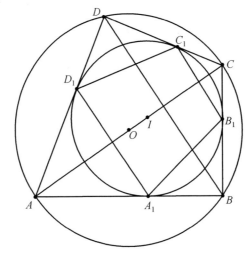

图 3.268

由定理 1(2),得

$$S_{A_1B_1C_1D_1} = \sqrt{(p - A_1B_1)(p - B_1C_1)(p - C_1D_1)(p - D_1A_1)}$$

其中 $p = \dfrac{A_1B_1 + B_1C_1 + C_1D_1 + D_1A_1}{2}$

又在双圆四边形 $ABCD$ 中 $\angle B + \angle D = \pi$,由余弦定理得

$$2ab\cos B = a^2 + b^2 - AC^2$$

$$2cd\cos D = c^2 + d^2 - AC^2$$

则

$$\cos B = \dfrac{a^2 + b^2 - c^2 - d^2}{2(ab + cd)}$$

$$\cos\dfrac{B}{2} = \sqrt{\dfrac{(s - c)(s - d)}{ab + cd}}$$

$$A_1B_1^2 = 2r^2(1 + \cos B) = 4r^2\cos^2\frac{B}{2}$$

同理可求出 $\cos\dfrac{C}{2}$，$\cos\dfrac{D}{2}$，$\cos\dfrac{A}{2}$．

从而 $A_1B_1 = 2r\cos\dfrac{B}{2} = 2r\sqrt{\dfrac{(s-c)(s-d)}{ab+cd}}$，同理可求出 B_1C_1，C_1D_1，D_1A_1 的边长．

故切点四边形 $A_1B_1C_1D_1$ 的周长 $l = 2r\sum\cos\dfrac{A}{2}$．

$$S_{A_1B_1C_1D_1} = r^2\sqrt{\Pi(\cos\frac{B}{2} + \cos\frac{C}{2} + \cos\frac{D}{2} - \cos\frac{A}{2})} =$$

$$r^2(\sin A + \sin D) = \frac{r^2(e+f)}{2R}$$

其中对角线长的平方 $e^2 = \dfrac{(ac+bd)(ad+bc)}{ab+cd}$

$$f^2 = \frac{(ab+cd)(ac+cd)}{ad+bc}$$

推论 2 若双圆四边形的切点四边形存在内切圆，则切点四边形的内心与双圆四边形的外心和内心三点共线．

证明 如图 3.269，注意到切点四边形 $A_1B_1C_1D_1$ 亦为双圆四边形，则令 $A_1B_1C_1D_1$ 的内切圆的圆心为 K，双圆四边形的外接圆圆心为 O，内切圆圆心为 I．联结 IO 并延长交圆 I 于 P，联结 IK 并延长交圆 I 于 Q．联结 D_1Q，C_1P，C_1I，D_1Q 与 C_1P 相交于 J，联结 DI．

因在圆 I 中 $\angle C_1PQ = \angle C_1D_1Q$，$\angle C_1PQ = \angle IC_1P$．则 $\angle C_1D_1Q = \angle IC_1P$．

又在圆 I 中 DC，DA 与圆 I 分别相切于 C_1，D_1，$\angle PD_1A = \angle PC_1D_1$，$\angle DD_1C_1 = \angle DC_1D_1$．

则

$$\angle DD_1C_1 + \angle C_1D_1Q + \angle PD_1A =$$

$$\angle DC_1D_1 + \angle IC_1P + \angle PC_1D_1 = \frac{\pi}{2}$$

从而

$$\angle JD_1P = \pi - \angle DD_1C_1 - \angle C_1D_1Q - \angle PD_1A = \frac{\pi}{2}$$

有

$$\angle D_1JP + \angle D_1PJ = \frac{\pi}{2}$$

又

$$\angle D_1PC_1 = \angle D_1ID，\angle D_1DI + \angle D_1ID = \frac{\pi}{2}$$

则 $\angle D_1DI + \angle D_1PJ = \dfrac{\pi}{2}$，故 $\angle D_1JP = \angle D_1DI$

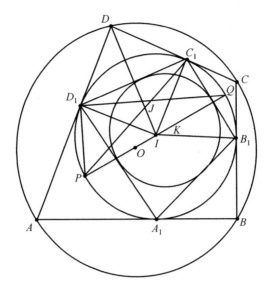

图 3.269

由 $\angle D_1 JP = \angle C_1 D_1 Q + \angle D_1 C_1 P$

有 $\angle D_1 DI = \angle C_1 D_1 Q + \angle D_1 C_1 P$

即 $\angle D = 2\angle C_1 D_1 Q + 2\angle D_1 C_1 P$

故 $\pi = \angle D_1 IC_1 + \angle C_1 IK + \angle D_1 IO$

故若双圆四边形的切点四边形存在内切圆,则切点四边形的内心 K 与双圆四边形的外心 O 和内心 I 三点共线.

推论 3 若双圆四边形的切点四边形存在内切圆,则切点四边形的内心与双圆四边形的外心、内心和对角线交点四点共线.

证明 如图 3.270,双圆四边形对角线交点为 N,A_1,B_1,C_1,D_1 为四边形与内切圆的切点.由上一节定理 3 得 $A_1 C_1 \perp B_1 D_1$ 于 N,$A_1 B_1$,$B_1 C_1$,$C_1 D_1$,$D_1 A_1$ 的中点 E,F,G,H 均在以 IN 的中点 M 为圆心的圆上.

由于 IA 与 $D_1 A_1$ 相交于 H,则 H 就是以 I 为反演中心,圆 I 为反演基圆时, A 经反演所得的像.因此,O,M 与反演中心 I 共线.于是,O 在直线 IM 上,故 I, O,N 共线.根据推论 2,故 O,I,N,k 四点共线.

注 上述推论由吴国鸿、王珊珊、吴康给出.

注意到外切于双圆四边形的一边,且与相邻两边的延长线相切的旁切圆. 我们有结论:

定理 2 (1) 旁心四边形 $I_a I_b I_c I_d$ 内接于圆 $O'(R')$;

(2) $r_a = \dfrac{a^2 bd}{rp^2}$,$r_b = \dfrac{b^2 ac}{rp^2}$,$r_c = \dfrac{c^2 bd}{rp^2}$,$r_d = \dfrac{a^2 ac}{rp^2}$;

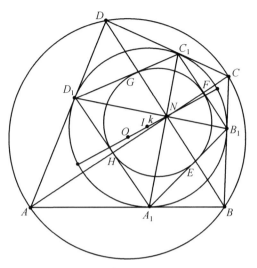

图 3.270

(3) $\dfrac{S_{AIBI_a}}{r_a} = \dfrac{S_{BICI_b}}{r_b} = \dfrac{S_{CIDI_c}}{r_c} = \dfrac{S_{DIAI_d}}{r_d} = \dfrac{S}{2r}$;

(4) $I_aI_c \perp I_bI_d, I_aI_c \bigcap I_bI_d = I$;

(5) $r_a + r_b + r_c + r_d = 2(\sqrt{r^2 + 4R^2} - r)$;

(6) $R' = \dfrac{8R^2 r}{ef} = \sqrt{r^2 + 4R^2} - r$;

(7) $S_{A_1B_1C_1D_1} \cdot S_{I_aI_bI_cI_d} = 4S^2$;

(8) I_aI_c 垂直平分 B_1D_1, I_bI_d 垂直平分 A_1C_1;

(9) 切点四边形与旁心四边形的边对应平行,$I_aA_1, I_bB_1, I_cC_1, I_dD_1$ 四线共点;

(10) 切点四边形,旁心四边形对角线交点及外心均在直线 OI 上. 设旁心四边形的外心为 O',则 O 平分 IO'.

证明提示 如图 3.271.

(1) 由 $\angle AI_aB = \dfrac{1}{2}(\angle A + \angle B)$,$\angle CI_cD = \dfrac{1}{2}(\angle C + \angle D)$,互补即证.

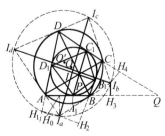

图 3.271

(2) 设 $D_1A = AA_1 = x$,$A_1B = BB_1 = y$,$B_1C = CC_1 = z$,$C_1D = DD_1 = \omega$,由 $\mathrm{Rt}\triangle AA_1 I \backsim \mathrm{Rt}\triangle IC_1C$(注意 $\angle A$ 与 $\angle C$ 互补)有 $xz = r^2$.同理 $y\omega = r^2$.

设 H_0, H_1, H_2 分别为 I_a 在直线 AB, DA, CB 上的射影,由直角三角形相似

得 $\dfrac{AH_0}{r_a}=\dfrac{r}{x}$，$\dfrac{BH_0}{r_a}=\dfrac{r}{y}$，…，又 $AH_0+H_0B=a$，…，由此即可推出 $x=\dfrac{ad}{p}$，$y=$ $\dfrac{ba}{p}$，$z=\dfrac{bc}{p}$，…，由此得 $r_a=\dfrac{a^2bd}{rp^2}$ 等四式.

(3) 由 $S_{AIBI_a}=\dfrac{1}{2}a(r+r_a)=\dfrac{a^2bd}{2rp}$ 等四式，注意 $S=pr$ 即证.

(4) 由 $S_{AIBI_a}=\dfrac{a^2bd}{2rp}$ 等四式相加，得

$$S_{I_aI_bI_cI_d}=\dfrac{1}{2rp}(ab+cd)(ad+bc)$$

由 $BI_a^2=I_aH_0^2+BH_0^2=r_a^2+\dfrac{a^2d^2}{p^2}$，得

$$BI_a=\dfrac{ad}{rp^2}\sqrt{ab}\cdot\sqrt{ab+cd}$$

同理算出 BI_b，有

$$I_aI_b=\dfrac{1}{rp^2}(ad+bc)\sqrt{ab}\cdot\sqrt{ab+cd}$$

再算出 I_bI_c，I_cI_d，I_dI_a，并在圆 O' 中运用托勒密定理，有

$$I_aI_c\cdot I_bI_d=I_aI_b\cdot I_cI_d+I_bI_c\cdot I_dI_a=\dfrac{1}{rp}(ab+cd)(ad+bc)=2S_{I_aI_bI_cI_d}.$$

故 $I_aI_c\perp I_bI_d$.

若延长 DC，AB 相交于 Q，则 IQ 平分 $\angle AQD$，从而 I_b，I_d 均在直线 IQ 上，即 I 在 I_bI_d 上.同理，I 在 I_aI_c 上，故 $I_aI_c\bigcap I_bI_d=I$.

(5) 运用 r_a 等的表达式并注意定理 1(3) 中第四式即得，此可看作三角形中关系式 $r_a+r_d+r_c=4R+r$ 的推广.

(6) 运用圆内接四边形的边与对角线的关系定理 3(1) 即得.

(7) 由(3) 运用等比定理并注意到(5) 有

$$\dfrac{S_{I_aI_bI_cI_d}}{S}=\dfrac{\sqrt{r^2+4R^2}-r}{r}$$

又 $\qquad\dfrac{S_{A_1B_1C_1D_1}}{S}=\dfrac{r(r+\sqrt{r^2+4R^2})}{4R^2}$

由此即证.

(8) 在 $\triangle A_1QC_1$ 中，$A_1Q=C_1Q$，从而 IQ 垂直平分 A_1C_1，即 I_bI_d 垂直平分 A_1C_1.同理 I_aI_c 垂直平分 D_1B_1.

(9) 在 $\triangle AA_1D$ 中，$\angle AA_1D_1=\dfrac{1}{2}(180°-\angle A)$，又 $\angle A_1AI_a=\dfrac{1}{2}(180°-\angle A)$，从而 $A_1D_1\parallel I_aI_d$.同理可证余下三组对应边平行.

由 $\dfrac{A_1 B_1}{I_a I_b} = \dfrac{B_1 C_1}{I_b I_c} = \dfrac{C_1 D_1}{I_c I_d} = \dfrac{D_1 A_1}{I_d I_a}$ 即证四线共点.

（10）由下列引理来推证结论：①

引理 1　如图 3.272，$A_1 C_1$，$B_1 D_1$ 垂直相交于 P'，AC，BD 相交于 P，则 P' 与 P 重合，P 在 OI 的延长线上，$OP = \dfrac{2d_0}{1 + d_0^2}$.

事实上，由圆外切四边形的牛顿定理知 P' 与 P 重合.

OP 的计算可参见注释②.

引理 2　$A_1 C_1$ 的中点与 $B_1 D_1$ 的中点连线的中点 E' 是 IP 的中点，因此 E' 在 OI 的延长线上，$OE' = \dfrac{d_0(3 + d_0^2)}{2(1 + d_0^2)}$

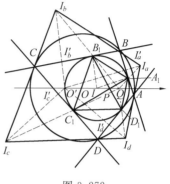

图 3.272

事实上，在圆 I 中，弦 $A_1 C_1$ 与 $B_1 D_1$ 垂直相交于 P，故 I，$A_1 C_1$ 的中点，P，$B_1 D_1$ 的中点是矩形的四个顶点，因而 $A_1 C_1$ 的中点与 $B_1 D_1$ 的中点连线的中点 E' 就是 IP 的中点. 由

$$OI = d_0, \quad OP = \dfrac{2d_0}{1 + d_0^2} \qquad\qquad ②$$

得　　　　　　　　$$OE' = \dfrac{1}{2}(OI + OP) = \dfrac{d_0(3 + d_0^2)}{2(1 + d_0^2)}$$

设 $ABCD$ 的四个旁切圆为圆 $I_a(r_a)$，圆 $I_b(r_b)$，圆 $I_c(r_c)$，圆 $I_d(r_d)$，与四边切点为 I'_a，I'_b，I'_c，I'_d.

引理 3　旁心四边形 $I_a I_b I_c I_d$ 内接于圆，其圆心 O' 在 OI 的反向延长线上，O 平分 $O'I$，即 $OO' = -d_0$.

事实上，A_1，I'_a 分别是圆 I，圆 I_a 与 AB 的切点，易知 $IA_1 \perp AB$，$I_a I'_a \perp AB$，$AA_1 = BI'_a$. 记 AB 中点为 M，则 M 也是 $A_1 I'_a$ 的中点. 联结 OM，则 $OM \perp AB$. 延长 $I_a I'_a$ 交 IO 的延长线于 O'. 由于 $IA_1 \parallel OM \parallel I_a I'_a$，$A_1 M = MI'_a$，所以 $O'O = OI$.

同理，$I_b I'_b$，$I_c I'_c$，$I_d I'_d$ 的延长线都过点 O'. 由 $\angle O' I_a B = \angle O' I_b B = \dfrac{B}{2}$ 可知 $O' I_a = O' I_b$，同理可知 $O' I_a = O' I_b = O' I_c = O' I_d$，$O'$ 是 $I_a I_b I_c I_d$ 外接圆圆心.

---

① 周永良. 双圆四边形的九点线 —whc32 的解答[J]. 数学通讯，1998(11)：26-27.
② 王长烈，朱一鸣. 世界数学名题趣题选[M]. 长沙：湖南教育出版社，1988：180.

引理 4 $A_1B_1C_1D_1$ 与 $I_aI_bI_cI_d$ 位似,位似比 $\lambda = \dfrac{1-d_0^2}{2(1+d_0^2)}$. I_aA_1, I_bB_1,

I_cC_1, I_dD_1 四线共点于位似中心 Q', $OQ' = \dfrac{d_0(3+d_0^2)}{1+3d_0^2}$.

事实上,$A_1B_1C_1D_1$ 与 $I_aI_bI_cI_d$ 对应边平行,I_aA_1, I_bB_1, I_cC_1, I_dD_1 四线共点即定理 2(9).

$\angle B_1A_1B = \angle A_1BI_a = 90° - \dfrac{B}{2}$,故 $A_1B_1 \ /\!/ \ I_aI_b$. 又 $A_1I \ /\!/ \ I_aO'$, $B_1I \ /\!/$ I_bO'(引理3),$\triangle IA_1B_1$ 与 $\triangle O'I_aI_b$ 位似,位似中心当然在对应顶点 I 和 O' 的连线上,记为 Q'.

现在来求位似比 λ. $AA_1 = r \cdot \cot \dfrac{A}{2}$, $I'_aB = r_a \cdot \tan \dfrac{B}{2}$, $AA_1 = I'_aB$,故

$$r_a = r\cot \frac{A}{2}\cot \frac{B}{2}$$

同理

$$r_b = r\tan \frac{A}{2}\cot \frac{B}{2}$$

$$\lambda = \frac{A_1B_1}{I_aI_b} = \frac{A_1B_1}{I_aB + BI_b} = \frac{2r\cos \dfrac{B}{2}}{\dfrac{r_a}{\cos \dfrac{B}{2}} + \dfrac{r_b}{\cos \dfrac{B}{2}}} =$$

$$\frac{2r\cos^2 \dfrac{B}{2}}{r\cot \dfrac{A}{2}\cot \dfrac{B}{2} + r\tan \dfrac{A}{2}\cot \dfrac{B}{2}} =$$

$$\frac{1}{2}\sin A\sin B$$

由定理 1(3) 有

$$\frac{\sqrt{1+\sin A\sin B}}{\sin A\sin B} = \frac{1}{r}$$

因 $\sin A\sin B > 0$,可得

$$\sin A\sin B = \frac{r^2 + r\sqrt{4+r^2}}{2} = \frac{1-d_0^2}{1+d_0^2}$$

因此

$$\lambda = \frac{1-d_0^2}{2(1+d_0^2)}$$

由 $\dfrac{IQ'}{O'Q'} = \lambda$,有

$$\frac{IQ'}{2d+IQ'} = \frac{1-d_0^2}{2(1+d_0^2)}, \quad IQ' = \frac{2d_0(1-d_0^2)}{1+3d_0^2}$$

$$OQ' = OI + IQ' = d_0 + \frac{2d_0(1-d_0^2)}{1+3d_0^2} = \frac{d_0(3+d_0^2)}{1+3d_0^2}$$

讨论其他三对三角形得出相同结论,故引理得证.

引理 5 $I_a I_c$ 与 $I_b I_d$ 的交点 I' 就是 I,$I_a I_c$ 的中点与 $I_b I_d$ 的中点连线的中点 Q 就是 O.

事实上,I_a,I_c,I 都在直线 AD,BC 所成角的角平分线上,I_b,I_d,I 都在直线 AB,CD 所成角的角平分线上,所以 $I_a I_c$,$I_b I_d$ 相交于 I.

由 $A_1 B_1 C_1 D_1$ 与 $I_a I_b I_c I_d$ 位似于中心 Q' 也可证明这一点. $I_a I_c$ 与 $A_1 C_1$ 对应,$I_b I_d$ 与 $B_1 D_1$ 对应,$I_a I_c$,$I_b I_d$ 交点 I' 与 $A_1 C_1$,$B_1 D_1$ 交点 P 对应,因此,I',P,Q' 共线且 $\frac{PQ'}{I'Q'} = \frac{1-d_0^2}{2(1+d_0^2)}$,由此可得出 $OI' = d_0$,即 I' 与 I 重合.

同样道理,$I_a I_c$ 的中点与 $A_1 C_1$ 的中点对应,$I_b I_d$ 的中点与 $B_1 D_1$ 的中点对应,O' 与 I 对应(外接圆圆心),I 与 P 对应(对角线交点). I,$A_1 C_1$ 的中点,P,$B_1 D_1$ 的中点是矩形四顶点(引理2),故 O',$I_a I_c$ 的中点,I,$I_b I_d$ 的中点也是矩形四顶点,$I_a I_c$ 的中点与 $I_b I_d$ 的中点连线的中点是 $O'I$ 的中点,即 O.

AC 的中点与 BD 的中点连线的中点 E 与 O,I 不共线,除了 $ABCD$ 是纺锤形(满足 $AB = AD$,$CB = CD$ 的四边形)或等腰梯形外.简证如下.

记 AC,BD 中点分别为 F_1,F_2,则 $OF_1 \perp AC$,$OF_2 \perp BD$,AC,BD 交于 P,F_1,F_2 都在 OP 为直径的圆上.如果 $F_1 F_2$ 的中点 E 在 OP 上,那么只有两种可能:

或者 E 为圆心,即 OP 的中点,此时 $AC \perp BD$,进而可推出 $AB = AD$,$CB = CD$,$ABCD$ 是纺锤形;

或者 $F_1 F_2 \perp OP$,则 $AC = BD$,进而可推出 $AB /\!/ CD$,$BC = AD$,$ABCD$ 是等腰梯形.

综上所述,我们得到双圆四边形的一条九点线,其中有三对点互相重合.

因为 $-d_0 < 0 < d_0 < \frac{d_0(3+d_0^2)}{2(1+d_0^2)} < \frac{2d_0}{1+d_0^2} < \frac{d_0(3+d_0^2)}{1+3d_0^2}$,故九点的顺序总是 O',$O(Q)$,$I(I')$,E',$P(P')$,Q'.

O 是 $O'I$ 的中点,E' 是 IP 的中点. O',O,I 与 I,E',P 关于 Q' 位似

$$\frac{PQ'}{IQ'} = \frac{E'Q'}{OQ'} = \frac{IQ'}{O'Q'} = \frac{1-d_0^2}{2(1+d_0^2)}$$

各点位置仅与 R,r 有关.

当且仅当 $ABCD$ 是正方形时,即当且仅当 $d_0 = 0$ 时,九点合一于中心.

定理 3 设双圆四边形 $ABCD$ 的外接圆半径,内切圆半径分别为 R,r,内

心为 I,则有①

$$IA \cdot IB \cdot IC \cdot ID = 2r^3(\sqrt{4R^2 + r^2} - r) \qquad ③$$

证明 如图 3.273,易得

$$IA = \frac{r}{\sin \dfrac{A}{2}}, IB = \frac{r}{\sin \dfrac{B}{2}}$$

$$IC = \frac{r}{\sin \dfrac{C}{2}}, ID = \frac{r}{\sin \dfrac{D}{2}}$$

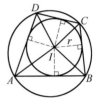

图 3.273

又 $A + C = B + D = 180°$,则

$$\frac{C}{2} = 90° - \frac{A}{2}, \frac{D}{2} = 90° - \frac{B}{2}$$

即

$$IA \cdot IB \cdot IC \cdot ID = \frac{r}{\sin \dfrac{A}{2}} \cdot \frac{r}{\sin \dfrac{B}{2}} \cdot \frac{r}{\sin \dfrac{C}{2}} \cdot \frac{r}{\sin \dfrac{D}{2}} =$$

$$\frac{r}{\sin \dfrac{A}{2}} \cdot \frac{r}{\sin \dfrac{B}{2}} \cdot \frac{r}{\cos \dfrac{A}{2}} \cdot \frac{r}{\cos \dfrac{B}{2}} =$$

$$\frac{4r^4}{\sin A \sin B}$$

由定理 1(4) 得

$$\frac{R}{r} = \frac{\sqrt{1 + \sin A \sin B}}{\sin A \sin B}$$

即

$$R^2 \sin^2 A \sin^2 B - r^2 \sin A \sin B - r^2 = 0$$

从而

$$\sin A \sin B = \frac{r^2 + r\sqrt{4R^2 + r^2}}{2R^2}$$

即

$$\frac{4r^4}{\sin A \sin B} = 4r^4 \cdot \frac{2R^2}{r^2 + r\sqrt{4R^2 + r^2}} =$$

$$\frac{8R^2 r^3}{\sqrt{4R^2 + r^2} + r} = 2r^3(\sqrt{4R^2 + r^2} - r)$$

推论 设双圆四边形 $ABCD$ 的外接圆半径、内切圆半径分别为 R, r,记 $AB = a, BC = b, CD = c, DA = d$,则 $abcd \geqslant 8r^3(\sqrt{4R^2 + r^2} - r)$②.

证明 如图 3.274,设 I 为内切圆圆心.

记 $\angle AIB = \angle 1, \angle BIC = \angle 2, \angle CID = \angle 3, \angle DIA = \angle 4$,则 $\angle 1 + \angle 3 =$

① 张丐. 关于双圆四边形的双圆半径的一个性质[J]. 中学数学 2002(12):45.

② 闵飞. 双圆四边形中的一个不等式[J]. 中学数学,2003(5):25.

$180°, \angle 2 + \angle 4 = 180°.$

由正弦定理知

$$\frac{AI^2}{ad} + \frac{BI^2}{ab} = \frac{AI}{a} \cdot \frac{AI}{d} + \frac{BI}{a} \cdot \frac{BI}{b} =$$

图 3.274

$$\frac{\sin \dfrac{B}{2}}{\sin \angle 1} \cdot \frac{\sin \dfrac{D}{2}}{\sin \angle 4} + \frac{\sin \dfrac{A}{2}}{\sin \angle 1} \cdot \frac{\sin \dfrac{C}{2}}{\sin \angle 2} =$$

$$\frac{\sin \dfrac{B}{2} \cos \dfrac{B}{2}}{\sin \angle 1 \sin \angle 2} + \frac{\sin \dfrac{A}{2} \cos \dfrac{A}{2}}{\sin \angle 1 \sin \angle 2} =$$

$$\frac{\sin B + \sin A}{2 \sin \angle 1 \sin \angle 2} =$$

$$\frac{2 \sin \dfrac{A+B}{2} \cos \dfrac{A-B}{2}}{2 \sin \dfrac{A+B}{2} \sin \dfrac{B+C}{2}} =$$

$$\frac{\cos \dfrac{A-B}{2}}{\sin \dfrac{B+C}{2}} = 1 \left(\frac{A-B}{2} \text{ 和 } \frac{B+C}{2} \text{ 同余} \right)$$

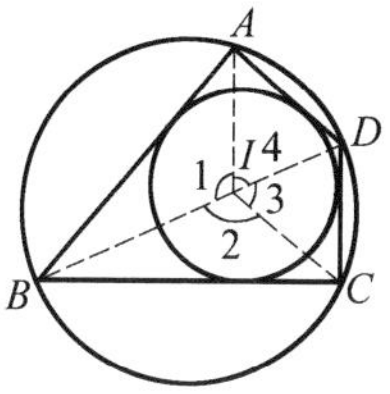

同理

$$\frac{CI^2}{bc} + \frac{DI^2}{cd} = 1$$

则

$$\frac{AI^2}{ad} + \frac{BI^2}{ab} + \frac{CI^2}{bc} + \frac{DI^2}{cd} = 2$$

由均值不等式知

$$\frac{AI^2}{ad} + \frac{BI^2}{ab} + \frac{CI^2}{bc} + \frac{DI^2}{cd} \geqslant 4 \sqrt{\frac{AI \cdot BI \cdot CI \cdot DI}{abcd}}$$

从而

$$abcd \geqslant 4AI \cdot BI \cdot CI \cdot DI$$

由定理 3,知

$$AI \cdot BI \cdot CI \cdot DI = 2r^3 (\sqrt{4R^2 + r^2} - r)$$

即有

$$abcd \geqslant 8r^3 (\sqrt{4R^2 + r^2} - r)$$

定理 4 设 P 是双圆四边形 $ABCD$ 的布罗卡尔点，$\angle PAB = \angle PBC = \angle PCD = \angle PDA = \alpha$，$P$ 点在 AB, BC, CD, DA 上的射影分别为 A', B', C', D'. 记四边形 $ABCD$ 的面积为 S，则四边形 $A'B'C'D'$ 的面积[①]

$$S' = S \sin^2 \alpha$$

---

① 张云. 双圆四边形勃罗卡点的一个性质[J]. 中学数学, 2005(7):40.

证明 如图 3.275,因点 P 在 AB,BC,CD,DA 上的射影分别为 A',B',C',D',A,B,C,D 表示角,则

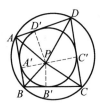

图 3.275

$$\angle A'PB' = 180° - B$$
$$\angle B'PC' = 180° - C$$
$$\angle C'PD' = 180° - D$$
$$\angle D'PA' = 180° - A$$

又四边形 $ABCD$ 为双圆四边形,则

$$A + C = 180°, B + D = 180°$$

即

$$S' = \frac{1}{2}PA' \cdot PB'\sin\angle A'PB' + \frac{1}{2}PB' \cdot PC'\sin\angle B'PC' +$$

$$\frac{1}{2}PC' \cdot PD'\sin\angle C'PD' + \frac{1}{2}PD' \cdot PA'\sin\angle D'PA'$$

又由 $\angle PAB = \angle PBC = \angle PCD = \angle PDA = \alpha$,有

$$S' = \frac{1}{2}PA\sin\alpha PB\sin\alpha\sin B + \frac{1}{2}PB\sin\alpha \cdot PC\sin\alpha\sin C +$$

$$\frac{1}{2}PC\sin\alpha \cdot PD\sin\alpha\sin D + \frac{1}{2}PD\sin\alpha \cdot PA\sin\alpha\sin A =$$

$$\frac{1}{2}\sin^2\alpha(PA \cdot PB\sin B + PB \cdot PC\sin C + PC \cdot PD\sin D +$$

$$PD \cdot PA\sin A)$$

$$PA = \frac{d}{\sin C} \cdot \sin\alpha, PB = \frac{a}{\sin D} \cdot \sin\alpha$$

$$PC = \frac{b}{\sin A} \cdot \sin\alpha, PD = \frac{c}{\sin B} \cdot \sin\alpha$$

(这里 $AB = a, BC = b, CD = c, DA = d$). 所以

$$S' = \frac{1}{2}\sin^2\alpha(\frac{da}{\sin C\sin D} \cdot \sin^2\alpha\sin B + \frac{ab}{\sin D\sin A}\sin^2\alpha\sin C +$$

$$\frac{bc}{\sin A\sin B} \cdot \sin^2\alpha\sin D + \frac{cd}{\sin B\sin C} \cdot \sin^2\alpha\sin A) =$$

$$\frac{1}{2}\sin^4\alpha(\frac{da}{\sin A\sin B} \cdot \sin B + \frac{ab}{\sin B\sin A} \cdot \sin A +$$

$$\frac{bc}{\sin A\sin B} \cdot \sin B + \frac{cd}{\sin B\sin A} \cdot \sin A) =$$

$$\frac{1}{2}\sin^4\alpha(\frac{da}{\sin A} + \frac{ab}{\sin B} + \frac{bc}{\sin A} + \frac{cd}{\sin B}) =$$

$$\frac{1}{2}\sin^4\alpha(\frac{bc + da}{\sin A} + \frac{ab + cd}{\sin B})$$

再对 $\triangle ABD$ 用正弦定理,有

$$\sin A = \frac{BD}{2R} = \frac{2\sqrt{abcd}}{ad+bc}$$

即

$$\sin A = \frac{2\sqrt{abcd}}{ad+bc} = \frac{2S}{ad+bc}$$

同理

$$\sin B = \frac{2\sqrt{abcd}}{ab+cd} = \frac{2S}{ab+cd}$$

则

$$\frac{1}{2}\sin^4\alpha\left(\frac{bc+da}{\sin A} + \frac{ab+cd}{\sin B}\right) = \frac{1}{2}\sin^4\alpha\left(\frac{2S}{\sin^2 A} + \frac{2S}{\sin^2 B}\right) =$$
$$S\sin^4\alpha(\csc^2 A + \csc^2 B)$$

由布罗卡尔点的意义,有

$$\csc^2\alpha = \csc^2 A + \csc^2 B$$

故

$$S\sin^4\alpha(\csc^2 A + \csc^2 B) = S\sin^4\alpha \cdot \csc^2\alpha = S\sin^2\alpha$$

即

$$S' = S\sin^2\alpha$$

❖盐窖形定理

盐窖形定理采自阿基米德《引理集》.

定理 半圆 ACB 内作两小半圆,分别以 AD,EB 为直径,其中 $AD=EB$,如图 3.276 所示. 又以 DE 为直径在相反方向作半圆. $CF \perp AB$ 且过 AB,DE 的中点 O,则四半圆间曲边图形(盐窖形)等于以直径 CF 为圆的面积.

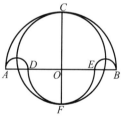

图 3.276

证明 按照欧几里得《原本》卷 2 命题 $10:DE$ 的中点是 $O,EA^2 + AD^2 = 2(EO^2 + OA^2)$,而 $CF = OA + OE = EA$,于是

$$AB^2 + DE^2 = 4(OA^2 + EO^2) = 2(CF^2 + AD^2)$$

我们知道圆面积之比是其半径平方之比,那么

$$AB,DE \text{ 上半圆和} = CF \text{ 上圆} + AD,BE \text{ 上半圆和}$$

也就是说

$$\text{盐窖形面积} = \text{以 } CF \text{ 为直径的圆面积}$$

❖阿波罗尼斯圆定理

阿波罗尼斯圆定理　到两定点 A,B 的距离之比为定值 $\dfrac{m}{n}(\neq 1)$ 的点 P,位于以把线段 AB 分成 $\dfrac{m}{n}$ 的内分点 C 和外分点 D 为直径两端的定圆周上.

此结论为阿波罗尼斯发现的,这个圆常称为阿波罗尼斯圆,简称为阿氏圆.这两个定点叫作该阿氏圆的基点.

证明　如图 3.277,设 $\angle APB$ 的内角平分线和外角平分线分别与 AB 或其延长线交于 C,D,则有 $\dfrac{AC}{CB}=\dfrac{AD}{DB}=\dfrac{PA}{PB}=\dfrac{m}{n}$ 为定值,从而 C,D 为定点,又 $\angle CPD=\dfrac{1}{2}\times 180°=90°$,故点 P 在以 CD 为直径的圆周上.

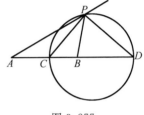

图 3.277

❖阿氏圆的性质定理

在不等腰 $\triangle ABC$ 中,以 B,C 为基点,比值为 $AB:AC$ 的阿氏圆叫作边 BC 上的阿氏圆,记其圆心为 O_a,半径为 R_a,并给边 CA,AB 上的阿氏圆以类似的记号.[①]

若 $\angle A$ 的内角与外角平分线分别交边 BC(或延长线)于 T_a 和 T'_a,则由角平分线的性质知 T_a 和 T'_a 均在圆 O_a 上,且 A 也在圆 O_a 上,故圆 O_a 是以 $T_aT'_a$ 为直径,同时经过点 A 的圆.类似的结论也适用于圆 O_b 和圆 O_c.

定理 1　任意不等腰 $\triangle ABC$ 三边上的三个阿氏圆的圆心 O_a,O_b,O_c 三点共线,且这条直线只与三角形各边的延长线相交.

证明　因为 $\triangle ABC$ 是不等腰三角形,因而不等边,故它有两个正则点 Z 和 Z'.根据正则点定义的等价形式 $ZA\cdot a=ZB\cdot b=ZC\cdot c,Z'A\cdot a=Z'B\cdot b=Z'C\cdot c$,可知

$$\frac{ZB}{ZC}=\frac{c}{b}=\frac{AB}{AC}$$

①　孙四周.关于三角形中阿氏圆的有趣结论[J].中学数学,2002(11):41-42.

故知点 Z 在圆 O_a 上,同理可证点 Z 在圆 O_b 和圆 O_c 上,而且点 Z' 在圆 O_a,圆 O_b,圆 O_c 上,即三个圆圆 O_a,圆 O_b,圆 O_c 都经过点 Z 和 Z',显然三个圆心 O_a,O_b,O_c 共线,且这条线是公共弦 ZZ' 的垂直平分线.

又知点 Z 及 Z' 到 $\triangle ABC$ 的外接圆圆心 O 的距离分别为

$$OZ = \frac{\lambda'}{\lambda}R, OZ' = \frac{\lambda}{\lambda'}R$$

其中 R 为外接圆半径.且 O,Z,Z' 依次在同一条直线上,若记 ZZ' 的中点为 M,如图 3.278 所示,则

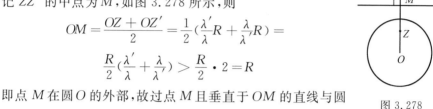

$$OM = \frac{OZ + OZ'}{2} = \frac{1}{2}(\frac{\lambda'}{\lambda}R + \frac{\lambda}{\lambda'}R) =$$

$$\frac{R}{2}(\frac{\lambda'}{\lambda} + \frac{\lambda}{\lambda'}) > \frac{R}{2} \cdot 2 = R$$

即点 M 在圆 O 的外部,故过点 M 且垂直于 OM 的直线与圆 O 相离,即该直线只与 $\triangle ABC$ 的三边的延长线相交.

图 3.278

定理 2　不等腰 $\triangle ABC$ 三边 a,b,c 上的阿氏圆半径分别为 R_a,R_b,R_c,则

$$R_a = \frac{abc}{|b^2 - c^2|}, R_b = \frac{abc}{|c^2 - a^2|}, R_c = \frac{abc}{|a^2 - b^2|}$$

证明　如图 3.279,设 AT_a,AT'_a 分别是 $\angle A$ 的内角和外角平分线,则

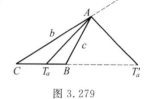

$$\frac{BT_a}{T_aC} = \frac{AB}{AC} = \frac{c}{b}$$

又 $BT_a + T_aC = a$,易得

图 3.279

$$BT_a = \frac{c}{b+c}a, T_aC = \frac{b}{b+c}a$$

同理由 $\frac{BT'_a}{T'_aC} = \frac{AB}{AC} = \frac{c}{b}$,且 $CT'_a - BT'_a = a$(这是 $b > c$ 的情形),得

$$BT'_a = \frac{c}{b-c}a, T'_aC = \frac{b}{b-c}a$$

则

$$T_aT'_a = BT_a + BT'_a = \frac{c}{b+c}a + \frac{c}{b-c}a = \frac{2abc}{b^2 - c^2}$$

即

$$R_a = \frac{abc}{b^2 - c^2}$$

至于 $b < c$ 的情形,有 $R_a = \frac{abc}{c^2 - b^2}$,故

$$R_a = \frac{abc}{|b^2 - c^2|}$$

同样可得

$$R_b = \frac{abc}{|c^2 - a^2|}, R_c = \frac{abc}{|a^2 - b^2|}$$

定理 3 不等腰 $\triangle ABC$ 中,若 $a > b > c$,则 $\dfrac{1}{R_a} + \dfrac{1}{R_c} = \dfrac{1}{R_b}$.

证明 由定理 2 知,当 $a > b > c$ 时,有

$$R_a = \frac{abc}{b^2 - c^2}, R_b = \frac{abc}{a^2 - c^2}, R_c = \frac{abc}{a^2 - b^2}$$

则

$$\frac{1}{R_a} + \frac{1}{R_c} = \frac{b^2 - c^2}{abc} + \frac{a^2 - b^2}{abc} = \frac{a^2 - c^2}{abc} = \frac{1}{R_b}$$

定理 4 $\triangle ABC$ 中,各边上的两个端点都关于该边上的阿氏圆成反演点.

证明 考查边 BC 上的情形,不妨设 $b > c$,则圆心 O_a 在 BC 的反向延长线上. 因

$$R_a = \frac{abc}{|b^2 - c^2|} = \frac{abc}{b^2 - c^2}$$

且

$$O_a B = O_a T_a - T_a B = R_a - T_a B = \frac{abc}{b^2 - c^2} - \frac{ca}{b + c} =$$

$$\frac{abc - ac(b - c)}{b^2 - c^2} = \frac{ac^2}{b^2 - c^2}$$

$$O_a C = O_a T_a + T_a C = R_a + T_a C =$$

$$\frac{abc}{b^2 - c^2} + \frac{b}{b + c} a = \frac{ab^2}{b^2 - c^2}$$

则

$$O_a B \cdot O_a C = \frac{ac^2}{b^2 - c^2} \cdot \frac{ab^2}{b^2 - c^2} = \left(\frac{abc}{b^2 - c^2}\right)^2 = R_a^2$$

故边 BC 的两端点 B, C 关于圆 O_a 成反演.

其余边的情形同此.

❖ 鞋匠皮刀形问题

鞋匠皮刀形问题 如图 3.280,设 C 为半圆直径 AB 上的一点,并设 $AB = 2r, AC = 2r_1, CB = 2r_2$. 在形内分别以 AC, BC 为直径作两个半圆,再作 $CQ \perp AB$,交半圆 AB 于 P. 设 TW 为半圆 AC 和 CB 的公切线,且与 CP 交于 S,则[1]

(1) 皮刀形 $ATCWBP$ 的面积(记为 S_1)等于以 CP 为直径的圆面积(记为 S_2).

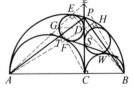

图 3.280

① 单墫. 数学名题词典[M]. 南京:江苏教育出版社,2002:390-391.

（2）CP 与 TW 相等,且互相平分于 S,即 C,T,P,W 四点共圆,它的圆心为 S.

（3）三点 A,T,P 共线,B,W,P 也共线.

（4）外切于半圆 AC(或半圆 CB)和内切于半圆 AB 以及 CP 的两个圆必相等.

该图形出现于阿基米德所著的《引理集》(也可能是后人收集整理阿基米德研究过的一些初等几何问题而成),它具有许多奇妙的性质,曾为许多人研究过,如马查,西蒙等.

（1）$S_1 = \dfrac{1}{2}\pi r^2 - \dfrac{1}{2}\pi r_1^2 - \dfrac{1}{2}\pi r_2^2 =$

$$\dfrac{1}{2}\pi((r_1+r_2)^2 - r_1^2 - r_2^2) = \dfrac{1}{4}\pi(2r_1 \cdot 2r_2) =$$

$$\dfrac{1}{4}\pi CP^2 = \pi \cdot (\dfrac{CP}{2})^2 = S_2$$

（2）因为 $CP^2 = 4r_1 r_2$,$TW^2 = (r_1+r_2)^2 - (r_1 - r_2)^2 = 4r_1 r_2$,所以 $CP = TW$.又 $SW = SC$,$SC = ST$,所以 $SC = SP$,故 C,T,P,W 四点共圆,它的圆心为 S.

（3）由于 T 在以 CP 为直径的圆上,可见 $\angle PTC = 90°$.又 $\angle ATC = 90°$,所以 A,T,P 三点共线.同理 B,W,P 三点也共线.

（4）设外切半圆 AC 于 F,内切半圆 AB 于 E,以及切 CP 于 D 的圆的直径为 DG,则由 E,F 各为相似中心,可知 AG 与 BD 必相交于 E,CG 与 AD 必相交于 F,延长 AE 和 CP,设它们相交于 Q,则 D 为 $\triangle AQB$ 的垂心,所以 $AD \perp BQ$,从而知 $CF \parallel BQ$,因此 $\dfrac{DG}{AC} = \dfrac{QG}{QA} = \dfrac{BC}{AB}$,即 $DG = \dfrac{AC \cdot BC}{AB} = \dfrac{2r_1 r_2}{r}$.

同理可得:与半圆 AB 内切,半圆 BC 外切,以及与 CP 相切的圆的直径也为 $\dfrac{2r_1 r_2}{r}$,故这两圆相等.

从推理过程中可知,AD 与 BQ 的交点 H 必在半圆 AB 上.

该图形还有其他一些性质.

❖ 半圆问题

一条直径将圆分为两个半圆.半圆联系着直角三角形,涉及直角三角形的有关结论.除此之外,半圆还有如下有趣的结论:

定理 1 设 AB 是半圆的直径,过 A,B 引射线 AD,BE 交于点 C,联结 AE,

BD. 若 $\angle AEB + \angle ADB = 180°$,则

$$AC \cdot AD + BC \cdot BE = AB^2$$

证明 当 D,E 均在半圆弧上时,如图 3.281(a),过点 C 作 $CH \perp AB$ 于点 H,则用割线定理(或相交弦定理,切割线定理)有 $AC \cdot AD + BC \cdot BE = AH \cdot AB + BH \cdot BA = AB^2$.

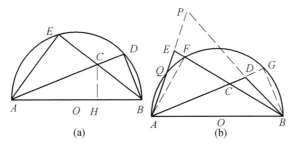

图 3.281

当 D,E 不在半圆弧上时,不妨设点 E 在半圆外,点 D 在半圆内,延长 AE 与 BD 的延长线交于点 P,延长 AD 交半圆弧于点 G,设 AE 交半圆弧于点 Q,BE 交半圆弧于点 F,如图 3.281(b).

则前面所证有

$$AC \cdot AG + BC \cdot BF = AB^2$$

又 $\angle AEB + \angle ADB = 180°$,则知 E,C,D,P 四点共圆.

从而

$$
\begin{aligned}
AC \cdot AD + BC \cdot BE &= AC \cdot (AG - DG) + BC \cdot (BF + FE) = \\
&\quad (AC \cdot AG + BC \cdot BF) + BC \cdot EF - AC \cdot DG = \\
&\quad AB^2 + (BC \cdot AF \cdot \cot \angle AEB - AC \cdot BG \cdot \cot \angle BDG) = \\
&\quad AB^2 + (BC \cdot AF - AC \cdot BG) \cdot \cot \angle AEB
\end{aligned}
$$

而

$$BC \cdot AF = 2S_{\triangle ABC} = AC \cdot BG$$

故

$$AC \cdot AD + BC \cdot BE = AB^2$$

定理 2 以 AB 为直径的半圆圆 O 的内切圆切 AB 于点 T,则内切圆的半径 $r = \dfrac{AT \cdot TB}{AB}$.

证明 如图 3.282,设半圆的内切圆圆心为 O_1,切半圆于点 E,当 $AT \geqslant TB$ 时,则 $OE = \dfrac{1}{2}AB = \dfrac{1}{2}(AT + TB)$,$OT = \dfrac{AT + TB}{2} - TB = \dfrac{1}{2}(AT - TB)$

由勾股定理,有

$$\left[\frac{1}{2}(AT + TB) - r\right]^2 - \left[\frac{1}{2}(AT - TB)\right]_{O_1}^{O} T^2 = r^2$$

从而

$$r = \frac{AT \cdot TB}{AT + TB} = \frac{AT \cdot TB}{AB}$$

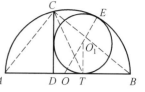

图 3.282

推论 1 设圆 O_1 是半圆圆 O 的内切圆,圆 O_1 与圆 O 的直径 AB 于点 T,圆 O_1 又与 AB 垂直的直线 CD 相切,直线 CD 交 AB 于点 D,交半圆于点 C,则 $AC = AT$,且 CT 平分 $\angle BCD$.

证明 如图 3.282,令 $AT = x, TB = y, AD = a, DB = b$,则当 $x \geqslant y$ 时,且 r 为圆 O_1 的半径,则 $x = a + r, y = b - y$. 由定理 2,有

$$r = \frac{xy}{x + y} = \frac{(a - r)(b - r)}{a + b}$$

从而

$$r^2 + 2ar - ab = 0$$

即

$$r = \sqrt{a(a + b)} - a$$

于是 $\qquad AT = AD + DT = \sqrt{a(a + b)}$

注意直角三角形的射影定理,有

$$AC^2 = AD \cdot AB$$

即 $\qquad AC = \sqrt{a(a + b)}$

故 $\qquad AC = AT$

此时,$\triangle ACT$ 为等腰三角形. 又注意到 $\angle DCB = \angle CAB$,则

$$\angle DCT = 90° - \angle ATC = \frac{1}{2} \angle CAB = \frac{1}{2} \angle DCB$$

即知 CT 平分 $\angle BCD$.

注 由推论 1 知,在 $\text{Rt}\triangle ABC$ 中,$CD \perp AB$ 于 D,点 T 在 DB 上,则 $AT = AC \Leftrightarrow CT$ 平分 $\angle BCD$.

推论 2 设点 C 是以 AB 为直径的半圆圆 O 上一点,$CD \perp AB$ 于 D. 圆 O_1,圆 O_2 在 CD 的两侧均与 CD 相切且为半圆圆 O 的内切圆,则圆 O_1,圆 O_2 的半径 r_1, r_2 满足 $r_1 + r_2 = AC + BC - AB$.

证明 如图 3.282,设圆 O_1,圆 O_2 分别切 AB 于点 T, S,则由推论 1 知 $AT = AC, BS = BC$. 于是,由定理 2,

$$r_1 + r_2 = \frac{AT \cdot TB}{AB} + \frac{AS \cdot SB}{AC} =$$

$$\frac{AC(AB - AC)}{AB} + \frac{(AB - BC) \cdot BC}{AB} =$$

$$AC - \frac{AC^2}{AB} + BC - \frac{BC^2}{AB} =$$

$$AC + BC - AB$$

推论 3 点 C 在以 AB 为直径的半圆上，作 $CD \perp AB$ 于点 D，圆 O_1，圆 O_2 均与半圆及 AB 相切，且均与 CD 相切．设 r, r_1, r_2 分别为 $\triangle ABC$ 的内切圆，圆 O_1，圆 O_2 的半径，则 $r = \dfrac{r_1 + r_2}{2}$

证明 如图 3.283，设圆 O_1 分别与半圆，CD，DG 切于点 E，F，G，圆 O_2 切 AD 于点 H，联结 BE，EF，FA，OO_1，O_1E，O_1F.

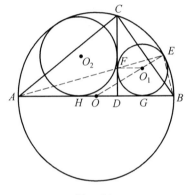

图 3.283

则 O, O_1, E 三点共线．

故
$$\angle EFO_1 = \angle FEO_1 = \frac{1}{2} \angle FO_1O =$$

$$\frac{1}{2} \angle O_1OB = \angle EAB$$

从而，A, F, E 三点共线．

由 $\triangle AFD \backsim \triangle ABE \Rightarrow AD \cdot AB = AF \cdot AE$

则
$$AG^2 = AF \cdot AE = AD \cdot AB = AC^2$$

因此，$AC = AG$.

设圆 O_2 与边 AD 切于点 H.

类似地，$BC = BH$.

故
$$r = \frac{AC + BC - AB}{2} = \frac{AG + BH - AB}{2} = \frac{HG}{2} = \frac{HD + DG}{2} = \frac{r_1 + r_2}{2}$$

定理 3 在以 AB 为直径的半圆圆 O 中，P 为 AB 延长线上一点，PE 切半圆圆 O 于点 E，$\angle APE$ 的平分线分别交 AE 于点 X，交 BE 于点 Y，则 $EX = EY$.

证明 如图 3.284,由

$$\angle EXY = \angle EAP + \angle XPA =$$

$$\angle BEP + \frac{1}{2}\angle APE = \angle EYX$$

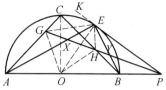

知 $EX = EY$.

推论 4 在以 AB 为直径的半圆 O 中,P 为 AB

图 3.284

延长线上一点,PE 切半圆 O 于点 E,C 为半圆弧的中点,$\angle APE$ 的平分线分别

交 CA 于点 G,交 CB 于点 H,则 P,A,G,E 及 P,B,H,E 分别四点共圆.

证明 如图 3.284,注意到 $\angle AEB = 90°$,则由定理 3 知 $\angle EYX =$

$\angle EXY = 45° = \angle ABC$. 于是,$\angle BHP = \angle ABC - \angle BPH = \angle EYX -$

$\frac{1}{2}\angle BPE = \angle BEP$,即知 P,B,H,E 四点共圆.

此时,注意 $\angle GPE = \angle HPE = \angle HBE = \angle CBE = \angle CAE = \angle GAE$,即知

P,A,G,E 四点共圆.

推论 5 在推论 4 的条件下,由推论 4 有

(1)$AG = GE$,$BH = HE$;

(2)$\angle GEH = 90°$,且 G,H,E,C 四点共圆;

(3)H,G 分别为 $\triangle POE$ 的内心与旁心,且 $\angle GOH = 90°$ 及 C,G,O,H,E 五

点共圆;

(4)$OH \parallel AE$,$OG \parallel BE$;

(5)A,B,H,X 及 A,B,Y,G 分别四点共圆.

证明 如图 3.284,(1)由圆中等圆周角对等弦即得;

(2)由 $\angle HEP = \angle ABC = 45°$,$\angle KEG = \angle GAB = 45°$($K$ 为 PE 延长线上

一点)即得;

(3)由 $OE \perp EP$ 及 $\angle HEP = 45°$ 知 EH 平分 $\angle OEP$,由 $\angle GEH = 90°$ 知

GE 平分 $\angle KEO$,又 PHG 平分 $\angle OPE$,即得;

(4)由 $\angle EAO = \frac{1}{2}\angle EOP = \angle HOP$,$\angle AOG = \frac{1}{2}\angle AOE = \angle OBE$ 即得;

(5)由 $\angle BHP = \angle BEP = \angle BAE$,$\angle GAP = 45° = \angle EYX = \angle EYG$ 即得.

注 还可证得 $CE \parallel GH$,$OG = OH$ 等结论.

定理 4 以 AB 为直径的半圆 O 的外切三角形为 $\triangle CEF$,AB 在边 EF 上,

圆 O 分别切 CE,CF 于点 P,Q,$CD \perp AB$ 于点 D,则 C,P,D,Q 四点共圆.

证明 如图 3.285,联结 OP,OQ,OC,

显然,C,P,O,Q 四点共圆,且 CO 为其直径.注意到 $CD \perp AB$ 于点 D,则知

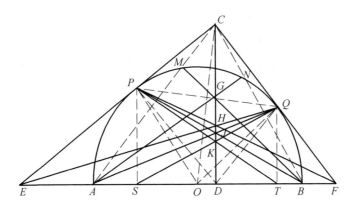

图 3.285

点 D 也在此圆上. 故 C,P,D,Q 四点共圆.

推论 6 在定理 4 的条件下,则 CD 平分 $\angle PDQ$.

证明 由 C,P,D,Q 四点共圆,注意到 $CP=CQ$,则 CD 平分 $\angle PDQ$.

推论 7 在定理 4 的条件下,联结 AC,BC 分别交圆 O 于点 M,N,直线 AN 与 BM 交于点 G,则 P,G,Q 三点共线.

证明 如图 3.285,由 C,P,D,Q 四点共圆,知 $\angle CPD$ 与 $\angle CQD$ 互补.

注意到切割线定理,有 $CP^2=CM \cdot CA$. 又 G 为 $\triangle CAB$ 的垂心,知 G 在 CD 上,从而 $CG \cdot CD = CM \cdot CA = CP^2$,即知 $\triangle CPG \backsim \triangle CDP$,即有 $\angle CGP = \angle CPD$.

同理,$\angle CGQ = \angle CQD$. 故 $\angle CGP + \angle CGQ = \angle CPD + \angle CQD = 180°$. 即 P,G,Q 三点共线.

推论 8 在定理 4 的条件下,设 PF 与 EQ 交于点 H,则点 H 在 CD 上.

证明 如图 3.285,由 C,P,D,Q 四点共圆,CD 平分 $\angle PDQ$,知 $\angle EDP = \angle FDQ$,$\angle EPD$ 与 $\angle FQD$ 互补.注意到三角形的正弦定理,有

$$\frac{EP}{ED} = \frac{\sin \angle EDP}{\sin \angle EPD} = \frac{\sin \angle FDQ}{\sin \angle FQD} = \frac{FQ}{FD}$$

于是,有

$$\frac{CP}{PE} \cdot \frac{ED}{DF} \cdot \frac{FQ}{QC} = 1 \qquad\qquad (*)$$

故由塞瓦定理的逆定理知,CD,PF,EQ 三直线共点于 H,即知点 H 在 CD 上.

推论 9 在定理 4 的条件下,作 $PS \perp AB$ 于 S,作 $QT \perp AB$ 于 T,令 SQ 与 PT 交于点 K,则点 K 在 CD 上.

证明 如图 3.285,由 $PS /\!/ CD /\!/ QT$,有 $ED = \frac{CD}{PS} \cdot ES$,$FQ = \frac{QT}{CD} \cdot FC$,

$$\frac{CP}{PE}=\frac{DS}{SE}.$$

将上述三式代入推论 8 证明中的式（＊），并注意 $\frac{QT}{PS}=\frac{QK}{KS}$，则有 $\frac{SD}{DF}\cdot\frac{FC}{CQ}\cdot$

$\frac{QK}{KS}=1$.

于是，对 $\triangle SFQ$ 应用梅涅劳斯定理的逆定理，知 C,K,D 三点共线，即知点 D 在 CD 上.

推论 10 在定理 4 的条件下，设 AQ 与 PB 交于点 J，则点 J 在 CD 上.

证明 如图 3.285，由 C,P,D,Q 四点共圆，知 $\angle PCD=\angle PQD$.

注意到 P,O,D,Q 四点共圆，有

$$\angle AOP=\angle PQD=\angle PCD \qquad\qquad ①$$

又由 $\angle POC=\frac{1}{2}\angle POQ=\angle PAJ$，知 $\mathrm{Rt}\triangle POC \backsim \mathrm{Rt}\triangle PAJ$，于是 $\frac{PC}{PJ}=$

$\frac{PO}{PA}.$

注意到 $\angle CPJ=90°-\angle BPO=\angle OPA$，则 $\triangle CPJ \backsim \triangle OPA$. 故

$$\angle PCJ=\angle POA \qquad\qquad ②$$

由 ①，② 知 $\angle PCD=\angle PCJ$. 故点 J 在 CD 上.

定理 5 半圆 O 的直径 MN 在 $\triangle ABC$ 的边 BC 上，$\triangle ABC$ 的边 AB,AC 与半圆 O 分别切于点 F、E. 作 $AD\perp BC$ 于点 D. 设直线 MF 与直线 NE 的交点为 P，则（1）点 P 在直线 AD 上；（2）设 ME 与 NF 交于点 J（此时点 J 在 AD 上）时，A 为 PJ 的中点.

证明 如图 3.286，（1）注意到 ME 与 NF 的交点 J 为 $\triangle PMN$ 的垂心，即有 $PJ\perp MN$. 从而

$$\angle MPJ=\angle FNM, \angle JPN=\angle EMN$$

又 $$\angle AFE=\angle AEF$$

则

$$\frac{\sin\angle MPJ}{\sin\angle JPN}\cdot\frac{\sin\angle AFE}{\sin\angle AFP}\cdot\frac{\sin\angle AEP}{\sin\angle AEF}=$$

$$\frac{\cos\angle FMN}{\cos\angle ENM}\cdot\frac{\sin\angle AFE}{\sin\angle FNM}\cdot\frac{\sin\angle EMN}{\sin\angle AEF}=$$

$$\frac{\sin\angle FNM}{\sin\angle EMN}\cdot\frac{\sin\angle EMN}{\sin\angle FNM}=1$$

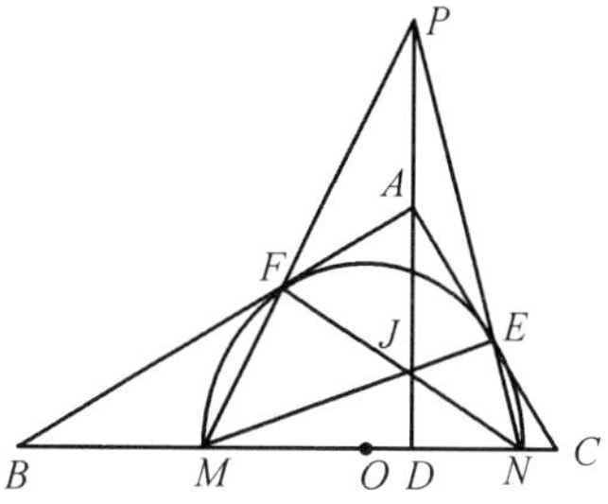

图 3.286

于是，由第一角元形式的塞瓦定理，知 PJ,AE,AF 三线共点于 A，即点 A 在直线 PJ 上，亦有 $PA\perp MN$.

而 $AD \perp MN$,即知点 P 在直线 AD 上.

(2) 注意到 Rt△PJE 中,$\angle AJE = \angle DNE = \angle MNE = \angle MEA = \angle JEA$. 即有 $AE = AJ$. 同理 $AE = AP$. 故 A 为 PJ 的中点.

注 也可用同一法,取 PJ 的中点 A',证 A' 与 A 重合先证得 A 为 PJ 的中点,再证点 P 在 AD 上.

定理 6 如图 3.287,D 为半圆 O 的直径 AB 上的一点,以 DB 为直径的圆的圆心为 O_2,$CD \perp AB$ 交圆 O 于点 C,圆 O_1 与圆 O_2 内切于点 E,圆 O_1 与圆 O_2 外切于点 G,且与 CD 切于点 H,直线 BE 与直线 DC 交于点 P,与圆 O_1 交于点 I,O'_2 为 AD 的中点,圆 O'_2,圆 O_2 的外公切线切点为 M,N,则

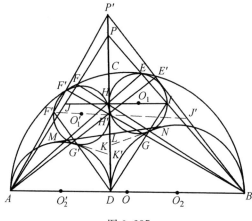

图 3.287

(1) 直线 BH 过切点 G;

(2) 过点 B 作 AP 的垂线,垂足 F 在圆 O 上;

(3) B,H,F 及 A,H,E 分别三点共线,H 为 △PAB 的垂心;

(4) 直线 DI 过点 G;

(5) 圆 O_2,圆 O'_2 的外公切线 MN 的长等于 CD;

(6) A,M,C 及 B,N,C 分别三点共线;

(7) 圆 O_1 的直径 $2r = \dfrac{AD \cdot DB}{AD + DB} = \dfrac{AD \cdot DB}{AB}$;$(r = \dfrac{R_1 \cdot R_2}{R_1 + R_2}$,$R_1$,$R_2$ 分别为圆 O'_2,圆 O_2 的半径$)$

(8) 与圆 O_1 类同得圆 O'_1,且与圆 O_1,圆 O'_1 均内切的最小圆的直径等于 CD.

证明 (1)过点 G 作两圆的公切线交 DH 于点 K,则 $KH = KG = KD$,从而 $\angle HGD = 90°$.

又 $\angle DGB = 90°$，则知 H,G,B 三点共线，即 HB 过点 G.

（2）由 $\angle AFB = 90°$，知 F 在圆 O 上.

（3）由（1）知，$BH \perp DG$，又由 $\angle DGB = \angle AFD$，知 $AP \parallel DG$，从而 $BH \perp AP$，故 B,H,F 三点共线.

于是，H 为 $\triangle PAB$ 的垂心，即 $AH \perp PB$. 又 $\angle AEB = 90°$，即 $AE \perp PB$，故 A,H,E 三点共线.

（4）由 $\angle HEI = 90°$，有 $\angle HGI = 90°$，又 $\angle DGB = 90°$，从而 D,G,I 共线，即直线 DI 过点 G.

（5）设 MN 与 CD 交于点 L，则 $LM = LD = LN$，有

$$LD = \frac{1}{2}MN = \sqrt{(\frac{AD+DB}{2})^2 - (\frac{AD-DB}{2})^2} = \frac{1}{2}\sqrt{AD \cdot DB}$$

而 $CD^2 = AD \cdot DB$，从而推知 L 也为 DC 的中点，故 $MN = \sqrt{AD \cdot DB} = CD$.

（6）由（5）知四边形 $MDNC$ 为矩形，即知 $\angle CMD = 90°$，而 $\angle AMD = 90°$，则 A,M,C 三点共线，同理，B,N,C 三点共线.

（7）注意到 $HI \parallel AB$（可过点 E 作两圆的公切线来证），延长 IG 交 AP 于点 J，则四边形 $ADIJ$ 为平行四边形，即有 $JI = AD$. 由 $\triangle PJI \sim \triangle PAB$，有 $\frac{PH}{JI} = \frac{PD}{AB}$，即 $\frac{PH}{PD} = \frac{JI}{AB} = \frac{AD}{AB}$，亦有 $\frac{HI}{DB} = \frac{PH}{PD} = \frac{AD}{AB}$，从而 $HI = \frac{AD \cdot DB}{AB}$. 因 $\angle HEI = 90°$，则知 HI 为圆 O_1 的直径 $2r$.

（8）设 $HI,H'I'$ 分别为圆 O_1，圆 O'_1 的直径，由 $\text{Rt}\triangle BDH \sim \text{Rt}\triangle DHI$，有 $\frac{DH}{HI} = \frac{BD}{DH}$，从而 $DH = \sqrt{BH \cdot HI} = \sqrt{\frac{BD^2 \cdot AD}{AB}} = BD \cdot \sqrt{\frac{AD}{AB}}$. 同理，$DH' = AD \cdot \sqrt{\frac{BD}{AB}}$，于是 $HH' = |DH - DH'| = \sqrt{\frac{AD \cdot DB}{AB}} |\sqrt{DB} - \sqrt{AD}|$.

由于圆 O'_1，圆 O_1 的半径均为 $\frac{AD \cdot DB}{AB}$，从而与这两圆均内切的最小圆的直径等于这两圆的圆心距与两半径之和. 因为这两圆均与 CD 相切，则圆心距为

$$\sqrt{HH'^2 + HI^2} = \frac{\sqrt{AD \cdot DB}(AB - \sqrt{AD \cdot DB})}{AB}$$

从而，所求最小圆的直径为 $\sqrt{HH'^2 + HI^2} + HI = \sqrt{AD \cdot DB} = CD$.

平面几何500名题暨1500条定理(下)

246

❖两圆的麦比乌斯定理

两圆的麦比乌斯定理　通过两圆的交点 A 分别作两条直线 PQ 和 $P'Q'$,分别与圆相交于 P,P' 和 Q,Q',则 PP' 与 QQ' 的交角 $\angle S$ 的大小一定.[①]

该定理是德国数学家麦比乌斯于 1837 年得到的.

如图 3.288,设两圆的另一个交点为 B,联结 AB,$P'B,BQ'$. 因为两圆中的 $\overset{\frown}{AB}$ 确定,所以 $\angle Q'P'B$ 和 $\angle P'Q'B$ 大小一定,从而 $\angle P'BQ'$ 的大小也一定. 又因为

$$\angle SPQ = \angle P'BA,\angle ABQ' = \angle Q$$

所以 $\angle SPQ + \angle SQP = \angle P'BA + \angle ABQ' = \angle P'BQ'$ 为定值,因此 PP' 与 QQ' 的交角 $\angle S$ 的大小一定.

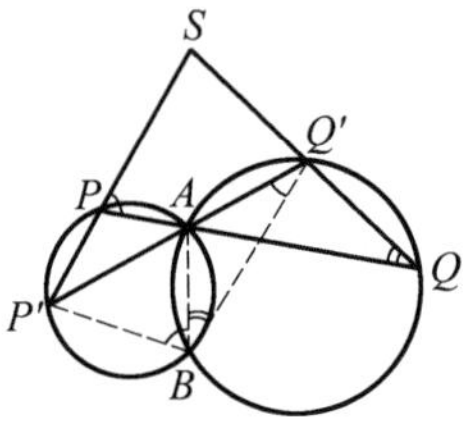

图 3.288

如图 3.289,如果过点 A 分别作两圆的切线 CD,EF,则

$$\angle CAQ' = \angle Q,\angle P'PA = \angle P'AF$$

所以　$\angle S = \angle P'PA - \angle Q = \angle P'AF - \angle Q$

但 $\angle CAQ' = \angle P'AD$,故

$$\angle S = \angle P'AF - \angle P'AD = \angle DAF$$

由于 $\angle DAF$ 是两圆的交角,它的大小是一定的,所以 $\angle S$ 的大小也一定.

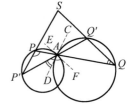

图 3.289

应当注意,图只是给出了一种情形,还有多种情形的图存在.

❖雅可比定理

雅可比定理　延长圆内接四边形 $ABCD$ 的两组对边分别交于点 E,F,则 E,F 关于该圆的幂之和等于 EF^2.

该定理是德国数学家雅可比于 1846 年得到的.

证明　如图 3.290,作 $\triangle BCE$ 的外接圆交 EF 于点 Q,则

$$\angle CQF = \angle CBE = \angle ADC$$

从而 C,D,F,Q 四点亦共圆.

① 单墫. 数学名题词典[M]. 南京:江苏教育出版社,2002:405-406.

由 C,D,F,Q 四点共圆,得

$$EC \cdot ED = EQ \cdot EF \qquad ①$$

由 B,C,Q,E 四点共圆,得

$$FC \cdot FB = FQ \cdot EF \qquad ②$$

①＋②,得

$$EC \cdot ED + FC \cdot FB = EQ \cdot EF + FQ \cdot EF = $$
$$EF(EQ + QF) = EF^2 \qquad ③$$

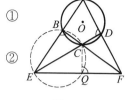

图 3.290

由于 E 点关于圆 O 的幂等于 $EC \cdot ED$,F 点关于圆 O 的幂等于 $FC \cdot FB$,故 ③ 式表明:E,F 关于圆 O 的幂之和等于 EF^2.

❖约翰逊定理

约翰逊定理　若三个等圆 $C_1(r),C_2(r),C_3(r)$ 通过同一个点 O,另外的三个交点为 P_1,P_2,P_3,那么 $\triangle P_1 P_2 P_3$ 的外接圆半径也是 r.

这个定理是美国几何学家约翰逊于 1916 年提出来的.

证明　如图 3.291,由于三个已知圆的半径都是 r,所以图形中包含着许多菱形. 从菱形 $C_1 P_1 C_2 O$ 与菱形 $C_2 P_2 C_3 O$,知 $C_1 P_1 \underline{\underline{\parallel}} OC_2 \underline{\underline{\parallel}} C_3 P_2$,得四边形 $C_1 P_1 P_2 C_3$ 为平行四边形,可得 $C_1 C_3 = P_1 P_2$. 同理得 $C_2 C_3 = P_1 P_3$,$C_1 C_2 = P_3 P_2$. 则 $\triangle C_1 C_2 C_3 \cong \triangle P_1 P_2 P_3$,而 $OC_1 = OC_2 = OC_3 = r$,即 $\triangle C_1 C_2 C_3$ 的外接圆半径正好是 r,所以 $\triangle P_1 P_2 P_3$ 的外接圆半径也是 r.

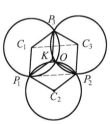

图 3.291

此定理有一更为简捷的证法:取点 K 使得四边形 $KP_1 C_2 P_2$ 为菱形,则有 $KP_1 = KP_2 = r$. 因为 $P_3 C_3 \underline{\underline{\parallel}} C_1 O \underline{\underline{\parallel}} P_1 C_2$,且 $P_1 C_2 \underline{\underline{\parallel}} KP_2$,所以 $P_3 C_3 \underline{\underline{\parallel}} KP_2$,得四边形 $KP_2 C_3 P_3$ 也是菱形,$KP_3 = r$. 从而得 $\triangle P_1 P_2 P_3$ 外接圆半径是 r.

❖帕斯卡定理

帕斯卡定理　圆的内接六边形的三双对边如果分别相交,那么三个交点共线.

该定理称为帕斯卡定理,这条直线称为帕斯卡线.

这是法国数学家帕斯卡 16 岁时发现的一个惊人的定理,发表于 1639 年. 帕斯卡本人对定理的证明已经丢失,但在丢失之前莱布尼茨看到过,并称赞过他的证明.后人为了重现帕斯卡已失传的证明,即要求所给出的证明只能采用帕斯卡时代所能采用的结果和方法,作出了多种尝试.因为帕斯卡很喜欢运用梅涅劳斯定理,所以下面给出的证法 1 是选自斯俾克的《平面几何教程》(*Lehrbuch der ebenen Geometrie*)第 18 版中的一种证明方法.

帕斯卡定理即是说,如图 3.292,设 $ABCDEF$ 内接于圆(与顶点次序无关,即 $ABCDEF$ 无需为凸六边形),直线 AB 与 DE 交于点 X,直线 CD 与 FA 交于点 Z,直线 EF 与 BC 交于点 Y,则 X,Y,Z 三点共线.

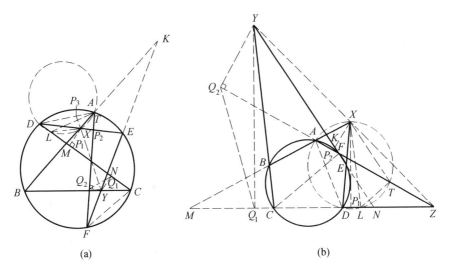

(a)   (b)

图 3.292

证法 1 设直线 AB 与 EF 交于点 K,直线 AB 与 CD 交于点 M,直线 CD 与 EF 交于点 N.

对 $\triangle KMN$ 及截线 XED,ZFA,YBC 分别应用梅涅劳斯定理,有

$$\frac{KX}{XM}\cdot\frac{MD}{DN}\cdot\frac{NE}{EK}=1,\frac{MZ}{ZN}\cdot\frac{NF}{FK}\cdot\frac{KA}{AM}=1,\frac{NY}{YK}\cdot\frac{KB}{BM}\cdot\frac{MC}{CN}=1$$

将上述三式相乘,并运用圆幂定理,有 $MA\cdot MB=MD\cdot MC,ND\cdot NC=NE\cdot NF,KA\cdot KB=KE\cdot KF$.

从而 $\dfrac{KX}{XM}\cdot\dfrac{MZ}{ZN}\cdot\dfrac{NY}{YK}=1$,其中 X,Y,Z 分别在直线 KM,NK,MN 上.

对 $\triangle KMN$ 应用梅涅劳斯定理的逆定理,知 X,Y,Z 三点共线.

证法 2 设过 A,D,X 的圆交直线 AZ 于点 T,交直线 CD 于点 L.

联结 TL,FC,则 $\angle DAT$ 与 $\angle DLT$ 相补(或相等),又 $\angle DAT$ 与 $\angle DCF$ 相等,从而 $\angle DLT$ 与 $\angle DCF$ 相补或相等,即知 $CF \mathbin{/\mkern-5mu/} LT$.

同理,$TX \parallel FY$,$LX \parallel CY$.

于是,$\triangle TLX$ 与 $\triangle FCY$ 为位似图形.由于位似三角形三对对应顶点的连线共点(共点于位似中点),这里,直线 TF 与 LC 交于点 Z,则另一对对应的点 X,Y 的连线 XY 也应过点 Z.故 X,Y,Z 三点共线.

证法 3 联结 XZ,YZ,过 X 分别作 $XP_1 \perp DC$ 于 P_1,$XP_2 \perp AF$ 于 P_2,$XP_3 \perp AD$ 于 P_3,过 Y 分别作 $YQ_1 \perp DC$ 于 Q_1,$YQ_2 \perp AF$ 于 Q_2.则

$$\frac{\sin \angle XZP_2}{\sin \angle XZP_1} \cdot \frac{\sin \angle EDZ}{\sin \angle ADE} \cdot \frac{\sin \angle DAX}{\sin \angle XAZ} = \frac{\frac{XP_2}{XZ}}{\frac{XP_1}{XZ}} \cdot \frac{\frac{XP_1}{XD}}{\frac{XP_3}{XD}} \cdot \frac{\frac{XP_3}{XA}}{\frac{XP_2}{XA}} = 1$$

同理 $$\frac{\sin \angle YZQ_2}{\sin \angle YZQ_1} \cdot \frac{\sin \angle ZCB}{\sin \angle YCF} \cdot \frac{\sin \angle CFY}{\sin \angle YFZ} = 1$$

注意到 $\angle EDZ = \angle YFC$,$\angle ADE = \angle YFZ$,$\angle DAX = \angle ZCB$,$\angle XAZ = \angle YCF$,所以

$$\frac{\sin \angle XZP_2}{\sin \angle XZP_1} = \frac{\sin \angle YZQ_2}{\sin \angle YZQ_1}$$

即 $$\frac{\sin \angle XZA}{\sin \angle XZD} = \frac{\sin \angle YZF}{\sin \angle YZC}$$

于是有 $\frac{XP_1}{XP_2} = \frac{YQ_1}{YQ_2}$,联结 P_1P_2,Q_1Q_2,则 Z,P_1,X,P_2 及 Z,Q_1,Y,Q_2 分别四点共圆,从而 $\triangle XP_1P_2 \backsim \triangle YQ_1Q_2$,亦即有 $\angle XZP_2 = \angle YZQ_2$,故 X,Z,Y 三点共线.

证法 4 如图 3.293,联结 AC,CE,AE,在圆内接四边形 $ACEF$ 中,有 $\angle YEC$ 与 $\angle ZAC$ 相等;在圆内接四边形 $ABCE$ 中,有 $\angle YCE$ 与 $\angle XAE$ 相等或互补;在圆内接四边形 $ACDE$ 中,$\angle ACZ$ 与 $\angle AEX$ 相等或互补,故可以在 $\triangle ACE$ 的边 CE 上或其延长线上取一点 P,使 $\angle YPC = \angle AEX$,$\angle YPE = \angle ACZ$,从而

$$\triangle PYE \backsim \triangle CZA, \triangle CYP \backsim \triangle AEX$$

设圆 AXE 与圆 ACZ 相交于点 Q,则 $\angle AQX = \angle AEX = \angle CPY$,$\angle AQZ = \angle ACZ = \angle EPY$,所以 $\angle AQX$ 与 $\angle AQZ$ 相等或互补,故 Z,Q,X 三点共线.

又 $\angle EQC = \angle AQE + \angle CQA = \angle AXE + \angle CZA = \angle PYC + \angle PYE = \angle EYC$,于是,$C$,$Y$,$Q$,$E$ 四点共圆,所以

$$\angle CQY = \angle CEY = \angle PEY (或 180° - \angle PEY) =$$
$$\angle CAZ = 180° - \angle CQZ (或 \angle CQZ)$$

从而 Y,Q,Z 三点共线,故 X,Y,Z 三点共线.

注 此定理也可以运用塞瓦定理的第一角元形式来证.

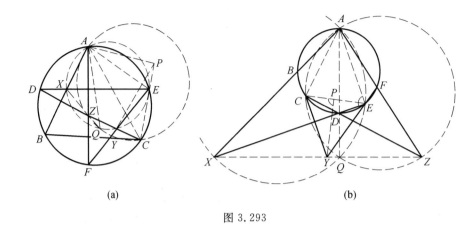

(a)　　　　　　　　　　　(b)

图 3.293

此定理中,当内接于圆的六边形 $ABCDEF$ 的六顶点改变其次序,两两取对边 AB,DE;BC,EF;CD,AF 共有 60 种不同的情形,相应有 60 条帕斯卡线.这 60 条线形成了十分有趣的结构,其中某些直线是共点的,而某些公共点是共线的.

对于这六个顶点,有 15 条连线,相交产生另外 45 个点,过这些点中每一点有四条帕斯卡线.这些帕斯卡线,每三条共线,产生 20 个其他的点,称为施坦纳点,每条线上一个.而且这些帕斯卡线每三条共线,还产生 60 个其他的点,称为寇克曼(Kirkman)点,每三个在一条直线上.20 个施坦纳点,在 15 条其他直线上,每条线上四个;60 个寇克曼点在 20 条其他直线上,每条线上三个.(约翰逊.近代欧氏几何:p.63)

当六边形中有两顶点重合,即对于内接于圆的五边形,亦有结论成立;圆内接五边形 $A(B)CDEF$ 中点 A(与 B 重合)处的切线与 DE 的交点 X,BC 与 FE 的交点 Y,CD 与 AF 的交点 Z 三点共线,如图 3.294(a).

当六边形变为四边形 $AB(C)DE(F)$ 或 $A(B)C(D)EF$ 等时, 如图 3.294(b),(c) 所示,结论仍成立.

当六边形变为三角形 $A(B)C(D)E(F)$ 时,三组边 AB,CD,EF 变为点,如图 3.294(d) 所示,仍有结论成立.此时三点所共的线也称为莱莫恩线.

帕斯卡还把这个定理推广到对内接于圆锥曲线的六边形也成立,即:在圆锥曲线(椭圆,双曲线,抛物线)的内接六边形中,三双对边的交点共线.

这个推广定理可视为射影几何中的一个结果:在射影平面中,圆锥曲线的内接六边形的三对对边的交点共线.也可以在欧式平面中来叙述这个定理,但这时需要对一些特殊情形单独考虑:

给定一个圆锥曲线的内接六边形,如果它的三对对边(所在直线)都相交,则三个交点共线(参见图 3.295);如图它的三对对边中恰有两对相交,则这两

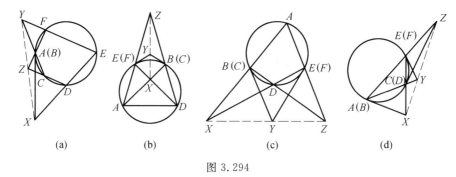

图 3.294

个交点的连线平行于另一对对边;如果它的三对对边中有两对平行,则另一对对边也平行.

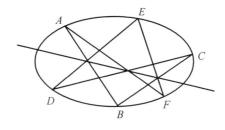

图 3.295

如果推广定理中的圆锥曲线退化成一对直线,则这个定理就成为帕斯卡六边形定理.

1810 年法国数学家布利安香(Charles Julien Brianchon,1783—1864)利用射影几何中的对偶原理从这个帕斯卡定理出发导出如下结果(布利安香定理):圆锥曲线的外切六边形的三对对顶点的连线共点. 当然,帕斯卡定理和布利安香定理是互为对偶的,也可以从布利安香定理出发导出帕斯卡定理.

帕斯卡定理后来被推广到三次曲线,即经典的 Cayley-Bacharach.

为了证明这个推广定理,先看几条引理:

引理 1 在复数域中一个一元 $n(n \geqslant 1)$ 次方程最多有 n 个根.

注意这个引理不涉及存在性,是完全初等的,它可利用数学归纳法和余式定理很容易地推出来.

引理 2 如果一条非退化圆锥曲线与另一条圆锥曲线有五个不同的公共点,则这两条圆锥曲线重合.

证明 我们可设非退化圆锥曲线 C_1 与圆锥曲线 C_2 有五个不同的公共点. 如果需要的话平移坐标系使其原点 O 在 C_1 上,但不同于 C_1 与 C_2 的五个公共点中的任何一个,可设 C_1 的方程为

$$ax^2 + bxy + cy^2 + dx + ey = 0$$

由于我们假设 C_1 非退化,直线 $y=tx$(t 为参数)与 C_1 除原点外最多还有一个交点 $\left(-\dfrac{d+et}{a+bt+ct^2},\ -\dfrac{dt+et^2}{a+bt+ct^2}\right)$. 于是可以给 C_1(可能除去一两个点)如下参数化:

$$x = -\frac{d+et}{a+bt+ct^2},\ y = -\frac{dt+et^2}{a+bt+ct^2}$$

注意 a,b,c 不全为 0,故满足 $a+bt+ct^2=0$ 的 t 最多有两个值,因而上述 C_1 的参数化中的 t 的定义域为实数集 $\mathbf{R}$,或 $\mathbf{R}$ 去掉一个点,或 $\mathbf{R}$ 去掉两个点. 把 C_1 的参数方程代入 C_2 的方程并去分母整理后得到一个等式,等式左端是关于 t 最多 4 次的多项式,等式右端为 0. 由假设,有 5 个不同的 t 值满足这个等式. 由引理 1 知这个等式必是一个恒等式,即对 t 的定义域中所有的值,这个等式都成立. 这就是说曲线 C_1 上的点(最多除去两个外)都落在 C_2 上. 由连续性可知这两条曲线重合. 引理 2 得证.

引理 3 设 $f(x,y)=0$ 和 $g(x,y)=0$ 都是在一个平面直角坐标系下非退化圆锥曲线 $\varGamma$ 的方程,这里 $f(x,y)$ 和 $g(x,y)$ 都是二元二次多项式,则存在非零常数 α 使得 $f(x,y)=\alpha g(x,y)$.

证明 经过坐标轴的适当的旋转和平移变换(其复合记为 T),可以使得在新的坐标系下,$f(x,y)=0$ 变为非退化圆锥曲线 $\varGamma$ 的标准方程(其中右端的项都移到左端了)或其常数倍. 利用曲线 $\varGamma$ 关于新的坐标轴的对称性和 $\varGamma$ 的特征几何量即长半轴、短半轴或实半轴、虚半轴或焦准距的确定容易证明在新的坐标系下 $g(x,y)=0$ 也变为 $\varGamma$ 的标准方程或其常数倍. 因此在新的坐标系下两个新的方程只差一个非零常数倍. 注意如果在某个直角坐标系下两个方程只差一个常数倍,则经过坐标轴的平移和旋转后得到的两个方程仍然只差一个常数倍. 于是利用前面得到的结论,通过作 T 的逆变换即知存在非零常数 α 使得 $f(x,y)=\alpha g(x,y)$.

下面来证明推广的帕斯卡定理. 如前所说,我们只需考虑非退化圆锥曲线的情形.

给定非退化圆锥曲线 $\varGamma$ 和它上面的六个点 A,B,C,D,E 和 F. 联结 C,F. 设直线 AB,BC,CD,DE,EF,FA 和 CF 的方程依次为 $l_i=0(1\leqslant i\leqslant 7)$,这里 l_i 为 x,y 的一次多项式(当然也可以看成坐标平面上的点的函数).

在 $\varGamma$ 上取异于所给六点的另一点. 取非零常数 $\lambda_0=-\dfrac{l_2(P)l_6(P)}{l_1(P)l_7(P)}$,则曲线 $\lambda_0 l_1 l_7 + l_2 l_6 = 0$ 与 $\varGamma$ 都通过 A,B,C,F 和 P 这五个点. 由引理 2,曲线 $\lambda_0 l_1 l_7 + l_2 l_6 = 0$ 与 $\varGamma$ 重合.(顺便说一句,利用这种推理可知通过 A,B,C,F 四点的二次

曲线系的方程为

$$\lambda l_1 l_7 + \mu l_2 l_6 = 0$$

这里 λ, μ 为不同时为 0 的参数.)

同理可以选取非零常数 λ_1, 使得曲线 $\lambda_1 l_3 l_5 + l_4 l_7 = 0$ 也与 Γ 重合. 因此由引理 3 知存在非零常数 α 使得

$$\lambda_0 l_1 l_7 + l_2 l_6 = \alpha(\lambda_1 l_3 l_5 + l_4 l_7)$$

即

$$l_2 l_6 - \alpha l_1 l_3 l_5 = l_7(\alpha l_4 - \lambda_0 l_1) \qquad \text{①}$$

下面分三种情况进行讨论.

情形 1 六边形 $ABCDEF$ 的三对对边都相交. 直线 $l_2 = 0$ 与 $l_5 = 0$ 的交点使上面的恒等式 ① 的左端为 0, 因而也会这个恒等式的右端为 0; 但这个交点显然不在 $l_7 = 0$ 上, 故它必在 $\alpha l_4 - \lambda_0 l_1 = 0$. 同理 $l_3 = 0$ 与 $l_6 = 0$ 的交点也在 $\alpha l_4 - \lambda_0 l_1 = 0$ 上. 于是三个交点都在直线 $\alpha l_4 - \lambda_0 l_1 = 0$ 上.

情形 2 三对对边中恰有两对相交. 不妨设直线 $l_2 = 0$ 与 $l_5 = 0$ 相交, $l_3 = 0$ 与 $l_6 = 0$ 相交, $l_1 = 0$ 与 $l_4 = 0$ 平行. 同上面的情形 1 类似可知, 两个交点都在直线 $\alpha l_4 - \lambda_0 l_1 = 0$ 上, 而由假设可知, $\alpha l_4 - \lambda_0 l_1 = 0$ 平行于 $l_1 = 0$ 和 $l_4 = 0$. (又如, 在 $l_1 = 0$ 与 $l_4 = 0$ 相交, $l_2 = 0$ 与 $l_5 = 0$ 相交, $l_3 = 0$ 与 $l_6 = 0$ 平行的情形可联结 B, E.)

情形 3 三对对边中有两对平行. 不妨设直线 $l_2 = 0$ 与 $l_5 = 0$ 平行, $l_3 = 0$ 与 $l_6 = 0$ 平行. 注意上面的恒等式 (1) 两端的二次项部分对应相等, 于是, 如果我们记 $m_i (1 \leq i \leq 7)$ 为从关于 x, y 的一次多项式 l_i 中去掉常数项后得到的一次齐次多项式, 则有恒等式

$$m_2 m_6 - \alpha \lambda_1 m_3 m_5 = m_7(\alpha m_4 - \lambda_0 m_1) \qquad \text{②}$$

由这个情形的假设知上面的恒等式 ② 左端为 $m_2 m_6$ 的一个常数倍(这个常数可能为 0, 事实上, 下面将证明这个常数必为 0). 但直线 $l_7 = 0$ 既不平行于 $l_2 = 0$, 也不平行于 $l_6 = 0$, 因而 m_7 既不能整除 m_2, 也不能整除 m_6, 故 m_7 不是 $m_2 m_6$ 的因子. (原因如下: 若 m_7 是 $m_2 m_6$ 的因子, 则存在二元一次多项式 m_8, 使得 $m_7 m_8 \equiv m_2 m_6$. 显然 m_8 也不含常数项. 令 $m_i = a_i x + b_i y (i = 2, 6, 7, 8)$, 则有 $(a_7 x + b_7 y)(a_8 x + b_8 y) = (a_2 x + b_2 y)(a_6 x + b_6 y)$. 两边同时除以 x^2 并令 $u = \frac{y}{x}$, 则有 $(a_7 + b_7 u)(a_8 + b_8 u) = (a_2 + b_2 u)(a_6 + b_6 u)$. 但 $a_7 + b_7 u$ 既不能整除 $a_2 + b_2 u$, 也不能整除 $a_6 + b_6 u$, 因而也不能整除 $(a_2 + b_2 u)(a_6 + b_6 u)$. 矛盾.) 于是在这个情形的假设下式 ② 的左端必恒为 0, 因而右端也恒为 0, 于是 $\alpha m_4 - \lambda_0 m_1$ 恒为 0, 从而直线 $l_1 = 0$ 与 $l_4 = 0$ 平行. (又如, 在 $l_1 = 0$ 与 $l_4 = 0$ 平行, $l_2 = 0$ 与 $l_5 = 0$ 平行的情形可联结 B, E.)

这样我们就证明了推广的帕斯卡定理.

注 上述证明由北师大黄红老师给出,参见《数学通报》2016(2):54-56.

❖帕斯卡定理的另一种推广

定理 1 如图 3.296,对圆上任意六点 A,B,C,D,E,F,相应连线的交点为 G,H,I,J,K,L.则 GL,IL,HK 三线共点.[①]

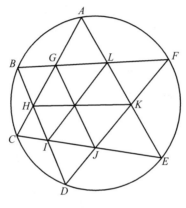

图 3.296

证明 设 AC 与 DF,AE 与 BD,GI 与 IJ 分别交于点 M,N,O,LJ 与 MN 交于点 O'.

在 $\triangle FKE$,$\triangle BHC$ 中,由正弦定理分别得

$$\frac{FK}{KE} = \frac{\sin \angle AEF}{\sin \angle DFE} = \frac{AF}{DE}$$

$$\frac{BH}{HC} = \frac{\sin \angle BCA}{\sin \angle CBD} = \frac{BA}{CD}$$

两式联立得

$$\frac{FK}{KE} \cdot \frac{DE}{AB} \cdot \frac{CD}{AF} \cdot \frac{BH}{CH} = 1$$

即

$$\frac{FK}{NB} \cdot \frac{NE}{CH} = \frac{MF}{BH} \cdot \frac{KE}{CM} \qquad\qquad ①$$

① 陈凌峰,刘错照,任勇钢.帕斯卡定理的推广[J].中等数学,2018(2):15-17.

应用梅涅劳斯定理：

对直线 BLF 截 $\triangle DNK$ 得

$$\frac{NB}{BD} \cdot \frac{DF}{FK} \cdot \frac{KL}{LN} = 1 \qquad ②$$

对直线 CIE 截 $\triangle AHN$ 得

$$\frac{HI}{IN} \cdot \frac{NE}{EA} \cdot \frac{AC}{CH} = 1 \qquad ③$$

对直线 BGF 截 $\triangle MHD$ 得

$$\frac{HG}{GM} \cdot \frac{MF}{FD} \cdot \frac{DB}{BH} = 1 \qquad ④$$

对直线 CJE 截 $\triangle AMK$ 得

$$\frac{MJ}{JK} \cdot \frac{KE}{EA} \cdot \frac{AC}{CM} \qquad ⑤$$

联立式 ① ~ ⑤ 得

$$\frac{LK}{LN} \cdot \frac{NI}{IH} = \frac{GM}{HG} \cdot \frac{KJ}{JM} \qquad ⑥$$

对直线 LJO' 截 $\triangle KMN$，由梅涅劳斯定理得

$$\frac{MO'}{O'N} \cdot \frac{NL}{LK} \cdot \frac{KJ}{JM} = 1$$

将式 ⑥ 代入上式得

$$\frac{MO'}{O'N} \cdot \frac{NI}{IH} \cdot \frac{HG}{GM} = 1$$

由梅涅劳斯定理的逆定理，得 G, I, O' 三点共线.

从而，点 O 与 O' 重合.

故 M, O, N 三点共线.

由笛沙格定理的逆定理，知 GJ, LI, HK 三线共点.

定理 2　如图 3.297，对圆上任意六点 A, B, C, D, E, F, BE, AD 与 CF 分别交于点 Q, N, QD 与 NE 交于点 P, AN 与 BQ 交于点 H, FH 与 AQ 交于点 G, BN 与 HC 交于点 M. 则 HP, QM, GN 三线共点.

证明　设 NG 与 AF 交于点 I. 由塞瓦定理知

$$\frac{AI}{IF} \cdot \frac{FQ}{QN} \cdot \frac{NH}{HA} = 1 \Rightarrow$$

$$\frac{AN \sin \angle ANG}{FN \sin \angle GNF} = \frac{QN}{FQ} \cdot \frac{HA}{NH} \Rightarrow$$

$$\frac{\sin \angle HNG}{\sin \angle GNQ} = \frac{FN \cdot NQ \cdot AH}{AN \cdot HN \cdot QF}$$

类似地

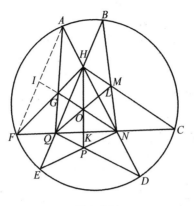

图 3.297

$$\frac{\sin\angle NQM}{\sin\angle MQH} = \frac{BQ \cdot QH \cdot CN}{CQ \cdot NQ \cdot BH}$$

$$\frac{\sin\angle QHP}{\sin\angle PHN} = \frac{DH \cdot NH \cdot EQ}{EH \cdot QH \cdot DN}$$

三式相乘,由第一角元塞瓦定理知,HP,GN,QM 三线共点.

定理3 如图3.298,对圆上六点 A,B,C,D,E,F,AB 与 EF,CD 分别交于点 G,H,EF 与 CD 交于点 I,HF 与 GC 交于点 K,HE 与 GD 交于点 N,GC 与 IB 交于点 L,HE 与 IB 交于点 M,GD 与 AI 交于点 O,HF 与 AI 交于点 J.则 KN,JM,LO 三线共点.

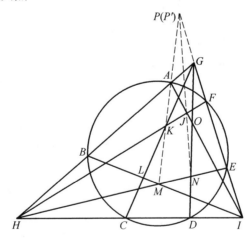

图 3.298

证明 设 KM 与 JN 交于点 P,KM 与 GI 交于点 P'.

由正弦定理知

$$\frac{EI}{DI} = \frac{\sin \angle EDC}{\sin \angle FED} = \frac{\sin \angle CFE}{\sin \angle FCD} = \frac{CI}{FI}$$

类似地

$$\frac{HD}{HA} = \frac{HB}{HC}, \frac{GA}{GF} = \frac{GE}{GB}$$

故

$$\frac{EI}{DI} \cdot \frac{HD}{HA} \cdot \frac{FI}{CI} \cdot \frac{HC}{HB} \cdot \frac{GA}{GF} \cdot \frac{GB}{GE} = 1$$

应用梅涅劳斯定理:

对直线 AJI 截 $\triangle GHF$ 得

$$\frac{GA}{AH} \cdot \frac{HJ}{JF} \cdot \frac{FI}{IG} = 1$$

对直线 GND 截 $\triangle HFI$ 得

$$\frac{EN}{NH} \cdot \frac{HD}{DI} \cdot \frac{IG}{GE} = 1$$

对直线 BMI 截 $\triangle GHE$ 得

$$\frac{GB}{BH} \cdot \frac{HM}{ME} \cdot \frac{EI}{IG} = 1$$

对直线 GKC 截 $\triangle FHI$ 得

$$\frac{FK}{KH} \cdot \frac{HC}{CI} \cdot \frac{IG}{GF} = 1$$

对直线 $P'KM$ 截 $\triangle HFE$ 得

$$\frac{FK}{KH} \cdot \frac{HM}{ME} \cdot \frac{EP'}{P'G} = 1$$

联立以上六式即得

$$\frac{FJ}{JH} \cdot \frac{HN}{NE} \cdot \frac{EP'}{P'G} = 1$$

由梅涅劳斯定理的逆定理,知 P', J, N 三点共线.

从而,点 P' 与 P 重合.

故 P, G, I 三点共线.

由笛沙格定理的逆定理,知 MJ, KN, LO 三线共点.

注 以上三个命题可以推广到圆锥曲线的情形中.

定理 4(卡诺定理) 如图 3.299,给出 $\triangle ABC$,点 D, E 在边 AB 上,点 F, G 在边 BC 上,点 H, I 在边 CA 上.若 D, E, F, G, H 满足

$$\frac{AD}{DB} \cdot \frac{BG}{GC} \cdot \frac{CI}{IA} = \frac{BE}{EA} \cdot \frac{AH}{HC} \cdot \frac{CF}{FB}$$

257

则 D,E,F,G,H 在一条圆锥曲线上.

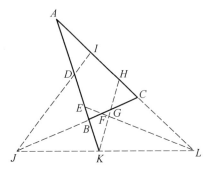

图 3.299

证明 设 ID 与 BC 交于点 J, EF 与 AC 交于点 L, GH 与 JL 交于点 K. 则

$$\frac{LA}{LH} = \frac{S_{\triangle EFA}}{S_{\triangle EFH}} \qquad ①$$

$$\frac{GJ}{JB} = \frac{S_{\triangle DIG}}{S_{\triangle DIB}}$$

$$S_{\triangle EFA} = \frac{AE}{AB} S_{\triangle ABF} = \frac{AE}{AB} \cdot \frac{BF}{BC} S_{\triangle ABC} \qquad ②$$

$$S_{\triangle DIB} = \frac{DB}{BA} S_{\triangle ABI} = \frac{DB}{BA} \cdot \frac{AI}{AC} S_{\triangle ABC} \qquad ③$$

于是

$$\frac{S_{\triangle EFA}}{S_{\triangle DIB}} = \frac{AE \cdot BF \cdot AC}{DB \cdot AI \cdot BC}$$

由三角形内接三角形面积公式得

$$S_{\triangle EFH} = \frac{\frac{BE}{EA} \cdot \frac{AH}{HC} \cdot \frac{CF}{FB} + 1}{\frac{AB \cdot BC \cdot AC}{EA \cdot HC \cdot FB}}$$

$$S_{\triangle DIG} = \frac{\frac{AD}{DB} \cdot \frac{BG}{GC} \cdot \frac{CI}{IA} + 1}{\frac{AB}{DB} \cdot \frac{BC}{GC} \cdot \frac{AC}{AI}}$$

因为 $\dfrac{AD}{DB} \cdot \dfrac{BG}{GC} \cdot \dfrac{CI}{IA} = \dfrac{BE}{EA} \cdot \dfrac{AH}{HC} \cdot \dfrac{CF}{FB}$, 所以

$$\frac{S_{\triangle EFH}}{S_{\triangle DIG}} = \frac{EA \cdot HC \cdot FB}{DB \cdot GC \cdot AI} \qquad ④$$

联立式 ① ～ ④ 得

$$\frac{ID}{DJ} \cdot \frac{LA}{AI} \cdot \frac{GJ}{CG} \cdot \frac{HC}{LH} = 1 \qquad ⑤$$

对直线 HGK 截 $\triangle CJL$,由梅涅劳斯定理得

$$\frac{CG}{GJ} \cdot \frac{JK}{KL} \cdot \frac{LH}{HC} = 1$$

代入式 ⑤ 得

$$\frac{ID}{DJ} \cdot \frac{JK}{KL} \cdot \frac{LA}{AI} = 1$$

由梅涅劳斯定理的逆定理,知 A,D,K 三点共线.由笛沙格定理的逆定理,知 EH,AK,DG,FI 三线共点.由帕斯卡定理的逆定理,知点 D,E,F,G,H,I 在一条二次曲线上.

推论　若点 D 和 E,F 和 G,H 和 I 分别两两关于 $\triangle ABC$ 等角共轭,则

$$\frac{AE}{EB} \cdot \frac{BF}{FC} \cdot \frac{CH}{HA} = \frac{BD}{AD} \cdot \frac{GC \cdot IA}{BG \cdot CI}$$

点 D,E,F,G,H,I 在一条圆锥曲线上.

❖布利安香定理

布利安香定理　若一个六边形的六条边与一个圆相切,则它的三条相对顶点连线共点或者彼此平行.

这个定理是法国数学家布利安香于 1806 年发现的,它与帕斯卡线是有名的对偶命题.

证法 1　如图 3.300,设 $ABCDEF$ 是凸六边形,且六条边与一个圆相切,R,Q,T,S,P,U 分别是切点,对角线 AD,BE,CF 都是内切圆的割线,因此不可能互相平行. 在线段 EF,CB,AB,ED,CD,AF 的延长线上取点 P',Q',R',S',T',U',使得 $PP'=QQ'=RR'=SS'=TT'=UU'$. 容易证明,可作圆 O_1 与 PP' 和 QQ' 在点 P',Q' 相切,可作圆 O_2 与 RR' 和 SS' 在点 R',S' 相切,可作圆 O_3 与 TT' 和 UU' 在点 T',U' 相切.

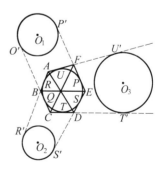

图 3.300

因为 $AR = AU$,$RR' = UU'$,相加后得 $AR' = AU'$. 又因为 $DS = DT$,$SS' = TT'$,相减后得 $DS' = DT'$. 于是 A,D 关于圆 O_2 和圆 O_3 是等幂的,连线 AD 是这两个圆的根轴. 同理 BE 是圆 O_1 和圆 O_2 的根轴,CF 是圆 O_3 和圆 O_1 的根轴.

因为以不共线的三点为圆心的三个圆,有且只有一点关于这三个圆的幂是相等的,这个点就是三条根轴的公共点,又称为这三个圆的根心.

如果这个六边形不是凸六边形,那么三条相对顶点的连线,即三条根轴就可能是相互平行的.

证法 2　如图 3.301,设外切六边形 $ABCDEF$ 的边 AB,BC,CD,DE,EF,FA 与圆分别相切于点 G,H,I,J,K,L.

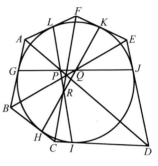

图 3.301

在过顶点 A 的两切线及过顶点 D 的两切线所构成的圆外切四边形中,由牛顿定理知,三直线 AD,GJ,LI 共点于 P.同理可知 BE,HK,GJ 共点于 Q;CF,IL,HK 共点于 R.

在 $\triangle LPA$ 与 $\triangle GPA$ 中分别由正弦定理得

$$\sin \angle LPA = \frac{AL}{AP}\sin \angle ALP$$

$$\sin \angle APG = \frac{AG}{AP}\sin \angle AGP$$

则

$$\frac{\sin \angle LPA}{\sin \angle APG} = \frac{\sin \angle ALP}{\sin \angle AGP}$$

又 $\angle LPA = \angle RPD$,$\angle APG = \angle DPQ$,所以

$$\frac{\sin \angle RPD}{\sin \angle DPQ} = \frac{\sin \angle ALP}{\sin \angle AGP}$$

同理

$$\frac{\sin \angle PQB}{\sin \angle BQR} = \frac{\sin \angle EJQ}{\sin \angle EKQ},\frac{\sin \angle QRF}{\sin \angle FRP} = \frac{\sin \angle CHR}{\sin \angle CIR}$$

又由于 $\angle ALP = \angle CIR$,$\angle EJQ = \angle AGP$,$\angle CHR = \angle EKQ$,则

$$\frac{\sin \angle RPD}{\sin \angle DPQ} \cdot \frac{\sin \angle PQB}{\sin \angle BQR} \cdot \frac{\sin \angle QRF}{\sin \angle FRP} = \frac{\sin \angle ALP}{\sin \angle AGP} \cdot \frac{\sin \angle EJQ}{\sin \angle EKQ} \cdot \frac{\sin \angle CHR}{\sin \angle CIR} = 1$$

因此在 $\triangle PQR$ 中,由角元形式的塞瓦定理逆定理知,PD,QB,RF 也即 AD,BE,CF 共点.同样,当六边形不是凸六边形时,可由角元形式的塞瓦定理知三线平行.

在特殊情形,外切六边形的两邻边接成一条线段,如 AF 和 EF 接成一条线段 AE,则得一圆外切五边形,原 AF 与 EF 的公共点 F 就是接成线段 AE 与内切圆的切点.这个圆外切五边形 $ABCDE(F)$ 可看成是在点 F 为平角的退化六边形 $ABCDEF$,这时用布利安香定理可得关于圆外切五边形的定理:圆外切五边形的边 AE 的切点 F 落在顶点 C 与 AD 和 BE 交点的连线上.

同样也可把圆外切四边形看作圆外切六边形的退化情形,用布利安香定理

可得关于圆外切四边形的定理:圆外切四边形对角线交点在一双对边切点的连线上.

此定理的逆定理也成立,即"若一个六角形的三条对角线共点,则它的六条边与圆相切".

此定理可推广到圆锥曲线的情形,即圆锥曲线外切六边形的三条相对顶点的连线共点或互相平行,它的逆定理是射影几何学里的一个定理,即若一个六边形的三条相对顶点连线共点,则它的六条边与一条圆锥曲线相切(包括该曲线退化成关于六边形的一对点偶的情形).

P
M
J
H
W
B
M
T
J
Y
Q
W
B
T
D
L
(X)

261

❖三角形的密克尔点定理

密克尔点定理　在 $\triangle ABC$ 三边 BC,CA,AB 所在直线上各取一点 D,E,F,则圆 AEF,圆 BDF,圆 CDE 交于点 P.这点 P 叫作 D,E,F 关于 $\triangle ABC$ 的密克尔点,这三个圆叫作 $\triangle ABC$ 的密克尔圆,$\triangle DEF$ 叫作 $\triangle ABC$ 关于点 P 的密克尔三角形.

1838 年密克尔对上述问题作了表述及证明,但有些资料上又称为施坦纳点,此结论称为施坦纳定理,谁先提出,尚属疑问.

证明　如图 3.302,设圆 AEF 与圆 BDF 相交于 P,联结 PD,PE,PF,则

$$\angle AEP = \angle BFP, \angle BFP = \angle CDP$$

所以　　　　　　　　$\angle AEP = \angle CDP$

因此 C,D,P,E 四点共圆,即 P 在圆 CDE 上,也就是说,三圆圆 AEF,圆 BDF,圆 CDE 交于一点 P.

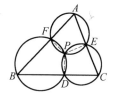

图 3.302

注　上述证明中,仅对 D,E,F 在边上时的情形.这三点也可以在边的延长线上.

推论 1　以 $\triangle ABC$ 的诸密克尔圆的圆心为顶点的三角形,必与原 $\triangle ABC$ 相似.

推论 2　$\triangle ABC$ 关于定点 P 的诸密克尔三角形,都是同向相似的.

推论 3　如果两同向相似三角形的对应顶点在一定三角形边上,则此两三角形有同一的密克尔点.

❖ 三角形密克尔圆的性质定理

定理 1 设 X,Y,Z 分别为锐角 $\triangle ABC$ 的三边 AB,BC,CA 所在直线上的点,M 为其密克尔点.

(1) 过 M 的直线分别交密克尔圆圆 AXZ,圆 BXY,圆 CYZ 分别于点 D,E,F,则 $AD \parallel BE \parallel CF$;

(2) 点 D,E,F 分别为密克尔圆圆 AXZ,圆 BXY,圆 CYZ 上的点,且 AD,BE,CF 共点于 N,则 D,M,E,F,N 五点共圆.

证明 (1) 联结 MX,MY,MZ,如图 3.303(a). 由 $\angle ADM = \angle AXM = \angle MZC = \angle MFC = \angle MYB = 180° - \angle BED$.

知 $AD \parallel CF \parallel BE$.

(2) 联结 MD,ME,MF,MN,MX,MZ,如图 3.303(b).

由 $\angle ADM = \angle AXM = \angle MZC = \angle MFN$ 知 D,N,F,M 四点共圆.

又 $\angle MEN = \angle MEB = \angle AXM = \angle MFN$,知 N,F,E,M 四点共圆.

故 D,M,E,F,N 五点共圆.

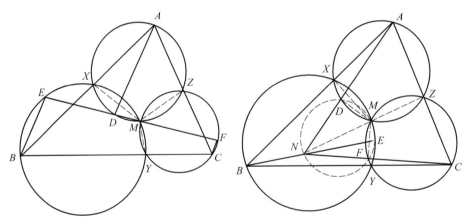

图 3.303

定理 2 设 X,Y,Z 分别为锐角 $\triangle ABC$ 的边 AB,BC,CA 所在直线上的点,三个密克尔圆为圆 AXZ,圆 BXY,圆 CYZ.

(1) 若三个密克尔圆均过 $\triangle ABC$ 的外心 O(即以 O 为密克尔点),则 $\triangle YZX \backsim \triangle ABC$,且 O 为 $\triangle XYZ$ 的垂心;若这三个密克尔圆依次与 $\triangle ABC$ 的外接圆交于另一点 P,Q,R,则 $\triangle PQR \cong \triangle ABC$;

(2）若三个密克尔圆均过 $\triangle ABC$ 的内心 I（即以 I 为密克尔点），则 I 为 $\triangle XYZ$ 的外心；

（3）若三个密克尔圆均过 $\triangle ABC$ 的垂心 H（即以 H 为密克尔点），则 H 为 $\triangle XYZ$ 的内心.

证明 （1）如图 3.304，注意到 $\triangle ABC$ 的垂心 H 与外心 O 是等角共轭点，则

$$\angle OZX = \angle OAZ = 90^\circ - \angle C$$
$$\angle OZY = \angle OCY = 90^\circ - \angle A$$

有

$$\angle XZY = 180^\circ - \angle C - \angle A = \angle B$$

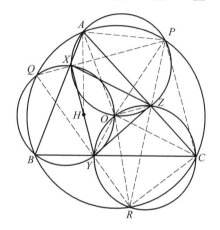

图 3.304

类似地，$\angle YXZ = \angle C$，$\angle XYZ = \angle A$.

从而，$\triangle YZX \backsim \triangle ABC$

由 $\angle OZX = 90^\circ - \angle C = 90^\circ - \angle YXZ$，知 $ZO \perp XY$.

类似地，$XO \perp YZ$. 于是，即知 O 为 $\triangle XYZ$ 的垂心.

注意到 $\triangle OAP$ 和 $\triangle ORC$ 均为等腰三角形，由

$$\angle APO = \angle AZO = \angle OYC = \angle ORC$$

有

$$\angle AZP = \angle AOP = \angle ROC = \angle RZC$$

从而，P,Z,R 三点共线.

类似地，A,X,B 及 B,Y,C 分别三点共线.

于是

$$\angle QPR = \angle XPZ = \angle BAC，\angle PRQ = \angle ZRY = \angle ACB$$

于是，$\triangle PQR \backsim \triangle ABC$

又由 $\triangle APC \cong \triangle RCP$,有 $PR = AC$. 故 $\triangle PQR \cong \triangle ABC$.

(2) 如图 3.305,设内心 I 在边 BC,CA,AB 上的投影分别为 D,E,F,则

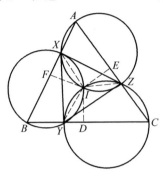

图 3.305

$$ID = IE = IF$$

由 $\angle IYD = \angle IZE = \angle IXF$,知 $\mathrm{Rt}\triangle IYD \cong \mathrm{Rt}\triangle IZE \cong \mathrm{Rt}\triangle IXF$. 从而 $IY = IZ = IX$.

故 I 为 $\triangle XYZ$ 的外心.

(3) 如图 3.306,设 D,E,F 分别为边 BC,CA,AB 上高线的垂足,则 $\angle HCE = \angle HBF$. 从而

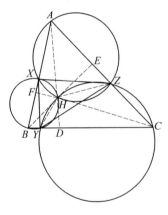

图 3.306

$$\angle HYZ = \angle HCE = \angle HBF = \angle HYX$$

即知,HY 平分 $\angle XYZ$.

类似地,HX 平分 $\angle YXZ$,HZ 平分 $\angle XZY$. 故 H 为 $\triangle XYZ$ 的内心.

注　在(1)中,还可证得:$PZ = ZC$,$AX = XQ$,$BY = YR$. 事实上,由 $\angle ZCP = \frac{1}{2}\angle AOP = \frac{1}{2}\angle AZP$,即得 $PZ = ZC$. 余类似得到.

在(1)中也说明 O,X,Y,Z 为一垂心组.

❖五点圆问题

定理 1 一线段与它所张的角的顶点所构成的三角形的垂心,内心,外心,线段两端点五点共圆的充要条件是线段的张角为 $60°$.(参见三内角度数成等差数列问题中定理 3)

定理 2 一线段与它所张的角的顶点所构成的三角形的外心,所张的角的两边中垂线交对边的点,线段两端点五点共圆.

证明 如图 3.307,线段 BC 所张角的顶点 A 构成的三角形的外心为 O,AB 的中垂线交 AC 于 E,AC 的中垂线交 AB 于 F,则

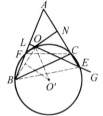

$$\angle ABE = \angle A, FC = AF, \angle ACF = \angle A$$

故
$$\angle ABE = \angle ACF$$
所以 F,B,E,C 四点共圆. 因为
$$\angle BFO = 180° - \angle AFO = 180° - (90° - \angle A) = 90° + \angle A$$
同理
$$\angle BEG = 90° + \angle A$$
于是
$$\angle BFO = \angle BEG$$
所以 F,B,E,O 四点共圆.

图 3.307

综上所述,B,F,O,C,E 五点共圆.

注 图 3.307 中,由 $\angle BFC = 2\angle A = \angle BOC$ 及 $\angle BEC = 180° - 2\angle A$ 可证结论成立.

定理 3 在 $\triangle ABC$ 中,A' 是 BC 上的任一点.过 A' 分别作 AB,AC 两边的逆平行线分别交 AC,AB 于 B',C'.今在 BC,CA,AB 上分别取一点 P,Q,R,使满足 $\dfrac{PB}{PC}=\dfrac{QB'}{QC}=\dfrac{RB}{RC'}$,则 A,A',P,Q,R 五点共圆.

证明 如图 3.308,A,C,A',C' 四点共圆且 $PR \parallel CC'$,所以

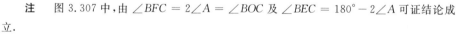

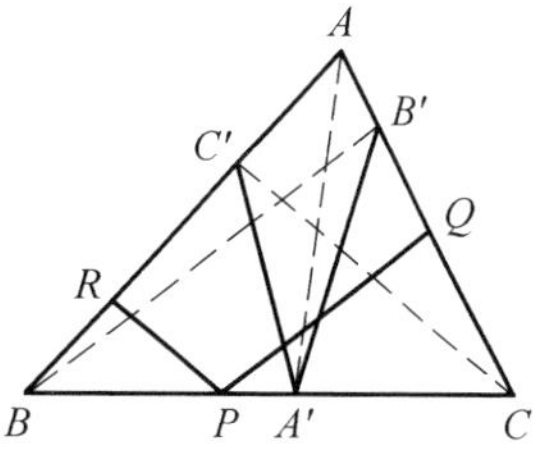

$$\angle RAA' = \angle C'CB = \angle RPB$$
故 A,A',P,R 四点共圆. 同理有 A',Q,A,P 共圆. 故结论获证.

图 3.308

定理 4 P 是 $\triangle ABC$ 外一点 D 与 B 的连线交边 AC 的点,圆 PAB 与圆 PCD 交于 Q,圆 PAD 与圆 PBC 交于 R,则 P,Q,R 三点

与 AC,BD 的中点这五点共圆.

证明 如图 3.309,由 O_1O_2,O_3O_4 均垂直于 BD;O_2O_3,O_4O_1 均垂直于 AC,知 $O_1O_2O_3O_4$ 为平行四边形,其对角线交点为 O.

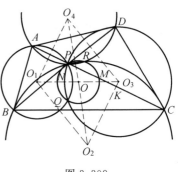

图 3.309

设 O_2O_3 交 PC 于 K,由于圆 O_1 与圆 O_3 交于点 P,O 是 O_1O_3 的中点,AC 是过 P 且交圆 O_1,圆 O_3 的直线,其中点为 M,则 $MK = CM - CK = \frac{1}{2}(PC + PA) - \frac{1}{2}PC = \frac{1}{2}PA$,得 $OP = OM$.

同理,$OP = ON$,又 O_1O_3,O_2O_4 分别垂直平分 PQ,PR,故 $OP = OQ = OR$.

故 P,N,Q,M,R 五点共圆.

平面几何500名题暨1500条定理(下)

❖ 六点圆问题

在戴维斯定理中以及西姆松线的性质定理 12 中就涉及了六点圆问题,下面再介绍一些有趣的六点圆问题.

定理 1 由一已知点向一三角形各边引垂线,以每垂足为起点在所在边(视为直线)上截两线段,使均等于该垂足与已知点的等角共轭点之距离,则六截点共圆.

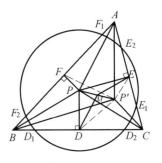

图 3.310

证明 如图 3.310,有

$$CD_1 \cdot CD_2 = (CD + DD_1)(CD - DD_2) =$$
$$(CD + DP')(CD - DP') =$$
$$CD^2 - P'D^2 =$$
$$CP^2 - PD^2 - P'D^2 =$$
$$CP^2 - (PD^2 + P'D^2)$$

令 M 为 PP' 的中点,由三角形中线长公式,有

$$CD_1 \cdot CD_2 = CP^2 - \frac{1}{2}P'P^2 - 2DM^2$$

同理

$$CE_1 \cdot CE_2 = CP^2 - \frac{1}{2}P'P^2 - 2EM^2$$

由等角共轭点的性质，它们在各边上的射影共圆，点 M 为其圆心，知 $MD = ME$，于是

$$CD_1 \cdot CD_2 = CE_1 \cdot CE_2$$

故 D_1, D_2, E_1, E_2 四点共圆.

同理，E_1, E_2, F_1, F_2 四点共圆.

由戴维斯定理，$D_1, D_2, E_1, E_2, F_1, F_2$ 六点共圆，点 P 为圆心.

定理 2 一三角形每边（所在直线）上有一对点，这些点与对顶点的连线均等长，则六条连线的中点共圆.

证明 如图 3.311，定长 r 以 A, B, C 为顶点在三边 BC, CA, AB 上的交点为 $D_1, D_2, E_1, E_2, F_1, F_2$，其各中点为 P, P', Q, Q', R, R'；L, M, N 为 BC, CA, AB 的中点.

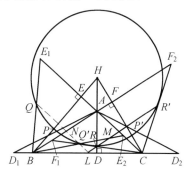

图 3.311

因为 L, M, R', N, L, Q, Q' 每四点共线，所以有

$$LR \cdot LR' = \frac{1}{2}BF_1 \cdot \frac{1}{2}BF_2 = \frac{1}{4}(BF - F_1F)(BF + FF_2) =$$

$$\frac{1}{4}(BF^2 - F_1F^2) = \frac{1}{4}((BC^2 - CF^2) - (CF_1^2 - CF^2)) =$$

$$\frac{1}{4}(BC^2 - r^2)$$

同理
$$LQ \cdot LQ' = \frac{1}{4}(BC^2 - r^2)$$

所以 $LR \cdot LR' = LQ \cdot LQ'$，故 R, R', Q, Q' 四点共圆.

因 P, P', Q, Q', R, R' 在 $\triangle LMN$ 在三边上，由戴维斯定理，六点在以 H 为圆心的圆上.

推论 每个三角形中，均有下列 12 点共圆.

(1) 在定理 1 中当已知点是三角形的垂心时所得的六个截点.

(2) 在定理 2 中当六条连线均等于三角形的外接圆直径时该六条连线的中点.

证明 (1) 如图 3.312，当定理 1 中已知点是垂心时，其等角共轭点为外心 O，故两圆有共同垂心 H 为其圆心.

(2) 设定理 1 中圆上六点在图 3.312 中为 $D_1', D_2', E_1', E_2', F_1', F_2'$，则该圆的半径长为

$$HF_2'^2 = F_2'F + HF^2 = OF^2 + HF^2 =$$
$$ON^2 + NF^2 - HF^2 =$$
$$ON^2 + HN^2$$

设定理 2 中圆 H 的半径为 r'，当其定长为三角形外接圆直径 $2R$ 时，点 N 关于圆 H 的幂为

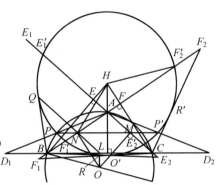

图 3.312

$$NP \cdot NP' = r'^2 - NH^2 = \frac{1}{4}(4R^2 - AB^2)$$

所以 $r'^2 = R^2 - \frac{1}{4}AB^2 + NH^2 = OB^2 - NB^2 + NH^2 = ON^2 + HN^2$

故两圆半径相等. 从而这十二点共圆.

定理 3 设一圆与一三角形的外接圆同心且与各边（所在直线）相交，将各交点分别与对顶点相连，则诸连线的六个中点共圆且这圆与三角形的九点圆同心.

证明 如图 3.313，设 L,M,N 是 $\triangle ABC$ 三边 BC,CA,AB 的中点，则 AB_2,AC_1 的中点 D,D' 在 MN 上；BC_2,BA_1 的中点 E,E' 在 NL 上；CA_2,CB_1 的中点 F,F' 在 LM 上. 因为

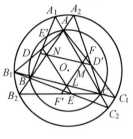

图 3.313

$$ND \cdot ND' = \frac{1}{4}B_2B \cdot BC_1 =$$
$$\frac{1}{4}CC_1 \cdot CB_2 = \frac{1}{4}CC_2 \cdot CA_1 =$$
$$\frac{1}{4}AA_1 \cdot AC_2 = NE' \cdot NE$$

所以 D,E,D',E' 四点共圆，同理 D,F,D',F' 及 E,F,E',F' 四点共圆. 故六个中点共圆.

又因为 $BB_2 = CC_1$，所以 $ND = MD'$，NM 与 DD' 的中垂线重合，故这圆与 $\triangle ABC$ 的九点圆同心.

定理 4 若三个真正相似的等腰三角形，它们的底边分别落在一已知三角形的三边（所在直线）上，顶角的顶点分别落在该已知三角形的三顶点上，则这三个等腰三角形的对应腰（所在直线）的六个交点共圆.

证明 如图 3.314，由 $\triangle ADD' \backsim \triangle BEE' \backsim \triangle CFF'$，有 $B,D,R,F;B,C,E',F;C,D',Q,E'$ 均四点共圆，所以
$$AR \cdot AD = AF \cdot AB = AE' \cdot AC = AQ \cdot AD'$$

又 $AD = AD'$，所以 $AR = AQ$，故 $RQ \parallel DD'$.

同理 $MN \parallel DD'$，且 $MNQR$ 为等腰梯形，有 M，N，Q，R 四点共圆.

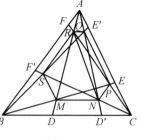

又在 $\triangle BAD'$ 与 $\triangle BCF$ 中，有 $\angle BAD' = \angle BCF$，所以

$$\angle PNQ = \angle BAD' = \angle BCR = \angle PRQ$$

有 P，N，Q，R 四点共圆.

同理 Q，R，S，M 四点共圆，故六个交点共圆.

图 3.314

定理 5 设 H 是 $\triangle ABC$ 的垂心，A'，B'，C' 分别是 AH，BH，CH 三线上的点，这三点没有两点重合也不共线，又 $B'C'$ 与直径为 BC 的圆交于 X，X'，$C'A'$ 与直径为 CA 的圆交于 Y，Y'，$A'B'$ 与直径为 AB 的圆交于 Z，Z'，则这六交点共圆.

证明 如图 3.315，由 X，X'，C，F；Y，Y'，C，F 四点共圆，所以

$$C'X \cdot C'X' = C'C \cdot C'F = C'Y \cdot C'Y'$$

故 X，X'，Y，Y' 四点共圆.

同理，Y，Y'，Z，Z'；Z，Z'，X，X' 均共圆. 若此三圆不相同，则它们的三公弦 XX'，YY'，ZZ' 应共点，与已知不合，故三圆为同一圆，即六交点共圆.

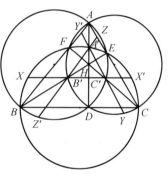

图 3.315

定理 6 设 H 是 $\triangle ABC$ 的垂心，X，Y，Z 分别是 BC，CA，AB 上的点，并假定 AX，BY，CZ 三线共点.

(1) 若过 H 所引 AX，BY，CZ 的垂线分别与直径为 BC，CA，AB 的圆相交，则六交点共圆.

(2) 若过 H 所引 AX，BY，CZ 的垂线分别与直径为 AX，BY，CZ 的圆相交，则六交点共圆.

证明 (1) 如图 3.316(a)，圆 AB，圆 BC，圆 CA 的每圆上均有六点，所以

$$HZ_1 \cdot HZ_2 = HB \cdot HE = HX_1 \cdot HX_2 = HC \cdot HF = HY_1 \cdot HY_2$$

由此即知 X_1，Z_1，Y_2，X_2，Z_2，Y_1 六点共圆.

(2) 如图 3.316(b)，在圆 AX，圆 BY，圆 CZ 上，有

$$HX_1 \cdot HX_2 = HA \cdot HD, HY_1 \cdot HY_2 = HB \cdot HE$$

$$HZ_1 \cdot HZ_2 = HC \cdot HF$$

注意到垂心性质，有

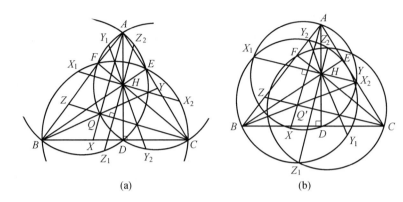

图 3.316

$$HA \cdot HD = HB \cdot HE = HC \cdot HF$$

从而知 $X_1, Z_1, Y_1, X_2, Z_2, Y_2$ 六点共圆.

定理 7 设 I 是 $\triangle ABC$ 的内心或旁心，J 是对应的热尔岗点，A', B', C' 分别是 AJ, BJ, CJ 三线上的点. 若 $A'B' \perp CI$ 及 $A'C' \perp BI$，求证：$B'C' \perp AI$ 且 $\triangle A'B'C'$ 与 $\triangle ABC$ 的非对应边（所在直线）的六交点共圆.

证明 如图 3.317，由 $A'C' \parallel FD, B'A' \parallel DE$，有

$$\frac{JF}{JC'} = \frac{DF}{A'C'} = \frac{JD}{JA'} = \frac{DE}{A'B'} = \frac{JE}{JB'}$$

所以 $\qquad B'C' \parallel FE$

且 $\qquad B'C' \perp AI$

又四边形 $BXB'Z \backsim$ 四边形 $BFED$，且 $BF = BD$，所以

$$BX = BZ, XF = ZD$$

同理

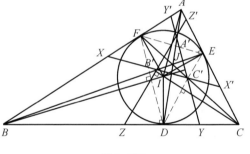

图 3.317

$$DZ = DY = EX' = EZ' = FY' = FX$$

所以 X, X', Y, Y', Z, Z' 六点共圆，圆心为 I.

定理 8 设 A', B', C' 分别是 $\triangle ABC$ 三条高线 AD, BE, CF 上的点，满足 $\frac{A'A}{A'D} = \frac{B'B}{B'E} = \frac{C'C}{C'F} = k$，则 A', B', C' 分别在 CA 与 AB，AB 与 BC，BC 与 CA 上的射影凡六点共圆.

证明 如图 3.318，若证得

$$BX \cdot BX' = BZ \cdot BZ'$$

或 $\qquad BX(BC - X'C) = BZ(BA - Z'A)$ ①

便证得六点射影共圆，这又可由，$\triangle BB'X \backsim$
$\triangle BCE, \triangle BB'Z \backsim \triangle BAE, \triangle CC'X' \backsim \triangle CBF,$
$\triangle AA'Z' \backsim \triangle ABD$，有

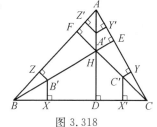

$$BX = BB' \cdot \frac{BE}{BC}, BZ = BB' \cdot \frac{BE}{BA}$$

$$CX' = CC' \cdot \frac{CF}{CB}, AZ' = AA' \cdot \frac{AD}{AB} \qquad ②$$

图 3.318

应用合比于题设，得

$$\frac{AA'}{AD} = \frac{BB'}{BE} = \frac{CC'}{CF}$$

又由 $\triangle ABD \backsim \triangle CBF$，有

$$\frac{AD}{AB} = \frac{CF}{BC} \qquad ④$$

②，③，④ 分别代入式 ① 左、右两边，得

$$左 = BB' \cdot \frac{BE}{BC}(BC - CC' \cdot \frac{CF}{CB}) = BB' \cdot BE(1 - \frac{CC' \cdot CF}{BC^2}) =$$

$$BB' \cdot BE(1 - \frac{CX'}{BC})$$

$$右 = BB' \cdot \frac{BE}{BA}(BA - AA' \cdot \frac{AD}{AB}) = BB' \cdot BE(1 - \frac{AA' \cdot AD}{AB^2}) =$$

$$BB' \cdot BE(1 - \frac{AZ'}{AB})$$

因为

$$\frac{CX'}{AZ'} = \frac{CC'}{AA'} = \frac{k \cdot CF}{k \cdot AD} = \frac{CF}{AD} = \frac{BC}{AB}$$

所以

$$\frac{CX'}{BC} = \frac{AZ'}{AB}$$

故式 ① 成立.

定理 9 以三角形每顶点为圆心作半径等于对边的圆与两邻边(所在直线)相交于四点，这样共得 12 个交点，它们分布于四个圆上，每圆上有六点，圆心恰是三角形的内心和三个旁心.

证明 如图 3.319，以 A, B, C 为圆心的圆的半径满足

$$AX_1 = BC = AX_4$$

$$AY_4 = AB + BY_4 = CZ_1 + AC = AZ_1$$

所以 $X_1 X_4 Y_4 Z_1$ 是等腰梯形，故 X_1, X_4, Y_4, Z_1 四点共圆. 同理 X_1, Y_1, Y_4, Z_4 四点共圆.

因 $X_1, Y_4, Y_1, Z_4, Z_1, X_4$ 在 $\triangle ABC$ 每边各两点，知六点共圆.

因 $Y_4 Z_1, Z_4 X_1, X_4 Y_1$ 的中垂线即 $\triangle ABC$ 的三内角平分线，故其圆心为内

心 I. 因为

$$CX_3 = AX_3 - AC = BC - AC$$
$$CY_2 = BC - BY_2 = BC - AC$$

所以 $\qquad CX_3 = CY_2$

又 $CZ_3 = CZ_1$, 故 X_3, Y_2, Z_3, Z_1 四点共圆.
同理, Y_4, Z_1, X_3, X_2 四点共圆, 可得 X_2, X_3,
Y_2, Y_4, Z_1, Z_3 六点共圆.

因为 $X_2 X_3$ 的中垂线即 $\angle A$ 的内角平分
线; $Y_2 Y_4$ 的中垂线即 $\angle B$ 的外角平分线; $Z_1 Z_3$
的中垂线即 $\angle C$ 的外角平分线, 故其圆心为
I_A.

定理 10 三圆 c_1, c_2, c_3 交于点 O, 而
c_2 与 c_3, c_3 与 c_1, c_1 与 c_2 另外的交点 A,
B, C 不共线, 过点 O 任作一直线交 c_1, c_2,
c_3, 于 X, Y, Z, 联结 BZ 与 CY, CX 与 AZ,
AY 与 BX 分别交于 A', B', C', 则 A, A',
B, B', C, C' 六点共圆.

证明 如图 3.320, 注意到同弧上
的圆周角相等, 有
$$\angle BAC = \angle BAO + \angle OAC =$$
$$\angle A'ZY + \angle A'YZ = \angle BA'C$$
所以 A, B, C, A' 四点共圆.

同理 A, B, C, B' 及 A, B, C, C' 四点共圆,
故 A, A', B, B', C, C' 六点共圆.

定理 11 三角形一顶点, 这个顶点角内的
旁切圆圆心, 此旁切圆与两边延长线的两切点
以及旁心与另两顶点连线和相应切点弦直线的
交点, 这六点共圆.

如图 3.321, 在 $\triangle ABC$ 中, $\angle A$ 的旁切圆与
边 BC, 边 AC, AB 所在直线分虽切于点 A_1, B_1,
C_1, 直线 $I_A B$ 与直线 $B_1 A_1$ 交于点 U_1, 直线 $I_A C$
与直线 $C_1 A_1$ 交于点 U_1, 则需证 A, U_1, C_1, I_A,
B_1, V_1 这六点共圆.

证明 考察 $\triangle BA_1 U_1$,

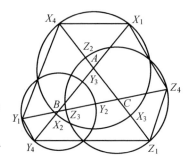

图 3.319

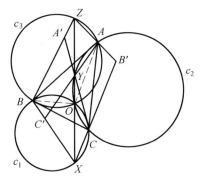

图 3.320

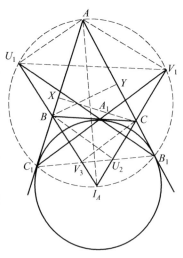

图 3.321

$$\angle A_1 B U_1 = \angle ABC + \frac{1}{2}(180° - \angle ABC) =$$

$$90° + \frac{1}{2}\angle ABC$$

$$\angle BA_1 U_1 = \angle CA_1 B_1 = 90° - \frac{1}{2}(180° - \angle ACB) =$$

$$\frac{1}{2}\angle ACB$$

因此

$$\angle BU_1 A_1 = 180° - \angle BA_1 U_1 - \angle A_1 B U_1 =$$

$$180° - \frac{1}{2}\angle ACB - 90° - \frac{1}{2}\angle ABC = \frac{1}{2}\angle BAC$$

同理

$$\angle A_1 V_1 C = \frac{1}{2}\angle BAC$$

从而,A,U_1,I_A,B_1 及 A,C_1,I_A,V_1 分别四点共圆.故 A,U_1,C_1,I_A,B_1,V_1 六点共圆.

注 (1) 显然,上述六点圆的直径为 AI_A.定理 11 也可由三角形内(旁)切圆的性质定理 1 即证.

(2) 在上述图 3.321 中,令 $I_A C$,$I_A B$ 与 $B_1 C_1$ 分别交于点 U_2,V_3,又记 B,C 分别在 AC,AB 上的射影为 Y,X,则由三角形内(旁)切圆的性质定理 1 推知 X,Y,C,U_2,V_3,B 六点共圆,且其直径为 BC.

(3) 在上述图 3.321 中,令 AU_1 的延长线与直线 BC 交于点 S,AV_1 的延长线与直线交于点 T,则由三角形内(旁)切圆的性质定理 1 的推论证明后的注知 $U_1 V_1$ 为 $\triangle ABC$ 的平行于 BC 的中位线所在直线,又由 $I_A B$ 是 AS 的中垂线,有 $I_A S = I_A A$.同理有 $I_A T = I_A A$.从而可推知 A_1 为 ST 的中点,即为 2012 年 IMO 试题:设 J 为 $\triangle ABC$ 顶点 A 所对旁切圆的圆心.该旁切圆与边 BC 相切于点 M,与直线 AB 和 AC 分别切于点 K 和 L.直线 LM 和 BJ 相交于点 F,直线 KM 与 CJ 相交于点 G.设 S 是直线 AF 和 BC 的交点,T 是直线 AG 和 BC 的交点.证明:M 是线段 ST 的中点.

推论 在图 3.321 中,点 U_1,V_1,U_2,V_3 四点共圆.

证明 如图 3.321,联结 $U_1 V_1$,注意 A,V_1,B_1,I_A,C_1,U_1 六点共圆,且 AI_A 为其直径,则 $\angle U_1 V_1 U_2 = 90° - \angle AV_1 U_1 = 90° - \angle AB_1 U_1 = 90° - \frac{1}{2}\angle C$.

又

$$\angle U_2 V_3 I_A = \angle BV_3 C_1 = 180° - \angle AC_1 B_1 - \angle I_A BC_1 =$$

$$180° - (90° - \frac{1}{2}\angle A) - \frac{1}{2}(180° - \angle B) =$$

$$\frac{1}{2}(\angle A + \angle B) = 90° - \frac{1}{2}\angle C$$

从而 U_1，V_1，U_2，V_3 四点共圆.

定理 12 在 $\triangle ABC$ 中，I_A，I_B，I_C 分别为顶点 A，B，C 所对的旁心，旁切圆圆 I_A，圆 I_B，圆 I_C 分别与 $\triangle ABC$ 的三边 BC，CA，AB 所在的直线相切于点 A_i，B_i，C_i $(i=1,2,3)$. 设线段 B_1C_1 分别交线段 I_AI_B，I_AI_C 于点 U_2，V_3，线段 C_2A_2 分别交线段 I_BI_C，I_BI_A 于点 U_3，V_1，线段 A_3B_3 分别交线段 I_CI_A，I_CI_B 于点 U_1，V_2. 则 U_1，U_2，U_3，V_1，V_2，V_3 六点共圆.

证明 如图 3.322，显然 A，B，C 分别在 $\triangle I_AI_BI_C$ 的边上.

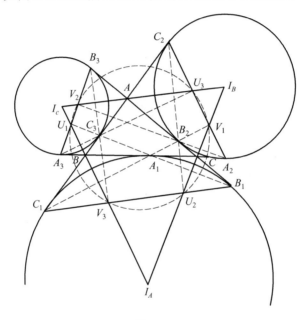

图 3.322

由定理 11 的推论知，对于 I_A，有 V_3，U_2，V_1，U_1 四点共圆，且分别在 I_AI_C，I_AI_B 上；对于圆 I_B，有 V_1，U_3，V_2，U_2 四点共圆，且分别在 I_BI_C，I_BI_A 上；对于圆 I_C，有 V_2，U_1，V_3，U_3 四点共圆，且分别在 I_CI_A，I_CI_B 上.

于是，由戴维斯定理，知 U_1，U_2，U_3，V_1，V_2，V_3 六点共圆.

注 (1) 在图 3.322 中，由三角形内（旁）切圆的性质定理 1，知 A_1，B_1，U_1；A_1，C_1，V_1；A_2，B_2，V_2；C_2，B_2，V_2；A_3，C_3，V_3；B_3，C_3，V_3 分别三点共线，且 $A_1B_1 \parallel B_2A_2$，$A_3C_3 \parallel C_1A_1$，$B_3C_3 \parallel C_2B_2$.

(2) 在图 3.322 中，由三角形内（旁）切圆的性质定理 1 的推论，知三线段 U_1V_1，U_2V_2，U_3V_3 分别在 $\triangle ABC$ 的平行于 BC，CA，AB 的中位线所在直线上.

于是，我们有如下推论：

推论 在 $\triangle ABC$ 中，I_A，I_B，I_C 分别为顶点 A，B，C 所对的旁心；点 M_1，

M_2，M_3 分别为边 BC，CA，AB 的中点，记直线 M_2M_3 分别与 I_AI_B，I_AI_C 交于点 V_1，U_1，直线 M_3M_1 分别与 I_BI_C，I_BI_A 交于点 V_2，U_2，直线 M_1M_2 分别与 I_CI_A，I_2I_B 交于点 V_3，U_3，则 U_1，U_2，U_3，V_1，V_2，V_3 六点共圆.

注 （1）由定理 11 证明后注(2)及图 3.323 知，A，B，V_1，V_2；B，C，V_2，V_3；A，C，V_1，V_3 分别四点共圆，且 M_3，M_1，M_2 分别为其圆心.

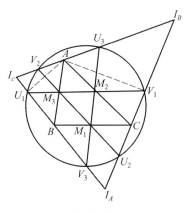

图 3.323

（2）令 $BC = a$，$CA = b$，$AB = c$，$p = \frac{1}{2}(a+b+c)$，则由(1)知 $U_1M_3 = \frac{1}{2}c$，$M_2V_1 = \frac{1}{2}b$，从而 $U_1V_1 = U_1M_3 + M_3M_2 + M_2V_1 = \frac{1}{2}(c+a+b) = p$.

同理 $U_2V_2 = p$，$U_3V_3 = p$.

或者联结 AU_1，AV_1，由三角形内(旁)切圆的性质定理 1，知 $AU_1 \perp BU_1$，$AV_1 \perp CV_1$，则

$$U_1M_3 = \frac{1}{2}AB = \frac{1}{2}c, \quad M_2V_2 = \frac{1}{2}AC = \frac{1}{2}b$$

（3）由上面的(1)，(2)可推知 $\triangle U_1M_2U_3 \cong \triangle V_3M_2V_1$

从而 $$U_1U_3 = V_3V_1$$
同理 $$U_1U_2 = V_2V_1, \quad U_2U_3 = V_3V_1$$
故 $$\triangle U_1U_2U_3 \cong \triangle V_1V_2V_3$$

由上述推论及注，即可得到如下结论：

定理 13（Conway 圆） 如图 3.324，在 $\triangle ABC$ 中，边 CA，BA 分别延长至 A_1，A_2，使得 $AA_1 = AA_2 = BC = a$；边 CB，AB 分别延长至 B_1，B_2，使得 $BB_1 = BB_2 = CA = b$；边 BC，AC 分别延长至 C_1，C_2，使得 $CC_1 = CC_2 = AB = c$，则 A_1，A_2，B_1，B_2，C_1，C_2 六点共圆.

注 显然，图 3.322，图 3.323，图 3.324 本质是相同的，只是表述不同.

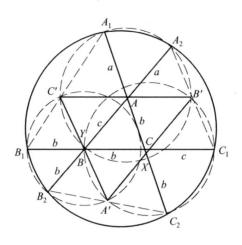

图 3.324

在图 3.324 中,亦有 B' 在 $A'C'$ 上的射影 Y,C' 在 $A'B'$ 上的射影 X,B',A_2,A_1,C' 六点共圆.这样的六点共圆有 3 组.

六点共圆问题,还有后面的一些著名圆问题:"杜洛斯 — 凡利"圆、第一与第二莱莫恩圆、图克圆、泰勒圆等.

❖ 七点圆问题

定理 1 设 I 是 $\triangle ABC$ 的内心或旁心,E,F 是 I 关于 AB,AC 的对称点,D 是 BE 与 CF 的交点,今过 I 作两直线使与 IA 构成 $30°$ 的角,则所作两直线与 AB,AC 的交点 P,R 及 Q,S,连同 D,E,F 凡七点共圆.

证明 如图 3.325,因为 $\triangle AIR \cong \triangle AIS$,所以 $\angle PRQ = \angle PSQ$,P,Q,R,S 四点共圆.

注意 $\triangle PER \cong \triangle PIR$,且 $\triangle IPQ$ 为正三角形,所以 $\angle PER = \angle PIR = \angle PQI$,$P$,$Q$,$R$,$E$ 四点共圆.

又 $\triangle QIF$,$\triangle QPF$ 均为等腰三角形,所以
$$\angle PFI = \angle QPF + \angle QIF$$
故在 $\triangle FPI$ 中,由 $\angle QPI = \angle QIP = 60°$,可算得 $\angle PFI = 30°$.

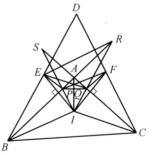

图 3.325

由于
$$\angle BEP = \angle BIP = \angle BIA - 30° =$$
$$(180° - \frac{1}{2}(\angle A + \angle B)) - 30° =$$

$$150° - \frac{1}{2}(\angle A + \angle B)$$

$$\angle PFC = \angle PFI + \angle IFC = 30° + (90° - \frac{1}{2}\angle C)$$

所以 $\angle BEP + \angle PFC = 270° - \frac{1}{2}(\angle A + \angle B + \angle C) = 180°$

则 $\angle PFC = \angle PED$,有 P,D,E,F 四点共圆.故结论获证.

定理 2 设 AD 是 $\triangle ABC$ 的外接圆直径,联结 BD,CD 并延长分别交 AC,AB 的延长线于 E,F.令 A 关于 EF,DE,DF 的对称点为 A',B',C'.又设 $\triangle ABC$ 的共轭中线 AK 交外接圆于 K,则 A',B',C',D,E,F,K 七点共圆.

证明 如图 3.326,作 $\square AFGE$,其对角线为 AG,EF.

因 B,C,E,F 四点共圆,知 BC 与 EF 互为逆平行线,且有 AM 是 $\triangle ABC$ 的共轭中线,于是 $GE \perp DE$,$GF \perp DF$,$GA' \perp AA'$,$GA \perp DK$,所以 E,F,A',K 在以 DG 为直径的圆上.

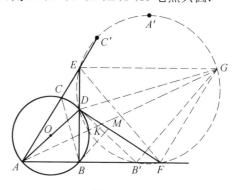

图 3.326

又 $GB' \parallel MB,B'D \parallel BO,MB = ME$,且 $\angle MBE = \angle MEB = \angle FCB = \angle DAB = \angle OBA$,所以 $\angle DB'G = \angle OBM = 90°$,即知 B' 在圆 DEF 上.

同理 $\angle DC'G = 90°$,即知 C' 在圆 DEF 上.故结论获证.

注 一般地,此圆叫 $\triangle ABC$ 的七点圆,一个三角形有三个这样的七点圆.另外的七点圆问题还有哈格七点圆定理及布罗卡尔几何的推广问题中的定理 3.

❖ 八点圆问题

八点共圆问题已在前面有关条目中介绍了如下定理:

若凸四边形的对角线互相垂直,则四边的中点及这些中点在对边上的射影,这八点共圆.

在对角线互相垂直的平面四边形中,过对角线交点向每边作垂线得四垂足,且每垂线又与对边相交得四交点,这八点共圆.

圆内接四边的对角线互相垂直,其交点在四边上的射影与四边的中点,这八点共圆.

在此,再介绍几条结论:

定理 1 圆内接四边形两对角线的中点,在四边中点所连成的平行四边形各边(所在直线)上的射影这八点共圆.

证明 如图 3.327,$PP'S'S$,$QQ'R'R$ 均为矩形,故各四点共圆,其圆心均为 MN 的中点 O,且 O 为 □$EFGH$ 对角线的交点.

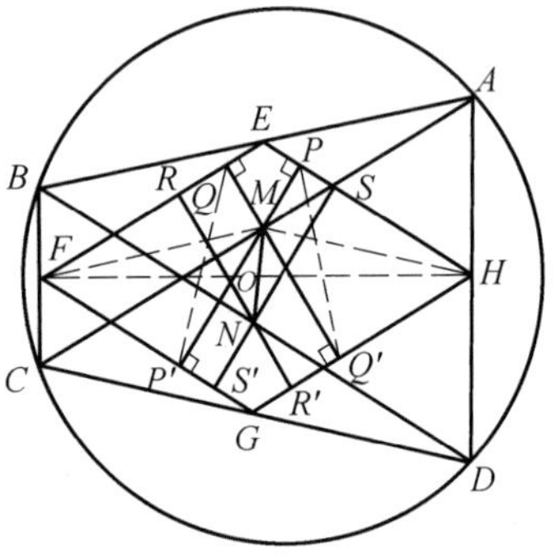

联结 PQ',$P'Q$,MH,MF,则
$$\angle P'PQ' = \angle MPQ' = \angle MHQ' = \angle MCG =$$
$$\angle ABD = \angle MFP' = \angle MQP' =$$
$$\angle P'QQ'$$

从而 P,P',Q,Q' 四点共圆.三圆有共同圆心 O,且半径相等.

故 S,P,Q,R,P',S',R',Q' 八点共圆.

图 3.327

定理 2 在四边形 $ABCD$ 中,$AC \perp BD$,A',C' 是 AC 上的两点,B',D' 是 BD 上的两点.若 $A'B' \perp AB$,$B'C' \perp BC$,$C'D' \perp CD$,则 $D'A' \perp DA$,且四垂足及 $A'B'$ 与 CD,$B'C'$ 与 DA,$C'D'$ 与 AB,$D'A'$ 与 BC 的四交点这八点共圆.(当四边形 $ABCD$ 的顶点恰组成垂心组时,则后四交点不存在,而且四垂足共线.)

证明 如图 3.328,因为
$$\triangle QA'B' \backsim \triangle QBA,\triangle QB'C' \backsim \triangle QCB,\triangle QC'D' \backsim \triangle QDC$$
则
$$\frac{QA'}{QB'}=\frac{QB}{QA},\frac{QB'}{QC'}=\frac{QC}{QB},\frac{QC'}{QD'}=\frac{QD}{QC}$$

三式相乘并约去公因子得 $\dfrac{QA'}{QD'}=\dfrac{QD}{QA}$,且有 $\angle A'QD' = \angle DQA$,所以 $\triangle A'QD' \backsim \triangle DQA$,可得 $A'D' \perp AD$.

由 $\angle EHG + \angle EFG = \angle A'AE + \angle B'DE + \angle B'BE + \angle C'CG = 180°$,则 E,F,G,H 四点共圆.

又 $\angle EE'G = \angle E'DB' + E'B'D = \angle GHD' + \angle A'HE = \angle EHG$,有 E,G,H,E' 四点共圆.

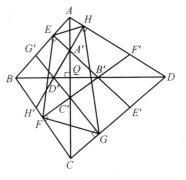

图 3.328

再注意到 H,H',F,F' 及 G',G,E',E 分别四点共圆,故 E,G',H',F,G,

E', F', H 这八点共圆.

定理 3 在四边形 $ABCD$ 中，$AC \perp BD$，若 A', C' 是 BD 上的两点，B', D' 是 AC 上的两点，且 $A'B' \perp AB$，$B'C' \perp BC$，$C'D' \perp CD$，则 $D'A' \perp DA$，且四垂足及 $A'B'$ 与 CD，$B'C'$ 与 DA，$C'D'$ 与 AB，$D'A'$ 与 BC 的四交点这八点共圆. （此定理也有类似于定理 2 所注的特殊情况）

证明 如图 3.329，$D'A' \perp DA$ 的证明同定理 2.

又 由 $\triangle QD'A' \backsim \triangle QDA$，$\triangle QB'C' \backsim \triangle QBC$，可得

$\triangle QDD' \backsim \triangle QAA'$，$\triangle QCC' \backsim \triangle QBB'$

所以 $\angle EHG + \angle EFG = \angle EAQ + \angle QAA' +$
$\angle D'DG + \angle GCQ +$
$\angle QCC' + \angle EBB' =$
$\angle FAQ + \angle QDD' +$
$\angle D'DG + \angle GCQ +$
$\angle QBB' + \angle EBB' = 180°$

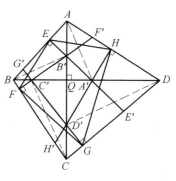

图 3.329

则有 E, F, G, H 四点共圆.

又
$\angle EE'G = \angle E'DD' + \angle D'DA' + \angle E'A'D = \angle GHD' + \angle A'AQ + \angle QAB =$
$\angle GHD' + \angle EHD' = \angle EHG$
所以 E, G, H, F' 四点共圆.

再注意到 F, H', H, F' 及 G, E', E, G' 分别四点共圆.

故 $E, G', F, H', G, E', H, F'$ 八点共圆.

定理 4 设四边形 $ABCD$ 有内切圆或旁切圆，E, F, G, H 分别是 AB, BC, CD, DA 上的切点，今在 AC 上取两点 A', C'，在 BD 上取两点 B', D'，$A'B' \parallel EG \parallel C'D'$ 且 $A'D' \parallel FH$，则 $B'C' \parallel FH$ 且 $A'B', C'D'$ 交 AB, CD 所得四交点及 $A'D', B'C'$ 交 AD, BC 所得四交点凡八点共圆.

证明 如图 3.330，设 $A'D'$ 交 EG 于 E'，AC 与 BD 交于点 Q，首先用正弦定理证明 E' 是 $A'D'$ 的中点，并进而得出 $B'C' \parallel FH$. 有

$$\frac{A'E'}{\sin \angle A'QE'} = \frac{QE'}{\sin \angle QA'E'}, \quad \frac{QE'}{\sin \angle QD'E'} = \frac{D'E'}{\sin \angle D'QE'}$$

$$\frac{AH}{\sin \angle AQH} = \frac{QA}{\sin \angle QHA}, \quad \frac{QA}{\sin \angle QEA} = \frac{AE}{\sin \angle AQE}$$

$$\frac{QB}{\sin \angle QFB} = \frac{BF}{\sin \angle BQF}, \quad \frac{BE}{\sin \angle BQE} = \frac{QB}{\sin \angle QEB}$$

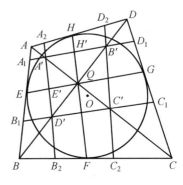

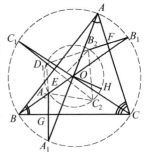

以上六式相乘,有分母的左端与右端相等;故其分子的六个乘积亦相等,在约去公因子 QA,QB,QE' 后并注意到 $AE=AH,BE=BF$. 所以 $A'E'=D'E'$,即 E' 是 $A'D'$ 的中点.

于是知点 Q 是 $A'C'$ 与 $B'D'$ 的中点,因四边形 $A'B'C'D'$ 为平行四边形,所以 $B'C'$ // FH.

由此知 $ABCD$ 四边上的点 A_1,A_2 等点组成的四边形 $A_1B_1C_1D_1,A_2B_2C_2D_2$ 均为等腰梯形,故均各四点共圆.

由于 EG,FH 为等腰梯形的中位线,故两圆有共同的中心点 O.

由 $\dfrac{A'A_1}{QE}=\dfrac{AA'}{AQ}=\dfrac{A'A_2}{QH}$,$\dfrac{A'D_1}{QG}=\dfrac{CA'}{CQ}=\dfrac{A'B_2}{QF}$,有 $\dfrac{A'A_1 \cdot A'D_1}{QE \cdot QG}=\dfrac{A'A_2 \cdot A'B_2}{QH \cdot QF}$,所以有 $A'A_1 \cdot A'D_1=A'A_2 \cdot A'B_2$,故 A_1,A_2,D_1,B_2 四点共圆,且圆心亦在点 O. 所以 $A_1,A_2,B_1,B_2,C_1,C_2,D_1,D_2$ 八点共圆. 八点圆问题还有后面的富尔曼圆等.

图 3.330

❖ 三角形的一个特殊圆

若以三角形的外心为圆心,外心到垂心的距离为半径作一个圆,我们不妨把它称为新圆. 这个特殊圆有许多优美性质:[①]

如图 3.331,圆 O 为 $\triangle ABC$ 的外接圆,AA_1,BB_1,CC_1 为圆 O 的直径,H 为 $\triangle ABC$ 的垂心.

定理 1 过 A_1,B_1,C_1 分别作 BC,AC,AB 的垂线 A_1G,B_1F,C_1E,则这三条垂线交于一点 D,且此点在新圆上.

定理 2 设 A_2,B_2,C_2 分别为 A_1,B_1,C_1 关于直线 BC,AC,AB 的对称点,则这三点在新圆上.

定理 3

当 $\triangle ABC$ 为锐角三角形时,新圆在外接圆内;

图 3.331

① 周洪.三角形的一个特殊圆[J].中等数学,1989(6):17-18.

当 $\triangle ABC$ 为正三角形时,新圆缩为一点;

当 $\triangle ABC$ 为直角三角形时,新圆与外接圆重合;

当 $\triangle ABC$ 为钝角三角形时,新圆包含外接圆.

定理 4 $\triangle A_2 B_2 C_2 \backsim \triangle ABC$.

定理 5 D, H 关于圆心 O 点对称,D 在欧拉线上.(三角形的外心、重心、九点圆中心及垂心依次位于同一直线上,这条直线叫欧拉线)

证明 我们先证明,点 D 是 $\triangle A_1 B_1 C_1$ 的垂心,从而证明定理 1.

由 BB_1, CC_1 是圆 O 的直径,

则 $OB = OC = OB_1 = OC_1 = R$,$\angle BOC = \angle B_1 OC_1$,$\angle OC_1 B_1 = \angle OB_1 C_1$,

从而
$$\triangle BOC \cong \triangle B_1 OC_1$$
$$\angle OBC = \angle OB_1 C_1 = \angle OC_1 B_1$$
$$BC \parallel B_1 C_1$$

又因 $A_1 G \perp BC$,则 $A_1 G \perp B_1 C_1$.

同理可证 $B_1 F \perp A_1 C_1$,$C_1 E \perp A_1 B_1$

于是 $A_1 G, B_1 F, C_1 E$ 是 $\triangle A_1 B_1 C_1$ 的三条高线,故 $A_1 G, B_1 F, C_1 E$ 交于一点 D.

下面用解析几何的方法证明:D 在新圆上,以及定理 2,定理 3 和定理 5.

(1) 设 $O(0,0)$,$B(-a, -b)$,$C(a, -b)$,$A(x_0, \sqrt{R^2 - x_0^2})$ 其中 $R = \sqrt{a^2 + b^2}$,由对称性可得

$$B_1(a, b), C_1(-a, b)$$
$$A_1(-x_0, -\sqrt{R^2 - x_0^2})$$

由 A_2 是 A_1 关于直线 BC 的对称点,而 $l_{BC}: y = -b$,则 $A_2(-x_0, \sqrt{R^2 - x_0^2} - 2b)$

(2) 又 $l_{AB}: y + b = k_1(x + a)$,其中 $k_1 = \dfrac{\sqrt{R^2 - x_0^2} + b}{x_0 + a}$,则 $l_{C_1 C_2}: y - b = -\dfrac{1}{k_1}(x + a)$

两直线的交点为

$$E\left(\frac{2bk_1}{k_1^2 + 1} - a, b - \frac{4b}{k_1^2 + 1}\right)$$

由中点坐标公式,得

$$C_2\left(\frac{4bk_1}{k_1^2 - 1} - a, b - \frac{4b}{k_1^2 + 1}\right)$$

同理可推出

$$B_2(a + \frac{4bk_2}{k_2^2 + 1}, b - \frac{4b}{k_2^2 + 1})$$

其中 $k_2 = k_{AC} = \dfrac{\sqrt{R^2 - x_0^2} + b}{x_0 - a}$

（3）注意到 $l_{C_1C_2}$：

$$y - b = -\frac{x_0 + a}{\sqrt{R^2 - x_0^2} + b}(x + a)$$

D 的横坐标为 $-x_0$，

则 D 的纵坐标为 $y = b - \dfrac{a^2 - x_c^2}{\sqrt{R^2 - x_0^2} + b}$

故 $\qquad D(-x_0, b - \dfrac{a^2 - x_0^2}{\sqrt{R^2 - x_0^2} + b})$

同样的方法可求出垂心

$$H(x_0, \frac{a^2 - x_0^2}{\sqrt{R^2 - x_0^2} + b} - b)$$

（4）若能说明 $|OD| = |OH| = |OA_2| = |OB_2| = |OC_2|$，则定理 1,2,3,5 就获证.

因 $\quad |OA_2|^2 = x_0^2 + (\sqrt{R^2 - x_0^2} - 2b)^2 = R^2 + 4b^2 - 4b\sqrt{R^2 - x_0^2}$

$\qquad |OC_2|^2 = (\dfrac{4bk_1}{k_1^2 + 1} - a)^2 + (b - \dfrac{4b}{k_1^2 + 1})^2 =$

$$R^2 + 4b^2 - 4b\frac{bk_1^2 + 2ak_1 - b}{k_1^2 + 1}$$

欲证 $\qquad \dfrac{bk_1^2 + 2ak_1 - b}{k_1^2 + 1} = \sqrt{R^2 - x_0^2}$

或 $\qquad bk_1^2 + 2ak_1 - b = (k_1^2 + 1)\sqrt{R^2 - x_0^2}$

$$左边 = \frac{2b^3 + 2ba^2 - 2bx_0^2 + 2(R^2 + ax_0)\sqrt{R^2 - x_0^2}}{(x_0 + a)^2}$$

$$右边 = \frac{2(R^2 + ax_0)\sqrt{R^2 - x_0^2} + 2b^3 + 2ba^2 - 2bx_0^2}{(x_0 + a)^2}$$

则 $|OA_2|^2 = |OC_2|^2$，$|OA_2| = |OC_2|$

同理可证，$|OA_2| = |OB_2| = |OD| = |OH|$

故 A_2, B_2, C_2, D, H 五点共圆.

① 显然 D 在新圆上；

② 显然 A_2, B_2, C_2 在新圆上；

③ 新圆半径为

$$|OA_2| = \sqrt{x_0^2 + (\sqrt{R^2 - x_0^2} - 2b)^2} = \sqrt{R^2 + 4b(b - \sqrt{R^2 - x_0^2})}$$

当 $\triangle ABC$ 为锐角三角形时,

$$b < \sqrt{R^2 - x_0^2}$$

故 $|OA_2| < R$

当 $\triangle ABC$ 为正三角形时,$x_0 = 0$,此时 O 为 $\triangle ABC$ 的重心,则 $2b = \sqrt{R^2 - x_0^2}$,$|OA_2| = 0$

当 $\triangle ABC$ 为直角三角形时,

$$b = \sqrt{R^2 - x_0^2}$$

则 $|OA_2| = R_0$

当 $\triangle ABC$ 为钝角三角形时,

$$b > \sqrt{R^2 - x_0^2}$$

故 $|OA_2| > R$

④ 比较点 D 和点 H 的坐标,得知 D,H 关于 O 点对称,则 D,O,H 三点共线,所以 D 是欧拉线上的一个新巧合点.

(5)因 A_2,B_2,C_2,D 四点共圆,

则 $$\angle B_2A_2C_2 = \angle B_2DC_2$$

又由 $B_1f \perp AC,C_1E \perp AB$

有 A,E,D,F 四点共圆.

故 $$\angle B_2DC_2 = \angle A$$

从而 $$\angle B_2A_2C_2 = \angle A$$

同理 $$\angle A_2B_2C_2 = \angle B$$

故 $\triangle A_2B_2C_2 \backsim \triangle ABC$. 性质 4 获证.

(6)设 A_3,B_3,C_3 分别是 A,B,C 关于直线 B_1C_1,A_1C_1,A_1B_1 的对称点,则这三点在新圆上.

证明 略.

这样,我们就得到了三角形的一个特殊圆 ——“八点圆”,以及有关的性质.

❖三角形的杜洛斯－凡利圆

下面的定理1是施坦纳给出的,它的证明及随后的推广,即定理2～4属于杜洛斯－凡利(*Mathesis*,1901,第22页).因此,这里的圆常称为杜洛斯－凡利

283

圆.

定理 1　设 H 为锐角 $\triangle ABC$ 的垂心,以 H 为圆心的任一圆,分别交与 BC, AC, BA 平行的中位线于 P_1, Q_1, P_2, Q_2, P_3, Q_3,则有
$$AP_1 = BP_2 = CP_3 = AQ_1 = BQ_2 = CQ_3$$

证明　如图 3.332,设 X 为与 BC 平行的中位线上任一点,H_1, H_2, H_3 分别为边 BC, CA, AB 上的高线垂足. T 为 AH_1 的中点,注意到勾股定理的推广定理 2,则有

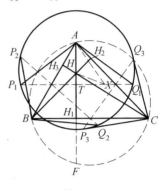

图 3.332

$$
\begin{aligned}
AX^2 &= AH^2 + HX^2 + 2AH \cdot HT = \\
&\quad HX^2 + AH(AH + 2HT) = \\
&\quad HX^2 + AH \cdot HH_1 \qquad (*)
\end{aligned}
$$

而 $AH \cdot HH_1 = BH \cdot HH_2 = CH \cdot HH_3$

故 $AP_1 = AQ_1 = BP_2 = BQ_2 = CP_3 = CQ_3$

即在三条中位线上,与 H 等距离的点也分别与 A, B, C 等距离.反过来也成立.即有如下结论:

定理 2　设以一个三角形的各顶点为圆心,画相等的圆,与邻边中点的连线相交,则所得的六个交点在一个以垂心为圆心的圆上.

推论 1　设 r 为定理 2 中以 $\triangle ABC$ 顶点为圆心的圆的半径,H, R 分别为这个三角形的垂心与外接圆半径,其三条边长分别为 a, b, c,R_0 为以 H 为圆心的圆的半径,则
$$R_0^2 = 4R^2 + r^2 - \frac{1}{2}(a^2 + b^2 + c^2)$$

事实上,由 $AH \cdot HH_1 = \frac{1}{2}(a^2 + b^2 + c^2) - 4R^2$ 及式 $(*)$ 即得.

推论 2　设以顶点为圆心的圆等于外接圆,则
$$R_0^2 = 5R^2 - \frac{1}{2}(a^2 + b^2 + c^2)$$

定理 3　设以三角形三边上的高线垂足为圆心,作通过三角形外心的圆,交垂足所在的边,则这样得到的六个点在以垂心为圆心的圆上.

证明　参见图 3.332,设 O, H 分别为 $\triangle ABC$ 的外心与垂心,H_1, H_2, H_3 分别为边 BC, CA, AB 上的高线垂足,以 H_1 为圆心,H_1O 为半径的圆交 BC 于 P_1, P_1',类似地有 P_2, P_2', P_3, P_3'. 又设 V 为 OH 的中点,则 V 为该三角形的九点圆的圆心.于是
$$HP_1^2 = HH_1^2 + H_1P_1^2 = HH_1^2 + H_1O^2 = 2H_1V^2 + \frac{1}{2}OH^2$$

而 $$H_1V = H_2V = H_3V$$

所以 $$HP_1 = HP_2 = HP_3 = HP'_3 = HP'_2 = HP'_1$$

定理 4 以三角形三边中点为圆心,过垂心的圆与这边相交,则这样得到的六个点在以外心为圆心的圆上,且此圆与定理 3 中的圆为等圆.

证明 参见图 3.332,设 O,H 分别为 $\triangle ABC$ 的外心与垂心,H_1 为边 BC 上的高线垂足,以 H_1 为圆心,H_1O 为半径的圆交 BC 于 P_1,M 为边 BC 的中点.设 Y 在 BC 上,满足 $MY = MH$,则

$$OY^2 = OM^2 + MY^2 = OM^2 + MH^2 = OM^2 + MH_1^2 + HH_1^2 =$$
$$H_1O^2 + HH_1^2 = H_1P_1^2 + HH_1^2 = HP_1^2$$

故由上即知结论获证.

注 此定理曾作为 2012 年 IMO 试题.

推论 定理 4 中的圆等于定理 2 的推论 2 中的圆.

事实上,由 $OY^2 = OM^2 + MH^2 = OM^2 + \dfrac{1}{4}(2BH^2 + 2CH^2 - BC^2)$,而

$BH^2 = 4ON^2 = 4(R^2 - AO^2) = 4\left(R^2 - \dfrac{1}{4}b^2\right)$(其中 N 为边 AC 中点)等,所以代

入得 $OY^2 = 5R^2 - \dfrac{1}{2}(a^2 + b^2 + c^2)$. 即得结论.

定理 5 设 $\triangle ABC$ 的外接圆圆心为 O,半径为 R,三边长为 a,b,c,则以

$\triangle ABC$ 的垂心 H 为圆心,$\sqrt{5R^2 - \dfrac{1}{2}(a^2 + b^2 + c^2)}$ 为半径作圆,该圆经过以下

18 个特殊点.后 6 个点由曾建国提出.①②

(1) 以 $\triangle ABC$ 的顶点为圆心,R 为半径作圆,与邻边中点的连线相交所得的 6 个交点.

(2) 以 $\triangle ABC$ 的高的垂足为圆心,通过外心 O 的圆与垂足所在的边相交所得的 6 个交点.

(3) 以 $\triangle ABC$ 的顶点与垂心 H 的连线的中点为圆心,通过外心 O 的圆,与上述连线的垂直平分线相交所得的 6 个交点.

证明 先看如下引理:

引理 设 H 是圆 O 所在平面上任意一点,P 是圆 O 上的动点,D 为 PH 的

① 段惠民."杜洛斯—凡利"(Droz—Farny)圆的成因探究与推广[J]. 中学教研(数学),2006(5):39-40.

② 曾建国. 三角形的十八点共圆定理[J]. 中学数学,2005(12):35.

中点,则 PH 的垂直平分线与以 D 为圆心,DO 为半径的圆的交点的轨迹是一个定圆.

事实上,如图 3.333,设圆 O 的半径为 R,PH 的垂直分线交圆 D 于 M,N,则

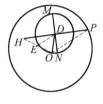

图 3.333

$$NH = MH = \sqrt{DH^2 + DM^2} = \sqrt{DH^2 + DO^2}$$

设 E 为 OH 的中点,则

$$DO^2 + DH^2 = \frac{1}{2}(OH^2 + (2ED)^2)$$

联结 OP,则

$$ED = \frac{1}{2}OP = \frac{1}{2}P$$

则

$$DO^2 + DH^2 = \frac{1}{2}(R^2 + OH^2)$$

即

$$NH = MH = \sqrt{\frac{1}{2}(R^2 + OH^2)} \text{(定值)}$$

若令 H 为圆 O 的内接 $\triangle ABC$ 的垂心,由熟知的等式 $OH^2 = 9R^2 - (a^2 + b^2 + c^2)^2$,则

$$NH = MH = \sqrt{5R^2 - \frac{1}{2}(a^2 + b^2 + c^2)}$$

于是就得到了 $\triangle ABC$ 的"杜洛斯－凡利"圆.

此时,设 $\triangle ABC$ 的高 AH 所在直线交外接圆于 F,易知 F 与 H 是关于垂足 H_1 对称的,故以垂足 H_1 为圆心经过外心 O 的圆与 BC 的交点依引理显然在"杜洛斯－凡利"圆上.

综上可知:当 H 是 $\triangle ABC$ 的垂足,P 是 $\triangle ABC$ 的外接圆上的动点时,由动线段 PH 绕 H 旋转,以 PH 的中点 D 为圆心,DO 为半径的圆与 PH 的垂直平分线的交点的轨迹就是 $\triangle ABC$ 的"杜洛斯－凡利"圆.

由此,即可证得(1),(2),(3)的结论.

将前面的结果推广,得:

定理 6 设由一点向一个三角形的各边作垂线,以垂足为圆心作圆通过这点的等角共轭点.这些圆与圆心所在的边相交,则所得的六点在一个圆上,圆心是所给的点.并且以一对等角共轭点为圆心,这样画出的两个圆相等.

❖杜洛斯－凡利圆的推广

若定义圆内接闭折线 $A_1A_2\cdots A_n$ 的垂心为满足 $\overrightarrow{OH}=\sum\limits_{i=1}^{n}\overrightarrow{OA_i}$ 的点,则有

定理 设 $A_1A_2A_3\cdots A_n$ 是圆 O 的内接闭折线,H 为闭折线 $A_1A_2A_3\cdots A_n$ 的垂心,P 是圆 O 上的动点,则以 PH 的中点 D 为圆心,DO 为半径的圆与 PH 的垂直平分线的交点的轨迹是一个定圆.

略证 设圆 O 的半径为 R,PH 的垂直平分线交圆 D 于 M,N,类似前述引理的证明过程有

$$NH=MH=\sqrt{\frac{1}{2}(R^2+OH^2)}$$

则 $$\overrightarrow{OH}=\sum_{i=1}^{n}\overrightarrow{OA_i}$$

即
$$|\overrightarrow{OH}|^2=(\sum_{i=1}^{n}\overrightarrow{OA_i})^2=nR^2+\sum_{1\leqslant i<j\leqslant n}2\overrightarrow{OA_i}\cdot\overrightarrow{OA_j}=$$
$$nR^2+\sum_{1\leqslant i<j\leqslant n}2|\overrightarrow{OA_i}||\overrightarrow{OA_j}|\cos<\overrightarrow{OA_i},\overrightarrow{OA_j}>=$$
$$nR^2+\sum_{1\leqslant i<j\leqslant n}(|\overrightarrow{OA_i}|^2+\overrightarrow{OA_j}|\cos<\overrightarrow{OA_i},\overrightarrow{OA_j}>|^2-|\overrightarrow{A_iA_j}|^2)=$$
$$nR^2+\sum_{1\leqslant i<j\leqslant n}(2R^2-|\overrightarrow{A_iA_j}|^2)=$$
$$n^2R^2-\sum_{1\leqslant i<j\leqslant n}A_iA_j^2$$

则
$$NH=MH=\sqrt{\frac{n^2+1}{2}R^2-\frac{1}{2}\sum_{1\leqslant i<j\leqslant n}A_iA_j^2}\text{(定值)}$$

上述以闭折线 $A_1A_2A_3\cdots A_n$ 的垂心 H 为圆心,以 $\sqrt{\frac{n^2+1}{2}R^2-\frac{1}{2}\sum_{1\leqslant i<j\leqslant n}A_iA_j^2}$ 为半径的圆,可以认为是圆内接闭折线 $A_1A_2A_3\cdots A_n$ 的"杜洛斯－凡利"圆,当 $n=3$ 时,显然就是三角形的"杜洛斯－凡利"圆.

❖三角形的第一莱莫恩圆

三角形的第一莱莫恩圆 过三角形共轭重心作三边的平行线与各边相交

的六个交点共圆. [1]

该圆于 1873 年为莱莫恩所得到.

证明 如图 3.334,设 K 为 $\triangle ABC$ 共轭重心,过 K 作 $LM \parallel BC$ 交 AB,AC 于 L,M,作 $PQ \parallel AB$ 交 BC,AC 于 P,Q,作 $ST \parallel AC$ 交 BC,AB 于 S,T.

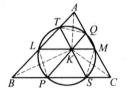

图 3.334

联结 TQ,AK,因为四边形 $ATKQ$ 是平行四边形,所以 TQ 与 AK 互相平分.因为 AK 是 $\triangle ABC$ 的共轭中线,所以过点 K 的关于 BC 的逆平行线也被 AK 平分,故而 TQ 为关于 BC 的逆平行线.

于是 $\angle AQT = \angle ABC = \angle ALM$,$T$,$L$,$M$,$Q$ 四点共圆.同理可证 Q,P,S,M 四点共圆,T,L,P,S 四点共圆,从而得到 T,L,P,S,M,Q 六点共圆.

注 该圆又称三乘比圆.

❖三角形的第二莱莫恩圆

三角形的第二莱莫恩圆 过三角形共轭重心作各边的逆平行线与各边相交的六个点共圆.

该圆于 1873 年为莱莫恩所得到.

证明 如图 3.335,设 K 是共轭重心,LM,PQ,ST 是过点 K 的逆平行线.因为

$$\angle ALM = \angle C, \angle AML = \angle B$$
$$\angle BST = \angle A, \angle BTS = \angle C$$
$$\angle CQP = \angle B, \angle CPQ = \angle A$$

所以 $\angle ALM = \angle BTS$,$\triangle KTL$ 是等腰三角形,其两腰 $KL = KT$.

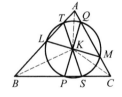

图 3.335

同理有 $KP = KS$,$KM = KQ$.

又共轭重心 K 平分过点 K 的逆平行线,所以又有 $KL = KM$,$KP = KQ$,$KS = KT$.

这样 L,P,S,M,Q,T 六点到点 K 的距离相等,从而这六点共圆.

① 单墫.数学名题词典[M].南京:江苏教育出版社,2002:430-448.

注　该圆又称余弦圆.

❖ 三角形的图克圆

定理　设 K 是 $\triangle ABC$ 的共轭重心，A',B',C' 分别是 AK,BK,CK 三线上的点，若 $A'B' \parallel AB$ 及 $A'C' \parallel AC$，则 $B'C' \parallel BC$ 且 $\triangle A'B'C'$ 与 $\triangle ABC$ 的非对应边（所在直线）的六交点共圆.

证明　如图 3.336，因为

$$\frac{KB'}{B'B} = \frac{KA'}{A'A} = \frac{KC'}{C'C}$$

所以 $B'C' \parallel BC$. 因为 $AYA'Z'$ 是平行四边形，AA' 即 AK 平分 YZ'，而 AK 是共轭中线.

由逆平行线意义，YZ' 是边 BC 的逆平行线，有 Y,Z',C,B 四点共圆. 所以

$$\angle Z'YY' = \angle AZ'Y = \angle YBC = \angle Z'ZY'$$

即知 Y,Y',Z,Z' 四点共圆.

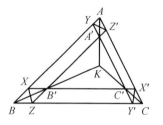

图 3.336

同理 X,X',Y,Y' 及 X,X',Z,Z' 共圆. 故结论获证.

上述圆称为三角形的图克（Tucker，1832—1905）圆. 图克是英国数学家.

❖ 图克圆系问题

定理 1　设 K 是 $\triangle ABC$ 的共轭重心，A',B',C' 分别是 AK,BK,CK 三线上的点，若过 A',B',C' 分别作三边 BC,CA,AB 的逆平行线，则它们的六个交点共圆.

证明　如图 3.337，因 K 是共轭重心，XZ'，$X'Y'$ 分别是 AC,AB 的逆平行线.

由逆平行线的性质，有

$$B'X' = B'Z', C'X' = C'Y'$$

且 $\quad \angle BXZ' = \angle BAC = \angle CX'Y'$

又 $B'C' \parallel BC$，所以 $XX'C'B'$ 为等腰梯形，故 $Z'Y' \parallel XX'$.

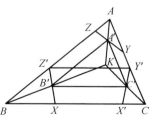

图 3.337

又 $\angle AYZ = \angle ABC = \angle ZZ'Y'$，所以 Y,Y',Z,Z' 共圆.

同理，X,X',Y,Y' 及 X,X',Z,Z' 共圆.

故 X, X', Y, Y', Z, Z' 六点共圆.

定理 2 设 K 是 $\triangle ABC$ 的共轭重心,A', B', C' 分别是 AK, BK, CK 三线上的点,若 $A'B', A'C'$ 分别是 AB, AC 两边的逆平行线,则 $B'C'$ 也是 BC 的逆平行线,且 $\triangle A'B'C'$ 与 $\triangle ABC$ 的非对应边(所在直线)的六交点共圆.

证明 如图 3.338,设 $\triangle DEF$ 是 $\triangle ABC$ 的垂足三角形,则 DE, EF, FD 是 AB, BC, CA 的逆平行线.

设 $\triangle LMN$ 是 $\triangle DEF$ 的中点三角形,则其三边 LM, MN, NL 也是 AB, BC, CA 的逆平行线,且 AL, BM, CN 的交点 K 即 $\triangle ABC$ 的共轭重心.

因为 $A'B', A'C'$ 分别是 AB, AC 的逆平行线,则 $A'B' \parallel LM, A'C' \parallel LN$,

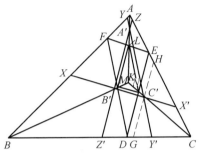

图 3.338

故可由相似三角形,得 $B'C' \parallel MN$,所以 $B'C'$ 也是 BC 的逆平行线.

再作 $GH \parallel DE$,则 GH 是 AB 的逆平行线,且 $C'G = C'H$. 又

$$\angle C'HX' = \angle ABC = \angle AEF = \angle HX'C'$$

同理 $$\angle C'GY' = \angle C'Y'G$$

所以 $$C'X' = C'H = C'G = C'Y'$$

由 $\angle AXX' = \angle ACB = \angle BYY'$,有 $C'X = C'Y$,故 $XYX'Y'$ 为等腰梯形,有 X, X', Y, Y' 四点共圆.

同理 X, X', Z, Z' 及 Y, Y', Z, Z' 四点共圆.

故结论获证.

注 若 K 是 $\triangle ABC$ 的共轭重心,当点 A', B', C' 在 AK, BK, CK 上变动时,就可得到一群圆,称它们为图克圆系.三乘比圆、余弦圆、泰勒圆以及六点圆问题的定理 8 中,当 k 值变化时,所得的一群圆均为图克圆系.

❖三角形的余弦圆问题

定理 1 三角形的余弦圆在三边上所截的弦与所对角的余弦成比例.

证明 如图 3.335,由三角形的第二莱莫恩圆的定义知,过 $\triangle ABC$ 的共轭重心 K 所作三边逆平行线的六交点所共之圆存在.

由于 $\triangle KQM$ 为等腰三角形,则

$$KQ = \frac{QM}{2\cos B}$$

同理
$$KP = \frac{PS}{2\cos A}, KT = \frac{TL}{2\cos C}$$

故
$$\frac{PS}{\cos A} = \frac{QM}{\cos B} = \frac{TL}{\cos C}$$

定理 2 三角形的中点三角形,及垂心等截点至三顶点连线的中点所连成的三角形,二者的边相互交于共圆的六点,这圆同为二者的余弦圆.

证明 如图 3.339,设 $\triangle LMN$ 为 $\triangle ABC$ 的中点三角形,$\triangle A'B'C'$ 为垂心等截点 H 至三顶点连线的中点所连成的三角形,过 H 作 $HP \parallel AC, HQ \parallel AB$,有

$$\triangle CHQ \backsim \triangle CF'A, \triangle BHP \backsim \triangle BE'A$$

又
$$\triangle MVA' \backsim \triangle CQH, \triangle NUA' \backsim \triangle BPH$$

所以
$$2LZ' = 2MV = CQ = \frac{CA \cdot CH}{CF'}$$

$$2LY = 2NU = BP = \frac{BA \cdot BH}{BE'}$$

又
$$LX = RB' = \frac{CE' \cdot BB'}{BE'}$$

$$LX' = SC' = \frac{BF' \cdot CC'}{CF'}$$

故有
$$2LZ' \cdot LX = \frac{CA \cdot CE' \cdot CH \cdot BB'}{CF' \cdot BE'}$$

$$2LY \cdot LX' = \frac{BA \cdot BF' \cdot BH \cdot CC'}{BE' \cdot CF'}$$

因为
$$CA \cdot CE' = CA \cdot AE = BA \cdot AF = BA \cdot AF'$$

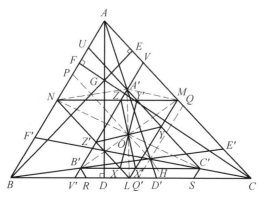

图 3.339

又 $$BB' = \frac{1}{2}BH , CC' = \frac{1}{2}CH$$

所以 $$LZ' \cdot LX = LY \cdot LX'$$

故 X , X' , Y , Z' 四点共圆,有 YZ' 是 $X'X$ 的逆平行线,故也是 MN 的逆平行线.

同理有 ZX' , XY' 分别是 NL , LM 的逆平行线.因为

$$NZ = BV' = \frac{1}{2}BQ'$$

$$X'C' = LS = LC - SC = \frac{1}{2}(BC - Q'C) = \frac{1}{2}BQ'$$

故有 NC' 与 ZX' 互相平分于 O. 同理 MB' 与 XY', LA' 与 YZ' 均互相平分于 O,故 O 为 $\triangle LMN$ 的共轭重心.由余弦圆定义知,X , X' , Y , Y' , Z , Z' 六点共圆且为 $\triangle LMN$ 与 $\triangle A'B'C'$ 的余弦圆.

❖ 三角形的三乘比圆问题

定理 1 三角形的三乘比圆在三边上所截的弦与三边的立方成比例.

证明 如图 3.334,由三角形的第一莱莫恩圆的定义知,过 $\triangle ABC$ 的共轭重心 K 所作三边平行线的六交点所共之圆存在.设 $\triangle ABC$ 的三边的高分别为 h_a , h_b , h_c,点 K 所对三边的高分别为 h'_a , h'_b , h'_c,由 $\triangle TLK \backsim \triangle ABC$,有 $\dfrac{TL}{AB} = \dfrac{h'_c}{h_c}$.

同理有 $\dfrac{QM}{AC} = \dfrac{h'_b}{h_b}$. 从而两式相除有 $\dfrac{TL}{QM} = \dfrac{AB}{AC} \cdot \dfrac{h_b}{h_c} \cdot \dfrac{h'_c}{h'_b}$.

注意到三角形的共轭重心至三边的距离与三边成比例(参见三角形共轭重心问题中的定理 1 及推论)有 $\dfrac{h'_c}{h'_b} = \dfrac{AB}{AC}$.

又由 $\dfrac{h_b}{h_c} = \dfrac{AB}{AC}$,知 $\dfrac{QM}{AC^3} = \dfrac{TL}{AB^3}$. 同理有 $\dfrac{PS}{BC^3} = \dfrac{QM}{AC^3}$. 结论获证.

定理 2 三角形的三乘比圆通过余弦圆一直径的两端.

证明 设 K , K' 分别为 $\triangle ABC$ 的余弦圆与三乘比圆的圆心,所设字母如图 3.340 所示.

由 $$\triangle KZZ' \backsim \triangle CAB ,$$

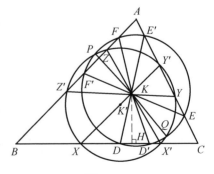

图 3.340

$\triangle KYY' \backsim \triangle BAC, \triangle KXX' \backsim \triangle ABC$，且设边 BC, BA 上的高分别为 h_a, h_c，则有

$$\frac{KZ'}{CB} = \frac{ZZ'}{AB}, \frac{KY}{BC} = \frac{YY'}{AC}$$

$$\frac{KD}{KH} = \frac{AC}{h_c}, \frac{KH}{h_a} = \frac{XX'}{BC}$$

故有

$$KZ' \cdot KY = \frac{YY' \cdot ZZ' \cdot BC^3}{AB \cdot BC \cdot CA}, KD = \frac{XX' \cdot CA}{BC} \cdot \frac{h_a}{h_c} = \frac{XX' \cdot AB \cdot BC \cdot CA}{BC^3}$$

由定理 1 有 $\dfrac{XX'}{BC^3} = \dfrac{YY'}{CA^3} = \dfrac{ZZ'}{AB^3}$，所以

$$KZ' \cdot KY = KD^2 = KP \cdot KQ$$

而 KD 是圆 K 的半径，故圆 K' 过直径 PQ 的两端.

定理 3 三角形的三乘比圆是三角形的外心与共轭重心连线的中点.

证明 如图 3.341，设 K, O 分别是 $\triangle ABC$ 的共轭重心与外心，OK 的中点为 N.

过 K 作三边的平行线与三边交于点 X，X', Y, Y', Z, Z'，则有 AK 与 ZY' 互相平分且 $Y'Z$ 为 BC 的逆平行线.

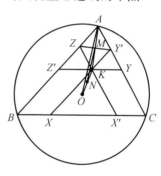

注意到 $\triangle ABC$ 的外心与垂心为一对等角共轭点及一点与三角形各顶点相连时三连线的等角共轭线共点或互相平行，知顶点与外心的连线垂直于垂足三角形的三边，且垂足三角形的三边亦为 $\triangle ABC$ 有关边的逆平行线. 由逆平

图 3.341

行线的性质知，在一个三角形中，同边的逆平行线互相平行，故有 ZY' 平行于垂足三角形的一边而有 $ZY' \perp AO$.

于是知 MN 是 ZY' 的中垂线，可推知 N 是三乘比圆的圆心.

❖ 三角形的重圆

定理 由三角形的顶点向直径为对边的圆引切线，则所得诸切点共圆，圆心是三角形的重心，此圆叫三角形的重圆.

证明 如图 3.342，AX_1, AX_2 是自顶点 A 向圆 BC 所作两切线，M 是 BC 的中点，则 $MX_1 \perp AX_1, MX_2 \perp AX_2$. 因而 X_1, X_2 正好是圆 AM 与圆 BC 的交

点,即本题是下面哈格六点圆中 X 取在 BC 的中点的特例,故六切点共圆.

由于 X_1X_2 是两圆的公弦,故 MO 是 X_1X_2 的中垂线,而 MO 即边 BC 的中线,故其圆心是重心.

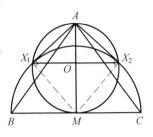

图 3.342

❖哈格六点圆定理

哈格六点圆定理 设 H 为 $\triangle ABC$ 的垂心,X,Y,Z 分别是 BC,CA,AB 上的点,且 AX,BY,CZ 三线共点.若直径为 BC,CA,AB 的圆分别与直径为 AX,BY,CZ 的圆相交,则诸交点共圆或共线.

证明 为证明结论成立,先考察圆 BC 与圆 AX 的交点情况.如图 3.343,设两圆相交于 X_1,X_2.

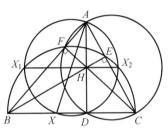

图 3.343

设 AD,BE,CF 为 $\triangle ABC$ 的三条高,则 CF 为圆 BC 与圆 AC 的公共弦,AD 为圆 AX 与圆 AC 的公共弦,而 X_1X_2 为圆 AX 与圆 BC 的公共弦,从而 X_1X_2 过 CF 与 AD 的交点,即 X_1X_2 过垂心 H.

同理,圆 CA 与圆 BY 的交点 Y_1,Y_2 与 H 共线,圆 AB 与圆 CZ 的交点 Z_1,Z_2 与 H 共线.

又由 $X_1H \cdot HX_2 = HA \cdot HD$,$Y_1H \cdot HY_2 = HB \cdot HE$,$Z_1H \cdot HZ_2 = HC \cdot HF$,而 $HA \cdot HD = HB \cdot HE = HC \cdot HF$,故

$$X_1H \cdot HX_2 = Y_1H \cdot HY_2 = Z_1H \cdot HZ_2$$

由上式即说明 X_1,X_2,Y_1,Y_2,Z_1,Z_2 共圆或共线.

❖哈格七点圆定理

哈格七点圆定理 设 H 是 $\triangle ABC$ 的垂心,P 是任意点.联结 AP,BP,CP 交圆 ABC 于 A',B',C',命这三点分别关于 BC,CA,AB 的对称点为 A_2,B_2,C_2,又联结 A_2P,B_2P,C_2P 分别交 AH,BH,CH 于 A_1,B_1,C_1,则 A_1,B_1,C_1,A_2,B_2,C_2,H 七点共圆.

证明 如图 3.344,由

$$\angle C_2 BP = \angle C_2 BA - \angle PBA =$$
$$\angle C'BA - \angle B'BA$$
$$\angle B_2 CP = \angle PCA - \angle B_2 CA =$$
$$\angle C'CA - \angle B'CA$$

又 $\qquad \angle C'BA = \angle C'CA$
$$\angle B'BA = \angle B'CA$$

所以 $\qquad \angle C_2 BP = \angle B_2 CP \qquad$ ①

而 $\qquad \dfrac{BC_2}{BP} = \dfrac{BC'}{BP} = \dfrac{CB'}{PC} = \dfrac{CB_2}{PC} \qquad$ ②

有 $\qquad \triangle PBC_2 \backsim \triangle PCB_2$

于是

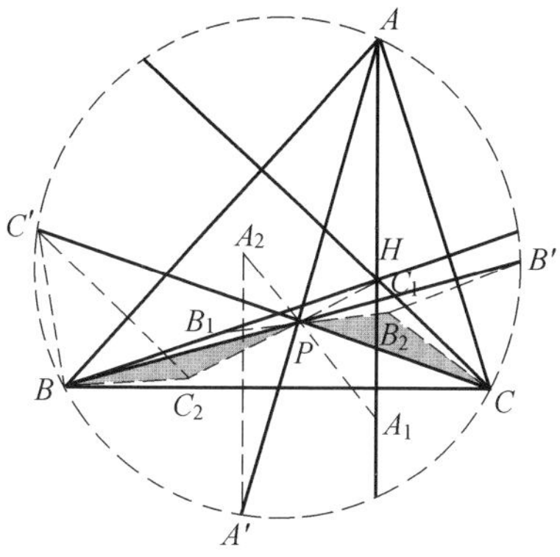

图 3.344

$$\angle B_1 PC_2 = \angle B_1 PB + \angle BPC_2 =$$
$$\angle B_1 PB + \angle CPB_2 =$$
$$\angle B_1 PB + \angle B_1 PC' = \angle C'PA \qquad ③$$

同理 $\quad \angle C_2 PA_1 = \angle C'PA, \angle A_1 PB_2 = \angle APB', \angle B_2 PC_1 = \angle B'PC$
$$\angle C_1 PA_2 = \angle CPA', \angle A_2 PB_1 = \angle A'PB \qquad ④$$

又 $\qquad \dfrac{PA_1}{PA_2} = \dfrac{PA}{PA'}, \dfrac{PB_1}{PB_2} = \dfrac{PB}{PB'}, \dfrac{PC_1}{PC_2} = \dfrac{PC}{PC'} \qquad ⑤$

从 ①,②,③,④,⑤ 可知,多边形 $ABCA'B'C'$ 与多边形 $A_1 B_1 C_1 A_2 B_2 C_2$ 相似,因此 $\angle B_1 A_1 C_1 = \angle BAC = 180° - \angle B_1 HC_1$,且 $A_1 B_1 C_1 A_2 B_2 C_2$ 有外接圆. 所以 B_1, A_1, C_1, H 四点共圆且 $A_1, B_1, C_1, A_2, B_2, C_2$ 六点共圆,故 $A_1, B_1, C_1, A_2, B_2, C_2, H$ 七点共圆.

❖ 三角形的泰勒圆

三角形的泰勒圆　　三角形每边上高的垂足在另两边上的射影共六点在同一圆周上. 这圆称为三角形的泰勒圆.

证明　　如图 3.345,设 $\triangle ABC$ 三条高 AH, BI, CJ 的垂足分别为 H, I, J, 它们在另两边上的射影分别为 $H', H'', I', I'', J', J''$.

因为 BI, CJ 是高,所以 B, C, I, J 四点共圆,得 $\angle AJI = \angle C$.

因为 I'', J'' 分别为 I, J 的射影,所以 I, J, I'', J'' 四点共圆,得 $\angle AJ''I'' = \angle AJI = \angle C$,从而有 $I''J'' \ // \ BC$.

由于 H', H'' 是 H 的射影,所以 A, H'', H, H' 四点共圆,$\angle AH''H' = \angle AHH' = 90° - \angle HAC = \angle C$,于是 $\angle AJ''I'' = \angle AH''H'$,推得 H', J'', I'', H''

平面几何
500
名题暨
1500
条定理
(下)

296

四点共圆.

同理可得,$I'H'$ ∥ AB,$H''J'$ ∥ AC,以及 I',H',J'',H'' 四点共圆和 J',I',I'',H'' 四点共圆.

由 $I'H'$ ∥ AB,$H''J'$ ∥ AC,得 $\angle CI'H' = \angle B$,$\angle BH''J' = \angle A$.

而$\angle H'H''J' = 180° - \angle AH''H' - \angle BH''J' =$

$$180° - \angle C - \angle A =$$
$$\angle B = \angle CI'H'$$

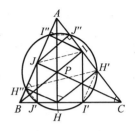

图 3.345

因而 J',I',H',H'' 四点共圆.故 I',H',J'',H'',J' 五点共圆,进而得 I',H',J'',I'',H'',J' 六点共圆.

定理 1 三角形的泰勒圆心是垂足三角形的斯俾克圆心之一.

证明 如图 3.346,设 O 为泰勒圆心,H 为垂心,L,M,N 为 EF,FD,DE 的中点,由垂足三角形性质知,H 为 $\triangle DEF$ 的内心.

由泰勒圆的定义得 LO ∥ HD,MO ∥ HE,NO ∥ HF,故有 OL,OM,ON 分别为 $\angle NLM,\angle LMN,\angle MNL$ 的角分线,即 O 是 $\triangle LMN$ 的内心,可得 O 是 $\triangle DEF$ 的斯俾克圆心.

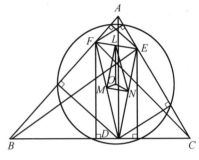

图 3.346

定理 2 三角形各边中点对于垂三角形的三条西姆松线,及各高线足对于中点三角形三条西姆松线,会于原三角形的泰勒圆心.

证明 如图 3.347,六点 D,E,F,L,M,N 在 $\triangle ABC$ 的九点圆上,且有 $MF = MD = \frac{1}{2}AC$,故 M 在 FD 上的射影 Y 为 FD 的中点.

作 $MZ \perp DE$,有 M,D,Y,Z 四点共圆,可得

$$\angle ZYM = \angle ZDM$$
$$\angle YMZ = \angle YDZ$$
$$\angle ZME = \angle YMD$$

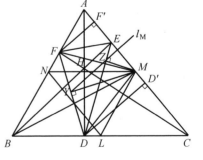

图 3.347

故有 $l_M \perp AC$,$l_M \perp NL$.由于 l_M 过 DF 的中点,故亦过 $D'F'$ 的中点,即 l_M 过 $\triangle ABC$ 的泰勒圆心.

同理有 l_N,l_L 亦过 $\triangle ABC$ 的泰勒圆心.注意到三角形外接圆一点与该点的

西姆松线垂直的弦的两端点,这三点的西姆松线共点,及西姆松线性质定理 13 知 l_D,l_E,l_F 亦过 $\triangle ABC$ 的泰勒圆心.

定理 3 三角形的外心、泰勒圆心、垂足三角形的垂心三者共线.

证明 如图 3.348,令 O,H',T 为 $\triangle ABC$ 的外心、垂三角形的垂心、泰勒圆心,则 T 为 YY' 与 ZZ' 的中垂线的交点,即 GD 的中点.

令 AH 的中点为 M,K 为 $\triangle ABC$ 的九点圆圆心,则 K 在 OH 的中点,所以 $MK \ /\!/ \ AO$ 且 $MK=\dfrac{1}{2}AO$.

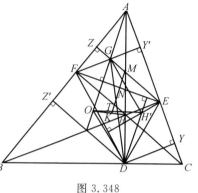

图 3.348

由 M,G,K,H' 分别为 $\triangle AEF$,$\triangle DEF$ 的外心与垂心,且 $MK \perp EF$,有 $MN=\dfrac{1}{2}AG$,及 $\dfrac{1}{2}DH'=KN=\dfrac{1}{2}OG$,所以 $OG \ \underline{\!/\!/}\ DH'$,故有 $ODH'G$ 为平行四边形,而泰勒圆心 T 为 GD 的中点,故 O,T,H' 共线.

❖三角形的富尔曼圆

三角形的富尔曼圆 在 $\triangle ABC$ 中,H 是垂心,I 是内心(或旁心),N 是与 I 对应的纳格尔点. 联结 AI,BI,CI 分别交外接圆于 A',B',C',这三点关于 BC,CA,AB 的对称点分别为 A_2,B_2,C_2. 又 A_1,B_1,C_1 是 N 点在 AH,BH,CH 上的投影,则 $A_1,B_1,C_1,A_2,B_2,C_2,N,H$ 八点共圆. 此圆以 NH 为直径,称为富尔曼圆.

证明 如图 3.349,作 $ID \perp BC$ 于 D,联结 AN 交 BC 于 P,由于 I 是 $\triangle ABC$ 的内心,N 是 I 的等截共轭点,故 $BP=DC=\dfrac{1}{2}(a+b-c)$,其中 a,b,c 是 $\triangle ABC$ 的三边之长.

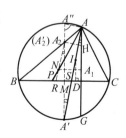

图 3.349

过 N 作 AI 的平行线交 $A'A''$(BC 的中垂线)于 A'_2,则

$$\frac{PR}{PS}=\frac{PN}{PA}$$

$$PR = \frac{PS \cdot PN}{PA}$$

由于

$$\frac{PN}{PA} = \frac{b+c-a}{a+b+c}$$

$$PS = BS - BP = \frac{ac}{b+c} - \frac{1}{2}(a+b-c) =$$

$$\frac{(c-b)(a+b+c)}{2(b+c)}$$

故

$$PR = PS \cdot \frac{PN}{PA} = \frac{(c-b)(a+b+c)}{2(b+c)} \cdot \frac{b+c-a}{a+b+c} =$$

$$\frac{(b+c-a)(c-b)}{2(b+c)}$$

又

$$SD = SC - DC = \frac{ab}{b+c} - \frac{1}{2}(a+b-c) =$$

$$\frac{(c+b+a)(c-b)}{2(b+c)}$$

则 $PR = SD$，$RM = MS$（M 是 BC 中点）. 即

$$\text{Rt}\triangle RMA'_2 \cong \text{Rt}\triangle SMA'$$

$$MA'_2 = MA'$$

即 A'_2 必与 A_2 重合.

设 AH 延长后交外接圆于 G，则 H，G 关于 BC 对称，所以

$$\angle A'_2 H = \angle A_2 A' G = \angle A' A'' A$$

又 $\angle NA_2 A' = \angle A'' A' A$，所以

$$\angle NA_2 H = \angle A'' AA' = 90°$$

故点 A_2 应在以 NH 为直径的圆上.

同理，B_2，C_2 也在以 NH 为直径的圆上.

又 $\angle NA_1 H = 90°$，则点 A_1 必在以 NH 为直径的圆上，同理，点 B_1，C_1 也在以 NH 为直径的圆上.

综上所述，点 N，H，A_2，B_2，C_2；A_1，B_1，C_1 八点共圆，NH 是该圆的一条直径.

三角形的曼海姆定理

三角形的曼海姆定理　过定圆圆 I 外的一定点 A，作圆 I 的切线 AE，AF，又任意作圆 I 的切线与 AE，AF 交于 B，C，则 $\triangle ABC$ 的外接圆恒切于与 AB，AC 相切的定圆.（参见上册三角形的半内(或外)切圆性质定理2及两圆内切的

性质定理 7)

此定理实际上就是:若 $\triangle ABC$ 的两边 AB,AC 位置一定,且内切圆圆 I 的位置也一定,则当第三边 BC 移动时,外接圆圆 ABC 恒切于与 AB,AC 相切的定圆.

证明 如图 3.350,在 $\angle BAC$ 内作一个与 AB,AC 相切,并且与 $\triangle ABC$ 外接圆相内切的圆 X,切点为 P,Q,T.联结 TB,TC 及 TP,TQ,可得

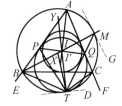

图 3.350

$$\angle BTC = \angle ABC + \angle ACB$$

$$\angle APQ = \angle AQP = \frac{1}{2}(\angle ABC + \angle ACB)$$

以及 $\angle APQ = \angle PTQ = 180° - (\angle TPQ + \angle BPT)$

作 $\angle BTC$ 的平分线 TY,可得

$$\angle CTY = \frac{1}{2}(\angle ABC + \angle ACB) = \angle PTQ$$

从而 $\qquad\qquad\qquad \angle PTY = \angle CTQ$

延长 TQ 交圆 ABC 于 M,过 T,M 分别作圆 ABC 的切线 TD,MG,得

$$\angle MTD = \angle TMG$$

但 TD 又是圆 X 的切线,故又有

$$\angle MTD = \angle TQC$$

从而有 $\qquad\qquad\qquad \angle TMG = \angle TQC$

因此得到 $MG \parallel AC$. 于是推得 M 为 $\overset{\frown}{AC}$ 的中点. 由此可见,BM 为 $\angle ABC$ 的平分线,$\angle CTQ = \frac{1}{2}\angle ABC$.

因为

$$\angle CTP = \angle CTQ + \angle PTQ = \frac{1}{2}\angle ABC + \frac{1}{2}(\angle ABC + \angle ACB) =$$

$$\angle ABC + \frac{1}{2}\angle ACB$$

所以 $\angle CTP > \angle CTY > \angle CTQ$,可见 TY 在 TQ,TP 之间,TY 必与 PQ 相交,设交点为 I'.

联结 BI',由 $\angle BTI' = \angle CTI' = \angle APQ$,得 B,T,I',P 四点共圆,从而有 $\angle PBI' = \angle PTI' = \angle CTQ = \frac{1}{2}\angle ABC$,$BI'$ 为 $\angle ABC$ 的平分线,即 I' 在 BM 上.

同理又可推得 CI' 是 $\angle ACB$ 的平分线,故 I' 为 $\triangle ABC$ 的内心,即 I' 与 I 重合.

最后根据 I 为定点,推得 P,Q 位置一定,从而圆 PTQ 是一定圆. 可见, $\triangle ABC$ 的外接圆恒切于定圆圆 PTQ.

三角形的曼海姆定理在许多书刊中以下述形式出现:

曼海姆(Mannheim)定理 一圆切 $\triangle ABC$ 的两边 AB,AC 及外接圆于点 P,Q,T,则 PQ 必通过 $\triangle ABC$ 的内心(还可证内心为 PQ 的中点).

证法1 如图 3.351,设已知圆与 $\triangle ABC$ 的外接圆的圆心分别为 O_1,O,PQ 的中点为 I,则 A,I,O_1 三点共线.

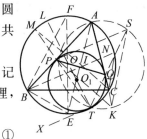

图 3.351

设直线 AI 交圆 O 于点 E,注意到 T,O_1,O 共线,记过点 O_1 圆 O 的直径的另一端点为 L,则由相交弦定理,有

$$O_1L \cdot O_1T = O_1A \cdot O_1E \qquad \text{①}$$

由 $O_1P \perp AB,O_1A \perp PQ$,有

$$O_1P^2 = O_1I \cdot O_1A \qquad \text{②}$$

注意到 $O_1P = O_1T$,①+② 得

$$O_1P \cdot TL = O_1A \cdot EI \qquad \text{③}$$

作圆 O 的直径 EF,由 $\text{Rt}\triangle BEF \cong \text{Rt}\triangle PO_1A$,有

$$O_1P \cdot EF = O_1A \cdot BE$$

由 ③,④,并注意 $TL = EF$,知 $BE = EI$.

又 E 为弧 $\overset{\frown}{BC}$ 的中点,于是,知 I 为 $\triangle ABC$ 的内心,且 I 在 PQ 上.

证法2 如图 3.351,设过点 A,P,T 的圆交直线 TQ 于点 S,交直线 AC 于点 K,则由 $\angle KST = \angle KAT = \angle CNT$($N$ 为 TS 与圆 O 的交点),知 $NC /\!/ SK$.

设直线 TP 交圆 O 于点 M,则知 M 为 $\overset{\frown}{AB}$ 的中点(读者可自证或参见下面的证法4).

同理,知 N 为 $\overset{\frown}{AC}$ 的中点,从而 $\triangle ABC$ 的内心 I 为 BN 与 CM 的交点.

又由 $\angle QKP = \angle ATP = \angle ACM$,知 $PK /\!/ MC$.

由 $\angle PST = \angle PAT = \angle BNT$,知 $BN /\!/ PS$.

于是,知 $\triangle SPK$ 与 $\triangle NIC$ 位似,且 Q 为位似中心. 故 I 在直线 PQ 上.

证法3 同证法1所设,延长 AO_1 交圆 O 于点 E,则 AE 平分 $\angle BAC$ 及弧 $\overset{\frown}{BC}$.设 R,r 分别为圆 O,圆 O_1 的半径. 此时,点 O_1 关于圆 O 的幂为

$$OA_1 \cdot O_1E = (2R - r) \cdot r$$

且

$$AO_1 = \frac{r}{\sin \frac{1}{2}\angle A}$$

则

$$O_1 E = (2R - r) \cdot \sin \frac{1}{2} \angle A$$

设 AO_1 交 PQ 于 I，则 $EI = EO_1 + O_1 I = (2R - r) \cdot \sin \frac{1}{2} \angle A + r \cdot$

$\sin \frac{1}{2} \angle A = 2r \cdot \sin \frac{1}{2} \angle A = BE$. 于是，由三角形内心的判定. 知 I 为 $\triangle ABC$ 的

内心且 I 在直线 PQ 上.

证法 4 如图 3.351，设直线 TP 交 $\triangle ABC$ 的外接圆于点 M，联结 MC，则

点 MC 平分 $\angle ACM$（也可这样证：过点 T 作公切线 TX，

由 $$\angle XTP \xlongequal{m} \frac{1}{2} \overparen{TP} \xlongequal{m} \angle BPT \xlongequal{m} \frac{1}{2}(\overparen{BT} + \overparen{AT})$$

$$\angle XTP = \angle MCT \xlongequal{m} \frac{1}{2} \overparen{TM} = \frac{1}{2}(\overparen{TB} + \overparen{BM})$$

有 $$\overparen{BM} = \overparen{AM}$$

设直线 TQ 交 $\triangle ABC$ 的外接圆于点 N，同理，知 BN 平分 $\angle ABC$.

在圆内接六边形 $ABNTMC$ 中，应用帕斯卡定理，知三双对边 AB 与 TM 的交点 P，BN 与 MC 的交点 I，TN 与 AC 的交点 Q 三点共线. 而 I 为 $\triangle ABC$ 为内心，则知内心在 PQ 上.（若注意到 $AP = AQ$，$\angle BAC$ 的平分线交 PQ 于其中点，即知 I 为 PQ 中点.）

❖曼海姆定理的推广

定理 1 已知 $\triangle ABC$ 内接于圆 O，点 D 在边 AB 上，圆 O_1 分别与 DC，DB 切于点 M，N，并与圆 O 相切，则直线 MN 过 $\triangle ABC$ 的内心 I.

证明 如图 3.352，设两圆内切于点 T，直线 TM，TN 分别交圆 O 于点 E，F，则知 $EF // MN$，且 E，F 分别为弧 $\overparen{XC}$，$\overparen{AB}$ 的中点（其中 X 为 CD 与圆 O 的交点）. 从而，ET 平分 $\angle ATC$，即

$$\angle ETC = \angle ETX \qquad \qquad ①$$

FT 平分 $\angle ATB$，且有

$$FB^2 = FN \cdot FT \qquad \qquad ②$$

设直线 CF 交 MN 于点 I'，联结 TI'，由

$$\angle NMT = \angle FET = \angle FCT = \angle I'CT$$

知 T，C，M，I' 四点共圆. 从而

P
M
J
H
W
B
M
T
J
Y
Q
W
B
T
D
L
(X)

$$\angle MTI' = \angle MCI' = \angle XCF = \angle XTF$$

并注意到 ①,则有

$$\angle FI'N = \angle MI'C = \angle MTC =$$
$$\angle XTM = \angle XTI' + \angle I'TM =$$
$$\angle XTI' + \angle XTF = \angle FTI'$$

于是,由三角形相似或弦切角定理的逆定理,知

$$FI'^2 = FN \cdot FT \qquad\qquad ③$$

由 ②,③ 知 $FI' = FB$,即知 I' 为 $\triangle ABC$ 的内心 I. 即证.

定理 2 已知 $\triangle ABC$ 内接于圆 O,点 D 在边 AB 的延长线上,圆 O_1 分别与 DC,DB 切于点 M,N,并与圆 O 相切,则直线 MN 过 $\triangle ABC$ 在 $\angle A$ 内的旁心 I_A.

证明 如图 3.353.

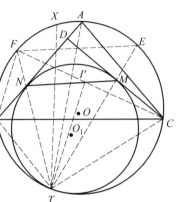

图 3.352

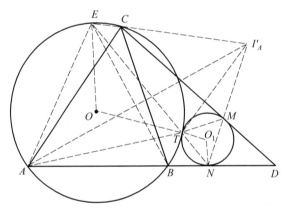

图 3.353

设 $\triangle ABC$ 在点 C 处的外角平分线与圆 O 交于点 E(与 C 不重合),则 E 为弧 $\overset{\frown}{ACB}$ 的中点.

所以,$OE \perp AB$.

又 $O_1N \perp AB$,则 $O_1N \mathbin{/\mkern-5mu/} OE$.

令圆 O 与圆 O_1 相切于点 T,由于 O,T,O_1 三点共线,且 $O_1N = O_1T$,$OE = OT$,得 E,T,N 三点共线. 由 $\angle ETA = \angle EBA = \angle EAN$,知 $\triangle EAT \backsim \triangle ENA$.

从而有,$EB^2 = EA^2 = EN \cdot ET$.

设直线 CE 与 NM 交于点 I'_A,则

$$\angle TMN = \frac{1}{2}\angle TO_1N = \frac{1}{2}\angle TOE = \angle TAE = \angle TCI'_A$$

因此,T,M,I'_A,C 四点共圆. 从而

$$\angle ETI'_A = 180° - \angle NTI'_A = 180° - (\angle NTM + \angle MTI'_A) =$$
$$180° - (\angle I'_A MC + \angle MCI'_A) = \angle MI'_A C$$

于是,$\triangle ETI'_A \backsim \triangle EI'_A N$,有 $EI'^2_A = EN \cdot ET = EA^2 = EB^2$,从而点 E 为过 A,B,I'_A 三点的圆的圆心.

所以 $\angle BAI'_A = \dfrac{1}{2}\angle BEI'_A = \dfrac{1}{2}\angle BAC$,即 AI'_A 平分 $\angle BAC$.

因此 I'_A 为 $\triangle ABC$ 顶点 A 对应的旁心 I_A.

上述两个定理有些书中称为沢山定理 1,沢山定理 2.上述两个定理,也可以推广到更一般的结论.[①]

定理 3 设 A,B,C,D 为圆 Γ 上任意排列的四点,圆 Γ',Γ 切于点 S,圆 Γ' 与直线 AB,CD 分别切于点 U,V.记 $\triangle SAU$,$\triangle SBU$,$\triangle SCV$,$\triangle SDV$ 的外接圆分别为 $\Gamma_1,\Gamma_2,\Gamma_3,\Gamma_4$,这四圆分别与直线 UV 交于点 I_1,I_2,I_3,I_4(均异于点 U,V).圆 Γ_1 与 Γ_3,Γ_1 与 Γ_4,Γ_2 与 Γ_3,Γ_2 与 Γ_4 分别交于点 J_{13},J_{14},J_{23},J_{24}(均异于点 S).则

(1)I_1,I_2,I_3,I_4 分别为 $\triangle ACD$,$\triangle BCD$,$\triangle ABC$,$\triangle ABD$ 的内心或旁心;

(2)设 E 为直线 AB 与 CD 的交点,则 J_{13},J_{14},J_{23},J_{24} 分别为 $\triangle ACE$,$\triangle ADE$,$\triangle BCE$,$\triangle BDE$ 的内心或旁心.

定理 3 中四点 A,B,C,D 在圆 Γ 上的排列顺序无关,也与圆 Γ' 和 Γ 是内切还是外切无关.这里给出两个不同的图形,如图 3.354,图 3.355 所示.

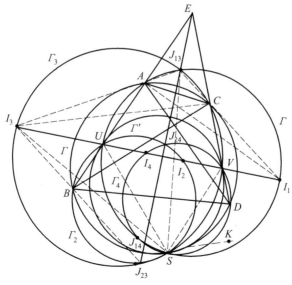

图 3.354

---

① 金春来.沢山定理的进一步探索[J].中等数学,2017(4):18-22.

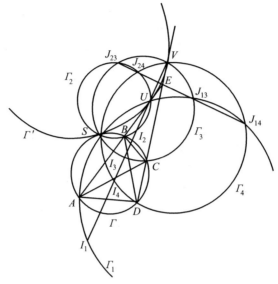

图 3.355

为了对所有的情形均作出统一的严格证明,下面采用"多值有向角"这一工具.

证明　由 A,S,J_{13},U 四点共圆

$\Rightarrow \angle AJ_{13}S = \angle AUS$

直线 AU 与圆 Γ' 切于点 U

$\Rightarrow \angle AUS = \angle UVS$

点 I_3 在直线 UV 上

$\Rightarrow \angle UVS = \angle I_3VS$

由 I_3,S,J_{13},V 四点共圆

$\Rightarrow \angle I_3VS = \angle I_3J_{13}S$

故 $\angle AJ_{13}S = \angle I_3J_{13}S$

$\Rightarrow A,I_3,J_{13}$ 三点共线.

类似地, $A,I_4,J_{14},C,I_1,J_{13}$ 分别三点共线.

作圆 Γ 和 Γ' 的公切线 SX. 则

$\angle CAS = \angle CSX, \angle SUV = \angle XSV$

$\Rightarrow \angle CAS + \angle SUV =$

$\angle CSX + \angle XSV = \angle CSV$

由 A,U,S,I_1 四点共圆

$\Rightarrow \angle SUV = \angle SUI_1 = \angle SAI_1$

由 C, V, S, I_3 四点共圆

$\Rightarrow \angle CSV = \angle CI_3V = \angle CI_3I_1$

故 $\angle CAS + \angle SAI_1 = \angle CI_3I_1$

$\Rightarrow \angle CAI_1 = \angle CI_3I_1$

$\Rightarrow A, C, I_1, I_3$ 四点共圆

$\Rightarrow \angle I_3AC = \angle I_3I_1C$

$\Rightarrow \angle J_{13}AC = \angle I_3I_1C$

又 A, U, I_1, J_{13} 四点共圆,则

$\angle UI_1J_{13} = \angle UAJ_{13}$

$\Rightarrow \angle I_3I_1C = \angle BAJ_{13}$

于是, $\angle J_{13}AC = \angle BAJ_{13}$.

这表明, AJ_{13} 平分 $\angle BAC$ 或其邻补角.

类似地, BJ_{23} 平分 $\angle ABC$ 或其邻补角, GJ_{13} 平分 $\angle ACD$ 或其邻补角.

从而, AJ_{13} 与 BJ_{23} 的交点 I_3 为 $\triangle ABC$ 的内心或旁心, AJ_{13} 与 CJ_{13} 的交点 J_{13} 为 $\triangle ACE$ 的内心或旁心.

类似可证(1),(2)的其余内容.

注 从上述证明过程来看,定理 3 的两部分结论放在一起是合理的.(1)是沢山定理 1、2 的推广和补充;(2)可看作曼海姆定理的推广.

下面,再看进一步的推广:

设 A, B, C, D 是平面上任意四点,其中任意三点不共线.过点 A, B, C, D 中任意两点的每条直线均称为四边形 $ABCD$ 的边,则四边形 $ABCD$ 共有六条边.将这六条边分为如下三组:AB 和 CD,AC 和 BD,AD 和 BC,每一组均称为四边形 $ABCD$ 的一组对边,则四边形 $ABCD$ 共有三组对边.

设 A, B, C, D 是圆 Γ 上任意排列的四点(以下按习惯称四边形 $ABCD$ 内接于圆 Γ,若无特殊说明,四边形 $ABCD$ 是凸的或折的皆有可能),若圆 Γ' 与四边形 $ABCD$ 的某组对边(中的两条直线)相切,且与圆 Γ 相切,则称圆 Γ' 为(四边形 $ABCD$ 的)一个沢山圆.设圆 Γ' 与这组对边切于点 U, V,圆 Γ' 与 Γ 切于点 S.则点 S 以及直线 UV 分别称为(四边形 $ABCD$ 的)(圆 Γ' 对应的)沢山点、沢山轴.

引理 1 对于圆 Γ 的内接四边形 $ABCD$ 的任意一组对边:

(1)若这组对边平行,则与这组对边相切的沢山圆有四个,这四个沢山圆对应的四条不同的沢山轴,这四条沢山轴均垂直于这组对边;

(2)若这组对边相交,则这组对边交得两对对顶角,其中每对对顶角内均

有四个沢山圆与这组对边相切,同一对对顶角内的这四个沢山圆对应的沢山轴平行(且不重合),且与另一对对顶角内的四个沢山圆对应的沢山轴垂直.

引理 1 的证明 (1)是显然的.

(2)的后半部分由"切线长相等"易得.

接下来只证明"每对对顶角内均有四个沢山圆与这组对边相切".

以对边 AB,CD 交得的对顶角为例证明.

设 AB 与 CD 交于点 E,分三种情形讨论.

(i) 点 E 在圆内,此时,对顶角即图 3.356 中 $\angle AED$ 和 $\angle BEC$ 或 $\angle AEC$ 和 $\angle BED$;

(ii) 点 E 在圆外,且这对对顶角是图 3.357 中的 $\angle AEC$ 和其对顶角;

(iii) 点 E 在圆外,且这对对顶角是图 3.358 中的 $\angle AEC$ 的两个邻补角.

下面仅证(iii),另两种情形证法类似.

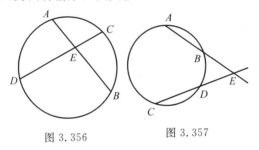

图 3.356   图 3.357

如图 3.358,在 CE 的延长线上取一点 F,设 X 为射线 EA 上的一个动点,过点 X 作 AE 的垂线与 $\angle AEF$ 的平分线交于点 P,以 P 为圆心、PX 为半径作圆 P,则圆 P 是随点 X 运动而变化的圆.在变化中,圆 P 始终在 $\angle AEF$ 内,且与对边 AB,CD 相切.

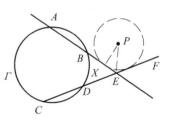

图 3.358

当点 X 从点 E 出发,沿射线 EA 逐渐远离时,先后显然会有一些点 X 的位置使圆 P 与圆 Γ 外离、相交、外离,故由该变化的连续性,知必有两个点 X 的位置使圆 P 与圆 Γ 相切,即 $\angle AEF$ 内有两个沢山圆与对边 AB,CD 相切.

对 $\angle AEF$ 的对顶角也有相同结论.

从而,$\angle AEC$ 的两个邻补角内一共有四个沢山圆与对边 AB,CD 相切.

推论 1 对于圆 Γ 的内接四边形 $ABCD$,当其三组对边中分别有 0、1、2 组对边平行时,其沢山圆分别有 24、20、16 个.

圆内接四边形 $ABCD$ 至少有一组对边相交.取一组相交的对边,由引理 1,

知与这组对边相切的沢山圆有 8 个,分别对应 8 条不同的沢山轴,在两个互相垂直的方向上各有其中 4 条,故这 8 条沢山轴恰有 16 个交点.定理 3(1) 表明每条沢山轴均经过四个 $\triangle ACD$,$\triangle BCD$,$\triangle ABC$,$\triangle ABD$ 每个三角形的内心或某个旁心.这四个三角形的内心和旁心共恰 16 个心,故这 16 个心就是这 8 条沢山轴的 16 个交点,且排成 4×4 的矩形点阵,如图 3.359.

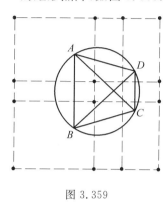

图 3.359

称这 16 个心为四边形 $ABCD$ 的 4×4 心阵,称这 8 条沢山轴为阵的边.

定理 4 圆内接四边形 $ABCD$ 共有 8 条沢山轴,其为四边形 $ABCD$ 的 4×4 心阵的 8 条边.

证明 由引理 1,知对于每条沢山轴,均有另外三条沢山轴与之平行;这四条平行线经过 4×4 心阵中的 16 个心.这样的四条直线只能是 4×4 心阵的边.

引理 2 对于圆内接四边形 $ABCD$ 的任意一组对边:

(1) 若这组对边平行,则有四条沢山轴与这组对边垂直,另四条沢山轴与这组对边平行;若这组对边相交,则每条沢山轴均与这组对边相交;

(2) 若这组对边与某条沢山轴 l 相交,则存在唯一的沢山圆 Γ',使得圆 Γ' 与这组对边相切,且圆 Γ' 对应的沢山轴为 l.

显然,引理 2 是引理 1 的推论,证明略.

引理 2 有一个显然的推论.

推论 2 设 l 为圆内接四边形 $ABCD$ 的一条沢山轴.若四边形 $ABCD$ 的每组对边均与 l 相交,则有三个沢山圆对应于 l;若四边形 $ABCD$ 有一组对边平行于 l,则有两个沢山圆对应于 l.

引理 3 若圆内接四边形 $ABCD$ 的两个沢山圆对应同一沢山轴,则其也对应同一沢山点.

引理 3 的证明 如图 3.360,设两个不同的沢山圆 Γ' 和 Γ'_1 对应同一沢山轴,则其应分别与不同的对边相切.不妨设圆 Γ' 分别与圆 Γ,AB,CD 切于点 S,U,V,圆 Γ'_1 分别与圆 Γ,AC,BD 切于点 S_1,U_1,V_1.要证明点 S 与 S_1 重合.

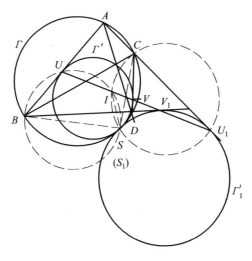

图 3.360

注意到,圆 Γ' 和 Γ_1' 对应同一沢山轴,即 U,V,U_1,V_1 四点共线.

设 $\triangle SBU$ 的外接圆、$\triangle S_1CU_1$ 的外接圆分别与 UV 交于点 I,I'. 由定理 3(1),知 I 为 $\triangle BCD$ 的内心或旁心. 再将此处的 A,C,B,D 及圆 Γ_1' 分别当作定理 3 中的 A,B,C,D 及圆 Γ',由定理 3(1),知 I' 也为 $\triangle BCD$ 的内心或旁心.

注意到,UV 只能经过 $\triangle BCD$ 的内心或旁心中一个心,故点 I 与 I' 重合,即 C,U_1,S_1,I 四点共圆.

由 A,B,S,C 四点共圆

$\Rightarrow \angle CSB = \angle CAB$

$\Rightarrow \angle CSB = \angle U_1AU$

B,S,I,U 四点共圆

$\Rightarrow \angle BSI = \angle BUI$

$\Rightarrow \angle BSI = \angle AUU_1$

故 $\angle CSB + \angle BSI = \angle U_1AU + \angle AUU_1$

$\Rightarrow \angle CSI = \angle AU_1U$

$\Rightarrow \angle CSI = \angle CU_1I$

$\Rightarrow C,U_1,S,I$ 四点共圆.

因此,点 S 与 S_1 均为 $\triangle CU_1I$ 的外接圆与圆 Γ 的交点(异于点 C).

从而,点 S 与 S_1 重合.

由引理 2、3,立得:

定理 5(三圆共生命题)   若四边形 $ABCD$ 内接于圆 Γ,圆 Γ' 分别与圆 Γ, AB,CD 切于点 S,U,V,直线 UV 分别与 AC,BD,AD,BC 交于点 U_1,V_1,U_2,

V_2,则 $\triangle SU_1V_1$ 的外接圆分别与圆 Γ,AC,BD 切于点 S,U_1,V_1,$\triangle SU_2V_2$ 的外接圆分别与圆 Γ,AD,BC 切于点 S,U_2,V_2.

推论 3　如图 3.361,凸四边形 $ABCD$ 内接于圆 Γ,射线 BA 与 CD 交于点 E,对角线 AC 与 BD 交于点 F,圆 Γ'_1,Γ'_2 均在四边形 $AEDF$ 内.圆 Γ'_1 与 $\angle AED$ 的两边相切,且与圆 Γ 外切;圆 Γ'_2 与 $\angle AFD$ 的两边相切,且与圆 Γ 内切.则圆 Γ'_1 与圆 Γ'_2 的两条外公切线的交点在圆 Γ 上.

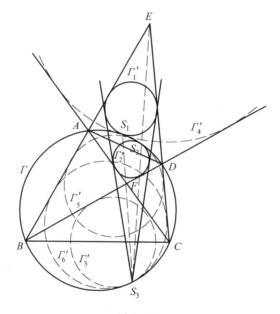

图 3.361

证明　先给出一个常见引理.

引理 4　设圆 Γ_1,Γ_2,Γ_3 为平面上的任意三个圆,若 X 为圆 Γ_2,Γ_3 的外位似中心,Y 为圆 Γ_3,Γ_1 的外位似中心,Z 为圆 Γ_1,Γ_2 的外位似中心,则 X,Y,Z 三点共线;若把 X,Y,Z 中任意两点由外位似中心改为内位似中心,结论依然成立.

引理 4 用梅涅劳斯定理的逆定理易证.

取沢山圆 Γ'_3 与 Γ 内切,且与 $\angle BFC$ 的两边相切.

设圆 Γ'_1,Γ'_2,Γ'_3 与 Γ 分别切于点 S_1,S_2,S_3.

由定理 5 知,存在圆 Γ'_4 与 Γ 外切于点 S_1,且与对边 AC,BD 均相切;存在圆 Γ'_5 与 Γ 内切于点 S_2,且与对边 AB、CD 均相切;存在圆 Γ'_6 与 Γ 内切于点 S_3,且与对边 AB,CD 均相切.

圆 Γ 与 Γ'_3 的外位似中心为 S_3,圆 Γ 与 Γ'_4 的内位似中心为 S_1,圆 Γ'_3 与 Γ'_4 的内位似中心为 F.由引理 4 得 S_3,S_1,F 三点共线.

圆 Γ 与 Γ'_5 的外位似中心为 S_2,圆 Γ 与 Γ'_6 的外位似中心为 S_3,圆 Γ'_5 与 Γ'_6

的外位似中心为 E. 由引理 4 得 S_3，S_2，E 三点共线.

因此，S_3 为直线 FS_1 与 ES_2 的交点.

设圆 Γ'_1 与 Γ'_2 的两条外公切线的交点为 X.

圆 Γ'_1 与 Γ'_2 的外位似中心为 X，圆 Γ'_1 与 Γ'_4 的外位似中心为 S_1，圆 Γ'_2 与 Γ'_4 的外位似中心为 F，圆 Γ'_1 与 Γ'_5 的外位似中心为 E，圆 Γ'_2 与 Γ'_5 的外位似中心为 S_2. 对圆 Γ'_1，Γ'_2，Γ'_4 用引理 4 得 X，S_1，F 三点共线，对圆 Γ'_1，Γ'_2，Γ'_5 用引理 4 得 X，E，S_2 三点共线. 因此，X 为直线 FS_1 与 ES_2 的交点.

综上，S_3 和 X 均为直线 FS_1 与 ES_2 的交点. 故点 X 与 S_3 重合，点 X 在圆 Γ 上.

❖ 三角形的极圆问题

定义 一个三角形的极圆，是以垂心为圆心，半径由
$$r^2 = HA \cdot HD = HB \cdot HE = HC \cdot HF =$$
$$-4R^2 \cdot \cos A \cdot \cos B \cdot \cos C = \frac{1}{2}(BC^2 + CA^2 + AB^2) - 4R^2$$

给出的圆，其中 r，R 分别为 $\triangle ABC$ 极圆的半径与外接圆半径.

显然，仅在三角形有一个钝角时，才有实的极圆存在.

对钝角三角形，可建立如下定理：[①]

定理 1 关于极圆，三角形的每个顶点与从它所引出的高在对边的垂足，互为反演点；每条边是所对顶点的极线，一条边的反形是一个圆，以所对的顶点到垂心的连线为直径. 以三角形任一边为直径的圆，经过这个反演不变，因此与极圆正交. 更一般地，通过一个顶点及这点所引出的高的垂足的圆，即以从顶点引到对边的线段为直径的圆，经过这个反演不变，并与极圆正交. 外接圆关于这个极圆的反形是九点圆，如图 3.362 所示.

关于三角形的极圆，我们还可得如下结论：

定理 2 三角形关于它的极圆是自共轭的.（可参见极点极线问题定义 2）

定理 3 一个垂心组的任意两个极圆正交（垂心组有三个实的，一个虚的极圆）

定理 4 任意两个极圆的根轴是第三个顶点引

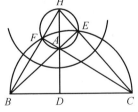

图 3.362

① 约翰逊. 近代欧氏几何[M]. 单墫，译. 上海：上海教育出版社，2000：153-154.

出的高.

❖ 逆相似圆问题

定义　如果两个圆关于一个圆互为反形,那么这个圆称为这两个圆的逆相似圆.

在反演变换中已介绍对两个互为反形的圆,反演中心是它们的一个位似中心,这两个圆关于反演的对应点是逆对应点.因此,两个已知圆至多有两个逆相似圆,在所有情形,这些逆相似圆与已知圆共轴.为了使两个圆的一个位似中心成为一个逆相似圆中心的充要条件是它到每一对逆对应点的距离的积(定值)为正数,这个数是反演半径的平方.

利用反演可将已知圆变为同心圆或直线,我们有如下结论:[①]

定理 1　两个相交的圆有两个逆相似圆,通过它们的交点,互相正交,圆心即两个已知圆的位似中心.两个不相交或相切的圆仅有一个逆相似圆,与已知圆共轴,圆心为外位似中心或内位似中心,根据已知圆外离、外切或内含、内切而定.

定理 2　两个同心圆仅有一逆相似圆,它与已知圆同心,半径为已知圆半径的比例中项.两条相交直线有两个逆相似圆,即它们的角平分线,这两个圆互相正交.

对于如上定理,有上述推论:

推论 1　任意两个圆可以通过反演变为相等的圆.

事实上,只需将反演中心放在任一个逆相似圆上,后者反演成一条直线,两个圆的反形关于这条直线互为反形,即它们相等并且关于这条直线对称.

推论 2　对于已知的三个圆,至多有八个点,以它们中的任一个为反演中心,可以将这些圆变成等圆.但这样的点也可能不存在.

事实上,若以已知圆中任意,两对的逆相似圆的一个交点为反演中心,则三个已知圆便变成等圆.第三对的逆相似圆显然也通过这样的点.在最有利的情形,所有的圆都相交,有三对逆相似圆,其中任两对将有八个交点;另一方面,可能发生每两个逆相似圆不相交的情形.例如,若一个已知圆非常大,而另两个相对地甚小,并且每两个圆的距离很大,就会出现这种情形.

推论 3　存在一个反演变换,使三个已知点的反演点组成的三角形,与一

①　约翰逊.近代欧氏几何学[M].单墫,译.上海:上海教育出版社,2000:81-83.

个已知的三角形相似.

事实上,若有 $\triangle ABC$ 与 $\triangle PQR$,则存在一个反演变换将 A,B,C 变为 A', B',C',满足 $\triangle A'B'C' \backsim \triangle PQR$. 这是因为反演中心 O 可由条件 $\angle AOB = \angle ACB + \angle PRQ,\angle BOC = \angle BAC + \angle QPR$ 确定,它是一个过 A,B 的圆与一个过 B,C 的圆的交点(反演变换的性质).

推论 4　不共圆的四个点可反演成一个三角形的顶点和垂心.

事实上,考虑过一点 A 的三个圆圆 ABC,圆 ABD,圆 ACD 的逆相似圆.若将这三个圆反演为直线 $B'C',B'D',C'D'$,则逆相似圆变成 $\triangle B'C'D'$ 的角的平分线.这六条角平分线相交于四点,所以在原来的图中,六个逆相似圆相交于四点,现在取其中一点为反演中心,则过这一点的三个逆相似圆变成直线.因此圆 ABC,圆 ABD,圆 ACD 变成等圆.于是由垂心组性质定理知这三个等圆的交点构成垂心组.

推论 5　任意四点可反演成一个平行四边形的顶点.

事实上,设这四点不共圆,同上考虑过其中每三个圆的圆,以及这四个圆的逆相似圆,除去上面已经确定过的、逆相似圆的四个交点外,圆 ABC、圆 ADC 的逆相似圆与圆 ABD,圆 CBD 的逆相似圆交在其他四个点(考虑经过反演后所得的简单图形,可知这些交点确实存在).若取一个这样的点为反演中心,所得的圆两两相等,它们的交点是平行四边形的顶点.

推论 6　任意四个共圆的点,可以反演成长方形的顶点.

事实上,设 A,C 在圆上将 B,D 分开,与已知圆正交的圆,一个过 A,C,另一个过 B,D,它们相交于 X,Y 两点.以 X 为反演中心,则圆 ACX 与圆 BCX 变成相交于 Y' 的直线,已知圆变成与它们正交的圆,因此圆心为 Y'. 于是,$A'C'$ 与 $B'D'$ 是它的直径,即 $A'B'C'D'$ 是长方形.

❖布罗卡尔几何的推广问题

对布罗卡尔几何的推广,有很多的尝试,这里介绍几个结果.[①]

定理 1　设 P,Q 为任意两点,$\triangle P_1P_2P_3$ 与 $\triangle Q_1Q_2Q_3$ 是它们关于 $\triangle ABC$ 的密克三角形,P_1P 交 Q_1Q 于 B_1,P_2P 交 Q_2Q 于 B_2,P_3P 交 Q_3Q 于 B_3,则 B_1, B_2,B_3,P,Q 在一个圆上(这圆称为推广的布罗卡尔圆).从这些点 B_i 向对应的底线作垂线,这些垂线相交于这个圆上的一点 O,过这些点 B_i 作底线的平行

①　约翰逊.近代欧氏几何学[M].单墫,译.上海:上海教育出版社,2000:266-267.

线,这些线相交于这个圆上的一点 K(O,K 分别为 $\triangle ABC$ 的外心和共轭重心). $\triangle B_1B_2B_3$ 与 $\triangle ABC$ 逆相似. 由 A,B,C 分别作 $\triangle B_1B_2B_3$ 的边的垂线或平行线,它们相交在 $\triangle ABC$ 的外接圆上.

定理 2 设 K 为 $\triangle ABC$ 所在平面上任意一点,AK 交 BC 于 K',等等. 过 K' 分别平行于 AC 与 AB 的直线交 AB,AC 于 L_3,M_2,则 AL_1,BL_2,CL_3 交于一点 W,AM_1,BM_2,CM_3 交于另一点 W'. 这些点有许多性质与布罗卡尔点的性质类似.

定理 3 设 P 为 $\triangle ABC$ 所在平面内任意一点,P' 是它的等角共轭点,AP 交 $\triangle ABC$ 的外接圆于 B_1,等等;B_1 关于 BC 的对称点是 C_1,等等;C_1P 交高 AH 于 D_1,等等. 则七个点 H,C_1,C_2,C_3,D_1,D_2,D_3 在一个圆上,并且 H 的对径点 T 在 $\triangle ABC$ 中的位置对应于 P' 在 $\triangle ABC$ 的中位线 $\triangle O_1O_2O_3$ 中的位置.

又设 O_1P,O_2P,O_3P 交 $\triangle ABC$ 的九点圆于 X_1,X_2,X_3;而 Y_1,Y_2,Y_3 分别为 X_1,X_2,X_3 关于 O_2O_3,O_3O_1,O_1O_2 的对称点;设 OO_1 与 PY_1 相交于 Z_1,等等. 则七个点 O(外心),Y_1,Y_2,Y_3,Z_1,Z_2,Z_3 共圆.

特别地,在前面结论中,P 为内心时,该圆即为富尔曼圆;在后面的结论中,P 为重心时,该圆即为布罗卡尔圆.

推广布罗卡尔几何到完全四角形的尝试,则有如下结论:

定理 4 在一个调和四边形(对边乘积相等)$ABCD$ 中,存在一个点 P 与另一个点 Q,使得

$$\angle PAB = \angle PBC = \angle PCD = \angle PDA$$
$$\angle QBA = \angle QCB = \angle QDC = \angle QAD$$

则像 AP,BQ 这样的直线相交得到的四个交点在一个圆上,这圆通过 $ABCD$ 的外接圆圆心 O. 设 OK 为这个圆的直径,则 K 是对角线的交点,对应于共轭重心. 过 K 而且与边平行的直线交其他的边,得到八个点,这八个圆在一个圆上,圆心是 OK 的中点. 其他图克圆的类似结论也可仿照写出. K 是到四角形各边距离的平方和最小的点.

❖都格拉斯－纽曼定理

都格拉斯－纽曼(Douglas-Nenmann)定理 设 A,B,C,D 是平面上四点,如果存在点 P,使 $\triangle PAB$ 与 $\triangle PCD$ 都是以 P 为直角顶点的同向等腰直角三角形,则必存在一点 Q,使 $\triangle QBC$ 与 $\triangle QDA$ 都是以 Q 为直角顶点的同向等腰直角三角形.

证明　如图 3.363,当 $\triangle PBA$ 由以 P 为位似旋转中心,顺时针方向旋转 Q 角、位似比为 R 的位似旋转变换得到 $\triangle PDC$,即 $A \rightarrow C, B \rightarrow D$.

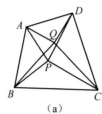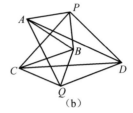

（a）　　　　　　　　　（b）

图 3.363

❖爱可尔斯定理

爱可尔斯定理 1　若 $\triangle A_1 B_1 C_1$ 和 $\triangle A_2 B_2 C_2$ 都是正三角形,则线段 $A_1 A_2$, $B_1 B_2, C_1 C_2$ 的中点也构成正三角形.

这是爱可尔斯 1932 年在美国《数学月刊》上论述过的问题.

证明　如图 3.364,设正 $\triangle A_1 B_1 C_1$ 的边长为 a,正 $\triangle A_2 B_2 C_2$ 的边长为 b,$A_1 A_2, B_1 B_2, C_1 C_2$ 的中点分别为 D, E, F,延长 $A_1 B_1, A_2 B_2$ 交于 M,$A_1 C_1, A_2 C_2$ 交于 N,因为 $\angle MA_1 N = \angle MA_2 N = 60°$,所以 A_1, M, N, A_2 四点共圆,所以 $\angle M = \angle N$(设为 α),在四边形 $A_1 B_1 B_2 A_2$ 和四边形 $A_1 C_1 C_2 A_2$ 中,由梯形中位线定理推广中的定理 2,有

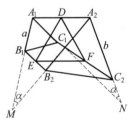

图 3.364

$$l = \frac{1}{2}\sqrt{a^2 + b^2 + 2ab\cos\alpha}$$

得 $DE = DF$. 同理可得 $DE = EF$. 故 $\triangle DEF$ 为正三角形.

由上述定理又可得:

爱可尔斯定理 2　若 $\triangle A_1 B_1 C_1$,$\triangle A_2 B_2 C_2$, $\triangle A_3 B_3 C_3$ 都是正三角形,则 $\triangle A_1 A_2 A_3$,$\triangle B_1 B_2 B_3$,$\triangle C_1 C_2 C_3$ 的重心也构成正三角形.

证明　设 $A_1 A_2, B_1 B_2, C_1 C_2$ 的中点分别为 D', E', F',如图 3.365 所示,则由爱可尔斯定理 1 知 $\triangle D'E'F'$ 为正三角形,又设 D, E, F 分别为 $A_3 D'$,$B_3 E', C_3 F'$ 上的点,且

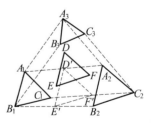

图 3.365

$$\frac{A_3 D}{DD'} = \frac{B_3 E}{EE'} = \frac{C_3 F}{FF'} = 2$$

则 D,E,F 分别为 $\triangle A_1A_2A_3,\triangle B_1B_2B_3,\triangle C_1C_2C_3$ 的重心,由梯形中位线定理推广中的定理 2,有

$$EF = \frac{1}{m+n}\sqrt{(am)^2+(bn)^2+2ambn\cos\alpha}$$

令 $\dfrac{m}{n}=2$,可得 $DE=DF=EF$,即 $\triangle DEF$ 为正三角形.

❖爱可尔斯定理的推广

定理 1 设 $\triangle A_1B_1C_1,\triangle A_2B_2C_2$ 均为正三角形,D,E,F 分别为 A_1A_2,B_1B_2,C_1C_2 上的点,且

$$\frac{A_1D}{DA_2}=\frac{B_1E}{EB_2}=\frac{C_1F}{FC_2}=\frac{m}{n}$$

则 $\triangle DEF$ 为正三角形.

根据梯形中位线定理推广中的定理 2 不难得到其证明(略).

定理 2 设 $\triangle A_1B_1C_1,\triangle A_2B_2C_2$ 同向相似,D,E,F 分别为 A_1A_2,B_1B_2,C_1C_2 上的点,且

$$\frac{A_1D}{DA_2}=\frac{B_1E}{EB_2}=\frac{C_1F}{FC_2}=\frac{m}{n}$$

则 $\triangle DEF$ 也与 $\triangle A_1B_1C_1$ 及 $\triangle A_2B_2C_2$ 同向相似.

证明 如图 3.366,延长 A_1B_1,A_2B_2 交于 M,A_1C_1,A_2C_2 交于 N,设 $\triangle A_1B_1C_1$ 的三边为 a,b,c,则 $\triangle A_2B_2C_2$ 对应的三边为 a',b',c'.

因为 $\angle MA_1N=\angle MA_2N$,所以 A_1,M,N,A_2 共圆,所以 $\angle M=\angle N=\alpha$,在四边形 $A_1B_1B_2A_2$ 和四边形 $A_1C_1C_2A_2$ 中,分别由梯形中位线定理推广中的定理 2,有

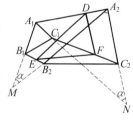

图 3.366

$$DE = \frac{1}{m+n}\sqrt{(cm)^2+(c'n)^2+2cmc'n\cos\alpha}$$

$$DF = \frac{1}{m+n}\sqrt{(bm)^2+(b'n)^2+2bmb'n\cos\alpha}$$

设 $\dfrac{c}{b}=\dfrac{c'}{b'}=k$,则

$$c=bk,c'=b'k$$

从而有

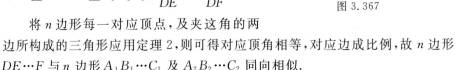

$$DE = \frac{1}{m+n}\sqrt{(bkm)^2 + (b'kn)^2 + 2bkmb'kn\cos\alpha} =$$

$$\frac{k}{m+n}\sqrt{(bm)^2 + (b'n)^2 + 2bmb'n \cdot \cos\alpha} = kDF$$

则
$$\frac{DE}{DF} = k$$

即
$$\frac{A_1B_1}{A_1C_1} = \frac{DE}{DF}$$

亦即
$$\frac{A_1B_1}{DE} = \frac{A_1C_1}{DF}$$

同理可得
$$\frac{A_1B_1}{DE} = \frac{B_1C_1}{EF}$$

故 $\triangle DEF$ 与 $\triangle A_1B_1C_1$，$\triangle A_2B_2C_2$ 同向相似.

定理 3 设 n 边形 $A_1B_1\cdots C_1$ 与 n 边形 $A_2B_2\cdots C_2$ 同向相似，点 $D,E,\cdots,F$ 分别在 A_1A_2，B_1B_2，$\cdots$，C_1C_2 上，且

$$\frac{A_1D}{DA_2} = \frac{B_1E}{EB_2} = \cdots = \frac{C_1F}{FC_2} = \frac{m}{n}$$

则 n 边形 $DE\cdots F$ 与 n 边形 $A_1B_1\cdots C_1$ 及 $A_2B_2\cdots C_2$ 同向相似.

证明 如图 3.367，因为 n 边形 $A_1B_1\cdots C_1$ 与 n 边形 $A_2B_2\cdots C_2$ 同向相似，所以有 $\triangle A_1B_1C_1$ 与 $\triangle A_2B_2C_1$ 也同向相似，由定理 2 有 $\triangle DEF$ 与 $\triangle A_1B_1C_1$ 同向相似，得

$$\angle EDF = \angle B_1A_1C_1, \frac{A_1B_1}{DE} = \frac{A_1C_1}{DF}$$

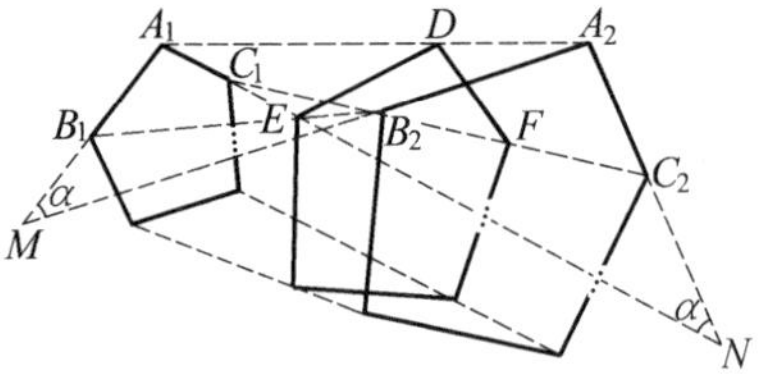

图 3.367

将 n 边形每一对应顶点，及夹这角的两边所构成的三角形应用定理 2，则可得对应顶角相等，对应边成比例，故 n 边形 $DE\cdots F$ 与 n 边形 $A_1B_1\cdots C_1$ 及 $A_2B_2\cdots C_2$ 同向相似.

定理 4 如图 3.368，设 $\triangle A_1B_1C_1$，$\triangle A_2B_2C_2$，$\triangle A_3B_3C_3$ 均为正三角形，D',E',F' 分别为 A_1A_2，B_1B_2，C_1C_2 上的点，且 $\dfrac{A_1D'}{D'A_2} = \dfrac{B_1E'}{E'B_2} = \dfrac{C_1F'}{F'C_2} = \dfrac{m}{n}$，$D,E,F$ 分别为 A_3D'，B_3E'，C_3F' 上的点，且 $\dfrac{A_3D}{DD'} = \dfrac{B_3E}{EE'} = \dfrac{C_3F}{FF'} = \dfrac{s}{t}$，则 $\triangle DEF$ 为正三角形.

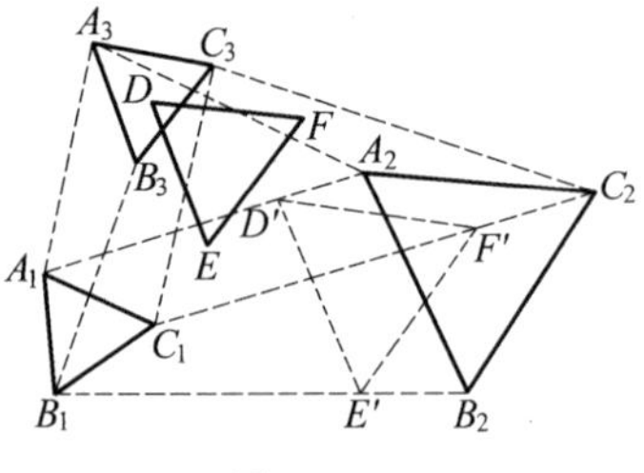

图 3.368

证明 由于 $\triangle A_1B_1C_1$ 与 $\triangle A_2B_2C_2$ 均为正三角形，由已知及定理 1 得

$\triangle D'E'F'$ 为正三角形.

同理,对 $\triangle A_3B_3C_3$ 和 $\triangle D'E'F'$ 应用定理 1 得 $\triangle DEF$ 为正三角形.

定理 5 $\triangle A_1B_1C_1$,$\triangle A_2B_2C_2$,$\triangle A_3B_3C_3$ 同向相似,D',E',F' 分别为 A_1A_2,B_1B_2,C_1C_2 上的点,且 $\dfrac{A_1D'}{D'A_2}=\dfrac{B_1E'}{E'B_2}=\dfrac{C_1F'}{F'C_2}=\dfrac{m}{n}$,$D$,$E$,$F$ 分别为 A_3D',B_3E',C_3F' 上的点,且 $\dfrac{A_3D}{DD'}=\dfrac{B_3E}{EE'}=\dfrac{C_3F}{FF'}=\dfrac{s}{t}$,则 $\triangle DEF$ 与原三个三角形同向相似.

证明 由定理 2,$\triangle D'E'F'$ 与 $\triangle A_1B_1C_1$ 及 $\triangle A_2B_2C_2$ 同向相似,$\triangle DEF$ 与 $\triangle A_3B_3C_3$ 及 $\triangle D'E'F'$ 同向相似,故 $\triangle DEF$ 与 $\triangle A_1B_1C_1$,$\triangle A_2B_2C_2$,$\triangle A_3B_3C_3$ 同向相似.

定理 6 n 边形 $A_1B_1\cdots C_1$,$A_2B_2\cdots C_2$,$A_3B_3\cdots C_3$ 同向相似,D',E',$\cdots$,F' 分别为 A_1A_2,B_1B_2,$\cdots$,C_1C_2 上的点,且 $\dfrac{A_1D'}{D'A_2}=\dfrac{B_1E'}{E'B_2}=\cdots=\dfrac{C_1F'}{F'C_2}=\dfrac{m}{n}$,$D$,$E$,$F$ 分别为 A_3D',B_3E',$\cdots$,C_3F' 上的点,且 $\dfrac{A_3D}{DD'}=\dfrac{B_3E}{EE'}=\cdots=\dfrac{C_3F}{FF'}=\dfrac{s}{t}$,则 n 边形 $DE\cdots F$ 与 n 边形 $A_1B_1\cdots C_1$,$A_2B_2\cdots C_2$ 及 $A_3B_3\cdots C_3$ 同向相似.

证明 由定理 3,n 边形 $D'E'\cdots F'$ 与 n 边形 $A_1B_1\cdots C_1$ 及 $A_2B_2\cdots C_2$ 同向相似,n 边形 $DE\cdots F$ 与 n 边形 $A_3B_3\cdots C_3$ 及 $D'E'\cdots F'$ 同向相似,所以 n 边形 $DE\cdots F$ 与 n 边形 $A_1B_1\cdots C_1$,$A_2B_2\cdots C_2$,$A_3B_3\cdots C_3$ 同向相似.

❖三圆的相似轴问题

三圆的相似轴定理 若三圆各不相等且圆心不共线,则它们两两之间的六个相似中心分布在四条直线上,每条直线上有三点.

这四条直线叫作三圆的相似轴.

三圆的相似轴,载于蒙日的 *Geometrie descriplive*(1798) 中.

证明 如图 3.369,假设圆 O_1,圆 O_2,圆 O_3 各不相等且圆心不共线,而圆 O_2 与圆 O_3,圆 O_3 与圆 O_1,圆 O_1 与圆 O_2 的外相似中心各为 S_1,S_2,S_3,内相似中心各为 S'_1,S'_2,S'_3.

把三个圆看作是顺位似图形时,那么 S_1,S_2,S_3 三点共线.

把圆 O_3 与圆 O_1,圆 O_1 与圆 O_2 看作是逆位似

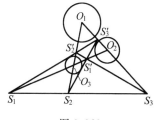

图 3.369

图形时,且把圆 O_2 与圆 O_3 看作是顺位似图形时,那么 S'_3,S'_2,S_1 三点共线.

再把上述两种看法在各图中调换一个,还可得到两组相似中心 S'_3,S_2,S'_1 和 S_3,S'_2,S'_1 也分别是共线的.

所得的四条直线,都是原来三圆的相似轴.

注 这里的四条直线六个交点构成一个完全四边形 $S_1S_2S_3S'_1S'_3S'_2$,其三条对角线两两的交点为圆心 O_1,O_2,O_3.

由上述问题可得:在平面上有三个圆,其中每一对圆的两条外公切线都有一个交点.则这样得到的三个交点位于一直线上.如图 3.370.

这是著名的工程师兼教育家斯威特 (Sweet) 提出的一道题,曾经被誉为"第一流的数学题". 对于这个命题,可以给出一个对偶命题,也可引申出一对新的对偶命题.①

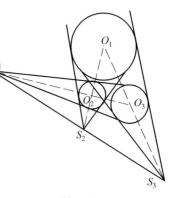

图 3.370

对偶命题 如图 3.371,在平面上有三个圆,其中每一对圆的两条内公切线都有一个交点,过每个交点与另一个圆的圆心作直线.则这样得到的三条直线共点.

引申命题 在平面上有三个圆,其中每一对圆的两条外公切线与两条内公切线都有一个交点.则

(1) 任两对圆的内公切线的交点与另一对圆的外公切线的交点,三点共线.

(2) 任两对圆的外公切线的交点和另一对圆的内公切线的交点分别与另一个圆的圆心作直线,三线共点.

下面证明引申命题,读者可仿照证对偶命题.

证明 (1) 如图 3.372,设圆 O_1,圆 O_2,圆 O_3 的半径分别为 r_1,r_2,r_3,设 P_1,P_2 分别为圆 O_1 和圆 O_2,圆 O_1 和圆 O_3 两条内公切线的交点,P_3 为圆 O_2 和圆 O_3 两条外公切线的交点.

由相似三角形性质得

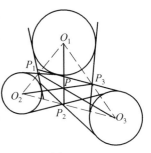

图 3.371

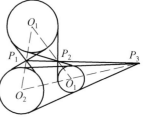

图 3.372

① 杨浦斌. 一道名题的对偶命题及引申[J]. 中等数学,2004(6):18-19.

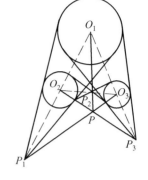

$$\frac{O_1P_1}{P_1O_2} = \frac{r_1}{r_2}$$

$$\frac{O_3P_2}{P_2O_1} = \frac{r_3}{r_1}$$

$$\frac{O_2P_3}{P_3O_3} = \frac{r_2}{r_3}$$

将以上三式相乘得

$$\frac{O_1P_1}{P_1O_2} \cdot \frac{O_3P_2}{P_2O_1} \cdot \frac{O_2P_3}{P_3O_3} = 1$$

由梅涅劳斯定理知 P_1,P_2,P_3 三点共线.

(2) 如图 3.373,设圆 O_1,圆 O_2,圆 O_3 的半径分别为

图 3.373

r_1,r_2,r_3,设 P_1,P_3 分别为圆 O_1 和圆 O_2,圆 O_1 和圆 O_3 两条外公切线的交点,P_2 为圆 O_2 和圆 O_3 两条内公切线的交点.

由相似三角形性质得

$$\frac{O_1P_1}{P_1O_2} \cdot \frac{O_3P_3}{P_3O_1} \cdot \frac{O_2P_2}{P_2O_3} = \frac{r_1}{r_2} \cdot \frac{r_3}{r_1} \cdot \frac{r_2}{r_3} = 1$$

由塞瓦定理知 P_1O_3,P_2O_1,P_3O_2 三线共点于 P.

❖圆心共线的三圆问题

定理 经过 $\triangle ABC$ 的顶点 A 引一直线 AM 交边 BC 于 M,设 $\angle AMC = 2\theta$,O 和 I 是 $\triangle ABC$ 的外接圆圆 O 和内切圆圆 I 的圆心,以 O_1,O_2 为中心,以 r_1,r_2 为半径的圆圆 O_1,圆 O_2 都与圆 O 内切,且圆 O_1 与 $\angle AMC$ 的两边相似,圆 O_2 与 $\angle AMB$ 的两边相切,则[①]

(1) 联结 O_1,O_2 的直线经过 I.

(2) 点 I 分线段 O_1O_2 成比 $\tan^2\theta : 1$,且 $r_1 + r_2 = r^2\sec^2\theta$,其中 r 是圆 I 的半径,如图 3.362 所示.

上述问题在 1938 年由多产和敏锐的几何学家泰巴尔特提出,长期没有解决,直到 40 多年后才由英格兰的泰勒给出解答.

证明 如图 3.374,设 E,F,K 是圆 O_1,圆 O_2,圆 I 与直线 BC 的切点,令 $O_1F = r_1$,$O_2E = r_2$,$IK = r$,$AC = b$,$AB = c$,在 $\triangle ABC$ 中,通过烦琐的计算得到

$$r_1 = r(-r\tan^2\theta - (c-b)\tan\theta + r_1)(r_1 - r)$$

① 杨鼎文.中心共线的三圆[J].数学教学研究,1985(3):39.

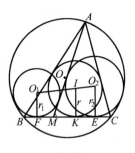

$$r_2 = \frac{r(-r\cot^2\theta - (c-b)\cot\theta + r_1)}{r_1 - r}$$

$$FK = r\cot\theta, \quad KE = r\tan\theta$$

利用这些表示式我们可以证明直线 O_2I 的斜率＝直线 O_1I 的斜率,因此 O_1, I, O_2 共线.

我们还可以证明

$$\frac{O_2I}{IO_1} = \frac{FK}{KE} = \frac{1}{\tan^2\theta}$$

及

$$r = r_1\cos^2\theta + r_2\sin^2\theta$$

（由提供者给出的关系 $r_1 + r_2 = r^2\sec^2\theta$ 显然不成立,因为维数上是不正确的）.

图 3.374

由类似于上述距离关系的表达式,还可以证明:若 I' 是顶点 A 所对的旁切圆心,圆 O'_1,圆 O'_2 都与圆 O 外切,而且它们也与 BC 及 AM 的延长线相切,则 O'_1, I', O'_2 共线且 $\dfrac{O'_1I'}{I'O'_2} = \tan^2\theta$, $r_1 = r'_1\cos^2\theta + r'_2\sin^2\theta$.

当 M 与内切圆圆 I 同 BC 的切点 K 重合时,则 $r'_1 = r'_2 = r_1$,且 $\tan 2\theta = \dfrac{2r_1}{c-b}$.当 M 与 K' 重合时,则 $r_1 = r_2 = r$,且 $\tan 2\theta = \dfrac{2r}{c-b}$.

注　此定理中的（1）也称为泰巴尔特定理.

泰巴尔特（Thebault）定理　设 D 是 $\triangle ABC$ 的 BC 边上任意一点,I 是 $\triangle ABC$ 的内心,圆 O_1 与 AD, BD 均相切,同时与 $\triangle ABC$ 的外接圆相切.圆 O_2 与 AD, CD 均相切,同时与 $\triangle ABC$ 的外接圆相切.则 O_1, I, O_2 三点共线.

另证　如图 3.375 所示.设圆 O_1 与 BD, AD 分别切于 E, F,圆 O_2 与 AD, DC 分别切于 G, H.由曼海姆定理所知,直线 EF 与 GH 交点即 $\triangle ABC$ 的内心 I.显然,$O_1D \perp EI$, $HG \perp DO_2$, $O_1D \perp O_2D$,所以 $EI \perp GH$.这说明 GF 为圆 (IGF) 的直径,而 EH 为圆 (IEH) 的直径.因 $O_1E \perp EH$, $O_1F \perp GF$, $O_1E = O_1F$,所以,点 O_1 对圆 (IGF) 与圆 (IEH) 的幂相等,因而点 O_1 在圆 (IGF) 与圆 (IEH) 的根轴上.同理,点 O_2 也在圆 (IGF) 与圆 (IEH)

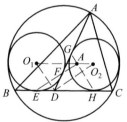

图 3.375

的根轴上,因此,直线 O_1O_2 即圆 (IGF) 与圆 (IEH) 的根轴.显然,点 I 在这两圆的根轴上,故 O_1, I, O_2 三点共线.

❖三圆相切中的平行线问题

众所周知,圆 O_1,圆 O_2 均与圆 O 相切的情形有三种(图 3.376):

(1) 圆 O_1,圆 O_2 均内切于圆 O.

(2) 圆 O_1,圆 O_2 分别内、外切于圆 O.

(3) 圆 O_1,圆 O_2 均外切于圆 O.

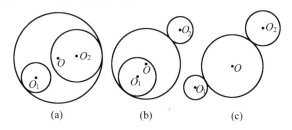

图 3.376

为了讨论问题,注意开世定理(一),或看下面的引理.

引理 1　设圆 O_1,圆 O_2 切圆 O 于 A,B 两点,它们的半径分别为 r_1,r_2 和 R,则

(1) 在情形(1),(3)中,圆 O_1,圆 O_2 的外公切线长

$$t_{12} = \frac{AB\sqrt{(R \mp r_1)(R \mp r_2)}}{R} \qquad ①$$

其中内切时取"$-$",外切时取"$+$".

(2) 在情形(2)中,圆 O_1,圆 O_2 的内公切线长

$$t_{12} = \frac{AB\sqrt{(R - r_1)(R + r_2)}}{R} \qquad ②$$

下面仅证(2),(1)可类似地证明.

设圆 O_1,圆 O_2 的内公切线为 GH,如图 3.377 所示,作 $IO_1 \parallel GH$ 交 O_2H 的延长线于 I,令 $\angle O_1OO_2 = \alpha$,则有

$$AB^2 = 2R^2 - 2R^2\cos\alpha$$

即

$$\cos\alpha = 1 - \frac{AB^2}{2R^2}$$

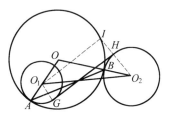

图 3.377

又 $O_1O_2^2 = OO_1^2 + OO_2^2 - 2OO_1 \cdot OO_2\cos\alpha =$

$$(R - r_1)^2 + (R + r_2)^2 -$$

$$2(R - r_1)(R + r_2)(1 - \frac{AB^2}{2R^2}) =$$

$$(r_1 + r_2)^2 + \frac{AB^2(R - r_1)(R + r_2)}{R_2}$$

所以
$$t_{12}^2 = GH^2 = O_1 I^2 = O_1 O_2^2 - O_2 I^2 =$$
$$O_1 O_2^2 - (r_1 + r_2)^2 =$$
$$\frac{AB^2 \cdot (R - r_1)(R + r_2)}{R^2}$$

即
$$t_{12} = \frac{AB \cdot \sqrt{(R - r_1)(R + r_2)}}{R}$$

引理 2(开世定理(一)) 设圆 O_1,圆 O_2,圆 O_3,圆 O_4 顺次(内或外)切于圆 O,则圆 O_i,圆 O_j 公切线长(对情形(1),(3)取外公切线,对情形(2)取内公切线)$t_{ij}(1 \leqslant i < j \leqslant 4)$ 满足关系

$$t_{12}t_{34} + t_{14}t_{23} = t_{13}t_{24} \tag{③}$$

事实上,注意到顺次与圆 O 相切的四圆圆 O_i 的切点均在圆 O 上,将引理 1 中的公式,求得各切点间的距离代入托勒密定理便得.

注 在引理 2 中,若四圆中有的圆变为点(点圆),式 ③ 同样成立;特别地,四个圆都是点时,即为托勒密定理,从而是它的推广.

定理 1 设圆 O_1,圆 O_2 均与圆 O_3 内切,圆 O_1,圆 O_2 的内分切线 AB,CD 分别交圆 O_3 于 A,B,C,D,则 AC,BD 分别与圆 O_1,圆 O_2 的外公切线平行,如图 3.378 所示.[①]

证明 设圆 O_1,圆 O_2 的外公切线 EF 交 AB,CD 于 M,N,据引理 2,对于圆 O_1,圆 O_2 和点圆圆 C,圆 A,有

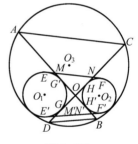

图 3.378

$$AG' \cdot CH + AC \cdot EF = AH' \cdot CG \tag{④}$$

又
$$AG' = OA - OG', AH' = OA + OH'$$
$$CG = OC + OG, CH = OC - OH$$

而
$$OG = OG', OH = OH', EF = OM + ON$$
$$HG = OH + OG = OH' + OG' = H'G' = MN$$

所以 ④ 可化为

$$\frac{MN}{AC} = \frac{OM + ON}{OA + OC} \tag{⑤}$$

在 $\triangle OMN$ 和 $\triangle OAC$ 中,$\angle MON = \angle AOC = \alpha$,于是

① 张志华. 相切圆与平行线[J]. 中学数学,1991(7):27-28.

$$\cos\alpha = \frac{OM^2 + ON^2 - MN^2}{2OM \cdot ON} = \frac{OA^2 + OC^2 - AC^2}{2OA \cdot OC}$$

则
$$\frac{(OM \pm ON)^2 - MN^2}{(OA \pm OC)^2 - AC^2} = \frac{OM \cdot ON}{OA \cdot OG}$$

由 ⑤ 有
$$\frac{MN^2}{AC^2} = \frac{(OM + ON)^2}{(OA + OC)^2}$$

所以有
$$\frac{MN^2}{AC^2} = \frac{(OM - ON)^2}{(OA - OC)^2}$$

当 $r_1 > r_2$ 时,易知 $OM > ON$,$OA > OC$,因此

$$\frac{MN}{AC} = \frac{OM - ON}{OA - OC} = \frac{OM + ON}{OA + OC}$$

这时得到
$$\frac{MN}{AC} = \frac{OM}{OA} = \frac{ON}{OC}$$

故
$$MN \mathbin{/\!/} AC$$

即
$$EF \mathbin{/\!/} AC$$

注 对于情形(3),只要注意到 $AG' = OG' - OA$,$CH = OH - OC$,而 AG',CH 不变便知定理 1 的类似结论仍然成立.

定理 2 设圆 O_1,圆 O_2 分别与圆 O_3 内切和外切,圆 O_1,圆 O_2 的外公切线 AB,CD 交圆 O_3 于 A,B,C,D,则 AD,BC 分别与圆 O_1,圆 O_2 的内公切线平行,如图 3.379 所示.

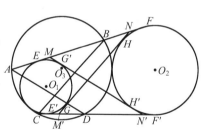

图 3.379

证明 设圆 O_1,圆 O_2 的内公切线 GH,$G'H'$ 交 AB,CD 于 M',N 和 M,N'.据引理 2,对圆 O_1,圆 O_2 和点圆圆 B,圆 C,有

$$BF \cdot CE' + BE \cdot CF' = BC \cdot GH$$

又
$$BF = OF - OB, BE = OB - OE$$
$$CE' = OE' - OC, CF' = OF' - OC$$

且
$$OF = OF', OE = OE', EF = OF - OE = MN$$
$$GH = MN = ON - OM = ON - OM'$$

所以有
$$\frac{M'N}{BC} = \frac{ON - OM'}{OB - OC}$$

再应用余弦定理和比例性质,可得

$$\frac{M'N}{BC} = \frac{ON + OM'}{OB + OC} = \frac{ON - OM'}{OB - OC}$$

P
M
J
H
W
B
M
T
J
Y
Q
W
B
T
D
L
(X)

323

所以
$$\frac{M'N}{BC}=\frac{ON}{OB}=\frac{OM'}{OC}$$

于是 $M'N /\!/ BC$

即 $GH /\!/ BC$

❖圆内的圆心在直径上的切圆问题

定理 1 在一个半径为 R 的大圆内,任意画四个半径为 $\frac{1}{2}R$ 的小圆,那么这四个小圆面积之和恰好等于大圆的面积.[①]

证明 如图 3.380,因小圆半径为 $\frac{1}{2}R$,故一个小圆的面积为 $\pi(\frac{1}{2}R)^2=\frac{1}{4}\pi R^2$. 四个小圆面积之和为 $4\times$

图 3.380

$\frac{1}{4}\pi R^2=\pi R^2$,正好是大圆的面积,且与四个小圆在大圆中的位置无关.

定理 2 在一个半径为 R 的大圆内,对称地画四个半径为 $\frac{1}{2}R$ 的小圆,如图 3.381,那么这个大圆中四个阴影部分面积和恰好等于四个小圆重叠部分面积之和.

证明 由定理 1,知四个小圆面积之和等于大圆面积,而图 3.381 中的空白部分是大,小圆共有的,故大圆的其余部分(大圆中的四个阴影部分)面积之和无疑等于四个小圆重叠部分面积之和.

定理 3 在一个半径为 R 的大圆内,沿任一直径画 n(大于 1 的自然数)个互相外切的小圆,且第一个与最后一个小圆与大圆相内切,那么不论这几个小圆的大小如何(当然它们的半径都必须小于 R),这 n 个小圆周长之和恰好等于大圆的周长,如图 3.382 所示.

证明 设各小圆的半径为 $r_1,r_2,\cdots,r_n$. 因 n 个小圆沿大圆直径相切排满,故 $r_1+r_2+\cdots+r_n=R$. 因此,各小圆周长之和为 $2\pi r_1+2\pi r_2+\cdots+2\pi r_n=2\pi(r_1+r_2+\cdots+r_n)=2\pi R$. 这恰好等于大圆的周长.

[①] 张怀寿. 圆的三个有趣特性[J]. 数学教学研究. 1985(3):11.

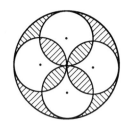
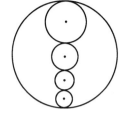

图 3.381 图 3.382

❖ 相切八圆问题

定理 1 圆 O_1，圆 O_2，圆 O_3 两两外切，圆 O_1 切圆 O_2，圆 O_3 于 A，C，圆 O_2 与圆 O_3 切于 B，圆 O_4 与圆 O_1，圆 O_2，圆 O_3 分别外切于 D，E，F，如图 3.383 所示，则圆 ADE，圆 BEF，圆 CDF 两两外切，且与圆 ABC 均内切.[①]

证明 先看如下一条引理：

引理 1 圆 $O_1(r_1)$，圆 $O_2(r_2)$，圆 $O_3(r_3)$ 两两外切，圆 O_1 与圆 O_2，圆 O_3 切于 A，C，圆 O_2 与圆 O_3 切于 B，则分别过 A，B，C 三点的三条公切线交于一点.

事实上，如图 3.384，设过 A 的公切线与过 C 的公切线交于 P，则 $PA = PC = t$，且 $PO_2^2 = t^2 + r_2^2$，$PO_3^2 = t^2 + r_3^2$. 联结 PO_2，PO_3，PB，在 $\triangle PO_2B$ 与 $\triangle PO_2O_3$ 中，由余弦定理得

$$\frac{PO_2^2 + r_2^2 - PB^2}{2PO_2 \cdot r_2} = \frac{PO_2^2 + (r_2 + r_3)^2 - PO_3^2}{2PO_2 \cdot (r_2 + r_3)}$$

把 PO_2^2，PO_3^2 的表达式代入并整理得 $PB = t$，从而

$$PB^2 + O_2B^2 = t^2 + r_2^2 = PO_2^2$$

故 $PB \perp O_2O_3$，从而 PB 是圆 O_2，圆 O_3 的公切线.

下面回到定理证明：如图 3.385 由圆 O_2，圆 O_3，圆 O_4 两两外切及引理 1 知，分别过 B，E，F 三点的三条公切线交于一点 M，从而 $MB = ME = MF$，故 M 为圆 BEF 的圆心. 同理过 D，F，C 三点的三条公切线交点 N 为圆 DFC 的圆心. 由于

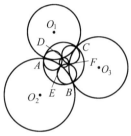

图 3.383

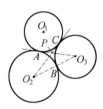

图 3.384

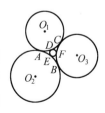

图 3.385

---

① 黄华松，黄光文. 八圆定理[J]. 中学数学，2006(11)：封底

P
M
J
H
W
B
M
T
J
Y
Q
W
B
T
D
L
(X)

MF,NF 都是圆 O_3,圆 O_4 的公切线,故 M,F,N 共线,从而圆心距 $MN = MF + NF$,又 MF 是圆 BEF 的半径,NF 是圆 CDF 的半径,故圆 BEF,圆 DCF 外切于 F.同理圆 ADE 与圆 BEF,圆 CDF 均相外切.由引理1,分别过 A,B,C 三点的三条公切线交点 K 为 $\triangle ABC$ 的外心,KB 和 BM 都是圆 O_2,圆 O_3 的公切线,故 B,M,K 共线,$MK = KB - MB$,而 KB,MB 分别为圆 ABC,圆 BEF 的半径,故圆 ABC 与圆 BEF 内切.同理圆 DFC,圆 ADE 与圆 ABC 均内切.

与引理 1 类似,有

引理 2 圆 O_1 与圆 O_2,圆 O_3 内切于 A,C,圆 O_2,圆 O_3 外切于 B,当 O_1,O_2,O_3 不共线时,一定有过 A,B,C 三点的三条公切线交于一点.证明过程与引理 1 相同.

根据引理 2,可得与定理 1 类似的结论:

定理 2 圆 O_1,圆 O_2,圆 O_3 两两外切,圆 O_4 与它们均内切,圆 O_1 切圆 O_2,圆 O_3 于 A,C,圆 O_2 与圆 O_3 切于 B,圆 O_4 与圆 O_1,圆 O_2,圆 O_3 分别切于 D,E,F,且 O_1,O_2,O_3,O_4 无三点共线,则圆 AED,圆 CFD,圆 BEF,圆 ABC 中任意三个圆两两外切.

依定理 1 或定理 2 作出的图形无疑是一幅精妙的八圆图.

❖ 帕普斯累圆定理

帕普斯(Pappus)累圆定理 内切于点 P 的两圆直径分别为 PA,PB,这两圆称为原圆;以 AB 为直径的圆称为始圆;然后作圆使之与两原圆及始圆皆相切,称为第 1 圆;再作圆与两原圆及第 1 圆均相切,称为第 2 圆;……,如此继续,则第 n 圆的圆心到直线 AB 的距离等于第 n 圆的直径的 n 倍.

证明 如图 3.386.

以 P 为反演中心,点 P 对第 1 圆的幂为反演幂作反演变换,则第 1 圆是自反圆,两个原圆的反形是第 1 圆的两条平行切线 a,b,且 a,b 皆垂直于 AB.

此时,始圆、第 1 圆、第 2 圆、……、第 n 圆的反形毕是与直线 a,b 均相切的等圆,且第 1 圆的反形及始圆的反形相切,第 2 圆的反形与第 1 圆的反形相切,第 3 圆的反形与第 2 圆的反形相切,……,第 n 圆的反形与第 $n-1$ 圆的反形相切.

设始圆的反形的圆心为 O,第 1 圆的半径为 r,第 n 圆的圆心为 O_n,半径为 r_n,第 n 圆的反形的圆心为 C,则 $CO = 2nr$.注意到在反演变换下,若两圆互为反形,则反演中心是这两圆的一个位似中心,知点 P 是圆 O_n 与圆 C 的位似中心,所以 $\dfrac{PO_n}{PC} = \dfrac{r_n}{r}$.

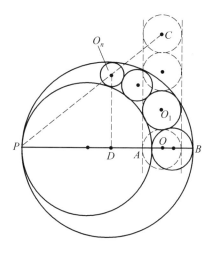

图 3.386

过 O_n 作 AB 的垂线,垂足为 D,则 $\dfrac{O_nD}{CO} = \dfrac{PO_n}{PC} = \dfrac{r_n}{r}$.

于是,由 $CO = 2nr$,即得 $O_nD = 2nr_n$. 故结论获证.

❖ 施坦纳链问题

施坦纳圆链是一组圆,个数为有限,每一个与两个固定的圆相切,并且与组中另两个圆相切. 施坦纳圆链经过反演变换后,仍为施坦纳圆链. 特别地,任一施坦纳圆锥可以变成与两个同心圆相切的圆链.

设两个不同心的圆,其中一个落在另一个的内部. 再画一串依次外切的圆,使它们与原先的两个圆都相切,若其最后一个又与这串圆的第一个相切,就构成施坦纳圆链,如图 3.387 所示. 其条件是原先两圆的反演距离 δ 必须满足[1]

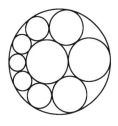

图 3.387

$$\sin \frac{\pi}{n} = \frac{e^{\delta} - 1}{e^{\delta} + 1}$$

首先,任意两个不相交的圆的反演距离定义为:在反演下这两个圆变成同心圆时,它们半径之比(较大者作分子,较小者作分母)的自然对数,即对两个不相交的圆 α 和 β,以一个适当的点(极限点)为反演圆心,就可将 α 和 β 反演成

---

① 单墫. 数学名题词典[M]. 南京:江苏教育出版社,2002:447-453.

P
M
J
H
W
B
M
T
J
Y
Q
W
B
T
D
L
(X)

两个同心圆,半径分别为 a,b,满足 $a>b$(或 $a<b$),那么圆 α 和 β 的反演距离

$\delta=\ln\dfrac{a}{b}$.

如图 3.388,当假设中原先的两个圆反演成两个同心圆,其他的圆就变成环状排列的一串全等的圆,它们的圆心构成一个正 n 边形,设 A 是环状排列的圆的圆心之一,T 是相应的圆与这一串圆中相邻圆的切点,O 是同一圆的圆心,外圆半径为 a,内圆半径为 b,则 $\triangle OAT$ 是直角三角形,且有

图 3.388

$$OA=\frac{a+b}{2},\ AT=\frac{a-b}{2},\ \angle AOT=\frac{\pi}{n}.$$

因为两个同心圆的反演距离是 $\delta=\ln\dfrac{a}{b}$,所以

$$\sin\frac{\pi}{n}=\frac{AT}{OA}=\frac{a-b}{a+b}=\frac{\dfrac{a}{b}-1}{\dfrac{a}{b}+1}=\frac{\mathrm{e}^{\delta}-1}{\mathrm{e}^{\delta}+1}$$

因此,只要原先两个圆的反演距离 δ 满足方程 $\sin\dfrac{\pi}{n}=\dfrac{\mathrm{e}^{\delta}-1}{\mathrm{e}^{\delta}+1}$,则施坦纳圆链就成立.

由上述方程可解出 e^{δ},然后再求出 δ

$$\mathrm{e}^{\delta}=\frac{1+\sin\dfrac{\pi}{n}}{1-\sin\dfrac{\pi}{n}}=\left(\frac{1+\sin\dfrac{\pi}{n}}{\cos\dfrac{\pi}{n}}\right)^{2}=\left(\sec\frac{\pi}{n}+\tan\frac{\pi}{n}\right)^{2}$$

$$\delta=2\ln\left(\sec\frac{\pi}{n}+\tan\frac{\pi}{n}\right)$$

如果相切圆序列在绕行 d 圈以后闭合($d>1$),则施坦纳圆链仍然成立,只要在公式中用分数 $\dfrac{n}{d}$ 代替 n 就行了.

❖ 开世定理(二)

开世定理 (1)设 r_1,r_2 分别是圆 O_1,圆 O_2 的半径,t_{12} 是这两个圆的公切线长,则在反演变换下,$\dfrac{t_{12}^2}{r_1 r_2}$ 保持不变.

(2)设四个圆 O_1,O_2,O_3,O_4 各切于另一圆 O,t_{ij} 表示圆 O_i 与圆 O_j 的公切

线长,则 $\pm t_{12}t_{34} \pm t_{13}t_{42} \pm t_{14}t_{23} = 0$.

上述定理(1)是开世(J. Casey,1820—1891)于1866年发现的,它是反演变换中的一个重要不变式.(2)见开世的 *A sequel to Euclid* 一书,它是托勒密定理的推广,并有多人对此进行过研究,如托勒密定理的推广中的定理 6 以及开世定理(一)等.

证明 (1)如图 3.389,设以 S 为反演中心,k^2 为反演幂,把圆 O_1,圆 O_2 分别反演变换为圆 O'_1,圆 O'_2,再设 t_1,t'_1,t_2,t'_2 分别为从 S 所作圆 O_1,圆 O'_1,圆 O_2,圆 O'_2 的切线的长,且 $O_1O_2 = d$,$O'_1O'_2 = d'$,则

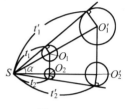

图 3.389

$$d^2 = SO_1^2 + SO_2^2 - 2SO_1 SO_2 \cos \alpha$$

即

$$d^2 - r_1^2 - r_2^2 = t_1^2 + t_2^2 - 2SO_1 \cdot SO_2 \cos \alpha \qquad ①$$

同样可得

$$d'^2 - r_1'^2 - r_2'^2 = t_1'^2 + t_2'^2 - 2SO'_1 \cdot SO'_2 \cos \alpha \qquad ②$$

因为 $t_1 t'_1 = t_2 t'_2 = k^2$,$\dfrac{SO'_1}{SO_1} = \dfrac{t'_1}{t_1}$,$\dfrac{SO'_2}{SO_2} = \dfrac{t'_2}{t_2}$,所以

$$t_1'^2 + t_2'^2 = \frac{k^4}{t_1^2} + \frac{k^4}{t_2^2} = \frac{k^4}{t_1^2 t_2^2}(t_1^2 + t_2^2)$$

$$SO'_1 \cdot SO'_2 = \frac{t'_1}{t_1} \cdot \frac{t'_2}{t_2} \cdot SO_1 \cdot SO_2 = \frac{k^4}{t_1^2 t_2^2} \cdot SO_1 \cdot SO_2$$

把它们代入式 ②,得

$$d'^2 - r_1'^2 - r_2'^2 = \frac{k^4}{t_1^2 t_2^2}(t_1^2 + t_2^2 - 2SO_1 \cdot SO_2 \cos \alpha)$$

于是由 ①,得

$$d'^2 - r_1'^2 - r'^2_2 = \frac{t'_1 t'_2}{t_1 t_2}(d^2 - r_1^2 - r_2^2)$$

但

$$\frac{t'_1}{t_1} = \frac{r'_1}{r_1},\quad \frac{t'_2}{t_2} = \frac{r'_2}{r_2}$$

所以

$$\frac{d'^2 - r_1'^2 - r_2'^2}{d^2 - r_1^2 - r_2^2} = \frac{r'_1 r'_2}{r_1 r_2}$$

即有

$$\frac{d'^2 - (r'_1 - r'_2)^2}{r'_1 r'_2} = \frac{d^2 - (r_1 - r_2)^2}{r_1 r_2}$$

和

$$\frac{d'^2 - (r'_1 + r'_2)^2}{r'_1 r'_2} = \frac{d^2 - (r_1 + r_2)^2}{r_1 r_2}$$

这里 $d^2 - (r_1 - r_2)^2$ 与 $d'^2 - (r'_1 - r'_2)^2$ 分别是圆 O_1,圆 O_2 与圆 O'_1,圆 O'_2 的外公切线长的平方,$d^2 - (r_1 + r_2)^2$ 与 $d'^2 - (r'_1 + r'_2)^2$ 分别是它们的内公切线长的平方,因此经反演变换 $\dfrac{t_{12}^2}{r_1 r_2}$ 不变.

注意,上述反演中心 S 不能取在一圆的内部和另一圆的外部.

(2) 如图 3.390,设圆 O_1,O_2,O_3,O_4 都切于圆 O,它们的半径各为 r_1,r_2,r_3,r_4,当圆 O_i,O_j 和圆 O 都是外切或内切时,则 t_{ij} 为外公切线长;当其一外切和一内切时,则 t_{ij} 为内公切线长.如果圆 O_1, O_3 与圆 O 的切点分隔圆 O_2,O_4 与圆 O 的切点,则 $t_{12}t_{34}+t_{14}t_{23}-t_{13}t_{24}=0$(其他情况类同)

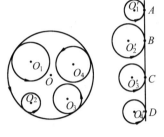

图 3.390

以圆 O 上的一点为反演中心,于是圆 O 反演变换成一直线,而圆 O_1,O_2,O_3,O_4 的反演变换为切于这直线的四个圆,设在该直线上的切点分别为 A,B,C,D,则据直线上的托勒密定理或直线上的欧拉定理(有向线段)有

$$AB \cdot CD + BC \cdot AD = AC \cdot BD$$

又由(1),得 $\dfrac{AB}{\sqrt{r'_1 r'_2}}=\dfrac{t_{12}}{\sqrt{r_1 r_2}}$,$\dfrac{BC}{\sqrt{r'_2 r'_3}}=\dfrac{t_{23}}{\sqrt{r_2 r_3}}$ 等,所以

$$t_{12} \cdot t_{34} \cdot \frac{\sqrt{r'_1 r'_2}}{\sqrt{r_1 r_2}}\frac{\sqrt{r'_3 r'_4}}{\sqrt{r_3 r_4}} + t_{23} \cdot t_{14} \cdot \frac{\sqrt{r'_2 r'_3}}{\sqrt{r_2 r_3}}\frac{\sqrt{r'_1 r'_4}}{\sqrt{r_1 r_4}} = t_{13}t_{24} \cdot \frac{\sqrt{r'_1 r'_3}}{\sqrt{r_1 r_3}}\frac{\sqrt{r'_2 r'_4}}{\sqrt{r_2 r_4}}$$

即

$$t_{12}t_{34} + t_{23}t_{14} - t_{13}t_{24} = 0$$

定理中的(2)的逆命题也成立.

❖圆链问题

圆链问题 圆 C_0 的半径为 1 km,与直线 l 切于点 Z.圆 C_1 半径为 1 mm,在圆 C_0 的右侧,且与圆 C_0 及 l 相切.由此向右画出一系列的圆 C_i,使 C_i 与 C_0 及 l 相切,并与前面的圆 C_{i-1} 相切,直到 C_i 非常大,以致不能再画出新的圆来.在出现这种情形之前,可以画出多少个圆来?[①]

该问题选自托姆亚德所写的 *Mathematical Games and Pastimes*(1964)一书的问题 19,解答是从施坦雷那里获得的(1974).

先把距离以毫米为单位表示,则 C_1 的半径为 1,C_0 的半径为 10^6,对这一连串的圆关于圆 I 取反演变换,圆 I 的圆心设为点 Z,半径为 2×10^6,如图 3.391 所示.

如图 3.392,因为直线 l 通过反演中心 Z,所以 l 的反像就是自身,圆 I 与圆

---

① 单壿.数学名题词典[M].南京:江苏教育出版社,2002:451-452.

C_0 内切于 X,所以圆 C_0 的反演像直线 C_0' 与直线 l 双双
与圆 C_0 切于直径的两个端点上,所以 C_0' // l,它们确定
了一个狭长的条带形平面区域 S.

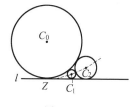

图 3.391

由于每个圆 C_i 都与 C_0 及 l 相切,所以它们的反演像
C_i' 与 S 的两条边界相切.这些圆除 C_0 外均不经过反演
圆心点 Z,因此它们的反演像 C_i' 也是一些圆,它们两两
相切构成了一系列与圆 C_0 大小相等且与 S 的边界相切
的圆.

因为圆 C_1 在反演圆 I 内,又临近圆心 Z,因
而它的像 C_1' 在圆 I 的外部,位于条带 S 中远离
I 的地方.如果取 $i=1,2,3,\cdots$ 那么这一系列圆
C_i 的反演圆 C_i' 均沿指向 C_0 的方向进入条带 S
内.根据反演关系有

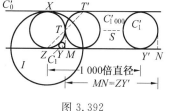

图 3.392

$$ZY \cdot ZY' = (2 \times 10^6)^2$$

即
$$2 \times 10^3 (ZY') = 4 \times 10^{12}$$
$$ZY' = 2 \times 10^9 = 1\,000(2 \times 10^6)$$

C_1 和 C_1' 只能在 Y 和 Y' 处与 l 相切.如图 3.393,
$PR = 10^6 + 1$,$PQ = 10^6 - 1$,由勾股定理可得 $ZY = 2 \times$
10^3.这说明 ZY' 恰好是 C_i' 直径的 $1\,000$ 倍.

因为圆 I 的半径是圆 C_0 半径的 2 倍,C_0 和 $C_{1\,000}'$ 切
于 T,所以 T 的反演像 T' 为直线 ZT 与直线 C_0' 的交点
T';$C_{1\,000}'$ 与 I 的切点 W 也是 l 与 I 的交点.可见 $C_{1\,000}$ 上
的三个点 T',T 和 W 反演为 T,T' 和 W,所以 $C_{1\,000}'$ 的反

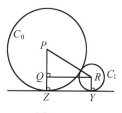

图 3.393

演像就是其自身,即 $C_{1\,000} = C_{1\,000}'$ 与 C_0 一样大.这样,画出这一串圆的过程中,
在向 $C_{1\,000}$ 靠近时,圆逐渐加大,直到等于 C_0 时而得到 $C_{1\,000}'$.至此,这个圆链不
能再扩展,$C_{1\,000}$ 就是其中最后一个圆.

这个圆链实际是关于 C_0 和 l 的施坦纳圆链的一部分,其中把 l 看成是一个
半径为无穷大的圆.

❖ 克利福德链定理

1838 年,密克尔证明了有关四圆共点的定理.(即完全四边形的密克尔定
理)

1871 年，在四圆共点的定理的基础上，英国数学家克利福德(William Kingdon Clifford,1845—1879)建立了克利福德链定理，并在英国早期的一本杂志 *Messenge of Mathematics* 第五册上发表了证明.

克利福德本人因他提出的克利福德代数而闻名于数学界.克利福德链定理是数学史上非常著名的有趣而又奇妙的定理.

19 世纪末和 20 世纪初，许多欧美数学家都研究并论述过这个问题，一方面研究它的多种证明方法，一方面研究这些点圆和其他一些著名的点圆之间的关系，还有人积极探索它的扩展，例如向高维情况的引申.在欧美的许多深受欢迎的数学杂志上，不断地发表与克利福德链定理相关的研究成果.

克利福德链定理是数学精品之一.张英伯教授曾在2007年4月的数学高级研讨班(宁波)上做过介绍，也撰文赞美数学家的智慧，数学的深刻与优美.[1]

关于克利福德链定理，湖北郧阳师专的郑格于先生也以"密克尔定理的证明"为题撰文介绍.[2]

华南师范大学的钟集先生，以"任意 n 直线的三个系列特殊点"系列文章(Ⅰ),(Ⅱ),(Ⅲ),介绍了他的研究成果.[3]

这里先以注释 ①、② 的内容做介绍，然后再介绍邹宇等人的一个简证.

任选平面内两条相交直线，则这两条直线确定一个点.

任选平面内两两相交，且不共点的三条直线，则其中每两条为一组可以确定一个点，共有三个点，那么这三个点确定一个圆，如图 3.394 所示.

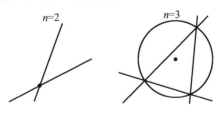

图 3.394

任选平面内两两相交，且任意三条直线都不共点的四条直线，则其中每三条为一组可以确定一个圆，共有四个这样的圆，则这四个圆共点如图 3.395 所示.

① 张英伯,叶彩娟.五点共圆问题与 Clifford 链定理[J].数学通报；数学教学,2007(9)：封二 -5.

② 郑格于.密克尔定理的证明[J].数学通讯,1993(4)：36-39.

③ 钟集.任意 n 直线集的三个系列特殊圆和特殊点[J].中学数学研究,2007(7)：封二 -4;2007(9)：9-11;2008(1)：37-39.

此点被称为华莱士点.

任取平面内两两相交,且任意三条直线都不共点的五条直线,则其中每四条作为一组可确定如上所述的一个瓦莱士点,共有五个这样的点,那么这五个点共圆,此圆被称为密克尔圆(即五点共圆问题),如图 3.396 所示.

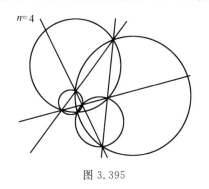 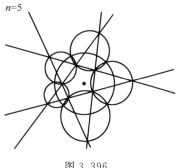

图 3.395   图 3.396

任取平面上两两相交的六条直线,且任意三条直线都不共点,则其中每五条为一组可以确定一个密克尔圆,共有六个这样的圆,则这个六圆共点,如图 3.397 所示.

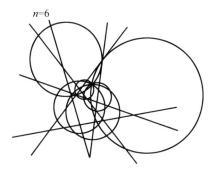

图 3.397

克利福德链定理   任取平面内两两相交,且任意三条直线都不共点的 $2n$ 条 直线,则其中每 $(2n-1)$ 条直线可确定一个克利福德圆,共确定 $2n$ 个圆,那么这 $2n$ 个圆交于一点,称为 $2n$ 条直线的克利福德点.

任取平面内两两相交,且任意三条直线都不共点的 $(2n+1)$ 条直线,则其中每 $2n$ 条直线可确定一个克利福德点,共确定 $(2n+1)$ 个点,那么这 $(2n+1)$ 个点共圆,称为 $(2n+1)$ 条直线的克利福德圆.

下面先介绍复数知识,后介绍复数证法.

现在考虑复平面 C,建立原点,实轴和虚轴.

如图 3.398,用 x_1,t_1 分别表示两个确定的复数,其中 t_1 的模为 1,也就是

P
M
J
H
W
B
M
T
J
Y
Q
W
B
T
D
L
(X)

说，t_1 在单位圆上. 其次，用 x, t 分别表示两个复变量，其中 t 在模为 1，也就是说 t 在单位圆上运动.

考查公式 $x = \dfrac{x_1 t_1}{t_1 - t}$.

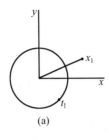
(a)

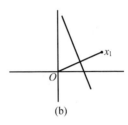
(b)

图 3.398

当 t 在单位圆周上运动时，x 跑过原点 O 和点 x_1 连线的垂直平分线.

事实上，$x - 0 = \dfrac{x_1 t_1}{t_1 - t}$，而 $x - x_1 = \dfrac{x_1 t}{t_1 - t}$ 因为 t 和 t_1 的模都是 1，故 $| x - 0 | = | x - x_1 |$.

另一方面，当 t 趋近于 t_1 时，x 的模趋近于无穷大，并且 x 是 t 的连续函数，所以我们得到了一条直线.

从上述分析可以看出，直线与 t_1 的幅角的取值无关. 我们不妨取 $t_1 = \dfrac{\overline{x_1}}{x_1}$.

事实上，利用单位圆周上的点 t 作参数，根据复变函数中有关的分式线性函数理论，$x = \dfrac{x_1 t_1}{t_1 - t}$ 表示一条直线.

如果我们有两条直线

$$x = \frac{x_1 t_1}{t_1 - t}, \quad x = \frac{x_2 t_2}{t_2 - t}$$

则 $\begin{cases} x t_1 - x t = x_1 t_1 \\ x t_2 - x t = x_2 t_2 \end{cases}$ 两式相减，得到两条直线的交点 $a_1 = \dfrac{x_1 t_1}{t_1 - t_2} + \dfrac{x_2 t_2}{t_2 - t_1}$.

再设 $a_2 = \dfrac{x_1}{t_1 - t_2} + \dfrac{x_2}{t_2 - t_1}$. 称 a_1, a_2 为 $n = 2$ 时的特征常数.

如果我们有三条直线

$$\begin{cases} x = \dfrac{x_1 t_1}{t_1 - t} \\[2mm] x = \dfrac{x_2 t_2}{t_2 - t} \\[2mm] x = \dfrac{x_3 t_3}{t_3 - t} \end{cases}$$

令

$$a_1 = \sum \frac{x_1 t_1^2}{(t_1 - t_2)(t_1 - t_3)}$$

$$a_2 = \sum \frac{x_1 t_1}{(t_1 - t_2)(t_1 - t_3)}$$

$$a_3 = \sum \frac{x_1}{(t_1 - t_2)(t_1 - t_3)}$$

上面的式子中,求和号表示对数组(123)进行轮换,分别取(123),(231),(312).

a_1, a_2, a_3 叫作 $n=3$ 时的特征常数.

建立一个圆方程,圆心在 a_1,半径为 $|a_2|$:$x = a_1 - a_2 t$.

当 $t = t_3$ 时,$x = x_{12}$;当 $t = t_1$ 时,$x = x_{23}$;当 $t = t_2$ 时,$x = x_{31}$. 所以我们的圆经过三条直线中每两条的交点,这就是三点共圆.

定义 关于 n 条直线 $x_1, x_2, \cdots, x_n$ 的特征常数 $a_1^n, a_2^n, \cdots, a_n^n$ 定义为

$$a_i^n = \sum \frac{x_1 t_1^{n-i}}{(t_1 - t_2)(t_1 - t_3)\cdots(t_1 - t_n)}$$

引理 1 $a_i^n = a_i^n - a_{i+1}^n t_n$.

证明

$$\sum \frac{x_1 t_1^{n-i}}{(t_1 - t_2)\cdots(t_1 - t_{n-1})(t_1 - t_n)} -$$

$$\sum \frac{x_1 t_1^{n-i-1} t_n}{(t_1 - t_2)\cdots(t_1 - t_{n-1})(t_1 - t_n)} =$$

$$\sum \frac{x_1 t_1^{n-i-1}(t_1 - t_n)}{(t_1 - t_2)\cdots(t_1 - t_{n-1})(t_1 - t_n)} =$$

$$\sum \frac{x_1 t_1^{n-i-1}}{(t_1 - t_2)\cdots(t_1 - t_{n-1})}$$

引理证毕.

特征常数有如下的共轭性质. 取定正整数 n,令

$$a_\alpha = \sum \frac{x_1 t_1^{n-\alpha}}{(t_1 - t_2)\cdots(t_1 - t_n)}, (\alpha = 1, 2, \cdots, n)$$

将 a_α 的复共轭记作 b_α,令 $s_n = t_1 t_2 \cdots t_n$,则

$$b_\alpha = \sum \frac{y_1 t_1^{\alpha-n}}{\left(\frac{1}{t_1} - \frac{1}{t_2}\right)\cdots\left(\frac{1}{t_1} - \frac{1}{t_n}\right)} =$$

$$(-1)^{n-1} t_1 t_2 \cdots t_n \sum \frac{x_1 t_1 \cdot t_1^{n-2} \cdot t_1^{\alpha-n}}{(t_1 - t_2)\cdots(t_1 - t_n)} =$$

$$(-1)^{n-1} t_1 t_2 \cdots t_n \cdot a_{n+1-\alpha} =$$

$$(-1)^{n-1} s_n a_{n+1-\alpha}$$

引理 2 $b_a = (-1)^{n-1} s_n a_{n+1-a}$.

引理 3 设 $u_1, u_2, \cdots, u_n$ 是 n 个变元的初等对称多项式,记 u_i 的共轭元为 $\overline{u_i}$. 如果 n 个变元均取模为 1 的复数,则 $\overline{u_i} u_n = u_{n-i}$.

证明 设 $u_i = \sum v_1 v_2 \cdots v_i, |v_i| = 1, 1 \leqslant i \leqslant n$, 则

$$\overline{u_i} u_n = \sum \frac{v_1 \cdots v_i v_{i+1} \cdots v_n}{v_1 \cdots v_i} =$$

$$\sum v_{i+1} \cdots v_n = u_{n-i}$$

引理证毕.

现在看 $n=4$ 和 $n=5$ 时的证明.

设我们有四条直线 $x = \dfrac{x_i t_i}{t_i - t}(i = 1, 2, 3, 4)$. 根据前面的讨论,三条直线确定的圆方程为:$x = a_1 - a_2 t$ 或 $x = a_1 - a_2 s_1$,其中 s_1 是一个变元的初等对称多项式.

根据引理 1,去掉四条直线中的第 a 条后的圆方程是

$$x = (a_1 - a_2 t_a) - (a_2 - a_3 t_a) s_1$$

根据引理 2,方程 $0 = a_2 - a_3 t$ 是自共轭的,即它的共轭方程 $0 = a_3 - a_2 \overline{t}$ 与自身相等,我们有:$\overline{t}t = 1$,即 t 在单位圆上,又因为 t_a 的任意性,方程等价于

$$x = a_1 - a_2 s_1, 0 = a_2 - a_3 s_1$$

其中 a_1, a_2, a_3 是 $n=4$ 时的特征常数. 消去 s_1, $\begin{vmatrix} x - a_1 & a_2 \\ -a_2 & a_3 \end{vmatrix} = 0$, 即 $x = a_1 - \dfrac{a_2^2}{a_3}$ 是四条直线的克利福德点.

当 $n=5$ 时,我们有五条直线:$x = \dfrac{x_i t_i}{t_i - t}$,$(i = 1, 2, 3, 4, 5.)$ 去掉其中的任意一条,所得到的四条直线确定一个克利福德点.

根据引理 1,我们可以从 $n=5$ 时的特征常数得到 $n=4$ 时的特征常数,比如去掉第 a 条直线,得方程

$$x = (a_1 - a_2 t_a) - (a_2 - a_3 t_a) s_1$$
$$0 = (a_2 - a_3 t_a) - (a_3 - a_4 t_a) s_1$$

因为 S_1 是一个变元的初等对称多项式,$s_1 + t_a$,$s_1 t_a$ 分别导出了两个变元的初等对称多项式 s_1 和 s_2,上述方程变为

$$x = a_1 - a_2 s_1 + a_3 s_2$$
$$0 = a_2 - a_3 s_1 + a_4 s_2$$

根据引理 2,第二个方程是自共轭的,保证了 t 在单位圆上.

从方程组中消去 $t_1 + t$,并用 t 代替 $t_1 t$,或考查以 $t_1 + t$ 和 $t_1 t$(以 t 代之)为

未知数的线性方程组,克莱姆法则给出 x 和 t 应该满足的关系

$$\begin{vmatrix} a_1 - x & a_2 \\ a_2 & a_3 \end{vmatrix} = t \begin{vmatrix} a_2 & a_3 \\ a_3 & a_4 \end{vmatrix}$$

或

$$x = \frac{\begin{vmatrix} a_1 & a_2 \\ a_2 & a_3 \end{vmatrix}}{a_3} - \frac{\begin{vmatrix} a_2 & a_3 \\ a_3 & a_4 \end{vmatrix}}{a_3} t$$

这就是五条直线的克利福德圆.

克利福德链定理 $2p$ 条直线的克利福德点由下述行列式给出

$$\begin{vmatrix} a_1 - x & a_2 & \cdots & a_p \\ a_2 & a_3 & \cdots & a_{p+1} \\ \vdots & \vdots & & \vdots \\ a_p & a_{p+1} & \cdots & a_{2p-1} \end{vmatrix} = 0$$

而 $2p+1$ 条直线的克利福德圆由下述方程确定

$$\begin{vmatrix} a_1 - x & a_2 & \cdots & a_p \\ a_2 & a_3 & \cdots & a_{p+1} \\ \vdots & \vdots & & \vdots \\ a_p & a_{p+1} & \cdots & a_{2p-1} \end{vmatrix} = t \begin{vmatrix} a_2 & a_3 & \cdots & a_{p+1} \\ a_3 & a_4 & \cdots & a_{p+2} \\ \vdots & \vdots & & \vdots \\ a_{p+1} & a_{p+2} & \cdots & a_{2p} \end{vmatrix}$$

证明 设 $p=1$,在 2×1 时得到两条直线的交点:$x = a_1$.

设 $p=2$,s_1 是一个变元的初等对称多项式.在 $2 \times 2 - 1$ 时得到三条直线的克利福德圆满足的方程:$x = a_1 - a_2 s_1$.

在 2×2 的情况得到四条直线的克利福德点满足的方程

$$x = a_1 - a_2 s_1$$
$$0 = a_2 - a_3 s_1$$

设 $p=3$,s_1,s_2 是两个变元的初等对称多项式.在 $2 \times 3 - 1$ 时得到五条直线的克利福德圆方程

$$x = a_1 - a_2 s_1 + a_3 s_2$$
$$0 = a_2 - a_3 s_1 + a_4 s_2$$

现在设 $(2p-1)$ 条直线的克利福德圆满足的方程是

$$x = a_1 - a_2 s_1 + \cdots + (-1)^{p-1} a_p s_{p-1}$$
$$0 = a_2 - a_3 s_1 + \cdots + (-1)^{p-1} a_{p+1} s_{p-1}$$
$$\vdots$$
$$0 = a_{p-1} - a_p s_1 + \cdots + (-1)^{p-1} a_{2p-2} s_{p-1}$$

其中 $s_1,s_2,\cdots,s_{p-1}$ 是 $(p-1)$ 个变元的初等对称多项式.则该假设当 $p=2,p=3$ 时都是正确的.我们来计算 $2p$ 条直线的情况.

根据引理 1,关于 $(2p-1)$ 条直线的特征常数可以用关于 $2p$ 条直线的特征常数去掉某条直线,例如第 α 条表示出来

$$x = (a_1 - a_2 t_a) - (a_2 - a_3 t_a)s_1 + \cdots + (-1)^{p-1}(a_p - a_{p+1}t_a)s_{p-1}$$
$$0 = (a_2 - a_3 t_a) - (a_3 - a_4 t_a)s_1 + \cdots + (-1)^{p-1}(a_{p+1} - a_{p+2}t_a)s_{p-1}$$
$$\vdots$$
$$0 = (a_{p-1} - a_p t_a) - (a_p - a_{p+1}t_a)s_1 + \cdots + (-1)^{p-1}(a_{2p-2} - a_{2p-1}t_a)s_{p-1}$$

由于 t_a 的任意性,考查下述 p 个方程

$$x = a_1 - a_2 s_1 + \cdots + (-1)^{p-1}a_p s_{p-1}$$
$$0 = a_2 - a_3 s_1 + \cdots + (-1)^{p-1}a_{p+1}s_{p-1}$$
$$\vdots$$
$$0 = a_{p-1} - a_p s_1 + \cdots + (-1)^{p-1}a_{2p-2}s_{p-1}$$
$$0 = a_p - a_{p+1}s_1 + \cdots + (-1)^{p-1}a_{2p-1}s_{p-1}$$

其中第 $(1+i)$ 与第 $(p-i+1)$ 个方程是共轭的.为方便起见,我们仅验证第 2 与第 p 个方程的共轭性.

记 $u_1, u_2, \cdots, u_{p-2}$ 是关于模为 1 的复数 $t_1, t_2, \cdots, t_{p-2}$ 的初等对称多项式.则

$$s_i = u_i + u_{i-1}t$$

根据引理 2,第二个方程的共轭方程为

$$0 = a_{2p-1} - a_{2p-2}\overline{s_1} + \cdots +$$
$$(-1)^{p-2}a_{p+1}\overline{s_{p-2}} + (-1)^{p-1}a_p\overline{s_{p-1}} =$$
$$a_{2p-1} - a_{2p-2}(\overline{u_1} + \overline{t}) + \cdots +$$
$$(-1)^{p-2}a_{p+1}(\overline{u_{p-3}} + \overline{u_{p-4}\,t}) +$$
$$(-1)^{p-1}a_p(\overline{u_{p-2}} + \overline{u_{p-3}\,t})$$

将第一个方程的两端同乘以 u_{p-2},根据引理 3 得

$$0 = a_{2p-1}u_{p-2} - a_{2p-2}(u_{p-3} + u_{p-2}\overline{t}) + \cdots +$$
$$(-1)^{p-2}a_{p+1}(1 + u_1\overline{t}) + (-1)^{p-1}a_p\overline{t}$$

将第二个方程的两端同乘以 $(-1)^{p-1}$,并颠倒次序,我们有方程

$$0 = a_{2p-1}u_{p-2}t - a_{2p-2}(u_{p-2} + u_{p-3}t) + \cdots +$$
$$(-1)^{p-2}a_{p+1}(u_1 + t) + (-1)^{p-1}a_p$$

易见这两个方程共轭,故 $t\overline{t} = 1$,t 在单位圆上.

在关于 $2p$ 的 p 个方程中消去 $s_1, s_2, \cdots, s_{p-1}$,即得所求公式,定理的第一部分证毕.

我们来考查 $2p+1$ 的情况.根据引理 1,$2p$ 条直线的特征常数可以通过

（2p+1）条直线的特征常数表示出来，故 2p 条直线的克利福德点满足的方程诱导出下述 p 个方程

$$x = (a_1 - a_2 t_a) - (a_2 - a_3 t_a)s_1 + \cdots + (-1)^{p-1}(a_p - a_{p+1} t_a)s_{p-1}$$

$$0 = (a_2 - a_3 t_a) - (a_3 - a_4 t_a)s_1 + \cdots + (-1)^{p-1}(a_{p+1} - a_{p+2} t_a)s_{p-1}$$

$$\vdots$$

$$0 = (a_{p-1} - a_p t_a) - (a_p - a_{p+1} t_a)s_1 + \cdots + (-1)^{p-1}(a_{2p-2} - a_{2p-1} t_a)s_{p-1}$$

$$0 = (a_p - a_{p+1} t_a) - (a_{p+1} - a_{p+2} t_a)s_1 + \cdots + (-1)^{p-1}(a_{2p-1} - a_{2p} t_a)s_{p-1}$$

关于（p−1）个变元的初等对称多项式 $s_1, s_2, \cdots, s_{p-1}$，与 t_a 诱导出 p 个变元的初等对称多项式 $s_1, s_2, \cdots, s_{p-1}, s_p$，方程变为

$$x = a_1 - a_2 s_1 + \cdots + (-1)^{p-1} a_p s_{p-1} + (-1)^p a_{p+1} s_p$$

$$0 = a_2 - a_3 s_1 + \cdots + (-1)^{p-1} a_{p+1} s_{p-1} + (-1)^p a_{p+2} s_p$$

$$\vdots$$

$$0 = a_{p-1} - a_p s_1 + \cdots + (-1)^{p-1} a_{2p-2} s_{p-1} + (-1)^p a_{2p-1} s_p$$

$$0 = a_p - a_{p+1} s_1 + \cdots + (-1)^{p-1} a_{2p-1} s_{p-1} + (-1)^p a_{2p} s_p$$

运用引理 2，与 2p 的情况类似可验，方程组中的第（i+1）个方程与第（p+i+1）个方程是共轭的，t 在单位圆上.

在关于 2p+1 的 p 个方程中消去 $s_1, s_2, \cdots, s_{p-1}$，即得所求公式. 定理的第二部分证毕.

克利福德链定理的正确性从数学归纳法得到.

下面的定理及证明摘录于郑格于先生的文章.

定理 1 设 n 条直线两两相交，任意三条均不共点，则当 n 为偶数时，n 条直线中的 n 个（n−1）条直线的密克尔圆共点，此点叫关于 n 条直线的密克尔点. 当 n 是奇数时，n 条直线中的 n 个（n−1）条直线的密克尔点共圆，此圆叫作关于 n 条直线的密克尔圆（这里 $n \geqslant 2$）.

证明 显然，这命题在 n=2,3,4 时是正确的. 为了证 $n \geqslant 5$ 时是正确的，需要引用一个容易证明的定理"设有圆 g_1, g_2, g_3, g_4，其中 g_1 与 g_2 相交于 A_1，A_2 两点；g_2 与 g_3 相交于 B_1, B_2；g_3 与 g_4 相交于 C_1, C_2；g_4 与 g_1 相交于 D_1, D_2. 若 A_1, B_1, C_1, D_1 共圆，则 A_2, B_2, C_2, D_2 共圆."这定理的证法只须运用中学平面几何知识就能完成，这里从略.

现设五条直线 1,2,3,4,5 两两相交，但没有 3 条是共点的，其中每 4 条决定一个密克尔点，共五个密克尔点，即 $Z_{1234}, Z_{1235}, Z_{1245}, Z_{1345}, Z_{2345}$（其中 $Z_{i_1 i_2 i_3 i_4}$ 表示由直线 i_1, i_2, i_3, i_4 所确定的密克尔点. 以下均约定：当 k 为偶数时，$Z_{i_1 i_2 \cdots i_k}$ 表示由直线 $i_1, i_2, \cdots, i_k$ 所确定的密克尔点；当 k 为奇数时，$S_{i_1 i_2 \cdots i_k}$ 表示由直线 i_1, $i_2, \cdots, i_k$ 所确定的密克尔圆）.

容易看出,S_{134} 与 S_{123} 相交于两点 Z_{13} 及 Z_{1234},S_{123} 与 S_{125} 相交于 Z_{12} 及 Z_{1235},S_{125} 与 S_{145} 相交于 Z_{15} 与 Z_{1245},S_{145} 与 S_{134} 相交于 Z_{14} 与 Z_{1345}.显然,Z_{13},Z_{12},Z_{15},Z_{14} 共于直线 1 上,直线可看作半径为无穷大的圆.所以 Z_{1234},表之.我们将这推理过程列成图 3.399,Z_{1235},Z_{1245},Z_{1345} 也应共圆,此圆用符号 S_{12345}.

S_{134}	S_{123}	S_{125}	S_{145}	S_{134}	
Z_{13}	Z_{12}	Z_{15}	Z_{14}		共于 S_1(即直线 1)
Z_{1234}	Z_{1235}	Z_{1245}	Z_{1345}		共圆 S_{12345}
Z_{1234}	Z_{1235}	Z_{1245}	Z_{1345}	Z_{2345}	共圆 S_{12345}(同理)

图 3.399

$n=6$ 时较前稍复杂一点,可作推理图(图 3.400).

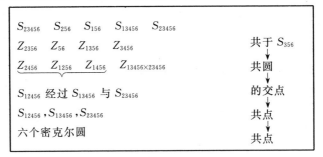

图 3.400

图 3.387 中 $Z_{13456 \times 23456}$ 表示圆 S_{13456} 与 S_{23456} 相交于不同于 Z_{3456} 的另一个交点.图中的括号表示 S_{12456} 是经过三点 Z_{2456},Z_{1256},Z_{1456} 的圆.

一般地设 n 是不小于 5 的奇数,推理图如图 3.401 所示.

$S_{123\cdots(n-4)(n-2)(n-1)}$	$S_{123\cdots(n-2)}$	$S_{123\cdots(n-3)n}$	$S_{123\cdots(n-4)(n-1)n}$	$S_{123\cdots(n-4)(n-2)(n-1)}$	
$Z_{123\cdots(n-4)(n-2)}$	$Z_{123\cdots(n-4)(n-3)}$	$Z_{123\cdots(n-4)n}$	$Z_{123\cdots(n-4)(n-1)}$	共圆 $S_{123\cdots(n-4)}$	
$Z_{123\cdots(n-1)}$	$Z_{123\cdots(n-2)n}$	$Z_{123\cdots(n-3)(n-1)n}$	$Z_{123\cdots(n-4)(n-2)(n-1)}$	共圆 $S_{123\cdots n}$	
n 个密克尔点			共圆 $S_{123\cdots n}$(同理)		

图 3.401

再设 n 是不小于 6 的偶数,推理图如图 3.402 所示.

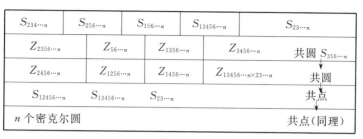

图 3.402

上面证得定理 1 在 $n=2,3,4,5,6$ 时是正确的. 只要交替使用两个推理图就可以证明:无论 n 是偶数或奇数,如果 $n-4\leqslant k\leqslant n-1$ 时定理 1 是正确的,就推得 $k=n$ 时定理 1 也是正确的. 从而由数学归纳法就证得了对一切大于 1 的自然数 n,定理 1 成立.

密克尔还证明了另一个定理"设直线 1,2,3 相交成 $\triangle u_{12}u_{13}u_{23}$(其中 u_{ij} 表直线 i 与 j 的交点);在直线 1,2,3 上分别取点 u_1,u_2,u_3,则 $\triangle u_{12}u_1u_2$,$\triangle u_{13}u_1u_3$,$\triangle u_{23}u_2u_3$ 的外接圆共点(这点用符号 u_{123} 表之,并称 u_{123} 是直线 1,2,3 关于 u_1,u_2,u_3 的密克尔点)"这个定理就是三角形密克尔定理.

对于这个定理也可推广到 n 条直线上去. 我们不妨取两两相交但没有三条直线共点的四条直线 1,2,3,4 试试看. 分别在直线 i 上取点 u_i,且假定 u_1,u_2,u_3,u_4 共圆. 用符号 S_{ij} 表 $\triangle u_{ij}u_iu_j$ 的外接圆. 又设 i,j,k 是从 1,2,3,4 中选取的互异的三个数. 显然,S_{ij} 与 S_{jk} 相交于 u_j 和 u_{ijk},于是恰恰可作如图 3.403 所示的推理图.

S_{12}	S_{23}	S_{34}	S_{41}	S_{12}	
u_2	u_3	u_4	u_1	共圆	
u_{123}	u_{234}	u_{341}	u_{412}	共圆	

图 3.403

这个推理图正好证明了.

定理 2 在两两相交但没有三条是共点的四条直线 1,2,3,4 上分别取点 u_1,u_2,u_3,u_4,若四点 u_1,u_2,u_3,u_4 共圆,则由直线 i,j,k 关于点 u_i,u_j,u_k 所确定的密克尔点 u_{ijk},凡四点 $u_{123},u_{124},u_{134},u_{234}$ 也共圆(我们把这个圆用符号 S_{1234} 表之,并把它叫作直线 1,2,3,4 关于点 u_1,u_2,u_3,u_4 的密克尔圆).

利用四条直线的定理,再取五条直线 1,2,3,4,5 分别在直线 i 上取点 u_i,且设 u_1,u_2,u_3,u_4,u_5 共圆. 则在五条直线中任取四条 i,j,k,t 关于点 u_i,u_j,u_k,u_t 可确定一个密克尔圆 S_{ijkt}.

由如图 3.404 所示的推理图证得.

S_{2345}	S_{25}	S_{15}	S_{1345}	S_{2345}	
u_{235}	u_5	u_{135}	u_{345}		共于 S_{35}
					共圆
u_{245}　u_{125}　u_{145} s_{1245}			$u_{1345\times2345}$		
					共点
S_{1245}	S_{1345}	S_{2345}			
S_{1234}	S_{1235}	S_{1245}	S_{1345}	S_{2345}	共点(同理)

图 3.404

定理 3 在两两相交但没有三条是共点的五条直线 $1,2,3,4,5$ 上分别取点 u_1,u_2,u_3,u_4,u_5,若五点 u_1,u_2,u_3,u_4,u_5 共圆,则由直线 i,j,k,t 关于点 u_i,u_j,u_k,u_t 所确定的密克尔圆 S_{ijkt},凡五圆 $S_{1234},S_{1235},S_{1245},S_{1345},S_{2345}$ 共点(我们把这个点用符号 u_{12345} 表之,并把它叫作直线 $1,2,3,4,5$ 关于点 u_1,u_2,u_3,u_4,u_5 的密克尔点).

更一般地有下面的定理.

定理 4 在两两相交但没有三条是共点的 n 条直线上,分别取点 $u_i \in i$. 若 n 个点 $u_1,u_2,\cdots,u_n$ 共圆,则有

(1) 当 n 是大于 2 的奇数时,由 n 条直线中任取 $(n-1)$ 条直线 $i_1,i_2,\cdots,i_{n-1}$ 关于点 $u_{i_1},u_{i_2},\cdots,u_{i_{n-1}}$ 所确定的密克尔圆 $S_{i_1 i_2 \cdots i_{n-1}}$,凡 n 个密克尔圆共点(此点用 $u_{i_1 i_2 \cdots i_n}$ 表之,并叫作直线 $1,2,\cdots,n$ 关于点 $u_1,u_2,\cdots,u_n$ 的密克尔点).

(2) 当 n 是大于 2 的偶数时,由 n 条直线中任取 $(n-1)$ 条直线 $i_1,i_2,\cdots,i_{n-1}$ 关于点 $u_{i_1},u_{i_2},\cdots,u_{i_{n-1}}$ 所确定的密克尔点 $u_{i_1 i_2 \cdots i_{n-1}}$,凡 n 个密克尔点共圆(此圆用 $S_{i_1 i_2 \cdots i_n}$ 表之,并叫作直线 $1,2,\cdots,n$ 关于点 $u_1,u_2,\cdots,u_n$ 的密克尔圆)

直线 $1,2$ 关于点 u_1,u_2 的密克尔圆规定为 $\triangle u_{12}u_1u_2$ 的外接圆.

证明 前面已证得在 $n=3,4,5$ 时定理成立.当 n 是大于 5 的偶数时有推理图(图 3.405).

$S_{123\cdots(n-4)(n-2)(n-1)}$	$S_{123\cdots(n-2)}$	$S_{123\cdots(n-3)n}$	$S_{123\cdots(n-4)(n-1)n}$	$S_{123\cdots(n-4)(n-2)(n-1)}$
$u_{123\cdots(n-4)(n-2)}$	$u_{123\cdots(n-4)(n-3)}$	$u_{123\cdots(n-4)}$	$u_{123\cdots(n-4)(n-1)}$ 共圆 $S_{12\cdots(n-4)}$	
$u_{123\cdots(n-1)}$	$u_{123\cdots(n-2)n}$	$u_{123\cdots(n-3)(n-1)n}$	$u_{12\cdots(n-4)(n-2)(n-1)n}$ 共圆	
n 个密克尔点 $u_{123\cdots(n-1)},u_{123\cdots(n-2)n},\cdots,u_{13\cdots n},u_{23\cdots n}$ 共圆 $S_{123\cdots n}$(同理)				

图 3.405

当 n 是大于 5 的奇数时,有推理图(图 3.406).

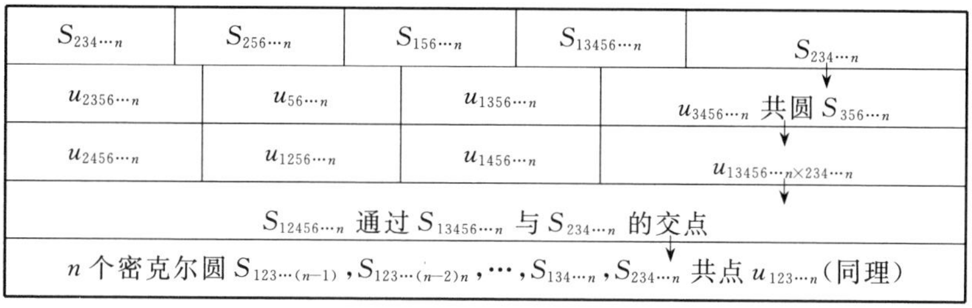

$S_{234\cdots n}$	$S_{256\cdots n}$	$S_{156\cdots n}$	$S_{13456\cdots n}$	$S_{234\cdots n}$
$u_{2356\cdots n}$	$u_{56\cdots n}$	$u_{1356\cdots n}$	$u_{3456\cdots n}$ 共圆 $S_{356\cdots n}$	
$u_{2456\cdots n}$	$u_{1256\cdots n}$	$u_{1456\cdots n}$	$u_{13456\cdots n\times234\cdots n}$	
$S_{12456\cdots n}$ 通过 $S_{13456\cdots n}$ 与 $S_{234\cdots n}$ 的交点				
n 个密克尔圆 $S_{123\cdots(n-1)}$，$S_{123\cdots(n-2)n}$，$\cdots$，$S_{134\cdots n}$，$S_{234\cdots n}$ 共点 $u_{123\cdots n}$（同理）				

图 3.406

由 $n=3,4,5$ 定理成立,利用图 3.405,推得 $n=6$ 定理成立.利用图 3.406 又推得 $n=7$ 定理成立.如是不断利用上下图交错进行即可推得对于大于 2 的一切自然数 n,定理 4 均成立.

2013 年,邹宇,李涛,彭翕成给出了克利福德链定理简单的几何证明.[①]

为了对 $n>2$ 的情形用数学归纳法证明克利福德链定理,下面对各级的克利福德点和圆约定下列编码方法:

(1)单个数字代表直线,例如记 5 条直线为 1、2、3、4、5;若数字为多位数则加上括弧,例如 12 条直线中的第 10、11、12 条记作(10)、(11)、(12);

(2)两直线交点就把两直线代码连写,例如直线 1 和 2 的交点代码为 12 或 21,直线 8 和(21)的交点代码为 8(21) 或 (21)8,等等;

(3)三条直线所确定的圆的代码就是三个直线代码连写而成;

(4)一般地,$2n$ 条直线确定的 $2n$ 级克利福德点的代码就是这 $2n$ 条直线代码连写而成;$2n+1$ 条直线确定的 $2n+1$ 级克利福德圆的代码就是这 $2n+1$ 条直线代码连写而成.

上述编码有下列基本性质:

(i)数字顺序改变后仍然表示同一个几何对象;

(ii)从一个组合对象 P 的编码中删去一个数字,其余数字组成的编码所对应的对象 Q 与 P 之间有关联关系.例如,点 1235 在圆 12345 上;圆 123 经过 1234;点 13 在圆 123 上;直线 2 经过点 12;等等.

对 Miquel 定理的几何图形作反演把直线变为圆,可得下列引理.

引理 已知四个圆有一个公共点且在公共点处两两不相切;四个圆中每三个圆的另三个交点确定一个新的圆,则四个新圆交于一点.如图 3.407.

引理的证明可参见后面的多圆共点问题中的定理 3(参见图 3.415).

为了读者易于理解后面一般情形的证明,这里给出 6 条和 7 条直线情形的证明(也可跳过直接看一般证明).

---

① 邹宇,李涛,彭翕成.Clifford 链定理简单的几何证明[J].数学通报,2013(3):61-63.

六条直线的克利福德点定理 设六条直线中任两条不平行,任三条不共点,则它们所确定的六个5级克利福德圆共点.

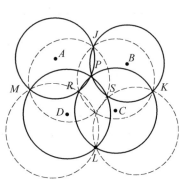

图 3.407

证明 记这六条直线为1、2、3、4、5、6,则两个5级圆12345与12346已有公共点1234,设它另一个公共点为 A.下面证明其余四个5级圆也过点 A.不失一般性,只要证明12356过点 A 即可.

考虑过点12的四个圆123、124、125、126中任三个圆,它们除公共点12外另有三个交点,这三点所确定的圆恰为一个5级圆:

圆123、124、125两两交于1234、1235、1245,确定12345;

圆123、124、126两两交于1234、1236、1246,确定12346;

圆123、125、126两两交于1235、1236、1256,确定12356;

圆124、125、126两两交于1245、1246、1256,确定12456.

根据引理,12356、12345、12346有公共点;由于三者已两两有交点1234、1235和1236,所以12356只能过圆12345和12346的另一公共点 A.证毕.

于是,由这六条直线生成的6级点可以编码为123456.

七条直线的克利福德圆定理 设七条直线中任两条不平行,任三条不共点,则它们所确定的七个6级点共圆.

证明 三个6级点123456、123457、123467确定圆 A,下面有其余四个6级点都在圆 A 上.不失一般性,只要证123567在圆 A 上.

圆12345、12346、12347和123有公共点1234.

根据引理,下面4圆共点:

圆 A,由12345、12346、12347的交点123456、123457、123467确定;

圆 B,由12345、12346、123的交点1235、1236、123456确定,它即12356;

圆 C,由12345、12347、123的交点1235、1237、123457确定,它即12357;

圆 D,由12346、12347、123的交点1236、1237、123467确定,它即12367.

于是,圆 B 和圆 C 的交点有1235和123567,圆 D 和圆 C 的交点有1237和123567,因此四圆 A,B,C,D 所共点为123567.由圆 A 过123567得123456、123457、123467与123567共圆.证毕.

于是,由这7条直线生成的克利福德圆可以编码为1234567.它保持前述编码属性.

下面再给出克利福德链定理的归纳法证明:

设 $n > 2$,下面从定理对于小于 n 的正整数成立推出它对 n 成立.

证明的第一部分 $2n$ 个 $(2n-1)$ 级克利福德圆共点.

由归纳前提,其中任意 $(2n-1)$ 条直线确定了一个 $(2n-1)$ 级圆,要证明这 $2n$ 个圆共点.

记 H 为大于 4 而不大于 $2n$ 的所有自然数组成的码段,考虑两个 $(2n-1)$ 级圆 $123H$ 和 $124H$,两者已有公共点 $12H$,设其另一个公共点为 A;下面证明其余 $(2n-2)$ 个圆也过点 A.不失一般性,只要证明 $134H$ 过点 A.

H 由 $(2n-4)$ 个数字组成,所以它是 $(2n-4)$ 级点的编码.

考虑过点 H 的四个 $(2n-3)$ 级圆 $1H,2H,3H,4H$ 中的三个圆,它们除点 H 外交于三个 $(2n-2)$ 级点,这三点确定一个 $(2n-1)$ 级圆:

圆 $1H,2H,3H$ 两两交于 $12H,13H,23H$,确定 $123H$;

圆 $1H,2H,4H$ 两两交于 $12H,14H,24H$,确定 $124H$;

圆 $1H,3H,4H$ 两两交于 $14H,13H,34H$,确定 $134H$;

圆 $2H,3H,4H$ 两两交于 $23H,24H,34H$,确定 $234H$.

根据引理,$124H,123H,134H$ 有公共点;由于三者已两两有交点 $12H$,$13H$ 和 $14H$,所以 $134H$ 只能过圆 $123H$ 和 $124H$ 的另一个公共点 A.第一部分证毕.

证明的第二部分 $(2n+1)$ 个 $2n$ 级克利福德点共圆.

设有 $(2n+1)$ 条两两相交且任意三条不共点的直线,由归纳前提和第一部分的证明,其中任意 $2n$ 条直线确定了一个 $2n$ 级点,要证明这 $(2n+1)$ 个点共圆.

为此只要证明其中任意四个点共圆.这四个点的编码中有 $(2n-3)$ 个数字是相同的,不妨设这 $(2n-3)$ 个数字均大于 4.

记 H 为大于 4 而不大于 $2n+1$ 的所有自然数组成的码段,则三个 $2n$ 级点 $123H,124H,134H$ 确定一圆 A,只要证明第四个点 $234H$ 在圆 A 上.

H 由 $(2n-3)$ 个数字组成,所以它是 $(2n-3)$ 级圆的编码.

注意 $12H,13H,14H$ 和 H 这 4 个圆有公共点 $1H$;根据引理,下面 4 圆共点:

圆 A,是由 $12H,13H,14H$ 的交点 $123H,124H,134H$ 确定;

圆 B,是由 $12H,13H,H$ 的交点 $123H,2H,3H$ 确定,它即 $23H$;

圆 C,是由 $12H,14H,H$ 的交点 $124H,2H,4H$ 确定,它即 $24H$;

圆 D,是由 $13H,14H,H$ 的交点 $134H,3H,4H$ 确定,它即 $34H$.

于是,圆 B 和圆 C 的交点有 $2H$ 和 $234H$,圆 D 和圆 C 的交点有 $4H$ 和 $234H$,因此,四圆 A,B,C,D 所共点为 $234H$;圆 A 过 $234H$,即 $123H,124H$,

$134H$ 与 $234H$ 共圆. 定理证毕.

注 从证明过程可见, 若把直线换成过同一点的圆, 定理仍然成立. 有趣的是, 直线这样换成圆得到的定理, 在球面上也成立.

❖相离两圆中的矩形问题

定理 从相离两圆的圆心分别向另一圆作两条切线, 切线与圆的四个交点必为一个矩形的四顶点.

证法 1 如图 3.408, A, B, A', B' 为相离两圆圆 O, 圆 O' 分别从圆心向另一圆作两切线与圆的交点, 则 $OA = OB$, $O'A' = O'B'$.

又连心线 OO' 平分 $\angle AOB$ 及 $\angle A'O'B'$, 则 OO' 必垂直平分 AB 及 $A'B'$, 设其垂足分别为 M, M'. 又设 OA 切圆 O' 于 T', $O'A'$ 切圆 O 于 T, 则 $\angle OTO' = \angle OT'O' = 90°$, 可见 O, O', T', T 四点同在一圆上, 因而

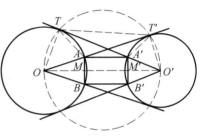

图 3.408

$$\angle T'OO' = \angle T'TA', \quad \angle AOT = \angle A'O'T' \qquad ①$$

于是, 由等腰 $\triangle AOT$ 和 $\triangle O'A'T'$ 推知, 有 $\angle TAT' = \angle TA'T'$. 从而知 A, A', T, T' 四点共圆, 即有

$$\angle T'AA' = \angle T'TA' \qquad ②$$

由①,② 知 $\angle T'AA' = \angle T'OO'$, 从而 $AA' \parallel OO'$.

于是 $AM = A'M'$, 即有 $AB = A'B'$.

注意到 OO' 与 AB, $A'B'$ 均垂直, 故 $ABB'A'$ 为矩形.

证法 2 如图 3.408, 所设同证法 1.

由于连心线 OO' 垂直平分 AB, $A'B'$ 于 M, M', 又 $\angle OT'O' = \angle OTO' = 90°$, 则有 $\mathrm{Rt}\triangle OAM \backsim \mathrm{Rt}\triangle OO'T'$, $\mathrm{Rt}\triangle O'A'M' \backsim \mathrm{Rt}\triangle O'OT$, 因而

$$\frac{AM}{O'T'} = \frac{OA}{OO'}, \frac{A'M'}{OT} = \frac{O'A'}{O'O}$$

亦即有

$$AM = \frac{OA \cdot O'T'}{OO'}, A'M' = \frac{OT \cdot O'A'}{O'O}$$

从而 $AM = A'M'$. 亦即有 $AB = A'B'$.

注意到 OO' 与 AB, $A'B'$ 均垂直, 故 $ABB'A'$ 为矩形.

❖日本神庙塔壁上的铭刻圆问题

在日本的神庙里的塔壁上常会供上一些铭刻有圆形图案的木牌. 这是数学家们把自己的发现贡献给神的一种方式. 公元 1800 年左右的木牌上记录着以下事实.

在图内接多边形中,如果从某个顶点向其他顶点作对角形,那么多边形将被分隔成若干三角形. 接着在每个三角形内都作出它们的内切圆,那么这些内切圆的半径的和是个常数,与顶点的选择无关,如图 3.409(a) 所示.

还可进一步发现,即使从好几个顶点同时作出对角线,只要多边形也是被分割成若干个三角形,那么上述结论依然能成立,如图 3.409(b) 所示.

可惜如上优美定理的作者已逸其名.

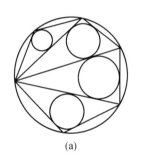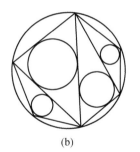

(a)   (b)

图 3.409

综上,我们可得如下定理:

定理 若一个凸多边形内接于圆,被对角线分成三角形,则不论分法如何,这些三角形的内切圆的半径的和都相等.

事实上,对于这个定理,在凸多边形的任意一个凸四边形中,注意到四边形内接于圆与其三角形切圆半径相关的定理 1,知这个凸四边形的两条对角线将其分隔成两对三角形的内切圆半径之和是相等的. 然后运用分类归纳法,即可证得结论成立.

❖古镂钱定理

定理 1 设定圆上有四点,通过其第一第二两点,第二第三两点,等三第四两点,第四第一两点,各作一圆轮回相交,则所得四个第二交点共圆或共线.

证明 设圆 $AYOZ$ 为定圆,分别过 A,Y, O,Z 中两点所作的四圆的第二个交点分别为 P,C,X,B,如图 3.410 所示.

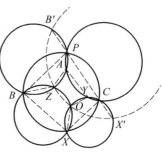

联结有关交点得四边形 $PBXC$ 和 $AZOY$.

由

$$\angle BPC + \angle BXC = \angle APB + \angle APC + \\ \angle OXB + \angle OXC = \\ 720° - (\angle AZB + \angle AYC + \\ \angle OZB + \angle OYC) = \\ \angle AZO + \angle AYO = 180°$$

图 3.410

从而可知 P,C,X,B 四点共圆.

当过第四、第一两点的圆反向与前面所作第一圆和第三圆交于 B',X' 时, B',P,C,X' 四点共线.

注 当所得四交点共圆时,这定理的图形共有六圆,三三相交于八点,叫作六连环,又名古镂钱.[①]

上述定理也可改述为:若 A,B,C 分别是圆 OYZ,圆 OZX,圆 OXY 上的点, 则三圆圆 XBC,圆 YCA,圆 ZAB 共点于 P.

在三圆圆 XBC,圆 YCA,圆 ZAB 之一变态为直线的特殊情形下,结论仍然 成立.若其中有两圆变态为直线,则第三圆亦必为直线,可是它们并不共点. 此 时,有下面的结论.

定理 2 设定直线上有四点,通过其第一第二两点,第二第三两点,第三第 四两点,第四第一两点,各作一圆轮回相交,则所得四个第二交点共圆或共线.

证略,如图 3.411 所示.

❖四点形中的九点圆共点定理

定理 平面四点两两连成四个三角形,它们的九点圆共点.

证明 如图 3.412,设 A,B,C,D 为平面上任意四点,c_1,c_2,c_3,c_4 分别是 $\triangle BCD,\triangle CDA,\triangle DAB,\triangle ABC$ 的九点圆.

设 E,F,G,H,I,J 分别为 AB,BC,CD,DA,AC,BD 的中点. 由九点圆定

---

① 梁绍鸿. 初等数学复习及研究(平面几何)[M]. 哈尔滨:哈尔滨工业大学出版社,2009:178.

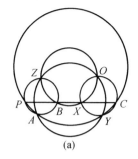 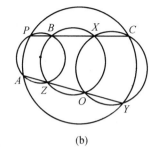

(a)   (b)

图 3.411

理知 c_1 过 F, G, J 三点, c_3 过 H, E, J 三点, 设 O 为 c_1 与 c_3 的第二个交点, 联结 $OG, OH, OJ,$ FG, FJ, EH, EJ, 则有

$\angle GOH = \angle JOG + \angle JOH = \angle JFG + \angle JEH$

注意到 $JFGD$ 和 $JEHD$ 均为平行四边形, 因而 $\angle JFG = \angle JDG$ 且 $\angle JEH = \angle JDH$, 将其代入 ① 得

$\angle GOH = \angle JDG + \angle JDH = \angle CDH$ ②

再联结 IG, IH, 即知 $GDHI$ 也为平行四边

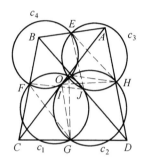

图 3.412

形, 则 $\angle GDH = \angle GIH$. 将其代入 ② 得 $\angle GOH = \angle GIH$. 这说明 c_2 过点 O.

同理, 可证 c_4 也过点 O.

故 c_1, c_2, c_3, c_4 四圆共点. 结论获证.

注 当 A, B, C, D, O 五点的位置相互有所变动时, 上述证法相应地须加以修改.

若 A, B, C, D 四点中有三点共线, 则有九点圆要变态为直线, 在这种情形下. 本定理结论仍成立.

❖ 多圆共点问题

等角中心、布罗卡尔点、密克尔点都是特殊的多圆共点图形.

例如, 以一三角形的每边为一边向外侧各作正三角形, 则所作三个正三角形的外接圆共点, 这点就是原三角形的正等角中心. 若原三角形不是正三角形, 而所作三个正三角形是向内侧作的, 则所作三个正三角形外接圆仍然共点, 该点就是原三角形的负等角中心.

又例如, 在 $\triangle ABC$ 中, 设 c_1 是过 C 而切 AB 于 A 的圆, c_2 是过 A 而切 BC

于 B 的圆，c_3 是过 B 而切 CA 于 C 的圆，又设 c'_1 是过 B 而切 CA 于 A 的圆，c'_2 是过 C 而切 AB 于 B 的圆；c'_3 是过 A 而切 BC 于 C 的圆，则：①c_1，c_2，c_3 三圆交于一点 Ω；②c'_1，c'_2，c'_3 三圆交于一点 Ω'；③Ω 与 Ω' 是 $\triangle ABC$ 的等角共轭点. 此时 Ω，Ω' 分别称为 $\triangle ABC$ 的正、负布罗卡尔点.

下面以定理的形式介绍一些多圆共点问题①.

定理 1 设四边形 $ABCD$ 内接于圆 O，P 是 AC 与 BD 的交点，则

(1) 四圆圆 OAB，圆 PBC，圆 OCD，圆 PDA 共点.

(2) 四圆圆 PAB，圆 OBC，圆 PCD，圆 ODA 共点.

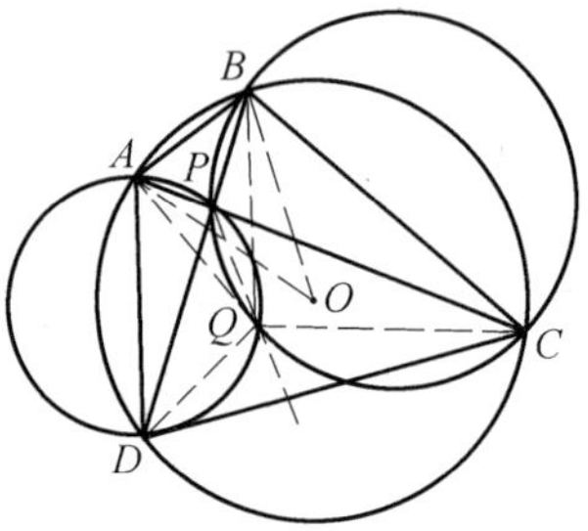

证明 (1) 如图 3.413，设圆 PAD，圆 PBC 的另一交点为 Q，则

$$\angle DQC = \angle PAD + \angle PBC =$$
$$2\angle CAD = \angle DOC$$

图 3.413

所以 Q 在圆 OCD 上. 同理 Q 在圆 OAB 上.

(2) 类似于(1)而证.

定理 2 设 P 与 P' 是四边形 $ABCD$ 的等角共轭点，则

(1) 四圆圆 PAB，圆 $P'BC$，圆 PCD，圆 $P'DA$ 交于一点 Q.

(2) 四圆圆 $P'AB$，圆 PBC，圆 $P'CD$，圆 PDA 交于一点 Q'.

(3) Q 与 Q' 也是四边形 $ABCD$ 的等角共轭点.

证明 (1) 如图 3.414(a)，设 P' 在各边上的射影为 E，F，G，H，注意到若一个多边形有等角共轭点，则这双等角共轭点在各边所在直线上的射影共圆，知 E，F，G，H 共圆，有

$$\angle P'BF + \angle P'CH + \angle P'DH + \angle P'AF =$$
$$\angle P'GF + \angle P'GH + \angle P'EH + \angle P'EF = 180°$$

所以 $\angle AP'B + \angle CP'D = 180°$，$\angle BP'C + \angle DP'A = 180°$.

设圆 PAB 与圆 PCD 的另一交点为 Q，则

$$\angle AQD = \angle PQA + \angle PQD = \angle PBA + \angle PCD =$$
$$\angle P'BC + \angle PCB = 180° - \angle BP'C = \angle AP'D$$

故圆 $P'DA$ 过点 Q. 同理圆 $P'BC$ 也过点 Q.

① 尚强. 初等数学复习及研究(平面几何)习题解答[M]. 哈尔滨:哈尔滨工业大学出版社,2009:127-133.

(2) 仿(1).

(3) 如图 3.414(b),因为

$$\angle BQC + \angle DQA = \angle BP'C + \angle DP'A = 180°$$

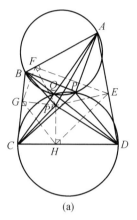
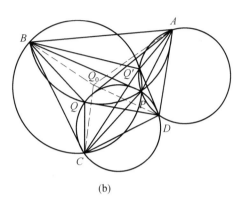

(a)　　　　　　　　　　　　　(b)

图 3.414

不难证明,点 Q 在四边形 $ABCD$ 上的射影共圆,注意到若一点在一个多边形各边所在直线上的射影共圆,则该点的等角共轭点(关于这多边形)必定存在,知点 Q 的等角共轭点存在.同理,点 Q' 的等角共轭点也存在,令其为 Q_0,则

$$\angle DQ_0C = 180° - \angle AQ_0B = \angle Q_0AB + \angle Q_0BA =$$
$$\angle Q'AD + \angle Q'BC = \angle DPC$$

所以圆 DPC 过 Q_0. 又

$$\angle BQ_0A = 180° - \angle CQ_0D = \angle Q_0CD + \angle Q_0DC =$$
$$\angle Q'CB + \angle Q'DA = \angle Q'PB + \angle Q'PA = \angle BPA$$

所以圆 BPA 过 Q_0,而圆 PAB 与圆 PCD 除点 P 外只能再有一个交点 Q,故 Q_0 与 Q 重合,所以 Q 与 Q' 是四边形 $ABCD$ 的等角共轭点.

定理 3 有四圆共点,除此点外,每三圆尚有三个第二交点,这三个交点决定一个圆,这样的圆有四个,它们也共点.(注:后四圆可能都是直线,这时它们并不共点.)

证明 如图 3.415,设四圆圆 O_1,圆 O_2,圆 O_3,圆 O_4 共点于 Q,其第二交点分别为 P_{12},P_{13},P_{14},P_{23},P_{24},P_{34}.

注意到古镂钱定理中的定理 1 中的注,得

因为三圆圆 $P_{14}P_{13}P_{12}$,圆 $P_{24}P_{12}P_{23}$,圆 $P_{34}P_{23}P_{13}$ 共点于 Q,所以三圆圆 $P_{23}P_{24}P_{34}$,圆 $P_{13}P_{34}P_{14}$,圆 $P_{12}P_{14}P_{24}$ 共点于 Q'.

因为三圆圆 $P_{12}P_{24}P_{23}$,圆 $P_{13}P_{23}P_{34}$,圆 $P_{14}P_{34}P_{24}$ 共点于 Q,所以三圆圆 $P_{34}P_{13}P_{14}$,圆 $P_{24}P_{14}P_{12}$,圆 $P_{23}P_{12}P_{13}$ 共点于 Q'.

定理 4 四点两两连成四个三角形,另外一点对于这些三角形的四个垂足圆共点.(由一点向一三角形每边所在直线作垂线,通过三垂足的圆叫作该点对于三角形的垂足圆.)(注:当给定的四点共圆而另外的一点恰好在这圆上时,则所谓四个垂足圆实际是四条直线(西姆松线),此时,它们并不共点.)

证明 如图 3.416,设点 P 对三角形各边的垂足分别是 E,F,G,H,M,N 六点.

设圆 MEF 与圆 MGH 相交于 Q. 因为 P, H,D,E,M;P,E,F,A,N;P,N,G,C,H 各五点共圆,其直径分别为 PD,PA,PC,所以

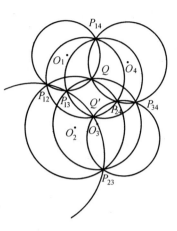

图 3.415

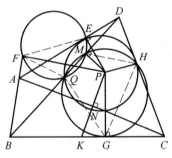

图 3.416

$$\angle FQG = \angle FQB + \angle GQB =$$
$$\angle MEF + \angle MHG =$$
$$\angle PEF - \angle PEM + \angle PHM + \angle PHG =$$
$$\angle KNF + \angle KNG = \angle FNG$$

则点 Q 在圆 FNG 上.同理点 Q 在圆 EHN 上.故结论获证.

定理 5 设 A',B',C' 分别是 $\triangle ABC$ 的顶点 A,B,C 在直线 l 上的射影,X, Y,Z 分别是 l 上任一点 P 在 BC,CA,AB 上的射影,则四圆圆 XYZ,圆 $XB'C'$,圆 $YC'A'$,圆 $ZA'B'$ 共点.

证明 如图 3.417,设圆 $ZA'B'$,圆 $YC'A'$ 相交于 Q.

因为 P,X,Z,B,B';P,X,Y,C,C';P,Y,Z,A,A' 各五点共圆,其直径分别为 PB,PC,PA,所以

$$\angle B'QC' = \angle A'QB' + \angle A'QC' =$$
$$\angle A'ZB' + \angle A'YC' =$$
$$(\angle PZB' - \angle PZA') +$$

$$(\angle PYA' + \angle PYC') =$$
$$(\angle PXB' - \angle PAA') +$$
$$(\angle PAA' + \angle PXC') =$$
$$\angle PXB' + \angle PXC' = \angle B'XC'$$

则圆 $XB'C'$ 过 Q.

同样圆 XYZ 也过点 Q. 故结论获证.

定理 6 已知 $\triangle ABC$ 及一点 P, 自 P 引线垂直于 PA, PB, PC 分别交圆 PBC, 圆 PCA, 圆 PAB 于 A', B', C'. 则

(1) P, A', B', C' 四点共圆.

(2) 四圆圆 ABC, 圆 $AB'C'$, 圆 $BC'A'$, 圆 $CA'B'$ 共点.

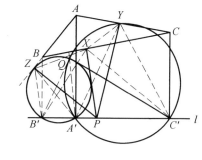

图 3.417

证明 如图 3.418, (1) 因为 $PA \perp O_2O_3$ 且 $PA \perp PA'$, 所以 PA' 的中垂线 $O_1H \perp O_2O_3$.

同理 PB' 的中垂线 $O_2H \perp O_3O_1$, PC' 的中垂线 $O_3H \perp O_1O_2$.

故 H 是 $\triangle O_1O_2O_3$ 的垂心.

有 $HP = HA' = HB' = HC'$, 所以 P, A', B', C' 四点共圆.

(2) 因为四圆圆 O_1, 圆 O_2, 圆 O_3, 圆 $A'B'C'$ 共点于 P, 其第二交点为 A, B, C, A', B', C'. 由定理 3 知四周圆 ABC, 圆 $AB'C'$, 圆 $BC'A'$, 圆 $CA'B'$ 共点.

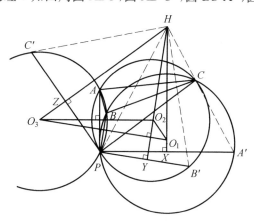

图 3.418

定理 7 设 P 是 $\triangle ABC$ 的边 BC 或延长线上一点, 若有 X, Y, Z 三点, 使得 $\triangle XCP$ 与 $\triangle YCA$, $\triangle XBP$ 与 $\triangle ZBA$ 各真正相似, 则

(1) 四圆圆 ABC,圆 AYZ,圆 BZX,圆 CXY 共点.

(2) 四圆圆 XYZ,圆 XBC,圆 YCA,圆 ZAB 共点.

证明 如图 3.419(a),当 X 在 $\triangle ABC$ 之内时,在四边形 $BCYZ$ 中,有

$$\angle ZAB + \angle YAC = \angle XPB + \angle XPC = 180°$$

由定理 2 知,关于点 A 有等角共轭点.因为

$$\angle XBP = \angle ZBA, \angle XCP = \angle YCA$$

所以点 X 即点 A 的等角共轭点.

由定理 2(1),本题(1) 成立;由定理 2(2),本题(2) 成立.

如图 3.419(b),当 X 在 $\triangle ABC$ 之外时,设圆 YCA,圆 ZAB 的另一交点为 Q,则

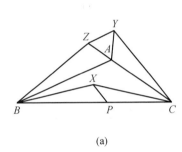

(a)

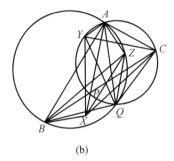

(b)

图 3.419

$$\angle BQC = \angle BQA + \angle AQC = \angle BZA + \angle AYC = \angle BXP + \angle PXC = \angle BXC$$

故圆 XBC 过 Q.

联结 YX,AP,易证

$$\triangle YXC \backsim \triangle APC$$

得

$$\angle YXC = \angle APC$$

同理

$$\angle ZXB = \angle APB$$

于是 $\angle ZXY = \angle BXZ + \angle CXY - \angle BXC = \angle APB + \angle APC - \angle BXC =$

$$180° - \angle BXC = \angle XBP + \angle XCP = \angle ZBA + \angle YCA =$$

$$\angle ZQA + \angle YQA = \angle ZQY$$

所以四圆圆 XYZ,圆 XBC,圆 YCA,圆 ZAB 共点.由定理 3 知,圆 ABC,圆 AYZ,圆 BZX,圆 CXY 也共点.

定理 8 设一点 P 关于 $\triangle ABC$ 三边 BC,CA,AB 的对称点为 X,Y,Z,则

(1) 四圆圆 XYZ,圆 XBC,圆 YCA,圆 ZAB 交于一点 Q.

(2) 四圆圆 ABC,圆 AYZ,圆 BZX,圆 CXY 共点.

(3) PQ 的中点在 $\triangle ABC$ 的九点圆上.

证明 (1) 如图 3.420(a)，$P,D,C,E;P,E,A,F;P,F,B,D$ 均四点共圆.
设圆 YCA 与圆 ZAB 相交于 Q，则

$$\angle ZQY = \angle ZQA + \angle AQY = \angle ZBA + \angle ACY = \angle PBF + \angle PCE =$$
$$\angle PDF + \angle PDE = \angle PXZ + \angle PXY = \angle ZXY$$

故圆 XYZ 过点 Q. 因为

$$\angle BQC = \angle CQA - \angle BQA = \angle CPA - (180° - \angle BPA) =$$
$$360° - \angle BPC - 180° = 180° - \angle BXC$$

故圆 XBC 过点 Q.

(2) 由定理 3 知，(1) 的四圆共点于 Q，且每三圆尚有三个第二交点，而这三个交点所决定的四圆即本题所述的四圆，故它们也共点.

例如，由三圆圆 XBC，圆 YCA，圆 ZAB 的第二交点得圆 ABC.

由三圆圆 XYZ，圆 XBC，圆 YCA；圆 XYZ，圆 YCA，圆 ZAB；圆 XYZ，圆 ZAB，圆 XBC 的第二交点分别得出圆 CXY，圆 AYZ，圆 BZX.

(3) 如图 3.420(b)，取 PA,PB,PC,PQ 的中点为 A',B',C',Q'，令 BC，CA,AB 的中点为 M,N,L，则点 P 关于 $\triangle A'B'C'$ 三边的对称点为 D,E,F. 于是由(1)得四圆圆 DEF，圆 $DB'C'$，圆 $EC'A'$，圆 $FA'B'$ 交于一点，由于有关各图均以 P 为顶点且有相似比 $\frac{1}{2}$，故所交的一点即 PQ 的中点 Q'.

又 $B'M = PC' = C'D$，故 B',C',D,M 共圆，所以 B',M,D,C',Q' 五点共圆.
又

$$\angle MQ'C' = 180° - \angle MDC' = 180° - (180° - \angle C'DC) = \angle C'CD$$

同理，C',Q',E,N,A' 五点共圆. 且 $LMCN$ 为平行四边形，于是

$$\angle NQ'C' = \angle NEC' = 180° - \angle C'EC = 180° - \angle C'CE$$

所以 $\quad \angle MQ'N = \angle NQ'C' - \angle MQ'C' = 180° - \angle C'CE - \angle C'CD =$
$$180° - \angle DCE = 180° - \angle MCN = 180° - \angle MLN$$

故圆 LMN 过 Q'，即 Q' 在 $\triangle ABC$ 的九点圆上.

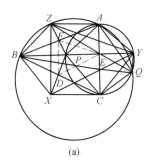
(a)

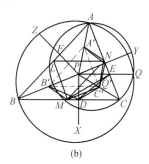
(b)

图 3.420

第四章 多边形、圆

❖富多(Fordos)定理(凸五边形面积定理)

富多定理 在凸五边形 $ABCDE$ 中,对角线与边组成的三角形面积,有如下关系式:$S_{\triangle ABC} \cdot S_{\triangle ADE} + S_{\triangle ACD} \cdot S_{\triangle ABE} = S_{\triangle ABD} \cdot S_{\triangle ACE}$

证明 如图 4.1,作 $\triangle ABE$ 的外接圆,延长 AD, AC 分别交这个外接圆于点 N, M. 令 $\angle BAM = \alpha$, $\angle MAN = \beta$, $\angle NAE = \gamma$,该圆半径为 1,则

$$\sin \alpha = \frac{BM}{2}, \sin \gamma = \frac{NE}{2}, \sin \beta = \frac{MN}{2}$$

$$\sin(\alpha + \beta) = \frac{BN}{2}, \sin(\alpha + \beta + \gamma) = \frac{BE}{2}, \sin(\beta + \gamma) = \frac{ME}{2}. \text{ 于是}$$

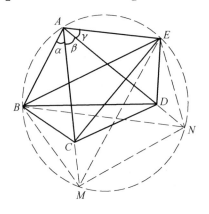

图 4.1

$$\sin \alpha \cdot \sin \gamma = \frac{1}{4} BM \cdot EN \qquad \text{①}$$

$$\sin \beta \cdot \sin(\alpha + \beta + \gamma) = \frac{1}{4} MN \cdot BE \qquad \text{②}$$

$$\sin(\alpha + \beta) \cdot \sin(\beta + \gamma) = \frac{1}{4} BN \cdot ME \qquad \text{③}$$

由 ①＋②－③ 并注意托勒密定理,有

$$\sin \alpha \cdot \sin \gamma + \sin \beta \cdot \sin(\alpha + \beta + \gamma) - \sin(\alpha + \beta) \cdot \sin(\beta + \gamma) =$$

$$\frac{1}{4}(BM \cdot EN + MN \cdot BE - BN \cdot ME) = 0$$

即有

$$\sin\alpha \cdot \sin\gamma + \sin\beta \cdot \sin(\alpha+\beta+\gamma) = \sin(\alpha+\beta) \cdot \sin(\beta+\gamma) \qquad ④$$

对式 ④ 两边同乘 $\frac{1}{4} AB \cdot AC \cdot AD \cdot AE$，整理，有

$$\frac{1}{2} AB \cdot AC \cdot \sin\alpha \cdot \frac{1}{2} AD \cdot AE \cdot \sin\gamma +$$

$$\frac{1}{2} AC \cdot AD \cdot \sin\beta \cdot \frac{1}{2} AB \cdot AE \cdot \sin(\alpha+\beta+\gamma) =$$

$$\frac{1}{2} AB \cdot AD \cdot \sin(\alpha+\beta) \cdot \frac{1}{2} AC \cdot AE \cdot \sin(\beta+\gamma)$$

故

$$S_{\triangle ABC} \cdot S_{\triangle ADE} + S_{\triangle ACD} \cdot S_{\triangle ABE} = S_{\triangle ABD} \cdot S_{\triangle ACE}$$

❖平行六边形定理

三组对边两两平行的凸六边形叫作平行六边形.①②

定理 1　设平行六边形 $A_1B_1A_2B_2A_3B_3$（如图 4.1，$A_1B_1 /\!/ A_3B_2$，$A_2B_2 /\!/ A_1B_3$，$A_3B_3 /\!/ A_2B_1$）的两个内含 $\triangle A_1A_2A_3$，$\triangle B_1B_2B_3$ 的外接圆半径分别为 R_{A_0}，R_{B_0}，且记 $\triangle A_1B_1B_3$，$\triangle A_2B_2B_1$，$\triangle A_3B_3B_2$ 的外接圆半径为 $R_{A_i}(i=1,2,3)$；$\triangle B_1A_1A_2$，$\triangle B_2A_2A_3$，$\triangle B_3A_3A_1$ 的外接圆半径为 $R_{B_i}(i=1,2,3)$，则有

$$R_{A_0} R_{A_1} R_{A_2} R_{A_3} = R_{B_0} R_{B_1} R_{B_2} R_{B_3}$$

证明　如图 4.2，用 A_1，B_1，A_2，B_2，A_3，B_3 分别表示平行六边形 $A_1B_1A_2B_2A_3B_3$ 的六个内角，由题设有

$$A_1 = B_2, A_2 = B_3, A_3 = B_1$$

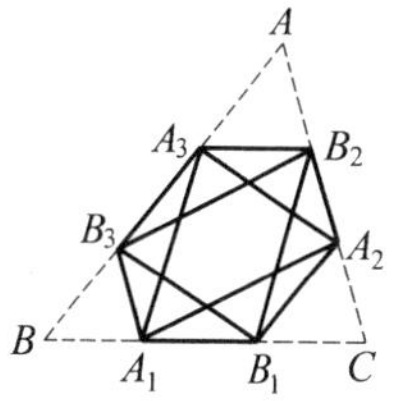

则

$$R_{A_1} = \frac{B_3B_1}{2\sin A_1}, R_{A_2} = \frac{B_1B_2}{2\sin A_2}$$

$$R_{A_3} = \frac{B_2B_3}{2\sin A_3}, R_{B_1} = \frac{A_1A_2}{2\sin B_1}$$

$$R_{B_2} = \frac{A_2A_3}{2\sin B_2}, R_{B_3} = \frac{A_3A_1}{2\sin B_3}$$

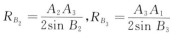

图 4.2

从而有

———————————

①　李耀文. 平行六边形的一个新性质[J]. 中学数学，2005(3)：封底.

②　李耀文. 平行六边形的又一性质[J]. 中学数学，2006(5)：42.

$$R_{A_1} R_{A_2} R_{A_3} = \frac{B_3 B_1 \cdot B_1 B_2 \cdot B_2 B_3}{8 \sin A_1 \cdot \sin A_2 \cdot \sin A_3}$$

$$R_{B_1} R_{B_2} R_{B_3} = \frac{A_1 A_2 \cdot A_2 A_3 \cdot A_3 A_1}{8 \sin B_1 \cdot \sin B_2 \cdot \sin B_3}$$

又因

$$A_1 A_2 \cdot A_2 A_3 \cdot A_3 A_1 = 4 R_{A_0} \cdot S_{\triangle A_1 A_2 A_3}$$

$$B_1 B_2 \cdot B_2 B_3 \cdot B_3 B_1 = 4 R_{B_0} \cdot S_{\triangle B_1 B_2 B_3}$$

所以

$$\frac{R_{A_1} R_{A_2} R_{A_3}}{R_{B_1} R_{B_2} R_{B_3}} = \frac{R_{B_0} \cdot S_{\triangle B_1 B_2 B_3}}{R_{A_0} \cdot S_{\triangle A_1 A_2 A_3}} \qquad ①$$

不妨双向延长 $A_1 B_1$，$A_2 B_2$，$A_3 B_3$，两两相交于点 A, B, C（图 4.1），记

$\frac{AA_3}{A_3 B} = \lambda_1$，$\frac{BA_1}{A_1 C} = \lambda_2$，$\frac{CA_2}{A_2 A} = \lambda_3$，由 $\frac{S_{\triangle AA_2 A_3}}{S_{\triangle ABC}} = \frac{AA_3}{AB} \cdot \frac{AA_2}{AC} = \frac{\lambda_1}{(1+\lambda_1)(1+\lambda_3)}$ 等三

式及 $S_{\triangle A_1 A_2 A_3} = S_{\triangle ABC} - (S_{\triangle AA_2 A_3} + S_{\triangle BA_1 A_3} + S_{\triangle CA_1 A_2})$ 给出的三角形的内接三角形面积公式，得

$$S_{\triangle A_1 A_2 A_3} = \frac{1 + \lambda_1 \lambda_2 \lambda_3}{(1+\lambda_1)(1+\lambda_2)(1+\lambda_3)} \cdot S_{\triangle ABC}$$

又 $A_1 B_1 \parallel A_3 B_2$，$A_2 B_2 \parallel A_1 B_3$，$A_3 B_3 \parallel A_2 B_1$，则

$$\frac{AB_2}{B_2 C} = \frac{AA_3}{A_3 B} = \lambda_1$$

$$\frac{BB_3}{B_3 A} = \frac{BA_1}{A_1 C} = \lambda_2$$

$$\frac{CB_1}{B_1 B} = \frac{CA_2}{A_2 A} = \lambda_3$$

故

$$S_{\triangle B_1 B_2 B_3} = \frac{(1 + \lambda_1 \lambda_2 \lambda_3)}{(1+\lambda_1)(1+\lambda_2)(1+\lambda_3)} \cdot S_{\triangle ABC}$$

所以

$$S_{\triangle A_1 A_2 A_3} = S_{\triangle B_1 B_2 B_3} \qquad ②$$

由式①，②，得

$$\frac{R_{A_1} R_{A_2} R_{A_3}}{R_{B_1} R_{B_2} R_{B_3}} = \frac{R_{B_0}}{R_{A_0}}$$

所以

$$R_{A_0} R_{A_1} R_{A_2} R_{A_3} = R_{B_0} R_{B_1} R_{B_2} R_{B_3}$$

定理 2 设平行六边形 $A_1 B_1 A_2 B_2 A_3 B_3$（$A_1 B_1 \parallel A_3 B_2$，$A_2 B_2 \parallel A_1 B_3$，$A_3 B_3 \parallel A_2 B_1$）的六个内角均为钝角，以三边 $A_i B_i$（$i = 1, 2, 3$）为边向形内各作一个矩形，使它们的顶点两两重合，构成一个 $\triangle PQR$（图 4.3），并记矩形 $A_1 B_1 RQ$，$A_2 B_2 PR$，$A_3 B_3 QP$ 的面积依次为 $S_{A_i B_i}$（$i = 1$，$2, 3$），又记 $\triangle PA_3 B_2$，$\triangle QA_1 B_3$，$\triangle RA_2 B_1$ 的面积分别为 $S_{\triangle_i}$（$i = 1, 2, 3$），用 P, Q, R 分别表示 $\triangle PQR$ 的三个内角，

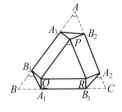

图 4.3

则有：

(1) $\dfrac{S_{A_1B_1}}{\sin 2P} = \dfrac{S_{A_2B_2}}{\sin 2Q} = \dfrac{S_{A_3B_3}}{\sin 2R}$.

(2) $\dfrac{S_{A_1B_1} \cdot S_{\triangle_1}}{\sin^2 P} = \dfrac{S_{A_2B_2} \cdot S_{\triangle_2}}{\sin^2 Q} = \dfrac{S_{A_3B_3} \cdot S_{\triangle_3}}{\sin^2 R}$.

(3) $\dfrac{S_{\triangle_1}}{\tan P} = \dfrac{S_{\triangle_2}}{\tan Q} = \dfrac{S_{\triangle_3}}{\tan R}$.

证明　如图 4.3，用 $A_i, B_i (i = 1, 2, 3)$ 分别表示平行六边形 $A_1B_1A_2B_2A_3B_3$ 的六个内角，由题设知有

$$A_1 = B_2, A_2 = B_3, A_3 = B_1$$

(1) 不妨双向延长 A_1B_1, A_2B_2, A_3B_3，两两相交于 A, B, C 三点（图 4.3），由 $A_1B_1 /\!/ A_3B_2 /\!/ QR, A_2B_2 /\!/ A_1B_3 /\!/ PR, A_3B_3 /\!/ A_2B_1 /\!/ PQ$，可知有

$$\angle P = \angle A = \angle B_1A_2C = \angle A_1B_3B$$

$$\angle Q = \angle B = \angle A_2B_1C = \angle B_2A_3A$$

$$\angle R = \angle C = \angle B_3A_1B = \angle A_3B_2A$$

所以　　$\dfrac{RB_1}{RA_2} = \dfrac{\sin \angle RA_2B_1}{\sin \angle RB_1A_2} = \dfrac{\sin(90° - \angle B_1A_2C)}{\sin(90° - \angle A_2B_1C)} = \dfrac{\cos P}{\cos Q}$

$$\dfrac{S_{A_1B_1}}{S_{A_2B_2}} = \dfrac{RB_1 \cdot RQ}{RA_2 \cdot RP} = \dfrac{\cos P}{\cos Q} \cdot \dfrac{\sin P}{\sin Q} = \dfrac{\sin 2P}{\sin 2Q}$$

同理　　　　　　　$\dfrac{S_{A_2B_2}}{S_{A_3B_3}} = \dfrac{\sin 2Q}{\sin 2R}$

所以　　　　$\dfrac{S_{A_1B_1}}{\sin 2P} = \dfrac{S_{A_2B_2}}{\sin 2Q} = \dfrac{S_{A_3B_3}}{\sin 2R}$

(2) 不妨记 $\triangle PQR$ 的面积为 $S_{\triangle}$，利用三角形面积公式有

$$S_{\triangle} \cdot S_{\triangle_1} = \left(\dfrac{1}{2}PQ \cdot PR \sin P\right) \cdot \left(\dfrac{1}{2}PA_3 \cdot PB_2 \sin P\right) =$$

$$\dfrac{1}{4}(PQ \cdot PA_3) \cdot (PR \cdot PB_3)\sin^2 P =$$

$$\dfrac{1}{4}(S_{A_3B_3} \cdot S_{A_2B_2})\sin^2 P$$

同理　　　　　$S_{\triangle} \cdot S_{\triangle_2} = \dfrac{1}{4}(S_{A_1B_1} \cdot S_{A_3B_3})\sin^2 Q$

$$S_{\triangle} \cdot S_{\triangle_3} = \dfrac{1}{4}(S_{A_2B_2} \cdot S_{A_1B_1})\sin^2 R$$

则　　　　　　　$\dfrac{S_{\triangle_1}}{S_{\triangle_2}} = \dfrac{S_{A_2B_2}}{S_{A_1B_1}} \cdot \dfrac{\sin^2 P}{\sin^2 Q}$

$$\frac{S_{\triangle_2}}{S_{\triangle_3}} = \frac{S_{A_3 B_3}}{S_{A_2 B_2}} \cdot \frac{\sin^2 Q}{\sin^2 R}$$

即

$$\frac{S_{A_1 B_1} \cdot S_{\triangle_1}}{\sin^2 P} = \frac{S_{A_2 B_2} \cdot S_{\triangle_2}}{\sin^2 Q} = \frac{S_{A_3 B_3} \cdot S_{\triangle_3}}{\sin^2 R}$$

（3）利用（1）和（2）的结论，容易得到

$$\frac{S_{\triangle_1}}{S_{\triangle_2}} = \frac{\sin 2Q}{\sin 2P} \cdot \frac{\sin^2 P}{\sin^2 Q} = \tan P \cot Q = \frac{\tan P}{\tan Q}$$

$$\frac{S_{\triangle_2}}{S_{\triangle_3}} = \frac{\sin 2R}{\sin 2Q} \cdot \frac{\sin^2 Q}{\sin^2 R} = \tan Q \cot R = \frac{\tan Q}{\tan R}$$

故

$$\frac{S_{\triangle_1}}{\tan P} = \frac{S_{\triangle_2}}{\tan Q} = \frac{S_{\triangle_3}}{\tan R}$$

❖中心对称凸六边形定理

定理 中心对称凸六边形内（含边界）任意三点所成三角形面积不大于六边形面积的一半。[1]

证明 设凸六边形 $ABCDEF$ 是中心对称图形，如图 4.4 所示，联结 AC, AE, DB, DF, BF, CE。过 A 作 BF 的平行线与 CB, EF 的延长线交于 M_1, M_2，由中心对称知 $CB \parallel EF$，于是 $BF \parallel CE$，$\triangle ABF \cong \triangle DEC$，所以四边形 $M_1 M_2 EC$ 是平行四边形，且有

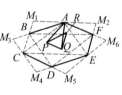

图 4.4

$$S_{\square M_1 M_2 EC} = S_{六边形 ABCDEF}$$

同理 $S_{六边形 ABCDEF} = S_{\square M_1 M_2 EC} = S_{\square M_3 M_4 EA} = S_{\square M_5 M_6 AC} = 2S_{\triangle ACE}$ （＊）

设 P, Q, R 是六边形内（含边界）任意三点，则 A, B, C, D, E, F 中至少有一点到直线 PQ 的距离不小于 R 到直线 PQ 的距离，不妨设这点为 A，则 $S_{\triangle APQ} \geqslant S_{\triangle RPQ}$（$P, Q, R$ 共线时 $S_{RPQ} = 0$）。

（1）若 P, Q 均在五边形 $ABCEF$ 内（含边界），则

$$S_{\triangle RPQ} \leqslant S_{\triangle APQ} \leqslant \frac{1}{2} S_{\square M_1 M_2 EC}$$

（2）若 P, Q 均在 $\triangle CDE$ 内，则

$$S_{\triangle RPQ} \leqslant S_{\triangle APQ} \leqslant \frac{1}{2} S_{\square M_3 M_4 EA}$$

① 陈躬.中心对称凸六边形的一个性质[J].中学数学月刊,1997(4):42.

（3）若 P 在五边形 $ABCEF$ 内，Q 在 $\triangle CDF$ 内.

① 当 P 在四边形 $ABCE$ 内时

$$S_{\triangle RPQ} \leqslant S_{\triangle APQ} \leqslant \frac{1}{2} S_{\square M_3 M_4 EA}$$

② 当 P 在四边形 $ACEF$ 内时

$$S_{\triangle RPQ} \leqslant S_{\triangle APQ} \leqslant \frac{1}{2} S_{\square M_5 M_6 AC}$$

综上所述，由（＊）得

$$S_{\triangle RPQ} \leqslant S_{\triangle APQ} \leqslant \frac{1}{2} S_{六边形 ABCDEF}$$

命题得证.

❖ 中心对称多边形外接圆上点的性质定理

定理 1[①]　设中心对称的多边形 $A_1 A_2 \cdots A_{2n} (n \geqslant 2)$ 的外接圆 O 的半径为 R，l 为过圆周上任一点 P 的切线. M_i 与 M'_i 为第 i 组（$i=1,2,\cdots,n$）对边上关于圆心 O 的对称点，且 M_i 与 M'_i 到 l 的距离分别为 $M_i N_i$ 与 $M'_i N'_i$，则

$$\sum_{i=1}^{n} (M_i N_i + M'_i N'_i) = 2nR$$

为定值.

分析　不失一般性，当 $n=2$ 时，即对中心对称的四边形的情况给出证明.

证明　如图 4.5，联结 OP 及 $M_1 M'_1$，由题设可知 $OP \perp l$，圆心 O 在 $M_1 M'_1$ 上，且 $M_1 O = OM'_1$.

在直角梯形 $M_1 M'_1 N'_1 N_1$ 中，OP 为它的中位线，所以

$$M_1 N_1 + M'_1 N'_1 = 2OP = 2R$$

同理，$M_2 N_2 + M'_2 N'_2 = 2R$. 因此

$$\sum_{i=1}^{n} (M_i N_i + M'_i N'_i) = 4R$$

为定值.

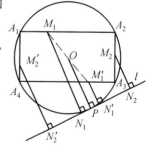

图 4.5

特别地，当 M_1 与 A_1，M'_1 与 A_3，M_2 与 A_2，M'_2 与 A_4 重合时，即中心对称的四边形的四个顶点到过它的外接圆上任一点的切线的距离之和为定值.

①　王亚红. 中心对称多边形外接圆周上点的性质[J]. 数学讯，2002(17)：37.

类似地可以有下面定理 1 的推广：

定理 2　设中心对称的多边形 $A_1A_2\cdots A_{2n}(n\geqslant 2)$ 的外接圆 O 的半径为 R，平面上任一直线 l 与圆心 O 的距离为 $d(d\geqslant R)$. M_i 与 M'_i 为第 i 组$(i=1,2,\cdots,n)$ 对边上关于圆心 O 的对称点，且 M_i 与 M'_i 到直线 l 的距离分别为 M_iN_i 与 $M'_iN'_i$，则

$$\sum_{i=1}^{n}(M_iN_i+M'_iN'_i)=2nd$$

为定值.

特别地，当 $d=R$ 时，即直线 l 与圆相切时，定理 2 即为定理 1.

❖菱六边形问题

在正三角形 t 的三边所在直线上各取两点，若此六点可联结成（下文简称为"构成"）凸或凹的等边六边形，则称该六边形为菱六边形，t 称为菱六边形的母三角形，t 的中心称为菱六边形的旋心，旋心到菱六边形各边所在直线的距离称为该边的边心距. 游艳霞等学者深入探讨了菱六边形问题.[①]

图 4.6 中 $t=\triangle ABC$ 均为正三角形，六边形 $A_1A_2B_1B_2C_1C_2$ 分别是凸、凹菱六边形，t 为母三角形. 全体正三角形的集合记作 T.

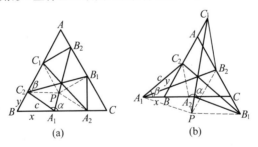

(a)　　　　　　　(b)

图 4.6

定理 1　若 $t,t'\in T$ 均内接于圆 O，则在 t 与 t' 的三边所在直线的交点中，必有六点构成一凸菱六边形. 当它不是正六边形时，又必有六点恰构成一凹菱六边形. 且 t,t' 均为这两个菱六边形的母三角形.

证明　如图 4.7，$\triangle ABC,\triangle A'B'C'\in T$，内接于圆 O. 作适当的辅助线. 易得

---

①　游艳霞，逢淑艳.菱六边形若干性质与判定的探讨[J].中学数学研究，2006(1):28-30.

$$\angle AA'B_2 = 30° = \angle A'AB_2 \Rightarrow AB_2 = A'B_2$$

进而易得

$$\triangle C'A_2A_1 \cong \triangle CA_2B_1 \cong \cdots \cong \triangle BC_2A_1$$

故 $\qquad A_1A_2 = A_2B_1 = \cdots = C_2A_1$

即 $A_1A_2B_1B_2C_1C_2$ 为凸菱六边形,当它不是正六边形时(否则 A'_2, B'_2, C'_2 均为无穷远点),易得 $A_2'A_1B_2'B_1C_2'C_1$ 为凹菱六边形.

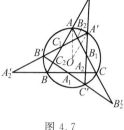

图 4.7

我们称定理 1 中得到的两个菱六边形(如果存在的话)为由 t 与 t' 生成的菱六边形,且称它们为一对同源菱六边形.凸或凹六边形两两不相邻的三个顶点称为同组顶点,两两不相邻的三个内角称为同组内角.

又若点 P 与等边六边形相邻的三个顶点构成菱形,则称点 P 为等边六边形的一个菱心;若在该菱形中,P 的对顶点为 A,则称 P 为顶点 A 所对的菱心.

定理 2 菱六边形每组对顶点所对的菱心重合,从而菱六边形有三个菱心,它们分别在三条主对角线所在的直线上.特别地,当菱六边形为正六边形时,三个菱心与旋心重合.

略证 凸的情形见图 4.8,其中正 $\triangle ABC$ 是菱六边形 $A_1A_2B_1B_2C_1C_2$ 的母三角形,P_1 为 A_1 所对的菱心,作适当的辅助线.因

$$P_1C_2 = A_1A_2, C_1C_2, \angle P_1A_2A_1 = \angle P_1C_2A_1,$$
$$P_1C_2 \parallel A_1A_2$$

故 $\qquad \angle C_1C_2P_1 = \angle B = 60°$
$$\triangle P_1C_1C_2 \in T$$

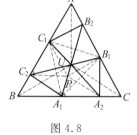

图 4.8

从而 $\qquad P_1C_1 \parallel B_2B_1, P_1C_1 = B_2B_1 = B_2C_1$

故 P_1 是 B_2 所对的菱心,从而 $\angle A_1P_1B_2 = 180°$,即 P_1 在 A_1B_2 上.余下部分同理可证.凹的情形证明类似.

定理 3 菱六边形同组内角相等.

推论 1 菱六边形相邻两内角的和为 $240°$.

推论 2 菱六边形同组顶点构成正三角形.

定理 4 菱六边形三条主对角线长相等,其所在直线交于旋心,且均为菱六边形的对称轴.

略证 凸的情形见图 4.8,作适当的辅助线.由定理 2 知 A_1B_2 是 $\triangle A_1B_1C_1$ 的边 B_1C_1 及线段 A_2C_2 的中垂线,故为菱六边形的对称轴.同理 B_1C_2, C_1A_2 分别为 C_1A_1, A_1B_1 的中垂线及菱六边形的对称轴,故 A_1B_2, B_1C_2, C_1A_2 交于一点 U.由对称性 $UA_2 = UC_2, UB_1 = UC_1$,故 $B_1C_2 = C_1A_2$.同理

$C_1A_2 = A_1B_2$. 易证 $\triangle UAC_1 \cong \triangle UBA_1 \cong \triangle UCB_1$,故 $UA = UB = UC$,即 U 是旋心. 凹的情形证明类似.

推论 若菱六边形有同源菱六边形,则它们有共同的对称轴.

定理 5 菱六边形是以旋心为中心的三次中心对称图形.

定理 6 菱六边形每组对边上的四个顶点共圆.

定理 7 菱六边形(非正六边形)的三个菱心构成一个以旋心为中心的正三角形.

定理 8 菱六边形各边的边心距相等,从而以旋心为心,边心距为半径的圆或内切于凸菱六边形,或内切于凹菱六边形的同源菱六边形.

利用定理 3,4 易证定理 5~8,限于篇幅从略.

下述定理 9 是定理 1 的逆定理.

定理 9 菱六边形必由两个内接于同一个圆的正三角形生成.

略证 凸的情形:如图 4.9 所示,其中 $A_1A_2B_1B_2C_1C_2$ 是菱六边形,正 $\triangle ABC$ 是其母三角形. 作适当的辅助线易得 $\angle A' = \angle B' = \angle C'$,故正 $\triangle A'B'C'$ 是该菱六边形的另一母三角形,由定理 4 知 O 为其中心. 凹的情形证明类似.

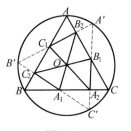

图 4.9

至此可得结论:① 一个菱六边形完全由两个有相同外接圆的正三角形所确定;② 除正六边形外,每个菱六边形都有同源菱六边形.

为了简便地介绍有关结论,先给出如下一些记号.

如图 4.6,设正 $\triangle ABC$ 的边长为 a,菱六边形 $A_1A_2B_1B_2C_1C_2$ 的边长为 c,主对角线长为 d,边心距为 h,两组内角分别为 α,β,面积为 S.

定理 10 $c \in \left[\dfrac{a}{3},\dfrac{a}{2}\right] \cup \left(\dfrac{a}{2},+\infty\right)$. 当 $c \in \left[\dfrac{a}{3},\dfrac{a}{2}\right]$ 时,菱六边形为凸的;

当 $c \in \left(\dfrac{a}{2},+\infty\right)$ 时,菱六边形为凹的.

略证 凸的情形:设 $A_1B = x,BC_2 = y$,则
$$a = x + y + c \qquad ①$$

由余弦定理
$$c^2 = x^2 + y^2 - 2xy\cos 60° \qquad ②$$

①,② 联立,得
$$3x^2 - 3x(a-c) + a(a-2c) = 0$$

由 $\Delta \geqslant 0$ 得 $c \geqslant \dfrac{a}{3}$ 或 $c \leqslant -a$(舍). 又 x,y,c 构成三角形,由 ① 得 $c < \dfrac{a}{2}$,故

$\dfrac{a}{3}\leqslant c<\dfrac{a}{2}$,反之亦然. 凹的情形证明类似.

定理 11 $\sin(\alpha-30°)=\sin(\beta-30°)=\dfrac{a-c}{2c}$.

略证 凸的情形:由正弦定理知

$$\frac{c}{\sin 60°}=\frac{x}{\sin\beta}=\frac{y}{\sin\alpha}$$

而 $x=a-c-y$,故

$$y=\frac{(a-c-y)\sin\alpha}{\sin(240°-\alpha)}$$

且

$$y=\frac{cs\sin\alpha}{\sin 60°}$$

从而

$$\sin(\alpha-30°)=\frac{a-c}{2c}$$

而 $\alpha=240°-\beta$,故

$$\sin(\beta-30°)=\sin(\alpha-30°)$$

凹的情形证明类似.

定理 12 $d=\sqrt{c(a+c)}$.

略证 凸的情形:$d=A_1P+PB_2=2c(\cos\dfrac{\alpha}{2}+\cos\dfrac{\beta}{2})=\cdots=\sqrt{c(a+c)}$.
凹的情形证明类似.

定理 13 $S=\dfrac{\sqrt{3}}{2}ac$.

略证 凸的情形:$S=2(\dfrac{\sqrt{3}}{4}c^2)+c^2(\sin\alpha+\sin\beta)=\cdots=\dfrac{\sqrt{3}}{2}ac$. 凹的情形
证明类似.

定理 14 $h=\dfrac{\sqrt{3}}{6}a$.

证明略.

定理 15 有一组对顶点所对的菱心重合的等边六边形为菱六边形.

简证 凸的情形:如图 4.8,作适当的辅助线. 因 P_1 同为 A_1,B_2 所对的菱心,故 $\triangle P_1C_1C_2\in T$,又 $P_1C_1\ /\!/\ B_1A$,$P_1C_2\ /\!/\ A_2B$,易得 $\triangle ABC\in T$,故结论成立. 凹的情形证明类似.

定理 16 同组内角相等的等边六边形为菱六边形.

略证 凸的情形:如图 4.8,作适当的辅助线. 易见 $\triangle AB_2C_1\cong\triangle BC_2A_1\cong\triangle CA_2B_1$,从而 $\triangle ABC\in T$,故结论成立. 凹的情形证明类似.

P
M
J
H
W
B
M
T
J
Y
Q
W
B
T
D
L
(X)

365

定理 17 两组顶点均构成正三角形的等边六边形为菱六边形.

定理 18 主对角线相等的等边六边形为菱六边形.

定理 19 每组对边上的四个顶点共圆的等边六边形为菱六边形.

定理 20 有内切圆的凸等边六边形为凸菱六边形.

利用定理 16 易证定理 $17 \sim 20$,证略.

最后讨论菱六边形的位似形.

把全体凸(凹)菱六边形记作 $P(P')$. 若 $p \in P$,则 p' 表 p 的同源菱六边形. 如图4.10, 记 $A_1 A_2 B_1 B_2 C_1 C_2$ 为 $p(\in P)$,诸 P_i 为 p 的菱心. 作适当的辅助线,易得 $\triangle RST$ 为菱六边形 $P_1 A_2 P_2 B_2 P_3 C_2$ 的母三角形,记 $P_1 A_2 P_2 B_2 P_3 C_2$ 为 $p'_1 (\in P')$. 易见,我们可在 p 的基础上借助其菱心得到 p'_1,它与 p' 位似,而 p_1 则与 p 位似. 不断在新得到的凸菱六边形上重复上述过程,可得一系列不断缩小的以旋心为位似中心的两两位似的凸(凹)菱六边形. 同理从 p' 及其菱心出发可得到一系列不断放大的以旋心为位似中心的两两位似的凸(凹)菱六边形.

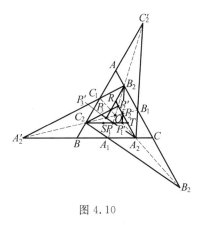

图 4.10

❖ 戴维斯定理

戴维斯定理 三角形三边上各有两点(可以重合),若每两边之四点均各为共圆点,则此六点必共圆.

戴维斯(Davis Martin, 1928—),美国数学家.

证明 设 X, X', Y, Y', Z, Z' 分别为 $\triangle ABC$ 三边 BC, CA, AB 上顺次6点,若每两边之四点所得三圆不相合为一,则 XX', YY', ZZ' 即为彼等两两之根轴,从而 XX', YY', ZZ' 共点,但些结论显然不合题设,因 XX', YY', ZZ' 为 $\triangle ABC$ 之三边,不能共点,于是知该三圆非相合不可,即 X, X', Y, Y', Z, Z' 六点共圆.

注 此定理即是说,三角形每边上有两顶点的三角形内接六边形中,若三角形相邻边上四点均共圆,则这六边形有外接圆. 若原三角形一边上的两点重合,则圆应与原三角形的边相切. 若原三角形的每边上的两点的重合,则该圆变为三角形的内切圆.

显然,三角形的内切圆、三角形的九点圆等都是其特殊情形.

❖ 空间 n 边形余弦定理

如图 4.11，设 $A_1A_2\cdots A_n$ 是空间任意一个 n 边形，为了书写方便我们用 A_1 和 A_{n+1} 表示同一个顶点，用 a_i 表示空间 n 边形的边 A_iA_{i+1} 的长，即

$$a_i = A_iA_{i+1}, i = 1, 2, \cdots, n$$

用 $\theta_{ij}(i < j, j = 1, 2, \cdots, n-1; j = 2, 3, \cdots, n)$ 表示空间 n 边形边 a_i 与 a_j 所构成的角，这里须说明以下两点：[①]

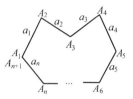

图 4.11

(1) 若 a_i 与 a_j 是相邻的两条边，即 $j = i+1$，这时 $\theta_{ij} = \theta_{ii+1} = \angle A_iA_{i+1}A_{i+2}$ 它是 $\triangle A_iA_{i+1}A_{i+2}$ 的一个内角，因此 $0° < \theta_{ij} < 180°$。

(2) 若 a_i 与 a_j 不是相邻的两条边，即 $j > i+1$，和前面一样对 θ_{ij} 作如下定义。

如图 4.12，过顶点 A_{i+1} 作与向量 $\overrightarrow{A_jA_{j+1}}$ 同方向的射线 $A_{i+1}A'_{j+1}$，定义 $\theta_{ij} = \angle A_iA_{i+1}A'_{j+1}$ 且 θ_{ij} 不大于平角，因此 $0° \leqslant \theta_{ij} \leqslant 180°$。

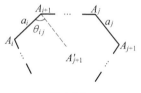

图 4.12

空间 n 边形余弦定理 设 $A_1A_2\cdots A_n$ 是空间任一个 n 边形，则

$$a_n^2 = \sum_{i=1}^{k-1} a_i^2 - 2 \sum_{1 \leqslant i < j \leqslant n-1} a_ia_j\cos\theta_{ij}$$

其中 $a_i(i = 1, 2, \cdots, n)$，$\theta_{ij}(i < j, i = 1, 2, \cdots, n-2; j = 2, 3, \cdots, n-1)$ 为前面所定义。

证明 用数学归纳法。

(1) 当 $n = 3$ 时，即三角形时，命题显然成立。

(2) 假设当 $n = k$ 时命题为真，即当空间多边形边数为 k 时，有下式成立

$$a_k^2 = \sum_{i=1}^{k-1} a_i^2 - 2 \sum_{1 \leqslant i < j \leqslant k-1} a_ia_j\cos\theta_{ij} \qquad ①$$

要证当 $n = k+1$ 时，即空间多边形的边数为 $k+1$ 时，下式成立即可。

$$a_{k+1}^2 = \sum_{i=1}^{k} a_i^2 - 2 \sum_{1 \leqslant i < j \leqslant k} a_ia_j\cos\theta_{ij}$$

如图 4.13，$A_1A_2\cdots A_{k+1}$ 是空间任意一个 $(k+1)$ 边多边形，联结 A_1A_k，设

---

① 王德源.空间 n 边形余弦定理[J].中学数学教学，1983(4)：12-14.

$A_1 A_k = d$，$\angle A_1 A_k A_{k+1} = \alpha$，它是 $\triangle A_1 A_k A_{k+1}$ 的一个内角. 因 $A_1 A_2 \cdots A_k$ 是一个空间 k 边形，由归纳假设得

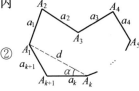

$$d^2 = \sum_{i=1}^{k-1} a_i^2 - 2 \sum_{1 \leqslant i < j \leqslant k-1} a_i a_j \cos \theta_{ij} \qquad ②$$

又因在 $\triangle A_1 A_k A_{k+1}$ 中，由三角形余弦定理得

$$a_{k+1}^2 = a_k^2 + d^2 - 2 a_k d \cos \alpha \qquad ③$$

图 4.13

又 $d \cos \alpha = \sum_{i=1}^{k-1} a_i \cos \theta_{ik}$（证明略）.

将 ①，② 两式代入式 ③ 得

$$a_{k+1}^2 = a_k^2 + \sum_{i=1}^{k-1} a_i^2 - 2 \sum_{1 \leqslant i < j \leqslant k-1} a_i a_j \cos \theta_{ij} - 2 a_k \sum_{i=1}^{k-1} a_i \cos \theta_{ik}$$

即

$$a_{k+1}^2 = \sum_{i=1}^{k} a_i^2 - 2 \sum_{1 \leqslant i < j \leqslant k} a_i a_j \cos \theta_{ij}$$

故当 $n = k+1$ 时命题为真.

由(1)，(2) 证明，得出 n 为任何自然数时命题为真.

❖凸 n 边形的重心定理

在凸 n 边形 $A_1 A_2 \cdots A_n$ 中$(n \geqslant 3)$，若凸$(n-1)$边形 $A_{i+1} \cdots A_n A_1 \cdots A_{i-1}$ 的重心 $G_i (i = 1, \cdots, n)$ 存在，则称 $A_i G_i$ 为它的中线，若 n 条中线共点 G，则 G 叫作凸 n 边形 $A_1 A_2 \cdots A_n$ 的重心.

定理 1 （凸 n 边形中线-重心定理）对 $n \geqslant 3$，凸 n 边形 $A_1 \cdots A_n$ 中线 $A_i G_i$ $(i = 1, \cdots, n)$ 存在，共点 G，且 $\dfrac{A_i G}{G G_i} = n - 1$. ①

证明 当 $n = 3, 4$ 时，由三角形、四边形重心定理知命题正确. 现假定 $n = k - 1, k$ 时$(k \geqslant 4)$命题成立，即凸 k 边形 $A_1 A_2 \cdots A_k$ 中的$(k-1)$边形 $A_{i+1} \cdots A_k A_1 \cdots A_{i-1}$ 的重心 $G'_i (i = 1, \cdots, k)$ 存在且中线 $A_i G'_i$ 共点 $G(x_0, y_0)$，以及

$$\frac{A_i G}{G G'_i} = k - 1, i = 1, \cdots, k$$

另外，按三角形、四边形垂心，可假定 k 边形重心 $G(x_0, y_0)$ 坐标为

$$x_0 = \frac{1}{k} \sum_{i=1}^{k} x_i, y_0 = \frac{1}{k} \sum_{i=1}^{k} y_i \qquad ①$$

---

① 王雪芹. 关于凸几边形的重心[J]. 中学数学，1997(10)：33-34.

（即各顶点纵横坐标算术平均值）.现在考虑 $(k+1)$ 边形 $A_1 A_2 \cdots A_{k+1}$,由上述归纳假设知,凸 k 边形 $A_{j+1} \cdots A_{k+1} A_1 \cdots A_{j-1}$ 的重心 $G_j(x_0^{(j)}, y_0^{(j)})(j=1, \cdots, k+1)$ 存在,则由 ① 知

$$x_0^{(j)} = \frac{1}{k} \sum_{i=1(i \neq j)}^{k+1} x_i, \quad y_0^{(j)} = \frac{1}{k} \sum_{i=1(i \neq j)}^{k+1} y_i \qquad ②$$

下面证明中线 $A_j G_j (j=1, \cdots, k+1)$ 共点,为此,设 $A_j G_j$ 的 $k:1$ 内分点为 $P_j(X_j, Y_j)$ 即 $\dfrac{A_j P_j}{P_j G_j} = k$,按定比分点公式及 ②,有

$$X_j = \frac{x_j + k x_0^{(j)}}{1+k} = \frac{1}{1+k}\left(x_j + k \cdot \frac{1}{k} \sum_{i=1(i \neq j)}^{k+1} x_i\right) = \frac{1}{k+1} \sum_{i=1}^{k+1} x_i$$

同理

$$Y_j = \frac{1}{k+1} \sum_{i=1}^{k+1} y_i, \quad j=1,2,\cdots,k+1$$

X_j, Y_j 的表达式是同 j 无关的常数,说明对任何 $j=1,2,\cdots,k+1, A_j G_j$ 的 $k:1$ 分点 $P_j(X_j, Y_j)$ 是一个固定的点 $G(x_0, y_0)(x_0 = X_j, y_0 = Y_j)$,因此,当 $n=k+1$ 时,命题成立.

定理 1 的证明过程同时给出了如下结论:

定理 2 凸 n 边形 $A_1 \cdots A_n$ 的重心 $G(x_0, y_0)$ 坐标为

$$x_0 = \frac{1}{n} \sum_{i=1}^{n} x_i, \quad y_0 = \frac{1}{n} \sum_{i=1}^{n} y_i$$

这和力学中的结论是一致的.

推论 1 轴对称多边形重心必在对称轴上.

推论 2 中心对称多边形的重心,就是它的对称中心.

推论 3 正多边形的重心就是它的中心.

定理 3 在凸 n 边形 $A_1 A_2 \cdots A_n$ 中,设 $(n-k)$ 边形 $A_1 \cdots A_{i-1} A_{i+k} \cdots A_n$ 和 k 边形 $A_i A_{i+1} \cdots A_{i+k-1} (i=1,2,\cdots,n; 1 \leqslant k \leqslant n-1)$ 的重心分别为 G_1 和 G_2,G 内分线段 $G_1 G_2$ 为 $\dfrac{k}{n-k}$,则 G 是 n 边形 $A_1 \cdots A_n$ 的重心.

证明 如图 4.14,设 G_1 和 G_2 坐标分别为 (α, β) 和 (p, q),则由定理 2

$$\begin{cases} \alpha = \dfrac{1}{n-k}(x_1 + \cdots + x_{i-1} + x_{i+k} + \cdots + x_n) \\ \beta = \dfrac{1}{n-k}(y_1 + \cdots + y_{i-1} + y_{i+k} + \cdots + y_n) \end{cases}$$

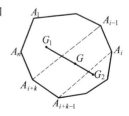

图 4.14

$$\begin{cases} p = \dfrac{1}{k}(x_i + \cdots + x_{i+k-1}) \\ q = \dfrac{1}{k}(y_i + \cdots + y_{i+k-1}) \end{cases}$$

因 $\dfrac{G_1 G}{GG_2} = \dfrac{k}{n-k}$，按定比分点公式，有 $G(x_0, y_0)$ 的坐标公式

$$x_0 = \frac{(n-k)\alpha + kp}{k + (n-k)} = \frac{1}{n}(x_1 + \cdots + x_n)$$

$$y_0 = \frac{(n-k)\beta + kq}{k + (n-k)} = \frac{1}{n}(y_1 + \cdots + y_n)$$

由定理 2 知，$G(x_0, y_0)$ 确为 n 边形 $A_1 \cdots A_n$ 重心.

进一步还有

定理 4 将凸 n 边形 $A_1 \cdots A_n$ 顶点划分为两个集合 $M_1 = \{A_{i_1}, A_{i_2}, \cdots, A_{i_s}\}$，$M_2 = \{A_{j_1}, \cdots, A_{j_t}\}$，其中 $1 \leqslant i_1 < i_2 < \cdots < i_s \leqslant n; 1 \leqslant j_1 < j_2 < \cdots < j_t \leqslant n; i_l \neq j_m; l = 1, \cdots, s; m = 1, \cdots, t; s + t = n$. 设 M_1 和 M_2 重心分别为 G_1 和 G_2，G 内分线段 $G_1 G_2$ 为 $\dfrac{t}{s}$，则 G 为多边形 $A_1 \cdots A_n$ 重心.

证明 显然，M_1 和 M_2 的点分别构成凸多边形 $A_{i_1}, \cdots, A_{i_s}$ 和 $A_{j_1}, \cdots, A_{j_t}$，以下证明同定理 3.

定理 3,4 说明了多边形重心的多种求法. 例如，求凸五边形 $A_1 A_2 A_3 A_4 A_5$ 重心，可先求 $A_2 A_3$ 中点 M_1，$A_4 A_5$ 中点 M_2，$M_1 M_2$ 中点 M，则 $A_1 M$ 的 $4:1$ 分点 G 即为 $A_1 A_2 A_3 A_4 A_5$ 重心.

❖n 边形中的莱布尼兹定理

定理 设 n 边形 $A_1 A_2 \cdots A_n$ 的顶点系的重心为 G，则对于这 n 边形所在平面内的任意一点 P，有[1]

$$PG^2 = \frac{1}{n} \sum_{i=1}^{n} PA_i^2 - \frac{1}{n^2} \sum_{1 \leqslant i < j \leqslant n} A_i A_j^2 \qquad (*)$$

证明 在 n 边形 $A_1 A_2 \cdots A_n$ 所在的平面内，以重心 G 为原点建立直角坐标系 xOy(图略)，设顶点 $A_i (i = 1, 2, \cdots, n)$ 的坐标为 (x_i, y_i)，则由重心坐标公式知

---

[1] 熊曾润. 莱布尼兹定理的推广及其引申[J]. 数学通讯，1996(12):21-22.

$$\sum_{i=1}^{n} x_i = 0, \sum_{i=1}^{n} y_i = 0 \qquad ①$$

设 $P(x,y)$ 为坐标平面内的任意一点，由两点间的距离公式可知 $PG^2 = x^2 + y^2$，于是

$$PA_i^2 = (x - x_i)^2 + (y - y_i)^2 = (x^2 + y^2) + x_i^2 + y_i^2 - 2(xx_i + yy_i) = PG^2 + x_i^2 + y_i^2 - 2(xx_i + yy_i)$$

则 $$\sum_{i=1}^{n} PA_i^2 = n \cdot PG^2 + \sum_{i=1}^{n} x_i^2 + \sum_{i=1}^{n} y_i^2 - 2(x\sum_{i=1}^{n} x_i + y\sum_{i=1}^{n} y_i)$$

注意到①，由上式可得

$$PG^2 = \frac{1}{n}\sum_{i=1}^{n} PA_i^2 - \frac{1}{n}(\sum_{i=1}^{n} x_i^2 + \sum_{i=1}^{n} y_i^2) \qquad ②$$

又，由①可知 $(\sum_{i=1}^{n} x_i)^2 = 0$，即

$$\sum_{i=1}^{n} x_i^2 = -2\sum_{1 \leqslant i < j \leqslant n} x_i x_j$$

此式两边同加上 $(n-1)\sum_{i=1}^{n} x_i^2$，经整理得

$$n\sum_{i=1}^{n} x_i^2 = \sum_{1 \leqslant i < j \leqslant n} (x_i - x_j)^2$$

则 $$\sum_{i=1}^{n} x_i^2 = \frac{1}{n}\sum_{1 \leqslant i < j \leqslant n} (x_i - x_j)^2 \qquad ③$$

同理可得

$$\sum_{i=1}^{n} y_i^2 = \frac{1}{n}\sum_{1 \leqslant i < j \leqslant n} (y_i - y_j)^2 \qquad ④$$

注意到 $(x_i - x_j)^2 + (y_i - y_j)^2 = A_i A_j^2$，则③，④二式两边分别相加可得

$$\sum_{i=1}^{n} x_i^2 + \sum_{i=1}^{n} y_i^2 = \frac{1}{n}\sum_{1 \leqslant i < j \leqslant n} A_i A_j^2$$

将此式代入②，就得等式(*).命题得证.

显然，在这个定理中令 $n = 3$，就得到三角形莱布尼兹定理.因此，定理 1 是莱布尼兹定理的推广.

在定理 1 中，若令点 P 为重心 G，则式(*)成为

$$\sum_{i=1}^{n} GA_i^2 = \frac{1}{n}\sum_{1 \leqslant i < j \leqslant n} A_i A_j^2$$

由此我们得到

推论 n 边形的顶点系重心到这 n 边形各顶点的距离的平方和，等于这 n

边形各边及各对角线的平方和的 $\dfrac{1}{n}$.

❖凸 n 边形中 $(n-1)$ 边形的重心 n 边形定理

定理　在 n 边形 $A_1A_2\cdots A_n$ 中,$G_1,G_2,\cdots,G_n$ 分别为 $(n-1)$ 边形 $A_2A_3\cdots A_n$,$(n-1)$ 边形 $A_1A_3A_4\cdots A_n$,$\cdots$,$(n-1)$ 边形 $A_1A_2\cdots A_{n-1}$ 的重心,则

$$S_{n\text{边形}G_1G_2\cdots G_n}=\frac{1}{(n-1)^2}S_{n\text{边形}A_1A_2\cdots A_n}.\quad ①$$

证明　(1) 当 n 边形 $A_1A_2\cdots A_n$ 为凸多边形时,因为

$$\overrightarrow{OG_1}=\frac{1}{n-1}(\overrightarrow{OA_2}+\overrightarrow{OA_3}+\cdots+\overrightarrow{OA_n})$$

$$\overrightarrow{OG_2}=\frac{1}{n-1}(\overrightarrow{OA_1}+\overrightarrow{OA_3}+\overrightarrow{OA_4}+\cdots+\overrightarrow{OA_n})$$

则　　$\overrightarrow{G_1G_2}=\overrightarrow{OG_2}-\overrightarrow{OG_1}=\dfrac{1}{n-1}(\overrightarrow{OA_1}-\overrightarrow{OA_2})=\dfrac{1}{n-1}\overrightarrow{A_2A_1}$

同理,得

$$\overrightarrow{G_2G_3}=\frac{1}{n-1}\overrightarrow{A_3A_2},\overrightarrow{G_1G_3}=\frac{1}{n-1}\overrightarrow{A_3A_1}$$

则　　$\dfrac{|\overrightarrow{G_1G_2}|}{|\overrightarrow{A_2A_1}|}=\dfrac{|\overrightarrow{G_2G_3}|}{|\overrightarrow{A_3A_2}|}=\dfrac{|\overrightarrow{G_1G_3}|}{|\overrightarrow{A_3A_1}|}=\dfrac{1}{n-1}$

即　　　　　　　$\triangle G_1G_2G_3\backsim\triangle A_1A_2A_3$

同理　　$\triangle G_1G_3G_4\backsim\triangle A_1A_3A_4,\cdots,\triangle G_1G_{n-1}G_n\backsim\triangle A_1A_{n-1}A_n$

则　　　　　　　n 边形 $G_1G_2\cdots G_n\backsim n$ 边形 $A_1A_2\cdots A_n$

故　　$\dfrac{S_{n\text{边形}G_1G_2\cdots G_n}}{S_{n\text{边形}A_1A_2\cdots A_n}}=(\dfrac{|\overrightarrow{G_1G_2}|}{|\overrightarrow{A_2A_1}|})^2=(\dfrac{1}{n-1})^2=\dfrac{1}{(n-1)^2}$

即　　　　　　$S_{n\text{边形}G_1G_2\cdots G_n}=\dfrac{1}{(n-1)^2}S_{n\text{边形}A_1A_2\cdots A_n}$

(2) 当 n 边形 $A_1A_2\cdots A_n$ 为凹多边形时,类似地可得

$$S_{n\text{边形}G_1G_2\cdots G_n}=\frac{1}{(n-1)^2}S_{n\text{边形}A_1A_2\cdots A_n}$$

即命题得证.

---

①　李昌.平面四边形的一个性质的推广[J].中学数学,2005(2):封底.

❖凸多边形中的布罗卡尔点(角) 问题

设 P 为凸多边形 $A_1A_2A_3\cdots A_n$ 的一个内点,且满足

$$\angle PA_1A_2 = \angle PA_2A_3 = \cdots = \angle PA_nA_1 = \theta$$

则点 P 称为多边形 $A_1A_2A_3\cdots A_n$ 的布罗卡尔点,角 θ 称为这多边形的布罗卡尔角.

定理 设凸多边形 $A_1A_2A_3\cdots A_n$ 的布罗卡尔点为 P,其布罗卡尔角为 θ,点 P 在直线 A_iA_{i+1} 上的射影为 $B_i(i=1,2,\cdots,n;A_{n+1}=A_1)$,多边形 $A_1A_2A_3\cdots A_n$ 和 $B_1B_2B_3\cdots B_n$ 的面积分别记作 S 和 S',则①

$$S' = S\cdot\sin^2\theta$$

证明 如图 4.15,依题设,B_i,B_{i+1} 分别是点 P 在 A_iA_{i+1} 和 $A_{i+1}A_{i+2}$ 上的射影,可知 P,B_i,A_{i+1},B_{i+1} 四点共圆,从而

$$\angle PB_iB_{i+1} = \angle PA_{i+1}A_{i+2} = \theta = \angle PA_iA_{i+1}$$

且 $\qquad\qquad \angle PB_{i+1}B_i = \angle PA_{i+1}A_i$

所以 $\qquad\qquad \triangle PB_iB_{i+1} \backsim \triangle PA_iA_{i+1}$

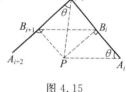

图 4.15

于是,根据相似三角形的性质,若设 $\triangle PB_iB_{i+1}$ 和 $\triangle PA_iA_{i+1}$ 的面积分别为 S'_i 和 S_i,则有

$$\frac{S'_i}{S_i} = \left(\frac{PB_i}{PA_i}\right)^2 = \sin^2\theta$$

即 $\qquad\qquad S'_i = S_i\sin^2\theta$

所以 $\qquad\qquad \sum_{i=1}^{n}S'_i = \sin^2\theta\sum_{i=1}^{n}S_i$

即 $\qquad\qquad S' = S\cdot\sin^2\theta$

❖凸 n 边形特殊线段共点定理

在凸 $(2n+1)$(n 是正整数) 边形中,如果一个顶点和一条边在它们两旁所夹的边数相等,我们就把这个顶点和这边的中点的连线段叫作这个 $(2n+1)$ 边

---

① 熊曾润. 关于多边形 Brocard 点的一个性质[J]. 中学数学,2006(4):28.

形的中对线;在凸 $2n$(n 是不小于 2 的自然数) 边形中,如果有两条边在它们两旁所夹的边数相等,我们就把这两边的中点的连线段叫作这个 $2n$ 边形的中对线.

在凸 $2n$ 边形中,如果它的一条对角线的两旁的边数相等,那么我们就把这条对角线叫作主对角线.

定理 1　若凸五边形 $A_1A_2A_3A_4A_5$ 的五条中对线 $A_1B_1,A_2B_2,A_3B_3,$ A_4B_4,A_5B_5 中有四条平分这个五边形的面积,则第五条中对线也平分这五边形的面积,且五条中对线共点 O,其中 $\dfrac{A_1O}{OB_1}=\dfrac{A_2O}{OB_2}=\dfrac{A_3O}{OB_3}=\dfrac{A_4O}{OB_4}=\dfrac{A_5O}{OB_5}=\sqrt{5}-1$.①

证明　如图 4.16,不妨设 $A_1B_1,A_2B_2,A_3B_3,$ A_5B_5 平分这五边形 $A_1A_2A_3A_4A_5$ 的面积. 联结 $A_1A_3,A_1A_4,A_2A_4,A_2A_5,A_3A_5$.

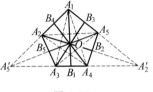

图 4.16

因 A_1B_1 平分五边形 $A_1A_2A_3A_4A_5$ 的面积,

$S_{\triangle A_1A_3B_1}=S_{\triangle A_1B_1A_4}$,则

$$S_{\triangle A_1A_2A_3}=S_{\triangle A_1A_4A_5}$$

同理可证

$$S_{\triangle A_1A_2A_3}=S_{\triangle A_3A_4A_5}$$
$$S_{\triangle A_3A_4A_5}=S_{\triangle A_1A_2A_5}$$
$$S_{\triangle A_1A_2A_5}=S_{\triangle A_2A_3A_4}$$

因此

$$S_{\triangle A_1A_4A_5}=S_{\triangle A_1A_2A_3}=S_{\triangle A_3A_4A_5}=S_{\triangle A_1A_2A_5}=S_{\triangle A_2A_3A_4}$$

由等式两端得 A_4B_4 平分五边形面积,其中由 $S_{\triangle A_2A_3A_4}=S_{\triangle A_3A_4A_5}$ 得 A_2A_5 // A_3A_4.

同理

$$A_1A_3 \text{ // } A_4A_5,A_1A_5 \text{ // } A_2A_4$$
$$A_1A_2 \text{ // } A_3A_5,A_2A_3 \text{ // } A_4A_1$$

延长 A_1A_2 和 A_4A_3 相交于 A'_5,延长 A_1A_5 和 A_3A_4 相交于 A'_2. 由 A_2A_5 // A_3A_4 即 A_2A_5 // $A'_5A'_2$,A_1A_2 // A_3A_5 即 $A_1A'_5$ // A_3A_5,可得四边形 $A_2A'_5A_3A_5$ 是平行四边形.

则 $A_2A_5=A'_5A_3$,延长 A_5B_5 必过点 A'_5. 同理可证 $A_2A_5=A_4A'_2$,延长 A_2B_2 必过点 A'_2. 因此 $A'_5A_3=A_4A'_2$,而 $A_3B_1=B_1A_4$,则

$$A'_5B_1=B_1A'_2$$

又由 A_2A_5 // $A'_5A'_2$ 可得

---

①　罗庆洲. 对一类几何问题的初探和猜想[J]. 中学数学,1997(8):26-27.

$$\frac{A_1A_2}{A_2A'_5} = \frac{A_1A_5}{A_5A'_2}$$

于是
$$\frac{A_1A_2}{A_2A'_5} \cdot \frac{A'_5B_1}{B_1A'_2} \cdot \frac{A'_2A_5}{A_5A_1} = 1$$

根据塞瓦定理的逆定理,三直线 A_1B_1, $A_2A'_2$, $A_5A'_5$ 共点,即 A_1B_1, A_2B_2, A_5B_5 共点. 设其所共点为 O. 同理可证: A_1B_1, A_2B_2, A_3B_3 三线共点; A_2B_2, A_3B_3, A_4B_4 三线共点. 显然,它们所共的点只能是点 O. 因此, A_1B_1, A_2B_2, A_3B_3, A_4B_4, A_5B_5 五线共点 O.

如图 4.17,五线 A_1B_1, A_2B_2, A_3B_3, A_4B_4, A_5B_5 共点 O.

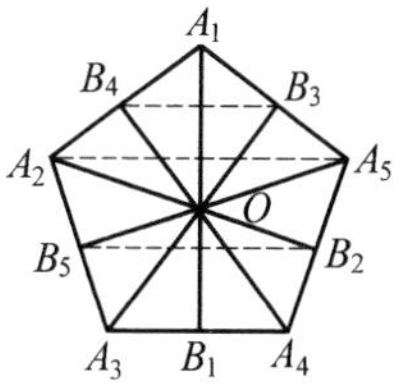

因 A_1B_1, A_3B_3 都平分五边形 $A_1A_2A_3A_4A_5$ 的面积,则

$$S_{\text{四边形}A_3A_4A_5B_3} = S_{\text{四边形}A_1B_1A_4A_5}$$

$$S_{\triangle A_1OB_3} = S_{\triangle A_3B_1O}$$

$$A_1O \cdot OB_3 = A_3O \cdot OB_1$$

图 4.17

即
$$\frac{A_1O}{OB_1} = \frac{A_3O}{OB_3}$$

同理可得
$$\frac{A_3O}{OB_3} = \frac{A_5O}{OB_5}, \frac{A_5O}{OB_5} = \frac{A_2O}{OB_2}, \frac{A_2O}{OB_2} = \frac{A_4O}{OB_4}$$

则
$$\frac{A_1O}{OB_1} = \frac{A_2O}{OB_2} = \frac{A_3O}{OB_3} = \frac{A_4O}{OB_4} = \frac{A_5O}{OB_5}$$

联结 B_4B_3, A_2A_5, B_5B_2.

又 B_4 是 A_1A_2 的中点, B_3 是 A_1A_5 的中点,则

$$B_4B_3 \parallel A_2A_5, B_4B_3 = \frac{1}{2}A_2A_5$$

前面已证 $A_2A_5 \parallel A_3A_4$,则

$$B_4B_3 \parallel A_3A_4$$

$$\frac{A_3O}{OB_3} = \frac{A_3A_4}{B_4B_3}$$

即
$$\frac{A_3O}{OB_3} = \frac{A_3A_4}{\frac{1}{2}A_2A_5}$$

又 B_5 是 A_2A_3 的中点, B_2 是 A_4A_5 的中点, $A_2A_5 \parallel A_3A_4$,则

$$A_2A_5 \parallel B_5B_2$$

$$A_2A_5 + A_3A_4 = 2B_5B_2$$

即
$$A_3A_4 = 2B_5B_2 - A_2A_5$$

从而
$$\frac{A_3O}{OB_3} = \frac{2B_5B_2 - A_2A_5}{\frac{1}{2}A_2A_5} = \frac{4B_5B_2}{A_2A_5} - 2$$

已证 $A_2A_5 /\!/ B_5B_2$,则

$$\frac{A_2A_5}{B_5B_2} = \frac{A_2O}{OB_2} = \frac{A_3O}{OB_3} = x$$

于是有

$$x = \frac{4}{x} - 2$$

整理得

$$x^2 + 2x - 4 = 0$$

解得

$$x = -1 \pm \sqrt{5}$$

又 $x > 0$,则 $x = \sqrt{5} - 1$,因此有

$$\frac{A_1O}{OB_1} = \frac{A_2O}{OB_2} = \frac{A_3O}{OB_3} = \frac{A_4O}{OB_4} = \frac{A_5O}{OB_5} = \sqrt{5} - 1$$

故定理 1 获证.

定理 2 若凸六边形 $A_1A_2A_3A_4A_5A_6$ 的三条中对线 B_1B_4,B_2B_5,B_3B_6(点 B_1,B_2,B_3,B_4,B_5,B_6 依次分别是 $A_1A_2,A_2A_3,A_3A_4,A_4A_5,A_5A_6,A_6A_1$ 的中点)都平分这六边形 $A_1A_2A_3A_4A_5A_6$ 的面积,则六边形 $A_1A_2A_3A_4A_5A_6$ 的三条中对线共点.

证明 如图 4.18,先联结 B_1B_4 和 B_3B_6,它们交于点 O.联结 $A_1O,A_2O,A_3O,A_4O,A_5O,A_6O,B_2O,B_5O$.

因 B_1B_4 和 B_3B_6 都平分六边形 $A_1A_2A_3A_4A_5A_6$ 的面积,则

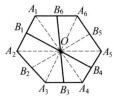

图 4.18

$$S_{五边形A_1B_1B_4A_5A_6} = S_{五边形A_6B_6B_3A_4A_5}$$
$$S_{四边形A_1B_1OB_6} = S_{四边形A_4B_4OB_3}$$

即

$$S_{\triangle A_1B_1O} + S_{\triangle A_1OB_6} = S_{\triangle A_4B_4O} + S_{\triangle A_4OB_3}$$

又易知

$$S_{\triangle A_1B_1O} = S_{\triangle A_2B_1O}$$
$$S_{\triangle A_1OB_6} = S_{\triangle A_6OB_6}$$
$$S_{\triangle A_4B_4O} = S_{\triangle A_5OB_4}$$
$$S_{\triangle A_4OB_3} = S_{\triangle A_3OB_3}$$

则

$$S_{四边形A_1A_2OA_6} = S_{四边形A_4A_5OA_3}$$

又易知

$$S_{\triangle A_2OB_2} = S_{\triangle A_3OB_2}$$
$$S_{\triangle A_6OB_5} = S_{\triangle A_5OB_5}$$

则

$$S_{A_1A_2B_2OB_5A_6} = S_{A_4A_5B_5OB_2A_3}$$

又 B_2B_5 平分六边形 $A_1A_2A_3A_4A_5A_6$ 的面积,联结 B_2B_5,故

$$S_{五边形A_1A_2B_2B_5A_6} = S_{五边形A_4A_5B_5B_2A_3}$$

因此,B_2,O,B_5 三点共线,故定理 2 获证.

定理 3 若在凸六边形中,它的主对角线都平分此六边形的面积,则这些主对角线共点.

证明 假设六边形的对角形组成 $\triangle PQR$. 设六边形顶点具有以下的形式:顶点 A 在射线 PQ 上,B 在射线 PR 上,C 在射线 QR 上,D 在射线 QP 上,E 在射线 RP,F 在射线 RQ 上,如图 4.19 所示.

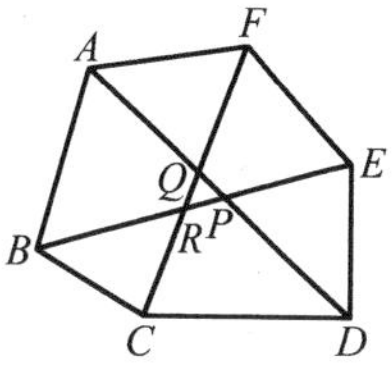

图 4.19

因为直线 AD 和 BE 把六边形的面积等分,则

$$S_{APEF} + S_{\triangle PED} = S_{PDCB} + S_{\triangle ABP}$$

$$S_{APEF} + S_{\triangle ABP} = S_{PDCB} + S_{\triangle PED}$$

因此

$$S_{\triangle ABP} = S_{\triangle PED}$$

即

$$AP \cdot BP = EP \cdot DP = (ER + RP) \cdot (DQ + QP) > BR \cdot DQ$$

类似的

$$CQ \cdot DQ > AP \cdot FR, FR \cdot ER > BP \cdot CQ$$

这些不等式相除,得

$$AP \cdot BP \cdot CQ \cdot DQ \cdot FR \cdot ER \geqslant ER \cdot DQ \cdot AP \cdot FR \cdot BP \cdot CQ$$

这是不能发生的.因此,六边形对角线相交于一点.

定理 4 设凸 $(2n + 1)$ 边形 $A_1 A_2 \cdots A_{2n+1}$ 的主中线为 $A_1 B_1, A_2 B_2, \cdots, A_{2n+1} B_{2n+1}$,则它们都平分此多边形面积的充要条件为①

$$A_{i+1} A_{n+i} \ // \ A_i A_{n+i+1}, i = 1, 2, \cdots, 2n + 1$$

证明 如图 4.20,先证必要性.

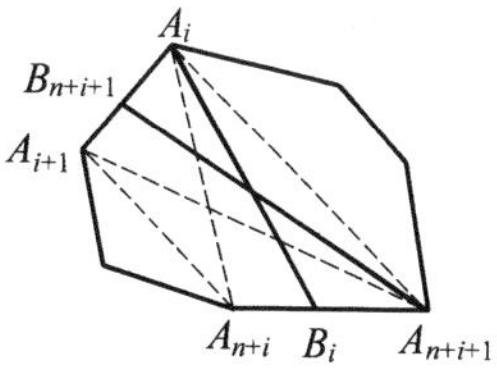

因 $A_i B_i$ 平分多边形 $A_1 A_2 \cdots A_{2n+1}$ 的面积,则

$$S_{A_{n+i+1} A_{n+i+2} \cdots A_i} = S_{A_i A_{i+1} \cdots A_{n+i}}$$

同理

$$S_{A_{n+i+1} A_{n+i+2} \cdots A_i} = S_{A_{i+1} A_{i+2} \cdots A_{n+i+1}}$$

即

$$S_{A_i A_{i+1} \cdots A_{n+1}} = S_{A_{i+1} A_{i+2} \cdots A_{n+i+1}}$$

亦即

$$S_{\triangle A_i A_{i+1} A_{n+i}} = S_{\triangle A_{i+1} A_{n+i} A_{n+i+1}}$$

从而

$$A_{i+1} A_{n+i} \ // \ A_i A_{n+i+1}$$

由 i 的任意性知,必要性成立.

再证充分性.因

$$A_{i+1} A_{n+i} \ // \ A_i A_{n+i+1}$$

则

$$S_{\triangle A_i A_{i+1} A_{n+i}} = S_{\triangle A_{i+1} A_{n+i} A_{n+i+1}}$$

即

$$S_{A_i A_{i+1} \cdots A_{n+i}} = S_{A_{i+1} A_{i+2} \cdots A_{n+i+1}}$$

令 $i = 1, 2, \cdots, 2n + 1$,则可得

$$S_{A_1 A_2 \cdots A_{n+1}} = S_{A_2 A_3 \cdots A_{n+2}} = \cdots = S_{A_{2n+1} A_1 \cdots A_n}$$

所以

$$S_{A_i A_{i+1} \cdots A_{n+i}} = S_{A_{n+i+1} A_{n+i+2} \cdots A_i}, i = 1, 2, \cdots, 2n + 1$$

即 $A_1 B_1, A_2 B_2, \cdots, A_{2n+1} B_{2n+1}$ 平分多边形 $A_1 A_2 \cdots A_{2n+1}$ 的面积.

① 胡涛.关于多边形共点线的几个猜想的研究[J].中学数学,1998(10):29-31.

377

P
M
J
H
W
B
M
T
J
Y
Q
W
B
T
D
L
(X)

推论　若圆内接凸$(2n+1)$边形$(n \geqslant 2)$的主中线都平分其面积,则多边形是正多边形.

定理 5　凸$(2n+1)$边形$A_1 A_2 \cdots A_{2n+1}$的主中线$A_1 B_1, A_2 B_2, \cdots, A_{2n+1} B_{2n+1}$中有$2n$条平分多边形的面积,则第$(2n+1)$条亦然.

证明　不妨设$A_1 B_1, A_2 B_2, \cdots, A_{2n} B_{2n}$平分其面积,则

$$S_{A_i A_{i+1} \cdots A_{n+i}} = S_{A_{n+i+1} A_{n+i+2} \cdots A_i}, i = 1, 2, \cdots, 2n$$

两边各相加,得

$$\sum_{i=1}^{2n} S_{A_i A_{i+1} \cdots A_{n+i}} = \sum_{i=1}^{2n} S_{A_{n+i+1} A_{n+i+2} \cdots A_i}$$

消去两边相同的项,即得

$$S_{A_{n+1} A_{n+2} \cdots A_{2n+1}} = S_{A_{2n+1} A_1 \cdots A_n}$$

因此$A_{2n+1} B_{2n+1}$也平分多边形$A_1 A_2 \cdots A_{2n+1}$的面积(为了确切理解这里的推证过程,读者不妨用凸五边形写写看).

一般的,当凸$(2n+1)$边形的主中线都平分它的面积时,它们未必共点. 但我们有:

定理 6　设凸$(2n+1)$边形$A_1 A_2 \cdots A_{2n+1}$的主中线$A_i B_i (i = 1, \cdots, 2n+1)$都平分其面积. 令$\lambda_i = \dfrac{A_{n+i} A_{i+1}}{A_{n+i+1} A_i} (i = 1, 2, \cdots, 2n+1)$,则它们共点的充要条件是$\lambda_1 = \lambda_2 = \cdots = \lambda_{2n+1}$,且当它们共点$O$时,有

$$\frac{A_1 O}{O B_1} = \frac{A_2 O}{O B_2} = \cdots = \frac{A_{2n+1} O}{O B_{2n+1}}$$

证明　如图4.21,设$A_i B_i$与$A_{n+i+1} B_{n+i+1}$交于点O_i,因为由定理4

$$A_{n+i+1} A_i \ /\!/ \ B_i B_{n+i+1} \ /\!/ \ A_{n+i} A_{i+1}$$

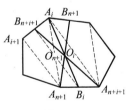

图 4.21

则

$$\frac{A_i O_i}{O_i B_i} = \frac{A_{n+i+1} O_i}{O_i B_{n+i+1}} = \frac{A_{n+i+1} A_i}{B_{n+i+1} B_i} = \frac{2}{1 + \lambda_i} \qquad ①$$

设$A_i B_i$与$A_{n+i} B_{n+i}$交于点O_{n+i},同理有

$$\frac{A_i O_{n+i}}{O_{n+i} B_i} = \frac{A_{n+i} O_{n+i}}{O_{n+i} B_{n+i}} = \frac{A_i A_{n+i}}{B_i B_{n+i}} = \frac{2}{1 + \lambda_{n+i}} \qquad ②$$

先看必要性. 若$A_1 B_1, A_2 B_2, \cdots, A_{2n+1} B_{2n+1}$共点$O$,则

$$O_1 = O_2 = \cdots = O_{2n+1} = O$$

由①,②得

$$\lambda_1 = \lambda_2 = \cdots = \lambda_{2n+1}$$

且

$$\frac{A_1 O}{O B_1} = \frac{A_2 O}{O B_2} = \cdots = \frac{A_{2n+1} O}{O B_{2n+1}}$$

再看充分性. 若$\lambda_1 = \lambda_2 = \cdots = \lambda_{2n+1}$,则由①,②得

$$\frac{A_i O_i}{O_i B_i} = \frac{A_i O_{n+i}}{O_{n+i} B_i}$$

即 O_i 与 O_{n+i} 重合, $A_i B_i$, $A_{n+i} B_{n+i}$, $A_{n+i+1} B_{n+i+1}$ 共点. 同理, $A_{n+i} B_{n+i}$, $A_{2n+i} B_{2n+i}$, $A_i B_i$ 共点, $A_{2n+i} B_{2n+i}$, $A_{n+i-1} B_{n+i-1}$, $A_{n+i} B_{n+i}$ 共点. 从而, $A_{n+i-1} B_{n+i-1}$, $A_{n+i} B_{n+i}$, $A_{n+i+1} B_{n+i+1}$ 共点 O, 故 $A_1 B_1$, $A_2 B_2$, $\cdots$, $A_{2n+1} B_{2n+1}$ 共点 O.

用证明定理 5 的类似方法, 可证

定理 7　凸 $2n$ 边形 $A_1 A_2 \cdots A_{2n}(n \geqslant 2)$ 的主对角线 $A_i A_{n+i}(i=1,\cdots,n)$ 都平分其面积的充要条件是: $A_i A_{n+i+1} /\!/ A_{i+1} A_{n+i}(i=1,2,\cdots,n)$

推论　若圆内接凸 $2n$ 边形 $A_1 A_2 \cdots A_{2n}(n \geqslant 2)$ 的主对角线 $A_i A_{n+i}(i=1,\cdots,n)$ 都平分此多边形的面积, 则这 n 条主对角线交于一点 O, O 为它外接圆的圆心.

定理 8　设凸 $2n$ 边形 $A_1 A_2 \cdots A_{2n}(n \geqslant 2)$ 的主对角线 $A_i A_{n+i}(i=1,\cdots,n)$ 平分其面积, 令 $\lambda_i = \dfrac{A_i A_{n+i+1}}{A_{i+1} A_{n+i}}$, 则它们共点的充要条件是: $\lambda_{i+1} = \lambda_i^{-1}(i=1,2,\cdots,n-1)$.

证明　如图 4.22, 由题设及定理 7 知, 有

$$A_i A_{n+i+1} /\!/ A_{i+1} A_{n+i}, i=1,2,\cdots,n$$

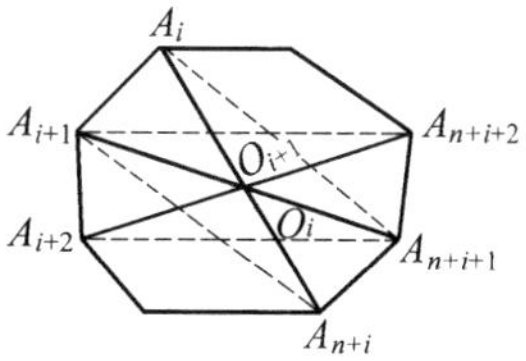

设 $A_i A_{n+i}$ 与 $A_{i+1} A_{n+i+1}$ 交点为 O_i, $A_{i+1} A_{n+i+1}$ 与 $A_{i+2} A_{n+i+2}$ 的交点为 O_{i+1}, 则

图 4.22

$$\frac{A_i O_i}{O_i A_{n+i}} = \frac{A_{n+i+1} O_i}{O_i A_{i+1}} = \frac{A_i A_{n+i+1}}{A_{i+1} A_{n+i}} = \lambda_i \qquad ①$$

$$\frac{A_{i+1} O_{i+1}}{O_{i+1} A_{n+i+1}} = \frac{A_{n+i+2} O_{i+1}}{O_{i+1} A_{i+2}} = \frac{A_{i+1} A_{n+i+2}}{A_{i+2} A_{n+i+1}} = \lambda_{i+1} \qquad ②$$

必要性. 若 $A_1 A_{n+1}$, $A_2 A_{n+2}$, $\cdots$, $A_n A_{2n}$ 共点 O, 则

$$O_i = O_{i+1}, i=1,2,\cdots,n-1$$

由式 ①, ② 可得

$$\lambda_{i+1} = \lambda_i^{-1}(i=1,2,\cdots,n-1)$$

充分性. 若 $\lambda_{i+1} = \lambda_i^{-1}$, 由式 ①, ② 得

$$\frac{A_{n+i+1} O_i}{O_i A_{i+1}} = \frac{A_{n+i+1} O_{i+1}}{O_{i+1} A_{i+1}}$$

则

$$O_i = O_{i+1}$$

即 $A_i A_{n+i}$, $A_{i+1} A_{n+i+1}$, $A_{i+2} A_{n+i+2}$ 共点.

再由 i 的任意性可推出: $A_1 A_{n+1}$, $A_2 A_{n+2}$, $\cdots$, $A_n A_{2n}$ 共点 O.

作为特例, 考虑 $n=3$ 的情形. 如图 4.23, $\triangle A_1 A_3 A_5 \backsim \triangle A_4 A_6 A_2$, 有 $\lambda_2 = \lambda_1^{-1}$, $\lambda_3 = \lambda_2^{-1}$. 易知 $A_1 A_4$, $A_2 A_5$, $A_3 A_6$ 交于一点 O, O 为 $\triangle A_1 A_3 A_5$ 与 $\triangle A_4 A_6 A_2$ 的位似中心.

定理9 设 M_iN_i 是凸 $2n(n \geqslant 3)$ 边形 $A_1A_2\cdots A_{2n}$ 的主中位线(M_i 是 A_iA_{i+1} 的中点, N_i 是 $A_{n+i}A_{n+i+1}$ 的中点), $M_iN_i(i=1,2,\cdots,n)$ 平分此多边形的面积. O 是 M_1N_1,M_2N_2 的交点,令 $S_{\triangle A_iOA_{i+1}}=2S_i(i=1,2,\cdots,2n)$,则 M_iN_i 共点 O 的充要条件是 $S_i+S_{i+1}=S_{n+i}+S_{n+i+1}(i=1,2,\cdots,n-1)$.

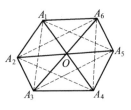

图 4.23

证明 如图 4.24,必要性是显然的,以下证明充分性.

(1) 当 $n=2m+1$ 时,先证 $S_n+S_{n+1}=S_{2n}+S_1$.

因 M_2N_2 平分多边形 $A_1A_2\cdots A_{2n}$ 的面积,则

$$2\sum_{i=3}^{n+1}S_i=2\sum_{i=3}^{n+1}S_{n+i}$$

即

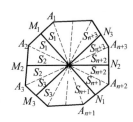

图 4.24

$$(S_3+S_4)+(S_5+S_6)+\cdots+(S_{n-2}+S_{n-1})+(S_n+S_{n+1})=$$
$$(S_{n+3}+S_{n+4})+(S_{n+5}+S_{n+6})+\cdots+(S_{2n-2}+S_{2n-1})+(S_{2n}+S_1)$$

又 $S_i+S_{i+1}=S_{n+i}+S_{n+i+1}(i=1,2,\cdots,n-1)$,则

$$S_n+S_{n+1}=S_{2n}+S_1$$

下证 M_3N_3 经过点 O. 由于

$$(S_4+S_5)+(S_6+S_7)+\cdots+(S_{n+1}+S_{n+2})=$$
$$(S_{n+4}+S_{n+5})+(S_{n+6}+S_{n+7})+(S_1+S_2)$$

从而

$$S_{M_3A_4\cdots A_{n+3}N_3O}=S_{N_3A_{n+4}\cdots A_3M_3O}$$

即 M_3ON_3 平分多边形 $A_1A_2\cdots A_{2n}$ 的面积,而 M_3N_3 平分多边形 $A_1A_2\cdots A_{2n}$ 的面积. 所以 M_3ON_3 与 M_3N_3 是同一条线段,则 M_3N_3 经过点 O.

同理可证: $M_4N_4,M_5N_5,\cdots,M_nN_n$ 经过点 O,即它们共点 O.

(2) 当 $n=2m$ 时,由 M_1N_1 平分多边形面积得

$$S_2+S_3+\cdots+S_n=S_{n+2}+S_{n+3}+\cdots+S_{2n}$$

因

$$S_i+S_{i+1}=S_{n+i}+S_{n+i+1},i=1,2,\cdots,n-1 \qquad (*)$$

则

$$S_n=S_{2n}$$

再反复用式 $(*)$ 可推出

$$S_i=S_{n+i},i=1,2,\cdots,n-1$$

仿(1)可证 $M_iN_i(i=3,4,\cdots,n)$ 也经过点 O.

推论 若凸 $2n$(n 为奇数)边形 $A_1A_2\cdots A_{2n}$ 的 n 条主中位线都平分它的面积,且其中 $(n-1)$ 条共点 O,则它的第 n 条主中位线也经过点 O.

此推论可仿定理9加以证明.

❖等角双斜线 n 边形定理

设 P 是已知 n 边形 $A_1A_2\cdots A_n$ 所在平面上一点,记 $A_{n+1}=A_1$,按逆时针方向,由 P 作与直线 A_iA_{i+1} 成 φ 角的斜线交 A_iA_{i+1} 于 C_i,过 C_i 作与 A_iA_{i+1} 成 θ 角的斜线 l_i,则直线 $l_1,l_2,\cdots,l_n$ 顺次相交而成的 n 边形 $B_1B_2\cdots B_n$ 称为点 P 对于 n 边形 $A_1A_2\cdots A_n$ 的等 (φ,θ) 角双斜线 n 边形,如图 4.25 所示.

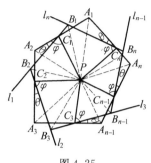

图 4.25

定理 设 n 边形 $B_1B_2\cdots B_n$ 是点 P 对于 n 边形 $A_1A_2\cdots A_n$ 的等 (φ,θ) 角双斜线 n 边形,则①

$$\frac{S_{n边形B_1B_2\cdots B_n}}{S_{n边形A_1A_2\cdots A_n}}=\left(\frac{\sin(\varphi-\theta)}{\sin\varphi}\right)^2 \qquad ①$$

证明 先看一则引理.

引理 如图 4.26,已知 $\triangle ABC\backsim\triangle AB_1C_1$,直线 BC 与 B_1C_1 成 θ 角且相交于 D,BC 与 AD 成 φ 角,则

$$\frac{S_{\triangle AB_1C_1}}{S_{\triangle ABC}}=\left(\frac{\sin(\varphi-\theta)}{\sin\varphi}\right)^2 \qquad ②$$

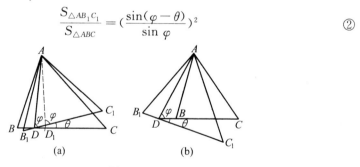

(a)   (b)

图 4.26

事实上,如图 4.27,仅证图 4.26(a) 的情形,其他两种情形同理可证.

自 A 向 B_1C_1 引斜线交 B_1C_1 于 D_1,B_1C_1 与 AD_1 成 φ 角,则对 $\triangle ADD_1$ 有

$$\angle ADD_1=\varphi-\theta,\angle AD_1D=180°-\varphi$$

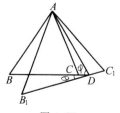

图 4.27

---

① 东江,肖辰.等角双斜线 n 边形的性质及其应用[J].中学生数学,1998(9):20-21.

因此
$$\frac{AD_1}{AD} = \frac{\sin(\varphi-\theta)}{\sin(180°-\varphi)} = \frac{\sin(\varphi-\theta)}{\sin\varphi}$$

又 $\triangle ABC \backsim \triangle AB_1C_1$，于是
$$\angle B = \angle B_1$$

而
$$\angle ADB = \angle AD_1B_1 = 180° - \varphi$$

因此
$$\triangle ABD \backsim \triangle AB_1D_1$$

这时有
$$\frac{AB_1}{AB} = \frac{AD_1}{AD}$$

故
$$\frac{S_{\triangle AB_1C_1}}{S_{\triangle ABC}} = (\frac{AB_1}{AB})^2 = (\frac{AD_1}{AD})^2 = (\frac{\sin(\varphi-\theta)}{\sin\varphi})^2$$

回到定理的证明，仅证点 P 在凸 n 边形内的情形，点 P 在凸 n 边形外和点 P 对于凹 n 边形的情形仿照可证.

如图 4.25，作点 P 与 n 边形 $A_1A_2\cdots A_n$，n 边形 $B_1B_2\cdots B_n$ 各顶点的连线，易得 P, C_1, A_2, C_2, B_2 五点共圆，于是有
$$\angle PA_2A_3 = \angle PB_2B_3$$

同理
$$\angle PA_3A_2 = \angle PB_3B_2$$

因此
$$\triangle PA_2A_3 \backsim \triangle PB_2B_3$$

据引理有
$$\frac{S_{\triangle PB_2B_3}}{S_{\triangle PA_2A_3}} = (\frac{\sin(\varphi-\theta)}{\sin\varphi})^2$$

类似地可得
$$\frac{S_{\triangle PB_1B_2}}{S_{\triangle PA_1A_2}} = \frac{S_{\triangle PB_3B_4}}{S_{\triangle PA_3A_4}} = \cdots = \frac{S_{\triangle PB_{n-1}B_n}}{S_{\triangle PA_{n-1}A_n}} = \frac{S_{\triangle PB_nB_1}}{S_{\triangle PA_nA_1}} = (\frac{\sin(\varphi-\theta)}{\sin\varphi})^2$$

故
$$\frac{S_{n边形B_1B_2\cdots B_n}}{S_{n边形A_1A_2\cdots A_n}} = \frac{\sum_{i=1}^n S_{\triangle PB_iB_{i+1}}}{\sum_{i=1}^n S_{\triangle PA_iA_{i+1}}} = \frac{S_{\triangle PB_1B_2}}{S_{\triangle PA_1A_2}} = (\frac{\sin(\varphi-\theta)}{\sin\varphi})^2$$

$$A_{n+1} = A_1, B_{n+1} = B_1$$

推论 1 若 n 边形 $B_1B_2\cdots B_n$ 是点 P 对于 n 边形 $A_1A_2\cdots A_n$ 的等 (φ, θ) 角双斜线 n 边形，则

(1) 当 $\varphi = 90°$ 时，有
$$\frac{S_{n边形B_1B_2\cdots B_n}}{S_{n边形A_1A_2\cdots A_n}} = \cos^2\theta. \qquad ③$$

(2) 当 $\theta = 90°$ 时，有
$$\frac{S_{n边形B_1B_2\cdots B_n}}{S_{n边形A_1A_2\cdots A_n}} = \cot^2\varphi. \qquad ④$$

(3) 当 $\theta = 90° + \varphi$ 时，有
$$\frac{S_{n边形B_1B_2\cdots B_n}}{S_{n边形A_1A_2\cdots A_n}} = \sec^2\varphi. \qquad ⑤$$

证明略.

如图 4.28,设在 $\triangle ABC$ 三边 BC,CA,AB 所在直线上各取一点 D,E,F,则圆 AEF,圆 BDF,圆 CDE 共点,P 点 P 称为 D,E,F 对于 $\triangle ABC$ 的密克尔点. $\varphi = \angle PEA = \angle PFB = \angle PDC$ 称为 D,E,F 对于 $\triangle ABC$ 的密克尔角. 这时,点 P 为对 $\triangle ABC$ 的等 (φ,θ) 角双斜线 $\triangle A_1 B_1 C_1$ 称为 D,F,F 为 $\triangle ABC$ 的等 θ 角密克尔三角形.

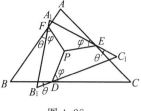

图 4.28

推论 2 设 $\triangle A_1 B_1 C_1$ 是 D,E,F 对于 $\triangle ABC$ 的等 θ 角密克尔三角形,若 φ 是 D,E,F 对于 $\triangle ABC$ 的密克尔角或有向线段比 $\dfrac{BD}{BC}=\lambda_1$,$\dfrac{CE}{CA}=\lambda_2$,$\dfrac{AF}{AB}=\lambda_3$,则

$$\frac{S_1}{S} = \left(\frac{\sin(\varphi-\theta)}{\sin\varphi}\right)^2 = \qquad ⑥$$

$$\left(\cos\theta - \frac{(1-2\lambda_1)\sin^2 A + (1-2\lambda_2)\sin^2 B + (1-2\lambda_3)\sin^2 C}{2\sin A \sin B \sin C} \cdot \sin\theta\right)^2 \qquad ⑦$$

证明 式 ⑥ 由定理即得,而要证式 ⑦ 只要证

$$\cot\varphi = \frac{(1-2\lambda_1)\sin^2 A + (1-2\lambda_2)\sin^2 B + (1-2\lambda_3)\sin^2 C}{2\sin A \sin B \sin C} \qquad ⑧$$

即可.

如图 4.29,据余弦定理可得

$$\begin{aligned}
PB^2 &= BD^2 + DP^2 - 2BD \cdot DP \cos(180°-\varphi) = \\
&\quad BD^2 + DP^2 + 2BD \cdot DP \cos\varphi = \\
&\quad BD^2 + DP^2 + 4S_{\triangle BDP} \cdot \cot\varphi
\end{aligned}$$

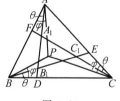

图 4.29

同样 $PC^2 = DC^2 + DP^2 + 4S_{\triangle PDC} \cdot \cot\varphi$.

于是

$$\begin{aligned}
PB^2 - PC^2 &= BD^2 - DC^2 + 4(S_{\triangle BDP} + S_{\triangle PDC})\cot\varphi = \\
&\quad (BD+DC)(BD-DC) + 4S_{\triangle BCP} \cdot \cot\varphi = \\
&\quad BC(2BD-BC) + 4S_{\triangle BCP} \cdot \cot\varphi = \\
&\quad (2\lambda_1 - 1) \cdot BC^2 + 4S_{\triangle BCP} \cdot \cot\varphi
\end{aligned}$$

同理

$$PC^2 - PA^2 = (2\lambda_2 - 1)CA^2 + 4S_{\triangle CAP} \cdot \cot\varphi$$

$$PA^2 - PB^2 = (2\lambda_3 - 1)AB^2 + 4S_{\triangle ABP} \cdot \cot\varphi$$

三式相加,注意到 $S_{\triangle ABC} = S_{\triangle ABP} + S_{\triangle BCP} + S_{\triangle CAP} = 2R^2 \sin A \sin B \sin C$ 及正弦定理即知 ⑧ 成立.

特别地,在推论 2 中,取 P 为 $\triangle ABC$ 的正布罗卡尔点或 $\lambda_1 = \lambda_2 = \lambda_3$ 时,等 θ 角密克尔三角形 $A_1 B_1 C_1$ 称为 $\triangle ABC$ 的等 θ 角正布罗卡尔三角形. 这时 φ 是

$\triangle ABC$ 的布罗卡尔角,如图 4.29 所示,则有

推论 3 设 $\triangle A_1 B_1 C_1$ 是 $\triangle ABC$ 的等 θ 角正布罗卡尔三角形,则

$$\frac{S_1}{S} = (\frac{\sin(\varphi - \theta)}{\sin \varphi})^2 = (\cos \theta - \frac{\sin^2 A + \sin^2 B + \sin^2 C}{2\sin A \sin B \sin C} \cdot \sin \theta)^2 \quad ⑨$$

若按逆时针方向,过 $\triangle ABC$ 的三顶点,作与对边所在直线成 θ 角的斜线,则三斜线两两相交所成的 $\triangle A_1 B_1 C_1$ 称为 $\triangle ABC$ 的等 θ 斜角三角形,如图 4.30 所示.

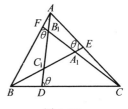

图 4.30

推论 4 设 $\triangle A_1 B_1 C_1$ 是 $\triangle ABC$ 的等 θ 斜角三角形,则

$$\frac{S_1}{S} = 4\cos^2 \theta \quad ⑩$$

证明 如图 4.28,容易求得

$$\lambda_1 = \frac{\cot B - \cot \theta}{\cot B + \cot C}$$

$$\lambda_2 = \frac{\cot C - \cot \theta}{\cot C + \cot A}$$

$$\lambda_3 = \frac{\cot A - \cot \theta}{\cot A + \cot B}$$

运用推论 2 即知推论 4 成立,故证.

❖ 两全等的等角 $2n$ 边形定理

内角全相等,各边不相等或不全相等的凸多边形,叫作等角多边形.

定理 对于两个全等的等角 $2n(n \in \mathbf{N}, n \geqslant 2)$ 边形,每相邻两边都两两相交并组成公共内接 $4n$ 边形,每条边长依次为 $a_1, b_1, a_2, b_2, \cdots, a_n, b_n, a_{n+1}, b_{n+1}, \cdots, a_{2n}, b_{2n}$,则

$$a_1^2 + a_2^2 + \cdots + a_{2n}^2 = b_1^2 + b_2^2 + \cdots + b_{2n}^2$$

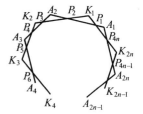

图 4.31

证法 1[①] 如图 4.31,设 $2n$ 边形 $A_1 A_2 \cdots A_{2n}$ 和 $2n$ 边形 $K_1 K_2 \cdots K_{2n}$ 是两个全等的等角 $2n(n \in \mathbf{N}, n \geqslant 2)$ 边形,其公共内接 $4n$ 边形 $P_1 P_2 \cdots P_{4n-1} P_{4n}$ 的每边长分别依次记为

---

① 胡道煊.有关等角多边形的一个定理及其应用[J].数学通报,1998(4):29-30.

$P_1P_2 = a_1, P_2P_3 = b_1, P_3P_4 = a_2, P_4P_5 = b_2, \cdots, P_{4n-1}P_{4n} = a_{2n}, P_{4n}P_1 = b_{2n}$

于是由已知,易证

$$\triangle K_1P_1P_2 \backsim \triangle A_2P_2P_3 \backsim \triangle K_2P_3P_4 \backsim \triangle A_3P_4P_5 \backsim \cdots \backsim$$
$$\triangle K_{2n}P_{4n-1}P_{4n} \backsim \triangle A_1P_{4n}P_1 \qquad \text{①}$$

则

$$\frac{a_1}{b_1} = \frac{K_1P_2}{A_2P_2}$$

即

$$K_1P_2 = \frac{a_1}{b_1} \cdot A_2P_2$$

同理

$$K_2P_4 = \frac{a_2}{b_1} \cdot A_2P_2, \cdots, K_{2n}P_{4n} = \frac{a_{2n}}{b_1} \cdot A_2P_2$$

$$A_2P_2 = \frac{b_1}{b_1} \cdot A_2P_2, A_3P_4 = \frac{b_2}{b_1} \cdot A_2P_2, \cdots, A_1P_{4n} = \frac{b_{2n}}{b_1} \cdot A_2P_2 \qquad \text{②}$$

由 $S_{\text{等角}2n\text{边形}A_1A_2\cdots A_{2n}} = S_{\text{等角}2n\text{边形}K_1K_2\cdots K_{2n}}$,有

$$S_{\triangle K_1P_1P_2} + S_{\triangle K_2P_3P_4} + \cdots + S_{\triangle K_{2n}P_{4n-1}P_{4n}} = S_{\triangle A_2P_2P_3} + S_{\triangle A_3P_4P_5} + \cdots + S_{\triangle A_1P_{4n}P_1}$$

则

$$a_1K_1P_2 \sin \angle K_1P_2P_1 +$$
$$a_2K_2P_4 \sin \angle K_2P_4P_3 - \cdots +$$
$$a_{2n}K_{2n}P_{4n} \sin \angle K_{2n}P_{4n}P_{4n-1} =$$
$$b_1A_2P_2 \sin \angle A_2P_2P_3 +$$
$$b_2A_3P_4 \sin \angle A_3P_4P_5 + \cdots +$$
$$b_{2n}A_1P_{4n} \sin \angle A_1P_{4n}P_1$$

由 ①,可得

$$\angle K_1P_2P_1 = \angle K_2P_4P_3 = \cdots = \angle K_{2n}P_{4n}P_{4n-1} =$$
$$\angle A_2P_2P_3 = \angle A_3P_4P_5 = \cdots = \angle A_1P_{4n}P_1$$

则

$$a_1K_1P_2 + a_2K_2P_4 + \cdots + a_{2n}K_{2n}P_{4n} = b_1A_2P_2 + b_2A_3P_4 + \cdots + b_{2n}A_1P_{4n} \quad \text{③}$$

将 ② 代入 ③,得

$$a_1 \cdot \frac{a_1}{b_1} \cdot A_2P_2 + a_2 \cdot \frac{a_2}{b_1} \cdot A_2P_2 + \cdots + a_{2n} \cdot \frac{a_{2n}}{b_1} \cdot A_2P_2 = b_1 \cdot \frac{b_1}{b_1} \cdot A_2P_2 +$$
$$b_2 \cdot \frac{b_2}{b_1} \cdot A_2P_2 + \cdots + b_{2n} \cdot \frac{b_{2n}}{b_1} \cdot A_2P_4$$

故

$$a_1^2 + a_2^2 + \cdots + a_{2n}^2 = b_1^2 + b_2^2 + \cdots + b_{2n}^2$$

证法 2 如图 4.29,在 $\triangle P_1K_1P_2$ 中,由正弦定理得

$$\frac{a_1}{\sin K_1} = \frac{P_2K_1}{\sin \angle K_1P_1P_2}$$

则
$$P_2K_1 = \frac{a_1 \sin \angle K_1P_1P_2}{\sin K_1}$$

由 $S_1 = \frac{1}{2}P_2K_1 \cdot a_1\sin\angle K_1P_2P_1$，有

$$S_1 = \frac{\frac{1}{2}a_1^2\sin\angle K_1P_2P_1 \cdot \sin\angle K_1P_1P_2}{\sin K_1}$$

同理
$$S_2 = \frac{\frac{1}{2}a_2^2\sin\angle K_2P_4P_3\sin\angle K_2P_3P_4}{\sin K_2}$$

$$\vdots$$

$$S_{2n} = \frac{\frac{1}{2}a_{2n}^2\sin\angle K_{2n}P_{4n}P_{4n-1}\sin\angle K_{2n}P_{4n-1}P_{4n}}{\sin K_{2n}}$$

$$S'_1 = \frac{\frac{1}{2}b_1^2\sin\angle A_2P_2P_3\sin\angle A_2P_3P_2}{\sin A_2}$$

$$S'_2 = \frac{\frac{1}{2}b_2^2\sin\angle A_3P_4P_5\sin\angle A_3P_5P_4}{\sin A_3}$$

$$\vdots$$

$$S'_{2n} = \frac{\frac{1}{2}b_{2n}^2\sin\angle A_1P_{4n}P_1\sin\angle A_1P_1P_{4n}}{\sin A_1}$$

而
$$\angle A_1 = \angle A_2 = \cdots = \angle A_{2n} = \angle K_1 = \angle K_2 = \cdots = \angle K_{2n}$$
$$\angle K_1P_2P_1 = \angle A_2P_2P_3 = \angle K_2P_4P_3 = \angle A_3P_4P_5 = \cdots =$$
$$\angle K_{2n}P_{4n}P_{4n-1} = \angle A_1P_{4n}P_1$$
$$\angle K_1P_1P_2 = \angle A_2P_3P_2 = \angle K_2P_3P_4 = \angle A_3P_5P_4 = \cdots =$$
$$\angle K_{2n}P_{4n-1}P_{4n} = \angle A_1P_1P_{4n}$$

前述 $4n$ 个等式的左、右依次相加后，将上述角的等式代入即可证得
$$a_1^2 + a_2^2 + \cdots + a_{2n}^2 = b_1^2 + b_2^2 + \cdots + b_{2n}^2$$

特别地，当定理中的两个全等的等角 $2n$ 边形为两个全等的正 $n(n \geqslant 3)$ 边形时，显然直接应用定理可迅速推证如下

推论 1 若两个全等的正 $n(n \geqslant 3)$ 边形每相邻两边都两两相交并组成的公共内接 $2n$ 边形的每条边的长依次为 $,a_1,b_1,a_2,b_2,\cdots,a_n,b_n$，则 $a_1^2 + a_2^2 + \cdots + a_{2n}^2 = b_1^2 + b_2^2 + \cdots + b_{2n}^2$.

推论 2 若两个全等的正 $n(n \geqslant 3)$ 边形，每相邻两边都两两相交并组成的公共内接 $2n$ 边形的每条边的长依次为 $a_1,b_1,a_2,b_2,\cdots,a_n,b_n$，且 $a_1 =$

$a_2 = \cdots = a_n, b_1 = b_2 = \cdots = b_n$,则公共内接 $2n$ 边形是正 $2n$ 边形,它的中心是两个全等的正 n 边形的中心.

❖圆内接凸 n 边形中的定值问题

定理 设 P 是圆内接凸 n 边形 $A_1 A_2 \cdots A_n$ 内(或边上)任一点,它到边 $A_i A_{i+1}(i=1,2,\cdots,n;A_{n+1}=A_1)$ 的距离为 d_i,$\overset{\frown}{A_i A_{i+1}}$ 的弧度为 $\alpha_i(i=1,2,\cdots,n)$,则[1]

$$\sum_{i=1}^{n} d_i \sin \frac{\alpha_i}{2} = \frac{S}{R}(\text{定值})$$

其中 S 为此 n 边形的面积,R 为其外接圆的半径.

证明 注意到结论:设凸 n 边形 $A_1 A_2 \cdots A_n$ 内接于半径为 R 的圆,边 $A_i A_{i+1}(A_{n+1}=A_1)$ 所对的弧的弧度为 α_i,边 $A_i A_{i+1}$ 的长为 $a_i(i=1,2,\cdots,n)$,则由三角形正弦定理有

$$\frac{a_i}{\sin \dfrac{\alpha_i}{2}} = 2R \quad , i=1,2,\cdots,n \qquad (*)$$

设 n 边形 $A_1 A_2 \cdots A_n$,各边 $A_i A_{i+1}$ 的长为 $a_i(i=1,2,\cdots,n)$,这里 $A_{n+1}=A_1$,$A_i A_{i+1}$ 所对的弧 $\overset{\frown}{A_i A_{i+1}}$ 的弧度为 $\alpha_i(i=1,2,\cdots,n)$. P 是 n 边形 $A_1 A_2 \cdots A_n$ 内(或边上)任一点,点 P 到边 $A_i A_{i+1}$ 的距离为 d_i,则 $\triangle PA_i A_{i+1}$ 的面积为

$$S_i = \frac{1}{2} a_i d_i, \quad i=1,2,\cdots,n$$

n 边形 $A_1 A_2 \cdots A_n$ 的面积为

$$S = \sum_{i=1}^{n} S_i = \frac{1}{2} \sum_{i=1}^{n} a_i d_i \qquad ①$$

利用式($*$),有

$$a_i = 2R \sin \frac{\alpha_i}{2}, \quad i=1,2,\cdots,n \qquad ②$$

由 ①,② 得

$$\sum_{i=1}^{n} d_i \sin \frac{\alpha_i}{2} = \frac{S}{R}(\text{定值})$$

推论 正 n 边形内(或边上)任一点到各边的距离之和为定值,即

① 杨世国.关于多边形的两个定理[J].福建中学数学,1993(2):6-7.

$$\sum_{i=1}^{n} d_i = \frac{na}{2}\cot\frac{\pi}{n}$$

❖ 正 n 边形中的定值问题

定理 1 从任意一点到正 n 边形各边的距离的代数和是一个定值,即边心距的 n 倍.

推论 任一点到正三角形各边的距离和等于高;任一点到正方形各边的距离和等于边长的 2 倍.

定理 2 从正 n 边形的顶点到外接圆的任一条切线的垂线段的和,等于半径的 n 倍.

定理 3 从正 n 边形的顶点到任一直线的垂线段的代数和,等于圆心到这条直线距离的 n 倍.

定理 4 从正 n 边形的外接圆任一点到正 n 边形的顶点的距离的平方和是一个定值,等于 $2nR^2$,R 为圆的半径.

推论 1 设 R 为正 n 边形的外接圆半径,正 n 边形的边长为 a,则圆上一点到正 n 边形各边中点的距离的平方和是 $2nR^2 - \frac{1}{4}na^2$.

推论 2 圆内接正 n 边形的顶点的所有连线的平方和是 n^2R^2.

定理 5(对角线长定理) 经过正 $n(n \geqslant 3)$ 边形每一顶点的对角线长 $l_k = 2R \cdot \sin\frac{k \cdot 180°}{n}(k=1,2,\cdots,n-1)$,其中 R 为外接圆半径.

定理 6 设 P 是以正 n 边形 $A_1 A_2 \cdots A_n$ 的中心 O 为圆心,半径为 r 的圆上任一点,若正 n 边形的外接圆半径为 R,则

(1) $\sum_{i=1}^{n} PA_i^4 = n(R^4 + 4R^2r^2 + r^4)(n \geqslant 3)$.

(2) $\sum_{i=1}^{n} PA_i^6 = n(R^2 + r^2)(R^4 + 8R^2r^2 + r^4)(n \geqslant 4)$.

定理 7 设 P 为正 n 边形 $A_1 A_2 \cdots A_n(n \geqslant 3)$ 外接圆劣弧 $\overset{\frown}{A_1 A_n}$ 上任一点,则

(1) 当 n 为奇数时,$\sum_{k=1}^{n} A_k P = \csc\frac{\pi}{2n} \cdot A_{\frac{n+1}{2}}P$.

(2) 当 n 为偶数时,$\sum_{k=1}^{n} A_k P = \cot\frac{\pi}{2n} \cdot A_{\frac{n}{2}}P + A_n P$.

定理 8 设 R, r 分别为正 n 边形 $A_1A_2\cdots A_n$ 的外接圆,内切圆半径,过中心 O 的直线为 l,则

(1) 若 A_i 到 l 的距离为 d_i,则 $\sum\limits_{i=1}^{n} d_i^2 = \frac{1}{2}nR^2$.

(2) 若 l 和各边(或延长线)的交点分别为 $B_1, B_2, \cdots, B_n$,则 $\sum\limits_{i=1}^{n} \frac{1}{OB_i^2} = \frac{n}{2r^2}$.

❖ 正 n 边形的性质定理

正 n 边形的一些简单性质由前面的正 n 边形中的定值问题给出,这里介绍几个稍微复杂一点的特性.

定理 1 设正 n 边形 $A_1A_2\cdots A_n$ 的外心为 O,则 $\triangle A_iA_{i+1}A_n$ 的垂心 $H_i(i=1,2,\cdots,n-2, n\geqslant 5)$ 共圆,圆心就是顶点 A_n.

证明 设正 n 边形 $A_1A_2\cdots A_n$ 的外接圆半径为 R.

欲证诸垂心 $H_i(i=1,2,\cdots,n-2)$ 共圆,圆心是顶点 A_n,只需证 $|H_iA_n|$ 为与 i 无关的定值.

根据公式 $\overrightarrow{OH} = 3\overrightarrow{OG} = \overrightarrow{OA} + \overrightarrow{OB} + \overrightarrow{OC}$. 有 $\overrightarrow{OH_i} = \overrightarrow{OA_i} + \overrightarrow{OA_{i+1}} + \overrightarrow{OA_n}$,则根据向量运算有

$$|H_iA_n|^2 = \overrightarrow{H_iA_n}^2 = (\overrightarrow{OH_i} - \overrightarrow{OA_n})^2 =$$
$$(\overrightarrow{OA_i} + \overrightarrow{OA_{i+1}})^2 =$$
$$|\overrightarrow{OA_i}|^2 + |\overrightarrow{OA_{i+1}}|^2 + 2\overrightarrow{OA_i} \cdot \overrightarrow{OA_{i+1}} =$$
$$|OA_i|^2 + |OA_{i+1}|^2 + 2|OA_i||OA_{i+1}| \cdot \cos \angle A_iOA_{i+1}$$
$$(*)$$

依题设显然有 $|OA_i| = |OA_{i+1}| = R, \angle A_iOA_{i+1} = \frac{2\pi}{n}(i=1,2,\cdots,n-2)$.

代入式 $(*)$ 就得 $|H_iA_n|^2 = 2R^2(1 + \cos\frac{2\pi}{n})$.

于是 $|H_iA_n| = \sqrt{2(1+\cos\frac{2\pi}{n})} \cdot R$ 是与 i 无关的定值. 证毕.

定理 2 设正 n 边形 $A_1A_2\cdots A_n$ 的外心为 O,则 $\triangle A_iA_{i+1}A_n$ 的重心 $G_i(i=1,2,\cdots,n-2, n\geqslant 5)$ 共圆,圆心 C 在 A_nO 上,且 $OC:CA_n = 1:2$.

---

① 曾建国.正多边形两个性质的简证及推广[J].数学通报,2013(9):62-63.

证法 1 如图 4.32,设 G_i,H_i 分别是 $\triangle A_i A_{i+1} A_n$ 的重心、垂心($i = 1, 2, \cdots,$ $n-2$);在 $A_n O$ 上取一点 C,且 $OC : CA_n = 1 : 2$. 欲证诸重心 $G_i(i = 1, 2, \cdots, n-2)$ 共圆,圆心为 C,只需证明 $|G_i C|$ 为与 i 无关的定值.

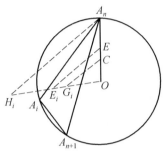

图 4.32

根据欧拉线定理知 $OG_i : G_i H_i = 1 : 2$,则 $OC : CA_n = OG_i : G_i H_i = 1 : 2$.

于是 $G_i C \parallel H_i A_n$ 且 $|G_i C| = \dfrac{1}{3} |H_i A_n| = \dfrac{1}{3} \sqrt{2(1 + \cos \dfrac{2\pi}{n})} \cdot R$ 是与 i 无关的定值. 证毕.

证法 2[①] 不妨设正 n 边形 $A_1 A_2 \cdots A_n$ 的外接圆的半径为 1,记 $\overrightarrow{OC} = \dfrac{1}{3} \overrightarrow{OA_n}$,令 $A_{n+1} = A_1$,设线段 $A_i A_{i+1}$ 的中点为 $B_i(i = 1, 2, \cdots, n)$,显然有 $\overrightarrow{OB_i} = \dfrac{1}{2}(\overrightarrow{OA_i} + \overrightarrow{OA_{i+1}})$,$|\overrightarrow{OB_i}| = \cos \dfrac{\pi}{n}$,那么

$$\overrightarrow{OG_i} = \frac{\overrightarrow{OA_n} + \overrightarrow{OA_i} + \overrightarrow{OA_{i+1}}}{3} = \frac{2}{3} \overrightarrow{OB_i} + \overrightarrow{OC}$$

故 $\overrightarrow{CG_i} = \overrightarrow{OG_i} - \overrightarrow{OC} = \dfrac{2}{3} \overrightarrow{OB_i}$,即可知

$$|\overrightarrow{CG_i}| = \frac{2}{3} |\overrightarrow{OB_i}| = \frac{2}{3} \cos \frac{\pi}{n}$$

即得 $\triangle A_i A_{i+1} A_n$ 的重心 $G_i(i = 1, 2, \cdots, n-2, n \geqslant 5)$ 共圆,圆心 C 在 OA_n 上,且 $OC : CA_n = 1 : 2$. 证毕.

定理 3 设正 n 边形 $A_1 A_2 \cdots A_n$ 的外心为 O,则 $\triangle A_i A_{i+1} A_n$ 的九点圆心 $E_i(i = 1, 2, \cdots, n-2, n \geqslant 5)$ 共圆,圆心 E 就是 $A_n O$ 的中点.

由于三角形的九点圆心是垂心与外心连线的中点,用完全类似于前面定理 2 证法 1 的证明方法证明定理 3. 证略.

上面诸性质在讨论时,都是取定正多边形的一个顶点与其他的两顶点相连

① 张青山. 探求正多边形两个性质的实质[J]. 数学通报,2014(5):62-63.

构成三角形.我们稍作变换,取定多边形的两个顶点与其他顶点相连构成四边形或三角形,则可以进一步引申推广,得到新的性质.

定理 4 设正多边形 $A_1 A_2 \cdots A_n$ 的外心为 O,线段 $A_{n-1} A_n$ 的中点为 M,则四边形 $A_i A_{i+1} A_{n-1} A_n$ 的顶点集重心 $G_i(i=1,2,\cdots,n-3,n\geqslant 6)$ 共圆,圆心 D 是线段 OM 的中点.

证明 设正 n 边形 $A_1 A_2 \cdots A_n$ 的外接圆半径为 R.欲证结论成立,只需证明 $|G_i D|$ 为与 i 无关的定值.因 M 是线段 $A_{n-1} A_n$ 的中点,D 是线段 OM 的中点,则

$$\overrightarrow{OD} = \frac{1}{2}\overrightarrow{OM} = \frac{1}{4}(\overrightarrow{OA_{n-1}} + \overrightarrow{OA_n})$$

按照四边形顶点集重心的定义知

$$\overrightarrow{OG_i} = \frac{1}{4}(\overrightarrow{OA_i} + \overrightarrow{OA_{i+1}} + \overrightarrow{OA_{n-1}} + \overrightarrow{OA_n})$$

类似前文式 ② 的计算,有

$$|G_i D|^2 = \overrightarrow{G_i D}^2 = (\overrightarrow{OG_i} - \overrightarrow{OD})^2 =$$

$$\frac{1}{16}(\overrightarrow{OA_i} + \overrightarrow{OA_{i+1}})^2 =$$

$$\frac{1}{16}(|\overrightarrow{OA_i}|^2 + |\overrightarrow{OA_{i+1}}|^2 + 2\overrightarrow{OA_i} \cdot \overrightarrow{OA_{+1}}) =$$

$$\frac{1}{16}(|OA_i|^2 + |OA_{i+1}|^2 + 2|OA_i||OA_{i+1}|\cos\angle A_i OA_{i+1}) =$$

$$\frac{1}{8}R^2\left(1 + \cos\frac{2\pi}{n}\right)$$

于是 $|H_i A_n| = \frac{1}{4}\sqrt{2\left(1 + \cos\frac{2\pi}{n}\right)} \cdot R$ 是与 i 无关的定值.证毕.

下面的结论适合于任意的圆内接多边形.

结论 设多边形 $A_1 A_2 \cdots A_n(n \geqslant 5)$ 内接于圆 (O,R),则

(1)$\triangle A_i A_{n-1} A_n$ 的垂心 $H_i(i=1,2,\cdots,n-2)$ 共圆,圆心 F 是外心 O 关于直线 $A_{n-1} A_n$ 的对称点,半径为 R;

(2)$\triangle A_i A_{n-1} A_n$ 的九点圆心 $E_i(i=1,2,\cdots,n-2)$ 共圆,圆心 M 是线段 $A_{n-1} A_n$ 的中点,半径为 $\frac{R}{2}$;

(3)$\triangle A_i A_{n-1} A_n$ 的重心 $G_i(i=1,2,\cdots,n-2)$ 共圆,圆心 N 是线段 OM 的靠近 M 一侧的三等分点,半径为 $\frac{R}{3}$.

证明 (1),(2),(3)证法类似且较简单,这里仅证(1).欲证诸垂心 $H_i(i=1,2,\cdots,n-2)$ 共圆于圆 (F,R),只需证 $|H_i F| = R.F$ 是外心 O 关于直

$A_{n-1}A_n$ 的对称点，则显然有 $\overrightarrow{OF}=\overrightarrow{OA_{n-1}}+\overrightarrow{OA_n}$.

根据公式，有

$$\overrightarrow{OH_i}=\overrightarrow{OA_i}+\overrightarrow{OA_{n-1}}+\overrightarrow{OA_n}$$

则

$$|\,H_iF\,|=|\,\overrightarrow{H_if}\,|=|\,\overrightarrow{OH_i}-\overrightarrow{OF}\,|=$$
$$|\,\overrightarrow{OA_i}\,|=R,i=1,2,\cdots,n-2$$

证毕.

下面，我们又回到定理 2 的证法 2.

我们进一步由 $\overrightarrow{CG_i}=\dfrac{2}{3}\overrightarrow{OB_i}$ 发现向量 $\overrightarrow{CG_i}$ 与向量 $\overrightarrow{CG_{i+1}}$ 的夹角等于向量 $\overrightarrow{OB_i}$ 与向量 $\overrightarrow{OB_{i+1}}$ 的夹角 $\dfrac{2\pi}{n}$，这说明 $\triangle A_iA_{i+1}A_n$ 的重心 $G_i(i=1,2,\cdots,n-2,n\geqslant5)$ 不仅共圆，而且还是一个以 C 为中心的正 n 边形的 $n-2$ 个顶点. 这引发了我们的进一步思考，记 A_{n-1}，A_n，A_n 这三点的重心为 G_{n-1}，A_n，A_n，A_1 这三点的重心为 G_n，易知有

$$\overrightarrow{A_{n-1}G_{n-1}}=2\,\overrightarrow{G_{n-1}A_n},\overrightarrow{A_1G_n}=2\,\overrightarrow{G_nA_n}$$

当 $i=1,2,\cdots,n$ 时，可知均有 $\overrightarrow{CG_i}=\dfrac{2}{3}\,\overrightarrow{OB_i}$ 成立，得

$$\overrightarrow{A_nG_i}=\overrightarrow{CG_i}+\overrightarrow{A_nC}=$$
$$\dfrac{2}{3}\,\overrightarrow{OB_i}+\overrightarrow{A_nC}=$$
$$\dfrac{2}{3}\,\overrightarrow{OB_i}+\dfrac{2}{3}\,\overrightarrow{A_nO}=\dfrac{2}{3}\,\overrightarrow{A_nB_i}$$

即知点集 $\{G_1,G_2,\cdots,G_n\}$ 是由点集 $\{B_1,B_2,\cdots,B_n\}$ 通过以点 A_n 为位似中心，变换关系为 $\overrightarrow{A_nG_i}=\dfrac{2}{3}\,\overrightarrow{A_nB_i}$ 的位似变换而得到的，而通过位似变换得到的平面图形与原图形相似，正如棱锥的一个简单性质：把一个棱锥用平行于其底面的平面去截它，其截口图形必与棱锥底面图形相似. 由于点集 $\{B_1,B_1,\cdots,B_n\}$ 为一个正 n 边形的顶点集，那么点集 $\{G_1,G_2,\cdots,G_n\}$ 也是一个正 n 边形的顶点集. 从而揭示出正多边形性质定理 1 与 2 的本质. 而得到如下推广：

定理 5 对正 n 边形 $A_1A_2\cdots A_n$ 与空间一个定点 P，正 n 边形 $A_1A_2\cdots A_n$ 的中心为 O，三角形 PA_1A_2，PA_2A_3，$\cdots$，PA_nA_1 的重心分别为 $G_1,G_2,\cdots,G_n$，则多边形 $G_1G_2\cdots G_n$ 是正 n 边形，中心 C 在 OP 上，且 $OC:CP=1:2$.

略证 记 $A_{n+1}=A_1$. 设线段 A_iA_{i+1} 的中点为 $B_i(i=1,2,\cdots,n)$，由三角形重心的性质显然有关系 $\overrightarrow{PG_i}=\dfrac{2}{3}\,\overrightarrow{PB_i}$，即知点集 $\{G_i\}$ 是由点集 $\{B_i\}$ 通过以点 P

为位似中心,变换关系为 $\overrightarrow{PG_i}=\dfrac{2}{3}\overrightarrow{PB_i}$ 的位似变换而得到的,易知 n 边形 $B_1B_2\cdots B_n$ 为正 n 边形,那么即可知多边形 $G_1G_2\cdots G_n$ 是正 n 边形,中心 C 在 OP 上,且 $OC:CP=1:2$.

定理 6 对正 n 边形 $A_1A_2\cdots A_n$ 与空间两个定点 P,Q,线段 PQ 的中点为 S,正 n 边形 $A_1A_2\cdots A_n$ 的中心为 O,三角形 $PQA_1,PQA_2,\cdots,PQA_n$ 的重心分别为 $G_1,G_2,\cdots,G_n$,则多边形 $G_1G_2\cdots G_n$ 是正 n 边形,中心 C 在 OS 上,且 $OC:CS=2:1$.

略证 由三角形重心的性质显然有关系 $\overrightarrow{SG_i}=\dfrac{1}{3}\overrightarrow{SA_i}$,即知点集 $\{G_i\}$ 是由点集 $\{A_i\}$ 通过以点 S 为位似中心,变换关系为 $\overrightarrow{SG_i}=\dfrac{1}{3}\overrightarrow{SA_i}$ 的位似变换而得到的,即可知多边形 $G_1G_2\cdots G_n$ 是正 n 边形,中心 C 在 OS 上,且 $OC:CS=2:1$.

如果将上面定理 5、6 中的定点特殊化到正 n 边形 $A_1A_2\cdots A_n$ 的外接圆上,运用三角形欧拉线的性质,即可得到下面性质:

定理 7 对正 n 边形 $A_1A_2\cdots A_n$ 与外接圆上一点 P,正 n 边形 $A_1A_2\cdots A_n$ 的中心为 O,三角形 $PA_1A_2,PA_2A_3,\cdots,PA_nA_1$ 的垂心分别为 $H_1,H_2,\cdots,H_n$,三角形 $PA_1A_2,PA_2A_3,\cdots,PA_nA_1$ 的九点圆心分别为 $E_1,E_2,\cdots,E_n$,则多边形 $H_1H_2\cdots H_n$ 是正 n 边形,中心为点 P.多边形 $E_1E_2\cdots E_n$ 是正 n 边形,中心为线段 PO 的中点.

略证 设三角形 $PA_1A_2,PA_2A_3,\cdots,PA_nA_1$ 的重心分别为 $G_1,G_2,\cdots,G_n$,由三角形欧拉线的性质,有 $\overrightarrow{OH_i}=3\overrightarrow{OG_i}$,$\overrightarrow{OE_i}=\dfrac{3}{2}\overrightarrow{OG_i}$,即知点集 $\{H_i\}$,$\{E_i\}$ 是由点集 $\{G_i\}$ 通过以点 O 为位似中心,变换关系分别为 $\overrightarrow{OH_i}=3\overrightarrow{OG_i}$,$\overrightarrow{OE_i}=\dfrac{3}{2}\overrightarrow{OG_i}$ 的位似变换而得到的,由定理 5 知多边形 $G_1G_2\cdots G_n$ 是正 n 边形,那么多边形 $H_1H_2\cdots H_n$ 是正 n 边形,中心为点 P.多边形 $E_1E_2\cdots E_n$ 是正 n 边形,中心为线段 PO 的中点.

定理 8 对正 n 边形 $A_1A_2\cdots A_n$ 与其外接圆上两个定点 P,Q,线段 PQ 的中点为 S,正 n 边形 $A_1A_2\cdots A_n$ 的中心为 O,三角形 $PQA_1,PQA_2,\cdots,PQA_n$ 的垂心分为 $H_1,H_2,\cdots,H_n$,三角形 $PQA_1,PQA_2,\cdots,PQA_n$ 的九点圆心分别为 $E_1,E_2,\cdots,E_n$,则多边形 $H_1H_2\cdots H_n$ 是正 n 边形,中心 D 满足 $\overrightarrow{OD}=2\overrightarrow{OS}$.多边形 $E_1E_2\cdots E_n$ 是正 n 边形,中心为点 S.

略证 设三角形 $PQA_1,PQA_2,\cdots,PQA_n$ 的重心分别为 $G_1,G_2,\cdots,G_n$,由三角形欧拉线的性质,有

$$\overrightarrow{OH_i} = 3\overrightarrow{OG_i}, \quad \overrightarrow{OE_i} = \frac{3}{2}\overrightarrow{OG_i}$$

点集 $\{H_i\}$, $\{E_i\}$ 是由点集 $\{G_i\}$ 通过以点 O 为位似中心,变换关系分别为 $\overrightarrow{OH_i} = 3\overrightarrow{OG_i}$, $\overrightarrow{OE_i} = \frac{3}{2}\overrightarrow{OG_i}$ 的位似变换而得到的,由定理 6 知多边形 $G_1G_2\cdots G_n$ 是正 n 边形,那么多边形 $H_1H_2\cdots H_n$ 是正 n 边形,中心 D 满足 $\overrightarrow{OD} = 2\overrightarrow{OS}$. 多边形 $E_1E_2\cdots E_n$ 也是正 n 边形,中心为点 S.

注 上述定理 3,4 及结论由曾建国给出,定理 $5\sim8$ 由张青山给出.

为了介绍后面的结论,先给出如下定义:

定义 过正 n 边形每条边的两端点作两条与这条边都垂直的直线,$2n$ 条这样的直线(有的可能重合)围成的封闭区域叫作这个正 n 边形的可控区域.①

由此定义可知:

(1) 过一个正多边形可控区域内任一点作此正多边形任一边的垂线,垂足不会在这边的延长线上.

(2) 正三角形的可控区域是一个以此正三角形中心为中心的正六边形,其面积是此正三角形面积的 2 倍;正方形的可控区域就是这个正方形本身.

定理 9 设 P 为正 $(2n+1)$ 边形 $A_1A_2\cdots A_{2n+1}$ 对称轴上或可控区域内任一点,过点 P 分别作正 $(2n+1)$ 边形的边 A_1A_2, A_2A_3, $\cdots$, $A_{2n+1}A_1$ 的垂线,垂足分别为 B_1, B_2, $\cdots$, B_{2n+1},则

$$\sum_{i=1}^{2n+1} A_iB_i = \sum_{i=1}^{2n+1} B_iA_{i+1} \qquad \text{①}$$

其中 $A_{2n+2} = A_1$.

证明 对于正三角形情形可参见正三角形性质定理 1.

接着考察正五边形的情形,如图 4.33.

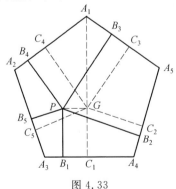

图 4.33

① 徐道. 正三角形一个性质的推广[J]. 数学通报, 2014(1): 55-57.

设 P 为正五边形 $A_1A_2A_3A_4A_5$ 对称轴上或可控区域内任一点,过 P 分别作正五边形的边 $A_3A_4, A_4A_5, A_5A_1, A_1A_2, A_2A_3$ 的垂线,垂足分别为 B_1, B_2, B_3, B_4, B_5.

若 P 为正五边形 $A_1A_2A_3A_4A_5$ 对称轴上任一点,则由正五边形的对称性易得:$A_3B_1 + A_4B_2 + A_5B_3 + A_1B_4 + A_2B_5 = B_1A_4 + B_2A_5 + B_3A_1 + B_4A_2 + B_5A_1$.

若 P 不是对称轴上而是可控区域内任一点,如图 4.33. 过 A_1 作 $A_1C_1 \perp A_3A_4$,C_1 为垂足;再过 P 作 $PG \perp A_1C_1$,G 为垂足;过 G 分别作 $A_4A_5, A_5A_1, A_1A_2, A_2A_3$ 的垂线,垂足分别为 C_2, C_3, C_4, C_5,则

$$A_3B_1 + A_4B_2 + A_5B_3 + A_1B_4 + A_2B_5 =$$
$$(A_3C_1 - B_1C_1) + (A_4C_2 - B_2C_2) + (A_5C_3 + B_3C_3) +$$
$$(A_1C_4 + B_4C_4) + (A_2C_5 - B_5C_5) =$$
$$(A_3C_1 + A_4C_2 + A_5C_3 + A_1C_4 + A_2C_5) -$$
$$(B_1C_1 + B_2C_2 - B_3C_3 - B_4C_4 + B_5C_5) \qquad ②$$

而

$$B_1A_4 + B_2A_5 + B_3A_1 + B_4A_2 + B_5A_3 =$$
$$(B_1C_1 + C_1A_4) + (B_2C_2 + C_2A_5) + (C_3A_1 - B_3C_3) +$$
$$(C_4A_2 - B_4C_4) + (C_5A_3 + B_5C_5) =$$
$$(C_1A_4 + C_2A_5 + C_3A_1 + C_4A_2 + C_5A_3) +$$
$$(B_1C_1 + B_2C_2 - B_3C_3 - B_4C_4 + B_5C_5) \qquad ③$$

由于

$$A_3C_1 = C_1A_4$$
$$A_4C_2 = C_5A_3$$
$$A_5C_3 = C_4A_2$$
$$A_1C_4 = C_3A_1$$
$$A_2C_5 = C_2A_5$$

故 ② $-$ ③ 得

$$(A_3B_1 + A_4B_2 + A_5B_3 + A_1B_4 + A_2B_5) -$$
$$(B_1A_4 + B_2A_5 + B_3A_1 + B_4A_2 + B_5A_3) =$$
$$2[(B_3C_3 + B_4C_4) - (B_1C_1 + B_2C_2 + B_5C_5)] \qquad ④$$

过点 P 作 $PM \perp GC_4$,M 为垂足;过点 G 作 $GN \perp PB_3$,N 为垂足,则

$$\angle NPG = \angle MGP = \frac{3\pi}{10}$$

所以

$$B_3C_3 = B_4C_4 = PM = PG\sin\frac{3\pi}{10} = B_1C_1\sin\frac{3\pi}{10} \qquad ⑤$$

同理

$$B_2 C_2 = B_5 C_5 = B_1 C_1 \sin \frac{\pi}{10} \qquad ⑥$$

⑤,⑥ 代入 ④ 得

$$(A_3 B_1 + A_4 B_2 + A_5 B_3 + A_1 B_4 + A_2 B_5) -$$
$$(B_1 A_4 + B_2 A_5 + B_3 A_1 + B_4 A_2 + B_5 A_3) =$$
$$2 B_1 C_1 \left(2 \sin \frac{3\pi}{10} - 1 - 2 \sin \frac{\pi}{10} \right) \qquad ⑦$$

又

$$\sin \frac{3\pi}{10} = \frac{1}{4}(1 + \sqrt{5}), \ \sin \frac{\pi}{10} = \frac{1}{4}(-1 + \sqrt{5})$$

所以 ⑦ 右端为 0.

所以

$$A_3 B_1 + A_4 B_2 + A_5 B_3 + A_1 B_4 + A_2 B_5 =$$
$$B_1 A_4 + B_2 A_5 + B_3 A_1 + B_4 A_2 + B_5 A_3$$

下面讨论正($2n+1$)边形问题:

若 P 为正($2n+1$)边形 $A_1, A_2, \cdots, A_{2n+1}$ 对称轴上任一点,则由正($2n+1$)边形的对称性,易证 ① 成立.

故下面仅证 P 不是正($2n+1$)边形 $A_1, A_2, \cdots, A_{2n+1}$ 对称轴上而是其可控区域内任一点的情形. 现在我们以正九边形为例证明定理9,一般正($2n+1$)边形可仿正九边形证明.

设 P 为正九边形 $A_1, A_2, \cdots, A_9$ 可控区域内且不在对称轴上的任意一点,过 P 分别作正九边形的边 $A_1 A_2, A_2 A_3, \cdots, A_9 A_1$ 的垂线,垂足分别为 B_1, $B_2, \cdots, B_9$,如图4.34. 作 $A_6 C_1 \perp A_1 A_2$,C_1 为垂足,则 $A_1 C_1 = C_1 A_2$;再作 $PQ \perp A_6 C_1$,Q 为垂足. 再过 Q 分别作 $A_2 A_3, A_3 A_4, \cdots, A_9 A_1$ 的垂线,垂足分别为 C_2, $C_3, \cdots, C_9$. 因为 Q 为正九边形对称轴上一点,故有

$$\sum_{i=1}^{9} A_i C_i = \sum_{i=1}^{9} C_i A_{i+1} \qquad ⑧$$

其中 $A_{10} = A_1$.

而

$$\sum_{i=1}^{9} A_i B_i =$$
$$(A_1 C_1 - B_1 C_1) + (A_2 C_2 - B_2 C_2) +$$
$$(A_3 C_3 - B_3 C_3) + (A_4 C_4 + B_4 C_4) +$$
$$(A_5 C_5 + B_5 C_5) + (A_6 C_6 + B_6 C_6) +$$

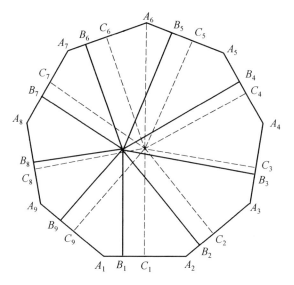

图 4.34

$$(A_7C_7 + B_7C_7) + (A_8C_8 - B_8C_8) +$$
$$(A_9C_9 - B_9C_9) =$$
$$\sum_{i=1}^{9} A_iC_i - \sum_{i=1}^{3} B_iC_i + \sum_{i=4}^{7} B_iC_i - \sum_{i=8}^{9} B_iC_i \qquad ⑨$$

同理

$$\sum_{i=1}^{9} B_iA_{i+1} =$$
$$\sum_{i=1}^{9} C_iA_{i+1} + \sum_{i=1}^{3} B_iC_i - \sum_{i=4}^{7} B_iC_i + \sum_{i=8}^{9} B_iC_i \qquad ⑩$$

⑨ − ⑩,并注意到 ⑧,得

$$\sum_{i=1}^{9} A_iB_i - \sum_{i=1}^{9} B_iA_{i+1} =$$
$$-2\sum_{i=1}^{3} B_iC_i + 2\sum_{i=4}^{7} B_iC_i - 2\sum_{i=8}^{9} B_iC_i \qquad ⑪$$

又
$$B_iC_i = B_{11-i}C_{11-i},$$
$$i = 2, 3, 4, 5$$

故 ⑪ 可化为

$$\sum_{i=1}^{9} A_iB_i - \sum_{i=1}^{9} B_iA_{i+1} =$$
$$2\left(2 \cdot \sum_{i=4}^{5} B_iC_i - 2\sum_{i=2}^{3} B_iC_i - B_1C_1\right) \qquad ⑫$$

而

$$B_2 C_2 = B_1 C_1 \cos \frac{2\pi}{9}$$

$$B_3 C_3 = B_1 C_1 \cos \frac{4\pi}{9}$$

$$B_4 C_4 = B_1 C_1 \cos \frac{3\pi}{9}$$

$$B_5 C_5 = B_1 C_1 \cos \frac{\pi}{9}$$

将这四个等式代入 ⑫，得

$$\sum_{i=1}^{9} A_i B_i - \sum_{i=1}^{9} B_i A_{i+1} =$$

$$2B_1 C_1 (2\cos \frac{3\pi}{9} + 2\cos \frac{\pi}{9} - 2\cos \frac{2\pi}{9} - 2\cos \frac{4\pi}{9} - 1) =$$

$$4B_1 C_1 (\cos \frac{\pi}{9} - \cos \frac{2\pi}{9} + \cos \frac{3\pi}{9} - \cos \frac{4\pi}{9} - \frac{1}{2}) =$$

$$4B_1 C_1 [\frac{2\sin \frac{\pi}{9}(\cos \frac{\pi}{9} + \cos \frac{3\pi}{9} + \cos \frac{5\pi}{9} + \cos \frac{7\pi}{9})}{2\sin \frac{\pi}{9}} - \frac{1}{2}] =$$

$$4B_1 C_1 (\frac{\sin \frac{8}{9}\pi}{2\sin \frac{\pi}{9}} - \frac{1}{2}) = 0$$

所以

$$\sum_{i=1}^{9} A_i B_i = \sum_{i=1}^{9} B_i A_{i+1}$$

至此已证 $2n+1=9$ 时定理 9 成立.

类似于定理 9 的证法可证得如下定理 10，11.

定理 10 设 P 为正 n 边形 $A_1 A_2 \cdots A_n$ 对称轴上或可控区域内任一点，过 P 作正 n 边形的边 $A_1 A_2$，$A_2 A_3$，$\cdots$，$A_n A_1$ 的垂线，垂足分别为 B_1，B_2，$\cdots$，B_n，联结 PA_1，PA_2，$\cdots$，PA_n，正 n 边形被分成以 P 为公共顶点的 $2n$ 个直角三角形，设这些直角三角形内切圆的半径顺次分别为 r_1，r_2，$\cdots$，r_{2n}，则

$$r_1 + r_3 + \cdots + r_{2n-1} = r_2 + r_4 + \cdots + r_{2n}$$

定理 11 n 条直线 l_1，l_2，$\cdots$，l_n 中，l_1 与 l_2，l_2 与 l_3，$\cdots$，l_n 与 l_1 分别相交于 A_1，A_2，$\cdots$，A_n，n 边形 $A_1 A_2 \cdots A_n$ 是正 n 边形，P 为正 n 边形 $A_1 A_2 \cdots A_n$ 对称轴上或可控区域内任一点，过 P 作 $PB_i \perp L_i(i=1,2,\cdots,n)$，在正 n 边形 $A_1 A_2 \cdots A_n$ 外部作圆，使其与 l_n，l_1 及 PB_1 都相切，这样的圆可作 $2n$ 个，它们的

半径依次是 $r_1, r_2, \cdots, r_{2n}$ 则有

$$r_1 + r_3 + \cdots + r_{2n-1} = r_2 + r_4 + \cdots + r_{2n}$$

$$r_1^2 + r_3^2 + \cdots + r_{2n-1}^2 = r_2^2 + r_4^2 + \cdots + r_{2n}^2$$

我们也能很容易证得如下:

引理 如图 4.35,P 为矩形 $A_1A_2A_3A_4$ 所在平面上任一点,过 P 作 A_1A_2 的垂线,与 A_1A_2, A_3A_4(或它们的延长线)分别交于 B_1, B_3,则

$$A_1B_1 + A_3B_3 = B_1A_2 + B_3A_4$$

由此引理,我们利用正偶数边形的性质可方便地证得如下:

定理 12 设 P 为正 $2n$ 边形 $A_1A_2\cdots A_{2n}$ 所在平面上任意一点,过 P 作正 $2n$ 边形 $2n$ 条边 $A_1A_2, A_2A_3, \cdots, A_{2n}A_1$ 的垂线,垂足分别为 $B_1, B_2, \cdots, B_{2n}$,则有

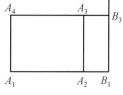

图 4.35

$$\sum_{i=1}^{2n} A_iB_i = \sum_{i=1}^{2n} B_iA_{i+1}$$

其中 $A_{2n+1} = A_1$.

❖ 圆内接凸 n 边形中的定点问题

设 $A_1A_2A_3\cdots A_n$ 是圆 O 的内接凸 n 边形,$A_i(i=1,2,\cdots,n)$ 在以圆心为原点的平面直角坐标系内的坐标为 (x_i, y_i),与三角形类似,定义 $\left(\dfrac{1}{n}\sum\limits_{i=1}^{n} x_i, \dfrac{1}{n}\sum\limits_{i=1}^{n} y_i\right)$ 为 n 边形重心 G 的坐标.则有

定理 P 为凸 n 边形 $A_1A_2A_3\cdots A_n$ 外接圆内一点,$A_iB_i(i=1,2,\cdots,n)$ 为过点 P 的弦,O 为圆心,G 为 n 边形 $A_1A_2A_3\cdots A_n$ 的重心,则[①]

(1) P 在以 OG 为直径的圆上 $\Leftrightarrow \sum\limits_{i=1}^{n} \dfrac{A_iP}{PB_i} = n$.

(2) P 在以 OG 为直径的圆外 $\Leftrightarrow \sum\limits_{i=1}^{n} \dfrac{A_iP}{PB_i} > n$.

(3) P 在以 OG 为直径的圆内 $\Leftrightarrow \sum\limits_{i=1}^{n} \dfrac{A_iP}{PB_i} < n$.

证明 以 O 为原点建立直角坐标系,用 $(x_i, y_i), (x_i', y_i'), (x, y)$ 分别表示 A_i, B_i 和 P 的坐标,且令 $\dfrac{A_iP}{PB_i} = \lambda_i(i=1,2,\cdots,n)$,则 $x^2 + y^2 = OP^2 < R^2$(R

---

① 段惠民.三角形外心与重心的一个性质的推广[J].数学通报,2006(10):47-48.

为圆 O 的半径).

由定比分点公式 $x = \dfrac{x_i + \lambda_i x'_i}{1 + \lambda_i}$，$y = \dfrac{y_i + \lambda_i y'_i}{\lambda_i}$，所以

$$x'_i = \frac{(1 + \lambda_i)x - x_i}{\lambda_i}, \quad y'_i = \frac{(1 + \lambda_i)y - y_i}{\lambda_i}$$

因为 B_i 在圆 O 上，所以 $x'^2_i + y'^2_i = R^2$，所以

$$\left(\frac{1}{\lambda_i}\right)^2 ((1 + \lambda_i)x - x_i)^2 + \left(\frac{1}{\lambda_i}\right)^2 ((1 + \lambda_i)y - y_i)^2 = R^2$$

所以

$$(1 + \lambda_i)^2 (x^2 + y^2) - 2(1 + \lambda_i)xx_i - 2(1 + \lambda_i)yy_i + x_i^2 + y_i^2 = R^2 \cdot \lambda_i^2$$

所以 $(1 + \lambda_i)^2 \cdot OP^2 - 2(1 + \lambda_i)xx_i - 2(1 + \lambda_i)yy_i = R^2(\lambda_i^2 - 1)$

所以 $(1 + \lambda_i)OP^2 - 2xx_i - 2yy_i = R^2(\lambda_i - 1)$

$$n \cdot OP^2 + OP^2 \cdot \sum_{i=1}^{n} \lambda_i - 2\left(x\sum_{i=1}^{n}x_i + y\sum_{i=1}^{n}y_i\right) = R^2 \cdot \sum_{i=1}^{n}\lambda_i - nR^2$$

因为 $$\overrightarrow{OP} \cdot \overrightarrow{OA_i} = xx_i + yy_i$$

所以 $$(R^2 - OP^2) \cdot \sum_{i=1}^{n}\lambda_i = n(OP^2 + R^2) - 2\overrightarrow{OP} \cdot \sum_{i=1}^{n}\overrightarrow{OA_i}$$

由重心定义 $\overrightarrow{OG} = \dfrac{1}{n}\sum_{i=1}^{n}\overrightarrow{OA_i}$，所以

$$\sum_{i=1}^{n}\lambda_i = \frac{n(OP^2 + R^2) - 2n \cdot \overrightarrow{OP} \cdot \overrightarrow{OG}}{R^2 - OP^2} =$$

$$n \cdot \frac{R^2 - OP^2 + 2\overrightarrow{OP}(\overrightarrow{OP} - \overrightarrow{OG})}{R^2 - OP^2} =$$

$$n\left(1 + \frac{2\overrightarrow{OP} \cdot \overrightarrow{GP}}{R^2 - OP^2}\right)$$

因为 $R^2 - OP^2 > 0$，P 在以 OG 为直径的圆外时，$\langle \overrightarrow{OP}, \overrightarrow{GP} \rangle$ 小于 $90°$；在圆内时，$\langle \overrightarrow{OP}, \overrightarrow{GP} \rangle$ 大于 $90°$. 所以

点 P 在 OG 为直径的圆上 $\Leftrightarrow \overrightarrow{OP} \cdot \overrightarrow{GP} = 0 \Leftrightarrow \sum_{i=1}^{n}\lambda_i = n$

点 P 在 OG 为直径的圆外 $\Leftrightarrow \overrightarrow{OP} \cdot \overrightarrow{GP} > 0 \Leftrightarrow \sum_{i=1}^{n}\lambda_i > n$

点 P 在 OG 为直径的圆内 $\Leftrightarrow \overrightarrow{OP} \cdot \overrightarrow{GP} < 0 \Leftrightarrow \sum_{i=1}^{n}\lambda_i < n$

由定理可得如下推论：

推论 1 设 $A_1 A_2 A_3 \cdots A_n$ 是圆 O 的内接正 n 边形，P 是圆 O 内任意一点，$A_i B_i (i = 1, 2, \cdots)$ 是过点 P 的弦，则 $\sum_{i=1}^{n}\dfrac{A_i P}{PB_i} \geqslant n$.

当 $n=3$，有

推论 2 若 P 是 $\triangle ABC$ 的外接圆内的点，AP，BP，CP 与外接圆交于 D，E，F，O 是外心，G 是重心，点 P 落在以 OG 为直径的圆上的充要条件是

$$\frac{AP}{PD}+\frac{BP}{PE}+\frac{CP}{PF}=3$$

❖ 有内切圆的凸 n 边形与其切点 n 边形的面积问题

如果 n 边形 $A_1A_2\cdots A_n$ 有内切圆，且内切圆与此 n 边形的边 $A_iA_{i+1}(i=1, 2,\cdots,n;A_{n+1}=A_1)$ 相切于点 A'_i，则 n 边形 $A'_1A'_2\cdots A'_n$ 称为 n 边形 $A_1A_2\cdots A_n$ 的切点 n 边形.

定理 设 $A'_1A'_2\cdots A'_n$ 为 n 边形 $A_1A_2\cdots A_n$ 的切点 n 边形，它们的面积分别为 S'，S，则有[①]

$$S' \leqslant S\cos\frac{\pi}{n} \qquad (*)$$

等号当且仅当 $A_1A_2\cdots A_n$ 为正 n 边形时成立.

证明 先看两条引理：

引理 1 设 n 边形 $A_1A_2\cdots A_n$ 有内切圆，内切圆半径为 r，n 边形 $A_1A_2\cdots A_n$ 的面积为 S，则

$$r^2 \leqslant S \cdot \frac{1}{n}\cot\frac{\pi}{n} \qquad ①$$

等号当且仅当 $A_1A_2\cdots A_n$ 为正 n 边形时成立.

事实上，如图 4.36，设 n 边形 $A_1A_2\cdots A_n$ 的内切圆的圆心为 I，边 A_iA_{i+1} 与内切圆相切于点 A'_i，诸圆心角记为 $\theta_i=\angle A'_iIA'_{i+1}(i=1,2,\cdots,n)$，

则 n 边形 $A_1A_2\cdots A_n$ 的面积为

$$S=r^2\sum_{i=1}^{n}\tan\frac{\theta_i}{2} \qquad ②$$

其中 $\frac{\theta_i}{2}\in\left(0,\frac{\pi}{2}\right)$，且 $\sum_{i=1}^{n}\theta_i=2\pi$.

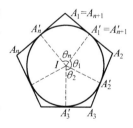

图 4.36

由于 $\tan x$ 是 $\left(0,\frac{\pi}{2}\right)$ 下凸函数，由凸函数的琴生(Jensen，1859—1925)不

---

① 杨世国. 关于多边形的两个定理[J]. 福建中学数学，1993(2)：6-7.

等式有

$$\sum_{i=1}^{n} \tan \frac{\theta_i}{2} \geqslant n\tan \frac{\sum_{i=1}^{n}\theta_i}{2n} = n\tan \frac{\pi}{n} \qquad \text{③}$$

由 ②,③ 得

$$S \geqslant r^2 n\tan \frac{\pi}{n}$$

所以式 ① 成立,且由证明过程可知,① 中等号成立当且仅当 $\theta_1 = \theta_2 = \cdots = \theta_n$,即 $A_1 A_2 \cdots A_n$ 为正 n 边形.

引理 2   凸 n 边形 $B_1 B_2 \cdots B_n$ 有外接圆,外接圆半径为 R,此 n 边形的面积为 S,则

$$S \leqslant \frac{1}{2} nR^2 \sin \frac{2\pi}{n} \qquad \text{④}$$

等号当且仅当 $B_1 B_2 \cdots B_n$ 为正 n 边形时成立.

事实上,如图 4.37,设 n 边形 $B_1 B_2 \cdots B_n$ 的外接圆的圆心为 O, 诸边 $B_i B_{i+1}$ 所对的圆心角为 φ_i, 即 $\angle B_i OB_{i+1} = \varphi_i (i = 1,2,\cdots,n)$,则 n 边形 $B_1 B_2 \cdots B_n$ 的面积为

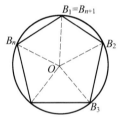

图 4.37

$$S = \frac{1}{2} R^2 \sum_{i=1}^{n} \sin \varphi_i \qquad \text{⑤}$$

其中 $\varphi_i \in (0,\pi]$,且 $\sum_{i=1}^{n} \varphi_i = 2\pi$. (注:此处似假设圆心 O 在多边形内部或边上). 由于 $\sin x$ 是 $(0,\pi]$ 上的凸函数,按凸函数的詹森不等式有

$$\sum_{i=1}^{n} \sin \varphi_i \leqslant n\sin \frac{\sum_{i=1}^{n}\varphi_i}{n} = n\sin \frac{2\pi}{n} \qquad \text{⑥}$$

由 ⑤,⑥ 便得不等式 ④,且易知 ④ 中等号成立当且仅当 $\varphi_1 = \varphi_2 = \cdots = \varphi_n$. 即 $B_1 B_2 \cdots B_n$ 为正 n 边形.

下面回到定理的证明:

由于 n 边形 $A_1 A_2 \cdots A_n$ 的内切圆半径 r 是其切点 n 边形 $A'_1 A'_2 \cdots A'_n$ 的外接圆半径,由引理 2,有

$$S' \leqslant \frac{1}{2} nr^2 \sin \frac{2\pi}{n} \qquad \text{⑦}$$

再由引理 1,有

$$r^2 \leqslant S \cdot \frac{1}{n} \cot \frac{\pi}{n} \qquad \text{⑧}$$

由 ⑦,⑧ 便得不等式(*).由 ⑦,⑧ 中等号成的条件可知,(*)中等号当且仅当 $A_1A_2\cdots A_n$ 为正 n 边形时成立.

❖ 圆的内接、外切凸 $n(n \geqslant 4)$ 边形问题

定理 1 设凸 n 边形 $A_1A_2\cdots A_n$ 内接于半径为 R 的圆,$A_iA_{i+1}(i=1,2,\cdots,n;A_{n+1}=A_1)$ 所对的弧的弧度数为 α_i,则 $\dfrac{A_iA_{i+1}}{\sin\dfrac{\alpha_i}{2}}=2R(i=1,2,\cdots,n)$.

此定理用三角形正弦定理及圆周角定理即可证.此定理亦称为圆内接凸 n 边形正弦定理.

推论 设 P 是圆内接凸 n 边形 $A_1A_2\cdots A_n$ 内(或边上)任一点,它到边 $A_iA_{i+1}(i=1,2,\cdots,n;A_{n+1}=A_1)$ 的距离为 d_i,$\overset{\frown}{A_iA_{i+1}}$ 的弧度数为 $\alpha_i(i=1,2,\cdots,n)$,其面积为 $S_{A_1A_2\cdots A_n}$,则

$$\sum_{i=1}^{n} d_i \cdot \sin\frac{\alpha_i}{2}=\frac{S_{A_1A_2\cdots A_n}}{R}(定值)$$

定理 2 设凸 n 边形 $A_1A_2\cdots A_n$ 外切于半径为 r 的圆,则 $\dfrac{A_iA_{i+1}}{\cot\dfrac{A_i}{2}+\cot\dfrac{A_{i+1}}{2}}=r$

$(i=1,2,\cdots,n;A_{n+1}=A_1)$,此定理称为凸 n 边形的余切定理.

推论 $\sum\limits_{i=1}^{n}(A_iA_{i+1}-A_{i+1}A_{i+2})\cot\dfrac{A_{i+1}}{2}=0(i=1,2,\cdots,n;A_{n+1}=A_1,A_{n+2}=A_2)$.

定理 3 (1)设半径为 R 的圆内接 n 边形 $A_1A_2\cdots A_n$ 的面积为 S,则 $S\leqslant\dfrac{1}{2}nR^2\sin\dfrac{2\pi}{n}$,其中等号当且仅当 n 边形为正 n 边形时成立.

(2)设半径为 r 的圆外切 n 边形 $B_1B_2\cdots B_n$ 的面积为 S',则 $S'\geqslant r^2n\cot\dfrac{\pi}{n}$,其中等号当且仅当 n 边形为正 n 边形时成立.

证明提示 (1)注意到 $S=\dfrac{1}{2}R^2\cdot\sum\limits_{i=1}^{n}\sin\angle A_iOB_{i+1}$ 及凸函数的琴生不等式即证.

(2)注意到 $S'=r^2\cdot\sum\limits_{i=1}^{n}\cot\dfrac{\theta_i}{2}(\theta_i$ 为 A_{i+1} 的补角)及凹函数的琴生不等式

即证.

推论 1 设 $A_1 A_2 \cdots A_n$ 为 n 边形 $B_1 B_2 \cdots B_n$ 的切点 n 边形,它们的面积分别为 S', S,则 $S' \leqslant S\cos\dfrac{\pi}{n}$,其中等号当且仅当 n 边形为正 n 边形时成立.

推论 2 设 n 边形 $A_1 A_2 \cdots A_n$ 既有半径为 R 的外接圆,又有半径为 r 的内切圆,则 $R \geqslant r\sec\dfrac{\pi}{n}$,其中等号当且仅当 n 边形为正 n 边形时成立.

第五章　完全四边形

　　我们把两两相交又没有三线共点的四条直线及它们的六个交点所构成的图形,叫作完全四边形,也可由凸、凹、折四边形延长有关边得到完全四边形.其中,六个交点可分成三对相对的顶点,它们的连线是三条对角线.如图 5.1,直线 ABC,BDE,CDF,AFE 两两相交于 A,B,C,D,E,F 六点,即为完全四边形 $ABCDEF$.线段 AD,BF,CE 为其三条对角线.

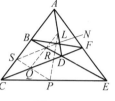

图 5.1

　　完全四边形中,既有凸四边形,凹四边形,还有折四边形以及四个三角形.即凸四边形 $ABDF$,凹四边形 $ACDE$,折四边形 $BCFE$,四个三角形是 $\triangle ACF$,$\triangle BCD$,$\triangle DEF$,$\triangle ABE$.每个四边形的对边称为完全四边形的对节,一个完全四边形共有六对对节.

　　在梅涅劳斯定理、塞瓦定理所含的图中,以及三圆的相似轴问题等中都涉及完全四边形图形.

❖完全四边形的牛顿线定理

　　定理　完全四边形的三条对角线的中点共线,此线称为牛顿线.
　　此即完全四边形 $ABCDEF$ 的三条对角线 AD,BF,CE 的中点 L,N,P 共线.
　　此结论是牛顿于 1685 发现的,1810 年,高斯也独立地发现并证明了此结论.
　　证法 1　如图 5.1,分别取 CD,BD,BC 的中点 Q,R,S.于是,在 $\triangle ACD$ 中,L,R,Q 三点共线;在 $\triangle BCF$ 中,S,R,N 三点共线;在 $\triangle BCE$ 中,S,Q,P 三点共线.
　　由平行线性质,有

$$\frac{LQ}{LR} = \frac{AC}{AB},\frac{NR}{NS} = \frac{FD}{FC},\frac{PS}{PQ} = \frac{EB}{ED}$$

　　对 $\triangle BCD$ 及截线 AFE 应用梅涅劳斯定理,有

$$\frac{AC}{AB} \cdot \frac{FD}{FC} \cdot \frac{EB}{ED} = 1$$

即有
$$\frac{LQ}{LR} \cdot \frac{NR}{NS} \cdot \frac{PS}{PQ} = 1$$

再对 $\triangle QRS$ 应用梅涅劳斯定理的逆定理,知 L,N,P 三点共线.

证法2 如图5.2,分别取 AF,AC,CF 的中点 R,S,Q,则 L,N,P 分别在直线 SR,RQ,SQ 上(即分别三点共线).

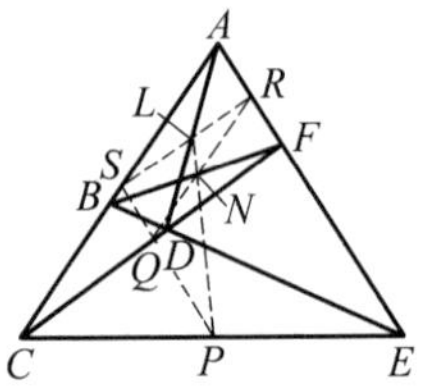

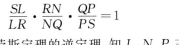

由三角形中位线性质,有
$$\frac{SL}{LR} \cdot \frac{RN}{NQ} \cdot \frac{QP}{PS} = \frac{CD}{DF} \cdot \frac{AB}{BC} \cdot \frac{FE}{EA}$$

图5.2

对 $\triangle ACF$ 及截线 BDE 应用梅涅劳斯定理,有
$$\frac{CD}{DF} \cdot \frac{FE}{EA} \cdot \frac{AB}{BC} = 1$$

从而
$$\frac{SL}{LR} \cdot \frac{RN}{NQ} \cdot \frac{QP}{PS} = 1$$

再对 $\triangle RSQ$ 应用梅涅劳斯定理的逆定理,知 L,N,P 三点共线.

证法3 如图5.3,作点 G,H,使 $DEAG,BEFH$ 均为平行四边形.设 DG 与 FH 交于点 K.

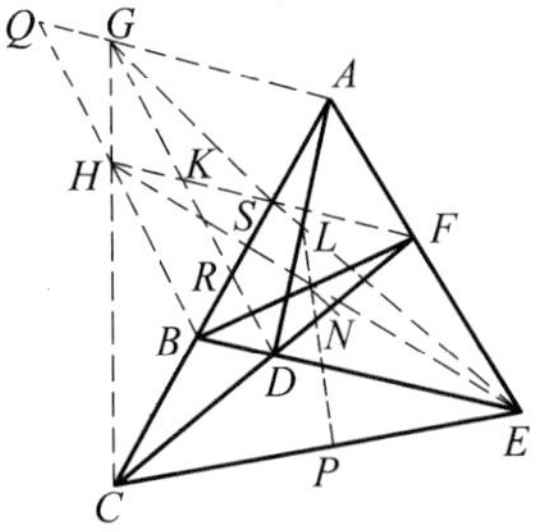

对 $\triangle DEF$ 及截线 ABC 应用梅涅劳斯定理,有
$$\frac{DB}{BE} \cdot \frac{EA}{AF} \cdot \frac{FC}{CD} = 1$$

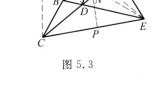

由平行四边形对边相等,有
$$\frac{KH}{HF} \cdot \frac{DG}{GK} \cdot \frac{FC}{CD} = 1$$

图5.3

即
$$\frac{DG}{GK} \cdot \frac{KH}{HF} \cdot \frac{FC}{CD} = 1$$

再对 $\triangle DFK$ 应用梅涅劳斯定理的逆定理,知 G,H,C 三点共线.于是 EG,EH,EC 的中点 L,N,P 三点共线.

证法4 如图5.3,作点 G,H,使四边形 $DEAG,BEFH$ 均为平行四边形.设 DG 交 AC 于 R,FH 交 AC 于 S,则
$$\frac{AR}{RC} = \frac{FD}{DC}, \frac{SB}{BC} = \frac{FD}{DC}$$

则
$$\frac{AR}{RC} = \frac{SB}{BC}$$

即有
$$\frac{AR}{SB} = \frac{RC}{BC}$$

由 $\triangle AGR \backsim \triangle SHB$,有
$$\frac{AR}{SB} = \frac{BG}{BH}$$

从而
$$\frac{BG}{BH} = \frac{RC}{BC}$$

而 $\angle GBC = \angle HBC$，则
$$\triangle GRC \backsim \triangle HBC$$

即有
$$\angle GCR = \angle HCB$$

从而 G,H,C 三点共线.

于是 EG,EH,EC 的中点 L,N,P 三点共线.

证法5[①] 如图 5.4，过 D 分别作 $DG /\!/ AF$ 交 AB 于 G，作 $DH /\!/ AB$ 交 AF 于 H，则 $AGDH$ 为平行四边形.取 BH,BE 的中点 R,S.

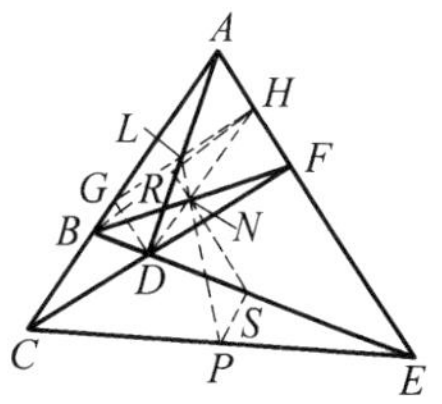

图 5.4

由 $\triangle FHD \backsim \triangle DGC$，有
$$\frac{FH}{DG} = \frac{HD}{GC}$$

即
$$HF \cdot GC = DG \cdot HD$$

由 $\triangle GBD \backsim \triangle HDE$，有
$$GB \cdot HE = HD \cdot DG$$

从而
$$HF \cdot GC = GB \cdot HE$$

即
$$\frac{HF}{HE} = \frac{GB}{GC}$$

于是
$$\frac{HF}{HE - HF} = \frac{GB}{GC - GB}$$

即
$$\frac{HF}{EF} = \frac{GB}{BC}$$

亦即
$$\frac{GB}{HF} = \frac{BC}{EF}$$

又 $LR \underline{\underline{/\!/}} \frac{1}{2}GB, RN \underline{\underline{/\!/}} \frac{1}{2}HF, NS \underline{\underline{/\!/}} \frac{1}{2}EF, SP \underline{\underline{/\!/}} \frac{1}{2}BC$，从而
$$\angle LRN = \angle PSN$$

且
$$\frac{LR}{RN} = \frac{GB}{HF}, \frac{SP}{NS} = \frac{BE}{EF}$$

故
$$\triangle LRN \backsim \triangle PSN$$

有
$$\angle LNR = \angle PNS$$

又 R,N,S 在一直线上（$\triangle BEH$ 的中位线），故 L,N,P 三点共线.

证法6 如图 5.5，作 $\square BDFX$，$\square CDEY$，延长 FX 交 AB 于点 I，延长 EY

---

① 李梦樵,尚强.平面几何一题多解新编[M].合肥:安徽教育出版社,1987:181-190.

平面几何500名题暨1500条定理（下）

与 AC 的延长线相交于点 J.

由 $BX \parallel CF \parallel JE, FX \parallel EB \parallel YC$,有

$$\frac{AJ}{AC} = \frac{AE}{AF} = \frac{AB}{AI}$$

令 $\dfrac{AC}{AI} = \dfrac{AJ}{AB} = k$,则知 $\triangle XIB$ 与 $\triangle YCJ$ 是位似的(即以 A 为位似中心,k 为位似比的位似形).于是,A, X, Y 共线,从而 DA, DX, DY 的中点 L, N, P 三点共线.

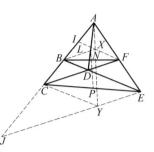

图 5.5

证法 7 先看一条引理,再应用引理而证.

引理 1 如图 5.6,在 $\square ABCD$ 内取一点 P,过 P 引两邻边的平行线 EF, GH,交 AB 于 G, BC 于 F,CD 于 H, AD 于 E,则 $S_{GBFP} = S_{EPHD}$ 的充要条件是点 P 在对角线 AC 上.(平行四边形的余形定理)

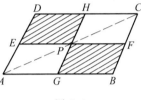

图 5.6

事实上,联结 AP, PC,则 $S_{\triangle AGP} = S_{\triangle AEP}$,$S_{\triangle PFC} = S_{\triangle PHC}$. $S_{GBFP} = S_{EPHD} \Leftrightarrow S_{GBFP} + S_{\triangle AGP} + S_{\triangle PFC} = S_{EPHD} + S_{\triangle AEP} + S_{\triangle PHC} = \dfrac{1}{2} S_{ABCD} \Leftrightarrow P$ 在 AC 上.

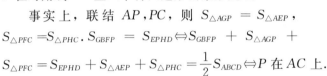

注 对于平行四边形的面积常用对角线字母来简记,如 $S_{\square ABCD} = S_{\square AC} = S_{\square BD}$.

如图 5.7,分别过 C, B, D, F 作与 AC, AE 平行的直线,得到一系列平行四边形,有关字母如图 5.7 所示,由引理 1,知

$$S_{\square AD} = S_{\square DR}, \quad S_{\square AD} = S_{\square DH}$$

从而

$$S_{\square DR} = S_{\square DH}$$

又由引理 1 知点 G 在对角线 DS 上.即 D, G, S 共线.

从而 DA, GA, SA 的中点 L, N, P 三点共线.

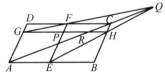

图 5.7

证法 8 先看一条引理,再应用引理来证.

引理 2 过 $\square ABCD$ 内一点 P,过 P 引两邻边平行的直线,分别交 AB 于 E,交 DC 于 F,交 AD 于 G,交 BC 于 H,则三直线 GF, AC, EH 或者共点或者相互平行.

事实上,如图 5.8,若 $GF \parallel AC$,则

$$\frac{DG}{GA} = \frac{DF}{FC}$$

图 5.8

即
$$\frac{HC}{HB} = \frac{AE}{EB}$$

从而
$$AC \parallel EH$$

故 GF, AC, EH 相互平行.

若 GF 与 AC 不平行,设直线 GF 与 AC 交于点 Q,只需证: E, H, Q 三点共线即可.

运用梅涅劳斯定理的逆定理,只需证:对 $\triangle GPF$,有

$$\frac{GH}{HP} \cdot \frac{PE}{EF} \cdot \frac{FQ}{QG} = 1$$

设 AC 与 GH 交于点 R,由平行四边形性质,有

$$\frac{DC}{AD} = \frac{GR}{AG}$$

即
$$\frac{DC}{GR} = \frac{AD}{AG}$$

且有
$$\frac{GH}{HP} \cdot \frac{DE}{EF} \cdot \frac{FQ}{QG} = \frac{DC}{CF} \cdot \frac{GA}{AD} \cdot \frac{FC}{GR} = \frac{DC}{GR} \cdot \frac{AG}{AD} = 1$$

故引理 2 获证.

如图 5.3,作 $\square DEAG$, $\square BEFH$,延长 AG, BH 交于点 Q,则 $BEAQ$ 也为平行四边形.由引理 2,直线 GH, AB, FD 交于点 C,即知 G, H, C 三点共线,从而 EG, EH, EC 的中点 L, N, P 三点共线.

证法 9 先看一条引理,再应用引理来证.

引理 3 共底等积的两三角形顶点连线被公共底所在直线平分.

事实上,如图 5.9(a),设 $S_{\triangle ABC} = S_{\triangle ABD}$,联结 CD 交直线 AB 于点 L,作 $CE \perp AB$ 于 E, $DF \perp AB$ 于 F,则 $CE = DF$,从而 $\mathrm{Rt}\triangle CEM \cong \mathrm{Rt}\triangle DFM$.于是有 $CM = MD$.即直线 AB 平分 CD.引理 3 获证.

如图 5.9(b),取 BD 的中点 G,联结 GL, GN,则 $GM \parallel CB$, $GN \parallel CD$,从而

$$S_{\triangle CGL} = S_{\triangle BGL}, S_{\triangle CGN} = S_{\triangle DGN}$$

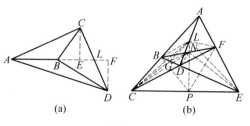

(a)   (b)

图 5.9

设 AD 与 BF 所成的角为 θ,则

$$S_{\triangle CLN} = S_{\triangle CGL} + S_{\triangle GLN} + S_{\triangle CGN} =$$

$$S_{\triangle BGL} + S_{\triangle GLN} + S_{\triangle DGN} =$$

$$S_{BDNL} = \frac{1}{2}BN \cdot DL\sin\theta =$$

$$\frac{1}{2} \cdot \frac{1}{2}BF \cdot \frac{1}{2}AD\sin\theta = \frac{1}{4}S_{ABCD}$$

同理 $$S_{\triangle ELN} = \frac{1}{4}S_{ABCD}$$

故 $$S_{\triangle CLN} = S_{\triangle ELN}$$

由引理 3,知直线 LN 平分 CE,即 CE 的中点 P 在直线 LN 上.

证法 10 (由张景中给出)如图 5.9(b).由

$$\frac{EP}{CP} = \frac{S_{\triangle ELN}}{S_{\triangle CLN}} = \frac{\frac{1}{2}(S_{\triangle BEL} - S_{\triangle FEL})}{\frac{1}{2}(S_{\triangle ACN} - S_{\triangle DCN})} = \frac{\frac{1}{2}S_{\triangle ABE} - \frac{1}{2}S_{\triangle DEF}}{\frac{1}{2}S_{\triangle FAC} - \frac{1}{2}S_{\triangle BDC}} = \frac{S_{ABCD}}{S_{ABCD}} = 1$$

即知 $S_{\triangle ELN} = S_{\triangle CLN}$,故 LN 过 CE 中点 P.

注 由牛顿线定理知,以三条对角线为直径的圆的圆心共线,则其三条根轴处于一种特殊位置.

❖完全四边形对角线调和分割定理

定理 完全四边形的一条对角线被其他两条对角线调和分割.(可参见线段的调和分割定理 2 的推论 2)

如图 5.10,在完全四边形 $ABCDEF$ 中,若对角线 AD 所在直线分别与对角线 BF,CE 所在直线交于点 M,N,则

$$AM \cdot ND = AN \cdot MD \qquad\qquad ①$$

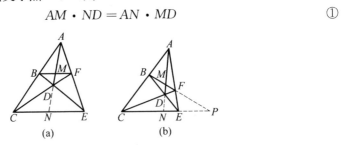

(a) (b)

图 5.10

若 $BF \parallel CE$,则由 $\dfrac{AM}{AN} = \dfrac{BF}{CE} = \dfrac{MD}{ND}$,即证.(此时,也可看做直线 BF,CE 相

交于无穷远点 P,也有下面的 ②,③ 两式)

若 BF 不平行于 CE,则可设两直线相交于点 P,此时,还有

$$\frac{BM}{BP} = \frac{MF}{PF} \qquad\qquad ②$$

$$\frac{CN}{CP} = \frac{NE}{PE} \qquad\qquad ③$$

下面仅证明当 BF 不平行于 CE 时,有 $\dfrac{AM}{AN} = \dfrac{MD}{ND}$,其余两式可类似证明.

证法 1 对 $\triangle ADF$ 及点 B 应用塞瓦定理,有

$$\frac{AM}{MD} \cdot \frac{DC}{CF} \cdot \frac{FE}{EA} = 1 \qquad\qquad ④$$

对 $\triangle ADF$ 及截线 CNE 应用梅涅劳斯定理,有

$$\frac{AN}{ND} \cdot \frac{DC}{CF} \cdot \frac{FE}{EA} = 1 \qquad\qquad ⑤$$

上述两式相除(即 ④ ÷ ⑤),可得

$$\frac{AM}{AN} = \frac{MD}{ND}$$

注 对 $\triangle ABF$ 及点 D 和截线 CEP 分别应用塞瓦定理和梅涅劳斯定理可得 $\dfrac{BM}{BP} = \dfrac{MF}{PF}$. 对 $\triangle ACE$ 及点 D 和截线 BFP 分别应用塞瓦定理和梅涅劳斯定理可得 $\dfrac{CN}{CP} = \dfrac{NE}{PE}$.

证法 2 对 $\triangle ACD$ 及点 E,应用塞瓦定理,有

$$\frac{CB}{BA} \cdot \frac{AN}{ND} \cdot \frac{DF}{FC} = 1 \qquad\qquad ⑥$$

对 $\triangle ACD$ 及截线 BMF 应用梅涅劳斯定理,有

$$\frac{CF}{FD} \cdot \frac{DM}{MA} \cdot \frac{AB}{BC} = 1 \qquad\qquad ⑦$$

上述两式相乘(即 ⑥ × ⑦),可得

$$\frac{AM}{AN} = \frac{MD}{ND}$$

证法 3 对 $\triangle ACD$ 及截线 BMF 应用梅涅劳斯定理,有式 ⑦,对 $\triangle ADF$ 及截线 CNE 应用梅涅劳斯定理,有式 ⑤,对 $\triangle ACF$ 及截线 BDE 应用梅涅劳斯定理,有

$$\frac{AB}{BC} \cdot \frac{CD}{DF} \cdot \frac{FE}{EA} = 1 \qquad\qquad ⑧$$

由 ⑤ × ⑦ ÷ ⑧ 得

$$\frac{AM}{AN} = \frac{MD}{ND}$$

注　对称性地考虑还有下述证法.

(1) 对 $\triangle ABD$ 及点 F 和截线 CNE 分别应用塞瓦定理及梅涅劳斯定理亦证.

(2) 对 $\triangle ADE$ 及点 C 和截线 BMF 分别应用塞瓦定理及梅涅劳斯定理亦证.

(3) 对 $\triangle ADE$ 及截线 BMF、对 $\triangle ABD$ 及截线 CNE、对 $\triangle ABE$ 及截线 CDF 分别应用梅涅劳斯定理亦证.

证法 4　令 $\angle CAN = \alpha$，$\angle NAE = \beta$，$AB = b$，$AC = c$，$AM = m$，$AD = d$，$AN = n$，$AF = f$，$AE = e$.

以 A 为视点，分别对 $B,M,F;B,D,E;C,D,F;C,N,E$ 应用张角公式，得

$$\frac{\sin(\alpha+\beta)}{m} = \frac{\sin\alpha}{f} + \frac{\sin\beta}{b}, \quad \frac{\sin(\alpha+\beta)}{d} = \frac{\sin\alpha}{e} + \frac{\sin\beta}{b}$$

$$\frac{\sin(\alpha+\beta)}{d} = \frac{\sin\alpha}{f} + \frac{\sin\beta}{c}, \quad \frac{\sin(\alpha+\beta)}{n} = \frac{\sin\alpha}{e} + \frac{\sin\beta}{c}$$

上述第一式与第四式相加后减去其余两式，得

$$\sin(\alpha+\beta) \cdot \left(\frac{1}{m} + \frac{1}{n}\right) = \frac{2}{d}\sin(\alpha+\beta)$$

即

$$\frac{d}{m} + \frac{d}{n} = 2 \tag{⑨}$$

亦即

$$\frac{AD}{AM} + \frac{AD}{AN} = \frac{AM}{AM} + \frac{AN}{AN}$$

亦即

$$\frac{AD - AM}{AM} = \frac{AN - AD}{AN}$$

故

$$\frac{AM}{AN} = \frac{MD}{ND}$$

注　式 ⑨ 体现了调和分割的实际意义.

❖完全四边形对角线调和分割定理的推广

定理　过完全四边形 $ABCDEF$ 的顶点 A 的直线交 BF 于 M，交 CE 于 N，交 BD 于 G，交 CD 于 H，则 $\dfrac{1}{AM} + \dfrac{1}{AN} = \dfrac{1}{AG} + \dfrac{1}{AH}$.

证法 1　如图 5.11，设 CE 与 BF 的延长线交于点 O（当 CE 不平行于 BF 时）. $\triangle ACN$ 和 $\triangle AEN$ 均被直线 BO 所截，由梅涅劳斯定理，有

$$\frac{CB}{BA} = \frac{MN}{AM} \cdot \frac{OC}{NO} \tag{①}$$

$$\frac{EF}{FA} = \frac{MN}{AM} \cdot \frac{OE}{NO} \qquad ②$$

由 ① × NE + ② × CN,得

$$NE \cdot \frac{CB}{BA} + CN \cdot \frac{EF}{FA} = \frac{MN}{AM} \cdot \frac{OC \cdot NE + OE \cdot CN}{NO} \qquad ③$$

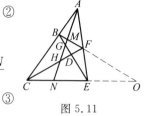

图 5.11

注意到直线上的托勒密定理,有

$$OC \cdot NE + OE \cdot CN = CE \cdot NO$$

则式 ③ 变为

$$NE \cdot \frac{CB}{BA} + CN \cdot \frac{EF}{FA} = CE \cdot \frac{MN}{AM} \qquad ④$$

又由直线 CF 截 $\triangle EAN$ 和直线 BE 截 $\triangle ACN$,应用梅涅劳斯定理,有

$$CE \cdot \frac{NH}{HA} = CN \cdot \frac{FE}{AF}$$

$$CE \cdot \frac{NG}{GA} = NE \cdot \frac{BC}{AB}$$

将上述两式代入 ④ 得

$$\frac{NH}{HA} + \frac{NG}{GA} = \frac{MN}{AM}$$

即有

$$\frac{AN - AH}{AH} + \frac{AN - AG}{AG} = \frac{AN - AM}{AM}$$

故有

$$\frac{1}{AG} + \frac{1}{AH} = \frac{1}{AM} + \frac{1}{AN}$$

当 CE 与 BF 平行时,结论仍成立(证明略).

证法2 令 $\angle CAN = \alpha$, $\angle NAE = \beta$, $AB = b$, $AF = f$, $AC = c$, $AE = e$. 当 BF 与 CE 平行或不平行时,均可以 A 为视点,分别对点 B,M,F;B,G,E;C,H,F;C,N,E 应用张角定理,有

$$\frac{\sin A}{AM} = \frac{\sin \alpha}{f} + \frac{\sin \beta}{b} \qquad ⑤$$

$$\frac{\sin A}{AG} = \frac{\sin \alpha}{e} + \frac{\sin \beta}{b} \qquad ⑥$$

$$\frac{\sin A}{AH} = \frac{\sin \alpha}{f} + \frac{\sin \beta}{c} \qquad ⑦$$

$$\frac{\sin A}{AN} = \frac{\sin \alpha}{e} + \frac{\sin \beta}{c} \qquad ⑧$$

由 ⑤ - ⑥ 有

$$\left(\frac{1}{AM} - \frac{1}{AG}\right)\sin A = \frac{\sin \alpha}{f} - \frac{\sin \alpha}{e} \qquad ⑨$$

由 ⑦ — ⑧ 有

$$\left(\frac{1}{AH}-\frac{1}{AN}\right)\sin A=\frac{\sin \alpha}{f}-\frac{\sin \alpha}{e}$$ ⑩

由 ⑨ 与 ⑩ 即有

$$\frac{1}{AM}+\frac{1}{AN}=\frac{1}{AG}+\frac{1}{AH}$$

注 特别地,当 G,H 均与点 D 重合时,有

$$\frac{1}{AM}+\frac{1}{AN}=\frac{2}{AD}$$

即 M,N 调和分割 AD,此即为前面的对角线调和分割定理.

❖完全四边形的密克尔点定理

414

定理 完全四边形 $ABCDEF$ 的四个三角形 $\triangle ACF,\triangle BCD,\triangle DEF,\triangle ABE$ 的外接圆共点 M,点 M 称为它的密克尔点.

证法 1 如图 5.12,设 $\triangle BCD$ 与 $\triangle DEF$ 的外接圆交于点 D 外,还交于点 M.设点 M 在直线 CB,CD,BD 上的射影分别为 P,Q,R,则对 $\triangle BCD$ 应用西姆松定理,知 P,Q,R 共线.

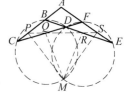
图 5.12

又设点 M 在 AE 上的射影为 S,则对 $\triangle DEF$ 应用西姆松定理,知 Q,R,S 共线,故 P,Q,R,S 四点共线.

对 $\triangle ACF$ 和 $\triangle ABE$ 分别应用西姆松定理的逆定理,知 M 在 $\triangle ACF,\triangle ABE$ 的外接圆上,故四个三角形的外接圆共点.

证法 2 如图 5.12,在完全四边形 $ABCDEF$ 中,对于 $\triangle ACF$,点 B,D 分别在边 AC,CF 上,点 E 在 AF 的延长线上,由三角形的密克尔定理,知圆 BCD、圆 DEF、圆 ABE 共点于 M.又对 $\triangle ABE$,由三角形密克尔定理,知圆 ACF 过圆 BCD 与圆 DEF 的交点 M.故 $\triangle BCD,\triangle DEF,\triangle ACF,\triangle ABE$ 的外接圆共点于 M.

注 (1)由证法 1 知,在完全四边形中只要找出两个三角形的外接圆交点,此即为完全四边形的密克尔点.

(2)直线 $PQRS$ 又称为完全四边形的西姆松线.完全四边形的密克尔点是与其四条直线相切的抛物线的焦点.

(3)由三角形西姆松线的性质(平分与垂心的连线段),即知完全四边形的四个三角形

的垂心共线.

由定理,即可得如下推论:

推论 1 完全四边形的密克尔点与每类四边形的一组对边构成一对相似的三角形.

如图 5.13,M 为完全四边形 $ABCDEF$ 的密克尔点,则

(1) $\triangle MBA \backsim \triangle MDF$,
$\triangle MBD \backsim \triangle MAF$;

(2) $\triangle MCA \backsim \triangle MDE$,
$\triangle MCD \backsim \triangle MAE$;

(3) $\triangle MCB \backsim \triangle MFE$,
$\triangle MCF \backsim \triangle MBE$.

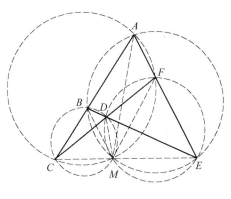

图 5.13

证明 (1) 对于凸四边形 $ABDF$.

由 $\angle CAM = \angle CFM$ 有 $\angle BAM = \angle DFM$ 及 $\angle ABM = 180° - \angle MEF = \angle FDM$ 知 $\triangle MBA \backsim \triangle MDF$.

由 $\angle MBE = \angle MAE$ 有 $\angle MBD = \angle MAF$ 及 $\angle BDM = 180° - \angle BCM = \angle AFM$,知 $\triangle MBD \backsim \triangle MAF$.

(2) 对于凹四边形 $ACDE$.

由 $\angle BAM = \angle BEM$ 有 $\angle CAM = \angle DEM$ 及 $\angle ACM = \angle BCM = \angle EDM$,知 $\triangle MCA \backsim \triangle MDE$.

由 $\angle FCM = \angle FAM$ 有 $\angle DCM = \angle EAM$ 及 $\angle CDM = \angle FEM = \angle AEM$,知 $\triangle MCD \backsim \triangle MAE$.

(3) 对于折四边形 $BCEF$.

由 $\angle BCM = \angle EFM$ 及 $\angle CBM = \angle FEM$ 知 $\triangle MCB \backsim \triangle MFE$.

由 $\angle FCM = \angle DCM = \angle DBM = \angle EBM$ 及 $\angle CFM = \angle DFM = \angle DEM = \angle BEM$,知 $\triangle MCF \backsim \triangle MBE$.

注 此结论也可由相交两圆的内接三角形相似来证.

推论 2 在有缺线的完全四边形中,若这个完全四边形中的一个三角形外接圆上有一点,使得这点与完全四边形中的凸四边形的一组对边构成一对相似三角形,则这点即为完全四边形的密克尔点.

或三角形外接圆上一点与两边上对应线段构成相似三角形,则圆上这点、两边上两分点及两边的公共点四点共圆.如图 5.14,则

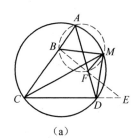

（a）

当 $\triangle MBC \backsim \triangle MFD$

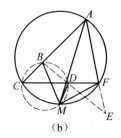

（b）

当 $\triangle MBA \backsim \triangle MDF$

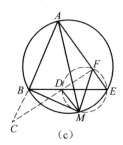

（c）

当 $\triangle MBD \backsim \triangle MAF$

图 5.14

图 5.14(a)：由 $\angle ABM = \angle AFM$ 知 M 在圆 ABF 上

图 5.14(b)：由 $\angle CBM = \angle CDM$ 知 M 在圆 BCD 上

图 5.14(c)：由 $\angle MDE = \angle MFE$ 知 M 在圆 DEF 上

推论 3 在完全四边形 $ABCDEF$ 中，设 M 为其密克尔点，则

(1) 当 B,C,E,F 四点共圆于圆 O 时，点 M 在对角线 AD 所在直线上，且 $OM \perp AD$，M 为过点 D 的弦的中点；

(2) 当 A,B,D,F 四点共圆于圆 O 时，点 M 在对角线 CE 上，且 $OM \perp CE$，AD 与 BF 的交点 G 在 OM 上.

证明 (1) 如图 5.15，设 $\triangle BCD$ 的外接圆交直线 AD 于 M'，则

$$AD \cdot AM' = AB \cdot AC = AF \cdot AE$$

即知 E,F,D,M' 四点共圆. 从而，M' 为完全四边形的密克尔点，故 M' 与 M 重合. 联结 CO,CM,EO，EM，设 N 为 AM 延长线上一点，则

$$\angle CME = \angle CMN + \angle NME =$$
$$\angle CBE + \angle CFE =$$
$$2\angle CBE = \angle COE$$

即知 C,E,M,O 四点共圆.

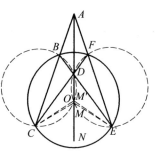

图 5.15

$$\angle OMN = \angle OMC + \angle CMN = \angle OEC + \frac{1}{2}\angle COE = 90°$$

故 $OM \perp AD$，且 M 为过点 D 的圆 O 的弦的中点.

(2) 如图 5.16，设 $\triangle BCD$ 的外接圆交 CE 于 M'，联结 DM'，则

$$\angle DM'C = \angle ABD = \angle DFE$$

即知 E,F,D,M' 四点共圆.

从而，M' 为完全四边形的密克尔点，故 M' 与 M 重合.

设圆 O 的半径为 R，则

$$CM \cdot CE = CD \cdot CF =$$
$$(CO - R)(CO + R) =$$
$$CO^2 - R^2$$

同理 $\qquad EM \cdot EC = EO^2 - R^2$

于是

$$CO^2 - EO^2 = EC(CM - EM) =$$
$$(CM + EM)(CM - EM) =$$
$$CM^2 - EM^2$$

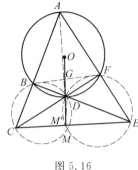

图 5.16

由定差幂线定理,即知 $OM \perp CE$.

由勃罗卡定理,知 $OG \perp CE$,故 G 在 DM 上.

注 对于(1) 有如下结论:

结论 1 B,C,E,F 四点共圆的充要条件是 $\dfrac{AB}{BE} = \dfrac{AF}{FC}$.

事实上,B,C,E,F 四点共圆 $\Leftrightarrow \angle AEB = \angle ACF \Leftrightarrow \dfrac{\sin \angle AEB}{\sin \angle BAE} = \dfrac{\sin \angle ACF}{\sin \angle CAF} \Leftrightarrow \dfrac{AB}{BE} = \dfrac{AF}{FC}$.

由(2) 又可得如下结论:

结论 2 若点 D 为 $\triangle ACE$ 的三边 CE,EA,AC 上的点 M,F,B 关于该三角形的密克尔点,设 O 为密克尔圆 ABF 的圆心,则 $OM \perp CE$.

推论 4 在完全四边形 $ABCDEF$ 中,凸四边形 $ABDF$ 内接于圆 O,AD 与 BF 交于点 G,则圆 CDB,圆 CFA,圆 EFD,圆 EAB,圆 OAD,圆 OBF 六圆共点;圆 CFB,圆 CDA,圆 GAB,圆 GDF,圆 OBD,圆 OFA 六圆共点;圆 EFB,圆 EAD,圆 GBD,圆 GFA,圆 OAB,圆 ODF 六圆共点.

证明 如图 5.17,设 M 为完全四边形 $ABCDEF$ 的密克尔点,则由推论 3(2),知 M 在 CE 上,且 $OM \perp CE$.

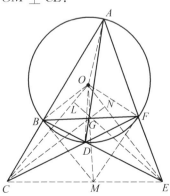

图 5.17

于是，C,M,D,B 及 M,E,F,D 分别四点共圆，有

$$\angle BMO = 90° - \angle BMC = 90° - \angle BDC =$$
$$90° - (180° - \angle BDF) = \angle BDF - 90° =$$
$$\left(180° - \frac{1}{2}\angle BOF\right) - 90° =$$
$$90° - \frac{1}{2}\angle BOF =$$
$$\angle BFO$$

从而，知点 M 在圆 OBF 上.

同理，知点 M 在圆 OAD 上.

由密克尔点的性质，知圆 CDB，圆 CFA，圆 EFD，圆 EAB 四圆共点于 M. 故以上六圆共点 M.

同理，设 N 为完全四边形 $CDFGAB$ 的密克尔点，则圆 CFB，圆 CDA，圆 GAB，圆 GDF，圆 OBD，圆 OFA 六圆共点于 N.

设 L 为完全四边形 $EFAGBD$ 的密克尔点. 则圆 EFB，圆 EAD，圆 GBD，圆 GFA，圆 OAB，圆 ODF 六圆共点于 L.

推论 5 如图 5.18，在完全四边形 $ABCDEF$ 中，凸四边形 $ABDF$ 内接于圆 O，AD 与 BF 交于点 G. 圆 CDB 与圆 CFA，圆 CDA 与圆 CFB，圆 OBD 与圆 OFA，圆 ODA 与圆 OBF，圆 EAB 与圆 EFD，圆 EAD 与圆 EFB，圆 OAB 与圆 ODF，圆 GAB 与圆 GDF，圆 GBD 与圆 GFA 共九对圆的连心线分别记为 $l_1,l_2,l_3,\cdots,l_9$，则 l_1,l_2,l_3,l_4,OC 五线共点于 OC 的中点；l_4,l_5,l_6,l_7,OE 五线共点于 OE 的中点；l_3,l_7,l_8,l_9,OG 五线共点于 OG 的中点.

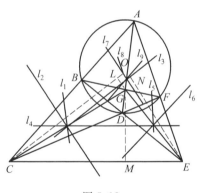

图 5.18

证明 可设 M,L,N 分别为完全四边形 $ABCDEF$，$EFAGBD$，$CDFGAB$ 的密克尔点，则 $OM \perp CE$ 于 M，$OL \perp EG$ 于 L，$ON \perp CG$ 于 N.

注意到 OM 是圆 ODA 与圆 OBF 的公共弦，则 l_4 是 OM 的中垂线，从而知 l_4 过 OC 的中点，l_4 也过 OE 的中点.

因 CN 是圆 CDA 与圆 CFB 的公共弦，则 l_2 是 CN 的中垂线，而 $ON \perp CN$，从而 l_2 过 OC 的中点；又注意到 CM 是圆 CDB 与圆 CFA 的公共弦，则 l_1 是 CM 的中垂线，又 $OM \perp CM$，则 l_1 过 OC 的中点，ON 是圆 OBD 与圆 OFA 的公共弦，则 l_3 是 ON 的中垂线. 而 $ON \perp CN$，l_3 过 OC 的中点. 故 l_1,l_2,l_3,l_4,OC 五

线共点于 OC 的中点.

同理,注意到 LE,ME,OL 分别是圆 EAD 与圆 EFB,圆 EFD 与圆 EAB,圆 OAB 与圆 ODF 的公共弦,推知,l_4,l_5,l_6,l_7,OE 五线共点于 OE 的中点.

注意到 GN,LG,OL,ON 分别是圆 GAB 与圆 GDF,圆 GBD 与圆 GFA,圆 OAB 与圆 ODF,圆 OBD 与圆 OFA 的公共弦,推知,l_3,l_7,l_8,l_9,OG 五线共点于 OG 的中点.

❖ 完全四边形对角线平行定理

定理 在完全四边形 $ABCDEF$ 中,M 为其密克尔点,对角线 AD 所在的直线分别交 $\triangle ACF$,$\triangle ABE$ 的外接圆于点 N,L,则 $BF \parallel CE$ 的充分必要条件是满足下述三条件之一:

(1)AD 为 $\angle CAE$ 的等角线(AM 为 $\triangle ACE$ 的共轭中线);

(2)$MN \parallel CF$;

(3)$ML \parallel BE$.

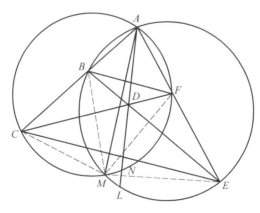

图 5.19

证明 如图 5.19,联结 MC,MB,MF,ME.

(1)由 $\triangle BCM \backsim \triangle EFM$,有

$$\frac{BC}{EF} = \frac{BM}{EM} = \frac{\sin \angle BEM}{\sin \angle EBM} = \frac{\sin \angle BAM}{\sin \angle EAM}$$

于是

$$BF \parallel CE \Leftrightarrow S_{\triangle BCD} = S_{\triangle FED}$$

$$\Leftrightarrow \frac{1}{2} BC \cdot d_1 = \frac{1}{2} FE \cdot d_2$$

$$\Leftrightarrow \frac{BC}{EF} = \frac{d_2}{d_1} = \frac{d_2/AD}{d_1/AD} = \frac{\sin \angle EAD}{\sin \angle BAD}$$

$$\Leftrightarrow \frac{\sin \angle EAD}{\sin \angle BAD} = \frac{\sin \angle BAM}{\sin \angle EAM}$$

$$\Leftrightarrow \frac{\sin \angle BAM}{\sin \angle EAD} = \frac{\sin \angle MAE}{\sin \angle BAD} \Leftrightarrow 等角线施坦纳定理三角形式$$

$$\Leftrightarrow \angle BAM = \angle EAD$$

$$\Leftrightarrow AM, AD \text{ 为 } \angle CAE \text{ 的等角线}$$

(2)$MN \parallel CF \Leftrightarrow \angle CFM = \angle FMN \Leftrightarrow \angle CAM = \angle FAN \overset{(1)}{\Leftrightarrow} BF \parallel CE.$

(3)$ML \parallel BE \Leftrightarrow \angle BEM = \angle EML \Leftrightarrow \angle BAM = \angle EAD \overset{(1)}{\Leftrightarrow} BF \parallel CE.$

❖ 密克尔圆定理

定理 五边形五条边延长,两两相交形成五个三角形.它们的外接圆两两相交.除了顶点以外有五个交点,此五点共圆(此圆称为密克尔圆).

在图 5.20 中,五边形 $ABCDE$ 五边延长形成 $\triangle ABG$,$\triangle BCH$,$\triangle CDK$,$\triangle DEL$,$\triangle EAF$.求证它们的外接圆两两相交,异于顶点的交点:P,Q,R,S,T 五点共圆.

证明 如图 5.20,这里有两个完全四边形.

在完全四边形 $LAGBHC$ 中,$\triangle ABG$,$\triangle BCH$,$\triangle AHL$ 的三个外接圆共点(密克尔点)于 Q.也就是说 H,Q,A,L 四点共圆.

在完全四边形 $HAFELC$ 中,$\triangle AHL$,

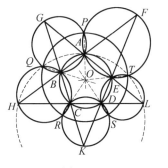

图 5.20

$\triangle DEL$,$\triangle AEF$ 三个外接圆共点于 T.这又说明 A,H,L,T 四点共圆.

综合说,H,Q,A,T,L 共圆,那么

$$\angle QHC + \angle QTL = \angle QHC + \angle QTS + \angle STL = 180°$$

其中 $\angle QHC = \angle QRC$,$\angle STL = \angle SDL = \angle SRC$,于是

$$\angle QRC + \angle SRC + \angle QTS = 180°$$

这说明 Q,R,S,T 共圆.同理可证 P,Q,R,S 共圆.两圆中有三点相同,已证 P,Q,R,S,T 五点共圆.

这个五点共圆命题中还有一系列有趣的推论:①

推论 1 在任意内接于圆的歪斜的不规则五角星形外侧、五个"角"的外接圆两两相交,相邻两圆交点连线,五线共点.图 5.21(a)中 PA,QB,RC,SD,TE 共点于 O.

推论 2 在图 5.21(b)中还有两组三线共点,每组含五个共点,它们是 AP,HR,LS;BQ,KS,FT;CR,LT,GP;DS,FP,HQ;ET,GQ,KR 依次共点于 V,W,X,Y,Z. 又 PK,TD,QC;QL,PE,RD;RF,QA,SE;SG,RB,TA;TH,SC,PB 依次共点于 I,J,M,N,U.

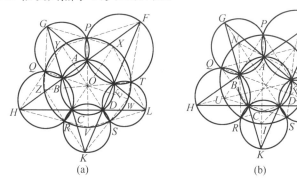

(a)　　　　　　　(b)

图 5.21

推论 3 在上述共点线推论 2 中两组五个共点 V,W,X,Y,Z 和 I,J,M,N,U 都在密克尔圆上.这就是说,连同 P,Q,R,S,T,15 点共圆.

推论 4 在密克尔圆定理中还有五组共圆点.图 5.20 中为 S,T,P,G,H;T,P,Q,H,K;P,Q,R,K,L;Q,R,S,L,F;R,S,T,F,G 五圆.图 5.22 为欧洲出版物中相应的插图.

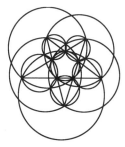

图 5.22

❖完全四边形的蝴蝶定理

定理 过完全四边形对角线所在直线的交点作另一条对角线的平行线，所作直线与平行对角线的同一端点所在的边（或其延长线）相交，所得线段被此对角线所在直线的交点平分.（可参见线段的调和分割定理 2 的推论 3）.

证明 如图 5.23，设 O,G,H 分别为完全四边形 $ABCDEF$ 的三条对角线所在直线的交点.

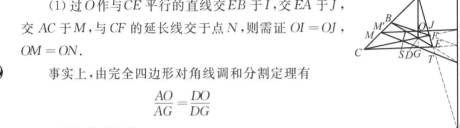

图 5.23

（1）过 O 作与 CE 平行的直线交 EB 于 I，交 EA 于 J，交 AC 于 M，与 CF 的延长线交于点 N，则需证 $OI = OJ$，$OM = ON$.

事实上，由完全四边形对角线调和分割定理有

$$\frac{AO}{AG} = \frac{DO}{DG}$$

又 $IJ \parallel CE$，则

$$\frac{OI}{GE} = \frac{DO}{DG} = \frac{AO}{AG} = \frac{OJ}{GE}$$

从而

$$OI = OJ$$

由 $MN \parallel CE$，则

$$\frac{ON}{CG} = \frac{DO}{DG} = \frac{AO}{AG} = \frac{OM}{CG}$$

从而

$$OM = ON$$

（2）过 G 作与 BF 平行的直线，交 FC 于 S，交 FE 的延长线于点 T，交 BE 的延长线于 L，交 BC 于 M'. 同（1）的证明一样，可得

$$GS = GT，GM' = GL$$

（3）过点 H 作与 AD 平行的直线，交 CA 的延长线于 P，交 AE 的延长线于 Q，交 DF 的延长线于 N'，交 DE 的延长线于 L'. 同（1）的证明，可得

$$HN' = HL'，HP = HQ$$

综上，我们便完成了结论的证明.

由上述优美的性质，容易想到蝴蝶定理，在这里，我们不妨也把它称为完全四边形的蝴蝶定理.

❖ 完全四边形的施坦纳圆与共轴线定理

定理 如图 5.24,完全四边形 $ABCDEF$ 中.

(1) 四个三角形 $\triangle BCD,\triangle DEF,\triangle ABE,$ $\triangle ACF$ 的垂心四点共线.

(2) 四个三角形 $\triangle BCD,\triangle DEF,\triangle ABE,$ $\triangle ACF$ 的外心四点共圆.

(3) 以三角对角线为直径的圆共轴,且与四个三角形的垂心共线.

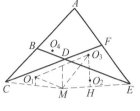

图 5.24

证明 (1) 由密克尔定理,设其密克尔点为 M,即 $\triangle BCD,\triangle DEF,$ $\triangle ABE,\triangle ACF$ 的外接圆的公共点为 M,则点 M 关于四个三角形的西姆松线为同一条直线 l.

由施坦纳定理(设 $\triangle ABE$ 的垂心为 H,其外接圆上任一点 P,则 P 关于 $\triangle ABE$ 的西姆松线通过线段 PH 的中点,亦即西姆松线的性质定理 2).l 通过点 M 分别与 $\triangle BCD,\triangle DEF,\triangle ABE,\triangle ACF$ 的垂心的连线段的中点,从而这四个三角形的垂心共线.

注 该线称为完全四边形的垂心线,它平行于完全四边形的西姆松线.

(2) 设其密克尔点为 M,四个三角形 $\triangle BCD,\triangle DEF,\triangle ABE,\triangle ACF$ 的外心分别为 O_1,O_2,O_3,O_4.

由于 ME 为圆 O_2 和圆 O_3 的公共弦,则
$$O_2O_3 \perp ME$$
设 O_2O_3 交 ME 于 H,则
$$\angle MO_2H = \angle MDE$$
同理
$$\angle MO_1O_3 = \angle MCB$$
又 B,D,M,C 四点共圆,则
$$\angle MDE = \angle MCB$$
故
$$\angle MO_2H = \angle MO_1O_3$$
即 O_1,O_2,O_3,M 四点共圆.

同理,O_1,O_2,O_4,M 四点共圆,故 O_1,O_2,O_3,O_4,M 五点共圆.

注 此结论由施坦纳于 1828 年发现的,该圆常称为施坦纳圆.1938 年密克尔重新发现了它,有时也称为密克尔圆.

（3）我们证明以完全四边形的三条对角线为直径的圆共轴,且完全四边形的四个三角形的垂心在这条根轴上.

如图 5.25,在完全四边形 $ABCDEF$ 中,以对角线 AD,BF,CE 为直径作圆.这三个圆的圆心就是三条对角线的中点 L,N,P.

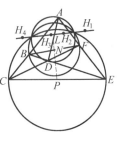

图 5.25

设 H_1,H_2,H_3,H_4 分别为 $\triangle FDE,\triangle ACF,\triangle ABE,\triangle BCD$ 的垂心,注意到三角形垂心的性质:三角形的垂心是所有过任一条高的两个端点的圆的根心.

在完全四边形 $ABCDEF$ 中,显然 $\triangle FDE,\triangle ACF,\triangle ABE,\triangle BCD$ 的垂心不重合.由于 $\triangle DEF$ 的垂心 H_1 是三个圆的根心,而对于 $\triangle DEF$,在它的边所在直线上的点 $C,B,A,\triangle DEF$ 的垂心 H_1 关于以 CE,BF,AD 为直径的圆的幂相等,即 H_1 在这三个圆两两的根轴上.

同样,对于 $\triangle ACF$,在它的边所在直线上的点 B,D,E,其垂心 H_2 关于以 CE,BF,AD 为直径的圆的幂相等,以及 H_3,H_4 均关于以 CE,BF,AD 为直径的圆的幂相等.

故 H_1,H_2,H_3,H_4 均在这三个圆两两的根轴上,即这三个圆两两的根轴重合,亦即共轴,且四个三角形的垂心在这条根轴上.

注 此结论又称为高斯定理:分别以一完全四边形的对角线为直径所作的三圆共轴,它们的等幂轴就是完全四边形的垂心线.由牛顿线定理亦知,以三条对角线为直径的圆的圆心共线,则其根轴重合.

推论 完全四边形的密克尔点关于完全四边形各边所在直线的对称点在完全四边形的垂心线上.

证明 如图 5.26.

由完全四边形密克尔定理的证法 1 中,知密克尔点 M 在完全四边形 $ABCDEF$ 四条边所在直线的射影 P,Q,R,S 四点共线.

设 P',Q',R',S' 是 M 关于四边所在直线的对称点,则由西姆松线性质定理 2 的推论 2 知,P',Q',R',S' 均在完全四边形的垂心线上.

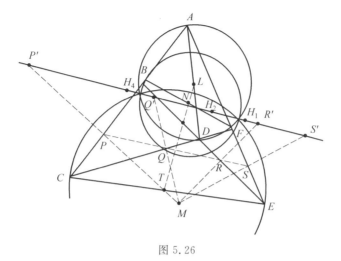

图 5.26

425

❖完全四边形的张角定理

定理 1　如图 5.27,在完全四边形 $ABCDEF$ 中,点 G 是对角线 AD 所在直线上的一点,联结 BG,CG,EG,FG. 若 $\angle AGC = \angle AGE$,则 $\angle AGB = \angle AGF$.[①]

证明　如图 5.27 所示的各种情形,过点 G 作直线 $a \perp AD$,过 B,F 分别作

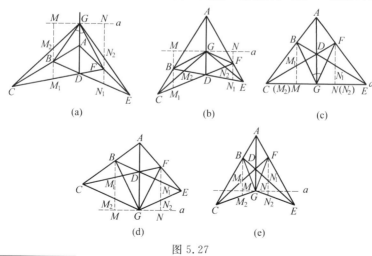

(a)　　　　　(b)　　　　　(c)

(d)　　　　　(e)

图 5.27

①　沈文选.走向国际数学奥林匹克的平面几何试题诠释(第2卷)[M].哈尔滨:哈尔滨工业大学出版社,2019:364-367.

直线 $BM \perp a$ 于 M,交 CD 于 M_1,交 CG 于 M_2;作直线 $FN \perp a$ 于 N,交 DE 于 N_1,交 GE 于 N_2,则

$$BM \parallel AG \parallel FN$$

于是由

$$\angle AGC = \angle AGE$$

知

$$Rt\triangle GMM_2 \backsim Rt\triangle GNN_2$$

从而

$$\frac{MM_2}{NN_2} = \frac{MG}{NG} = \frac{BD}{DN_1} = \frac{M_1B}{N_1F} = \frac{M_1B}{DA} \cdot \frac{DA}{N_1F} =$$

$$\frac{M_2B}{GA} \cdot \frac{GA}{N_2F} = \frac{M_2B}{N_2F} \qquad (*)$$

由等比性质,得

$$\frac{MG}{NG} = \frac{M_2B \pm MM_2}{N_2F \pm NN_2} = \frac{BM}{FN}$$

所以

$$Rt\triangle MBG \backsim Rt\triangle NFG$$

即有

$$\angle BGM = \angle FGN$$

故

$$\angle AGB = \angle AGF$$

注　当 M_2 与 M 重合,N_2 与 N 重合时,式($*$)变为

$$\frac{MG}{NG} = \frac{BD}{DN_1} = \frac{M_1B}{N_1F} = \frac{M_1B}{DA} \cdot \frac{DA}{N_1F} = \frac{MB}{GA} \cdot \frac{GA}{NF} = \frac{MB}{NF}$$

由此,即知 $Rt\triangle MBG \backsim Rt\triangle NFG$.

定理2　在完全四边形 $ABCDEF$ 中,点 G 是对角线 AD 所在直线上异于 A 的任意一点,则 $\cot \angle AGC + \cot \angle AGF = \cot \angle AGB + \cot \angle AGE$.[1]

证明　联结 CE 与直线 AD 交于点 K.

在 $\triangle ACE$ 中及点 D 应用塞瓦定理,有

$$\frac{AB}{BC} \cdot \frac{CK}{KE} \cdot \frac{EF}{FA} = 1 \qquad ①$$

注意到

$$\frac{AB}{BC} = \frac{S_{\triangle GAB}}{S_{\triangle GBC}} = \frac{AG \cdot \sin \angle AGB}{CG \cdot \sin \angle BGC}$$

$$\frac{CK}{KE} = \frac{S_{\triangle GCK}}{S_{\triangle GKE}} = \frac{CG \cdot \sin \angle AGC}{EG \cdot \sin \angle AGE}$$

$$\frac{EF}{FA} = \frac{S_{\triangle GEF}}{S_{\triangle GFA}} = \frac{EG \cdot \sin \angle EGF}{AG \cdot \sin \angle AGF}$$

将以上三式代入式($*$)得

$$\frac{\sin \angle BGC}{\sin \angle AGC \cdot \sin \angle AGB} = \frac{\sin \angle EGF}{\sin \angle AGE \cdot \sin \angle AGF} \qquad ②$$

①　沈文选.善用平台,揭示性质[J].中学生数学,2009(5):45-46.

又 $\qquad \sin \angle BGC = \sin(\angle AGC - \angle AGB) =$
$$\sin \angle AGC \cdot \cos \angle AGB - \cos \angle AGC \cdot \sin \angle AGB$$
$$\sin \angle EGF = \sin(\angle AGE - \angle AGF) =$$
$$\sin \angle AGE \cdot \cos \angle AGF - \cos \angle AGE \cdot \sin \angle AGF$$

将上两式代入式 ②,得
$$\cot \angle AGB - \cot \angle AGC = \cot \angle AGF - \cot \angle AGE$$

故 $\qquad \cot \angle AGC + \cot \angle AGF = \cot \angle AGB + \cot \angle AGE$

注 显然定理 2 是定理 1 的推广.定理 2 的前部分证明也可对 $\triangle ACF$ 及截线 BDE 或对 $\triangle ABE$ 及截线 CDF 应用梅涅劳斯定理得到类似于 ① 的式子.

❖ 完全四边形相等边定理

定理 如图 5.28,在完全四边形 $ABCDEF$ 中,$AB = AE$.

(1) 若 $BC = EF$,则 $CD = DF$,反之若 $CD = DF$,则 $BC = EF$.

(2) 若 $BC = EF$(或 $CD = DF$),M 为完全四边形的密克尔点,则 $MD \perp CF$ 或 $\triangle ACF$ 的外心 O_1 在直线 MD 上.

图 5.28

(3) 若 $BC = EF$(或 $CD = DF$),点 A 在 CF 上的射影为 H,$\triangle ABE$ 的外心为 O_2,则 O_2 为 AM 的中点,且 $O_2D = O_2H$.

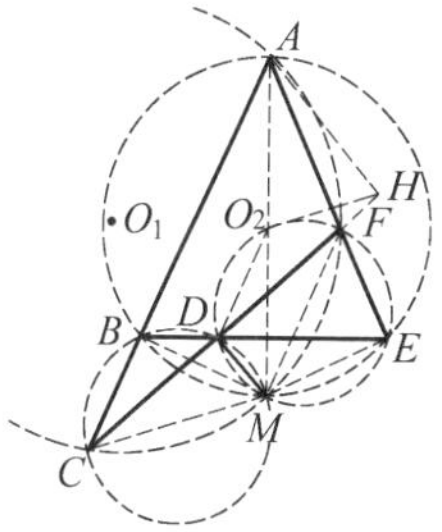

(4) 若 $BC = EF$(或 $CD = DF$),M 为完全四边形的密克尔点,则 $MB = ME$,且 $MB \perp AC$,$ME \perp AE$.

证明 (1) 对 $\triangle ACF$ 及截线 BDE 应用梅涅劳斯定理有
$$\frac{AB}{BC} \cdot \frac{CD}{DF} \cdot \frac{FE}{EA} = 1$$

因 $AB = AE$,则由上式,知
$$CD = DF \Leftrightarrow BC = EF$$

(2) 由(1)知,$\triangle BCD$ 和 $\triangle DEF$ 的外接圆是等圆(或由正弦定理计算推证得).又由 A,B,M,E 四点共圆,有
$$\angle CBM = \angle AEM = \angle FEM$$

从而 $\qquad CM = MF$

427

于是 $$\triangle DCM \cong \triangle DFM$$

有 $$\angle CDM = \angle FDM$$

故 $$MD \perp CF$$

由于 DM 是 CF 的中垂线,而 O_1 在 CF 的中垂线上,故 $\triangle ACF$ 的外心 O_1 在直线 MD 上.

(3) 由(2)知,$\triangle BCD$ 和 $\triangle DEF$ 外接圆是等圆,从而 $\triangle BCM \cong \triangle EFM$,即有 $BM = EM$,即知点 M 在 $\angle BAE$ 的平分线上,亦即 A, O_2, M 共线,从而知 O_2 为 AM 的中点.

或者直接计算 O_2 为 AM 的中点:在 $\triangle ABE$ 中,由正弦定理,知

$$2AO_2 = \frac{AB}{\sin \angle AEB} = \frac{2AB}{2\sin(90° - \frac{A}{2})} = \frac{AC + AE}{2\cos \frac{A}{2}}$$

设圆 O_1 的半径为 R_1,注意到 O_1, D, M 共线则

$$AM = 2R_1 \cos \angle O_1MA = 2R_1 \sin \angle MCA = 2R_1 \sin(C + \frac{A}{2})$$

于是 $$\frac{AM}{2AO_2} = \frac{2R_1 \cos(C + \frac{A}{2})}{\frac{AC + AE}{2\cos \frac{A}{2}}} = \frac{2\sin(C + \frac{A}{2})\cos \frac{A}{2}}{\sin \angle AFC + \sin C}$$

而 $$2\sin(C + \frac{A}{2})\cos \frac{A}{2} = 2(\sin C \cos \frac{A}{2} + \cos C \sin \frac{A}{2})\cos \frac{A}{2} =$$

$$\sin C \cdot 2\cos^2 \frac{A}{2} + \cos C \sin A =$$

$$\sin C(1 + \cos A) + \cos C \sin A =$$

$$\sin C + \sin C \cos A + \cos C \sin A =$$

$$\sin C + \sin \angle AFC$$

故 $AM = 2AO_2$,即 O_2 为 AM 的中点.

注意到 $MD \perp CF$,$AH \perp CF$,所以 O_2 在线段 DH 的中垂线上,故 $O_2D = O_2H$.

(4) 由(3)知,$BE = EM$. 又 O_2 为 AM 的中点,而 O_2 为圆心即 AM 为直径,则 $MB \perp AC$,$ME \perp AE$. 或注意到 $AB = AE$,从而 $MB = ME$.

❖完全四边形凸四边形内接于圆定理

定理①② 在完全四边形 $ABCDEF$ 中,顶点 A,B,D,F 四点共圆 O,其对角线 AD 与 BF 交于点 G.

(1) 若顶点角 $\angle C,\angle E$ 的平分线相交于点 K,则 $CK \perp EK$.

(2) $\angle BGD$ 的角平分线与 CK 平行,$\angle DGF$ 的角平分线与 EK 平行.

(3) 从 C,E 分别引圆 O 的切线,若记切点分别为 P,Q,则 $CE^2 = CP^2 + EQ^2$;此题设条件下的完全四边形 $ABCDEF$ 的密克尔点在对角线 CE 上;若分别以 C,E 为圆心,以 CP,EQ 为半径作圆弧交于点 T,则 $CT \perp ET$.

(4) 若从 C(或 E)引圆 O 的两条切线,切点为 R,Q,则 E(或 C),R,G,Q 四点共圆.

(5) 过 C,E,G 三点中任意两点的直线,分别是另一点关于圆 O 的极线.

(6) 点 O 是 $\triangle GCE$ 的垂心.

(7) 过对角线 BF(或 BF 不平行于 CE 时的 AD)两端点处的圆 O 的切线的交点在对角线 CE 所在直线上.

(8) 设 O_1,O_2 分别是 $\triangle ACF,\triangle ABE$ 的外心,则 $\triangle OO_1O_2 \backsim \triangle DCE$.

(9) 设点 M 是完全四边形 $ABCDEF$ 的密克尔点,则 $OM \perp CE$,且 O,G,M 共线,OM 平分 $\angle AMD$.

(10) 设 L,N 分别为 AD,BF 的中点,则 $\dfrac{2LN}{CE} = \left| \dfrac{AD}{BF} - \dfrac{BF}{AD} \right|$.

证明 (1) 如图 5.29,联结 CE,令 $\angle DCE = \angle 1$,
$\angle DEC = \angle 2$,则

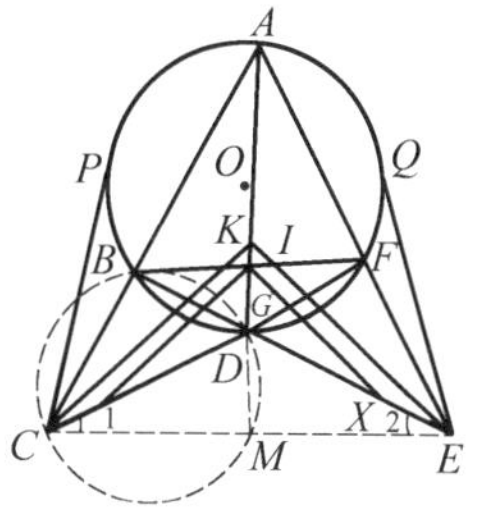

$$(\angle BCD + \angle 1 + \angle 2) + (\angle DEF + \angle 2 + \angle 1) =$$
$$\angle ABD + \angle AFD = 180°$$

即知 $\quad \dfrac{1}{2}(\angle BCD + \angle DEF) + \angle 1 + \angle 2 = 90°$

从而

$$\angle CKE = 180° - (\dfrac{1}{2}(\angle BCD + \angle DEF) + \angle 1 + \angle 2) = 90°$$

故 $\qquad\qquad\qquad CK \perp EK$

图 5.29

---

① 沈文选.有约束条件的完全四边形的优美性质与竞赛命题[J].中等数学,2007(2):17-22.

② 沈文选.完全四边形的 Miquel 点及其应用[J].中学数学,2006(4):36-39.

（2）设 $\angle DGF$ 的平分线交 DE 于 X，KE 交 GF 于 I，则

$$\angle FGX = \frac{1}{2}\angle DGF = \frac{1}{2}(\angle GFA + \angle GAF)$$

$$\angle FIE = \angle GFA - \frac{1}{2}\angle AED = \angle GFA - \frac{1}{2}(\angle ADB - \angle GAF) =$$

$$\frac{1}{2}(\angle GFA + \angle GAF)$$

故　　　　　　　　　　　　　$GX /\!/ KE$

同理，$\angle BGD$ 的平分线与 CK 平行.

（3）设过点 B,C,D 的圆交 CE 于点 M，联结 DM，则

$$\angle AFD = \angle CBD = \angle DME$$

从而 D,M,E,F 四点共圆. 于是

$$CM \cdot CE = CD \cdot CF, EM \cdot EC = ED \cdot EB$$

此两式相加，得

$$CE^2 = CD \cdot CF + ED \cdot EB$$

又 CP,EQ 分别是圆 O 的切线，有

$$CD \cdot CF = CP^2, ED \cdot EB = EQ^2$$

故　　　　　　　　　　　　$CE^2 = CP^2 + EQ^2$

显然，M 是圆 BCD 与圆 DEF 的另一个交点，此即为密克尔点，即题设条件下的完全四边形的密克尔点在 CE 上.

由于 $CT = CP, ET = EQ$，故

$$CT^2 + ET^2 = CE^2$$

即　　　　　　　　　　　　$CT \perp ET$

（4）如图 5.30，联结 CQ 交圆 O 于 R'，过 E 作 $EH \perp$ CQ 于 H，过点 C 作圆的切线 CP，切点为 P，则

$$CE^2 - EQ^2 = CP^2 = CR' \cdot CQ = (CH - HR')CQ$$

又 $CE^2 - EQ^2 = (CH^2 + HE^2) - (HE^2 + HQ^2) =$

$$CH^2 - HQ^2 =$$

$$(CH - HQ)(CH + QH) =$$

$$(CH - HQ)CQ$$

从而　　　　　　　　　　　$HR' = HQ$

由此即可证

$$\mathrm{Rt}\triangle EHR' \cong \mathrm{Rt}\triangle EHQ$$

于是 $EQ = ER'$，而 $EQ = ER$，则 $ER' = ER$.

又 R',R 均为圆 O 上，故 R' 与 R 重合，即 C,R,Q 三点共线.

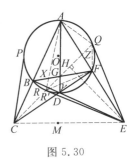

图 5.30

或者,设 CE 上的点 M 是密克尔点,则

$$EQ^2 = ED \cdot EB = EM \cdot EC$$

从而
$$CE^2 - EQ^2 = CE^2 - EM \cdot EC = CE \cdot CM = CD \cdot CF =$$
$$(CO - OQ)(CO + OQ) = CO^2 - OQ^2$$

由此,知 $CQ \perp OE$. 而 $RQ \perp OE$,故 C,R,Q 三点共线.

为证 R,G,Q 共线,联结 AR 交 BF 于点 X,联结 RF 交 AD 于点 Y,设 RQ 与 AF 交于点 Z. 联结 AQ,QF,于是

$$\frac{AZ}{ZF} = \frac{S_{\triangle QAZ}}{S_{\triangle QZF}} = \frac{QA\sin\angle AQZ}{QF\sin\angle ZQF}$$

同理
$$\frac{FY}{YR} = \frac{DF\sin\angle FDY}{DR\sin\angle YDR}, \frac{RX}{XA} = \frac{BR\sin\angle RBX}{BA\sin\angle XBA}$$

由 $\triangle EAQ \backsim \triangle EQF$,有

$$\frac{QA}{QF} = \frac{EQ}{EF}$$

同理,有

$$\frac{DF}{DR} = \frac{ED}{EB}, \frac{RX}{XA} = \frac{EB}{ER}$$

而
$$\angle AQZ = \angle YDR, \angle ZQF = \angle RBX$$
$$\angle FDY = \angle XBA, EQ = ER$$

于是
$$\frac{AZ}{ZF} \cdot \frac{FY}{YR} \cdot \frac{RX}{XA} = 1$$

对 $\triangle ARF$ 应用塞瓦定理的逆定理,知 AY,FX,RZ 共点于 G,故 R,G,Q 共线.

综上可知,C,R,G,Q 四点共线.

(5)由(4)即证.

(6)由于 $OE \perp RQ$,即 $OE \perp CG$. 同样 $OC \perp EG$. 由此即知,O 为 $\triangle GCE$ 的垂心. 亦即知 $OG \perp CE$.

(7)由(5)知,直线 CE 是点 G 关于圆 O 的极线,从而过点 G 的弦的两端点处的切线的交点在直线 CE 上.

(8)若点 O 在 AD 上,则 O_1,O_2 分别为 AC,AE 的中点,此时,显然 $\triangle OO_1O_2 \backsim \triangle DCE$.

若点 O 不在 AD 上,如图 5.31 所示,则 O_1,O_2 不在 AC,AE 上. 联结 AO_1,$CO_1,AD,AO,OD,AO_2,O_2E,BF$. 由

$$\angle AO_2E = 2(180° - \angle ABE) = 2\angle AFD = \angle AOD$$

及
$$O_2A = O_2E, OA = OD$$

知
$$\triangle AO_2E \backsim \triangle AOD$$

即有
$$\frac{AO_2}{AO} = \frac{AE}{AD}$$

又 $\angle O_2AE = \angle OAD$,则
$$\triangle AOO_2 \backsim \triangle ADE$$

同理 $\triangle AO_1C \backsim \triangle AOD, \triangle AOO_1 \backsim \triangle ACD$,

于是
$$\frac{O_1O}{CD} = \frac{AO}{AD} = \frac{OO_2}{DE}$$

由 $\triangle AO_1C \backsim \triangle AO_2E$,知

$$\frac{O_1O_2}{CE} = \frac{AC}{AE} = \frac{AO}{AD}$$

从而
$$\triangle OO_1O_2 \backsim \triangle DCE$$

图 5.31

（9）如图 5.32,过点 D 和 M 作圆 O 的割线 MD 交圆 O 于点 T,联结 AM, AO, TO. 由 A, B, D, F 及 A, B, M, E 分别共圆,知

$$\angle EFD = \angle ABE = \angle AME$$

又由 D, F, A, T 共圆,知

$$\angle EFD = \angle ATD = \angle ATM$$

因 AE, TM 是过两相交圆交点 F, D 的割线,则

$$EM \,/\!/ \,AT$$

于是
$$\angle TAM = \angle AME = \angle ATM$$

即知
$$MA = MT$$

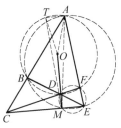

图 5.32

又 $OA = OT$,从而
$$MO \perp AT$$

故
$$OM \perp ME$$

又 M 在 CE 上,则
$$OM \perp CE$$

再由（6）知,$OG \perp CM$,故 O, G, M 三点共线.

显然,OM 平分 $\angle AMT$,即 OM 平分 $\angle AMD$.

（10）**证法 1** 如图 5.33,以 B, D, F 为顶点作 $\Box BDFK$,延长 FK 交 AB 于点 P. 延长 BK 交 AF 于点 Q. 联结 AK, PQ, DK,则 D, N, K 共线.

不妨设 $AD \geqslant BF$. 由中位线定理知 $AK = 2LN$.

由 $\angle CFP = \angle FDE = \angle CAF$,知 $\triangle CFA \backsim \triangle CPF$,则

$$\frac{CP}{CA} = \frac{S_{\triangle CFP}}{S_{\triangle CAF}} = \frac{PF^2}{AF^2} = \frac{\sin^2 \angle PAF}{\sin^2 \angle APF}$$

同理
$$\frac{EQ}{EA} = \frac{BQ^2}{BA^2} = \frac{\sin^2 \angle BAQ}{\sin^2 \angle AQB}$$

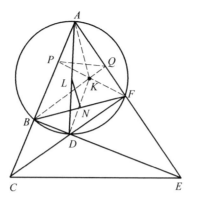

图 5.33

从而 $\angle APK + \angle AQB = \angle ABD + \angle AFD = 180°$,且 $\dfrac{CP}{CA} = \dfrac{EQ}{EA}$,即 $PQ \mathbin{/\!/} CE$.

又由 A, P, K, Q 四点共圆,得

$$\frac{AD}{BF} = \frac{\sin \angle ABD}{\sin \angle BAF} = \frac{\sin \angle APK}{\sin \angle PAQ} = \frac{AK}{PQ}$$

注意到

$$CE = \frac{AC}{AP} \cdot PQ$$

于是

$$\frac{2LN}{CE} = \frac{AK}{CE} = \frac{AK \cdot AP}{PQ \cdot AC}$$

从而,问题等价于证明

$$\frac{AK}{PQ} \cdot \frac{AP}{AC} = \frac{AK}{PQ} - \frac{PQ}{AK} = \frac{AK^2 - PQ^2}{AK \cdot PQ}$$

$\Leftrightarrow AK^2 \cdot AP = (AK^2 - PQ^2)AC \Leftrightarrow AK^2 \cdot PC = PQ^2 \cdot AC \Leftrightarrow \dfrac{PC}{AC} = \dfrac{PQ^2}{AK^2}$

因为 $\triangle PQF \backsim \triangle AKF$,所以 $\dfrac{CP}{CA} = \dfrac{PF^2}{AF^2} =$

$\dfrac{PQ^2}{AK^2}$,从而结论成立.

证法 2 如图 5.34,设 $AD = k \cdot BF$,以 E 为位似中心,$\angle AEB$ 的平分线为内反射轴,k 为位似比作位似轴反射变换,则 $B \rightarrow A, F \rightarrow D$. 设 $C \rightarrow C_1$,则 $C_1 E = kCE$.

同样,以 k^{-1} 为位似比作位似轴反射变换,则 $A \rightarrow B, D \rightarrow F$. 设 $C \rightarrow C_2$,则 $C_2 E = k^{-1} \cdot CE$,且 C_1, C_2 都在 CE 关于 $\angle AEB$ 的平分线对称的直线

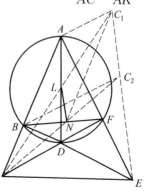

图 5.34

上,所以

$$C_1C_2 = |C_1E - C_2E| = |k - k^{-1}|CE$$

另外,由 $\triangle CDA \backsim \triangle CBF$,$\triangle C_1AD \backsim \triangle CBF$,知 $\triangle CDA \backsim \triangle C_1AD$. 从而

$$\triangle CDA \cong \triangle C_1AD$$

所以四边形 DC_1AC 为平行四边形. 因此 L 是 CC_1 的中点. 同理 N 是 CC_2 的中点. 于是

$$LN = \frac{1}{2}C_1C_2 = \frac{1}{2}|k - k^{-1}|CE$$

故

$$\frac{2LN}{CE} = |k - k^{-1}| = \left|\frac{AD}{BF} - \frac{BF}{AD}\right|$$

❖ 完全四边形折四边形内接于圆定理

定理　在完全四边形 $ABCDEF$ 中,顶点 B,C,E,F 四点共圆于圆 O,点 M 为完全四边形的密克尔点.

(1) 从点 A 向圆 O 引切线 AP,AQ,切点为 P,Q,则 P,D,Q 三点共线.

(2) 圆 O 的两段弧调和分割对角线 AD 所在直线.

(3) 点 M 在对角线 AD 所在直线上.

(4) AM 平分 $\angle CME$,AM 平分 $\angle BMF$,且 C,O,M,E 共圆,B,O,M,F 共圆.

(5) $OM \perp AD$.

(6) A,P,O,M,Q 五点共圆.

(7) 直线 OM,BF,CE 三线共点或相互平行.

证明　(1) 如图 5.35,同完全四边形凸四边形内接于圆定理中(4)证 R,G,Q 三点共线而证得 P,D,Q 共线.

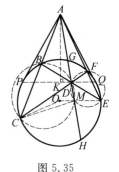

图 5.35

或者由点 M 的性质有

$$AD \cdot AM = AB \cdot AC = AP^2$$

知

$$\triangle APD \backsim \triangle AMP$$

有

$$\angle ADP = \angle APM$$

同理

$$\angle ADQ = \angle AQM$$

而

$$\angle APM + \angle AQM = 180°$$

则

$$\angle ADP + \angle ADQ = 180°$$

故 P,D,Q 共线.

(2) 设直线 AD 交圆于 G,H,如图 8.25 所示. 过 A 作 $AK \perp PQ$ 于 K,则

$PK = KQ.$ 由

$$AP^2 = AG \cdot AH = AK^2 + PK^2, AD^2 = AK^2 + KD^2$$

两式相减有

$$AG \cdot AH - AD^2 = PK^2 - KD^2 = (PK + KD)(PK - KD) = PD \cdot DQ =$$

$$DG \cdot DH = (AD - AG)(AH - AD) =$$

$$AD \cdot AH - AD^2 + AD \cdot AG - AH \cdot AG$$

于是 $$2AG \cdot AH = AD(AH + AG)$$

即 $$\frac{AD}{AG} + \frac{AD}{AH} = 2 = \frac{AG}{AG} + \frac{AH}{AH}$$

从而 $$\frac{AD - AG}{AG} = \frac{AH - AD}{AH}$$

故 $$\frac{DG}{AG} = \frac{DH}{AH}$$

此式表明圆 O 的两段弧调和分割 AD 所在直线.

（3）在直线 AD 上取点 M', 使

$$AD \cdot AM' = AP^2 = AB \cdot AC = AF \cdot AE$$

则 B, C, M', D 四点共圆, E, F, D, M' 四点共圆, 即 M' 为圆 BCD 与圆 DEF 的交点, 从而 M' 为完全四边形 $ABCDEF$ 的密克尔点, 即 M' 与 M 重合, 故点 M 在直线 AD 上.

（4）联结 CM, EM, 则

$$\angle CMH = \angle CBD = \angle EFD = \angle EMH$$

故 $$\angle CME = 2\angle CBE = \angle COE$$

从而, AM 平分 $\angle CME$, 且 C, O, M, E 四点共圆.

同理, AM 平分 $\angle BMF$, 且 B, O, M, F 四点共圆.

（5）联结 OC, OE, 由 C, O, M, E 共圆, 则

$$\angle OMC = \angle OEC = \angle OCE = \frac{1}{2}(180° - \angle COE) =$$

$$90° - \frac{1}{2}\angle COE = 90° - \angle CBE = 90° - \angle CMH$$

即 $$\angle OMC + \angle CMH = 90°$$

故 $$OM \perp AM$$

即 $$OM \perp AD$$

（6）由 $\angle APO = \angle AMO = \angle AQO = 90°$, 知 A, P, O, M, Q 五点共圆.

（7）对圆 $OMFB$, 圆 $CEMO$, 圆 O 用根轴定理, 即知直线 OM, BF, CE 三线共点或平行.

注　由(5)$OM \perp AD$,知A,P,O,M,Q五点共圆.又$AD \cdot AM = AB \cdot AC = AP$,即有$\triangle APD \backsim \triangle AMP$,亦有$\angle ADP = \angle APM$. 同理$\angle ADQ = \angle AQM$. 而$\angle APM + \angle AQM = 180°$,故$\angle ADP + \angle ADQ = 180°$,得(1)中$P,D,Q$共线.

推论1　若完全四边形的凸四边形、折四边形均内接于圆,则这两个四边形的非公共对角线均为这两个圆的直径.

证明　如图5.36,在完全四边形$ABCDEF$中,A,B,D,F及B,C,F,E分别四点共圆,从而有

$$\angle CFE = \angle CBE = \angle AFD = \angle AFC$$

于是,$DF \perp AE$

由此即知AD,CE分别为圆$ABDF$,圆$BCEF$的直径.

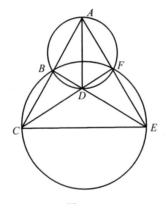

图 5.36

推论2　在上述推论题设条件上,$AD \perp CE$.

事实上,由D为$\triangle ACE$的垂心,即知$AD \perp CE$.

❖完全四边形凸四边形内切圆定理

本节中的部分结论也可参见圆外切简单四边形问题中的有关定理.

定理1　在完全四边形$ABCDEF$中,四边形$ABDF$有内切圆的充要条件是下列两条件之一:

(1)$BC + BE = FC + FE$.

(2)$AC + DE = AE + CD$.

(3)$AB + DF = BD + AF$.

证明　(1)充分性.如图5.37,在CF上截取$CG = CB$,在EA上截取$EH = EB$.联结BG,GH,BH,则

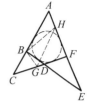

$$FH = EH - EF = EB - EF$$
又 $$BC + BE = FC + FE$$
则 $$BE - FE = FC - BC$$
故 $$FH = FC - BC = FC - CG = GF$$

图 5.37

分别作 $\angle BCG$，$\angle BEH$，$\angle GFH$ 的平分线.

因为 $CB = CG$，$EB = EH$，$FG = FH$，所以这三个角的平分线所在的直线就是 $\triangle BGH$ 三边的垂直平分线，从而，这三个角的平分线交于一点，设为 I.

由角平分线的性质知，I 到 CB 与 CF，EB 与 EF，FC 与 FA 的距离均相等，即 I 到四边形 $ABDF$ 的四边距离相等，所以，四边形 $ABDF$ 有内切圆. 且 I 为其内切圆的圆心.

必要性. 略.

（2）充分性. 在 AC 上截取 $CG = CD$，在 AE 上截取 $EH = ED$，则 $AG = AC - CG = AC - CD = AE - DE = AE - EH = AH$，则 $\angle DCG$，$\angle DEH$，$\angle GAH$ 的平分线就是 $\triangle DGH$ 的三边的中垂线，同（1）知四边形 $ABDF$ 有内切圆.

必要性. 略.

（3）由切线长定理即证.

定理 2 在完全四边形 $ABCDEF$ 中，四边形 $ABDF$ 有内切圆的充要条件是 $\triangle ACD$ 与 $\triangle ADE$ 的内切圆相处切.

证明 如图 5.38，必要性. 当四边形 $ABDF$ 有内切圆圆 I 时，设圆 I 分别切 BD，DF 于点 M，N，设 $\triangle ACD$ 的内切圆圆 I_1 切 CD 于点 P，$\triangle ADE$ 的内切圆圆 I_2 切 DE 于点 Q，则

$$PN = CN - CP =$$
$$\frac{1}{2}(AC + CF - AF) - \frac{1}{2}(AC + CD - AD) =$$
$$\frac{1}{2}(AD + DF - AF)$$

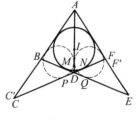

图 5.38

同理 $$QM = \frac{1}{2}(AD + DB - AB)$$

由四边形 $ABDF$ 有内切圆，知 $DF - AF = DB - AB$，于是 $PN = QM$.

再由 $DN = DM$，可知 $DP = DQ$. 从而圆 I_1 与圆 I_2 外切于 AD 上某一点.

充分性. 设 $\triangle ACD$ 的内切圆 I_1 与 $\triangle ADE$ 的内切圆圆 I_2 外切于 AD 上一点，作 $\triangle AEB$ 的内切圆圆 I，过 D 作圆 I 的另一条切线分别交直线 AB 于 C'，交直线 AE 于 F'，作 $\triangle AC'D$ 的内切圆圆 I'_1，则由前面的证明可知圆 I'_1 与圆 I_2

外切于 AD 上一点,再由圆 I_1' 与圆 I_1 的圆心同在 $\angle CAD$ 的平分线上,知圆 I_1' 与圆 I_1 重合.从而 C' 与 C 重合,F' 与 F 重合.因此,四边形 $ABDF$ 有内切圆.

定理3 在完全四边形 $ABCDEF$ 中,圆 O 内切于四边形 $ABDF$ 的边 AB,BD,DF,FA 于 P,Q,R,S 四点,求证:

(1) AD,BF,PR,QS 四线共点.(参见牛顿定理)

(2) C,Q,S 三点共线的充要条件是 E,R,P 三点共线.

证明 如图 5.39,(1) 设 BF 与 QS 交于点 M,BF 与 PR 交于点 M',下证 M 与 M' 重合.分别对 $\triangle BEF$ 及截线 QS,对 $\triangle BCF$ 及截线 PR 应用梅涅劳斯定理,有

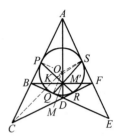

图 5.39

$$\frac{BM}{MF} \cdot \frac{FS}{SE} \cdot \frac{EQ}{QB} = 1, \frac{BM'}{M'F} \cdot \frac{FR}{RC} \cdot \frac{CP}{PB} = 1$$

即有

$$\frac{BM}{MF} = \frac{QB}{SF}, \frac{BM'}{M'F} = \frac{PB}{RF}$$

注意到 $BP = BQ$,$FS = FR$,则

$$\frac{BM}{FM} = \frac{BM'}{M'F}$$

故 M 与 M' 重合,从而 BF,QS,PR 三线共点于 M.

同理,AD,QS,PR 三线共点于 M.故 AD,BF,PR,QS 共点.

(2) 必要性.联结 OC 交 PR 于 K,则 $CK \perp PR$.联结 OP,OQ,OS,KS,则由

$$OS^2 = OP^2 = OK \cdot OC$$

有

$$\frac{OS}{OC} = \frac{OK}{OS}$$

又 $\angle COS = \angle SOK$,知

$$\triangle OSC \backsim \triangle OKS$$

从而

$$\angle OQS = \angle OSQ = \angle DSC = \angle OKS$$

则 O,K,Q,S 四点共圆.

又 O,Q,E,S 四点共圆,从而 O,K,Q,E,S 五点共圆,于是

$$\angle OKE = \angle OQE = 90°$$

即

$$OK \perp KE$$

亦即

$$CK \perp KE$$

故知 E,R,P 三点共线.

充分性.联结 OE 交 QS 于 L,同必要性证明.(略)

❖完全四边形折四边形旁切圆定理

定理 1 在完全四边形 $ABCDEF$ 中,四边形 $ABDF$(在 $\angle BAF$ 内)有旁切圆的充要条件是下列三条件之一:(可参见折四边形问题中的有关定理)

(1) $AB + BD = AF + FD$;

(2) $AC + CD = AE + ED$;

(3) $BC + CF = BE + EF$.

证明 (1)必要性.略.

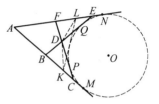

图 5.40

充分性.如图 5.40,在射线 AB 上取点 K,使得 $BK = BD$,在射线 AF 上取点 L,使得 $FL = FD$.

联结 DK,DL,KL,由

$$AB + BD = AF + FD$$

则

$$AK = AB + BK = AB + BD = AF + FD =$$
$$AF + FL = AL$$

从而 $\triangle BDK$,$\triangle FDL$,$\triangle AKL$ 均为等腰三角形.设点 O 为 $\triangle DLK$ 的外心,易知 OB,OF,OA 分别为 $\triangle DLK$ 的三边 DK,DL,KL 的中垂线,即它们分别是 $\angle DBC$,$\angle DFE$,$\angle EAC$ 的平分线,则点 O 到四边形 $ABDF$ 各边的距离相等,即知四边形 $ABDF$(在 $\angle BAF$ 内)有旁切圆,圆心为 O.

(2)必要性.设旁切圆与四边分别相切于点 M,P,Q,N,如图 8.29 所示,则

$$AM = AN, CP = CM, EQ = EN, DP = DQ$$

故

$$AC + CD = AC + CP + PD = AM + PD =$$
$$AN + DQ = AE + EN + DQ =$$
$$AE + EQ + QD = AE + ED$$

充分性.类似于(1)而证(略).

(3)类似于(2)而证

注 对于定理 1 中的条件还有如下的结论:

(Urquhart) 定理 在凸四边形 $ABCD$ 中,直线 AB 与 CD 交于点 E,直线 BC 与 AD 交于点 F.如果 $AB + BC = CD + DA$,则 $AE + EC = CF + FA$.

439

证明 如图 5.41 所示. 设 $\angle EBF$ 的平分线与 $\angle EDF$ 的平分线交于 $I, C \xrightarrow{S(BI)} K, C \xrightarrow{S(DI)} L$, 则 $BK = BC, LD = CD$, 但 $AB + BC = CD + DA$, 所以 $AK = AL$, 而 $IK = IC = IL$, 所以 IA 垂直平分 KL, 于是, AI 为 $\angle EAF$ 的平分线. 且 $\angle EKI = \angle ILF$, 这样, $\angle ICF = 180° - \angle EKI = 180° - \angle ILF = \angle ECI$, 因此, CI 平分 $\angle ECF$, 从而存在一个以 I 为圆心的圆与 BF, ED, AE 的延长线及 AF 的延长线都相切. 设这个圆与直线 AB, BC, CD, DA 的切点分别为 P, Q, R, S, 则 $ER = EP$, 于是 $AE + EC = AE + ER + RC = AE + EP + RC = AP + RC$. 同理, $AF + FC = AS + QC$. 但 $AP = AS, QC = RC$, 故 $AE + EC = CF + FA$.

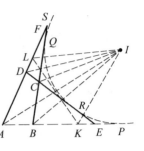

图 5.41

定理 2 在完全四边形 $ABCDEF$ 中, 折四边形 $BCFE$ 有旁切圆圆 I, $\triangle IAB, \triangle IBD, \triangle IDF, \triangle IFA$ (I 与凸四边形 $ABDF$ 四边所组成的三角形), $\triangle IAC, \triangle ICD, \triangle IDE, \triangle IEA$ (I 与凹四边形 $ACDE$ 四边所组成的三角形), $\triangle IBC, \triangle ICF, \triangle IFE, \triangle IEB$ (I 与折四边形 $BCFE$ 四边所组成的三角形) 的外心分别记为 P_1, P_2, P_3, P_4; Q_1, Q_2, Q_3, Q_4; R_1, R_2, R_3, R_4.

则(1) P_1, Q_4, R_4 在 $\triangle ABE$ 的外接圆上,

P_2, Q_2, R_1 在 $\triangle BCD$ 的外接圆上,

P_3, Q_3, R_3 在 $\triangle DEF$ 的外接圆上,

P_4, Q_1, R_2 在 $\triangle ACF$ 的外接圆上;

(2) P_1, P_3 在直线 EI 上, Q_1, Q_3 在直线 FI 上,

R_2, R_4 在直线 AI 上, R_3, R_1 在直线 DI 上,

Q_4, Q_2 在直线 BI 上, P_4, P_2 在直线 CI 上;

(3) P_1, P_2, P_3, P_4 四点共圆, 记该圆圆心为 O_1,

Q_1, Q_2, Q_3, Q_4 四点共圆, 记该圆圆心为 O_2,

R_1, R_2, R_3, R_4 四点共圆, 记该圆圆心为 O_3;

(4) P_1, Q_1, Q_4, P_4 四点共线, P_2, Q_2, Q_3, P_3 四点共线;

(5) O_1, O_2, I 这三点共线.

证明 如图 5.42, 设圆 I 分别与直线 AC, AE 切于点 M, N.

(1) 由

$$\angle AP_1B = 2\angle AIB = 2(\angle CBI - \angle BAI) = \angle CBE - \angle BAE = \angle AEB$$

知点 P_1 在 $\triangle ABE$ 的外接圆上.

由

$$\angle AQ_4E = 2\angle AIE = 2(\angle IEN - \angle IAE) = \angle BEN - \angle BAE = \angle ABE$$

知点 Q_4 在 $\triangle ABE$ 的外接圆上.

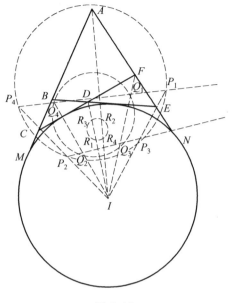

图 5.42

由

$$\angle BR_4E = 2\angle BIE = 2(\angle BIA + \angle AIE) =$$

$$2\left[\left(\angle MBI - \frac{1}{2}\angle A\right) + \left(\angle IEN - \frac{1}{2}\angle A\right)\right] =$$

$$(\angle CBE - \angle A) + (\angle BEN - \angle A) = \angle AEB + \angle ABE =$$

$$180° - \angle A$$

知点 R_4 在 $\triangle ABE$ 的外接圆上. 又由

$$\angle BP_2D = 2\angle BID = 2(\angle IDE - \angle IBD) = \angle CDE - \angle CBD = \angle BCD$$

知点 P_2 在 $\triangle BCD$ 的外接圆上. 由

$$\angle CQ_2D = 2\angle CID = 2(180° - \angle DCI - \angle CDI) =$$

$$180° - \angle DCM + 180° - \angle CDE =$$

$$\angle BCD + \angle CDB = 180° - \angle CBD$$

知点 Q_2 在 $\triangle BCD$ 的外接圆上. 由

$$\angle BR_1C = 2\angle BIC = 2(\angle MCI - \angle CBI) = 180° - \angle BCD - \angle CBD = \angle BDC$$

知点 R_1 在 $\triangle BCD$ 的外接圆上,再由

$$\angle DP_3F = 2\angle DIF = 2(\angle CDI - \angle DFI) = \angle CDE - \angle DFE = \angle DEF$$

知点 P_3 在 $\triangle DEF$ 的外接圆上. 由

$$\angle DQ_3E = 2\angle DIE = 2(180° - \angle IDE - \angle IED) =$$

$$180° - \angle CDE + 180° - \angle DEN =$$

$$\angle EDF + \angle DEF = 180° - \angle DFE$$

知点 Q_3 在 $\triangle DEF$ 的外接圆上. 由

$$\angle ER_3F = 2\angle EIF = 2(\angle AIE - \angle AIF) =$$

$$2\left[\left(\angle DEI - \frac{1}{2}\angle A\right) - \left(\frac{1}{2}\angle CFE - \frac{1}{2}\angle A\right)\right] =$$

$$2\left(\angle DEI - \frac{1}{2}\angle CFE\right) =$$

$$2\left[\frac{1}{2}(180° - \angle DEF) - \frac{1}{2}\angle CFE\right] =$$

$$180° - \angle DEF - \angle CFE = \angle EDF$$

知点 R_3 在 $\triangle DEF$ 的外接圆上. 最后由

$$\angle AP_4F = 2\angle AIF = 2(\angle IFE - \angle IAF) = \angle CFE - \angle CAF = \angle ACF$$

知点 P_4 在 $\triangle ACF$ 的外接圆上. 由

$$\angle AQ_1C = 2\angle AIC = 2(\angle MCI - \angle MAI) = \angle MCF - \angle MAF = \angle AFC$$

知点 Q 在 $\triangle ACF$ 的外接圆上. 由

$$\angle CR_2F = 2\angle CIF = 2\left(180° - \frac{1}{2}\angle MCF - \frac{1}{2}\angle CFE\right) =$$

$$2\left[180° - \frac{1}{2}(180° - \angle ACF) - \frac{1}{2}(180° - \angle AFC)\right] =$$

$$2\left[\frac{1}{2}(\angle ACF + \angle AFC)\right] =$$

$$\angle ACF + \angle AFC = 180° - \angle CAF$$

知点 R_2 在 $\triangle ACF$ 的外接圆上.

(2) 由 A, B, E, P_1 四点共圆, 有

$$\angle BP_1E = \angle BAE = 2\angle BAI = \angle BP_1I$$

知点 P_1 在直线 EI 上.

由 E, F, D, P_3 四点共圆, 有

$$\angle DEP_3 = \angle DFP_3 = 90° - \frac{1}{2}\angle DP_3F =$$

$$90° - \frac{1}{2}\angle DEF =$$

$$\frac{1}{2}(180° - \angle DEF) = \frac{1}{2}\angle DEN = \angle DEI$$

知 P_3 在直线 EI 上.

由 A, C, Q_1, F 四点共圆, 有

$$\angle CFQ_1 = \angle CAQ_1 = 90° - \frac{1}{2}\angle AQ_1C =$$

$$\frac{1}{2}(180° - \angle AQ_1C) =$$

$$\frac{1}{2}(180° - \angle AFD) = \frac{1}{2}\angle DFE = \angle DFI$$

知 Q_1 在直线 FI 上.

由 D, Q_3, E, F 四点共圆,有

$$\angle DFQ_3 = \angle DEQ_3 = 90° - \frac{1}{2}\angle DQ_3E =$$

$$\frac{1}{2}(180° - \angle DQ_3E) =$$

$$\frac{1}{2}\angle DFE = \angle DFI$$

知 Q_3 在直线 FI 上.

由 A, C, R_2, F 四点共圆,有

$$\angle CAR_2 = \angle CFR_2 = 90° - \frac{1}{2}\angle CR_2F =$$

$$90° - \frac{1}{2}(180° - \angle CAF) =$$

$$\frac{1}{2}\angle CAF = \angle CAI$$

知 R_2 在直线 AI 上.

由 B, R_4, E, A 四点共圆,有

$$\angle EAR_4 = \angle EBR_4 = 90° - \frac{1}{2}\angle BR_4E =$$

$$90° - \frac{1}{2}(180° - \angle A) =$$

$$\frac{1}{2}\angle A = \angle EAI$$

知 R_4 在直线 AI 上.

由 B, C, R_1, D 四点共圆,有

$$\angle CDR_1 = \angle CBR_1 = \frac{1}{2}(180° - \angle BR_1C) =$$

$$90° - \frac{1}{2}\angle BR_1C =$$

$$90° - \frac{1}{2}\angle BDC = 90° - \frac{1}{2}(180° - \angle CDE) =$$

$$\frac{1}{2}\angle CDE = \angle CDI$$

知 R_1 在直线 DI 上.

由 D,R_3,E,F 四点共圆,有

$$\angle EDR_3 = \angle EFR_3 = 90° - \frac{1}{2}\angle ER_3F =$$

$$90° - \frac{1}{2}\angle EDF =$$

$$90° - \frac{1}{2}(180° - \angle EDC) = \frac{1}{2}\angle EDC = \angle EDI$$

知 R_3 在直线 DI 上.

由 A,B,Q_4,E 四点共圆,有

$$\angle EBQ_4 = \angle EAQ_4 = 90° - \frac{1}{2}\angle AQ_4E =$$

$$90° - \frac{1}{2}\angle ABE = 90° - \frac{1}{2}(180° - \angle CBD) =$$

$$\frac{1}{2}\angle CBD = \angle EBI$$

知 Q_4 在直线 BI 上.

由 B,C,Q_2,D 四点共圆,有

$$\angle CBQ_2 = \angle CDQ_2 = 90° - \frac{1}{2}\angle CQ_2D =$$

$$90° - \frac{1}{2}(180° - \angle CBD) =$$

$$\frac{1}{2}\angle CBD = \angle CBI$$

知 Q_2 在直线 BI 上.

由 A,P_4,C,F 四点共圆,有

$$\angle CP_4F = \angle CAF = 2\angle FAI = \angle FP_4I$$

知 P_4 在直线 CI 上.

由 B,C,P_2,D 四点共圆,有

$$\angle DCP_2 = \angle DBP_2 = 90° - \frac{1}{2}\angle BP_2D = 90° - \frac{1}{2}\angle BCD =$$

$$90° - \frac{1}{2}(180° - \angle MCD) = \frac{1}{2}\angle MCD = \angle DCI$$

知 P_2 在直线 CI 上.

(3) 由点 P_1,P_3 在直线 EI 上,点 P_2,P_4 在直线 CI 上,可设圆 P_i 的半径为 $r_i(i=1,2,3,4)$.则

$$2r_1 \cdot \sin\angle ABI = AI = 2r_4 \cdot \sin\angle AFI, 2r_2 \cdot \sin\angle DBI = CI =$$

$$2r_3 \cdot \sin \angle DFI$$

又 $$\angle ABI + \angle DBI = \angle ABI + \angle CBI = 180°$$

$$\angle AFI + \angle DFI = \angle AFI + \angle EFI = 180°$$

知 $$\frac{r_1}{r_4} = \frac{\sin \angle AFI}{\sin \angle ABI} = \frac{\sin \angle DFI}{\sin \angle DBI} = \frac{r_2}{r_3}$$

即 $$r_1 \cdot r_3 = r_2 \cdot r_4$$

亦有 $$IP_1 \cdot IP_3 = IP_2 \cdot IP_4$$

从而知 P_1, P_2, P_3, P_4 四点共圆.

由 Q_1, Q_2 在直线 FI 上, Q_4, Q_2 在直线 BI 上,可设圆 Q_i 的半径为 $t_i (i=1, 2, 3, 4)$.则

$$2t_1 \cdot \sin \angle CAI = CI = 2t_2 \cdot \sin \angle CDI$$

$$2t_4 \cdot \sin \angle EAI = EI = 2t_3 \cdot \sin \angle EDI$$

又 $$\angle CAI = \angle EAI, \angle CDI = \angle EDI$$

则 $$\frac{t_1}{t_2} = \frac{\sin \angle CDI}{\sin \angle CAI} = \frac{\sin \angle EDI}{\sin \angle EAI} = \frac{t_4}{t_3}$$

即 $$t_1 \cdot t_3 = t_2 \cdot t_4$$

亦有 $$IQ_i \cdot IQ_3 = IQ_2 \cdot IQ_4$$

从而知 Q_1, Q_2, Q_3, Q_4 四点共圆.

由 R_2, R_4 在直线 AI 上, R_3, R_1 在直线 DI 上.可设圆 R_i 的半径为 $s_i (i=1, 2, 3, 4)$.则

$$2s_1 \cdot \sin \angle CBI = CI = 2s_2 \cdot \sin \angle CFI$$

$$2s_4 \cdot \sin \angle EBI = EI = 2s_3 \cdot \sin \angle EFI$$

又 $$\angle CBI = \angle EBI, \angle CFI = \angle EFI$$

则 $$\frac{s_1}{s_2} = \frac{\sin \angle CFI}{\sin \angle CBI} = \frac{\sin \angle EFI}{\sin \angle EBI} = \frac{s_4}{s_3}$$

即 $$s_1 \cdot s_3 = s_2 \cdot s_4$$

亦有 $$IR_1 \cdot IR_3 = IR_2 \cdot IR_4$$

从而知 R_1, R_2, R_3, R_4 四点共圆.

(4) 由 A, B, Q_4, E, P_1 五点共圆,知

$$\angle AP_1Q_4 = \angle CBQ_4 = \angle CBI = \frac{1}{2}\angle AP_1I = \angle AP_1P_4$$

即知点 Q_4 在直线 P_1P_4 上.

由 A, P_4, C, Q_1, F 五点共圆,知

$$\angle AP_4Q_1 = \angle EFQ_1 = \angle EFI = \frac{1}{2}\angle AP_4I = \angle AP_4P_1$$

P
M
J
H
W
B
M
T
J
Y
Q
W
B
T
D
L
(X)

即知点 Q_1 在直线 P_1P_4 上. 从而知 P_1,Q_1,Q_4,P_4 四点共线, 设此条直线为 l_1.

由 B,C,P_2,Q_2,D 五点共圆, 知

$$\angle DP_2Q_2 = \angle DBQ = \angle DBI = \frac{1}{2}\angle DP_2I = \angle DP_2P_3$$

即知点 Q_2 在直线 P_2P_3 上.

由 D,Q_3,P_3,E,F 五点共圆, 知

$$\angle DP_3Q_3 = \angle DFQ_3 = \angle DFI = \frac{1}{2}\angle DP_3I = \angle DP_3P_2$$

即知点 Q_3 在直线 P_2P_3 上. 从而知 P_2,Q_2,Q_3,P_3 四点共线. 设此条直线为 l_2.

(5) 设直线 l_1 与 l_2 交于点 G, 直线 P_1P_2 与 P_3P_4 交于点 S, 直线 Q_1Q_2 与 Q_3Q_4 交于点 T, 则点 I 关于圆 O_1 的极线为 GS, 点 I 关于圆 O_2 的极线为 GT. 注意到 GP_1,GP_3,GS,GT 为调和线束, GQ_1,GQ_3,GT,GI 也为调和线束, 所以 G, S, T 三点共线.

由 $IO_1 \perp GS$, $IO_2 \perp GT$, 知 O_1,O_2,I 三点共线.

定理 3 在完全四边形 $ABCDEF$ 中, 折四边形 $BCFE$ 有旁切圆圆 I, 且分别切直线 BC,CD,DE,FE 于点 X,T,Y,Z. 若 A,B,D,F 四点共圆, 令 AC 与 BF 交于点 P, 则(1)P,Y,Z 及 P,T,X 分别三点共线;(2)PZ 平分 $\angle DPF$, PX 平分 $\angle BPD$.

证明 如图 5.43.

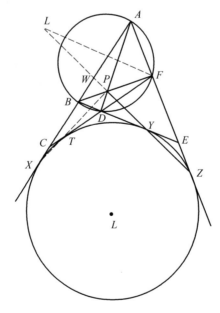

图 5.43

（1）设直线 YZ,XT 与 BF 分别交于点 P_1,P_2（图中未标出）.

过点 F 作 BY 的平行线,交直线 YZ 于点 L,则由 $EZ=EY$ 知 $FZ=FL$.

从而
$$\frac{BP_1}{P_1F}=\frac{BY}{FL}=\frac{BY}{FZ}$$

同理
$$\frac{BP_2}{P_2F}=\frac{BX}{FT}$$

注意到
$$BY=BX,FZ=FT$$

则
$$\frac{BP_1}{P_1F}=\frac{BP_2}{P_2F}$$

从而 P_1 与 P_2 复合,即知直线 YZ,XT,BF 三线共点.

同样地,将以上对 B,F,Y,Z,X,T 的结论应用于 A,D,Z,Y,X,T,可知直线 YZ,XT,AD 也共点.

从而,直线 YZ,XT 均经过 AD,BF 的交点 P.故（1）获证.

（2）由（1）知 $\angle FZP=\angle EZY=\angle EYZ=\angle BYP$.注意到 A,B,D,F 四点共圆,有
$$\angle FPZ=\angle AFP-\angle FZP=\angle PDB-\angle BYP=\angle DPY=\angle DPZ$$
即知 PZ 平分 $\angle DPF$.

同理,PX 平分 $\angle BPD$.故（2）获证.

❖ 完全四边形的其他性质定理

定理 1 完全四边形的牛顿线垂直于西姆松线及垂心线.

事实上,如图 5.44,图中牛顿线为 LMN.

令 $GKPR$ 为西姆松线,A,B,C,D 在西姆松线上的射影为 A',B',C',D'.由西姆松线性质定理 11 知在 $\triangle AEB$ 与 $\triangle CED$ 中,有 $A'B'=PR=C'D'$.

故令 $A'C'$ 的中点为 O,则 O 亦为 $B'D'$ 的中点.而 LO,MO 分别为梯形 $AA'C'C$ 与 $BB'D'D$ 的中位线,故均垂直于 GR,即牛顿线垂直于西姆松线.

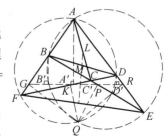

图 5.44

定理 2 完全四边形的密克尔点至每双对顶点的距离之乘积彼此相等.

事实上,如图 5.45,由 $\triangle MBC \backsim \triangle MEF$,有

$\dfrac{MB}{MC} = \dfrac{ME}{MF}$,即 $MB \cdot MF = MC \cdot ME$.同理 $MA \cdot MD = MC \cdot ME$.

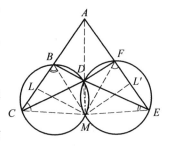

图 5.45

定理 3 通过完全四边形每对对节的中心及它们所在边的交点作圆,这样所作的六圆共点.

事实上,如图 5.45,作出密克尔点 M,联结 MB,MC,ME,MF,则有 $\angle MBC = \angle MEF$,$\angle MCB = \angle MFE$,则 $\triangle MBC \backsim \triangle MEF$,设 L,L' 分别是 BC,EF 的中点,联结 ML,ML',则 $\angle MLB = \angle ML'E$,这说明了圆 ALL' 过点 M.其余仿此.

定理 4 在完全四边形的每对对节中,自此节点的中点向他节引垂线,所引两垂线的交点必落在完全四边形的垂心线上.

事实上,如图 5.45,设 L,L' 是完全四边形 $ABCDEF$ 的对节 BC,EF 的中点,M 为密克尔点,H_A 为 $\triangle ALL'$ 的垂心($LH_A \perp FE,L'H_A \perp BC$).注意到 M 对 $\triangle ALL'$ 的西姆松线就是完全四边形的西姆松线 l,所以 MH_A 的中点在 l 上.所以 H_A 在完全四边形的垂心线上.余类推.

定理 5 完全四边形各边交成四个三角形,若通过每形的垂心及任两顶点作圆,则所作 12 个圆除三三交于四个三角形的垂心外,又三三交于其他四点,这四点同在完全四边形的垂心线上.

事实上,如图 5.46,设 H_1,H_2,H_3,H_4 分别为 $\triangle BCD,\triangle ABE,\triangle DEF,\triangle ACF$ 的垂心,设圆 H_1BD 交垂心线 l 于 M,有 $\angle 1 = \angle 2$,而 $\angle 1 = \angle 3(H_1B \parallel H_3E,H_3E \perp CF)$ 所以 $\angle 2 = \angle 3$,故圆 H_1DE 也过 M,所以 $\angle 4 = \angle 5$.

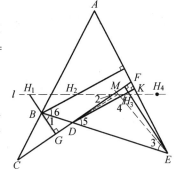

图 5.46

又 $\angle 5 = \angle 6$,所以 $\angle 4 = \angle 6$,故圆 H_2BE 也过点 M,即圆 H_1BD,圆 H_2BE,圆 H_3DE 共点于 M,且 M 在 l 上,余类推.

其中 $\angle GBD = \angle 1$,$\angle H_1MD = \angle 2$,$\angle MED = \angle 3$,$\angle H_3ME = \angle 4$,$\angle KDE = \angle 5$,$\angle H_2BD = \angle 6$.

定理 6 完全四边形的密克尔点在对角三角形的九点圆上,且该密克尔点对于对角三角形的中点三角形的西姆松线重合于完全四边形的西姆松线.

证明 如图 5.47,设 M 为完全四边形 $ABCDEF$ 的密克尔点,作 $\square PX_1CX_3,\square PX_3EX_4$.直线 AD 与 CE 交于点 Q.

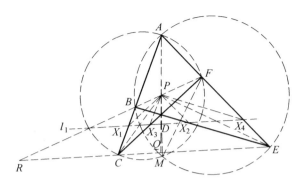

449

图 5.47

注意到:自四边形的对角线交点引线平行于每边而与对边(所在直线)相交的四交点共线,知 X_1, X_2, X_3, X_4 共线于 l_1(也可证 $X_1X_3 /\!/ CE$ 等).

因为 PC, PE 的中点在 X_1X_3, X_2X_4 上,所以 $l_1 /\!/ CE$ 且过 PQ 的中点. 故 l_1 是对角 $\triangle PCE$ 的中点三角形的一边的线.

由 $\triangle DX_2P \backsim \triangle PX_4A, \triangle FX_4P \backsim \triangle PX_2B$,有

$$\frac{DX_2}{PX_4} = \frac{PX_2}{AX_4}, \frac{FX_4}{PX_2} = \frac{PX_4}{BX_2}$$

即
$$DX_2 \cdot AX_4 = PX_2 \cdot PX_4 = BX_2 \cdot FX_4$$

从而
$$\frac{DX_2}{FX_4} = \frac{BX_2}{AX_4} = \frac{BX_2 - DX_2}{AX_4 - FX_4} = \frac{BD}{AF}$$

下面证明圆 X_2X_4E 过密克尔点 M. 由 $\triangle MAF \backsim \triangle MBD$,有

$$\frac{BD}{AF} = \frac{MD}{MF}, \frac{DX_2}{FX_4} = \frac{MD}{MF}$$

又 $\angle MDX_2 = \angle MFX_4 = \angle MCB$,则

$$\triangle MDX_2 \backsim \triangle MFX_4$$

注意到 $\angle MX_2D = \angle MX_4F$,则

$$\angle MX_2E = \angle MX_4E$$

故 M, X_2, X_4, E 共圆,所以 M 在 $\triangle X_2X_4E$ 上射影共线(西姆松线).

所以 M 对 X_2X_4 的射影在 M 对 EA, EB 的射影的连线上,即 M 对 X_2X_4 的射影在完全四边形的西姆松线上.

定理 7 在完全四边形 $ABCDEF$ 中,O_1, O_2, O_3, O_4 分别为 $\triangle ACF$, $\triangle BCD, \triangle DEF, \triangle ABE$ 的外心,H_1, H_2, H_3, H_4 分别为 $\triangle O_4O_2O_3$, $\triangle O_4O_1O_3, \triangle O_2O_4O_1, \triangle O_1O_2O_3$ 的垂心,则

(1) $\triangle O_4O_2O_3 \backsim \triangle ACF, \triangle O_1O_2O_3 \backsim \triangle ABE, \triangle O_2O_4O_1 \backsim \triangle DEF$, $\triangle O_4O_1O_3 \backsim \triangle BCD$.

（2）H_1, H_2, H_3, H_4 分别在 BE, AE, AC, CF 上，且四边形 $H_1H_2H_3H_4 \cong$ 四边形 $O_2O_1O_4O_3$.

证明 如图 5.48 所示.

（1）设 M 为其密克尔点，则 BM 为圆 O_2 与圆 O_4 的公共弦，即知 $O_2O_4 \perp BM$.

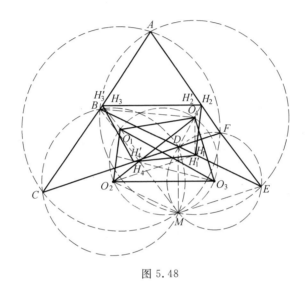

图 5.48

同理，$O_2O_3 \perp DM$.

于是，$\angle O_4O_2O_3 = \angle BMD = \angle BCD = \angle ACF$.

又 $\angle O_2O_4O_3 = 180° - \angle O_2MO_3 = 180° - \angle BME = \angle BAF = \angle CAF$，故

$$\triangle O_4O_2O_3 \backsim \triangle ACF$$

或者，考虑 O_4, O_2 在边 AC 上的射影分别为 AB, BC 的中点，即 O_4O_2 在边 AC 上的射影为 AC 的 $\frac{1}{2}$. 同理，O_2O_3 在 CF 上的射影为 CF 的 $\frac{1}{2}$.

又 O_4O_3 在 AE 上的射影为 $\frac{1}{2}(AE - EF) = \frac{1}{2}AF$，即为 AF 的 $\frac{1}{2}$，故 $\triangle O_4O_2O_3 \backsim \triangle ACF$.

同理　　　　　　$\triangle O_1O_2O_3 \backsim \triangle ABE$

此时　　　　　　$\angle O_2O_4O_1 = \angle O_2O_3O_1 = \angle BEA = \angle DEF$

又　　$\angle O_2O_1O_4 = \angle O_2O_1O_3 + \angle O_3O_1O_4 =$

$$\angle O_2O_1O_3 + \angle O_3O_2O_4 = \angle CAF + \angle ACF = \angle DFE$$

从而　　　　　　$\triangle O_2O_4O_1 \backsim \triangle DEF$

同理　　　　　　$\triangle O_4O_1O_3 \backsim \triangle BCD$

（2）自 O_2 作 O_3O_4 的垂线交 BE 于点 H'_1，联结 BO_4，BO_2，$O_4H'_1$，由 O_4 为 $\triangle ABE$ 的外心，知 $\angle H'_1BO_4 = 90° - \angle BAE$ 及 $\angle H'_1O_2O_4 = 90° - \angle O_2O_4O_3 = 90° - \angle BAE$，则 $\angle H'_1BO_4 = \angle H'_1O_2O_4$，从而 H'_1，O_2，B，O_4 四点共圆，于是 $\angle H'_1O_4O_2 = \angle H'_1BO_2$．

又 O_2 为 $\triangle BCD$ 的外心，知

$$\angle H'_1BO_2 = \angle O_2BE = 90° - \angle BCD$$

于是 $\qquad \angle H'_1O_4O_2 = 90° - \angle BCD = 90° - \angle O_4O_2O_3$

即 $\qquad \angle H'_1O_4O_2 + \angle O_4O_2O_3 = 90°$

这表明 $O_4H'_1$ 也垂直于 O_2O_3，即知 H'_1 为 $\triangle O_4O_2O_3$ 的垂心，故 H'_1 与 H_1 重合，从而，H_1 在 BE 上．

过 O_3 作 O_1O_4 的垂线交 AE 于 H'_2，联结 O_4E，O_3E，$O_4H'_2$，则

$$\angle O_4EH'_2 = 90° - \angle ABE$$

$$\angle O_4O_3H'_2 = 90° - (180° - \angle O_1O_4O_3) = \angle O_1O_4O_3 - 90° =$$
$$(180° - \angle ABE) - 90° = 90° - \angle ABE$$

从而 H'_2，O_4，O_3，E 四点共圆，即有 $\angle O_4H'_2O_3 = \angle O_4EO_3$．又

$$\angle O_1O_3H'_2 = \angle O_1O_3O_4 + \angle O_4O_3H'_2 = \angle BDC + \angle O_4EH'_2 =$$
$$\angle BDC + 90° - \angle ABE = 90° - \angle ACF$$

$$\angle O_4H'_2O_3 = \angle O_4EO_3 = \angle DEO_3 + \angle DEO_4 =$$
$$(\angle DFE - 90°) + (\angle DEF - \angle O_4EH'_2) =$$
$$\angle DFE - 90° + \angle DEF - (90° - \angle ABE) =$$
$$\angle ABE + (180° - \angle EDF) - 180° = \angle ACF$$

即 $\qquad \angle O_1O_3H'_2 + \angle O_4H'_2O_3 = 90°$

这说明 H'_2 为 $\triangle O_1O_3O_4$ 的垂心，即 H'_2 与 H_2 重合，故 H_2 在 AE 上．

过点 O_2 作 O_1O_4 的垂线交 AC 于 H'_3，联结 CO_1，CO_2，H'_3O_1，则

$$\angle H'_3O_2O_1 + (180° - \angle O_2O_1O_4) = \angle H'_3O_2O_1 + 180° - \angle DFE =$$
$$\angle H'_3O_2O_1 + \angle AFC = 90°$$

$$\angle H'_3CO_1 = 90° - \angle AFC$$

于是 $\angle H'_3O_2O_1 = \angle H'_3CO_1$

从而 H'_3，C，O_2，O_1 四点共圆，有 $\angle O_2H'_3O_1 = \angle O_2CO_1$．又

$$\angle H'_3O_2O_4 = \angle H'_3O_2O_1 + \angle O_1O_2O_4 = \angle H'_3CO_1 + \angle O_1O_2O_4 =$$
$$90° - \angle AFC - \angle FDE =$$
$$90° - (\angle FDE + \angle FED) + \angle FDE =$$
$$90° - \angle FED \angle O_2H'_3O_1 =$$
$$\angle O_1CO_2 = \angle ACF - \angle ACO_1 + \angle FCO_2 =$$

$$\angle ACF - (90° - \angle AFC) + (\angle CBD - 90°) =$$
$$180° - \angle CAF + \angle CBD - 180° =$$
$$\angle CAF + \angle FED - \angle CAF = \angle FED$$

即 $\angle H'_3 O_2 O_4 + \angle O_2 H'_3 O_1 = 90°$,即知 H'_3 为 $\triangle O_1 O_2 O_4$ 的垂心. 从而 H'_3 与 H_3 重合,故 H_3 在 AC 上.

过点 O_3 作 $O_1 O_2$ 的垂线交 CF 于点 H'_4,联结 $O_1 F, O_1 H'_4, O_3 F$. 由 O_1 为 $\triangle ACF$ 的外心,有 $\angle H'_4 FO_1 = 90° - \angle FAC$ 及 $\angle H'_4 O_3 O_1 = 90° - \angle O_2 O_1 O_3 = 90° - \angle FAC$,知 $\angle H'_4 FO_1 = \angle H'_4 O_3 O_1$,从而 H'_4, O_3, F, O_1 四点共圆. 于是 $\angle H'_4 O_1 O_3 = \angle H'_4 FO_3$.

又 O_3 为 $\triangle DEF$ 的外心,知 $\angle H'_4 FO_3 = \angle DFO_3 = 90° - \angle FED$,于是
$$\angle H'_4 O_1 O_3 = 90° - \angle FED = 90° - \angle O_1 O_3 O_2$$
即
$$\angle H'_4 O_1 O_3 + \angle O_1 O_3 O_2 = 90°$$

这表明 $O_1 H'_4$ 也垂直于 $O_2 O_3$,即知 H'_4 为 $\triangle O_1 O_2 O_3$ 的垂心,即 H'_4 与 H_4 重合,故 H_4 在 CF 上.

综上知,点 H_1, H_2, H_3, H_4 分别在 BE, AE, AC, CF 上.

下面证四边形 $H_1 H_2 H_3 H_4 \cong$ 四边形 $O_2 O_1 O_4 O_3$.

由于 O_1, O_2, O_3, O_4 共圆,该圆圆心记为 O,设 K 为 $O_2 O_3$ 的中点,如图 5.49 所示.

注意到卡诺定理:三角形任一顶点至该三角形垂心的距离,等于外心至其对边的距离的 2 倍,则知 $O_4 H_1 = 2OK$,且 $O_4 H_1 /\!/ OK$;$O_1 H_4 = 2OK$,且 $O_1 H_4 /\!/ OK$,从而 $O_1 H_4 \stackrel{\parallel}{=} O_4 H_1$,即知 $O_1 H_4 H_1 O_4$ 为平行四边形,于是 $H_4 H_1 \stackrel{\parallel}{=} O_1 O_4$.

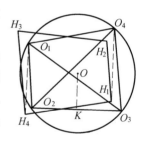

图 5.49

同理,$H_1 H_2 \stackrel{\parallel}{=} O_2 O_1$,$H_2 H_3 \stackrel{\parallel}{=} O_3 O_2$,$H_3 H_4 \stackrel{\parallel}{=} O_4 O_3$.

故四边形 $H_1 H_2 H_3 H_4 \cong O_2 O_1 O_4 O_3$.

推论 1 在完全四边形 $ABCDEF$ 中,A, B, D, F 四点共圆于圆 O,圆 O_1,圆 O_2,圆 O_3,圆 O_4 分别为 $\triangle BCD, \triangle DEF, \triangle ABE, \triangle ACF$ 的外心,H_1, H_2, H_3, H_4 分别为 $\triangle O_2 O_3 O_4, \triangle O_1 O_3 O_4, \triangle O_1 O_2 O_4, \triangle O_1 O_2 O_3$ 的垂心,M 为完全四边形 $ABCDEF$ 的密克尔点,$K_1, K_2, K_3, K_4, K_5, K_6$ 分别 $\triangle AO_3 O_4, \triangle BO_1 O_3$,$\triangle CO_1 O_4, \triangle DO_1 O_2, \triangle EO_2 O_3, \triangle FO_2 O_4$ 的外心,$O_2 O_4$ 与 $O_1 O_3$ 所在直线交于点 P_1,直线 $O_2 O_1$ 与 $O_4 O_3$ 交于点 P_2,J_1, J_2 分别为 $O_1 O_4, O_2 O_3$ 的中点,直线 $H_1 H_2$ 与 $H_3 H_4$ 交于点 Q_1,直线 $H_1 H_3$ 与 $H_2 H_4$ 交于点 Q_2,直线 $O_1 O_2$ 与 $H_3 H_4$ 交于点 L,直线 $O_4 O_3$ 与 $H_1 H_2$ 交于点 N,$\triangle O_1 O_2 O_4$ 的外心为 X,$\triangle H_1 H_2 H_3$ 的

外心为 Y,圆 X 与圆 Y 交于点 S,T. 则

(1)O 在圆 X 上,且 $\triangle ACE \backsim \triangle OO_1O_2$;

(2)$O_1O_4 \parallel O_2O_3 \parallel OM \parallel ST \parallel H_1H_4 \parallel H_2H_3$;

(3)$H_1O_4 \parallel H_2O_3 \parallel O_1H_4 \parallel O_2H_3 \parallel XY \parallel CE$;

(4)$\triangle OO_1O_2 \cong \triangle MO_4O_3$;

(5) 点 J_1,J_2,P_1,P_2,Q_1,Q_2 在直线 XY 上,N,L 在直线 ST 上;

(6)点 K_1,K_2,K_4,K_6 在直线 ST 上,K_3,K_5 在直线 XY 上且它们关于直线 XY 对称;

(7)J_1,J_2 分别 $\triangle OMC,\triangle OME$ 的外心;

(8)P_1,P_2 分别 $\triangle BOF,\triangle AOD$ 的外心.

证明　如图 5.50,(1) 联结 $OO_1,OO_2,O_1M,O_2M,AD,MD,DO,OB,$ $OF,O_1D,O_2D,$则 $\angle O_1MD = \angle O_1DM = \frac{1}{2}(180° - \angle DO_1M) = 90° - \angle DCM$

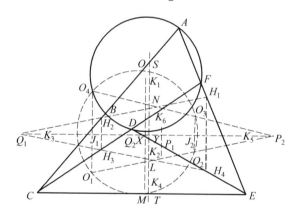

图 5.50

同理　　　　　　　　　　$\angle O_2MD = 90° - \angle DEM$

从而

$$\angle O_1MO_2 = 180° - (\angle DCM + \angle DEM) = 180° - \angle BDC = 180° - \angle BAF$$

$$①$$

又 O_1 为 $\triangle BDC$ 的外心,知 OO_1 为 BD 的中垂线. 于是

$$\angle O_1OD = \frac{1}{2}\angle BOD = \angle BAD, \angle O_2OD = \frac{1}{2}\angle FOD = \angle FAD$$

则

$$\angle O_1OO_2 = \angle O_1OD + \angle O_2OD = \angle BAD + \angle FAD = \angle BAF \qquad ②$$

由①,②知,点 O 在圆 X 上.

注意到

$$\angle OO_1O_2 = \angle OO_1D + \angle O_2O_1D = \angle BCD + \angle MCD + \angle BCE \qquad ③$$

由②,③知,$\triangle OO_1O_2 \backsim \triangle ACE$.

(2) 注意到 O_1O_4 是公共弦 CM 的中垂线,O_2O_3 是 EK 的中垂线,以及 $OM \perp CE$,则知 $O_1O_4 \parallel O_2O_3 \parallel OM$. 设此三线段的中垂线为 l,则知点 X 在 l 上.

由定理 7(2) 知,$H_1H_4 \parallel O_1O_4$,$H_2H_3 \parallel O_2O_3$,故 $H_1H_4 \parallel H_2H_3 \parallel OM$.

又注意到四边形 $H_1H_4O_1O_4$ 为平行四边形,则由 H_1 为 $\triangle O_2O_3O_4$ 的垂心,知四边形 $H_1H_4O_1O_4$ 为矩形,即知 H_1H_4 与 O_1O_4 的中垂线共线,即知点 Y 也在直线 l 上,亦即知 l 为 ST 的中垂线. 故为 $ST \parallel OM$.

(3) 由定理 7(2) 知,圆 X 与圆 Y 为等圆,知 ST 垂直平分 XY,且 $XO_4 = YH_1$,即知四边形 XYH_1O_4 为等腰梯形,亦知 ST 为 H_1O_4 的中垂线. 同理 ST 为 O_2H_3 的中垂线. 于是

$$H_1O_4 \parallel H_2O_3 \parallel O_1H_4 \parallel O_2H_3 \parallel XY \parallel CE,$$ 且其前五条线段的中垂线为 ST.

(4) 由上即知 $\triangle OO_1O_2 \cong \triangle MO_4O_3$.

(5) 由(2),(3)即知 J_1,J_2,P_1,P_2,Q_1,Q_2 均在直线 XY 上,N,L 在直线 ST 上.

(6) 由定理 7(2) 知,H_1H_2 在圆 K_1 上,即知 K_1 在 H_1O_4 的中垂线 ST 上. 同理,K_2,K_4,K_6 亦在 ST 所在的直线上.

又 K_3 在 O_1O_4 的中垂线上,则 K_3 在 XY 所在的直线上.

同理,K_5 也在直线 XY 上.

注意到 K_1X 垂直平分 O_3O_4,K_4Y 垂直平分 H_3H_4,则有 $K_1X \parallel K_4Y$.

同理 $K_4X \parallel K_1Y$. 由此知 K_1 与 K_4 关于 XY 对称.

同理 K_5 与 K_3,K_2 与 K_6 也关于 XY 对称.

(7) 注意到四边形 O_1O_4OM 为等腰梯形,J_1 为 O_1O_4 的中点,O_1O_4 为 CM 的中垂线,则 $OJ_1 = J_1M = J_1C$,即 J_1 为 $\triangle OMC$ 的外心,由此知 J_1 在 OC 上,且 J_1 为 OC 的中点.

同理,J_2 在 OE 上,且 J_2 为 OE 的中点.

(8) 注意到 $\angle BMF = 180° - 2\angle BAF = 180° - \angle BOF$,知 M 在 $\triangle OBF$ 的外接圆上.

又 O_1,O_3 分别是四边形 $BCMD,ABME$ 的外接圆圆心,知 O_1O_3 为公共弦 BM 的中垂线. 同理,O_4O_2 为 FM 的中垂线. 于是 O_1O_3 与 O_4O_2 的交点 P_1 为 $\triangle BOF$ 的外心.

同理,O_4O_3 与 O_1O_2 的交点 P_2 为 $\triangle AOD$ 的外心.

推论 2 在完全四边形 $ABCDEF$ 中，$\triangle BCD$，$\triangle DEF$，$\triangle ABE$，$\triangle ACF$ 的外心依次为 O_1，O_2，O_3，O_4，如图 5.51，则

(1) 直线 CO_1，FO_2，AO_3 共点于 P_4，P_4 在圆 O_4 上；直线 DO_2，BO_3，CO_4 共点于 P_1，P_1 在圆 O_1 上；直线 DO_1，EO_3，FO_4 共点于 P_2，P_2 在圆 O_2 上；直线 BO_1，EO_2，AO_4 共点于 P_3，P_3 在圆 O_3 上；

(2) P_1，P_2，P_3，P_4 在施坦纳圆上；

(3) 设 M 为完全四边形的密克尔点，直线 AM 交施坦纳圆于点 H_A，此时 H_A 为 $\triangle AP_3P_4$ 的外心，又为 $\triangle AO_3O_4$ 的垂心. 类似地有 H_B，H_C，H_D，H_E，H_F 也具有同样的性质.

证明 (1) 如图 5.51，设 M 为完全四边形的密克尔点，又设过点 A 的圆 O_3 的切线与过点 C 的圆 O_1 的切线交于点 Q'，则由相交两圆的性质知，A，Q'，C，M 四点共圆，即为圆 O_4，注意到点 F 在圆 O_4 上，有 A，Q'，C，M，F 五点共圆.

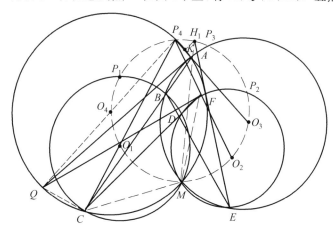

图 5.51

又设过点 F 的圆 O_2 的切线与过点 C 的圆 O_1 的切线交于点 Q''，则由相交两圆的性质，知 Q''，C，M，F 四点共圆，此圆即为圆 O_4，而 Q'，Q'' 均是过点 C 的圆 O_1 的切线与圆 O_4 的交点，从而 Q' 与 Q'' 重合于点 Q.

如图 5.51，再设直线 AO_3 与圆 O_4 交于点 P_4，由 $\angle QAO_3 = 90°$，知 $\angle P_4AQ = 90°$，即 P_4 为 Q 的对径点.

注意到 $\angle QCO_1 = 90°$，延长 CO_1 交圆 O_4 于点 P'_4，则 P'_4 亦为 Q 的对径点，从而 P'_4 与 P_4 重合，即直线 CO_1 过点 P_4.

同理，直线 FO_2 也过点 P_4. 这就是证明了直线 CO_1，FO_2，AO_3 共点于 P_4，且 P_4 在圆 O_4 上.

同理可证其余情形.

（2）如图 5.51,联结 MO_3, MP_3, MO_4, O_4P_4, O_1O_4, O_1P_1. 设直线 AO_3 交圆 O_3 于点 G. 联结 P_3G, 由

$$\angle O_1CB = \angle O_1BC =$$
$$180° - \angle CBP_3 \text{（或} = \angle CBP_3\text{）} = \angle AGP_3 = \angle AEP_3 =$$
$$\angle FEO_2 = \angle O_2FE$$

知

$$\angle BO_1C = 180° - \angle P_4O_1P_3 \text{（或} = \angle P_4O_1P_3\text{）} = \angle FO_2E$$

又

$$\angle AGP_3 = \angle O_3P_3G$$

即

$$\angle P_3O_1P_4 = \angle P_3O_2P_4 = \angle P_3O_3P_4$$

从而知 O_1, O_2, O_3, P_4, P_3 五点共圆. 即知 P_3, P_4 在施坦纳圆上.

同理, P_1, P_2 也在施坦纳圆上.

（3）如图 5.52,联结 H_AP_3, H_AP_4, 易知 $AO_4 = O_4M$, 所以

$$\angle H_AAP_4 = \angle O_3AM = \angle O_3MA = \angle H_AP_4O_3$$

即知

$$AH_A = H_AP_4$$

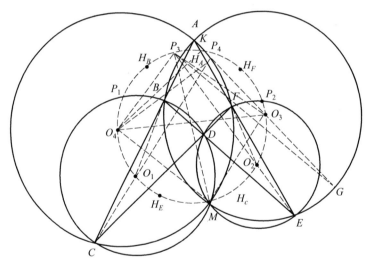

图 5.52

同理

$$AH_A = H_AP_3$$

从而 H_A 为 $\triangle AP_3P_4$ 的外心.

设直线 O_4H_A 交 AP_4 于点 K, 易知 $\angle H_AAP_4 = \angle H_AP_4O_3$（或 $180° - \angle H_APO_3$）$= \angle KO_4O_3$. 则 $O_4K \perp AO_3$. 又 $AM \perp O_3O_4$. 从而知 H_A 为 $\triangle AO_3O_4$ 的垂心.

同理, 可证得其余情形.

注 （1）上述结论说明:施坦纳圆上有 15 个特殊点 M, O_1, O_2, O_3, O_4, P_1, P_2, P_3, P_4,

$H_A, H_B, H_C, H_D, H_E, H_F$. 其中 P_i 是为施坦纳圆与圆 O_i 的交点,也为圆 O_i 的内接三角形三顶点与另外三外心相应连线的交点;H_x 是点 M 和顶点 X 的连线与施坦纳圆的交点,也为 $\triangle XP_kP_j$ 的外心,也为 $\triangle XO_kO_j$ 的垂心 $(1 \leqslant k < j \leqslant 4)$.

(2) 若 D 为 $\triangle ACE$ 的垂心时,M 为 $\triangle ACE$ 的边 CE 上高线的垂足,施坦纳圆变为 $\triangle ACE$ 的九点圆. 如图 5.53,O_i 分别成为有关线段的中点,H_A, H_D, H_C 也成为线段的中点,H_E 与 M 重合,P_1, P_3, H_B, B 四点重合,P_2, P_4, H_F, F 四点重合.

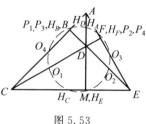

图 5.53

推论 3 注意到相交两圆连心线是公共弦的中垂线,则由 $\triangle AO_4O_3 \cong \triangle MO_4O_3$ 等,知六个三角形:$\triangle AO_4O_3$,$\triangle BO_1O_3$,$\triangle CO_1O_4$,$\triangle DO_1O_2$,$\triangle EO_3O_2$,$\triangle FO_4O_2$ 的外接圆均为等圆,且与施坦纳圆相等.

推论 4 完全四边形中的三类四边形(凸、凹、折)对边的中垂线的交点共六个均在施坦纳圆上.

证法 1 如图 5.52,对于折四边形 $BCFE$ 的一组对边 BC, EF. 由于 BC 边的中垂线,即为顶角 $\angle BO_1C$ 的平分线,此线平分优弧 $\overparen{P_3P_4}$. 同样,EF 的中垂线,即为顶角 $\angle EO_2F$ 的平分线,此线亦平分优弧 $\overparen{P_3P_4}$. 故 BC, EF 的中垂线共点于优弧 $\overparen{P_3P_4}$ 的中点.

同理可证得其他情形.

证法 2 先看一个引理:在完全四边形 $ABCDEF$ 中,对节 AB 与 DF 的中垂线 KQ_1 与 LQ_1 交于点 Q_1,M 为其密克尔点,则 $Q_1M \perp CM$.

事实上,如图 5.54,由完全四边形的密克尔点定理的推论 1(或相交两圆的内接三角形相似)知 $\triangle MBA \backsim \triangle MDF$,且 K, L 为这两个相似三角形的对应点.

从而 $\qquad \angle MKB = \angle MLD$
则 $\qquad \angle MKQ_1$ 与 $\angle MLQ_1$
相等或相补,即知 Q_1, M, K, L 四点共圆.

显然,Q_1, C, K, L 共圆,从而 Q_1, M, C, K, L 五点共圆,且 Q_1C 为其直径.

故 $\angle QMC = 90°$,即 $Q_1M \perp CM$.

图 5.54

设 $\triangle ACF$,$\triangle BCD$ 的外心分别为 O_4, O_1,令 $\triangle CMQ_1$ 的外心为 T,则由引理知,T 为 CQ_1 的中点.

又设 O_1, T, O_4 在直线 AC 上的正射影分别为 I, S, J,则

$$JS = \frac{1}{2}(CA - CK) = \frac{1}{2}BK = \frac{1}{2}(CK - CB) = CS - CI = IS$$

从而 $O_4T = TO_1$. 于是 $Q_1O_4CO_1$ 为平行四边形,有 $Q_1O_4 = O_1C = O_1M$.

注意到 $O_4O_1 \perp CM$,由引理 $O_1M \perp CM$,则 $O_4O_1 /\!\!/ Q_1M$.

从而四边形 $MQ_1O_4O_1$ 为等腰梯形,即知 O_4,O_1,M,Q_1 四点共圆,所以 AB,DF 的中垂线的交点 Q_1 在施坦纳圆上.

同理,可证其他对节的中垂线的交点均在施坦纳圆上.

注　由推论 2 证明后的注(1)及如上推论 4,可知施坦纳圆上有 21 个特殊的点.

定理 8　完全四边形各边共交成四个三角形,它们的内心,旁心共 16 点. 在每个三角形中,分别以内心、旁心两两的连线为直径作圆,如此一共可得 24 个圆. 这 24 个圆,除三三交于各三角形的内心、旁心外,又三三交于其他 16 点. 这 16 点连同各三角形的内心、旁心计 32 点,分布在 8 个圆上. 每圆上有 8 点. 这 8 圆组成两组互相正交的共轴圆,每组含四圆,它们的等幂轴同过完全四边形的密克尔点.

证明　如图 5.55,(1) 令 $P,P_A,P_B,P_E,Q,Q_A,Q_D,Q_F,R,R_B,R_C,R_F,S,S_C,S_D,S_E$ 分别为 $\triangle ABE,\triangle ADF,\triangle BCF,\triangle CDE$ 的内心与旁心,有完全四边形 $DQ_FRCFS,BP_ESCER,P_AQDEAS_C,Q_APBFAR_C$ 的密克尔点 P_1,Q_1,R_1,S_1 即以直径为 $Q_DQ_F,RR_B,SS_E;P_BP_E,RR_F,SS_D;P_AP_E,QQ_F,SS_C;PP_E,Q_AQ_F,RR_C$ 的三圆的交点. 完全四边形 $Q_FR_FCDS_DF,P_ES_ECBR_BE,P_BADS_CQ_DE,Q_DABR_CP_BF$ 的密克尔点 P_2,Q_2,R_2,S_2 即以直径为 $Q_DQ_F,R_CR_F,S_CS_D;P_BP_E,R_BR_C,S_CS_E;PP_B,Q_AQ_D,SS_C;P_AP_B,QQ_D,RR_C$ 的三圆的交点. 完全四边形 $Q_ASCFDR_C,P_ARCEBS_C,P_BQ_FDEAS_D,Q_DP_EBFAR_B$ 的密克尔点 P_3,Q_3,R_3,S_3 即以直径为 $QQ_A,R_CR_F,S_ES_E;PP_A,RR_F,S_CS_E;PP_B,QQ_F,S_DS_E;PP_E,QQ_D,R_BR_F$ 的三圆的交点. 完全四边形 $QRCDFS_C,PSCBER_C,AP_ES_EDQ_DE,AQ_FR_FBP_BF$ 的密克尔点 P_4,Q_4,R_4,S_4 即以直径为 $QQ_A,RR_B,S_CS_D;PP_A,R_BR_C,SS_D;P_AP_E,Q_AQ_D,S_DS_E;P_AP_B,Q_AQ_F,R_BR_F$ 的三圆的交点.

(2) 因为 A,P,B,P_E 与 A,Q,D,Q_F 四点共圆,有 $\angle RR_ES = \angle BAP = \angle QAD = \angle BQ_FS$,所以 R,S,Q_F,P_E 四点共圆,令其圆心为 O_1. 因为 P_1,Q_1,R_1,S_1 为有关完全四边形的密克尔点,于是它们分别在圆 Q_FRS,圆 P_ERS,圆 P_AQS_C,圆 PQ_AR_C 上,所以 P_1,Q_1 在圆 O_1 上.

因为 $\angle P_AR_1P_E,\angle SR_1S_C,\angle Q_AS_1Q_F,\angle RSR_C$ 均为直角,有
$$\angle P_AR_1S_C = \angle SR_1P_E,\quad \angle Q_AS_1R_C = \angle RS_1Q_F$$
又
$$\angle P_AR_1S_C = \angle P_AQS_C = \angle SQ_FP_E$$
$$\angle Q_AS_1R_C = \angle Q_APR_C = \angle RP_EQ_F$$

故有 R_1,S_1 在圆 O_1 上,即 $P_E,Q_F,R,S,P_1,Q_1,R_1,S_1$ 八点共圆.

同理可得

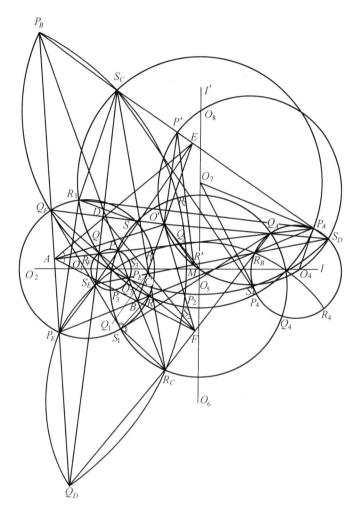

图 5.55

圆 $O_2 : P_B Q_D R_C S_C P_2 Q_2 R_2 S_2$

圆 $O_3 : PQ R_F S_E P_3 Q_3 R_3 S_3$

圆 $O_4 : P_A Q_A R_B S_D P_4 Q_4 R_4 S_4$

圆 $O_5 : PQ_A R_C S P_3 Q_4 R_2 S_1$

圆 $O_6 : P_E Q_D R_B S_E P_1 Q_2 R_4 S_3$

圆 $O_7 : P_A QR S_C P_4 Q_3 R_1 S_2$

圆 $O_8 : P_B Q_F R_F S_D P_2 Q_1 R_3 S_4$

(3) 因为 $\angle P_4 S_D P_A + \angle P_4 S_C P_A = 90°$,所以 $\angle P_4 O_4 P_A + \angle P_4 O_7 P_A =$ $180°$,故 P_4, P_A, O_4, O_7 四点共圆,有 $\angle O_4 P_A O_7 = \angle O_4 P_4 O_7 = 90°$,所以圆 O_4 与圆 O_7 正交.同理与圆 O_5,圆 O_6,圆 O_8 均正交,故有圆 O_1,圆 O_2,圆 O_3 与

O_5,圆 O_6,圆 O_7,圆 O_8 均正交.

（4）因为圆 O_1,圆 O_2,圆 O_3,圆 O_4 与圆 O_5,圆 O_6,圆 O_7,圆 O_8 是互相正交的两组共轴圆,故有 $O_4P_A \perp O_7P_A$,$O_4Q_A \perp O_5Q_A$,$O_4R_B \perp O_6R_B$,$O_4S_D \perp O_8S_D$;且 $O_4P_A = O_4Q_A = O_4R_B = O_4S_D$,故 O_4 为圆 O_5,圆 O_6,圆 O_7,圆 O_8 的等幂点.

同理,O_1,O_2,O_3 亦为圆 O_5,圆 O_6,圆 O_7,圆 O_8 的等幂点,故 O_1,O_2,O_3,O_4 所在直线 l 为圆 O_5,圆 O_6,圆 O_7,圆 O_8 的等幂轴.同理,O_5,O_6,O_7,O_8 所在直线 l' 亦为圆 O_1,圆 O_2,圆 O_3,圆 O_4 的等幂轴.

（5）令 M 为完全四边形 $ABCDEF$ 的密克尔点,设 P',Q',R' 为 P_AP_B,Q_AQ_F,R_BR_F 的中点,注意到:过相交两定圆的一交点 P 任作直线交两圆于 A,B,则 AB 的中点 M 的轨迹是一圆(设两圆心连线 O_1O_2 的中点为 Q,则 $QP = QM$,此图为以 Q 为中心,QP 为半径的圆);以及圆 O_4 与圆 O_8 的正交关系,有 P',Q',R',S_D,S_A,O_4,O_8 七点共圆,且以 O_4O_8 为直径.故

$$\angle Q'P'R' = \angle Q'S_DR' = \angle SEC$$

又注意内心、旁心的性质,有 A,D,F,Q',M 与 B,C,F,R',M 均五点共圆,且 $Q'A = Q'F = Q'Q_A$,$R'B = R'F = R'R_B$,有

$$\angle Q'MR' = \angle FMQ' - \angle FMR' = (180° - \angle FAQ') - (180° - \angle FBR') =$$

$$\angle FBR' - \angle FAQ' = (90° - \frac{1}{2}\angle BR'F) - (90° - \frac{1}{2}\angle AQ'F) =$$

$$\frac{1}{2}(\angle AQ'F - \angle BR'F) = \frac{1}{2}(\angle ADF - \angle BCF) =$$

$$\frac{1}{2}\angle CED = \angle SEC$$

所以 $\angle Q'P'R' = \angle Q'MR'$,故 P',Q',R',M 共圆,即 M 在以 O_4O_8 的圆上,所以 $\angle O_4MO_8 = 90°$.

同理,$\angle O_1MO_8 = 90°$,故 O_4,M,O_1 共线,即 M 在直线 l 上.

同理,M 在直线 l' 上.

❖ 勃罗卡定理

勃罗卡(Brocard)定理 凸四边形 $ABCD$ 内接于圆 O,延长 AB,DC 交于点 E,延长 BC,AD 交于点 F,AC 与 BD 交于点 G.联结 EF,则 $OG \perp EF$.

证法 1 如图 5.56,在射线 EG 上取一点 N,使得 N,D,C,G 四点共圆(即取完全四边形 $ECDGAB$ 的密克尔点 N),从而 B,G,N,A 及 E,D,N,B 分别四

点共圆.

分别注意到点 E,G 对圆 O 的幂,圆 O 的半径为 R,

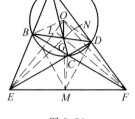

则
$$EG \cdot EN = EC \cdot ED = OE^2 - R^2$$
$$EG \cdot GN = BG \cdot GD = R^2 - OG^2$$

以上两式相减得
$$EG^2 = OE^2 - R^2 - (R^2 - OG^2)$$

即
$$OE^2 - EG^2 = 2R^2 - OG^2$$

同理
$$OF^2 - FG^2 = 2R^2 - OG^2$$

图 5.56

又由上述两式,有
$$OE^2 - EG^2 = OF^2 - FG^2$$

于是,由定差幂线定理,知 $OG \perp EF$.

证法 2　如图 5.56,注意到完全四边形的性质.在完全四边形 $ECDGAB$ 中,其密克尔点 N 在直线 EG 上,且 $ON \perp EG$,由此知 N 为过点 G 的圆 O 的弦的中点,亦即知 O,N,F 三点共线,从而 $EN \perp OF$.

同理,在完全四边形 $FDAGBC$ 中,其密克尔点 L 在直线 FG 上,且 $OL \perp FG$,亦有 $FL \perp OE$.

于是,知 G 为 $\triangle OEF$ 的垂心,故 $OG \perp EF$.

证法 3　如图 5.56,注意到完全四边形的性质,在完全四边形 $ABECFD$ 中,其密克尔点 M 在直线 EF 上,且 $OM \perp EF$.联结 BM,CM,DM,OB,OD.

此时,由密克尔点的性质,知 E,M,C,B 四点共圆,M,F,D,C 四点共圆,

即有
$$\angle BME = \angle BCE = \angle DCF = \angle DMF$$

从而
$$\angle BMO = \angle DMO = 90° - \angle DMF = 90° - \angle DCF =$$
$$90° - (180° - \angle BCD) = \angle BCD - 90° =$$
$$(180° - \frac{1}{2}\angle BOD) - 90° =$$
$$90° - \frac{1}{2}\angle BOD = \angle BOD$$

即知点 M 在 $\triangle OBD$ 的外接圆上.

同理,知点 M 也在 $\triangle OAC$ 的外接圆上,亦即知 OM 为圆 OBD 与圆 OAC 的公共弦.

由于三圆圆 O,圆 OBD,圆 OAC 两两相交,由根心定理,知其三条公共弦 BD,AC,OM 共点于 G.即知 O,G,M 共线,故 $OG \perp EF$.

该定理有如下推论

推论 1　凸四边形 $ABCD$ 内接于圆 O,延长 AB,DC 交于点 E,延长 BC, AD 交于点 F,AC 与 BD 交于点 G,直线 OG 与直线 EF 交于点 M,则 M 为完全

四边形 $ABECFD$ 的密克尔点.

事实上,若设 M' 为完全四边形 $ABECFD$ 的密克尔点,则 M' 在 EF 上,且 $OM' \perp EF$.

由勃罗卡定理,知 $OG \perp EF$,即 $OM \perp EF$.而过同一点只能作一条直线与已知直线垂直,从而 OM 与 OM' 重合,即 M 与 M' 重合.

推论 2 凸四边形 $ABCD$ 内接于圆,延长 AB,DC 交于点 E,延长 BC,AD 交于点 F,AC 与 BD 交于点 G,M 为完全四边形 $ABECFD$ 的密克尔点的充要条件是 $GM \perp EF$ 于 M.

推论 3 凸四边形 $ABCD$ 内接于圆 O,延长 AB,DC 交于点 E,延长 BC,AD 交于点 F,AC 与 BD 交于点 G,则 G 为 $\triangle OEF$ 的垂心.

事实上,由定理的证法 2 即得.或者由极点公式:$EG^2 = OE^2 + OG^2 - 2R^2$,$FG^2 = OF^2 + OG^2 - 2R^2$,$EF^2 = OE^2 + OF^2 - 2R^2$ 两两相减,再由定差幂线定理即证.

❖ 完全四角形问题

完全四角形是由四个一般位置的点及联结它们的六条直线所确定的图形.不过同一点的两条线称为对边,它有三对对边.对边的交点称为对角点.若完全四角形内接于圆,它的三个对角点是自共轭三角形的顶点.

显然,完全四角形除掉一对对边,并延长各边相交则成为完全四边形.

当完全四角形的四顶点共圆时,我们已在圆内接四边形的相关四边形定理,对角线互相垂直的圆内接四边形,以及完全四边形的有关定理中介绍了许多性质,例如,圆内接完全四角形的对角三角形必以圆心为垂心等.

下面以定理的形式再介绍完全四角形的一些性质.

定理 1 在完全四角形中,任两条对边的平方和,加上这两边中点连线平方的 4 倍,等于其他四条边的平方和.(可与凸四边形顶点处的问题中定理 1 比较)

推论 完全四角形的六条边的平方和,等于三条对边中点连线的平方和的 4 倍.

定理 2 完全四角形的三条中位线共点且互相平分,它们平方和的 4 倍等于六边的平方之和;任一条中位线平方的 4 倍等于其他四边的平方和减去中点在两边的平方和.

如图 5.57 所示,在完全四角形 $ABCD$ 中,EF,GH,IJ 是三条中位线,记 $AB = a$,$BC = b$,$CD = c$,$DA = d$,$AC = e$,$BD = f$.

则(1)EF,GH,IJ 三线共点且互相平分;

(2) $$EF^2 + GH^2 + IJ^2 =$$
$$\frac{1}{4}(a^2 + b^2 + c^2 + d^2 + e^2 + f^2)$$

①

图 5.57

(3) $$EF^2 = \frac{1}{4}(b^2 + d^2 + e^2 + f^2 - a^2 - c^2)$$

②

$$GH^2 = \frac{1}{4}(a^2 + c^2 + e^2 + f^2 - b^2 - d^2)$$

③

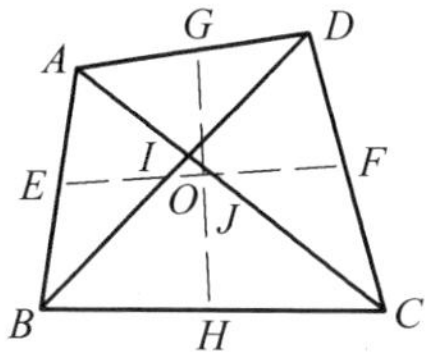

$$IJ^2 = \frac{1}{4}(a^2 + b^2 + c^2 + d^2 - e^2 - f^2)$$

④

证明 (1)(向量法)以 A 为公共始点,$\vec{AB}, \vec{AC}, \vec{AD}$ 为基向量,设 $EF, GH,$ IJ 的中点分别为 O_1, O_2, O_3 是同一点即图中点 O;

设 W 是 $\triangle XYZ$ 边 YZ 上的中点,则易证

$$\vec{XW} = \frac{1}{2}(\vec{XY} + \vec{XZ})$$

利用这个结论,有

$$\vec{AO_1} = \frac{1}{2}(\vec{AE} + \vec{AF}) = \frac{1}{2}\left[\frac{1}{2}\vec{AB} + \frac{1}{2}(\vec{AC} + \vec{AD})\right] = \frac{1}{4}(\vec{AB} + \vec{AC} + \vec{AD})$$

同理可证

$$\vec{AO_2} = \vec{AO_3} = \frac{1}{4}(\vec{AB} + \vec{AC} + \vec{AD})$$

所以 O_1, O_2, O_3 是同一点 O,由于 O 是每条中位线的中点,故三条中位线共点且互相平分,于是有三个平行四边形:$\square EHFG, \square EJFI, \square IHJG$;

(2) 对于 $\square EHFG$,利用"平行四边形两对角线的平方和等于四边的平方和"与三角形的中位线定理,有

$$EF^2 + GH^2 = 2(EG^2 + GF^2) = 2\left(\frac{f^2}{4} + \frac{e^2}{4}\right) = \frac{1}{2}(e^2 + f^2)$$

⑤

同理

$$EF^2 + IJ^2 = \frac{1}{2}(b^2 + d^2)$$

⑥

$$IJ^2 + GH^2 = \frac{1}{2}(a^2 + c^2)$$

⑦

⑤+⑥+⑦⇒

$$EF^2 + GH^2 + IJ^2 = \frac{1}{4}(a^2 + b^2 + c^2 + d^2 + e^2 + f^2)$$

即 ①

(3) 由 ⑤,⑥ $\Rightarrow EF^2 = \frac{1}{2}(e^2 + f^2) - GH^2$

⑧

$$\Rightarrow EF^2 = \frac{1}{2}(b^2 + d^2) - IJ^2$$

⑨

P
M
J
H
W
B
M
T
J
Y
Q
W
B
T
D
L
(X)

$$\frac{⑧+⑨}{2} \Rightarrow EF^2 = \frac{1}{4}(e^2 + f^2 + b^2 + d^2) - \frac{1}{2}(GH^2 + IJ^2)$$

代入 ⑦ $= \frac{1}{4}(b^2 + d^2 + e^2 + f^2 - a^2 - c^2)$ 此即 ②

同理可证 ③ 和 ④.

由 ② 得中位线长

$$EF = \frac{1}{2}\sqrt{b^2 + d^2 + e^2 + f^2 - a^2 - c^2} \qquad ⑩$$

注 以下对中位线定理所适应的特殊图形作简要讨论:

(1) 视三角形为四边形的退化情形(如一顶点趋于另一顶点的极限图形).

在图 5.57 中,设 $A \to D$,则 $d \to 0, e \to c, f \to a$,于是 EF 变成 $\triangle ABC$ 在边 AB, AC 上的中位线,由 ⑩

$$EF = \frac{1}{2}\sqrt{b^2 + d^2 + e^2 + f^2 - a^2 - c^2} = \frac{b}{2}$$

即三角形中位线长公式.

又设 $A \to B$,则 A, B, E 三点趋于重合,此时 $a \to 0, e \to b, f \to d$,$EF$ 变成 $\triangle ACD$ 中 CD 边上的中线,由 ⑩,有

$$EF = \frac{1}{2}\sqrt{b^2 + d^2 + e^2 + f^2 - a^2 - c^2} = \frac{1}{2}\sqrt{2(b^2 + d^2) - c^2}$$

此即三角形的中线长公式.

这样,三角形的中位线、中线与三边的数量关系在完全四角形中得到统一.

(2) 若四边形为 $\square ABCD$ 则 $a = c, b = d$,且有 $e^2 + f^2 = 2(a^2 + b^2)$

由 ⑩,得

$$EF = \frac{1}{2}\sqrt{b^2 + d^2 + e^2 + f^2 - a^2 - c^2} = \frac{1}{2}\sqrt{2b^2 + 2(a^2 + b^2) - 2a^2} = b = d$$

即平行四边形的中位线与另一组对边平行且相等.

(3) 若四边形为梯形 $ABCD$,设 $AD /\!/ BC$,则 EF 为梯形的中位线,故 ⑩ 是梯形中位线的另一种表达式,由于梯形中位线 $EF = \frac{1}{2}(b + d)$,与 ⑩ 联立 $\Rightarrow \frac{1}{2}(b + d) = \frac{1}{2}\sqrt{b^2 + d^2 + e^2 + f^2 - a^2 - c^2}$

两边平方并整理

$$\Rightarrow e^2 + f^2 = a^2 + c^2 + 2bd \qquad ⑪$$

⑪ 说明"梯形的两对角线的平方和等于两腰的平方和与两底乘积 2 倍之和".

这样,梯形与平行四边形的对角线与四边的关系在完全四角形中通过中位线公式也得到了形式上的统一.

定理 3 在完全四角形 $ABCD$ 中依次除掉一对对边,然后通过余四边所成完全四边形的密克尔点及所除两边之一的两端作圆,如此共得六圆,则它们共点.

略证 如图 5.58,设 AC, BD 交于 O, P, Q, R 分别为完全四边形

$ABECFD$，$ECDOAB$，$FDAOBC$ 的密克尔点，就得四
圆圆 BCE，圆 ADE，圆 CDF，圆 ABF 共点于 P；四圆
圆 COD，圆 EBD，圆 BOA，圆 ECA 共点于 Q；四圆圆
ODA，圆 CFA，圆 OCB，圆 DFB 共点于 R. 因之，得四
圆圆 QCD，圆 QAB，圆 RDA，圆 RBC 共点于 O，四
圆 PBC，圆 PAD，圆 QBD，圆 QCA 共点于 E. 由多圆
共点问题定理 3 知四圆圆 RAB，圆 RCD，圆 QBC，圆
QAD 共点；四圆圆 QAD，圆 QBC，圆 PAC，圆 PBD 共
点.

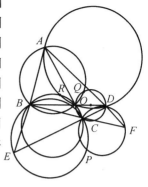

图 5.58

定理 4 在完全四角形 $ABCD$ 中，下列八圆共点：

(1) 通过共顶点三边的中点所作的圆，凡四圆.

(2) 通过每对对边的中点及在这两边上的对角点所作的圆，凡三圆.

(3) 通过每对对边的中垂线的交点所作的圆.

略证 如图 5.59(a)，设圆 SMR，圆 HMG 的第二交点为 Q，则

$$\angle SQG = \angle SRM + \angle GHM =$$
$$\angle BNG + \angle BNS = \angle SNG$$

所以圆 SNG 过 Q，同理圆 RNH 过 Q，则

$$\angle SQH = \angle SQG + \angle GQH =$$
$$\angle SNG + \angle GMH =$$
$$\angle ADE + \angle EAD =$$
$$180° - \angle AED = 180° - \angle SEH$$

所以圆 SEH 过 Q. 同理，圆 FRG，圆 PMN 过 Q.

如图 5.59(b)，令 X,Y,Z 为 AB 与 CD，BC 与 DA，AC 与 BD 的中垂线的交
点，则圆 $ESHX$ 与圆 $FRGY$ 均过点 Q，所以

$$\angle XQY = \angle XQN + \angle YQN = (\angle HQN - \angle HQX) + (\angle GQN - \angle GQY) =$$
$$\angle HRN + \angle GSN - (\angle HSX + \angle GRY) =$$
$$\angle CAB + \angle CAD - \angle HSX - \angle GRY =$$
$$\angle EAF - \angle HSX - \angle GRY$$

由平面四边形四边的中点问题中定理知，在折四边形 $ABCD$ 中，X,Z 是两
对对边 AB 与 CD，AC 与 BD 的中垂线的交点，而 G,R 是两对角线 BC，AD 的中
点，故有 $XZ \perp GR$.

同理，在折四边形 $ABCD$ 中有 $YZ \perp SH$，于是 XZ 与 YZ 的交角等于 GR 与
SH 的交角，令 GR 与 SH 的交点为 O，则有

$$\angle XZY = \angle GOS = 180° - \angle SOR =$$
$$180° - (360° - \angle ORA - \angle RAS - \angle ASQ) =$$
$$180° - (360° - (90° - \angle YRO) - \angle EAF - (90° - \angle XSO)) =$$

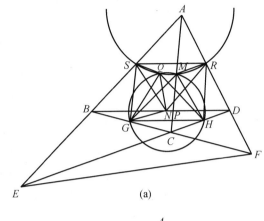

(a)

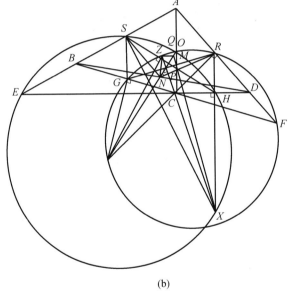

(b)

图 5.59

$$\angle EAF - \angle HSX - \angle GRY$$

所以 $\angle XQY = \angle XZY$,即圆 XYZ 过 Q.

定理 5 在一圆内接完全四角形中,圆上任一其他的点,它到每对对边距离的积都相等.

略证 利用三角形面积公式的两种形式:底与高的乘积和两边夹角正弦乘积,可证得题目中的积等于该点到四个已知点的距离的积,除以外接圆直径的平方.

定理 6 在一圆内接完全四角形中,若一条直线与一组对边的交点到圆心的距离相等,则它与每一组对边的交点到圆心的距离相等.

证明 如图 5.60,设 A,B,C,D 在圆 O 上.又设 AB,CD,AC,BD,AD,BC 分别交直线 l 于 E,E',F,F',G,G'.设 P 为 O 到直线 l 的垂线是题设 $OE=OE'$,即 $PE=PE'$,则要证 $PF=PF',PG=PG'$.

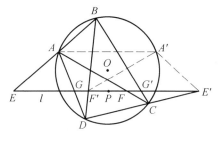

图 5.60

作平行于直线 l 的弦 AA',则 $AA'E'E$ 为等腰梯形.于是由 $\angle A'DB=\angle A'AB=\angle BEE'=\angle F'E'A'$,知 D,E',A',F' 四点共圆,从而 $\angle EAF=180°-\angle BAC=180°-\angle BDC=\angle E'A'F'$,则知 $\triangle EAF\cong\triangle E'A'F'$,故 $PF=PF'$.

注意到蝴蝶定理、坎迪定理的推广定理 3,即有 $PG=PG'$.

定理 7 在一圆内接完全四角形中,若一条直线与一组对边成等角,则它与每一组对边成等角.

事实上,若设 A,B,C,D 在圆上,直线 l 交圆于 X,Y,又分别交 AB,CD 于 P,Q,并且交成等角,则直线 AB 与 XY 所夹的角等于直线 XY 与 CD 所夹的角.又直线 BD 与 AB 所夹的角等于直线 CD 与 AC 所夹的角,由它们相加(或减)得直线 BD 与 XY 所夹的角等于直线 XY 与 AC 所夹的角.此即要证的结论之一.

同理,可证得另一结论.

定理 8 在一圆内接完全四角形中,有下列 17 条直线,四个圆交于一点.

(1)每顶点至另三顶点所连成三角形的垂心的连线,凡四线.

(2)每顶点对于另三顶点所连成三角形的西姆松线,凡四线.

(3)自每边中点所引对边的垂线,凡六线.

(4)自每对角点所引过此点两边的中点连线的垂线,凡三线.

(5)每三顶点所连成三角形的九点圆,凡四圆.

证明 (1)如图 5.61(a),设每顶点至另外三顶点所连成三角形的垂心的连线为 $A_1H_1,A_2H_2,A_3H_3,A_4H_4$,由圆内接四边形相关四边形定理 1 知四边形 $A_1A_2A_3A_4$ 与四边形 $H_1H_2H_3H_4$ 全等且有平行四边形 $A_1A_2H_1H_2$,$A_1H_3H_1A_3,A_3A_4H_3H_4$.此三个平行四边形有相同的中心 Q,故四线 A_1H_1,A_2H_2,A_3H_3,A_4H_4 共点于 Q.

(2)由西姆松线的性质知每顶点对于内接三角形的西姆松线过该点与垂心的连线的中点,即均过 Q.

(3)如图 5.61(a),自 A_1A_2 的中点 M_1 作 $M_1D_1\perp A_3A_4$ 于 D_1,则 $M_1D_1/\!/$ $A_1H_2/\!/A_2H_1$,故 M_1D_1 过 Q.

(4)如图 5.61(b),E,F,G 为三对角点,令 M_1,M_3 为 A_1A_2,A_3A_4 的中点.

作 $EE' \perp M_1M_3$ 于 E'，在 $\triangle EM_1M_3$ 中，M_1D_1,M_3D_3 为其高线，由(3)知，其垂心即 Q.

（5）由西姆松线的性质知所作四个九点圆均过顶点与垂心连线的中点，此点即点 Q.

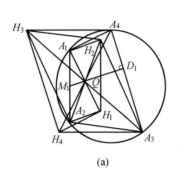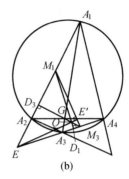

(a)   (b)

图 5.61

❖完全四角形的马克劳林定理

完全四角形的马克劳林定理 圆上四点两两相连组成一完全四角形，又过每点作圆的切线交成一完全四边形，这两形必有共同的对角三角形.

马克劳林(Maclaurin,1698—1746)是英国数学家.

证明 如图 5.62，由完全四角形问题中定理 2 知 $\triangle QEF$ 为完全四角形 $ABCD$ 的对角三角形. 在完全四边形 $A'B'C'D'E'F'$ 中：

（1）凸四边形 $A'B'C'D'$ 有内切圆，故 $AC,BD,A'C',B'D'$ 共点于 Q.

（2）折四边形 $F'B'E'D'$ 有旁切圆，故 $DC,AB,F'E',B'D'$ 共点于 F.

（3）凹四边形 $A'F'C'E'$ 有内切圆，故 $BC,AD,A'C',E'F'$ 共点于 E.

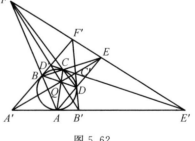

图 5.62

由(1),(3)，A',Q,C',E 四点共线.

由(1),(2)，B',Q,D',F 四点共线.

由(2),(3)，E',E,F',F 四点共线.

所以 Q,E,F 是三对角线 $A'C',B'D',E'F'$ 的交点，故 $\triangle QEF$ 为完全四边形的对角三角形.

第六章 最值

❖光反射定理

光反射定理 若 P,Q 是直线 ST 同侧任意两点，则从 P 到直线再到点 Q 的一切路径中，以通过直线上点 R，使 PR 及 QR 与 ST 的夹角相等的那个路径最短.①如图 6.1 所示.

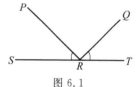

图 6.1

有人称此定理为海伦定理.海伦是希腊数学家、工程师.但上述定理还可以追溯到公元前 300 年左右的欧几里得时期.

作为几何学家的欧几里得，曾在他的光学著作中给出过光学的一个基本定律，这定律是说入射线与镜面所成的角 α，等于反射线与镜面所成的角 β，现今的普遍说法是 $\angle 1 = \angle 2$，$\angle 1$ 为入射角，$\angle 2$ 为反射角，如图 6.2 所示.

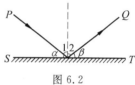

图 6.2

海伦在他的《镜面反射》一书中从上述的光学基本定律出发，得出了前面的光反射定理，因此也叫海伦定理.

证明 如图 6.3 所设，P' 为 P 关于 ST 的对称点，R' 为 ST 上任意点，则 $PR = P'R$，$\angle \alpha = \angle \gamma$，又 $\angle \alpha = \angle \beta$，故 P',R,Q 共线.据"三角形两边之和大于第三边"，有

$$PR + RQ = P'R + RQ = P'Q \leqslant P'R' + R'Q = P'R' + R'Q$$

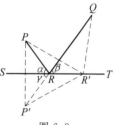

图 6.3

光反射定理的逆定理 若 P,Q 为直线 ST 同侧两点，R 为 ST 上一动点，则当 $PR + RQ$ 最短时，必有 $\angle PRS = \angle QRT$.

证明 如图 6.4.设 P 关于 ST 的对称点为 P'，则 $\angle PRS = \angle P'RS$，若 $\angle PRS \neq \angle QRT$，则 $PR + RQ = P'R + RQ$ 为折线.

联结 $P'Q$，设与 ST 交于 R'，则

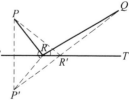

图 6.4

① 汪江松，黄家礼.几何明珠[M].武汉:中国地质大学出版社，1988:14-19.

$$PR' + R'Q = P'R' + R'Q = P'Q < P'R + RQ = PR + RQ$$

这与 $PR + RQ$ 为最短相矛盾,故必有 $\angle PRS = \angle QRT$.

❖ 光反射定理的推广

定理 1 设 P, Q 为直线 ST 同侧两点,A, B 是 ST 上两动点,且 $AB = a$,则从点 P 到 A 到 B 再到 Q 的一切路径中,当 $\angle PAS = \angle QBT$ 时路径最短.

证明 如图 6.5,作 $\square ABQQ'$,则 $\angle Q'AB = \angle QBT = \angle PAS$,所以 $PA + AQ'$ 为从 P 到 ST 再到 Q' 的最短路径. 从而 $PA + AQ' + Q'Q = PA + AB + BQ$ 为最短路径.

定理 1 的逆定理 设 P, Q 为直线 ST 同侧两点,点 A, B 是 ST 上两动点,且 $AB = a$,则当 $PA + AB + BQ$ 最短时,必有 $\angle PAS = \angle QBT$. 如图 6.5 所示.

定理 2 若 P 为锐角 $\angle XOY$ 内一定点,M, N 分别为 OY, OX 上两动点,则 $PM + MN + NP$ 当 $\angle PMY = \angle NMO, \angle MNO = \angle PNX$ 时最短. 如图 6.6 所示.

定理 2 的逆定理 P 为锐角 $\angle XOY$ 内一定点,M, N 分别为 OY, OX 上两动点,则所示当 $PM + MN + NP$ 最短时,必有 $\angle PMY = \angle NMO, \angle MNO = \angle PNX$,如图 6.6 所示.

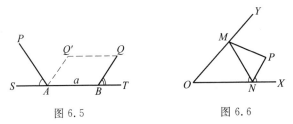

图 6.5　　　　　　　　图 6.6

定理 3 若 P, Q 是锐角 $\angle XOY$ 内两定点,M, N 分别为 OY, OX 上两动点,则 $PM + MN + NQ$ 当 $\angle PMY = \angle NMO, \angle MNO = \angle QNX$ 时最短.

证明 如图 6.7,分别作 P, Q 关于 OY, OX 的对称点 P', Q',由 $\angle PMY = \angle NMO, \angle MNO = \angle QNX$,可得 P', M, N, Q' 共线,从而有

$$PM + MN + NQ = P'Q'$$

设 M', N' 为 OY, OX 上任意两点,则

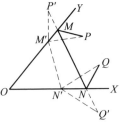

图 6.7

$$PM' + M'N' + N'Q = P'M' + M'N' + N'Q' \geqslant$$
$$P'Q' = PM + MN + NQ$$

从而命题得证.

特别地当 P,Q 重合时,即为定理 2.

定理 3 的逆定理 P,Q 为锐角 $\angle XOY$ 内两定点,M,N 分别为 OY,OX 上两动点,则当 $PM + MN + NQ$ 最短时,必有 $\angle PMY = \angle NMO,\angle MNO = \angle QNX$,如图 6.7 所示.

由定理 1,定理 3,还可得到

定理 4 若 P,Q 为锐角 $\angle XOY$ 内两定点,A,B 为 OY 上两动点,C,D 为 OX 上两动点,且 $AB = a,CD = b$,则 $PA + AB + BC + CD + DQ$ 当 $\angle PAY = \angle CBO,\angle BCO = \angle QDX$ 时为最短.

证明 如图 6.8,作 $\square PABP',\square CDQQ'$,依定理 3,可得 $P'B + BC + CQ'$ 为从点 P' 到 OY 上一点再到 OX 再到 Q' 的最短路径,从而 $PA + AB + BC + CD + DQ$ 为最短路径.

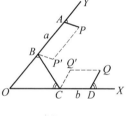

图 6.8

定理 4 的逆定理 P,Q 为锐角 $\angle XOY$ 内两定点,A,B 为 OY 上两动点,C,D 为 OX 上两动点,且 $AB = a$,$CD = b$,则当 $PA + AB + BC + CD + DQ$ 最短时,必有 $\angle PAY = \angle CBO,\angle BCO = \angle QDX$,如图 6.8 所示.

将 $\angle XOY$ 推广到凸折线,还可得

定理 5 如图 6.9,若 P,Q 为凸折线 $A_1A_2\cdots A_n$ 内两定点,$B_1,B_2,\cdots,B_{n-1}$ 分别是 $A_1A_2,A_2A_3,\cdots,A_{n-1}A_n$ 上的动点,则 $PB_1 + B_1B_2 + B_2B_3 + \cdots + B_{n-1}Q$ 当 $\angle PB_1A_1 = \angle B_2B_1A_2,\angle B_1B_2A_2 = \angle B_3B_2A_3,\cdots,\angle B_{n-2}B_{n-1}A_{n-1} = \angle A_nB_{n-1}Q$ 时最短.

证明仿前,从略.

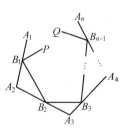

图 6.9

定理 5 的逆定理 若 P,Q 为凸折线 $A_1A_2\cdots A_n$ 内两定点,$B_1,B_2,\cdots,B_{n-1}$ 分别是 $A_1A_2,A_2A_3,\cdots,A_{n-1}A_n$ 上的动点,则当 $PB_1 + B_1B_2 + \cdots + B_{n-1}Q$ 最短时,必有 $\angle PB_1A_1 = \angle B_2B_1A_2,\angle B_1B_2A_2 = \angle B_3B_2A_3,\cdots,\angle B_{n-2}B_{n-1}A_{n-1} = \angle A_nB_{n-1}Q$,如图 6.9 所示.

定理 6 设 M,N 分别为两平行线 AB,CD 上两动点,且 $MN \perp AB,P,Q$ 为直线 AB,CD 外侧两定点,如图 6.10 所示,则 $PM + MN + NQ$ 当 $\angle PMA = \angle QND$ 时为最短.

证明 作 $QQ' \perp CD$,使 $QQ' = MN$,则 $MNQQ'$ 为平行四边形,又 $AB \parallel$

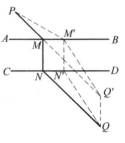

CD，$\angle PMA = \angle QND$，则 P, M, Q' 共线.

设 $M'N'$ 为 AB, CD 的任一公垂线段，则

$$PM' + M'N' + N'Q = PM' + M'Q' + Q'Q \geqslant$$
$$PQ' + Q'Q = PM + MN + NQ$$

证毕

定理6的逆定理　若 M, N 分别为两平行线 AB, CD 上两动点，且 $MN \perp AB$，P, Q 为直线 AB, CD 外侧两定点，则当 $PM + MN + NQ$ 最短时，必有 $\angle PMA = \angle QND$，如图 6.10 所示.

图 6.10

上述结论的证明可仿海伦定理逆定理的证明，留读者自己给出.

最后我们给出海伦定理向二次线段的一个推广：

推广　若 P, Q 为两定点，l 为定直线，过 PQ 中点 S 作 $SM \perp l$ 于 M，则 M 为 l 上唯一的使 $PM^2 + MQ^2$ 为最小的点.

证明　如图 6.11，作 $PE \perp l$，$QF \perp l$，E, F 为垂足，并设 $PE = a$，$QF = b$，$EF = c$，$EM = x$，则 a, b, c 为定值，有

$$PM^2 + QM^2 = a^2 + x^2 + b^2 + (c-x)^2 =$$
$$a^2 + b^2 + 2((x - \frac{c}{2})^2 + \frac{c^2}{4})$$

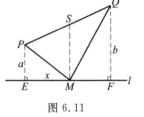

图 6.11

显然当且仅当 $x = \frac{c}{2}$ 时（即 M 唯一），$PM^2 + MQ^2$ 为最小.

❖阿尔哈森弹子问题

阿尔哈森弹子问题　一张圆形的弹子台上放着两个弹子，从哪个方向打击其中一个，使它从台边弹回时必撞击到另一个？

这个问题是由阿拉伯数学家阿尔哈森(al-Hasan ibn al-Haitham，约 965—1039) 提出的.由于译者把他的名字译为阿尔哈森，故通常以阿尔哈森知名于世.[①]

该问题也曾这样叙述过：如何在一个球形凹面镜上找一点，使由一已知点

---

① 单墫.数学名题词典［M］.南京：江苏教育出版社，2002：515-516.

到这点来的光线被凹球面镜反射到另一个已知点？

　　在阿尔哈森以后，许多著名数学家如巴罗（I. Barrow，1630—1677）、黎卡提、洛必达、奎特莱特（Quetlet，1796—1874）等人都研究过该问题.

　　该问题用数学表述为：在定圆 $O(r)$ 内给定了两点 $P(x_1,y_1)$，$Q(x_2,y_2)$，试在圆周上找一点 $A(x,y)$，使 $\angle PAO = \angle OAQ$.

　　如图 6.12，设 AP，AO，AQ 所在直线的倾角分别为 α，β，γ，则应有

$$\alpha - \beta = \beta - \gamma$$

则

$$\frac{\tan\alpha - \tan\beta}{1 + \tan\alpha\tan\beta} = \frac{\tan\beta - \tan\gamma}{1 + \tan\beta\tan\gamma}$$

将 $\tan\alpha = \dfrac{y-y_1}{x-x_1}$，$\tan\beta = \dfrac{y}{x}$，$\tan\gamma = \dfrac{y-y_2}{x-x_2}$ 代入上式，得

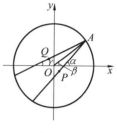

图 6.12

$$\frac{\dfrac{y-y_1}{x-x_1} - \dfrac{y}{x}}{1 + \dfrac{y-y_1}{x-x_1}\cdot\dfrac{y}{x}} = \frac{\dfrac{y}{x} - \dfrac{y-y_2}{x-x_2}}{1 + \dfrac{y}{x}\cdot\dfrac{y-y_2}{x-x_2}}$$

展开、整理，得

$$H(x^2 - y^2) - 2Kxy + r^2(hy - kx) = 0$$

其中，$H = x_1 y_1 + x_2 y_1$，$K = x_1 x_2 - y_1 y_2$，$h = x_1 + x_2$，$k = y_1 + y_2$.

　　解二元二次方程组

$$\begin{cases} H(x^2 - y^2) - 2Kxy + r^2(hy - kx) = 0 \\ x^2 + y^2 - r^2 = 0 \end{cases}$$

即可得点 A 的坐标. 在一般情况下，符合条件的点 A 可以有四个.

　　当 $OP = OQ$ 时，该问题可以用简单的几何作图来解决.

　　如图 6.13，作 $\triangle OPQ$ 的外接圆 O_1，若它与圆 O 交于点 A，则点 A 即合要求. 道理很简单：在圆 O_1 中，$\angle PAO$，$\angle OAQ$ 所对的弧相等，所以它们相等. 从图上还容易看出：A，B，M，N 四点（MN 是垂直平分 PQ 的直径）均合乎要求.

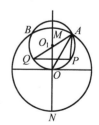

图 6.13

　　阿尔哈森弹子问题也可以表达成如下形式："在圆周上找一点，使其与圆内两个已知点的距离之和为最小（或最大）."这是因为对于圆 O 上的点 A，若要 $PA + QA$ 最小（或最大），PA，QA 与圆周所成的角必须相等. 若以 P，Q 为焦点作一簇椭圆，其中必有与圆 O 相切者，此时切点就是要求的点.

❖法格纳诺问题(一)

1775 年意大利数学家法格纳诺(Fagnano,1715—1797)提出并用微积分方法解决了这样一个有趣的问题:怎样作一个锐角三角形的周长最短的内接三角形? 它的结论是:过三角形的垂心 H 向三边作垂线,则垂足三角形就是. 这就是所谓法格纳诺问题. 但这一问题的初等解法以匈牙利数学家费耶尔(Fejer,1880—1958),德国数学家施瓦兹(Schwarz,1843—1921)及我国数学家张景中院士的解法最令人称道,他们的解法以简明巧妙闻名于世.

首先我们介绍费耶尔的解法. 这是 1900 年他还是柏林的一个学生时发现的.

解法 1 如图 6.14,设 Z 是 AB 上任一定点,作 Z 关于 AC,CB 的对称点 K,H,联结 KH 交 AC,BC 于 Y,X,则 $\triangle XYZ$ 是以定点 Z 为顶点的内接三角形周长最小的一个(据光反射定理之推广定理 2)且周长为线段 KH.

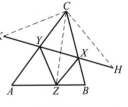

图 6.14

但由于 K,Z,H,Z 分别关于 CA,CB 对称,所以

$$CH = CZ = CK, \angle HCB = \angle BCZ, \angle KCA = \angle ACZ$$

从而 $\angle KCH = 2\angle ACB$ 为定角. 由余弦定理,有

$$KH^2 = 2CZ^2(1 - \cos 2\angle ACB)$$

所以当 CZ 最小时,KH 也最小,即 $\triangle XYZ$ 周长取最小值. 而 CZ 当 $CZ \perp AB$ 时取最小,同理当 $AX \perp BC, BY \perp AC$ 时,$\triangle XYZ$ 周长最小,于是得出结论:在锐角三角形的所有内接三角形中,以垂足三角形的周长最小.

施瓦兹的如下解法别出心裁.

解法 2 将 $\triangle ABC$ 依次以 AC, $B'C,A'B',A'C',B''C'$ 为轴连续施行五次对称变换,得到图 6.15,因垂足 $\triangle XYZ$ 与 $\triangle ABC$ 每一边所构成的两角都相等,由对称性知,$\triangle XYZ$ 通过依次对称翻转展成直线 ZZ',且其周长的 2 倍等于 ZZ'.

设 $\triangle DEF$ 为 $\triangle ABC$ 的任一内接

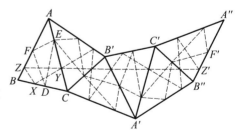

图 6.15

三角形,则通过对称翻转 $\triangle DEF$ 各边依次展成折线 FF',如图 6.15 中以 F,F' 为端点的点划线,且 $\triangle DEF$ 周长的 2 倍等于折线 FF' 的长度.

又 $\angle AZZ' = \angle ZZ'B''$,故 $AB \parallel A''B''$,从而四边形 $FZZ'F'$ 为平行四边形,有 $ZZ' = FF' \leqslant$ 折线 FF',即

$$2(\triangle XYZ \text{ 的周长}) \leqslant 2(\triangle DEF \text{ 的周长})$$

$$\triangle XYZ \text{ 的周长} \leqslant \triangle DEF \text{ 的周长}$$

所以在锐角三角形的所有内接三角形中,以垂足三角形周长最短.

施瓦兹的解法是值得回味的,他的这种方法被莫利在 1933 年推广到 $(2n+1)$ 边形的情形.

解法 3[①] 如图 6.16,设 O 是 $\triangle ABC$ 外接圆的圆心,又高 P,Q,R 分别在 BC,CA,AB 上,则 OP,OQ,OR 把 $\triangle ABC$ 分割成三个四边形 $OQAR,ORBP,OPCQ$,则有

$$S_{\triangle ABC} = S_{OQAR} + S_{ORBP} + S_{OPCQ}$$

设外接圆半径为 r,则

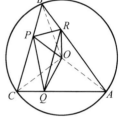

图 6.16

$$S_{OQAR} \leqslant \frac{r}{2} \cdot QR, S_{ORBP} \leqslant \frac{r}{2} \cdot RP, S_{OPCQ} \leqslant \frac{r}{2} \cdot PQ$$

所以

$$S_{\triangle ABC} \leqslant \frac{r}{2} \cdot (QR + RP + PQ)$$

亦即

$$QR + RP + PQ \geqslant \frac{2}{r} S_{\triangle ABC}$$

可见,内接三角形周长最小值是 $\frac{2}{r} S_{\triangle ABC}$. 而这个最小值当且仅当 $OA \perp QR$,$OB \perp RP$,$OC \perp PQ$ 同时成立时才能取到. 不难证明,这个条件当且仅当 P,Q,R 都是垂足时才能满足.

如图 6.17,如果 P,Q,R 都是垂足,则 B,C,Q,R 共圆,因而过 A 作切线 AX,则

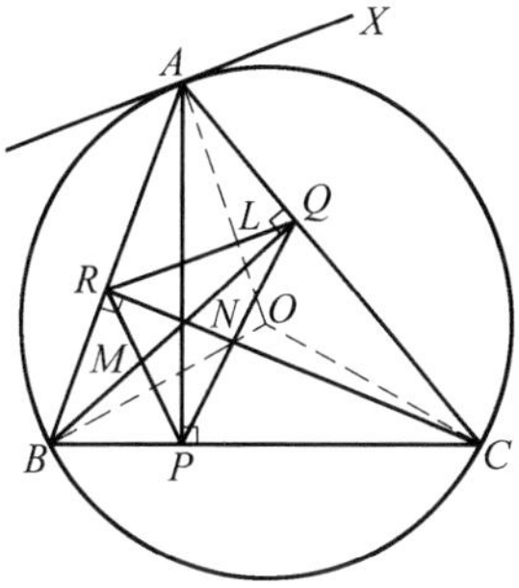

$$\angle AQR = \angle ABC = \angle CAX$$

于是 $RQ \parallel AX$,故 $OA \perp RQ$. 同理 $OB \perp RP$,$OC \perp PQ$.这说明垂足三角形周长最小.

反过来,若 $OA \perp RQ$,则 $AX \parallel RQ$,于是

$$\angle RBC = \angle CAX = \angle AQR$$

R,Q,B,C 共圆. 同理,A,R,P,C 共圆,于是 $\angle ACR = \angle ABQ$,$\angle BAP = \angle BCR$,$\angle CAP = \angle CBQ$ 三式相加得

$$\angle ACR + \angle BAP + \angle CAP = \angle ABQ + \angle BCR + \angle CBQ$$

图 6.17

———————————

① 张景中,曹培生.从数学教育到教育数学[M].北京:中国少年儿童出版社,2005:147-149.

因为这六个角之和为 $180°$,故
$$\angle ACR + \angle BAP + \angle CAP = 90°$$
即 $\angle ACR + \angle CAR = 90°$,从而 $\angle ARC = 90°$,即 $CR \perp AB$.同理可证 $AP \perp BC$ 及 $BQ \perp AC$.

解法 4 如图 6.18,$\triangle PQR$ 是 $\triangle ABC$ 的内接三角形.

设 D',D'' 分别是点 D 关于 AB,AC 的对称点,R',R'' 分别是点 R 关于 AB,AC 的对称点,RR' 交 AB 于 F_0,RR'' 交 AC 于 E_0,则 A,F_0,R,E_0 共圆.

于是

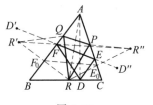

图 6.18

$$\triangle PQR \text{ 周长} = RP + PQ + QR = R''P + PQ + QR' \geqslant$$
$$R'R'' = 2E_0 F_0 = 2AR \sin A >$$
$$2AD \sin A =$$
$$D'D'' = D''E + EF + FD' =$$
$$DE + EF + FD = \triangle DEF \text{ 周长}$$

❖圆内接四边形的周长最小的内接四边形

圆内接四边形的周长最小的内接四边形问题 设四边形 $ABCD$ 是一个圆内接四边形,X 是其对角线交点,自 X 向四边形的各边作垂线,垂足分别为 P,Q,R,S.试证明:所有四个顶点分别位于四边形 $ABCD$ 的四条边上的四边形中,四边形 $PQRS$ 的周长最短.[①]

本题选自 1926 年的《美国数学月刊》中的问题 2728(161 页),它是由索斯诺提出的,解答则出自米查尔.

(1) 先证明四边形 $PQRS$ 的边与四边形 $ABCD$ 的相应边相交成等角,即 $\angle SPA = \angle QPB$,$\angle PQB = \angle RQC$,$\angle QRC = \angle SRD$,$\angle RSD = \angle PSA$.

如图 6.19,因 A,P,X,S 共圆,则
$$\angle 1 = \angle 2$$
又 P,B,Q,X 共圆,则
$$\angle 3 = \angle 4$$
又由 $\angle 1 = \angle 4$,所以

---

① 单墫.数学名题词典[M].南京:江苏教育出版社,2002:527-528.

$$\angle 2 = \angle 3$$

有　　　$\angle SPA = 90° - \angle 2 = 90° - \angle 3 = \angle QPB$

同理可证

$$\angle PQB = \angle RQC,\ \angle QRC = \angle SRD,\ \angle RSD = \angle PSA$$

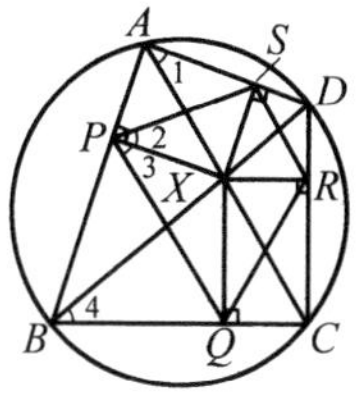

（2）利用轴对称展开内接四边形的周长. 如图 6.20，以 AB 为对称轴作四边形 $ABCD$ 及 $PQRS$ 的轴对称图形 ABC_1D_1 及 $PQ_1R_1S_1$，接着以 BC_1 为对称轴作四边形 ABC_1D_1 及 $PQ_1R_1S_1$ 的轴对称图形 $A_2BC_1D_2$ 及 $P_2Q_1R_2S_2$，最后以 C_1D_2 为轴作 $A_2BC_1D_2$ 及 $P_2Q_1R_2S_2$ 的对称图形 $A_3B_3C_1D_2$ 及 $P_3Q_3R_2S_3$. 在上述图形中，由于四边形 $PQRS$ 的各边与四边形 $ABCD$ 的相应边成等角，所以 S,P,Q_1,R_2,S_3 在一直线上（例如，由于 $\angle Q_1PB = \angle QPB = \angle SPA,S,P,Q_1$ 在一直线上），从而

$$PQ + QR + RS + SP = SP + PQ_1 + Q_1R_2 + R_2S_3 = SS_3$$

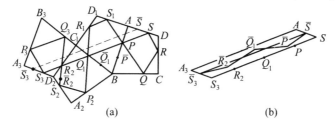

图 6.19

图 6.20

如果四边形 $\overline{P}\,\overline{Q}\,\overline{R}\,\overline{S}$ 是四边形 $ABCD$ 的任一内接四边形，那么它的周长也可以利用上述三次轴对称展开，得到一条折线 $\overline{S}\,\overline{P}\,\overline{Q_1}\,\overline{R_2}\,\overline{S_3}$，它的长度等于四边形 $\overline{P}\,\overline{Q}\,\overline{R}\,\overline{S}$ 的周长. 由轴对称的性质可知 $SS \parallel S_3\overline{S_3}$，从而 $SS_3 \parallel \overline{S}\,\overline{S_3}$. 但是折线 $\overline{S}\,\overline{P}\,\overline{Q}\,\overline{R_2}\,\overline{S_3}$ 的长度不小于 $\overline{S}\,\overline{S_3}$，所以四边形 $PQRS$ 的周长最短.

❖费马最小时间原理

1661 年，费马发现了光线从水中的物体 A 进入水上的眼 B 中，在空气与水的界面上形成一条有角点的折线，如图 6.21 所示，即光线由一种介质进入另一种介质时，不是沿着最短路径而是沿着费时间最少的路径进行，这就是"最小时间原理"，从数学上来说，费马的观念导致了一个最小问题：已知 A 和 B 两点，隔开 A,B 的直线 L 以及 u 和 v 两种速度，假定从 A 到 L 的速度是 u，而从 L 到 B 的速度 v，求从 A 到 B 所需要

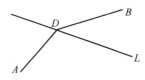

图 6.21

的最小时间.

显而易见,最快的路线应该是从 A 沿着直线到 L 上的某一点 D,再沿着从 D 到 B 的另一条直线.问题的实质就在于确定点 D.此时从 A 到 D 再从 D 到 B 所需要的时间等于 $\dfrac{AD}{u}+\dfrac{DB}{v}$.问题是选取直线 L 上的点 D,以使式为最小.也就是当 A,B,u,v 和 L 都给定时,如何找出点 D?

费马给出了最小条件

$$\frac{\sin\alpha}{\sin\beta}=\frac{u}{v}$$

其中 u,v 分别是光在第一种介质和第二种介质中的速度,α,β 分别为入射角和反射角.这就是光的折射定律.

费马用数学的方法根据他的最小时间原理导出了光的折射定律.更有意思的是费马用光的折射定律解决了一个古老的、流传了一千多年的数学难题——"胡不归"问题.

❖"胡不归"问题

一个身在他乡的小伙子得知父亲病危的消息后,便急匆匆地沿直线赶路回家.然而,当他回到父亲身边时,老人刚刚去世,家人告诉他在老人弥留之际,还在不断地叨念:"胡不归? 胡不归?"

设想小伙子的路线如图 6.22 所示.

A 是出发点,B 是目的地,AC 是一条驿道,驿道靠家的一侧是砂土地带.小伙子为了急切回家,他选择了直线砂土路径 AB.

急不择路的小伙子忽略了在砂土地上行走要比在驿道上行走慢的这一事实.如果他能选择一条合适的路线,本来是可以提前回家的.根据两种道路的不

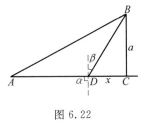

图 6.22

同情况,小伙子行走的速度不同,应在 AC 上选取一点 D,先从 A 到 D,再由 D 到 B.

这种说法可等价地陈述为:已知 B,C 相距为 a,小伙子在驿道和砂土上行走的速度分别为 u 和 v,在 AC 上求一点 D,使得从 A 到 D 再从 D 到 B 的行走时间最短.

诚然,这个问题用现代数学的方法是不难解决的,但在当时要解决这一问题却并不容易.费马突破传统概念,应用光的折射定律解决了"胡不归"问题:

既然小伙子和光一样,都是选择最快的路径,那么以 AD 作为入射线,则 $\alpha = 90°, \sin \alpha = 1$,而 $\sin \beta = \dfrac{x}{\sqrt{x^2+a^2}}$,根据公式 $\dfrac{\sin \alpha}{\sin \beta} = \dfrac{u}{v}$,解得 $x = \dfrac{va}{\sqrt{u^2-v^2}}$,即点 D 应选在距离点 C 为 $\dfrac{va}{\sqrt{u^2-v^2}}$ 处.

这个方法与用正规的数学方法比较,是何等简单!它给我们提供了一条富有启发性的经验:科学是互相渗透的,也是相辅相成的.

❖ 三角形中的极(最)值点问题

关于三角形中的极(最)值结论,前面已涉及三角形重心性质定理 13,14,三角形垂心性质定理 11 及三角形中的法格纳诺问题、费马点问题、三角形共轭重心问题:

重心性质定理 13 P 为 $\triangle ABC$ 内一点,D,E,F 分别为 P 到边 BC,CA,AB 边的垂足,当 P 为重心时,$PD \cdot PE \cdot PF$ 最大.(参见华生问题)

重心性质定理 14 在 $\triangle ABC$ 内,当 P 为其重心时,$PA^2 + PB^2 + PC^2$ 最小.

证明 如图 6.23,以 B 为原点,BC 为 x 轴建立坐标系,设 $C(x_3,0), A(x_1,y_1), B(0,0)$,又设 $P(x_0,y_0)$,则
$$PA^2 + PB^2 + PC^2 = (x_0-x_1)^2 + (y_0-y_1)^2 + x_0^2 + y_0^2 + (x_0-x_3)^2 + y_0^2 =$$
$$3x_0^2 - 2x_0(x_1+x_3) + x_1^2 + x_3^2 + 3y_0^2 - 2y_0 y_1 + y_1^2$$

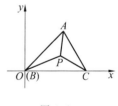

图 6.23

二次函数 $y = ax^2 + bx + c$,当 $x = \dfrac{-b}{2a}$ 时取极值,所以上式 $x_0 = \dfrac{x_1+x_3}{3}, y_0 = \dfrac{y_1}{3}$ 时(此时 P 为重心)取极小值,所以 P 为重心时,$PA^2 + PB^2 + PC^2$ 最小.

垂心性质定理 11(法格纳诺问题) 三角形的内接三角形中,垂足三角形的周长最短.

费马问题 在平面上给出 A,B,C 三点,求一点 P 使距离和 $PA + PB + PC$ 达到最小.

共轭重心问题 平面上到三角形三边距离的平方和为最小的点,是其共轭重心(定理 4).

下面,再介绍几个结论及其证明:

定理1 P 为 $\triangle ABC$ 内一点,D,E,F 分别为 P 到边 BC,CA,AB 边的垂足,当 P 为内心时,$\dfrac{BC}{PD}+\dfrac{CA}{PE}+\dfrac{AB}{PF}$ 最小.

证明 如图 6.24,因 $2S_{\triangle ABC}=aPD+bPE+cPF$ 为定值,由柯西不等式

$$(a_1^2+a_2^2+\cdots+a_n^3)(b_1^2+b_2^2+\cdots b_n^2)\geqslant(a_1b_1+a_2b_2+\cdots+a_nb_n)^2$$

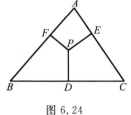

图 6.24

则

$$2S_{\triangle ABC}\cdot\left(\frac{BC}{PD}+\frac{CA}{PE}+\frac{AB}{PF}\right)=(aPD+bPE+cPE)\cdot$$

$$\left(\frac{a}{PD}+\frac{b}{PE}+\frac{c}{PF}\right)\geqslant$$

$$(a+b+c)^2$$

则

$$\frac{BC}{PD}+\frac{CA}{PE}+\frac{AB}{PF}\geqslant\frac{(a+b+c)^2}{2S_{\triangle ABC}}$$

取最小值时 $PD=PE=PF$,即 P 为内心时取最小值.

定理2 在锐角 $\triangle ABC$ 中,当 P 为外心时,$BL^2+CM^2+AN^2$ 达到极小,其中 L,M,N 分别是 P 到 BC,CA,AB 的垂足.

证明 由

$$BL^2=BP^2-PL^2,CM^2=PC^2-PM^2,AN^2=PA^2-PN^2$$

有 $\quad BL^2+CM^2+AN^2=PA^2+PB^2+PC^2-PN^2-PM^2-PL^2$

同理 $\quad AM^2+CL^2+BN^2=PA^2+PB^2+PC^2-PN^2-PM^2-PL^2$

则 $\quad BL^2+CM^2+AN^2=AM^2+CL^2+BN^2$

即 $\quad 2(BL^2+CM^2+AN^2)=AN^2+BN^2+BL^2+CL^2+CM^2+AM^2\geqslant$

$$\frac{(AN+BN)^2}{2}+\frac{(BL+LC)^2}{2}+$$

$$\frac{(CM+AM)^2}{2}=\frac{a^2+b^2+c^2}{2}$$

等号当且仅当 $BL=LC,MC=MA,AN=NB$,即 P 为外心时成立,所以 P 为外心时,$BL^2+CM^2+AN^2$ 达到极小.

定理3 到三边不等的三角形三边距离之和最小的点是此三角形最大边所对顶点.[①]

① 王璐,李纯毅.有关三角形极值点的两个命题[J].中等数学,2004(4):19-20.

证明 设 $\triangle ABC$ 内一点 P 到三边 BC,AC,AB 的距离分别为 x,y,z,并设 $BC=a,AC=b,AB=c,S_{\triangle ABC}=S$. 则有

$$ax+by+cz=2S \qquad ①$$

不妨设 $a>b>c$,则

$$2S=ax+by+cz\leqslant$$
$$ax+ay+az=$$
$$a(x+y+z)$$

所以

$$x+y+z\geqslant\frac{2S}{a}$$

上式等号成立的条件为 $y=z=0$. 故 $ax=2S,x$ 为边 BC 上的高线长. 从而, $P=A$ 为最大边所对顶点.

对于 P 在 $\triangle ABC$ 之外的情况易证.

定理 4 到三角形三边距离的平方和最小的点是此三角形重心的等角共轭点.

注 $\triangle ABC$ 内两点 D,E 互为等角共轭点的充分必要条件是,$\angle DAB=\angle EAC$,$\angle DBC=\angle EBA$,$\angle DCA=\angle ECB$.

证明 所设同定理 3 的证明. 由柯西不等式,有

$$4S^2=(ax+by+cz)^2\leqslant$$
$$(a^2+b^2+c^2)(x^2+y^2+z^2)$$
$$\Rightarrow x^2+y^2+z^2\geqslant\frac{4S^2}{a^2+b^2+c^2}$$

等号成立的条件为 $\frac{x}{a}=\frac{y}{b}=\frac{z}{c}=k$.

将 $x=ka,y=kb,z=kc$ 代入式 ①,得

$$k=\frac{2S}{a^2+b^2+c^2}$$

故

$$x=ka=\frac{2aS}{a^2+b^2+c^2}=\frac{abc}{a^2+b^2+c^2}\cdot\sin A$$

同理

$$y=\frac{abc}{a^2+b^2+c^2}\cdot\sin B$$

$$z=\frac{abc}{a^2+b^2+c^2}\cdot\sin C$$

易知同时满足到三边 BC,AC,AB 的距离分别为 $\frac{abc}{a^2+b^2+c^2}\cdot\sin A$,

$\dfrac{abc}{a^2+b^2+c^2}\cdot\sin B,\dfrac{abc}{a^2+b^2+c^2}\cdot\sin C$ 的点只有一个. 故只需证 $\triangle ABC$ 的重心的等角共轭点 O 为此点即可.

引理 设 O 为 $\triangle ABC$ 的重心的等角共轭点, EF 交 AB,AC,AO 于 E,F,H. 则 AH 为 $\triangle AEF$ 的一条中线的充分必要条件是 EF 为 BC 的逆平行线.

注 $\triangle ABC$ 中,EF 为 BC 的逆平行线的充分必要条件是 $\angle AEF=\angle C$,且 $\angle AFE=\angle B$.

引理的证明

如图 6.25,设 AD 为 $\triangle ABC$ 的一条中线.

(1) 若 EF 为 BC 的逆平行线,则 $\triangle AEF\backsim\triangle ACB$.

因为 O 为 $\triangle ABC$ 重心的等角共轭点,则

$$\angle DAC=\angle OAB=\angle HAE$$

所以,$\triangle ADC\backsim\triangle AHE$.

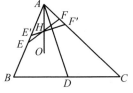

图 6.25

从而,易知 AH 为 $\triangle AEF$ 的一条中线.

(2) 若 AH 为 $\triangle AEF$ 的一条中线,假设命题不成立,即 EF 不是 BC 的逆平行线. 过 H 作 BC 的逆平行线交 AB,AC 于 E',F',则 $E'F'\neq EF$. 由(1)知 $E'H=F'H$,则

$$\triangle EHE'\cong\triangle FHF'$$

故 $$\angle EE'H=\angle FF'H,EE'\parallel FF'$$

所以,$AB\parallel AC$. 矛盾.

因此,EF 是 BC 的逆平行线.

综上所述,引理得证.

下面证明原命题.

如图 6.26,O 为 $\triangle ABC$ 的重心的等角共轭点,过 O 分别作三边的平行线交三边于 D,E,F,G,H,I. 则有

$$\triangle FGO\backsim\triangle EOD\backsim\triangle OHI\backsim\triangle ABC$$

联结 EF,GH,DI,联结 OA 交 EF 于 J. 则 AJ 为 $\triangle AEF$ 的中线. 又 O 是 $\triangle ABC$ 的重心的等角共轭点,由引理知

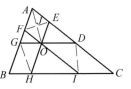

图 6.26

$$\triangle AEF\backsim\triangle ABC$$

因为 $\triangle AEF\cong\triangle OFE$,所以

$$\triangle OFE\backsim\triangle ABC$$

同理 $$\triangle HBG\backsim\triangle ABC$$

$$\triangle GOH\backsim\triangle ABC$$

设 $AF = m$，则

$$FO = AE = \frac{c}{b}AF = \frac{mc}{b}$$

$$FG = \frac{c}{b}FO = \frac{mc^2}{b^2}$$

$$BH = GO = \frac{a}{b}FO = \frac{mac}{b^2}$$

$$BG = \frac{a}{c}BH = \frac{ma^2}{b^2}$$

因为

$$AF + FG + GB = AB$$

$$\Rightarrow m + \frac{mc^2}{b^2} + \frac{ma^2}{b^2} = c$$

$$\Rightarrow m = \frac{b^2 c}{a^2 + b^2 + c^2}$$

所以

$$GH = \frac{b}{c}BH = \frac{ma}{b} = \frac{abc}{a^2 + b^2 + c^2}$$

因为 $\triangle ABC \backsim \triangle GOH$，则 $\angle OGH = \angle A$. 故 O 到 BC 的距离为 $\frac{abc}{a^2 + b^2 + c^2} \cdot \sin A$. 同理，$O$ 到 AC，AB 的距离分别为

$$\frac{abc}{a^2 + b^2 + c^2} \cdot \sin B, \frac{abc}{a^2 + b^2 + c^2} \cdot \sin C$$

故 O 即为所求. 从而，定理 4 得证.

❖法格纳诺问题（二）

法格纳诺问题　在 $\triangle ABC$ 内求一点 P，使[①]

(1) $PA^2 + PB^2 + PC^2$ 为最小.

(2) $lPA^2 + mPB^2 + nPC^2$ 为最小.

本题由意大利数学家法格纳诺于 1775 年提出并证明.

如图 6.27(a)，建立直角坐标系，并设 $A(x_1, y_1)$，$B(x_2, y_2)$，$C(x_3, y_3)$，$P(x, y)$.

(1) $PA^2 + PB^2 + PC^2 = (x - x_1)^2 + (y - y_1)^2 + (x - x_2)^2 +$

---

①　单墫. 数学名题词典[M]. 南京：江苏教育出版社，2002：519-522.

$$(y-y_2)^2+(x-x_3)^2+(y-y_3)^2=$$
$$3x^2-2(x_1+x_2+x_3)x+(x_1^2+x_2^2+x_3^2)+$$
$$3y^2-2(y_1+y_2+y_3)y+(y_1^2+y_2^2+y_3^2)=$$
$$3(x-\frac{x_1+x_2+x_3}{3})^2+3(y-\frac{y_1+y_2+y_3}{3})^2+$$
$$(x_1^2+x_2^2+x_3^2+y_1^2+y_2^2+y_3^2)-$$
$$\frac{1}{3}((x_1+x_2+x_3)^2+(y_1+y_2+y_3)^2)$$

故当 $x=\frac{1}{3}(x_1+x_2+x_3)$，$y=\frac{1}{3}(y_1+y_2+y_3)$ 时，$PA^2+PB^2+PC^2$ 有最小值，即当点 P 位于 $\triangle ABC$ 的重心位置时，$PA^2+PB^2+PC^2$ 为最小.

(2) $lPA^2+mPB^2+nPC^2=l((x-x_1)^2+(y-y_1)^2)+$
$$m((x-x_2)^2+(y-y_2)^2)+$$
$$n((x-x_3)^2+(y-y_3)^2)=$$
$$(l+m+n)x^2-2(lx_1+mx_2+nx_3)x+$$
$$(lx_1^2+mx_2^2+nx_3^2)+(l+m+n)y^2-$$
$$2(ly_1+my_2+ny_3)y+$$
$$(ly_1^2+my_2^2+ny_3^2)=$$
$$(l+m+n)(x-\frac{lx_1+mx_2+nx_3}{l+m+n})^2+$$
$$(l+m+n)(y-\frac{ly_1+my_2+ny_3}{l+m+n})^2-$$
$$\frac{(lx_1+mx_2+nx_3)^2}{l+m+n}-\frac{(ly_1+my_2+ny_3)^2}{l+m+n}+$$
$$(lx_1^2+mx_2^2+nx_3^2)+(ly_1^2+my_2^2+ny_3^2)$$

当 $x=\frac{lx_1+mx_2+nx_3}{l+m+n}$，$y=\frac{ly_1+my_2+ny_3}{l+m+n}$ 时，$lPA^2+mPB^2+nPC^2$ 取最小值. 此时 P 位于 $\triangle ABC$ 的加权重心 G：$\frac{BD}{DC}=\frac{n}{m}$，$\frac{AG}{GD}=\frac{m+n}{l}$，$G(\frac{lx_1+mx_2+nx_3}{l+m+n},\frac{ly_1+my_2+ny_3}{l+m+n})$.

问题(1) 也可以用综合法求解.

如图 6.27(b)，设 AD 是 $\triangle ABC$ 的中线，G 是重心. 根据斯特瓦尔特定理，对于平面上任一点 P，有

$$PD^2=\frac{1}{2}PB^2+\frac{1}{2}PC^2-\frac{1}{4}a^2$$

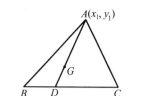

图 6.27

即

$$PB^2 + PC^2 = 2PD^2 + \frac{1}{2}a^2$$

$$PG^2 = \frac{2}{3}PD^2 + \frac{1}{3}PA^2 - \frac{2}{9}AD^2$$

即

$$PA^2 = 3PG^2 + \frac{2}{3}AD^2 - 2PD^2$$

$$2AD^2 = b^2 + c^2 - \frac{1}{2}a^2$$

则

$$PA^2 + PB^2 + PC^2 = 3PG^2 + \frac{1}{2}a^2 + \frac{1}{3}(b^2 + c^2 - \frac{1}{2}a^2) =$$

$$3PG^2 + \frac{1}{3}(a^2 + b^2 + c^2)$$

可见当点 P 位于 $\triangle ABC$ 的重心位置时，$PA^2 + PB^2 + PC^2$ 的值最小，其最小值为 $\frac{1}{3}(a^2 + b^2 + c^2)$.

问题(2)也可以利用斯特瓦尔特定理来证明. 如图 6.27(b)，在 BC 上取点 D，使 $\frac{BD}{DC} = \frac{n}{m}$，在 AD 上取点 G，使 $\frac{AG}{GD} = \frac{m+n}{l}$，则 G 就是 $\triangle ABC$ 的加权重心. 用与上述类似的方法可以证明，当 P 位于 G 位置时，$lPA^2 + mPB^2 + nPC^2$ 的值最小.

❖华生问题

华生问题 求到定三角形三边距离之积为最大的点.

该问题是由华生于 1756 年提出的.

设给定 $\triangle ABC$ 的三边长为 a, b, c，面积为 S. $\triangle ABC$ 内一动点 P 到 BC，CA, AB 的距离分别为 x, y, z，则

$$ax + by + cz = 2S$$

于是

P
M
J
H
W
B
M
T
J
Y
Q
W
B
T
D
L
(X)

$$(ax)(by)(cz) \leqslant (\frac{1}{3}(ax + by + cz))^3 = \frac{8}{27}S^3$$

即 $xyz \leqslant \dfrac{8S^3}{27abc}$,当且仅当 $ax = by = cz$ 时等号成立.此时点 P 位于 $\triangle ABC$ 的重心位置,即华生当点 P 是 $\triangle ABC$ 的重心时,它到三边的距离之积为最大.

与华生问题相对应,有如下极值问题(参见前面三角形中的极(最)值点问题的定理4):

求到定三角形三边的距离平方和最小的点.

设 $\triangle ABC$ 的三边长为 a,b,c,面积为 S,三角形内一点 P 到三边的距离分别为 x,y,z,则 $ax + by + cz = 2S$.另一方面,由柯西不等式

$$(x^2 + y^2 + z^2)(a^2 + b^2 + c^2) \geqslant (ax + by + cz)^2$$

当且仅当 $\dfrac{x}{a} = \dfrac{y}{b} = \dfrac{z}{c}$ 时,式中的等号成立.

可见,当 $\dfrac{x}{a} = \dfrac{y}{b} = \dfrac{z}{c}$ 时,$x^2 + y^2 + z^2$ 取得最小值 $\dfrac{4S^2}{a^2 + b^2 + c^2}$.此时,相应的点 P 是 $\triangle ABC$ 的共轭重心(重心的等角共轭点).

❖正多边形上距离和最大的点

设有正 $n(n \geqslant 3)$ 边形 $A_1 \cdots A_n$,其中 A_i 的坐标为 (x_i, y_i),$i = 1, \cdots, n$,对正 n 边形上任一点 $X(x, y)$,记

$$f(X) = \sum_{i=1}^{n} XA_i = \sum_{i=1}^{n} \sqrt{(x - x_i)^2 + (y - y_i)^2} = f(x, y) \qquad (*)$$

定理 对正 n 边形 $A_1 \cdots A_n$ 来说,使 $(*)$ 取最大值的点 X_1 就是它的任一顶点.[①]

我们用平面几何的方法来处理这个问题.

证明 先看几条引理.

引理 1 设 P 为 $\triangle ABC$ 上任一点,则 $AB + AC \geqslant PB + PC$.

引理 2 在 $\triangle ABC$ 中,P 为 BC 上任一点,若 $AB \geqslant AC$,则 $AB \geqslant AP$.

引理 3 在四边形 $ABCD$ 中,$AB \parallel DC$,P 为 AB 上任一点,如 $AD + AC \geqslant BC + BD$,则 $AC + AD \geqslant PC + PD$(当且仅当 $P = A$ 时取等号).

事实上,如图6.28,取 C',D' 为 C,D 关于直线 AB 的对称点,则 CD' 与 DC'

① 杨之.正多边形上的最大点[J].中学数学,2005(1):45-46.

的交点 M 必在直线 AB 上,那么有两种情形:

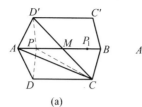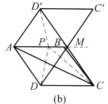

图 6.28

（1）P 在线段 AM 上,联结 PD',则 $PD' = PD$,$AD' = AD$. 这时,P 在 $\triangle ACD'$ 上,因此（由引理 1）有

$$AD + AC = AD' + AC \geqslant PD' + PC = PD + PC$$

（2）如 P 在线段 BM 上（如（1）中的 P_1,在（2）中,P 不会在 BM 上）,则可类似证明 $DB + BC \geqslant DP_1 + P_1C$,但是,由题设 $AD + AC \geqslant BC + BD$,于是

$$AD + AC \geqslant BC + DB \geqslant DP_1 + P_1C$$

下面回到定理的证明. 当 $n = 3$ 时,设 P 为正 $\triangle A_1A_2A_3$ 内任一点,如图 6.29 所示,过 P 作 $BC /\!/ A_3A_2$,交 A_1A_3 于 B,交 A_1A_2 于 C,则由引理 3,有

$$A_3C + A_2C \geqslant A_3P + A_2P$$

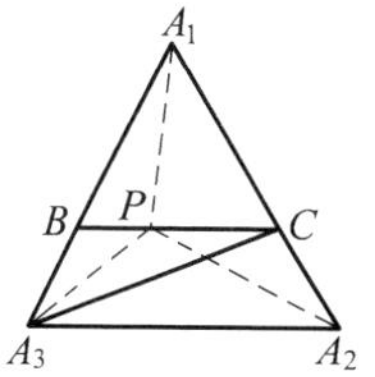

按引理 2,$A_1C \geqslant A_1P$,所以

$$A_3C + A_2C + A_1C \geqslant A_3P + A_2P + A_1P$$

图 6.29

又按引理 2,$A_1A_3 \geqslant A_3C$,则

$$A_1A_3 + A_1A_2 \geqslant A_3C + A_2C + A_1C \geqslant A_3P + A_2P + A_1P$$

可见,A_1 是最大点.

$n = 4$ 的情形,设 P 为正方形 $A_1A_2A_3A_4$ 上任一点,如图 6.30 所示. 过 P 作 $BC /\!/ A_1A_2$,交 A_1A_4 于 B,A_2A_3 于 C. 那么,按引理 3

$$BA_4 + BA_3 \geqslant PA_4 + PA_3$$
$$BA_2 + BA_1 \geqslant PA_2 + PA_1$$
$$A_1A_2 + A_1A_3 \geqslant BA_2 + BA_3$$

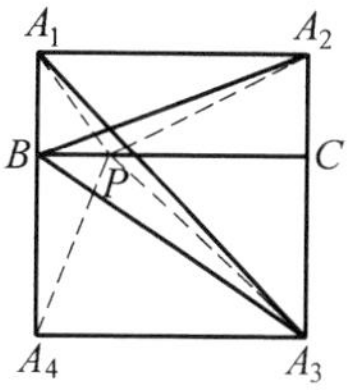

图 6.30

注意 $BA_1 + BA_4 = A_1A_4$,从而

$$A_1A_4 + A_1A_3 + A_1A_2 \geqslant BA_1 + BA_4 + BA_2 + BA_3 \geqslant$$
$$PA_4 + PA_3 + PA_2 + PA_1$$

A_1 是最大点.

$n = 5$ 的情形,设 P' 为正五边形 $A_1A_2A_3A_4A_5$ 上任一点,如图 6.31 所示. 过 P 作 $BC /\!/ A_4A_3$ 交 A_5A_4 于 B,交 A_2A_3 于 C,则 $A_5A_2 /\!/ BC$. 按引理 3

$$A_4C + A_3C \geqslant PA_4 + PA_3$$
$$A_5C + A_2C \geqslant PA_5 + PA_2$$

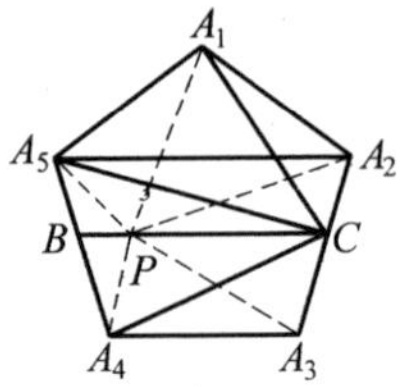

又由引理 2,在 $\triangle A_1BC$ 中,$A_1C \supseteq PA_1$,则

$$A_1C + A_2C + A_3C + A_4C + A_5C \geqslant$$
$$PA_1 + PA_2 + PA_3 + PA_4 + PA_5$$

即 $A_2A_3 + A_1C + A_5C + A_4C \geqslant PA_1 + PA_2 + \cdots + PA_5$

又联结 A_1A_4,则 $A_2A_3 \parallel A_1A_4$,由引理 3

$$A_2A_1 + A_2A_4 \geqslant A_1C + A_4C$$

按引理 2,在 $\triangle A_5A_2A_3$ 中,$A_2A_5 \geqslant A_5C$,则

$$A_2A_1 + A_2A_4 + A_2A_3 + A_2A_5 \geqslant A_1C + A_4C + A_2A_3 + A_5C \geqslant$$
$$PA_1 + PA_2 + \cdots + PA_5$$

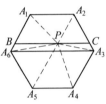

图 6.31

$n=6$ 的情形,设 P 为正六边形 $A_1A_2\cdots A_6$ 内任一点,如图 6.32 所示.仍然过 P 作 $BC \parallel A_1A_2$,联结 A_6A_3,于是考虑 $PA_1 + PA_2$,$PA_3 + PA_6$,$PA_4 + PA_5$,同 $CA_1 + CA_2$,$CA_3 + CA_6$,$CA_4 + CA_5$ 进行比较(用引理 3),再将 C 同 A_2 进行比较,即可证明 A_2 是最大点.

图 6.32

同样,正七边形可仿正五边形加以证明.

一般地,正 $n = 2k(k = 2, 3, \cdots,)$ 边形,可仿正四、正六边形加以证明,正 $n = 2k + 1(k = 1, 2, \cdots)$ 边形,可仿正三、五、七边形加以证明.

❖圆内接四边形边上距离和最大的点

对于四边形 $A_1A_2A_3A_4$ 边上任意一点 P,记 $PA_1 + PA_2 + PA_3 + PA_4 = Z(P)$.

定理 P 为圆内接四边形 $ABCD$ 边上任意一点,且 $\angle A$ 是唯一的最小角,则 $Z(P)$ 的最大值为 $Z(A)$.[1]

证明 先给出两个引理.

引理 1 设 P 为 $\triangle ABC$ 上任一点,则 $AB + AC \geqslant PB + PC$.

引理 2 凸四边形 $ABCD$ 中,P 是边 AB 上任一点,则 $Z(P) \leqslant \max(Z(A), Z(B))$.

事实上,如图 6.33,作 D 关于 AB 的对称点 D',联结 $D'C$,交直线 AB 于 E,

① 邹黎明. 涉及凸多边形一个猜想的研究[J]. 中学教研(数学),2005(6):35-36.

联结 AD'，PD'，BD'.

(1) E 在线段 AB 上，若 P 在 BE 上，由引理 1，$PD'+$
$PC \leqslant BD'+BC$，因 AB 垂直平分 DD'，则

$$BD' = BD, PD' = PD, AD = AD'$$

即 $$BD + BC \geqslant PD + PC$$

从而 $$BD + BA + BC \geqslant PD + BA + BC$$

故 $$Z(B) \geqslant Z(P)$$

若 P 在 AE 上，同理 $Z(A) \geqslant Z(P)$.

(2) E 在 BA 延长线上，则 P 在 EB 上，即

$$Z(B) \geqslant Z(P)$$

E 在 AB 延长线上，有

$$Z(A) \geqslant Z(P)$$

故 $$Z(P) \leqslant \max(Z(A), Z(B))$$

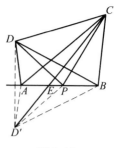

图 6.33

下面回到定理的证明. 由引理 2 知，P 在四条边上滑动时，$Z(P)$ 的值只需
比较 $Z(A)$，$Z(B)$，$Z(C)$，$Z(D)$ 的大小.

如图 6.34，因 $\angle BAD$ 是唯一的最小角，则

$$\theta_3 + \theta_1 > \theta_2 + \theta_1, \theta_4 + \theta_2 > \theta_1 + \theta_2$$

即 $$\theta_3 > \theta_2, \theta_4 > \theta_1$$

(1) 比较 $Z(A)$，$Z(C)$ 的大小

$$Z(A) = AC + AB + AD$$

$$Z(C) = CD + CB + AC$$

即比较 $AB + AD$ 与 $CD + CB$ 的大小.

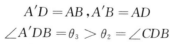

图 6.34

作 $\square ABA'D$，则

$$A'D = AB, A'B = AD$$

$$\angle A'DB = \theta_3 > \theta_2 = \angle CDB$$

$$\angle A'BD = \theta_4 > \theta_1 = \angle CBD$$

即 C 为 $\triangle A'BD$ 的内点，由引理 1

$$A'B + A'D > CD + CB$$

则 $$AB + AD > CD + CB$$

即 $$Z(A) > Z(C)$$

(2) 比较 $Z(A)$，$Z(B)$ 的大小

$$Z(A) = AC + AB + AD$$

$$Z(B) = AB + BC + BD$$

即比较 $AC + AD$ 与 $BC + BD$ 的大小.

$$AC + AD = 2R\sin(\theta_1 + \theta_3) + 2R\sin(\theta_3)$$
$$BC + BD = 2R\sin(\theta_1 + \theta_2) + 2R\sin(\theta_2)$$

则
$$Z(A) - Z(B) = 4R\cos\frac{2\theta_1 + \theta_2 + \theta_3}{2}\sin\frac{\theta_3 - \theta_2}{2} +$$
$$4R\cos\frac{\theta_3 + \theta_2}{2}\sin\frac{\theta_3 - \theta_2}{2} =$$
$$8R\sin\frac{\theta_3 - \theta_2}{2}\cos\frac{\theta_1 + \theta_2 + \theta_3}{2}\cos\frac{\theta_1}{2}$$

又 $\theta_1 + \theta_2 + \theta_3 + \theta_4 = 180°$,则
$$\frac{\theta_1 + \theta_2 + \theta_3}{2} < 90°$$

即
$$Z(A) - Z(B) > 0$$

故
$$Z(A) > Z(B)$$

同理
$$Z(A) > Z(D)$$

于是定理获证.

❖ 平面多边形边上的极限点

定理 1　在边长为 a 的正 $\triangle ABC$ 的边 AB 上任取一点 P_1. 自 P_1 作 BC 的垂线,垂足为 Q_1,自 Q_1 作 AC 的垂线,垂足为 R_1,自 R_1 作 AB 的垂线,垂足为 P_2,以下用同样的方法向 BC 作垂线,等等. 顺次作得 Q_2, R_2, P_3, Q_3, R_3, $\cdots$, P_n, Q_n, R_n, $\cdots$. 当 n 无限增大时,P_n 将无限接近于固定的点 K,K 在 AB 上,且 $AK = \frac{1}{3}a$. [①]

证明　如图 6.35,我们试图建立 AP_n 与 AP_{n+1} 的递推关系

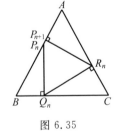

图 6.35

$$AP_{n+1} = \frac{1}{2}AR_n = \frac{1}{2}(a - CR_n) =$$
$$\frac{1}{2}(a - \frac{1}{2}CQ_n) = \frac{1}{2}(\frac{1}{2}a + \frac{1}{2}BQ_n) =$$
$$\frac{1}{4}a + \frac{1}{8}BP_n = \frac{3}{8}a - \frac{1}{8}AP_n$$

求出数列 $\{AP_n\}$ 的通项公式

---

① 梁强,朱剑.三角形的一个有趣性质及推广[J].中学数学,1995(3):33-34.

$$AP_n = \frac{1}{3}a\left(1 - (-\frac{1}{8})^{n-1}\right) + (-\frac{1}{8})^{n-1} \cdot AP_1$$

因为当 n 无限增大时，$(-\frac{1}{8})^{n-1}$ 无限趋近于 0，所以

$$\lim_{n\to\infty} AP_n = \frac{1}{3}a$$

定理 2　在边长为 a 的正 $\triangle ABC$ 的边 AB 上任取一点 P_1，再在边 BC，CA 上分别取点 Q_1，R_1，由 $\angle BP_1Q_1 = \angle CQ_1R_1 = \theta(0° < \theta < 60°)$ 确定，再在 AB，BC，CA 上分别取点 P_2，Q_2，R_2，由 $\angle AR_1P_2 = \angle BP_2Q_2 = \angle CQ_2R_2 = \theta$ 确定，依此步骤，顺次可得 P_3，Q_3，R_3，$\cdots$，P_n，Q_n，R_n，$\cdots$. 当 n 无限增大时，P_n 无限接近于点 K，K 在 AB 上且

$$AK = \frac{\left(\sin\theta\sin^2(\theta + \frac{\pi}{3}) - \sin^2\theta\sin(\theta + \frac{\pi}{3}) + \sin^3\theta\right) \cdot a}{\sin^3\theta + \sin^3(\theta + \frac{\pi}{3})}$$

证明　如图 6.36，我们运用正弦定理给出 AP_n 与 AP_{n+1} 的递推关系

$$AP_{n+1} = \frac{AR_n\sin\theta}{\sin(\theta + \frac{\pi}{3})} = \frac{(a - CR_n)\sin\theta}{\sin(\theta + \frac{\pi}{3})} =$$

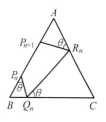

图 6.36

$$\frac{a\sin\theta\sin^2(\theta + \frac{\pi}{3}) - (a - BQ_n)\sin^2\theta}{\sin^2(\theta + \frac{\pi}{3})} =$$

$$\frac{a\sin\theta\sin^2(\theta + \frac{\pi}{3}) - a\sin^2\theta\sin(\theta + \frac{\pi}{3})}{\sin^3(\theta + \frac{\pi}{3})} + \frac{(a - AP_n)\sin^3\theta}{\sin^3(\theta + \frac{\pi}{3})}$$

令　$$t = \frac{\sin\theta\sin^2(\theta + \frac{\pi}{3}) \cdot a}{\sin^3\theta + \sin^3(\theta + \frac{\pi}{3})} - \frac{(\sin^2\theta\sin(\theta + \frac{\pi}{3}) + \sin^3\theta) \cdot a}{\sin^3\theta + \sin^3(\theta + \frac{\pi}{3})}$$

根据递推关系求出 AP_n 的通项公式为

$$AP_n = t\left(1 - \left(\frac{-\sin^3\theta}{\sin^3(\theta + \frac{\pi}{3})}\right)^{n-1}\right) + \left(\frac{-\sin^3\theta}{\sin^3(\theta + \frac{\pi}{3})}\right)^{n-1} \cdot AP_1$$

因为 $0 < \theta < \frac{\pi}{3}$，所以

$$\sin^3\theta < \sin^3(\theta + \frac{\pi}{3})$$

所以
$$\left|\frac{-\sin^3\theta}{\sin^3(\theta+\frac{\pi}{3})}\right|<1$$

故
$$\lim_{n\to\infty}AP_n=t$$

定理 3 在任意 $\triangle ABC$ 的边 AB 上任取一点 P_1,再在 BC,CA 上取点 Q_1, R_1,由 $\angle BP_1Q_1=\angle CQ_1R_1=\theta(0<\theta<\min\{A,B,C\})$ 确定.再在 AB,BC,CA 上取点 P_2,Q_2,R_2,由 $\angle AR_1P_2=\angle BP_2Q_2=\angle CQ_2R_2=\theta$ 确定,依此步骤,顺次可得 $P_3,Q_3,R_3,\cdots,P_n,Q_n,R_n,\cdots$. 当 n 无限增大时,P_n 无限接近于点 K,K 在 AB 上且

$$AK=\frac{b\sin\theta\sin(\theta+B)\sin(\theta+C)}{\sin(\theta+A)\sin(\theta+B)\sin(\theta+C)\sin^3\theta}-$$
$$\frac{a\sin^2\theta\sin(\theta+B)+c\sin^3\theta}{\sin(\theta+A)\sin(\theta+B)\sin(\theta+C)+\sin^3\theta}$$

证明 如图 6.37,运用正弦定理,类似于定理 2 中的演算过程,我们可得到 AP_n 与 AP_{n+1} 的递推系如下

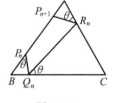

图 6.37

$$AP_{n+1}=\frac{b\sin\theta\sin(\theta+B)\sin(\theta+C)}{\sin(\theta+A)\sin(\theta+B)\sin(\theta+C)}-$$
$$\frac{a\sin^2\theta\sin(\theta+B)+c\sin^3\theta}{\sin(\theta+A)\sin(\theta+B)\sin(\theta+C)}-$$
$$\frac{\sin^3\theta\cdot AP_n}{\sin(\theta+A)\sin(\theta+B)\sin(\theta+C)}$$

根据递推关系求出 AP_n 的通项公式为

$$AP_n=AK\cdot(1-(\frac{-\sin^3\theta}{\sin(\theta+A)\sin(\theta+B)\sin(\theta+C)})^{n-1})+$$
$$(\frac{-\sin^3\theta}{\sin(\theta+A)\sin(\theta+B)\sin(\theta+C)})^{n-1}\cdot AP_1$$

因为 $\theta<\min\{A,B,C\}$ 且 $\theta>0$,所以

$$\theta<A+\theta<\pi-\theta$$

所以
$$\sin(\theta+A)>\sin\theta$$

同理
$$\sin(\theta+B)>\sin\theta,\sin(\theta+C)>\sin\theta$$

所以
$$\left|\frac{-\sin^3\theta}{\sin(\theta+A)\sin(\theta+B)\sin(\theta+C)}\right|<1$$

故
$$\lim_{n\to\infty}AP_n=AK$$

定理 4 在任意凸 m 边形 $A_1A_2\cdots A_m$ 的边 A_1A_2 上任取一点 P_{11},再在 $A_2A_3,A_3A_4,\cdots,A_mA_1$ 上 取 点 $P_{12},P_{13},\cdots,P_{1m}$, 由 $\angle A_2P_{11}P_{12}=\angle A_3P_{12}P_{13}=\cdots=\angle A_mP_{1(m-1)}P_{1m}=\theta$ 确 定 ($0<\theta<\min\{\angle A_2A_1A_3,$

$\angle A_3 A_2 A_4, \cdots, \angle A_1 A_m A_2, \angle A_1 A_3 A_2, \angle A_2 A_4 A_3, \cdots, \angle A_m A_2 A_1\}$），再在 $A_1 A_2$，$A_2 A_3, \cdots, A_m A_1$ 上取点 $P_{21}, P_{22}, \cdots, P_{2m}$，由 $\angle A_1 P_{1m} P_{21} = \angle A_2 P_{21} P_{22} = \cdots = \angle A_m P_{2(m-1)} P_{2m} = \theta$ 确定，依此步骤，顺次可得 $P_{31}, P_{32}, \cdots, P_{3m}, \cdots, P_{n1}$，$P_{n2}, \cdots, P_{nm}, \cdots$. 当 n 无限增大时，P_{n1} 将无限接近于点 K，K 在 $A_1 A_2$ 上且

$$A_1 K = \frac{\sum\limits_{i=1}^{m} ((-1)^{i+1} a_{m+1-i} \cdot \sin^i \theta \prod\limits_{k=2}^{m+1-i} \sin(\theta + A_k))}{\prod\limits_{i=1}^{m} \sin(\theta + A_i) + \sin^m \theta}$$

其中 $a_i = A_i A_{i+1}, A_1 = A_{m+1}$.

证明　运用正弦定理，类似于定理 3 的演算方法，我们得到

$$A_1 P_{(n+1)1} = \sum_{i=1}^{m} (-1)^{i+1} \frac{a_{m+1-i} \sin^i \theta}{\prod\limits_{k=1}^{m} \sin(\theta + A_{m+2-k})} + (-1)^m \frac{\sin^m \theta A_1 P_{n1}}{\prod\limits_{k=1}^{m} \sin(\theta + A_k)}$$

根据递推关系求出 $A_1 P_{n1}$ 的通项公式为

$$A_1 P_{n1} = A_1 K \cdot \left(1 - \left(\frac{(-1)^m \sin^m \theta}{\prod\limits_{i=1}^{m} \sin(\theta + A_i)}\right)^{n-1}\right) + \left(\frac{(-1)^m \sin^m \theta}{\prod\limits_{i=1}^{m} \sin(\theta + A_i)}\right)^{n-1} \cdot A_1 P_{i1}$$

因为 $0 < \angle A_1 A_m A_2, \theta < \angle A_m A_2 A_1$，所以

$$\theta < \theta + A_1 < \pi - \theta$$

即

$$\sin \theta < \sin(\theta + A_1)$$

同理可证得

$$\sin \theta < \sin(\theta + A_2), \cdots, \sin \theta < \sin(\theta + A_m)$$

从而

$$\left| \frac{(-1)^m \sin^m \theta}{\prod\limits_{i=1}^{m} \sin(\theta + A_i)} \right| < 1$$

故

$$\lim_{n \to \infty} A_1 P_{n1} = A_1 K$$

❖ 三角形内接正方形的边长最值问题

定理 1　在锐角三角形中，边越长，其上的内接正方形的边长越短.[①]

证明　在锐角 $\triangle ABC$ 中，设 $BC = a, CA = b, AB = c$，边 BC 上的高为 h_a，$\triangle ABC$ 的面积为 S，记边 BC 上的内接正方形 $KFRS$ 的边长为 m_a，根据图 6.38，

①　郭要红. 三角形的内接正方形[J]. 中学数学，2003(7)：46.

由 $\triangle ASR \backsim \triangle ABC$,得

$$\frac{m_a}{a} = \frac{h_a - m_a}{h_a}$$

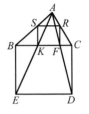

图 6.38

利用 $2S = ah_a$,有

$$m_a = \frac{ah_a}{a + h_a} = \frac{2aS}{a^2 + 2S}$$

同理可求出边 AC,AB 上的内接正方形的边长 m_b,m_c 分别是

$$m_b = \frac{2bS}{b^2 + 2S}, \quad m_c = \frac{2cS}{c^2 + 2S}$$

令 $m(x) = \dfrac{2S \cdot x}{x^2 + 2S}$,$f(x) = \dfrac{1}{m(x)} = \dfrac{x}{2S} + \dfrac{1}{x}$,利用均值不等式,有

$$f(x) = \frac{x}{2S} + \frac{1}{x} \geqslant 2\sqrt{\frac{x}{2S} \cdot \frac{1}{x}} = \frac{2}{\sqrt{2S}}$$

当且仅当 $\dfrac{x}{2S} = \dfrac{1}{x}$,即 $x = \sqrt{2S}$ 时等式成,所以 $f(x)$ 在点 $x = \sqrt{2S}$ 处取得最小值,即 $m(x)$ 在点 $x = \sqrt{2S}$ 处取最大值.

当 $\sqrt{2S} \leqslant x_2 < x_1$ 时,$f(x_1) - f(x_2) = (x_1 - x_2)(\dfrac{1}{2S} - \dfrac{1}{x_1 x_2}) > 0$,所以,$f(x)$ 在 $[\sqrt{2S}, +\infty)$ 上是增函数.同理可证 $f(x)$ 在 $(0, \sqrt{2S}]$ 上是减函数.于是,$m(x)$ 在 $[\sqrt{2S}, +\infty)$ 上是减函数,在 $(0, \sqrt{2S}]$ 上是增函数.

作 $m(x)$ 的图像,如图 6.39 所示,函数 $m(x)$ 的图像显示了函数 $m(x)$ 的一个容易证明的性质

$$m(x) = m(\frac{2S}{x})$$

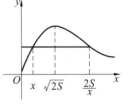

图 6.39

对三角形的两边 b,c,且 $b > c$,若 $c \geqslant \sqrt{2S}$,由 $m(x)$ 在 $[\sqrt{2S}, +\infty)$ 上是减函数,得 $m_b < m_c$;

若 $c < \sqrt{2S}$,根据三角形的面积公式有

$$2S = cb\sin A \leqslant cb, \quad b \geqslant \frac{2S}{c} > \sqrt{2S}$$

所以 $m(b) \leqslant m(\dfrac{2S}{c})$,等号当且仅当 $\angle A$ 是直角时成立(这也解释了为什么直角三角形的两个直角边上的内接正方形的边长是相等的),因为 $\triangle ABC$ 是锐角三角形,所以 $m(b) < m(\dfrac{2S}{c})$,再利用函数 $m(x)$ 的性质,知 $m(c) = m(\dfrac{2S}{c})$,所以 $m(b) < m(c)$,即 $m_b < m_c$,所以,只要 $b > c$,就有 $m_b < m_c$.

在上述证明中,我们还证明了:

定理 2   在直角三角形中,斜边上的内接正方形的边长比两直角边上的内接正方形的边长短.

综合上述讨论,现在我们有:

(1) 在一个直角三角形中,有两个内接正方形,其直角边上的内接正方形的面积最大;在一个锐角三角形中,有三个内接正方形,其最短边上的内接正方形的面积最大.

(2) 钝角三角形只有一个内接正方形.

(3) 根据三角形的具体情况,采用图 5.38 所示的一般方法折正方形即可.

❖ 三角形的外接正三角形面积最大值问题

定理 1   直角边长分别为 a,b 的 Rt$\triangle ABC$ 的外接正 $\triangle DEF$ 的面积最大值是 $ab+\dfrac{\sqrt{3}}{3}(a^2+b^2)$,当 $\triangle DEF$ 的三边分别与 PA,PB,PC 垂直时取到(P 是 $\triangle ABC$ 的费马点).①

证明   先看几条引理:

引理 1   若 $\triangle ABC$ 的顶点 A,B,C 分别落在 $\triangle DEF$ 的边 EF,FD,DE 上,则三个三角形 $\triangle DBC,\triangle ECA,\triangle FAB$ 的外接圆有一个公共点.

引理 2   正三角形内任一点到三边的距离和等于正三角形的高.

引理 3   正三角形外接圆上任一点至三顶点的连线,其长者必等于其余两者的和.

下面回到定理的证明.

设 $\triangle DEF$ 是 Rt$\triangle ABC$ 的外接正三角形,由引理 1 知,$\triangle DBC,\triangle ECA,\triangle FAB$ 的外接圆交于一个公共点 P,如图 6.40,联结 PA,PB,PC,则

$$\angle APB = \angle BPC = \angle CPA = 120°$$

点 P 被称为费马点,过点 P 分别作 PA_1,PB_1,PC_1 分别垂直于 EF,FD,DE,A_1,B_1,C_1 为垂足,由引理 2 知,若 $\triangle DEF$ 的高为 h,则

$$h = PA_1 + PB_1 + PC_1$$

且 $$PA_1 + PB_1 + PC_1 \leqslant PA + PB + PC$$

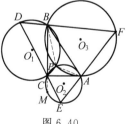

图 6.40

①   郭要红.三角形的最大外接正三角形[J].数学通报,2004(2):24-25.

等号当且仅当 $PA \perp EF, PB \perp FD, PC \perp DE$ 时成立.

$\triangle DEF$ 的高越长,$\triangle DEF$ 的面积越大,于是,当 $PA \perp EF, PB \perp FD, PC \perp DE$ 时,$\triangle DEF$ 的面积取得最大值,此时,$\triangle DEF$ 的高为 $PA + PB + PC$,如图6.41所示.

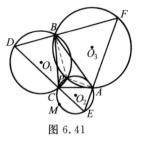

图 6.41

延长 BP 交 $\triangle ACE$ 的外接圆于 K,如图6.42所示.则

$$\angle KCA = \angle KPA = 60°, \angle KAC = \angle APC = 60°$$

所以 $\triangle KAC$ 为正三角形,由引理3知

$$BK = PA + PB + PC$$

在 $\triangle BCK$ 中应用余弦定理得

$$BK = \sqrt{a^2 + b^2 - 2ab\cos(60° + 90°)} =$$
$$\sqrt{a^2 + b^2 + \sqrt{3}ab}$$

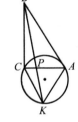

图 6.42

所以,$\triangle DEF$ 的面积最大值是

$$\frac{\sqrt{3}}{4}\left(\frac{2}{\sqrt{3}}BK\right)^2 = ab + \frac{\sqrt{3}}{3}(a^2 + b^2)$$

定理 2 设 a, b, c, S 分别为 $\triangle ABC$ 的三边长与面积,则 $\triangle ABC$ 的外接正 $\triangle DEF$ 的面积最大值是 $\frac{\sqrt{3}}{6}(a^2 + b^2 + c^2) + 2S$,当 $\triangle DEF$ 的三边分别与 PA,PB, PC 垂直时取到(P 是 $\triangle ABC$ 的等角中心).

证明 设 $\angle C \geqslant \angle A \geqslant \angle B$,

(1) 若 $\angle C \leqslant 120°$,则 $\triangle ABC$ 的费马点 P 在 $\triangle ABC$ 内或边界上,如图6.43所示,与定理1的证明过程一样,$\triangle DEF$ 的面积最大值在 $\triangle DEF$ 的三边分别与 PA, PB, PC 垂直时取到(若 $\angle C = 120°$,点 P 与点 C 重合,只要 $\triangle DEF$ 的三边分别与 PA, PB, PC 垂直),此时

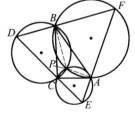

图 6.43

$$BK = \sqrt{a^2 + b^2 - 2ab\cos(60° + \angle C)} =$$
$$\sqrt{\frac{1}{2}(a^2 + b^2 + c^2) + 2\sqrt{3}S}$$

$\triangle DEF$ 的面积最大值是

$$\frac{\sqrt{3}}{4}\left(\frac{2}{\sqrt{3}}BK\right)^2 = \frac{\sqrt{3}}{6}(a^2 + b^2 + c^2) + 2S$$

(2) 若 $\angle C > 120°$,等角中心 P 在 $\triangle ABC$ 的外部,如图6.44所示.

联结 PA , PB , PC ,设 $\triangle DEF$ 是 $\triangle ABC$ 的外接正三角形,即 $\triangle DBC$, $\triangle ECA$, $\triangle FAB$ 的外接圆相交于 P ,此时

$$\angle BPC = \angle APC = 60^\circ, \angle APB = 120^\circ$$

过点 P 分别作 PA_1 , PB_1 , PC_1 分别垂直于 EF , FD , DE , A_1 , B_1 , C_1 为垂足,则

$$S_{\triangle DEF} = EF(PA_1 + PB_1 - PC_1)$$

于是 $PA_1 + PB_1 - PC_1$ 是 $\triangle DEF$ 的高.

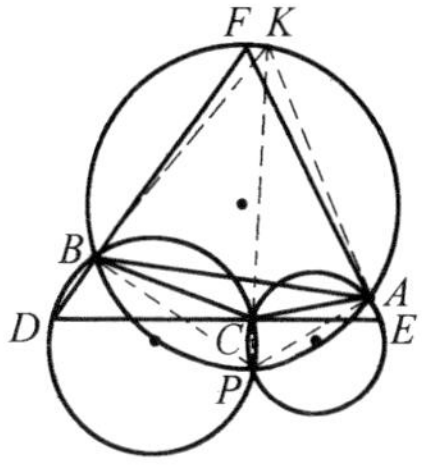

图 6.44

设 $\angle PBD = \beta$,则

$$\angle PCD = \angle PAF = \beta, PA_1 + PB_1 - PC_1 = (PA + PB - PC)\sin\beta$$

要 $\triangle DEF$ 的面积大,只要 $PA_1 + PB_1 - PC_1$ 大,而 $PA_1 + PB_1 - PC_1$ 最大值的是 $PA + PB - PC$,此时 $\beta = 90^\circ$,即 $PA_1 \perp EF, PB_1 \perp FD, PC_1 \perp DA$ 时.

延长 PC 交 $\triangle FAB$ 的外接圆于 K ,因为

$$\angle KAB = \angle KPB = 60^\circ, \angle KBA = \angle KPA = 60^\circ$$

所以 $\triangle ABK$ 是正三角形,由引理 3 知, $PK = PA + PB$,所以

$$CK = PK - PC = PA + PB - PC$$

在 $\triangle CAK$ 中应用余弦定理

$$KC^2 = b^2 + c^2 - 2bc\cos(A + 60^\circ) = \frac{1}{2}(a^2 + b^2 + c^2) + 2\sqrt{3}S$$

所以 $\triangle DEF$ 的面积最大值是

$$\frac{\sqrt{3}}{4}\left(\frac{2}{\sqrt{3}}KC\right)^2 = \frac{\sqrt{3}}{6}(a^2 + b^2 + c^2) + 2S$$

结合(1),(2)知,定理 2 成立.

❖ 三角形外接正方形的边长最值问题

三角形外接正方形的边长问题,我们分三种情形讨论.①

(1)当三角形为直角三角形时.

不妨设 c 为斜边长,且 $a \leqslant b < c$.

① 三角形的三边都不与正方形的任何一边重合.

② 三角形有一边与正方形的一边重合.

---

① 史嘉. 三角形的外接正方形[J]. 中学数学,2005(2):47.

③ 三角形有两边与正方形的两边重合.

最值结论:

① 外接正方形的边长最大值为 Rt△ABC 的斜边长,$l=c$;旋转正方形知,只有 Rt△ABC 的最小角的顶点与正方形的一个顶点重合时,外接正方形边长才能取到最小值,如图 5.45(a),$l=b\cos\theta$,此时,$b\cos\theta=b\sin\theta+a\sin\theta$,则 $\tan\theta=\dfrac{b-a}{b}(b\geqslant a)$.

② 只有 Rt△ABC 的边 BC 与正方形的一边重合这一种情况,如图 6.45(b),$l=b$.

③ 如图 6.45(c),Rt△ABC 的外接正方形边长最小值为 $l=b$;无最大值.

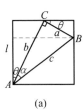 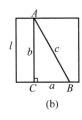 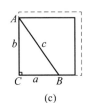

(a)   (b)   (c)

图 6.45

(2) 当三角形为锐角三角形时.

不妨设三角形三边长的关系为 $a\leqslant b\leqslant c$.

① 三角形的三边都不与正方形的任一边重合.

② 三角形有一边与正方形的一边重合.

最值结论:

① 正方形边长的最大值为 $l=c$;正方形边长的最小值情况同(1)中的 ①,如图 6.46(a),$l=b\cos\theta$,此时,$b\cos\theta=c\sin(\theta+\alpha)$. 即 $\tan\theta=\dfrac{b-c\sin\alpha}{c\cos\alpha}$.

② 正方形边长的最大值为 $l=c$;旋转正方形知,只有当三角形的最小边与正方形重合时,正方形的边长可取到最小. 如图 6.46(b),根据三角形面积公式 $\dfrac{1}{2}al=\dfrac{1}{2}bc\sin\alpha$,即 $l=\dfrac{bc\sin\alpha}{a}$.

(a)   (b)

图 6.46

(3) 当三角形为钝角三角形时.

不妨设 $\angle C$ 为钝角,且 $a \leqslant b < c$.

① 三角形的三边都不与正方形的任一边重合.

② 三角形有一边与正方形的一边重合.

最值结论:

① 正方形的边长最大值为 $l = c$;正方形的边长取最小值情况同(1)中的 ①,如图 6.47(a),$l = b\cos\theta$,此时 $\tan\theta = \dfrac{b - c\sin\alpha}{c\cos\alpha}$.

② 正方形的边长无最大值,如图 6.47(b) 所示;如图 6.47(c),因为 $a \leqslant b$,设 $\alpha \leqslant \beta < \dfrac{\pi}{2}$,根据余弦函数在 $\left[0, \dfrac{\pi}{2}\right]$ 上的单调性可知,$c\cos\theta \geqslant c\cos\beta$,即三角形的最小边与正方形的一边重合时外接正方形的边长取到最小值,$l = c\cos\beta$.

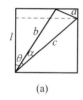
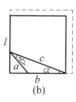

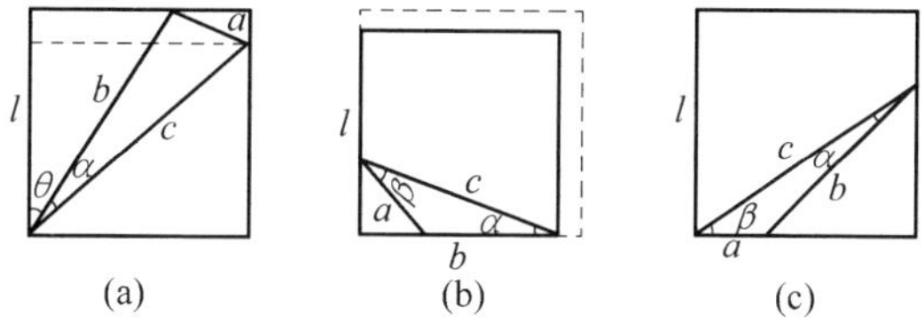

(a) (b) (c)

图 6.47

综上分析可以得出如下结论:

对任意 $\triangle ABC$,三边长的关系为 $a \leqslant b \leqslant c$,则 $\triangle ABC$ 的外接正方形边长最小值为 $l = b\cos\theta$,其中 $\tan\theta = \dfrac{b - c\sin A}{c\cos A}$,$\theta$ 为边 b 与正方形边 l 所夹角的最小角.

❖三角形的广义内接正方形问题

如果一个正方形的两个顶点在三角形的同一边所在直线上(顶点可能在延长线上),其余两个顶点分别在另两条边上,称正方形是该三角形的(该边上的)广义内接正方形.[1]

容易看到:任何三角形的每边上都有广义内接正方形;如果正方形的顶点都不在边的延长线上,此时,广义内接正方形就是内接正方形.可以得到如下

---

[1]　郝锋.三角形的广义内接正方形[J].中学数学,2003(11):21.

定理 在三角形中,边越小,其上的广义内接正方形的边长(周长、面积)越大.

证明 在 $\triangle ABC$ 中,设 $BC = a, CA = b, AB = c$,边 a, b, c 上的广义内接正方形的边长分别为 $m_a, m_b, m_c, \triangle ABC$ 的面积为 S,易得

$$S = \frac{a + m_a}{2} m_a + \frac{m_a^2}{a^2} S$$

$$m_a = \frac{2aS}{a^2 + 2S} = \frac{a^2 b \sin C}{a^2 + ab \sin C} = \frac{ab \sin C}{a + b \sin C}$$

同样可得

$$m_b = \frac{2bS}{b^2 + 2S} = \frac{ab \sin C}{b + a \sin C}, \frac{m_a}{m_b} = \frac{b + a \sin C}{a + b \sin C}$$

当 $0 < a \leqslant b$ 时,$0 < \sin C \leqslant 1, a + b \sin C \leqslant b + a \sin C$(逆序和 $\leqslant$ 顺序和),即 $m_b \leqslant m_a$. 同样可得当 $a \leqslant c$ 时,$m_c \leqslant m_a$.

推论 同一直角三角形中,有两个内接正方形,其直角边上的内接正方形的面积最大;在一锐角三角形中,有三个内接正方形,其最短边上的内接正方形的面积最大;钝角三角形只有一个内接正方形.

❖定角内的三角形面积最小问题

定理 若 $\angle AOB = \alpha$(定值),点 P 为 $\angle AOB$ 内部的一个定点,直线 l 过点 P 且分别交 OA, OB 于 Q, R,则当且仅当点 P 为线段 QR 的中点时,$\triangle OQR$ 的面积最小.[①]

证明 过点 P 分别作 $PP_1 // OB, PP_2 // OA$,交 OA, OB 于点 P_1, P_2,如图 6.48 所示.

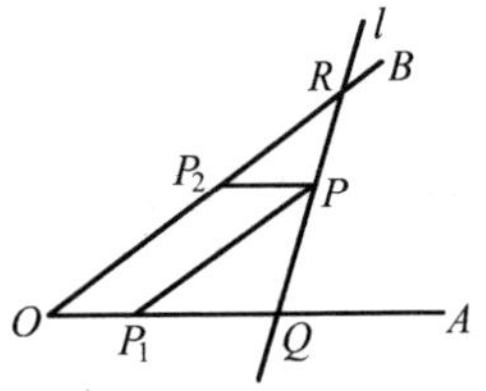

因 $\angle AOB = \alpha$ 为定值,点 P 为定点,则平行四边形 $OP_1 PP_2$ 的面积为定值,故

$\triangle OQR$ 面积最小 $\Leftrightarrow S_{\triangle P_1 QP} + S_{\triangle P_2 PR}$ 最小

设 $|PP_1| = a, |PP_2| = b (a > 0, b > 0, a, b$ 为定值),由 $PP_1 // OB, PP_2 // OA$,有

$$\triangle P_1 QP \backsim \triangle P_2 PR$$

即

$$\frac{|P_1 P|}{|P_2 R|} = \frac{|P_1 Q|}{|P_2 P|} = \frac{|PQ|}{|PR|}$$

图 6.48

① 姜兴荣,裴伯顺.关于三角形最小面积的一个定理及其应用[J].中学数学研究,2004(5):31.

设 $\dfrac{|P_1P|}{|P_2R|}=\dfrac{|P_1Q|}{|P_2P|}=\dfrac{|PQ|}{|PR|}=k(k>0)$，则

$$|P_2R|=\dfrac{a}{k},\ |P_1Q|=bk$$

从而

$$S_{\triangle P_1QP}+S_{\triangle P_2PR}=\dfrac{1}{2}bk\cdot a\sin\alpha+\dfrac{1}{2}b\cdot\dfrac{a}{k}\sin\alpha=$$

$$\dfrac{1}{2}\left(k+\dfrac{1}{k}\right)ab\sin\alpha\geqslant$$

$$ab\sin\alpha$$

当且仅当 $k=\dfrac{1}{k}$，即 $k=1$ 时，$S_{\triangle P_1QP}+S_{\triangle P_2PR}$ 取得最小值.

故当且仅当 P 为线段 QR 的中点时，$S_{\triangle OPR}$ 最小.

❖ 锐角扇形内的面积最大的正方形问题

定理 在半径一定、中心角为锐角的扇形内的正方形中，以内接正方形的面积最大.①

证明 第一步，建立面积函数式.

设扇形 OAB 的半径 $OA=1$，中心角 $\alpha(\alpha=\angle AOB)$ 为锐角，α 为常数. 如图 6.49，建立坐标系，扇形内的正方形 $EFGH$（顺时针方向）的两个顶点 E，F 分别在半径 OA，OB 上，设 $E(t,0)$，$F(m,m\tan\alpha)$，其中 $0<t,m<1$.

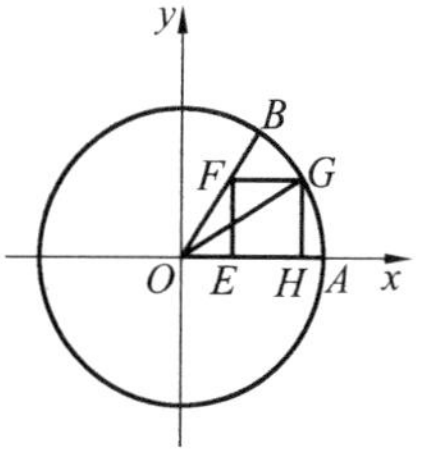

因 $EFGH$ 为正方形，则 $\overrightarrow{FG}=\overrightarrow{FE}\mathbf{i}$. 又

$$\overrightarrow{FE}=(t-m,-m\tan\alpha)$$

则

$$\overrightarrow{FG}=(m\tan\alpha,t-m)$$

故

$$\overrightarrow{OG}=\overrightarrow{OF}+\overrightarrow{FG}=(m(1+\tan\alpha),t+m(\tan\alpha-1))$$

由于顶点 G 在扇形弧 AB 上，可令 $\begin{cases}m(1+\tan\alpha)=\cos\theta\\t+m(\tan\alpha-1)=\sin\theta\end{cases},0<\theta\leqslant\alpha$，则

$$\begin{cases}m=\dfrac{\cos\alpha\cdot\cos\theta}{\sin\alpha+\cos\alpha}\\[2mm]t=\dfrac{\cos(\alpha-\theta)-\sin(\alpha-\theta)}{\sin\alpha+\cos\alpha}\end{cases}\qquad ①$$

式 ① 表明扇形弧上的正方形顶点 G 的位置，即 $\theta=\angle AOG$ 的大小变化为正方形

图 6.49

① 顾汉忠. 对一个平面几何最值猜想的探究[J]. 中学教研（数学），2006(8)：39-40.

$EFGH$ 的面积 $S(\theta)$ 的自变量. 由 $S = S(\theta) = |\overrightarrow{EF}|^2$, 在 $\triangle OEF$ 中, 应用余弦定理, 并将式 ① 代入得

$$|EF|^2 = |OE|^2 + |OF|^2 - 2|OE||OF|\cos\alpha =$$

$$t^2 + m^2 + m^2\tan^2\alpha - 2tm\sec\alpha\cos\alpha =$$

$$\frac{1}{(\sin\alpha + \cos\alpha)^2}(1 - \sin(2\alpha - 2\theta) + \cos^2\theta -$$

$$2\cos\alpha\cos\theta(\cos(\alpha - \theta) - \sin(\alpha - \theta))) =$$

$$\frac{1}{1 + \sin 2\alpha}(1 + \frac{1 + \cos 2\theta}{2} + \sin(2\theta - 2\alpha) -$$

$$2\cos\alpha\cos\theta\sin(\theta - \alpha) - 2\cos\alpha\cos\theta\cos(\theta - \alpha)) =$$

$$\frac{1}{1 + \sin 2\alpha}(1 + \frac{1 + \cos 2\theta}{2} + 2\sin(\theta - \alpha)\sin\theta\sin\alpha -$$

$$2\cos\alpha\cos\theta\cos(\theta - \alpha)) =$$

$$\frac{1}{1 + \sin 2\alpha}(1 + \frac{1 + \cos 2\theta}{2} + \sin\alpha(\cos\alpha -$$

$$\cos(2\theta - \alpha)) - \cos\alpha(\cos(2\theta - \alpha) + \cos\alpha)) =$$

$$\frac{1}{1 + \sin 2\alpha}(\frac{1}{2}\cos 2\theta - (\sin\alpha + \cos\alpha)\cos(2\theta - \alpha) +$$

$$\frac{1}{2}(\sin 2\alpha - \cos 2\alpha) + 1)$$

其中 $\theta = \angle AOG$ 为变量, $\theta \in (0, \alpha]$, 扇形中心角 $\alpha = \angle AOB$ 为常量, $\alpha \in (0, \frac{\pi}{2})$.

第二步, 进一步考查 θ 的取值范围.

设正方形 $EFGH$ 边长为 a, 因为 E, H 两点均在半径 OA 上, 所以

$$FE \perp OA$$

即

$$OE = a\cot\alpha$$

设 $G(\cos\theta_1, \sin\theta_1)$, 则

$$\tan\theta_1 = \frac{a}{a + a\cot\alpha}$$

即

$$\theta_1 = \arctan\frac{\tan\alpha}{1 + \tan\alpha}$$

设 $\angle AOC = \frac{\alpha}{2}$, 则正方形 $E'F'G'H'$ 及扇形 OAB 均关于半径 OC 轴对称.

设正方形 $E'F'G'H'$ 边长为 b, $\angle AOG' = \theta_2$, 则

$$\tan(\theta_2 - \frac{\alpha}{2}) = \frac{\frac{b}{2}}{b + \frac{b}{2}\cot\frac{\alpha}{2}} = \frac{\tan\frac{\alpha}{2}}{1 + 2\tan\frac{\alpha}{2}}$$

即

$$\theta_2 = \frac{\alpha}{2} + \arctan\frac{\tan\frac{\alpha}{2}}{1 + 2\tan\frac{\alpha}{2}}$$

因为正方形 $EFGH$ 有且仅有一条边在半径 OA 上与有且仅有一边在半径 OB 上的地位相同,且关于扇形 OAB 之中心角 $\angle AOB$ 的平分线 OC 轴对称,所以当扇形内的正方形有至少三点 E,F,G 在扇形周界上时的点 G 的对应圆心角 $\angle AOG$,即 θ 的取值范围是 $\theta \in [\theta_1, \theta_2]$,其中

$$\theta_1 = \arctan\frac{\tan\alpha}{1 + \tan\alpha}, \theta_2 = \frac{\alpha}{2} + \arctan\frac{\tan\frac{\alpha}{2}}{1 + 2\tan\frac{\alpha}{2}}$$

第三步,对 $S = S(\theta)$ 求导,研究其单调性、极值和最值.

由上知,扇形内的正方形 $EFGH$ 有至少三点 E,F,G 在扇形周界上的正方形面积函数为

$$S = S(\theta) = \frac{1}{1 + \sin 2\alpha}(\frac{1}{2}\cos 2\theta - (\sin\alpha + \cos\alpha)\cos 2(\theta - \alpha) +$$

$$\frac{1}{2}(\sin 2\alpha - \cos 2\alpha) + 1)$$

其中变量 $\theta \in [\theta_1, \theta_2]$,常数 $\alpha \in (0, \frac{\pi}{2})$.

利用复合函数求导法则,对 $S(\theta)$ 求导,得

$$S'(\theta) = \frac{1}{1 + \sin 2\alpha}(-\sin 2\theta + 2(\sin\alpha + \cos\alpha)\sin(2\theta - \alpha))$$

令 $S'(\theta) \leqslant 0$,因为 $\frac{1}{1 + \sin 2\alpha} > 0$,所以有

$$2(\sin\alpha + \cos\alpha)\sin(2\theta - \alpha) \leqslant \sin 2\theta = \sin(2\theta - \alpha + \alpha)$$

即

$$(2\sin\alpha + \cos\alpha)\sin(2\theta - \alpha) \leqslant \cos(2\theta - \alpha)\sin\alpha$$

因 $-\frac{\pi}{2} < 2\theta - \alpha < \frac{\pi}{2}$,则

$$\cos(2\theta - \alpha) > 0$$

而

$$2\sin\alpha + \cos\alpha > 0$$

即

$$\tan(2\theta - \alpha) \leqslant \frac{\sin\alpha}{2\sin\alpha + \cos\alpha} = \frac{\tan\alpha}{1 + 2\tan\alpha}$$

故 $$\theta \leqslant \frac{1}{2}\arctan\frac{\tan\alpha}{1+2\tan\alpha}+\frac{\alpha}{2}$$

令 $\theta_0=\frac{\alpha}{2}+\frac{1}{2}\arctan\frac{\tan\alpha}{1+2\tan\alpha}$，则当 $\theta\in[\theta_1,\theta_0]$ 时，$S'(\theta)\leqslant 0$，即 $S(\theta)$ 在 $[\theta_1,\theta_0]$ 上单调递减；同理，当 $\theta\in[\theta_0,\theta_2]$ 时，$S'(\theta)\geqslant 0$，即 $S(\theta)$ 在 $[\theta_0,\theta_2]$ 上单调递增.

下面用分析法证明 $\theta_1,\theta_2,\theta_0$ 的大小关系，即 $0<\theta_1<\theta_0<\theta_2<\frac{\pi}{2}$.

(1) 要 $\theta_1=\arctan\frac{\tan\alpha}{1+\tan\alpha}<\frac{1}{2}\arctan\frac{\tan\alpha}{1+2\tan\alpha}+\frac{\alpha}{2}=\theta_0$，令 $p=\tan\alpha$，则 $p>0$，只要 $2\arctan\frac{p}{1+p}<\arctan\frac{p}{1+2p}+\alpha$ 取正切，即只要 $\frac{2p(1+p)}{2p+1}<\frac{p+p(1+2p)}{1+2p-p^2}$，此式成立.

(2) 要 $\theta_0=\frac{1}{2}\arctan\frac{\tan\alpha}{1+2\tan\alpha}+\frac{\alpha}{2}<\arctan\dfrac{\tan\frac{\alpha}{2}}{1+2\tan\frac{\alpha}{2}}+\frac{\alpha}{2}=\theta_2$，令 $q=\tan\frac{\alpha}{2}$，因为 $\alpha\in\left(0,\frac{\pi}{2}\right)$，所以 $q\in(0,1)$，只要 $\arctan\frac{2q}{1+4q-q^2}<2\arctan\frac{q}{1+2q}$，取正切，即只要 $q^2<1+2q$，此式显然.

故有 $\theta\in[\theta_1,\theta_2]$，且 $0<\theta_1<\theta_0<\theta_2<\frac{\pi}{2}$.

于是扇形内的正方形 $EFGH$（当至少三点 E,F,G 在扇形周界上时，H 不会落在扇形外部）的面积函数 $S(\theta)$ 必在 $\theta=\theta_0$ 处取得极小值 $S(\theta_0)$，故
$$S(\theta)_{\max}=\max\{S(\theta_1),S(\theta_2)\}$$
即扇形的内接正方形，也就是当正方形的 4 个顶点都在扇形周界上时，其面积最大.

一类矩形面积的最大值问题

问题 设 x,y,z 为正实数，矩形 $ABCD$ 内部有一点 P 满足 $PA=x$，$PB=y$，$PC=z$，求矩形面积的最大值.[①]

① 蒋明斌，周兰林，孙世宝.求一类矩形面积最大值的初等方法[J].中学数学教学，2005(5):32.

解法 1　过 P 分别作直线 AB,BC 的垂线,分别交 AB,BC,CD,DA 于 E, F,G,H,记 $PE=s,PG=t,PF=u,PH=v,PD=w$.

设矩形 $ABCD$ 的面积为 S,则 $S=(s+t)(u+v)$,且满足

$$\left.\begin{array}{l} s^2+v^2=x^2 \\ s^2+u^2=y^2 \\ u^2+t^2=z^2 \\ v^2+t^2=w^2 \end{array}\right\} \quad ①$$

应用柯西不等式,有

$$S=(s+t)(u+v)=(su+tv)+(sv+tu)\leqslant$$
$$\sqrt{(s^2+v^2)(u^2+t^2)}+\sqrt{(s^2+u^2)(v^2+t^2)}=$$
$$\sqrt{x^2z^2}+\sqrt{y^2w^2}=$$
$$xz+yw$$

注意到 $w>0$,由 ① 可解得

$$w=\sqrt{x^2+z^2-y^2}$$

因此
$$S\leqslant xz+y\sqrt{x^2+z^2-y^2}$$

当且仅当 $\dfrac{s}{u}=\dfrac{v}{t}$ 且 $\dfrac{s}{v}=\dfrac{u}{t}$,即 $\dfrac{s}{u}=\dfrac{v}{t}$ 时取等号.

由 $\dfrac{s}{u}=\dfrac{v}{t}$ 及方程组 ① 可解得

$$s=\frac{xy}{\sqrt{x^2+z^2}},t=\frac{zw}{\sqrt{x^2+z^2}}$$

$$u=\frac{yz}{\sqrt{x^2+z^2}},v=\frac{xw}{\sqrt{x^2+z^2}}$$

故当矩形的边长分别为 $\dfrac{xy+zw}{\sqrt{x^2+z^2}},\dfrac{yz+xw}{\sqrt{x^2+z^2}}(w=\sqrt{x^2+z^2-y^2})$ 时,面积

取最大值 $xz+yw=xz+y\sqrt{x^2+z^2-y^2}$.

解法 2　设 $PD=w$,由矩形性质知,有
$$x^2+z^2=y^2+w^2$$

于是
$$w=\sqrt{x^2+z^2-y^2}$$

如图 6.50,设过点 A 作 BP 的平行线交过点 P 作 BA 的平行线于点 Q,则四边形 $ABPQ$ 与四边形 $DCPQ$ 均为平行四边形,在四边形 $APDQ$ 中应用托勒密不等式,有
$$S=AB\cdot AD=PQ\cdot AD\leqslant$$
$$AQ\cdot PD+AP\cdot QD=$$

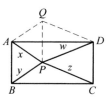

图 6.50

$$xz + y\sqrt{x^2 + z^2 - y^2} \qquad\qquad (*)$$

由托勒密不等式等号成立的条件知,式($*$)等号成立的充要条件是 A,P,D,Q 四点共圆,此时 $\angle AQD + \angle APD = \angle BPC + \angle APD = 180°$.

记 $\angle PBC = \theta$,当 A,P,D,Q 四点共圆时,设 A,P,D,Q 的外接圆的半径为 R,则

$$\tan \angle QAD = \tan \theta = \frac{2R\sin \theta}{2R\sin(\frac{\pi}{2} - \theta)} = \frac{QD}{PA} = \frac{z}{x}$$

将上述问题中的条件弱化有下述结论:

定理① 设 x,y,z 为正实数,矩形 $ABCD$ 所在平面上有一点 P,满足 $PA = x, PB = y, PC = z$,则矩形面积的最大值为 $xz + y\sqrt{x^2 + z^2 - y^2}$,当 $x = \min\{x,y,z\}$ 或 $z = \min\{x,y,z\}$ 时,矩形面积的最小值等于 $y \cdot \sqrt{x^2 + z^2 - y^2} - xz$;当 $y = \min\{x,y,z\}$ 时,矩形面积的最小值等于 $xz - y \cdot \sqrt{x^2 + z^2 - y^2}$.

证明 当 $x \leqslant y \leqslant z$ 时,如图 6.51,以 P 为圆心,x,y,z 为半径作三个同心圆 C_1,C_2,C_3. 根据圆的对称性,我们约定:字母 A,B,C,D 按逆时针方向排列,BC 为水平线.过点 P 作一竖直直线将 C_1 分为左、右侧两个部分,在 C_1 的左侧部分上取一点 A,过 A 向下做竖直线交 C_2 于点 B,过 B 作水平线交 C_3 于点 C.

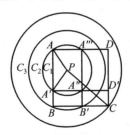

图 6.51

由 A,B,C 三点可作一矩形 $ABCD$,此时 P 在矩形内部. 设 AB 与 C_1 的交点 A',A 关于 P 的对称点为点 A'',A' 关于 P 的对称点为点 A'''. 由图 6.51 易知,在四个不同的矩形 $ABCD,A'BCD'A''B'CD'$ 和 $A'''B'CD'$ 中,矩形 $ABCD$ 面积较大,矩形 $A''B'CD'$ 面积较小.对 $ABCD$ 的面积求最大值,可得满足条件的矩形面积的最大值,由于点 P 位于 $ABCD$ 内部,因此回到前面的问题:

求矩形 $A''B'CD'$ 面积的最小值,就是满足条件的矩形面积的最小值.

① 仰宏丽,丁亚元.一类矩形面积的最值[J].中学数学教学,2007(2):57.

过点 P 作 PQ 平行且等于 AB,联结 QB,QC,则 $QB=$ 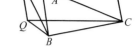 $AP=x$,$QC=PD$,如图 6.52,由矩形性质可知

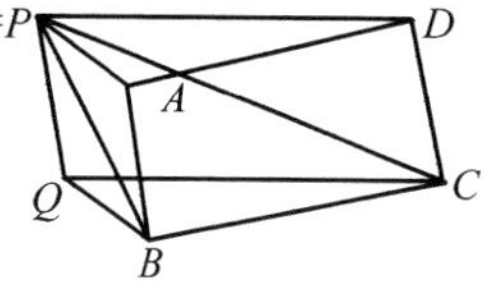

$$PA^2 + PC^2 = PB^2 + PD^2$$

所以

$$PD = \sqrt{x^2 + z^2 - y^2}$$

图 6.52

在四边形 $PQBC$ 中应用托勒密不等式,有

$$PC \cdot QB + PQ \cdot BC \geqslant BP \cdot QC$$

即

$$xz + S_{矩形ABCD} \geqslant y \cdot \sqrt{x^2 + z^2 - y^2}$$

$$S_{矩形ABCD} \geqslant y \cdot \sqrt{x^2 + z^2 - y^2} - xz \qquad ②$$

由不等式等号成立的条件知,式 ② 等号成立的充要条件为 P,Q,B,C 四点共圆. 当 P,Q,B,C 四点共圆时,设它们外接圆的半径为 R,记 $\angle PBC = \theta$,则

$$\tan \theta = \frac{2R\sin \theta}{-R\sin(\theta - \frac{\pi}{2})} =$$

$$\frac{PC}{-2R\sin \angle QPB} = \frac{-z}{QB} = \frac{-z}{x}$$

同理可证,当 $x \leqslant z \leqslant y$ 或 $z = \min\{x,y,z\}$ 时,矩形面积的最小值等于 $y \cdot \sqrt{x^2 + z^2 - y^2} - xz$;当 $y = \min\{x,y,z\}$ 时,等于 $xz - y \cdot \sqrt{x^2 + z^2 - y^2}$. (过程略)

❖ 平面等周定理

平面等周定理 (1) 在所有等周长的平面图形中,圆有最大的面积.

(2) 在所有等面积的平面图形中,圆有最小的周长.

等周问题,源远流长,可一直追溯到古希腊时代. 传说 Tyre 国王的女儿 Dido 逃亡到非洲海岸,在那里成为迦太基创立者的继承人,她被允许从当地取得"不许比一张牛皮包得起来再大"的那么一块靠海的土地,于是她把牛皮割成细窄的长条以做成一条很长的绳子,为了得到最大的面积,Dido 用已知长的绳子在海边围成一个半圆形.[1][2]

---

① 王三宝. 等周定理及其应用[J]. 数学通讯,1997(7):43-44.

② 单墫. 数学名题词典[M]. 南京:江苏教育出版社,2002:522-525.

公元 180 年左右,希腊人芝诺多罗斯(Zenodorous,约前 200—约前 100)著有《等周论》一书,其中就有如下命题:"圆的面积大于任何同周长的正多边形的面积.""表面积相同的几何体中,以球的体积最大."可惜这本书失传了,后人只是因为其中的 14 个命题被 4 世纪的帕波斯收入他的《数学汇编》第五卷中而得以知晓.在《数学汇编》中,帕波斯还补充了如下命题:"周长相等的所有弓形中,半圆的面积最大.""球的体积比表面积相同的圆锥体、圆柱体、正多面体的体积都大."

17 世纪,许多著名数学家也都曾研究过等周问题.笛卡儿在他未完成的《思想的法则》一书中说:"为了用列举法证明圆的周长比任何具有相同面积的其他图形的周长都小,我们不必全部考查所有可能的图形,只需对几个特殊的图形进行证明,再运用归纳法,就可以得到与对所有其他图形都进行证明得出的同样结论."瓦利斯(Wallis,1616—1703)则提出并解决了如下问题:"周长相等的矩形中,正方形的面积最大."雅各布·伯努利则于 1697 年 5 月在《教师学报》上提出了一个包含多种情况的、相当复杂的等周问题,并以此向其弟弟约翰·伯努利挑战,以后又发表了《等周问题实解》一文,部分地解决了这一问题.

等周问题也是促进变分法早期发展的一个问题,伯努利家族通过对等周问题、最速降线问题、悬链线问题的研究,奠定了变分法的基础.

对于等周问题,大几何学家施坦纳有深入的研究.1840~1841 年间,他在巴黎写成《关于平面、球面和空间图形的极大和极小》一文,用综合几何的方法巧妙地解决了这一问题,而且给出了五种方法.下面介绍的就是施坦纳的方法,但这个方法中隐了一个前提条件,即默认在定周长的所有曲线中,包含的区域面积最大的曲线是存在的.1870 年,魏尔斯特拉斯求助于变分法完全解决了平面等周问题.之后,在卡拉凯渥铎利(Constantin Caratheodory,1873—1950)和斯达蒂(Study,1862—1922)合写的一篇文章中,不用变分法工具,把施坦纳的证明严格化了.

命题 1 假定闭曲线 P 是具有给定周长 $2p$,而所围面积最大的一条闭曲线.

(1)曲线 P 必定是凸曲线.

如图 6.53,若 P 不是凸的,则可以利用轴对称得到另一条周长为 $2p$ 的曲线 P',其所围的面积比 P 所围的面积还要大(P 由曲线 AmB 和 BnA 组成,P' 由曲线 $Am'B$ 和 BnA 组成,$Am'B$ 和 AmB 关于 AB 对称),这与 P 是所围面积最大的曲线这一假设不符.

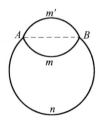

图 6.53

(2)任何把 P 分为相等长两段的直线必平分 P 所围的面

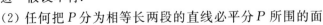

积.

如图 6.54，若 P 不具有上述性质，则可利用轴对称得到另一条曲线 P'，它的周长也是 $2p$，但其面积比 P 所围的面积还要大. 在图 5.54 中，若曲线 AmB 和 BnA 的长度都是 p，但 $AmBA$ 所围的面积比 $BnAB$ 所围的面积大，作 AmB 关于 AB 的对称曲线 $Am'B$，则 P'（即 $AmBm'A$）和 P（即 $AmBnA$）周长相等，但前者所围面积比后者大.

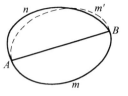

图 6.54

（3）曲线 P 上，任何长度为 p 的弧 AmB 必是以 AB 为直径的半圆.

首先，由假设在所有长度为 p 的曲线及其封闭线段所围的面积中，曲线 P 上长度为 p 的弧 AmB 和直线段 AB 所围的面积 S 必最大.

其次，对于弧 AmB 上任一点 C，必有 $\angle ACB = 90°$，如图 6.55 所示. 这是因为，若 $\angle ACB \neq 90°$，则可以通过调整 $\angle ACB$ 的大小而使 $\triangle ACB$ 的面积变大，但两个月牙形 AmC，BnC 的面积不变，从而得到一条新的曲线 P'，其长度仍为 p，但它和封闭直线段所围的面积却大于 S，这与"S 必最大"相矛盾.

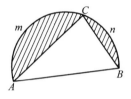

图 6.55

由以上三点知，P 必是圆.

命题 2 设 Σ 是面积为 A 的圆，其周长为 p，P 是面积为 A 的非圆闭曲线，其周长为 q，则必有 $p < q$.

假设 $p \geqslant q$. 作 Σ 的同心圆 Σ'，使其有周长 q，于是由 $p \geqslant q$ 知，圆 Σ' 必在圆 Σ 的内部，圆 Σ' 的面积 $A' \leqslant A$. 但另一方面，由于 Σ' 和 P 有相同的周长，依据命题 1，应有 $A' > A$，这就产生了矛盾. 既然 $p \geqslant q$ 不能成立，必有 $p < q$.

等周问题可用下述等周不等式来表达：设平面正则简单闭曲线 C 的周长为 L，它所包围的区域的面积为 A，则有 $L^2 \geqslant 4\pi A$，等号当且仅当 C 是圆周时成立.

同一平面内，在一条折线的任意折点处，相邻两边所夹的角可以连续地改变，而折线的各边长及其顺序保持不变的几何变换，称之为折线的刚体运动.

一个任意多边形是由一条封闭折线所围成，封闭折线的刚体运动如同在多边形的顶点处用柔韧的关节使各边连接起来，通过改变在关节处的角度使这个由关节连成的系统变形. 因此，根据刚体运动及其函数的连续性，我们有下面的结论：

推论 1 有 n 条边的任意多边形可以经过折线的刚体运动而内接于唯一的一个圆.

推论 2 一条折线可以经过刚体运动而内接于唯一的半圆,且折线的起点和终点分别是这个半圆直径的两端点.

推论 3 内接于圆的多边形面积大于其他任何有相同边(各条边的长度和排列顺序都相同)的多边形面积.

证明 如图 6.56,图 6.57,设多边形为 $AB\cdots K$,它内接于圆 O. 而图 6.57 是由图 6.56 经过刚体运动所得.两个图中的阴影部分被视为"刚性"(相当于用纸板做成).图 6.57 中的曲线 $A'B'\cdots K'$ 不是圆,但它的长度与图 6.56 中的圆周长相等,由等周定理,由新曲线 $A'B'\cdots K'$ 包围的面积小于图 6.56 中的圆面积. 但图 6.57 中的弓形是"刚性"的,它们的面积没有变,因此面积的缩小是靠被变形的多边形实现的,从而多边形 $AB\cdots K$ 的面积大于多边形 $A'B'\cdots K'$ 的面积.

平面等周问题可推广到空间,得到空间等周问题:在表面积相等的所有立体中,球具有最大的体积,在体积相等的所有立体中,球具有最小的表面积.

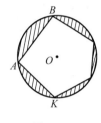

图 6.56

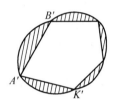

图 6.57

第七章　作图

关于三角形共轭中线（包括调和四边形）的17种作图以及五角星及正五边形的17种画法均可参见作者另著《平面几何范例多解探究》（上篇）（哈尔滨工业大学出版社,2018）.

❖任意等分线段问题

18世纪,法国数学家白朗松给出了一种"任意等分线段"（作线段 AB 的 $\frac{1}{n}(n \in \mathbf{N}, n \geqslant 2)$）的尺规作图法,被称之为"白朗松构造".①

具体作法

（1）如图7.1,以已知线段 AB 为一边作 $\triangle OAB$,作 $CD \parallel AB$,交 OA 于 C,交 OB 于 D,联结 BC.

（2）联结 AD,交 BC 于 P_2,作射线 OP_2,交 AB 于 M_2, $M_2B = \frac{1}{2}AB$.

（3）联结 M_2D,交 BC 于 P_3,作射线 OP_3,交 AB 于 M_3, $M_3B = \frac{1}{3}AB$.

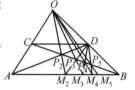

图 7.1

（4）联结 M_3D,交 BC 于 P_4,作射线 OP_4,交 AB 于 M_4, $M_4B = \frac{1}{4}AB$.

依照上述方法一直作下去,可得线段 AB 的 $\frac{1}{5}, \frac{1}{6}, \cdots$

证法 1　塞瓦定理与梅涅劳斯定理法

（1）图7.1中,$\triangle ABO$ 的三线 AD, BC, OM_2 共点于 P_2,由塞瓦定理,得

$$\frac{BD}{DO} \cdot \frac{OC}{CA} \cdot \frac{AM_2}{M_2B} = 1 \qquad ①$$

又因为 $CD \parallel AB$,所以

$$\frac{BD}{DO} \cdot \frac{OC}{CA} = 1 \qquad ②$$

由式①,②,得

---

① 白治清."白朗松构造"之初等证明[J].中学数学教学,2020(2):74-75.

$$AM_2 = M_2B, M_2B = \frac{1}{2}AB$$

即点 M_2 是线段 AB 的 2 等分点,当 $n=2$ 时,作法正确.

(2) 如图 7.2,$\triangle ABO$ 就是图中的 $\triangle ABO$,CD 与 BC 都是图 7.1 中的相应线段.设点 M 是 AB 的 k 等分点,即 $\dfrac{MB}{AB} = \dfrac{1}{k}(k \in \mathbf{N}, k \geqslant 2)$.联结 OM,交 BC 于 P.依前述作图法:联结 MD,交 BC 于 P'.作射线 OP',交 AB 于 M'.

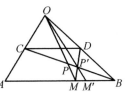

图 7.2

在 $\triangle MBO$ 中,由于 MD,BP,OM' 三线共点于 P',由塞瓦定理,得

$$\frac{BD}{DO} \cdot \frac{OP}{PM} \cdot \frac{MM'}{M'B} = 1 \qquad ③$$

在路线图 $A\text{—}C\text{—}O\text{—}P\text{—}M\text{—}B\text{—}A$ 中,由梅涅劳斯定理,得

$$\frac{AC}{CO} \cdot \frac{OP}{PM} \cdot \frac{MB}{AB} = 1 \qquad ④$$

又因为 $CD \parallel AB$,所以

$$\frac{BD}{DO} = \frac{AC}{CO} \qquad ⑤$$

由式 ③,④,⑤,得

$$\frac{MM'}{M'B} = \frac{MB}{AB} = \frac{1}{k}$$

所以

$$\frac{M'B}{AB} = \frac{MM'}{MB} = \frac{1}{k+1}$$

即点 M' 是 AB 的 $k+1$ 等分点.这就在 $n=k$ 时作法正确的假设下,证明了 $n=k+1$ 时作法也正确.

由(1),(2)可得,作法正确.

证法 2 梅涅劳斯定理法

(1) 如图 7.1 在路线图 $A\text{—}C\text{—}O\text{—}P_2\text{—}M_2\text{—}B\text{—}A$ 中,由梅涅劳斯定理,得

$$\frac{AC}{CO} \cdot \frac{OP_2}{P_2M_2} \cdot \frac{M_2B}{BA} = 1 \qquad ⑥$$

在路线图 $B\text{—}D\text{—}O\text{—}P_2\text{—}M_2\text{—}A\text{—}B$ 中,由梅涅劳斯定理,得

$$\frac{BD}{DO} \cdot \frac{OP_2}{P_2M_2} \cdot \frac{M_2A}{AB} = 1 \qquad ⑦$$

又因为 $CD \parallel AB$,所以

$$\frac{AC}{CO} = \frac{BD}{DO} \qquad ⑧$$

由式 ⑥,⑦,⑧,得

$$M_2A = M_2B, M_2B = \frac{1}{2}AB$$

即当 $n=2$ 时,作法正确.

(2) 如图 7.2,在路线图 $A—C—O—P'—M'—B—A$ 中,由梅涅劳斯定理,得

$$\frac{AC}{CO} \cdot \frac{OP'}{P'M'} \cdot \frac{M'B}{BA} = 1 \qquad ⑨$$

在路线图 $B—D—O—P'—M'—M—B$ 中,由梅涅劳斯定理,得

$$\frac{BD}{DO} \cdot \frac{OP'}{P'M'} \cdot \frac{M'M}{MB} = 1 \qquad ⑩$$

又因为 $CD /\!/ AB$,所以

$$\frac{AC}{CO} = \frac{BD}{DO} \qquad ⑪$$

由式 ⑨,⑩,⑪,得

$$\frac{M'M}{MB} = \frac{M'B}{BA}, \frac{MM'}{M'B} = \frac{MB}{AB} = \frac{1}{k}$$

$$\frac{M'B}{AB} = \frac{MM'}{MB} = \frac{1}{k+1}$$

即当 $n=k+1$ 时,作法正确.

由(1),(2)可得,作法正确.

这种证法与证法 1 类似.

证法 3 面积法

(1) 在图 7.1 中,因为 $CD /\!/ AB$,所以 $\frac{DO}{BD} \cdot \frac{AC}{CO} = 1$

$$\frac{AM_2}{M_2B} = \frac{S_{\triangle AP_2O}}{S_{\triangle BP_2O}} = \frac{S_{\triangle AP_2O}}{S_{\triangle ABP_2}} \cdot \frac{S_{\triangle ABP_2}}{S_{\triangle BP_2O}} =$$

$$\frac{DO}{BO} \cdot \frac{AC}{CO} = 1$$

所以 $AM_2 = M_2B, M_2B = \frac{1}{2}AB$.

即当 $n=2$ 时,作法正确.

(2) 在图 7.2 中(联结 AP),因为 $CD /\!/ AB$,所以 $\frac{DO}{BD} \cdot \frac{AC}{CO} = 1$.

$$\frac{MM'}{M'B} = \frac{S_{\triangle MP'O}}{S_{\triangle BP'O}} = \frac{S_{\triangle MP'O}}{S_{\triangle MBP'}} \cdot \frac{S_{\triangle MBP'}}{S_{\triangle BP'O}} =$$

P
M
J
H
W
B
M
T
J
Y
Q
W
B
T
D
L
(X)

$$\frac{DO}{BD}\cdot\frac{MP}{PO}=\frac{DO}{BD}\cdot\frac{S_{\triangle AMP}}{S_{\triangle AOP}}=$$

$$\frac{DO}{BD}\cdot\frac{S_{\triangle AMP}}{S_{\triangle ABP}}\cdot\frac{S_{\triangle ABP}}{S_{\triangle BPO}}\cdot\frac{S_{\triangle BPO}}{S_{\triangle AOP}}=$$

$$\frac{DO}{BD}\cdot\frac{AM}{AB}\cdot\frac{AC}{CO}\cdot\frac{MB}{AM}=\frac{MB}{AB}=\frac{1}{k}$$

故 $\dfrac{M'B}{AB}=\dfrac{MM'}{MB}=\dfrac{1}{k+1}$.

即当 $n=k+1$ 时，作法正确.

由(1),(2)可得,作法正确.

❖黄金分割

514

黄金分割　把一线段分成两段,使其中较大的一段是原线段与较小一段的比例中项,叫作把这条线段黄金分割.

如图 7.3，C 为线段 AB 上一点，如果有 $\dfrac{BC}{AC}=\dfrac{AC}{AB}$，则点 C 叫作线段 AB 的黄金分割点，设 $AB=1$，$AC=x$，则

$$\frac{1-x}{x}=\frac{x}{1}$$

解之得

$$x=\frac{\sqrt{5}-1}{2}\approx 0.618\ 033\ 989\cdots$$

称之为黄金比,也叫中末比、中外比、黄金率.我国古代称为弦分割,黄金比的数值 $\dfrac{\sqrt{5}-1}{2}\approx 0.618\ 033\ 989\cdots$（以下记为 ω）后人还称为黄金数.[①]

世界上最早应用黄金分割的可能是古希腊的毕达哥拉斯学派,他们用正五角星作为自己学派的徽章.作正五角星得先作一正五边形 $ABCDE$,其对角线 AD 与 BE 相交于 K（图 7.4），则

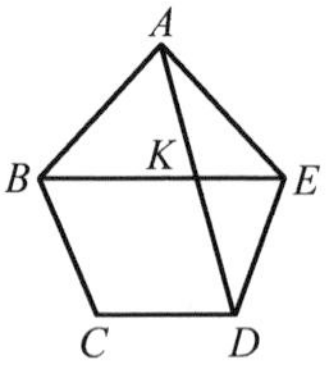

图 7.4

$$BK^{2}=BE\cdot KE$$

不过,毕达哥拉斯学派并没有提出黄金分割的理论和名

---

① 汪江松,黄家礼.几何明珠[M].武汉:中国地质大学出版社,1988:24-35.

称.后来,古希腊数学家欧多克斯(Eudoxus,前408—前355)从比例论的角度,对这一方法加以研究和推广,把这种分割线段的方法叫作中外比.欧几里得《几何原本》卷二11题、卷四10题、11题,卷六30题等是著名的黄金分割问题.卷二11题是:分割一已给线段,使整段与其中一分段所成矩形等于另一分段上的正方形.他给出了具体的作法与证明.

德国著名天文学家、数学家开普勒(Kepler,1571—1630)把它与勾股定理并列,誉为古希腊几何学的两颗明珠,可见黄金分割地位之赫然.

黄金分割是欧洲文艺复兴时期,由意大利著名艺术家、科学家达·芬奇(DaVinci,1452—1519)所冠以的美称.它在美学、艺术、建筑和日常生活方面有着广泛的应用.如埃及的金字塔、印度的泰姬陵、以至近世纪法国的埃菲尔铁塔上,都可发现与黄金比有联系的数据.再如现今印刷的各种书籍、图片、门窗、桌面其长宽之比大多接近黄金比,这样制作,美观、大方、材料最省;在高塔的黄金分割点处建造楼阁或设置平台,能使瘦削单调的塔身变得壮观;在摩天大厦的黄金分割点处加道腰线或装饰物,会使整个大厦显得雅致;二胡演奏中的"千金"分弦,若符合黄金比,音调最和谐;独唱演员站在舞台的黄金分割点,给人感觉最适宜,音响效果最好.人体也符合黄金比,若人的肚脐是人体总长的黄金分割点,膝盖是肚脐到脚跟的黄金分割点,则其身材最匀称,古希腊的智慧女神雅典娜和太阳神阿波罗的塑像都采用这种身段比.1525年著名画家杜勒(Dürer,1471—1528)在绘制他的美术作品时,也应用了黄金分割的比例关系.杜勒还认为长宽为黄金分割的矩形最美最好看.19世纪末,德国著名心理学家费希纳做了十个长宽之比不同的矩形,让592个人选择其中最优美的,结果是绝大多数人不约而同地选择了长宽之比为黄金分割的矩形.我国著名已故数学家华罗庚推广优选法,其关键的优选数字,也是应用0.618推导出来的.如果你细心的话,可以发现,舞台上报幕员的最佳位置是站在舞台长的黄金分割点上.

我国早在战国时期就已知道和应用黄金分割,长沙马王堆汉墓出土的文物中,有的长宽的比就是按黄金比制作的.

清朝著名数学家梅文鼎(1633—1721)对黄金分割进行了深入的研究.在他的《几何通解》和《几何补编》(1692年)中都有关黄金分割的详细论述.

在科学家的眼中,黄金分割有"天然合理"的意义.威尼斯数学家帕西奥里(Pacioli,1445—1515)称黄金分割是"神圣比例".德国著名天文学家开普勒把黄金分割称为"神圣分割",说它是几何学中的"瑰宝".

13世纪初意大利数学家斐波那契(Fibonacci,1170—1250)研究过这样一个有趣问题:"兔子出生以后两个月就能生小兔,若每次不多不少恰好生一对(一雌一雄),假如养了初生的小兔一对,试问一年以后共有多少对兔子(假设生

下的小兔都成活的话)". 如果我们把每月的兔子(对)数排成一列数,即得数列

$1,1,2,3,5,8,13,21,34,55,89,144,\cdots,a_n,\cdots$.

有趣的是,比值 $\dfrac{a_n}{a_{n+1}}$ 当 n 无限增加时,就得到黄金比 $\dfrac{\sqrt{5}-1}{2}$.

树枝的生长也满足黄金比,这是数学家泽林斯基在一次国际数学会议上提出的: $\dfrac{第\ n\ 年后的树枝}{第(n+1)\ 年后的树枝}$ 趋于黄金比.

又如在蜂房结构、菠萝的鳞片、向日葵子排列等问题中,都可找到与黄金数的联系.

随着生产和科学试验的需要,近几十年来黄金分割在优选法中开辟了它的应用领域. 在单因素优选法中,利用黄金数 $\omega=\dfrac{\sqrt{5}-1}{2}$ (或其倒数 $\dfrac{1}{\omega}=\dfrac{\sqrt{5}+1}{2}$) 逐次安排试验点,可以减少试验次数迅速可靠地搜索到符合生产要求的试验点,这可说是黄金分割绽开的又一朵新花!

❖ 黄金分割的几何作法

已知线段 AB,怎样作它的黄金分割点?

下面的作法由欧多克斯(Eudoxus of Cnidos,约前 408— 约前 355)给出.

(1) 如图 7.5,作 $BD \perp AB$,使 $BD=\dfrac{1}{2}AB$,联结

AD.

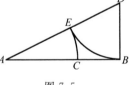

图 7.5

(2) 在 AD 上截取 $DE=DB$.

(3) 在 AB 上截取 $AC=AE$,则 C 就是所求作的黄金分割点.

证明 因 $AD=\sqrt{1+(\dfrac{1}{2})^2}\cdot AB=\dfrac{\sqrt{5}}{2}AB$,则

$$AC=AE=(\dfrac{\sqrt{5}}{2}-\dfrac{1}{2})AB=\dfrac{\sqrt{5}-1}{2}AB$$

$$BC=\dfrac{3-\sqrt{5}}{2}AB$$

由 $\dfrac{BC}{AC}=\dfrac{(3-\sqrt{5})\dfrac{AB}{2}}{(\sqrt{5}-1)\dfrac{AB}{2}}=\dfrac{\sqrt{5}-1}{2}=\dfrac{AC}{AB}$,知 C 为 AB 的黄金分割点.

下面的作法由《几何原本》中给出.

在 AB 上作正方形 $ABCD$,如图 7.6 所示,取 AD 的中点 E. 在 DA 的延长线上取 F,使 $FE=EB$. 在 AF 上作正方形 $FGHA$,H 就是所求的点:$AH^2=AB \cdot HB$.(《几何原本》卷六命题 30)

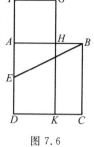

图 7.6

黄金数的各种趣式

$(1) \omega = \cfrac{1}{1+\cfrac{1}{1+\cfrac{1}{1+\cdots}}}.$

证明 设 $\cfrac{1}{1+\cfrac{1}{1+\cdots}}=x$,则

$$\frac{1}{1+x}=x$$

故有
$$x^2+x-1=0$$
因 $x>0$,故 $x=\omega$.

$(2) \omega = \sqrt{1-\sqrt{1-\sqrt{1-\cdots\sqrt{1-a}}}} \quad (0<a<1).$

证明 设 $\sqrt{1-\sqrt{1-\cdots\sqrt{1-a}}}=x$,则 $x>0$,两边平方得
$$x^2+x-1=0$$
故
$$x=\omega$$

$(3) \omega = \sqrt{2-\sqrt{2+\sqrt{2-\sqrt{2+\cdots}}}}.$

证明 设 $\sqrt{2-\sqrt{2+\sqrt{2-\sqrt{2+\cdots}}}}=x$

则
$$\sqrt{2-\sqrt{2+x}}=x$$
两次平方化简得
$$x^4-4x^2-x+2=0$$
即
$$(x+1)(x-2)(x^2+x-1)=0$$
易见 $x \neq -1, x \neq 2$,故 x 满足 $x^2+x-1=0$,从而 $x=\omega$.

$(4) \omega = 2\sin 18°$.

只要能求出 $\sin 18°$ 的值即可得出结论.(略)

(5) 顶角为 $36°$ 的等腰三角形,底与腰之比等于 ω.

证明 如图 7.7,作 $\angle C$ 的平分线 CD,交 AB 于 D,则
$$\angle BCD = \angle ACD = 36°$$
从而
$$BC = CD = AD$$

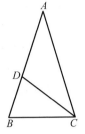

$$\triangle ABC \backsim \triangle CDB$$

则

$$\frac{BD}{BC} = \frac{BC}{AB}$$

将 $BC = AD$ 代入,即得

$$\frac{BD}{AD} = \frac{AD}{AB} = \omega$$

故

$$\frac{BC}{AB} = \omega$$

图 7.7

（6）底角为 $72°$ 的等腰梯形,若上底等于腰,则上下底之比等于 ω.

证明 如图 7.8,因

$$\angle B = \angle BCD = 72°$$

又 $AD /\!/ BC$, $AD = CD$,则

$$\angle 1 = \angle 2, \angle 2 = \angle 3$$

得

$$\angle 1 = \angle 3 = 36°$$

从而

$$\angle 4 = 72°$$

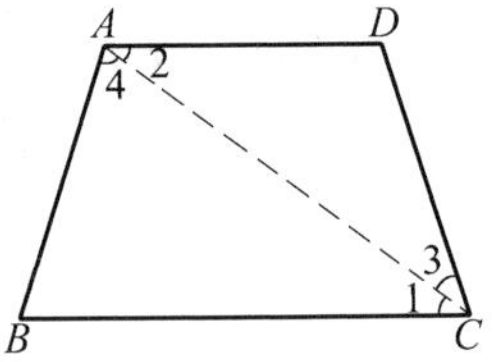

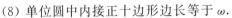

图 7.8

故 $\triangle CAB$ 为顶角等于 $36°$ 的等腰三角形. 由（5）得 $\dfrac{AD}{BC} = \dfrac{AB}{BC} = \omega$.

（7）正五边形的边与对角线之比等于 ω.

略证 正五边形的五条对角线相等且构成一五角星形,且不难求得五星顶角为 $36°$,图 7.9 中 $\triangle ACD$ 就是一顶角为 $36°$ 的等腰三角形,依（5）有 $\dfrac{CD}{AC} = \omega$.

（8）单位圆中内接正十边形边长等于 ω.

证明 如图 7.10,设 AB 是单位圆内接正十边形的边长,则 $\triangle AOB$ 为顶角等于 $36°$ 的等腰三角形,故有

$$\frac{AB}{OA} = AB = \omega.$$

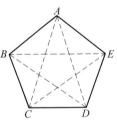

图 7.9

（9）在正五角星中,如图 7.11,每边长短不等的线段有四种,如 NM, BN, BM, BE,它们满足

$$\frac{MN}{BN} = \frac{BN}{BM} = \frac{BM}{BE} = \omega$$

提示 利用（5）及 $\triangle AME \backsim \triangle BAE$ 证 N 为 BM 的黄金分割点,M 为 BE 的黄金分割点.

正五角星与其外接正五边形,可组成 20 个大大小小的顶角为 $36°$ 的等腰三角形,存在数十对比值为黄金数的线段,真可谓一颗五彩

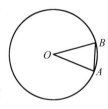

图 7.10

缤纷的金星!

如果将五角星 $ABCDE$ 的顶点 B,A 联结并延长,将 D,E 联结并延长,它们相交于点 F,过 D 作 $DG \parallel CE$ 与直线 BE 交于点 G,则 A 为 BF 的黄金分割点(由 $\triangle ABE \backsim \triangle BEF$,有 $AF^2 = AB \cdot BF$),E 为 DF 的黄金分割点(由 $\triangle ADE \backsim \triangle AFD$,有 $EF^2 = DE \cdot DF$),E 为 BG 的黄金分割点(由 $\triangle BDG \backsim \triangle DEG$,有 $BE^2 = BG \cdot EG$),如图 7.12 所示.

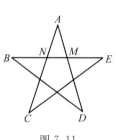

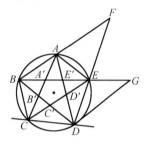

图 7.11　　　　　图 7.12

(10) 在单位正方形中挖去一小正方形,使小正方形的面积等于剩下部分的面积的平方,则小正方形的边长为 ω.

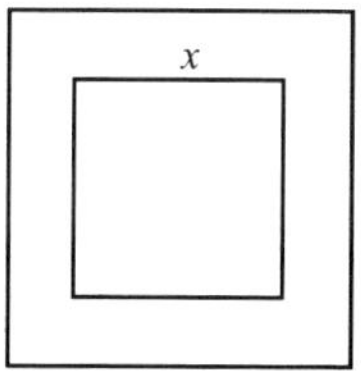

证明　如图 7.13,设小正方形边长为 x,则

$$x^2 = (1 - x^2)^2$$

即

$$x^4 - 3x^2 + 1 = 0$$

从而 $x^2 = \dfrac{3 \pm \sqrt{5}}{2}$,依题意,应舍去 $\dfrac{3 + \sqrt{5}}{2}$,于是 $x^2 = \dfrac{3 - \sqrt{5}}{2}$,

图 7.13

解之得 $x = \pm \dfrac{\sqrt{5} - 1}{2}$,舍去负值,得 $x = \omega$.

(11) 如图 7.14,在 Rt$\triangle ABC$ 中,CD 为斜边上的高,且 $S_{\triangle CBD}^2 = S_{\triangle ADC} \cdot S_{\triangle ABC}$,则 D 为 AB 的黄金分割点,且 $\sin B = \omega$.

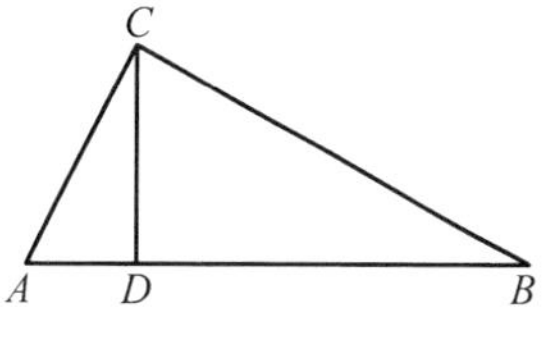

证明　因 $S_{\triangle CBD}^2 = S_{\triangle ADC} \cdot S_{\triangle ABC}$,即

$$\left(\frac{BD}{2} \cdot CD \right)^2 = \left(\frac{AD}{2} \cdot CD \right) \cdot \left(\frac{AB}{2} \cdot CD \right)$$

得

$$BD^2 = AD \cdot AB$$

即 D 为 AB 的黄金分割点.

又 $AC^2 = AD \cdot AB$,则

$$AC = BD$$

从而有

$$\sin B = \frac{AC}{AB} = \frac{DB}{AB} = \omega$$

图 7.14

（12）把正方形按图 7.15(a) 所示剪开后拼成图 7.15(b) 那样的长方形,则 $\frac{x}{y} = \omega$.

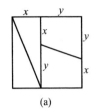
(a)

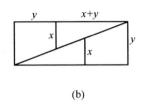
(b)

图 7.15

证明　正方形面积为

$$(x + y)^2 = x^2 + 2xy + y^2$$

长方形面积为

$$(y + x + y)y = 2y^2 + xy$$

因为剪拼前后,面积不变,则

$$x^2 + 2xy + y^2 = 2y^2 + xy$$

即有

$$(\frac{x}{y})^2 + (\frac{x}{y}) - 1 = 0$$

故 $\frac{x}{y} = \omega$(负值舍去)

（13）在平面坐标系中,若以三点 $(1, x)$,$(x, 1)$,$(-1, -x)$ 为顶点的三角形的面积等于 x,则 $x = \omega$.

证明　由 $\frac{1}{2} \begin{vmatrix} 1 & x & 1 \\ x & 1 & 1 \\ -1 & -x & 1 \end{vmatrix} = x$,得 $x^2 + x - 1 = 0$,故 $x = \omega$(负值舍去).

（14）设 $u_n = \begin{vmatrix} 1 & -1 & 0 & 0 & \cdots & 0 & 0 \\ 1 & 1 & -1 & 0 & \cdots & 0 & 0 \\ 0 & 1 & 1 & -1 & \cdots & 0 & 0 \\ \vdots & \vdots & \vdots & \vdots & & \vdots & \vdots \\ 0 & 0 & 0 & 0 & \cdots & 1 & -1 \\ 0 & 0 & 0 & 0 & \cdots & 1 & 1 \end{vmatrix}$ 为 n 阶行列式,则

$$\lim_{n \to \infty} \frac{u_n}{u_{n+1}} = \omega.$$

提示　先证 u_n 为斐波那契数列通项,再求极限得之.

❖黄金几何图形

1.黄金三角形

前面我们已经提到,顶角为 $36°$ 的等腰三角形其底与腰之比等于 ω,这样的三角形叫黄金三角形,黄金三角形还有下列性质:

(1) 如图 7.16,BD 为黄金 $\triangle ABC$ 底角 B 的平分线,则 $\triangle BCD$ 也是黄金三角形.

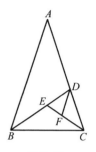

图 7.16

(2) 仿上作 $\angle C$ 的平分线交 BD 于 E,则 $\triangle CDE$ 也是黄金三角形;如此下去可得一黄金三角形串:$\triangle_1,\triangle_2,\triangle_3,\cdots,$ $\triangle_n,\cdots$,且所有的黄金三角形相似,其相邻的两黄金三角形的相似比为 ω.

(3) 在上述的黄金三角形串 $\triangle_1,\triangle_2,\triangle_3,\cdots,\triangle_n,\cdots$ 中,$\triangle_{n+3}$ 的右腰与 $\triangle_n$ 的左腰平行,如图 7.16 中,$\triangle DEF$ 的右腰 DF 与 $\triangle ABC$ 的左腰 AB 平行.

(4) 三角形串中,$\triangle_n,\triangle_{n+1},\triangle_{n+3}$ 的底边上的三条高共点,如图 7.17,$\triangle ABC,\triangle BCD,\triangle DEF$ 底边上的高 MN,NT,DN 共点.

(5) 与黄金三角形串 $\{\triangle_n\}$ 相邻的均是些底角为 $36°$ 的等腰三角形,它们也构成一三角形串,在这个三角形串中,相邻三个三角形底边上的高也构成黄金三角形(如图 7.17,这个三角形串中的 $\triangle DAB,\triangle EBC,\triangle FCD$ 的高构成黄金 $\triangle TMN$).

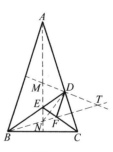

图 7.17

(6) 上述的黄金 $\triangle TMN$ 也构成一三角形串,记为 $\{\triangle'_n\}$,则 $\triangle'_n(n \geqslant 2)$ 的外接圆与 $\triangle'_n$ 的一腰相切,切点为 $\triangle_n$ 的顶点.

(7) $\triangle_{n+1}$ 的外接圆与 $\triangle_n$ 的两腰相切,且 $\triangle_n$ 的两个底角的顶点为切点.

2.黄金矩形

如图 7.18,$AD=1,AB=\omega$,矩形 $ABCD$ 是一黄金矩形.黄金矩形有下列性质:

(1) CD 是 AD 与 $AD-CD$ 的比例中项,即 $\dfrac{AD}{CD}=$ $\dfrac{CD}{AD-CD}$.

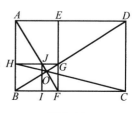

图 7.18

(2) 如图 6.18,作正方形 $CDEF$,则得到的矩形

$BFEA$ 仍是黄金矩形.

　　如果再作正方形 $AEGH$，又得一个黄金矩形 $FGHB$，如此继续下去，可得一串正方形与一串黄金矩形.

　　（3）上面得到的正方形 $CDEF$，$AEGH$，$BIJH$，… 的边长组成一个等比数列 ω，ω^2，ω^3，….

　　（4）上面得到的黄金矩形 $ABCD$，$BFEA$，$FGHB$，… 是相似的，每两个相邻的矩形的相似比为 ω.

　　（5）这些黄金矩形一个套住一个，全体黄金矩形有一个唯一的公共点 O，点 O 是这些黄金矩形的相似中心.

　　（6）D，G，B 三点共线，A，J，F 三点共线.

　　（7）直线 AF，GD，CH 共点，这个公共点就是点 O.

　　（8）$AF \perp GD$.

　　（9）$\dfrac{OA}{OD} = \dfrac{OB}{OA} = \dfrac{OF}{OB} = \dfrac{OG}{OF} = \omega$，$\dfrac{OH}{OC} = \omega^2$.

　　（10）如果以 B 为原点，直线 BC 为 x 轴，BA 为 y 轴，则点 O 的坐标为 $\left(\dfrac{\omega^2}{1+\omega^2}, \dfrac{\omega^3}{1+\omega^2}\right)$.

　　（11）点 D，A，B，F，G，J，…… 在同一条对数螺线上.

　　提示　以 O 为极点，OD 为极轴，则

$$OA = CO \times OD = OP \times \mathrm{e}^{\frac{\pi}{2}a}$$

其中 a 是常数.

　　3. 黄金椭圆

　　何谓黄金椭圆，常有两种定义方式.

　　方式 1　若椭圆 $\dfrac{x^2}{a^2} + \dfrac{y^2}{b^2} = 1(a > b > 0)$ 的短轴与长轴之比 $\dfrac{b}{a} = \omega$，则称此椭圆为黄金椭圆. 以椭圆中心为圆心，$c = \sqrt{a^2 - b^2}$ 为半径的圆称为焦点圆. 此时黄金椭圆有下列性质：

　　（1）黄金椭圆与焦点圆的面积相等.

　　（2）椭圆与焦点圆在第一象限的交点为 $Q(b, \sqrt{\omega}b)$，如图 7.19 所示.

　　（3）设 OQ 与 x 轴正向夹角为 θ，则

$$\tan\theta = \cos\theta = \sqrt{\omega}, \sin\theta = \omega$$

　　（4）黄金椭圆的离心率 $e = \sqrt{\omega}$.

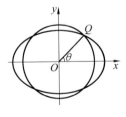

图 7.19

方式 2 若椭圆 $\dfrac{x^2}{a^2}+\dfrac{y^2}{b^2}=1(a>b>0)$ 半焦距为 c,离心率 e 为黄金数 $\dfrac{\sqrt{5}-1}{2}$,则称此椭圆为"黄金椭圆". 此时①②

(1) 在黄金椭圆中,a,b,c 为等比数列.

证明 $b^2=a^2-c^2=4-(\sqrt{5}-1)^2=$
$$2\times(\sqrt{5}-1)=ac$$

(2) a 为黄金椭圆的焦准距(焦点到准线的距离).

证明 因 $b^2=ac$,准线到短轴的距离为 $\dfrac{a}{e}$,则焦准距 $p=\dfrac{b^2}{c}=\dfrac{ac}{c}=a$.

(3) 半焦距 c 为 Rt$\triangle AOB$ 斜边上的高.

证明 如图 7.20,因 $e=\dfrac{\sqrt{5}-1}{2}$,则
$$e^2+e-1=0 \qquad ①$$

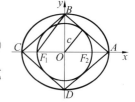

图 7.20

设 Rt$\triangle AOB$ 斜边上的高为 x,则 $x=\dfrac{ab}{\sqrt{a^2+b^2}}$,由式① 可得

$$\dfrac{a^2b^2}{a^2+b^2}=\dfrac{a^2(a^2-c^2)}{2a^2-c^2}=\dfrac{a^2(1-e^2)}{2-e^2}=(\dfrac{c}{e})^2\dfrac{e}{1+e}=$$
$$\dfrac{c^2}{e^2+e}=c^2$$

故 c 为 Rt$\triangle AOB$ 斜边上的高.

(4) 半焦距 c 为菱形 $ABCD$ 内切圆的半径.

由性质(3)易知.

(5) 黄金椭圆中焦距 $2c$ 为过焦点 F_2 的正焦弦(过焦点且垂直于长轴的弦)的长.

证明 由对于黄金椭圆有 $b^2=ac$,则正焦弦的长为 $2(\dfrac{b^2}{a})=2(\dfrac{ac}{a})=2c$.

(6) 黄金椭圆中的 $\triangle ABF_1$ 为直角三角形.

证明 因

$$k_{AB}\cdot k_{BF_1}=\dfrac{b}{-a}\cdot\dfrac{b}{c}=-\dfrac{b^2}{ac}=-1$$

则 $AB\perp BF_1$,故 $\triangle ABF_1$ 为直角三角形.

① 黄言勤."黄金椭圆"之优美性质[J].中学数学教学,2002(2):32.
② 魏海涛.椭圆族中的奇葩——黄金椭圆[J].中学数学研究,2008(4):35-37.

（7）在黄金椭圆中，$\dfrac{1}{a^2}+\dfrac{1}{b^2}=\dfrac{1}{c^2}$.

证明 $\dfrac{1}{a^2}+\dfrac{1}{b^2}=\dfrac{1}{4}+\dfrac{1}{2(\sqrt{5}-1)}=\dfrac{\sqrt{5}+1}{4(\sqrt{5}-1)}=$

$$\dfrac{(\sqrt{5}+1)(\sqrt{5}-1)}{4(\sqrt{5}-1)^2}=\dfrac{1}{(\sqrt{5}-1)^2}=\dfrac{1}{c^2}$$

（8）从黄金椭圆中心向过焦点和相应顶点的圆作切线，则切线长等于短半轴长.

证明 因为圆半径 $r=\dfrac{a-c}{2}=\dfrac{3-\sqrt{5}}{2}$，椭圆中心到圆心的距离为 $d=c+r=\dfrac{\sqrt{5}+1}{2}$，所以切线长 $l^2=d^2-r^2=2(\sqrt{5}-1)=b^2$，即切线长等于短半轴长.

（9）在黄金椭圆中，P 为椭圆上任意一点，P 在 x 轴上的射影为 M，椭圆在 P 点的法线交 x 轴于 N，则 $\dfrac{|ON|}{|OM|}=e^2$.

证明 设 $P(x_0,y_0)$，则

$$|OM|=|x_0|$$

对 $b^2x^2+a^2y^2=a^2b^2$ 两边对 x 求导，得

$$2b^2x+2a^2yy'=0$$

$$y'=-\dfrac{b^2x}{a^2y}$$

即过点 P 的切线斜率为 $k'=-\dfrac{b^2x_0}{a^2y_0}$，过点 P 的法线斜率为 $k=\dfrac{a^2y_0}{b^2x_0}$，过点 P 的法线方程为

$$y-y_0=\dfrac{a^2y_0}{b^2x_0}(x-x_0)$$

则

$$|ON|=\left|\dfrac{c^2x_0}{a^2}\right|=|e^2x_0|$$

$$\dfrac{|ON|}{|OM|}=\dfrac{|e^2x_0|}{|x_0|}=e^2$$

（10）A_1,A_2,B_1,B_2 是黄金椭圆的顶点，F_1,F_2 是椭圆的黄金焦点，则 $\triangle A_1B_1F_2$，$\triangle A_1B_2F_2$，$\triangle A_2B_1F_1$，$\triangle A_2B_2F_1$ 都为直角三角形.

证明 欲证 $\triangle A_1B_1F_2$ 为直角三角形，只需证 $A_1B_1\perp B_1F_2$ 即可；其他同理可证之.

由题意知，$A_1(-2,0)$，$B_1(0,-\sqrt{2(\sqrt{5}-1)})$，$F_2(\sqrt{5}-1,0)$，得

$$k_{A_1 B_1} = \frac{-\sqrt{2(\sqrt{5}-1)}}{2} = -\frac{\sqrt{2(\sqrt{5}-1)}}{2}$$

$$k_{B_1 F_2} = \frac{-\sqrt{2(\sqrt{5}-1)}}{-(\sqrt{5}-1)} = \frac{\sqrt{2(\sqrt{5}-1)}}{\sqrt{5}-1}$$

$$k_{A_1 B_1} \cdot k_{B_1 F_2} = -1$$

即 $\triangle A_1 B_1 F_2$ 为直角三角形.

(11) A_1, A_2, B_1, B_2 是黄金椭圆的顶点,则菱形 $A_1 B_1 A_2 B_2$ 的内切圆经过黄金焦点.

证明 欲证菱形 $A_1 B_1 A_2 B_2$ 的内切圆经过黄金焦点,只需证 $\mathrm{Rt}\triangle A_1 B_1 O$ 的斜边上的高 $h = c$. 因为

$$|OA_1| = a, \quad |OB_1| = b, \quad |A_1 B_1| = \sqrt{a^2 + b^2}$$

所以由 $\frac{1}{2} ab = \frac{1}{2} h \sqrt{a^2 + b^2}$,得

$$h = \sqrt{\frac{a^2 b^2}{a^2 + b^2}} = \sqrt{\frac{a^3 c}{a^2 + ac}} = \sqrt{\frac{(b^2 + c^2)c}{a + c}} = \sqrt{\frac{(ac + c^2)c}{a + c}} = \sqrt{c^2} = c$$

(12) 在黄金椭圆中,$\frac{b^2}{a^2} = e$.

证明 $\frac{b^2}{a^2} = \frac{ac}{a^2} = \frac{c}{a} = e$,即命题成立,亦即短轴与长轴之比的平方等于离心率.

(13) 在黄金椭圆中,左(右)黄金焦点到左(右)准线的距离等于长半轴,即 $|-\frac{a^2}{c} + c| = a$.

证明 $|-\frac{a^2}{c} + c| = |\frac{a^2}{c} - c| = |\frac{a^2 - c^2}{c}| = |\frac{b^2}{c}| = \frac{ac}{c} = a$

即命题成立.

(14) 圆心在原点,半径为 c 的圆与黄金椭圆的面积之比等于 $\sqrt{e^3}$.

证明 由假设知,圆的半径 $r = \sqrt{5} - 1$,则

$$\frac{S_{\text{圆}}}{S_{\text{椭圆}}} = \frac{\pi \cdot r^2}{\pi \cdot ab} = \frac{(\sqrt{5}-1)^2}{2\sqrt{2(\sqrt{5}-1)}} = \sqrt{\frac{(\sqrt{5}-1)^4}{8(\sqrt{5}-1)}} = \sqrt{(\frac{\sqrt{5}-1}{2})^3} = \sqrt{e^3}$$

即命题成立.

(15) 在黄金椭圆中,两条互为共轭直径所在直线的斜率(斜率存在)之积为 $-e$.

证明 设一组平行弦的斜率为 k,则椭圆的这条直径所在直线方程为

$2(\sqrt{5}-1)x+4ky=0$，即这条直线的斜率为 $k'=\dfrac{2(\sqrt{5}-1)}{4k}$，所以 $k\cdot k'=$

$-\dfrac{\sqrt{5}-1}{2}=-e$，即命题成立.

(16) 不平行于黄金椭圆对称轴的切线斜率与经过该切点和中心的直线斜率之积为 $-e$.

证明 设 EF 是不平行于黄金椭圆对称轴的切线，切点为 $P(x_0,y_0)$，如图 7.21 所示.

由假设知 EF 的方程为

$$\frac{x_0 x}{4}+\frac{y_0 y}{2(\sqrt{5}-1)}=1$$

即

$$y=-\frac{(\sqrt{5}-1)x_0}{2y_0}x+\frac{2(\sqrt{5}-1)}{y_0}$$

$$k_{EF}=-\frac{(\sqrt{5}-1)x_0}{2y_0}$$

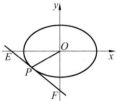

图 7.21

又 $k_{OP}=\dfrac{y_0}{x_0}$，所以

$$k_{EF}\cdot k_{OP}=-\frac{(\sqrt{5}-1)x_0}{2y_0}\cdot\frac{y_0}{x_0}=-\frac{\sqrt{5}-1}{2}=-e$$

即命题成立.

(17) 不平行于黄金椭圆对称轴且不经过椭圆中心的弦所在直线的斜率与经过该弦中点和椭圆中心的直线斜率之积等于 $-e$.

证明 如图 7.22，CH 是不平行于黄金椭圆对称轴且不经过椭圆中心的弦，R 是 GH 的中点.

设 $G(x_1,y_1)$，$H(x_2,y_2)$，则 $R\left(\dfrac{x_1+x_2}{2},\dfrac{y_1+y_2}{2}\right)$.

由题意，有

$$k_{GH}=\frac{y_1-y_2}{x_1-x_2},\quad k_{RO}=\frac{y_1+y_2}{x_1+x_2}$$

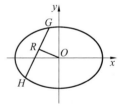

图 7.22

故

$$k_{GH}\cdot k_{RO}=\frac{y_1^2-y_2^2}{x_1^2-x_2^2}\qquad\qquad ②$$

又 G,H 是黄金椭圆上的点，所以

$$y_1^2=2(\sqrt{5}-1)\left(1-\frac{x_1^2}{4}\right)\qquad\qquad ③$$

$$y_2^2=2(\sqrt{5}-1)\left(1-\frac{x_2^2}{4}\right)\qquad\qquad ④$$

将 ③,④ 代入式 ②,得

$$k_{GH} \cdot k_{RO} = \frac{2(\sqrt{5}-1)((1-\frac{x_1^2}{4})-(1-\frac{x_2^2}{4}))}{x_1^2 - x_2^2} = -\frac{\sqrt{5}-1}{2} = -e$$

(18) 如图 7.23, MN 是经过黄金椭圆中心的弦, T 是黄金椭圆上任意一点(顶点除外). 如果 TM,TN 的斜率都存在且不为 0, 则 $k_{TM} \cdot k_{TN} = -e$.

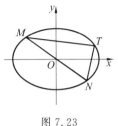

证明 设 $M(x_0, y_0)$, 任意一点 $T(x', y')$, 则 $N(-x_0, -y_0)$.

由题意,有

$$k_{TM} = \frac{y'-y_0}{x'-x_0}, k_{TN} = \frac{y'+y_0}{x'+x_0}$$

故

$$k_{TM} \cdot k_{TN} = \frac{y'^2 - y_0^2}{x'^2 - x_0^2} \qquad ⑤$$

图 7.23

又 T, M 是黄金椭圆上的点,所以

$$y'^2 = 2(\sqrt{5}-1)(1-\frac{x'^2}{4}) \qquad ⑥$$

$$y_0^2 = 2(\sqrt{5}-1)(1-\frac{x_0^2}{4}) \qquad ⑦$$

将 ⑥,⑦ 代入式 ⑤,得

$$k_{TM} \cdot k_{TN} = \frac{2(\sqrt{5}-1)((1-\frac{x_1^2}{4})-(1-\frac{x_2^2}{4}))}{x'^2 - x_0^2} = -\frac{\sqrt{5}-1}{2} = -e$$

4. 黄金长方体

长、宽、高之比是 $\omega : 1 : \frac{1}{\omega}$ 的长方体称为黄金长方体. 黄金长方体的表面积与其外接球表面积之比是 $\omega : \pi$. 这里, ω 又与 π 建立起"亲缘"关系.

❖ 三等分任意角是尺规作图不能问题

为什么任意角不能用尺规作三等分? 由于欧几里得在《几何原本》卷一命题 9 轻松地写出任意角平分的作图过程,很自然地引起人们猜想:任意角也可以用尺规三等分. 根据尺规作图作用的分析,判断这一问题的能与不能,可以归

P
M
J
H
W
B
M
T
J
Y
Q
W
B
T
D
L
(X)

结为代数检测 —— 艾森斯坦定理.检测如下①:

设任意角 $\angle AOB = \alpha$,问题是要求作 $\dfrac{\alpha}{3} = \dfrac{1}{3}\angle AOB = \angle COB$.

如图 7.24,以 O 为圆心作单位圆,并记

$$OD = a = \cos \alpha, OE = x = \cos \dfrac{\alpha}{3}$$

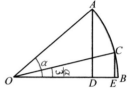

图 7.24

显然如果能用尺规作出 x,问题就迎刃而解.但是从

三角关系 $\cos \alpha = 4\cos^3 \dfrac{\alpha}{3} - 3\cos \dfrac{\alpha}{3}$,就导致三次方程

$$4x^3 - 3x - a = 0 \qquad\qquad ①$$

即使对于特殊情况:$\alpha = 60°$,$\cos \alpha = \dfrac{1}{2}$,式 ① 成为

$$4x^3 - 3x - \dfrac{1}{2} = 0$$

即
$$8x^3 - 6x - 1 = 0 \qquad\qquad ②$$
经变换 $y = 2x$,得

$$y^3 - 3y - 1 = 0 \qquad\qquad ③$$

对式 ③ 用艾森斯坦定理检测,找不到素数 p,使 $p \nmid a_0 = 1$;$p \mid a_1 = 0$,且 $p \nmid a_3 = 1$,因此 ③,也就是 ① 是不可约方程.根据检测法的分析,它没有一次、二次方程的根,这就是说,它的根不能通过四则运算及开平方获得.对特殊情况 $\alpha = 60°$ 尚且是尺规不能解,其一般情况显然也是尺规作图不能问题.

如果放宽条件,问题还是能够解决的,在下面分别叙述.

❖ 可以用尺规三等分的角的问题

这是一个难度相当大的问题,一下很难置答.俄国数学家罗巴切夫斯基 (Н. И. Лобачевский,1792—1856) 在做中学生时,细致分析了可以用尺规三等分的角应具备的条件:当 $3 \nmid n$,即 $n = 3k + 1$ 或 $n = 3k - 1(k = 0, 1, 2, \cdots)$ 时,对于一切角 $\dfrac{180°}{n}$,有

① 沈康身.数学的魅力(一)[M].上海:上海辞书出版社,2004:73-75.

$$\frac{\theta}{3} = \begin{cases} 60° - k\theta \ (\text{当 } n = 3k + 1, k = 0, 1, 2, \cdots) \\ k\theta - 60° \ (\text{当 } n = 3k - 1, k = 1, 2, 3, \cdots) \end{cases} \quad (*)$$

这是说,对于满足条件(*)的角θ,它的三等分是$60°$与它的k倍之差,这是《几何原本》规矩所允许(卷一命题 13). 罗氏这一发明巧妙而准确,言简意赅. 由此还引发许多发人深省的问题:

其一,满足条件(*)的整数θ有多少?

可以验证:答案是$\theta = 90°, 45°, 36°, 18°, 9°$.

如果有人问:怎样用尺规三等分$45°$角? 这问题看似简单,但也会难倒人. 运用条件(*),那么$45° = \frac{180°}{4}, n = 4 = 3 + 1, k = 1$. 于是$\frac{45°}{3} = 60° - 45° = 15°$, 出奇的方便,乃是$60°$与$45°$之差! 又问怎样三等分$18°$角? $\theta = 18° = \frac{180°}{10}, n = 10 = 3 \times 3 + 1, k = 3$,那么$\frac{18°}{3} = 60° - 3 \times 18° = 6°$. 从$60°$减去$18°$的 3 倍,这是尺规可作的操作.

其二,怎样理解分数θ?

对于某些n,如$n = 8, \theta = \frac{180°}{8} = \frac{45°}{2}$,这是尺规可作的. 对于某些$n$,如$n = 7$, $\theta = \frac{180°}{7}$,它本身是尺规不可作,但$\frac{180°}{7}$却是存在的. 条件(*)是说对于$\frac{180°}{7}$可以尺规三等分:$\frac{180°}{3 \times 7} = 60° - 2 \times \frac{180°}{7} = \frac{60°}{7}$.

其三,罗氏循什么思路推导出这一巧妙的公式?

运用部分分式是优先的答案:当$n = 3k + 1$时,$\frac{\theta}{3} = \frac{180°}{3(3k + 1)} = 180°(\frac{A}{3} + \frac{Bk}{3k + 1})$. 从此可以获得$A = \frac{1}{3}$,而$B = -\frac{1}{3}$. 这就是条件(*)中的上行,同理可证下行结果.

其四,条件(*)是充分的,但它是尺规能三等分一角的必要条件吗? 充要条件是什么? 有待我们进一步探索.

❖ 有刻度直尺法三等分角

阿拉伯学者泰比特在译述希腊文献中发现阿基米德(Archimedes,前

287—前 212)曾用有刻度的直尺解决三等分角问题①.

作法 图 7.25 中 $\angle AOB$ 为已给角.取 $OA = r$ 为半径,O 为圆心,作半圆交 AO 延长线于点 C.用有刻度的直尺过 B 作直线,交直径 AC 的延长线于 L,半圆于 R,并使 $LR = r$,则 $\angle RLA = \dfrac{1}{3}\angle AOB$.

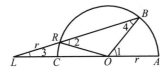

图 7.25

证明 从作法知 $\angle 2 = 2\angle 3$,而 $\angle 1 = \angle 4 + \angle 3 = 3\angle 3$.

❖圆积曲线法三等分角

希比亚斯(Hippias of Elis,约前 5 世纪)设计圆积曲线解题时,给出了三等分角的曲线法.

曲线的形成 动圆直径 $AB \perp AD$ 绕 A 顺时针匀速转动到 AD,如图 7.26 所示,另一方面直线 $BC \mathbin{/\!/} AD$ 以同样时间匀速平移到 $B'C'$.在 AB,BC 运动时,瞬时交点(例如,$B'C',AD'$ 的交点 $E(x,y)$)的轨迹为圆积曲线.

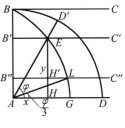

图 7.26

曲线的方程 设 $AB = a$,转 $\dfrac{\pi}{2}$ 到 AD 需时间 T,又

设 AD' 转角 φ 到 AD 需时间 $\dfrac{t}{T}$,则 $B'C'$ 平移到达 AD 也需时间 $\dfrac{t}{T}$.从形成条件知

$$\frac{\varphi}{\dfrac{\pi}{2}} = \frac{y}{a}$$

又 $\varphi = \operatorname{arcot} \dfrac{y}{x}$,于是

$$y = x\tan\frac{\pi y}{2a}$$

图 7.26 中 $BELG$ 为圆积曲线.

---

① 沈康身.历史数学名题赏析[M].上海:上海教育出版社,2002:408-414.

作法 设 $\angle DAD'$ 为已给角. 取 AB 为半径作圆弧, 依法作圆积曲线. 已给角一边 AD' 交曲线于 E, 引 $EH \perp AD$, 取 $HH' = \dfrac{1}{3} EH$. 又过 H' 引 $B''C''$ // AD, 交曲线于 L, 则 $\angle LAD = \dfrac{1}{3} \angle DAD'$.

证明 从圆积曲线方程知, 等式 $\dfrac{\angle LAD}{\dfrac{\pi}{2}} = \dfrac{HH'}{BA}$ 成立. 而

$$\frac{\angle DAD'}{\dfrac{\pi}{2}} = \frac{EH}{BA}, \quad EH = 3HH'$$

因此
$$\angle LAD = \frac{1}{3} \angle DAD'$$

❖ 阿基米德螺线法三等分角

阿基米德用他制作的螺线, 用来三等分任意角.

曲线的形成 动径 OP, $P(\rho, \theta)$, ρ 的长度正比于动角 θ, 设二者间比值为 a, 则曲线方程是 $\rho = a\theta$.

作法 设 $\angle AOB$ 为已给角. AO 与极轴相合, 另一边交螺线于 P, 如图 7.27 所示.

三等分 OP 于 P_1, P_2. 以 O 为圆心, OP_1, OP_2 为半径作弧交螺线于 S_1, S_2.

根据螺线性质, 知

$$\angle AOS_2 = \angle S_1 OS_2 = \angle S_1 OP = \frac{1}{3} \angle AOB$$

命题得证.

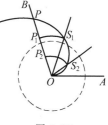

图 7.27

❖ 蚌线法三等分角

美国《数学史导论》[①] 作者厄维斯在谈到三等分一角问题时, 指出: 任何锐角 $\angle LOD$ 可被取作矩形 $ODLB$ 的对角线 OL 和边 OD 的夹角, 如图 7.28 所示,

---

① 蚌线作为三等分角的工具, b 必须取对角线 OL 长的 2 倍.

考虑过 O 的直线,交 DL 于 G,交 BL 于 C,使 $GC = 2OL$. 又使 E 为 GC 的中点,则 $EG = EC = EL = OL$,得

$$\angle LOE = \angle 4 = \angle 3 = \angle 2 + \angle 1 = 2\angle 1 = 2\angle 2 = 2\angle COA$$

这就是古老的尼科米兹解法.

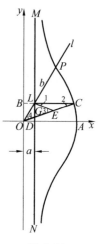

图 7.28

作法的关键是这条过 O 的射线要满足的条件. 正如厄维斯指出那样,公元前 3 世纪时古希腊尼科米兹设计了蚌线,解开这个关键.

曲线的形成及其方程 在坐标平面上从原点 O 起作射线如 OP,交 MN 于点 L,使 $MN \perp OD$,如 $OD = a$. 又取 $LP = b$,则点 P 的轨迹为蚌线.

有了蚌线,只要把角的一边与横坐标轴重合,其另一边 OL 截割曲线于 P,按照厄维斯指出那样操作,就得到它的三等分线 OC.

❖ 双曲线法三等分角

帕普斯给出了借助于双曲线三等分一角的方法.

作法 取离心率 $e = \dfrac{c}{a} = 2$ 的双曲线,如图 7.29 所示. A, A' 为顶点,O 为曲线对称中心,F, F' 为焦点. 易知 AF' 的中垂线 DD' 是此左支曲线的准线. 就以 AF' 为弦,作圆弧 $F'CA$,使含有圆心角为已给角;准线 DD' 交此弧于 C. 又以 C 为圆心,$CF' = CA$ 为半径作圆弧交双曲线(左支)于 P,则 $\angle PCF' = \dfrac{1}{3}\angle F'CA$.

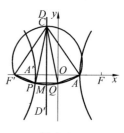

图 7.29

证明 从作法及双曲线定义知 $PM = \dfrac{PF'}{2}$(其中 $PM \perp DD'$). 延长 PM 交弧 PMA 于 Q,又联结 QA,显然

$$F'P = PQ = QA$$

于是

$$\angle F'CP = \angle PCQ = \angle QCA$$

克莱罗(A. C. Clairaut,1713—1765)变通帕普斯原法,作了简化:设 $\angle AOB$ 为已给角,以 O 为圆心,$OA = OB$ 为半径作圆弧. 联结 AB,取其三等分点,$AH = HK = KB$,如图 7.30 所示,角平分线 OC 交 AB 于 L,即 $2HL = AH$.

以 A 为焦点,OC 为准线,H 为顶点作双曲线.

双曲线交圆弧 AB 于 P.

作 $PM \perp OC$,延长 PM 交圆弧于 Q. 从

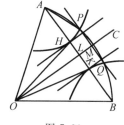

$$\frac{AP}{PM} = \frac{AH}{HL} = 2$$

$$AP = 2PM = PQ$$

获知弧 $AP =$ 弧 PQ,于是

$$\angle AOP = \frac{1}{3}\angle AOB$$

命题得证.

图 7.30

❖蚌线法三等分角

帕斯卡(E. Pascal,1588—1651)给出了以蚌线为作图工具,三等分一角的方法.

蚌线的形成　在极坐标极轴 OA 上以 $2a$ 为直径作圆,过极点 O 的动径交圆周于 D,取 DE 为常量 b[①],则 E 的轨迹为蚌线.

作法　把已给角 $\angle AOB$ 的一边放在极轴上,角顶与极相合. 角的另一边交圆于 D,交蚌线于 E. 从圆的中心 C 作 $CF \parallel OE$,则 $\angle ECF$ 为所求角,如图 7.31 所示.

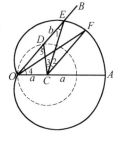

证明　从蚌线性质和作法知

$$OC = CD = DE$$

$$\angle 4 = \angle 5, \angle 1 = \angle 3$$

又 $\angle 1 = \angle 2$,$\angle FCA = \angle 4 = \angle 5 = 2\angle 1$,命题得证.

图 7.31

❖三等分曲线法三等分角

马克劳林(C. Maclaurin,1698—1746)设计了角三等分曲线. 作圆 $x^2 + y^2 = a^2$,直径 AB 的一个端点 A 的坐标为 $(-a, 0)$,过 O 作任意半径 OC,联结 AC. OC 的垂直平分线交 AC 于 P,则点 P 的轨迹为角三等分曲线,其中 $OA = a$.

作法　如 $\angle BOP$ 为已给角,置 OB 在 Ox 轴上,如图 7.32 所示. AP 交角

---

①　蚌线作为三等分角的工具 b 必须取 $b = a$.

三等分曲线于 P，交圆 $x^2 + y^2 - a^2 = 0$ 于 C. 联结 OC，OC 三等分已给角.

证明   从作法知 $\angle 2 = \angle 3$，而 $\angle 1 = \angle 3$. 又 $\angle 4 = \angle 1 + \angle 3$，也就是说 $\angle 4 = 2\angle 2$. 证毕.

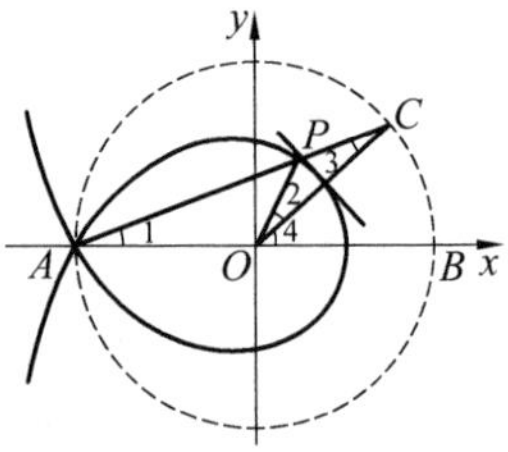

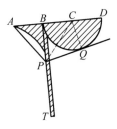

图 7.32

❖ "战斧"法三等分角

1835 年一本佚名著作中设计了一种作法，颇简洁，经艺术加工，图形犹如战斧，故名战斧法.

作法   三等分线段 AD，B，C 为三等分点. 以 BD 为直径作半圆. 过 B 作切线. 将要三等分的已给角 $\angle APQ$ 角顶在切线上滑动，使其一边过 A，另一边与半圆相切，记切点为 Q，则 PB，PC 为所求三等分线，如图 7.33 所示.

证明 $\triangle ABP \cong \triangle CBP \cong \triangle CQP$，因此 PB，PC 为所求角 $\angle APQ$ 的三等分线.

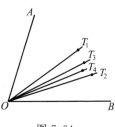

图 7.33

❖ 无限等分逼近三等分角

费尔柯斯克于 1860 年给出了等分逼近三等分角方法. 已给角 $\angle AOB$，OT_1 是 $\angle AOB$ 的二等分线，OT_2 是 $\angle BOT_1$ 的二等分线，OT_3 是 $\angle T_1OT_2$ 的二等分线，OT_4 是 $\angle T_2OT_3$ 的二等分线，$\cdots OT_n = \angle T_{n-1}OT_{n-2}$ 的二等分线，如图 7.34 所示. 角平分线 OT_i 的下标奇数意味着加上，偶数意味着减去，于是级数

$$\frac{1}{2} - \frac{1}{4} + \frac{1}{8} - \frac{1}{16} + \cdots = \left(\frac{1}{2} - \frac{1}{4}\right) + \left(\frac{1}{8} - \frac{1}{16}\right) + \cdots =$$

$$\frac{1}{4} + \frac{1}{4^2} + \frac{1}{4^3} + \cdots + \frac{1}{4^n} + \cdots = \frac{1}{3}$$

$\lim\limits_{n \to \infty} OT_n = OT$ 是已给角的三等分线.

图 7.34

❖ 化圆为方是尺规作图不能问题

如果把圆的半径记为 R,问题是说:求 x 使 $x^2 = \pi R^2$,即求 $x = \sqrt{\pi}R$. 如果要求以直尺(无刻度)及圆规解决,问题转化为用尺规是否能对 π 开平方的问题. 我们知道如果 π 是有理数,或有理数的开平方数,问题的答案是肯定的. 1882 年德国数学家林德曼已证明 π 是超越数,因此问题的答案是否定的.[①]

❖ 圆积曲线法化圆为方

希比亚斯所作的圆积曲线如图 7.26 所示,精心为化圆为方设计. 也有人说是晚一些的德莫克里特(Democritus,约前 460 — 前 370)所作,我们将圆积曲线解化圆为方的作法用现代数学语言作一解释:设圆半径为 $a = R$,那么曲线方程可改写为 $x = y\cot\dfrac{\pi y}{2R}$. 当动径 AD' 和平行线 $B'C'$ 都逐渐趋近 x 轴时,借助于分析工具[②]求出

$$AG = \lim_{y\to 0} y\cot\frac{\pi y}{2R} = \lim_{y\to 0}\frac{y}{\tan\frac{\pi y}{2R}} =$$

$$\lim_{y\to 0}\frac{2R}{\pi}\cdot\frac{\frac{\pi y}{2R}}{\tan\frac{\pi y}{2R}} = \frac{2R}{\pi}\lim_{y\to 0}\frac{\frac{\pi y}{2R}}{\tan\frac{\pi y}{2R}} = \frac{2R}{\pi}$$

这是说
$$\pi = \frac{2R}{AG} \tag{①}$$

另一方面圆周长
$$C = 2\pi R \tag{②}$$

综合 ①,② 两式,说明圆周长借助于圆积曲线求出的 AG 可以用尺规作出. C 又可自式 $\dfrac{AG}{2R} = \dfrac{2R}{C}$(《几何原本》卷二命题 14)用尺规作出. 我们取 $\dfrac{1}{2}C, R$ 作为两项,求其比例中项(尺规可作),即得所求与圆等积的正方形边长为 $x = \sqrt{\dfrac{1}{2}C\cdot R}$.

---

① 沈康身. 数学的魅力(一)[M]. 上海:上海辞书出版社,2004:79-88.

② 古希腊时凭观察得知 G 的位置,又用穷竭法证实.

❖ 阿基米德螺线法化圆为方

阿基米德螺线可用以三等分一角,也可用以化圆为方.

在图 7.27 中取 $a=R$,而 $\theta=\dfrac{\pi}{2}$,那么 $OP=\dfrac{1}{2}R\pi=\dfrac{1}{4}C$. 而圆面积 $=\pi R^2=2R\cdot OP$. 我们取 $2R,OP$ 为两项,求其比例中项,所求正方形边长 $x=\sqrt{2R\cdot OP}$.

❖ 圆柱侧面法化圆为方

意大利学者达·芬奇曾有一设想:取半径为 R,高为 $\dfrac{1}{2}R$ 的圆柱,把圆柱的侧面在平面上滚动一周,得到长为 $2\pi R$,高为 $\dfrac{1}{2}R$ 的长方形. 取其长、高为两项,求其比例中项,那么所求与圆等积的正方形边长为 $x=\sqrt{2\pi R\cdot\dfrac{R}{2}}$

❖ 三角形法化圆为方

俄罗斯工程师宾加 1836 年发现化圆为方的三角解法.

如图 7.35,以 R 为半径作圆,问题是要求 $x^2=\pi R^2$,于是设法作 $\triangle ABC$,如果 x 满足条件 $\cos\alpha=\dfrac{x}{2R}$,那么 $\cos^2\alpha=\dfrac{\pi}{4}$,即 $a\approx27°36'$.

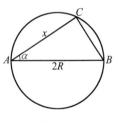

图 7.35

作法 在以 R 为半径的圆内作以 $\alpha=27°36'$ 为锐角、直径 $2R$ 为斜边的直角三角形,α 的邻边(直角边 AC)就是所求的 $x,x^2=\pi R^2$.

此 $\triangle ABC$ 称为宾加三角形,是针对这一问题具体可行的作法.

❖印度耆那教人化方为圆

耆那教学者取

$$\pi = 4(1 - \frac{1}{8} + \frac{1}{8 \times 29} - \frac{1}{8 \times 29 \times 6} + \frac{1}{8 \times 29 \times 6 \times 8})$$

等式右边约等于 3.514 687 1[①],与 π 真值的相对误差达 12.9％. 为宗教需要,耆那教人要求化方为圆.

作法 相当于说,已给正方形 $ABCD$,要求作圆 O 使与它的面积相等. 如图 7.36,以 O 为心,以 OA 为半径作弧,交直线 OG 于 E. 取 $GF = \frac{1}{3}GE$,则 OF 为所求圆的半径.

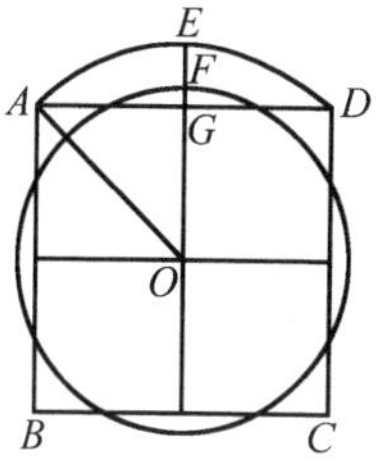

后人评估说,如记已给正方形边长为 $2a$,则圆半径 $r = OF = (1 + \frac{1}{3}(\sqrt{2} - 1))a = \frac{1}{3}(2 + \sqrt{2})a$. 以耆那教《圣坛建筑法典》命题 1.2.12 所说 $\sqrt{2} = 1 + \frac{1}{3} + \frac{1}{3 \times 4} - \frac{1}{3 \times 4 \times 34}$ 代入,圆 O 面积当是 $\pi r^2 = 3.998\ 9a^2$.

图 7.36

同一方圆互化问题,希腊人化圆为方,而印度人又化方为圆. 后者虽为近似作法,精度极高.

❖立方倍积是尺规作图不能问题

问题的起源来自一个古老的传说:希腊黛洛斯地方遭受瘟疫,人们向太阳神庙祭司求教. 祭司告诉他们应该把现有神坛(立方体)体积加倍,疫疬可止. 一说古希腊克里地米诺王为格劳斯营造坟墓,对每边 100 肘尺[②]立方体规模还不满意,要求加倍体积. 不知怎样加大每边体长? 同一数学问题不同提法都汇集在哲人柏拉图那里,请求解决. 柏拉图回答说,神明和王者本意并不在乎把神坛(坟墓)体积加倍,之所以提出这一问题是要希腊人感到羞耻 —— 当他们忽略数学,特别是失去几何学修养时.

---

① 印度学者多次误算为 3.088 或 3.088 5.

② 古世界常以人的肢作为长度基本单位:肘(cubit)尺长 18 ～ 21 寸不等.

为什么立方倍积是尺规不能作出的问题？假设立方体每边长是 a，所求加倍后立体边长是 x，则据题意 $x^3 = 2a^3$.

设 $z = \dfrac{x}{a}$，得 $z^3 - 2 = 0$.

我们用艾森斯坦定理检测，常数项 2 能整除 z, z^2 的系数（$=0$），而 $2^2 \nmid 2$，因此本题尺规不能作. 也可以这样理解：尺规只能对线段作四则算术运算以及开平方运算，对于 $\sqrt[3]{2}$ 是无能为力的.

❖ 双比例中项法立方倍积

公元前 5 世纪，古希腊希波克拉底最先指出立方倍积问题实质上是要在 a 与 $2a$ 之间插入两个比例中项 x, y，使其满足

$$\frac{a}{x} = \frac{x}{y} = \frac{y}{2a}$$

x 就是所求的解：$x = \sqrt[3]{2}\,a$. 这一理论为后世数学家有关创造发明提供重要的线索和根据.

❖ 滑动长方形板法立方倍积

古希腊埃拉托塞尼（Eratosthenes，前 276—前 195）就设计一套专用工具来解立方倍积问题. 他据希波克拉底解题理论：插入比例中项 x, y，具体体现了使 $\dfrac{a}{x} = \dfrac{x}{y} = \dfrac{y}{2a}$. 在图7.37中有三块高为 $2a$ 的透明长方形板和上下两导槽. 长方形板 $AMFE$，$MNGF$ 和 $NQHG$ 放置在导槽 l_1, l_2 之间，$AMFE$ 不动，左移 $MNGF$ 和 $NQHG$，使前者的对角线 $M'G$ 交 MF 于 B，后者的对角线 $N'H$ 交 NG 于 C，又 D 是 QH 的中点. 当后两长方形板向左移动时，使出现 A, B, C, D 四点共线. 又设 $BF = y$，$CG = x$，则 $\dfrac{2a}{y} = \dfrac{y}{x} = \dfrac{x}{a}$，即所求 $x = \sqrt[3]{2}\,a$.

这是因为如直线 BCD 交 l_2 于 K，从相似三角形对应边关系，有

$$\frac{EK}{FK} = \frac{AK}{BK} = \frac{FK}{GK}$$

而

$$\frac{EK}{FK} = \frac{AE}{BF}, \frac{FK}{GK} = \frac{BF}{CG}$$

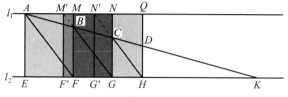

图 7.37

即得

$$\frac{AE}{BF} = \frac{BF}{CG}$$

同理

$$\frac{BF}{CG} = \frac{CG}{DH}$$

命题得证.

❖蚌线法立方倍积

在前面已陈述尼科米兹设计蚌线解三等分任意角.他还借助于蚌线成功地解立方倍积问题,如图 7.38 所示.

为达到解立方倍积问题的要求,尼科米兹作长方形 $ABCD$,其短边 BC 长为 a,即所要求倍积的立方体边长,其长边 AB 取 $2a$.等分 AB,BC 于 F,E.联结 DF,交 CB 的延长线于 G.作 $EK \perp BC$,使 $CK = AF$.联结 GK,又作 $CH \parallel GK$,并过 K 引直线交 CH 于 H,交 BC 于 P,使 $HP = CK = AF$.又引直线 PD 交 AB 于 M,则 AM,CP 二线段为所求 AB,BC 的二比例中项,即

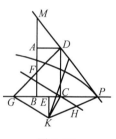

图 7.38

$$\frac{AB}{CP} = \frac{CP}{AM} = \frac{AM}{BC}$$

作法中定出点 P 位置使 $HP = CK = AF$[①] 是关键所在.他把 K 取为极[②],CH 作为准线[③],而以 $CK = AF$ 为定长作出蚌线,所求点 P 只是 BC 与蚌线的交点而已.从上面分析,CH 的位置是易于确定的,因此作法是可行的.

证明 $\triangle AMD \backsim \triangle CDP$,于是

$$\frac{AM}{CD} = \frac{AD}{CP} = \frac{AM}{AB} = \frac{BC}{CP}$$

而 $AB = 2AF$,$BC = \frac{1}{2}GC$,得

$$\frac{AM}{AF} = \frac{GC}{CP}$$

---

① ～ ③ 相当于图 7.28 中的 b,O,MN.

而 $CH /\!/ GK$,则

$$\frac{GC}{CP} = \frac{KH}{HP}$$

于是

$$\frac{AM}{AF} = \frac{KH}{HP}$$

则

$$\frac{AM + AF}{AF} = \frac{KH + HP}{HP}$$

此即

$$\frac{MF}{AF} = \frac{KP}{HP}$$

从作图条件 $HP = AF$,因此 $MF = KP$,$MF^2 = KP^2$.而 F 又是 AB 的中点,则

$$BM \cdot MA + AF^2 = MF^2 \qquad\qquad ①$$

同理

$$BP \cdot CP + CE^2 = EP^2$$

两边加 EK^2,又从作图条件 $CK = AF$,以及已证 $KP = MF$,得出

$$BP \cdot CP + AF^2 = MF^2,\; BP \cdot CP = MF^2 - AF^2$$

于是从 ① 知 $BM \cdot MA = BP \cdot CP$,这就是

$$\frac{BM}{BP} = \frac{CP}{MA} \qquad\qquad ②$$

又从 $\triangle BMP \backsim \triangle CDP$,$\dfrac{BM}{BP} = \dfrac{CD}{CP} = \dfrac{AB}{CP}$,得

$$\frac{BM}{BP} = \frac{AB}{CP} \qquad\qquad ③$$

综合 ②,③ 得

$$\frac{AB}{CP} = \frac{CP}{MA} \qquad\qquad ④$$

又 $\triangle DCP \backsim \triangle AMD$,$\dfrac{CD}{CP} = \dfrac{AM}{AD}$,得

$$\frac{AB}{CP} = \frac{AM}{BC}$$

综合 ④,⑤,命题获证.

尼科米兹用此法作图时,取线段及其证明都别具匠心,出人意料.特别是在证明中第 ② 式的获得很是巧妙.首先,在 $BP \cdot CP + CE^2 = EP^2$ 两边加上 EK^2,运用勾股定理,使其变形为 $BP \cdot CP + CK^2 = KP^2$;其次,从作图知 $CK = AF$,从证明知 $KP = MF$,于是变形为 $BP \cdot CP + AF^2 = MF^2$;然后,与式 ① 比较,得证.

❖蔓叶线法立方倍积

古希腊狄奥克利斯(Diocles,前 2 世纪)作蔓叶线,并以此为工具,解立方倍积问题.

蔓叶线作法 在图 7.39 中,直径 AB,DC 正交于圆心 O,作 $\overset{\frown}{EB}=\overset{\frown}{BF}$,并作 $EG \perp DC$,$FH \perp DC$,G,H 为垂足.联结 CE,交 FH 于 P,平行移动 EG,FH,保持它们关于 AB 轴的对称位置,则点 P 的轨迹就是蔓叶线.

立方倍积问题解法 从蔓叶线的性质知,FH,HC 是 DH,PH 的二比例中项,因为从作图知

$$\frac{GC}{GE}=\frac{DH}{FH} \qquad ①$$

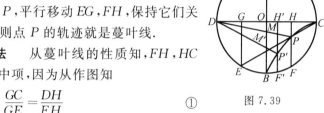

图 7.39

从 $FH^2=DH \cdot CH$,知

$$\frac{DH}{FH}=\frac{FH}{HC} \qquad ②$$

又从 $\triangle GCE \backsim \triangle HCP$,得

$$\frac{GC}{GE}=\frac{HC}{PH} \qquad ③$$

综合 ① ～ ③,我们有

$$\frac{DH}{FH}=\frac{FH}{HC}=\frac{HC}{PH} \qquad ④$$

联结 DP,交 AB 于 M,则

$$\frac{DH}{DO}=\frac{PH}{OM}$$

取比值为 k,则 ④ 成为

$$\frac{DO}{\dfrac{FH}{k}}=\frac{\dfrac{FH}{k}}{\dfrac{HC}{k}}=\frac{\dfrac{HC}{k}}{OM}$$

由此,我们得到用蔓叶线解立方倍积方法:

如 a 为已给立方体的边长,就取 $DO=2a$ 为半径作圆,按照作法作出蔓叶线 CPB 后,在 OB 上取 $OM'=a$,联结 DM' 交曲线于 P'.过 P' 作 $F'H' \perp DC$,H' 是垂足,那么 $F'H'$,$H'C$ 就是所求 $DO=2a$,$OM'=a$ 间的二比例中项,问题获解:$H'C=\sqrt[3]{2}\,a$.

542

❖圆和双曲线法立方倍积

法国数学家圣樊尚(G. de S. Vincent,1584—1667)于 1647 年提出如下作法:在图 7.40 中,过长方形顶点 $Q(a,b)$ 引一双曲线,使其渐近线是长方形二边(即 $x=0$,$y=0$).双曲线与长方形外接圆另一交点 P 与二渐近线距离是长方形二边 a,b 的比例中项.

理由:图 7.40 中双曲线 $xy=ab$ 与外接于长方形的圆 $x^2+y^2-ax-by=0$ 二者之交点,除 (a,b) 外,还有 $P(a^{\frac{2}{3}}b^{\frac{1}{3}},a^{\frac{1}{3}}b^{\frac{2}{3}})$,适是 a,b 间双比例中项.当 $b=2a$ 时,点 P 的横坐标就是问题的解:$x=\sqrt[3]{2}a$.

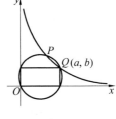

图 7.40

❖圆和抛物线法立方倍积

解析几何创始人笛卡儿也研究过立方倍积问题.考虑到 $x^2+y^2=ay+bx$ 与 $x^2=ay$ 的交点是 a,b 间双比例中项.显然这就是 $x^2=ay$,$y^2=bx$ 的另一组合形式,而后者即 $\dfrac{a}{x}=\dfrac{x}{y}=\dfrac{y}{b}$.取 $b=2a$,即得 $x=\sqrt[3]{2}a$.问题获解.

❖等分三角形面积的直线

假设等分三角形面积的直线存在,则这样的直线必与三角形的两边相交(可能会通过三角形的某个顶点).①

建立图 7.41 的直角坐标系,设 $\triangle ABC$ 的三边为 a,b,c,面积为 S,$\angle ACB=\theta$,直线 l 交 CA,CB 于 E,D,$|CE|=\mu$,$|CD|=\lambda$,则 $D(\lambda,0)$,$E(\mu\cos\theta,\mu\sin\theta)$,从而直线 l 的方程为

$$(\mu\sin\theta)x+(\lambda-\mu\cos\theta)y-\lambda\mu\sin\theta=0 \qquad ①$$

---

① 潘洪亮.等分三角形面积的直线[J].中学数学(苏州)1996(4):19-20.

又因 $S_{\triangle DCE} = \dfrac{1}{2}S$ 而 $S_{\triangle DCE} = \dfrac{1}{2}\lambda\mu\sin\theta$，则

$$\lambda\mu = \frac{S}{\sin\theta} \qquad \textcircled{2}$$

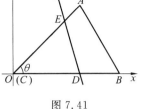

图 7.41

显然有 $\dfrac{a}{2} \leqslant \lambda \leqslant a, \dfrac{b}{2} \leqslant \mu \leqslant b$，由 ①，② 消去 μ 得

$$Sx + (\lambda^2 - S\cot\theta)y - S\lambda = 0 \qquad \textcircled{3}$$

如将 ③ 看做 λ 的方程，可化为

$$y\lambda^2 - S\lambda + (Sx' - Sy\cot\theta) = 0 \qquad \textcircled{4}$$

如果把某些 x,y，方程 ④ 有唯一解，则

$$\Delta = S^2 - 4y(Sx - Sy\cot\theta) = 0$$

即

$$(4\cot\theta)y^2 - 4xy + S = 0 \qquad \textcircled{5}$$

将 ⑤ 看做 x,y 的方程时，这是一条双曲线，实轴为 $\angle ACB$ 的平分线. 此时，直线 ③ 与双曲线 ⑤ 有唯一的交点，坐标为

$$\begin{cases} x = \dfrac{S}{2\lambda}\cot\theta + \dfrac{\lambda}{2} \\[2mm] y = \dfrac{S}{2\lambda} \end{cases} \qquad \textcircled{6}$$

而直线 ③ 应平行于双曲线 ⑤ 的渐近线，从而直线 ③ 是双曲线 ⑤ 的切线（事实上，双曲线 ⑤ 是直线 ③ 的包络）：注意到边界条件 $\dfrac{a}{2} \leqslant \lambda \leqslant a$，将 λ 等于 $\dfrac{a}{2}$，a 分别代入 ⑥，得到中线 AL,BM 与双曲线的切点为

$$K(\frac{b}{2}\cos\theta + \frac{a}{4}, \frac{b}{2}\sin\theta), T(\frac{b}{4}\cos\theta + \frac{a}{2}, \frac{b}{4}\sin\theta)$$

若 N 是 AB 的中点，易证 M,K,N 及 L,T,N 分别三点共线. 这样，每一条与 $\triangle ABC$ 的边 AC,BC 相交且等分三角形面积的直线 ③ 必定与双曲线 ⑤ 的弧 KT 相切，反过来也对，如图 7.42 所示.

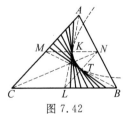

图 7.42

对三角形的每两条边都进行同样的讨论. 这样可得到三段不同的双曲线弧，其中 $\triangle ABC$ 的三条中线 AL，BM,CN 作为其公切线，切点分别为 K,T,R 组成了一个曲边三角形图形 F，如图 7.43 所示. 由此，我们有

（1）经过 $\triangle ABC$ 内且在曲边三角形 F 外的每一点 P，均可作一条且只可作一条直线等分 $\triangle ABC$ 的面积. 这条直线就是过 P 向三段双曲线弧中的一条作切线.

（2）经过曲边三角形 F 内的每一点 P，可作并且只

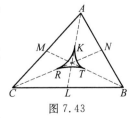

图 7.43

可作三条直线等分 $\triangle ABC$ 的面积,这三条直线就是过 P 向三段双曲线弧所作的切线.特别地,当 P 为重心时这三条切线就是 $\triangle ABC$ 的三条中线.

这里证明从略.

在作图中,等分三角形的面积有下述直线:

(1) 三角形的中线将三角形的面积二等分.

(2) 三角形一边上若有一点分该边的比为 $1:(\sqrt{2}-1)$ 时,过此点作与邻边平行的直线,则该直线平分三角形面积;

(3) 若点 P 是 $\triangle ABC(AB>AC)$ 的边 BC 上一点时,作 BC 边上的中线 AM,过点 M 作 $MQ \parallel AP$ 交边 AB 于点 Q,则直线 PQ 平分 $\triangle ABC$ 的面积(若点 M 在 BC 边上,使得 $BM:MC=\lambda$,则 $S_{\triangle BPQ}=\lambda S_{四边形PQAC}$).

事实上,设 PQ 与 AM 交于点 O,由 $S_{\triangle AQO}=S_{\triangle PMO}$ 及 $S_{\triangle ABM}=S_{\triangle ACM}$ 有 $S_{\triangle BPQ}=S_{四边形PQAC}$.

(4) 若点 P 是 $\triangle ABC(AB>AC)$ 的边 AC 上靠近 B 的一点时,在线段 AP 上取点 M,使 $AM:MC=1:(\sqrt{2}-1)$,作 $MN \parallel BC$ 交 AC 于点 N(若点 P 靠近点 A 时,作 $MN \parallel AC$ 交 BC 于点 N),过点 M 作 $MQ \parallel PN$ 交 AC 于点 Q,则直线 PQ 平分 $\triangle ABC$ 的面积.

事实上,设 PQ 与 MN 交于点 O,由直线 MN 平分三角形面积及 $S_{\triangle MPO}=S_{\triangle NQO}$.有 $S_{\triangle APQ}=S_{四边形PQBC}$.

❖等分凸四边形面积的直线

命题 1 经过凸四边形的任一顶点,存在一条直线等分该四边形的面积.[①]

如图 7.44,在凸四边形 $ABCD$ 中,过点 A 作一直线平分其面积.

作法 1 如图 7.45,不妨设 $S_{\triangle ABC} \leqslant S_{\triangle ACD}$,联结 AC,过 B 作 $BE \parallel AC$ 交 DC 延长线于 E.取 DE 中点 M,作过 A,M 的直线,则直线 AM 即为所求.(证明略)

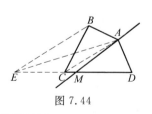

图 7.44

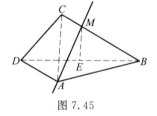

图 7.45

① 沈雪明.等分四边形面积的直线的作法[J].中学数学月刊,1997(9):19-20.

作法 2 联结 AC,BD，取 BD 中点 E，不妨设 E 在 $\triangle ABC$ 内，过 E 作 $EM \parallel AC$ 交 BC 于 M，作过 A,M 的直线 AM，则 AM 直线即为所求.（证明略）

命题 2 经过凸四边形边上任一点，存在直线等分该四边形的面积.

作法 如图 7.46，设 G 是凸四边形 $ABCD$ 的边 AD 上任一点，联结 BD，作 $AE \parallel BD$ 交 CB 延长线于 E，取 CE 中点 F，联结 FG，过 D 作 $DH \parallel GF$ 交 BC 于 H，过 G,H 作直线 GH，则直线 GH 即为所求.

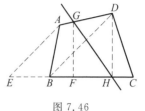

图 7.46

证明 联结 DE,FD，由于 $FG \parallel DH$，$AE \parallel BD$，所以

$$S_{\triangle FGH} = S_{\triangle GFD}, \quad S_{\triangle ABD} = S_{\triangle EBD}$$

则

$$S_{四边形 ABHG} = S_{四边形 ABFD} = S_{\triangle EFD} = \frac{1}{2} S_{四边形 ABCD}$$

从而得证.

命题 3 存在已知方向的直线等分凸四边形的面积.

作法 如图 7.47，已知直线 l 和凸四边形 $ABCD$，联结 BD，过 C 作 $CE \parallel BD$ 交 AB 延长线于 E，取 AE 中点 M，过 D 作 $DG \parallel l$ 交 AE 于 G，在 AE 上取点 K，使 $AK^2 = AM \cdot AG$，过 K 作直线 $KN \parallel DG$ 交 AD 于 N，则直线 KN 即为所求.

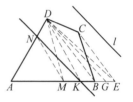

图 7.47

证明 由作法知，$AK^2 = AM \cdot AG$，即

$$\frac{AK}{AM} = \frac{AG}{AK}$$

又 $DG \parallel KN$，则

$$\frac{AG}{AK} = \frac{AD}{AN}, \quad \frac{AK}{AM} = \frac{AD}{AN}$$

从而

即

$$MN \parallel DK$$

故

$$S_{\triangle MNK} = S_{\triangle MND}$$

$$S_{\triangle AKN} = S_{\triangle AMN} + S_{\triangle MNK} = S_{\triangle AMN} + S_{\triangle MND} =$$

$$S_{\triangle AMD} = \frac{1}{2} S_{\triangle ADE} = \frac{1}{2} S_{四边形 ABCD}$$

推论 经过凸多边形的一个顶点有且只有一条直线平分其面积.

❖同时平分凸四边形的周长和面积的直线

求作一条直线，使之同时平分给定凸四边形的周长和面积.

本题选自《美国数学月刊》第 59 卷,在第 60 卷上亦有有关介绍.①

所求直线可能与四边形的一组邻边相交,亦可能与一组对边相交.

(1) 如图 7.48,若平分直线与给定凸四边形 $ABCD$ 的一组邻边 AB,AD 相交于 P,Q,设 $AP=x$,$AQ=y$,若能确定 x,y,则直线 PQ 自然就能作出.

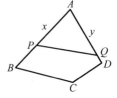

图 7.48

设凸四边形 $ABCD$ 的面积为 S,四边之长为 a,b,c,d,则应有

$$x+y=\frac{1}{2}(a+b+c+d),\quad xy\sin A=S$$

故 x,y 应是方程 $z^2-\frac{1}{2}(a+b+c+d)z+\frac{S}{\sin A}=0$ 的两个根.先作出 m,n,使

$$m^2=\frac{S}{\sin A},\quad n=\frac{1}{2}(a+b+c+d)$$

再作出 $z^2-nz+m^2=0$ 的两根即可求出 x 和 y.

(2) 如图 7.49,若平分直线与给定凸四边形 $ABCD$ 之对边 AD,BC 交于 P,Q.延长 CB,DA 交于 O,设 $OP=x$,$OQ=y$,$OA=e$,$OB=f$,则有

$$(x-e)+(y-f)+a=\frac{1}{2}(a+b+c+d)$$

$$S_{\triangle OPQ}-S_{\triangle OAB}=S_{\triangle OCD}-S_{\triangle OPQ}$$

即

$$2S_{\triangle OPQ}=S_{\triangle OAB}+S_{\triangle OCD}$$

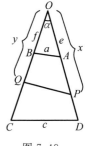

图 7.49

$$xy\sin\alpha=\frac{1}{2}ef\sin\alpha+\frac{1}{2}(e+d)(f+b)\sin\alpha$$

故 x,y 应满足条件

$$x+y=e+f+\frac{1}{2}(b+c+d-a)$$

$$xy=\frac{1}{2}(ef+(e+d)(f+b))$$

若记

$$n=e+f+\frac{1}{2}(b+c+d-a)$$

$$m^2=\frac{1}{2}(ef+(e+d)(f+d))$$

① 单墫.数学名题词典[M].南京:江苏教育出版社,2002:495-496.

则 x,y 是方程 $z^2 - nz + m^2 = 0$ 的两根, 它们可以用尺规作出.

❖ 等分凹四边形面积的直线

547

这里, 我们介绍求作等分凹四边形的面积问题, 即过凹四边形的任意顶点或边上任意一点, 作一条直线平分其面积.①

对于凹四边形 $ABCD$ 的情形: 如图 7.50 所示, 过凹四边形的顶点 A 作一条直线平分其面积.

作法 联结 AC, 过点 D 作 AC 的平行线 DE, 再联结 AE,（如图 7.51 所示, 显然 $S_{\triangle ADE} = S_{\triangle CDE}$, 从而得到 $S_{\text{四边形}ABCD} = S_{\triangle ABE}$.）再作线段 BE 的中点 F, 下面的作法分两种情况:

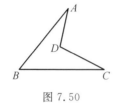
图 7.50

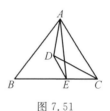
图 7.51

情形 1 如图 7.52 所示, 联结 AF, 线段 AF 在凹四边形 $ABCD$ 内, 使得 $S_{\triangle ABF} = S_{\text{四边形}ADCF}$, 则直线 AF 即为所求.

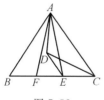
图 7.52

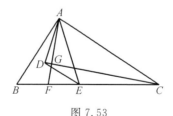
图 7.53

情形 2 如图 7.53 所示, 联结 AF, 而线段 AF 不全在凹四边形 $ABCD$ 内, 把其分成凹五边形 $ABFGD$ 和三角形 GFC 两部分, 利用超级画板的测量功能说明 $S_{\triangle ABFGD} = S_{\triangle GFC} + 2S_{\triangle ADG}$. 如图 7.54 所示, 联结 DF, 过点 A 作 DF 的平行线 AH, 显然 $S_{\triangle ADG} = S_{\triangle HGF}$, 因此 $S_{\triangle ABFHD} = S_{\triangle HFC}$, 得到是直线 FH 平分凹四边

---

① 许苏华, 温泉河. 过凹多边形边上的任意位置作其面积平分线[J]. 中学数学教学, 2009(4): 56-57.

形 $ABCD$. 如图 7.55 所示，过点 H 作 AF 的平行线 HI，得到一个梯形 $HIGF$，过点 A 作一条直线，分别交梯形 $HIGF$ 的边 GH、对角线 HF、边 EF 于点 L，K，J. 只要 $S_{\triangle KLH}=S_{\triangle KJF}$，那么 AJ 就是凹四边形 $ABCD$ 的面积平分线. 那么如何作面积平分线 AJ 呢？

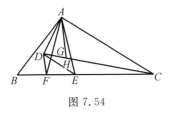

图 7.54

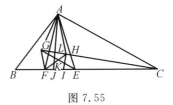

图 7.55

只看如图 7.56 所示部分，假设 AJ 是凹四边形 $ABCD$ 的面积平分线，则 $S_{\triangle KLH}=S_{\triangle KJF}$，根据梯形性质容易证明 $S_{\triangle NLG}=S_{\triangle NJI}$，已知 $GF=a$，$HI=b$，$AG=c$，并设 $MI=x$，根据相似三角形性质，及 $S_{\triangle NLG}=S_{\triangle NJI}$，得出关于 x 的方程：$\dfrac{ax^2}{x+a+c}=\dfrac{bc^2}{x+b+c}$，解得唯一正解 $x=\sqrt{\dfrac{b^2}{4}+\dfrac{c^2b}{a}+bc}-\dfrac{b}{2}$. 关键如何作出长度为 $\sqrt{\dfrac{b^2}{4}+\dfrac{c^2b}{a}+bc}-\dfrac{b}{2}$ 的线段 MI？

方法 1　如图 7.57 所示，利用超级画板的测量功能及文本作图功能，很容易作出以点 I 为圆心，以 $\sqrt{\dfrac{b^2}{4}+\dfrac{c^2b}{a}+bc}-\dfrac{b}{2}$ 为半径的圆，交 HI 的延长线于点 M，联结 AM，AM 就是凹四边形 $ABCD$ 的面积平分线.

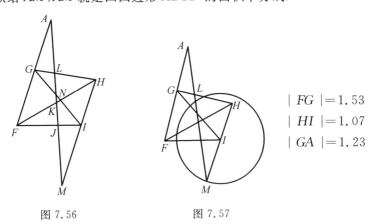

图 7.56

图 7.57

$|FG|=1.53$

$|HI|=1.07$

$|GA|=1.23$

方法 2 $\sqrt{\dfrac{b^2}{4} + \dfrac{c^2 b}{a} + bc} - \dfrac{b}{2} = \sqrt{(\dfrac{b}{2} + c)^2 - (\dfrac{a-b}{a})c^2} - \dfrac{b}{2}$，关键是能

够作出 $\sqrt{(\dfrac{b}{2} + c)^2 - (\dfrac{a-b}{a})c^2}$，令其中 $\dfrac{b}{2} + c$ 为一直角三角形斜边，$c\sqrt{\dfrac{a-b}{a}}$

为一条直角边，作出另一条直角边即可. 问题转换成作出 $c\sqrt{\dfrac{a-b}{a}}$ 即可. 如图

7.58 所示，作一条线段 $QP = d$，延长 PQ，使 $OQ = a - b$，以 OP 为直径，过点 Q

作为 OP 垂线交圆于点 R，求出 $RQ = \sqrt{d(a-b)}$. 同理作出 $\sqrt{da}$，再利用相似三

角形性质作出长度为 $c\sqrt{\dfrac{a-b}{a}}$ 的线段. 然后再简单利用尺规作图作出线段

MI.

如图 7.59 所示，过凹四边形 $ABCD$ 的顶点 B 的面积平分线作法如下：联结 BD，

过点 A 作 BD 的平行线交 CD 的延长线于点 E，作线段 CE 的中点 F，联结 BF，

BF 即是凹四边形 $ABCD$ 的面积平分线. 对于顶点 D，类似于过顶点 B 的作法；

对于顶点 C，与过顶点 A 的作法相同.

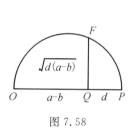

图 7.58

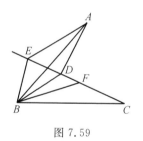

图 7.59

❖作过圆外一点被圆周平分的割线

卡塔朗问题　过圆外一点作割线，使割线被该圆周平分.

本题选自比利时数学家卡塔朗所著的《初等数学的定理和习题》一书.[①]

如图 7.60，设点 M 是确定的圆 $O(R)$ 外一定点，求作割线 MBA，使割线的

圆外部分（MB）和圆内部分（BA）相等.

作法　以 M 为圆心，$2R$ 为半径画弧交圆 O 于点 C，作直径 AOC. 联结 MA

交圆 O 于 B. 割线 MBA 即为所求.

显然，由于

①　单墫. 数学名题词典[M]. 南京：江苏教育出版社，2002：489-494.

$$OA = OB = R, CM = CA = 2R$$

所以

$$\angle ABO = \angle A = \angle AMC$$

$$OB \ /\!/ \ CM$$

又由 $AO = OC$，有

$$AB = BM$$

本题最多有两解.

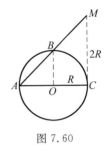

图 7.60

❖三角形内二等圆问题

三角形内二等圆问题 在 $\triangle ABC$ 的边 BC 上求一点 D，使 $\triangle ABD$ 与 $\triangle ACD$ 有相等的内切圆(图 7.61).

日本嘉永三年,岐阜县郡上郡八幡町的八幡神社有如下问题:今有如图 7.62 之内隔界斜,容二等圆,知中斜 257 寸,小斜 68 寸,界斜 40 寸,问大斜几何? 答曰:大斜 315 寸.其解法是

$$大斜 = \sqrt{(中斜 + 小斜)^2 - 4 \, 界斜^2}$$

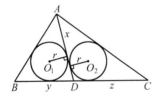

图 7.61

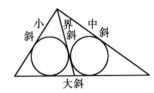

图 7.62

在《美国数学月刊》Vol.43(1936) 上,帕特尔松亦提出了与此题完全一致的题目,但他是用三角函数解的.

如图 7.63,设 O 是 $\triangle ABC$ 的内心,O_1,O_2 分别是 $\triangle ABD$,$\triangle ADC$ 的内心.显然,$\angle O_1 AO_2 = \dfrac{1}{2}\angle BAC$.过 B 作 $BA' \ /\!/ \ O_1 A$,过 C 作 $CA' \ /\!/ \ O_2 A$,BA',CA' 相交于 A',且 $\angle BA'C = \angle O_1 AO_2 = \dfrac{1}{2}\angle BAC$.因此点 A' 应在以 BC

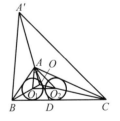

图 7.63

为弦、所含弓形角等于 $\dfrac{1}{2}\angle BAC$ 的弓形弧上.另一方面,由于 $O_1 O_2 \ /\!/ \ BC$,$\triangle A'BC$ 与 $\triangle AO_1 O_2$ 位似,其位似中心就是 $\triangle ABC$ 的内切圆圆心,A' 应在 OA 的延长线上,故 A' 应是 OA 的延长线与上述弓形弧的交点,从

而 $\triangle A'BC$ 可定. 作出 $\triangle A'BC$ 后, 可利用以 $\triangle ABC$ 的内心为中心, 以 $\dfrac{OA}{OA'}$ 为相似比的位似变换, 作出 $\triangle O_1AO_2$. 由于 AD 和 AB 关于 AO_1 对称, 故 AD 也可作出.

当然也可用代数解法. 设 $AD=x$, $BD=y$, $DC=z$. 圆 O_1, 圆 O_2 是 $\triangle ABD$ 和 $\triangle ADC$ 的内切圆, 其半径均为 r. 则

$$y+z=a$$

$$\frac{S_{\triangle ABD}}{S_{\triangle ADC}}=\frac{\dfrac{1}{2}(c+x+y)r}{\dfrac{1}{2}(b+x+z)r}=\frac{c+x+y}{b+x+z}$$

但

$$\frac{S_{\triangle ABD}}{S_{\triangle ADC}}=\frac{BD}{DC}=\frac{y}{z}$$

则

$$\frac{y}{z}=\frac{c+x+y}{b+x+z}=\frac{c+x}{b+x}$$

记 $c+x=p$, $b+x=q$, 则

$$yq=zp$$

由 $\begin{cases} y+z=a \\ qy-pz=0 \end{cases}$, 得

$$y=\frac{pa}{p+q},\quad z=\frac{qa}{p+q}$$

又由斯特瓦尔特定理, 有

$$zc^2+yb^2=a(x^2+yz)$$

代入得

$$\frac{qa}{p+q}\cdot c^2+\frac{pa}{p+q}\cdot b^2=a\left(x^2+\frac{pqa^2}{(p+q)^2}\right)$$

$$qc^2+pb^2-(p+q)x^2=\frac{pqa}{p+q}$$

$$p(b^2-x^2)+q(c^2-x^2)=\frac{pqa}{p+q}$$

即 $\quad (c+x)(b^2-x^2)+(b+x)(c^2-x^2)=\dfrac{a(c+x)(b+x)}{b+c+2x}$

化简得 $\qquad (b-x)+(c-x)=\dfrac{a}{b+c+2x}$

则 $\qquad\qquad (b+c)^2-4x^2=a^2$

$$4x^2=(b+c)^2-a^2=4s(s-a)$$

故 $x^2=s(s-a)$, 其中 $s=\dfrac{1}{2}(a+b+c)$.

由此可得如下作法：

(1) 作线段 $s = \frac{1}{2}(a+b+c)$ 及 $s-a$；

(2) 作 s 和 $s-a$ 的比例中项 x，$x = \sqrt{s(s-a)}$；

(3) 以 A 为圆心，以 $x = \sqrt{s(s-a)}$ 为半径作弧交 BC 于点 D，则点 D 即为所求(当 $b > c$ 时，$\angle ADB$ 应为锐角).

❖ 阿波罗尼斯比例截线问题

设 A，B 是定直线 a，b 上的两个定点，试过另一定点 C 作一直线，交 a，b 于点 P，Q，使 $\frac{AP}{BQ} = \frac{m}{n}$（定比）.

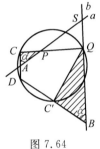

图 7.64

该问题是阿波罗尼斯首先提出的，他在其两卷本著作《比例分割》(该书于1706年由哈里译成拉丁语出版)一书中详细地研究了该问题.

如图 7.64，作射线 BD，使 BD 与 b 所夹的角等于 AC 与 a 所夹的角 α，设 BD 与 CA 的延长线交于 D. 在 BD 上取一点 C'，使 $\frac{AC}{BC'} = \frac{m}{n}$. 作 $\triangle CDC'$ 的外接圆交直线 b 于 Q 点，联结 CQ，交直线 a 于 P，则直线 CPQ 即为所求.

显然，$\triangle PCA \backsim \triangle QC'B$，所以 $\frac{AP}{BQ} = \frac{AC}{BC'} = \frac{m}{n}$.

❖ 简单四边形重心的几何作法

在简单四边形 $ABCD$ 中，联结对角线 BD，作出 $\triangle ABD$ 及 $\triangle BCD$ 之重心，设为 G_1，G_2. 由力学原理知，简单四边形 $ABCD$ 之重心 G 在 G_1G_2 所在的直线上，且有 $G_1G \cdot S_{\triangle ABD} = GG_2 \cdot S_{\triangle BCD}$.

又联结对角线 AC，作出 $\triangle ABC$ 及 $\triangle ACD$ 之重心，设为 G_3，G_4. 同理简单四边形重心在 G_3G_4 直线上，故 G_1G_2 与 G_3G_4 之交点 G 即简单四边形 $ABCD$ 之重心. 图 7.65(a) 为凹四边形的重心 G 在 G_3G_4 之延线上；图 7.65(b) 为凸四边形之重心 G 在 G_1G_2 与 G_3G_4 之交点上. 不论是凸四边形还是凹四边形，重心 G 均应满足力学关系式

$$G_1 G \cdot S_{\triangle ABD} = G G_2 \cdot S_{\triangle BCD}$$

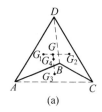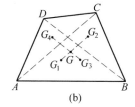

(a)　　　　　(b)

图 7.65

现以凸四边形为例证之①,如图 7.66 所示.

设 M 为对角线 AC 之中点,AC 与 BD 交于 E,$G_3 G_4$ 与 AC 交于 F,则

$$\frac{MG_3}{MB} = \frac{MG_4}{MD} = \frac{1}{3}$$

$$G_3 G_4 \parallel BD$$

$$G_4 F = \frac{1}{3} DE, G_3 F = \frac{1}{3} BE$$

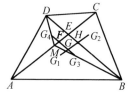

图 7.66

设 $G_1 G_2$ 交 BD 于 H,同理

$$G_1 G_2 \parallel AC$$

$$G_1 H = \frac{1}{3} AE, G_2 H = \frac{1}{3} CE$$

$$G_1 G = G_1 H - GH = \frac{1}{3} AE - FE = \frac{1}{3} AE - \frac{2}{3} ME$$

$$G_2 G = G_2 H + HG = \frac{1}{3} CE + \frac{2}{3} ME$$

$$\frac{G_1 G}{G_2 G} = \frac{\frac{1}{3} AE - \frac{2}{3} ME}{\frac{1}{3} CE + \frac{2}{3} ME} = \frac{\frac{1}{3} AE - \frac{2}{3}(AE - \frac{1}{2} AC)}{\frac{1}{3} CE + \frac{2}{3}(\frac{1}{2} AC - CE)} = \frac{\frac{1}{3} AC - \frac{1}{3} AE}{\frac{1}{3} AC - \frac{1}{3} CE}$$

$$\frac{G_1 G}{G_2 G} = \frac{AC - AE}{AC - CE} = \frac{CE}{AE} = \frac{S_{\triangle BCD}}{S_{\triangle ABD}}$$

即 $G_1 G \cdot S_{\triangle ABD} = G_2 G \cdot S_{\triangle BCD}$

可见 G 是符合力学关系式的四边形 $ABCD$ 之重心.

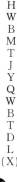

---

① 郭幼操.四边形的重心[J].数学通报,1994(6):36.

❖梯形重心的几何作法

作法1 如图 7.67，取 AD，BC 的中点 P，Q，联结 PQ，再联结 BD，将梯形分成两个三角形 ABD 和 BCD，作出这两个三角形的重心 G_1，G_2，联结 G_1G_2 与 PQ 相交于 G，则 G 为所求梯形的重心.①

设 $BC=a$，$AD=b$，梯形的高为 h. 由于

$$S_1 = S_{\triangle BAD} = \frac{1}{2}bh, S_2 = S_{\triangle DBC} = \frac{1}{2}ah$$

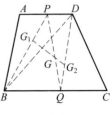

图 7.67

所以

$$\frac{S_1}{S_2} = \frac{b}{a}$$

根据力学知识，如果 O 是梯形重心，则 O 在 G_1G_2 的连线上，且满足 $OG_1 \cdot S_2 = OG_2 \cdot S_1$，即

$$\frac{OG_1}{OG_2} = \frac{S_2}{S_1} = \frac{a}{b}$$

所以要证作法1中的 G 是重心只要证 $\dfrac{GG_1}{GG_2} = \dfrac{a}{b}$ 即可. 如图 7.68，取 BG_1 的中点 G_3，DG_2 的中点 G_4，则 G_1，G_3 是 PB 的三等分点；G_2，G_4 是 DQ 的三等分点. 联结 G_1G_4 交 PQ 于 M，联结 G_2G_3 交 PQ 于 N，易知

$$G_1G_4 /\!/ G_2G_3$$

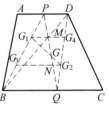

图 7.68

则

$$\triangle GG_2N \backsim \triangle GG_1M$$

又 $G_2N = \dfrac{1}{3}PD = \dfrac{1}{6}b$，$G_1M = \dfrac{1}{3}BQ = \dfrac{1}{6}a$，则

$$\frac{GG_1}{GG_2} = \frac{G_1M}{G_2N} = \frac{a}{b}$$

故 G 是梯形的重心.

作法2 如图 7.69，延长 AD 到 E，使 $DE=BC$，延长 CB 到 F，使得 $BF=AD$，联结 EF；再联结 AD 的中点 P 和 BC 的中点 Q，则 EF 和 PQ 的交点 G 就是梯形重心.

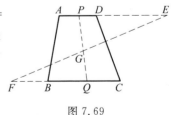

图 7.69

---

① 黄大龙.也说梯形重心的几何作图法的由来[J].中学数学月刊,2002(10):42.

证明 已知图 7.69 中的 G 是梯形的重心,下面计算 $\dfrac{GP}{GQ}$ 的值.

图 7.57 中还可以知道 $\dfrac{GM}{GN}=\dfrac{a}{b}$,设 $PQ=l$,则

$$MN=\frac{l}{3}$$

设 $GM=x$,$GN=y$,于是

$$x+y=\frac{l}{3},\frac{x}{y}=\frac{a}{b}$$

解得

$$x=\frac{al}{3(a+b)},y=\frac{bl}{3(a+b)}$$

从而

$$GQ=\frac{l}{3}+y=\frac{(2a+2b)l}{3(a+b)}$$

$$GP=\frac{l}{3}+x=\frac{(2a+b)l}{3(a+b)}$$

即

$$\frac{GP}{GQ}=\frac{2a+b}{a+2b}$$

作法 2 正是取 G 分 PQ 为 $\dfrac{2a+b}{a+2b}$ 的方法,所以作法 2 是正确的.

作法 3 如图 7.70,延长梯形两腰,设交点为 S,作梯形对角线,设交点为 O,过 OS 作直线,延长 DC 到 F,使 $CF=AB$,延长 BA 到 E,使 $EA=DC$,联结 EF 和直线 OS 相交于 G,则 G 为梯形 $ABCD$ 的重心.

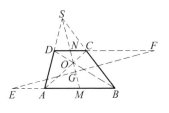

图 7.70

证明 设直线 OS 和二底 AB,DC 分别相交于 M,N,若能证 MN 为梯形 $ABCD$ 的中线,且

$$\frac{NG}{MG}=\frac{2AB+DC}{AB+2DC}$$ 成立即可.

先证 MN 为梯形的中线. 在线束 $S(AMB)$ 中,由于 AB ∥ CD,则

$$\frac{DN}{AM}=\frac{NC}{MB}=\frac{DC}{AB} \tag{①}$$

在线束 $O(AMB)$ 中,同理有

$$\frac{DN}{MB}=\frac{NC}{AM}=\frac{DC}{AB} \tag{②}$$

由 ①,② 可得

$$\frac{DN}{AM}=\frac{DC}{AB}=\frac{DN}{MB}$$

即
$$\frac{DN}{AM} = \frac{DN}{MB}$$

故
$$AM = MB \qquad\qquad ③$$

同理可知
$$DN = NC \qquad\qquad ④$$

由 ③,④ 可知,M,N 分别为 AB 和 DC 的中点,当然 MN 为梯形 $ABCD$ 的中线.

再证 $\dfrac{NG}{MG} = \dfrac{2AB + DC}{AB + 2DC}$ 成立.

事实上,由 $\triangle EMG \backsim \triangle FNG$ 而得

$$\frac{NG}{MG} = \frac{NF}{ME} = \frac{CF + NC}{AM + EA} = \frac{AB + \frac{1}{2}DC}{\frac{1}{2}AB + DC} = \frac{2AB + DC}{AB + 2DC}$$

❖ 556 三角形共轭重心的格雷贝作图法

三角形共轭重心的格雷贝(Grebe,1804—1874)作图法:

在 $\triangle ABC$ 的外边作正方形 $BCPP'$,$CAQQ'$,$ABRR'$. 设 QQ' 与 RR',RR' 与 PP',PP' 与 QQ' 的交点分别为 X,Y,Z,则 AX,BY,CZ 三线的交点为 $\triangle ABC$ 的共轭重心.

证明   如图 7.71,过 A 作直线 $AD \perp R'Q$ 于 D,交 BC 于 M,作 $BG \perp AM$ 于 G,作 $CH \perp AM$ 于 H,则 由 $\mathrm{Rt}\triangle ADR' \cong \mathrm{Rt}\triangle BGA$,$\mathrm{Rt}\triangle ADQ \cong \mathrm{Rt}\triangle CHA$,有 $BG = AD = CH$,从而知 M 为 BC 的中点,即 AM 是 BC 上的中线.

设直线 AX 交 BC 于 L,由 $\angle R'AD$,$\angle XR'Q$ 均与 $\angle AR'D$ 互余及 X,R',A,Q 四点共圆,知 $\angle DAR' = \angle XR'Q = \angle XAQ$.

又 $\angle R'AX = \angle QAD$,而 $\angle LAB$ 与 $\angle MAC$ 分别与 $\angle R'AX$,$\angle QAD$ 互余,所以 $\angle LAB = \angle MAC$,即知 AX 是边 BC 上的共轭中线.

同理,BY,CZ 也均为共轭中线.

故 AX,BY,CZ 交于 $\triangle ABC$ 的共轭重心.

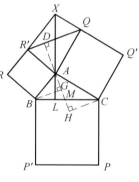

图 7.71

❖四型费马点的作法

0 型费马点

定义 1 在空间里,若点 P_0 到已知的三点 A,B,C 的距离之和最小(此时必有 P_0,A,B,C 共面),则点 P_0 叫作 A,B,C 的 0 型费马点.[1]

点 P_0 就是我们熟知的费马点.我们可从 P_0 的定义得出点 P_0 的作法.

1 型费马点及其作法

定义 2 如图 7.72,在空间里,若点 P_1 到已知的两点 A,B 及直线 c(A,B,c 共面)的距离之和最小(此时必有 P_1,A,B,c 共面),则点 P_1 叫作 A,B,c 的 1 型费马点.

关于点 P_1 的作法,这里只给出 A,B 在 c 的同侧的情形(读者不难得到其余情形的结论,下同),参见费马最小时间原理,可得

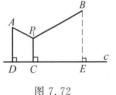

图 7.72

定理 1 如图 7.73,点 A,B 及直线 c 共面,A, B 在 c 的同侧,$A \notin c$,$B \notin c$,$AD \perp c$,$BE \perp c$,D, E 是垂足,设 $AD=p$,$BE=q$,$DE=s$,$s \geqslant 0$. 若 P_1 是 A,B,c 的 1 型费马点,则点 P_1 满足:

(1) 当 $\sqrt{3}\mid p-q\mid < s < \sqrt{3}(p+q)$ 时,点 P_1 在四边形 $ADEB$ 内,$\angle DAP_1 = \angle EBP_1 = 60°$,如图 7.72 所示.

(2) 当 $s \leqslant \sqrt{3}(q-p)$ 时,$P_1 = A$,如图 7.73(a) 所示,当 $s \leqslant \sqrt{3}(p-q)$ 时,$P_1 = B$,如图 7.73(b) 所示.

(3) 当 $s \geqslant \sqrt{3}(p+q)$ 时,作 A',A 关于 c 对称,$P_1 = A'B \bigcap c$,如图 7.74 所示.

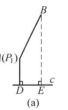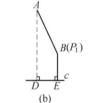

(a)　　　(b)

图 7.73

2 型费马点及其作法

定义 3 在空间里,若点 P_2 到已知的三条共面直线 a,b,c 的距离之和最小(此时必有 P_2,a,b,c 共面),则点 P_2 叫作 a,b,c 的 2 型费马点.

定理 2 当三条直线 a,b,c 可围成 $\triangle ABC$ 时,若 P_2 是 a,b,c 的 2 型费马点,则

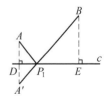

图 7.74

① 甘志国.四种 Fermat 点及其作法[J].数学通讯,2000(23):31-33.

(1) 当 $\triangle ABC$ 是正三角形时, P_2 为 $\triangle ABC$ 内(包括边界上)的任意点.

(2) 当 $\triangle ABC$ 是腰大于底的等腰三角形时, P_2 为底上的任意点.

(3) 其他情形时, P_2 为 $\triangle ABC$ 的最大内角顶点.

证明 先证点 P_2 不可能在 $\triangle ABC$ 的外部.

当 $\triangle ABC$ 中的 $\angle A, \angle B$ 均不是钝角时,如图 7.75 所示,有 $PD \leqslant P'D'$(当且仅当 $\angle ABC = 90°$ 时取等号), $PE \leqslant P'E'$,所以

$$PD + PE < P'D' + P'E' + P'P$$

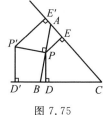

图 7.75

当 $\triangle ABC$ 中的 $\angle A, \angle B$ 之一是钝角时,不妨设 $\angle ABC > 90°$,如图 7.76 所示,有

$$PD < PP' + P'D', \quad PE < P'E'$$

所以 $PD + PE < P'D' + P'E' + P'P$

这就说明点 P_2 不可能在 $\triangle ABC$ 的外部.

在 $\triangle ABC$ 中,不妨设 $AB \leqslant AC \leqslant BC$,则 $\triangle ABC$ 的高 AO 在 $\triangle ABC$ 的内部. 如图 7.77,建立直角坐标系,点 A, B, C 的坐标如图所示,这里 r, s 均为正数,可得直线 a, b, c 的方程分别为 $y = 0, -rx - ty + rt = 0, rx - sy + rs = 0$.

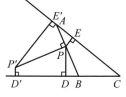

图 7.76

设 P_2 的坐标是 (x, y),因为 P_2 不在 $\triangle ABC$ 的外部,所以 P_2 到 a, b, c 的距离之和为

$$l = \frac{|rx - sy + rs|}{\sqrt{r^2 + s^2}} + \frac{|-rx - ty + rt|}{\sqrt{r^2 + t^2}} + |y| =$$

$$\frac{rx - sy + rs}{\sqrt{r^2 + s^2}} + \frac{-rx - ty + rt}{\sqrt{r^2 + t^2}} + y$$

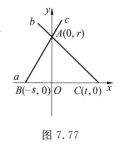

图 7.77

设 $rx - sy + rs = u, -rx - ty + rt = v$,得 $y = r - \dfrac{u + v}{s + t}$.

有 P_2 不在 $\triangle ABC$ 的外部 $\Leftrightarrow u \geqslant 0$ 且 $v \geqslant 0$ 且 $u + v \leqslant r(s + t)$,还有

$$l = \left(\frac{1}{\sqrt{r^2 + s^2}} - \frac{1}{s + t}\right)u + \left(\frac{1}{\sqrt{r^2 + t^2}} - \frac{1}{s + t}\right)v + r$$

(1) 当 $AB = AC = BC$,即

$$\begin{cases} s = t \\ r^2 = s^2 + 2st \end{cases}$$

即

$$\frac{1}{\sqrt{r^2 + s^2}} - \frac{1}{s + t} = \frac{1}{\sqrt{r^2 + t^2}} - \frac{1}{s + t} = 0$$

时,$l=r$,所以 P_2 为 $\triangle ABC$ 内(包括边界上)的任意点.

(2) 当 $AB < AC = BC$,即

$$\begin{cases} s < t \\ r^2 = s^2 + 2st \end{cases}$$

即

$$\frac{1}{\sqrt{r^2+s^2}} - \frac{1}{s+t} > \frac{1}{\sqrt{r^2+t^2}} - \frac{1}{s+t} = 0$$

时,l 取最小值 $\Leftrightarrow u = 0 \Leftrightarrow P_2$ 为线段 AB 上的任意点.

(3) 当 $AB \leqslant AC < BC$,即

$$\begin{cases} s \leqslant t \\ r^2 < s^2 + 2st \end{cases}$$

即

$$\frac{1}{\sqrt{r^2+s^2}} - \frac{1}{s+t} \geqslant \frac{1}{\sqrt{r^2+t^2}} - \frac{1}{s+t} > 0$$

时,l 取最小值 $\Leftrightarrow u = v = 0 \Leftrightarrow (x,y) = (0,r) \Leftrightarrow P_2 = A$.

综上所述,定理 2 成立.

3 型费马点

定义 4 在空间里,若点 P_3 到已知的点 A 及两条直线 b,c(A,b,c 共面)的距离之和最小(此时必有 P_3,A,b,c 共面),则点 P_3 叫作 A,b,c 的 3 型费马点.

3 型费马点 P_3 的作法

这里只给出 b 不平行于 c,$A \notin b$,$A \notin c$ 时点 P_3 的作法(下面用定理 2 来研究).

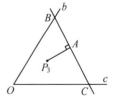

图 7.78

如图 7.78,假设点 P_3 已经作出,联结 P_3A,过点 A 作 $BC \perp P_3A$,$B \in b$,$C \in c$,则 P_3 是 BC,b,c 的 2 型费马点,有 P_3 在 $\triangle OBC$ 的内部(包括边界上),$P_3 \neq B$,$P_3 \neq C$.

(1) 当 $\angle O < 60°$ 时,$\triangle OBC$ 不会是正三角形.

若 $\triangle OBC$ 是腰大于底的等腰三角形时,如图 7.79(a) 所示,$\angle O$ 必是顶角,由定理 2(2) 知 $P_3 \in BC$,又 $P_3A \perp BC$,所以 $P_3 = A$.

其他情形时,由定理 2(3) 得 $P_3 = B$ 或 C,这不可能!

(2) 当 $\angle O = 60°$ 时,读者可由定理 2 得 P_3 为线段 AA' 上的任意点,如图 7.79(b) 所示.这里 $\triangle OBC$ 是正三角形,$A \in BC$,$AA' \perp BC$,$A' \in$ 线段 OB 或 OC.

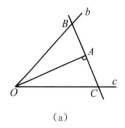

(a)

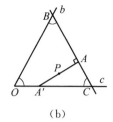

(b)

图 7.79

(3) 当 $60° < \angle O < 90°$ 时,$\triangle OBC$ 不会是正三角形.

① 当 $\triangle OBC$ 是腰大于底的等腰三角形时,$\angle O$ 必是底角,再分两种情形.

又当 $OC = BC > OB$ 时,如图 7.80 所示,作 $AA' \perp BC$,$A' \in b$ 或 c,则当且仅当 $A' \in$ 线段 OB 时,P_3 存在且 $P_3 = A'$,联结 OA,过点 A 作 $B'C' \perp OA$,有 $B' \in$ 线段 OB,$C' \in$ 射线 CD. 因为 $\angle B'C'O \leqslant \angle ACO < \angle BOC$,所以 $OB' < B'C'$. 因为 $\angle OB'C' \geqslant \angle OBC = \angle B'OC'$,所以 $OC' \geqslant B'C'$.

又当 $OB = BC > OC$ 时,如图 7.81 所示,作 $AA' \perp BC$,$A' \in b$ 或 c,则当且仅当 $A' \in$ 线段 OC 时,P_3 存在且 $P_3 = A'$. 联结 OA,过点 A 作 $B'C' \perp OA$,有 $B' \in$ 射线 BD,$C' \in$ 线段 OC. 因为 $\angle B'C'O \geqslant \angle BCO = \angle BOC$,所以 $OB' \geqslant B'C'$. 因为 $\angle OB'C' \leqslant \angle OBC < \angle B'OC'$,所以 $OC' < B'C'$.

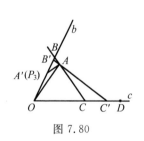

图 7.80

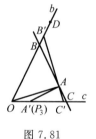

图 7.81

② 其他情形时,如图 7.82 所示,因为 $\begin{cases} OB' \geqslant B'C' \\ OC' \geqslant B'C' \end{cases}$,不可能(因为 $\angle O > 60°$),所以 $\begin{cases} OB' < B'C' \\ OC' < B'C' \end{cases}$,由定理 2(3) 得 $P_3 = O$.

(4) 当 $\angle O \geqslant 90°$ 时,如图 7.83 所示,得 $P_3 = O$,综上所述,有

定理 3 如图 7.78,$b \cap c = O$,点 A 在 $\angle O$ 的内部$(A \notin b,A \notin c)$. 若 P_3 是 A,b,c 的 2 型费马点,则

(1) 当 $\angle O < 60°$ 时,$P_3 = A$,如图 7.79(a) 所示.

(2) 当 $\angle O = 60°$ 时,如图 7.79(b) 所示,作正 $\triangle OBC$,使 $A \in BC$,$B \in b$,

$C \in c$,过点 A 作 $AA' \perp BC$, $A' \in$ 线段 OB 或 OC, P_3 为线段 AA' 上的任意点.

（3）当 $60° < \angle O < 90°$ 时,联结 OA,过点 A 作 $B'C' \perp OA$, $B' \in b$, $C' \in c$.

① 又当 $\begin{cases} OB' < B'C' \\ OC' \geqslant B'C' \end{cases}$ 时,如图 7.80 所示,作 $\triangle OBC$,使 $B \in b$, $C \in c$, $A \in BC$, $OC = BC$,再作 $AA' \perp BC$, $A' \in OB$, $P_3 = A'$.

② 又当 $\begin{cases} OB' \geqslant B'C' \\ OC' < B'C' \end{cases}$ 时,如图 7.81 所示,作 $\triangle OBC$,使 $B \in b$, $C \in c$, $A \in BC$, $BO = BC$,再作 $AA' \perp BC$, $A' \in OC$, $P_3 = A'$.

③ 又当 $\begin{cases} OB' < B'C' \\ OC' < B'C' \end{cases}$ 时,如图 7.82 所示, $P_3 = O$.

④ 当 $\angle O \geqslant 90°$ 时,如图 7.83 所示, $P_3 = O$.

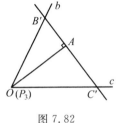

图 7.82

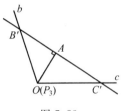

图 7.83

❖ 卡芬克尔作图问题

卡芬克尔作图问题　P 是已知 $\triangle ABC$ 的边 BC 上一定点,试在 CA 和 AB 上各求一点 Q 和 R,使分别以 BP, CQ, AR 为一边向 $\triangle ABC$ 形外所作的正三角形 $\triangle BPX$, $\triangle CQY$, $\triangle ARZ$ 的第三个顶点 X, Y, Z 构成一个正三角形.

此题出自《美国数学月刊》第 77 卷的问题 E2181,由卡芬克尔提出.

如图 7.84 所示.

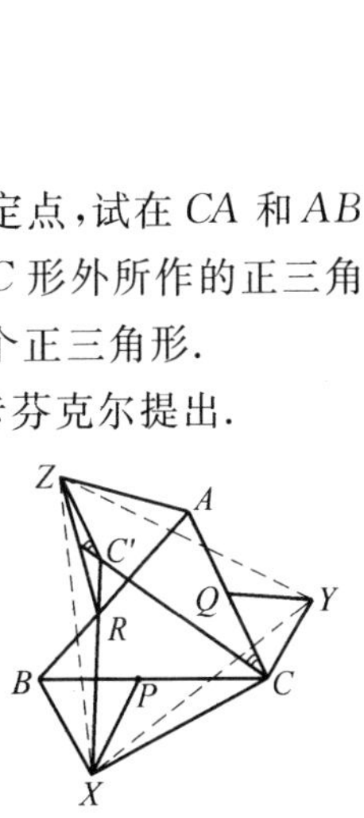

（1）以 BP 为边作正 $\triangle BPX$,以 CX 为一边作正 $\triangle CXC'$.

（2）过 C' 作 $C'Z \parallel CA$,自 A 作射线 AZ,使 $\angle BAZ = 60°$, AZ, $C'Z$ 交于 Z.

（3）在 CA 上取 $CQ = C'Z$,作正 $\triangle CQY$;在 AB 上取一点 R,使 $AR = AZ$.

（4）联结 XY, YZ, ZX,则 $\triangle XYZ$ 即为所求.

下面来证明 $\triangle XYZ$ 的确是正三角形.

图 7.84

因 $XC' = XC, C'Z = CY, \angle XC'Z = \angle XCY$,则

$$\triangle XC'Z \cong \triangle XCY$$

即

$$XZ = XY, \angle C'XZ = \angle CXY$$

又 $\angle CXC' = 60°$,则

$$\angle ZXY = 60°$$

故 $\triangle XYZ$ 是正三角形.

等分圆周问题

等分圆周问题[①]　　对于哪些自然数 n,可以用圆规和直尺把一个圆周 n 等分?

等分圆周问题(也是正多边形作图问题),自古以来一直吸引着人们. 早在古希腊时代,人们就会利用尺规作出 $3,4,5,6,10,15$ 等边数的正多边形,但是作正七边形或正九边形的企图却归于失败. 后来人们产生这样一个观念:并非任何一个正多边形都是能用尺规来作图的. 然而,怎样判断一个正多边形能不能用尺规作图呢? 这个问题直到 1801 年才由高斯给出定论. 当时高斯证明了如下命题:

当且仅当 n 是具有如下形式的整数时,可以仅用尺规把圆周 n 等分:

(1)　$n = 2^m$.

(2)　$n = p = 2^{2^t} + 1$,且 p 是素数.

(3)　$n = 2^m p_1 p_2 \cdots p_k$,其中 p_i 是 $2^{2^t} + 1$ 型的素数,且各不相同.

这就圆满地解决了仅用尺规等分圆周的可能性问题. 当然,还存在一些技术性问题,例如,如何判断 $2^{2^t} + 1$ 型的数是素数? 如何实施具体作图? 这些都是很艰难的问题.

边数不超过 100 的正多边形,其中能仅用尺规作图的如下表所示.

n 的形式	用尺规能作的正多边形边数
2^m	$4,8,16,32,64$
$2^{2^t} + 1$	$3,5,17$
$2^m p_1 p_2 \cdots p_k$	$6,12,24,48,96$
	$10,20,40,80$
	$34,68$
	$15,30,60$
	51
	85

---

①　单墫. 数学名题词典[M]. 南京:江苏教育出版社,2002:477-478.

能作的总计不过 24 个,其余 74 个均不能尺规作图.

比较有趣的是 $n=p=2^{2^{t}}+1$ 的情况.当 $t=0,1$ 时,$n=3,5$,而正三角形和正五边形正是古代早已会作的图形.当 $t=2$ 时,$n=17$,正十七边形的作法是高斯发现的.当 $t=3,4$ 时,$n=257,65\ 537$,这两个数都是素数.正 257 边形的作图于 1832 年由黎谢洛特完成,正 65 537 边形的作图经赫尔麦斯费了 10 年功夫才完成.据说,他的手稿可以装满一个手提箱.

❖五等分圆的画法

准确画法

(1) 以任意一点 O 为圆心,任意长 R 为半径画圆 O,如图 7.85 所示.

(2) 作圆 O 的直径 AC,BD,使 $AC \perp BD$.

(3) 找出 OA 中点 M,以 M 为圆心 MD 为半径画弧交 OC 于 N.

(4) 以 DN 为弦长,就可五等分圆.

证明略.

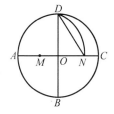

图 7.85

近似画法

(1) 以任意一点 O 为圆心,任意长 R 为半径画圆 O,如图 7.86 所示.

(2) 作圆 O 的直径 AC,BD,使 $AC \perp BD$.

(3) 作射线 OP,在 OP 上截出等长的三段将 OC 三等分,分点为 M,N.

(4) 以 DN 长为弦长,就可五等分圆.

证明略.

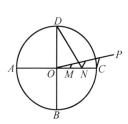

图 7.86

❖已知一边作正五边形问题

作正五边形 $ABCDE$,使其边长为已知线段 a.

作法 1[①] 如图 7.87 所示,

(1) 作 $AB=a$.

① 范璀.已知一边作正五边形[J].中学数学(苏州),1990(11):15.

(2) 过 B 作 $OB \perp AB$,使 $OB = \frac{1}{2}a$.

(3) 以 O 为圆心,$\frac{1}{2}a$ 为半径作圆 O.

(4) 联结 AO,并延长交圆 O 于 M.

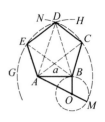

图 7.87

(5) 分别以 A,B 为圆心,以 AM 长为半径画弧 $\overset{\frown}{MN}$,和 $\overset{\frown}{GH}$,两弧相交于 D.

(6) 分别以 A,B 为圆心,以 a 为半径画弧交 $\overset{\frown}{GH}$ 于 E,交 $\overset{\frown}{MN}$ 于 C.

(7) 依次联结 BC,CD,DE,EA,则五边形 $ABCDE$ 就是所求作的正五边形.

证明 联结 AD,BD,BE,AC,由作法知,$AB = AE = BC = a$.

由作法知 $AD = BD = AC = BE = AM = \dfrac{\sqrt{5}+1}{2}a$.

在等腰 $\triangle ABC$ 中,因为

$$\cos \angle CAB = \frac{AC^2 + AB^2 - BC^2}{2AC \cdot AB} = \frac{(\frac{\sqrt{5}+1}{2}a)^2 + a^2 - a^2}{2 \cdot \frac{\sqrt{5}+1}{2}a \cdot a} = \frac{\sqrt{5}+1}{4}$$

则 $\angle CAB = 36°$,同理 $\angle EBA = 36°$.

在等腰 $\triangle ADB$ 中,同样用余弦定理可求得 $\angle ADB = 36°$,则

$$\angle DAB = \angle DBA = \frac{1}{2}(180° - \angle ADB) = 72°$$

$$\angle DAC = \angle DBE = 36°$$

在 $\triangle ACD$ 和 $\triangle DAB$ 中,因

$$AC = DA = DB,\angle DAC = \angle ADB = 36°$$

则

$$\triangle ACD \cong \triangle DAB$$
$$CD = AB = a$$

同理 $$DE = AB = a$$

即 $$AB = BC = CD = DE = EA = a$$

即各边都相等.

又在等腰 $\triangle ABE$ 中,$\angle ABE = 36°$,则

$$\angle EAB = 180° - 2\angle ABE = 108°$$

同理 $$\angle ABC = 108°$$

易证 $$\angle DEA = \angle BCD = \angle CDE = 108°$$

即 $\angle ABC = \angle BCD = \angle CDE = \angle DEA = \angle EAB = 108°$

即各角都相等.

故五边形 $ABCDE$ 是正五边形.

作法 2 如图 7.88 所示.

(1) 作线段 $BC = a$,取其中点 M.

(2) 作 $FM \perp BC$,且在 FM 上取点 P,使 $MP = BC = a$.

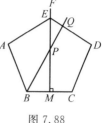

(3) 联结 BP 延长至 Q,使 $PQ = \dfrac{a}{2}$,则 BQ 即为正五边

形对角线的长.

图 7.88

(4) 以 B 为圆心,BQ 为半径画弧交 MF 于 E,则 E 为正五边形顶点之一.

(5) 分别以 B, C, E 为圆心,a 为半径画弧得交点 A, D,联结 AB, CD, DE,EA 即得所求正五边形.

证明略.

❖ 十等分圆的画法

作法 如图 7.89 所示.

(1) 在圆 O 内取两条垂直的半径 OA_0, OB_0.

(2) 取 OB_0 中点 M,联结 A_0M.

(3) 在线段 A_0M 上取 $MP = \dfrac{1}{2}R$.

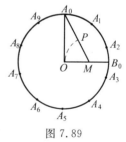

(4) 从 A_0 起,以 A_0P 为半径,在圆 O 上逐次截取可得 $A_1, A_2, A_3, \cdots, A_9$,则 $A_0, A_1, A_2, \cdots, A_9$ 将圆 O 十等分.

图 7.89

证明略.

❖ 七等分圆周是尺规作图不能问题

可以用尺规对圆周作三、四、五、六、八、十等分,因此人们很自然会提出问题:尺规可以七、九等分圆周吗？用代数方法分析,可知七等分或九等分圆周是

尺规作图不能问题①. 我们知道,复数平面上正七边形顶点在单位圆上的坐标是方程

$$z^7 - 1 = 0 \qquad\qquad ①$$

的七个根,它们是

$$\cos\frac{2\pi}{7} + i\sin\frac{2\pi}{7}, \cos\frac{4\pi}{7} + i\sin\frac{4\pi}{7}$$

$$\cos\frac{6\pi}{7} + i\sin\frac{6\pi}{7}, \cos\frac{8\pi}{7} + i\sin\frac{8\pi}{7}$$

$$\cos\frac{10\pi}{7} + i\sin\frac{10\pi}{7}, \cos\frac{12\pi}{7} + i\sin\frac{12\pi}{7}$$

$$\cos\frac{14\pi}{7} + i\sin\frac{14\pi}{7}$$

从方程的系数与根的关系可知,方程 ① 中 z^6 的系数为 0,因此实数部分

$$\cos\frac{2\pi}{7} + \cos\frac{4\pi}{7} + \cos\frac{6\pi}{7} + \cos\frac{8\pi}{7} + \cos\frac{10\pi}{7} + \cos\frac{12\pi}{7} + \cos\frac{14\pi}{7} = 0$$

而

$$\cos\frac{4\pi}{7} = -\cos\frac{3\pi}{7}, \cos\frac{6\pi}{7} = -\cos\frac{\pi}{7}$$

$$\cos\frac{8\pi}{7} = -\cos\frac{\pi}{7}, \cos\frac{10\pi}{7} = -\cos\frac{3\pi}{7}$$

$$\cos\frac{12\pi}{7} = -\cos\frac{5\pi}{7} = \cos\frac{2\pi}{7}, \cos\frac{14\pi}{7} = \cos 2\pi = 1$$

于是

$$\cos\frac{2\pi}{7} - \cos\frac{3\pi}{7} - \cos\frac{\pi}{7} = -\frac{1}{2} \qquad\qquad ②$$

又

$$\left(-\cos\frac{3\pi}{7}\right)\left(-\cos\frac{\pi}{7}\right) + \left(-\cos\frac{\pi}{7}\right)\left(\cos\frac{2\pi}{7}\right) + \left(\cos\frac{2\pi}{7}\right)\left(-\cos\frac{3\pi}{7}\right) = -\frac{1}{2} \quad ③$$

$$\left(\cos\frac{2\pi}{7}\right)\left(-\cos\frac{3\pi}{7}\right)\left(-\cos\frac{\pi}{7}\right) = \frac{1}{8} \qquad\qquad ④$$

从公式 ② ~ ④ 知 $\cos\dfrac{2\pi}{7}, -\cos\dfrac{3\pi}{7}, -\cos\dfrac{\pi}{7}$ 为三次方程

$$y^3 + \frac{1}{2}y^2 - \frac{1}{2}y - \frac{1}{8} = 0$$

即

$$8y^3 + 4y^2 - 4y - 1 = 0 \qquad\qquad ⑤$$

的根. 若设 $x = 2y$,⑤ 成为

$$x^3 + x^2 - 2x - 1 = 0 \qquad\qquad ⑥$$

① 　沈康身. 数学的魅力(一)[M]. 上海:上海辞书出版社,2004:88-91.

用艾森斯坦定理检测，知方程 ⑥ 为不可约方程，因此七等分圆周为尺规作图不能问题.

❖阿基米德和他的《正七边形作法》

哲人阿基米德在公元前 3 世纪时对数学许多领域都有研究，并取得很大成绩，举世景仰. 他的专著《正七边形作法》取得了有关成果，可惜久佚. 我们在阿拉伯数学家塔比伊本库拉（Thabit ibn Qurra，约 826—901）的阿拉伯文译希腊遗书中尚可读到此文献. ①

命题　在线段 AB 所在直线上取 C，D 两点，使 $AB\cdot AC=BD^2$，$CB\cdot CD=AC^2$.

人称古代有四大尺规作图不能问题，除熟知的三题外，另一题就是阿基米德企图用尺规在圆内作正七边形. 为实现设想，他设计此命题作为预备定理. 今日我们检验，发现此题将导致求解不能表示为平方根的三次方程，因此事实上本命题尺规不可作. 阿基米德的方法如下：

作法　在 AB 上作正方形 $ABEF$，如图 7.90 所示，AE 是其对角线. 从 F 起作一直线 FD，与 AE，BE 分别交于 G，H，使两三角形 $S_{\triangle EGF}=S_{\triangle BHD}$. 过 G 引直线 $KC\perp AD$ 交 AD 于 C，则 C，D 就是所求点.

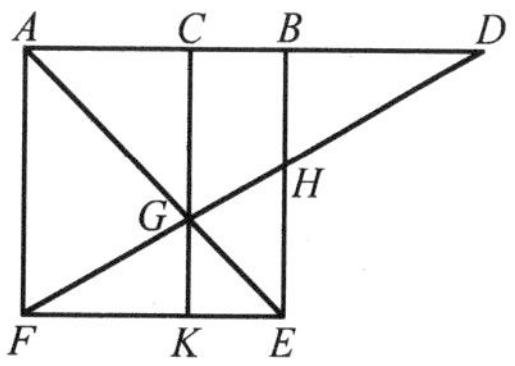

图 7.90

证明　从面积相等两三角形知

$$GK\cdot EF=BH\cdot BD$$

即

$$\frac{BH}{GK}=\frac{FE}{BD}$$

从 $\triangle BHD\backsim\triangle KGF$，知

$$\frac{BH}{GK}=\frac{BD}{FK}$$

即

$$\frac{FE}{BD}=\frac{BD}{FK}$$

又 $AB=FE$，$AC=FK$，于是

$$AB\cdot AC=BD^2$$

从 $\triangle DCG\backsim\triangle FKG$，知

① 转引自《阿基米德文集》俄文本，1962 年苏联国家科技出版社.

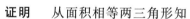

$$\frac{GK}{FK} = \frac{GC}{CD}$$

又 $FK = AC = GC$，$GK = KE = CB$，于是

$$CB \cdot CD = AC^2$$

❖圆内接正七边形的作图

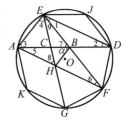

图 7.91

作法 如图 7.91，在线段 AB 及其延长线上取 C，D 两点使 $AB \cdot AC = BD^2$，且 $CD \cdot CB = AC^2$．又取 $CE = CA$，$BE = BD$，作圆外接于 $\triangle AED$，则 AE 为此圆内接正七边形一边．

证明 如图 7.91，延长 EB，EC 与圆周分别交于 F，

G．联结 AF，交 EG 于 H，又联结 HB，则

$$\angle 1 = \angle 2，\angle 3 = \angle 4（等腰三角形底角）$$

$$\angle 2 = \angle 6，\angle 1 = \angle 5（同弧所对圆周角）$$

这说明 $\overset{\frown}{DF}$，$\overset{\frown}{AE}$ 所对圆周角 $\angle 1 = \angle 6$．从条件 $CD \cdot CB = AC^2$，$EC = AC$，且共有 $\angle C$，知 $\triangle BEC \backsim \triangle EDC$，于是 $\overset{\frown}{GF}$ 所对圆周角 $\angle 9 = \angle 2 = \angle 1$．

从 $\angle 7 = \angle 5 + \angle 6 = 2\angle 1$，$\angle 8 = \angle 9 + \angle 6 = \angle 7$，知 A，E，B，H 四点共圆，从而得 $\angle 4 = \alpha$．

又从条件 $AB \cdot AC = BD^2$，而 $BE = BD$，$AH = BD$，$\angle 5 = \angle 9$，知 $\triangle BEC \backsim \triangle HAB$，得 $\angle 4 = \alpha = \angle 7 = \angle 3 = 2\angle 1$．这说明 $\overset{\frown}{AG}$，$\overset{\frown}{ED}$ 所对圆周角都是 $2\angle 1$．在两者各取中点 K，J，而 $\overset{\frown}{DF}$，$\overset{\frown}{FG}$，$\overset{\frown}{GA}$，$\overset{\frown}{AE}$，$\overset{\frown}{ED}$ 为全圆周，那么 $AK = KG = GF = FD = DJ = JE = EA = a_7$．命题获证．

❖正十七边形作图问题

"数学王子"高斯在 19 岁时发现了正十七边形的尺规作法，无论对他本人还是对数学界都是莫大的贡献，可以说是刻骨铭心的事件．因此，在他的墓碑上刻上了正十七边形，作为永久的纪念．①

① 何继刚，袁桐.正十七边形作图的思路和方法介绍[J].数学通报，2008(4)：32-33.

正十七边形的作法之所以奇特，首先是它基于大量的代数知识（复数知识），要用到棣美弗公式，还要用到构建代数方程的技巧，从而得到"一套"解答. 待这一套解答得到之后，作图倒简单了.

运用复数知识，作正十七边形的核心是作出 $\cos\dfrac{2\pi}{17}$，首先要建立和解出关于 $\cos\dfrac{2\pi}{17}$ 的方程，这是关键所在.

第一，设 $\varepsilon=\cos\dfrac{2\pi}{17}+\mathrm{isin}\dfrac{2\pi}{17}$，由 $\sum\limits_{m=0}^{16}\varepsilon^m=0$ 知

$$\varepsilon+\varepsilon^2+\cdots+\varepsilon^{16}=-1 \qquad ①$$

第二，将式①左边分成两部分，设为 x_0,x_1 易知，$x_0+x_1=-1$，又将 x_0,x_1 设为

$$x_0=\varepsilon+\varepsilon^9+\varepsilon^{13}+\varepsilon^{15}+\varepsilon^{16}+\varepsilon^8+\varepsilon^4+\varepsilon^2 \qquad ②$$
$$x_1=\varepsilon^3+\varepsilon^{10}+\varepsilon^5+\varepsilon^{11}+\varepsilon^{14}+\varepsilon^7+\varepsilon^{12}+\varepsilon^6 \qquad ③$$

之所以这样设，是为了使它满足 $x_0\cdot x_1$ 为实数. 读者可以验算得 $x_0\cdot x_1=-4$.

于是可以得到 x_0,x_1 是方程 $x^2+x-4=0$ 的两根：$x=\dfrac{-1\pm\sqrt{17}}{2}$.

再看一下，x_0,x_1 是什么

$$x_0=\cos\dfrac{2\pi}{17}+\mathrm{isin}\dfrac{2\pi}{17}+\cos\dfrac{18\pi}{17}+\mathrm{isin}\dfrac{18\pi}{17}+\cos\dfrac{26\pi}{17}+\mathrm{isin}\dfrac{26\pi}{17}+$$
$$\cos\dfrac{30\pi}{17}+\mathrm{isin}\dfrac{30\pi}{17}+\cos\dfrac{32\pi}{17}+\mathrm{isin}\dfrac{32\pi}{17}+\cos\dfrac{16\pi}{17}+\mathrm{isin}\dfrac{16\pi}{17}=$$
$$\cos\dfrac{8\pi}{17}+\mathrm{isin}\dfrac{8\pi}{17}+\cos\dfrac{4\pi}{17}+\mathrm{isin}\dfrac{4\pi}{17}$$

因为

$$\sin\dfrac{2\pi}{17}+\sin\dfrac{32\pi}{17}=0,\sin\dfrac{18\pi}{17}+\sin\dfrac{16\pi}{17}=0$$
$$\sin\dfrac{26\pi}{17}+\sin\dfrac{8\pi}{17}=0,\sin\dfrac{30\pi}{17}+\sin\dfrac{4\pi}{17}=0$$

所以

$$x_0=2\cdot(\cos\dfrac{2\pi}{17}+\cos\dfrac{4\pi}{17}+\cos\dfrac{8\pi}{17}+\cos\dfrac{16\pi}{17})\in\mathbf{R}$$

同样

$$x_1=2\cdot(\cos\dfrac{6\pi}{17}+\cos\dfrac{10\pi}{17}+\cos\dfrac{14\pi}{17}+\cos\dfrac{12\pi}{17})\in\mathbf{R}$$

不难看出，x_1 表达式中只有第一项为正，后三项为负，且 $|\cos\dfrac{14\pi}{17}|>$ $|\cos\dfrac{6\pi}{17}|$，所以 $x_1<0$. 这就是说，x_0 与 x_1 中一正一负，所以

$$x_0 = \frac{-1 + \sqrt{17}}{2}, x_1 = \frac{-1 - \sqrt{17}}{2} \qquad ④$$

由于 $17 = 4^2 + 1^2$，容易用尺规方法作出 $x_0 \cdot x_1$.

进一步，将 ② 中的奇数项和设为 y_0，偶数项之和设为 y_1，将 ③ 中的奇数项和设为 y_2，偶数项和设为 y_3，易知，$y_0 + y_1 = x_0$，$y_2 + y_3 = x_1$，并且满足 $y_0 \cdot y_1 = -1$，$y_2 \cdot y_3 = -1$，于是有

$$y^2 - x_0 y - 1 = 0$$

$$y_{0,1} = \frac{x_0 \pm \sqrt{x_0^2 + 4}}{2}$$

$$y^2 - x_1 y - 1 = 0$$

$$y_{2,3} = \frac{x_1 \pm \sqrt{x_1^2 + 4}}{2}$$

由于 y_0, y_1 是一正一负，y_2, y_3 也是一正一负，根据设计

$$y_0 = \varepsilon + \varepsilon^{13} + \varepsilon^{16} + \varepsilon^4 = \cos\frac{2\pi}{17} + \cos\frac{26\pi}{17} + \cos\frac{32\pi}{17} + \cos\frac{8\pi}{17} =$$

$$2\cos\frac{2\pi}{17} + 2\cos\frac{8\pi}{17} > 0$$

所以 $$y_1 < 0$$

于是 $$y_0 = \frac{x_0 + \sqrt{x_0^2 + 4}}{2}$$

类似的

$$y_2 = \varepsilon^3 + \varepsilon^5 + \varepsilon^{14} + \varepsilon^{12} = \cos\frac{6\pi}{17} + \cos\frac{10\pi}{17} + \cos\frac{28\pi}{17} + \cos\frac{24\pi}{17} =$$

$$2\cos\frac{6\pi}{17} + 2\cos\frac{10\pi}{17} = 4\cos\frac{8\pi}{17}\cos\frac{2\pi}{17} > 0$$

所以 $$y_2 = \frac{x_1 + \sqrt{x_1^2 + 4}}{2}$$

最后，再将 y_0, y_1, y_2, y_3 中的奇数项与偶数项再拆开. 其实，我们最关心的是 y_0

$$Z_0 = \varepsilon + \varepsilon^{16}, Z_1 = \varepsilon^{13} + \varepsilon^4$$

由于 $Z_0 + Z_1 = y_0$，而 $Z_0 \cdot Z_1 = \varepsilon^{14} + \varepsilon^5 + \varepsilon^{12} + \varepsilon^3 = y_2$，所以 Z_0, Z_1 是方程 $Z^2 - y_0 Z + y_2 = 0$ 的两根，所以

$$Z_{0,1} = \frac{y_0 \pm \sqrt{y_0^2 - 4y_2}}{2}$$

前面已证得 $y_0 > 0, y_2 > 0$，又

$$Z_0 = \cos\frac{2\pi}{17} + \cos\frac{32\pi}{17} = 2\cos\frac{2\pi}{17}$$

$$Z_1 = \cos\frac{8\pi}{17} + \cos\frac{26\pi}{17} = 2\cos\frac{8\pi}{17}$$

所以 $Z_0 > Z_1$,即

$$Z_0 = \frac{y_0 + \sqrt{y_0^2 - 4y_2}}{2}$$

又 $\cos\frac{2\pi}{17} = \frac{Z_0}{2}$,于是我们得出一系列的公式

$$x_0 = \frac{-1+\sqrt{17}}{2}, x_1 = \frac{-1-\sqrt{17}}{2} \qquad ⑤$$

$$y_0 = \frac{x_0 + \sqrt{x_0^2 + 4}}{2}, y_2 = \frac{x_1 + \sqrt{x_1^2 + 4}}{2} \qquad ⑥$$

$$Z_0 = \frac{y_0 + \sqrt{y_0^2 - 4y_2}}{2}, \cos\frac{2\pi}{17} = \frac{Z_0}{2} \qquad ⑦$$

有了这些公式,只要依次作出 x_0, x_1, y_0, y_2,再作出 Z_0,便可以作出 $\cos\frac{2\pi}{17}$ 了.

最后介绍作法步骤.

(1) 如图 7.92,在单位圆 O 中互相垂直的两直径 AC, BD 为坐标轴,来作出 $\frac{x_0}{2}$ 和 $\frac{x_1}{2}$:

在 x 轴负方向上取点 N,使 $ON = \frac{1}{4}$,易知 $NB = \frac{\sqrt{17}}{4}$,以 N 为圆心,NB 为半径,画弧交 x 轴于 F, F'(分别在正、负半轴),易知 F, F' 的横坐标分别为 $\frac{x_0}{2}$,$\frac{x_1}{2}$.此时 $FB = \sqrt{\frac{x_0^2}{4}+1} = \frac{\sqrt{x_0^2+4}}{2}$,以 F 为圆心,FB 为半径,画弧交 x 轴正方向于 G,此时 $OG = \frac{x_0}{2} + \frac{\sqrt{x_0^2+4}}{2} = y_0$.

类似的,$F'B = \sqrt{\frac{x_1^2}{4}+1} = \frac{\sqrt{x_1^2+4}}{2}$,以 F' 为圆心,$F'B$ 为半径,画弧交 x 轴正方向于 G',此时 $OG' = \frac{x_1}{2} + \frac{\sqrt{x_1^2+4}}{2} = y_2$.

(2) 以下用另一种方法作出 $Z_0 = \frac{y_0 + \sqrt{y_0^2 - 4y_2}}{2}$.

如图 7.93,先以 OG' 为直径画圆,设与 y 轴正半轴交于点 H,(易知 $OH^2 =$

$1 \cdot y_2)$，又以 H 圆心，$\frac{1}{2}OG$ 为半径画弧交 x 轴正半轴于 K，则有

$$OK = \sqrt{\frac{OG^2}{4} - OH^2} = \sqrt{\frac{y_0^2}{4} - y_2} = \frac{\sqrt{y_0^2 - 4y_2}}{2}$$

再以 K 为圆心，$KH = \frac{1}{2}OG$ 为半径画弧交 x 轴正半轴于 L，取 OL 的中点 M，则

$$OM = \frac{y_0 + \sqrt{y_0^2 - 4y_2}}{4} = \frac{Z_0}{2} = \cos\frac{2\pi}{17}$$

过点 M 作 y 轴的平行线交圆于两点，即为 A_1 和 A_{16}，从而作出正十七边形.

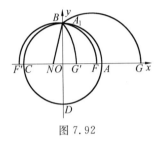

图 7.92

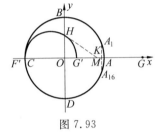

图 7.93

❖ 正 n 边形近似作图法

作法 1 作正 $\triangle ABC$. n 等分底边 AB，记等分点为 1，$2, \cdots, n(B)$. 以 AB 为直径作圆，联结顶点 C 与第 2 分点，交圆于另一侧的点 M. $\overset{\frown}{AM}$ 是所求圆的 n 等分弧. 此法当 n 不大时，误差较小. 如把所作圆视为单位圆，则相似正五边形较真值相对误差小于 0.1%. 当 $n=7,9$ 时误差更小，如图 7.94 所示.[1]

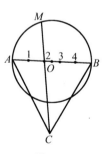

图 7.94

作法 2 作正 $\triangle ABC$. 底边 AB 中点为 O. n 等分底边 OA，取点 L，使 OL 含 2 等份，联结 CL，交圆周于点 M，如图 7.95 所示，CO 交圆周于 D，则 $\overset{\frown}{MD}$ 为所求 n 等分圆弧. 当 $n > 8$ 时，此法误差较小，精度优于作法 1.

作法 3 AB 为直径，作 n 等分，如图 7.96 所示，作 $OF \perp AB$，交圆于 D. 在 OA，OD 外侧各取所作 n 等分中的 1 等份，分别记截取点为 E，F. 联结 EF，交圆于点 G. 记 AB 上近于点 A 的第 3 等分点为 H，则 $GH = a_n$. 用这一作法所得正 n 边

① 沈康身. 历史数学名题赏析[M]. 上海：上海教育出版社，2002：606-607.

形圆心角与真值比较如下表所示.

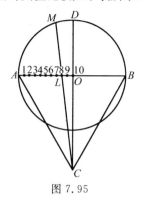

图 7.95

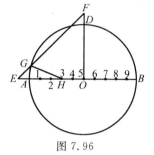

图 7.96

n	近似作法	真值
7	$51°24'40''$	$50°25'43''$(约)
9	$30°56'20''$	$40°$
19	$18°56'20''$	$18°50'51''$(约)

❖任意三角形的内接正三角形的作图

作任意 $\triangle ABC$ 的内接正 $\triangle EFG$.[①]

分析 假设正 $\triangle EFG$ 已经作出,如图 7.97 所示,则由正弦定理知

$$\frac{BE}{\sin y}=\frac{EG}{\sin B},\frac{EC}{\sin x}=\frac{EF}{\sin C}$$

由此得

$$\frac{BE}{EC}=\frac{\sin C\sin y}{\sin B\sin x} \qquad (*)$$

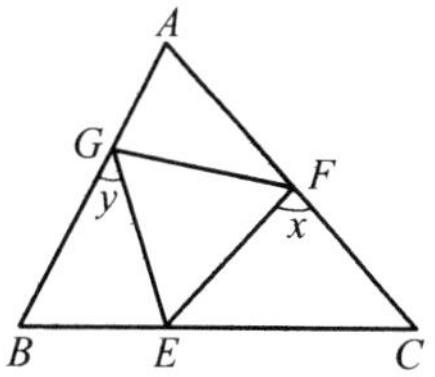

图 7.97

可见 $\triangle EFG$ 的顶点 E 在边 BC 上的位置与角 x,y 的大小有关.由于 $\angle BGF$ 是 $\triangle AFG$ 的一个外角,因而 $y+60°=A+180°-60°-x$,故 $y=60°+A-x$. 下面考虑角 x 及 y 的大小.

关于角 x,显然满足 $x>0°$,$x+C<180°$,$x+60°<180°$ 及 $x+60°>A$, 即 $x>0°$,$x<180°-C$,$x<120°$ 及 $x>A-60°$.

---

① 刘付欣. 关于内接于三角形的正三角形问题[J]. 中等数学月刊,2003(6):31-32.

关于角 y,同理满足 $y > 0°, y < 180° - B, y < 120°$ 及 $y > A - 60°$.由于 $y = 60° + A - x$,因而由 y 满足的不等式推得 $x < 60° + A, x > 60° - C, x > A - 60°$ 及 $x < 120°$.

综合以上讨论,得知式($*$)中的 x 需要满足不等式 $\max\{A - 60°, 0°, 60° - C\} < x < \min\{60° + A, 120°, 180° - C\}$.

作图　(1)设 x_0 满足不等式 $\max\{A - 60°, 0°, 60° - C\} < x_0 < \min\{60° + A, 120°, 180° - C\}$.

(2)在 $\triangle ABC$ 的边 BC 上取点 E,使得

$$\frac{BE}{EC} = \frac{\sin C \sin(60° + A - x_0)}{\sin B \sin x_0}$$

(3)以 E 为顶点,在 $\triangle ABC$ 的内部作 $\angle CEF = 180° - C - x_0$,$\angle BEG = x_0 + C - 60°$,设 EF 与 CA,EG 与 AB 的交点分别为 F, G.

(4)联结 FG,如图 7.98 所示,则 $\triangle EFG$ 即为 $\triangle ABC$ 的内接正三角形.

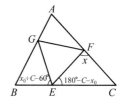

图 7.98

我们先证明 $\triangle EFG$ 的三个顶点分别在边 BC, CA, AB 上.

证明　因为 $\angle CEF = 180° - C - x_0$,$x_0 < 180° - C$,故 $0° < \angle CEF < 180° - C$,因而射线 EF 与 CA 必有交点 F.下面用反证法证明点 F 必在边 CA 上且不与 A 重合.

(1)若点 F 在边 CA 的延长线上,则点 G 必在边 AB 上(否则 $\angle CEF + \angle BEG > 180°$ 与 $\angle CEF + \angle BEG = 180° - C - x_0 + x_0 + C - 60° = 120°$ 矛盾,图略).此时 $\angle CAB > \angle CFG$,即 $A > x_0 + 60°$,这与 $x_0 > A - 60°$ 矛盾.

(2)若点 F 恰好与点 A 重合,仿(1)可推出矛盾,故点 F 必在边 CA 上.

同理可证点 G 在边 BA 上,而由作图显然可知点 E 在边 BC 上,故 $\triangle EFG$ 的顶点分别在边 BC, CA, AB 上.

我们再证明 $\triangle EFG$ 为正三角形.

在 $\triangle CEF$ 中,$\angle CEF = 180° - C - x_0$,$\angle CFE = x_0$,由正弦定理可得

$$\frac{EC}{\sin x_0} = \frac{EF}{\sin C}$$

在 $\triangle BEG$ 中,同理可得

$$\frac{BE}{\sin(60° + A - x_0)} = \frac{EG}{\sin B}$$

故

$$\frac{BE}{EC} = \frac{EG \sin C \sin(60° + A - x_0)}{EF \sin B \sin x_0}$$

再由作图(2)知

$$\frac{BE}{EC} = \frac{\sin C \sin(60° + A - x_0)}{\sin B \sin x_0}$$

因而 $EG = EF$. 又 $\angle GEF = 180° - (\angle BEG + \angle CEF) = 60°$,所以 $\triangle EFG$ 为正三角形. 至此我们证明了 $\triangle EFG$ 为 $\triangle ABC$ 的内接正三角形.

讨论 由前面的作图过程可以看出,对于给定的 $\triangle ABC$,它的内接正 $\triangle EFG$ 的顶点 E 的位置由 x_0 的大小确定,因此不同的 x_0 就确定不同的 $\triangle EFG$. 由于满足不等式 $\max\{A - 60°, 0°, 60° - C\} < x < \min\{60° + A, 120°, 180° - C\}$ 的 x_0 有无穷多个,因此能够作出的 $\triangle ABC$ 的内接正三角形也有无穷多个.

综上,我们证明了定理,同时还得到了如下推论:

推论 1 任意三角形都存在无穷多个内接正三角形.

推论 2 设 $\triangle ABC$ 的内接正三角形的边长为 m,则

$$m = \frac{2S_\triangle}{b\sin x + c\sin(60° + A - x)}$$

其中 $S_\triangle$ 表示 $\triangle ABC$ 的面积,x 满足 $\max\{A - 60°, 0°, 60° - C\} < x < \min\{60° + A, 120°, 180° - C\}$.

证明 设 $\triangle EFG$ 为 $\triangle ABC$ 的内接正三角形,其边长为 m,如图 7.97 所示. 由正弦定理知

$$\frac{m}{\sin B} = \frac{BE}{\sin y}, \quad \frac{m}{\sin C} = \frac{a - BE}{\sin x}$$

其中 x 满足 $\max\{A - 60°, 0°, 60° - C\} < x < \min\{60° + A, 120°, 180° - C\}$,且 $y = 60° + A - x$,故

$$m = \frac{a\sin B\sin C}{\sin B\sin x + \sin C\sin y} = \frac{ab\sin C}{b\sin x + c\sin y} = \frac{2S_\triangle}{b\sin x + c\sin(60° + A - x)}$$

推论 3 $\triangle ABC$ 总存在唯一的一个最小内接正三角形,其边长为

$$\frac{2S_\triangle}{\sqrt{b^2 + c^2 - 2bc\cos(60° + A)}}.$$

证明略.

❖直角三角形的外接正三角形的作图

我们先采用"执果索因"的分析法来进行分析. 设 $\triangle DEF$ 是 $\mathrm{Rt}\triangle ABC$ 的外接正三角形,如图 7.99 所示.

此时 D,E,F 分别在以 BC,CA,AB 为弦,在 $\text{Rt}\triangle ABC$ 的外侧,张角为 $60°$ 的 $\overparen{BC},\overparen{CA},\overparen{AB}$ 上,延长 BC 交 $\overparen{CA}$ 于点 M,则 E 必在 $\overparen{CA}$ 上的 M 与 A 之间.

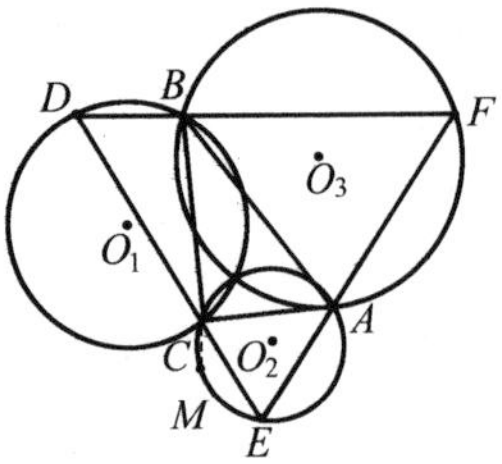

按上述分析,我们得到直角三角形的外接正三角形的作法:①

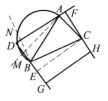

图 7.99

(1) 分别以 BC,CA,AB 为弦,向 $\text{Rt}\triangle ABC$ 的外侧,作张角为 $60°$ 的 $\overparen{BC},\overparen{CA},\overparen{AB}$.

(2) 延长 BC 交 $\overparen{CA}$ 于点 M,在 $\overparen{CA}$ 上,M 与 A 之间任取一点 E,联结 EC 延长交 $\overparen{CB}$ 于 D,联结 DB 延长交 $\overparen{AB}$ 于 F.

(3) 联结 AE,AF,则 F,A,E 共线.

$\triangle DEF$ 为 $\text{Rt}\triangle ABC$ 的外接正三角形.

证明 设 $\angle ECA=\alpha$,由作法知

$$\angle EAC=120°-\alpha,\angle BCD=90°-\alpha,\angle CBD=30°+\alpha$$

$$\angle FBA=150°-(\alpha+\angle B)$$

$$\angle FAB=\alpha+\angle B-30°$$

注意到

$$\angle A+\angle B=90°$$

$$\angle FAB+\angle A+\angle EAC=180°$$

所以,F,A,E 共线,又 $\angle D=\angle E=\angle F=60°$,即 $\triangle DEF$ 为正三角形.

❖三角形外接正方形的作图

如果一个三角形的三个顶点都落在一个正方形的边上,则称该正方形为该三角形的一个外接正方形.②

假设任意 $\triangle ABC$,如图 7.100 所示.

作法 (1) 以 $\triangle ABC$ 的任一边为直径(假设边 AB),向 $\triangle ABC$ 外侧画半圆.

(2) 过点 A 作 $AM\perp AC$,得一段圆弧 $\overparen{AM}$;同理作 $BN\perp BC$,得一段圆弧 $\overparen{BN}$.

图 7.100

① 郭要红. 三角形的最大外接正三角形[J]. 数学通报,2004(2):24.

② 史嘉. 三角形的外接正方形[J]. 中学数学,2005(2):47.

(3) 若 $\overparen{AM} \cap \overparen{BN}$ 为非空集时,在 $\overparen{MN}$ 上任取一点 D,联结 DA,DB 并延长.

(4) 过点 C 分别作 $CE \perp BD$,$CF \perp DA$,垂足分别为 E,F.

(5) 以点 D 为圆心,以 $|DF|$(即 $|DE|$,$|DF|$ 中较长者)为半径画圆弧,交 DB 于 G.过 G 作 $GH \parallel DF$ 交 CF 于点 H.则四边形 $DGHF$ 即为 $\triangle ABC$ 的外接正方形.

证明 根据作法知 $DA \perp DB$,$DF = DG$,且 $DG \parallel HF$,$GH \parallel DF$,易知四边形 $DGHF$ 为 $\triangle ABC$ 的外接正方形.

❖ 三角形内接正方形的作法

对任意 $\triangle ABC$,要作出它的内接正方形,为方便计,不妨设 $\angle ABC$ 与 $\angle ACB$ 都是锐角.

作法① (1) 如图 7.101,以 BC 为一边,向 $\triangle ABC$ 的形外作正方形 $BCDE$.

(2) 联结 AD,AE,设 AD,AE 与边 BC 分别交于点 F,K.

(3) 过 F,K 分别作 BC 的垂线,交 AC,AB 于 R,S.

(4) 联结 RS,得四边形 $FKSR$.四边形 $FKSR$ 是 $\triangle ABC$ 的内接正方形.

证明 由作法知,$RF \parallel SK$,$\triangle ARF \backsim \triangle ACD$,$\triangle AFK \backsim \triangle ADE$,$\triangle ASK \backsim \triangle ABE$,有

$$\frac{RF}{CD} = \frac{AF}{AD} = \frac{KF}{ED} = \frac{AK}{AE} = \frac{SK}{BE}$$

所以
$$RF = KF = SK$$

即四边形 $FKSR$ 是 $\triangle ABC$ 的内接正方形.

从以上作图方法,显然可以看出:要 AD,AE 与 BC 有交点(不是 BC 的端点),必须且只需 $\angle ABC$ 与 $\angle ACB$ 是锐角.所以,锐角三角形有三个内接正方形.反过来,若 $FKSR$ 是如图7.101 所示的三角形的内接正方形,联结 AF,AK 并延长后分别与过 C,B 的 BC 的垂线交于 D,E,同样可以证明 $BCDE$ 是正方形,所以锐角三角形只有三个内接正方形.

若 $\triangle ABC$ 是直角三角形,则斜边上有一内接正方形,在两直角边上的内接正方形相同,如图 7.102 所示.

所以,直角三角形有两个内接正方形,同样讨论可以得到,直角三角形只有

---

① 郭要红.三角形的内接正方形[J].中学数学,2003(7):46.

两个内接正方形.

钝角三角形在其在大边上有一个内接正方形.同样可以证明钝角三角形只有这一个内接正方形.

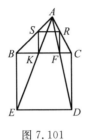

图 7.101

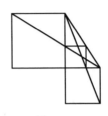

图 7.102

❖ 凸四边形的外接正方形的作法

问题 作凸四边形 $ABCD$ 的外接正方形.

分析 设 $PQRS$ 为所求的正方形,如图 7.103 所示,则 P，R 分别在以 AB，CD 为直径的圆上,而对角线 PR 为 $\angle P$，$\angle R$ 的角平分线,且必经过 $\overset{\frown}{AMB}$ 及 $\overset{\frown}{CND}$ 的中点 M，N，所以 P，R 两点易得.

作法 以 AB，CD 为直径作圆,在四边形内侧的半圆上各取中点 M，N.联结 MN，交外侧半圆于 P，R，联结 PB，PA，RC，RD 就是所求正方形的 $PQRS$ 四边.

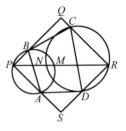

图 7.103

❖ 三角形正则点的尺规作图

在上册三角形的正则点定理的最后部分给出了作正则点的一种方法.这里又给出一种作图方法.

情形 I 不等边三角形.

已知 △ABC 各边互不相等,求作 △ABC 的正则点.

作法① (1) 作 $\angle A$ 的内角和外角平分线,与对边 BC（或延长线）交于 D，

---

① 孙四周.三角形正则点的尺规作图[J].中学数学,2001(11):39.

D'.

(2) 以 DD' 为直径作圆 O_1.

(3) 同样作 $\angle B$ 的内、外角平分线,与对边交于 E,E',再以 EE' 为直径作圆 O_2.

(4) 圆 O_1 与圆 O_2 的两个交点就是 $\triangle ABC$ 的正则点.

证明 如图 7.104,首先要证明圆 O_1 与圆 O_2 相交. 在此不妨设 $AB > BC > CA$.

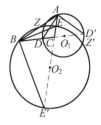

因 AD 和 AD' 是 $\angle A$ 的内外角平分线,则

$$\frac{DB}{DC} = \frac{D'B}{D'C} = \frac{AB}{AC}$$

图 7.104

故圆 O_1 是关于 B,C 两点的比为 $\dfrac{AB}{AC}$ 的阿波罗尼斯圆(注:这里说的就是阿氏圆的定义),且点 A 也在这个圆上.

同理,圆 O_2 是关于 A,C 两点的比为 $\dfrac{BA}{BC}$ 的阿波罗尼斯圆,点 B 也在圆 O_2 上.

又 $AB > AC$,故 C 在圆 O_1 内;$BA > BC$,故 C 又在圆 O'_2 内,从而线段 AC 在圆 O_1 内,BC 在圆 O_2 内,即知点 E 在圆 O_1 内,点 D 在圆 O_2 内. 这时可见,圆 O_1 经过圆 O_2 内部的点 D,圆 O_2 又经过圆 O_1 内部的点 E,故圆 O_1 与圆 O_2 必相交.

设圆 O_1 与圆 O_2 的交点为 Z,Z',下面证明 Z,Z' 即为正则点.

由阿氏圆的性质,在圆 O_1 上有 $\dfrac{ZB}{ZC} = \dfrac{AB}{AC}$,即

$$ZB \cdot AC = ZC \cdot AB$$

在圆 O_2 上有 $\dfrac{ZA}{ZC} = \dfrac{BA}{BC}$,即

$$ZA \cdot BC = ZC \cdot BA$$

则

$$ZA \cdot BC = ZB \cdot AC = ZC \cdot AB$$

即 Z 为 $\triangle ABC$ 的正则点,Z' 同样可证.

情形 Ⅱ 非等边的等腰三角形.

已知 $\triangle ABC$ 中,$AB = AC \neq BC$,求作:$\triangle ABC$ 的正则点.

作法 (1) 在 $\angle B$ 处作内角、外角的平分线,仿情形 Ⅰ,在边 AC 上作阿氏圆圆 O_1.

(2) 作 $\angle A$ 的内角平分线,交圆 O_1 于 Z 及 Z',则 Z,Z' 就是 $\triangle ABC$ 的正则点,如图 7.105 所示.

证明 显然,BE 是圆 O_1 的一条弦,角平分线 AD 与 BE 相交,当然就与圆

O_1 相交. 因

$$\frac{ZA}{ZC} = \frac{BA}{BC}$$

则 $ZA \cdot BC = ZC \cdot AB$

又由 $AB = AC$，$ZB = ZC$，则

$$ZB \cdot AC = ZC \cdot AB$$

从而得 $ZA \cdot BC = ZB \cdot AC = ZC \cdot AB$

即 Z 为 $\triangle ABC$ 的正则点. 同理可证 Z'.

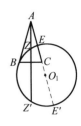

图 7.105

情形 Ⅲ　正三角形.

正三角形的正则点只有一个，就是它的中心，作图略.

❖ 帕普斯问题

在帕普斯著作《数学汇编》里有这样一个几何作图题：

已知 D 为角平分线上一点，过 D 引一直线，使其夹在角内的线段等于定长.

分析　如图 7.106(a)，设 D 为 $\angle BAC$ 角平分线 AD 上一点，需过 D 作线段 BC，使 $BC = a$（定长）.

如图 7.106(b)，任作 $B_1 C_1 = a$，以 $B_1 C_1$ 为弦作含 $\angle BAC$ 的圆弧. 过 $B_1 C_1$ 中点 E_1 作 $K_1 E_1 \perp B_1 C_1$. 这样，问题就变为如何作弦 $A_1 K_1$，使 $D_1 A_1 = DA$. 为此，可先证明 $\triangle E_1 K_1 D_1 \backsim \triangle A_1 K_1 H_1$，从而得到

$$\frac{K_1 D_1}{H_1 K_1} = \frac{E_1 K_1}{K_1 A_1}$$

即 $K_1 D_1 \cdot K_1 A_1 = H_1 K_1 \cdot E_1 K_1$

因 $K_1 A_1 = K_1 D_1 + D_1 A_1$

则 $K_1 D_1^2 + K_1 D_1 \cdot D_1 A_1 = H_1 K_1 \cdot E_1 K_1$

又在 $Rt\triangle H_1 C_1 K_1$ 中，$E_1 K_1$ 为直角边 $C_1 K_1$ 在斜边 $H_1 K_1$ 上的射影，则

$$H_1 K_1 \cdot E_1 K_1 = C_1 K_1^2$$

即 $K_1 D_1^2 + K_1 D_1 \cdot D_1 A_1 = C_1 K_1^2$

设 $K_1 D_1 = x$，$A_1 D_1 = p$，$C_1 K_1 = q$，则

$$x^2 + px = q^2$$

根据方程可以作出 x.

作法　如图 7.106，以 K_1 为圆心，$K_1 D_1 = x$ 为半径画弧交 $B_1 C_1$ 于 D_1，联结 $K_1 D_1$ 并延长交圆于 A_1. 从而可作出 $\triangle A_1 B_1 C_1$.

在 $\angle BAC$ 的边 AB 上取 $AB = A_1 B_1$，过 B，D 引直线 BC 交 AC 于 C，则 BC 即所求直线.

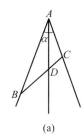

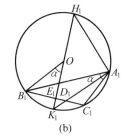

(a)   (b)

图 7.106

❖ 作三内角等于已知角的三角形

作圆内接三角形,使它与给定三角形有相等的三个角

本题出自欧几里得的名著《几何原本》.

已知 $\triangle ABC$(图 7.107)及定圆 O,试在圆 O 内作 $\triangle A_1 B_1 C_1$,使

$$\angle A_1 = \angle A, \angle B_1 = \angle B, \angle C_1 = \angle C$$

如图 7.108,在圆 O 上取一点 A_1,过 A_1 作圆 O 的切线 DE,作 $\angle EA_1 C_1 = \angle ABC$,$A_1 C_1$ 交圆 O 于 C_1,作 $\angle DA_1 B_1 = \angle ACB$,$A_1 B_1$ 交圆于 B_1,联结 $B_1 C_1$,则 $\triangle A_1 B_1 C_1$ 即为所求. 这时,$\angle A_1 B_1 C_1 = \angle EA_1 C_1 = \angle ABC$,$\angle A_1 C_1 B_1 = \angle DA_1 B_1 = \angle ACB$.

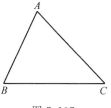

图 7.107

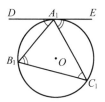

图 7.108

❖ 费马作图问题

费马作图问题

(1) 已知 a,$\angle A = \alpha$,$(b-c):h_a$,求作 $\triangle ABC$.

(2) 已知 a,$\angle A = \alpha$,$(b-c)+h_a$,求作 $\triangle ABC$.

问题(1)是帕斯卡向费马提出的,由费马作出解答;问题(2)是费马提供给帕斯卡的,并流传于世.

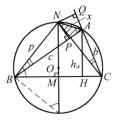

图 7.109

下面的解法源于费马.①

(1) 如图 7.109,假定 $\triangle ABC$ 已作出.作 $\triangle ABC$ 的外接圆 O,设 N 是 $\overset{\frown}{BAC}$ 的中点,M 是线段 BC 的中点,作 $NP \perp AB$ 于 P,$NQ \perp CA$ 于 Q,则

$$\angle NAP = \angle NAQ, AP = AQ$$

又 $\text{Rt}\triangle BNP \cong \text{Rt}\triangle CNQ, BP = CQ$,故

$$AB - AP = AC + AQ, AB - AC = 2AP$$

即

$$2AP = b - c$$

另外

$$NB^2 - NA^2 = BP^2 - PA^2 = (BP + PA)(BP - PA) = bc$$

而 $bc = 2Rh_a$(因为 $S_\triangle = \dfrac{1}{2}ah_a = \dfrac{abc}{4R}$),则

$$NB^2 - NA^2 = 2Rh_a \qquad ①$$

因 $\triangle PAN \backsim \triangle MBN$,则

$$\frac{AP}{BM} = \frac{NA}{NB}$$

即

$$AP = \frac{NA}{NB} \cdot \frac{a}{2} \qquad ②$$

设 $NA = x, NB = p$,则由 ①,②,有

$$p^2 - x^2 = 2Rh_a, \frac{1}{2}(b - c) = \frac{x}{p} \cdot \frac{a}{2}$$

从而

$$\frac{b - c}{h_a} = \frac{2Rax}{p(p^2 - x^2)} \qquad ③$$

由 a 和 $\angle \alpha$ 可知外接圆半径 R 及 $BN = p$,$\dfrac{b-c}{h_a} = \dfrac{m}{n}$ 是已知条件,故由式 ③ 可得

$$\frac{2Rax}{p(p^2 - x^2)} = \frac{m}{n}$$

$$\frac{m}{n}(p^2 - x^2) = \frac{2Ra}{p}x$$

$$p^2 - x^2 = \frac{2Ra}{p} \cdot \frac{n}{m} \cdot x$$

$$x^2 + \frac{2Ra}{p} \cdot \frac{n}{m} \cdot x - p^2 = 0$$

根据这个二次方程可作出满足条件的线段 x.因此 $\triangle ABC$ 可作出.

(2) 由(1)之式 ③,得

① 单墫.数学名题词典[M].南京:江苏教育出版社,2002:464-473.

$$\frac{b-c}{(b-c)+h_a}=\frac{2Rax}{2Rax+p(p^2-x^2)}$$

则 $\qquad (b-c)+h_a=(b-c)(2Rax+p(p^2-x^2))\cdot\dfrac{1}{2Rax}$

又由(1)之式 ②,得

$$b-c=\frac{NA}{NB}\cdot a=\frac{x}{p}a$$

则 $\qquad (b-c)+h_a=\dfrac{ax}{p}(2Rax+p(p^2-x^2))\cdot\dfrac{1}{2Rax}=$

$$(2Rax+p(p^2-x^2))\cdot\frac{1}{2Rp}$$

因 $(b-c)+h_a=q$ 是已知的,则

$$p^2-x^2+\frac{2Rax}{p}=2Rq,\; x^2-\frac{2Rax}{p}+(2Rq-p^2)=0$$

据此二次方程可求出 x,进而作出 $\triangle ABC$.

❖作三边各过一已知点的已知圆的内接三角形

卡斯蒂利昂问题 作一个三角形,使它内接于一个已知圆,且三边分别通过一个已知点.

本题由瑞士数学家克莱姆(Gabriel Cramer,1704—1752)提出,1776 年由意大利数学家卡斯蒂利昂(Castillon,1708—1791,原名 I. F. Salvemini)解决.

设已知圆 Σ 及三个已知点 A,B,C,求作 $\triangle XYZ$,使其内接于圆 Σ,且 YZ,ZX,XY 分别过 A,B,C.

作法 如图 7.110,(1) 在 AB 上取一点 M,使 $AM\cdot AB=p^2$,其中 p^2 是点 A 关于已知圆 Σ 的幂.

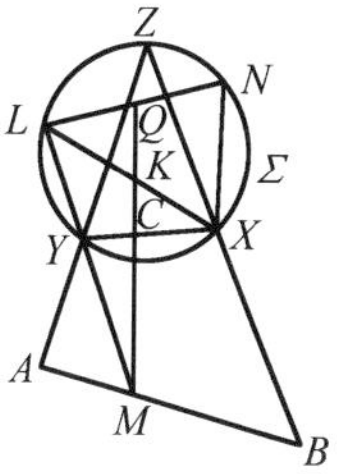

(2)联结 MC,并在其延长线上取一点 Q,使 $MQ\cdot MC=q^2$,其中 q^2 是点 M 关于已知圆 Σ 的幂.

(3)过点 Q 作弦 LN,使其所对的圆周角等于 $\angle AMQ$(设圆 Σ 的圆心为 O,半径为 r,$\angle AMC=\varphi$,作圆 $O(r\sqrt{1-\sin^2\varphi}\,)$,再过 Q 作该圆之切线).

图 7.110

(4)联结 LM 交圆于 Y,联结 AY 并延长交圆于 Z,联结 BZ 交圆于点 X,则 $\triangle XYZ$ 即为所求.

下面来证明 XY 必过点 C,即 YC,YX 必在同一直线上.

(1) 由作法,$AM\cdot AB=AY\cdot AZ,M,B,Z,Y$ 四点共圆,$\angle AMY=\angle AZB$. 但 $\angle AZB=\angle YLX$,所以 $\angle AMY=\angle YLX,LX\;/\!/\;AB$.

(2) 设 CQ 与 LX 交于 K,由于 $LX\;/\!/\;AB,\angle LKQ=\angle AMC$. 又由作法

$\angle LXN = \angle AMK$,所以 $QK \parallel NX$,从而 $\angle KQL = \angle XNL$.

（3）由作法,$MQ \cdot MC = MY \cdot ML$,$C,Q,L,Y$ 四点共圆.$\angle LYC = 180° - \angle CQL$.又 L,Y,X,N 共圆,$\angle LYX = 180° - \angle LNX$.由于 $\angle LQK = \angle LNX$,则 $\angle LYC = \angle LYX$,故点 C 在 XY 上.

本题若用施坦纳的对合对应中的二重元素的投影解法,解法比较简单.还可以利用相似方法解决如下卡斯蒂利昂问题的对偶命题:已知一个圆及三条直线,求作一个三角形,使其外切于已知圆,且三个顶点分别在三条已知直线上.

本题可推广如下:已知一圆及不在圆上的四点,求作这个圆的内接四边形,使它的四边或其延长线按一定次序通过该四点.

❖已知三条高作三角形

已知三条高的长度,求作三角形.

本题由阿杜塞尔提出, 可参见其著作 *Geometriae theoricae et practicase*(1627),149 页.

已知三线段 h_1,h_2,h_3(图 7.111(a)),求作 $\triangle ABC$,使它的高 $AD = h_1$,$BE = h_2$,$CF = h_3$.

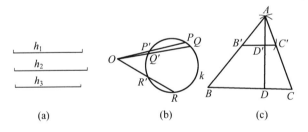

图 7.111

作法 如图 7.111,作一适当大的圆 k(其直径 $d \geqslant |h_i - h_j|$),并选择一适当的点 O,自 O 到圆 k 引三条线段 OP,OQ,OR,使 $OP = h_1$,$OQ = h_2$,$OR = h_3$.设 OP,OQ,OR 分别交圆 k 于 P',Q',R'.作 $\triangle AB'C'$,使 $B'C' = OP'$,$AC' = OQ'$,$AB' = OR'$.作 $AD' \perp B'C'$ 于 D',延长 AD' 到 D,使 $AD = h_1$.过 D 作 $B'C'$ 的平行线,交 AB',AC' 或其延长线于 B,C,得 $\triangle ABC$.

下面证明 $\triangle ABC$ 的确是符合要求的.

作 $BE \perp AC$ 于 E,$CF \perp AB$ 于 F,$B'E' \perp AC'$ 于 E',$C'F' \perp AB'$ 于 F',则

$$BC \cdot AD = CA \cdot BE = AB \cdot CF$$

因 $\triangle ABC \backsim \triangle AB'C'$,则

$$\frac{B'C'}{BC}=\frac{C'A}{CA}=\frac{B'A}{BA}$$

由于 $B'C'=OP',C'A=OQ',B'A=OR'$,则

$$\frac{OP'}{BC}=\frac{OQ'}{CA}=\frac{OR'}{AB}$$

即 $$OP' \cdot AD = OQ' \cdot BE = OR' \cdot CF$$

由圆幂定理,$OP' \cdot h_1 = OQ' \cdot h_2 = OR' \cdot h_3$.

因 $AD=h_1$,故 $BE=h_2,CF=h_3$,$\triangle ABC$ 的三条高为 h_1,h_2,h_3,合乎题意.

❖已知两边中点及垂心作三角形

已知三角形的两边中点及垂心的位置,求作三角形.

此题出自《美国数学月刊》Vol.42(1935).

设 M_2,M_3,H 是给定的三点,现在要作一个 $\triangle ABC$,使 M_2,M_3 分别是边 AC,AB 的中点,H 是 $\triangle ABC$ 的垂心.

作法 如图 7.112,延长 HM_2 到 H',使 $M_2H'=HM_2$,以 M_3H' 为直径作半圆.过 H 作 M_2M_3 的垂线交半圆于点 A.联结 AM_2 并延长到 C,使 $M_2C=AM_2$;联结 AM_3 并延长到 B,使 $M_3B=AM_3$,则 $\triangle ABC$ 即合要求.

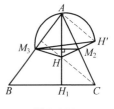

图 7.112

显然,M_2,M_3 分别是 AC,AB 的中点,且 $AH \perp BC$.又因为 $AM_2=M_2C$,$HM_2=M_2H'$,所以 $AH' \parallel HC$.而 $AH' \perp AB$,所以 $CH \perp AB$.既然 $AH \perp BC,CH \perp AB$,则 H 确是 $\triangle ABC$ 的垂心.

❖已知一边的高、中线及其余两边的差作三角形

已知一边上的高和中线及其余两边的差,求作三角形.

本题出自《美国数学月刊》Vol.44(1937) 问题 E257.

如图 7.113 设 $\triangle ABC$ 已作出,中线 $AM=m_a$,高 $AH=h_a$,$AC-AB$ 的长度为 l(已知).作内切圆 I 切 BC 于 D,AI 交 BC 于 W.显然 $Rt\triangle AMH$ 可以先行作出.又 $MD=MC-DC=\frac{1}{2}a-\frac{1}{2}(a+b-c)=\frac{1}{2}(c-b)=\frac{1}{2}l$,故点 D 可确定.

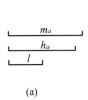

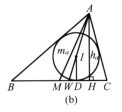

(a)   (b)

图 7.113

又由 $\dfrac{BW}{WC}=\dfrac{c}{b}$, 及 $BW+WC=a$, 可知 $BW=\dfrac{ac}{b+c}$, 则

$$MW=\dfrac{ac}{b+c}-\dfrac{1}{2}a=\dfrac{a(c-b)}{2(b+c)}$$

又 $c^2-b^2=BH^2-HC^2=(BH+HC)(BH-CH)=2a\cdot MH$, 则

$$MH=\dfrac{c^2-b^2}{2a}$$

所以 $MW\cdot MH=\dfrac{(c-b)^2}{4}=MD^2$, $MW=\dfrac{MD^2}{MH}$, W 可定.

于是可得如下作法:

(1) 作 $\mathrm{Rt}\triangle AMH$, 使 $AM=m_a$, $AH=h_a$, $\angle AHM=90°$.

(2) 在 MH 上取一点 D, 使 $MD=\dfrac{1}{2}l$.

(3) 作线段 MW, 使 $MW=\dfrac{MD^2}{MH}$, 联结 AW, 自 D 作 BC 的垂线交 AW 于 I.

(4) 以 I 为圆心, ID 为半径作圆 I, 自 A 作圆 I 的切线 AB, AC, 交 MH 的延长线于 B, C, 则 $\triangle ABC$ 即为所求.

❖已知底边及底角平分线作等腰三角形

求作等腰三角形, 使它的底边和底角平分线有给定长度.

本题选自《美国数学月刊》Vol.70(1963).

$\triangle ABC$ 中, 若 $AB=AC$, $BC=a$, BD 是底角平分线, 且 $BD=$, 试作出 $\triangle ABC$.

如图 7.114, 设 CE 是 $\angle ACB$ 的平分线, 作 DF ∥ EC, 则 $DF=CE=l$. 若作出 $\triangle BCD$ 的外接圆, 由于 $\angle CDF=\angle DFC=\angle DBC$, DF 必是圆 DBC 的切线, 设 $CD=CF=x$, 则应有 $l^2=x(x+a)$. x 应是方程 $x^2+ax-l^2=0$ 的根, $x=\dfrac{1}{2}(-a+\sqrt{a^2+4l^2}\,)$ 可作, 故可得如下作法:

（1）作出线段 x，使 $x = \frac{1}{2}(\sqrt{a^2 + 4l^2} - a)$.

（2）作 $\triangle BDF$，使 $BD = DF = l$，$BF = a + x$.

（3）在 BF 上取 $BC = a$，作 $\triangle BDC$ 的外接圆，作 $DE \parallel BC$，设 DE 交圆于 E.

（4）延长 BE，CD 交于 A，则 $\triangle ABC$ 即为所求.

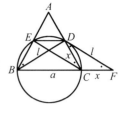

图 7.114

❖已知四边长作圆内接凸四边形

雷格蒙塔努斯作图问题　已知四边之长，求作有外接圆的凸四边形.

1464 年，雷格蒙塔努斯(Regiomontanus,1436—1476,又名 Jüller) 首先提出了这个问题，韦达提出了该问题的尺规作图法. 斯图姆等人也研究过这个问题.

如图 7.115，假定所求的四边形 $ABCD$ 已经作成，$AB = a$，$BC = b$，$CD = c$，$DA = d$，且该四边形有外接圆. 联结 AC. 若作 $\angle DCE = \angle BCA$，CE 交 AD 的延长线于 E，则由于 $\angle CDE = \angle ABC$，$\triangle CDE \backsim \triangle CBA$. 于是 $\frac{DE}{AB} = \frac{CD}{BC}$，$DE = \frac{AB \cdot CD}{BC} = \frac{ac}{b}$，故作出线段 $AD = d$ 后，

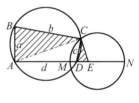

图 7.115

点 E 可以先确定. 又由于 $\frac{AC}{CE} = \frac{BC}{CD} = \frac{b}{c}$ 即点 C 到 A，E 两点的距离之比等于定值 $\frac{b}{c}$，故点 C 的轨迹是一个阿氏圆. 又由于点 C 到点 D 的距离等于定长 c，点 C 应在圆 $D(c)$ 上，故点 C 应是上述两圆的交点. 确定了 A，D，C 三点后，点 B 就很容易确定了. 因此可按如下步骤作图：

（1）作一线段 $AD = d$，在 AD 的延长线上求一点 E，使 $DE = \frac{ac}{b}$.

（2）内分、外分线段 AE 于 M，N，使 $\frac{MA}{ME} = \frac{NA}{NE} = \frac{b}{c}$，以 MN 为直径画圆.

（3）以 D 为圆心，c 为半径作圆交以 MN 为直径的圆于点 C.

（4）以 A 为圆心，a 为半径画弧，以 C 为圆心，b 为半径画弧，设两弧相交于 B(B，D 应分居于 CA 的两侧)，联结 AB，BC，则四边形 $ABCD$ 即合所求.

❖ 过各边中点作五边形

普罗赫特问题 作一五边形,使其各边的中点在指定位置.

本题由普罗赫特首先提出.1844 年,普罗赫特对奇数边多边形提出并解决了同样的问题.

设 K,L,M,N,P 是给定的五点,现在要作一个五边形 $ABCDE$,使 K,L,M,N,P 依次是 AB,BC,CD,DE,EA 的中点.

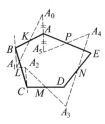

图 7.116

作法 如图 7.116, 任取一点 A_0, 作折线 $A_0A_1A_2A_3A_4A_5$,使 K,L,M,N,P 依次是 A_0A_1,A_1A_2, A_2A_3,A_3A_4,A_4A_5 的中点.联结 A_0A_5,取其中点 A,作折线 $ABCDE$,使 K,L,M,N 顺次是 AB,BC,CD,DE 的中点.联结 EA,则五边形 $ABCDE$ 便合所求.

由上面的作法可知,K,L,M,N 依次是 AB,BC,CD,DE 的中点.现在再证明 P 是 EA 的中点.依作法,$A_0A \underline{\underline{\parallel}} BA_1,BA_1 \underline{\underline{\parallel}} A_2C,A_2C \underline{\underline{\parallel}} DA_3,DA_3 \underline{\underline{\parallel}} A_4E$,所以 $A_0A \underline{\underline{\parallel}} A_4E$.因为 A 是 A_0A_5 的中点,所以 $AA_5 \underline{\underline{\parallel}} A_4E$,点 P 也是 AE 的中点.

本题作法可用来解一般$(2n+1)$ 边形问题.

❖ 作与已知三圆相切的圆

阿波罗尼斯切圆问题 画一个圆,使它与三个已知圆相切.

这个著名问题是由希腊数学家阿波罗尼斯在《论切触》(On contacts)一书中提出并予以解决的,可惜原书已经失散,其内容是由后来的数学家韦达重新整理出来的.由于点和直线可以看做是圆的极限状态,因此切圆问题还有九种特殊情况,阿波罗尼斯是分别研究并解决各种特殊情况,然后再过渡到一般情况.对于切圆问题,历史上许多数学家如韦达、牛顿、别捷尔松、热尔岗都曾研究过.下面给出的解法就源于热尔岗.[①]

热尔岗是从一般性问题入手的,这个方法要用到如下一些几何知识.

---

① 单墫.数学名题词典[M].南京:江苏教育出版社,2002:479-486.

1.相似轴定理:三个圆中每次取两个,所得的三个相似中心(三个外相似中心,或两个内相似中心、一个外相似中心)在同一直线上.

2.极点、极线定理:对于某给定圆,若点 P 在点 Q 的极线上,则点 Q 也在点 P 的极线上.

此外还要用到等幂轴、根心等概念.

设 O_1,O_2,O_3 为三个已知圆周,试求作一圆,使它与三已知圆周均相切(为叙述方便起见,我们侧重讨论都外切或都内切的情况,其他情况可类似地处理).

假定存在满足条件的圆周 Σ,它与圆周 O_1,O_2,O_3 分别切于点 A,B,C. 我们来分析它们应满足什么条件.

如图 7.117,设点 I 是 O_1,O_2,O_3 三圆的根心,联结 IA,IB,IC 并分别延长交圆 O_1,O_2,O_3 于点 A',B',C',过点 A',B',C' 作圆 Σ',则 Σ' 必与圆 O_1,O_2,O_3 相切. 原因是:以 I 为极、以 I 对圆 $O_1(O_2,O_3)$ 的幂为反演幂的反演变换 Φ 必将圆 O_1,O_2,O_3 分别变为自身,将圆 Σ 变为圆 Σ',而反演变换是不会改变相切关系的.

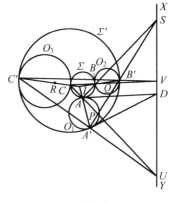

图 7.117

589

对于圆 O_1,O_2 来说,由于圆 Σ 与它们相切于点 A,B,故 A,B 是一对逆对应点. 同样道理, A',B' 也是一对逆对应点,因此直线 AB 与 $A'B'$ 的交点 S 必是圆 O_1,O_2 的相似中心, $SA \cdot SB = SA' \cdot SB'$. 对圆 O_1 和 O_3,圆 O_2 和 O_3 作同样的讨论,可知 AC 与 $A'C'$ 的交点 U 是圆 O_1 和 O_3 的相似中心, BC 与 $B'C'$ 的交点 V 是圆 O_2 和 O_3 的相似中心,且 S,U,V 三点必在同一直线(记为 XY)上,该直线是圆 O_1,O_2,O_3 的外相似轴.

另一方面,对于圆 Σ 和 Σ' 来说,由于 $SA \cdot SB = SA' \cdot SB'$,点 S 对圆 Σ 和 Σ' 有相等的幂. 同理点 U 对圆 Σ 和 Σ' 亦有相等的幂,故 XY 也是圆 Σ 和 Σ' 的等幂轴(根轴).

今在点 A 和 A' 处作圆的公切线,设它们相交于点 D,由于 AD 和 $A'D$ 是点 D 到圆 O_1 的切线长, $AD = AD'$,而 AD 和 AD' 又是圆 Σ 和 Σ' 的切线,可见点 D 对圆 Σ 和 Σ' 有相等的幂,它必在 Σ 和 Σ' 的等幂轴 XY 上.

但是,对于圆 O_1 而言,点 D 是弦 AA' 的极点,既然点 D 在 XY 上,则 XY 的极点 P 必在 AA' 上. 同理,对于圆 O_2 而言, XY 的极点 Q 必在 BB' 上;对于圆 O_3 而言, XY 的极点 R 必在 CC' 上.

所以我们得到下面的作法:

求三个已知圆 O_1,O_2,O_3 的根心 I 及外相似轴 XY,分别求 XY 对于圆 O_1,O_2,O_3 的极点 P,Q,R,联结 IP,IQ,IR 并延长,与已知圆 O_1,O_2,O_3 分别交于 A,A',B,B',C,C'.过点 A,B,C 作 Σ,过点 A',B',C' 作圆 Σ',则圆 Σ 和 Σ' 即为所求.

若从代数观点看,解阿波罗尼斯切圆问题将显得很简单.

设已知三圆的圆心坐标为 $(x_1,y_1),(x_2,y_2),(x_3,y_3)$,相应的半径为 r_1,r_2,r_3.用 (x,y) 和 r 表示所求圆的圆心和半径,则所求圆与三个已知圆相切这个条件可用如下方程组给出

$$\begin{cases} (x-x_1)^2 + (y-y_1)^2 = (r \pm r_1)^2 \\ (x-x_2)^2 + (y-y_2)^2 = (r \pm r_2)^2 \\ (x-x_3)^2 + (y-y_3)^2 = (r \pm r_3)^2 \end{cases}$$

若从中解得 (x,y) 和 r,则问题获得解决.

阿波罗尼斯切圆问题一般有 8 个解.由于点和直线可看做圆的退化情况,故阿波罗尼斯切圆问题有以下 10 种情况:圆,圆,圆;圆,圆,直线;圆,圆,点;圆,直线,直线;圆,点,点;圆,直线,点;直线,直线,直线;直线,直线,点;直线,点,点;点,点,点.

对于各种特殊情况,可采用特殊的方法予以解决.

❖ 作三角形内与两边相切且两两外切的三圆

马尔法蒂问题　在一个已知三角形内画三个圆,使每个圆与其他两个圆相切,同时与已知三角形的两边相切.

这个著名问题是意大利数学家马尔法蒂于 1803 年提出并解答的,他用的是代数 — 几何解法.1826 年,施坦纳提出了该问题的纯几何解法,但没有给出证明.下面的代数 — 几何解法属于舍尔巴赫的.

如图 7.118,设 $\triangle ABC$ 的三边长为 a,b,c,周长为 $2s$,三个内角为 α,β,γ.又设 P,Q,R 为所要求的马尔法蒂圆的圆心,p,q,r 为三圆的半径,三圆分别切 $\triangle ABC$ 的三边于 $D,D_1,E,E_1,F,F_1,AD = AD_1 = u,BE = BE_1 = v$,$CF = CF_1 = w$.显然,若能求出 u,v,w 的值,则问题就能得解.

为了寻找 u,v,w 应满足的条件,我们要借助于

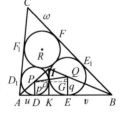

图 7.118

△ABC 的内切圆,设内切圆的圆心是 I,且切 AB 于 K. 易知

$$半径 \rho = \sqrt{\frac{(s-a)(s-b)(s-c)}{s}}$$

$$AK = \frac{1}{2}(b+c-a) = s-a$$

$$BK = \frac{1}{2}(a+c-b) = s-b$$

在 △AIK 中,$PD \parallel IK$,$\dfrac{p}{\rho} = \dfrac{AD}{AK} = \dfrac{u}{s-a}$,则 $p = \dfrac{\rho u}{s-a}$.

在 △BIK 中,$QE \parallel IK$,$\dfrac{q}{\rho} = \dfrac{BE}{BK} = \dfrac{v}{s-b}$,则 $q = \dfrac{\rho v}{s-b}$.

若作 $PG \perp QE$,垂足为 G,则 △PQG 为直角三角形,且 $PQ = p+q$,$QG = q-p$,所以

$$PG = \sqrt{(p+q)^2 - (q-p)^2} = 2\sqrt{pq}$$

则
$$DE = PG = 2\sqrt{\frac{\rho u}{s-a} \cdot \frac{\rho v}{s-b}} = 2\sqrt{\frac{\rho^2 uv}{(s-a)(s-b)}} =$$

$$2\sqrt{\frac{s-c}{s}} \cdot \sqrt{uv}$$

由于 $AD + DE + EB = AB$,则

$$u + v + 2\sqrt{\frac{s-c}{s}} \cdot \sqrt{uv} = c$$

用同样的方法可以在边 BC,CA 上得到相应的关系式

$$v + w + 2\sqrt{\frac{s-a}{s}} \cdot \sqrt{vw} = a$$

$$w + u + 2\sqrt{\frac{s-b}{s}} \cdot \sqrt{wu} = b$$

如果取半周长 $s = 1$,则有如下关于 u,v,w 的方程组

$$\begin{cases} v + w + 2\sqrt{1-a}\sqrt{vw} = a \\ w + u + 2\sqrt{1-b}\sqrt{wu} = b \\ u + v + 2\sqrt{1-c}\sqrt{uv} = c \end{cases} \qquad ①$$

令 $a = \sin^2\lambda$,$b = \sin^2\mu$,$c = \sin^2\nu$,$u = \sin^2\psi$,$v = \sin^2\varphi$,$w = \sin^2\chi$. 其中 $\lambda,\mu,\nu,\psi,\varphi,\chi$ 均为锐角,则

$$\sqrt{1-a} = \cos\lambda,\sqrt{1-b} = \cos\mu,\sqrt{1-c} = \cos\nu$$

方程组 ① 可转化为方程组 ②

$$\begin{cases} \sin^2\varphi + \sin^2\chi + 2\sin\varphi\sin\chi\cos\lambda = \sin^2\lambda \\ \sin^2\chi + \sin^2\psi + 2\sin\chi\sin\psi\cos\mu = \sin^2\mu \\ \sin^2\psi + \sin^2\varphi + 2\sin\psi\sin\varphi\cos\nu = \sin^2\nu \end{cases} \quad ②$$

由 ② 中第一式,得

$$\sin^2\varphi + \sin^2\chi + 2\sin\varphi\sin\chi\cos\lambda = 1 - \cos^2\lambda$$

$$\cos^2\lambda + (2\sin\varphi\sin\chi)\cos\lambda + (\sin^2\varphi + \sin^2\chi - 1) = 0$$

$$\cos\lambda = -\sin\varphi\sin\chi + \sqrt{\sin^2\varphi\sin^2\chi + 1 - \sin^2\varphi - \sin^2\chi} =$$

$$-\sin\varphi\sin\chi + \sqrt{(1 - \sin^2\varphi)(1 - \sin^2\chi)} =$$

$$\cos\varphi\cos\chi - \sin\varphi\sin\chi = \cos(\varphi + \chi)$$

则 $$\lambda = \varphi + \chi$$

同理 $$\mu = \chi + \varphi, \nu = \psi + \varphi$$

记 $\sigma = \dfrac{1}{2}(\lambda + \mu + \nu)$,则

$$\psi = \sigma - \lambda, \varphi = \sigma - \mu, \chi = \sigma - \nu$$

于是得到如下作图方法:

(1) 作三个角 λ, μ, ν,使 $\sin^2\lambda = a, \sin^2\mu = b, \sin^2\nu = c$.

(2) 作三个新角 ψ, φ, χ,使 $\psi = \sigma - \lambda, \varphi = \sigma - \mu, \chi = \sigma - \nu$.

(3) 作出三个角 ψ, φ, χ 的正弦平方:$u = \sin^2\psi, v = \sin^2\nu, w = \sin^2\chi$,从而可以确定马尔法蒂圆在各边上的切点的位置.

注 当 $a < 1$ 时,作角 λ,使 $\sin^2\lambda = a$ 的方法如下:如图 7.119,作 $MN = 1$,以 MN 为直径作一半圆,在 MN 上取一点 H,使 $HN = a$,作 $KH \perp MN$,交半圆于 K,则 $\angle KMN = \lambda$. 因 $KN = MN\sin\lambda, HN = KN\sin\lambda$,故 $HN = MN\sin^2\lambda = \sin^2\lambda$.

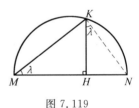

图 7.119

❖ 作与已知三圆均正交的圆

蒙日问题 求作一个圆,使它与三个已知圆都正交.

该题由法国数学家蒙日提出并解决. 其作法基于如下定理:对于给定的三个圆,其中每两个就有一条等幂轴(根轴),共三条. 如果这些等幂轴不平行的话,它们必通过同一点,此点称为等幂中心或根心.

如图 7.120,设圆 A,圆 B,圆 C 是三个已知圆,现在要求作一个圆 O,它与圆 A,圆 B,圆 C 均正交. 其作法如下:

(1) 作圆 A 和圆 B 的等幂轴 l_{12}.

（2）作圆 A 和圆 C 的等幂轴 l_{13}，l_{13} 与 l_{12} 交于点 O.

（3）以 O 为圆心，以 O 到圆 A 的切线长 OT 为半径作圆 O.

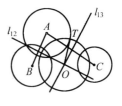

下面证明圆 O 与圆 A，圆 B，圆 C 都正交，由于 O 是等幂轴 l_{12} 与 l_{13} 的交点，故点 O 对于圆 A，圆 B，圆 C 有相等的幂 OT^2，从而圆 $O(OT)$ 必与圆 A，圆 B，圆 C 均正交，即在交点处两圆的半径互相垂直.

图 7.120

若三个圆的等幂中心存在，且它在三个已知圆的外部，则本题有一解. 否则，无解.

❖作三角形内与两边相切且交于一点的三圆

泰巴尔特问题 在给定三角形内求作交于一点的三个圆，使它们分别与三角形的两边相切，且六个切点共圆.

这个问题是由泰巴尔特提出的，原载于《美国数学月刊》第 48 卷.

如图 7.121，假定求作的三圆已作出，圆 O_1 切 AB，AC 于 L，L_1；圆 O_2 切 BA，BC 于 M，M_1；圆 O_3 切 CB，CA 于 N，N_1，且三圆过同一点 G，切点 L，L_1，M，M_1，N，N_1 在同一圆上，记这个圆的圆心为 I，则 $IL = IL_1 = IM = IM_1 = IN = IN_1$，因此 I 必在线段 LL_1 的垂直平分线上，亦在 MM_1 的垂直平分线上. 由于 $AL = AL_1$，LL_1 的垂直平分线必与 $\angle BAC$ 的平分线

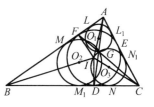

图 7.121

重合，即 I 在 $\angle BAC$ 的平分线上. 同理，I 应在 $\angle ABC$ 的平分线上，可见这个圆心 I 必是 $\triangle ABC$ 的内心. 作 $\triangle ABC$ 的内切圆圆 I，设该圆分别切 BC，CA，AB 于点 D，E，F，则必有

$$DM_1 = DN = EN_1 = EL_1 = FL = FM$$

因此 $AM = AN_1$. 可见点 A 对圆 O_2，圆 O_3 有等幂. 又因为 $DM_1 = DN$，点 D 对圆 O_2，圆 O_3 也有等幂. 又圆 O_2，圆 O_3 都过 G，点 G 对圆 O_2，圆 O_3 也有等幂，故 A，G，D 同在圆 O_2，圆 O_3 的等幂轴上. 可见 A，G，D 共线. 同理，B，G，E 应共线，C，G，F 应共线，所以点 G 应是 AD，BE，CF 的公共点，该点就是 $\triangle ABC$ 的热尔岗点. 于是可得如下作法：作 $\triangle ABC$ 的内切圆圆 I，设圆 I 分别切 BC，CA，AB 于 D，E，F. 联结 AD，BE，设它们交于点 G，过 G 作圆 O_1，切 AB，AC 于 L，L_1；过 G 作圆 O_2，切 BA，BC 于 M，M_1；过 G 作圆 O_3，切 CB，CA 于 N，N_1，则圆 O_1，圆

O_2,圆 O_3 即为所求作.

❖马歇罗尼圆规问题

马歇罗尼圆规问题 任何可用圆规和直尺作出的图形均可只用圆规作出.[①]

这个命题是意大利的马歇罗尼(L. Mascheroni,1750—1800)提出的,在 1797 年于帕维阿出版的《圆规的几何学》(*La geometria del compasso*)一书中,他用巧妙的方法解决了这个问题.

1928 年,丹麦数学家叶尔姆斯列夫(J. Hjelmslev,1873—1950)在哥本哈根一家书店里发现一本名为《欧几里得·丹麦本》(*Euclides Danicus*)的书,是一个不出名的作者莫尔(G. Mohr,1640—1697)在 1672 年出版的. 从书名看,它不过是欧几里得《几何原本》的译本或译注,但是叶尔姆斯列夫发现,这本书实质上包含了马歇罗尼问题,而且早在马歇罗尼之前已经完全解决了这个问题.

用圆规和直尺作图,不外乎是如下一些基本作图的组合:① 通过两点作直线;② 给定圆心和半径画圆;③ 找出两条直线的交点;④ 找出一直条线和一个圆的交点;⑤ 找出两个圆的交点.

由于不用直尺不能画出联结两点的直线,所以在马歇罗尼的理论中,必须把一条直线想象成是由它上面任意两点所决定的,而该直线上的其他点则可利用圆规来确定(见下述辅助命题1). 由于基本作图 ②,⑤ 可以单用圆规完成,因此只需证明单用圆规就可以完成基本作图 ③ 和 ④ 就行了.

为了叙述方便,先解决两个辅助命题.

辅助命题 1 将一已知线段 $PQ(=a)$ 延长到(或缩短到)X,使 $QX = b$.

(1) 如图 7.122,以 Q 为中心,b 为半径画弧,同时以 P 为中心,适当长为半径画弧,设两弧相交于点 H 和 H'(显然,H 和 H' 关于直线 PQ 对称).

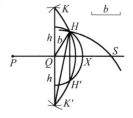

图 7.122

(2) 设 $HH' = h$,以 Q 为中心,以 h 为半径画弧,再分别以 H 和 H' 为中心,以 b 为半径画两弧,它们与先作之弧(即圆 $Q(h)$)交于点 K 和 K'($KK'H'H$ 构成一等腰梯形,$HH' \parallel KK'$,$KK' = 2h$,$HH' = h$,$HK = H'K' = b$. 若记 $K'H = d$,由托勒密定理,$d^2 = b^2 +$

---

① 单墫.数学名题词典[M].南京:江苏教育出版社,2002:498-505.

$2h^2$).

（3）分别以 K 和 K' 为中心，d 为半径画弧，设两弧相交于 S.由对称性，点 S 一定在 PQ 的延长线上，且 $QS^2 = K'S^2 - K'Q^2 = d^2 - h^2 = b^2 + h^2$.

（4）分别以 K 和 K' 为中心，以 QS 长为半径画弧，两弧相交于点 X，则点 X 在 PQ 的延长线上，且 $QX = b$（因为 $QX^2 = K'X^2 - QK'^2 = QS^2 - QK'^2 = b^2 + h^2 - h^2 = b^2$）.

辅助命题 2　只用圆规作三条已知线段 m, n, s 的第四比例，即作线段 $x = \dfrac{n}{m}s$.

如图 7.123，以 m, n 为半径画两个同心圆，在圆 $O(m)$ 上画弦 $AB = s$.分别以 A, B 为圆心，以同样的半径画弧分别交圆 $O(n)$ 于 H 和 $K(AH = BK)$，则 $HK = x = \dfrac{n}{m}s$（因为 $\triangle OAB \backsim \triangle OHK$）.

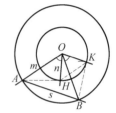

图 7.123

下面来解决基本作图 ③ 和 ④.

基本作图 ③　只用圆规，作直线 AB 和 CD 的交点.

如图 7.124，作出 C, D 关于直线 AB 的对称点 C', D'.记 $CD = e$，$CC' = c$，$DD' = d$，作线段 x，使 $x = \dfrac{c}{c+d}e$（根据辅助命题 1，2，可以仅用圆规完成）.分别以 C 和 C' 为中心，以 x 为半径画弧，其交点 S 即为直线 AB 与 CD 之交点.显然，S 在直线 AB 上.又，根据 $x = \dfrac{c}{c+d}e$ 易证，S 也在直线 CD 上.

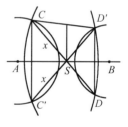

图 7.124

基本作图 ④　只用圆规，确定一个已知圆 $O(r)$ 与已知直线 AB 的交点.

如图 7.125，作点 O 关于直线 AB 的对称点 O'，作圆 $O'(r)$，圆 $O'(r)$ 与圆 $O(r)$ 的交点即为 AB 与圆 $O(r)$ 的交点.

如果 AB 刚好通过圆心 O，则可利用辅助命题 1 的方法把 AB 延长或缩短 r，问题即可解决.

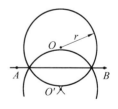

图 7.125

这样，五个尺规基本作图就都可以只用圆规来完成，从而所有能用尺规完成的作图题都可以只用圆规来完成.

❖ 只用直尺作图问题

只用直尺作图问题   只要在平面上给出一个定圆及其圆心,任何一个可以用圆规直尺作出的图形都可以只用直尺把它作出来.

早在 1759 年,兰伯特就在其著作中提出并解决了一整套只用直尺作图问题.继之,庞斯莱于 1822 年在他的论著中证明了能用直尺和圆规完成的所有作图题(除了作圆弧以外)都能单用直尺做到,这需要事先给出一个固定的圆及其圆心.但是从整体上完全解决这个问题者归于施坦纳.1833 年,施坦纳在柏林发表了他的名著《用直尺和一定圆进行的几何作图》,非常优美地从理论上解决了这个问题,故世人常把此问题称为施坦纳直尺问题.

要解决单用直尺作图这一课题,只需解决如下两个基本命题:

Ⅰ.单用直尺,作出已知直线和已知圆的交点.

Ⅱ.单用直尺,作出两个已知圆的交点.

为叙述方便起见,先解决几个预备题.

预备题 1   单用直尺作一直线,使通过已知点,且平行于已知直线.

(1) 如图 7.126,若已知直线 a 上 A,B 两点及线段 AB 的中点 M,欲过直线 a 外一点 P 作平行于 a 的直线,可如下作图:在 AP 的延长线上任取一点 S,联结 SM,BP,设它们相交于点 N.联结 SB,AN,设它们相交于点 Q,则 $PQ \parallel a$.

(2) 一般情况需利用给定的圆 k 及其中心 O. 如图 7.127,在已知直线上任取一点 M,作直线 MO 交圆 k 于 U,V 两点,此时点 O 是线段 UV 的中点,运用上述(1)中的方法,可以单用直尺作出一条与 UV 平行的直线.设该直线交直线 a 于点 A,交圆 k 于点 X,Y.作圆 k 的直径 XOX',YOY' 及直线 $X'Y'$,$X'Y'$ 交直线 a 于点 B,则点 M 必是线段 AB 的中点.再接下去就可以利用(1)中所述的方法作平行线了.

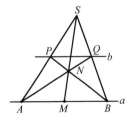

图 7.126

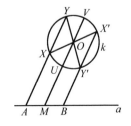

图 7.127

利用作平行线,我们可以平移一个已知线段,使其一端位于指定点.

预备题 2 单用直尺,过一已知点 P 作一已知直线 a 的垂线.

如图 7.128,作直线 a 的平行线交圆 O 于 U,V. 作直径 UOU',联结 $U'V$. 过 P 作直线 $U'V$ 的平行线 b,则 b 必垂直于 a.

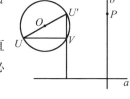

图 7.128

预备题 3 单用直尺,从一个已知点 (M) 向指定方向 (MT) 作出已知距离 (PQ).

如图 7.129,根据预备题 2,把线段 PQ 平移到 MK 位置,过 O 作半径 $OU \parallel MT$,$OV \parallel MK$,再过 K 作 $KN \parallel UV$,交 MT 于 N,则 $MN = PQ$.

预备题 4 单用直尺,作已知线段 m,n,p 的第四比例项.

如图 7.130,在射线 AT 上取 $AB = m$,$BC = n$,在射线 AS 上取 $AD = p$(据预备题 3,这些都可以单用直尺完成),再作 $CE \parallel BD$. 设 CE 交 AS 于 E,则 $DE = \dfrac{n}{m}p$,即 DE 是 m,n,p 的第四比例项.

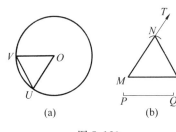

图 7.129

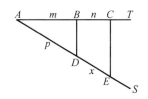

图 7.130

预备题 5 单用直尺,作两已知线段 a,b 的比例中项.

如图 7.131,设定圆 k 的直径 $UV = d$,依次作线段 $c = a + b$,$p = \dfrac{d}{c}a$,$q = \dfrac{d}{c}b$. 再在直径 UV 上取一点 M,使 $UM = p$,过 M 作 $MN \perp UV$ 交圆 k 于 N(根据预备命题 2,可以单用直尺完成),则 $s = MN = \sqrt{pq}$. 最后作出线段 x,使 $x = \dfrac{c}{d}s$,则

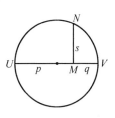

图 7.131

$$x = \frac{a+b}{d}\sqrt{pq} = \frac{a+b}{d}\sqrt{\frac{d^2 ab}{c^2}} = \sqrt{ab}$$

有了这些预备题,解决两个基本作图问题就比较简单了.

基本命题 Ⅰ 的解决

在单用直尺作图时,当一个圆的圆心和半径已知时,就认为这个圆已被确定了.设已知圆的圆心为 C、半径为 r.已知直线为 a,要找直线和圆的交点 X,Y.假定 X,Y 已经找到(图 7.132),M 是线段 XY 的中点,弦心距 $CM=d$,则

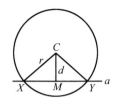

图 7.132

$$MX = MY = \sqrt{r^2 - d^2} = \sqrt{(r+d)(r-d)}$$

由预备题 2,垂线 CM 可以先行作出,点 M 和线段 d 可以求得.根据预备题 3,$r+d$ 和 $r-d$ 可以作出.由预备题 5,$r+d$ 和 $r-d$ 的比例中项可以作出,即 MX 和 MY 可以作出.可见交点 X,Y 可以单用直尺确定.

基本命题 Ⅱ 的解决

如图 7.133,设已知两圆的圆心为 A,B,半径分别为 a,b,连心线长 $AB=c$,要求的交点为 X,Y.公共弦 XY 交 AB 于 M.记 $AM=p,MX=x$,易得

$$b^2 = a^2 + c^2 - 2cp$$

图 7.133

所以　　$p = \dfrac{1}{2c}(a^2 + c^2 - b^2) =$

$$\frac{1}{2c}(\sqrt{a^2+c^2}+b)(\sqrt{a^2+c^2}-b)$$

根据预备题 $2,3,4$,这样的线段 p 是可以单用直尺作出的.

又,$MX = x = \sqrt{a^2 - p^2} = \sqrt{(a+p)(a-p)}$ 也可以单用直尺作出(预备题 5).

既然 AM 和 MX 都能单用直尺作出,点 X,Y 自然就能作出了.

这样就完全解决了施坦纳的单用直尺作图问题了.

施坦纳的单用直尺作图中,要预先有某个固定的圆并知道它的圆心,否则将无法完成.可以证明,若只给出某个圆,但没有给出其圆心,那只用直尺来完成所有尺规作图是不可能的.即使预先给出两个不相交的圆,但未给出它们的圆心,也不能仅用直尺作图.但是,两个相交的圆,或三个未给出圆心的不相交的圆,却完全可以代替施坦纳直尺问题中的给出圆心的圆了.

❖分割三角形等周问题

问题　在 $\triangle ABC$ 中取一点 O,与三顶点相连.形成 $\triangle ABO,\triangle BCO,$

△CAO,使三者有相同周长.①

这一作图题 20 世纪 30 年代在美国数学界广为传布.在《美国数学月刊》第 45 卷(1938)问题征解栏中刊登后,一时沸沸扬扬,群相议论、探索."踏破铁鞋无觅处,得来全不费工夫":却同时出现两个都归结为阿波罗尼斯第 10 问题的作法.

作法 1 如图 7.134 所示.

(1) 作 △ABC 的内切圆,在三边上的切点为 D_1,D_2,D_3.

(2) 分别以 A,B,C 为心,AD_3,BD_1,CD_2 为半径作三圆,三者两两相切.

(3) 作圆与三互切圆相切,切点分别为 A',B',C',记圆心为 O.O 就是所求点.

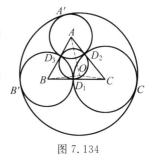

图 7.134

证明 设圆 O 的半径为 R,那么在 △BCO 中,周长

$$p(BCO) = OB + OC + BC =$$
$$(OB + BD_1) + (OC + CD_1) =$$
$$(OB + BB') + (OC + CC') = 2R$$

类似地计算,可得

$$p(ABO) = p(CAO) = p(BCO) = 2R$$

命题获证.

作法 2 如图 7.135 所示.

(1) 分别以 A,B,C 为心,对边长 a,b,c 为半径作三圆.三者两两相交.

(2) 在三相交圆公共部分内作圆与三圆相切,切点分别为 A',B',C',记圆心为 O.O 就是所求点.

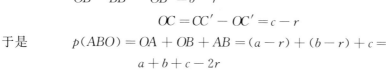

图 7.135

证明 设圆 O 的半径为 r,那么对 △ABO 来说,它的周长可经过计算

$$OA = AA' - OA' = a - r$$
$$OB = BB' - OB' = b - r$$
$$OC = CC' - OC' = c - r$$

于是 $$p(ABO) = OA + OB + AB = (a - r) + (b - r) + c =$$
$$a + b + c - 2r$$

P
M
J
H
W
B
M
T
J
Y
Q
W
B
T
D
L
(X)

599

---

① 沈康身.数学的魅力(一)[M].上海:上海辞书出版社,2004:183-187.

类似地计算,可得

$$p(BCO) = p(CAO) = a + b + c - 2r$$

命题获证.

❖ 分割三角形等积问题

意大利比萨城的著名数学家斐波那契从讲一对兔子繁殖赢得八百年世界声誉.在传世的五部专著中可知他不但在数量上有许多创见,在图形方面也选出独到见解.这里选述一则发表在《几何实践》(1220)中的作图题:

问题 已给 $\triangle ABC$ 内一定点 P,边 AB 上一定点 Q,在边 BC, CA 上各取一点 R, S,使线段 PQ, PR, PS 分三角形为三个四边形,且三者面积相等.

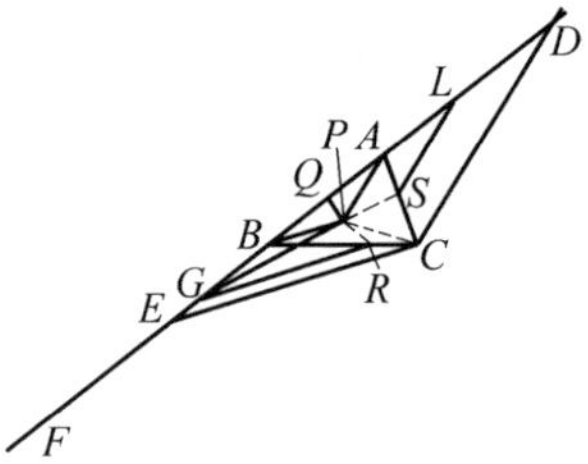

作法 斐波那契原著作法,如图 7.136 所示.

图 7.136

(1) 在《几何原本》卷 1 命题 37 思路指引下,作 $CD \parallel PA$,又作 $CE \parallel PB$,交 AB 的延长线于 D, E.

(2) 在 AB 延长线上取 F,使 $QF = DE$,那么 $S_{\triangle BPC} = S_{\triangle PBE}$, $S_{\triangle PAC} = S_{\triangle PAD}$, $S_{\triangle PDE} = S_{\triangle ABC}$

于是 $$S_{\triangle PQF} = S_{\triangle PDE} = S_{\triangle ABC}$$

(3) 在 AB 延长线上又取 G,使 $QG = \frac{1}{3}QF$,这就得

$$S_{\triangle PQG} = \frac{1}{3}S_{\triangle ABC}$$

(4) 作 $GR \parallel BP$,交 BC 于 R, $S_{\triangle PBR} = S_{\triangle PBG}$,因此

$$S_{PQBR} = \frac{1}{3}S_{\triangle ABC}$$

(5) 在直线 AB 上又取 $QL = \frac{1}{3}DE$,并作 $LS \parallel PA$,交 AC 于 S,又得

$$S_{\triangle PQAS} = \frac{1}{3}S_{\triangle ABC}$$

(6) 显然 $S_{PRCS} = \frac{1}{3}S_{\triangle ABC}$.故命题获解.

❖分割三角形面积成比例问题

阿拉伯数学家阿尔·卡西有专著《算术之钥》《量圆》等传世.

阿尔·卡西的故乡在今伊朗境内.2000 年 11 月伊朗喀山大学曾举办阿尔·卡西国际学术讨论会,中国科学院院士吴文俊应邀出席盛会.在《算术之钥》中有:

问题 如图 7.137,在三角形内部求一点,使它与三顶点相连得三个三角形:其中第一个的面积是第二个的一半,第二个的面积是第三个的 $\frac{1}{3}$,求此点与各顶点距离及到各边垂线长.

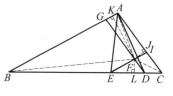

图 7.137

解 设三角形为 ABC,D,E 二点分 BC 为三部分,$DC = \frac{1}{2}ED$,$ED = \frac{1}{3}BE$,即 $DC:ED:EB = 1:2:6$.联结 AD,AE,则 $\triangle ACD$ 的面积是 $\triangle ADE$ 的面积的一半,$\triangle ADE$ 的面积是 $\triangle AEB$ 的面积的 $\frac{1}{3}$(《几何原本》卷 6 命题 1.47).然后从 D 引 AC 的平行线 DG,从 E 引 AB 的平行线 EI,DG 与 EI 相交于 F,这就是所求点.如果联结 FA,FB,FC,得 $\triangle AFC$,它的面积等于 $\triangle ADC$ 的面积(顶点在底边平行线上的一切三角形,其面积相等).

同理,$\triangle AFB$ 的面积与 $\triangle AEB$ 的面积也相等,余下的 $\triangle FCB$ 的面积等于 $\triangle ADE$ 的面积.

因此,$\triangle AFC$ 的面积等于 $\triangle FCB$ 的面积的一半,而后者的面积又等于 $\triangle AFB$ 的面积的 $\frac{1}{3}$.这就是我们所求的.

❖三角形的等腰三角形分割定理

定理 1 正三角形可以分割为三个或三个以上的任意多个等腰三角形.

证明 当 $n=3$ 和 $n=4$ 时,可按图 7.138 的方式进行分割,知命题成立.

假设当 $n=2k-1$ 和 $n=2k$ 时,也可以分割成功,并且在分割出的等腰三角形中都有一个顶角为 $120°$,底角为 $30°$ 的等腰三角形(因 $n=3$,$n=4$ 时都出现这种情形),于是只要再按图 7.139 所示的方式将其中这个等腰三角形分割为三个等腰三角形,即知当 $n=2(k+1)-1=2k+1$ 和 $n=2(k+1)=2k+2$ 时命题也成立.并且在所分割出的等腰三角形中仍然包含有顶角为 $120°$,两底角各为 $30°$ 的三角形.所以,对一切自然数 $n \geqslant 3$,所述的分割都可以成功.

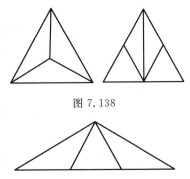

图 7.138

定理 2[①]　(1) 直角三角形可以分割成两个或两个以上的任意多个等腰三角形.

(2) 锐角三角形可以分割成三个或三个以上的任意多个等腰三角形.

(3) 钝角三角形可以分割成四个或四个以上的任意多个等腰三角形.

图 7.139

证明　(1) 若该直角三角形又是等腰三角形,只需作斜边上的高即可将其分割成两个等腰直角三角形,再对其中一个作同样的分割,显然等腰 $\mathrm{Rt}\triangle$ 的数量可达到两个以上的任意多个.

若该直角三角形是非等腰的,我们将采用跨度为 2 的数学归纳法证明之.

① 分割成两个的情形,只需作斜边上的中线,如图 7.140 即可.

分割成三个的情形:先作斜边 AB 的中垂线交较长的直角边 BC 于点 D,联结 AD,则 $\triangle ABD$ 等腰.又 $\triangle ACD$ 为直角三角形,作边 AD 的中线又可分为两个等腰三角形,故可完成三个的分割,如图 7.141 所示.

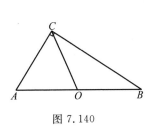

图 7.140

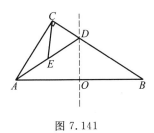

图 7.141

② 假设可将任一非等腰直角三角形分割为 $k(k \geqslant 2)$ 个等腰三角形,则对于非等腰 $\mathrm{Rt}\triangle ABC$,不妨设 $\angle C=90°$,先作斜边 AB 上的高 CD,如图 7.142 所示,则 CD 将 $\triangle ABC$ 分成两个直角三角形,其中至少一个不等腰,不妨设为 $\triangle ACD$.

根据归纳假设,$\triangle ACD$ 可以分割成 k 个等腰三角形.而 $\triangle BCD$ 只要作边 BC 上的中线,就可分割为两个等腰三角形,从而 $\triangle ABC$ 可分割为 $k+2$ 个等腰

①　孙四周.关于三角形等腰分割的一般结论[J].中学数学月刊,1999(10):17-18.

三角形.

故命题(1)得证.

(2) 对于锐角 $\triangle ABC$,作边 AB 上的高 CD,如图 7.143 所示,因 $Rt\triangle ACD$ 及 $Rt\triangle BCD$ 都可分割为两个或两个以上的任意多个等腰三角形,故 $\triangle ABC$ 可分割为四个或四个以上的任意多个等腰三角形.

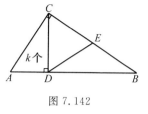

图 7.142

下面只需证明 $\triangle ABC$ 也可分割为三个等腰三角形即可. 事实上,因为 $\triangle ABC$ 为锐角三角形,故其外心点 O 在 $\triangle ABC$ 内部,联结 OA,OB,OC,如图 7.144 所示,则 $OA = OB = OC$. 证毕.

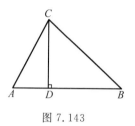

图 7.143

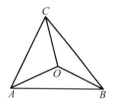

图 7.144

(3) 对钝角 $\triangle ABC$,不妨设 $\angle C$ 为钝角,则作 $CD \perp AB$,垂足 D 必在线段 AB 内部,也即 CD 将 $\triangle ABC$ 分为两个直角三角形,参照(1)即知(3)成立.

定理 3 非直角三角形可分割为两个等腰三角形的充要条件是:有两个内角之比为 $\dfrac{1}{2}$ 或 $\dfrac{1}{3}$,而且这两角中的较小者小于 $\dfrac{\pi}{4}$.

证明 充分性. 在 $\triangle ABC$ 中,若 $\dfrac{\angle B}{\angle C} = \dfrac{1}{2}$ 且 $\angle B < \dfrac{\pi}{4}$,如图 7.145 所示. 因 $\angle B < \dfrac{\pi}{4}$,$\angle C < \dfrac{\pi}{2}$,则 $\angle A = \pi - (\angle B + \angle C) > \dfrac{\pi}{4} > \angle B$,作 $\angle BAD = \angle B$,易见 $\triangle ABD$ 及 $\triangle ACD$ 均为等腰三角形.

若 $\dfrac{\angle B}{\angle C} = \dfrac{1}{3}$ 且 $\angle B < \dfrac{\pi}{4}$,如图 7.146 所示,可作 $\angle BCD = \alpha$,亦可见 $\triangle BCD$ 及 $\triangle ACD$ 均为等腰三角形.

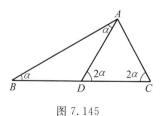

图 7.145

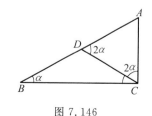

图 7.146

必要性. 若 $\triangle ABC$ 可以分割成两个等腰三角形, 不妨设分割线是 AD, 如图 7.147 所示. 对 $\triangle ABD$ 而言, 其等腰的可能性共有如下三种: ① $AB = AD$; ② $AB = BD$; ③ $AD = BD$. 下面讨论:

① 若 $AB = AD$, 如图 7.148 所示, α 必为锐角, $\angle ADC$ 必为钝角, 故 $\triangle ADC$ 等腰 $\Leftrightarrow DA = DC \Leftrightarrow \angle C = \dfrac{\alpha}{2} \Leftrightarrow \dfrac{\angle C}{\angle B} = \dfrac{1}{2}$ 且 $\angle C < \dfrac{\pi}{4}$.

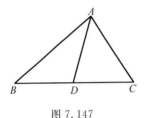

图 7.147

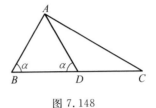

图 7.148

② 若 $AB = BD$, 如图 7.149 所示, $\triangle ADC$ 等腰 $\Leftrightarrow DA = DC \Leftrightarrow \angle C = \dfrac{\alpha}{2}$ 且 $\angle CAD = \dfrac{\alpha}{2} \Leftrightarrow \dfrac{\angle C}{\angle A} = \dfrac{1}{3}$ 且 $\angle C < \dfrac{\pi}{4}$.

③ 若 $AD = BD$, 如图 7.150 所示, 则 $\triangle ACD$ 等腰不可能是 $DA = DC$ (否则即知 $DA = DB = DC$, 从而 $\triangle ABC$ 为直角三角形), 只能是 $AD = AC$ 或 $AC = CD$.

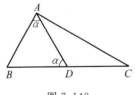

图 7.149

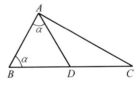

图 7.150

$AD = AC \Leftrightarrow \angle C = \angle ADC = 2\alpha$ 且 $2\alpha < \dfrac{\pi}{2} \Leftrightarrow \dfrac{\angle B}{\angle C} = \dfrac{1}{2}$ 且 $B < \dfrac{\pi}{4}$;

$AC = CD \Leftrightarrow \angle CAD = \angle ADC = 2\alpha$ 且 $2\alpha < \dfrac{\pi}{2} \Leftrightarrow \angle BAC = 3\alpha$ 且 $\alpha < \dfrac{\pi}{4} \Leftrightarrow$

$\dfrac{\angle B}{\angle A} = \dfrac{1}{3}$ 且 $\angle B < \dfrac{\pi}{4}$.

例如, 若某三角形三内角为 $30°, 70°, 80°$, 则它不可能分割成两个等腰三角形.

推论 1 正三角形不能分割为两个等腰三角形.

推论 2 等腰三角形能分割成两个等腰三角形的充要条件是, 三内角为下列形式之一：$(45°,45°,90°)$；$(72°,72°,36°)$；$(36°,36°,108°)$；$(\dfrac{540°}{7}$，$\dfrac{540°}{7}$，$\dfrac{180°}{7})$.

证明   设等腰三角形的三内角为 α，α，$180°-2\alpha$，则它能分割成两个等腰三角形的充要条件是下列情形之一成立：

①$180°-2\alpha=2\alpha$；

②$\alpha=2(180°-2\alpha)$；

③$180°-2\alpha=3\alpha$；

④$\alpha=3(180°-2\alpha)$.

分别解出 ①，②，③，④ 中的角 α，即可得三个角的度数正如推论 2 所列.

推论 3   钝角三角形能分解成三个等腰三角形的充分条件是两锐角的比值为下列情形之一：$1,\dfrac{1}{2},\dfrac{1}{4},\dfrac{1}{5},\dfrac{1}{6},\dfrac{1}{7},\dfrac{2}{3},\dfrac{3}{4},\dfrac{3}{5}$ 或者一个锐角与钝角的比值为 $\dfrac{1}{2},\dfrac{1}{5},\dfrac{1}{6},\dfrac{1}{7},\dfrac{3}{5},\dfrac{6}{7}$.

这只是一个充分条件，限于篇幅，证明从略.

❖三角形的锐角三角形剖分问题

定理 1   非锐角三角形可分成 n 个锐角三角形的充要条件是 $n\geqslant 7$.[①]

证明   充分性.由图 7.151 可知.

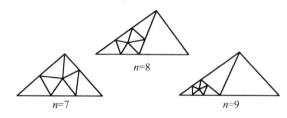

$n=8$

$n=7$

$n=9$

图 7.151

必要性.先对三角剖分的剖分点进行分类.

第一类剖分点：在原三角形边界上的剖分点和在某一剖分三角形边上但不是该剖分三角形顶点的内剖分点.

①   肖雯.关于三角形的锐角三角形剖分[J].中学教研(数学),1995(9):20-21.

第二类剖分点:不在任一剖分三角形边上的内剖分点.

图 7.152 中边界上的剖分点 D,E,F,G 都是第一类剖分点;内剖分点 H 也是第一类剖分点;剖分点 I 是第二类剖分点.

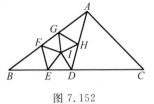

图 7.152

设某锐角三角剖分非锐角三角形为 n 个锐角三角形,我们证明 $n \geqslant 7$.

设此剖分有 r 个第一类剖分点,有 s 个第二类剖分点,由于环绕第一类剖分点至少有三个锐角,环绕第二类剖分点至少有五个锐角,原三角形中的非锐角必须剖分,至少提供四个锐角,于是有

$$3r + 5s + 4 \leqslant 3n$$

又因第一类剖分点提供剖分三角形内角的总度数为 $180°$,第二类剖分点提供 $360°$,所以有

$$r \times 180° + s \times 360° + 180° = n \times 180°$$

即
$$n = r + 2s + 1$$

因此
$$3r + 5s + 4 \leqslant 3n = 3r + 6s + 3$$

得
$$s \geqslant 1$$

即此剖分至少含一个第二类剖分点.

若 $s \geqslant 2$,由于每个第二类剖分点至少关联五个剖分三角形,两个第二类剖分点至少关联十个剖分三角形,其中至多有两个剖分三角形同时与两剖分点关联,所以剖分三角形总数 $n \geqslant 2 \times 5 - 2 = 8$.

若 $s = 1$ 我们证明此时必有 $r > 3$,从而 $n = r + 2s + 1 > 6$.

现证 $r > 3$,若否 $r \leqslant 3$,则唯一的一个第二类剖分点至多有三条连线与其他剖分点相连,而过第二类剖分点至少有五条连线,所以至少有两条与原三角形顶点相连,原三角形的三个内角至少被剖分成五个锐角,于是有

$$3r + 5s + 5 \leqslant 3n = 3r + 6s + 3$$

得 $s \geqslant 2$,与 $s = 1$ 矛盾.

定理 2 锐角三角形可分成 $n(n > 1)$ 个锐角三角形的充要条件是 $n = 4$ 和 $n \geqslant 6$.

证明 充分性.由图 7.153 可知.

必要性.如对非锐角三角形剖分的必要性证明可知:

若 $s \geqslant 2$ 有 $n \geqslant 8$.

若 $s = 1$ 必有 $r > 3$,故 $n > 6$.

我们只需考查 $s = 0$ 的情形,我们证明此时原三角形三内角必不剖分.

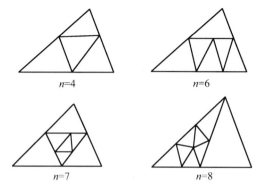

图 7.153

事实上,若否,则有 $3n \geqslant 3r + 5s + 4$,从而 $3(r + 2s + 1) \geqslant 3r + 5s + 4$,可得 $s \geqslant 1$,与 $s = 0$ 矛盾.

设此剖分含 r 个第一类剖分点,其中 r_1 个在原三角形边上,r_2 个在原三角形内部.

若 $r_2 > 0$,则由于过内部第一类剖分点 O 必有四条连线,且由于原 $\triangle ABC$ 的三内角不被剖分,故 O 不可能与原三角形顶点相连,所以至少另有四个第一类剖分点,从而 $r \geqslant 5$,$n = r + 1 \geqslant 6$(图 7.154(a)).

若 $r_2 = 0$,此时剖分点都在原三角形的边界上,不妨设在边 BC 上有第一类剖分点 O,由于过 O 至少有四条连线,除 OB,OC 外还应与另两个第一类剖分点相连,所以 $r_1 \geqslant 3$,$n \geqslant 4$(图 7.154(b)).

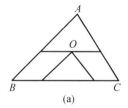
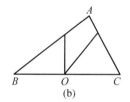

(a)   (b)

图 7.154

再证 $n \neq 5$,即 $r_1 \neq 4$,若 $r_1 = 4$,则在原三角形某一边上(不妨设 BC)至少含有两个第一类剖分点 O_1,O_2,过 O_1 除连线 O_1B,O_1O_2 外,还应与另两个第一类剖分点 P_1,P_2 相连,由于 $r_1 = 4$,除 O_1,O_2,P_1,P_2 外再无其他剖分点,过 O_2 只能联结 O_2O_1,O_2C 和 O_2P_2,不存在四条连线,不可形成锐角三角剖分,所以 $r_1 \neq 4$,$n \neq 5$(图 7.155).

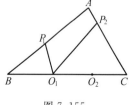

图 7.155

对于钝角三角剖分和直角三角剖分,易证下述结果:

定理 3 一个三角形可分成 $n(n>1)$ 个钝角三角形的充要条件是 $n \geqslant 3$.

定理 4 一个三角形可分成 $n(n>1)$ 个直角三角形的充要条件是 $n \geqslant 2$.

❖ 正方形的锐角三角形剖分问题

定理 正方形可剖分成 n 个锐角三角形的充要条件是 $n \geqslant 8$.[①]

证明 充分性.如图 7.156,正方形的边 AB,BC,CD 为直径向正方形 $ABCD$ 形内作半圆,并取 AD 的中点 E,以 AE,ED 为直径向正方形内作半圆,易见这五个圆不能覆盖正方形 $ABCD$.

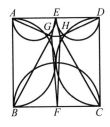

图 7.156

设 F 为 BC 的中点,G,H 属于正方形 $ABCD$ 内不被五个半圆覆盖部分,且 G,H 关于 EF 对称,则以 G,H 为内剖分点的锐角三角剖分,剖分三角形数 $n=8$.

$n=9,10$ 的锐角三角剖分如图 7.157,7.158 所示.

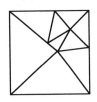

图 7.157

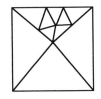

图 7.158

又任一锐角三角形可分成四个小锐角三角形,如图 7.159 所示,所以对任何 $n \geqslant 8$,正方形总能剖分成 n 个锐角三角形.

必要性. 我们对正方形的三角剖分的剖分点进行分类.

第一类剖分点:正方形边界上的剖分点和在某一剖分三角形的边上但不是该三角形顶点的内剖分点.

第二类剖分点:不在剖分三角形边上的内剖分点.

图 7.160 中,E,F 为第一类剖分点,G 为第二类剖分点.

设锐角三角剖分剖分正方形成 n 个锐角三角形,有 r 个第一类剖分点,s 个第二类剖分点.由于第一类剖分点提供剖分三角形内角的总度数为 $180°$,第二类剖分点提供 $360°$,所以有

---

① 肖雯.关于正方形的锐角三角形剖分[J].中学教研(数学),1994(5):28-29.

图 7.159

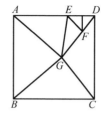

图 7.160

$$r \times 180° + s \times 360° + 4 \times 90° = n \times 180°$$
$$r = n - 2s - 2$$

又由于围绕第一类剖分点至少有三个锐角,围绕第二类剖分点至少有五个锐角,正方形 $ABCD$ 的四个直角必须剖分,至少含 8 个锐角,所以有

$$3r + 5s + 8 \leqslant 3n$$

由 $3r + 5s + 8 = 3(n - 2s - 2) + 5s + 8 = 3n - s + 2 \leqslant 3n$

必须 $s \geqslant 2$,即正方形的任何锐角三角剖分至少有两个第二类剖分点.

每个第二类剖分点,至少关联五个锐角三角形,两个第二类剖分点,至少关联十个锐角三角形,其中至多有两个锐角三角形同时与两个第二类剖分点关联,所以剖分三角形的个数 $n \geqslant 2 \times 5 - 2 = 8$.

❖ 正方形的勾股剖分问题

定理 如图 7.161,如果正方形可剖分成 n 个勾股形,那么 $n \geqslant 5$.[1]

在证明定理之前,先介绍两个引理.

引理 1 三边长都是整数,底边上的高等于底边的三角形不存在.

引理 2 如图 7.162,E,F 分别在正方形 $ABCD$ 的边 AD,CD 上,则剖分三角形 $\triangle ABE$,$\triangle BCF$,$\triangle FDE$,$\triangle EBF$ 不可能都是勾股形.

事实上假设四个剖分三角形都是勾股形,且 $\angle BEF = 90°$,则 $\triangle DEF \backsim \triangle ABE$,$\dfrac{DE}{DF} = \dfrac{AB}{AE}$. 按勾股数的表示方法,可设 $\triangle DEF$ 的三边分别为 $2uvd_1$,$(u^2 - v^2)d_1$,$(u^2 + v^2)d_1$,则相应的 $\triangle ABE$ 的三边分别为 $2uvd_2$,$(u^2 - v^2)d_2$,$(u^2 + v^2)d_2$,此处 $u,v,d_1,d_2 \in \mathbf{N}$,且 $(u,v) = 1,u > v,u,v$ 一奇一偶. 设 $d_1 = (d_1, d_2)d'_1$,$d_2 = (d_1, d_2)d'_2$,$d'_1, d'_2 \in \mathbf{N}$. 考虑 $\triangle DEF$ 两直角边的比,下分两

① 许康华,骆来根. 关于正方形的勾股剖分[J]. 中学数学,1998(2):26-27.

种情况讨论.

图 7.161

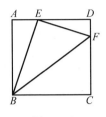

图 7.162

(1) 当 $\dfrac{DE}{DF} = \dfrac{u^2 - v^2}{2uv}$ 时,由

$$AB = DE + EA$$

知

$$(u^2 - v^2)d_2 = (u^2 - v^2)d_1 + 2uvd_2$$

即

$$(u^2 - v^2 - 2uv)d'_2 = (u^2 - v^2)d'_1$$

因

$$((u^2 - v^2 - 2uv),(u^2 - v^2)) = (2uv, u^2 - v^2) = 1$$

$$(d'_1, d'_2) = 1$$

所以有

$$d'_1 = u^2 - v^2 - 2uv,\ d'_2 = u^2 - v^2$$

可见 d'_1, d'_2 都是奇数,于是,$d'^2_1 + d'^2_2$ 是 $4m + 2\,(m \in \mathbf{N})$ 型的数,不可能是平方数

$$BF = \sqrt{BE^2 + EF^2} = (u^2 + v^2)\sqrt{d^2_1 + d^2_2} =$$

$$(u^2 + v^2)(d_1, d_2)\sqrt{d'^2_1 + d'^2_2}$$

就一定是无理数.

(2) 当 $\dfrac{DE}{DF} = \dfrac{2uv}{u^2 - v^2}$ 时. 由

$$AB = DE + EA$$

知

$$2uvd_2 = 2uvd_1 + (u^2 - v^2)d_2$$

即

$$(2uv - u^2 + v^2)d'_2 = 2uvd'_1$$

因

$$((2uv - u^2 + v^2),2uv) = (u^2 - v^2, 2uv) = 1,\ (d'_1, d'_2) = 1$$

所以有

$$d'_1 = 2uv - u^2 + v^2,\ d'_2 = 2uv$$

现构作 $\triangle PQR$,PS 是底边 QR 上的高,如图 7.163 所示,使 $QR = PS = 2uv = d'_2$,$QS = 2uv - u^2 + v^2 = d'_1$,则 $SR = u^2 - v^2$,$PR = u^2 + v^2$. 于是由引理 1

$$PQ = \sqrt{PS^2 + SQ^2} = \sqrt{d'^2_1 + d'^2_2}$$

一定是无理数,因此,在图 7.162 中

$$BF = \sqrt{BE^2 + BF^2} = (u^2 + v^2)\sqrt{d_1^2 + d_2^2} =$$
$$(u^2 + v^2)(d_1, d_2)\sqrt{d_1'^2 + d_2'^2}$$

是无理数.

由(1),(2)知引理 2 成立.

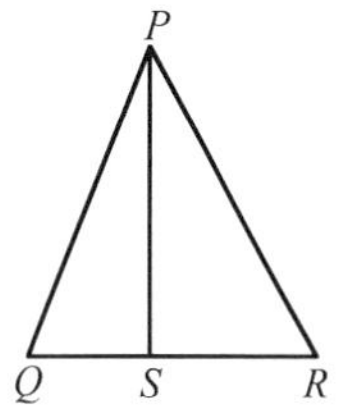

定理的证明 先将正方形的勾股剖分的剖分点分为两类.

第一类剖分点:在正方形边界上或在某一剖分三角形边上但不是该三角形顶点的内部剖分点.

第二类剖分点:至少是两个剖分三角形共同顶点的内部剖分点.

设正方形剖分成 n 个勾股形后,其中有 r 个第一类剖分点,s 个第二类剖分点,因每个第一类剖分点提供剖分三角形内角的总度数为 $180°$,第二类剖分点提供 $360°$,所以有

$$r \times 180° + s \times 360° + 360° = n \times 180°$$

即 $\qquad\qquad\qquad r + 2s + 2 = n \qquad\qquad\qquad (*)$

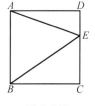

图 7.164

(1)当 $n=3$ 时,由式 $(*)$,$r=1$,$s=0$,即只有一个第一类剖分点,自然此剖分点不能在正方形对角线上,故正方形剖分成 3 个勾股三角形只有一种可能情况,如图 7.164 所示,但此时 $\triangle ABE$ 将不可能是直角三角形.

(2)当 $n=4$ 时,由式 $(*)$ 得 $r=0$,$s=1$ 或 $r=2$,$s=0$.若 $r=0$,$s=1$,由于环绕唯一的一个第二类剖分点只能是 4 个直角,故该剖分点只能是正方形中心,4 个剖分三角形将不是勾股三角形;若 $r=2$,$s=0$,不难知道,此时两第一类剖分点不可能同在正方形内.下再分三种情形.

① 若两第一类剖分点 E,F 分别在正方形 $ABCD$ 相邻两边 AD,CD 上.则 A,F 两点不能连线,否则 $\triangle AEF$ 不是直角三角形,故 B,F 两点应连线,为使钝角 $\angle BFD$ 被剖分,E,F 也应连线,即剖分图只能是如图 7.162 所示的情形,由引理 2,满足要求的剖分不存在.

② 若两第一类剖分点 E,F 在正方形 $ABCD$ 相对两边 AB,CD 上.

若 E,F 不连线,则 A,F(或 B,F)就一定连线,进而 E,C 一定连线,这样 A,C 也应连线,但 $\triangle AEC$ 不是直角三角形,如图 7.165 所示.

若 E,F 连线,要使四边形 $AEFD$ 与四边形 $BEFC$ 都被剖分为两勾股形,必须有 $EF \perp AB$.于是,$\triangle AFB$ 即为底边上的高等于底边的整边三角形,但据引理 1 这是不可能的,因此,满足要求的剖分不存在.

③ 若两第一类剖分点 E,F 中的一个 E 在正方形 $ABCD$ 边界上.可分三种情况:

若 A,D 与点 E 都不连线,E,F 就应连线,且有 $EF \perp BC$,否则 $\angle BEF$,$\angle CEF$ 中有一个是钝角且没有被剖分,如图 7.166 所示,所以点 F 只能在 AC(或 BD)上,4 个剖分三角形将不会全是勾股形.

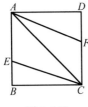

图 7.165

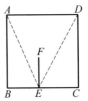

图 7.166

若 A,D 与点 E 都连线,由引理 1 知满足要求的剖分不存在.

若 A,E 连线,D,E 不连线,为使钝角 $\angle AEC$ 被剖分,E,F 也应连线且 F 只能在 AC 上,故 4 个剖分三角形将不全是勾股形.

综上所述知定理成立.

第八章 轨迹

❖ 到定点与定直线的距离比为定值的点的轨迹

定理 到定点与定直线的距离比为定值的点的轨迹是圆锥曲线. 若定值 e 满足 $0 < e < 1$ 轨迹为椭圆,$e = 1$ 轨迹为抛物线,$e > 1$ 轨迹为双曲线.

证明略.

❖ 到定点与定直线的距离差为定值的点的轨迹

定理 动点 P 到定点 F 的距离与到定直线 y 轴的距离的差为定值 m,当 $|m|$ 小于定点 F 到定直线 y 轴的距离 $a(a > 0)$ 时,才能表示一条完整的抛物线.①

不妨设定点为 $F(a,0)$,$a > 0$,定直线为 y 轴,动点 $P(x,y)$ 到定点 F 的距离与到定直线 y 轴的距离的差为 m(常数),过点 P 作 y 轴的垂线,垂足为 N,如图 8.1 所示,则

$$|PF| - |PN| = m$$

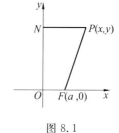

图 8.1

所以

$$\sqrt{(x-a)^2 + y^2} - |x| = m$$

即

$$\sqrt{(x-a)^2 + y^2} = |x| + m$$

讨论 (1)当 $x \geqslant 0$ 时,可得

$$(x-a)^2 + y^2 = (x+m)^2$$

整理得

$$y^2 = 2(m+a)(x - \frac{a-m}{2}), x \geqslant 0$$

(2)当 $x < 0$ 时,可得

$$(x-a)^2 + y^2 = (-x+m)^2$$

---

① 花文明. 到定点与定直线的距离差为定值的点的轨迹[J]. 中学数学月刊,1999(9):19-20.

整理得
$$y^2 = 2(a-m)(x - \frac{m+a}{2}), x < 0$$

分析　上述(1),(2)看似是两条抛物线(有相同的焦点 $F(a,0)$),实质隐含较多的内容,应受到抛物线开口方向及变量 x 的影响.

(1) 当 $m=0$ 时,显然轨迹方程为 $y^2 = 2a(x - \frac{a}{2})$ 为完整开口向右的抛物线.

(2) 当 $m>0$ 时,因 $a>0$,则 $m+a>0$.

① 若 $0<m<a$,则 $a-m>0$,上述轨迹方程为 $y^2 = 2(m+a)(x - \frac{a-m}{2})$,是一条完整的开口向右的抛物线.

② 若 $a=m>0$,轨迹方程为 $y^2 = 4ax(x \geqslant 0)$ 或 $y=0(x<0)$,为一完整的开口向右的抛物线及 x 轴负半轴射线.

③ 若 $m>a>0$,此时 $a-m<0$,上述轨迹方程为开口向右的抛物线 $y^2 = 2(m+a)(x - \frac{a-m}{2})$,顶点 $(\frac{a-m}{2},0)$ 在 x 轴的半负轴上,且满足 $x \geqslant 0$ 的部分,以及开口向左的抛物线 $y^2 = 2(a-m)(x - \frac{m+a}{2})$,顶点 $(\frac{m+a}{2},0)$ 在 x 轴的正半轴上,且满足 $x<0$ 的部分(这两部分抛物线共焦点 $F(a,0)$),如图 8.2 所示.

图 8.2

(3) 当 $m<0$ 时,因 $a>0$,则 $a-m>0$.

① 若 $a+m>0$,即 $m>-a$,上述轨迹为开口向右的完整的抛物线 $y^2 = 2(a-m)(x - \frac{a-m}{2})(x \geqslant 0)$,顶点 $(\frac{a-m}{2},0)$ 在 x 轴正半轴上.

② 若 $a+m=0$,即 $m=-a$ 时,上述轨迹为射线 $y=0,(x \geqslant a)$.

③ 若 $a+m<0$,即 $m<-a$ 时,上述轨迹为开口向左的抛物线 $y^2 = 2(m+a)(x - \frac{a-m}{2})$,顶点 $(\frac{a-m}{2},0)$ 在 x 轴的正半轴上,且满足 $x \geqslant 0$ 的部分,以及开口向右的抛物线 $y^2 = 2(a-m)(x - \frac{m+a}{2})$,顶点 $(\frac{m+a}{2},0)$ 在 x 轴的负半轴上,且满足 $x<0$ 的部分(这两部分抛物线共焦点 $F(a,0)$),实为由上述两部分所围成的封闭图形,如图 8.3 所示.

通过以上的三类七种情形讨论,可知结论成立.

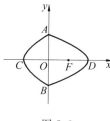

图 8.3

615

❖阿波罗尼斯圆

阿波罗尼斯圆 若一动点到两定点的距离之比等于两已知不相等线段之比,则该动点的轨迹是一个圆.

本题是由古希腊数学家阿波罗尼斯在他的著作《平面轨迹》中提出的.阿波罗尼斯圆、定和幂圆、定差幂线等均为经典的轨迹问题.[①]

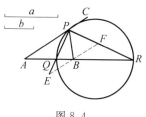

图 8.4

如图 8.4,设 A,B 是两个定点,a,b 是两条已知线段,$a \neq b$,动点 P 适合关系式 $\dfrac{PA}{PB} = \dfrac{a}{b}$.

作 $\angle APB$ 的平分线交 AB 于 Q,作 $\angle CPB$($\angle APB$ 的邻补角)的平分线交 AB 的延长线于 R. 由于 PQ,PR 是 $\triangle PAB$ 的内、外角平分线,所以

$$\frac{AQ}{QB} = \frac{PA}{PB} = \frac{a}{b}, \frac{AR}{BR} = \frac{PA}{PB} = \frac{a}{b}$$

即点 P,Q 内、外分 AB 成 $\dfrac{a}{b}$,Q,R 是两个定点.$\angle QPR = \angle QPB + \angle BPR = \dfrac{1}{2}\angle APB + \dfrac{1}{2}\angle BPC = 90°$,可见,动点 P 必在以 QR 为直径的圆上.

另一方面,在以 QR 为直径的圆上任意取一点 P,联结 PA,PB,PQ,PR,过 B 作 PA 的平行线,交 PQ 的延长线于 E,交 PR 于 F,则

$$\triangle QAP \backsim \triangle QBE, \triangle RAP \backsim \triangle RBF$$

所以

$$\frac{PA}{EB} = \frac{QA}{QB} = \frac{a}{b}$$

① 单墫.数学名题词典[M].南京:江苏教育出版社,2002:449-463.

$$\frac{PA}{FB}=\frac{AR}{BR}=\frac{a}{b}$$

所以
$$\frac{PA}{EB}=\frac{PA}{FB}, EB=FB$$

即 B 是 EF 的中点. 但 $\angle EPF = 90°$, 所以 $PB = EB$, 即 $\frac{PA}{PB}=\frac{a}{b}$.

这就证实了点 P 的轨迹是以 QR 为直径的圆, 这个圆被称为阿波罗尼斯圆.

推广 在三维空间中, 到两定点的距离之比等于常数 $k(k \neq 1)$ 的点的轨迹是一个球面, 该球亦称为阿波罗尼斯球.

❖ 由阿波罗尼斯圆引出的一个轨迹问题及其对偶①

如图 8.4, 动点的轨迹所确定的阿波罗尼斯圆交直线 AB 于点 Q, R, 则对圆上的动点 P 有: $|PA|:|PB|=|QA|:|QB|=\lambda$, 从而 PQ 平分 $\angle APB$. 同理有: PR 平分 $\angle APB$ 的邻补角.

由此我们想到: 能否将这样的轨迹改为如下表述形式呢?

如图 8.4, A, B, Q (或 R) 为共线的三定点. 求使得直线 PA, PB 关于直线 PQ (或 PR) 对称的动点 P 的轨迹 (约定: 动点 P 取 A, B, Q (或 R) 时也符合条件).

不过, 稍加分析就可发现: 按上面这种形式表述的轨迹与图 8.4 中的并不相同. 因为除阿波罗尼斯圆上的点外, 新形式表述中的轨迹还包含直线 AB 上的点.

但按这种新的方式重新表述之后, 若 A, B, O 为平面上的任意三个定点, 则引出如下问题:

问题 1 设 A, B, O 为平面上的三个定点. 求得直线 PA, PB 关于直线 PO 对称的动点 P 的轨迹.

分析与作图

如图 8.5, 对平面上三定点 A, B, O, 假设点 P 满足问题 1 条件 "直线 PA, PB 关于直线 PO 对称". 作点 A 关于直线 PO 的对称点 A', 则 A' 在直线 PB 上. 反过来, 点 P 是直线 BA' 与直线 PO 的交点.

由此, 我们就可以作出点 P 的轨迹. 具体地说, 作法如下:

① 吴波, 向霞. 由 Apollonius 圆引出的一个轨迹问题及其对偶[J]. 数学通报, 2018(5): 57-60.

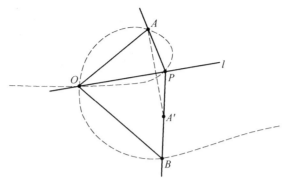

图 8.5

（1）如图 8.5，过点 O 任作一直线 l，作点 A 关于直线 l 的对称点 A'.

（2）作直线 BA'，直线 BA' 与 l 相交于点 P.

（3）让直线 l 绕点 O 旋转，即可得动点 P 的轨迹.

当三定点 A, B, O 的位置关系如图 8.5 所示时，点 P 的轨迹曲线有一个结点 O，曲线的形状非常像字母"e".

如图 8.5，当动直线 l 经过定点 A 时，A 与 A' 重合. 直线 BA' 是确定的，它与直线 l 的交点 P 即是 A，因此直线 PA 无法确定. 当动直线 l 经过定点 B 时直线 PB 无法确定. 类似地，当 P 与 O 重合时，直线 PO 无法确定.

对上述三种情形，如图 8.5，为保证轨迹曲线的完整性，对问题 1 我们补充约定：当动点 P 取 A, B, O 时也符合问题 1 的条件 —— 即轨迹中含点 A, B, O.

轨迹方程

虽然轨迹的作法并不复杂，但如图 8.5 所示，得到的轨迹却并不常见. 下面我们求出点 P 的轨迹方程，看它到底是一条什么曲线.

如图 8.6，设 $|OA| = a$，$|OB| = b$，$\angle AOB = 2\theta$（其中 $a, b > 0, \theta \in [0°, 90°]$ 且 A, B 不重合）.

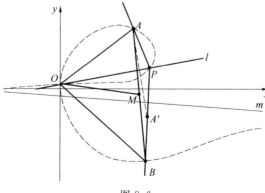

图 8.6

以 O 为原点,以 $\angle AOB$ 的平分线所在的直线为 x 轴,其邻补角的平分线所在的直线为 y 轴建立平面直角坐标系. 则 $A(a\cos\theta, a\sin\theta), B(b\cos\theta, -b\sin\theta)$.

设绕点 O 旋转的动直线 l 的倾斜角为 α,则 l 的方程为 $x\sin\alpha - y\cos\alpha = 0$. 则 A 关于 l 的对称点 A' 的坐标为

$$(a\cos(2\alpha - \theta), a\sin(2\alpha - \theta))$$

则 BA' 的方程为

$$(x - b\cos\theta)(a\sin(2\alpha - \theta) + b\sin\theta) =$$
$$(y + b\sin\theta)(a\cos(2\alpha - \theta) - b\cos\theta)$$

由此解得 BA' 与 l 的交点 $P(x, y)$ 的轨迹的参数方程为

$$\begin{cases} x = \dfrac{ab\sin 2\alpha \cdot \cos\alpha}{a\sin(\alpha - \theta) + b\sin(\alpha + \theta)} \\ y = \dfrac{ab\sin 2\alpha \cdot \sin\alpha}{a\sin(\alpha - \theta) + b\sin(\alpha + \theta)} \end{cases}$$

下面我们消去其中的参数 α.

注意到参数方程中的分母

$$a\sin(\alpha - \theta) + b\sin(\alpha + \theta) =$$
$$(a + b)\sin\alpha\cos\theta - (a - b)\cos\alpha\sin\theta$$

则参数方程中第一式去分母可得

$$[(a + b)\sin\alpha\cos\theta - (a - b)\cos\alpha\sin\theta]x =$$
$$ab\sin 2\alpha\cos\alpha$$

（Ⅰ）当 $\alpha \neq 90°$ 时,上式化简为

$$[(a + b)\tan\alpha\cos\theta - (a - b)\sin\theta]x = ab\sin 2\alpha \qquad ①$$

将参数方程中两式相除得 $\tan\alpha = \dfrac{y}{x}$,则

$$\sin 2\alpha = \frac{2xy}{x^2 + y^2}$$

代入式 ① 化简即得

$$(x^2 + y^2)[x(a - b)\sin\theta - y(a + b)\cos\theta] + 2abxy = 0 \qquad ②$$

（Ⅱ）当 $\alpha = 90°$ 时,由参数方程得 P 的坐标为 $(0,0)$,仍满足上式.

又,在某些特殊情形下点 A' 会与 B 重合,或者直线 BA' 会与 l 重合(见下面分析中的第(i),(iii),(iv)款),但易知,这些情形下的轨迹方程仍为式 ②.

综上,方程 ② 就是点 P 的轨迹方程.下面对此轨迹方程略作分析.

(i) 若 $\theta = 0°$ 且 $a \neq b$,即点 O 在线段 AB (或 BA) 延长线上时,由方程 ② 知

此时点 P 的轨迹方程退化为:直线 $y=0$ 和圆 $(a+b)(x^2+y^2)-2abx=0$. 前者即直线 AB, 后者即是阿波罗尼斯圆.

(ii) 若 $\theta=90°$ 且 $a\neq b$, 即点 O 在线段 AB 上但不是其中点时, 由方程 ② 知点 P 的轨迹方程退化为:直线 $x=0$ 和圆 $(a-b)(x^2+y^2)+2aby=0$. 与情形 (i) 相同:前者即直线 AB, 后者即是阿波罗尼斯圆.

(iii) 当点 O 是线段 AB 中点, 即 $a=b$ 且 $\theta=90°$ 时, 由方程 ② 知点 P 的轨迹方程退化为:$xy=0$. 即轨迹是:直线 AB 和线段 AB 的垂直平分线.

(iv) 如图 8.7, 三点 O,A,B 不共线且 $a=b$ 时, 由方程 ② 知点 P 的轨迹方程退化为:直线 $y=0$ 和圆 $(x^2+y^2)\cos\theta-ax=0$. 前者是线段 AB 的垂直平分线, 而后者是 $\triangle OAB$ 的外接圆.

(v) 如图 8.6, 当三点 O,A,B 不共线(即 $0°<\theta<90°$)且 $a\neq b$ 时, 方程 ② 表明:此时点 P 的轨迹是一条非退化的三次曲线. 可以证明:这条三次曲线有一条渐进线(见图 8.6 中的直线 m), 其方程为

$$x(a-b)\sin\theta-y(a+b)\cos\theta+$$

$$\frac{ab(a^2-b^2)\sin 2\theta}{a^2+b^2+2ab\cos 2\theta}=0$$

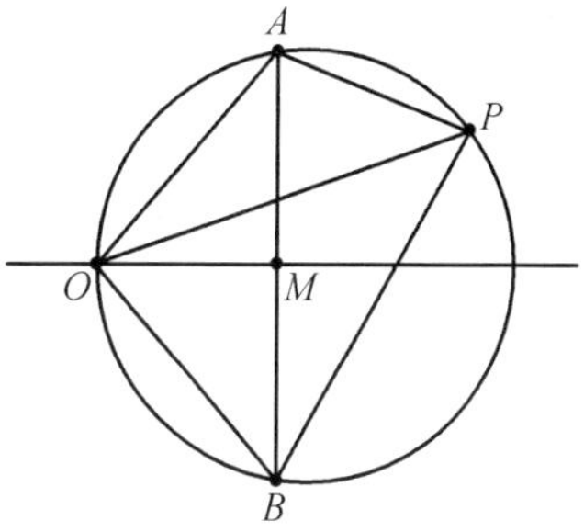

图 8.7

如图 8.6, 设线段 AB 的中点为 M. 易知:渐进线 m 与直线 OM 平行.

当 B 取所在直线的无穷远点时, 第 2 小节中的作图方法仍然适用. 在这种极限情形下, 参数 $b\to\infty$, 则 $\dfrac{1}{b}\to 0$. 因此方程 ② 变形为 $(x^2+y^2)(x\sin\theta+y\cos\theta)=2axy$, 其渐进线为 $\dfrac{x}{\cos\theta}+\dfrac{y}{\sin\theta}+2a=0$

查询一些相关文献便得知:非退化的三次曲线的分类非常复杂. 而上面 B 取无穷远点这种极限情形下的轨迹曲线 $(x^2+y^2)(x\sin\theta+y\cos\theta)=2axy$ 就是三次曲线中的环索线. 这样的环索线也称为"布尔梅斯特(Burmester)曲线".

对环索线 $(x^2+y^2)(x\sin\theta+y\cos\theta)=2axy$ 上的点 P, 仍有"直线 PA, PB 关于直线 PO 对称"的性质(只不过因 B 是无穷远点, 作直线 PB 时要保持固定的倾斜角 $180°-\theta$).

三次曲线虽然是由方程来定义的, 但上面的结果表明:这一类三次曲线仍有简单而有趣的几何性质. 由此我们想到:

问题 2 是否还有其他的三次曲线 —— 它们也有着简单而有趣的几何性

质？

又，非退化的二次曲线有不少统一的几何性质.

对偶问题

在问题1中，如将"直线"替换成"点"，将"关于直线对称"替换成"关于点对称"，将"动点的轨迹"替换成"动直线的包络"，我们就想到了与问题1对偶的如下问题（但并非对偶命题！）：

问题 3 a,b,c 为平面上的三条定直线. 若动直线 l 被直线 a,b 所截得的线段被直线 c 平分，求动直线 l 的包络.

注 从包络的完整性角度考虑，我们约定：当动直线 l 取 a,b,c 时也符合问题3的条件.

如图 8.8，设 a,b,c 两两相交的三交点分别为 A,B,C（限于篇幅，此处仅介绍这种情形）.

假设动直线 l 被 a,b 所截得的线段 DE 被直线 c 平分，即直线 c 过 DE 的中点 P. 则直线 b 关于点 P 对称的直线 b' 也会过点 D. 反过来，点 D 是直线 a 与 b' 的交点. 而 l 可由 D,P 确定.

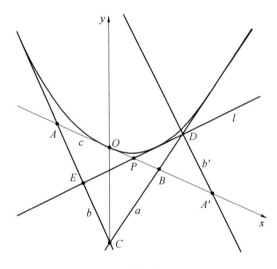

图 8.8

由此，我们就可以作出动直线 l 的包络.

(1) 在直线 c 上任取一点 P. 作直线 b 关于点 P 对称的直线 b'. 直线 b' 交 a 于点 D.

(2) 过 D,P 作直线 l 交直线 b 于点 E. 显然，直线 l 符合问题3的条件.

(3) 如图 8.8，让点 P 在直线 c 上运动即可得到动直线的 l 的包络.

直观地看，动直线 l 的包络应该是一条抛物线. 下面我们将证明这一点.

定理 1 平面上三条定直线 a,b,c 两两相交但不共点.若动直线 l 被 a,b 所截得的线段被 c 平分,则动直线 l 的包络是一条抛物线.

证明 如图 8.8,取线段 AB 的中点 O,作直线 OC.设 $|OC|=m$,$|AB|=2n$.

以 O 为原点,以直线 c 为 x 轴,以直线 OC 为 y 轴建立平面斜角坐标系.
则 $A(-n,0),B(n,0),C(0,-m)$

则直线 a 为 $-mx+ny+mn=0$

直线 b 为 $mx+ny+mn=0$

又设直线 c(即 x 轴)上的动点 P 为 $(p,0)$,则点 A 关于点 P 的对称点 A' 为 $(2p+n,0)$,则直线 b 关于点 P 对称的直线 b' 为

$$mx+ny-2mp-mn=0$$

则直线 b' 与 a 的交点 D 为 $(p+n,\frac{mp}{n})$,则动直线 l(即 DP)为 $mpx-n^2y-mp^2=0$.以 p 为变量,上式两边对 p 求导后解得 $p=\frac{x}{2}$,将其代入直线 l 的方程得 $x^2=\frac{4n^2}{m}y$.

这表明:动直线 l 的包络为抛物线.证毕.

易知,两点 $(2kn,k^2m)$ 和 $(-2kn,k^2m)$ 都在此抛物线上,则它们的中点 $(0,k^2m)$ 在 y 轴(即直线 OC)上,随着 k 的变化,以这两点为端点的弦构成抛物线的一组平行弦(平行于 x 轴,即直线 AB).而二次曲线的一组平行弦的中点轨迹是它的一条直径.这表明:直线 OC 是此抛物线的一条直径.换个说法即是:这条抛物线的对称轴平行(或重合)于直线 OC.

定理 1 的反问题

对定理 1,我们还有如下反问题:

问题 4 对任意一条抛物线,它是否存在三条切线 a,b,c,使得对于这条抛物线的异于 a,b,c 的任意切线 l 都有:切线 l 被 a,b 所截得的线段被 c 平分?

回答是肯定的.我们可以证明以下定理 2.

定理 2 如图 8.9,直线 l_i 切抛物线 C 于点 $P_i(i=1,2,3)$.P 是 C 上异于 P_1,P_2,P_3 的任意点.过点 P 作 C 的切线 l,则直线 l 被 l_1,l_2 所截得的线段被 l_3 平分的充要条件是:由 P_3 和线段 P_1P_2 的中点所确定的直线平行(或重合)于抛物线 C 的对称轴.

证明 设抛物线 C 为 $x^2=2py(p>0)$,点 $P(x_0,y_0)$,$P_i(x_i,y_i)(i=1,2,3)$.

则切线 l 的方程为 $xx_0=p(y+y_0)$,即 $2xx_0-2py-x_0^2=0$.

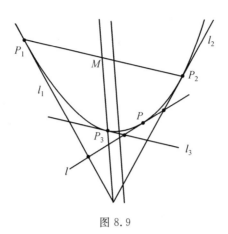

图 8.9

同理,切线 l_i 为 $2xx_i - 2py - x_i^2 = 0(i=1,2,3)$,则 l 与 l_i 的交点为 $(\dfrac{x_0+x_i}{2},$

622

$\dfrac{x_0x_i}{2p})(i=1,2,3)$,则直线 l 被 l_1,l_2 所截得的线段被 l_3 平分的充要条件是

$$\begin{cases} \dfrac{x_0+x_1}{2} + \dfrac{x_0+x_2}{2} = x_0 + x_3 \\ \dfrac{x_0x_1}{2p} + \dfrac{x_0x_2}{2p} = \dfrac{x_0x_3}{p} \end{cases}$$

注意到 P 是 C 上异于 P_1,P_2,P_3 的任意点,则上两式均等价于 $\dfrac{x_1+x_2}{2} = x_3$.

而 “$\dfrac{x_1+x_2}{2} = x_3$” 意即 “点 P_3 的横坐标等于线段 P_1P_2 的中点的横坐标.”

这也即是,由 P_3 和线段 P_1P_2 的中点所确定的直线平行(或重合)于 y 轴,即 C 的对称轴.证毕.

❖定和幂圆

定和幂圆　到两个定点的距离的平方和等于常数的点的轨迹是一个圆.

如图 8.10,设 A,B 是两个定点,动点 P 满足 $PA^2 + PB^2 = k^2$ (k 是实数).

取 AB 的中点 M,由三角形中线公式

$$2(PA^2 + PB^2) = AB^2 + 4PM^2$$

若记 $AB = a$,则

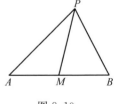

图 8.10

$$PM^2 = \frac{1}{4}(2k^2 - a^2)$$

$$|PM| = \frac{1}{2}\sqrt{2k^2 - a^2}$$

可见,当 $2k^2 - a^2 > 0$ 时,点 P 的轨迹是一个以 M 为中心的圆,该圆称之为定和幂圆.

当 $2k^2 - a^2 = 0$ 时,轨迹退化为一点(点圆),当 $2k^2 - a^2 < 0$ 时,则是一个虚圆(不存在实的轨迹).

推论 1　以 O 为圆心的两个同心圆半径分别为 R,$r(R > r)$,A,B 分别为大圆和小圆上的动点,P 是圆内的定点,且满足 $PA \perp PB$,则弦 AB 中点 M 的轨迹是圆.

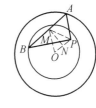

证明　如图 8.11,因 M 为 AB 中点

故　　　$4MO^2 + AB^2 = 2(OA^2 + OB^2) = 2(R^2 + r^2)$

又　　　　　　　　$AB = 2MP$

则　　　　$4MO^2 + 4MP^2 = 2(R^2 + r^2)$

即　　　　$MO^2 + MP^2 = \frac{1}{2}(R^2 + r^2)$（定值）

记 OP 中点为 N,则

图 8.11

$$4MN^2 + OP^2 = 2(MO^2 + MP^2)$$

则　$MN = \frac{1}{2}\sqrt{2(MO^2 + MP^2) - OP^2} = \frac{1}{2}\sqrt{R^2 + r^2 - OP^2}$（定值）

故点 M 的轨迹是以 OP 中点为圆心,$\frac{1}{2}\sqrt{R^2 + r^2 - OP^2}$ 为半径的圆.

推论 2　点 P 是半径为 r 的圆 O 内的定点,A,B 是圆 O 上的动点,且满足 $PA \perp PB$,则弦 AB 中点 M 的轨迹是圆.

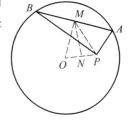

证明　如图 8.12,由垂径定理可知

$$MO^2 + MA^2 = OA^2$$

由　　　　　　　　$MP = MA$

有　　　　　　$MO^2 + MP^2 = r^2$

记 OP 中点为 N,则

$$4MN^2 + OP^2 = 2(MO^2 + MP^2)$$

图 8.12

则　$MN = \frac{1}{2}\sqrt{2(MO^2 + MP^2) - OP^2} = \frac{1}{2}\sqrt{2r^2 - OP^2}$（定值）

故点 M 的轨迹是以 OP 中点为圆心,$\frac{1}{2}\sqrt{2r^2 - OP^2}$ 为半径的圆.

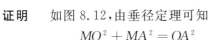

注 推论 2 其实可以看成是推论 1 的退化情形,当 $R=r$ 时,即可得推论 2 的结论.

在推论 1 和推论 2 的基础上,我们只需要利用简单的平几知识,就很容易得到如下的副产品.

推论 3 以 O 为圆心的两个同心圆半径分别为 $R,r(R>r)$,A,B 分别为大圆和小圆上的动点,且满足 $PA\perp PB$,则矩形 $APBQ$ 的顶点 Q 的轨迹是圆. 如图 8.13.

推论 4 点 P 是半径为 r 的圆 O 内的定点,A,B 是圆 O 上的动点,且满足 $PA\perp PB$,则矩形 $APBQ$ 的顶点 Q 的轨迹是圆. 如图 8.14.

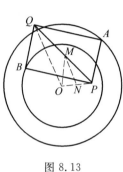
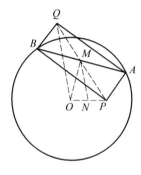

图 8.13   图 8.14

推广 1 若动点 P 满足条件 $mPA^2+nPB^2=k^2$(m,n 是正常数),则点 P 的轨迹仍是一个圆.

如图 8.15,设 N 内分 AB 成 $\dfrac{n}{m}$,即

$$AN=\frac{n}{m+n}a,AB=\frac{m}{m+n}a$$
$$PA^2=AN^2+PN^2-2AN\cdot PN\cdot\cos\alpha$$
$$PB^2=NB^2+PN^2-2NB\cdot PN\cdot\cos(180°-\alpha)$$

则

$$mPA^2+nPB^2=\frac{mn}{m+n}a^2+(m+n)PN^2$$

故

$$PN^2=\frac{1}{m+n}(k^2-\frac{mn}{m+n}a^2)=常量$$

推广 2 在三维空间中,到两定点的距离的平方和等于定值的点的轨迹是一个球面,其球心是联结两定点的线段的中点.

❖定差幂线

定差幂线　到两定点的距离的平方差是定值的点的轨迹是两条直线,它们都垂直于两定点的连线.

如图 8.16,设 A,B 是两定点,动点 P 满足 $PA^2 - PB^2 = k^2$ (k 是定值).

过 P 作 $PQ \perp AB$ 于 Q,当 $PA > PB$ 时, $QA^2 - QB^2 = PA^2 - PB^2 = k^2$.

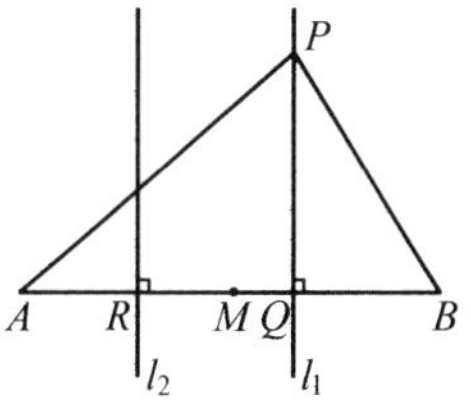

记 $AB = a$,点 M 是 AB 的中点,则

$$2a \cdot MQ = k^2$$

$$MQ = \frac{k^2}{2a} (\text{定值})$$

图 8.16

所以点 P 在过点 Q 且垂直于 AB 的直线 l_1 上.

当 $PA < PB$ 时,取 $RM = \frac{k^2}{2a}$,动点 P 在过点 R 且垂直于 AB 的直线 l_2 上.

又容易证明,在 l_1 或 l_2 上的点都满足条件 $PA^2 - PB^2 = k^2$,故动点 P 的轨迹是垂直于 AB 的两条直线,并称之为定差幂线.

注　(1) 若要求动点 P 满足条件 $mPA^2 - nPB^2 = k^2 (m \neq n)$,则动点 P 的轨迹不是两条直线,而是两个同心圆.

(2) 在三维空间中,到两个定点的距离的平方差是定值的点的轨迹是两个平面,它们垂直于两定点的连线.

❖牛顿轨迹问题

牛顿轨迹问题　设 A,B 分别是定直线 a,b 上的定点,P,Q 分别是 a,b 上的动点,满足条件 $\frac{AP}{BQ} = k$ (定值). 点 R 在 PQ 上,使 $\frac{PR}{RQ} = \frac{m}{n}$ (定比),求动点 R 的轨迹.

此题是牛顿的《自然哲学的数学原理》一书中的第 23 个补充题.

如图 8.17,在 AB 上取一点 M,使 $\frac{AM}{MB} = \frac{m}{n}$,$M$ 是一定点. 联结 PB,作 $MN \parallel AP$ 交 PB 于 N,联结 NR. 因为

$$\frac{PN}{NB} = \frac{AM}{MB} = \frac{m}{n} = \frac{PR}{RQ}$$

所以 $\qquad\qquad NR \parallel BQ$

又由于 $\frac{AP}{BQ} = k, MN = \frac{n}{m+n}AP, NR = \frac{m}{m+n}BQ$, 所以

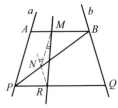

图 8.17

$$\frac{MN}{NR} = \frac{nAP}{mBQ} = \frac{nk}{m}(\text{定值})$$

又 a, b 是定直线, $\angle MNR$ 是定角, 可见 $\triangle MNR$ 的形状一定, 从而 $\angle NMR = \alpha$ 是定角. 可见, 点 R 在过点 M 且与定直线 a 的交角为 α 的一条直线上.

本题也可利用向量来解.

设 O 是坐标原点, $\boldsymbol{a}, \boldsymbol{b}$ 分别是直线 a, b 上的单位向量, 则

$$\overrightarrow{OP} = \overrightarrow{OA} + \overrightarrow{AP} = \overrightarrow{OA} + kt\boldsymbol{a}(t \text{ 是参数})$$

$$\overrightarrow{OQ} = \overrightarrow{OB} + \overrightarrow{BQ} = \overrightarrow{OB} + t\boldsymbol{b}$$

$$\overrightarrow{OR} = \frac{n\overrightarrow{OP} + m\overrightarrow{OQ}}{m+n} = \frac{n\overrightarrow{OA} + m\overrightarrow{OB}}{m+n} + t\frac{nk\boldsymbol{a} + m\boldsymbol{b}}{m+n}$$

而 $\frac{nk\boldsymbol{a} + m\boldsymbol{b}}{m+n}$ 也是定向量. 若点 M 分线段 AB 成 $\frac{m}{n}$, 则

$$OM = \frac{n\overrightarrow{OA} + m\overrightarrow{OB}}{m+n}$$

则 $\qquad\qquad \overrightarrow{OR} = \overrightarrow{OM} + t\left(\frac{nk\boldsymbol{a} + m\boldsymbol{b}}{m+n}\right)$

可见点 R 的轨迹是过点 M 的一条直线.

❖ 根轴问题

定义 1 关于两个不同心的定圆有相等幂的点的轨迹是垂直于两圆连心线的一条直线. 此线称为两圆的根轴, 有时也叫等幂轴.

这个问题是高堤尔于 1813 年提出的.

这里, 点 P 关于圆 $O(R)$ 的"幂"是指有向线段之积 $\overline{PA} \cdot \overline{PA'} = OP^2 - R^2$ (如图 8.18, A, A' 是过 P 的直线和圆 O 的两个交点, 它们可以重合). 首先用"幂"来表示这种意义的是施坦纳.

设圆 $O_1(R_1)$, 圆 $O_2(R_2)$ 的方程为

$$(x - a_1)^2 + (y - b_1)^2 = R_1^2$$

$$(x - a_2)^2 + (y - b_2)^2 = R_2^2$$

其中 $O_1(a_1, b_1)$，$O_2(a_2, b_2)$．

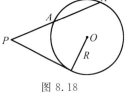

点 $P(x, y)$ 关于圆 $O_1(R_1)$ 和圆 $O_2(R_2)$ 的幂分别为

$$O_1 P^2 - R_1^2 = (x - a_1)^2 + (y - b_1)^2 - R_1^2$$

$$O_2 P^2 - R_2^2 = (x - a_2)^2 + (y - b_2)^2 - R_2^2$$

点 $P(x, y)$ 关于圆 $O_1(R_1)$ 和圆 $O_2(R_2)$ 等幂的充要

图 8.18

条件是

$$(x - a_1)^2 + (y - b_1)^2 - R_1^2 = (x - a_2)^2 + (y - b_2)^2 - R_2^2$$

化简得

$$2(a_1 - a_2)x + 2(b_1 - b_2)y + (R_1^2 - R_2^2 - a_1^2 - b_1^2 + a_2^2 + b_2^2) = 0$$

这个二元一次方程表示一条直线 l，其斜率为

$$k = -\frac{a_1 - a_2}{b_1 - b_2}$$

又直线 $O_1 O_2$ 的方程为

$$(b_2 - b_1)x - (a_2 - a_1)y + b(a_2 - a_1) - a_1(b_2 - b_1) = 0$$

其斜率为

$$k' = \frac{b_2 - b_1}{a_2 - a_1}$$

由 $kk' = -1$ 知，直线 $l \perp O_1 O_2$．

所以关于两个不同心的圆有等幂的点的轨迹是一条直线，它垂直于两圆的连心线．

注 也可用平几方法证．若圆 O_1 与圆 O_2 的半径分别为 R_1，R_2，令 P 为对两圆等幂的点，设 PD 为 P 到连心线 $O_1 O_2$ 的垂线，D 为垂足，记 $O_1 D = d_1$，$DO_2 = d_2$，$O_1 O_2 = d$．由题设有 $PO_1^2 - R_1^2 = PO_2^2 - R_2^2$，即

$$PD^2 + d_1^2 - R_1^2 = PD^2 + d_2^2 - R_2^2$$

因此

$$d_1^2 - d_2^2 = R_1^2 - R_2^2$$

但

$$d_1 + d_2 = d$$

从而 $d_1 - d_2 = \dfrac{R_1^2 - R_2^2}{d}$．由这两个方程联立，解得

$$d_1 = \frac{d^2 + R_1^2 - R_2^2}{2d}, d_2 = \frac{d^2 + R_2^2 - R_1^2}{2d}$$

这说明不论 P 的位置如何，D 为一固定点，即 P 在 $O_1 O_2$ 的过 D 的垂线上．通过计算还可得到：该直线与 $O_1 O_2$ 中点的截距为 $\dfrac{R_1^2 - R_2^2}{2d}$．

关于根轴有下面的重要结论．

定理 1 （1）若两圆相交，其根轴就是公共弦所在的直线．

（2）若两圆相切,其根轴就是过两圆切点的公切线.

（3）三个圆,其两两的根轴相交于一点或互相平行.

证明提示 （1）由于两圆的交点对于两圆的幂都是 0,所以它们位于根轴上.而根轴是直线,所以根轴是两交点的连线.

（2）由幂的定义可立即推出.

（3）若三条根轴中有两条相交,则这一交点对于三个圆的幂均相等,所以必在第三条根轴上.

若三个圆的圆心构成一个三角形,则有一点且只有一点关于这三个圆的幂是相等的,这三条根轴的公共点称为这三个圆的根心.

另外,相离两圆的等幂轴必不与两圆相交.

关于两圆,我们已在第二章,以相交两圆的性质定理,两圆相内切、相外切的性质定理为专题介绍了一些结论.除此之外,还有下面的重要结论:

定义 2 两个相交的圆所成的角,是过任一交点所作两圆的切线组成的角.或者说,是在任一交点的两条半径所成的角.若两圆的交角是直角,则称两圆为正交.

定理 2 （1）若 r_1,r_2 是两个圆的半径,d 为圆心距,则两圆正交的充要条件是 $r_1^2 + r_2^2 = d^2$.

（2）已知一圆及圆外一点,以这点为圆心可以作一个圆与已知圆正交,且只能作一个这样的圆.

（3）过已知圆上任两点可以作一个圆与已知圆正交.

（4）两个正交的圆,一个圆的圆心在另一个圆上,仅当前一个为零圆或后一个圆是直线.

定理 3 与两个已知圆都正交的圆,圆心的轨迹是这两个圆的根轴在圆外的部分.

推论 1 三个圆有且仅有一个公共的正交圆,圆心是三个已知圆的根心,只要这点在三个圆外.

推论 2 以两个相交圆公共弦上任意一点为圆心,可以作一个圆,这圆与任一已知圆的公共弦是它的直径;这弦也是已知圆在这点的最小弦;类似地,若三个圆的根心在圆内,它们过这点的最小弦是一个圆的直径,这圆的圆心是根心.

定理 4 对于外切两圆的切点三角形(公切点与一外公切线上的两切点组成的三角形),则

（1）是以两圆公切点为直角顶点的直角三角形.

（2）其斜边是两圆直径的比例中项.

(3) 过两圆公切点的割线与两圆的两交点分别和斜边两端点连线(即一外公切线上两切点相应的连线)互相垂直.

(4) 其斜边与连心线的交点到公切点的距离是它到另两个切点(即斜边两端点)的距离的比例中项.

证明提示 (1) 过公切点作切线即证.

(2) 设圆 O_1 与圆 O_2 相切于 A,外公切线上两切点为 B,C,BA,CA 的延长线分别交圆 O_1,圆 O_2 于 D,E,则由 $\triangle BCE \backsim \triangle CDB$ 即证.

(3) 略.

(4) 设直线 O_1O_2 与 BC 相交于 P,由 $\triangle PAB \backsim \triangle PCA$ 即证.

定理 5 圆 O_1 与圆 O_2(相交、相切或相离)的连心线分别交两圆依次于点 $M,C;D,N$(相切时 C 与 D 重合),一条外(或内)公切线 AB(分别切圆 O_1,圆 O_2 于 A,B)与 O_1O_2 所在直线相交于 P,则 $PM \cdot PN = PC \cdot PD$.

证明提示 由 $O_1A \parallel O_2B, \angle BAC + \angle ABD = \dfrac{1}{2}(\angle AO_1C + \angle BO_2D) = 90°$,知 $AC \perp BD$,即知 $AM \parallel BD$. 由 $\angle BAC = \angle AMC = \angle BDN$ 知 A,C,D,B 共圆,有 $PC \cdot PD = PA \cdot PB$. 同样由 $\angle AMN = \angle BDN = \angle PBN$ 得 A,M,N,B 共圆,有 $PA \cdot PB = PM \cdot PN$,即证.

❖ 共轴圆

如图 8.19,设两已知圆为

$$圆 O_1(R)：x^2 + y^2 = R^2 \qquad ①$$

$$圆 O_2(r)：(x-a)^2 + y^2 = r^2 \qquad ②$$

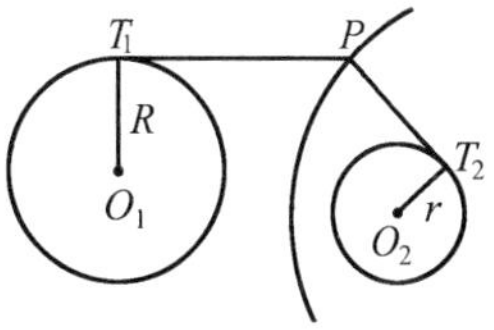

点 $P(x,y)$ 关于圆 O_1 的幂 $p_1 = x^2 + y^2 - R^2$,点 P 关于圆 O_2 的幂 $p_2 = (x-a)^2 + y^2 - r^2$. 若 $\dfrac{p_1}{p_2} = \lambda(\lambda \neq 1)$,则

图 8.19

$$x^2 + y^2 - R^2 = \lambda(x^2 - 2ax + a^2 + y^2 - r^2)$$

即
$$(1-\lambda)x^2 + (1-\lambda)y^2 + 2a\lambda x = R^2 + \lambda a^2 - \lambda r^2 \qquad ③$$

这方程表明,点 P 的轨迹是一个圆,它的圆心 O 在 x 轴上(因而在直线 O_1O_2 上),其坐标为 $x = \dfrac{a\lambda}{\lambda - 1}$.

由 ①,②,圆 O_1 和圆 O_2 的等幂轴是

$$x = \frac{R^2 - r^2 + a^2}{2a}$$

由 ①,③,圆 O_1 和圆 O 的等幂轴方程是

$$2a\lambda x = R^2 + \lambda a^2 - \lambda r^2 - (1-\lambda)R^2$$

即

$$x = \frac{R^2 + a^2 - r^2}{2a}$$

可见圆 O 和圆 O_1 的等幂轴就是圆 O_1 和圆 O_2 的等幂轴,因此圆 O 和两个已知圆(圆 O_1,圆 O_2)共轴.

如果我们把 ③ 中的 λ 看做参变数,那么它表示一簇圆,这些圆的圆心都在连心线 O_1O_2 所在直线上,这些圆(连同原来的圆 O_1,圆 O_2)中,每两个圆的等幂轴是同一条直线,因此这簇圆称之为共轴圆系,而共轴圆系中的若干个圆就是共轴的圆.

定义　一组圆,其中每两个的根轴都是同一条直线,称为共轴圆组.

若设根轴与圆心所在的直线交于点 L,则 L 对这些圆中的一个圆的幂可以是负数、零、正数,因而共轴圆有这样的特点:如果其中有两个圆相交,则簇中的每个圆都通过这两个圆的交点;如果其中有两个圆相切,则簇中的每两个都相切于该切点;如果其中有两个圆没有公共点,则所有圆都没有公共点.

当所有圆都没有公共点时,任取其中一圆,圆心为 O,半径为 r,则 LC 必定大于 r,这时圆 O 不与根轴相交,因而可以任意指定 r 的值.特别地,当 r 等于零时,圆 O 即为点圆(或零圆).在这类共轴圆组中,显然有两个零圆,以这两个零圆的圆心(常称为共轴圆组的极限点)为直径端点的圆一定与这类共轴圆组中的所有圆正交.由此,我们可知,共轴圆组有五类:

Ⅰ.所有不相交的、圆心共线并且都与一个定圆正交的圆,如图 8.20 所示.

Ⅱ.过两个定点的所有圆.

Ⅲ.与一条公切线切于定点的所有圆.

Ⅳ.有一个公共圆心的所有圆.

Ⅴ.过同一点的所有直线.

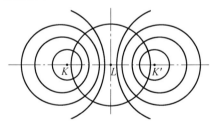

图 8.20

对于共轴圆组有如下结论:

定理 1　在第 Ⅰ 类的共轴圆组中,每一个圆都是到极限点的距离的比等于定值 λ 的点的轨迹.

推论 1　若将一条线段以数值相等的比内分与外分,则以两个分点为直径端点的圆是以这条线段的端点为极限点的共轴圆组中的一个圆.

推论 2　到有一个公共端点的两条线段 AB,BC 张成相等的角的轨迹是过点 B 的一个圆.

定理 2　在第 Ⅱ 类共轴圆组中,每一个圆是对公共弦所张的角为定角的点

的轨迹.

定理 3　任意两个已知圆必定在一个而且只能在一个共轴圆组中.

定理 4　与两个定圆正交的圆必与这两个圆的共轴圆正交.

定理 5　与两个定圆正交的所有圆,成一共轴圆组.

定理 6　一般地,在一个共轴圆组中,有两个圆与一条已知直线或一个已知圆相切.

定理 7　一个固定圆与一个共轴圆组的每个圆的根轴相交于同一点.

定理 8　若一点在共轴圆组的一个圆上移动,则这点关于这组中另两个圆的幂的比是一个定值,即这点所在圆的圆心到另两个圆圆心的距离的比;反之,一个点到两个定圆的幂的比为一个定值,则它的轨迹是与这两个圆共轴的一个圆.

定理 9　两个圆的相似圆与这两个圆共轴.

定理 10　设直线交一个圆于 P,Q,交另一个圆于 R,S;第一个圆在 P,Q 的切线与第二个圆在 R,S 的切线相交于四个点,则这四个点共圆,这个圆与已知圆共轴.

定理 11　三个圆共轴,从其中一个圆上任意一点作其他两个圆的切线各一条,则过两个切点的直线截两个圆所得的弦的比是一个定值.特别地,若一条直线截两个圆所得的弦相等,则在每条弦的一个端点处,所作的切线相交在两个圆的相似圆上.反过来也成立.

定理 12　设一个四边形内接于一个固定的圆,并且两条对边移动时,永远与另一个固定的圆保持相切,则任一组对边,在每个位置都与两个已知圆的共轴圆相切.

定理 13　如果两个共轴圆组有一个公共圆,那么这两组圆与一个圆正交或过一个定圆的对径点.

定理 14　如果一个圆不属于两个共轭的共轴圆组(两共轴圆组的成员互相正交称两组共轭),那么在每一组中至多有一个圆与这个圆正交.

定理 15　圆心共线且具下列条件之一的一串圆必是共轴圆组.

(1) 同正交于一定圆.

(2) 均径割一定圆.

证明　(1) 如图 8.21(a),因为 $OO_i^2 - r_i^2 = r^2$(定值),又 O_i 在一直线 l 上,故圆 $O_i(i=1,2,\cdots)$ 是以 m 为等幂轴的共轴圆.

(2) 如图 8.21(b),因为圆 $O_i(i=1,2,\cdots)$ 的弦是圆 O 的直径,故有 $OO_i^2 - r_i^2 = -r^2$(定值),又 O_i 在直线 l 上,故圆 O_i 是以 m 为等幂轴的共轴圆组.

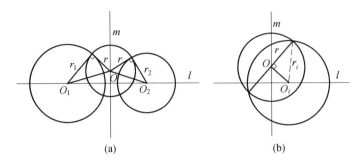

图 8.21

定理 16 具有下列条件之一的一串圆必是共轴圆组.

(1) 同正交于两定圆.

(2) 均径割两定圆.

(3) 同正交于一定圆且均径割另一定圆.

证明 (1) 如图 8.22(a),设圆 $O_i(r_i)$ 同正交于两定圆圆 $O(r)$ 与圆 $O'(r')$,则 $O_iO^2 - O_iO'^2 = r^2 + r_i^2 - (r'^2 + r_i^2) = r^2 - r'^2$ 为定值,所以 O_i 在垂直于 OO' 的直线 m 上.由定理 15 知,圆 $O_i(r_i)$ 是共轴圆组.

(2) 如图 8.22(b),设圆 $O_i(r_i)$ 同径割两定圆圆 $O(r)$,圆 $O'(r')$,则 $O_iO^2 - O_iO'^2 = (r_i^2 - r^2) - (r_i^2 - r'^2) = r'^2 - r^2$ 为定值,所以 O_i 在垂直于 OO' 的直线 m 上.由定理 15 知,圆 $O_i(r_i)$ 是共轴圆组.

(3) 如图 8.22(c),设圆 $O_i(r_i)$ 正交定圆圆 $O(r)$ 而径割定圆圆 $O'(r')$,则 $O_iO^2 - O_iO'^2 = (r^2 + r_i^2) - (r_i^2 - r'^2) = r^2 + r'^2$ 为定值,所以 O_i 在垂直于 OO' 的直线 m 上.由定理 15 知,圆 $O_i(r_i)$ 是共轴圆组.

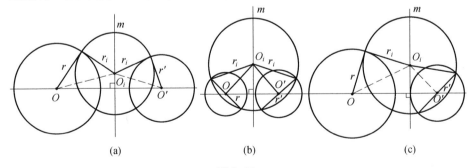

图 8.22

❖开世的幂的定理

定理　一个点关于两个不同心的圆的幂的差,等于圆心距与这点到两圆根轴的距离的积的2倍.①

证明　如图8.23,设 r_1,r_2 分别为圆 O_1,圆 O_2 的半径,P 为一已知点,P 到圆 O_1,圆 O_2 的幂分别为 ρ_1,ρ_2,l 为等幂轴.

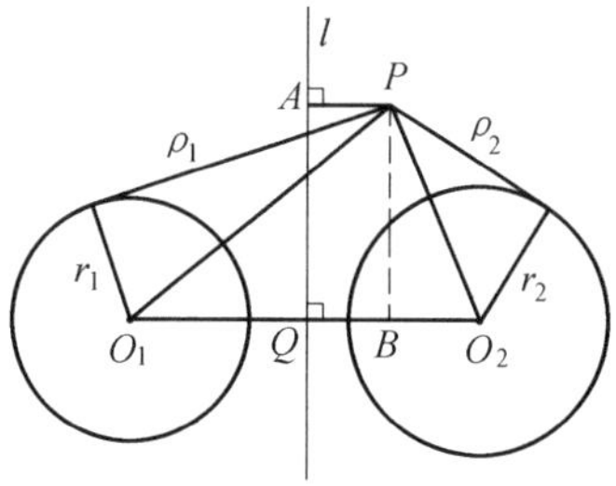

图8.23

设 $PA\perp l$ 于 A,$l\perp O_1O_2$ 于 Q,作 $PB\perp O_1O_2$ 于 B,联结 PO_1,PO_2,则

$$\begin{aligned}\rho_1-\rho_2=&(PO_1^2-r_1^2)-(PO_2^2-r_2^2)=\\&BO_1^2-BO_2^2-(r_1^2-r_2^2)=\\&BO_1^2-(O_1O_2-BO_2)^2-\\&(QO_1^2-QO_2^2)=\\&2O_1O_2\cdot BO_1-O_1O_2^2-(QO_1-QO_2)(QO_1+QO_2)=\\&2O_1O_2\cdot BO_1-O_1O_2^2-O_1O_2(2QO_1-O_1O_2)=\\&O_1O_2(2BO_1-O_1O_2-2QO_1+O_1O_2)=O_1O_2\cdot 2BQ=\\&2AP\cdot O_1O_2\end{aligned}$$

推论1　若两圆不同心,则其中一个圆的任何点对于另一圆的幂的绝对值,必等于该点到等幂轴的距离乘以圆心距之积的2倍.

推论2　关于两个圆的幂的差为定值的点的轨迹,是与它们的根轴平行的直线.

❖三角形高线垂足的射影点共轴圆定理

定理　设 K 为 $\triangle ABC$ 的高线 AD 所在直线上异于垂足 D 的任意一点,则 D 在直线 BA,BK,CK,CA 上的射影 P,Q,R,S 共圆或共线,且这些圆构成以直线 PQ 为公共轴的共轴圆组,这些圆的圆心在过 PS 与 AD 的中点 M,N 所在的直线上.

证明　如图8.24所示.

① 约翰逊.近代欧氏几何学[M].单墫,译.上海:上海教育出版社,2000:72.

当 k 为 $\triangle ABC$ 的垂心时，D 在直线 BA，BK，CK，CA 上的射影 P，Q，R，S 四点共线，这可由三角形的西姆松定理及逆定理而证.

当 K 在垂心的下方，即为点 K_1 时，D 在直线 BA，BK_1，CK_1，CA 上的射影 P，Q_1，R_1，S 四点共圆，这可由

$$\angle R_1 SP = \angle DSP - \angle DSR_1 =$$
$$\angle BAD - \angle DCR_1$$

及

$$\angle PQ_1 R_1 = 360^\circ - \angle PQ_1 D - \angle DQ_1 R_1 =$$
$$180^\circ + \angle ABD - \angle DK_1 R_1 =$$
$$180^\circ + (90^\circ - \angle BAD) -$$
$$(90^\circ - \angle DCR_1) =$$
$$180^\circ - \angle BAD + \angle DCR_1$$

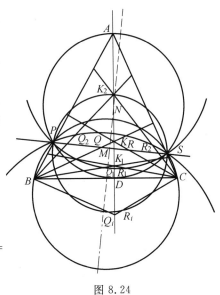

图 8.24

而证.

当 K 在垂心的上方，即为点 K_2 时，D 在直线 BA，BK_2，CK_2，CA 上的射影 P，Q_2，R_2，S 四点共圆，这可由

$$\angle R_2 SP = \angle DSR_2 - \angle DSP = \angle DCR_2 - \angle DAB$$

及

$$\angle PQ_2 R_2 = \angle PQ_2 D + \angle DQ_2 R_2 = (90^\circ + \angle BQ_2 P) + \angle DK_2 P_2 =$$
$$90^\circ + \angle BDP + (90^\circ - \angle DCR_2) =$$
$$180^\circ - \angle DAB - \angle DCR_2$$

而证.

当 K 在点 A 时，D 在 BA，BK 上的射影重合于 P，D 在 CK，CA 上的射影重合于 S. 当 K 在点 A 上方，且趋向于无穷远时，D 在 BK，CK 上的射影趋近于点 B，C. K 为无穷远点的圆是以 BC 的中垂线与直线 MN 的交点为圆心，过点 P，B，C，S 的圆.

当 K 在点 D 的位置时，点 D 在 BK，CK 上的射影即为 D，此时的圆为以 AD 中点 N 为圆心，以 AD 为直径的圆.

由上即知，这共轴圆组中的每个圆的圆心均在过 PS 与 AD 的中点 M，N 所在的直线上.

❖塞列特轨迹问题

塞列特轨迹问题　若 AB 和 CD 是两条不平行的线段,动点 P 满足条件 $S_{\triangle PAB}+S_{\triangle PCD}=k^2$(定值),则点 P 的轨迹是一个平行四边形.

此题是由法国数学家塞列特(Serret,1819—1885) 于 1855 年提出的.

如图 8.25,设 AB,CD 所在直线相交于点 O,并分别取 $OM=AB$,$ON=CD$,则

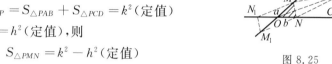

$$S_{\triangle PAB}=S_{\triangle POM},S_{\triangle PCD}=S_{\triangle PON}$$

$$S_{MONP}=S_{\triangle PAB}+S_{\triangle PCD}=k^2(定值)$$

又 $S_{\triangle OMN}=h^2$(定值),则

$$S_{\triangle PMN}=k^2-h^2(定值)$$

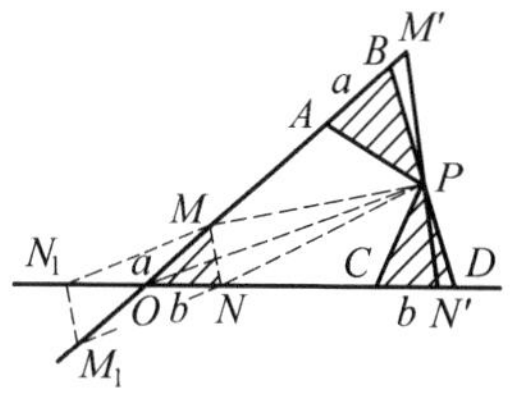

故点 P 必在平行于 MN 的直线段 $M'N'$ 上.

图 8.25

两相交直线把平面分成四个区域.前面只考查了点 P 在 $\angle AOC$ 内部时的情况.当点 P 在另外三个区域时,上述讨论也完全有效.若再在 AB,CD 上分别取 $OM_1=AB$,$ON_1=CD$,并按照上述方法讨论,可知点 P 分别在平行于 MN_1,M_1N_1,M_1N 的三条线段上,它们和第一条线段 $M'N'$ 一起构成一个平行四边形,而点 O 是该平行四边形的中心.

❖波塞里亚反演器原理

波塞里亚反演器原理　设点 O 是定圆 S 上一定点,菱形 $ABCD$ 的边长为 a,顶点 A 在圆 S 上,$OB=OD=b$(定长),当 A 在圆 S 上移动时,求顶点 C 的轨迹.

本题是由法国海军军官波塞里亚提出的,1864 年,波塞里亚据此制作了波塞里亚反演器.

如图 8.26,由于 $OB=OD$,$AB=AD$,$CB=CD$,O,A,C 三点始终在同一直线(BD 的中垂线)上.

又由于 $BD\perp AC$ 于 H,则

$$b^2-a^2=BO^2-BA^2=OH^2-AH^2=$$
$$(OH+AH)(OH-AH)=OA\cdot OC$$

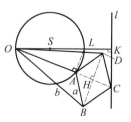

图 8.26

即　　　　　　　　　　　　$OA\cdot OC=(\sqrt{b^2-a^2})^2$

因此,若以圆 $O(\sqrt{b^2-a^2}\,)$ 为反演基圆的话,A 和 C 互为反点.当 A 在圆 S 上移动时,点 C 的轨迹是圆 S 的反形.由于圆 S 过反演极 O,故其反形是一条垂直于 OS 的直线,即点 C 的轨迹是垂直于直线 OS 的一条直线 l(若 $OS \perp l$ 于 K,交圆 S 于 L,则 $OL \cdot OK = b^2 - a^2$).

根据这个结果可以制作反演器.用四根等长(长度为 a)的棒联结成菱形 $ABCD$,并于 B 和 D 处接上两根长度都等于 b 的棒 OB 和 OD,使各联结处均可以自由转动,这样便制成了一个反演器.使用时,可在点 O 处装上一针,使之可固定于图板上某点,再于 A 处装上一针,C 处装上铅笔,然后让 A 描绘某个已知图形 F,则点 C 就绘出 F 的反形 F'.

❖ 卡塔朗轨迹问题

636

卡塔朗轨迹问题　圆 $O(r)$ 及圆 $O'(r')$ 是两个定圆,动点 A 在圆 O 上,A' 在圆 O' 上,且 A 对于圆 O' 的幂等于 A' 对于圆 O 的幂,过 A 作圆 O 的切线,过 A' 作圆 O' 的切线,两切线相交于点 P,则动点 P 的轨迹是一个圆,该圆与圆 O,圆 O' 共轴.

本题是卡塔朗于1879年发现的.在笛斯波维斯著的《几何问题》(*Questions de Geometriel*)一书中,本题是作为解决马尔法蒂问题的辅助定理提出的(参见马尔法蒂问题).

如图 8.27,设 AA' 分别交圆 O,圆 O' 于 B,B',由于 A 对于圆 O' 的幂等于 A' 对于圆 O 的幂,$AA' \cdot AB' = AA' \cdot A'B$,故

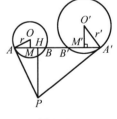

图 8.27

$$AB' = A'B, \quad AB = A'B' \qquad ①$$

若作 $OM \perp AB$ 于 M,$O'M' \perp A'B'$ 于 M',$PH \perp AA'$ 于 H,则 $\mathrm{Rt}\triangle AOM \backsim \mathrm{Rt}\triangle PAH$,$\dfrac{PA}{OA} = \dfrac{PH}{AM}$,即

$$\frac{PA}{r} = \frac{PH}{AM} \qquad ②$$

同理
$$\frac{PA'}{r'} = \frac{PH}{A'M'} \qquad ③$$

由于 $AM = \dfrac{1}{2}AB = \dfrac{1}{2}A'B' = A'M'$,故由 ②,③ 得

$$\frac{PA}{PA'} = \frac{r}{r'} \qquad ④$$

从而
$$\mathrm{Rt}\triangle PAO \backsim \mathrm{Rt}\triangle PA'O'$$

$$\frac{PO}{PO'} = \frac{r}{r'}$$

由阿波罗尼斯轨迹定理,当 $r \neq r'$ 时,点 P 的轨迹是一个圆.

由于 $\dfrac{PA^2}{PA'^2} = \dfrac{r^2}{r'^2}$,故点 P 关于圆 O,圆 O' 的幂之比为常数 $\dfrac{r^2}{r'^2}$,所以,当 $r \neq r'$ 时,点 P 的轨迹是与圆 O,圆 O' 共轴的圆(参见共轴圆);当 $r = r'$ 时,点 P 的轨迹是一直线 l,l 是圆 O 与圆 O' 的根轴.

❖ 外接于定三角形的正三角形重心的轨迹

外接于定三角形的正三角形重心的轨迹是一个圆.

本题选自《美国数学月刊》Vol. 66 的问题 E1351.

如图 8.28,设 $\triangle ABC$ 是定三角形,分别以 BC,CA,AB 为弦作圆 O_1,圆 O_2,圆 O_3,使在 $\triangle ABC$ 内部一侧的弧均为 $120°$.过 A 任作一直线与圆 O_2,圆 O_3 分别交于点 B',C',联结 CB' 并延长交圆 O_1 于点 A',此时 A',B,C' 必共线,$\triangle A'B'C'$ 是定 $\triangle ABC$ 的外接正三角形.设 $\overset{\frown}{BC}$,$\overset{\frown}{CA}$,$\overset{\frown}{AB}$(都等于 $120°$)的中点分别是 L,M,N,易证

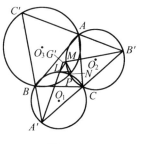

图 8.28

$$LM^2 = MN^2 = NP^2 =$$

$$\frac{1}{6}(BC^2 + CA^2 + AB^2) - \frac{\sqrt{3}}{6} S_{\triangle ABC}$$

所以 $\triangle LMN$ 是正三角形.

设 G' 是 $A'L$,$B'M$(或其延长线)的交点,由于 $A'G'$ 平分 $\angle BA'C$,$B'G'$ 平分 $\angle A'B'C'$,故 G' 是正 $\triangle A'B'C'$ 的重心,且 $\angle A'G'B' = 120°$.由此可见,点 G' 必在正 $\triangle LMN$ 的外接圆上.又当 $B'C'$ 绕着点 A 转动时,G' 可以跑到 $\overset{\frown}{LN}$ 或 $\overset{\frown}{MN}$ 上,故 $\triangle A'B'C'$ 重心的轨迹是 $\triangle LMN$ 的外接圆.

❖ 三角形的纽堡圆

设 O,w 分别为 $\triangle ABC$ 的外心和布罗卡尔角,M_1 为边 BC 的中点,令 $BC = a$,$CA = b$,$AB = c$,$AM_1 = m_1$,$\angle AM_1O = \theta$,则边 BC 上的高为 $m_1 \cdot \cos\theta$,

平面几何500名题暨1500条定理(下)

$2S_{\triangle ABC}=a \cdot m_1 \cdot \cos\theta$,如图 8.29 所示.

注意到三角形布罗卡尔角的性质及三角形中线长公式,有

$$a^2+b^2+c^2=4S_{\triangle ABC} \cdot \cot w, b^2+c^2=\frac{1}{2}a^2+2m_1^2$$

于是得 $\frac{3}{2}a^2+2m_1^2=2am_1 \cdot \cos\theta \cdot \cot\omega$

上式可变形为

$$m_1^2-2m_1 \cdot (\frac{a}{2} \cdot \cot\omega) \cdot \cos\theta+(\frac{a}{2} \cdot \cot\omega)=\frac{a^2}{4}(\cot^2\omega-3)$$

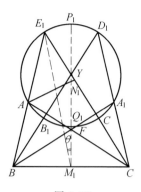

图 8.29

若令 $\frac{a}{2}\cot\omega=u, \frac{a^2}{4}(\cot^2\omega-3)=v^2$,则上式即为余弦定理的形式:$m_1^2+u^2-2m_1 \cdot u \cdot \cos\theta=v^2$.

从而,在 $\triangle ABC$ 中,对于边 BC,具有已知布罗卡尔角的三角形第三顶点的轨迹,是过点 A,圆心 N_1 在 BC 的中垂线上,且 $M_1N_1=\frac{a}{2}\cot\omega$,$N_1$ 对 BC 的张角为 2ω,半径为 $\frac{a}{2}\sqrt{\cot^2\omega-3}$ 的圆(若不过 A,则还有在 BC 异侧的一个圆).

对于 $\triangle ABC$,可以如上确定三个圆,每一个通过 $\triangle ABC$ 的一个顶点,这样的三个圆圆 N_1,圆 N_2,圆 N_3 称为三角形的纽堡圆.[1]每一个是在对边上,具有已知布罗卡尔角的三角形的顶点的轨迹.

由上述定义,可得纽堡圆的一些性质:

定理 1 B 与 C 关于圆 N_1 的幂是 BC^2(等于 $BN_1^2-v^2$);$\triangle N_1N_2N_3$ 的重心就是 $\triangle ABC$ 的重心(参见三角形等角中心问题的推广中定理 3);直线 AN_1,BN_2,CN_3 共点.

定理 2 若布罗卡尔角 ω 的值已知,则三角形的任一角的最大值 δ 与最小值 δ',由 $\cot\frac{\delta}{2}=\cot\omega-\sqrt{\cot^2\omega-3}$,$\cot\frac{\delta'}{2}=\cot\omega+\sqrt{\cot^2\omega-3}$ 给出.

事实上,若设直线 M_1ON_1 交纽堡圆圆 N_1 于 Q_1(在点 N_1 下方),P_1,则 $\angle BQ_1C=\delta$,$\angle BP_1C=\delta'$,于是,有

$$\cot\delta=\frac{1}{3}(\cot\omega-2\sqrt{\cot^2\omega-3}), \cot\delta'=\frac{1}{3}(\cot\omega+2\sqrt{\cot^2\omega-3})$$

① 约翰逊.近代欧氏几何学[M].单墫,译.上海:上海教育出版社,2000:254-256.

$$\sin\delta \cdot \sin\delta' = 3\sin^2\omega, \cos\delta \cdot \cos\delta' = 5\sin^2\omega - 1$$

定理 3 以已知线段为边可以作六个三角形,与一个已知的不等边的三角形顺相似或递相似,它们的顶点在它们共同的纽堡圆上.

事实上,如图 8.29,设 $\triangle ABC, \triangle BCD_1, \triangle CC_1B$ 顺相似,$\triangle A_1CB$,$\triangle CBE_1, \triangle BB_1C$ 与它们递相似.注意到这六个三角形有相同的布罗卡尔角,则 $A, D_1, C_1, A_1, E_1, B_1$ 在这个纽堡圆圆 N_1 上.

又直线 AE_1, B_1D_1, C_1A_1 过点 B,直线 AB_1, D_1A_1, E_1C_1 过点 C,即六边形 $AE_1C_1A_1D_1B_1$ 的边交错地通过两个定点 B, C,$\triangle AC_1D_1$ 与 $\triangle C_1B_1E_1$ 相似于 $\triangle ABC$.设直线 BA 与 CA_1 相交于点 X,直线 BD_1 与 CE 相交于点 Y,直线 BC_1 与 CB_1 相交于点 Z,则 $\triangle BCX, \triangle BCY, \triangle BCZ$ 都是等腰三角形,且底角分别等于 $\angle B, \angle A, \angle C$.

设 $\triangle BCP_1$ 及 $\triangle BCQ_1$ 为等腰三角形,则 P_1 与 Q_1 在 M_1N_1 上,在上述等腰三角形条件下,若 BP_1 交圆 N_1 于 T_1,则 CT_1 是圆 N_1 的切线,且 $\triangle BCT_1$ 也是等腰三角形,$BC = CT_1$.

定理 4 纽堡圆圆 N_1 与以 B, C 为圆心,BC 为半径的圆正交.

因此,在已知边 BC 上的,以不同的 ω 值所得的纽堡圆是一个共轴圆组,它的极限点 L, L' 都与 BC 成等边三角形.

❖ 三角形的舒特圆共轴圆组问题

到 $\triangle ABC$ 的顶点 B, C 的距离与 AB, AC 成比例的点的轨迹是一个过点 A 的圆,它的直径是 BC 所在直线上的一条线段,其端点 X_1, Y_1 分别在 $\angle A$ 的内、外角平分线上,即 Y_1, X_1, B, C 成调和点列.

每一个三角形,都有三个这样的圆,都称为阿波罗尼斯圆.

如图 8.30,在 $\triangle ABC$ 中,这三个圆的圆心分别在其三边所在直线上,分别记为 L_1, L_2, L_3.

设 O, K 分别为 $\triangle ABC$ 的外心与共轭重心,则由调和点列的性质,知圆心 L_1 是圆 O 在点 A 的切线与边 BC 所在直线的交点,即圆 L_1 与圆 O 是正交的.

由 $\angle L_1AX_1 = \angle AX_1B = \angle C + \frac{1}{2}\angle A, \angle L_1AB = \angle C$,知圆心 L_1 是 $\triangle ABC$ 的共轭中线 AK 关于圆 O 的极点.

设圆 O 的 B, C 的切线相交于点 T_1,则 AT_1 是共轭中线.A 与 T_1 的极线分别为 AL_1 和 BC,所以 AT_1 的极点是 L_1.

由于 L_1, L_2, L_3 都在点 K 关于圆 O 的极线上,因而 L_1, L_2, L_3 共线,这条直

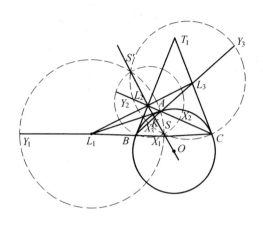

图 8.30

线垂直于布罗卡尔轴 OK,是圆 O 与布罗卡尔圆的根轴,它就是莱莫恩线.

三个阿波罗尼斯圆共轴,它们的根轴就是布罗卡尔线 OK,它们交根轴于 S,S' 两点,这两点关于圆 O 互为反演点.

又可推知,S,S' 是 $\triangle ABC$ 的正则点,阿波罗尼斯圆与布罗卡尔圆正交. 因此,三角形的外接圆,布罗卡尔圆,莱莫恩线,正则点属于一个共轴圆组,与阿波罗尼斯圆正交.

我们称这些圆为舒特共轴圆组.①

若以正则点 S' 为中心,施行一个反演,保持第二个正则点 S 在原处,则已知三角形变成一个等边三角形,以 S 为中心;阿波罗尼斯圆变为过 S 的直线,舒特圆变为圆心为 S 的圆.

注意到若一个三角形与一个点受到反演的作用,则这个点关于这个三角形的投影三角形与反形中对应的投影三角形逆相似,则知在上述反形中,每个舒特圆是投影三角形具有一定的布罗卡尔角的点的轨迹,并且由于这一性质经过反演保持不变,所以在原来的图形中,这一性质仍然成立. 于是,我们有

定理 在任一三角形中,投影三角形具有给定方向与给定布罗卡尔角的点的轨迹,是舒特圆组中的一个圆,即与三角形的外接圆和布罗卡尔圆共轴的一个圆.

---

① 约翰逊. 近代欧氏几何学[M]. 单墫,译. 上海:上海教育出版社,2000:262-264.

❖平面轨迹的面积条件呈现问题

张景中院士在改造平面几何内容时,探讨了平面轨迹的面积条件呈现问题①.

在平面几何课程中,"轨迹"被定义为"平面上满足一定条件的集合". 可在传统的初中几何中接触到的轨迹,往往是一条直线、两条直线、圆、圆弧,没有充分表现出"集合"概念的丰富内涵. 如果用面积条件呈现轨迹要求的条件,探讨一些与面积有关的轨迹问题,则能较丰富地体现出集合概念,把集合思想更多地渗入到平面几何之中.

轨迹 1 设 A,B,C,D 四点在一直线上,试求平面上满足条件:$S_{\triangle PAB} = S_{\triangle PCD}$ 的点的轨迹.

解 有两种情形:

若 $AB = CD$,则平面上每一点都满足已知条件,从而,所求的轨迹是全平面.(这里用到共线三点也可看成压扁了三角形).

若 $AB \neq CD$,则当 P 不在直线 AB 上时,轨迹不存在;当 P 在这条直线上时,$S_{\triangle PAB} = S_{\triangle PCD} = 0$,所求轨迹是 A,B,C,D 所在的直线.

轨迹 2 设 $ABCD$ 是等腰梯形,AB,CD 是梯形两腰,求平面上满足条件:$S_{\triangle PAB} = S_{\triangle PCD}$ 的点 P 的轨迹.

解 分两种情形:

若 $AB \parallel CD$,则所求轨迹是梯形两底中点所确定的直线.

若 AB 不平行于 CD,可设 AB 与 CD 所在直线相交于点 O,则所求轨迹除了梯形两底中点连线之外,还包括过 O 而与梯形之底平行的直线,即所求轨迹是直线 AB,CD 交成的一对对顶角的两条角平分线.

轨迹 3 设点 A,B 决定一直线 l_1,点 C,D 决定一直线 l_2,l_2 与 l_1 交于 O,求平面上满足 $S_{\triangle PAB} = S_{\triangle PCD}$ 的点 P 的轨迹.

解 如图 8.31,在直线 AB 上取点 E,F,使 O 为 EF 之中点,且 $EO = FO = AB$,再在直线 CD 上取点 G,H,使 O 为 GH 之中点,且 $GO = HO = CD$. 不妨设 E,G,F,H 的顺序恰使 $EGFH$ 为平行四边形.

设 EG,GF,FH,HE 四边的中点顺次为 M,S,N,P,我们断言:所求的轨迹就是两条直线 MN,RS.

---

① 张景中,曹培生. 从数学教育到教育教学[M]. 北京:中国少年儿童出版社,2005:120-127.

先证轨迹的纯粹性.

注意到当线段 CD 在直线 HG 上"滑动"时,对固定的任一点 P,面积 $S_{\triangle PCD}$ 是不变的.

同样地,线段 AB 在直线 EF 上滑地,$S_{\triangle PAB}$ 不变. 于是

$$S_{\triangle POE} = S_{\triangle POF} = S_{\triangle PAB}$$

且

$$S_{\triangle POG} = S_{\triangle POH} = S_{\triangle PCD}$$

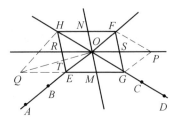

图 8.31

当点 P 在直线 RS 上时,由共边比例定理,有

$$\frac{S_{\triangle PAB}}{S_{\triangle PCD}} = \frac{S_{\triangle POF}}{S_{\triangle POG}} = \frac{FS}{GS} = 1$$

当点 P 在直线 MN 上时,同理,有

$$\frac{S_{\triangle PAB}}{S_{\triangle PCD}} = \frac{S_{\triangle POE}}{S_{\triangle POG}} = \frac{EM}{GM} = 1$$

这表明直线 RS,MN 上的点都在轨迹上.

再证轨迹的完备性.

若点 P 不在直线 MN 上或 RS 上,不妨设点 $P=Q$ 是 $\angle ROE$ 内的任一点,联结 OQ 交 RE 于 T,则 $TE < RE = HR < HT$.

由共边比例定理,有

$$\frac{S_{\triangle QAB}}{S_{\triangle QCD}} = \frac{S_{\triangle QOE}}{S_{\triangle QOH}} = \frac{HT}{ET} > 1$$

可见 Q 不在轨迹上.

轨迹 4 设 A,B,C,D 都在直线 l 上,a 是给定的正数,求平面上满足条件:$S_{\triangle PAB} + S_{\triangle PCD} = a$ 的点 P 的轨迹.

解 有两种情形:

当 A 与 B 重合,且 C 与 D 重合时,对平面上任一点 P 总有 $S_{\triangle PAB} + S_{\triangle PCD} = 0 < a$,故所求轨迹是空集.

当 $AB + CD > 0$,则所求轨迹显然是与直线 l 平行,且到 l 的距离为 $h = \dfrac{2a}{AB + CD}$ 的两条直线.

轨迹 5 若 $ABCD$ 是平行四边形,a 是给定的正数,求平面上满足条件:$S_{\triangle PAB} + S_{\triangle PCD} = a$ 的点 P 的轨迹.

解 分三种情形:

若 $\square ABCD$ 面积大于 $2a$,则所求轨迹是空集.

若 $\square ABCD$ 面积等于 $2a$,则所求轨迹是直线 AB 与 CD 所夹的条形区域(含直线 AB,CD). 如图 8.32 所示.

若 □$ABCD$ 的面积小于 $2a$,易计算出所求轨迹是与 AB 平行的两条直线 l_1,l_2,且 l_1 与 l_2 分居于 AB,CD 所夹的条形区域两侧,到条形区域边界距离为

$$h = \frac{2a - AB \cdot d}{2AB}$$

其中 d 是 AB 到 CD 的距离.

证明略.

轨迹6 设 $ABCD$ 是平行四边形,$a > 0$,求平面上满足条件:$S_{\triangle PAB} + S_{\triangle PBC} + S_{\triangle PCD} + S_{\triangle PDA} = a$ 的点 P 的轨迹.

解 分三种情形.

若 □$ABCD$ 面积大于 a,则所求轨迹是空集.

若 □$ABCD$ 面积等于 a,则所求轨迹是平行四边形内和周界上的所有的点.

若 □$ABCD$ 面积小于 a,则所求轨迹是图 8.33 所示的包围了 □$ABCD$ 的八边形.

记 □$ABCD$ 的面积为 $S_{\square}$,AB 到 CD 的距离为 d_1,AD 到 BC 的距离为 d_2,则图 8.33 中确定八边形的参数 h_1,h_2 如下

$$h_1 = \frac{a - S_{\square}}{AB}, \quad h_2 = \frac{a - S_{\square}}{AD}$$

这是因为 P 应当满足(当 P 在 DC 外侧时)

$$a = S_{\triangle PAB} + S_{\triangle PBC} + S_{\triangle PCD} + S_{\triangle PDA} = S_{\square} + 2S_{\triangle PDC}$$

轨迹7 设 l_1,l_2 两直线相交于 O,在 l_1 上取两点 A,B,在 l_2 上取两点 C,D,设 a 是任意给定的正数,求满足条件:$S_{\triangle PAB} + S_{\triangle PBC} = a$ 的点 P 的轨迹.

解 如图 8.34,在 l_1 上取 E,F,使 $S_{\triangle EDC} + S_{\triangle FDC} = a$.在 l_2 上取 G,H 使 $S_{\triangle GAB} = S_{\triangle HAB} = a$.显然 O 是 EF 中点,也是 GH 的中点.于是适当选定 E,G,F,H 之次序后 $EGFH$ 为平行四边形.

可以断言,这个平行四边形的周界就是所求的轨迹.

先证轨迹的纯粹性.设 P 在 □$EGFH$ 的周界上,比如在边 EG 上.设 $PG =$

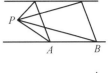

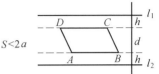

图 8.32

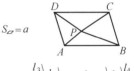

图 8.33

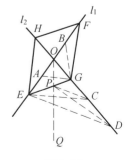

图 8.34

λEG,由共边比例定理,有 $\dfrac{S_{\triangle PCD}}{S_{\triangle ECD}}=\dfrac{PG}{EG}=\lambda$,故

$$S_{\triangle PCD}=\lambda S_{\triangle ECD}=\lambda a \qquad\qquad ①$$

同理

$$S_{\triangle PAB}=(1-\lambda)S_{\triangle GAB}=(1-\lambda)a \qquad\qquad ②$$

由 ① + ② 得

$$S_{\triangle PAB}+S_{\triangle PCD}=a$$

再证完备性. 设 Q 不在 □$EGFH$ 的周界上,联结 QO 交其周界于 P,则由共边比例定理,有

$$\frac{S_{\triangle QCD}}{S_{\triangle PCD}}=\frac{S_{\triangle QAB}}{S_{\triangle PAB}}=\frac{QO}{PO}\neq 1$$

再用合比定理,得 $\dfrac{S_{\triangle QCD}+S_{\triangle QAB}}{a}\neq 1$,即 Q 不在轨迹上.

轨迹 8　给出平面上两点 A,B,对给定的常数 $k\geqslant 0$,求满足条件:$S_{\triangle PAB}=k\cdot PA\cdot PB$ 的点 P 的轨迹.

解　有多种情形:

(1) 若 A,B 重合而 $k>0$,则轨迹是空集.

(2) 若 A,B 重合而 $k=0$,则轨迹是全平面.

(3) 若 A,B 不重合而 $k=0$,则轨迹是直线 AB.

(4) 若 A,B 不重合而 $k>\dfrac{1}{2}$,则轨迹是空集.

(5) 若 A,B 不重合而 $0<k\leqslant\dfrac{1}{2}$,则由条件式与三角形面积公式 $S_{\triangle PAB}=\dfrac{1}{2}PA\cdot PB\cdot\sin\angle APB$ 比较,可知已知条件式等价于 $\sin\angle APB=2k$. 由此易找出所求轨迹.

若 $2k=1$,则 $\angle APB=90°$,所求轨迹显然是以 AB 为直径的圆周.

若 $0<2k<1$,过 A 作 AB 之垂线 l,以 B 为圆心,$\dfrac{AB}{2k}$ 为半径作弧交 l 于 M,N,再以 BM,BN 为直径作两圆,这两个圆周就是所求的轨迹. 因为,这时有

$$\sin\angle AMB=\sin\angle ANB=\frac{AB}{MB}=2k$$

以上举出的轨迹,有空集、全平面、一条直线、两条平行线、两条相交直线、带形域、平行四边形域、平行四边形周界、八边形周界、圆周等多种类型.

用面积条件呈现的轨迹,大大丰富了轨迹的类型.

第九章　　平面闭折线

　　关于平面闭折线中的问题,我国的熊曾润、王方汉、曾建国、段惠民等人进行了深入地探讨,也获得了一些很深刻的结果.

❖平面闭折线的射影、正弦、余弦定理

　　定理　设 n 边平面封闭折线 $A_1A_2\cdots A_n$(常记为 $A(n)$)的边长为 $|A_1A_2|=a_1,|A_2A_3|=a_2,\cdots,|A_nA_1|=a_n$,顶点 A_k 处的折角为 $\theta_k(k=1,2,\cdots,n)$,则有如下恒等式成立:[①]

　　(1) 射影定理

$$a_1=-\sum_{2\leqslant k\leqslant n}a_k\cos\left(\sum_{2\leqslant j\leqslant k}\theta_j\right) \qquad ①$$

　　(2) 正弦定理

$$\sum_{2\leqslant k\leqslant n}a_k\sin\left(\sum_{2\leqslant j\leqslant k}\theta_j\right)=0 \qquad ②$$

　　(3) 余弦定理

$$a_1^2=\sum_{2\leqslant k\leqslant n}a_k^2+2\sum_{2\leqslant m<l\leqslant n}a_m a_l\cos\left(\sum_{m+1\leqslant j\leqslant l}\theta_j\right) \qquad ③$$

　　证明　先看如下引理:

　　引理　以平面封闭折线 $A_1A_2\cdots A_n$ 的边 A_1A_2 所在直线为 x 轴,且 A_1 重合于原点 O,记 Ox 到边 A_kA_{k+1} 的有向角为 θ_k^*,即 $\theta_k^*=(\widehat{Ox,A_kA_{k+1}})(k=2,3,\cdots,n)$,并约定 $A_{n+1}=A_1$,那么就有 $\theta_k^*=\sum_{2\leqslant j\leqslant k}\theta_j$.其中 θ_j 是顶点 A_j 处的折角.

　　事实上,当 $k=2$ 时,$\theta_2^*=(\widehat{Ox,A_2A_3}=\theta_2$ 显然成立).

　　假设当 $k=p(2\leqslant p\leqslant n)$ 时 $\theta_p^*=(\widehat{Ox,A_pA_{p+1}})=\sum_{2\leqslant j\leqslant p}\theta_j$ 成立,那么当 $k=p+1$ 时,如图 9.1 所示,有

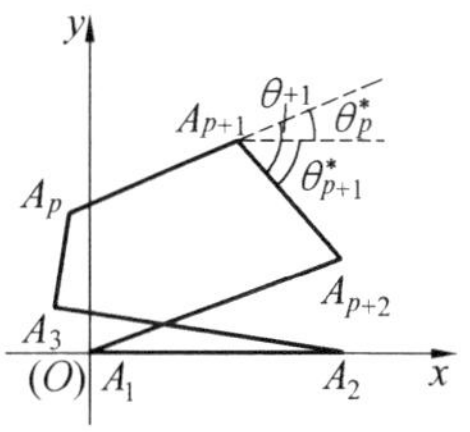

图 9.1

---

　　①　王方汉.平面封闭折线中的射影定理、正弦定理和余弦定理[J].数学通讯,1998(2):29-30.

$$\theta_{p+1}^* = (Ox, \overset{\frown}{A_{p+1}A_{p+2}}) =$$

$$(Ox, \overset{\frown}{A_p A_{p+1}}) + (A_p A_{p+1}, \overset{\frown}{A_{p+1}A_{p+2}}) =$$

$$\theta_p^* + \theta_{p+1} = \sum_{2 \leqslant j \leqslant p} \theta_j + \theta_{p+1} = \sum_{2 \leqslant j \leqslant p+1} \theta_j$$

这就是说,当 $k = p+1$ 时引理也成立.

综上所述,对于 $2 \leqslant k \leqslant n, k \in \mathbf{N}$ 引理均成立.

下面回到定理的证明:

折线的行走方向为 $A_1 \to A_2 \to \cdots \to A_n \to A_1$,如图 9.1 所示.

(1) 设向量 $\overrightarrow{A_1A_2}, \overrightarrow{A_2A_3}, \cdots, \overrightarrow{A_nA_1}$ 在 Ox 上的射影为 $\overrightarrow{A'_1A'_2}, \overrightarrow{A'_2A'_3}, \cdots,$ $\overrightarrow{A'_nA'_1}$,由

$$\overrightarrow{A'_1A'_2} + \overrightarrow{A'_2A'_3} + \cdots + \overrightarrow{A'_nA'_1} = 0$$

知

$$-a_1 = \overrightarrow{A'_2A'_1} = \overrightarrow{A'_2A'_3} + \overrightarrow{A'_3A'_4} + \cdots + \overrightarrow{A'_nA'_1} = \sum_{2 \leqslant k \leqslant n} \overrightarrow{A'_kA'_{k+1}}$$

而

$$\overrightarrow{A'_kA'_{k+1}} = |\overrightarrow{A_kA_{k+1}}| \cos(Ox, \overset{\frown}{A_kA_{k+1}}) =$$

$$a_k \cos\theta_k^* = a_k \cos\left(\sum_{2 \leqslant j \leqslant k} \theta_j\right)$$

则

$$-a_1 = \sum_{2 \leqslant k \leqslant n} a_k \cos\left(\sum_{2 \leqslant j \leqslant k} \theta_j\right)$$

即

$$a_1 = -\sum_{2 \leqslant k \leqslant n} a_k \cos\left(\sum_{2 \leqslant j \leqslant k} \theta_j\right)$$

(2) 设向量 $\overrightarrow{A_1A_2}, \overrightarrow{A_2A_3}, \cdots, \overrightarrow{A_nA_1}$ 在 Oy 上的射影为 $\overrightarrow{A''_1A''_2}, \overrightarrow{A''_2A''_3}, \cdots, \overrightarrow{A''_nA''_1}$,如图 9.2,易知 $\overrightarrow{A_kA_{k+1}}$ 到 Oy 的有向角

$$(\overset{\frown}{A_kA_{k+1}}, Oy) = \frac{\pi}{2} - (Ox, \overset{\frown}{A_kA_{k+1}}) = \frac{\pi}{2} - \theta_k^*$$

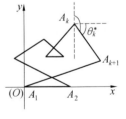

图 9.2

则

$$\overrightarrow{A''_kA''_{k+1}} = |\overrightarrow{A_kA_{k+1}}| \cos(\overset{\frown}{A_kA_{k+1}}, Oy) = a_k \cos\left(\frac{\pi}{2} - \theta_k^*\right) =$$

$$a_k \sin\theta_k^* = a_k \sin\left(\sum_{2 \leqslant j \leqslant k} \theta_j\right)$$

而

$$\overrightarrow{A''_2A''_1} - \sum_{2 \leqslant k < n} \overrightarrow{A''_kA''_{k+1}} = 0$$

故

$$\sum_{2 \leqslant k \leqslant n} a_k \sin\left(\sum_{2 \leqslant j \leqslant k} \theta_j\right) = 0$$

(3) ①² + ②² 得

$$a_1^2 = (\sum_{2 \leqslant k \leqslant n} a_k \cos(\sum_{2 \leqslant j \leqslant k} \theta_j))^2 + (\sum_{2 \leqslant k \leqslant n} a_k \sin(\sum_{2 \leqslant j \leqslant k} \theta_j))^2 =$$

$$\sum_{2 \leqslant k \leqslant n} a_k^2 + 2 \sum_{2 \leqslant m < l \leqslant n} a_m a_l \cdot (\cos(\sum_{2 \leqslant j \leqslant m} \theta_j) \cos(\sum_{2 \leqslant j \leqslant l} \theta_j) +$$

$$\sin(\sum_{2 \leqslant j \leqslant m} \theta_j) \sin(\sum_{2 \leqslant j \leqslant l} \theta j)) =$$

$$\sum_{2 \leqslant k \leqslant n} a_k^2 + 2 \sum_{2 \leqslant m < l \leqslant n} a_m a_l \cdot \cos(\sum_{2 \leqslant j \leqslant m} \theta_j - \sum_{2 \leqslant j \leqslant l} \theta_j) =$$

$$\sum_{2 \leqslant k \leqslant n} a_k^2 + 2 \sum_{2 \leqslant m < l \leqslant n} a_m a_l \cdot \cos(\sum_{m+l \leqslant j \leqslant l} \theta_j)$$

注 $n = 3$ 时,如图 9.3,注意到 $\theta_1 + \theta_2 + \theta_3 = 2\pi$ 且
$\theta_i = \pi - A_i$($i = 1,2,3$)是三角形的有向顶角,则有

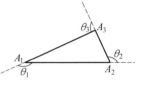

图 9.3

(1) $a_1 = -\sum_{2 \leqslant k \leqslant 3} a_k \cos(\sum_{2 \leqslant j \leqslant k} \theta_j) =$
$-(a_2 \cos \theta_2 + a_3 \cos(\theta_2 + \theta_3)) =$
$-(a_2 \cos \theta_2 + a_3 \cos \theta_1)$

即 $\qquad a_1 = a_2 \cos A_2 + a_3 \cos A_1 \qquad\qquad ④$

(2) $\qquad\qquad \sum_{2 \leqslant k \leqslant 3} a_k \sin(\sum_{2 \leqslant j \leqslant k} \theta_j) = 0$

就是 $\qquad\qquad a_2 \sin \theta_2 + a_3 \sin(\theta_2 + \theta_3) = 0$

则 $\qquad\qquad a_2 \sin \theta_2 - a_3 \sin \theta_1 = 0$

即 $\qquad\qquad \dfrac{a_2}{\sin A_1} = \dfrac{a_3}{\sin A_2} \qquad\qquad ⑤$

(3) $\qquad a_1^2 = \sum_{2 \leqslant k \leqslant 3} a_k^2 + 2 \sum_{2 \leqslant m < l \leqslant 3} a_m a_l \cdot \cos(\sum_{m+1 \leqslant j \leqslant l} \theta_j) =$
$a_2^2 + a_3^2 + 2a_2 a_3 \cos \theta_3 = a_2^2 + a_3^2 - 2a_2 a_3 \cos A_3 \qquad ⑥$

上面的 ④、⑤、⑥ 就是我们熟知的三角形的射影定理、正弦定理和余弦定理.

当 $n = 4$ 时,如图 9.4,注意到 $\theta_1 + \theta_2 + \theta_3 + \theta_4 = 2\pi$ 或 $0, \theta_i = \pi - A_i$($i = 1,2,3,4$),
则有

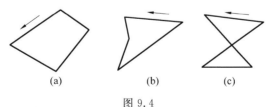

(a)   (b)   (c)

图 9.4

(1) $\qquad a_1 = -\sum_{2 \leqslant k \leqslant 4} a_k \cos(\sum_{2 \leqslant j \leqslant k} \theta_j) =$
$-(a_2 \cos \theta_2 + a_3 \cos(\theta_2 + \theta_3) + a_4 \cos(\theta_2 + \theta_3 + \theta_4)) =$
$-(a_2 \cos \theta_2 + a_3 \cos(\theta_2 + \theta_3) + a_4 \cos \theta_1)$

即 $\qquad a_1 = a_2 \cos A_2 - a_3 \cos(A_2 + A_3) + a_4 \cos A_1 \qquad ⑦$

(2)
$$\sum_{2\leqslant k\leqslant 4} a_k \sin(\sum_{2\leqslant j\leqslant k}\theta_j)=0$$

就是
$$a_2\sin\theta_2+a_3\sin(\theta_2+\theta_3)+a_4\sin(\theta_2+\theta_3+\theta_4)=0$$

则
$$a_2\sin\theta_2+a_3\sin(\theta_2+\theta_3)-a_4\sin\theta_1=0$$

即
$$a_2\sin A_2-a_3\sin(A_2+A_3)-a_4\sin A_1=0 \qquad ⑧$$

(3)
$$a_1^2=\sum_{2\leqslant k\leqslant 4}a_k^2+2\sum_{2\leqslant m<l\leqslant 4}a_m a_l\cdot\cos(\sum_{m+1\leqslant j\leqslant l}\theta_j)=$$
$$a_2^2+a_3^2+a_4^2+2(a_2 a_3\cos\theta_3+$$
$$a_2 a_4\cos(\theta_3+\theta_4)+a_3 a_4\cos\theta_4)=$$
$$a_2^2+a_3^2+a_4^2-2a_2 a_3\cos A_3+$$
$$2a_2 a_4\cos(A_3+A_4)-2a_3 a_4\cos A_4 \qquad ⑨$$

上面的 ⑦,⑧,⑨ 就是平面四边形中的射影定理、正弦定理和余弦定理.

❖平面闭折线中的梅涅劳斯定理

定理 设平面闭折线 $A(n):A_1 A_2\cdots A_n$ 被直线 l 所截,若 l 与 $A_i A_{i+1}$ 所在直线的交点为 $P_i(i=1,2,\cdots,n,n+1=1)$,则

$$\prod_{i=1}^{n}\frac{A_i P_i}{P_i A_{i+1}}=1$$

此定理即为上册中梅涅劳斯定理的推广中的定理2.证略.

❖平面闭折线中的塞瓦定理

定理 设平面闭折线 $A(n)$ 的顶点 A_i 与不在各边或它们的延长线上的一点 S 联结而成的直线,与直线 $A_{i-1}A_{i+1}$ 交于点 $P_i(i=1,2,\cdots,n,A_{n+1}$ 为 A_1,A_0 为 $A_n)$,则有[1]

$$\prod_{i=1}^{n}\frac{A_{i-1}P_i}{P_i A_{i+1}}=1$$

证明 先注意到下列基本结论:

如图 9.5,设 $\triangle A_1 A_2 A_3$ 的顶点 A_2 和不在三角形的边或它们的延长线上的一点 S 联结而成的直线,与

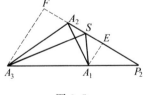

图 9.5

① 曾建国,曹新.闭折线中的塞瓦定理[J].数学通报,2005(9):49.

边 A_1A_3 或其延长线交于点 P_2,则有 $\dfrac{S_{\triangle A_1 SA_2}}{S_{\triangle A_2 SA_3}} = \dfrac{A_1 P_2}{P_2 A_3}$.

再回到定理的证明,如图 9.6,在 $\triangle A_{i-1}A_iA_{i+1}$ 中,依题设,直线 A_iS 与 $A_{i-1}A_{i+1}$ 交于 P_i,由引理可知

$$\frac{A_{i-1}P_i}{P_iA_{i+1}} = \frac{S_{\triangle A_{i-1}SA_i}}{S_{\triangle A_iSA_{i+1}}}$$

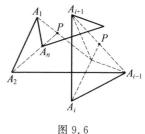

图 9.6

则

$$\prod_{i=1}^{n} \frac{A_{i-1}P_i}{P_iA_{i+1}} = \prod_{i=1}^{n} \frac{S_{\triangle A_{i-1}SA_i}}{S_{\triangle A_iSA_{i+1}}} =$$

$$\frac{S_{\triangle A_1SA_2}}{S_{\triangle A_2SA_3}} \cdot \frac{S_{\triangle A_2SA_3}}{S_{\triangle A_3SA_4}} \cdot \cdots \cdot$$

$$\frac{S_{\triangle A_{n-1}SA_n}}{S_{\triangle A_nSA_1}} \cdot \frac{\triangle A_nSA_1}{\triangle A_1SA_2} = 1$$

命题得证.

在这个定理中令 $n=3$,就得三角形中的塞瓦定理,因为这个定理适合于任意的平面闭折线,所以也适合于平面内任意多边形,我们以 $n=4$ 为例说明如下:

在本文定理中令 $n=4$,可得四边形中的"塞瓦定理",如图 9.7 所示.

推论 设四边形 $ABCD$ 相对的两组顶点 A,C 和 B,D 与不在四边形的边或它们的延长线上的一点 S 联结而成的四条直线,与对角线 BD 和 AC 或它们延长线依次交于点 E,G 和 F,H,则有

$$\frac{AF}{FC} \cdot \frac{BG}{GD} \cdot \frac{CH}{HA} \cdot \frac{DE}{EB} = 1$$

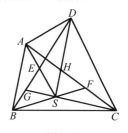

图 9.7

❖平面闭折线的中线定理

由平面闭折线 $A(n)$ 的任意 k 个顶点组成的集合($1 \leqslant k \leqslant n$),称为 $A(n)$ 的顶点子集,记作 V_k. 特别地,集合 $V_n = \{A_1, A_2, \cdots, A_n\}$ 称为 $A(n)$ 的顶点全集.①

定义 1 在平面闭折线 $A(n)$ 所在的平面内建立直角坐标系 xOy,设 $A(n)$ 的任一顶点子集 V_k 所含各顶点的坐标分别为 (x_1, y_1),(x_2, y_2),$\cdots$,(x_k, y_k),

① 熊曾润. 平面闭折线的中线及其性质[J]. 福建中学数学,2000(5):14-15.

令

$$\overline{x} = \frac{1}{k} \sum_{i=1}^{k} x_i, \quad \overline{y} = \frac{1}{k} \sum_{i=1}^{k} y_i$$

则点 $G(\overline{x}, \overline{y})$ 称为顶点子集 V_k 的重心.

特别地,平面闭折线 $A(n)$ 的顶点全集 V_n 的重心,就称为闭折线 $A(n)$ 的重心,记作 G.

定义 2　在平面闭折线 $A(n)$ 中,除任一指定的顶点 $A_j (1 \leqslant j \leqslant n)$ 外,其余 $(n-1)$ 个顶点组成一个相应的顶点子集 $\{A_1, A_2, \cdots, A_{j-1}, A_{j+1}, \cdots, A_n\}$,设这个顶点子集的重心为 G_j,则线段 $A_j G_j$ 称为 $A(n)$ 的中线.

显然,闭折线 $A(n)$ 有且只有 n 条中线.

容易验证,三角形中线的定义,是定义 2 当 $n=3$ 时的特例.由此可知,定义 2 是三角形中线定义的推广.

平面闭折线的中线具有下列性质:

定理 1　平面闭折线 $A(n)$ 的 n 条中线必相交于同一点,每条中线都被这个点分成 $(n-1):1$ 的两条线段(自 $A(n)$ 的顶点起).这个点正是 $A(n)$ 的重心 G.

证明　应用同一法.设 $A_j G_j$ 是 $A(n)$ 的任意一条中线 $(1 \leqslant j \leqslant n$,图略),取它的内分点 P,使 $\dfrac{A_j P}{P G_j} = n-1$.显然,我们只需证明 P 是 $A(n)$ 的重心 G 就行了.

按定义 2,中线 $A_j G_j$ 的一个端点 A_j 是 $A(n)$ 的某个顶点,另一端点 G_j 是相应的顶点子集 $\{A_1, A_2, \cdots, A_{j-1}, A_{j+1}, \cdots, A_n\}$ 的重心.在 $A(n)$ 所在平面内建立直角坐标系 xOy,设 $A(n)$ 的顶点 A_i 的坐标为 $(x_i, y_i)(i=1,2,\cdots,n)$,重心 G_j 的坐标为 $(\overline{x_j}, \overline{y_j})$,由定义 1 可得

$$\overline{x_j} = \frac{1}{n-1}\left(\sum_{i=1}^{n} x_i - x_j\right), \quad \overline{y_j} = \frac{1}{n-1}\left(\sum_{i=1}^{n} y_i - y_j\right) \qquad ①$$

注意到 P 是中线 $A_j G_j$ 的内分点,且 $\dfrac{A_j P}{P G_j} = n-1$,设点 P 的坐标为 (x, y),则由定比分点的坐标公式可得

$$x = \frac{x_j + (n-1)\overline{x_j}}{1+(n-1)}, \quad y = \frac{y_j + (n-1)\overline{y_j}}{1+(n-1)} \qquad ②$$

将 ① 代入 ②,经整理就得

$$x = \frac{1}{n} \sum_{i=1}^{n} x_i, \quad y = \frac{1}{n} \sum_{i=1}^{n} y_i$$

这就表明点 P 是 $A(n)$ 的重心 G.命题得证.

利用这个定理,容易推得下列命题(证明略).

定理 2 设 A_iG_i 和 A_jG_j 是平面闭折线 $A(n)$ 的任意两条中线 $(1 \leqslant i < j \leqslant n)$,若它们不在同一条直线上,则 $G_iG_j \parallel A_iA_j$,且 $\dfrac{G_iG_j}{A_iA_j} = \dfrac{1}{n-1}$.

定理 3 设平面闭折线 $A(n)$ 的 n 条中线为 $A_1G_1, A_2G_2, \cdots, A_nG_n$,则闭折线 $G_1G_2G_3 \cdots G_nG_1$ 和闭折线 $A(n)$ 是相似图形,相似比为 $\dfrac{1}{n-1}$.

定义 3 联结平面闭折线 $A(n)$ 的两个不相邻顶点的线段,称为闭折线 $A(n)$ 的对角线.

定理 4 平面闭折线 $A(n)$ 的 n 条中线的平方和,等于其各边及各对角线的平方和乘以 $\dfrac{n}{(n-1)^2}$ 所得的积.

证明 设 $A_iG_i(1 \leqslant i \leqslant n)$ 是 $A(n)$ 的任意一条中线,点 G 为 $A(n)$ 的重心,由定理 1 得 $\dfrac{A_iG}{GG_i} = n-1$,从而有

$$A_iG_i = \frac{n}{n-1}A_iG$$

则

$$\sum_{i=1}^{n} A_iG_i^2 = (\frac{n}{n-1})^2 \cdot \sum_{i=1}^{n} A_iG^2 \qquad ③$$

在 $A(n)$ 所在的平面内,以重心 G 为原点 O 建立直角坐标系 xOy(图略),设顶点 A_i 的坐标为 (x_i, y_i),由两点间的距离公式可得

$$A_iG^2 = x_i^2 + y_i^2$$

则

$$\sum_{i=1}^{n} A_iG^2 = \sum_{i=1}^{n} x_i^2 + \sum_{i=1}^{n} y_i^2 \qquad ④$$

注意到重心 G 为原点 $O(0,0)$,由定义 1 可知

$$\sum_{i=1}^{n} x_i = 0, \sum_{i=1}^{n} y_i = 0$$

于是有

$$(\sum_{i=1}^{n} x_i)^2 = 0$$

即

$$\sum_{i=1}^{n} x_i^2 = -2 \sum_{1 \leqslant i < j \leqslant n} x_i x_j$$

此式两边同加上 $(n-1)\sum_{i=1}^{n} x_i^2$,经整理可得

$$n\sum_{i=1}^{n} x_i^2 = \sum_{1 \leqslant i < j \leqslant n} (x_i - x_j)^2$$

则
$$\sum_{i=1}^{n} x_i^2 = \frac{1}{n} \sum_{1 \leqslant i < j \leqslant n} (x_i - x_j)^2 \qquad \text{⑤}$$

同理
$$\sum_{i=1}^{n} y_i^2 = \frac{1}{n} \sum_{1 \leqslant i < j \leqslant n} (y_i - y_j)^2 \qquad \text{⑥}$$

将⑤和⑥代入④,可得

$$\sum_{i=1}^{n} A_i G^2 = \frac{1}{n} \sum_{1 \leqslant i < j \leqslant n} ((x_i - x_j)^2 + (y_i - y_j{}^2)) =$$
$$\frac{1}{n} \sum_{1 \leqslant i < j \leqslant n} A_i A_j^2 \qquad \text{⑦}$$

将⑦代入③,就得

$$\sum_{i=1}^{n} A_i G_i^2 = \frac{n}{(n-1)^2} \cdot \sum_{1 \leqslant i < j \leqslant n} A_i A_j^2$$

命题得证.

 平面闭折线的拉格朗日公式

定理　设 G 是平面闭折线 $A(n)$ 的重心,P 是闭折线 $A(n)$ 所在平面内任意一点,则[①]

$$\sum_{i=1}^{n} PA_i^2 = \sum_{i=1}^{n} GA_i^2 + nGP^2 \qquad \text{①}$$

证明　在 $A(n)$ 所在平面内建立直角坐标系 xOy,设 $A(n)$ 的顶点 A_i 的坐标为 (x_i, y_i),重心 G 的坐标为 $(\overline{x}, \overline{y})$,$P$ 的坐标为 (x, y),则

$$\sum_{i=1}^{n} (x - x_i)^2 = \sum_{i=1}^{n} ((x - \overline{x}) - (x_i - \overline{x}))^2 =$$
$$n(x - \overline{x})^2 + \sum_{i=1}^{n} (x_i - \overline{x})^2 -$$
$$2(x - \overline{x}) \sum_{i=1}^{n} (x_i - \overline{x})$$

由重心的坐标式的第一式知

$$\sum_{i=1}^{n} (x_i - \overline{x}) = \sum_{i=1}^{n} x_i - n\overline{x} = 0$$

代入上式,得

---

①　姚建华,周永国.平面闭折线的两个性质[J].福建中学数学,2001(3):12.

$$\sum_{i=1}^{n}(x-x_i)^2 = \sum_{i=1}^{n}(x_i-\overline{x})^2 + n(x-\overline{x})^2$$

同理,得

$$\sum_{i=1}^{n}(y-y_i)^2 = \sum_{i=1}^{n}(y_i-\overline{y})^2 + n(y-\overline{y})^2$$

以上两式相加

$$\sum_{i=1}^{n}PA_i^2 = \sum_{i=1}^{n}((x-x_i)^2+(y-y_i)^2) =$$
$$\sum_{i=1}^{n}((x_i-\overline{x})^2+(y_i-\overline{y})^2) +$$
$$n((x-\overline{x})^2+(y-\overline{y})^2) =$$
$$\sum_{i=1}^{n}GA_i^2 + nGP^2$$

由此即得式 ①.

❖ 平面闭折线的莱布尼兹公式

定理 设 G 是平面闭折线 $A(n)$ 的重心,P 是闭折线 $A(n)$ 所在平面内任一点,则

$$\sum_{i=1}^{n}PA_i^2 = \frac{1}{n}\sum_{1\leqslant i<j\leqslant n}A_iA_j^2 + nGP^2 \qquad ①$$

证明 在平面闭折线的拉格朗日公式中取 P 为 A_j,则有

$$nA_jG^2 + \sum_{i=1}^{n}GA_i^2 = \sum_{i=1}^{n}A_iA_j^2$$

上式中对 A_j 求和,得

$$n\sum_{j=1}^{n}A_jG^2 + n\sum_{i=1}^{n}A_iG^2 = \sum_{j=1}^{n}\sum_{i=1}^{n}A_iA_j^2 = 2\sum_{1\leqslant i<j\leqslant n}A_iA_j^2$$

则

$$\sum_{i=1}^{n}GA_i^2 = \frac{1}{n}\sum_{1\leqslant i<j\leqslant n}A_iA_j^2 \qquad ②$$

式 ② 代入平面闭折线的拉格朗日公式即得式 ①.定理证毕.

若注意到 $n \cdot GP^2 \geqslant 0$,由定理,有

推论 1 条件同定理,则

$$\sum_{i=1}^{n}PA_i^2 \geqslant \sum_{i=1}^{n}GA_i^2 = \frac{1}{n}\sum_{1\leqslant i<j\leqslant n}A_iA_j \qquad ③$$

当且仅当 P 为平面闭折线 $A(n)$ 的重心时,式 ③ 取等号.

推论 2 设平面闭折线 $A(n)$ 有外接圆,其半径为 R,则

$$R^2 \geqslant \frac{1}{n^2} \sum_{1 \leqslant i < j \leqslant n} A_i A_j^2 \qquad ④$$

当且仅当平面闭折线 $A(n)$ 的外接圆圆心与其重心重合时,式 ④ 取等号.

证明 在推论 1 中,取 P 为 $A(n)$ 的外接圆的圆心 O,则有

$$nR^2 = \sum_{i=1}^{n} OA_i^2 \geqslant \frac{1}{n} \sum_{1 \leqslant i < j \leqslant n} A_i A_j^2$$

由此即知式 ④ 成立.且等号成立的条件为推论 2 所述.

注 在定理中,取 $A(n)$ 为 $\triangle A_1 A_2 A_3$,则得三角形中的莱布尼兹公式

$$PG^2 = \frac{1}{3}(PA_1^2 + PA_2^2 + PA_3^2) - \frac{1}{9}(A_1 A_2^2 + A_2 A_3^2 + A_3 A_1^2)$$

❖平面闭折线中的布罗卡尔点问题

定义 1 设 M 是平面闭折线 $A_1 A_2 A_3 \cdots A_n A_1$(简记为 $A(n)$)所在平面内的定点,动点 P 沿着平面闭折线 $A(n)$ 的边 $A_1 A_2, A_2 A_3, \cdots, A_n A_1$ 依次行进,如果定点 M 始终处于动点 P 行进方向的左侧(或右侧),那么定点 M 称为平面闭折线 $A(n)$ 的一个同侧点.

有同侧点的平面闭折线称为回形闭折线.

定义 2 设 P 是回形闭折线 $A(n)$ 的一个同侧点,以 P 为坐标原点建立平面直角坐标系 xOy,设顶点 $A_i(i=1,2,\cdots,n)$ 的坐标为 (x_i, y_i),记

$$\overline{\triangle}(PA_i A_{i+1}) = \frac{1}{2} \begin{vmatrix} 0 & x_i & x_{i+1} \\ 0 & y_i & y_{i+1} \\ 1 & 1 & 1 \end{vmatrix} = \frac{1}{2} \begin{vmatrix} x_i & x_{i+1} \\ y_i & y_{i+1} \end{vmatrix}$$

则称 $\overline{\triangle}(PA_i A_{i+1})$ 为 $\triangle PA_i A_{i+1}$ 的有向面积.

记

$$S_{A(n)} = \sum_{i=1}^{n} \overline{\triangle}(PA_i A_{i+1}) = \frac{1}{2} \sum_{i=1}^{n} \begin{vmatrix} x_i & x_{i+1} \\ y_i & y_{i+1} \end{vmatrix}$$

则称 $S_{A(n)}$ 为平面闭折线 $A(n)$ 的有向面积(其中 $x_{n+1} = x_1, y_{n+1} = y_1, A_{n+1} = A_1$).

易知,当 P, A_i, A_{i+1} 逆时针时 $\overline{\triangle}(PA_i A_{i+1}), S_{A(n)}$ 均为正值,当 $S_{A(n)}$ 为正值时,称 $S_{A(n)}$ 为闭折线 $A(n)$ 的面积,显然 $S_{A(n)}$ 的值与选择哪个同侧点 P 无关.

我们又约定:回形闭折线 $A(n)$ 的内角 A_i 小于 $180°$,$A_i A_{i+1} = a_i$,且满足条

件

$$\frac{a_1}{a_2 \sin A_2} + \cot A_3 = \frac{a_2}{a_3 \sin A_3} + \cot A_4 = \cdots = \frac{a_n}{a_1 \sin A_1} + \cot A_2$$

可证得满足约定条件的回形闭折线存在唯一布罗卡尔点.

定理 设 P 为回形闭折线 $A(n)$ 的布罗卡尔点, α 为布罗卡尔角, B_i 在线段 $A_i A_{i+1}$ 上,且 $\angle PB_i A_{i+1} = \theta$,闭折线 $A(n)$ 和闭折线 $B_1 B_2 B_3 \cdots B_n B_1$ 的面积分别为 $S_{A(n)}$ 和 $S_{B(n)}$,则 [①]

$$S_{B(n)} = S_{A(n)} \frac{\sin^2 \alpha}{\sin^2 \theta}$$

证明 如图 9.8, $\angle PA_i A_{i+1} = \alpha$,因

$$\angle PB_i A_{i+1} = \angle PB_{i+1} A_{i+2} = \theta$$

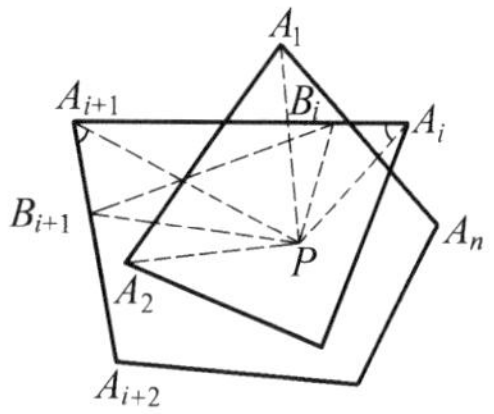

则 P, B_i, A_{i+1}, B_{i+1} 四点共圆,即

$$\angle PB_i B_{i+1} = \angle PA_{i+1} B_{i+1} = \alpha = \angle PA_i A_{i+1}$$

$$\angle PB_{i+1} B_i = \angle PA_{i+1} A_i$$

从而 $\triangle PA_i A_{i+1} \backsim \triangle PB_i B_{i+1}$

于是 $\dfrac{B_i B_{i+1}}{A_i A_{i+1}} = \dfrac{PB_i}{PA_i} = \dfrac{\sin \angle PA_i A_{i+1}}{\sin \angle PB_i A_i} =$

$$\frac{\sin \alpha}{\sin(180° - \theta)} = \frac{\sin \alpha}{\sin \theta}$$

则

$$\frac{S_{\triangle PB_i B_{i+1}}}{S_{\triangle PA_i A_{i+1}}} = \left(\frac{B_i B_{i+1}}{A_i A_{i+1}}\right)^2 = \frac{\sin^2 \alpha}{\sin^2 \theta}$$

即

$$S_{\triangle PB_i B_{i+1}} = \frac{\sin^2 \alpha}{\sin^2 \theta} \cdot S_{\triangle PA_i A_{i+1}}$$

亦即

$$\overline{\triangle}(PB_i B_{i+1}) = \frac{\sin^2 \alpha}{\sin^2 \theta} \cdot \overline{\triangle}(PA_i A_{i+1})$$

$$\sum_{i=1}^{n} \overline{\triangle}(PB_i B_{i+1}) = \sum_{i=1}^{n} \left(\frac{\sin^2 \alpha}{\sin^2 \theta} \cdot \overline{\triangle}(PA_i A_{i+1})\right)$$

则

$$S_{B(n)} = \frac{\sin^2 \alpha}{\sin^2 \theta} \cdot S_{A(n)}$$

图 9.8

当 $n = 3, 4, \theta = 90°$,则得到三角形,双圆四边形中的结论.

由上述证明易知,闭折线 $A_1 A_2 A_3 \cdots A_n A_1$,与 $B_1 B_2 B_3 \cdots B_n B_1$ 是同向相似的,相似比为 $\dfrac{\sin \alpha}{\sin \theta}$.

① 段惠民. 多边形 Brocard 点一个性质的推广[J]. 福建中学数学, 2006(10):15-16.

圆外切闭折线的斯俾克圆定理

设 $A(n)$ 表示任意一条平面闭折线 $A_1A_2A_3\cdots A_nA_1$，它有内切圆为圆 $I(r)$.

引理　设平面闭折线 $A(n)$ 的 n 条中线为 $A_iG_i(i=1,2,\cdots,n)$，则平面闭折线 $A(n)$ 和平面闭折线 $G_1G_2G_3\cdots G_nG_1$ 是位似形，它们的位似中心是 $A(n)$ 的重心 G，位似比为 $(n-1):1$.

证明　由中线定义知，$A(n)$ 的 n 条中线 $A_iG_i(i=1,2,\cdots,n)$ 都相交于 $A(n)$ 的重心 G，且 $\dfrac{A_iG}{GG_i}=n-1$. 由此可知，闭折线 $A(n)$ 和闭折线 $G_1G_2G_3\cdots G_nG_1$ 是位似形，它们的位似中心是 $A(n)$ 的重心 G，位似比为 $(n-1):1$. 命题得证.

由于闭折线 $A(n)$ 和闭折线 $G_1G_2G_3\cdots G_nG_1$ 是位似形，且按前面的约定 $A(n)$ 有内切圆圆 $I(r)$，所以 $G_1G_2G_3\cdots G_nG_1$ 也有内切圆，记作圆 $S(r')$.

定义　设平面闭折线 $A(n)$ 的 n 条中线为 $A_iG_i(i=1,2,\cdots,n)$，则闭折线 $G_1G_2G_3\cdots G_nG_1$ 的内切圆圆 $S(r')$ 称为 $A(n)$ 的斯俾克圆.[①]

定理 1　（1）平面闭折线 $A(n)$ 的内心 I，重心 G，斯俾克圆圆心 S 三点共线，且 $\dfrac{IG}{GS}=n-1$.

（2）平面闭折线 $A(n)$ 的斯俾克圆的半径 r'，等于 $A(n)$ 的内切圆半径 r 的 $\dfrac{1}{n-1}$，即 $r'=\dfrac{r}{n-1}$.

根据前面引理，易知这个命题成立，证明从略.

在这个定理中令 $n=3$，可得：

推论　（1）$\triangle ABC$ 的内心 I，重心 G，斯俾克圆圆心 S 三点共线，且 $\dfrac{IG}{GS}=2$.

（2）$\triangle ABC$ 的斯俾克圆的半径 r'，等于 $\triangle ABC$ 的内切圆半径 r 的 $\dfrac{1}{2}$，即 $r'=\dfrac{r}{2}$.

定理 1 平面揭示了平面闭折线 $A(n)$ 的斯俾克圆圆 $S(r)$ 的位置和大小.

定理 2　设平面闭折线 $A(n)$ 的内心为 I，其斯俾克圆圆心为 S（图略）. 在

---

① 熊曾润. 圆外切闭折线的斯俾克圆及其性质[J]. 中学教研（数学），2002(3)：26-27.

线段 IS 的延长线上取一点 N,使得 $\dfrac{IN}{SN}=n-1$. 若点 P_i 分线段 A_iN 成 $\dfrac{A_iN}{P_iN}=n-1(i=1,2,\cdots,n)$,则闭折线 $P_1P_2P_3\cdots P_nP_1$ 有内切圆,且这个圆正是 $A(n)$ 的斯倬克圆圆 $S(r')$.

证明 依题设,对 $i=1,2,\cdots,n$,有

$$\frac{A_iN}{P_iN}=n-1$$

由此可知,平面闭折线 $A(n)$ 和平面闭折线 $P_1P_2P_3\cdots P_nP_1$ 是位似形,它们的位似中心是点 N,位似比为 $(n-1):1$. 由于 $A(n)$ 有内切圆 $I(r)$,所以 $P_1P_2P_3\cdots P_nP_1$ 也有内切圆,记作圆 $S'(r'')$. 于是有:

(1) I,S',N 三点共线,且 $\dfrac{IN}{S'N}=n-1$.

(2) $r''=\dfrac{r}{(n-1)}=r'$.

又依题设条件,有:

(3) I,S,N 三点共线,且 $\dfrac{IN}{SN}=n-1$.

由(1),(2),(3)可知,圆 $S'(r'')$ 正是圆 $S(r')$. 命题得证.

当 $n=3$ 时,这个定理中的点 N 恰为三角形的纳格尔点,于是由这个定理可得

推论 设 $\triangle ABC$ 的纳格尔点为 N,线段 AN,BN,CN 的中点分别为 P_1,P_2,P_3,则 $\triangle P_1P_2P_3$ 的内切圆正是 $\triangle ABC$ 的斯倬克圆圆 $S(r')$.

定理 2 告诉我们:平面闭折线 $A(n)$ 的斯倬克圆圆 $S(r')$ 有 $2n$ 条特殊的切线,即 G_iG_{i+1} 和 $P_iP_{i+1}(i=1,2,\cdots,n$,且 G_{n+1},P_{n+1} 分别为 $G_1,P_1)$.

❖平面闭折线中的 k 号心定理

在平面闭折线 $A(n)$ 中,设顶点 A_i 的坐标为 $(x_i,y_i)(i=1,2,\cdots,n)$.

(1) 对任意给定的正整数 k,令

$$\overline{x}=\frac{1}{k}\sum_{i=1}^{n}x_i,\ \overline{y}=\frac{1}{k}\sum_{i=1}^{n}y_i \qquad\qquad ①$$

则点 $Q(\overline{x},\overline{y})$ 称为平面闭折线 $A(n)$ 关于点 P 的 k 号心,简称为闭折线的 k 号心.

(2) 对满足 $1\leqslant j\leqslant n$ 的整数 j,令

$$x'_j = \frac{1}{k}\left(\sum_{i=1}^{n} x_i - x_j\right), \quad y'_j = \frac{1}{k}\left(\sum_{i=1}^{n} y_i - y_j\right) \qquad ②$$

则点 $Q_j(x'_j, y'_j)$ 称为一级顶点子集 V_j 关于点 P 的 k 号心,简称为集的 k 号心.

按这个定义,不难验证:$\triangle ABC$ 关于其外心 O 的 1 号心、2 号心和 3 号心,就是它的垂心、欧拉圆心和重心;$\triangle ABC$ 关于其内心 I 的 1 号心、2 号心和 3 号心,就是它的纳格尔点、斯俾克圆圆心和重心,由此可知,平面闭折线的 k 号心概念,是三角形的垂心、欧拉圆圆心、重心、纳格尔点、斯俾克圆圆心诸概念的统一推广.[1]

定理 1 设平面闭折线 $A(n)$ 表示关于点 P 的 k 号心为 Q,重心为 G,则 Q, G, P 三点共线,且 $\dfrac{QG}{GP} = \dfrac{n-k}{k}$.

证明 运用同一法,取线段 QP 的定比分点 Z,使 $\dfrac{QZ}{ZP} = \dfrac{n-k}{k}$,那么只需证明 Z 是 $A(n)$ 的重心 G 就行了.

设顶点 A_i 的坐标为 $(x_i, y_i)(i=1,2,\cdots,n)$,点 Q 的坐标为 $(\bar{x}, \bar{y})$,点 Z 的坐标为 (x, y),注意到点 P 为原点,则由定比分点的坐标公式可知

$$x = \frac{\bar{x} + \frac{n-k}{k} \cdot 0}{1 + \frac{n-k}{k}}, \quad y = \frac{\bar{y} + \frac{n-k}{k} \cdot 0}{1 + \frac{n-k}{k}}$$

将 ① 代入以上二式,经化简可得

$$x = \frac{1}{n}\sum_{i=1}^{n} x_i, \quad y = \frac{1}{n}\sum_{i=1}^{n} y_i$$

这就表明点 Z 是 $A(n)$ 的重心 G. 命题得证.

定理 2 设平面闭折线 $A(n)$ 关于点 P 的 k 号心为 Q,则

$$\sum_{i=1}^{n}(QA_i^2 - PA_i^2) = (n-2k)QP^2$$

证明 设顶点 A_i 的坐标为 $(x_i, y_i)(i=1,2,\cdots,n)$,点 Q 的坐标为 $(\bar{x}, \bar{y})$,注意到①,且点 P 为原点,由两点间的距离公式可知

$$QA_i^2 = (\bar{x} - x_i)^2 + (\bar{y} - y_i)^2$$
$$PA_i^2 = x_i^2 + y_i^2$$

则 $\quad QA_i^2 - PA_i^2 = \bar{x}^2 + \bar{y}^2 - 2(\bar{x}x_i + \bar{y}y_i) = PQ^2 - 2(\bar{x}x_i + \bar{y}y_i)$

① 熊曾润.平面闭折线的 k 号心及其性质[J].中学数学研究,2002(9):20-21.

即
$$\sum_{i=1}^{n}(QA_i^2 - PA_i^2) = nPQ^2 - 2k(\overline{x}^2 + \overline{y}^2) = (n-2k)PQ^2$$
命题得证.

由这个定理显然可得

推论　设平面闭折线 $A(n)$ 关于点 P 的 k 号心为 Q,若 $n=2k$,则

$$\sum_{i=1}^{n} QA_i^2 = \sum_{i=1}^{n} PA_i^2$$

定理 3　设平面闭折线 $A(n)$ 关于点 P 的 k 号心为 Q,则

$$k^2 PQ^2 + \sum_{1 \leqslant i < j \leqslant n} A_i A_j^2 = n \sum_{i=1}^{n} PA_i^2$$

证明　设顶点 A_i 的坐标为 $(x_i, y_i)(i=1,2,\cdots,n)$,点 Q 的坐标为 $(\overline{x}, \overline{y})$,注意到闭折线的 k 号心定义,且点 P 为原点,由两点间的距离公式可知

$$k^2 PQ^2 = k^2(\overline{x}^2 + \overline{y}^2) = (\sum_{i=1}^{n} x_i)^2 + (\sum_{i=1}^{n} y_i)^2$$

$$\sum_{1 \leqslant i < j \leqslant n} A_i A_j^2 = \sum_{1 \leqslant i < j \leqslant n} ((x_i - x_j)^2 + (y_i - y_j)^2)$$

将这两个等式两边相加,经化简就得

$$k^2 PQ^2 + \sum_{1 \leqslant i < j \leqslant n} A_i A_j^2 = n \sum_{i=1}^{n} (x_i^2 + y_i^2) = n \sum_{i=1}^{n} PA_i^2$$

命题得证.

定理 4　设平面闭折线 $A(n)$ 关于点 P 的 k 号心为 Q,过点 P 作任一直线 l,则诸顶点 $A_i(i=1,2,\cdots,n)$ 到直线 l 的有向距离之和,等于点 Q 到直线 l 的有向距离的 k 倍.

证明　设顶点 A_i 到直线 l 的有向距离为 $\overline{d}_i$,点 Q 到直线 l 的有向距离为 $\overline{d}$. 因为直线 l 通过点 P(原点),故可设其方程为 $ax + by = 0$. 又设顶点 A_i 的坐标为 (x_i, y_i),点 Q 的坐标为 $(\overline{x}, \overline{y})$,则由"点到直线的有向距离公式"可知

$$\overline{d}_i = \frac{ax_i + by_i}{\sqrt{a^2 + b^2}}, \overline{d} = \frac{a\overline{x} + b\overline{y}}{\sqrt{a^2 + b^2}}$$

将 ① 代入这里的第二式,就得

$$k\overline{d} = \sum_{i=1}^{n} \frac{ax_i + by_i}{\sqrt{a^2 + b^2}} = \sum_{i=1}^{n} \overline{d}_i$$

命题得证.

定理 5　设 V_j 是平面闭折线 $A(n)$ 的一级顶点子集,它关于点 P 的 k 号心为 Q_j,则诸线段 $A_j Q_j(j=1,2,\cdots,n)$ 必相交于同一点,每条线段都被这个点分成 $k:1$ 的两部分,这个点正是 $A(n)$ 关于点 P 的 $(k+1)$ 号心.

证明 取线段 A_jQ_j 的内分点,使 $\dfrac{A_jM}{MQ_j}=k$,那么只需证明点 M 是 $A(n)$ 关于点 P 的 $(k+1)$ 号心就行了.设顶点 A_i 的坐标为 $(x_i,y_i)(i=1,2,\cdots,n)$,点 Q_j 的坐标为 (x'_j,y'_j),点 M 的坐标为 (x,y),则由定比分点的坐标公式可知

$$x=\frac{x_j+kx'_j}{1+k},\ y=\frac{y_j+ky'_j}{1+k}$$

将集的 k 号心定义代入以上两式,就得

$$x=\frac{1}{k+1}\sum_{i=1}^{n}x_i,\ y=\frac{1}{k+1}\sum_{i=1}^{n}y_i$$

这就表明点 M 是 $A(n)$ 关于点 P 的 $(k+1)$ 号心.命题得证.

定理 6 设 V_j 是平面闭折线 $A(n)$ 的一级顶点子集,它关于点 P 的 k 号心为 $Q_j(j=1,2,\cdots,n)$,则闭折线 $Q_1Q_2Q_3\cdots Q_nQ_1$ 和 $A(n)$ 是相似形,它们的相似中心是 $A(n)$ 的 $(k+1)$ 号心,相似比为 $1:k$.

证明 由定理 5 可知,对 $j=1,2,\cdots,n$,有

$$\frac{Q_jM}{MA_j}=\frac{1}{k}$$

因此,平面闭折线 $Q_1Q_2Q_3\cdots Q_nQ_1$ 和 $A(n)$ 是相似形,它们的相似中心是点 M,相似比为 $1:k$.命题得证.

定理 7 设平面闭折线 $A(n)$ 关于点 P 的 k 号心为 Q,其顶点子集 V_m 关于点 P 的 k 号心为 Q',补集 $\overline{V}_m$ 的重心为 G',则 $QQ'\ /\!/\ PG'$.[1]

证明 以点 P 为原点建立直角坐标系 xPy,使 y 轴不平行于 QQ',设 $A(n)$ 的顶点 A_i 的坐标为 $(x_i,y_i)(i=1,2,\cdots,n)$,集合 $\overline{V}_m$ 所含各顶点的坐标为 $(x'_j,y'_j)(j=1,2,\cdots,n-m)$,点 Q 的坐标为 $(\overline{x},\overline{y})$,点 Q' 的坐标为 (x',y'),直线 QQ' 的斜率为 T.注意到平面闭折线和集的 k 号心定义 1,则由斜率公式可得

$$T=\frac{\overline{y}-y'}{\overline{x}-x'}=\frac{\sum\limits_{j=1}^{n-m}y'_j}{\sum\limits_{j=1}^{n-m}x'_j}\qquad ③$$

又设点 G' 的坐标为 (x,y),直线 PG' 的斜率为 T',因为 G' 是 $\overline{V}_m$ 的重心,所以有

$$x=\frac{1}{n-m}\sum_{j=1}^{n-m}x'_j,\ y=\frac{1}{n-m}\sum_{j=1}^{n-m}y'_j\qquad ④$$

于是,注意到 ④,且点 P 为原点,则由斜率公式可得

[1] 熊曾润.平面闭折线的两个有趣性质[J].福建中学数学,2003(10):14-15.

$$T' = \frac{y}{x} = \frac{\sum\limits_{j=1}^{n-m} y'_j}{\sum\limits_{j=1}^{n-m} x'_j} \qquad ⑤$$

比较 ① 和 ③,可知 $T = T'$,所以 QQ' // PG'. 命题得证.

在定理 7 中令 $n = 3, m = 1, k = 1$,且令点 P 为三角形的外心或内心,可得

推论 1 三角形的垂心与任一顶点的连线,平行于外心与对边的中点的连线.

推论 2 三角形的纳格尔点与任一顶点的连线,平行于内心与对边的中点的连线.

在定理 1 中令 $n = 4, m = 1, k = 1$,且令点 P 为四边形的外心或内心,可得

推论 3 若四边形内接于圆,则其垂心与任一顶点的连线,平行于外心与其余三顶点的重心的连线.

推论 4 若四边形外切于圆,则其纳格尔点与任一顶点的连线,平行于内心与其余三顶点的重心的连线.

在定理 7 中令 $n = 4, m = 2, k = 2$,且令点 P 为四边形的外心或内心,可得

推论 5 若四边形内接于圆,则其欧拉圆心与任一边(或对角线)的中点的连线,平行于外心与对边(或另一对角线)的中点的连线.

推论 6 若四边形外切于圆,则其斯俾克圆心与任一边(或对角线)的中点的连线,平行于内心与对边(或另一对角线)的中点的连线.

定理 8 设平面闭折线 $A(n)$ 关于点 P 的 k 号心为 Q,其顶点子集 V_m 关于点 P 的 k 号心为 Q',补集 $\overline{V}_m$ 的重心为 G',则

$$QQ' = \frac{n-m}{k} PG'$$

证明 以点 P 为原点建立直角坐标系 xPy,设 $A(n)$ 的顶点 A_i 的坐标为 $(x_i, y_i)(i = 1, 2, \cdots, n)$,集合 $\overline{V}_m$ 所含各顶点的坐标为 $(x'_j, y'_j)(j = 1, 2, \cdots, n-m)$,点 Q 的坐标为 $(\overline{x}, \overline{y})$,点 Q' 的坐标为 (x', y'). 注意到平面闭折线和集的 k 号心定义,由两点间的距离公式可得

$$k^2 \cdot QQ'^2 = k^2((\overline{x} - x')^2 + (\overline{y} - y')^2) = \left(\sum\limits_{j=1}^{n-m} x'_j\right)^2 + \left(\sum\limits_{j=1}^{n-m} y'_j\right)^2 \qquad ⑥$$

又设点 G' 的坐标为 (x, y),注意到定理 7 中的 ②,且 P 为原点,则由两点间的距离公式可得

$$(n-m)^2 PG'^2 = (n-m)^2(x^2 + y^2) = \left(\sum\limits_{j=1}^{n-m} x'_j\right)^2 + \left(\sum\limits_{j=1}^{n-m} y'_j\right)^2 \qquad ⑦$$

比较 ① 和 ②,可知 $QQ' = \dfrac{n-m}{k}PG'$. 命题得证.

推论 1 三角形的垂心到任一顶点的距离,等于外心到对边的中点的距离的 2 倍.

推论 2 三角形的纳格尔点到任一顶点的距离,等于内心到对边中点的距离的 2 倍.

推论 3 若四边形内接于圆,则其垂心到任一顶点的距离,等于外心到其余三顶点的重心的距离的 3 倍.

推论 4 若四边形外切于圆,则其纳格尔点到任一顶点的距离,等于内心到其余三顶点的重心的距离的 3 倍.

推论 5 若四边形内接于圆,则其欧拉圆圆心到任一边(或对角线)的中点的距离,等于外心到对边(或另一对角线)的中点的距离.

推论 6 若四边形外切于圆,则其斯俾克圆圆心到任一边(或对角线)的中点的距离,等于内心到对边(或另一对角线)的中点的距离.

从平面闭折线 $A(n)$ 的 n 个顶点中任取一个顶点 $A_j(1 \leqslant j \leqslant n)$,其余$(n-1)$ 个顶点组成的集合,称为闭折线 $A(n)$ 的一级顶点子集,记为 V_j,即 $V_j = \{A_1, A_2, \cdots, A_{j-1}, A_{j+1}, \cdots, A_n\}$.

定理 9 设平面闭折线 $A(n)$ 关于点 P 的 k 号心为 Q,闭折线 $A(n)$ 一级顶点子集 V_j 关于点 P 的 k 号心为 $Q_j(1 \leqslant j \leqslant n)$,过点 P 任作一直线 l,且 $Q, Q_j,$ A_j 三点到直线 l 的有向距离分别为 $\overline{d}(Q), \overline{d}(Q_j), \overline{d}(A_j)$,则①

$$\overline{d}(Q) = \overline{d}(Q_j) + \frac{1}{k}\overline{d}(A_j)$$

证明 以点 P 为原点建立平面直角坐标系 xPy,则可设直线 l 的方程为 $ax + by = 0$.

设各点的坐标分别为:$A_i(x_i, y_i), Q(\overline{x}, \overline{y}), Q_j(x'_j, y'_j)(i = 1, 2 \cdots, n$ 且 $1 \leqslant j \leqslant n)$,则

$$\overline{x} = \frac{1}{k}\sum_{i=1}^{n} x_i, \quad \overline{y} = \frac{1}{k}\sum_{i=1}^{n} y_i$$

$$x'_j = \frac{1}{k}\left(\sum_{i=1}^{n} x_i - x_j\right)$$

$$y'_j = \frac{1}{k}\left(\sum_{i=1}^{n} y_i - y_j\right)$$

于是由"点到直线的有向距离公式"得

---

① 明小青,平面闭折线 k 号心的一个有趣性质[J].福建中学数学,2005(10):19.

$$\overline{d}(Q) = \dfrac{a \cdot \dfrac{1}{k}\sum_{i=1}^{n}x_i + b \cdot \dfrac{1}{k}\sum_{i=1}^{n}y_i}{\sqrt{a^2+b^2}} \qquad ⑧$$

$$\overline{d}(Q_j) = \dfrac{a \cdot \dfrac{1}{k}(\sum_{i=1}^{n}x_i - x_j) + b \cdot \dfrac{1}{k}(\sum_{i=1}^{n}y_i - y_j)}{\sqrt{a^2+b^2}} \qquad ⑨$$

$$\overline{d}(A_j) = \dfrac{ax_j + by_j}{\sqrt{a^2+b^2}} \qquad ⑩$$

由式 ①,式 ② 和式 ③ 可得

$$\overline{d}(Q) = \overline{d}(Q_j) + \dfrac{1}{k}\overline{d}(A_j)$$

命题得证.

当 $n=3$ 时,显然可得

推论 1 设 $\triangle ABC$ 的垂心为 H,过其外心任作一直线 l,M 为边 BC 的中点,且 H,M,A 三点到直线 l 的有向距离分别为 $\overline{d}(H)$,$\overline{d}(M)$,$\overline{d}(A)$,则

$$\overline{d}(H) = 2\overline{d}(M) + \overline{d}(A)$$

推论 2 设 $\triangle ABC$ 的欧拉圆圆心为 E,过其外心任作一直线 l,M 为边 BC 的中点,且 E,M,A 三点到直线 l 的有向距离分别为 $\overline{d}(E)$,$\overline{d}(M)$,$\overline{d}(A)$,则

$$\overline{d}(E) = \overline{d}(M) + \dfrac{1}{2}\overline{d}(A)$$

推论 3 设 $\triangle ABC$ 的纳格点为 N,过其内心任作一直线 l,M 为边 BC 的中点,且 N,M,A 三点到直线 l 的有向距离分别为 $\overline{d}(N)$,$\overline{d}(M)$,$\overline{d}(A)$,则

$$\overline{d}(N) = 2\overline{d}(M) + \overline{d}(A)$$

推论 4 设 $\triangle ABC$ 的斯俾克圆圆心为 S,过其内心任作一直线 l,M 为边 BC 的中点,且 S,M,A 三点到直线 l 的有向距离分别为 $\overline{d}(S)$,$\overline{d}(M)$,$\overline{d}(A)$,则

$$\overline{d}(S) = \overline{d}(M) + \dfrac{1}{2}\overline{d}(A)$$

设平面闭折线 $A(n)$ 的顶点 A_i 的坐标为 $(x_i,y_i)(i=1,2,\cdots,n)$,对任意给定的正整数 k,令

$$\overline{x} = \dfrac{1}{k}(\sum_{i=1}^{n}x_i - x_j - x_m), \quad \overline{y} = \dfrac{1}{k}(\sum_{i=1}^{n}y_i - y_j - y_m)$$

则 $\overline{Q}(\overline{x},\overline{y})$ 称为 $A(n)$ 的二级顶点子集 $V_{jm}(1 \leqslant j < m \leqslant n)$ 关于点 P 的 k 号心.

依据这个定义,我们可以推得①

定理 10　设平面闭折线 $A(n)$ 关于点 P 的 k 号心为 Q,其二级顶点子集 V_{jm} 关于点 P 的 k 号心为 $\overline{Q}$,则

$$k^2 Q\overline{Q}^2 + A_j A_m^2 = 2(PA_j^2 + PA_m^2) \qquad (\text{I})$$

证明　设点 A_i 的坐标为 $(x_i, y_i)(i=1,2,\cdots,n,$ 图略$)$,点 Q 和 $\overline{Q}$ 的坐标分别为 (x', y') 和 $(\overline{x}, \overline{y})$,则依集的 k 号心的定义及闭折线的 k 号心定义有

$$x' = \frac{1}{k}\sum_{i=1}^{n} x_i,\ y' = \frac{1}{k}\sum_{i=1}^{n} y_i \qquad ⑪$$

$$\overline{x} = \frac{1}{k}\Big(\sum_{i=1}^{n} x_i - x_j - x_m\Big),\ \overline{y} = \frac{1}{k}\Big(\sum_{i=1}^{n} y_i - y_j - y_m\Big) \qquad ⑫$$

于是,由两点间的距离公式可得

$$k^2 Q\overline{Q}^2 = k^2((x'-\overline{x})^2 + (y'-\overline{y})^2) = (x_j + x_m)^2 + (y_j + y_m)^2$$

$$A_j A_m^2 = (x_j - x_m)^2 + (y_j - y_m)^2$$

将这两个等式的两边分别相加,可得

$$k^2 Q\overline{Q}^2 + A_j A_m^2 = 2((x_j^2 + y_j^2) + (x_m^2 + y_m^2))$$

注意到 P 为原点,易知 $x_j^2 + y_j^2 = PA_j^2$,$x_m^2 + y_m^2 = PA_m^2$,代入上式就得到等式(I),命题得证.

在这个定理中,令 $A(n)$ 内接于圆 $O(R)$,且令点 P 为圆心 O,可得

推论　设平面闭折线 $A(n)$ 内接于圆 $O(R)$,它关于点 O 的 k 号心为 Q,它的二级顶点子集 V_{jm} 关于点 O 的 k 号心为 $\overline{Q}$,则

$$k^2 Q\overline{Q}^2 + A_j A_m^2 = 4R^2$$

特别地,在这个推论中令 $n=3,k=1$,就得到如下的熟知命题:设 $\triangle ABC$ 的外接圆半径为 R,垂心为 H,则

$$AH^2 + BC^2 = BH^2 + CA^2 = CH^2 + AB^2 = 4R^2$$

定理 11　设平面闭折线 $A(n)$ 关于点 P 的 k 号心为 Q,其二级顶点子集 V_{jm} 关于点 P 的 k 号心为 $\overline{Q}$,且线段 $A_j A_m$ 的中点为 M,则 $Q\overline{Q} \parallel PM$.

证明　设点 A_i 的坐标为 $(x_i, y_i)(i=1,2,\cdots,n)$,点 Q 和 $\overline{Q}$ 的坐标分别为 (x', y') 和 $(\overline{x}, \overline{y})$,直线 $Q\overline{Q}$ 的斜率为 T,注意到定理 10 证明中的 ⑪ 和 ⑫,则由斜率公式可得

$$T = \frac{\overline{y} - y'}{\overline{x} - x'} = \frac{y_j + y_m}{x_j + x_m} \qquad ⑬$$

①　熊曾润. 平面闭折线 k 号心的几个性质[J]. 福建中学数学,2004(7):17-19.

又设点 M 的坐标为 (x,y)，直线 PM 的斜率为 T'，因为 M 是 A_jA_m 的中点，所以有

$$x=\frac{x_j+x_m}{2}, y=\frac{y_j+y_m}{2} \qquad ⑭$$

于是，注意到 P 为原点，则由斜率公式可得

$$T'=\frac{y}{x}=\frac{y_j+y_m}{x_j+x_m} \qquad ⑮$$

比较 ① 和 ③，可知 $T=T'$，所以 $Q\overline{Q}$ ∥ PM，命题得证。

在这个定理中，令 $A(n)$ 内接于圆 O，且令点 P 为圆心 O，可得

推论 设平面闭折线 $A(n)$ 内接于圆 O，它关于点 O 的 k 号心为 Q，它的二级顶点子集 V_{jm} 关于点 O 的 k 号心为 $\overline{Q}$，则 $Q\overline{Q} \perp A_jA_m$.

事实上，若设 A_jA_m（圆 O 的弦）的中点为 M，则有 $OM \perp A_jA_m$；又由定理 11 可知 $Q\overline{Q}$ ∥ OM，所以有 $Q\overline{Q} \perp A_jA_m$.

特别地，在这个推论中令 $n=3,k=1$，就得到如下的平凡命题：设 $\triangle ABC$ 的垂心为 H，则 $AH \perp BC$，$BH \perp CA$，$CH \perp AB$.

定理 12 设平面闭折线 $A(n)$ 关于点 P 的 k 号心为 Q，其二顶点子集 V_{jm} 关于点 P 的 k 号心为 $\overline{Q}$，且线段 A_jA_m 的中点为 M，则

$$k\,|\,Q\overline{Q}\,|=2\,|\,PM\,| \qquad (*)$$

证明 设点 A_i 的坐标为 $(x_i,y_i)(i=1,2,\cdots,n)$，点 Q 和 $\overline{Q}$ 的坐标分别为 (x',y') 和 $(\overline{x},\overline{y})$，点 M 的坐标为 (x,y)，注意到定理 10 证明中 ①，②，定理 11 证明中 ②，且 P 为原点，则由两点间的距离公式可得

$$k^2Q\overline{Q}^2=k((x'-\overline{x})^2+(y'-\overline{y})^2)=(x_j+x_m)^2+(y_j+y_m)^2$$
$$4PM^2=4(x^2+y^2)=(x_j+x_m)^2+(y_j+y_m)^2$$

比较这两个等式，可知 $k^2Q\overline{Q}^2=4PM^2$，从而等式（*）成立，命题得证，在这个定理中，令 $A(n)$ 内接于圆 O，且令点 P 为圆心 O，可得

推论 设平面闭折线 $A(n)$ 内接于圆 O，它关于点 O 的 k 号心为 Q，它的二级顶点子集 V_{jm} 关于点 O 的 k 号心为 $\overline{Q}$，且弦 A_jA_m 的中点为 M，则 $k\,|\,Q\overline{Q}\,|=2\,|\,OM\,|$.

特别地，在这个推论中令 $n=3,k=1$，就得到如下的熟知命题：设 $\triangle ABC$ 的外心为 O，垂心为 H，边 BC 的中点为 M，则

$$|\,AH\,|=2\,|\,OM\,|$$

定理 13 设平面闭折线 $A(n)$ 和 $B(n)$ 关于点 O 的 k_1 号心分别为 P 和 P'，点集 V_m 和 V'_m 关于点 O 的 k_2 号心分别为 Q_m 和 $Q'_m (V_m \subset V_n, V'_m \subset V'_n)$，若

665

$\overline{V}_m = \overline{V'}_m$,则 $PP' \ // \ Q_m Q'_m$,且 $PP' = \dfrac{k_2}{k_1} Q_m Q'_m$. ①

证明 依题设,由平面闭折线的 k 号心定义可知

$$\overline{OP} = \frac{1}{k_1} \sum_{i=1}^n \overline{OA_i}, \overline{OP'} = \frac{1}{k_1} \sum_{i=1}^n \overline{OB_i}$$

$$\overline{OQ_m} = \frac{1}{k_2} \sum_{j=1}^m \overline{OA_j}, \overline{OQ_m'} = \frac{1}{k_2} \sum_{j=1}^m \overline{OB_j}$$

据此,由向量的减法可得

$$k_1 \overline{PP'} = k_1 (\overline{OP'} - \overline{OP}) = \sum_{i=1}^n \overline{OB_i} - \sum_{i=1}^n \overline{OA_i}$$

$$k_2 \overline{Q_m Q_m'} = k_2 (\overline{OQ_m'} - \overline{OQ_m}) = \sum_{j=1}^m \overline{OB_j'} - \sum_{j=1}^m \overline{OA_j'}$$

注意到 $V_m \bigcup \overline{V}_m = V_n, V'_m \bigcup \overline{V'}_m = V'_n$,且 $\overline{V}_m = \overline{V'}_m$,可知以上两等式的右边相等,从而有 $k_1 \overline{PP'} = k_2 \overline{Q_m Q_m'}$,由此可知 $PP' \ // \ Q_m Q'_m$,且 $PP' = \dfrac{k_2}{k_1} Q_m Q'_m$. 命题得证.

显然,在这个定理中令 $A(n)$ 和 $B(n)$ 内接于同一圆 O,且令 $m=1, k_1 = k_2 = 1$,可得

推论 1 设平面闭折线 $A(n)$ 和 $B(n)$ 内接于同一个圆,它们的垂心分别为 H 和 H',若顶点 A_j 与 $B_j (j = 2, 3, \cdots, n)$ 重合,则 HH' 平行且等于 $A_1 B_1$.

特别地,在这个推论中令 $n=3$,就得到定理:如果两个同底的三角形内接于同一个圆,那么它们垂心的连线平行且等于它们顶点的连线.

在定理 13 中令 $n=5, m=3, k_1=5, k_2=3$,可得

推论 2 如果两个五边形有两个公共顶点,那么它们重心的连线平行于它们其余三顶点的重心的连线,且前者等于后者的 $\dfrac{3}{5}$.

在定理 13 中令 $A(n)$ 和 $B(n)$ 内接于同一个圆圆 O,且令 $n=5, m=3, k_1=1, k_2=2$,又可得

推论 3 如果两个五边形内接于同一个圆,且有两个公共顶点,那么它们垂心的连线平行于它们其余三顶点的欧拉圆圆心的连线,且前者等于后者的 2 倍.

---

① 熊曾润.关于平面闭折线的一个优美定理[J].福建中学数学,2005(7):15.

❖平面闭折线 k 号心与原点的距离公式

定理 1　设平面闭折线 $A(n)$ 关于原点 P 的 k 号心为 Q，则①

$$QP^2 = \frac{1}{k^2}(n\sum_{i=1}^{n} PA_i^2 - \sum_{1 \leqslant i < j \leqslant n} A_iA_j^2) \qquad ①$$

证明　由平面闭折线的"k 号心的向量公式"可知

$$k\overrightarrow{PQ} = \sum_{i=1}^{n} \overrightarrow{PA_i}$$

此等式的两边分别平方，可得

$$k^2 QP^2 = \sum_{i=1}^{n} PA_i^2 + 2\sum_{1 \leqslant i < j \leqslant n} \overrightarrow{PA_i} \cdot \overrightarrow{PA_j}$$

又根据向量的减法有 $\overrightarrow{A_iA_j} = \overrightarrow{PA_j} - \overrightarrow{PA_i}$，所以有

$$\sum_{1 \leqslant i < j \leqslant n} A_iA_j^2 = \sum_{1 \leqslant i < j \leqslant n} (\overrightarrow{PA_i} - \overrightarrow{PA_j})^2 =$$

$$(n-1)\sum_{i=1}^{n} PA_i^2 - 2\sum_{1 \leqslant i < j \leqslant n} \overrightarrow{PA_i} \cdot \overrightarrow{PA_j}$$

将上述两等式的两边分别相加，可得

$$k^2 QP^2 + \sum_{1 \leqslant i < j \leqslant n} A_iA_j^2 = n\sum_{i=1}^{n} PA_i^2$$

则

$$QP^2 = \frac{1}{k^2}(n\sum_{i=1}^{n} PA_i^2 - \sum_{1 \leqslant i < j \leqslant n} A_iA_j^2)$$

命题得证.

公式 ① 称为平面闭折线的"k 号心与原点的距离公式".

在定理 1 中令 $k = n$，可得

定理 2　设 G 为平面闭折线 $A(n)$ 的重心，P 为原点，则

$$GP^2 = \frac{1}{n^2}(n\sum_{i=1}^{n} PA_i^2 - \sum_{1 \leqslant i < j \leqslant n} A_iA_j^2) \qquad ②$$

这个公式称为平面闭折线的"重心与原点的距离公式".

在定理 1 中，令 $A(n)$ 内接于圆 O 或外切于圆 I，且令 P 为圆心 O 或圆心 I，又可得

定理 3　设平面闭折线 $A(n)$ 内接于圆 $O(R)$，且 $A(n)$ 关于点 O 的 k 号心

---

①　曾建国，熊曾润. 趣谈闭折线的 k 号心[M]. 南昌：江西高校出版社，2006：13-17.

为 Q,则

$$QO^2 = \frac{1}{k^2}(n^2R^2 - \sum_{1 \leqslant i < j \leqslant n} A_i A_j^2) \qquad \text{③}$$

这个公式称为圆内接闭折线的"k 号心与外心的距离公式".

定理 4 设平面闭折线 $A(n)$ 外切于圆 I,且 $A(n)$ 关于点 I 的 k 号心为 Q,则

$$QI^2 = \frac{1}{k^2}(n\sum_{i=1}^{n} IA_i^2 - \sum_{1 \leqslant i < j \leqslant n} A_i A_j^2) \qquad \text{④}$$

这个公式称为圆外切闭折线的"k 号心与内心的距离公式".

特别地,在定理 3 和定理 4 中令 $k = 1,2$,可得

推论 1 设平面闭折线 $A(n)$ 内接于圆 $O(R)$,其垂心为 H,欧拉圆心为 E,则

(1) $HO^2 = n^2R^2 - \sum_{1 \leqslant i < j \leqslant n} A_i A_j^2$.

(2) $EO^2 = \frac{1}{4}(n^2R^2 - \sum_{1 \leqslant i < j \leqslant n} A_i A_j^2)$.

推论 2 设平面闭折线 $A(n)$ 外切于圆 I,其纳格尔点为 N,斯俾克圆圆心为 S,则

(1) $NI^2 = n\sum_{i=1}^{n} IA_i^2 - \sum_{1 \leqslant i < j \leqslant n} A_i A_j^2$.

(2) $SI^2 = \frac{1}{4}(n\sum_{i=1}^{n} IA_i^2 - \sum_{1 \leqslant i < j \leqslant n} A_i A_j^2)$.

定理 5 设平面闭折线 $A(n)$ 内接于圆 $O(R)$,且 $A(n)$ 关于点 O 的 k 号心为 Q,其重心为 G,则

$$GQ^2 = \frac{(n-k)^2}{n^2k^2}(nR^2 - \sum_{1 \leqslant i < j \leqslant n} A_i A_j^2) \qquad \text{⑤}$$

证明 依题设,Q 为 $A(n)$ 关于点 O 的 k 号心,G 为 $A(n)$ 的重心,由平面闭折线 k 号心定理 1 可知,O,G,Q 三点共线,且有 $\dfrac{\overrightarrow{OG}}{\overrightarrow{GQ}} = \dfrac{k}{n-k}$,则

$$\frac{\overrightarrow{OG} + \overrightarrow{GQ}}{\overrightarrow{GQ}} = \frac{k + (n-k)}{n-k}$$

即

$$\frac{\overrightarrow{OQ}}{\overrightarrow{GQ}} = \frac{n}{n-k}$$

亦即

$$GQ^2 = \frac{(n-k)^2}{n^2}QO^2$$

又依公式 ③ 有

$$QO^2 = \frac{1}{k^2}(n^2R^2 - \sum_{1 \leqslant i \leqslant j \leqslant n} A_iA_j^2)$$

代入上面最后一个等式,就得到欲证的结论.命题得证.

公式 ⑤ 称为圆内接闭折线的"k 号心与重心的距离公式".

定理 5 中,令 $n=3, k=1,2$,可得

推论 设 $\triangle ABC$ 的垂心为 H,欧拉圆心为 E,重心为 G,外接圆半径为 R,则

(1) $GH^2 = \frac{4}{9}(9R^2 - AB^2 - BC^2 - CA^2)$.

(2) $GE^2 = \frac{1}{36}(9R^2 - AB^2 - BC^2 - CA^2)$.

这就是三角形的重心与垂心、欧拉圆心的距离公式.

定理 6 设平面闭折线 $A(n)$ 内接于圆 $O(R)$,且 $A(n)$ 关于点 O 的 k 号心为 Q,则

(1) 点 Q 在圆 $O(R)$ 上的充要条件是

$$\sum_{1 \leqslant i < j \leqslant n} A_iA_j^2 = (n^2 - k^2)R^2$$

(2) 点 Q 在圆 $O(R)$ 外的充要条件是

$$\sum_{1 \leqslant i < j \leqslant n} A_iA_j^2 < (n^2 - k^2)R^2$$

(3) 点 Q 在圆 $O(R)$ 内的充要条件是

$$\sum_{1 \leqslant i < j \leqslant n} A_iA_j^2 > (n^2 - k^2)R^2$$

证明 先证结论(1).很明显,点 Q 在圆 $O(R)$ 上的充要条件是 $QO^2 = R^2$,根据公式 ③ 可知

$$QO^2 = R^2 \Leftrightarrow \frac{1}{k^2}(n^2R^2 - \sum_{1 \leqslant i < j \leqslant n} A_iA_j^2) = R^2 \Leftrightarrow$$

$$\sum_{1 \leqslant i < j \leqslant n} A_iA_j^2 = (n^2 - k^2)R^2$$

这就证明了结论(1).类似地可以证明结论(2)和结论(3),证明过程从略.

由这个定理的结论(3)易知:圆内接闭折线的重心,必定在这闭折线的外接圆内部.在这个定理中令 $n=3, k=1,2$,可得

推论 1 设 $\triangle ABC$ 内接于圆 $O(R)$,其垂心为 H,欧拉圆心为 E,则

(1) 点 H 在圆 $O(R)$ 上的充要条件是

$$AB^2 + BC^2 + CA^2 = 8R^2$$

(2) 点 E 在圆 $O(R)$ 上的充要条件是

$$AB^2 + BC^2 + CA^2 = 5R^2$$

推论 2 设平面闭折线 $A(n)$ 内接于圆 $O(R)$,若 $A(n)$ 的垂心为其顶点 A_1,则 $\displaystyle\sum_{1 \leqslant i < j \leqslant n} \cos \angle A_i O A_j = \dfrac{1-n}{2}$.

证明 设 $A(n)$ 的垂心为 H,则由垂心的向量公式可得

$$\overrightarrow{OH} = \sum_{i=1}^{n} \overrightarrow{OA_i}$$

但依题设,垂心 H 是顶点 A_1,所以 $OH = OA_1$,从而由上式可知

$$\sum_{i=2}^{n} \overrightarrow{OA_i} = \mathbf{0}$$

将这个等式两边分别平方,得

$$\sum_{i=2}^{n} OA_i^2 + 2 \sum_{2 \leqslant i < j \leqslant n} \overrightarrow{OA_i} \cdot \overrightarrow{OA_j} = 0 \qquad (*)$$

注意到顶点 A_i 在圆 $O(R)$ 上,所以 $| OA_i | = R (i = 1, 2, \cdots, n)$;又根据向量的数量积定义,有

$$\overrightarrow{OA_i} \cdot \overrightarrow{OA_j} = | \overrightarrow{OA_i} | \cdot | \overrightarrow{OA_j} | \cos \angle A_i O A_j$$

因此式 $(*)$ 可以化为

$$(n-1)R^2 + 2R^2 \sum_{2 \leqslant i < j \leqslant n} \cos \angle A_i O A_j = 0$$

故

$$\sum_{2 \leqslant i < j \leqslant n} \cos \angle A_i O A_j = \frac{1-n}{2}$$

命题得证.

❖平面闭折线 k 号心与顶点的距离公式

定理 1 设 Q 是平面闭折线 $A(n)$ 关于定点 P 的 k 号心,$A_l (1 \leqslant l \leqslant n)$ 为 $A(n)$ 的任一顶点,则[①]

$$QA_l^2 = \frac{n-k}{k^2} \left(\sum_{i=1}^{n} PA_i^2 - k \cdot PA_l^2 \right) + \frac{1}{k} \sum_{i=1}^{n} A_l A_i^2 - \frac{1}{k^2} \sum_{1 \leqslant i < j \leqslant n} A_i A_j^2 \qquad ①$$

证明 依题设,Q 是平面闭折线 $A(n)$ 关于定点 P 的 k 号心,由 k 号心的向量公式可得

$$k \overrightarrow{PQ} = \sum_{i=1}^{n} \overrightarrow{PA_i}$$

于是,根据向量的运算可得

---

① 曾建国,熊曾润.趣谈闭折线的 k 号心[M].南昌:江西高校出版社,2006:18-21.

$$k \cdot \overrightarrow{QA_l} = k(\overrightarrow{PA_l} - \overrightarrow{PQ}) = k\overrightarrow{PA_l} - \sum_{i=1}^{n} \overrightarrow{PA_i}$$

将此等式的两边分别平方,可得

$$k^2 QA_l^2 = k^2 PA_l^2 + \sum_{i=1}^{n} PA_i^2 + 2\sum_{1 \leqslant i < j \leqslant n} \overrightarrow{PA_i} \cdot \overrightarrow{PA_j} -$$
$$2k\overrightarrow{PA_l} \sum_{i=1}^{n} PA_i^2 \qquad (*)$$

又

$$\sum_{1 \leqslant i < j \leqslant n} A_i A_j^2 = \sum_{1 \leqslant i < j \leqslant n} (\overrightarrow{PA_i} - \overrightarrow{PA_j})^2 =$$
$$(n-1)\sum_{i=1}^{n} PA_i^2 - 2\sum_{1 \leqslant i < j \leqslant n} \overrightarrow{PA_i} \cdot \overrightarrow{PA_j} \qquad (**)$$

$$k\sum_{i=1}^{n} A_l A_i^2 = k\sum_{i=1}^{n} (\overrightarrow{PA_i} - \overrightarrow{PA_l})^2 =$$
$$k\sum_{i=1}^{n} \overrightarrow{PA_i}^2 + nkPA_l^2 - 2k\overrightarrow{PA_l} \sum_{i=1}^{n} \overrightarrow{PA_i}$$

将式$(*)$,$(**)$的两边分别相加,再减去上面的两边,可得

$$k^2 \cdot QA_l^2 + \sum_{1 \leqslant i < j \leqslant n} A_i A_j^2 - k\sum_{i=1}^{n} A_l A_i^2 = (n-k)(\sum_{i=1}^{n} PA_i^2 - k \cdot PA_l^2)$$

此等式两边同时除以 k^2,经移项就得到等式 ①,命题得证.

公式 ① 称为平面闭折线的"k 号心与顶点的距离公式".

在定理 1 中令 $k = n$,可得

定理 2 设 G 为平面闭折线 $A(n)$ 的重心,$A_l(1 \leqslant l \leqslant n)$ 为 $A(n)$ 的任一顶点,则

$$GA_l^2 = \frac{1}{n}\sum_{i=1}^{n} A_l A_i^2 - \frac{1}{n^2}\sum_{1 \leqslant i < j \leqslant n} A_i A_j^2 \qquad ②$$

这个公式称为平面闭折线的"重心与顶点的距离公式".

在定理 1 中,令 $A(n)$ 内接于圆 O 或外切于圆 I,且令原点 P 为圆心 O 或圆心 I,又可得

定理 3 设平面闭折线 $A(n)$ 内接于圆 $O(R)$,Q 为 $A(n)$ 关于点 O 的 k 号心,$A_l(1 \leqslant l \leqslant n)$ 为 $A(n)$ 的任一顶点,则

$$QA_l^2 = \frac{(n-k)^2}{k^2}R^2 + \frac{1}{k}\sum_{i=1}^{n} A_l A_i^2 - \frac{1}{k^2}\sum_{1 \leqslant i < j \leqslant n} A_i A_j^2 \qquad ③$$

这个公式称为圆内接闭折线的"k 号心与顶点的距离公式".

定理 4 设平面闭折线 $A(n)$ 外切于圆 I,Q 为 $A(n)$ 关于点 I 的 k 号心,$A_l(1 \leqslant l \leqslant n)$ 为 $A(n)$ 的任一顶点,则

$$QA_l^2 = \frac{n-k}{k^2}\left(\sum_{i=1}^{n} IA_i^2 - k \cdot IA_l^2\right) + \frac{1}{k}\sum_{i=1}^{n} A_l A_i^2 - \frac{1}{k^2}\sum_{1 \leqslant i < j \leqslant n} A_i A_j^2 \qquad ④$$

这个公式称为圆外切闭折线的"k 号心与顶点的距离公式".

特别地,在定理 3 和定理 4 中令 $k=1,2$,可得

推论 1 设平面闭折线 $A(n)$ 内接于圆 $O(R)$,其垂心为 H,欧拉圆心为 E,$A_l\ (1 \leqslant l \leqslant n)$ 为 $A(n)$ 的任一顶点,则

(1) $HA_l^2 = (n-1)^2 R^2 + \sum_{i=1}^{n} A_l A_i^2 - \sum_{1 \leqslant i < j \leqslant n} A_i A_j^2.$

(2) $EA_l^2 = \frac{(n-1)^2}{4} R^2 + \frac{1}{2}\sum_{i=1}^{n} A_l A_i^2 - \frac{1}{4}\sum_{1 \leqslant i < j \leqslant n} A_i A_j^2.$

推论 2 设平面闭折线 $A(n)$ 外切于圆 I,其纳格尔点为 N,斯俾克圆圆心为 S,$A_l\ (1 \leqslant l \leqslant n)$ 为 $A(n)$ 的任一顶点,则

(1) $NA_l^2 = (n-1)\left(\sum_{i=1}^{n} IA_i^2 - IA_l^2\right) + \sum_{i=1}^{n} A_l A_i^2 - \sum_{1 \leqslant i < j \leqslant n} A_i A_j^2.$

(2) $SA_l^2 = \frac{n-2}{4}\left(\sum_{i=1}^{n} IA_i^2 - 2 IA_l^2\right) + \frac{1}{2}\sum_{i=1}^{n} A_l A_i^2 - \frac{1}{4}\sum_{1 \leqslant i < j \leqslant n} A_i A_j^2.$

根据定理 1,还可以推得

定理 5 设 Q 为 $A(n)$ 关于点 I 的 k 号心,则

$$\sum_{l=1}^{n} QA_l^2 = \frac{(n-k)^2}{k^2}\sum_{i=1}^{n} PA_i^2 + \frac{2k-n}{k^2}\sum_{1 \leqslant i < j \leqslant n} A_i A_j^2 \qquad ⑤$$

事实上,在公式 ① 中令 $l=1,2,\cdots,n$,可得到 n 个等式,将这 n 个等式的两边分别相加,经过化简便得到公式 ⑤.

公式 ⑤ 称为平面闭折线的"k 号心与各顶点的距离的平方和公式".

在定理 5 中令 $k=n$,可得

定理 6 设 G 为平面闭折线 $A(n)$ 的重心,则

$$\sum_{l=1}^{n} GA_l^2 = \frac{1}{n}\sum_{1 \leqslant i < j \leqslant n} A_i A_j^2 \qquad ⑥$$

这个公式称为平面闭折线的"重心与各顶点的距离的平方和公式".

在定理 5 中,令 $A(n)$ 内接于圆 $O(R)$ 或外切于圆 I,且令原点 P 为圆心 O 或圆心 I,又可得

定理 7 设平面闭折线 $A(n)$ 内接于圆 $O(R)$,Q 为 $A(n)$ 关于点 O 的 k 号心,则

$$\sum_{l=1}^{n} QA_l^2 = \frac{n(n-k)^2}{k^2} R^2 + \frac{2k-n}{k^2}\sum_{1 \leqslant i < j \leqslant n} A_i A_j^2 \qquad ⑦$$

这个公式称为圆内接闭折线的"k 号心与各顶点的距离的平方和公式".

定理 8 设平面闭折线 $A(n)$ 外切于圆 I，Q 为 $A(n)$ 关于点 I 的 k 号心，则

$$\sum_{l=1}^{n} QA_l^2 = \frac{(n-k)^2}{k^2} \sum_{i=1}^{n} IA_i^2 + \frac{2k-n}{k^2} \sum_{1 \leqslant i < j \leqslant n} A_i A_j^2 \qquad ⑧$$

这个公式称为圆外切闭折线的"k 号心与各顶点的距离的平方和公式".

特别地，在定理 7 和定理 8 中令 $k = 1, 2$，可得

推论 1 设平面闭折线 $A(n)$ 内接于圆 $O(R)$，其垂心为 H，欧拉圆圆心为 E，则

(1) $\displaystyle\sum_{l=1}^{n} HA_l^2 = n(n-1)^2 R^2 + (2-n) \sum_{1 \leqslant i < j \leqslant n} A_i A_j^2.$

(2) $\displaystyle\sum_{l=1}^{n} EA_l^2 = \frac{n(n-2)^2}{4} R^2 + \frac{4-n}{4} \sum_{1 \leqslant i < j \leqslant n} A_i A_j^2.$

推论 2 设平面闭折线 $A(n)$ 外切于圆 I，其纳格尔点为 N，斯俾克圆圆心为 S，则

(1) $\displaystyle\sum_{l=1}^{n} NA_l^2 = (n-1)^2 \sum_{i=1}^{n} IA_i^2 + (2-n) \sum_{1 \leqslant i < j \leqslant n} A_i A_j^2.$

(2) $\displaystyle\sum_{l=1}^{n} SA_l^2 = \frac{(n-2)^2}{4} \sum_{i=1}^{n} IA_i^2 + \frac{4-n}{4} \sum_{1 \leqslant i < j \leqslant n} A_i A_j^2.$

❖ 平面闭折线与 k 号心相关的共点线定理

我们约定：在平面闭折线 $A(n)$ 中，除任一顶点 $A_j (1 \leqslant j \leqslant n)$ 外，其余 $(n-1)$ 个顶点组成的集合记作 $\{\overline{A_j}\}$.

定理 1 在平面闭折线 $A(n)$ 中，设顶点子集 $\{\overline{A_j}\}$ 关于点 P 的 k 号心为 Q_j，则诸线段 $A_j Q_j (j = 1, 2, \cdots, n)$ 必相交于一点，且每条线段 $A_j Q_j$ 都被这个点分成 $k : 1$ 的两部分，这个点正是闭折线 $A(n)$ 关于点 P 的 $(k+1)$ 号心. [①]

证明 应用同一法. 设 $A_j Q_j$ 是满足题设的任意一条线段，取其内分点 M，使得 $\dfrac{A_j M}{M Q_j} = k$，那么只需证明点 M 是 $A(n)$ 关于点 P 的 $(k+1)$ 号心就行了.

因为 A_j, M, Q_j 三点共线，且 $\dfrac{A_j M}{M Q_j} = k$，所以有

$$\overrightarrow{A_j M} = k \overrightarrow{M Q_j}$$

① 曾建国，熊曾润. 趣谈闭折线的 k 号心 [M]. 南昌：江西高校出版社，2006：38-42.

即
$$\overrightarrow{PM} - \overrightarrow{PA_j} = k(\overrightarrow{PA_j} - \overrightarrow{PM})$$

则
$$(k+1)\overrightarrow{PM} = \overrightarrow{PA_j} + k\overrightarrow{PQ_j}$$

但 Q_j 是顶点子集 $\overline{\{A_j\}}$ 关于点 P 的 k 号心,由集的 k 号心的定义知

$$\overrightarrow{PQ_j} = \frac{1}{k}(\sum_{i=1}^{n} \overrightarrow{PA_i} - \overrightarrow{PA_j})$$

代入上式,经整理就得

$$\overrightarrow{PM} = \frac{1}{k+1}\sum_{i=1}^{n} \overrightarrow{PA_i}$$

据此,由平面闭折线 k 号心定义可知,点 M 是 $A(n)$ 关于点 P 的 $(k+1)$ 号心. 命题得证.

显然,在这个定理中令 $k = n-1$,可得

推论 1 在平面闭折线 $A(n)$ 中,设顶点子集 $\overline{\{A_j\}}$ 的重心为 G_j,则诸线段 $A_jG_j(j=1,2,\cdots,n)$ 必相交于 $A(n)$ 的重心 G,且 $\dfrac{A_jG}{GG_j} = n-1$.

这个推论称为平面闭折线的"重心定理",其中的线段 $A_jG_j(j=1,2,\cdots,n)$ 称为闭折线 $A(n)$ 的中线.

在定理1中,令 $A(n)$ 内接于圆 O 或外切于圆 I,且令 P 为圆心 O 或圆心 I,又可得

推论2 设平面闭折线 $A(n)$ 内接于圆 O,其顶点子集 $\overline{\{A_j\}}$ 关于点 O 的 k 号心为 Q_j,则诸线段 $A_jQ_j(j=1,2,\cdots,n)$ 必相交于 $A(n)$ 关于点 O 的 $(k+1)$ 号心 M,且 $\dfrac{A_jM}{MQ_j} = k$.

推论3 设平面闭折线 $A(n)$ 处切于圆 I,其顶点子集 $\overline{\{A_j\}}$ 关于点 I 的 k 号心为 Q_j,则诸线段 $A_jQ_j(j=1,2,\cdots,n)$ 必相交于 $A(n)$ 关于点 I 的 $(k+1)$ 号心 M,且 $\dfrac{A_jM}{MQ_j} = \dfrac{k}{1}$.

特别地,在推论 2 和推论 3 中令 $k=1$,可得

推论4 设平面闭折线 $A(n)$ 内接于圆 O,其顶点子集 $\overline{\{A_j\}}$ 的垂心为 H_j,则诸线段 $A_jH_j(j=1,2,\cdots,n)$ 必相交于 $A(n)$ 的欧拉圆圆心 E,且 $\dfrac{A_jE}{EH_j} = 1$.

推论5 设平面闭折线 $A(n)$ 外切于圆 I,其顶点子集 $\overline{\{A_j\}}$ 关于点 I 的 1 号心为 N_j,则诸线段 $A_jN_j(j=1,2,\cdots,n)$ 必相交于 $A(n)$ 的斯俾克圆圆心 S,且 $\dfrac{A_jS}{SN_j} = 1$.

推论6 在平面多边形 $A_1A_2\cdots A_n$ 中,已知其顶点子集 $\overline{\{A_j\}}$ 的重心为 G_j

$(j = 1, 2, \cdots, n)$, 设多边形 $A_1A_2 \cdots A_n$ 和 $G_1G_2 \cdots G_n$ 的面积分别为 S 和 S', 则 $S' = \dfrac{1}{(n-1)^2}S$.

证明 设平面多边形 $A_1A_2 \cdots A_n$ 的重心为 G, 由推论 1 可知, A_j, G, G_j 三点共线, 且 $\dfrac{AG_j}{GG_j} = n - 1 (j = 1, 2, \cdots, n)$.

因此, 平面多边形 $A_1A_2 \cdots A_n$ 和 $G_1G_2 \cdots G_n$ 是位似形, 它们的位似中心是点 G, 位似比为 $\lambda = n - 1$. 于是, 由位似形的性质可知 $\dfrac{S}{S'} = \lambda^2 = (n-1)^2$, 所以 $S' = \dfrac{1}{(n-1)^2}S$. 命题得证.

推论 7 若平面闭折线 $A(n)$ 内接于圆 O, 其顶点子集 $\{\overline{A_j}\}$ 的欧拉圆心为 $E_j (j = 1, 2, \cdots, n)$, 则平面闭折线 $A(n)$ 的外心 O 是平面闭折线 $E(n)$ (即 $E_1E_2 \cdots E_nE_1$) 的垂心.

证明 依题设, 由推论 2 可知, 线段 A_jE_j 必通过 $A(n)$ 关于点 O 的 3 号心 M, 如图 9.9 所示, 且

$$\frac{A_jM}{ME_j} = 2, j = 1, 2, \cdots, n$$

因此可知, $A(n)$ 和 $E(n)$ 是位似形, 它们的位似中心是点 M, 位似比为 $\lambda = 2$. 设 $A(n)$ 和 $E(n)$ 的垂心分别为 H 和 H', 则由位似形的性质可知, H 的对应点为 H', 所以

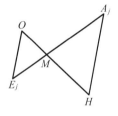

图 9.9

H, M, H' 三点共线, 且 $\dfrac{HM}{MH'} = \lambda = 2$, 则

$$HM = 2MH' \qquad \qquad ①$$

又因为 H 是 $A(n)$ 的垂心, M 是 $A(n)$ 关于点 O 的 3 号心, 由 k 号心定义可知

$$\overrightarrow{OH} = \sum_{i=1}^{n} \overrightarrow{OA_i}, \overrightarrow{OM} = \frac{1}{3} \sum_{i=1}^{n} \overrightarrow{OA_i}$$

所以

$$\overrightarrow{OH} = 3\overrightarrow{OM}$$

由此可知 H, M, O 三点共线, 且

$$HM = 2MO \qquad \qquad ②$$

所以 ① 和 ②, 可知点 H' 与 O 重合. 命题得证.

定理 2 在平面闭折线 $A(n)$ 中, 设其任一顶点子集 V_m 关于点 P 的 k_1 号心为 Q_m, 补集 $\overline{V_m}$ 关于点 P 的 k_2 号心为 Q'_m, 则线段 $Q_mQ'_m$ 必通过一个定点, 且被这个点分为 $k_2 : k_1$ 的两部分, 这个点正是 $A(n)$ 关于点 P 的 $(k_1 + k_2)$ 号心.

证明 应用同一法. 取线段 $Q_m Q'_m$ 的内分点 M, 使 $\dfrac{Q_m M}{M Q'_m} = \dfrac{k_2}{k_1}$, 那么只需证明 M 是 $A(n)$ 关于点 P 的 $(k_1 + k_2)$ 号心就行了.

因 Q_m, M, Q'_m 三点共线, 且 $\dfrac{Q_m M}{M Q'_m} = \dfrac{k_2}{k_1}$, 所以有

$$k_1 \overrightarrow{Q_m M} = k_2 \overrightarrow{M Q_m}$$

即

$$k_1 (\overrightarrow{PM} - \overrightarrow{PQ_m}) = k_2 (\overrightarrow{PQ_m} - \overrightarrow{PM})$$

则

$$(k_1 + k_2) \overrightarrow{PM} = k_1 \overrightarrow{PQ_m} + k_2 \overrightarrow{PQ_m} \qquad ③$$

设顶点子集 V_m 所含的 m 个顶点为 $A'_1, A'_2, \cdots, A'_m (A'_j \in V_n, j = 1, 2, \cdots, m)$, 注意到 Q_m 是 V_m 关于点 P 的 k_1 号心, Q'_m 是补集 $\overline{V_m}$ 关于点 P 的 k_2 号心, 由集的 k 号心定义, 可知

$$\overrightarrow{PQ_m} = \frac{1}{k_1} \sum_{i=1}^{n} \overrightarrow{PA'_j} \qquad ④$$

$$\overrightarrow{PQ'_m} = \frac{1}{k_2} \left(\sum_{i=1}^{n} \overrightarrow{PA'_i} - \sum_{j=1}^{m} \overrightarrow{PA'_j} \right) \qquad ⑤$$

将 ④ 和 ⑤ 代入 ③, 经整理就得

$$\overrightarrow{PM} = \frac{1}{k_1 + k_2} \sum_{i=1}^{n} \overrightarrow{PA'_i}$$

据此, 由折线 k 号心定义可知, 点 M 是 $A(n)$ 关于点 P 的 $(k_1 + k_2)$ 号心. 命题得证.

容易看出, 在这个定理中令 $m = 1, k_1 = 1$, 就得到定理1, 因此, 定理2是定理1的推广.

显然, 在这个定理中令 $k_1 = m, k_2 = n - m$, 可得

推论1 在平面闭折线 $A(n)$ 中, 设任一顶点子集 V_m 的重心为 G_m, 其补集 $\overline{V_m}$ 的重心为 G'_m, 则线段 $G_m G'_m$ 必通过闭折线 $A(n)$ 的重心 G, 且 $\dfrac{G_m G}{G G'_m} = \dfrac{n - m}{m}$.

这个推论中的线段 $G_m G'_m$ 称为平面闭折线 $A(n)$ 的 m 级中线. 显然, 闭折线 $A(n)$ 有且只有 C_n^m 条 m 级中线 (包括互相重合的在内).

在定理2中, 令 $A(n)$ 内接于圆 O 或外切于圆 I, 且令 P 为圆心 O 或圆心 I, 又可得

推论2 设平面闭折线 $A(n)$ 内接于圆 O, 其任一顶点子集 V_m 关于点 O 的 k_1 号心为 Q_m, 补集 $\overline{V_m}$ 关于点 O 的 k_2 号心为 Q'_m, 则线段 $Q_m Q'_m$ 必通过 $A(n)$

关于点 O 的 $(k_1 + k_2)$ 号心 M,且 $\dfrac{Q_m M}{M Q'_m} = \dfrac{k_2}{k_1}$.

推论 3 设平面闭折线 $A(n)$ 外切于圆 I,其任一顶点子集 V_m 关于点 I 的 k_1 号心为 Q_m,补集 $\overline{V_m}$ 关于点 I 的 k_2 号心为 Q'_m,则线段 $Q_m Q'_m$ 必通过 $A(n)$ 关于点 I 的 $(k_1 + k_2)$ 号心 M,且 $\dfrac{Q_m M}{M Q'_m} = \dfrac{k_2}{k_1}$.

特别地,在推论 1 和推论 2 中令 $k_1 = k_2 = 1$,可得

推论 4 设平面闭折线 $A(n)$ 内接于圆,其任一顶点子集 V_m 和补集 $\overline{V_m}$ 的垂心 H_m 为和 H'_m,则线段 $H_m H'_m (m = 1, 2, \cdots, n)$ 必通过 $A(n)$ 的欧拉圆圆心 E,且 $\dfrac{H_m E}{E H'_m} = 1$.

推论 5 平面闭折线 $A(n)$ 外切于圆 I,其任一顶点子集 V_m 和补集 $\overline{V_m}$ 关于点 I 的 1 号心为 N_m 和 N'_m,则诸线段 $N_m N'_m$ 必通过 $A(n)$ 的斯俾克圆圆心 S,且 $\dfrac{N_m S}{S N'_m} = 1$.

❖ 平面闭折线与 k 号心相关的多点共圆定理

设平面闭折线 $A(n)$ 内接于圆 $O(R)$,若 $A(n)$ 关于点 O 的 $(k+1)$ 号心 M,那么以 M 为圆心,$\dfrac{R}{k+1}$ 为半径的圆,称为平面闭折线 $A(n)$ 的 $(k+1)$ 号圆,记作圆 $M\left(\dfrac{R}{k+1}\right)$.

特别地,圆内接闭折线 $A(n)$ 的 2 号圆,称为 $A(n)$ 的欧拉圆.

据此,我们可以推得[①]

定理 1 设平面闭折线 $A(n)$ 内接于圆 $O(R)$,$A(n)$ 关于点 O 的 k 号心为 Q,点 P_j 分线段 $A_j Q$ 为 $\dfrac{A_j P_j}{P_j Q} = k$,则诸分点 $P_j (j = 1, 2, \cdots, n)$ 都在平面闭折线 $A(n)$ 的 $(k+1)$ 号圆圆 $M\left(\dfrac{R}{k+1}\right)$ 上.

证明 依题设,点 P_j 分线段 $A_j Q$ 为 $\dfrac{A_j P_j}{P_j Q} = k$,所以有 $\overrightarrow{A_j P_j} = k \overrightarrow{P_j Q}$,按向量的减法,这个等式可以改写成

---

① 曾建国,熊曾润.趣谈闭折线的 k 号心[M].南昌:江西高校出版社,2006:43-48.

$$\overrightarrow{OP_j} - \overrightarrow{OA_j} = k(\overrightarrow{OQ} - \overrightarrow{OP_j})$$

由此可得
$$\overrightarrow{OP_j} = \frac{\overrightarrow{OA_j} + k\overrightarrow{OQ}}{k+1} \qquad ①$$

于是,根据向量的运算有
$$\overrightarrow{MP_j} = \overrightarrow{OP_j} - \overrightarrow{OM} = \frac{\overrightarrow{OA_j} + k\overrightarrow{OQ}}{k+1} - \overrightarrow{OM}$$

但 Q 和 M 分别是 $A(n)$ 关于点 O 的 k 号心和 $(k+1)$ 号心,由 k 号心定义,可知
$$\overrightarrow{OQ} = \frac{1}{k}\sum_{i=1}^{n} \overrightarrow{OA_i}, \quad \overrightarrow{OM} = \frac{1}{k+1}\sum_{i=1}^{n} \overrightarrow{OA_i}$$

代入上式,经化简就得
$$\overrightarrow{MP_j} = \frac{\overrightarrow{OA_j}}{k+1}$$

因为顶点 A_j 在圆 $O(R)$,可知 $|OA_j| = R$,从而由上式可得 $|\overrightarrow{MP_j}| = \frac{R}{k+1}$. 这就表明点 $P_j (j=1,2,\cdots,n)$ 都在平面闭折线 $A(n)$ 的 $(k+1)$ 号圆上. 命题得证.

我们约定:这个定理中的点 P_j 称为线段 $A_j Q$ 的 $(k+1)$ 等分点.

显然,在定理 1 中令 $k=1$,可得

推论 设平面闭折线 $A(n)$ 内接于圆,其垂心为 H,点 P_j 为线段 $A_j H$ 的二等分点,则诸分点 $P_j (j=1,2,\cdots,n)$ 都在平面闭折线 $A(n)$ 的欧拉圆上.

定理 2 设平面闭折线 $A(n)$ 内接于圆 $O(R)$,其顶点子集 $\{\overline{A_j}\}$ 关于点 O 的 $(k+1)$ 号心为 M_j,则诸心 $M_j (j=1,2,\cdots,n)$ 都在平面闭折线 $A(n)$ 的 $(k+1)$ 号圆圆 $M(\frac{R}{k+1})$ 上.

证明 依题设,M_j 是顶点子集 $\{\overline{A_j}\}$ 关于点 O 的 $(k+1)$ 号心,M 是 $A(n)$ 关于点 O 的 $(k+1)$ 号心,由闭折线和集的 k 号心定义,可知
$$\overrightarrow{OM_j} = \frac{1}{k+1}(\sum_{i=1}^{n} \overrightarrow{OA_i} - \overrightarrow{OA_j}) \qquad ②$$

$$\overrightarrow{OM} = \frac{1}{k+1}\sum_{i=1}^{n} \overrightarrow{OA_i} \qquad ③$$

于是,根据向量的运算有
$$\overrightarrow{MM_j} = \overrightarrow{OM} - \overrightarrow{OM_j} = \frac{\overrightarrow{OA_j}}{k+1}$$

由此可得 $|MM_j| = \frac{R}{k+1}$. 这就表明 $M_j (j=1,2,\cdots,n)$ 都在闭折线 $A(n)$

的 $(k+1)$ 号圆圆 $M(\dfrac{R}{k+1})$ 上. 命题得证.

显然, 在这个定理中令 $k=1$, 可得

推论 设平面闭折线 $A(n)$ 内接于圆, 其顶点子集 $\{\overline{A_j}\}$ 的欧拉圆圆心为 E_j, 则诸心 $E_j(j=1,2,\cdots,n)$ 都在平面闭折线 $A(n)$ 的欧拉圆上.

定理 3 设平面闭折线 $A(n)$ 内接于圆 $O(R)$, $A(n)$ 关于点 O 的 k 号心为 Q, 顶点子集 $\{\overline{A_j}\}$ 关于点 O 的 $(k+1)$ 号心为 M_j, 过点 M_j 作直线与直线 A_jQ 垂直相交于 D_j, 如图 9.10 所示, 则诸垂足 $D_j(j=1,2,\cdots,n)$ 都在平面闭折线 $A(n)$ 的 $(k+1)$ 号圆圆 $M(\dfrac{R}{k+1})$ 上.

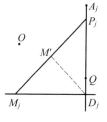

图 9.10

证明 取线段 A_jQ 的 $(k+1)$ 等分点 P_j, 如图 9.10 所示, 由定理 1 和定理 2 知, 点 P_j 和 M_j 都在 $A(n)$ 的 $(k+1)$ 号圆上. 又依题设条件有 $\angle P_jD_jM_j=90°$. 由此易知, 要证明点 D_j 在闭折线 $A(n)$ 的 $(k+1)$ 号圆上, 只需证明线段 P_jM_j 的中点是这个圆的圆心 M 就行了.

设线段 P_jM_j 的中点为 M', 则有

$$\overrightarrow{OM'}=\frac{1}{2}(\overrightarrow{OP_j}+\overrightarrow{OM_j})$$

将 ① 和 ② 代入上式, 并注意到 $k\overrightarrow{OQ}=\sum_{i=1}^{n}\overrightarrow{PA_i}$ 可得

$$\overrightarrow{OM'}=\frac{1}{k+1}\sum_{i=1}^{n}\overrightarrow{OA_i} \qquad ④$$

比较 ④ 和 ③, 可知点 M' 就是 $A(n)$ 的 $(k+1)$ 号圆的圆心 M. 命题得证.

显然, 在这个定理中令 $k=1$, 可得

推论 设平面闭折线 $A(n)$ 内接于圆, 其垂心为 H, 顶点子集 $\{\overline{A_j}\}$ 的欧拉圆圆心为 E_j, 过点 E_j 作直线与直线 A_jH 垂直相交于 D_j, 则诸垂足 $D_j(j=1,2,\cdots,n)$ 都在平面闭折线 $A(n)$ 的欧拉圆上.

综合定理 1, 定理 2, 定理 3, 我们可得

定理 4 设平面闭折线 $A(n)$ 内接于圆 $O(R)$, 则其 $(k+1)$ 号圆必通过 $3n$ 个特殊点, 即

(1) 诸线段 A_jQ 的 $(k+1)$ 等分点 $P_j(j=1,2,\cdots,n)$.

(2) 诸心 $M_j(j=1,2,\cdots,n)$.

(3) 自点 M_j 引直线与直线 A_jQ 垂直相交的垂足 $D_j(j=1,2,\cdots,n)$.

其中 Q 是 $A(n)$ 关于点 O 的 k 号心, M_j 是顶点子集 $\{\overline{A_j}\}$ 关于点 O 的 $(k+$

1) 号心.

特别地,在这个定理中令 $k=1$,可得

推论 1 设平面闭折线 $A(n)$ 内接于圆 $O(R)$,则其欧拉圆必通过 $3n$ 个特殊点,即

(1) 顶点 A_j 与垂心 H 连线的中点 $P_j(j=1,2,\cdots,n)$.

(2) 顶点子集 $\{\overline{A_j}\}$ 的欧拉圆心 $E_j(j=1,2,\cdots,n)$.

(3) 自点 E_j 引直线与直线 A_jH 垂直相交的垂足 $D_j(j=1,2,\cdots,n)$.

推论 2 设平面闭折线 $A(n)$ 内接于圆 $O(R)$,其垂心为 H,顶点子集 $\{\overline{A_j}\}$ 的欧拉圆圆心为 E_j,过点 E_j 作直线与直线 A_jH 垂直相交于 D_j,以垂足 D_j 为圆心作通过外心 O 的圆,交直线 E_jD_j 于 M_j,N_j 两点,如图 9.11 所示,则诸交点 $M_j,N_j(j=1,2,\cdots,n)$ 在同一个圆上,圆心为 H,半径为 $R_0=\sqrt{\dfrac{R^2+OH^2}{2}}$.

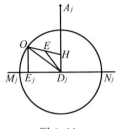

图 9.11

证明 由题设条件易知,点 M_j 和 N_j 到垂心 H 等距离.因此,只需证明如下等式成立就行了

$$M_jH^2=R_0^2=\frac{1}{2}(R^2+OH^2)$$

依题设条件 $\angle HD_jM_j=90°$,由勾股定理得

$$M_jH^2=D_jM_j^2+D_jH^2=D_jO^2+D_jH^2 \qquad ⑤$$

设 OH 的中点为 E,易知 E 为 $A(n)$ 的欧拉圆圆心,从而有 $D_jE=\dfrac{R}{2}$(定理 3 推论),于是在 $\triangle D_jOH$ 中,由三角形的中线长公式可得

$$D_jO^2+D_jH^2=2D_jE^2+\frac{OH^2}{2}=\frac{1}{2}(R^2+OH^2)$$

将此式代入 ⑤ 就得 $M_jH^2=\dfrac{1}{2}(R^2+OH^2)$.命题得证.

推论 3 设平面闭折线 $A(n)$ 内接于圆 $O(R)$,其垂心为 H,顶点子集 $\{\overline{A_j}\}$ 的欧拉圆圆心为 E_j,过点 E_j 作直线与直线 A_jH 垂直相交于 D_j,以点 E_j 为圆心作通过垂心 H 的圆,交直线 E_jD_j 于 P_j,Q_j 两点,如图 9.12 所示,则诸交点 $P_j,Q_j(j=1,2,\cdots,n)$ 在同一个圆上,圆心为 O,半径为 $R_0=\sqrt{\dfrac{R^2+OH^2}{2}}$.

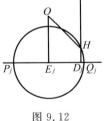

图 9.12

证明 依题设条件容易证得,$OE_j \parallel A_jH$(证明过

程略),从而 $OE_j \perp E_jD_j$. 由此易知点 P_j 和 Q_j 到外心 O 等距离. 因此,只需证明如下等式成立就行了

$$P_jO^2 = R_0^2 = \frac{1}{2}(R^2 + OH^2)$$

由勾股定理可得

$$P_jO^2 = E_jP_j^2 + E_jO^2 = E_jH^2 + E_jO^2$$

但

$$E_jH^2 = D_jE_j^2 + D_jH^2, E_jO^2 = D_jO^2 - D_jE_j^2$$

代入上式就得

$$P_jO^2 = D_jO^2 + D_jH^2$$

此式的右边与式 ⑤ 相等,所以有 $P_jO^2 = \frac{1}{2}(R^2 + OH^2)$. 命题得证.

❖ 平面闭折线与 k 号心相关的多线切圆定理

设平面闭折线 $A(n)$ 外切于圆 $I(r)$,若 $A(n)$ 关于点 I 的 $(k+1)$ 号心为 M,那么以点 I 为圆心,$\frac{r}{k+1}$ 为半径的圆,称为平面闭折线 $A(n)$ 的 $(k+1)$ 号圆,记作圆 $M(\frac{r}{k+1})$.

特别地,圆外切闭折线 $A(n)$ 的 2 号圆,称为 $A(n)$ 的斯俾克圆.

据此,我们可以推得[①]

定理 1 设平面闭折线 $A(n)$ 外切于圆 $I(r)$,$A(n)$ 关于点 I 的 k 号心为 Q,点 P_j 分线段 A_jQ 为 $\frac{A_jP_j}{P_jQ} = k(j = 1, 2, \cdots, n)$,则 $A(n)$ 的 $(k+1)$ 号圆圆 $M(\frac{r}{k+1})$ 必内切于平面闭折线 $P(n) = P_1P_2P_3 \cdots P_nP_1$.

证明 依题设,点 P_j 分线段 A_jQ 为 $\frac{A_jP_j}{P_jQ} = k$,即 $\frac{A_jQ}{P_jQ} = k+1 (j = 1, 2, \cdots, n)$. 由此可知,闭折线 $A(n)$ 和 $P(n)$ 是位似形,它们的位似中心是点 Q,位似比是 $\lambda = \frac{A_jQ}{P_jQ} = k+1$. 于是,由位似形的性质可知,因为 $A(n)$ 有内切圆圆 $I(r)$,所以 $P(n)$ 也有内切圆圆 $I'(r')$,且

(1) $\frac{r}{r'} = \lambda = k+1$,即 $r' = \frac{r}{k+1}$.

---

① 曾建国,熊曾润. 趣谈闭折线的 k 号心[M]. 南昌:江西高校出版社,2006:49-53.

P
M
J
H
W
B
M
T
J
Y
Q
W
B
T
D
L
(X)

681

(2) I, I', Q 三点共线,且 $\dfrac{IQ}{I'Q} = \lambda = k+1$,从而有

$$\overrightarrow{IQ} = (k+1)\overrightarrow{I'Q}$$

即

$$\overrightarrow{IQ} = (k+1)(\overrightarrow{IQ} - \overrightarrow{II'})$$

由此可得

$$\overrightarrow{II'} = \frac{k}{k+1}\overrightarrow{IQ}$$

但 Q 为 $A(n)$ 关于点 I 的 k 号心,所以

$$\overrightarrow{IQ} = \frac{1}{k}\sum_{i=1}^{n}\overrightarrow{IA_i}$$

代入上式就得

$$\overrightarrow{II'} = \frac{1}{k+1}\sum_{i=1}^{n}\overrightarrow{IA_i}$$

这表明点 I' 是 $A(n)$ 关于点 I 的 $(k+1)$ 号心 M.

由此可知,圆 $M(\dfrac{r}{k+1})$ 内切于闭折线 $P(n)$.命题得证.

显然,在定理 1 中令 $k=1$,可得

推论 设平面闭折线 $A(n)$ 外切于圆 $I(r)$,其纳格尔点为 N,线段 A_jN 的中点为 $P_j(j=1,2,\cdots,n)$,则 $A(n)$ 的斯俾克圆必内切于闭折线 $P(n) = P_1P_2P_3\cdots P_nP_1$.

定理 2 设平面闭折线 $A(n)$ 外切于圆 $I(r)$,$A(n)$ 关于点 I 的 $(k+2)$ 号心为 L,在线段 A_jL 延长线上取一点 R_j,使 $\dfrac{A_jL}{LR_j} = k+1(j=1,2,\cdots,n)$,则 $A(n)$ 的 $(k+1)$ 号圆圆 $M(\dfrac{r}{k+1})$ 必内切于闭折线 $R(n) = R_1R_2R_3\cdots R_nR_1$.

证明 依题设,A_j, L, R_j 三点共线,且 $\dfrac{A_jL}{LR_j} = k+1(j=1,2,\cdots,n)$.由此可知,平面闭折线 $A(n)$ 和 $R(n)$ 是位似形,它们的位似中心是点 L,位似比是 $\lambda' = \dfrac{A_jL}{LR_j} = k+1$.于是,由位似形的性质可知,因为 $A(n)$ 有内切圆圆 $I(r)$,所以 $R(n)$ 也有内切圆圆 $I''(r'')$,且

(1) $\dfrac{r}{r''} = \lambda' = k+1$,即 $r'' = \dfrac{r}{k+1}$.

(2) I, L, I'' 三点共线,且 $\dfrac{IL}{LI''} = \lambda = k+1$,从而有

$$\overrightarrow{IL} = (k+1)\overrightarrow{LI''}$$

即

$$\overrightarrow{IL} = (k+1)(\overrightarrow{II''} - \overrightarrow{IL})$$

由此可得

$$\overrightarrow{II''} = \frac{k+2}{k+1} \overrightarrow{IL}$$

但 L 为 $A(n)$ 关于点 I 的 $(k+2)$ 号心,所以

$$\overrightarrow{IL} = \frac{1}{k+2} \sum_{i=1}^{n} \overrightarrow{IA_i}$$

代入上式就得

$$\overrightarrow{II''} = \frac{1}{k+1} \sum_{i=1}^{n} \overrightarrow{IA_i}$$

这就表明点 I'' 是 $A(n)$ 关于点 I 的 $(k+1)$ 号心 M.

由此可知,圆 $M\left(\dfrac{r}{k+1}\right)$ 内切于闭折线 $R(n)$. 命题得证.

显然,在定理 2 中令 $k=1$,可得

推论 设平面闭折线 $A(n)$ 外切于圆 $I(r)$,$A(n)$ 关于点 I 的 3 号心为 L,在线段 A_jL 延长线上取一点 R_j,使 $\dfrac{A_jL}{LR_j}=2(j=1,2,\cdots,n)$,则 $A(n)$ 的斯俾克圆必内切于平面闭折线 $R(n)=R_1R_2R_3\cdots R_nR_1$.

综合定理 1 和定理 2,我们得到

定理 3 设平面闭折线 $A(n)$ 外切于圆 I,对任意给定的正整数 k,$A(n)$ 的 $(k+1)$ 号圆圆 $M\left(\dfrac{r}{k+1}\right)$ 必与 $2n$ 条特殊的直线相切,即平面闭折线 $P(n)$ 和 $R(n)$ 各边所在直线,其中

(1) P_j 是线段 A_jQ 上的点,且 $\dfrac{A_jQ}{P_jQ}=k+1(j=1,2,\cdots,n$,点 Q 是 $A(n)$ 关于 I 点的 k 号心).

(2) R_j 是线段 A_jL 延长线上的点,且 $\dfrac{A_jL}{LR_j}=k+1(j=1,2,\cdots,n$,$L$ 是 $A(n)$ 关于点 I 的 $(k+2)$ 号心).

特别地,在定理 3 中令 $k=1$,可得

推论 1 设平面闭折线 $A(n)$ 外切于圆 I,则其斯俾克圆必与 $2n$ 条特殊的直线相切,即闭折线 $P(n)$ 和 $R(n)$ 各边所在的直线,其中

(1) P_j 是线段 A_jN 的中点 $(j=1,2,\cdots,n$,点 N 是 $A(n)$ 的纳格尔点).

(2) R_j 是线段 A_jL 延长线上的点,且 $\dfrac{A_jL}{LR_j}=3(j=1,2,\cdots,n$,$L$ 是 $A(n)$ 关于点 I 的 3 号心).

推论 2 设平面闭折线 $A(n)$ 外切于圆 $I(r)$,在它的边 A_1A_2 和 A_kA_{k+1} 上

各有一点 M 和 $N(1 < k < n)$，记开折线 $MA_2A_3\cdots A_kN$ 和 $NA_{k+1}A_{k+2}\cdots A_1M$ 的长分别为 l_1 和 l_2，闭折线 $MA_2A_3\cdots A_kNM$ 和 $NA_{k+1}A_{k+2}\cdots A_1MN$ 的面积分别为 S_1 和 S_2. 若 $\dfrac{S_1}{S_2}=\dfrac{l_1}{l_2}$，则直线 MN 必通过闭折线 $A(n)$ 的内心 I.

证明 应用反证法.

设直线 MN 不通过闭折线 $A(n)$ 的内心 I，如图 9.13 所示. 记闭折线 $MA_2A_3\cdots A_kNM$ 的面积为 S'_1，$NA_{k+1}A_{k+2}\cdots A_1MN$ 的面积为 S'_2，则显然有

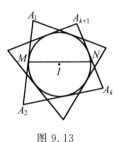

图 9.13

$$S'_1 = S_{\triangle IMA_2} + S_{\triangle IA_2A_3} + \cdots + S_{\triangle IA_kN} =$$
$$\frac{1}{2}r(MA_2 + A_2A_3 + \cdots + A_kN) =$$
$$\frac{1}{2}rl_1$$

同理 $$S'_2 = \frac{1}{2}rl_2$$

从而有 $$\frac{S'_1}{S'_2} = \frac{l_1}{l_2}$$

将已知条件 $\dfrac{S_1}{S_2}=\dfrac{l_1}{l_2}$ 代入上式，得

$$\frac{S'_1}{S'_2} = \frac{S_1}{S_2}$$

又由图 9.13 知 $S'_1 = S_1 - S_{\triangle INM}$，$S'_2 = S_2 + S_{\triangle INM}$，代入上式，经整理就得

$$S_1 \cdot S_{\triangle INM} = -S_2 \cdot S_{\triangle INM}$$

而依假设，点 I 不在直线 MN 上，所以 $S_{\triangle INM} \neq 0$. 上式两边同除以 $S_{\triangle INM}$，就得 $S_1 = -S_2$. 此等式左边为正数，右边为负数，显然荒谬. 因此，点 I 必在直线 MN 上. 命题得证.

❖圆内接闭折线的 k 级中线长公式

设 $k \in \mathbf{N}$，且 $1 \leqslant k \leqslant \dfrac{n}{2}$，$V_k$ 是由平面闭折线 $A(n)$ 的任意 k 个顶点组成的顶点子集，这个顶点子集的补集为 $\overline{V}_k$（即 $V_k \bigcup \overline{V}_k = V_n$）. 若 V_k 和 $\overline{V}_k$ 的重心分别为 G_k 和 $\overline{G}_k$，则线段 $G_k\overline{G}_k$ 称为闭折线 $A(n)$ 的 k 级中线.

显然，平面闭折线 $A(n)$ 有且只有 C_n^k 条 k 级中线（包括互相重合的在内）.

定理 设平面闭折线 $A(n)$ 有外接圆圆 $O(R)$，$G_k\overline{G}_k$ 是 $A(n)$ 的一条 k 级中

线,则①

$$G_k\overline{G}_k^2 = \frac{1}{k(n-k)}\sum_{1\leqslant i\leqslant k<j\leqslant n}A_iA_j^2 - \frac{1}{k^2}\sum_{1\leqslant i<j\leqslant k}A_iA_j^2 -$$

$$\frac{1}{(n-k)^2}\sum_{k+1\leqslant i<j\leqslant n}A_iA_j^2$$

首先介绍 V_k 与 $\overline{V}_k$ 的 k 级垂心线:如果 $A(n)$ 的两个顶点子集 V_k 与 $\overline{V}_k$ 的垂心为 H_k 和 $\overline{H}_k$,则线段 $H_k\overline{H}_k$ 为圆内接闭折线 $A(n)$ 的一条 k 级垂心线,则有

引理 设平面闭折线 $A(n)$ 有外接圆 $O(R)$,$H_k\overline{H}_k$ 是 $A(n)$ 的一条 k 级垂心线,则

$$H_k\overline{H}_k^2 = 2\sum_{1\leqslant i\leqslant k<j\leqslant n}A_iA_j^2 - \sum_{1\leqslant i<j\leqslant n}A_iA_j^2 + (n-2k)^2R^2$$

证明 以圆心 O 为原点建立坐标系(图略),设顶点 A_i 的坐标为 (x_i, y_i) $(i=1,2,\cdots,n)$,则

$$x_i^2 + y_i^2 = R^2$$

由闭折线 k 号心的定义知 $G_k,\overline{G}_k,H_k,\overline{H}_k$ 的坐标分别为

$$G_k\left(\frac{1}{k}\sum_{i=1}^{k}x_i, \frac{1}{k}\sum_{i=1}^{k}y_i\right)$$

$$\overline{G}_k\left(\frac{1}{n-k}\sum_{j=k+1}^{n}x_j, \frac{1}{n-k}\sum_{j=k+1}^{n}y_j\right)$$

$$H_k\left(\sum_{i=1}^{k}x_i, \sum_{i=1}^{k}y_i\right), \overline{H}_k\left(\sum_{j=k+1}^{n}x_j, \sum_{j=k+1}^{n}y_j\right)$$

故有

$$OG_k = \frac{1}{k}OH_k, O\overline{G}_k = \frac{1}{n-k}O\overline{H}_k$$

由余弦定理 $G_k\overline{G}_k^2 = OG_k^2 + O\overline{G}_k^2 - 2OG_k \cdot O\overline{G}_k \cdot \cos \angle G_kO\overline{G}_k$,则

$$G_k\overline{G}_k^2 = \left(\frac{1}{k}OH_k\right)^2 + \left(\frac{1}{n-k}O\overline{H}_k\right)^2 - 2\cdot\frac{1}{k}\cdot\frac{1}{n-k}OH_k \cdot O\overline{H}_k\cos \angle H_kO\overline{H}_k$$

因 $H_k\overline{H}_k^2 = OH_k^2 + O\overline{H}_k^2 - 2\cdot OH_k \cdot O\overline{H}_i\cos \angle H_kO\overline{H}_k$,则

$$G_k\overline{G}_k^2 = \frac{1}{k^2}\cdot OH_k^2 + \frac{1}{(n-k)^2}\cdot O\overline{H}_k^2 -$$

$$\frac{1}{k}\cdot\frac{1}{n-k}\cdot(OH_k^2 + O\overline{H}_k^2 - H_k\overline{H}_k^2) =$$

$$\left(\frac{1}{k^2} - \frac{1}{k(n-k)}\right)\cdot OH_k^2 + \left(\frac{1}{(n-k)^2} - \right.$$

---

① 段惠民.圆内接闭折线的 k 级中线长公式[J].中学数学,2005(7):38-39.

$$\frac{1}{k(n-k)}) \cdot O\overline{H}_k^2 + \frac{1}{k(n-k)} \cdot H_k\overline{H}_k^2 =$$

$$\frac{n-2k}{k^2(n-k)} \cdot OH_k^2 + \frac{2k-n}{(n-k)^2k}O\overline{H}_k^2 + \frac{1}{k(n-k)}H_k\overline{H}_k^2 =$$

$$\frac{n-2k}{k^2(n-k)}((\sum_{i=1}^{k}x_i)^2 + (\sum_{i=1}^{k}y_i)^2) -$$

$$\frac{n-2k}{(n-k)^2k}((\sum_{j=k+1}^{n}x_j)^2 + (\sum_{j=k+1}^{n}y_j)^2) + \frac{1}{k(n-k)} \cdot H_k\overline{H}_k^2 =$$

$$\frac{n-2k}{k^2(n-k)}(\sum_{i=1}^{k}(x_i^2 + y_i^2) + 2\sum_{1 \leqslant i < j \leqslant k}(x_ix_j + y_iy_j)) -$$

$$\frac{n-2k}{(n-k)^2k}(\sum_{j=k+1}^{n}(x_j^2 + y_j^2) + 2\sum_{k+1 \leqslant i < j \leqslant n}(x_ix_j + y_iy_j)) +$$

$$\frac{1}{k(n-k)}H_k\overline{H}_k^2 = \frac{n-2k}{k^2(n-k)}(kR^2 + 2\sum_{1 \leqslant i < j \leqslant k}(x_ix_j + y_iy_j)) -$$

$$\frac{n-2k}{(n-k)^2k}((n-k)R^2 + 2\sum_{k+1 \leqslant i < j \leqslant n}(x_ix_j + y_iy_j)) +$$

$$\frac{1}{k(n-k)}H_k\overline{H}_k^2 \qquad\qquad ①$$

因

$$\sum_{1 \leqslant i < j \leqslant k}A_iA_j^2 = \sum_{1 \leqslant i < j \leqslant k}((x_i - x_j)^2 + (y_i - y_j)^2) =$$

$$(k-1)\sum_{i=1}^{k}(x_i^2 + y_i^2) - 2\sum_{1 \leqslant i < j \leqslant k}(x_ix_j + y_iy_j) =$$

$$(k-1) \cdot kR^2 - 2\sum_{1 \leqslant i < j \leqslant k}(x_ix_j + y_iy_j)$$

则 $$2\sum_{1 \leqslant i < j \leqslant k}(x_ix_j + y_iy_j) = k(k-1)R^2 - \sum_{1 \leqslant i < j \leqslant k}A_iA_j^2 \qquad ②$$

同理 $$2\sum_{k+1 \leqslant i < j \leqslant n}(x_ix_j + y_iy_j) = (n-k)(n-k-1)R^2 - \sum_{k+1 \leqslant i < j \leqslant n}A_iA_j^2 \qquad ③$$

将 ②，③ 代入式 ① 得

$$G_k\overline{G}_k^2 = \frac{n-2k}{k^2(n-k)}(kR^2 + k(k-1)R^2 - \sum_{1 \leqslant i < j \leqslant k}A_iA_j^2) -$$

$$\frac{n-2k}{(n-k)^2k}((n-k)R^2 + (n-k)(n-k-1)R^2$$

$$\sum_{k+1 \leqslant i < j \leqslant n}A_iA_j^2) + \frac{1}{k(n-k)}H_k\overline{H}_k^2 =$$

$$-\frac{(n-2k)^2}{(n-k)k} \cdot R^2 - \frac{n-2k}{k^2(n-k)} \cdot \sum_{1 \leqslant i < j \leqslant k}A_iA_j^2 +$$

$$\frac{n-2k}{(n-k)^2k}\sum_{k+1 \leqslant i < j \leqslant n}A_iA_j^2 + \frac{1}{k(n-k)}H_k\overline{H}_k^2$$

由引理

$$\frac{1}{k(n-k)}H_k\overline{H}_k^2 = \frac{2}{k(n-k)}\sum_{i\leqslant k<j\leqslant n}A_iA_j^2 - \frac{1}{k(n-k)}\sum_{1\leqslant i<j\leqslant n}A_iA_j^2 + \frac{(n-2k)^2}{k(n-k)}R^2$$

所以

$$G_k\overline{G}_k^2 = -\frac{n-2k}{k^2(n-k)}\sum_{1\leqslant i<j\leqslant k}A_iA_j^2 + \frac{n-2k}{(n-k)^2k}\sum_{k+1\leqslant i<j\leqslant n}A_iA_j^2 +$$

$$\frac{2}{k(n-k)}\sum_{i\leqslant k<j\leqslant n}A_iA_j^2 - \frac{1}{k(n-k)}\sum_{1\leqslant i<j\leqslant n}A_iA_j^2 =$$

$$\frac{k+k-n}{k^2(n-k)}\sum_{1\leqslant i<j\leqslant k}A_iA_j^2 + \frac{n-k-k}{(n-k)^2k}\sum_{k+1\leqslant i<j\leqslant n}A_iA_j^2 +$$

$$\frac{1}{k(n-k)}\sum_{i\leqslant k<j\leqslant n}A_iA_j^2 + \frac{1}{k(n-k)}\sum_{i\leqslant k<j\leqslant n}A_iA_j^2 -$$

$$\frac{1}{k(n-k)}\sum_{1\leqslant i<j\leqslant n}A_iA_j^2$$

显然

$$\frac{1}{k(n-k)}\sum_{1\leqslant i<j\leqslant k}A_iA_j^2 + \frac{1}{(n-k)k}\sum_{k+1\leqslant i<j\leqslant n}A_iA_j^2 +$$

$$\frac{1}{k(n-k)}\sum_{i\leqslant k<j\leqslant n}A_iA_j^2 - \frac{1}{k(n-k)}\sum_{1\leqslant i<j\leqslant n}A_iA_j^2 = 0$$

所以

$$G_k\overline{G}_k^2 = -\frac{1}{k^2}\sum_{1\leqslant i<j\leqslant k}A_iA_j^2 - \frac{1}{(n-k)^2}\sum_{k+1\leqslant i<j\leqslant n}A_iA_j^2 + \frac{1}{k(n-k)}\sum_{i\leqslant k<j\leqslant n}A_iA_j^2$$

所以

$$G_k\overline{G}_k^2 = \frac{1}{k(n-k)}\sum_{i\leqslant k<j\leqslant n}A_iA_j^2 - \frac{1}{k^2}\sum_{1\leqslant i<j\leqslant k}A_iA_j^2 - \frac{1}{(n-k)^2}\sum_{k+1\leqslant i<j\leqslant n}A_iA_j^2$$

定理证毕.

推论 1 设闭折线 $A(n)$ 的顶点全集的最大真子集 $\overline{V}_1 = \{A_2, A_3, \cdots, A_n\}$, $\overline{V}_1$ 的重心为 G_1, 则

$$A_1G_1^2 = \frac{1}{n-1}\sum_{i=2}^{n}A_1A_i^2 - \frac{1}{(n-1)^2}\sum_{2\leqslant i<j\leqslant n}A_iA_j^2$$

在推论 1 中令 $n=3$, 则有

推论 2 设 AM 是 $\triangle ABC$ 的一条中线, 则

$$AM^2 = \frac{1}{2}AB^2 + \frac{1}{2}AC^2 - \frac{1}{4}BC^2$$

这便是众所周知的三角形中线长公式.

在定理中令 $n=4, k=1$, 记 $\overline{V}_1 = \{B, C, D\}, A_1$ 为 A, 则有

推论 3 在圆内接四边形 $ABCD$ 中, G 是 $\triangle BCD$ 的重心, 则

$$\overline{AG}^2 = \frac{1}{9}(3AB^2 + 3AC^2 + 3AD^2 - BC^2 - BD^2 - CD^2)$$

推论 4　设闭折线 $A(n)$ 有外接圆且 $n = 2k(k \in \mathbf{N})$，$G_k\overline{G}_k$ 是 $A(n)$ 的一条 k 级中线，$H_k\overline{H}_k$ 是与 $G_k\overline{G}_k$ 相对应的一条 k 级垂心线，则

$$G_k\overline{G}_k = \frac{1}{k}H_k\overline{H}_k$$

推论 5　设圆内接六边形 $ABCDEF$ 中，$\triangle ABC$ 的重心为 G，$\triangle DEF$ 的重心为 $\overline{G}$，则

$$G\overline{G}^2 = \frac{1}{9}(AD^2 + AE^2 + AF^2 + BD^2 + BE^2 +$$
$$BF^2 + CD^2 + CE^2 + CF^2 - AB^2 - AC^2 -$$
$$BC^2 - DE^2 - DF^2 - EF^2)$$

推论 6　设 MN 是圆内接四边形的两条对角线的中点的连线段，则

$$MN^2 = \frac{1}{4}(AB^2 + BC^2 + CD^2 + DA^2 - AC^2 - BD^2)$$

平面闭折线的九点圆定理

定义 1　设闭折线 $A(n)$ 内接于圆 $O(R)$，对任意给定的正整数 k，若点 P 满足

$$\overrightarrow{OP} = \frac{1}{k}\sum_{i=1}^{n}\overrightarrow{OA_i} \qquad ①$$

则点 P 称为 $A(n)$ 关于点 O 的 k 号心，简称为 $A(n)$ 的 k 号心；若点 $Q_j(1 \leqslant j \leqslant n)$ 满足

$$\overrightarrow{OQ_j} = \frac{1}{k+1}(\sum_{i=1}^{n}\overrightarrow{OA_i} - \overrightarrow{OA_j}) \qquad ②$$

则点 Q_j 称为 $A(n)$ 的一级顶点子集 V_j 关于点 O 的 $(k+1)$ 号心，简称为 V_j 的 $(k+1)$ 号心。

定义 2　设平面闭折线 $A(n)$ 内接于圆 $O(R)$，以它的 $(k+1)$ 号心 Q 为圆心、$\frac{R}{k+1}$ 为半径的圆，称为 $A(n)$ 的 $(k+1)$ 号圆。

按这个定义，容易验证：圆内接闭折线的 2 号圆，就是它的欧拉圆。由此可知，圆内接闭折线的 $(k+1)$ 号圆概念，是它的欧拉圆概念的推广。

根据上述定义,我们可以推得①

定理 1　设平面闭折线 $A(n)$ 内接于圆 $O(R)$,其 k 号心为 P,点 M_j 内分线段 A_jP 为 k,则 $A(n)$ 的 $(k+1)$ 号圆圆 $Q(\dfrac{R}{k+1})$ 必通过诸分点 $M_j(j=1,\cdots,n)$.

证明　显然,只需对每个 $j(j=1,\cdots,n)$,证明 $|QM_j|=\dfrac{R}{k+1}$. 由题设,点 P 满足 ①,$\dfrac{A_jM_j}{M_jP}=k$,由定比分点的向量表示可得

$$\overrightarrow{OM_j}=\frac{\overrightarrow{OA_j}+k\overrightarrow{OP}}{1+k}=\frac{1}{k+1}(\overrightarrow{OA_j}+\sum_{i=1}^{n}\overrightarrow{OA_i}) \qquad ③$$

又依题设和定义 1 有

$$\overrightarrow{OQ}=\frac{1}{k+1}\sum_{i=1}^{n}\overrightarrow{OA_i} \qquad ④$$

根据 ③ 和 ④ 得

$$\overrightarrow{QM_j}=\overrightarrow{OM_j}-\overrightarrow{OQ}=\frac{1}{k+1}\overrightarrow{OA_i}$$

但顶点 A_j 在圆 $O(R)$ 上,所以 $|OA_j|=R$,从而由上式可得 $|OM_j|=\dfrac{R}{k+1}$. 命题得证.

定理 2　设平面闭折线 $A(n)$ 内接于圆 $O(R)$,其一级顶点子集 V_j 的 $(k+1)$ 号心为 Q_j,则 $A(n)$ 的 $(k+1)$ 号圆圆 $Q(\dfrac{R}{k(k+1)})$ 必通过诸心 $Q_j(j=1,\cdots,n)$.

证明　显然,只需对每个 $j(j=1,\cdots,n)$,证明 $|Q_jQ|=\dfrac{R}{k+1}$. 由题设,点 Q_j 和 Q 分别满足 ② 和 ④,于是

$$\overrightarrow{Q_jQ}=\overrightarrow{OQ}-\overrightarrow{OQ_j}=\frac{1}{k+1}\overrightarrow{OA_j}$$

但顶点 A_j 在圆 $O(R)$ 上,所以由上式可知 $|Q_jQ|=\dfrac{R}{k+1}$. 命题得证.

定理 3　设平面闭折线 $A(n)$ 内接于圆 $O(R)$,其 k 号心为 P,其一级顶点子集 V_j 的 $(k+1)$ 号心为 Q_j,自点 Q_j 引直线与直线 A_jP 垂直相交于 D_j,则 $A(n)$ 的 $(k+1)$ 号圆必通过诸垂足 $D_j(j=1,\cdots,n)$.

证明　对每个 $j(j=1,\cdots,n)$,取线段 A_jP 的第 1 个 $(k+1)$ 等分点 M_j,由

P
M
J
H
W
B
M
T
J
Y
Q
W
B
T
D
L
(X)

①　熊曾润. 三角形九点圆定理的深入推广[J]. 中学数学研究,2007(9):37-38.

定理 1 和 2 知，点 M_j 和 Q_j 都在 $A(n)$ 的 $(k+1)$ 号圆圆 $Q\left(\dfrac{R}{k+1}\right)$ 上. 又依题设有 $\angle M_j D_j Q_j = 90°$，故只需证明 Q 与线段 $M_j Q_j$ 的中点 N_j 重合.

由题设，点 Q_j 和 M_j 分别满足 ② 和 ③，于是

$$\overrightarrow{ON_j} = \frac{\overrightarrow{OM_j} + \overrightarrow{OQ_j}}{2} = \frac{1}{k+1} \sum_{i=1}^{n} \overrightarrow{OA_i} \qquad ⑤$$

比较 ④ 和 ⑤，可知 Q 和 N_j 重合. 命题得证.

综合定理 1，2，3，我们看到

定理 4 圆内接闭折线 $A(n)$ 的 $(k+1)$ 号圆必通过 $3n$ 个特殊点，即：各顶点 A_j 与 $A(n)$ 的 k 号心 P 连线的第 1 个 $(k+1)$ 等分点 $M_j(j=1,\cdots,n)$；$A(n)$ 的各个一级顶点子集 V_j 的 $(k+1)$ 号心 $Q_j(j=1,\cdots,n)$；自点 Q_j 引直线与直线 $A_j P$ 垂直相交的垂足 $D_j(j=1,\cdots,n)$.

容易验证，在定理 4 中令 $n=3,k=1$，就得到九点圆定理. 由此可知，定理 4 是九点圆定理的推广.

值得指出的是，定理 4 的内涵是极其丰富的. 考查它的种种特例，将会得到许多花样翻新的有趣命题. 例如，在定理 4 中令 $n=4,k=1,2,4$，可得

推论 1 在圆内接四边形 $A_1 A_2 A_3 A_4$ 中，其欧拉圆必通过 12 个特殊点，即：各顶点 A_j 与这四边形的垂心 H 连线的中点 $M_j(j=1,2,3,4)$；这四边形的各个一级顶点子集 V_j 的欧拉圆圆心 $E_j(j=1,2,3,4)$；自点 E_j 引直线与直线 $A_j H$ 垂直相交的垂足 $D_j(j=1,2,3,4)$.

推论 2 在圆内接四边形 $A_1 A_2 A_3 A_4$ 中，其 3 号圆必通过 12 个特殊点，即：各顶点 A_j 与这四边形的欧拉圆圆心 E 连线的第一个 3 等分点 $M_j(j=1,2,3,4)$；这四边形的各个一级顶点子集 V_j 的重心 $G_j(j=1,2,3,4)$；自点 G_j 作直线与直线 $A_j E$ 垂直相交的垂足 $D_j(j=1,2,3,4)$.

推论 3 在圆内接四边形 $A_1 A_2 A_3 A_4$ 中，其 5 号圆必通过 12 个特殊点，即：各顶点 A_j 与这四边形的重心 G 连线的 5 等分点 $M_j(j=1,2,3,4)$；这四边形的各个一级顶点子集 V_j 的 5 号心 $F_j(j=1,2,3,4)$；自点 F_j 引直线与直线 $A_j G$ 垂直相交的垂足 $D_j(j=1,2,3,4)$.

❖平面闭折线的杜洛斯－凡利圆定理

设平面闭折线 $A(n)$ 内接于圆 $O(R)$，若点 H 满足

$$\overrightarrow{OH} = \sum_{i=1}^{n} \overrightarrow{OA_i} \qquad ①$$

则点 H 称为平面闭折线 $A(n)$ 的垂心

对 $A(n)$ 的一级顶点子集 V_j，若点 E_j 满足

$$\overrightarrow{OE_j} = \frac{1}{2}(\sum_{i=1}^{n} \overrightarrow{OA_i} - \overrightarrow{OA_j}) \qquad ②$$

则点 E_j 称为顶点子集 V_j 关于点 O 的 2 号心，简称为 V_j 的 2 号心.

根据以上定义，我们可以推得①

引理 设平面闭折线 $A(n)$ 内接于圆 $O(R)$，其垂心为 H，其一级顶点子集 V_j 的 2 号心为 E_j，线段 A_jH 的中点为 D_j，过点 E_j 作直线与直线 A_jH 垂直相交于 H_j（图 9.14），则

图 9.14

(1) D_jE_j 与 OH 互相平分.

(2) $|D_jE_j| = R$.

(3) 若 OH 的中点为 E，则 $|H_jE| = \dfrac{R}{2}$.

证明 (1) 依题设，点 H 和 E_j 分别满足 ① 和 ②，D_j 为 A_jH 的中点，所以有

$$\overrightarrow{D_jH} = \frac{1}{2}\overrightarrow{A_jH} = \frac{1}{2}(\overrightarrow{OH} - \overrightarrow{OA_j}) = \frac{1}{2}(\sum_{i=1}^{n}\overrightarrow{OA_i} - \overrightarrow{OA_j}) = \overrightarrow{OE_j}$$

由此可知 $D_jH /\!/ OE_j$，且 $|D_jH| = |OE_j|$，因此 D_jOE_jH 为平行四边形，所以 D_jE_j 与 OH 互相平分.

(2) 设 D_jE_j 与 OH 相交于 E，则 E 为 D_jE_j 的中点，也为 OH 的中点；又已知 D_j 为 A_jH 的中点. 于是在 $\triangle A_jOH$ 中，由中位线定理可知

$$|D_jE_j| = 2|D_jE| = |A_jO| = R$$

(3) 依题设，可知 $\triangle D_jE_jH_j$ 为直角三角形，H_j 为直角顶点，且 E 为斜边 D_jE_j 的中点，所以有

$$|H_jE| = \frac{1}{2}|D_jE_j| = \frac{R}{2}$$

命题得证.

定理 1 设平面闭折线 $A(n)$ 内接于圆 $O(R)$，其垂心为 H，其一级顶点子集 V_j 的 2 号心为 E_j，过点 E_j 作直线与直线 A_jH 垂直相交于 H_j，以垂足 H_j 为圆心作通过外心 O 的圆，交直线 E_jH_j 于 M_j，N_j 两点，如图 9.15 所示，则诸交点 M_j，N_j $(j=1,2,\cdots,n)$ 在同一个圆上，圆心

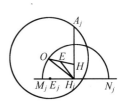

图 9.15

① 熊曾润. 杜洛斯 — 凡利圆的推广[J]. 福建中学数学, 2005(6):13-15.

为 H,半径为 $R_0 = \sqrt{\dfrac{1}{2}(R^2 + OH^2)}$.

证明　由题设条件易知,点 M_j 和 N_j 到垂心 H 等距离,因此只需证明

$$M_j H^2 = R_0^2 = \frac{1}{2}(R^2 + OH^2)$$

就行了.

依题设条件有 $\angle M_j H_j H = 90°$,由勾股定理可得

$$M_j H^2 = H_j M_j^2 + H_j H^2 = H_j O^2 + H_j H^2 \qquad ③$$

设 OH 的中点为 E,则在 $\triangle H_j OH$ 中,由中线长公式可知 $H_j O^2 + H_j H^2 = 2 H_j E^2 + \dfrac{OH^2}{2}$,代入式 ③,并注意到 $\mid H_j E \mid = \dfrac{R}{2}$(前面的引理),就得

$$M_j H^2 = 2 H_j E^2 + \frac{1}{2} OH^2 = \frac{1}{2}(R^2 + OH^2)$$

命题得证.

容易验证,在这个定理中令 $n=3$,就得到定理:在三角形中,以高的垂足为圆心,作通过外心的圆,与垂足所在的边相交,则这样得到的 6 个交点在同一个圆上,圆心是这三角形的垂心.

定理 2　设平面闭折线 $A(n)$ 内接于圆 $O(R)$,其垂心为 H,其一级顶点子集 V_j 的 2 号心为 E_j,过点 E_j 作直线与直线 $A_j H$ 垂直相交于 H_j,以点 E_j 为圆心作通过垂心 H 的圆,交直线 $E_j H_j$ 于 P_j,Q_j 两点,如图 9.16 所示,则诸交点 P_j,$Q_j (j=1,2,\cdots,n)$ 在同一个圆上,圆心为 O,半径为 $R_0 = \sqrt{\dfrac{1}{2}(R^2 + OH^2)}$.

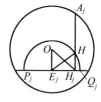

图 9.16

证明　已知 $A_j H_j \perp E_j H_j$,而由引理的证明知道 $OE_j /\!/ A_j H_j$,所以 $OE_j \perp E_j H_j$.于是,由题设条件易知,点 P_j 和 Q_j 到外心 O 等距离,因此,只需证明 $P_j O^2 = \dfrac{1}{2}(R^2 + OH^2)$ 就行了.

由勾股定理可知

$$P_j O^2 = E_j P_j^2 + E_j O^2 = E_j H^2 + E_j O^2$$

但

$$E_j H^2 = H_j E_j^2 + H_j H^2$$

$$E_j O^2 = H_j O^2 - H_j E_j^2$$

代入上式就得

$$P_j O^2 = H_j O^2 + H_j H^2$$

此式的右边与式 ③ 的右边相等,所以有

$$P_jO^2 = M_jH^2 = \frac{1}{2}(R^2 + OH^2)$$

命题得证.

容易验证,在这个定理中令 $n=3$,就得到定理:在三角形中,以各边的中点为圆心,作通过垂心的圆,与这条边相交,则这样得到的 6 个交点在同一个圆上,圆心是这三角形的外心.

❖ 圆内接闭折线的垂心(1 号心) 定理

平面闭折线 $A(n)$ 的所有顶点组成的点集 $\{A_1, A_2, \cdots, A_n\}$ 简记作 $V(n)$ 称为闭析折线 $A(n)$ 的顶点全集,从点集 $V(n)$ 中任意除去一个点 $A_j(1 \leqslant j \leqslant n)$,其余 $(n-1)$ 个点组成的集合记作 $V(n-1)$;称为 $V(n)$ 的最大真子集.

设 $B_1, B_2, \cdots, B_k(k \in \mathbf{N})$ 是圆 O 上的任意 k 个点,以圆心 O 为原点建立直角坐标系,记点 B_i 的坐标为 $(x_i, y_j)(i=1,2,\cdots,k)$,若点 H 的坐标 (x_H, y_H) 满足 $x_H = \sum\limits_{i=1}^{k} x_i, y_H = \sum\limits_{i=1}^{k} y_i$,则点 H 称为点集 $\{B_1, B_2, \cdots, B_k\}$ 的垂心.

设平面闭折线 $A(n)$ 内接于圆,则其顶点全集 $V(n)$ 的垂心,称为闭折线 $A(n)$ 的垂心,亦称闭折线的 1 号心.[①]

定理 1 圆内接闭折线 $A(n)$ 的垂心 H、重心 G、外心 O 三点共线,且 $\dfrac{HG}{GO} = n-1$(在这里,闭折线的重心是指它的顶点集重心).

证明 应用同一法.

取线段 HO 的内分点 P,使 $\dfrac{HP}{PO} = n-1$,那么只需证明点 P 是重心 G 就行了.

以外心 O 为原点建立直角坐标系,设 $A(n)$ 的顶点 $A_i(x_i, y_i)(i=1,2,\cdots, n)$,垂心 $H(x_H, y_H)$,由定义可知

$$x_H = \sum_{i=1}^{k} x_i, \quad y_H = \sum_{i=1}^{k} y_i \qquad ①$$

又设点 P 的坐标为 (x, y),则由定比分点的坐标公式可知

$$x = \frac{x_H + (n-1)0}{1 + (n-1)} = \frac{x_H}{n} = \frac{1}{n}\sum_{i=1}^{n} x_i$$

① 熊曾润.圆内接闭折线的垂心及其性质[J].福建中学数学,2000(1):13-14.

$$y = \frac{y_H + (n-1)0}{1 + (n-1)} = \frac{y_H}{n} = \frac{1}{n}\sum_{i=1}^{n} y_i$$

这就表明点 P 是平面闭折线 $A(n)$ 的重心,命题得证.

定理 2 设平面闭折线 $A(n)$ 内接于圆,其垂心为 H,则诸线段 A_jH 的中点必共圆(A_j 为 $A(n)$ 的顶点,$j = 1, 2, \cdots, n$).

证明 设 $A(n)$ 内接于圆 $O(R)$,以圆心 O 为原点建立直角坐标系,顶点 $A_i(x_i, y_i)$,垂心 $H(x_H, y_H)$,则对任一线段 $A_jH(j = 1, 2, \cdots, n)$ 的中点 $P(x, y)$ 有

$$x = \frac{x_j + x_H}{2} = \frac{1}{2}\left(x_j + \sum_{i=1}^{n} x_i\right)$$

$$y = \frac{y_j + y_H}{2} = \frac{1}{2}\left(y_j + \sum_{i=1}^{n} y_i\right)$$

从而有

$$\left(x - \frac{1}{2}\sum_{i=1}^{n} x_i\right)^2 + \left(y - \frac{1}{2}\sum_{i=1}^{n} y_i\right)^2 = \left(\frac{x_j}{2}\right)^2 + \left(\frac{y_j}{2}\right)^2 = \frac{R^2}{4}$$

这说明诸线段 $A_jH(j = 1, 2, \cdots, n)$ 的中点都在以 $E\left(\frac{1}{2}\sum_{i=1}^{n} x_i, \frac{1}{2}\sum_{i=1}^{n} y_i\right)$ 为

圆心,$\frac{R}{2}$ 为半径的圆上. 命题得证.

定理 3 设平面闭折线 $A(n)$ 内接于圆,则其顶点全集 $V(n)$ 的各个最大真子集的垂心必共圆,这个圆与 $A(n)$ 的外接圆大小相等,其圆心是 $A(n)$ 的垂心 H.

证明 设 $A(n)$ 内接于圆 $O(R)$,$V(n-1)_j (1 \leqslant j \leqslant n)$ 是 $V(n)$ 的任意一个最大真子集,这个最大真子集的垂心记作 H_j,那么我们只需证明 H_j 在圆 $H(R)$ 上就可以了.

以圆心 O 为原点建立直角坐标系,设 $A(n)$ 的顶点 $A_i(x_i, y_i)$,$H(x_H, y_H)$,$H_j(x, y)$,则

$$x = \sum_{i=1}^{n} x_i - x_j = x_H - x_j$$

$$y = \sum_{i=1}^{n} y_i - y_j = y_H - y_j$$

从而有

$$(x - x_H)^2 + (y - y_H)^2 = (-x_j)^2 + (-y_j)^2 = x_j^2 + y_j^2 = R^2$$

这就表明 $V(n)$ 的任意一个最大真子集 $V(n-1)_j$ 的垂心 H_j 都在以 $H(x_H, y_H)$ 为圆心,R 为半径的圆上. 命题得证.

定理 4 设平面闭折线 $A(n)$ 内接于圆 O,其顶点全集的最大真子集

$V(n-1)_j$ 的垂心为 $H_j(j=1,2,\cdots,n)$,则闭折线 $H_1H_2\cdots H_nH_1$ 与 $A(n)$ 是全等的闭折线.[①]

证明　以圆心 O 为原点建立直角坐标系 xOy(图略),设 $A(n)$ 的顶点 A_i 坐标为 $(x_i,y_i)(i=1,2,\cdots,n)$,则垂心 $H_j(j=1,2,\cdots,n)$ 的坐标为

$$\left(\sum_{i=1}^n x_i - x_j,\ \sum_{i=1}^n y_i - y_j\right) \qquad (*)$$

(1) 根据两点间的距离公式,由 $(*)$ 可知

$$|H_jH_{j+1}| = \sqrt{(x_{j+1}-x_j)^2 + (y_{j+1}-y_j)^2} = |A_jA_{j+1}|$$

其中 $j=1,2,\cdots,n$,且 H_{n+1},A_{n+1} 分别为 H_1,A_1,这就表明:闭折线 $H_1H_2\cdots H_nH_1$ 与 $A(n)$ 的对应边相等.

(2) 由(1)易知 $\triangle H_jH_{j+1}H_{j+2}$ 和 $\triangle A_jA_{j+1}A_{j+2}$ 的对应边相等,所以 $\triangle H_jH_{j+1}H_{j+2}$ 与 $\triangle A_jA_{j+1}A_{j+2}$ 全等,从而有

$$\angle H_jH_{j+1}H_{j+2} = \angle A_jA_{j+1}H_{j+2}$$

其中 $j=1,2,\cdots,n$,且 $H_{n+1},H_{n+2},A_{n+1},A_{n+2}$ 分别为 H_1,H_2,A_1,A_2.这就表明:闭折线 $H_1H_2\cdots H_nH_1$ 与 $A(n)$ 的对应角相等.

综合(1)和(2),可知闭折线 $H_1H_2\cdots H_nH_1$ 与 $A(n)$ 是全等的闭折线.

为了揭示圆内接闭折线垂心的后述性质,我们引入如下概念和引理:

定义　从点 C 向有向线段 $\overrightarrow{AB}$ 引垂线,交 $\overrightarrow{AB}$ 或其延长线于 D,如图 9.17(a).设有向线段 $\overrightarrow{CD}$ 的数量为 d,则 d 称为点 C 到线段 $\overrightarrow{AB}$ 的有向距离.当点 C 位于 $\overrightarrow{AB}$ 所指方向的左侧时,$d=|CD|>0$;当点 C 位于 $\overrightarrow{AB}$ 所指方向的右侧时,$d=-|CD|<0$;当点 C 位于直线 AB 上时,$d=0$.

引理　设 M,P,N 三点共线,且 $\dfrac{MP}{PN}=\lambda$.若 M,P,N 三点到有向线段 $\overrightarrow{AB}$ 的有向距离分别为 d,e,f,如图 9.17(b),则 $e=\dfrac{d+\lambda f}{1+\lambda}$.

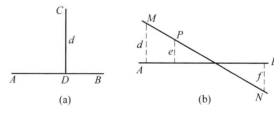

图 9.17

这个引理的正确性是极易证明的,证明过程请读者完成.由这个引理可得

①　熊曾润.再接圆内接闭折线垂心的性质[J].福建中学数学,2000(3):8.

定理 5 设圆内接闭折线 $A(n)$ 的垂心 H、重心 G、外心 O 到 $A(n)$ 各边 $\overrightarrow{A_i A_{i+1}}$ $(i=1,2,\cdots,n$，且 A_{n+1} 为 A_1）的有向距离之和分别为 $d(H),d(G),$ $d(O)$，则

$$nd(G)=d(H)+(n-1)d(O)$$

证明 设 H,G,O 到 $\overrightarrow{A_i A_{i+1}}$ 的有向距离分别为 e_i,f_i,g_i（图略）．又由定理 1 可知，H,G,O 三点共线，且 $\dfrac{HG}{GO}=n-1$，于是由引理可得

$$f_i=\frac{e_i+(n-1)g_i}{1+(n-1)}$$

则

$$nf_i=e_i+(n-1)g_i$$

从而

$$n\sum_{i=1}^{n}f_i=\sum_{i=1}^{n}e_i+(n-1)\sum_{i=1}^{n}g_i$$

即

$$nd(G)=d(H)+(n-1)d(O)$$

定理 6 设平面闭折线 $A_1A_2A_3\cdots A_nA_1$ 内接于圆 $O(R)$，其垂心为 H，则[1]

$$A_1H^2+\sum_{2\leqslant i<j\leqslant n}A_iA_j^2=(n-1)^2R^2$$

证明 以圆心 O 为原点建立直角坐标系 xOy（图略），设顶点 A_i 的坐标为 (x_i,y_i) $(i=1,2,\cdots,n)$，垂心 H 的坐标为 (x_H,y_H)，则

$$x_i^2+y_i^2=R^2$$

且

$$x_H=\sum_{i=1}^{n}x_i,\quad y_H=\sum_{i=1}^{n}y_i$$

由两点间的距离公式可知

$$A_1H^2=(x_1-x_H)^2+(y_1-y_H)^2=$$

$$\left(\sum_{i=2}^{n}x_i\right)^2+\left(\sum_{i=2}^{n}y_i\right)^2$$

$$\sum_{2\leqslant i<j\leqslant n}A_iA_j^2=\sum_{2\leqslant i<j\leqslant n}((x_i-x_j)^2+(y_i-y_j)^2)$$

将这两个等式两边分别相加，经化简就得

$$A_1H^2+\sum_{2\leqslant i<j\leqslant n}A_iA_j^2=(n-1)\sum_{i=2}^{n}(x_i^2+y_i^2)=(n-1)^2R^2$$

命题得证．

在这个定理中令 $n=3$，可得

推论 设 $\triangle ABC$ 的外接圆半径为 R，垂心为 H，则

① 熊曾润. 三谈圆内接闭折线垂心的性质[J]. 福建中学数学，2001(2)：8.

$$AH^2 + BC^2 = BH^2 + CA^2 = CH^2 + AB^2 = 4R^2$$

定理 7 设平面闭折线 $A_1A_2A_3\cdots A_nA_1$ 内接于圆 $O(R)$,其垂心为 H,则

$$\sum_{1\leqslant i<j\leqslant n} A_iA_j^2 = n^2R^2 - OH^2 \leqslant n^2R^2$$

证明 以圆心 O 为原点建立直角坐标系 xOy(图略),设顶点 A_i 的坐标为 $(x_i,y_i)(i=1,2,\cdots,n)$,垂心 H 的坐标为 (x_H,y_H) 由两点间距离公式可知

$$OH^2 = x_H^2 + y_H^2 = (\sum_{i=1}^n x_i)^2 + (\sum_{i=1}^n y_i)^2$$

$$\sum_{1\leqslant i<j\leqslant n} A_iA_j^2 = \sum_{1\leqslant i<j\leqslant n} ((x_i-x_j)^2 + (y_i-y_j)^2)$$

将这两个等式两边分别相加,经化简就得

$$OH^2 + \sum_{1\leqslant i<j\leqslant n} A_iA_j^2 = n\sum_{i=1}^n (x_i^2 + y_i^2) = n^2R^2$$

则

$$\sum_{1\leqslant i<j\leqslant n} A_iA_j^2 = n^2R^2 - OH^2 \leqslant n^2R^2$$

命题得证.

在这个定理中令 $n=3$,可得

推论 设 $\triangle ABC$ 内接于圆 $O(R)$,其垂心为 H,则

$$AB^2 + BC^2 + CA^2 = 9R^2 - OH^2 \leqslant 9R^2$$

定理 8 设平面闭折线 $A_1A_2A_3\cdots A_nA_1$ 内接于圆 $O(R)$,其垂心为 H,重心为 G,则

$$GH^2 = (n-1)^2R^2 - (\frac{n-1}{n})^2 \sum_{1\leqslant i<j\leqslant n} A_iA_j^2$$

这个等式不妨称为"垂心与重心的距离公式".

证明 由定理 7 可知

$$OH^2 = n^2R^2 - \sum_{1\leqslant i<j\leqslant n} A_iA_j^2$$

这个等式不妨称为"垂心与外心的距离公式"

注意到定理 1,可知 $OH = \frac{n}{n-1}GH$,代入上式,经整理就得

$$GH^2 = (n-1)^2R^2 - (\frac{n-1}{n})^2 \sum_{1\leqslant i<j\leqslant n} A_iA_j^2$$

命题得证.

在这个定理中令 $n=3$,可得

推论 设 $\triangle ABC$ 内接于半径为 R 的圆,其垂心为 H,重心为 G,则

$$GH^2 = 4R^2 - \frac{4}{9}(AB^2 + BC^2 + CA^2)$$

定理 9 设圆内接闭折线 $A(n)$ 内接于圆 O,其顶点全集的最大真子集

$V(n-1)_j$ 的垂心为 $H_j(j=1,2,\cdots,n)$,则平面闭折线 $A(n)$ 的顶点 A_j 与 H_j $(j=1,2,\cdots,n)$ 关于定点 M 对称,且有①

(1) 诸线段 $A_iH_i(i=1,2,\cdots,n)$ 共点.

(2) $H_iH_j \underset{=}{\parallel} A_iA_j(i,j=1,2,\cdots,n,i \neq j)$.

(3) 平面闭折线 $A(n)$ 与 $H(n)$(即平面闭折线 $H_1H_2\cdots H_nH_1$)关于 M 成中心对称图形.

证明   以圆心 O 为原点建立直角坐标系,设顶点 $A_j(x_j,y_j)$,垂心 $H_j(\sum_{i=1}^{n} x_i - x_j, \sum_{i=1}^{n} y_i - y_j)(j=1,2,\cdots,n)$,则线段 A_jH_j 的中点 M 坐标是 $(\frac{1}{2}\sum_{i=1}^{n} x_i, \frac{1}{2}\sum_{i=1}^{n} y_i)$. 显然 M 是一个定点,故 A_j 与 H_j 关于定点 M 对称,由此即证得(1),(2),(3).

在定理 9(2)中,令 $n=4$ 即得

推论 1   如果两个同底的三角形内接于同一个圆,那么它们的垂心线的连线平行于它们的顶点的连线.

根据定理 9(3),平面闭折线 $A(n)$ 与 $H(n)$ 是中心对称图形,以下性质都是显而易见的.

推论 2   条平面件同定理 9,则闭折线 $A(n)$ 与 $H(n)$ 是全等的闭折线.

推论 3   设平面闭折线 $A(n)$ 内接于圆 O,则其顶点全集 $V(n)$ 的各个最大真子集的垂心必共圆,这个圆与圆 O 大小相等,其圆心就是 $A(n)$ 的垂心 H.

利用定理 9,可得下面两个结论:

推论 4   条件同定理 9,若圆内接闭折线 $A(n)$ 的垂心为 H,则其顶点全集 $V(n)$ 的各个最大真子集的垂心构成的闭折线 $H(n)$ 的垂心就是 $A(n)$ 的外心 O.

推论 5   条件同定理 9,则 A_i 是平面闭折线 $H_1H_2\cdots H_{i-1}H_{i+1}\cdots H_nH_1$ 的垂心 $(i=1,2,\cdots,n)$.

在直角坐标平面内,若点 P 的坐标为 (x_0,y_0),直线 l 的方程为 $Ax+By+C=0$,令

$$\overline{d} = \frac{Ax_0 + By_0 + C}{\sqrt{A^2 + B^2}} \qquad (**)$$

则 $\overline{d}$ 称为点 P 到直线 l 的有向距离. 等式 $(**)$ 称为点到直线的有向距离公式.

---

① 曾建国. 也谈圆内接闭折线垂心的性质[J]. 福建中学数学. 2002(2):10-11.

据此,我们可以推得圆内接闭折线垂心的下列性质:[①]

定理 10 设平面闭折线 $A_1A_2A_3\cdots A_nA_1$ 内接于圆 O,其垂心为 H,过外心 O 任作一直线 l,则垂心 H 到直线 l 的有向距离必等于诸顶点 $A_i(i=1,2,\cdots,n)$ 到这直线的有向距离之和.

证明 以外心 O 为原点建立直角坐标系 xOy(图略),设顶点 A_i 的坐标为 $(x_i,y_i)(i=1,2,\cdots,n)$,垂心 H 的坐标为 (x_H,y_H),则

$$x_H=\sum_{i=1}^n x_i,\quad y_H=\sum_{i=1}^n y_i \qquad ②$$

注意到直线 l 通过原点 O,故可设其方程为

$$Ax+By=0$$

又记垂心 H 到直线 l 的有向距离为 $\bar d$,顶点 A_i 到直线 l 的有向距离为 $\bar d_i$,则由公式(*)可得

$$\bar d=\frac{Ax_H+By_H}{\sqrt{A^2+B^2}} \qquad ③$$

$$\bar d_i=\frac{Ax_i+By_i}{\sqrt{A^2+B^2}} \qquad ④$$

将 ② 代入 ③,并注意到 ④,可得

$$\bar d=\sum_{i=1}^n \frac{Ax_i+By_i}{\sqrt{A^2+B^2}}=\sum_{i=1}^n \bar d_i$$

命题得证.

显然,在这个定理中令 $\bar d=0$ 可得

推论 设平面闭折线 $A_1A_2A_3\cdots A_nA_1$ 内接于圆 O,其垂心为 H,则诸顶点 $A_i(i=1,2,\cdots,n)$ 到直线 OH 的有向距离之和必为零.

有趣的是,定理 1 的"逆命题"成立,即有

定理 11 设平面闭折线 $A_1A_2A_3\cdots A_nA_1$ 内接于圆 O,其垂心为 H,若垂心 H 到某直线 l 的有向距离等于诸顶点 $A_i(i=1,2,\cdots,n)$ 到这直线的有向距离之和,则这直线必通过外心 O.

证明 以外心 O 为原点建立直角坐标系 xOy(图略),设顶点 A_i 的坐标为 $(x_i,y_j)(i=1,2,\cdots,n)$,垂心 H 的坐标为 (x_H,y_H),则有

$$x_H=\sum_{i=1}^n x_i,\quad y_H=\sum_{i=1}^n y_i \qquad ⑤$$

又设直线 l 的方程为 $Ax+By+C=0$,记垂心 H 到直线 l 的有向距离为 $\bar d$,顶点 A_i 到直线 l 的有向距离为 $\bar d_i$,则依题设条件有

① 熊曾润.四谈圆内接闭折线垂心的性质[J].福建中学数学,2001(6):14-15.

$$\bar{d} = \sum_{i=1}^{n} \bar{d_i}$$

即

$$\frac{Ax_H + By_H + C}{\sqrt{A^2 + B^2}} = \sum_{i=1}^{n} \frac{Ax_i + By_i + C}{\sqrt{A^2 + B^2}} \qquad ⑥$$

将⑤代入⑥,经化简可得 $C=0$. 由此可知,直线 l 必须通过原点 O,即外心 O,命题得证.

由这个定理显然可得

推论 1 设平面闭折线 $A_1A_2A_3\cdots A_nA_1$ 内接于圆 O,其垂心为 H,则诸顶点 $A_i(i=1,2,\cdots,n)$ 到某直线的有向距离之和为零,则这直线必通过外心 O 和垂心 H.

值得指出的是,在上述定理及其推论中令 $n=3$,就得到如下几个关于三角形垂心的命题.

推论 2 设 $\triangle ABC$ 的外心为 O,垂心为 H,过外心 O 任作一直线 l,则垂心 H 到直线 l 的有向距离必等于三顶点 A,B,C 到这直线的有向距离之和.

推论 3 设 $\triangle ABC$ 的外心为 O,垂心为 H,则三顶点 A,B,C 到直线 OH 的有向距离之和必为零.

推论 4 设 $\triangle ABC$ 的外心为 O,垂心为 H,若垂心 H 到某直线 l 的有向距离等于三顶点 A,B,C 到这直线的有向距离之和,则这直线必通过外心 O.

推论 5 若 $\triangle ABC$ 三顶点 A,B,C 到某直线 l 的有向距离之和为零,则这直线必通过 $\triangle ABC$ 的外心 O 和垂心 H.

定理 12 设平面闭折线 $A_1A_2A_3\cdots A_nA_1$ 内接于圆 $O(R)$,其垂心为 H,则[①]

$$OH^2 = \frac{1}{n-2}\left(\sum_{i=1}^{n} HA_i^2 - nR^2\right)$$

这个公式不妨称为"垂心与外心的距离公式".

证明 以外心 O 为原点建立直角坐标系 xOy(图略),设顶点 A_i 的坐标为 $(x_i, y_i)(i=1,2,\cdots,n)$,垂心 H 的坐标为 (x_H, y_H),则由闭折线垂心的定义可知

$$x_H = \sum_{i=1}^{n} x_i, \quad y_H = \sum_{i=1}^{n} y_i \qquad ⑦$$

又由两点间的距离公式可得

$$OH^2 = x_H^2 + y_H^2$$

---

① 熊曾润. 五谈圆内接闭折线垂心的性质[J]. 福建中学数学 2002(6):18.

$$HA_i^2 = (x_H - x_i)^2 + (y_H - y_j)^2$$

则 $\sum_{i=1}^n HA_i^2 - (n-2)OH^2 = \sum_{i=1}^n ((x_H - x_i)^2 + (y_H - y_i)^2) - (n-2)(x_H^2 + y_H^2)$

⑧

将 ⑦ 代入 ⑧,经化简可得

$$\sum_{i=1}^n HA_i^2 - (n-2)OH^2 = \sum_{i=1}^n (x_i^2 + y_i^2)$$

注意到顶点 $A_i(x_i, y_i)$ 在圆 $O(R)$ 上,可知 $x_i^2 + y_i^2 = R^2$,代入上式就得

$$\sum_{i=1}^n HA_i^2 - (n-2)OH^2 = nR^2$$

则

$$OH^2 = \frac{1}{n-2}(\sum_{i=1}^n HA_i^2 - nR^2)$$

命题得证.

在这个定理中令 $n=3$,可得

推论 $\triangle ABC$ 内接于圆 $O(R)$,其垂心为 H,则
$$OH^2 = (HA^2 + HB^2 + HC^2) - 3R^2$$

定理 13 设平面闭折线 $A_1 A_2 A_3 \cdots A_n A_1$ 内接于圆 $O(R)$,其垂心为 H,欧拉圆心为 E,则

$$EH^2 = \frac{1}{4(n-2)}(\sum_{i=1}^n HA_i^2 - nR^2)$$

这个公式不妨称为"垂心与欧拉圆心的距离公式".

证明 由 $OH = 2EH$,代入定理 12,就得到定理 13.

命题得证.

在这个定理中令 $n=3$,可得

推论 设 $\triangle ABC$ 的外接圆半径为 R,其垂心为 H,欧拉圆圆心(亦称九点圆圆心)为 E,则

$$EH^2 = \frac{1}{4}(HA^2 + HB^2 + HC^2 - 3R^2)$$

定理 14 设平面闭折线 $A_1 A_2 A_3 \cdots A_n A_1$ 内接于圆 $O(R)$,其垂心为 H,重心为 G,则

$$GH^2 = \frac{(n-1)^2}{n^2(n-2)}(\sum_{i=1}^n HA_i^2 - nR^2)$$

这个公式不妨称为"垂心与重心的距离公式".

证明 由 $OH = \frac{n}{n-1}GH$ 代入定理 12,就得到定理 14.

在这个定理中令 $n=3$,可得

推论 设 $\triangle ABC$ 的外接圆半径为 R,其垂心为 H,重心为 G,则

$$GH^2 = \frac{4}{9}(HA^2 + HB^2 + HC^2 - 3R^2)$$

定义 在 $\triangle OMN$ 所在的平面内,以顶点 O 为原点建立直角坐标系 xOy,设顶点 M 和 N 的坐标分别为 (x_M, y_M) 和 (x_N, y_N),那么式子 $\frac{1}{2}(x_M y_N - x_N y_M)$ 的值称为 $\triangle OMN$ 的有向面积,记作 $\overline{\triangle}OMN$,即

$$\overline{\triangle}OMN = \frac{1}{2}(x_M y_N - x_N y_M)$$

又将 $\triangle OMN$ 的有向面积的绝对值称为 $\triangle OMN$ 的面积,记作 $\triangle'OMN$,即

$$\triangle'OMN = |\overline{\triangle}OMN|$$

定理 15 设平面闭折线 $A_1 A_2 A_3 \cdots A_n A_1$ 内接于圆 O,其垂心为 H,若 $\triangle OHA_1, \triangle OHA_2, \cdots, \triangle OHA_n$ 中有且只有 k 个正向三角形,那么这 k 个三角形的面积之和,必等于其余 $(n-k)$ 个三角形的面积之和.[①]

证明 在已知平面闭折线所在的平面内,以圆心 O 为原点,以直线 OH 为 x 轴建立直角坐标 xOy(图略),设顶点 A_i 的坐标为 $(x_i, y_i)(i = 1, 2, \cdots, n)$,垂心 H 的坐标为 (x_H, y_H)(因为点 H 在 x 轴上,所以 $y_H = 0$),则由上述定义,有

$$\overline{\triangle}OHA_i = \frac{1}{2}x_H y_i$$

则

$$\sum_{i=1}^{n} \overline{\triangle}OHA_i = \frac{1}{2}x_H \sum_{i=1}^{n} y_i$$

而由闭折线垂心的定义可知 $\sum_{i=1}^{n} y_i = y_H = 0$,代入上式就得

$$\sum_{i=1}^{n} \overline{\triangle}OHA_i = 0 \qquad\qquad ⑨$$

但依题设,$\triangle OHA_1, \triangle OHA_2, \cdots, \triangle OHA_n$ 中有且只有 k 个正向三角形,记这 k 个三角形为 $\triangle OHA'_1, \triangle OHA'_2, \cdots, \triangle OHA'_k$,记其余 $(n-k)$ 个三角形为 $\triangle OHA'_{k+1}, \triangle OHA'_{k+2}, \cdots, \triangle OHA'_n$,则等式 ⑨ 可以改写成

$$\sum_{i=1}^{n} \overline{\triangle}OHA'_i = \sum_{i=k+1}^{n} (-\overline{\triangle}OHA'_i)$$

因为正向三角形的有向面积必为正数,负向三角形的有向面积必为负数,可知上式中的各个加数都是非负数,所以上式两边取绝对值就得

---

① 熊曾润.六谈圆内接闭折线垂心的性质[J].福建中学数学,2003(1):15-16.

$$\sum_{i=1}^{n} \triangle' OHA'_i = \sum_{i=k+1}^{n} \triangle' OHA'_i$$

命题得证.

显然,在这个定理中令 $n=3$ 可得

推论 如果 $\triangle ABC$ 的外心为 O,垂心为 H,那么在 $\triangle OHA$,$\triangle OHB$,$\triangle OHC$ 中,必有一个三角形的面积等于其余两个三角形的面积之和.

定理 16 设平面闭折线 $A_1 A_2 A_3 \cdots A_n A_1$ 内接于圆 O,其垂心为 H,点 B_i 在直线 $A_i A_{i+1}$ 上,且 $\dfrac{A_i B_i}{B_i A_{i+1}} = \lambda (i=1,2,\cdots,n$,且 A_{n+1} 为 $A_1)$,若 $\triangle OHB_1$,$\triangle OHB_2$,$\cdots$,$\triangle OHB_n$ 中有且只有 k 个正向三角形,那么这 k 个三角形的面积之和,必等于其余 $(n-k)$ 个三角形的面积之和.

证明 在已知平面闭折线所在的平面内,以圆心 O 为原点,以直线 OH 为 x 轴建立直角坐标系 xOy(图略),设顶点 A_i 的坐标 $(x_i,y_i)(i=1,2,\cdots,n)$,垂心 H 的坐标为 $(x_H,y_H)(y_H=0)$,点 B_i 的坐标为 $(x'_j,y'_i)(i=1,2,\cdots,n)$,则按定义,有

$$\overline{\triangle} OHB_i = \frac{1}{2} x_H y'_i$$

则 $$\sum_{i=1}^{n} \overline{\triangle} OHB_i = \frac{1}{2} x_H \sum_{i=1}^{n} y'_i \qquad \text{⑩}$$

因为点 B_i 在直线 $A_i A_{i+1}$ 上,且 $\dfrac{A_i B_i}{B_i A_{i+1}} = \lambda$,所以由定比分点的坐标公式可知(注意 y_{n+1} 为 y_1)

$$\sum_{i=1}^{n} y'_i = \sum_{i=1}^{n} \frac{y_i + \lambda y_{i+1}}{1+\lambda} = \sum_{i=1}^{n} y_i = y_H = 0 \qquad \text{⑪}$$

将 ⑪ 代入 ⑩,得

$$\sum_{i=1}^{n} \overline{\triangle} OHB_i = 0 \qquad \text{⑫}$$

但依题设,$\triangle OHB_1$,$\triangle OHB_2$,$\cdots$,$\triangle OHB_n$ 中有且只有 k 个正向三角形,记这 k 个三角形为 $\triangle OHB'_1$,$\triangle OHB'_2$,$\cdots$,$\triangle OHB'_k$ 记其余 $(n-k)$ 个三角形为 $\triangle OHB'_{k+1}$,$\triangle OHB'_{k+2}$,$\cdots$,$\triangle OHB'_n$,则等式 ⑫ 可以改写成

$$\sum_{i=1}^{k} \overline{\triangle} OHB'_i = \sum_{i=k+1}^{n} (-\overline{\triangle} OHB'_i)$$

此式两边取绝对值,就得

$$\sum_{i=1}^{k} \triangle' OHB'_i = \sum_{i=k+1}^{n} \triangle' OHB'_i$$

命题得证.

显然,在这个定理中令 $n=3$,可得

推论 如果 $\triangle ABC$ 的外心为 O,垂心为 H,点 D,E,F 分别在直线 AB, BC,CA 上,且

$$\frac{AD}{DB}=\frac{BE}{EC}=\frac{CF}{FA}$$

那么在 $\triangle OHD,\triangle OHE,\triangle OHF$ 中,必有一个三角形的面积等于其余两个三角形的面积之和.

仿效定理 15 和定理 16 的证法,还可以证明(证明过程略)

定理 17 设平面闭折线 $A_1A_2A_3\cdots A_nA_1$ 内接于圆 O,其垂心为 H,以 H 为位似中心作平面闭折线 $A_1A_2A_3\cdots A_nA_1$ 的位似图形 $B_1B_2B_3\cdots B_nB_1$(A_i 的位似点为 $B_i,i=1,2,\cdots,n$),若 $\triangle OA_1B_1,\triangle OA_2B_2,\cdots,\triangle OA_nB_n$ 中有且只有 k 个正向三角形,那么这 k 个三角形的面积之和,必等于其余 $(n-k)$ 个三角形的面积之和.

在这个定理中令 $n=3$,可得

推论 如果 $\triangle ABC$ 的外心为 O,垂心为 H,以 H 为位似中心作 $\triangle ABC$ 的位似图形 $\triangle A'B'C'$,那么在 $\triangle OAA',\triangle OBB',\triangle OCC'$ 中,必有一个三角形的面积等于其余两个三角形的面积之和.

从平面闭折线 $A(n)$ 的 n 个顶点中,任意除去两个顶点 A_j 和 A_m,其余 $(n-2)$ 个顶点组成的集合,称为 $A(n)$ 的二级顶点子集,记作 $V_{jm}(1\leqslant j<m\leqslant n)$. 显然,闭折线 $A(n)$ 的二级顶点子集有且只有 C_n^2 个.

我们有

定理 18 设平面闭折线 $A(n)$ 的二级顶点子集 V_{jm} 的垂心为 H_{jm},过点 H_{jm} 作直线 A_jA_m 的垂线 l_{jm},则诸直线 $l_{jm}(1\leqslant j<m\leqslant n)$ 必相交于同一点,这个点正是平面闭折线 $A(n)$ 的垂心 H.[①]

证明 设 l_{jm} 是满足题设的任意一条直线,那么只需证明直线 l_{jm} 通过点 H 就行了.

在 $A(n)$ 所在的平面内,以它的外心 O 为原点建立直角坐标系 xOy,使 y 轴不平行于直线 l_{jm}(因而直线 l_{jm} 的斜率必定存在,图略). 设顶点 A_i 的坐标为 $(x_i,y_i)(i=1,2,\cdots,n)$,点 H_{jm} 的坐标为 $(\overline{x},\overline{y})$,则由平面闭折线垂心定义可知

$$\overline{x}=\sum_{i=1}^{n}x_i-x_j-x_m,\overline{y}=\sum_{i=1}^{n}y_i-y_j-y_m \qquad \text{⑬}$$

依题设,直线 l_{jm} 通过点 H_{jm} 且垂直于直线 A_jA_m,易知直线 l_{jm} 的方程为

① 熊曾润.七谈圆内接闭折线垂心的性质[J].福建中学数学,2003(1):15-16.

$$y - \overline{y} = -\frac{x_j - x_m}{y_j - y_m}(x - \overline{x})$$

即　　　　　　$(x - \overline{x})(x_j - x_m) + (y - \overline{y})(y_j - y_m) = 0$　　　　⑭

又设点 H 的坐标为 (x, y),则有

$$x = \sum_{i=1}^{n} x_i, \quad y = \sum_{i=1}^{n} y_i$$　　　　⑮

注意到顶点 A_j, A_m 都在圆 $O(R)$ 上,可知

$$x_j^2 + y_j^2 = R^2 = x_m^2 + y_m^2$$

于是,将 ⑬ 和 ⑮ 代入 ⑭ 可得

$$左边 = (x_j + x_m)(x_j - x_m) + (y_j + y_m)(y_j - y_m) =$$
$$(x_j^2 + y_j^2) - (x_m^2 + y_m^2) = 0 = 右边$$

这就表明点 H 的坐标满足方程 ⑭,所以直线 l_{jm} 通过点 H. 命题得证.

显然,熟知的三角形"垂心定理",可以视为定理 18 当 $n=3$ 时的特例. 因此,定理 18 是三角形"垂心定理"的一种推广.

在这个定理中令 $n=5$,可得

推论　设五边形内接于圆,从它的任意三个顶点的垂心向其余两个顶点的连线所引的垂线,都通过这五边形的垂心.

定理 19　设平面闭折线 $A(n)$ 的垂心为 H,过点 H 作直线 $A_j A_m$ 的垂线 l_{jm} $(1 \leqslant j < m \leqslant n)$,则直线 l_{jm} 必通过平面闭折线 $A(n)$ 的二级顶点子集 V_{jm} 的垂心 H_{jm}.

这个命题的正确性,极易仿效定理 18 的证法给予证明,请读者试证之,这里不赘述.

在这个定理中令 $n=5$,可得

推论　设五边形内接于圆,从它的垂心向它的任意两个顶点的连线所引的垂线,必通过其余三个顶点的垂心.

定理 20　设平面闭折线 $A(n)$ 的垂心为 H,其二级顶点子集 V_{jm} 的垂心 $H_{jm}(1 \leqslant j < m \leqslant n)$,则直线 HH_{jm} 必垂直于直线 $A_j A_m$.

证明　在 $A(n)$ 所在的平面内,以它的外心 O 为原点建立直角坐标系 xOy,使 x 轴和 y 轴都不平行于直线 HH_{jm}(图略),设顶点 A_i 的坐标为 (x_i, y_i) $(i = 1, 2, \cdots, n)$,点 H 的坐标为 (x, y),点 H_{jm} 的坐标为 $(\overline{x}, \overline{y})$,则直线 HH_{jm} 的斜率为

$$k = \frac{y - \overline{y}}{x - \overline{x}}$$

将 ⑬ 和 ⑮ 代入上式,可得

$$k = \frac{y_j + y_m}{x_j + x_m} \qquad ⑯$$

又,直线 $A_j A_m$ 的斜率为

$$k' = \frac{y_j - y_m}{x_j - x_m} \qquad ⑰$$

注意到顶点 A_j,A_m 都在圆 $O(R)$ 上,可知

$$y_j^2 = R^2 - x_j^2, y_m^2 = R^2 - x_m^2$$

于是,由 ⑯ 和 ⑰ 可得

$$k \cdot k' = \frac{y_j^2 - y_m^2}{x_j^2 - x_m^2} = \frac{(R^2 - x_j^2) - (R^2 - x_m^2)}{x_j^2 - x_m^2} = -1$$

这就表明直线 HH_{jm} 垂直于直线 $A_j A_m$. 命题得证.

在这个定理中令 $n = 5$,可得

推论 设五边形内接于圆,通过它的垂心及其任意三个顶点的垂心的直线,必垂直于其余两个顶点的连线.

定理 21 设平面闭折线 $A_1 A_2 A_3 \cdots A_n A_1$ 内接于圆 $O(R)$,其垂心为 H,其二级顶点子集 V_{jm} 的垂心为 $H_{jm}(1 \leqslant j < m \leqslant n)$,则[①]

$$H_{jm} H^2 + A_j A_m^2 = 4R^2$$

证明 在已知平面闭折线所在的平面内,以圆心 O 为原点建立直角坐标系 xOy(图略),设顶点 A_i 的坐标为 $(x_i, y_i)(i = 1, 2, \cdots, n)$,点 H 的坐标为 (x_H, y_H),点 H_{jm} 的坐标为 $(\bar{x}, \bar{y})$,则可知

$$x_H = \sum_{i=1}^{n} x_i, y_H = \sum_{i=1}^{n} y_i$$

$$\bar{x} = \sum_{i=1}^{n} x_i - x_j - x_m$$

$$\bar{y} = \sum_{i=1}^{n} y_i - y_j - y_m$$

于是,由两点间的距离公式可得

$$H_{jm} H^2 = (x_H - \bar{x})^2 + (y_H - \bar{y})^2 = (x_j + x_m)^2 + (y_j + y_m)^2$$

$$A_j A_m^2 = (x_m - x_j)^2 + (y_m - y_j)^2$$

将这两个等式的两边分别相加,经化简得

$$H_{jm} H^2 + A_j A_m^2 = 2(x_j^2 + y_j^2) + 2(x_m^2 + y_m^2)$$

注意到顶点 A_j 和 A_m 都在圆 $O(R)$ 上,且 O 为原点,易知

$$x_j^2 + y_j^2 = R^2, x_m^2 + y_m^2 = R^2$$

① 熊曾润. 八谈圆内接闭折线垂心的性质[J]. 福建中学数学,2004(3):22.

代入上式就得

$$H_{jm}H^2 + A_jA_m^2 = 4R^2$$

命题得证.

在这个定理中令 $n=5$,可得

推论　设五边形内接于圆,则其垂心到任意三个顶点的垂心之间的距离的平方,加上其余两顶点连线的平方,都等于外接圆半径平方的 4 倍.

定理 22　设平面闭折线 $A_1A_2A_3\cdots A_nA_1$ 内接于圆 $O(R)$,其垂心为 H,其二级顶点子集 V_{jm} 的垂心为 $H_{jm}(1\leqslant j<m\leqslant n)$,线段 A_jA_m 的中点为 M_{jm},则

$$H_{jm}H = 2OM_{jm}$$

证明　由定理 21 可知

$$H_{jm}H^2 + A_jA_m^2 = 4R^2$$

即　　　　　　　　　$$H_{jm}H^2 = 4R^2 - A_jA_m^2 \qquad\qquad ⑱$$

又依题设(图略),在 $\triangle OA_jA_m$ 中,有 $OA_j = OA_m = R$,且 OM_{jm} 是底边上的中线.于是,由三角形的中线长公式可知

$$4OM_{jm}^2 = 2(OA_j^2 + OA_m^2) - A_jA_m^2 = 4R^2 - A_jA_m^2 \qquad ⑲$$

比较 ⑱ 和 ⑲,可知 $H_{jm}H^2 = 4OM_{jm}^2$,所以

$$H_{jm}H = 2OM_{jm}$$

命题得证.

注　显然,OM_{jm} 是圆心 O 到弦 A_jA_m 的距离.

在定理 22 中,令 $n=5$,可得

推论　设五边形内接于圆,则其垂心到任意三个顶点的垂心之间的距离,等于外心到其余两顶点连线的距离的 2 倍.

定理 23　设平面闭折线 $A_1A_2A_3\cdots A_n$ 内接于圆 $O(R)$,其垂心为 H,其 k 级顶点子集 $V_{j(k)}$ 的垂心为 $H_{j(k)}$,除去的 k 个顶点为 $A_{j_1},A_{j_2},\cdots,A_{j_k}(1\leqslant j_1<j_2<\cdots<j_k\leqslant n)$,则[1]

$$H_{j(k)}H^2 + \sum_{1\leqslant m<l\leqslant k} A_{jm}A_{jl}^2 = k^2R^2, m,l\in\mathbf{N} \qquad ⑳$$

证明　在已知平面闭折线所在平面内,以外心 O 为原点建立直角坐标系(图略),设顶点 A_i 的坐标为 $(x_i,y_i)(i=1,2,\cdots,n)$,垂心 H 和 $H_{j(k)}$ 的坐标分别为 (x_H,y_H) 和 $(\overline{x},\overline{y})$,因

$$x_H = \sum_{i=1}^n x_i, y_H = \sum_{i=1}^n y_i$$

①　段惠民.圆内接闭折线垂心的一个性质的推广[J].福建中学数学,2004(4):15-16.

$$\overline{x} = \sum_{i=1}^{n} x_i - \sum_{i=1}^{k} x_{it}, \overline{y} = \sum_{i=1}^{n} y_i - \sum_{i=1}^{k} y_{it}$$

$$H_{j(k)}H^2 = (x_H - \overline{x})^2 + (y_H - \overline{y})^2 = (\sum_{t=1}^{n} x_{jt})^2 + (\sum_{t=1}^{k} y_{jt})^2$$

$$A_{jm}A_{jl}^2 = (x_{jm} - x_{jl})^2 + (y_{jm} - y_{jl})^2$$

$$\sum_{1 \leqslant m < l \leqslant k} A_{jm}A_{jl}^2 = \sum_{1 \leqslant m < l \leqslant k} ((x_{jm} - x_{jl})^2 + (y_{jm} - y_{jl})^2) =$$

$$\sum_{1 \leqslant m < l \leqslant k} ((x_{jm}^2 + y_{jm}^2) + (x_{jl}^2 + y_{jl}^2) -$$

$$2(x_{jm}x_{jl} + y_{jm}y_{jl})) =$$

$$\sum_{1 \leqslant m < l \leqslant k} (2R^2 - 2(x_{jm}x_{jl} + y_{jm}y_{jl})) =$$

$$C_k^2 \cdot 2R^2 - 2\sum_{1 \leqslant m < l \leqslant k} (x_{jm}x_{jl} + y_{jm}y_{jl})$$

则

$$H_{j(k)}H^2 + \sum_{1 \leqslant m < l \leqslant k} A_{jm}A_{jl}^2 = (\sum_{t=1}^{k} x_{jt})^2 + (\sum_{t=1}^{k} y_{jt})^2 +$$

$$k(k-1)R^2 - 2\sum_{1 \leqslant m < l \leqslant k} (x_{jm}x_{jl} + y_{jm}y_{jl}) =$$

$$kR^2 + k(k-1)R^2 = k^2R^2$$

在 ⑳ 中令 $k = n - 1$，则

$$H_{j(k)} = A_i, i = 1, 2, \cdots, n$$

故

$$HA_i^2 + \sum_{1 \leqslant i < j \leqslant n} A_i A_j^2 - (\sum_{j=1}^{i-1} A_i A_j^2 + \sum_{j=i+1}^{n} A_i A_j^2) = (n-1)^2 R^2 \qquad ㉑$$

特别地，当 $k = 3$ 时，得到

推论 1　设平面闭折线 $A_1 A_2 A_3 \cdots A_n$ 内接于圆 $O(R)$，其垂心为 H，其三级顶点子集 V_{jml} 的垂心为 $H_{jml}(1 \leqslant j < m < l \leqslant n$，且 $n \geqslant 4)$，则

$$H_{jml}H^2 + (A_j A_m^2 + A_m A_l^2 + A_l A_j^2) = 9R^2$$

当 $n = 3$ 时，取 A_i 为 A，得到

推论 2　设 H 为 $\triangle ABC$ 的垂心，R 为外接圆半径，则 $HA^2 + BC^2 = 4R^2$.

当 $n = 4$ 时，取 A_i 为 A，得到

推论 3　设四边形 $ABCD$ 内接于半径为 R 的圆，其垂心为 H，则

$$AH^2 + (BC^2 + CD^2 + DB^2) = 9R^2$$

定理 24　设平面闭折线 $A_1 A_2 A_3 \cdots A_n$ 内接于圆 $O(R)$，其垂心为 H，则

$$\sum_{i=1}^{n} HA_i^2 + (n-2) \sum_{1 \leqslant i < j \leqslant n} A_i A_j^2 = n(n-1)^2 R^2 \qquad ㉒$$

证明　由式 ㉑ 有

$$\sum_{i=1}^{n} HA_i^2 + \sum_{i=1}^{n}\left(\sum_{1\leqslant i<j\leqslant n} A_iA_j^2\right) - \sum_{i=1}^{n}\left(\sum_{j=1}^{i-1} A_iA_j^2 + \sum_{j=i+1}^{n} A_iA_j^2\right) = \sum_{i=1}^{n}(n-1)^2 R^2$$

$$\sum_{i=1}^{n} HA_i^2 + n\sum_{1\leqslant i<j\leqslant n} A_iA_j^2 - \sum_{i\neq j} A_iA_j^2 = n(n-1)^2 R^2$$

$$\sum_{i=1}^{n} HA_i^2 + (n-2)\sum_{1\leqslant i<j\leqslant n} A_iA_j^2 = n(n-1)^2 R^2$$

推论 1　设 H 为 $\triangle ABC$ 的垂心，R 为外接圆半径，则

$$HA^2 + HB^2 + HC^2 + AB^2 + BC^2 + CA^2 = 12R^2$$

定理 24 的结论可推广到球内接闭折线，特别地，在四面体内有

推论 2　H 是四面体 $ABCD$ 的外 1 号心，设四面体的各棱长依次为 a,b,c，d,e,f，外接球半径为 R. 则

$$HA^2 + HB^2 + HC^2 + HD^2 + a^2 + b^2 + c^2 + d^2 + e^2 + f^2 = 36R^2$$

定理 25　设平面闭折线 $A_1A_2A_3\cdots A_n$ 内接于圆 $O(R)$，其 k 号心为 Q，其 m 级顶点子集 $\overline{V}_m$ 的 k 号心为 $\overline{Q}(2\leqslant m<n)$，则[①]

$$k^2\overline{Q}Q^2 + \sum_{1\leqslant j<l\leqslant m} A'_jA'_l{}^2 = m^2 R^2$$

证明　以平面闭折线 $A_1A_2A_3\cdots A_n$ 的外心 O 为原点建立直角坐标系 xOy，设顶点 A_i 的坐标为 $(x_i,y_i)(i=1,2,\cdots,n)$，顶点 A'_j 的坐标为 $(x'_j,y'_j)(j=1,2,\cdots,m)$，点 Q 和 $\overline{Q}$ 的坐标分别为 (x_Q,y_Q) 和 $(\overline{x},\overline{y})$，则按平面闭折线 k 号心定义，等式 ⑳ 和 ㉑ 成立.

于是，由两点间的距离公式可得

$$k^2\overline{Q}Q^2 = k^2((x_Q-\overline{x})^2 + (y_Q-\overline{y})^2) = \left(\sum_{i=1}^{m} x'_j\right)^2 + \left(\sum_{j=1}^{m} y'_j\right)^2$$

$$\sum_{1\leqslant j<l\leqslant m} A'_jA'_l{}^2 = \sum_{1\leqslant j<l\leqslant m}((x'_j-x'_l)^2 + (y'_j-y'_l)^2)$$

将这两个等式的两边分别相加，经化简可得

$$k^2\overline{Q}Q^2 + \sum_{1\leqslant j<l\leqslant m} A'_jA'_l{}^2 = m\sum_{j=1}^{m}(x'_j{}^2 + y'_j{}^2)$$

但依题设，点 A'_j 是已知闭折线的顶点，它在圆 $O(R)$ 上，所以有

$$x'_j{}^2 + y'_j{}^2 = R^2$$

代入上式就得

$$k^2\overline{Q}Q^2 + \sum_{1\leqslant j<l\leqslant m} A'_jA'_l{}^2 = m^2 R^2$$

命题得证.

---

① 熊曾润. 关于闭折线一个定理的深入推广[J]. 中学数学，2005(7)：41.

P
M
J
H
W
B
M
T
J
Y
Q
W
B
T
D
L
(X)

显然,在这个定理中,令 $k=1,m=3$,就得到定理 23 的推论 1.

特别地,在定理 25 中令 $k=2,m=2,n=5$,可得

推论 设五边形 $ABCDE$ 内接于半径为 R 的圆,其大欧拉圆圆心为 N,若 $\triangle ACE$ 的欧拉圆圆心为 $\overline{N}$,则

$$4\overline{NN}^2 + BD^2 = 4R^2$$

定理 26 设平面闭折线 $A_1A_2\cdots A_nA_1$ 内接于圆 $O(R)$,其垂心为 H,记两条半径 OA_i 与 OA_j 的夹角为 $\angle A_iOA_j = \theta_{ij}(1 \leqslant i < j \leqslant n)$,则等式 $A_1H = R$ 成立的充要条件是[①]

$$\sum_{2 \leqslant i < j \leqslant n} \cos \theta_{ij} = \frac{2-n}{2}$$

证明 以外心 O 为原点建立直角坐标系 xOy(图略),设顶点 A_i 的坐标为 $(x_i, y_i)(i=1,2,\cdots,n)$,由于垂心 H 的坐标 (x_H, y_H) 为 $x_H = \sum_{i=1}^n x_i, y_H = \sum_{i=1}^n y_i$,则

$$A_1H = R \Leftrightarrow A_1H^2 = R^2 \Leftrightarrow$$

$$(x_1 - x_H)^2 + (y_1 - y_H)^2 = R^2 \Leftrightarrow$$

$$(\sum_{i=2}^n x_i)^2 + (\sum_{i=2}^n y_i)^2 = R^2 \Leftrightarrow$$

$$\sum_{i=2}^n (x_i^2 + y_i^2) + 2 \sum_{2 \leqslant i < j \leqslant n} (x_ix_j + y_iy_j) = R^2 \qquad (* * *)$$

依题设,顶点 $A_i(x_i, y_i)$ 在圆 $O(R)$ 上,则

$$x_i^2 + y_i^2 = R^2, i = 1,2,\cdots,n$$

又,向量 $\overrightarrow{OA_i}, \overrightarrow{OA_j}$ 的坐标是 $\overrightarrow{OA_i} = (x_i, y_i), \overrightarrow{OA_j} = (x_j, y_j)$,由向量内积的运算公式知

$$\overrightarrow{OA_i} \cdot \overrightarrow{OA_j} = x_ix_j + y_iy_j = |\overrightarrow{OA_i}| \cdot |\overrightarrow{OA_j}| \cdot \cos \angle A_iOA_j = R^2 \cos \theta_{ij}$$

$$2 \leqslant i < j \leqslant n$$

代入式 $(* * *)$ 得

$$(n-1)R^2 + 2R^2 \sum_{2 \leqslant i < j \leqslant n} \cos \theta_{ij} = R^2 \Leftrightarrow \sum_{2 \leqslant i < j \leqslant n} \cos \theta_{ij} = \frac{2-n}{2}$$

注 当 $n=3$ 时,得到如下结论:

定理 三角形的顶点到其垂心的距离等于外接圆半径的充分必要条件是该顶点处的

---

① 曾建国.三角形垂心的一个性质的修正及推广[J].中学数学,2003(6):40-41.

内角为 $60°$ 或 $120°$.

❖圆外切闭折线的 k 号界心定理

设平面闭折线 $A(n)$ 外切于圆 $I(r)$,以圆心 I 为原点建立直角坐标系 xIy,设顶点 A_i 的坐标为 $(x_i,y_i)(i=1,2,\cdots,n)$,对任意给定的正整数 k,令

$$\overline{x}=\frac{1}{k}\sum_{i=1}^{n}x_i,\overline{y}=\frac{1}{k}\sum_{i=1}^{n}y_i$$

则点 $I_k(\overline{x},\overline{y})$ 称为闭折线 $A(n)$ 的 k 号界心.

按这个定义易知,三角形的 1 号界心、2 号界心和 3 号界心,就是它的纳格尔点、斯俾克圆圆心和重心.因此,圆外切折线的 k 号界心概念,是三角形的纳格尔点、斯俾克圆圆心和重心诸概念的统一推广.[1]

定理 1 设平面闭折线 $A(n)$ 外切于圆 I,其重心为 G,k 号界心为 I_k,则 I,G,I_k 三点共线,且

$$\frac{IG}{GI_k}=\frac{k}{n-k}$$

证明 应用同一法.取线段 II_k 的分点 P(图略),使 $\frac{IP}{PI_k}=\frac{k}{n-k}$,只需证明点 P 是重心 G.

以圆心 I 为原点建立直角坐标系 xIy,设顶点 A_i 的坐标为 $(x_i,y_i)(i=1,2,\cdots,n)$,$k$ 号界心 I_k 的坐标为 $(\overline{x_k},\overline{y_k})$,重心 G 的坐标为 (x_G,y_G),则由 k 号界心及平面闭折线重心的定义有

$$\overline{x_k}=\frac{1}{k}\sum_{i=1}^{n}x_i,\overline{y_k}=\frac{1}{k}\sum_{i=1}^{n}y_i \qquad ①$$

$$x_G=\frac{1}{n}\sum_{i=1}^{n}x_i,y_G=\frac{1}{n}\sum_{i=1}^{n}y_i \qquad ②$$

注意到 I 为坐标原点 $(0,0)$,且 $\frac{IP}{PI_k}=\frac{k}{n-k}$,设点 P 的坐标为 (x,y),则由定比分点坐标公式可得

$$x=\frac{0+\frac{k}{n-k}\overline{x_k}}{1+\frac{k}{n-k}},y=\frac{0+\frac{k}{n-k}\overline{y_k}}{1+\frac{k}{n-k}}$$

① 熊曾润.圆外切闭折线的 k 号界心及其性质[J].中学数学教学,2002(1):22-23.

将 ① 代入上式,经化简就得

$$x = \frac{1}{n}\sum_{i=1}^{n}x_i,\quad y = \frac{1}{n}\sum_{i=1}^{n}y_i \qquad ③$$

比较 ② 和 ③,可知点 P 是重心 G,命题得证.

将点 M 到直线 l 的有向距离,记作 $\overline{d}$,即

$$\overline{d} = \frac{Ax_0 + By_0 + C}{\sqrt{A^2 + B^2}}$$

定理 2 设平面闭折线 $A(n)$ 外切于圆 I,过圆心 I 任作一直线 l,则 $A(n)$ 各顶点 $A_i(i=1,2,\cdots,n)$ 到直线 l 的有向距离之和,等于其 k 号界心 I_k 到直线 l 的有向距离的 k 倍.

证明 以圆心 I 为原点建立直角坐标系 xIy,设顶点 A_i 的坐标为 (x_i,y_i),它到直线 l 的有向距离记作 $\overline{d}_i(i=1,2,\cdots,n)$.又设 k 号界心 I_k 的坐标为 $(\overline{x_k},\overline{y_k})$,它到直线 l 的有向距离记作 $\overline{d}$.

注意到直线 l 通过坐标原点 I,故可设其方程为

$$Ax + By = 0$$

于是有

$$\sum_{i=1}^{n}\overline{d}_i = \frac{Ax_i + By_i}{\sqrt{A^2 + B^2}},\quad \overline{d} = \frac{A\overline{x_k} + B\overline{y_k}}{\sqrt{A^2 + B^2}} \qquad ④$$

将 ① 代入 ④,就得

$$k\overline{d} = \sum_{i=1}^{n}\frac{Ax_i + By_i}{\sqrt{A^2 + B^2}} = \sum_{i=1}^{n}\overline{d}_i$$

命题得证.

定理 3 设平面闭折线 $A(n)$ 外切于圆 $I(r)$,其 k 号界心为 I_k,则

$$I_kI^2 = \frac{1}{k^2}(nr^2\sum_{i=1}^{n}\csc^2\frac{A_i}{2} - \sum_{1\leqslant i<j\leqslant n}A_iA_j^2)$$

此式不妨称为"k 号界心与内心间的距离公式".

证明 以圆心 I 为原点建立直角坐标系 xIy,设顶点 A_i 的坐标为 (x_i,y_i) $(i=1,2,\cdots,n)$,k 号界心 I_k 的坐标为 $(\overline{x_k},\overline{y_k})$,则由两点间的距离公式可得

$$k^2I_kI^2 = k^2(\overline{x_k^2} + \overline{y_k^2}) = k^2((\frac{1}{k}\sum_{i=1}^{n}x_i)^2 + (\frac{1}{k}\sum_{i=1}^{n}y_i)^2) =$$

$$(\sum_{i=1}^{n}x_i)^2 + (\sum_{i=1}^{n}y_i)^2$$

$$\sum_{1\leqslant i<j\leqslant n}A_iA_j^2 = \sum_{1\leqslant i<j\leqslant n}((x_i - x_j)^2 + (y_i - y_j)^2)$$

故
$$k^2 I_k I^2 + \sum_{1 \leqslant i < j \leqslant n} A_i A_j^2 = n \sum_{i=1}^{n} (x_i^2 + y_i^2) = n \sum_{i=1}^{n} IA_i^2$$

但易知 $IA_i = r \csc \dfrac{A_i}{2}$,代入上式就得

$$k^2 \cdot I_k I^2 + \sum_{1 \leqslant i < j \leqslant n} A_i A_j^2 = nr^2 \sum_{i=1}^{n} \csc^2 \dfrac{A_i}{2}$$

故
$$I_k I^2 = \frac{1}{k^2} \left(nr^2 \sum_{i=1}^{n} \csc^2 \frac{A_i}{2} - \sum_{1 \leqslant i < j \leqslant n} A_i A_j^2 \right)$$

命题得证.

定理 4   设平面闭折线 $A_1 A_2 A_3 \cdots A_n A_1$ 外切于圆 I_1,其 k 号界心为 I_k,若 $\triangle IA_1 I_k$,$\triangle IA_2 I_k$,$\cdots$,$\triangle IA_n I_k$ 中有且只有 m 个正向三角形,则这 m 个三角形的面积之和,必等于其余 $(n-m)$ 个三角形的面积之和.[①]

证明   在已知平面闭折线所在的平面内,以这平面闭折线的内心 I 为原点建立直角坐标系 xIy,设顶点 A_i 的坐标为 $(x_i,y_i)(i=1,2,\cdots,n)$,$k$ 号界心 I_k 的坐标为 $(\overline{x},\overline{y})$,则可知

$$\overline{x} = \frac{1}{k} \sum_{i=1}^{n} x_i, \quad \overline{y} = \frac{1}{k} \sum_{i=1}^{n} y_i \qquad \qquad ⑤$$

又注意到 I 为原点,由闭折线垂心定理中的有向面积定义可得

$$\overline{\triangle IA_j I_k} = \frac{1}{2} (x_j \overline{y} - \overline{x} y_j) \qquad \qquad ⑥$$

将 ⑤ 代入 ⑥,得

$$\overline{\triangle IA_j I_k} = \frac{1}{2k} \left(\sum_{i=1}^{n} x_j y_i - \sum_{i=1}^{n} x_i y_j \right)$$

在此式中令 $j=1,2,\cdots,n$,得到 n 个等式,将这 n 个等式两边分别相加,就得

$$\sum_{i=1}^{n} \overline{\triangle IA_j I_k} = \frac{1}{2k} \left(\sum_{j=1}^{n} \sum_{i=1}^{n} x_j y_i - \sum_{j=1}^{n} \sum_{i=1}^{n} x_i y_j \right) = 0 \qquad ⑦$$

但依题设,在 $\triangle IA_1 I_k$,$\triangle IA_2 I_k$,$\cdots$,$\triangle IA_n I_k$ 中,有且只有 m 个正向三角形,记这 m 个三角形为 $\triangle IA'_j I_k (j=1,2,\cdots,m)$,记其余 $(n-m)$ 个三角形为 $\triangle IA'_j I_k (j=m+1,m+2,\cdots,n)(A'_j$ 为 $A_1 A_2 A_3 \cdots A_n A_1$ 的顶点),则等式 ⑦ 可以改写成

$$\sum_{j=1}^{n} \overline{\triangle IA'_j I_k} = \sum_{j=m+1}^{n} (-\overline{\triangle IA'_j I_k})$$

因为正向三角形的有向面积必为正数,负向三角形的有向面积必为负数,

①   熊曾润.再谈圆外切闭折线的 k 号界心的性质[J].中学数学教学,2003(2):35-36.

所以上式中的各个加数都是非负数.于是,上式两边取绝对值就得

$$\sum_{j=1}^{m} \triangle' IA'_j I_k = \sum_{j=m+1}^{n} \triangle' IA'_j I_k$$

命题得证.

显然,在这个定理中令 $n=3$ 可得

推论 1 设 $\triangle ABC$ 的内心为 I,其 k 号界心为 I_k,则在 $\triangle IAI_k$,$\triangle IBI_k$,$\triangle ICI_k$ 中,必有一个三角形的面积等于其余两个三角形的面积之和.

特别地,在这个推论中令 $k=1,2$,就得到如下两个鲜为人知的命题:

推论 2 设 $\triangle ABC$ 的内心为 I,其纳格尔点为 N,则在 $\triangle IAN$,$\triangle IBN$,$\triangle ICN$ 中,必有一个三角形的面积等于其余两个三角形的面积之和.

推论 3 设 $\triangle ABC$ 的内心为 I,其斯俾克圆圆心为 S,则在 $\triangle IAS$,$\triangle IBS$,$\triangle ICS$ 中,必有一个三角形的面积等于其余两个三角形的面积之和.

定理 5 设平面闭折线 $A_1 A_2 A_3 \cdots A_n A_1$ 外切于圆 I,其 k 号界心为 I_k,在这平面闭折线的边 $A_j A_{j+1}$(或其延长线)上取一点 B_j,使 $\dfrac{A_j B_j}{B_j A_{j+1}} = \lambda (j=1,2,\cdots,n,$ 且 A_{n+1} 为 A_1),若 $\triangle IB_1 I_k$,$\triangle IB_2 I_k$,$\cdots$,$\triangle IB_n I_k$ 中有且只有 m 个正向三角形,则这 m 个三角形的面积之和,必等于其余 $(n-m)$ 个三角形的面积之和.

证明 在已知平面闭折线所在的平面内,以这平面闭折线的内心 I 为原点建立直角坐标系 xIy,设顶点 A_i 的坐标为 $(x_i,y_i)(i=1,2,\cdots,n)$,$k$ 号界心 I_k 的坐标为 $(\bar{x},\bar{y})$,则有

$$\bar{x} = \frac{1}{k} \sum_{i=1}^{n} x_i, \quad \bar{y} = \frac{1}{k} \sum_{i=1}^{n} y_i \qquad \text{⑧}$$

又设点 B_j 的坐标为 (x'_j,y'_j),因为点 B_j 在直线 $A_j A_{j+1}$ 上,且 $\dfrac{A_j B_j}{B_j A_{j+1}} = \lambda$,由定比分点的坐标公式可知

$$x'_j = \frac{x_j + \lambda x_j + 1}{1+\lambda}, \quad y'_j = \frac{y_j + \lambda y_j + 1}{1+\lambda} \qquad \text{⑨}$$

再注意到 I 为原点,由平面闭折线垂心定理的有向面积定义可得

$$\overline{\triangle IB_j I_k} = \frac{1}{2}(x'_j \bar{y} - \bar{x} y'_j) \qquad \text{⑩}$$

将 ⑧ 和 ⑨ 代入 ⑩,可得

$$\overline{\triangle IB_j I_k} = \frac{1}{2k(1+\lambda)} \left(\sum_{i=1}^{n}(x_j + \lambda x_j + 1) y_i - \sum_{i=1}^{n}(y_j + \lambda y_j + 1) x_i \right)$$

在此式中令 $j=1,2,\cdots,n$,得到 n 个等式,将这 n 个等式两边分别相加(计算过程略),则

$$\sum_{j=1}^{n} \overline{\triangle} I B_j I_k = 0 \qquad \text{⑪}$$

但依题设，在 $\triangle I B_1 I_k, \triangle I B_2 I_k, \cdots, \triangle I B_n I_k$ 中，有且只有 m 个正向三角形，记这 m 个三角形为 $\triangle I B'_j I_k (j=1,2,\cdots,m)$，记其余 $(n-m)$ 个三角形为 $\triangle I B'_j I_k (j=m+1,m+2,\cdots,n)$（这里 $\{B'_1,B'_2,\cdots,B'_n\}=\{B_1,B_2,\cdots,B_n\}$），则等式 ⑪ 可以改写成

$$\sum_{j=1}^{n} \overline{\triangle} I B'_j I_k = \sum_{j=m+1}^{n} (-\overline{\triangle} I B'_j I_k)$$

因为正向三角形的有向面积为正数，负向三角形的有向面积为负数，所以上式中的各个加数都是非负数. 于是，上式两边取绝对值就得

$$\sum_{j=1}^{n} \triangle' I B'_j I_k = \sum_{j=m+1}^{n} \triangle' I B'_j I_k$$

命题得证.

显然，在这个定理中令 $n=3$ 可得

推论 设 $\triangle ABC$ 的内心为 I，其 k 号界心为 I_k，在它的边 AB,BC,CA（或其延长线）上各取一点 D,E,F，使 $\dfrac{AD}{DB}=\dfrac{BE}{EC}=\dfrac{CF}{FA}$，则在 $\triangle IDI_k, \triangle IEI_k, \triangle IFI_k$ 中，必有一个三角形的面积等于其余两个三角形的面积之和.

由证明中可知

$$x_N = \sum_{i=1}^{n} x_i, \quad y_N = \sum_{i=1}^{n} y_i$$

则点 $N(x_N, y_N)$ 称为闭折线 $A(n)$ 的纳格尔点.

定理 6 设平面闭折线 $A(n)$ 外切于圆 $I(r)$，其纳格尔点为 N，设闭折线的内角 $\angle A_{i-1} A_i A_{i+1} = \theta_i (i=1,2,\cdots,n$，且 A_0 为 A_n，A_{n+1} 为 A_1)，则[1]

$$A_1 N^2 + \sum_{2 \leqslant i < j \leqslant n} A_i A_j^2 = (n-1) r^2 \sum_{i=2}^{n} \csc^2 \frac{\theta_i}{2} \qquad \text{⑫}$$

证明 以圆心 I 为原点建立直角坐标系 xIy，设顶点 A_i 的坐标为 $(x_i, y_i)(i=1,2,\cdots,n)$，纳格尔点 N 的坐标为 (x_N, y_N)，由公式 ⑫ 知

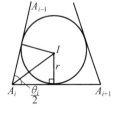

图 9.18

$$x_N = \sum_{i=1}^{n} x_i, \quad y_N = \sum_{i=1}^{n} y_i$$

如图 9.18，易知

① 曾建国. 谈圆外切闭折线的奈格尔点的性质[J]. 福建中学数学，2003(4)：16-17.

$$A_i I^2 = x_i^2 + y_i^2 = r^2 \csc^2 \frac{\theta_i}{2} \qquad ⑬$$

由两点间距离公式可得

$$A_1 N^2 = (x_1 - x_N)^2 + (y_1 - y_N)^2 = \left(\sum_{i=2}^{n} x_i\right)^2 + \left(\sum_{i=2}^{n} y_i\right)^2$$

$$\sum_{2 \le i < j \le n} A_i A_j^2 = \sum_{2 \le i < j \le n} ((x_i - x_j)^2 + (y_i - y_j)^2)$$

将以上两式相加,结合式 ⑬,经化简可得

$$A_1 N^2 + \sum_{2 \le i < j \le n} A_i A_j^2 = (n-1) \sum_{i=2}^{n} (x_3^2 + y_i^2) = (n-1) r^2 \sum_{i=2}^{n} \csc^2 \frac{\theta_i}{2}$$

命题得证.

定理 6 中,像 ⑫ 这样的等式一共可以写出 n 个,将这 n 个等式两边分别相加可得

定理 7 设平面闭折线 $A(n)$ 外切于圆 $I(r)$,其纳格尔点为 N,平面闭折线的内角 $\angle A_{i-1} A_i A_{i+1} = \theta_i (i = 1, 2, \cdots, n,$ 且 A_0 为 A_n, A_{n+1} 为 A_1),则

$$\sum_{i=1}^{n} A_i N^2 + (n-2) \sum_{1 \le i < j \le n} A_i A_j^2 = (n-1)^2 r^2 \sum_{i=1}^{n} \csc^2 \frac{\theta_i}{2} \qquad (*)$$

在式(*)中,令 $n = 3$ 即得

推论 设 $\triangle ABC$ 的内切圆半径为,其纳格尔点为 N,则

$$AN^2 + BN^2 + CN^2 + AB^2 + BC^2 + CA^2 = 4r^2 \left(\csc^2 \frac{A}{2} + \csc^2 \frac{B}{2} + \csc^2 \frac{C}{2}\right)$$

定理 8 设平面闭折线 $A(n)$ 外切于圆 $I(r)$,其纳格尔点为 N,平面闭折线的内角 $\angle A_{i-1} A_i A_{i+1} = \theta_i (i = 1, 2, \cdots, n,$ 且 A_0 为 A_n, A_{n+1} 为 A_1),则

$$IN^2 + \sum_{1 \le i < j \le n} A_i A_j^2 = nr^2 \sum_{i=1}^{n} \csc^2 \frac{\theta_i}{2} \qquad (**)$$

证明 以圆心 I 为原点建立直角坐标系 xIy,设顶点 A_i 的坐标为 (x_i, y_i) $(i = 1, 2, \cdots, n)$,纳格尔点 N 的坐标为 (x_N, y_N),则

$$IN^2 = x_N^2 + y_N^2 = \left(\sum_{i=1}^{n} x_i\right)^2 + \left(\sum_{i=1}^{n} y_i\right)^2$$

$$\sum_{1 \le i < j \le n} A_i A_j^2 = \sum_{1 \le i < j \le n} ((x_i - x_j)^2 + (y_i - y_j)^2)$$

将上述两等式两边相加,经化简可得

$$IN^2 + \sum_{1 \le i < j \le n} A_i A_j^2 = n \sum_{i=1}^{n} (x_i^2 + y_i^2) = nr^2 \sum_{i=1}^{n} \csc^2 \frac{\theta_i}{2}$$

命题得证.

在定理 8 中,令 $n = 3$ 即得

推论 1 设 $\triangle ABC$ 的内切圆为圆 $I(r)$,其纳格尔点为 N,则

$$IN^2 + AB^2 + BC^2 + CA^2 = 3r^2\left(\csc^2\frac{A}{2} + \csc^2\frac{B}{2} + \csc^2\frac{C}{2}\right)$$

另外,我们还可以在$(*)$,$(**)$两个等式中消去r和θ_i,得到一个更为简洁的等式,即

推论 2 设平面闭折线$A(n)$的内切圆圆心为I,纳格尔点为N,则

$$\sum_{1 \le i < j \le n} A_i A_j^2 + (n-1)^2 IN^2 = n \sum_{i=1}^n A_i N^2$$

在上式中,令$n=3$即得

推论 3 设$\triangle ABC$的内心为I,纳格尔点为N,则
$$AB^2 + BC^2 + CA^2 + 4IN^2 = 3(AN^2 + BN^2 + CN^2)$$

注 推论3也可由推论2和定理7的推论导出.

定理 9 设平面闭折线$A_1 A_2 \cdots A_n A_1$有内切圆圆$I(r)$,M,N分别是边$A_1 A_2, A_k A_{k+1}$($1 < k \le n$,且A_{n+1}为A_1)上的点,若线段MN(不考虑MN与其他边的交点)平分闭折线的周长和有向面积,则直线MN必经过内心I.[①]

注 这里所说的"线段MN平分闭折线的有向面积"是指闭折线$A_1 M N A_{k+1} A_{k+2} \cdots A_n A_1$与$M A_2 A_3 \cdots A_k N M$的有向面积(以下分别简记为$\overline{\triangle}S_1$,$\overline{\triangle}S_2$)相等,即$\overline{\triangle}S_1 = \overline{\triangle}S_2$.

为证明这个定理,我们先给出有关引理:

引理 1 对于平面闭折线$A_1 A_2 \cdots A_n A_1$所在的平面内任一点O,有

$$\overline{\triangle}A_1 A_2 \cdots A_n A_1 = \sum_{i=1}^n \overline{\triangle}OA_i A_{i+1}$$

其中A_{n+1}为A_1.

引理 2 在平面闭折线$A_1 A_2 \cdots A_n A_1$的边$A_1 A_2, A_k A_{k+1}$($1 < k \le n$,且A_{n+1}为A_1)上分别取一点M,N则

$$\overline{\triangle}A_1 A_2 \cdots A_n A_1 = \overline{\triangle}A_1 M N A_{k+1} A_{k+2} \cdots A_n A_1 + \overline{\triangle}M A_2 A_3 \cdots A_k N M$$

事实上,如图9.19,在平面内任取一点O,由引理1知
$\overline{\triangle}A_1 M N A_{k+1} A_{k+2} \cdots A_n A_1 + \overline{\triangle}M A_2 A_3 \cdots A_k N M =$
$\overline{\triangle}OA_1 M + \overline{\triangle}OMN + \overline{\triangle}ONA_{k+1} + \overline{\triangle}OA_{k+1}A_{k+2} + \cdots +$
$\overline{\triangle}OA_n A_1 + \overline{\triangle}OMA_2 + \overline{\triangle}OA_2 A_3 + \cdots +$
$\overline{\triangle}OA_k N + \overline{\triangle}ONM$

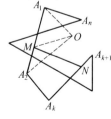

图 9.19

① 曾建国.关于圆外切闭折线的一个性质[J].福建中学数学,2003(8):17-18.

根据三角形的有向面积的定义,知

$$\overline{\triangle OMN} = -\overline{\triangle ONM}$$

又 M 在边 A_1A_2 上,则有

$$\overline{\triangle OA_1M} + \overline{\triangle OMA_2} = \overline{\triangle OA_1A_2}$$

同理有

$$\overline{\triangle OA_kN} + \overline{\triangle ONA_{k+1}} = \overline{\triangle OA_kA_{k+1}}$$

故

$$\overline{\triangle A_1MNA_{k+1}A_{k+2}\cdots A_nA_1} + \overline{\triangle MA_2A_3\cdots A_KNM} =$$
$$\overline{\triangle OA_1A_2} + \overline{\triangle OA_2A_3} + \cdots + \overline{\triangle OA_nA_1} =$$
$$\overline{\triangle A_1A_2\cdots A_nA_1}$$

命题得证.

在引理 2 中令 M,N 分别为顶点 A_1,A_k,即得

引理 3 在平面闭折线 $A_1A_2\cdots A_nA_1$ 中引对角线 $A_1A_k(2 < k < n)$,则有

$$\overline{\triangle A_1A_2\cdots A_nA_1} = \overline{\triangle A_1A_2\cdots A_kA_1} + \overline{\triangle A_1A_kA_{k+1}\cdots A_nA_1}$$

下面证明定理.

若点 P 到直线 $\overline{AB}$ 的有向距离为 d,则

$$\overline{\triangle PAB} = \frac{1}{2}\,|\,AB\,|\,d$$

而且,若点 P 在 $\overline{AB}$ 所指方向的左侧时,$d > 0$,则此时有 $\overline{\triangle PAB} > 0$.

因为圆外切闭折线必为回形闭折线,且内心在其同
侧域内,如图 9.20,不妨设方向 $A_1 \to A_2 \to \cdots \to A_n \to A_1$
依逆时针方向,则平面闭折线的内心 I 均在各边的左侧,
则 $\overline{\triangle IA_iA_{i+1}} > 0 (i = 1, 2, \cdots, n, A_{n+1}$ 为 $A_1)$,因此有

$$\overline{\triangle IA_iA_{i+1}} = \frac{1}{2}\,|\,A_iA_{i+1}\,|\cdot r$$

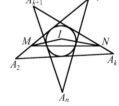

图 9.20

联结 IM, IN,根据引理 1 知

$$\overline{\triangle A_1MINA_{k+1}A_{k+2}\cdots A_nA_1}(\text{记为}\ \overline{\triangle S'_1}) =$$
$$\overline{\triangle IA_1M} + \overline{\triangle INA_{k+1}} + \overline{\triangle IA_{k+1}A_{k+2}} + \cdots + \overline{\triangle IA_nA_1} =$$
$$\frac{1}{2}(\,|\,A_1M\,| + |\,NA_{k+1}\,| + |\,A_{k+1}A_{k+2}\,| + \cdots + |\,A_nA_1\,|)r =$$
$$\frac{1}{2}l_1r(\text{这里}\ l_1\ \text{表示上式中括号内的值})$$

同理

$$\overline{\triangle MA_2A_3\cdots A_kNIM}(\text{记为}\ \overline{\triangle S'_2}) =$$

$$\frac{1}{2}(|MA_2|+|A_2A_3|+\cdots+|A_kN|)r=\frac{1}{2}l_2r$$

依题设，MN 平分平面闭折线 $A_1A_2\cdots A_nA_1$ 的周长，即有 $l_1=l_2$，则

$$\overline{\triangle S'}_1=\overline{\triangle S'}_2$$

又由题设知，MN 平分平面闭折线 $A_1A_2\cdots A_nA_1$ 的面积，即 $\overline{\triangle S}_1=\overline{\triangle S}_2$.

记 $\overline{\triangle S}=\overline{\triangle A_1A_2\cdots A_nA_1}$，由引理 2 知 $\overline{\triangle S}=\overline{\triangle S}_1+\overline{\triangle S}_2$，则 $\overline{\triangle S}_1=\dfrac{\overline{\triangle S}}{2}$.

又因为 MN 是平面闭折线 $A_1MINA_{k+1}A_{k+2}\cdots A_nA_1$ 的对角线，根据引理 3 知

$$\overline{\triangle S'}_1=\overline{\triangle S}_1+\overline{\triangle INM}$$

$$\overline{\triangle S'}_2=\overline{\triangle S}_2+\overline{\triangle IMN}$$

将上述两个等式相加，并注意到 $\overline{\triangle INM}=-\overline{\triangle IMN}$，可得

$$\overline{\triangle S'}_1+\overline{\triangle S'}_2=\overline{\triangle S}_1+\overline{\triangle S}_2=\overline{\triangle S}$$

前面已证明 $\overline{\triangle S'}_1=\overline{\triangle S'}_2$，则有

$$\overline{\triangle S'}_1=\overline{\triangle S}/2=\overline{\triangle S}_1$$

即

$$\overline{\triangle S}_1+\overline{\triangle INM}=\overline{\triangle S}_1$$

因此 $\overline{\triangle INM}=0$，即 I,M,N 三点共线. 命题得证.

在这个定理中令平面闭折线为多边形即得命题：平分圆外切多边形的周长和面积的直线必经过三角形的内心.

再令 $n=3$ 即得命题：平分三角形的周长和面积的直线必经过三角形的内心.

另外，从定理的证明过程我们不难看出这个定理还有下面的"逆定理"（证明略）：

推论 1 设平面闭折线 $A_1A_2\cdots A_nA_1$ 有内切圆圆 $I(r)$，M,N 分别是边 A_1A_2，$A_kA_{k+1}(1<k\leqslant n$，且 A_{n+1} 为 A_1）上的点，若 M,N,I 共线且线段 MN 平分平面闭折线的周长，则线段 MN 必平分平面闭折线的有向面积.

推论 2 设平面闭折线 $A_1A_2\cdots A_nA_1$ 有内切圆圆 $I(r)$，M,N 分别是边 A_1A_2，$A_kA_{k+1}(1<k\leqslant n$，且 A_{n+1} 为 A_1）上的点，若 M,N,I 共线且线段 MN 平分闭折线的有向面积，则线段 MN 必平分平面闭折线的周长.

若 M 和 N 两点将 $A(n)$ 分成两条开折线，即 $MA_2A_3\cdots A_kN$ 和 $NA_{k+1}A_{k+2}\cdots A_nA_1M$，约定：这两条开折线的长分别记作 l_1 和 l_2.

定理 10 在闭折线 $A(n)$ 的边 A_1A_2 和 A_kA_{k+1} 上各取一点 M 和 $N(1<k\leqslant n$，且 A_{n+1} 为 A_1），若直线 MN 通过平面闭折线 $A(n)$ 的内心 I，则[1]

① 熊曾润，曾建国. 也谈圆外切闭折线的优美性质[J]. 福建中学数学，2003(12)：16-17.

$$\frac{l_1}{l_2}=\frac{S_1}{S_2}$$

证明　如图 9.21，联结 $IA_i(i=1,2,\cdots,n)$，设闭折线的有向面积为 $\overline{S_1}$，则

$$\overline{S_1}=\overline{\triangle IMA_2}+\overline{\triangle IA_2A_3}+\cdots+\overline{\triangle IA_kN}$$

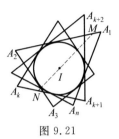

其中右边的各个加数，分别是 $\triangle IMA_2$，$\triangle IA_2A_3,\cdots,\triangle IA_kN$ 的有向面积.注意到这些三角形都是正向三角形，它们的有向面积都是正数，可知上式可以改写成(注意平面闭折线 $A(n)$ 处切于圆 $I(r)$)

图 9.21

$$\overline{S_1}=\frac{r}{2}\mid MA_2\mid+\frac{r}{2}\mid A_2A_3\mid+\cdots+\frac{r}{2}\mid A_kN\mid=$$

$$\frac{r}{2}(\mid MA_2\mid+\mid A_2A_3\mid+\cdots+\mid A_kN\mid)=\frac{r}{2}l_1$$

由此，根据平面闭折线的面积与其有向面积之间的关系，有

$$S_1=\mid\overline{S_1}\mid=\frac{rl_1}{2}$$

同理可得 $S_2=\dfrac{rl_2}{2}$.

将上述两边分别相除，就得 $\dfrac{l_1}{l_2}=\dfrac{S_1}{S_2}$.命题得证.

在这个定理中令 $A(n)$ 为 n 边形，显然可得

推论　若平面多边形外切于圆，则通过这多边形的内心的直线，必将这多边形的周长和面积分成相等的比.

有趣的是，定理 10 的"逆命题"成立，即有

定理 11　在平面闭折线 $A(n)$ 的边 A_1A_2 和 A_kA_{k+1} 上各取一点 M 和 N($1<k\leqslant n$，且 A_{n+1} 为 A_1)，若 $\dfrac{l_1}{l_2}=\dfrac{S_1}{S_2}$，则直线 MN 必通过闭折线 $A(n)$ 的内心 I.

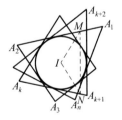

证明　应用反证法.设点 I 不在直线 MN 上，如图 9.22 所示.记平面闭折线 $MA_2A_3\cdots A_kNIM$ 的面积为 S'_1，闭折线 $NA_{k+1}A_{k+2}\cdots A_nA_1MIN$ 的面积为 S'_2，则仿效定理 10 的证法容易证得

图 9.22

$$\frac{S'_1}{S'_2}=\frac{l_1}{l_2}$$

将题设条件 $\dfrac{l_1}{l_2}=\dfrac{S_1}{S_2}$ 代入上式,得

$$\frac{S'_1}{S'_2}=\frac{S_1}{S_2}$$

但(由图易知)$S'_1=S_1-\overline{\triangle INM}$,$S'_2=S_2+\overline{\triangle INM}$,代入上式,经整理可得

$$S_1 \cdot \overline{\triangle INM}=-S_2 \cdot \overline{\triangle INM}$$

而依假设,点 I 不在直线 MN 上,所以 $\overline{\triangle INM}\neq 0$. 上式两边同除以 $\overline{\triangle INM}$,就得 $S_1=-S_2$. 此等式左边是正数,右边是负数,显然荒谬,因此,点 I 必在直线 MN 上. 命题得证.

在这个定理中令 $A(n)$ 为 n 边形,显然可得

推论　设平面多边形外切于圆,若一直线将这多边形的周长和面积分成相等的比,则这直线必通过这多边形的内心.

若点 $B_j(1\leqslant j\leqslant n)$ 满足

$$\overrightarrow{IB_j}=\frac{1}{2}(\sum_{i=1}^{n}\overrightarrow{IA_i}-\overrightarrow{IA_j})$$

则点 B_j 称为 $A(n)$ 的一级顶点子集 V_j 关于点 I 的 2 号心,简称为 V_j 的 2 号心.

根据以上定义,我们可以推得如下结论:

引理　设平面闭折线 $A(n)$ 外切于圆 I,其纳格尔点为 N,其一级顶点子集 V_j 的 2 号心为 B_j,线段 A_jB_j 与 IN 相交于 Q,如图 9.23 所示,则[①]

$$\frac{\overrightarrow{QA_j}}{\overrightarrow{QB_j}}=\frac{\overrightarrow{QN}}{\overrightarrow{QI}}=\frac{\overrightarrow{NA_j}}{\overrightarrow{IB_j}}=-2,j=1,2,\cdots,n$$

证明　依题设,由点 N 和 B_j 的定义,于是由向量的运算可得

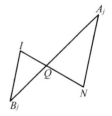

图 9.23

$$\overrightarrow{NA_j}=\overrightarrow{IA_j}-\overrightarrow{IN}=-(\sum_{i=1}^{n}\overrightarrow{IA_i}-\overrightarrow{IA_j})=-2\overrightarrow{IB_j}$$

由此可知 $NA_j \parallel IB_j$,且 $\overrightarrow{NA_j}=-2\overrightarrow{IB_j}$,即 $\dfrac{\overrightarrow{NA_j}}{\overrightarrow{IB_j}}=-2$.

据此,由平行线截出比例线段的定理可得

$$\frac{\overrightarrow{QA_j}}{\overrightarrow{QB_j}}=\frac{\overrightarrow{QN}}{\overrightarrow{QI}}=\frac{\overrightarrow{NA_j}}{\overrightarrow{IB_j}}=-2,j=1,2,\cdots,n$$

命题得证.

---

①　郭三英,熊曾润. 圆外切闭折线的一个奇妙性质[J]. 福建中学数学,2005(12):22-23.

定理 12 设平面闭折线 $A(n)$ 外切于圆 I,其一级顶点子集 V_j 的 2 号心为 $B_j(j=1,2,\cdots,n)$,则平面闭折线 $A(n)$ 的内心 I 是闭折线 $B_1B_2B_3\cdots B_nB_1$ 的纳格尔点.

以下约定:平面闭折线 $B_1B_2B_3\cdots B_nB_1$ 记作 $B(n)$.

证明 设 $A(n)$ 的纳格尔点为 N,线段 A_jB_j 与 IN 相交于点 Q(图 9.23),则由引理可知 $\dfrac{\overline{QA_j}}{\overline{QB_j}}=-2(j=1,2,\cdots,n)$. 由此可知,$A(n)$ 与 $B(n)$ 是位似形,它们的位似中心是点 Q,位似比为 $\lambda=-2$.于是,根据位似图形的性质,可知:因为 $A(n)$ 有纳格尔点 N,所以 $B(n)$ 也有纳格尔点 N',点 N 的对应点为 N',因此,N,Q,N' 三点共线,且

$$\frac{\overline{QN}}{\overline{QN'}}=\lambda=-2$$

又由引理可知,I,Q,N 三点共线,且

$$\frac{\overline{QN}}{\overline{QI}}=-2$$

比较以上二等式,可知点 I 与点 N' 重合,即 $A(n)$ 的内心是 $B(n)$ 的纳格尔点.命题得证.

在定理 12 中令 $n=4$,可得

推论 设四边形 $A_1A_2A_3A_4$ 外切于圆,其一级顶点子集 V_j 的 2 号心为 B_j $(j=1,2,3,4)$,则四边形 $A_1A_2A_3A_4$ 的内心是四边形 $B_1B_2B_3B_4$ 纳格尔点.

❖圆外切闭折线的 k 号界圆定理

设平面闭折线 $A(n)$ 外切于圆 $I(r)$,以 $A(n)$ 的 k 号界心 I_k 为圆心,$\dfrac{r}{k}$ 为半径的圆,称为闭折线 $A(n)$ 的 k 号界圆,记作圆 $I_k(\dfrac{r}{k})$.

按这个定义易知,三角形的 2 号界圆,就是它的斯俾克圆.因此,圆外切闭折线的 k 号界圆概念,是三角形的斯俾克圆概念的推广.①

定理 1 设平面闭折线 $A(n)$ 外切于圆 $I(r)$,其 k 号界心为 I_k,在线段 A_iI_k 上取一点 M_i,使 $\dfrac{\overline{A_iI_k}}{\overline{I_kM_i}}=-(k+1)(i=1,2,\cdots,n)$,则 $A(n)$ 的 $(k+1)$ 号界圆圆

---

① 熊曾润.关于圆外切闭折线的诸线切圆定理[J].福建中学数学,2004(12):17-18.

$I_{k+1}(\dfrac{r}{k+1})$ 必内切于平面闭折线 $M_1M_2M_3\cdots M_nM_1$.

证明 记平面闭折线 $M_1M_2M_3\cdots M_nM_1$ 为 $M(n)$. 依题设有 $\dfrac{A_iI_k}{I_kM_i}=-(k+1)(i=1,2,\cdots,n)$,其中 I_k 是 $A(n)$ 的 k 号界心,它是一个定点,且 $-(k+1)$ 是定数. 由此可知,$A(n)$ 与 $M(n)$ 是位似形,它们的位似中心为点 I_k,位似比为 $\lambda=-(k+1)$. 于是,由位似形的性质可知:因为 $A(n)$ 有内切圆圆 $I(r)$,所以 $M(n)$ 也有内切圆,记作圆 $I'(r')$,并且

(1) $\dfrac{r}{r'}=|\lambda|=k+1$,所以 $r'=\dfrac{r}{k+1}$.

(2) I,I',I_k 三点共线,且 $\dfrac{II_k}{I_kI'}=\lambda=-(k+1)$. 以 I 为原点建立直角坐标系 xIy,设 $A(n)$ 的顶点 A_i 的坐标为 $(x_i,y_i)(i=1,2,\cdots,n)$,点 I_k 和 I' 的坐标分别为 $(\overline{x},\overline{y})$ 和 (x,y). 因为 $\dfrac{II_k}{I_kI'}=\lambda=-(k+1)$,所以由定比分点的坐标公式可知

$$\overline{x}=\frac{0-(k+1)x}{1-(k+1)},\overline{y}=\frac{0-(k+1)y}{1-(k+1)}$$

但 I_k 是 $A(n)$ 的 k 号界心,按其定义有

$$\overline{x}=\frac{1}{k}\sum_{i=1}^{n}x_i,\overline{y}=\frac{1}{k}\sum_{i=1}^{n}y_i$$

代入上式,经整理得

$$x=\frac{1}{k+1}\sum_{i=1}^{n}x_i,y=\frac{1}{k+1}\sum_{i=1}^{n}y_i$$

这就表明点 I' 是 $A(n)$ 的 $(k+1)$ 号界心 I_{k+1}

综合(1)和(2),可知 $M(n)$ 的内切圆圆 $I'(r')$ 就是 $A(n)$ 的 $(k+1)$ 号界圆. 命题得证.

定理 2 设平面闭折线 $A(n)$ 外切于圆 $I(r)$,其 $(k+2)$ 号界心为 I_{k+2},在线段 A_iI_{k+2} 的延长线上取一点 N_i,使 $\dfrac{A_iI_{k+2}}{I_{k+2}N_i}=k+1(i=1,2,\cdots,n)$,则 $A(n)$ 的 $(k+1)$ 号界圆圆 $I_{k+1}(\dfrac{r}{k+1})$ 必内切于平面闭折线 $N_1N_2N_3\cdots N_nN_1$.

证明 记平面闭折线 $N_1N_2N_3\cdots N_nN_1$ 为 $N(n)$. 依题设有

$$\frac{A_iI_{k+2}}{I_{k+2}N_i}=k+1,i=1,2,\cdots,n$$

其中 I_{k+2} 是 $A(n)$ 的 $(k+2)$ 号界心,它是一个定点,且 $k+1$ 是定数. 由此可知,$A(n)$ 与 $N(n)$ 是位似形,它们的位似中心为点 I_{k+2},位似比为 $\lambda'=k+1$. 于是,由位似形的性质可知:因为 $A(n)$ 有内切圆圆 $I(r)$,所以 $N(n)$ 也有内切圆,记

作圆 $I''(r'')$,并且

$(1')$ $\dfrac{r}{r''}=\lambda'=k+1$,所以 $r''=\dfrac{r}{k+1}$.

$(2')$ I,I_{k+2},I'' 三点共线,且 $\dfrac{II_{k+2}}{I_{k+2}I''}=\lambda'=k+1$. 以 I 为原点建立直角坐标系 xIy,设 $A(n)$ 的顶点 A_i 的坐标为 $(x_i,y_i)(i=1,2,\cdots,n)$,点 I_{k+2} 和 I'' 的坐标分别为 $(\overline{x''},\overline{y''})$ 和 (x',y'). 因为

$$\frac{II_{k+2}}{I_{k+2}I''}=\lambda'=k+1$$

所以由定比分点的坐标公式可知

$$\overline{x'}=\frac{0+(k+1)x'}{1+(k+1)},\overline{y'}=\frac{0+(k+1)y'}{1+(k+1)}$$

但 I_{k+2} 是 $A(n)$ 的 $(k+2)$ 号界心,所以有 $\overline{x'}=\dfrac{1}{k+2}\sum\limits_{i=1}^{n}x_i,\overline{y'}=\dfrac{1}{k+2}\sum\limits_{i=1}^{n}y_i$,

代入上式,经整理得

$$x'=\frac{1}{k+1}\sum_{i=1}^{n}x_i,y'=\frac{1}{k+1}\sum_{i=1}^{n}y_i$$

这就表明点 I'' 是 $A(n)$ 的 $(k+1)$ 号界心 I_{k+1}.

综合 $(1')$ 和 $(2')$,可知 $N(n)$ 的内切圆圆 $I''(r'')$ 是 $A(n)$ 的 $(k+1)$ 号界圆. 命题得证.

综合定理 1 和定理 2,我们得到

定理 3　对任意给定的正整数 k,圆外切闭折线 $A(n)$ 的 $(k+1)$ 号界圆必与 $2n$ 条特殊的直线相切,即闭折线 $M(n)$ 和 $N(n)$ 各边所在的直线,其中

(1)M_i 是线段 A_iI_k 上的点,且 $\dfrac{A_iI_k}{I_kM_i}=-(k+1)(i=1,2,\cdots,n,$点 I_k 是 $A(n)$ 的 k 号界心).

(2)N_i 是线段 A_iI_{k+2} 的延长线上的点,且 $\dfrac{A_iI_{k+2}}{I_{k+2}N_i}=k+1(i=1,2,\cdots,n,$点 I_{k+2} 是 $A(n)$ 的 $(k+2)$ 号界心).

容易验证,在这个定理中令 $n=3,k=1$,就得到如下结论,因此,定理 3 是如下结论的推广:设 $\triangle ABC$ 的三个顶点与纳格尔点连线的中点分别为 M_1,M_2,M_3,三条边的中点分别为 N_1,N_2,N_3,那么 $\triangle ABC$ 的斯俾克圆必内切于 $\triangle M_1M_2M_3$ 和 $\triangle N_1N_2N_3$.

换句话说,三角形的斯俾克圆必与 6 条特殊的直线相切. 这是近代欧氏几何学中颇为引人注目的诸线切圆定理之一.

第十章　　圆的推广

圆中的许多结论可以推广得到圆锥曲线的有关结论.在前面有关章节中已陆续有所涉及,这里系统地介绍一些有趣结论.

❖圆锥曲线的蝴蝶定理

定理 1　设 Γ 为有心二次曲线.过中心 O 任作一条直线,在这直线上取 P, Q,使 $PO = OQ$.过 P,Q 各作一条直线,分别交 Γ 于 A,B 及 C,D.过 A,B,C,D 四点的二次曲线 Γ_1 交直线 PQ 于 E,F,则 $EO = OF$.

证明　以直线 PQ 为 x 轴,O 为原点,建立直角坐标系.设 P,Q 的坐标分别为 $(-x_0,0),(x_0,0)$,曲线 Γ 方程为

$$ax^2 + bxy + cy^2 - d = 0 \qquad ①$$

又设直线 AB,CD 的方程分别为

$$y - k_1(x + x_0) = 0, \quad y - k_2(x - x_0) = 0$$

或者用一个二次方程

$$(y - k_1(x + x_0))(y - k_2(x - x_0)) = 0 \qquad ②$$

表示这两条直线(退化的二次曲线).

过曲线 ① 与曲线 ② 的交点 A,B,C,D 的二次曲线组成一个曲线族,其中任一条曲线 Γ_1 的方程可表为

$$\lambda_1(ax^2 + bxy + cy^2 - d) + \lambda_2(y - k_1(x + x_0))(y - k_2(x - x_0)) = 0 \qquad ③$$

因此 Γ_1 与 x 轴的交点 E,F 的横坐标满足一个方程,这个方程就是在 ③ 中令 $y = 0$ 而得到的

$$\lambda_1(ax^2 - d) + \lambda_2 k_1 k_2(x^2 - x_0^2) = 0 \qquad ④$$

注意 ④ 的一次项系数为零(这就是证明的关键!),所以 ④ 的两根之和 $x_1 + x_2 = 0$,即 $EO = OF$.

定理中的 Γ 与 Γ_1 既可以是非退化的、也可以是退化的二次曲线,直线 AB, ① 也可以是切线(A 与 B 重合或 C 与 D 重合),这样就有许许多多的特例,如图 3.131 与图 3.132 相关联的结论都是定理 1 的特例(这时有心曲线 Γ 为圆).不仅如此,如果注意到上述证明的关键是"④ 的一次项系数为 0",那么在 Γ 为圆时,只要圆心 O_1 在 y 轴上,即使它不与线段 PQ 的中点 O 重合(这时 Γ 的方程为 $x^2 + (y - y_0)^2 = 1$),结论也成立,即有

推论 设圆 O_1 的圆心在线段 PQ 的垂直平分线上,过 P,Q 任作两条直线分别交圆 O_1 于 A,B 及 C,D,AC,BD 分别交直线 PQ 于 E,F,那么 $PE = FQ$.

特别地,在 P 与 Q 重合时,这个定理成为如下的"蝴蝶定理":过点 O 任作两条直线交圆 O_1 于 A,B 及 C,D,作直线 $GH \perp OO_1$,AC,BD 分别交 GH 于 E,F,则 $EO = OF$.

从上述定理还可以得到许多结论,例如:设圆 O 的圆心 O 为线段 PQ 的中点,过 P,O 任作一圆交圆 O 于 A,B,过 Q,O 任作一圆交圆 O 于 C,D. 过 A,C,O 的圆交 PQ 于 E,过 B,D,O 的圆交 PQ 于 F,则 $EO = OF$.

定理 2 设 M 为圆锥曲线 Γ 的弦 AB 上一点,过 M 任作两弦 CD,EF,过 C,F,D,E 的任一圆锥曲线与 AB 交于 P,Q. 设 $AM = a$,$BM = b$,$MP = p$,$MQ = q$,则

$$\frac{1}{a} - \frac{1}{b} = \frac{1}{p} - \frac{1}{q}$$

证明 建立如图 10.1 所示的坐标系,则 M,B 的坐标分别为 $(a,0)$,$(a+b,0)$;圆锥曲线 Γ,直线 CD,EF 的方程分别为

$$x^2 + cxy + dy^2 - (a+b)x + ey = 0$$
$$y = k_1(x-a)$$
$$y = k_2(x-a)$$

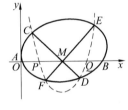

图 10.1

从而过点 C,D,E,F 的二次曲线束方程为

$$x^2 + cxy + dy^2 - (a+b)x + ey + \lambda(k_1 x - y - k_1 a)(k_2 x - y - k_2 a) = 0$$

设 P,Q 两点的横坐标分别为 x_1,x_2,则 x_1,x_2 应满足方程

$$x^2 - (a+b)x + \lambda(k_1 x - k_1 a)(k_2 x - k_2 a) = 0$$

即

$$(1 + \lambda k_1 k_2)x^2 - (a+b+2\lambda a k_1 k_2)x + k_1 k_2 a^2 \lambda = 0$$

因此

$$\frac{1}{p} - \frac{1}{q} = \frac{1}{a - x_1} - \frac{1}{x_2 - a} = \frac{1}{a - x_1} + \frac{1}{a - x_2} =$$

$$\frac{2a - (x_1 + x_2)}{a^2 - (x_1 + x_2)a + x_1 x_2} =$$

$$\frac{2a - \dfrac{a+b+2\lambda a k_1 k_2}{1 + \lambda k_1 k_2}}{a^2 - \dfrac{a+b+2\lambda k_1 k_2}{1 + \lambda k_1 k_2}a + \dfrac{k_1 k_2 a^2 \lambda}{1 + \lambda k_1 k_2}} =$$

$$\frac{2a - (a+b)}{a^2 - (a+b)a} = \frac{1}{a} - \frac{1}{b}$$

特别地,当 M 为 AB 中点时有

推论 设 M 为圆锥曲线 Γ 的弦 AB 的中点,过 M 任作两弦 CD,EF,过 C,

D, E, F 的任一圆锥曲线与 AB 交于 P, Q，则 $PM = QM$.

如果取一条凸闭曲线的任一弦 AB，通过 AB 的中点 M 任作两弦 CD 和 EF. 设线段 ED, CF 分别交 AB 于 Q, P，总有 $PM = QM$，我们就说这条凸闭曲线具有"蝴蝶性质".①

定理 3　设 O 为任意圆锥曲线 Γ 的弦 AB 上任意一点，D, E 在直线 AB 上且关于点 O 对称. 圆锥曲线 Γ_1 通过 D, E 二点且交曲线 Γ 于 M, N, S, T，过 M，N, S, T 的任意一条圆锥曲线 Γ_2 交直线 AB 于 U, V. 记 $DO = OE = d$，$OA = a$，$OB = b$，$OU = u$，$OV = v$，则 a, b, d, u, v 满足几何关系式②

$$(ab - d^2)(u - v) = (uv - d^2)(a - b) \qquad (*)$$

证明　建立直角坐标系，O 为原点，AB 所在直线为 x 轴，如图 10.2，10.3 所示.

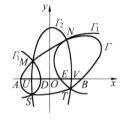 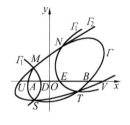

图 10.2　　　　　　　　　　　图 10.3

设任意圆锥曲线 Γ 的方程为

$$F(x, y) = x^2 + exy + fy^2 + gx + hy + p = 0 \qquad ⑤$$

它与 x 轴的交点 $A(-a, 0), B(b, 0)$ 满足方程

$$x^2 + gx + p = 0 \qquad ⑥$$

依据韦达定理，知 $g = (a - b), p = -ab$，于是 ⑤ 可改写为

$$F(x, y) = x^2 + exy + fy^2 + (a - b)x + hy - ab = 0 \qquad ⑦$$

设圆锥曲线 Γ_1 的方程为

$$F_1(x, y) = x^2 + e_1 xy + f_1 y^2 + g_1 x + h_1 y + p_1 = 0 \qquad ⑧$$

它与 x 轴的交点 $D(-d, 0), E(d, 0)$ 满足方程

$$x^2 + g_1 x + p_1 = 0 \qquad ⑨$$

依据韦达定理，知 $g_1 = 0, p_1 = -d^2$，于是 ⑧ 可改写为

$$F_1(x, y) = x^2 + e_1 xy + f_1 y^2 + h_1 y - d^2 = 0 \qquad ⑩$$

从而过 ⑦，⑩ 的交点 M, N, S, T 的任意一条圆锥曲线 Γ_2 的方程为

①　汪江松，黄家礼. 几何明珠[M]. 武汉：中国地质大学出版社，1988：187-188.

②　朱履乾. 广义蝴蝶定理[J]. 数学通讯，1994(4)：14-16.

$$\lambda F(x,y)+F_1(x,y)=0,\lambda \in \mathbf{R} \qquad ⑪$$

圆锥曲线 $F_1(x,y)$ 包容直线 MT,NS；圆锥曲线束 ⑪ 既包容直线 MS, NT(图 10.2)，也包容直线 MN,ST(图 10.3).

曲线 ⑪ 与 x 轴的交点 $U(-u,0),V(v,0)$ 满足方程

$$\lambda(x^2+(a-b)x-ab)+(x^2-d^2)=0 \qquad ⑫$$

于是有

$$\lambda(u^2-(a-b)u-ab)+(u^2-d^2)=0 \qquad ⑬$$

$$\lambda(v^2+(a-b)v-ab)+(v^2-d^2)=0 \qquad ⑭$$

由 ⑬,⑭ 二式消去 λ,得

$$(u^2-(a-b)u-ab)(v^2-d^2)=(v^2+(a-b)v-ab)(u^2-d^2) \qquad ⑮$$

将式 ⑮ 两边分别展开,化简,即得

$$(ab-d^2)(u-v)=(uv-d^2)(a-b)$$

证毕.

由于圆和直线是圆锥曲线中的一员,从而在上述定理 3 中：

(1) 当圆锥曲线 Γ 的形状为 $F(x,y)=x^2+y^2+(a-b)x+hy-ab=0$, 圆锥曲线 Γ_1 的形状为 $F_1(x,y)=(y-k_3(x+d))(y-k_4(x-d))=0$ 时,定理 3 便转化为圆上的蝴蝶定理的拓广命题.

结论 1 如图 10.4,10.5,设 O 为圆的弦 AB 上任意一点,D,E 在直线 AB 上且关于点 O 对称.过 D,E 引直线 NS,MT 交圆于 $M,T,N,S.MS,NT$ 交直线 AB 于 U,V.记 $DO=OE=d,OA=a,OB=b,OU=u,OV=v$,则 $a,b,d,u,$ v 满足几何关系式(＊).

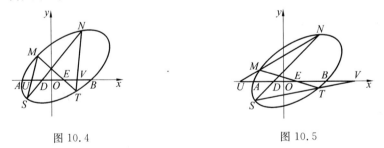

图 10.4　　　　　　　　　　图 10.5

(2) 当圆锥曲线 Γ 的形状为 $F(x,y)=(y-k_1(x+a))(y-k_2(x-b))=0$；圆锥曲线 Γ_1 的形状为 $F_1(x,y)=(y-k_3(x+d))(y-k_4(x-d))=0$ 时,定理 3 便转化为直径对上的蝴蝶定理的拓广命题.

结论 2 如图 10.6,图 10.7 设 O 为线段 AB 上任意一点,D,E 在直线 AB 上且关于点 O 对称.过 D,E 引直线 NS,MT 分别交直线 JB,KA 于 N,S,M,T. MS,NT 交直线 AB 于 U,V.记 $DO=OE=d,OA=a,OB=b,OU=u,OV=v,$

则 a,b,d,u,v 满足几何关系式（＊）.

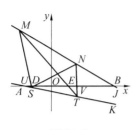 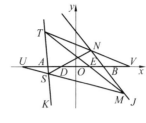

图 10.6　　　　　　　　　图 10.7

因此，圆上和直线对上的蝴蝶定理的拓广命题是定理 3 的特例.

若几何参数 a,b,d 取特殊值，则可获得如下推论：

推论 1　若 $a=b,d>0$ 即 O 为弦 AB 的中点，D,E 两点与点 O 等距. 此时，几何关系式（＊）变为 $(a^2-d^2)(u-v)=0$，易知有 $u=v$，即 $OU=OV$.

上述结论就是蝴蝶定理推广定理及它的变形定理（即 U,V 二点落在弦 AB 的延长线上. 下同）.

推论 2　如图 10.8 若 $a\neq b,d=0$，即 O 为弦 AB 上任意一点，D,E 两点与点 O 重合. 此时，几何关系式（＊）变为

$$ab(u-v)=uv(a-b)$$

该式等价于

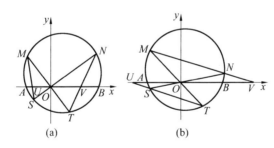

(a)　　　　　　　(b)

图 10.8

$$\frac{1}{a}-\frac{1}{b}=\frac{1}{u}-\frac{1}{v}$$

即

$$\frac{1}{OA}-\frac{1}{OB}=\frac{1}{OU}-\frac{1}{OV}$$

上述结论就是圆锥曲线上蝴蝶定理的推广坎迪定理及它的变形命题.

推论 3　若 $a=b,d=0$，即 O 为弦 AB 的中点，且 D,E 两点与点 O 重合. 此时，几何关系式（＊）变为 $a^2(u-v)=0$，因 $a^2>0$，于是有 $u=v$ 即 $OU=OV$.

上述结论就是圆锥曲线上的蝴蝶定理及它的变形命题.

为了介绍后面的定理,先看如下引理:①

引理 1 如图 10.9,过 $\triangle ABC$ 内的一点 P,分别向 $\triangle ABC$ 两边作三截线 DE,FG,HK,使 DE 与 AB,AC 交于点 D,E;FG 与 AB,BC 交于点 F,G;HK 分别与 AC,BC 交于点 H,K,若三截线 DE,FG,HK 与 $\triangle ABC$ 第三边的交点 S,T,R 共线,则 $\triangle ABC$ 三边上的 6 个点 D,F,H,E,G,K 在同一圆锥曲线上.

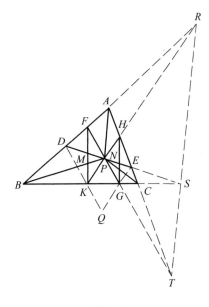

图 10.9

证明 如图,记六边形 $DFHEGK$ 顶点依次为 325416,则三对边 12—45,23—56,34—61 的交点分别是 T,R,S,则由帕斯卡逆定理,当三交点 T,R,S 共线时,六边形 $DFHEGK$ 内接于一圆锥曲线.

定理 4 如图 10.10,过 $\triangle ABC$ 内的一点 P,作 $DE \parallel BC$,分别与 AB,AC 交于点 D,E;作 $FG \parallel AC$,分别与 AB,BC 交于点 F,G;作 $KH \parallel AB$,分别与 AC,BC 交于点 H,K,FK,HG 分别与 DE 交于点 M,N.则

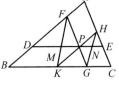

图 10.10

(1) $\dfrac{1}{PM} - \dfrac{1}{PN} = \dfrac{1}{PD} - \dfrac{1}{PE}$;

(2) 若 P 为 DE 的中点,有 $PM = PN$.

证明 如图 10.10,仍然记六边形 $DFHEGK$ 顶点依次为 325416,由于 $FG \parallel AC$,则 FG 与 AC 交于无穷远点 T,即 12—45 交点 T 是无穷远点.同样由

---

① 赵临龙.三类三角形中的蝴蝶问题的统一研究[J].数学通报,2016(6):59-61.

于 KH ∥ AB ,则 23—56 的交点 R 是无穷远点; DE ∥ BC ,34—61 的交点 S 是无穷远点.

由于无穷远点共线,则由引理 1 知,当三交点 T , S , R 共线时,六边形 $DFHEGK$ 内接于一圆锥曲线.

于是,由定理 2,即证得定理 4.

定理 5 如图 10.11,过 $\triangle ABC$ 内的一点 P ,作 $\triangle PBC$ 的外接圆切线,分别与 AB , AC 交于点 D , E ;作 $\triangle PAC$ 的外接圆切线,分别与 AB , BC 交于点 F , G ;作 $\triangle PAB$ 的外接圆切线,分别与 AC , BC 交于点 H , K , FK , HG 分别与 DE 交于点 M , N .则

(1) $\dfrac{1}{PM} - \dfrac{1}{PN} = \dfrac{1}{PD} - \dfrac{1}{PE}$;

(2)若 P 为 DE 的中点,有 $PM = PN$.

证明 如图 10.11,由于 FG 是 $\triangle PAC$ 的外接圆切线,则由 $\triangle TPA \backsim \triangle TCP$,得 $\dfrac{TA}{TP} = \dfrac{PA}{PC}$, $\dfrac{TC}{TP} = \dfrac{PC}{PA}$,即 $\dfrac{TA}{TC} = \dfrac{PA^2}{PC^2}$.

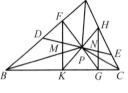

图 10.11

同理,由于 HK 是 $\triangle PAB$ 的外接圆切线,得 $\dfrac{RB}{RA} = \dfrac{PB^2}{PA^2}$;由于 DE 是 $\triangle PBC$ 的外接圆切线,得 $\dfrac{SC}{SB} = \dfrac{PC^2}{PB^2}$.

于是 $\dfrac{TA}{TC} \cdot \dfrac{SC}{SB} \cdot \dfrac{RB}{RA} = \dfrac{PA^2}{PC^2} \cdot \dfrac{PC^2}{PB^2} \cdot \dfrac{PB^2}{PA^2} = 1$.

由梅涅劳斯逆定理知,三交点 T , S , R 共线.

而由引理 1 知,当三交点 T , S , R 共线时,六边形 $DFHEGK$ 内接于一圆锥曲线.

于是,由定理 2,即证得定理 5.

定理 6 如图 10.12,过 $\triangle ABC$ 内的一点 P ,作 $\triangle PBC$ 的外角平分线,分别与 AB , AC 交于点 D , E ;作 $\triangle PAC$ 的外角平分线,分别与 AB , BC 交于点 F , G ;作 $\triangle PAB$ 的外角平分线,分别与 AC , BC 交于点 H , K , FK , HG 分别与 DE 交于点 M , N .则

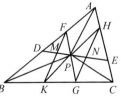

图 10.12

(1) $\dfrac{1}{PM} - \dfrac{1}{PN} = \dfrac{1}{PD} - \dfrac{1}{PE}$;

(2)若 P 为 DE 的中点,有 $PM = PN$.

证明　如图,由于 FG 是 $\triangle PAC$ 的外角平分线,则 $\dfrac{TA}{TC}=\dfrac{PA}{PC}$.同理,由于

HK 是 $\triangle PAB$ 的外角平分线,得 $\dfrac{RB}{RA}=\dfrac{PB}{PA}$;由于 DE 是 $\triangle PBC$ 的外角平分线,

得 $\dfrac{SC}{SB}=\dfrac{PC}{PB}$.

于是,仿照定理 5 的证明,即证得定理 6.

由引理 1 容易得到蝴蝶定理的相关结论.

结论 3　如图 10.12,过 $\triangle ABC$ 内的一点 P,分别向 $\triangle ABC$ 两边作三截线 DE,FG,HK,使 DE 与 AB,AC 交于点 D,E;FG 与 AB,BC 交于点 F,G;HK 分别与 AC,BC 交于点 H,K,FK,HG 分别与 DE 交于点 M,N,若三截线 DE,FG,HK 与 $\triangle ABC$ 第三边的交点 S,T,R 共线,则

$$\frac{1}{PM}-\frac{1}{PN}=\frac{1}{PD}-\frac{1}{PE} \qquad (*)$$

此时,如图,在引理 1 中,选择 $\triangle ADE$ 和 $\triangle PKG$,则由于 $\triangle ADE$ 和 $\triangle PKG$ 的三对应边的三个交点:$AD\times PK=R$,$DE\times KG=S$,$EA\times GP=T$ 共线,由笛沙格逆定理知,$\triangle ADE$ 和 $\triangle PKG$ 的三对应顶点的连线 AP,DK,EG 交于一点 Q.

反之,当 $\triangle ADE$ 和 $\triangle PKG$ 的三对应顶点的连线 AP,DK,EG 交于一点 Q,由笛沙格定理知,$\triangle ADE$ 和 $\triangle PKG$ 的三对应边的三个交点:$AD\times PK=R$,$DE\times KG=S$,$EA\times GP=T$ 共线.即有蝴蝶定理形式 $(*)$.

结论 4　如图 10.12,过 $\triangle ABC$ 内的一点 P,分别向 $\triangle ABC$ 两边作三截线 DE,FG,HK,使 DE 与 AB,AC 交于点 D,E;FG 与 AB,BC 交于点 F,G;HK 分别与 AC,BC 交于点 H,K,FK,HG 分别与 DE 交于点 M,N,若 $\triangle ADE$ 和 $\triangle PKG$ 的三对应顶点的连线 AP,DK,EG 交于一点 Q,则有蝴蝶定理形式 $(*)$.

另外,利用帕斯卡定理的对偶命题 —— 布利安香(Brianchon)定理:圆锥曲线外切六边形其三对顶点的连线共点.

布利安香定理的逆定理也成立.现给出相关结论.

结论 5　如图 10.13,过 $\triangle ABC$ 内的一点 P,分别向 $\triangle ABC$ 两边作三截线 DE,FG,HK,使 DE 与 AB,AC 交于点 D,E;FG 与 AB,BC 交于点 F,G;HK 分别与 AC,BC 交于点 H,K,FK,HG 分别与 DE 交于点 M,N,DH 和 EF 交于点 I,DG 和 EK 交于点 J,若三点 I,P,J 共线,则有蝴蝶定理形式 $(*)$.

证明　如图 10.13,取 $\triangle EFK$ 和 $\triangle DGH$,并且依次记 $\triangle EFK$ 和 $\triangle DGH$ 边为:EF 为 1,FK 为 2,KE 为 3;GD 为 4,GH 为 5,HD 为 6,由于三对角线

$12-45,23-56,34-61$ 共点 P,则 $\triangle EFK$ 和 $\triangle DGH$ 围成的六边形外切于一圆锥曲线.

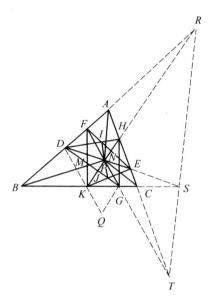

图 10.13

由射影几何中的结论,若两个三角形外切于一圆锥曲线,则其 6 个顶点在另外一条圆锥曲线上;可知,六边形 $DFHEGK$ 内接于一圆锥曲线.

于是,由坎迪蝴蝶定理,得到蝴蝶定理形式($*$).

结论 6 如图 10.13,在 $\triangle ABC$ 边取 2 个内接 $\triangle EFK$ 和 $\triangle DGH$,使 $\triangle EFK$ 和 $\triangle DGH$ 对应顶点的连线 ED,FG,KH 交于一点 P,FK,HG 分别与 DE 交于点 M,N,若 $\triangle EFK$ 和 $\triangle DGH$ 围成的六边形外切于一圆锥曲线,则有蝴蝶定理形式($*$).

为了给出蝴蝶定理的另一种一般形式,先看下面的引理 2.

引理 2① 如图 10.14,c_1,c_2,c_3 是过点 M,N,S,T 的三条二次曲线,直线 l 与 c_i 交于点 A_i,B_i($i=1,2,3$). 对直线 l 上任一点 O,记有向线段 $\overline{OA_i}=a_i$,$\overline{OB_i}=b_i$($i=1,2,3$),则有:

$$\begin{vmatrix} a_1b_1 & a_1+b_1 & 1 \\ a_2b_2 & a_2+b_2 & 1 \\ a_3b_3 & a_3+b_3 & 1 \end{vmatrix}=0 \qquad ⑯$$

---

① 吴波.也说蝴蝶定理的一般形式[J].数学通报,2012(6):47-50.

证明 如图 10.14,以 l 为 x 轴,以过点 O 且垂直于 x 轴的直线为 y 轴建立平面直角坐标系.则点 A_i 的坐标为 $(a_i,0)$,点 B_i 的坐标是 $(b_i,0)(i=1,2,3)$.

又设二次曲线 c_1,c_2,c_3 的方程分别为

$$F_1(x,y)=0,F_2(x,y)=0,F_3(x,y)=0$$

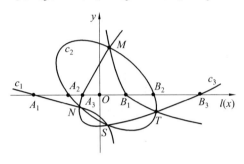

图 10.14

其中

$$F_i(x,y)=x^2+d_ixy+e_iy^2+f_ix+g_iy+h_i$$

$$(i=1,2,3)(系数均为实数) \qquad ⑰$$

注意到二次曲线 c_i 与 x 轴交于点 $A_i(a_i,0),B_i(b_i,0)$,因此 a_i,b_i 是方程 $x^2+f_ix+h_i=0$ 的两根 $(i=1,2,3)$.所以有

$$a_i+b_i=-f_i$$

$$a_ib_i=h_i(i=1,2,3) \qquad ⑱$$

而 c_3 要经过 c_1,c_2 的交点 M,N,S,T,则由曲线系知识知:存在 $\lambda_1,\lambda_2,\lambda_3 \in \mathbf{R}$ 且 $\lambda_1\lambda_2\lambda_3 \neq 0$ 使得成立

$$\lambda_3F_3(x,y)=\lambda_1F_1(x,y)+\lambda_2F_2(x,y)$$

将式 ⑰ 代入上式,并比较其中 x^2 项、x 项和常数项的系数得

$$\begin{cases} \lambda_1+\lambda_2=\lambda_3 \\ \lambda_1f_1+\lambda_2f_2=\lambda_3f_3 \\ \lambda_1h_1+\lambda_2h_2=\lambda_3h_3 \end{cases}$$

由 $\lambda_1\lambda_2\lambda_3 \neq 0$ 知:上面这个齐次线性方程组有非零解 $(\lambda_1,\lambda_2,\lambda_3)$,则其系数行列式的值必为零,即 $\begin{vmatrix} 1 & 1 & 1 \\ f_1 & f_2 & f_3 \\ h_1 & h_2 & h_3 \end{vmatrix}=0$,也即是

$$\begin{vmatrix} h_1 & f_1 & 1 \\ h_2 & f_2 & 1 \\ h_3 & f_3 & 1 \end{vmatrix}=0$$

将式 ⑱ 代入前式即知式 ⑯ 成立. 证毕.

定理 7 如图 10.14, 如果直线 l 与二次曲线 c_1 相交于点 A_1, B_1, 与二次曲线 c_2 相交于点 A_2, B_2, 那么对由 c_1, c_2 所形成的二次曲线束中的任一条二次曲线 c_3, 设它与 l 的交点为 A_3, B_3, 则

$$\frac{\overline{A_3A_1} \cdot \overline{A_3B_1}}{\overline{A_3A_2} \cdot \overline{A_3B_2}} = \frac{\overline{B_3A_1} \cdot \overline{B_3B_1}}{\overline{B_3A_2} \cdot \overline{B_3B_2}}$$

证明 设引理 2 中点 O 是 l 上任一点, 那么就可令 $a_3 = 0$, 则将式 ⑯ 按第一列展开并变形可得

$$\frac{a_1b_1}{a_2b_2} = \frac{a_1 + b_1 - b_3}{a_2 + b_2 - b_3} \qquad ⑲$$

而 $a_3 = 0$ 意味着点 A_3 与 O 重合, 则 $a_1 = \overline{OA_1} = \overline{A_3A_1}$, $b_1 = \overline{A_3B_1}$, $a_2 = \overline{A_3A_2}$, $b_2 = \overline{A_3B_2}$.

且 $b_1 - b_3 = \overline{OB_1} - \overline{OB_3} = \overline{B_3B_1}$, $b_2 - b_3 = \overline{OB_2} - \overline{OB_3} = \overline{B_3B_2}$.

将它们代入式 ⑲ 可得

$$\frac{\overline{A_3A_1} \cdot \overline{A_3B_1}}{\overline{A_3A_2} \cdot \overline{A_3B_2}} = \frac{\overline{A_3A_1} + \overline{B_3B_1}}{\overline{A_3A_2} + \overline{B_3B_2}}$$

在式 ⑯ 中, 令 $b_3 = 0$, 同理可证

$$\frac{\overline{B_3A_1} \cdot \overline{B_3B_1}}{\overline{B_3A_2} \cdot \overline{B_3B_2}} = \frac{\overline{A_3A_1} + \overline{B_3B_1}}{\overline{A_3A_2} + \overline{B_3B_2}}$$

所以有

$$\frac{\overline{A_3A_1} \cdot \overline{A_3B_1}}{\overline{A_3A_2} \cdot \overline{A_3B_2}} = \frac{\overline{B_3A_1} \cdot \overline{B_3B_1}}{\overline{B_3A_2} \cdot \overline{B_3B_2}}$$

证毕.

若将引理 2 中的点 O 取 A_3B_3 的中点, 则有 $a_3 + b_3 = 0$, 代入式 ⑯ 并化简可证得.

推论 1 条件同引理 2, 若点 O 是 A_3B_3 的中点, 则有

$$(a_1b_1 + a_3^2)(a_2 + b_2) = (a_2b_2 + a_3^2)(a_1 + b_1)$$

注 由于这里用的是有向线段, 因此这个结论包含了定理 3 所说的广义蝴蝶定理.

将推论 1 继续特殊化, 可得 (证略)

推论 2 条件同引理 2, 若点对 A_1, B_1; A_2, B_2; A_3, B_3 中有两对关于点 O 对称, 那么第三对点也关于点 O 对称.

推论 3 如图 10.15, 条件同引理 2, 若 O, A_3, B_3 三点重合, 则有如下两式成立

$$\frac{1}{\overline{OA_1}} + \frac{1}{\overline{OB_1}} = \frac{1}{\overline{OA_2}} + \frac{1}{\overline{OB_2}}$$

$$\overline{OA_1} \cdot \overline{OA_2} \cdot \overline{B_1B_2} = -\overline{OB_1} \cdot \overline{OB_2} \cdot \overline{A_1A_2}$$

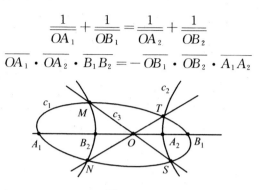

图 10.15

注 后一式是由前一式等价变形而来.这个推论包含了坎迪定理的推广形式.

定理 8 条件同引理 2,则

$$\overline{A_1B_2} \cdot \overline{A_2A_3} \cdot \overline{B_3B_1} = -\overline{B_1A_2} \cdot \overline{B_2B_3} \cdot \overline{A_3A_1} \qquad ⑳$$

事实上,我们可以证明式 ⑳ 和引理 2 的式 ⑯ 等价.

证明 注意到

$$\overline{A_1B_2} = \overline{OB_2} - \overline{OA_1} = b_2 - a_1$$

同理有

$$\overline{A_2A_3} = a_3 - a_2, \overline{B_3B_1} = b_1 - b_3, \overline{B_1A_2} = a_2 - b_1$$

$$\overline{B_2B_3} = b_3 - b_2, \overline{A_3A_1} = a_1 - a_3$$

所以

$$\overline{A_1B_2} \cdot \overline{A_2A_3} \cdot \overline{B_3B_1} =$$
$$(b_2 - a_1)(a_3 - a_2)(b_1 - b_3) =$$
$$a_1b_1(a_2 - a_3) - a_2b_2(b_1 - b_3) + a_3b_3(a_1 - b_2) + b_1b_2a_3 - a_1a_2b_3$$

同理

$$-\overline{B_1A_2} \cdot \overline{B_2B_3} \cdot \overline{A_3A_1} =$$
$$-(a_2 - b_1)(b_3 - b_2)(a_1 - a_3) =$$
$$-a_1b_1(b_2 - b_3) + a_2b_2(a_1 - a_3) - a_3b_3(b_1 - b_2) - a_1a_2b_3 + b_1b_2a_3$$

因此式 ⑳ 即等价于下式

$$a_1b_1[(a_2 + b_2) - (a_3 + b_3)] - a_2b_2[(a_1 + b_1) - (a_3 + b_3)] +$$
$$a_3b_3[(a_1 + b_1) - (a_2 + b_2)] = 0$$

而这即是引理 2 中式 ⑯ 的展开式.因此引理 2 的结论和定理 8 的结论等价.

另外,引理 2 的如下极限情形也是非常有趣的.

定理 9 如图 10.16,直线 $MN /\!/ l /\!/ ST$,c_1,c_2 是过点 M,N,S,T 的两条二次曲线.l 与 c_1 相交于点 A_1,B_1,与 c_2 相交于点 A_2,B_2.则 $\overline{A_1A_2} = \overline{B_2B_1}$.

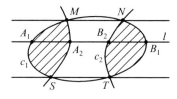

图 10.16

下面我们用引理 2 给出它的一个解释.

直线对 MN , ST 可看成一退化二次曲线 c_3 ,则 l 与 c_3 的交点 A_3 , B_3 就是无穷远点. 这即是定理 2 中 $a_3 \to \infty$, $b_3 \to \infty$ 时的极限情形. 对此极限情形有: $\dfrac{1}{a_3} \to 0$, $\dfrac{1}{b_3} \to 0$.

现在将式 ⑯ 变形为

$$\begin{vmatrix} a_1 b_1 & a_1 + b_1 & 1 \\ a_2 b_2 & a_2 + b_2 & 1 \\ 1 & \dfrac{1}{a_3} + \dfrac{1}{b_3} & \dfrac{1}{a_3 b_3} \end{vmatrix} = 0$$

则对上面的极限情形有

$$\begin{vmatrix} a_1 b_1 & a_1 + b_1 & 1 \\ a_2 b_2 & a_2 + b_2 & 1 \\ 1 & 0 & 0 \end{vmatrix} = 0$$

化简得 $\qquad\qquad a_1 + b_1 = a_2 + b_2$

则 $\qquad\qquad a_2 - a_1 = b_1 - b_2$

这即是 $\qquad\qquad \overline{A_1 A_2} = \overline{B_2 B_1}$

定理 9 再结合平面情形时的祖暅原理,立得如下有趣结论:

定理 10 如图 10.16,直线 $MN \parallel ST$, c_1 , c_2 是过点 M , N , S , T 的两条二次曲线. 则 c_1 , c_2 的夹在直线 MN , ST 之间的四条曲线段所围成的两个封闭区域等积.

定理 7 的结论如果用高等几何中的"交比"概念来表述即是:$(A_1 A_2 , A_3 B_3) = (B_1 B_2 , B_3 A_3)$,由高等几何的知识知:此时有 A_1 , B_1 ; A_2 , B_2 ; A_3 , B_3 是同一对合对应的三对对应点. 这说明定理 7 其实等价于如下定理:

定理 11(笛沙格对合定理) 一束圆锥曲线与一条直线的交点对是一个对合对应的点对.

这表明:蝴蝶定理的本质其实是笛沙格对合定理. 引理 2 也是笛沙格对合定理的另一种形式.

也就是说:定理 7,8,11 及引理 2,其实是等价的.因此引理 2 的条件可以换成:直线 l 上的点 $A_1, B_1, A_2, B_2, A_3, B_3$ 满足:$(A_1A_2, A_3B_3) = (B_1B_2, B_3A_3)$.

定理 12 c_1, c_2, c_3 是过点 M, N, S, T 的三条二次曲线,直线 l 与 c_i 交于点 A_i、$B_i(i=1,2,3)$,P 为直线 l 外一点.对直线 l 上任一点 O,记有向角 $\angle OPA_i = \alpha_i$,$\angle OPB_i = \beta_i(i=1,2,3)$,则

$$\begin{vmatrix} \tan\alpha_1\tan\beta_1 & \tan\alpha_1+\tan\beta_1 & 1 \\ \tan\alpha_2\tan\beta_2 & \tan\alpha_2+\tan\beta_2 & 1 \\ \tan\alpha_3\tan\beta_3 & \tan\alpha_3+\tan\beta_3 & 1 \end{vmatrix} = 0$$

证明 如图 10.17(为避免图形过于复杂,略去了图 10.15 中的二次曲线 c_1, c_2, c_3,但保留了四个点 M, N, S, T),过点 O 作直线 l' 使得 $l' \perp PO$,l' 与 PA_i 的交点为 A'_i,l' 与 PB_i 的交点为 $B'_i(i=1,2,3)$.记有向线段 $\overrightarrow{OA'_i} = a'_i$,$\overrightarrow{OB'_i} = b'_i(i=1,2,3)$.

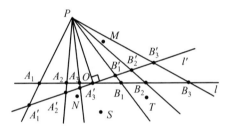

图 10.17

由定理 7 知此时有:$(A_1A_2, A_3B_3) = (B_1B_2, B_3A_3)$,而高等几何知识告诉我们:交比经中心投影后保持不变,由此推得:$(A'_1A'_2, A'_3B'_3) = (B'_1B'_2, B'_3A'_3)$.则由引理 2 知

$$\begin{vmatrix} a'_1b'_1 & a'_1+b'_1 & 1 \\ a'_2b'_2 & a'_2+b'_2 & 1 \\ a'_3b'_3 & a'_3+b'_3 & 1 \end{vmatrix} = 0 \qquad ㉑$$

记 $|PO| = d$,注意到 $l' \perp PO$,因此有:$a'_i = d\tan\alpha_i$,$b'_i = d\tan\beta_i(i=1,2,3)$.

将其代入式 ㉑ 并化简即知定理 12 的结论成立.证毕.

定理 12 其实是等价于引理 2 的"角元"形式.因此定理 12 也有一些类似推论.比如:

推论 1 条件同定理 12,若 PO 平分 $\angle(PA_3, PB_3)$(即 $\alpha_3 + \beta_3 = 0$),则有

$$(\tan\alpha_1\tan\beta_1 + \tan^2\alpha_3)(\tan\alpha_2 + \tan\beta_2) =$$
$$(\tan\alpha_2\tan\beta_2 + \tan^2\alpha_3)(\tan\alpha_1 + \tan\beta_1)$$

继续对推论 1 特殊化,可得

推论 2　条件同定理 12. 若 $\angle(PA_1,PB_1)$，$\angle(PA_2,PB_2)$，$\angle(PA_3,PB_3)$ 中有两个角被射线 PO 平分，那么第三个角也被 PO 平分.

推论 3　如图 10.18，条件同定理 12. 若点 O,A_3,B_3 三点重合，则有

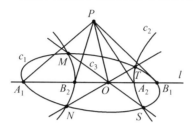

图 10.18

$$\frac{1}{\tan \angle OPA_1}+\frac{1}{\tan \angle OPB_1}=\frac{1}{\tan \angle OPA_2}+\frac{1}{\tan \angle OPB_2}$$

定理 13　如图 10.17，条件同定理 12. 则

$$\sin \angle A_1PB_2 \cdot \sin \angle A_2PA_3 \cdot \sin \angle B_3PB_1 =$$
$$-\sin \angle B_1PA_2 \cdot \sin \angle B_2PB_3 \cdot \sin \angle A_1PA_3.$$

需要注意的是：这里的角及下面证明中的面积都是有向的.

证明　在图 10.17 中，记点 P 到直线 l 的距离为 d_0（注意：不是图 10.18 中的 $|PO|$）. 则

$$d_0 \overline{A_1B_2} \cdot d_0 \overline{A_2A_3} \cdot d_0 \overline{B_3B_1} =$$
$$2S_{\triangle A_1PB_2} \cdot 2S_{\triangle A_2PA_3} \cdot 2S_{\triangle B_3PB_1} =$$
$$|PA_1||PB_2| \sin \angle A_1PB_2 \cdot |PA_2||PA_3| \cdot \sin \angle A_2PA_3 \cdot$$
$$|PB_3||PB_1| \sin \angle B_3PB_1$$

同理有

$$d_0 \overline{B_1A_2} \cdot d_0 \overline{B_2B_3} \cdot d_0 \overline{A_3A_1} =$$
$$2S_{\triangle B_1PA_2} \cdot 2S_{\triangle B_2PB_3} \cdot 2S_{\triangle A_3PA_1} =$$
$$|PB_1||PA_2| \sin \angle B_1PA_2 \cdot |PB_2||PB_3| \cdot \sin \angle B_2PB_3 \cdot$$
$$|PA_3||PA_1| \sin \angle A_3PA_1$$

而由定理 8 知

$$\overline{A_1B_2} \cdot \overline{A_2A_3} \cdot \overline{B_3B_1} = -\overline{B_1A_2} \cdot \overline{B_2B_3} \cdot \overline{A_3A_1}.$$

代入上式化简即知定理 13 的结论成立.

为了介绍后面的定理 14，先给出一个定义.

定义　对实系数一次方程 $l(x,y)=0$，实系数二次方程 $\omega(x,y)=0$，设点 $P(x_0,y_0)$ 满足 $l(x_0,y_0)=0$，点 $Q_1(x_1,y_1)$，$Q_2(x_2,y_2)$ 为 $l(x,y)=\omega(x,y)=0$ 的两组解. 则称

几何／瑰　宝

$$H(P,l,\omega)=\frac{1}{PQ_1}+\frac{1}{PQ_2}$$

为 l 上点 P 对 ω 的调和和.特别地,当点 P,Q_1,Q_2 三者重合时,认为调和和与任意实数均相等.

定理 14　对实系数一次方程 $l(x,y)=0$,实系数二次方程 $\omega(x,y)=0$,取点 $A_i(x_i,y_i)(i=1,2,3,4)$ 满足 $\omega(x_i,y_i)=0$.

若存在 $P(x_0,y_0)$ 满足

$$l(x_0,y_0)=0,H(P,l,\omega)=H(P,l,l_{12}\cdot l_{34})$$

则

$$H(P,l,\omega)=H(P,l,l_{12}\cdot l_{34})=$$
$$H(P,l,l_{41}\cdot l_{23})=H(P,l,l_{13}\cdot l_{24})$$

其中,$(x_i,y_i)\in \mathbf{R}^2(i=0,1,\cdots,4)$,$l_{ij}$ 表示过点 A_i,A_j 的直线.[①]

证明　不妨设 $P(0,0)$,$l(x,y)=y$,否则,可进行适当地平移和旋转.

先对实系数二次方程

$$\Omega(x,y)=Ax^2+By^2+Cxy+Dx+Ey+F=0$$

求 $H(P,l,\Omega)$ 的值.

将 $l(x,y)=y=0$ 代入 $\Omega(x,y)=0$,得

$$Ax^2+Dx+F=0$$

设此方程两复根为 m_1,m_2.

则由定义知

$$H(P,l,\Omega)=\frac{1}{m_1}+\frac{1}{m_2}=-\frac{D}{F}$$

取 $(m,n)\in \mathbf{R}^2$,使得

$$\omega(m,n)=0(m\neq x_i,n\neq y_i)$$

设 $-l_{41}\cdot l_{23}(m,n)=c_1$,$l_{12}\cdot l_{34}(m,n)=c_2$

考虑 $\omega'(x,y)=c_1 l_{12}\cdot l_{34}(x,y)+c_2 l_{41}\cdot l_{23}(x,y)$

由 $\omega'(A_1)=\omega'(A_2)=\omega'(A_3)=\omega'(A_4)=\omega'(m,n)=0$,且不同五点确定一条二次曲线,知

$$\omega'(x,y)=\omega(x,y)$$

又直线 l_{ij} 过点 $(x_i,y_i),(x_j,y_j)$,于是,设

$$l_{ij}(x,y)=\mu_{ij}((y_j-y_i)x+(x_i-x_j)y+(x_j y_i-x_i y_j))$$

则

──────────────

① 张峻铭.蝴蝶定理的一个推广[J].中等数学,2018(6):14-15.

平面几何500名题暨1500条定理(下)

740

$$H(P,l,l_{12} \cdot l_{34}) = -\frac{(y_2 - y_1)(x_4 y_3 - x_3 y_4) + (y_4 - y_3)(x_2 y_1 - x_1 y_2)}{(x_2 y_1 - x_1 y_2)(x_4 y_3 - x_3 y_4)}$$

$$H(P,l,l_{41} \cdot l_{23}) = -\frac{(y_1 - y_4)(x_3 y_2 - x_2 y_3) + (y_3 - y_2)(x_1 y_4 - x_4 y_1)}{(x_1 y_4 - x_4 y_1)(x_3 y_2 - x_2 y_3)}$$

$$H(P,l,\omega) = -\frac{M_1 + M_2}{M_3}$$

其中

$$M_1 = c_1 \mu_{12} \mu_{34}((y_2 - y_1)(x_4 y_3 - x_3 y_4) + (y_4 - y_3)(x_2 y_1 - x_1 y_2))$$

$$M_2 = c_2 \mu_{41} \mu_{23}((y_1 - y_4)(x_3 y_2 - x_2 y_3) + (y_3 - y_2)(x_1 y_4 - x_4 y_1))$$

$$M_3 = c_1 \mu_{12} \mu_{34}(x_2 y_1 - x_1 y_2)(x_4 y_3 - x_3 y_4) + c_2 \mu_{41} \mu_{23}(x_1 y_4 - x_4 y_1)(x_3 y_2 - x_2 y_3)$$

由分比定律知当 $H(P,l,\omega) = H(P,l,l_{12} \cdot l_{34})$ 时

$$H(P,l,\omega) = H(P,l,l_{41} \cdot l_{23})$$

类似地,$H(P,l,\omega) = H(P,l,l_{13} \cdot l_{24})$. 证毕.

❖圆锥曲线的托勒密定理[①]

定理 1 四边形 $A_1 A_2 A_3 A_4$ 是椭圆 $\frac{x^2}{a^2} + \frac{y^2}{b^2} = 1 (a \geqslant b > 0)$ 的内接四边形,直线 $A_i A_j$ 的斜率为 K_{ij},则

$$\lambda_{12} \cdot \lambda_{34} \mid A_1 A_2 \mid \cdot \mid A_3 A_4 \mid + \lambda_{23} \cdot \lambda_{41} \mid A_2 A_3 \mid \cdot \mid A_4 A_1 \mid =$$
$$\lambda_{13} \cdot \lambda_{24} \mid A_1 A_3 \mid \cdot \mid A_2 A_4 \mid$$

其中 $\lambda_{ij} = \sqrt{\frac{K_{ij}^2 + \left(\frac{b}{a}\right)^2}{K_{ij}^2 + 1}}$,当直线 $A_i A_j$ 的斜率不存在时,令 $\lambda_{ij} = 1$.

证明 设 $A_i(a\cos\theta_i, b\sin\theta_i), i = 1,2,3,4, 0 \leqslant \theta_1 < \theta_2 < \theta_3 < \theta_4 < 2\pi$,则

$$K_{ij} = \frac{b\sin\theta_j - b\sin\theta_i}{a\cos\theta_j - a\cos\theta_i}$$

所以

$$\lambda_{ij} = \left\{ \left[\left(\frac{b\sin\theta_j - b\sin\theta_i}{a\cos\theta_j - a\cos\theta_i}\right)^2 + \left(\frac{b}{a}\right)^2 \right] \Big/ \right.$$
$$\left. \left[\left(\frac{b\sin\theta_j - b\sin\theta_i}{a\cos\theta_j - a\cos\theta_i}\right)^2 + 1 \right] \right\}^{\frac{1}{2}} =$$

$$\sqrt{\frac{[(\sin\theta_j-\sin\theta_i)^2+(\cos\theta_j-\cos\theta_i)^2]b^2}{(b\sin\theta_j-b\sin\theta_i)^2+(a\cos\theta_j-a\cos\theta_i)^2}}=$$

$$\frac{b}{|A_iA_j|}\sqrt{(\sin\theta_j-\sin\theta_i)^2+(\cos\theta_j-\cos\theta_i)^2}$$

故
$$\lambda_{ij}|A_iA_j|=b\sqrt{(\sin\theta_j-\sin\theta_i)^2+(\cos\theta_j-\cos\theta_i)^2}=$$

$$b\sqrt{2-2(\cos\theta_j\cos\theta_i+\sin\theta_j\sin\theta_i)}=$$

$$2b\left|\sin\frac{\theta_j-\theta_i}{2}\right|$$

所以
$$\lambda_{12}\cdot\lambda_{34}|A_1A_2|\cdot|A_3A_4|=$$

$$2b\left|\sin\frac{\theta_2-\theta_1}{2}\right|\cdot 2b\left|\sin\frac{\theta_4-\theta_3}{2}\right|=$$

$$4b^2\sin\frac{\theta_2-\theta_1}{2}\sin\frac{\theta_4-\theta_3}{2}=$$

$$2b^2\left(\cos\frac{\theta_2+\theta_3-\theta_1-\theta_4}{2}-\cos\frac{\theta_2+\theta_4-\theta_1-\theta_3}{2}\right)$$

同理
$$\lambda_{23}\cdot\lambda_{41}|A_2A_3|\cdot|A_4A_1|=$$

$$2b^2\left(\cos\frac{\theta_3+\theta_1-\theta_2-\theta_4}{2}-\cos\frac{\theta_3+\theta_4-\theta_1-\theta_2}{2}\right)$$

所以
$$\lambda_{12}\cdot\lambda_{34}|A_1A_2|\cdot|A_3A_4|+\lambda_{23}\cdot\lambda_{41}\cdot|A_2A_3|\cdot|A_4A_1|=$$

$$2b^2\left(\cos\frac{\theta_2+\theta_3-\theta_1-\theta_4}{2}-\cos\frac{\theta_3+\theta_4-\theta_1-\theta_2}{2}\right) \qquad ①$$

而
$$\lambda_{13}\cdot\lambda_{24}|A_1A_3|\cdot|A_2A_4|=$$

$$2b^2\left(\cos\frac{\theta_2+\theta_3-\theta_1-\theta_4}{2}-\cos\frac{\theta_3+\theta_4-\theta_1-\theta_2}{2}\right) \qquad ②$$

由(1),(2)得
$$\lambda_{12}\cdot\lambda_{34}|A_1A_2|\cdot|A_3A_4|+\lambda_{23}\cdot\lambda_{41}|A_2A_3|\cdot|A_4A_1|=$$

$$\lambda_{13}\cdot\lambda_{24}|A_1A_3|\cdot|A_2A_4|$$

注 若 $a=b$,则 $\lambda_{ij}=1$,定理 1 就是托勒密定理,故定理 1 是托勒密定理的推广.

定理 2 四边形 $A_1A_2A_3A_4$ 是双曲线 $\dfrac{x^2}{a^2}-\dfrac{y^2}{b^2}=1(a>0,b>0)$ 一支上内接四边形,直线 A_iA_j 的斜率为 K_{ij},则

$$\lambda_{12} \cdot \lambda_{34} \mid A_1 A_2 \mid \cdot \mid A_3 A_4 \mid + \lambda_{23} \cdot \lambda_{41} \mid A_2 A_3 \mid \cdot \mid A_4 A_1 \mid =$$

$$\lambda_{13} \cdot \lambda_{24} \mid A_1 A_3 \mid \cdot \mid A_2 A_4 \mid$$

其中 $\lambda_{ij} = \sqrt{\dfrac{K_{ij}^2 - \left(\dfrac{b}{a}\right)^2}{K_{ij}^2 + 1}}$，当直线 $A_i A_j$ 的斜率不存在时，令 $\lambda_{ij} = 1$.

证明　由题意，$\mid K_{ij} \mid > \dfrac{b}{a}$，所以 $K_{ij}^2 - \left(\dfrac{b}{a}\right)^2 > 0$，得 λ_{ij} 有意义.

设 $A_i (a\sec \theta_i, b\tan \theta_i), i = 1,2,3,4$，有

$$-\arctan \frac{b}{a} < \theta_1 < \theta_2 < \theta_3 < \theta_4 < \arctan \frac{b}{a}$$

则

$$K_{ij} = \frac{b\tan \theta_j - b\tan \theta_i}{a\sec \theta_j - a\sec \theta_i}$$

所以

$$\lambda_{ij} = \left\{ \left[\left(\frac{b\tan \theta_j - b\tan \theta_i}{a\sec \theta_j - a\sec \theta_i}\right) - \left(\frac{b}{a}\right)^2 \right]^2 \middle/ \right.$$

$$\left. \left[\left(\frac{b\tan \theta_j - b\tan \theta_i}{a\sec \theta_j - a\sec \theta_i}\right)^2 + 1 \right] \right\}^{\frac{1}{2}} =$$

$$\frac{b}{\mid A_i A_j \mid} \sqrt{(\tan \theta_j - \tan \theta_i)^2 - (\sec \theta_j - \sec \theta_i)^2}$$

故

$$\lambda_{ij} \mid A_i A_j \mid = b\sqrt{(\tan \theta_j - \tan \theta_i)^2 - (\sec \theta_j - \sec \theta_i)^2} =$$

$$b\sqrt{2\sec \theta_j \sec \theta_i - 2\tan \theta_j \tan \theta_i - 2} =$$

$$b\sqrt{\frac{2}{\cos \theta_j \cos \theta_i}[1 - (\cos \theta_j \cos \theta_i + \sin \theta_j \sin \theta_i)]} =$$

$$2b\sqrt{\frac{1}{\cos \theta_j \cos \theta_i} \cdot \frac{1 - \cos(\theta_j - \theta_i)}{2}}$$

显然，$\cos \theta_j > 0, \cos \theta_i > 0$，于是上式可化为

$$\lambda_{ij} \mid A_i A_j \mid = \frac{2b}{\sqrt{\cos \theta_j \cos \theta_i}} \left| \sin \frac{\theta_j - \theta_i}{2} \right|$$

所以

$$\lambda_{12} \cdot \lambda_{34} \mid A_1 A_2 \mid \cdot \mid A_3 A_4 \mid =$$

$$\frac{2b}{\sqrt{\cos \theta_1 \cos \theta_2}} \left| \sin \frac{\theta_2 - \theta_1}{2} \right| \frac{2b}{\sqrt{\cos \theta_3 \cos \theta_4}} \left| \sin \frac{\theta_4 - \theta_3}{2} \right|$$

而 $0 < \dfrac{\theta_2 - \theta_1}{2} < \dfrac{\pi}{2}, 0 < \dfrac{\theta_4 - \theta_3}{2} < \dfrac{\pi}{2}$

故

$$\lambda_{12} \cdot \lambda_{34} \mid A_1 A_2 \mid \cdot \mid A_3 A_4 \mid =$$

$$\frac{4b^2}{\sqrt{\cos\theta_1 \cos\theta_2 \cos\theta_3 \cos\theta_4}} \sin\frac{\theta_2 - \theta_1}{2} \sin\frac{\theta_4 - \theta_3}{2} =$$

$$\frac{2b^2}{\sqrt{\cos\theta_1 \cos\theta_2 \cos\theta_3 \cos\theta_4}} \cdot$$

$$\left(\cos\frac{\theta_2 + \theta_3 - \theta_1 - \theta_4}{2} - \cos\frac{\theta_2 + \theta_4 - \theta_1 - \theta_3}{2}\right)$$

同理

$$\lambda_{23} \cdot \lambda_{41} \mid A_2 A_3 \mid \cdot \mid A_4 A_1 \mid =$$

$$\frac{2b^2}{\sqrt{\cos\theta_1 \cos\theta_2 \cos\theta_3 \cos\theta_4}} \cdot$$

$$\left(\cos\frac{\theta_3 + \theta_1 - \theta_2 - \theta_4}{2} - \cos\frac{\theta_3 + \theta_4 - \theta_1 - \theta_2}{2}\right)$$

所以

$$\lambda_{12} \cdot \lambda_{34} \mid A_1 A_2 \mid \cdot \mid A_3 A_4 \mid + \lambda_{23} \cdot \lambda_{41} \mid A_2 A_3 \mid \cdot \mid A_4 A_1 \mid =$$

$$\frac{2b^2}{\sqrt{\cos\theta_1 \cos\theta_2 \cos\theta_3 \cos\theta_4}} \cdot$$

$$\left(\cos\frac{\theta_2 + \theta_3 - \theta_1 - \theta_4}{2} - \cos\frac{\theta_3 + \theta_4 - \theta_1 - \theta_2}{2}\right) \qquad ③$$

又

$$\lambda_{13} \cdot \lambda_{24} \mid A_1 A_3 \mid \cdot \mid A_2 A_4 \mid =$$

$$\frac{2b^2}{\sqrt{\cos\theta_1 \cos\theta_2 \cos\theta_3 \cos\theta_4}} \cdot$$

$$\left(\cos\frac{\theta_2 + \theta_3 - \theta_1 - \theta_4}{2} - \cos\frac{\theta_3 + \theta_4 - \theta_1 - \theta_2}{2}\right) \qquad ④$$

由 ③,④,定理 2 获证.

定理 3　若 $A_i(x_i, y_i)(i=1,2,3,4)$, $\mid y_1 \mid \leqslant \mid y_2 \mid \leqslant \mid y_3 \mid \leqslant \mid y_4 \mid$, 四边形 $A_1 A_2 A_3 A_4$ 是抛物线 $y^2 = 2px(p > 0)$ 的内接四边形,直线 $A_i A_j$ 的斜率为 K_{ij},则

$$\lambda_{12} \cdot \lambda_{34} \mid A_1 A_2 \mid \cdot \mid A_3 A_4 \mid + \lambda_{23} \cdot \lambda_{41} \mid A_2 A_3 \mid \cdot \mid A_4 A_1 \mid =$$

$$\lambda_{13} \cdot \lambda_{24} \mid A_1 A_3 \mid \cdot \mid A_2 A_4 \mid$$

其中 $\lambda_{ij} = \dfrac{1}{\sqrt{K_{ij}^2 + 1}}$,当直线 $A_i A_j$ 的斜率不存在时,令 $\lambda_{ij} = 0$.

证明　显然,$x_i = \dfrac{y_i^2}{2p}$,故有

$$K_{ij} = \frac{y_j - y_i}{\dfrac{y_j^2}{2p} - \dfrac{y_i^2}{2p}} = \frac{2p}{y_j + y_i}$$

所以

$$\lambda_{ij} = \frac{1}{\sqrt{\left(\dfrac{2p}{y_j + y_i}\right)^2 + 1}} =$$

$$\frac{\mid y_j + y_i \mid}{\sqrt{4p^2 + (y_j + y_i)^2}} =$$

$$\frac{\mid y_j^2 - y_i^2 \mid}{\mid y_j - y_i \mid \sqrt{(y_j + y_i)^2 + 4p^2}}$$

而

$$\mid A_i A_j \mid = \sqrt{\left(\frac{y_j^2}{2p} - \frac{y_i^2}{2p}\right)^2 + (y_j - y_i)^2} =$$

$$\frac{\mid y_j - y_i \mid}{2p} \sqrt{(y_j + y_i)^2 + 4p^2}$$

所以

$$\lambda_{ij} \mid A_i A_j \mid = \frac{1}{2p} \mid y_j^2 - y_i^2 \mid$$

所以

$$\lambda_{12} \cdot \lambda_{34} \mid A_1 A_2 \mid \cdot \mid A_3 A_4 \mid + \lambda_{23} \cdot \lambda_{41} \mid A_2 A_3 \mid \cdot \mid A_4 A_1 \mid =$$

$$\frac{1}{4p^2} \left[(y_2^2 - y_1^2)(y_4^2 - y_3^2) + (y_3^2 - y_2^2)(y_4^2 - y_1^2) \right] =$$

$$\frac{1}{4p^2} (y_1^2 y_2^2 + y_3^2 y_4^2 - y_2^2 y_3^2 - y_4^2 y_1^2)$$

而

$$\lambda_{13} \cdot \lambda_{24} \mid A_1 A_3 \mid \cdot \mid A_2 A_4 \mid = \frac{1}{4p^2} (y_1^2 y_2^2 + y_3^2 y_4^2 - y_2^2 y_3^2 - y_4^2 y_1^2)$$

所以

$$\lambda_{12} \cdot \lambda_{34} \mid A_1 A_2 \mid \cdot \mid A_3 A_4 \mid + \lambda_{23} \cdot \lambda_{41} \mid A_2 A_3 \mid \cdot \mid A_4 A_1 \mid =$$

$$\lambda_{13} \cdot \lambda_{24} \mid A_1 A_3 \mid \cdot \mid A_2 A_4 \mid$$

定理 3 获证.

注 定理 3 中的四边形 $A_1 A_2 A_3 A_4$ 不一定是凸的, 也有可能是一个折四边形.

❖圆锥曲线幂定理

圆幂定理可进行推广, 我们在上册(参见图 2.20 等), 已介绍了有关结论,

我们还可得到如下的圆锥曲线幂定理. [1]

椭圆幂定理 过平面上一个定点 M，任作一直线与椭圆 $\dfrac{x^2}{a^2}+\dfrac{y^2}{b^2}=1$ 交于 A,B 两点，OC 为平行于 AB 的半径，则 $\dfrac{MA \cdot MB}{OC^2}$ 为定值 k（这里 MA，MB，OC 表示有向线段的数量），并且 $k=\dfrac{x_0^2}{a^2}+\dfrac{y_0^2}{b^2}-1$. 定值 k 叫作点 M 关于此椭圆的幂，简称椭圆幂.

证明 设 AB 所在直线的倾斜角为 α，过 $M(x_0,y_0)$ 的直线参数方程为

$$\begin{cases} x=x_0+t\cos \alpha \\ y=y_0+t\sin \alpha \end{cases}(t \text{ 为参数})$$

代入椭圆方程得

$$\frac{(x_0+t\cos \alpha)^2}{a^2}+\frac{(y_0+t\sin \alpha)^2}{b^2}=1$$

整理得

$$\left(\frac{\cos^2\alpha}{a^2}+\frac{\sin^2\alpha}{b^2}\right)t^2+2\left(\frac{x_0\cos \alpha}{a^2}+\frac{y_0\sin \alpha}{b^2}\right)t+\frac{x_0^2}{a^2}+\frac{y_0^2}{b^2}-1=0$$

故

$$t_1t_2=\frac{\dfrac{x_0^2}{a^2}+\dfrac{y_0^2}{b^2}-1}{\dfrac{\cos^2\alpha}{a^2}+\dfrac{\sin^2\alpha}{b^2}}$$

因为 A,B 在椭圆上，根据参数的几何意义得

$$MA \cdot MB=\frac{\dfrac{x_0^2}{a^2}+\dfrac{y_0^2}{b^2}-1}{\dfrac{\cos^2\alpha}{a^2}+\dfrac{\sin^2\alpha}{b^2}} \qquad ①$$

由式 ① 得

$$OC \cdot OD=\frac{\dfrac{0^2}{a^2}+\dfrac{0^2}{b^2}-1}{\dfrac{\cos^2\alpha}{a^2}+\dfrac{\sin^2\alpha}{b^2}}=\frac{-1}{\dfrac{\cos^2\alpha}{a^2}+\dfrac{\sin^2\alpha}{b^2}}=-OC^2$$

于是

$$\frac{MA \cdot MB}{OC^2}=\frac{x_0^2}{a^2}+\frac{y_0^2}{b^2}-1=k$$

与圆幂定理类似，由椭圆幂定理可得相交弦定理、割线定理、切线长定理及切割线定理.

① 李超英. 圆幂定理在圆锥曲线上的推广[J]. 中学数学月刊，2005(11)：32-33.

双曲线幂定理 过平面上一个交点 M,任作一直线与双曲线 $\dfrac{x^2}{a^2}-\dfrac{y^2}{b^2}=1$ 交于 A,B 两点,OC 为平行于 AB 的半径,则 $\dfrac{MA \cdot MB}{CO^2}$ 为定值 k(这里 MA,MB,OC 表示有向线段的数量),并且 $k=\dfrac{x_0^2}{a^2}-\dfrac{y_0^2}{b^2}-1$.定值 k 叫作点 M 关于双曲线的幂,简称双曲线幂.

双曲线幂定理的证明与椭圆幂定理的证明类似,并由此定理易得双曲线上的相交弦定理、割线定理、切线长定理及切割线定理.

抛物线幂定理 过平面上一个定点 M,任作一直线与抛物线 $y^2=2px$ $(p>0)$ 交于 A,B 两点,l 为平行于 AB 的焦点弦 CD 的长,则 $\dfrac{MA \cdot MB}{l}$ 为定值 k(这里 MA,MB 表示有向线段的数量),并且 $k=\dfrac{y_0^2}{2p}-x_0$.定值 k 叫作点 M 关于此抛物线的幂,简称抛物线幂.

证明 设 AB 所在直线的倾斜角为 α,过 $M(x_0,y_0)$ 的直线参数方程为

$$\begin{cases} x=x_0+t\cos\alpha \\ y=y_0+t\sin\alpha \end{cases} (t\ \text{为参数})$$

代入 $y^2=2px$ 可得

$$(y_0+t\sin\alpha)^2=2p(x_0+t\cos\alpha)$$

整理得

$$(\sin^2\alpha)t^2+2(y_0\sin\alpha-p\cos\alpha)t+y_0^2-2px_0=0$$

则

$$t_1t_2=\dfrac{y_0^2-2px_0}{\sin^2\alpha}$$

由 A,B 均在抛物线上,由参数的几何意义可得

$$MA \cdot MB=\dfrac{y_0^2-2px_0}{\sin^2\alpha}$$

由上面推导类似可得 FC,FD 是方程

$$(\sin^2\alpha)t^2+2(0 \cdot \sin\alpha-p\cos\alpha)t+0^2-2p \cdot \dfrac{p}{2}=0$$

即

$$(\sin^2\alpha)t^2-(2p\cos\alpha)t-p^2=0$$

的两根.

易得

$$l=|\ CD\ |=|\ t_1-t_2\ |=\dfrac{\sqrt{(2p\cos\alpha)^2+4p^2\sin^2\alpha}}{\sin^2\alpha}=\dfrac{2p}{\sin^2\alpha}$$

于是

$$\dfrac{MA \cdot MB}{l}=\dfrac{y_0^2}{2p}-x_0=k$$

由此定理易得抛物线上的相交弦定理、割线定理、切线长定理及切割线定

理.

注 如上定理是由如下定理推广而来:

圆幂定理 过平面上一个定点 M,任作一直线与半径为 R 的定圆交于 A,B 两点,则 $MA \cdot MB$ 为定值 k(这里 MA,MB 表示有向线段的数量),并且 $k = OM^2 - R^2$.定值 k 叫作点 M 关于圆 O 的幂,简称圆幂.

当点 M 在圆内时,$k < 0$,易得相交弦定理;当点 M 在圆上时,$k = 0$;当点 M 在圆外时,$k > 0$,易得割线定理、切线长定理、切割线定理.

利用直线的参数方程,我们可以得到如下定理:

圆锥曲线幂定理 1 设圆锥曲线 Γ(标准方程),倾斜角为定角 α 的动直线 l_1 与圆锥曲线 E 交于不同的两点 A,B.

(1)设倾斜角为定角 β 的动直线 l_2 与圆锥曲线 Γ 相切于点 T,与直线 l_1 交于点 P,则存在常数

$$\lambda = \frac{1 - e^2 \cos^2 \alpha}{1 - e^2 \cos^2 \beta}$$

使得 $$|PT|^2 = \lambda |PA| \cdot |PB|$$

成立;

(2)倾斜角为定角 β 的动直线 l_2 与圆锥曲线 Γ 交于不同的两点 C,D,与直线 l_1 交于点 P,则存在常数

$$\lambda = \frac{1 - e^2 \cos^2 \alpha}{1 - e^2 \cos^2 \beta}$$

使得 $$|PA| \cdot |PB| = \lambda |PC| \cdot |PD|$$

成立.

圆锥曲线的幂定理还有下述结论[①]:

圆锥曲线幂定理 2 已知点 M 不在圆锥曲线 C 上,过点 M 作两条直线分别交曲线 C 于点 A,B 和 D,E,过焦点 F 作 $A_1 B_1 \parallel AB$,$D_1 E_1 \parallel DE$,分别交曲线 C 点 A_1,B_1 和 D_1,E_1,则 $MA \cdot MB = \lambda MD \cdot ME$,其中 $\lambda = \dfrac{A_1 B_1}{D_1 E_1}$.

圆锥曲线幂定理 3 已知点 M 在圆锥曲线 C 的外部,过点 M 作两条直线,一条与曲线 C 切于点 T,一条交曲线 C 于点 D,E;过焦点 F 作 $A_1 B_1 \parallel MT$,$D_1 E_1 \parallel DE$,分别交曲线 C 点 A_1,B_1 和 D_1,E_1,则 $MT^2 = \lambda MD \cdot ME$,其中 $\lambda = \dfrac{A_1 B_1}{D_1 E_1}$.

① 金山.圆锥曲线相交弦、切(割)线的统一性质[J].数学通讯,2017(7):42-44.

圆锥曲线幂定理 4 已知点 M 在圆锥曲线 C 的外部,过点 M 作曲线 C 的两条切线,切点分别为 T_1,T_2,过焦点 F 作 $A_1B_1 /\!/ MT_1$,$A_2B_2 /\!/ MT_2$,分别交曲线 C 点 A_1,B_1 和 A_2,B_2,则 $MT_1 = \lambda MT_2$,其中 $\lambda = \sqrt{\dfrac{A_1B_1}{A_2B_2}}$.

下面,给出圆锥曲线幂定理 2 的证明(定理 3,4 留给读者):

对于椭圆 $\dfrac{x^2}{a^2} + \dfrac{y^2}{b^2} = 1 (a > b > 0)$,如图 10.19,设 $M(m,n)$,$A(x_1,y_1)$,$B(x_2,y_2)$,当直线 AB 和 CD 的斜率都存在时,设其斜率分别为 k_1,k_2,联立直线 $AB : y - n = k_1(x - m)$ 和椭圆方程得

$$(b^2 + a^2 k_1^2)x^2 + 2a^2 k_1(n - mk_1)x + a^2(n^2 - 2mnk_1 + m^2 k_1^2 - b^2) = 0$$

则
$$x_1 + x_2 = -\frac{2a^2 k_1(n - mk_1)}{b^2 + a^2 k_1^2}$$

$$x_1 x_2 = \frac{a^2(n^2 - 2mnk_1 + m^2 k_1^2 - b^2)}{b^2 + a^2 k_1^2}$$

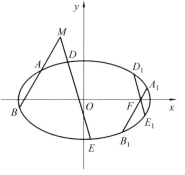

图 10.19

从而
$$\begin{aligned} MA \cdot MB &= (1 + k_1^2) \mid (x_1 - m)(x_2 - m) \mid = \\ &(1 + k_1^2) \mid x_1 x_2 - m(x_1 + x_2) + m^2 \mid = \\ &\frac{a^2 b^2(1 + k_1^2)}{b^2 + a^2 k_1^2} \left| \frac{m^2}{a^2} + \frac{n^2}{b^2} - 1 \right| \end{aligned}$$

同理可得
$$MD \cdot ME = \frac{a^2 b^2(1 + k_2^2)}{b^2 + a^2 k_2^2} \left| \frac{m^2}{a^2} + \frac{n^2}{b^2} - 1 \right|$$

所以
$$\frac{MA \cdot MB}{MD \cdot ME} = \frac{1 + k_1^2}{1 + k_2^2} \cdot \frac{b^2 + a^2 k_2^2}{b^2 + a^2 k_1^2}$$

设 $A_1(x_3,y_3)$,$B_1(x_4,y_4)$,联立直线 $A_1B_1 : y = k_1(x - c)$ 和椭圆方程得
$$(b^2 + a^2 k_1^2)x^2 - 2a^2 ck_1 x + a^2(c^2 k_1^2 - b^2) = 0$$

则
$$x_3 + x_4 = \frac{2a^2 ck_1}{b^2 + a^2 k_1^2}, x_3 x_4 = \frac{a^2(c^2 k_1^2 - b^2)}{b^2 + a^2 k_1^2}$$

从而
$$A_1B_1 = \sqrt{1 + k_1^2} \mid x_3 - x_4 \mid = \frac{2a^2 b(1 + k_1^2)}{b^2 + a^2 k_1^2}$$

同理可得
$$D_1E_1 = \frac{2a^2 b(1 + k_2^2)}{b^2 + a^2 k_2^2}$$

故
$$\frac{A_1B_1}{D_1E_1} = \frac{1 + k_1^2}{1 + k_2^2} \cdot \frac{b^2 + a^2 k_2^2}{b^2 + a^2 k_1^2}$$

即证得
$$\frac{MA \cdot MB}{MD \cdot ME} = \frac{A_1 B_1}{D_1 E_1}$$

当直线 AB 和 CD 中有一条斜率不存在时,易证结论也成立.

对于双曲线 $\frac{x^2}{a^2} - \frac{y^2}{b^2} = 1 (a > 0, b > 0)$ 可类似于椭圆而证(略).

对于抛物线 $y^2 = 2px (p > 0)$.

设 $M(m, n)$, $A(x_1, y_1)$, $B(x_2, y_2)$, 当直线 AB 和直线 CD 的斜率都存在时,设其斜率分别为 k_1, k_2,联立直线 $AB: y - n = k_1 (x - m)$ 和抛物线方程得

$$k_1^2 x^2 + 2(nk_1 - mk_1^2 - p)x + (n^2 - 2mnk_1 + m^2 k_1^2 + b^2) = 0$$

则
$$x_1 + x_2 = -\frac{2(nk_1 - mk_1^2 - p)}{k_1^2}$$

$$x_1 x_2 = \frac{n^2 - 2mnk_1 + m^2 k_1^2 + b^2}{k_1^2}$$

从而
$$MA \cdot MB = (1 + k_1^2) \mid (x_1 - m)(x_2 - m) \mid = \frac{1 + k_1^2}{k_1^2} \mid n^2 - 2pm \mid$$

同理
$$MD \cdot ME = \frac{1 + k_2^2}{k_2^2} \cdot \mid n^2 - 2pm \mid$$

则
$$\frac{MA \cdot MB}{MD \cdot ME} = \frac{1 + k_1^2}{1 + k_2^2} \cdot \frac{k_2^2}{k_1^2}$$

设 $A_1(x_3, y_3)$, $B_1(x_4, y_4)$,联立 $A_1 B_1: y = k_1 \left(x - \frac{p}{2} \right)$ 和抛物线方程得

$$k_1^2 x^2 - p(k_1^2 + 2)x + \frac{k_1^2 p^2}{4} = 0$$

则
$$x_3 + x_4 = \frac{p(k_1^2 + 2)}{k_1^2}, \quad x_3 x_4 = \frac{p^2}{4}$$

从而
$$A_1 B_1 = \sqrt{1 + k_1^2} \mid x_3 - x_4 \mid = \frac{2p(1 + k_1^2)}{k_1^2}$$

同理可得
$$D_1 E_1 = \frac{2p(1 + k_2^2)}{k_2^2}$$

故
$$\frac{A_1 B_1}{D_1 E_1} = \frac{1 + k_1^2}{1 + k_2^2} \cdot \frac{k_2^2}{k_1^2}$$

即证得 $\dfrac{MA \cdot MB}{MD \cdot ME} = \dfrac{A_1 B_1}{D_1 E_1}$

当直线 AB 和 CD 中有一条斜率不存在时,易证结论也成立.

❖圆锥曲线调和分割割线段定理

定理 1 设 PT_1，PT_2 是圆锥曲线的两切线，过 P 的直线交圆锥曲线于 Q，R，且交 T_1T_2 于 T，则有

$$\frac{1}{PQ} + \frac{1}{PR} = \frac{2}{PT}$$

证明 设圆锥曲线的方程为

$$(1-e^2)x^2 + y^2 - 2px - p^2 = 0 \qquad ①$$

其中 e 是离心率，p 是焦点到准线的距离.

令点 P 的坐标为 (x_0, y_0)，则弦 T_1T_2 的方程为

$$(1-e^2)x_0 x + y_0 y - p(x_0 + x) + p^2 = 0$$

即

$$(x_0 - e^2 x_0 - p)x + y_0 y + p^2 - x_0 p = 0 \qquad ②$$

又设过点 P 的直线方程为

$$\begin{cases} x = x_0 + t\cos\theta \\ y = y_0 + t\sin\theta \end{cases} \text{（其中 } t \text{ 为参数，} \theta \text{ 为倾角）} \qquad ③$$

联立 ①，③ 消去 x, y，并整理得

$$((1-e^2)\cos^2\theta + \sin^2\theta)t^2 + 2((1-e^2)x_0\cos\theta + y_0\sin\theta)t +$$
$$(1-e^2)x_0^2 + y_0^2 - 2px_0 + p^2 = 0$$

设此方程的两根为 t_1, t_2，则由韦达定理及参数 t 的几何意义可知

$$\frac{1}{PQ} + \frac{1}{PR} = \frac{1}{|t_1|} + \frac{1}{|t_2|} = \left|\frac{t_1+t_2}{t_1 t_2}\right| = 2\left|\frac{(1-e^2)x_0\cos\theta + y_0\sin\theta}{(1-e^2)x_0^2 + y_0^2 - 2px_0 + p^2}\right|$$

$$④$$

联立 ②，③ 消去 x, y 并整理得

$$((1-e^2)x_0\cos\theta + y_0\sin\theta)t + (1-e^2)x_0^2 + y_0^2 - 2px_0 + p^2 = 0$$

故

$$t = -\frac{(1-e^2)x_0^2 + y_0^2 - 2px_0 + p^2}{(1-e^2)x_0\cos\theta + y_0\sin\theta}$$

由参数 t 的几何意义

$$\frac{1}{PT} = \frac{1}{|t|} = \left|\frac{(1-e^2)x_0\cos\theta + y_0\sin\theta}{(1-e^2)x_0^2 + y_0^2 - 2px_0 + p^2}\right| \qquad ⑤$$

由 ④，⑤ 得

$$\frac{1}{PQ} + \frac{1}{PR} = \frac{2}{PT}$$

注 1.上述定理是由圆的下述结论推广而来的:PT_1,PT_2 是圆 O 的切线,过 P 的直线交圆 O 于 Q,R,交 T_1T_2 于 T,则有 $\dfrac{1}{PQ}+\dfrac{1}{PR}=\dfrac{2}{PT}$.

2.如果圆锥曲线为双曲线时,在同一支上进行考虑,否则将结论改为 $\dfrac{1}{\overrightarrow{PQ}}+\dfrac{1}{\overrightarrow{PR}}=\dfrac{2}{\overrightarrow{PT}}$,其中 $\overrightarrow{PQ}$,$\overrightarrow{PR}$,$\overrightarrow{PT}$ 为有向线段.

3.如果圆锥曲线为抛物线,且直线 PQ 与抛物线只有一个交点 Q(即平行于对称轴时),这时,点 R 可视为无穷远点,因而有 $\dfrac{1}{PR}\to 0$,即有 $\dfrac{1}{PQ}=\dfrac{2}{PT}$.

将定理 1 中的两切线变为两割线,则有

定理 2 PAB,PCD 为圆锥曲线的任意两条割线,AD 与 BC 相交于点 Q,直线 PQ 交曲线于点 E,F,则①

(1) $\dfrac{1}{PE}+\dfrac{1}{PF}=\dfrac{2}{PQ}$.

(2) $\dfrac{1}{QE}+\dfrac{1}{QF}=\dfrac{2}{QP}$.

证明 (1)当曲线为有心二次曲线时.

① 以点 P 为坐标原点,以平行于两条互相垂直的对称轴的直线为坐标轴建立直角坐标系,如图 10.20 所示.设曲线方程为 $a(x-m)^2+b(y-n)^2=1$,直线 AB,CD,PQ 的方程分别为

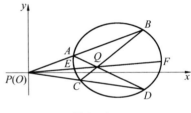

图 10.20

$$y=k_1x,\quad y=k_2x,\quad y=kx$$

则过 A,B,C,D 四点的二次曲线束 C 方程为

$$a(x-m)^2+b(y-n)^2-1+\lambda(k_1x-y)(k_2x-y)=0$$

把 $y=kx$ 代入得

$$(a+bk^2+\lambda(k_1-k)(k_2-k))x^2-2(am+$$
$$bkn)x+am^2+bn^2-1=0 \qquad ⑥$$

当曲线 C 退化为直线对 AD,BC 时,直线对 AD,BC 与直线 PQ 相交于同一点 Q.设点 Q 的横坐标为 x_Q,则 x_Q 是方程 ① 的两个相等实根.由根与系数关系得

$$2x_Q=\frac{2(am+bkn)}{a+bk^2+\lambda(k_1-k)(k_2-k)}$$

$$x_Q^2=\frac{am^2+bn^2-1}{a+bk^2+\lambda(k_1-k)(k_2-k)}$$

① 邹生书."三割线"定理的推广[J].中学教研(数学),2008(9):38-39.

从而
$$\frac{2}{x_Q} = \frac{2(am + bkn)}{am^2 + bn^2 - 1}$$

把 $y = kx$ 代入曲线方程 $a(x - m)^2 + b(y - n)^2 = 1$,得
$$(a + bk^2)x^2 - 2(am + bkn)x + am^2 + bn^2 - 1 = 0$$

此方程的两个根就是直线 PQ 与 $a(x - m)^2 + b(y - n)^2 = 1$ 两个交点 E, F 的横坐标 x_E, x_F. 由根与系数关系得

$$x_E + x_F = \frac{2(am + bkn)}{a + bk^2}$$

$$x_E x_F = \frac{am^2 + bn^2 - 1}{a + bk^2}$$

于是
$$\frac{1}{x_E} + \frac{1}{x_F} = \frac{x_E + x_F}{x_E x_F} = \frac{2(am + bkn)}{am^2 + bn^2 - 1}$$

因而
$$\frac{1}{x_E} + \frac{1}{x_F} = \frac{2}{x_Q}$$

所以
$$\frac{1}{PE} + \frac{1}{PF} = \frac{1}{\sqrt{1 + k^2} \cdot x_E} + \frac{1}{\sqrt{1 + k^2} \cdot x_F} =$$

$$\frac{1}{\sqrt{1 + k^2}}\left(\frac{1}{x_E} + \frac{1}{x_F}\right)$$

故
$$\frac{1}{PE} + \frac{1}{PF} = \frac{2}{PQ}$$

② 同理可得,以点 Q 为坐标原点,以平行于两条互相垂直的对称轴的直线为坐标轴建立直角坐标系. 设曲线方程为 $a(x - m)^2 + b(y - n)^2 = 1$,设直线 AD, BC, PQ 的方程分别为 $y = k_1 x, y = k_2 x, y = kx$,同样可得结论

$$\frac{1}{QE} + \frac{1}{QF} = \frac{2}{QP}$$

(2) 当二次曲线为无心曲线即为抛物线时.

① 以点 P 为坐标原点,以平行于抛物线对称轴的直线为 y 轴建立直角坐标系,如图 10.21 所示. 设抛物线方程为 $y = a(x - m)^2 + n$,直线 AB, CD, PQ 的方程分别为 $y = k_1 x, y = k_2 x, y = kx$,则过 A, B, C, D 这四点的二次曲线束 C 方程可设为

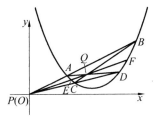

图 10.21

$$a(x - m)^2 - y + n + \lambda(k_1 x - y)(k_2 x - y) = 0$$

把 $y = kx$ 代入,得
$$(a + \lambda(k_1 - k)(k_2 - k))x^2 - (2am + k)x + am^2 + n = 0 \qquad ⑦$$

当曲线 C 退化为直线对 AD, BC 时,直线对 AD, BC 与直线 PQ 相交于同一点 Q,设点 Q 的横坐标为 x_Q,则 x_Q 是方程 ② 的两个相等实根. 由根与系数关系,

得

$$2x_Q = \frac{2am + k}{a + \lambda(k_1 - k)(k_2 - k)}$$

$$x_Q^2 = \frac{am^2 + n}{a + \lambda(k_1 - k)(k_2 - k)}$$

因此

$$\frac{2}{x_Q} = \frac{2am + k}{am^2 + n}$$

把 $y = kx$ 代入抛物线方程，得

$$ax^2 - (2am + k)x + am^2 + n = 0$$

此方程的两个根就是直线 PQ 与抛物线两个交点 E, F 的横坐标 x_E, x_F. 由根与系数关系，得

$$x_E + x_F = \frac{2am + k}{a}, \quad x_E x_F = \frac{am^2 + n}{a}$$

因此

$$\frac{1}{x_E} + \frac{1}{x_F} = \frac{x_E + x_F}{x_E x_F} = \frac{2am + k}{am^2 + n}$$

即

$$\frac{1}{x_E} + \frac{1}{x_F} = \frac{2}{x_Q}$$

从而

$$\frac{1}{PE} + \frac{1}{PF} = \frac{1}{\sqrt{1 + k^2} \cdot x_E} + \frac{1}{\sqrt{1 + k^2} \cdot x_F} = \frac{1}{\sqrt{1 + k^2}}\left(\frac{1}{x_E} + \frac{1}{x_F}\right)$$

故

$$\frac{1}{PE} + \frac{1}{PF} = \frac{2}{PQ}$$

② 同理可证：$\frac{1}{QE} + \frac{1}{QF} = \frac{2}{QP}$.

注　1. 上述式中的 PE, PF, PQ, QE, QF, QP 均为有向线段的数值.

2. 上述定理即为下述结论的推广：在完全四边形 $ABCDEF$ 中，顶点 B, C, E, F 四点共圆于圆 O，则圆 O 的两段弧调和分割对角线 AD.

❖圆锥曲线的外切三角形性质(塞瓦)定理

若 $\triangle A_1 A_2 A_3$ 外(旁)切于圆，边 $A_1 A_2, A_2 A_3, A_3 A_1$(或其延长线)分别切于点 T_1, T_2, T_3，则由塞瓦定理，即得

$$\frac{A_1 T_1}{T_1 A_2} \cdot \frac{A_2 T_2}{T_2 A_3} \cdot \frac{A_3 T_3}{T_3 A_1} = 1$$

这个结论也可以推广到圆锥曲线中来.①

定理 若 $\triangle A_1A_2A_3$ 的三边 A_1A_2，A_2A_3，A_3A_1（或其延长线），与圆锥曲线 Γ 分别相切于点 T_1，T_2，T_3，则 $\dfrac{A_1T_1}{A_1A_2} \cdot \dfrac{A_2T_2}{T_2A_3} \cdot \dfrac{A_3T_3}{A_3A_1} = 1$.

证明 （i）当 Γ 为椭圆时，如图 10.22，设其标准方程为 $\dfrac{x^2}{a^2} + \dfrac{y^2}{b^2} = 1(a > b > 0)$，$T_i(a\cos\theta_i, b\sin\theta_i)$，其中 $\theta_i - \theta_j \neq k\pi$，$(i \neq j$，$i,j = 1,2,3)$，$k \in \mathbf{Z}$. 则

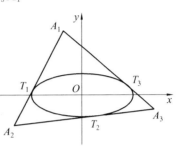

图 10.22

直线 A_1A_2 的方程为 $\dfrac{\cos\theta_1}{a}x + \dfrac{\sin\theta_1}{b}y = 1$

直线 A_2A_3 的方程为 $\dfrac{\cos\theta_2}{a}x + \dfrac{\sin\theta_2}{b}y = 1$

直线 A_3A_1 的方程为 $\dfrac{\cos\theta_3}{a}x + \dfrac{\sin\theta_3}{b}y = 1$

解方程组 $\begin{cases} \dfrac{\cos\theta_1}{a}x + \dfrac{\sin\theta_1}{b}y = 1 \\ \dfrac{\cos\theta_3}{a}x + \dfrac{\sin\theta_3}{b}y = 1 \end{cases}$ 得点 A_1 的坐标为

$$\left(\frac{a\cos\dfrac{\theta_1+\theta_3}{2}}{\cos\dfrac{\theta_3-\theta_1}{2}}, \frac{b\sin\dfrac{\theta_1+\theta_3}{2}}{\cos\dfrac{\theta_3-\theta_1}{2}} \right)$$

类似得 $A_2\left(\dfrac{a\cos\dfrac{\theta_1+\theta_2}{2}}{\cos\dfrac{\theta_2-\theta_1}{2}}, \dfrac{b\sin\dfrac{\theta_1+\theta_2}{2}}{\cos\dfrac{\theta_2-\theta_1}{2}} \right)$，$A_3\left(\dfrac{a\cos\dfrac{\theta_2+\theta_3}{2}}{\cos\dfrac{\theta_3-\theta_2}{2}}, \dfrac{b\sin\dfrac{\theta_2+\theta_3}{2}}{\cos\dfrac{\theta_3-\theta_2}{2}} \right)$.

$$|A_1T_1|^2 = \left(\frac{a\cos\dfrac{\theta_1+\theta_3}{2}}{\cos\dfrac{\theta_3-\theta_1}{2}} - a\cos\theta_1 \right)^2 + \left(\frac{b\sin\dfrac{\theta_1+\theta_3}{2}}{\cos\dfrac{\theta_3-\theta_1}{2}} - b\sin\theta_1 \right)^2 =$$

$$\frac{1}{\cos^2\dfrac{\theta_3-\theta_1}{2}} \cdot \left[a^2\left(\cos\frac{\theta_1+\theta_3}{2} - \cos\theta_1\cos\frac{\theta_3-\theta_1}{2} \right)^2 + \right.$$

$$b^2\left(\sin\frac{\theta_1+\theta_3}{2} - \sin\theta_1\cos\frac{\theta_3-\theta_1}{2} \right)^2 \Bigg] =$$

① 马跃进，康宇. 圆锥曲线的一个优美性质[J]. 数学通报，2012(7)：59-69.

$$\frac{1}{\cos^2 \dfrac{\theta_3 - \theta_1}{2}} \cdot$$

$$\left[a^2 \left(\cos^2 \frac{\theta_1 + \theta_3}{2} - 2\cos\theta_1 \cos\frac{\theta_1 + \theta_3}{2} \cos\frac{\theta_3 - \theta_1}{2} + \cos\theta_1^2 \cos^2 \frac{\theta_3 - \theta_1}{2} \right) + \right.$$

$$\left. b^2 \left(\sin^2 \frac{\theta_1 + \theta_3}{2} - 2\sin\theta_1 \sin\frac{\theta_1 + \theta_3}{2} \cos\frac{\theta_3 - \theta_2}{2} + \sin^2\theta_1 \cos^2 \frac{\theta_3 - \theta_1}{2} \right) \right]$$

上式化简得

$$|A_1 T_1|^2 = \tan^2 \frac{\theta_3 - \theta_1}{2} (a^2 \sin^2\theta_3 + b^2 \cos^2\theta_3)$$

即

$$A_1 T_1 = \left| \tan \frac{\theta_3 - \theta_1}{2} \right| \sqrt{a^2 \sin^2\theta_1 + b^2 \cos^2\theta_1}$$

类似得

$$T_1 A_2 = \left| \tan \frac{\theta_2 - \theta_1}{2} \right| \sqrt{a^2 \sin^2\theta_1 + b^2 \cos^2\theta_1}$$

所以

$$\frac{A_1 T_1}{T_1 A_2} = \left| \frac{\tan \dfrac{\theta_3 - \theta_1}{2}}{\tan \dfrac{\theta_2 - \theta_1}{2}} \right|$$

同理

$$\frac{A_2 T_2}{T_2 A_3} = \left| \frac{\tan \dfrac{\theta_1 - \theta_2}{2}}{\tan \dfrac{\theta_3 - \theta_2}{2}} \right|$$

$$\frac{A_3 T_1}{T_1 A_1} = \left| \frac{\tan \dfrac{\theta_2 - \theta_3}{2}}{\tan \dfrac{\theta_1 - \theta_3}{2}} \right|$$

故

$$\frac{A_1 T_1}{T_1 A_2} \cdot \frac{A_2 T_2}{T_2 A_3} \cdot \frac{A_3 T_3}{T_3 A_1} = 1$$

同法可证如图 10.23 的情形时,亦有

$$\frac{A_1 T_1}{T_1 A_2} \cdot \frac{A_2 T_2}{T_2 A_3} \cdot \frac{A_3 T_3}{T_3 A_1} = 1$$

即 Γ 为椭圆时,定理成立;

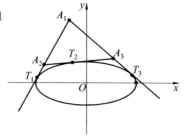

图 10.23

（ii）当 Γ 为双曲线时，如图 10.24，仿上法可证定理仍成立；

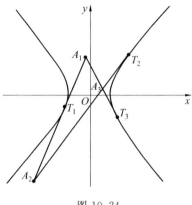

图 10.24

（iii）当 Γ 为抛物线时，如图 10.25，不妨设 $T_1(\dfrac{t_1^2}{2p}, t_1)$，$T_2(\dfrac{t_2^2}{2p}, t_2)$，$T_3(\dfrac{t_3^2}{2p}, t_3)$，其中 $t_1 \neq t_3$. $\min\{t_1, t_3\} < t_2 < \max\{t_1, t_3\}$. 则

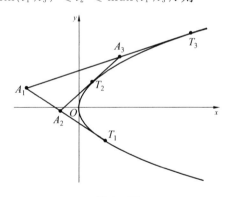

图 10.25

直线 A_1A_2 的方程为　　　　$t_1 y = px + \dfrac{t_1^2}{2}$

直线 A_2A_3 的方程为　　　　$t_2 y = px + \dfrac{t_2^2}{2}$

直线 A_3A_1 的方程为　　　　$t_3 y = px + \dfrac{t_3^2}{2}$

解方程组 $\begin{cases} t_1 y = px + \dfrac{t_1^2}{2} \\ t_3 y = px + \dfrac{t_3^2}{2} \end{cases}$ 得点 A_1 的坐标为 $(\dfrac{t_1 t_3}{2p}, \dfrac{t_1 + t_3}{2})$，类比得 $A_2(\dfrac{t_1 t_2}{2p}, \dfrac{t_1 + t_2}{2})$，$A_3(\dfrac{t_2 t_3}{2p}, \dfrac{t_2 + t_3}{2})$.

$$|A_1T_1|^2 = \left(\frac{t_1t_3}{2p} - \frac{t_1^2}{2p}\right)^2 + \left(\frac{t_1+t_3}{2} - t_1\right)^2 =$$

$$\frac{1}{4p^2}\left[t_1^2(t_3-t_1)^2 + p^2(t_3-t_1)^2\right] =$$

$$\frac{(t_3-t_1)^2}{4p^2}(t_1^2+p^2)$$

$$|T_1A_2|^2 = \frac{(t_2-t_1)^2}{4p^2}(t_1^2+p^2)$$

所以

$$\frac{A_1T_1}{T_1A_2} = \left|\frac{t_3-t_1}{t_2-t_1}\right|$$

同理

$$\frac{A_2T_2}{T_2A_3} = \left|\frac{t_1-t_2}{t_3-t_2}\right|$$

$$\frac{A_3T_3}{T_3A_1} = \left|\frac{t_2-t_3}{t_1-t_3}\right|$$

于是

$$\frac{A_1T_1}{T_1A_2} \cdot \frac{A_2T_2}{T_2A_3} \cdot \frac{A_3T_3}{T_3A_1} = 1$$

综上可得定理成立.

由定理及塞瓦定理的逆定理,可得

推论 1 如图 10.26,若 $\triangle A_1A_2A_3$ 的三边(或其延长线),与圆锥曲线 Γ 分别相切于点 T_1,T_2,T_3,则 A_1T_2,A_2T_3,A_3T_1 三线共点.

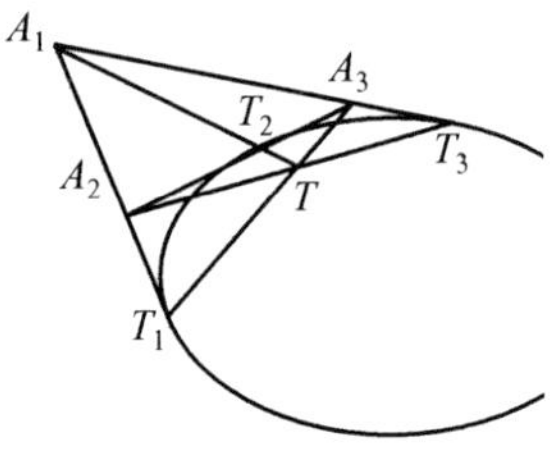

最后,将结论推广到凸 n 边形中有以下推论:

推论 2 若凸 n 边形 $A_1A_2\cdots A_n$ 的各边 A_1A_2, A_2A_3,A_3A_4,$\cdots$,$A_{n-1}A_n$,A_nA_1(或其延长线)分别与圆锥曲线 Γ 相切于点 T_1,T_2,$\cdots$,T_n.则

图 10.26

$$\frac{A_1T_1}{T_1A_2} \cdot \frac{A_2T_2}{T_2A_3} \cdot \cdots \cdot \frac{A_nT_n}{T_nA_1} = 1$$

证明 (i) 当 $n=3$ 时,由命题1,推论2成立.

(ii)假设 $n=k(k \geqslant 3)$ 时,推论2成立.即凸 n 边形 $A_1A_2\cdots A_k$ 的各边 A_1A_2, A_2A_3,A_3A_4,$\cdots$,$A_{k-1}A_k$,A_kA_1(或其延长线)分别与圆锥曲线 Γ 相切于点 T_1, T_2,$\cdots$,T_k.则有

$$\frac{A_1T_1}{T_1A_2} \cdot \frac{A_2T_2}{T_3A_3} \cdot \cdots \cdot \frac{A_kT_k}{T_kA_1} = 1 \qquad ①$$

如图 10.27,在曲线 Γ 的 T_1T_k 段取点 T_{k+1}(不包括弧的端点),作曲线 Γ 的

切线,分别与直线 A_1A_2,A_1A_k 交于点 A'_1,A_{k+1}.则由定理得:

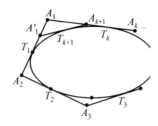

图 10.27

$$\frac{A_1T_1}{T_1A'_1}\cdot\frac{A'_1T_{k+1}}{T_{k+1}A_{k+1}}\frac{A_{k+1}T_k}{T_kA_1}=1 \qquad ②$$

①,② 两式相除得

$$\frac{A'_1T_1}{T_1A_2}\cdot\frac{A_2T_2}{T_2A_3}\cdot\cdots\cdot\frac{A_{k+1}T_{k+1}}{T_{k+1}A'_1}=1$$

即 $n=k+1$ 时,推论 2 仍成立.

由(i),(ii)得,对于任意的圆锥曲线外切凸 n 边形 $A_1A_2\cdots A_n$,其各边 A_1A_2,A_2A_3,A_3A_4,$\cdots$,$A_{n-1}A_n$,A_nA_1(或其延长线)分别与圆锥曲线 Γ 相切于点 T_1,T_2,$\cdots$,T_n.均有 $\dfrac{A_1T_1}{T_1A_2}\cdot\dfrac{A_2T_2}{T_2A_3}\cdot\cdots\cdot\dfrac{A_nT_n}{T_nA_1}=1$.

至此,推论 2 得证.

❖圆锥曲线的切线性质定理

在平面几何中,关于圆的切线有如下结论:

如图 10.28,设 AB 为圆 O 的直径,P 为圆 O 上异于 A,B 的任意一点,过点 P 的切线与过点 A,B 的切线分别交于点 C,D.则

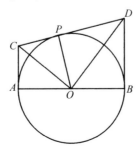

图 10.28

(1) $OP^2 = CP \cdot PD$;

(2) $\triangle CPO \backsim \triangle OPD \backsim \triangle COD$;

(3) $OP \cdot DC = DO^2$, $CP \cdot CD = CO^2$;

(4) $CO^2 + DO^2 = CD^2$.

上述结论推广到圆锥曲线中来,则有如下结论:①

定理1 若 F_1, F_2 分别是椭圆 $\dfrac{x^2}{a^2} + \dfrac{y^2}{b^2} = 1(a > b > 0)$ 的左、右焦点,AB 是椭圆的任意一条直径,过椭圆上任意一点 P(P不与A,B重合)的切线与过端点 A,B 的切线分别交于点 C,D,则

(1) $PF_1 \cdot PF_2 = CP \cdot PD$;

(2) $\triangle CPF_1 \backsim \triangle F_2 PD \backsim \triangle CED$;

(3) $CF_1 \cdot CE = CP \cdot CD$, $DF_2 \cdot DE = DP \cdot DC$;

(4) $CF_1 \cdot CE + DF_2 \cdot DE = CD^2$

证明 (1) 如图 10.29,设 $P(x_0, y_0)$,$A(m, n)$,$B(-m, -n)$. 则 $b^2 m^2 + a^2 n^2 = a^2 b^2$,$b^2 x_0^2 + a^2 y_0^2 = a^2 b^2$. 切线 DC,AC,BD 的方程分别为

$$b^2 x_0 x + a^2 y_0 y = a^2 b^2 \qquad\qquad ①$$

$$b^2 m x + a^2 n y = a^2 b^2 \qquad\qquad ②$$

$$b^2 m x + a^2 n y = -a^2 b^2 \qquad\qquad ③$$

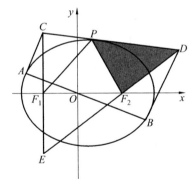

图 10.29

联立 ①,② 解方程组,得交点

$$C\left(\dfrac{a^2 (y_0 - n)}{m y_0 - n x_0}, \dfrac{b^2 (x_0 - m)}{n x_0 - m y_0}\right)$$

---

① 李世臣,苑卉.圆的切线性质在圆锥曲线上的推广[J].数学通报,2012(4):47-49.

联立 ①,③ 解方程组,得交点 $D(\dfrac{a^2(y_0+n)}{nx_0-my_0},\dfrac{b^2(x_0+m)}{my_0-nx_0})$.

所以

$$CP^2=(\dfrac{a^2(y_0-n)}{my_0-nx_0}-x_0)^2+(\dfrac{b^2(x_0-m)}{nx_0-my_0}-y_0)^2=$$

$$(\dfrac{a^2(y_0-n)-x_0(my_0-nx_0)}{my_0-nx_0})^2+$$

$$(\dfrac{b^2(x_0-m)-y_0(nx_0-my_0)}{nx_0-my_0})^2=$$

$$(\dfrac{a^2y_0-n(a^2-x_0^2)-mx_0y_0}{my_0-nx_0})^2+$$

$$(\dfrac{b^2x_0-m(b^2-y_0^2)-nx_0y_0}{nx_0-my_0})^2=$$

$$(\dfrac{a^2b^2y_0-n(a^2b^2-b^2x_0^2)-b^2mx_0y_0}{b^2(my_0-nx_0)})^2+$$

$$(\dfrac{a^2b^2x_0-m(a^2b^2-a^2y_0^2)-a^2nx_0y_0}{a^2(nx_0-my_0)})^2=$$

$$(\dfrac{a^2b^2y_0-a^2ny_0^2-b^2mx_0y_0}{b^2(my_0-nx_0)})^2+(\dfrac{a^2b^2x_0-b^2mx_0^2-a^2ny_0x_0}{a^2(nx_0-my_0)})^2=$$

$$(\dfrac{x_0^2}{a^4}+\dfrac{y_0^2}{b^4})(\dfrac{a^2b^2-b^2mx_0-a^2ny_0}{nx_0-my_0})^2=$$

$$(\dfrac{b^4x_0^2+a^4y_0^2}{a^2b^2})(\dfrac{a^4b^2-b^2mx_0-a^2ny_0}{a^2b^2(nx_0-my_0)})^2$$

同理

$$PD^2=(\dfrac{b^4x_0^2+a^4y_0^2}{a^2b^2})(\dfrac{a^2b^2+b^2mx_0+a^2ny_0}{ab(my_0-nx_0)})^2$$

所以

$$CP^2\cdot PD^2=(\dfrac{b^4x_0^2+a^4y_0^2}{a^2b^2})^2(\dfrac{a^4b^4-(b^2mx_0+a^2ny_0)^2}{a^2b^2(nx_0-my_0)^2})^2$$

因为

$$a^4b^4-(b^2mx_0+a^2ny_0)^2=$$
$$(b^2m^2+a^2n^2)(b^2x_0^2+a^2y_0^2)-$$
$$(b^2mx_0+a^2ny_0)^2=$$
$$a^2b^2(n^2x_0^2+m^2y_0^2-2mnx_0y_0)=$$
$$a^2b^2(nx_0-my_0)^2$$

所以

$$CP^2 \cdot PD^2 = (\frac{b^4 x_0^2 + a^4 y_0^2}{a^2 b^2})^2$$

设椭圆的离心率为 e,焦距为 $2c$,则

$$CP \cdot DP = \frac{b^4 x_0^2 + a^4 y_0^2}{a^2 b^2} =$$

$$\frac{b^4 x_0^2 + a^2 (a^2 b^2 - b^2 x_0^2)}{a^2 b^2} =$$

$$\frac{a^4 - (a^2 - b^2) x_0^2}{a^2} =$$

$$\frac{a^4 - c^2 x_0^2}{a^2} =$$

$$a^2 - e^2 x^2$$

由椭圆的焦半径公式,有

$$PF_1 = a + ex_0$$
$$PF_2 = a - ex_0$$

即

$$PF_1 \cdot PF_2 = a^2 - e^2 x_0^2$$

所以

$$CP \cdot DP = PF_1 \cdot PF_2$$

(2) 在 $\triangle CPF_1$,$\triangle F_2 PD$ 中,由椭圆的光学性质,知 $\angle CPF_1 = \angle F_2 PD$,由 (1) 知

$$CP \cdot DP = PF_1 \cdot PF_2$$

即

$$\frac{PC}{PF_2} = \frac{PF_1}{PD}$$

所以 $\triangle CPF_1 \backsim \triangle F_2 PD$.

在 $\triangle CPF_1$ 和 $\triangle CED$ 中,由 $\triangle CPF_1 \backsim \triangle F_2 PD$ 得 $\angle CF_1 P = \angle F_2 DP$,由于 $\angle PCF_1 = \angle ECD$,所以 $\triangle DPF_2 \backsim \triangle DEC$.

所以 $\triangle CPF_1 \backsim \triangle F_2 PD \backsim \triangle CED$.

(3) 由于 $\triangle CPF_1 \sim \triangle CED$,所以 $\frac{CP}{CE} = \frac{CF_1}{CD}$. 即

$$CF_1 \cdot CE = CP \cdot CD$$

由于 $\triangle F_2 PD \backsim \triangle CED$,所以 $\frac{DF_2}{DC} = \frac{DP}{DE}$. 即

$$DF_2 \cdot DE = DP \cdot CD$$

(4) 由(3)得

$$CF_1 \cdot CE = CP \cdot CD$$

$$DF_2 \cdot DE = PD \cdot CD$$

所以

$$CF_1 \cdot CE + DF_2 \cdot DE = CD(CP + DP) = CD^2$$

定理 2　若 F_1，F_2 分别是双曲线 $\dfrac{x^2}{a^2} - \dfrac{y^2}{x^2} = 1(a > 0, b > 0)$ 的左、右焦点，AB 是双曲线的任意一条直径，过双曲线上会意一点 $P(P$ 不与 A，B 重合）的切线与过端点 A，B 的切线分别交于点 C，D，则

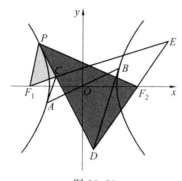

图 10.30

（1）$PF_1 \cdot PF_2 = PC \cdot PD$；

（2）$\triangle CPF_2 \backsim \triangle F_2PD \backsim \triangle CED$；

（3）$CF_1 \cdot CE = CP \cdot PD$，$DF_2 \cdot DE = DP \cdot DC$；

（4）$CF_1 \cdot CE - DF_2 \cdot DE = \pm CD^2$.

说明　对于问题（4），由于点 P 不可能在线段 CD 上，当点 P 在线段 DC 的延长线上时，如图 10.30，有

$$CF_1 \cdot CE - DF_2 \cdot DE = CP \cdot CD - DP \cdot DC = CD(CP - DP) = -CD^2$$

当点 P 在线段 CD 的延长线上时，如图 10.31，有

$$CF_1 \cdot CE - DF_2 \cdot DE = CP \cdot CD - DP \cdot DC = CD(CP - DP) = CD^2$$

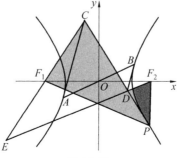

图 10.31

定理 3　若 F_1 是抛物线 $y^2 = 2px (p > 0)$ 的焦点,点 A 在抛物线上,点 B 与点 A 关于原点对称,过抛物线上任意一点 P(P 不与 A 重合)的切线与过 A 的切线交于点 C,与过点 B,且与点 A 处的切线平行的直线交于点 D,过点 P 与抛物线的对称轴平行的直线交直线 BD 于点 F_2,直线 CF_1 与直线 BD 交于点 E. 则

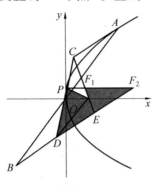

图 10.32

(1) $PF_1 \cdot PF_2 = PC \cdot PD$;

(2) $\triangle CPF_1 \backsim \triangle F_2 PD \backsim \triangle CED$;

(3) $CF_1 \cdot CE = CP \cdot CD, DF_2 \cdot DE = DP \cdot DC$;

(4) $CF_1 \cdot CE \pm DF_2 \cdot DE = CD^2$.

证明　(1) 如图 10.32,10.33 设 $P(x_0, y_0), A(m, n), B(-m, -n)$,则 $y_0^2 = 2px_0, n^2 = 2p_m$,切线 DC, AC 的方程为

$$y_0 y = p(x + x_0) \qquad \text{④}$$
$$ny = p(x + m) \qquad \text{⑤}$$

因为 $BD /\!/ AC$,所以直线 BD 的方程为

$$ny = p(x - m) \qquad \text{⑥}$$

联立 ④,⑤ 解方程组,得交点 $C\left(\dfrac{nx_0 - my_0}{y_0 - n}, \dfrac{p(x_0 - m)}{y_0 - n}\right)$;

联立 ④,⑥ 解方程组,得交点 $D\left(\dfrac{nx_0 + my_0}{y_0 - n}, \dfrac{p(x_0 + m)}{y_0 - n}\right)$.

所以

$$CP^2 = (\frac{nx_0 - my_0}{y_0 - n} - x_0)^2 + (\frac{p(x_0 - m)}{y_0 - n} - y_0)^2 =$$
$$(\frac{2nx_0 - my_0 - x_0 y_0}{y_0 - n})^2 + (\frac{px_0 - pm - y_0^2 + ny_0}{y_0 - n})^2 =$$
$$\frac{(2nx_0 - x_0 y_0 - my_0)^2}{(y_0 - n)^2} + \frac{(ny_0 - px_0 - pm)^2}{(y_0 - n)^2} =$$

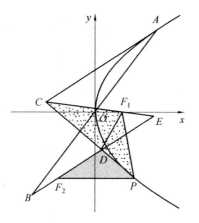

图 10.33

$$\frac{(2npx_0 - px_0y_0 - pmy_0)^2}{p^2(y_0-n)^2} + \frac{(ny_0 - px_0 - pm)^2}{(y_0-n)^2} =$$

$$\frac{(ny_0^2 - px_0y_0 - pmy_0)^2}{p^2(y_0-n)^2} + \frac{(ny_0 - px_0 - pm)^2}{(y_0-n)^2} =$$

$$\frac{y_0^2(ny_0 - px_0 - pm)^2}{p^2(y_0-n)^2} + \frac{(ny_0 - px_0 - pm)^2}{(y_0-n)^2} =$$

$$(y_0^2 + p^2)\frac{(ny_0 - px_0 - pm)^2}{p^2(y_0-n)^2} =$$

$$(2x_0 + p)\frac{(ny_0 - px_0 - pm)^2}{p(y_0-n)^2} =$$

$$(2x_0 + p)\frac{(2ny_0 - 2px_0 - 2pm)^2}{4p(y_0-n)^2} =$$

$$(2x_0 + p)\frac{(2ny_0 - y_0^2 - n)^2}{4p(y_0-n)^2} =$$

$$(2x_0 + p)\frac{(y_0-n)^2}{4p}$$

$$PD^2 = (\frac{nx_0 + my_0}{y_0 - n} - x_0)^2 + (\frac{p(x_0 + m)}{y_0 - n} - y_0)^2 =$$

$$(\frac{2nx_0 - x_0y_0 + my_0}{y_0 - n})^2 + (\frac{ny_0 - px_0 + pm}{y_0 - n})^2 =$$

$$(\frac{2npx_0 - px_0y_0 + pmy_0}{p(y_0 - n)})^2 + (\frac{ny_0 - px_0 + pm}{y_0 - n})^2 =$$

$$(\frac{ny_0^2 - px_0y_0 + pmy_0}{p(y_0 - n)})^2 + (\frac{ny_0 - px_0 + pm}{y_0 - n})^2 =$$

$$\frac{y_0^2}{p^2}(\frac{ny_0 - px_0 + pm}{y_0 - n})^2 + (\frac{ny_0 - px_0 + pm}{y_0 - n})^2 =$$

$$(y_0^2 + p^2) \frac{(ny_0 - px_0 + pm)^2}{p^2(y_0 - n)^2} =$$

$$(2x_0 + p) \frac{(ny_0 - px_0 + pm)^2}{p(y_0 - n)^2}$$

所以

$$CP^2 \cdot DP^2 = (2x_0 + p) \frac{(ny_0 - px_0 + pm)^2}{4p^2}$$

由抛物线的焦半径公式得

$$PF_1 = x_0 + \frac{p}{2} = \frac{2x_0 + p}{2}$$

由于 PF_2 与对称轴平行，所以将 $y = y_0$ 代入直线 BD 的方程得点 $F_2(\frac{ny_0 + pm}{p}, y_0)$. 则

$$PF_2 = x_0 - \frac{ny_0 + pm}{p} = \frac{px_0 - ny_0 - pm}{p}$$

所以

$$PF_1^2 \cdot PF_2^2 =$$

$$(\frac{2x_0 + p}{2})^2 (\frac{px_0 - ny_0 - pm}{p})^2 =$$

$$(2x_0 + p)^2 \frac{(ny_0 - px_0 + pm)^2}{4p^2}$$

所以

$$PF_1^2 \cdot PF_2^2 = CP^2 \cdot DP^2$$

所以

$$PF_1 \cdot PF_2 = CP \cdot DP$$

(2),(3) 证明同定理 1.

(4) 由(3)得

$$CF_2 \cdot CE = CP \cdot CD$$

$$DF_2 \cdot DE = DP \cdot DC$$

由于点 P 与点 B 只能在 A 的切线的同侧,所以点 P 只能在线段 CD 上,如图,或者在 CD 的延长线上,如图.

当点 P 在 C、D 两点之间时,

$$CF_1 \cdot CE = DF_2 \cdot DE + CD(CP + DP) = CD^2.$$

当点 P 在 CD 的延长线上时,

$$CF_1 \cdot CE - DF_2 \cdot DE = CD(CP - DP) = CD^2$$

❖圆锥曲线切线视角定理

定理 1 过椭圆外一点 P 作椭圆的切线 PQ,PR,Q,R 是切点,则点 P 关于 QF_1,RF_2 的视角相等,$F_1(F_2)$ 关于 PQ,PR 的视角相等,其中 F_1,F_2 是椭圆的焦点. [①]

证明 如图 10.34.设 F_1 关于 PQ 的对称点为 F'_1,F_2 关于 PR 的对称点为 F'_2,根据椭圆的光学性质,F_1,R,F'_2 共线,F_2,Q,F'_1 共线,$F_1F'_2 = F_2F'_1 = 2a$,又 $PF_1 = PF'_1,PF_2 = PF'_2$,则

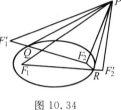

图 10.34

$$\triangle F_1DF'_2 \cong \triangle F'_1PF_2$$

即
$$\angle F_1PF'_2 = \angle F'_1PF_2$$

从而
$$\angle F_1PF'_1 = \angle F_2PF'_2$$

即有
$$\angle QPF_1 = \angle F_2PR$$

即点 P 关于 QF_1,RF_2 的视角相等,又由

$$\triangle F_1PF'_2 \cong \triangle F'_1PF_2$$

得
$$\angle PF'_2R = \angle PF_2Q$$

而
$$\angle PF_2R = \angle PF'_2R$$

则
$$\angle PF_2Q = \angle PF_2R$$

即 F_2 对 PQ,PR 的视角相等,同理 F_1 对 PQ,PR 的视角也相等.

类似于定理 1 的证明可得:

定理 2 若 PQ,PR 是双曲线的切线,Q,R 是切点,F_1,F_2 是焦点,则点 P 关于 F_1Q,F_2R 的视角相等,$F_1(F_2)$ 关于 PQ,PR 的视角互补,如图 10.35 所示.

定理 3 PQ,PR 是抛物线的切线,Q,R 为切点,F 是焦点,过 P 引主轴正向的平行线 PT,则 F 关于 PQ,PR 的视角相等,P 关于 FQ,TP 的视角相等,如图 10.36 所示.

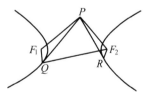

图 10.35

注 如上定理是由如下命题推广而来.

命题 如图 10.37,从圆 O 外一点 P 引圆的两切线 PQ,PR,Q,R 是切点,则点 O 关于 PQ,PR 的视角相等,点 P 关于 OQ,OR 的视角相等.

---

① 张金仁.圆的一个切线性质在圆锥曲线上的推广[J].中学数学(苏州),1996(11):20.

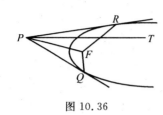

图 10.36

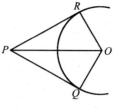

图 10.37

❖圆锥曲线切线与中点的问题

定理 1 如图 10.38，AB 是椭圆 $\dfrac{x^2}{a^2}+\dfrac{y^2}{b^2}=1$ 的长 (短) 轴，AC 切椭圆于 A，BC 交椭圆于 P，PD 切椭圆于 P 交 AC 于 D，则 D 是 AC 的中点.[①]

证明 设切点 $P(m,n)$，则切线 PD 的方程为

$$b^2mx+a^2ny=a^2b^2 \qquad ①$$

直线 BC 的方程为

$$y=\frac{n}{m-a}(x-a) \qquad ②$$

切线 AC 的方程为

$$x=-a \qquad\qquad\qquad ③$$

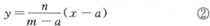

图 10.38

联立 ②，③，可得 $C\left(-a,\dfrac{2na}{a-m}\right)$，从而 AC 中点的坐标为 $\left(-a,\dfrac{na}{a-m}\right)$.

联立 ①，③，可得 $D\left(-a,\dfrac{(a+m)b^2}{an}\right)$.

又 $b^2m^2+a^2n^2=a^2b^2$，即

$$b^2=\frac{a^2n^2}{a^2-m^2} \qquad ④$$

把 ④ 代入 D 的坐标，可得 $D\left(-a,\dfrac{na}{a-m}\right)$.

所以，D 是 AC 的中点.

注 如上定理是如下问题的推广.

① 周建华.圆上的几个结论在椭圆上的推广[J].数学通报,2003(6):16-17.

圆中的定理　AB 是圆 O 的直径，AC 切圆 O 于 A，BC 交圆 O 于 P，PD 切圆 O 于 P 交 AC 于 D，则 D 是 AC 的中点.

定理 2　如图 10.39，过椭圆 $\dfrac{x^2}{a^2}+\dfrac{y^2}{b^2}=1$ 的长（短）轴 AB 的端点 A，B 分别引切线 AM，BN，P 是椭圆上异于 A，B 的任意一点，过点 P 引椭圆的切线 CD 分别交 AM，BN 于 C 和 D，AD 和 BC 相交于 Q，PQ 交 AB 于 K，则 Q 是 PK 的中点.

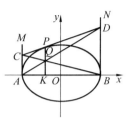

图 10.39

证明　设 $P(m,n)$，$C(x_C,y_C)$，$D(x_D,y_D)$，$Q(x_Q,y_Q)$.

切线 CD 的方程为

$$b^2 mx + a^2 ny = a^2 b^2 \qquad\qquad ⑤$$

切线 AM 的方程为

$$x = -a \qquad\qquad ⑥$$

切线 BN 的方程为

$$x = a \qquad\qquad ⑦$$

联立 ⑤，⑥，得

$$x_C = -a, \quad y_C = \frac{ab^2 + mb^2}{an}$$

联立 ⑤，⑦ 得

$$x_D = a, \quad y_D = \frac{ab^2 - mb^2}{an}$$

所以，直线 BC 的方程为

$$y = -\frac{ab^2 + mb^2}{2a^2 n}(x - a) \qquad\qquad ⑧$$

直线 AD 的方程为

$$y = \frac{ab^2 - mb^2}{2a^2 n}(x + a) \qquad\qquad ⑨$$

联立 ⑧，⑨，得

$$x_Q = m, \quad y_Q = \frac{b^2(a^2 - m^2)}{2a^2 n} \qquad\qquad ⑩$$

又 $\dfrac{m^2}{a^2}+\dfrac{n^2}{b^2}=1$，即

$$m^2 = a^2 - \frac{a^2 n^2}{b^2} \qquad\qquad ⑪$$

把 ⑪ 代入 ⑩，得

$$y_Q = \frac{n}{2}$$

由上可知,$PK \perp AB$,且 Q 是 PK 的中点.

定理 3 如图 10.40,过双曲线 $\dfrac{x^2}{a^2} - \dfrac{y^2}{b^2} = 1$ 实轴 AB 的端点 A,B 分别引切线 AM,BN,P 是双曲线右支上异于顶点 A 的任意一点,过 P 引双曲线右支的切线 PD 分别交 AM 于 C,BN 于 D,BC 与 DA 相交于 Q,PQ 交 x 轴于 K,则 Q 是 PK 的中点.

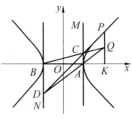

图 10.40

证明 如图 10.40,设 $P(m,n),C(x_C,y_C),D(x_D,y_D),Q(x_Q,y_Q)$.

切线 PD 的方程为

$$b^2 mx - a^2 ny = a^2 b^2 \qquad \qquad ⑫$$

切线 AM 的方程为

$$x = a \qquad \qquad ⑬$$

切线 BN 的方程为

$$x = -a \qquad \qquad ⑭$$

联立 ⑫,⑬,得

$$x_C = a, y_C = \frac{mb^2 - ab^2}{an}$$

联立 ⑫,⑭,得

$$x_D = -a, y_D = -\frac{mb^2 + ab^2}{an}$$

所以,BC 的方程为

$$y = \frac{mb^2 - ab^2}{2a^2 n}(x + a) \qquad \qquad ⑮$$

直线 DA 的方程为

$$y = \frac{mb^2 + ab^2}{2a^2 n}(x - a) \qquad \qquad ⑯$$

联立 ⑮,⑯,得

$$x_Q = m, y_Q = \frac{b^2 (m^2 - a^2)}{2a^2 n} \qquad \qquad ⑰$$

又 $\dfrac{m^2}{a^2} - \dfrac{n^2}{b^2} = 1$,即

$$m^2 = a^2 + \frac{a^2 n^2}{b^2} \qquad \qquad ⑱$$

把 ⑱ 代入 ⑰,得 $y_Q = \dfrac{n}{2}$.

由上可知,$PK \perp x$ 轴,且 Q 是 PK 的中点.

定理 4 P 是抛物线 $y^2 = 2px(p > 0)$ 上异于顶点 O 的任意一点,过 P 引抛物线的切线 PA 与 y 轴相交于 A,过 P 引 x 轴的垂线 PK 交 x 轴于 K,过 A 作 x 轴的平行线 AQ,AQ 交 PK 于 Q,则 Q 是 PK 的中点.

此定理的证明类似于定理 3 的证明(略).

注 上述三定理是如下问题的推广.

圆中的定理 P 是圆 O 上任意一点,AB 是直径,过 A 和 B 各作圆的切线,分别与过点 P 的切线相交于 C 和 D,AD 和 BC 相交于 Q,PQ 交 AB 于 K,则 Q 是 PK 的中点.

定理 5 如图 10.41,过椭圆

$$\frac{x^2}{(\lambda a)^2} + \frac{y^2}{(\lambda b)^2} = 1, 0 < \lambda < 1 \qquad ⑲$$

上任意一点 P 作它的切线,与

$$\frac{x^2}{a^2} + \frac{y^2}{b^2} = 1 \qquad ⑳$$

相交于 A 和 B,则 P 是弦 AB 的中点.

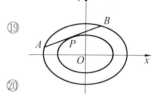

图 10.41

证明 设 $P(m, n), A(x_A, y_A), B(x_B, y_B)$.

当 P 是顶点时,结论显然成立.

当 P 不是顶点时,切线 AB 的方程为

$$b^2 mx + a^2 ny = \lambda^2 a^2 b^2$$

即

$$y = \frac{\lambda^2 a^2 b^2 - b^2 mx}{a^2 n} \qquad ㉑$$

把 ㉑ 代入 ⑲,整理得

$$(b^2 m^2 + a^2 n^2)x^2 - 2\lambda^2 a^2 b^2 mx + \lambda^4 a^4 b^2 - a^4 n^2 = 0$$

则有

$$\frac{x_A + x_B}{2} = \frac{\lambda^2 a^2 b^2 m}{b^2 m^2 + a^2 n^2} \qquad ㉒$$

又

$$b^2 m^2 + a^2 n^2 = \lambda^2 a^2 b^2 \qquad ㉓$$

把 ㉓ 代入 ㉒,得

$$\frac{x_A + x_B}{2} = m$$

$$y_A + y_B = \frac{2\lambda^2 a^2 b^2 - b^2 m(x_A + x_B)}{a^2 n} = \frac{2\lambda^2 a^2 b^2 - 2b^2 m^2}{a^2 n} \qquad ㉔$$

把 ㉓ 代入 ㉔,整理得

$$\frac{y_A + y_B}{2} = n$$

即弦 AB 的中点坐标为 (m,n).

所以，P 是弦 AB 的中点.证毕.

为了叙述方便，给出两个定义：①

定义 1　对称轴相同，离心率相等的双曲线

$$\frac{x^2}{a^2} - \frac{y^2}{b^2} = 1 \qquad\qquad (\text{I})$$

和

$$\frac{x^2}{(\lambda a)^2} - \frac{y^2}{(\lambda b)^2} = 1, \lambda > 1 \qquad\qquad (\text{II})$$

叫作同轴等率双曲线，称（I）为内双曲线，（II）为外双曲线.

定义 2　对称轴和开口方向都相同的抛物线

$$y^2 = 2px \qquad\qquad (\text{III})$$

和

$$y^2 = 2p(x - a), p > 0, a > 0 \qquad\qquad (\text{IV})$$

叫作同轴同开抛物线，称（III）为外抛物线，（IV）为内抛物线.

定理 6　过同轴等率双曲线的外双曲线（II）右支上任意一点 P 作外双曲线的切线，与内双曲线（I）右支相交于 A 和 B，则 P 是弦 AB 的中点.

证明　（图略）设 $P(m,n)$，$A(x_A, y_A)$，$B(x_B, y_B)$.

当 P 是顶点时，结论显然成立.

当 P 不是顶点时，切线 AB 的方程为

$$b^2 mx - a^2 ny = \lambda^2 a^2 b^2$$

即

$$y = \frac{b^2 mx - \lambda^2 a^2 b^2}{a^2 n} \qquad\qquad ㉕$$

把 ㉕ 代入（I），整理得

$$(a^2 n^2 - b^2 m^2)x^2 + 2\lambda^2 a^2 b^2 mx - \lambda^4 a^4 b^2 - a^4 n^2 = 0$$

则有

$$\frac{x_A + x_B}{2} = \frac{\lambda^2 a^2 b^2 m}{b^2 m^2 - a^2 n^2} \qquad\qquad ㉖$$

又

$$b^2 m^2 - a^2 n^2 = \lambda^2 a^2 b^2 \qquad\qquad ㉗$$

把 ㉗ 代入 ㉖，得

$$\frac{x_A + x_B}{2} = m$$

$$y_A + y_B = \frac{b^2 m(x_A + x_B) - 2\lambda^2 a^2 b^2}{a^2 n} = \frac{2b^2 m^2 - 2\lambda^2 a^2 b^2}{a^2 n} \qquad\qquad ㉘$$

把 ㉗ 代入 ㉘，整理得

$$\frac{y_A + y_B}{2} = n$$

---

① 周建华.圆上的两个结论的再推广[J].数学通讯，2004(13)：25-26.

即弦 AB 的中点坐标为 (m,n),所以,P 是弦 AB 的中点.

定理 7 如图 10.42,过同轴同开抛物线的内抛物线（Ⅳ）上任意一点 P 作内抛物线的切线,与外抛物线（Ⅲ）相交于 A 和 B,则 P 是弦 AB 的中点.

此定理的证明类似于定理 6 的证明（证略）.

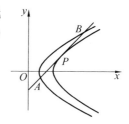

图 10.42

注 上述三定理是下述问题的推广.

圆中的定理 过同心圆中的小圆上任意一点 P 作小圆的切线与大圆相交于 A 和 B,则 P 是弦 AB 的中点.

定理 8 如图 10.43,椭圆

$$\frac{x^2}{(\frac{a}{2})^2} + \frac{(y-\frac{b}{2})^2}{(\frac{b}{2})^2} = 1 \qquad ㉙$$

内切椭圆

$$\frac{x^2}{a^2} + \frac{y^2}{b^2} = 1 \qquad ㉚$$

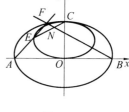

图 10.43

于 C,过椭圆 ㉚ 的长（短）轴 AB 的端点 A 引椭圆 ㉙ 的切线 AE 交椭圆 ㉚ 于 F,BF 交 EC 于 N,则 N 是 EC 的中点.

证明 设 $E(x_E,y_E)$,切线 AE 的斜率为 k,则切线 AE 的方程为

$$y = -k(x+a) \qquad ㉛$$

把 ㉛ 代入 ㉙,整理得

$$(b^2 + a^2 k^2)x^2 + a^2 k(2ak-b)x + a^3 k(ak-b) = 0 \qquad ㉜$$

$$\Delta_x = (a^2 k(2ak-b))^2 - 4a^3 k(b^2 + a^2 k^2)(ak-b) =$$
$$a^3 b^2 k(4b-3ak) = 0$$

则有 $k = \dfrac{4b}{3a}$,或 $k=0$（舍去）,所以切线 AE 的方程是

$$y = \frac{4b}{3a}(x+a) \qquad ㉝$$

由 ㉜ 可得

$$2x_E = -\frac{a^2 k(2ak-b)}{b^2 + a^2 k^2}$$

所以

$$x_E = -\frac{a^2 \cdot \frac{4b}{3a}(2a \cdot \frac{4b}{3a} - b)}{2(b^2 + a^2 (\frac{4b}{3a})^2)} = -\frac{2a}{5}$$

$$y_E = \frac{4b}{3a}(-\frac{2a}{5} + a) = \frac{4b}{5}$$

从而,易得 EC 的中点坐标 $\left(-\dfrac{a}{5},\dfrac{9b}{10}\right)$.

联立 ㉚,㉝,得 $F\left(-\dfrac{7a}{25},\dfrac{24b}{25}\right)$.

所以,直线 BF 的方程为

$$y=-\dfrac{3b}{4a}(x-a) \qquad\qquad ㉞$$

因为 EC 的中点坐标 $\left(-\dfrac{a}{5},\dfrac{9b}{10}\right)$ 满足 ㉞,所以 N 就是 EC 的中点.

注　上述定理如下问题的推广.

圆中的定理　如图 10.44,在直径为 AB 的半圆中,半径 $CO \perp AB$ 于 O,以 OC 为直径作圆 O_1,AE 切圆 O_1 于 E,AE 交半圆于 F,交 OC 的延长线于 D,BF 交 OD 于 M,交 CE 于 N,则 N 是弦 CE 的中点.

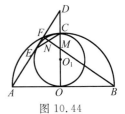

图 10.44

❖圆锥曲线内接四边形相邻顶点处切线交点共线定理

圆内接四边形相邻顶点处切线交点共线定理(参见图 3.189)可以推广到圆锥曲线中来.

定理 1　设 A,B,C,D 是椭圆 $\dfrac{x^2}{a^2}+\dfrac{y^2}{b^2}=1(a>b>0)$ 上不同的四点,如图 10.45,联结 AC,BD 交于点 M,联结直线 AD 与 BC 交于点 N,过点 A,B 分别作椭圆的切线交于点 P,过点 C,D 分别作椭圆的切线交于点 Q,则 M,N,P,Q 四点共线.①

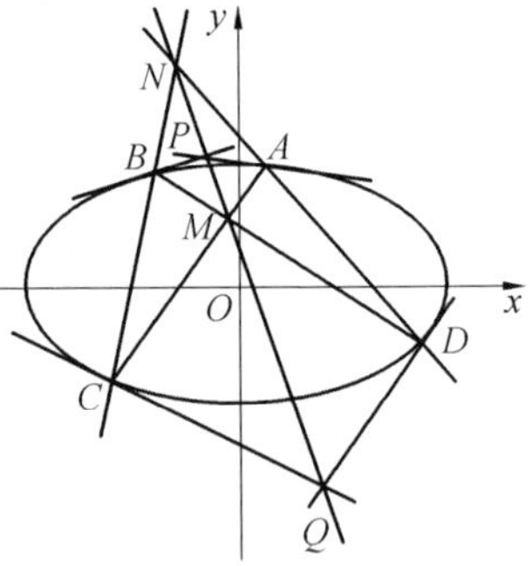

证明　设 $A(a\cos\ \alpha,b\sin\ \alpha)$,$B(a\cos\ \beta,b\sin\ \beta)$,$C(a\cos\ \gamma,b\sin\ \gamma)$,$D(a\cos\ \theta,b\sin\ \theta)$,其中 $(0<\alpha<\beta<\gamma<\theta\leqslant 2\pi)$,则过点 A,B 的切线方程分别为

$$\dfrac{x\cos\ \alpha}{a}+\dfrac{y\sin\ \alpha}{b}=1,\ \dfrac{x\cos\ \beta}{a}+\dfrac{y\sin\ \beta}{b}=1$$

联立解得点 P 的横坐标 $x=\dfrac{a(\sin\ \alpha-\sin\ \beta)}{\sin(\alpha-\beta)}$,代入切线方程得,点 P 的纵

图 10.45

① 杨华. 对数学问题 1720 的再研究[J]. 数学通报,2012(3):48-49.

坐标 $y = \dfrac{-b(\cos\alpha - \cos\beta)}{\sin(\alpha - \beta)}$.

所以,点 P 的价值标为 $\left(\dfrac{a(\sin\alpha - \sin\beta)}{\sin(\alpha - \beta)}, \dfrac{-b(\cos\alpha - \cos\beta)}{\sin(\alpha - \beta)}\right)$

同理可得,点 Q 的坐标为 $\left(\dfrac{a(\sin\gamma - \sin\theta)}{\sin(\gamma - \theta)}, \dfrac{-b(\cos\gamma - \cos\theta)}{\sin(\gamma - \theta)}\right)$

直线 AC, BD 的方程分别为

$$y = b\sin\alpha = \frac{b(\sin\alpha - \sin\gamma)}{a(\cos\alpha - \cos\gamma)}(x - a\cos\alpha)$$

$$y = b\sin\beta = \frac{b(\sin\beta - \sin\theta)}{a(\cos\beta - \cos\theta)}(x - a\cos\beta)$$

联立解得点 M 的横坐标

$$x = \frac{\sin(\alpha - \gamma)(\cos\beta - \cos\theta) + \sin(\beta - \theta)(\cos\gamma - \cos\alpha)}{\sin(\alpha - \beta) + \sin(\beta - \gamma) + \sin(\gamma - \theta) + \sin(\theta - \alpha)}a$$

点 M 的纵坐标

$$y = \frac{\sin(\alpha - \gamma)(\sin\beta - \sin\theta) + \sin(\beta - \theta)(\sin\gamma - \sin\alpha)}{\sin(\alpha - \beta) + \sin(\beta - \gamma) + \sin(\gamma - \theta) + \sin(\theta - \alpha)}$$

所以,点 M 的坐标为

$$\left(\frac{(\sin(\alpha - \gamma))(\cos\beta - \cos\theta) + \sin(\beta - \theta)(\cos\gamma - \cos\alpha)}{\sin(\alpha - \beta) + \sin(\beta - \gamma\sin(\gamma - \theta) + \sin(\theta - \alpha)}a,\right.$$

$$\left.\frac{\sin(\alpha - \gamma)(\sin\beta - \sin\theta) + \sin(\beta - \theta)(\sin\gamma - \sin\alpha)}{\sin(\alpha - \beta) + \sin(\beta - \gamma) + \sin(\gamma - \theta) + \sin(\theta - \alpha)}b\right)$$

直线 PQ 的斜率为

$$k_1 = \frac{b}{a} \cdot \frac{\sin(\alpha - \beta)(\cos\theta - \cos\gamma) - \sin(\gamma - \theta)(\cos\beta - \cos\alpha)}{\sin(\alpha - \beta)(\sin\gamma - \sin\theta) - \sin(\gamma - \theta)(\sin\alpha - \sin\beta)} =$$

$$\frac{b}{a} \cdot \frac{\cos\dfrac{\alpha - \beta}{2}\sin\dfrac{\gamma + \theta}{2} - \cos\dfrac{\theta - \gamma}{2}\sin\dfrac{\alpha + \beta}{2}}{\cos\dfrac{\alpha - \beta}{2}\cos\dfrac{\gamma + \theta}{2} - \cos\dfrac{\theta - \gamma}{2}\cos\dfrac{\alpha + \beta}{2}}$$

直线 PM 的斜率为 k_2,经计算得 $k_1 = k_2$.

因为 $k_1 = k_2$,所以 M, P, Q 三点共线.同理可证,N, P, Q 三点共线.

因此,M, N, P, Q 四点共线.

注 我们还可证:联结 AC, BD 交于点 M,直线 AB 与 CD 交于点 N',过点 A, D 分别作椭圆的切线交于点 P',过点 B, C 分别作椭圆的切线交于点 Q',则 M, N', P', Q' 四点也共线.

仿定理 1 的方法可以证明下面结论:

定理 2 设 A, B, C, D 是双曲线 $\dfrac{x^2}{a^2} - \dfrac{y^2}{b^2} = 1 (a > 0, b > 0)$ 上不同的四点,

如图 10.46,联结 AC,BD 交于点 M,在直线 AD 与 BC 交于点 N,过点 A,B 分别作双曲线的切线交于点 P,过点 C,D 分别作双曲线的切线关于点 Q,则 M,N,P,Q 四点共线.

定理 3 设 A,B,C,D 是抛物线 $y^2=2px$ $(p>0)$ 上不同的四点,如图 10.47,联结 AC,BD 交于点 M,联结直线 AD 与 BC 交于点 N,过点 A,B 分别作抛物线的切线交于点 P,过点 C,D 分别作抛物线的切线交于点 Q.则 M,N,P,Q 四点共线.

证明 设 $A(\frac{y_1^2}{2p},y_1)$,$B(\frac{y_2^2}{2p},y_2)$,$C(\frac{y_3^2}{2p},y_3)$,

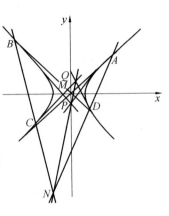

图 10.46

$D(\frac{y_4^2}{2p},y_4)$,其中 y_1,y_2,y_3,y_4 互不相等且 $y_1+y_3\neq 0$,

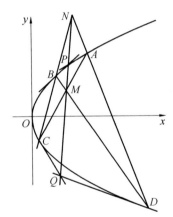

图 10.47

$y_2+y_4\neq 0$,$y_1+y_3\neq y_2+y_4$,$y_1y_2-y_3y_4\neq 0$.

则过点 A,B 的切线方程分别为

$$y_1y=p(x+\frac{y_1^2}{2p}),\quad y_2y=p(x+\frac{y_2^2}{2p})$$

联立解得点 P 的坐标为 $(\frac{y_1y_2}{2p},\frac{y_1+y_2}{2})$;

同理可得,点 Q 的坐标为 $(\frac{y_3y_4}{2p},\frac{y_3+y_4}{2})$.

直线 AC,BD 的方程分别为:$y-y_1=\frac{2p}{y_1+y_3}(x-\frac{y_1^2}{2p})$,$y-y_2=\frac{2p}{y_2+y_4}\cdot$

$(x-\frac{y_2^2}{2p})$,联立解得点 M 的坐标为

$$(\frac{y_1 y_3 (y_2 + y_4) - y_2 y_4 (y_1 + y_3)}{2p(y_1 + y_3 - y_2 - y_4)}, \frac{y_1 y_3 - y_2 y_4}{y_1 + y_3 - y_2 - y_4})$$

直线 PQ 的斜为 $k_1 = \dfrac{(y_1 + y_2 - y_3 - y_4)p}{y_1 y_2 - y_3 y_4}$

直线 PM 的斜率为

$$k_2 = \frac{[2(y_1 y_3 - y_2 y_4) - (y_1 + y_2)(y_1 + y_3 - y_2 - y_4)]p}{y_1 y_3 (y_2 + y_4) - y_2 y_4 (y_1 + y_3) - y_1 y_2 (y_1 + y_3 - y_2 - y_4)} =$$

$$\frac{[y_1 y_3 - y_2 y_4 + y_1 y_4 - y_2 y_3 + y_2^2 - y_1^2]p}{y_3 y_4 (y_1 - y_2) + y_1 y_2 (y_2 - y_1)} =$$

$$\frac{(y_2 - y_1)(y_1 + y_2 - y_3 - y_4)p}{(y_2 - y_1)(y_1 y_2 - y_3 y_4)} =$$

$$\frac{(y_1 + y_2 - y_3 - y_4)p}{y_1 y_2 - y_3 y_4} = k_1$$

因为 $k_1 = k_2$,所以 M,P,Q 三点共线;同理可证,N,P,Q 三点共线.
因此,M,N,P,Q 四点共线.

❖圆锥曲线对定点张直角弦定理

定理[①]   过定点 $P(m,n)$ 的直线与圆锥曲线 $F(x,y) = (1-e^2)x^2 + y^2 - 2e^2 px - e^2 p^2 = 0$(以原点为焦点,以 $x = -p$ 为准线,e 为离心率,p 为焦准距)交于 A,B 两点,点 C,D 在圆锥曲线上,直线 CA,CB,DA,DB 的斜率分别为 k_{CA}, k_{CB},k_{DA},k_{DB}.

(1) 若 $k_{CA} \cdot k_{CB} = k_{DA} \cdot k_{DB} = t$,当 $t^2 \neq (e^2-1)^2$ 时,直线 CD 经过定点

$$Q(\frac{t-1+e^2}{t+1-e^2}m + \frac{2e^2 p}{t+1-e^2}, -\frac{t-1+e^2}{t+1-e^2}n)$$

(2) 若 $k_{CA} + k_{CB} = k_{DA} + k_{DB} = t$,当 $(t^2 - 4e^2 + 4)t \neq 0$ 时,直线 CD 过定点

$$Q(\frac{t^2 m - 2tn + 4e^2 p}{t^2 - 4e^2 + 4}, \frac{2(e^2-1)tm - t^2 n + 2e^2 tp}{t^2 - 4e^2 + 4})$$

证明   设点 $C(u,v)$,则 $F(u,v) = 0$.
平移坐标系,使原点 O 移到点 $C(u,v)$,则圆锥曲线方程化为 $F(x+u, y+v) = 0$.
令 $F(x+u, y+v) - F(u,v) = 0$,整理得

$$(1-e^2)x^2 + y^2 + 2(u - e^2 u - e^2 p)x + 2vy = 0$$

---

①   李世臣,陆楷章. 圆锥曲线对定点张直角弦问题再研究[J]. 数学通报,2016(3):60-62.

设直线 AB 的方程为 $\lambda x + \mu y = 1$，将上式化为关于 x,y 的齐次方程

$$(1-e^2)x^2 + y^2 + 2[(u - e^2 u - e^2 p)x + vy](\lambda x + \mu y) = 0$$

整理得

$$[(1-e^2) + 2\lambda(u - e^2 u - e^2 p)]x^2 + 2[\lambda v + \mu(u - e^2 u - e^2 p)]xy + (1 + 2\mu v)y^2 = 0$$

令 $y = kx$，得

$$(1 + 2\mu v)k^2 + 2[\lambda v + \mu(u - e^2 u - e^2 p)]k + [(1-e^2) + 2\lambda(u - e^2 u - e^2 p)] = 0$$

当 $1 + 2\mu v \neq 0$，$\Delta = 4\{[\lambda v + \mu(u - e^2 u - e^2 p)]^2 - (1 + 2\mu v)[(1-e^2) + 2\lambda(u - e^2 u - e^2 p)]\} \geqslant 0$ 时，上式有两个实数根.

由于 k_{CA}, k_{CB} 是方程的根，所以

$$k_{CA} \cdot k_{CB} = \frac{1 - e^2 + 2\lambda(u - e^2 u - e^2 p)}{1 + 2\mu v}$$

$$k_{CA} + k_{CB} = -\frac{2\lambda v + 2\mu(u - e^2 u - e^2 p)}{1 + 2\mu v}$$

（Ⅰ）若 $k_{CA} \cdot k_{CB} = \dfrac{1 - e^2 + 2\lambda(m - e^2 m - e^2 p)}{1 + 2n\mu} = t$，则

$2\lambda(u - e^2 u - e^2 p) - 2\mu t v = t - 1 + e^2$.

当 $t \neq 1 - e^2$ 时，$\lambda(\dfrac{2(u - e^2 u - e^2 p)}{t - 1 + e^2}) + \mu(\dfrac{-2tv}{t - 1 + e^2}) = 1$. 所以，直线 AB

过点 $C'(\dfrac{2(u - e^2 u - e^2 p)}{t - 1 + e^2}, \dfrac{-2tv}{t - 1 + e^2})$，在原坐标系中为 $C'(\dfrac{t + 1 - e^2}{t - 1 + e^2}u - \dfrac{2e^2 p}{t - 1 + e^2}, \dfrac{t + 1 - e^2}{t - 1 + e^2}v)$.

由于直线 AB 经过定点 $P(m,n)$，它在原坐标系中的方程为 $\lambda(x - m) + \mu(y - n) = 0$.

代入点 C' 的坐标，$\lambda(\dfrac{t + 1 - e^2}{t - 1 + e^2}u - \dfrac{2e^2 p}{t - 1 + e^2} - m) + \mu(-\dfrac{t + 1 - e^2}{t - 1 + e^2}v - n) = 0$.

所以点 C 在直线 $\lambda(\dfrac{t + 1 - e^2}{t - 1 + e^2}x - \dfrac{2e^2 p}{t - 1 + e^2} - m) + \mu(-\dfrac{t + 1 - e^2}{t - 1 + e^2}y - n) = 0$ 上. 同理，点 D 也在这条直线上，即直线 CD 的方程为

$$\lambda(\dfrac{t + 1 - e^2}{t - 1 + e^2}x - \dfrac{2e^2 p}{t - 1 + e^2} - m) + \mu(-\dfrac{t + 1 - e^2}{t - 1 + e^2}y - n) = 0$$

由 λ, μ 的任意性知

$$\begin{cases} \dfrac{t + 1 - e^2}{t - 1 + e^2}x - \dfrac{2e^2 p}{t - 1 + e^2} - m = 0 \\ -\dfrac{t + 1 - e^2}{t - 1 + e^2}y - n = 0 \end{cases}$$

当 $t \neq e^2 - 1$ 时,解方程组,得

$$\begin{cases} x = \dfrac{t-1+e^2}{t+1-e^2}m + \dfrac{2e^2 p}{t+1-e^2} \\ y = -\dfrac{t-1+e^2}{t+1-e^2}n \end{cases}$$

则直线 CD 经过定点 Q

$$\left(\dfrac{t-1+e^2}{t+1-e^2}m + \dfrac{2e^2 p}{t+1-e^2},\ -\dfrac{t-1+e^2}{t+1-e^2}n\right)$$

注 以椭圆图示,如图 10.48.

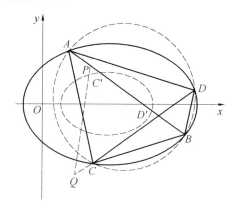

图 10.48

① 由于点 C,D 是圆锥曲线上动点,所以点 C',D' 在圆锥曲线 $F(x,y) = \dfrac{4e^2 p^2 t}{(t+e^2-1)^2}$ 上.

② 当 $\mu \neq 0$ 时,由 AB,CD 的方程知 $k_{AB} = -\dfrac{\lambda}{\mu}$,$k_{CD} = \dfrac{\lambda}{\mu}$,所以 $k_{AB} = -k_{CD}$.则 A,B,C,D 四点共圆.所以 $k_{AC} \cdot k_{AD} = k_{BC} \cdot k_{BD} = -t$,又 $k_{AC} \cdot k_{BC} = k_{AD} \cdot k_{BD} = t$,得 $k_{AC} = -k_{BD}$,$k_{BC} = -k_{AD}$;当 $\mu = 0$ 时,k_{AB},k_{CD} 不存在.所以 AB,CD,AC,BD,AD,BC 三组直线的斜率互为相反或均不存在.

③ 当 $k_{AB} \to \pm\infty$ 时,AB 的方程化为 $x = m$,此时 $k_{CD} = -k_{AB} \to \mp\infty$,$CD$ 的方程化为 $x = \dfrac{t-1+e^2}{t+1-e^2}m + \dfrac{2e^2 p}{t+1-e^2}$,则直线 CD 经过点 Q;

当 $k_{AC} \to \pm\infty$ 时,$k_{BD} = -k_{AC} \to \mp\infty$,$k_{BC} = \dfrac{t}{k_{AC}} \to 0$,$k_{AD} = \dfrac{t}{k_{BD}} \to$ 直线 AB,CD 关于 x 轴对称,由于直线 AB 经过点 P,点 Q 在点 $P(m,n)$ 确定的直线 $y = -\dfrac{n}{m}\left(x - \dfrac{2e^2 p}{t+1-e^2}\right)$ 上,所以直线 CD 必过点 Q.

(II) 若 $k_{CA} = k_{CB} = -\dfrac{2\lambda v + 2\mu(u - e^2 u - e^2 p)}{1 + \mu v} = t$

则 $$2\lambda v + 2\mu(u - e^2 u - e^2 p + tv) = -t$$

当 $t \neq 0$ 时,有

$$\lambda(-\frac{2}{t}v) + \mu(\frac{2e^2 - 2}{t}u - 2v + \frac{2e^2 p}{t}) = 1$$

所以,直线 AB 经过点 $C'(-\frac{2}{t}v, \frac{2e^2 - 2}{t}u - 2v + \frac{2e^2 p}{t})$,在原坐标系中为 $C'(u -$

$\frac{2}{t}v, \frac{2e^2 - 2}{t}u - v + \frac{2e^2 p}{t})$.

由于直线 AB 经过定点 $P(m,n)$,它在原坐标系中的方程为 $\lambda(x - m) +$ $\mu(y - n) = 0$.

代入点 C' 的坐标

$$\lambda(u - \frac{2}{t}v - m) + \mu(\frac{2e^2 - 2}{t}u - v + \frac{2e^2 p}{t} - n) = 0$$

所以点 C 在直线 $\lambda(x - \frac{2}{t}y - m) + \mu(\frac{2e^2 - 2}{t}x - y + \frac{2e^2 p}{t} - n) = 0$ 上.

同理,点 D 也在这条直线上. 所以直线 CD 的方程为 $\lambda(x - \frac{2}{t}y - m) +$

$\mu(\frac{2e^2 - 2}{t}x - y + \frac{2e^2 p}{t} - n) = 0$

由 λ, μ 的任意性知

$$\begin{cases} x - \dfrac{2}{t}y - m = 0 \\ \dfrac{2e^2 - 2}{t}x - y + \dfrac{2e^2 p}{t} - n = 0 \end{cases}$$

当 $t^2 \neq 4(e^2 - 1)$ 时,解方程组得

$$\begin{cases} x = \dfrac{t^2 m - 2tn + 4e^2 p}{t^2 - 4e^2 + 4} \\ y = \dfrac{2(e^2 - 1)tm - t^2 n + 2e^2 tp}{t^2 - 4e^2 + 4} \end{cases}$$

则直线 CD 经过定点 $Q(\dfrac{t^2 m - 2tn + 4e^2 p}{t^2 - 4e^2 + 4}, \dfrac{2(e^2 - 1)tm - t^2 n + 2e^2 tp}{t^2 - 4e^2 + 4})$.

注 以椭圆图示,如图 10.49.

① 由于点 C, D 是圆锥曲线上动点,所以点 C', D' 在圆锥曲线 $F(x, y) = \dfrac{4e^2 p^2}{t^2}$ 上;

② 当 $\mu(2\lambda + t\mu) \neq 0$ 时,由 AB, CD 的方程知 $k_{AB} = -\dfrac{\lambda}{\mu}$, $k_{CD} = \dfrac{t\lambda + 2(e^2 - 1)\mu}{2\lambda + t\mu}$. 消去

λ, μ 得

$$2k_{AB} \cdot k_{CD} - (k_{AB} + k_{CD})t + 2(e^2 - 1)\lambda = 0$$

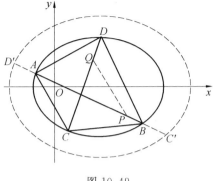

图 10.49

所以

$$(k_{AB} - \frac{t}{2})(k_{CD} - \frac{t}{2}) = \frac{t^2 - 4e^2 + 4}{4}$$

③ 由 AB 的方程知,当 $k_{AB} \to \pm\infty$ 时,$\mu = 0$,CD 的方程化为 $y = \frac{t}{2}(x - m)$. 点 Q 的坐标满足该方程,所以 CD 经过点 Q;当 $k_{AC} \to \pm\infty$ 时,$k_{BC} = t - k_{AC} \to \mp\infty$,点 A,B 重合于点 C 关于 x 轴的对称点 C'. 设 $C(x_0, y_0)$,则直线 AB 与圆锥曲线切于点 $C'(x_0, -y_0)$. 其方程为 $[(1 - e^2)x_0 - e^2 p](x - m) - y_0(y - n) = 0$. 所以 CD 的方程为 $[(1 - e^2) \cdot x_0 - e^2 p](x - \frac{2}{t}y - m)y_0(\frac{2e^2 - 2}{t}x - y + \frac{2e^2 p}{t} - n) = 0$. 所以 CD 仍过点 Q.

显然,由上述定理,即得如下推论:

推论 1 过定点 $P(m, n)$ 的直线交椭圆 $\frac{x^2}{a^2} + \frac{y^2}{b^2} = 1(a > b > 0)$ 于 A, B 两点,点 C, D 在椭圆上,直线 CA, CB, DA, DB 的斜率分别为 $k_{CA}, k_{CB}, k_{DA}, k_{DB}$.

(1) 若 $k_{CA} \cdot k_{CB} = k_{DA} \cdot k_{DB} = t$,当 $a^4 t^2 \neq b^4$ 时,直线 CD 过定点 $Q(\frac{a^2 t - b^2}{a^2 t + b^2}m, -\frac{a^2 t - b^2}{a^2 t + b^2}n)$;

(2) 若 $k_{CA} + k_{CB} = k_{DA} + k_{DB} = t$,当 $t \neq 0$ 时,直线 CD 过定点 $Q(\frac{a^2 t^2 m - 2a^2 tn}{a^2 t^2 + 4b^2}, -\frac{2b^2 tm + a^2 t^2 n}{a^2 t^2 + 4b^2})$.

推论 2 过定点 $P(m, n)$ 的直线交双曲线 $\frac{x^2}{a^2} - \frac{y^2}{b^2} = 1(a > 0, b > 0)$ 于 A, B 两点,点 C, D 在双曲线上,直线 CA, CB, DA, DB 的斜率分别为 $k_{CA}, k_{CB}, k_{DA}, k_{DB}$.

(1) 若 $k_{CA} \cdot k_{CB} = k_{DA} \cdot k_{DB} = t$,当 $a^2 t + b^2 \neq 0$ 时,直线 CD 过定点 $Q(\frac{a^2 t + b^2}{a^2 t - b^2}m, -\frac{a^2 t + b^2}{a^2 t - b^2}n)$;

(2) 若 $k_{CA} + k_{CB} = k_{DA} + k_{DB} = t$，当 $t \neq 0$ 时，直线 CD 过定点 $Q(\dfrac{a^2 t^2 m - 2a^2 tn}{a^2 t^2 - 4b^2}, \dfrac{2b^2 tm = a^2 t^2 n}{a^2 t^2 - 4b^2})$.

推论3　过定点 $P(m,n)$ 的直线与抛物线 $y^2 = 2px(p > 0)$ 交于 A,B 两点，点 C,D 在抛物线上，直线 CA,CB,DA,DB 的斜率分别为 $k_{CA}, k_{CB}, k_{DA}, k_{DB}$.

(1) 若 $k_{CA} \cdot k_{CB} = k_{DA} \cdot k_{DB} = t$，当 $t \neq 0$ 时，直线 CD 过定点为 $Q(\dfrac{2p}{t} + m, -n)$；

(2) 若 $k_{CA} + k_{CB} = k_{DA} + k_{DB} = t$，当 $t \neq 0$ 时，直线 CD 过定点 $Q(m - \dfrac{2}{t}n + \dfrac{4p}{t^2}, -n + \dfrac{2}{t}p)$.

❖圆锥曲线共轭直径分弦定理

在圆中，有如下的垂直直径分弦结论：

如图 10.50，设圆 O 的两条互相垂直的直径为 AB, CD, E 在 $\overset{\frown}{BD}$ 上，AE 交 CD 于 K，CE 交 AB 于 L，求证：$(\dfrac{EK}{AK})^2 + (\dfrac{EL}{CL})^2 = 1$.

事实上，如图，过点 E 作 $EM \perp CD$ 于点 M，作 $EN \perp AB$ 于点 N. 则 $\dfrac{EK}{AK} = \dfrac{EM}{OA}$，$\dfrac{EL}{CL} = \dfrac{EN}{OC}$.

于是

$$(\dfrac{EK}{AK})^2 + (\dfrac{EL}{CL})^2 =$$

$$(\dfrac{EM}{OA})^2 + (\dfrac{EN}{OC})^2 =$$

$$\dfrac{EM^2 + EN^2}{OE^2} = 1$$

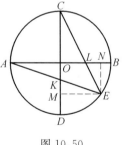

图 10.50

上述结论可直接推广到椭圆中去：

结论 1[①]　已知椭圆 $\dfrac{x^2}{a^2} + \dfrac{y^2}{b^2} = 1(a > b > 0)$ 长轴上的顶点为 A,B，短轴上的顶点为 C,D，E 为椭圆上异于 A,C 的任意一点，AE 交直线 CD 于 K，CE 交直

---

①　干志华. 数学问题 2095 的简证及推广[J]. 数学通报，2013(9)：60-61.

线 AB 于 L,则 $(\frac{EK}{AK})^2 + (\frac{EL}{CL})^2 = 1$.

事实上,如图 10.51,设 $E(x_0, y_0)$,则 $\frac{EK}{AK} = \frac{|x_0|}{a}$,$\frac{EL}{CL} = \frac{|y_0|}{b}$,于是

$$(\frac{EK}{AK})^2 + (\frac{EL}{CL})^2 = \frac{x_0^2}{a^2} + \frac{y_0^2}{b^2} = 1.$$

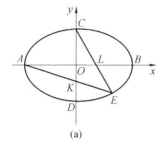 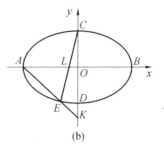

(a)   (b)

图 10.51

定义 联结椭圆上任意两点的线段叫作弦.过椭圆中心的弦叫作直径.平行于直径 CD 的弦的中点的轨迹 AB 和直径 CD 叫作互为共轭直径.类似地可定义双曲线的直径、共轭直径.

引理 已知 AB,CD 是椭圆 $\frac{x^2}{a^2} + \frac{y^2}{b^2} = 1(a > b > 0)$ 的一对共轭直径,若椭圆上的点 E 满足 $\overrightarrow{OE} = \lambda \overrightarrow{OB} + \mu \overrightarrow{OD}$,则 $\lambda^2 + \mu^2 = 1$.

证明 设点 B,D 的坐标分别为 (x_1, y_1),(x_2, y_2),则

$$\overrightarrow{OE} = \lambda \overrightarrow{OB} + \mu \overrightarrow{OD} = (\lambda x_1 + \mu x_2, \lambda y_1 + \mu y_2)$$

即点 E 的坐标为 $(\lambda x_1 + \mu x_2, \lambda y_1 + \mu y_2)$

代入椭圆方程 $\frac{x^2}{a^2} + \frac{y^2}{b^2} = 1$,得

$$\frac{(\lambda x_1 + \mu x_2)^2}{a^2} + \frac{(\lambda y_1 + \mu y_2)^2}{b^2} = 1$$

整理得

$$\lambda^2(\frac{x_1^2}{a^2} + \frac{y_1^2}{b^2}) + \mu^2(\frac{x_2^2}{a^2} + \frac{y_2^2}{b^2}) + 2\lambda\mu(\frac{x_1 x_2}{a^2} + \frac{y_1 y_2}{b^2}) = 1 \qquad (*)$$

当点 B,D 不为椭圆顶点时,椭圆 $\frac{x^2}{a^2} + \frac{y^2}{b^2} = 1$ 的共轭直径的斜率的乘积为 $-\frac{b^2}{a^2}$,即 $k_{OB} \cdot k_{OD} = -\frac{b^2}{a^2}$,故 $\frac{y_1}{x_1} \cdot \frac{y_2}{x_2} = -\frac{b^2}{a^2}$,从而 $\frac{x_1 x_2}{a^2} + \frac{y_1 y_2}{b^2} = 0$.

当点 B,D 为椭圆的顶点时,不妨设 B 为右顶点 $(a, 0)$,D 为下顶点 $(0, -b)$,则 $\frac{x_1 x_2}{a^2} + \frac{y_1 y_2}{b^2} = 0$ 亦成立.

又 B,D 在椭圆上,故式($*$)化简得 $\lambda^2 + \mu^2 = 1$. 引理可证

定理 1 若 AB,CD 是椭圆 $\dfrac{x^2}{a^2} + \dfrac{y^2}{b^2} = 1(a > b > 0)$ 的一对共轭直径,点 E 是椭圆上异于 A,C 的任意一点,AE 交直线 CD 于 K,CE 交直线 AB 于 L,则 $\left(\dfrac{EK}{AK}\right)^2 + \left(\dfrac{EL}{CL}\right)^2 = 1$.

证明 如图 10.52,过点 E 作 $EM \parallel AB$ 交直线 CD 为 M,作 $EN \parallel CD$ 交直线 AB 于点 N,设 $\overrightarrow{ON} = \lambda \overrightarrow{OB}$,$\overrightarrow{OM} = \mu \overrightarrow{OD}$,则 $\overrightarrow{OE} = \overrightarrow{ON} + \overrightarrow{OM} = \lambda \overrightarrow{OB} + \mu \overrightarrow{OD}$.

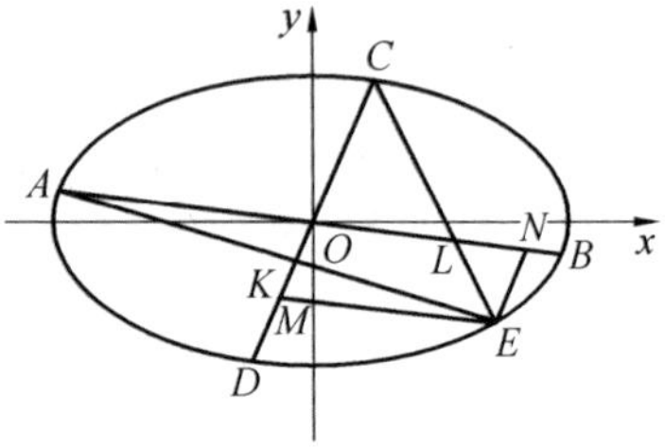

由引理,得 $\lambda^2 + \mu^2 = 1$.

又因

$$\frac{EK}{AK} = \frac{EM}{OA} = \frac{ON}{OB} = |\lambda|$$

$$\frac{EL}{CL} = \frac{EN}{OC} = \frac{OM}{OD} = |\mu|$$

所以

$$\left(\frac{EK}{AK}\right)^2 + \left(\frac{EL}{CL}\right)^2 = |\lambda|^2 + |\mu|^2 = 1$$

定理 1 得证.

类比到双曲线的情形,我们有如下结论(证明与椭圆类似,略):

结论 2 已知双曲线 $\dfrac{x^2}{a^2} - \dfrac{y^2}{b^2} = 1(a > 0, b > 0)$ 实轴上的顶点为 A,B,虚轴上的顶点为 C,D,E 为双曲线上异于 A,C 的任意一点,AE 交直线 CD 于 K,CE 交直线 AB 于 l,则 $\left(\dfrac{EK}{AK}\right)^2 - \left(\dfrac{EL}{CL}\right)^2 = 1$.

定理 2 若 AB,CD 是双曲线 $\dfrac{x^2}{a^2} - \dfrac{y^2}{b^2} = 1(a > 0, b > 0)$ 的一共轭直径,点 E 是双曲线上异于 A,C 的任意一点,AE 交直线 CD 于 K,CE 交直线 AB 于 L,则 $\left(\dfrac{EK}{AK}\right)^2 - \left(\dfrac{EL}{CL}\right)^2 = 1$.

注 双曲线 $\dfrac{x^2}{a^2} - \dfrac{y^2}{b^2} = 1$ 的共轭直径的斜率的乘积为 $\dfrac{b^2}{a^2}$. 如图 10.53,当其中一条直径 CD 与双曲线 $\dfrac{x^2}{a^2} - \dfrac{y^2}{b^2} = 1$ 没有交点时,直径的端点 C,D 即为直径 CD 所在直线与双曲线的共轭双曲线 $\dfrac{y^2}{b^2} - \dfrac{x^2}{a^2} = 1$ 的两交点.

图 10.52

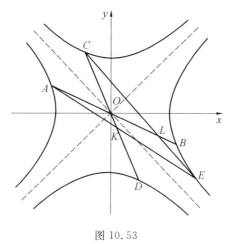

图 10.53

❖圆锥曲线非直径弦的一些性质

定理 1 PQ 是椭圆的非直径弦(不过中心的弦),A_1,A_2 为椭圆长轴上两顶点,A_1P 和 A_2Q 相交于点 M,A_2P 和 A_1Q 相交于点 N,则 $MN \perp A_1A_2$.①

证明 如图 10.54,设椭圆方程为 $\dfrac{x^2}{a^2} + \dfrac{y^2}{b^2} = 1$,

$P(a\cos \alpha, b\sin \alpha)$,$Q(a\cos \beta, b\sin \beta)$,则直线 A_1P,A_2Q 的方程分别为

$$y = \frac{b\sin \alpha}{a(\cos \alpha + 1)}(x + a) \qquad ①$$

$$y = \frac{b\sin \beta}{a(\cos \beta - 1)}(x - a) \qquad ②$$

图 10.54

由 ①,② 解得点 M 的横坐标为

$$x_M = \frac{a(\sin(\alpha + \beta) - \sin \alpha + \sin \beta)}{\sin \alpha + \sin \beta - \sin(\alpha - \beta)} = \frac{a\cos \dfrac{\alpha + \beta}{2}}{\cos \dfrac{\alpha - \beta}{2}} \qquad ③$$

同理可求得点 N 的横坐标为

---

① 熊光汉,谢东银.一道几何题的引申[J].数学通报,2003(5):26-27.

$$x_N = \frac{a\cos\dfrac{\alpha+\beta}{2}}{\cos\dfrac{\alpha-\beta}{2}}$$

故 $MN \perp A_1A_2$.

如果 PQ 经过焦点 $F(c,0)$,则有

$$\frac{b\sin\alpha}{a\cos\alpha-c} = \frac{b\sin\beta}{a\cos\beta-c}$$

即

$$a\sin\frac{\alpha-\beta}{2}\cos\frac{\alpha-\beta}{2} = c\cos\frac{\alpha+\beta}{2}\sin\frac{\alpha-\beta}{2}$$

由于 $\sin\dfrac{\alpha-\beta}{2}\neq 0$,因此

$$\frac{\cos\dfrac{\alpha+\beta}{2}}{\cos\dfrac{\alpha-\beta}{2}} = \frac{a}{c}$$

将之代入 ③ 中有 $x_M = x_N = \dfrac{a^2}{c}$,于是有

推论 PQ 是过椭圆焦点 F 的弦,A_1,A_2 为椭圆长轴上的两顶点,A_1P 和 A_2Q 相交于点 M,A_2P 和 A_1Q 相交于点 N,则直线 MN 是椭圆的准线.

定理 2 PQ 是双曲线的非直径弦,A_1,A_2 为双曲线实轴上两顶点,A_1P 和 A_2Q 交于点 M,A_2P 和 A_1Q 交于点 N,则 $MN \perp A_1A_2$.

证明 如图 10.55,设双曲线的方程为 $\dfrac{x^2}{a^2} - \dfrac{y^2}{b^2} = 1$,$P(a\sec\alpha,b\tan\alpha)$,$Q(a\sec\beta,b\tan\beta)$,则直线 A_1P,A_2Q 的方程分别为

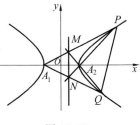

图 10.55

$$y = \frac{b\tan\alpha}{a(\sec\alpha+1)}(x+a)$$

$$y = \frac{b\tan\beta}{a(\sec\beta-1)}(x-a)$$

解得 A_1P 和 A_2Q 的交点 M 的横坐标为

$$x_M = \frac{a\cos\dfrac{\alpha-\beta}{2}}{\cos\dfrac{\alpha+\beta}{2}}$$

同理可求得 A_1Q 和 A_2P 的交点 N 的横坐标为

$$x_N = \frac{a\cos\dfrac{\alpha-\beta}{2}}{\cos\dfrac{\alpha+\beta}{2}}$$

由点 M 与点 N 的横坐标相同知 $MN \perp A_1A_2$.

推论 PQ 是过双曲线焦点的一条弦, A_1, A_2 是双曲线实轴上两顶点, A_1P 与 A_2Q 交于点 M, A_1Q 与 A_2P 相交于 N, 则 MN 为双曲线的准线.

因为对称轴的无穷远处可视为抛物线的另一虚拟顶点, 所以另一顶点 (虚拟) 与抛物线的弦的端点的连线, 可视为与对称轴平行的直线, 于是有

定理 3 PQ 是不过抛物线顶点 O 的任一弦, 过 P, Q 分别作抛物线对称轴的平行线, 交 OP, OQ 于点 M, N, 则 MN 垂直于抛物线的对称轴.

证明 如图 10.56, 设抛物线的方程为 $y^2 = 2px$ ($p > 0$), $P(2pt_1^2, 2pt_1)$, $Q(2pt_2^2, 2pt_2)$, 则直线 OP 的方程为 $y = \dfrac{1}{t_1}x$, 直线 MQ 的方程为 $y = 2pt_2$. 消去 y, 解得点 M 的横坐标为

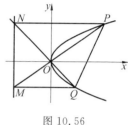

$$x_M = 2pt_1t_2 \qquad (*)$$

同理可求得点 N 的横坐标为 $x_N = 2pt_1t_2$.

从而知 MN 垂直于抛物线的对称轴.

如果 PQ 是抛物线的焦点弦, 则 P, F, Q 三点共线, 从而有

图 10.56

$$\frac{2pt_1}{2pt_1^2 - \dfrac{p}{2}} = \frac{2pt_2}{2pt_2^2 - \dfrac{p}{2}}$$

化简得 $4t_1t_2 = -1$, 代入上面证明中的 $(*)$ 中有 $x_M = x_N = -\dfrac{p}{2}$, 于是有

推论 PQ 是抛物线的焦点弦, O 为抛物线的顶点, 过 P, Q 分别作抛物线对称轴的平行线, 交 OP, OQ 于 M, N, 则 MN 为抛物线的准线.

注 以上定理是由如下结论推广而来的.

命题 1 PQ 是以 AB 为直径的圆 O 中的一条非直径弦, 联结 PA, BQ 的直线相交于点 M, 联结 BP, AQ 相交于点 N, 则 $MN \perp AB$, 如图 10.57 所示.

证明 设直线 MN 交 AB 于点 K. 由 AB 是圆 O 的直径, P, Q 在圆 O 上知

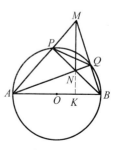

$$\angle MPN = \angle MQN = 90°$$

所以 P, M, Q, N 是四点共圆. 从而

$$\angle QMN = \angle QPN$$

图 10.57

即
$$\angle BMK = \angle QPB$$

又因为 $\angle QPB = \angle QAB$，所以
$$\angle BMK = \angle QAB$$

由 $\angle AQB = 90°$，知
$$\angle QAB + \angle QBK = 90°$$

所以
$$\angle BMK + \angle QBK = 90°$$

即
$$\angle BMK + \angle MBK = 90°$$

所以 $\angle MKB = 90°$，故 $MN \perp AB$.

注 （1）上述命题 1 中，实际上 N 为 $\triangle MAB$ 的垂心，显然 $MN \perp AB$. 上述命题 1 还可以有如下两个拓展命题：

命题 2 PQ 是以 AB 为直径的圆 O 中的一条非直径弦，联结 PA，BQ 的直线相交于点 M，P'，Q' 分别为 P，Q 关于 AB 的对称点，联结 PQ'，$P'Q$ 相交于点 N，则 $MN \perp AB$，如图所示.

证明 如图 10.58，联结 PB，AQ 交于点 H，延长 MH 交 AB 于点 D，则 $MD \perp AB$，下证 D 即为 N.

由三角形垂心的性质知，HD 平分 $\angle PDQ$，从而知 $\angle PDA = \angle QDB$.

联结 DQ'，DP'，则由 AB 为对称轴知
$$\angle P'DA = \angle PDA, \angle Q'DB = \angle QDB$$
于是 $\angle P'DA = \angle QDB$，$\angle Q'DB = \angle PDA$
即 P，D，Q' 及 Q，D，P' 分别三点共线.

故 D 为直线 PQ' 与 QP' 的交点. 亦即 D 为点 N.

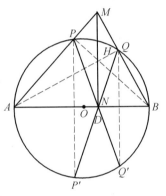

图 10.58

命题 3 PQ 是以 AB 为直径的圆 O 中的一条非直径弦，联结 PA，BQ 的直线交于点 M. S，T 分别为 P，Q 在 AB 上的射影，联结 PT，SQ 相交于点 N，则 $MN \perp AB$，如图所示

证明 如图 10.59，联结 PB，AQ 交于点 H，延长 MH 交 AB 于点 D，则 H 为 $\triangle MAB$ 的垂心，且 $MD \perp AB$.

由 $PS \perp AB$，$QT \perp AB$，知
$$PS = AP \cdot \sin \angle A = AB \cdot \cos \angle A \cdot \sin \angle A$$
$$QT = QB \cdot \sin \angle B = AB \cdot \cos \angle B \cdot \sin \angle B$$

从而
$$\frac{PN}{NT} = \frac{PS}{QT} = \frac{\cos \angle A \cdot \sin \angle A}{\cos \angle B \cdot \sin \angle B} =$$

$$\frac{MB \cdot \cos \angle A}{MA \cdot \cos \angle B}$$

由 Rt$\triangle MBP \backsim$ Rt$\triangle MAQ$,有

$$\frac{MB}{MA} = \frac{MP}{MQ}$$

即有

$$\frac{PN}{NT} = \frac{MP \cdot \cos \angle A}{MQ \cdot \cos \angle B} = \frac{SD}{DT}$$

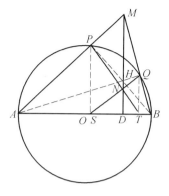

图 10.59

联结 ND,则知 $ND \parallel PS$.

因 $PS \perp AB$,则 $ND \perp AB$.

又由 $MD \perp AB$,则知直线 MD 与 ND 重合,故 $MN \perp AB$.

(2)注意到圆内接四边形相邻顶点处切线交点共线定理,知在 P,Q 处的圆 O 的切线的交点 K 在 $\triangle MAB$ 的高线 MH 上. 这样,由上述三个命题知,M,K,H,N,D 五点共线.

(3)上述命题 1~3 及②的结论均可以推广到椭圆、双曲线中来,即有下面的结论:

定理 4 $\triangle ABC$ 中,以 BC 为轴(长轴或短轴均可)作一椭圆交 AB 于 E,交 AC 于点 F. 设 M,N 分别是点 E,F 关于直线 BC 的对称点,EN 交 FM 于点 D,则有 $AD \perp BC$.

证明 如图 10.60,以边 BC 所在的直线为 x 轴,线段 BC 的垂直平分线为 y 轴建立直角坐标系.

设椭圆的方程为 $\dfrac{x^2}{a^2} + \dfrac{y^2}{b^2} = 1(a > b > 0)$,则有 $B(-a,0),C(a,0)$.

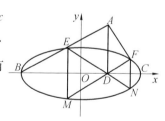

图 10.60

利用椭圆的参数方程,可设

$$E(a\cos \alpha, b\sin \alpha)$$

$$F(a\cos \beta, b\sin \beta)$$

则点 M,N 的坐标分别为 $M(a\cos \alpha, -b\sin \alpha),N(a\cos \beta, -b\sin \beta)$.

直线 EN 的方程为:$y - b\sin \alpha = \dfrac{b(\sin \alpha + \sin \beta)}{a(\cos \alpha - \cos \beta)}(x - a\cos \alpha)$.

直线 FM 的方程为:$y - b\sin \beta = \dfrac{b(\sin \beta + \sin \alpha)}{a(\cos \beta - \cos \alpha)}(x - a\cos \beta)$.

联立 EN,FM 的方程,解得

P
M
J
H
W
B
M
T
J
Y
Q
W
B
T
D
L
(X)

$$x_D = \frac{a\sin(\alpha+\beta)}{\sin\alpha+\sin\beta} = \frac{a\cdot\cos\dfrac{\alpha+\beta}{2}}{\cos\dfrac{\alpha-\beta}{2}}$$

另外,直线 BE,CF 的方程分别为

$$y = \frac{b\sin\alpha}{a(\cos\alpha+1)}(x+a), \quad y = \frac{b\sin\beta}{a(\cos\beta-1)}(x-a)$$

联立解得

$$x_A = \frac{a[\sin(\beta+\alpha)+(\sin\beta-\sin\alpha)]}{\sin(\beta-\alpha)+(\sin\beta+\sin\alpha)} =$$

$$\frac{2a\cos\dfrac{\beta+\alpha}{2}(\sin\dfrac{\beta+\alpha}{2}+\sin\dfrac{\beta-\alpha}{2})}{2\cos\dfrac{\beta-\alpha}{2}(\sin\dfrac{\beta-\alpha}{2}+\sin\dfrac{\beta+\alpha}{2})} =$$

$$\frac{a\cdot\cos\dfrac{\alpha+\beta}{2}}{\cos\dfrac{\alpha-\beta}{2}}$$

因为 $x_A = x_D$,所以 $AD \perp BC$.

类似于定理 4 可证得如下定理 5:

定理 5   如图 10.61,以 $\triangle ABC$ 的边 BC 为实轴的双曲线交此三角形的另两边 AB,AC 的延长线于点 E,F. 设 M,N 分别是点 E,F 关于直线 BC 的对称点,EN 与 MF 交于点 D,则 $AD \perp BC$.

定理 6   如图 10.62,以 $\triangle ABC$ 的边 BC 为长轴作半椭圆,与 AB,AC 分别交于点 E,F. 过 E,F 分别作 BC 的垂线,垂足分别为 M 和 N,线段 EN 与 MF 交于点 D,则 $AD \perp BC$.

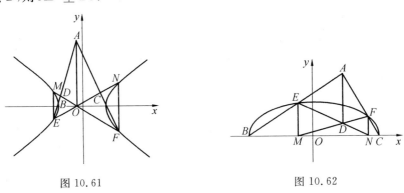

图 10.61   图 10.62

证明   以边 BC 所在的直线为 x 轴,线段 BC 的垂直平分线为 y 轴建立直

角坐标系. 设半椭圆的方程为 $\dfrac{x^2}{a^2}+\dfrac{y^2}{b^2}=1(a>b>0,y\geqslant 0)$,则有 $B(-a,0)$,

$C(a,0)$.

利用椭圆的参数方程,可设 $E(a\cos\alpha,b\sin\alpha)$,$F(a\cos\beta,b\sin\beta)$,则点 M,N 的坐标分别为 $M(a\cos\alpha,0)$,$N(a\cos\beta,0)$,

直线 EN 的方程为

$$y=\frac{b\sin\alpha}{a(\cos\alpha-\cos\beta)}(x-a\cos\beta)$$

直线 FM 的方程为

$$y=\frac{b\sin\beta}{a(\cos\beta-\cos\alpha)}(x-a\cos\alpha)$$

联立 EN,FM 的方程,解得

$$x_D=\frac{a\sin(\alpha+\beta)}{\sin\alpha+\sin\beta}=\frac{a\cos\dfrac{\alpha+\beta}{2}}{\cos\dfrac{\alpha-\beta}{2}}$$

另外,直线 BE,CF 的方程分别为

$$y=\frac{b\sin\alpha}{a(\cos\alpha+1)}(x+a),\quad y=\frac{b\sin\beta}{a(\cos\beta-1)}(x-a)$$

联立解得

$$x_A=\frac{a[\sin(\beta+\alpha)+(\sin\beta-\sin\alpha)]}{\sin(\beta-\alpha)+(\sin\beta+\sin\alpha)}=$$

$$\frac{2a\cos\dfrac{\beta+\alpha}{2}(\sin\dfrac{\beta+\alpha}{2}+\sin\dfrac{\beta-\alpha}{2})}{2\cos\dfrac{\beta-\alpha}{2}(\sin\dfrac{\beta-\alpha}{2}+\sin\dfrac{\beta+\alpha}{2})}=$$

$$\frac{a\cdot\cos\dfrac{\alpha+\beta}{2}}{\cos\dfrac{\alpha-\beta}{2}}$$

因为 $x_A=x_D$,所以 $AD\perp BC$.

类似于定理 6 可证得如下定理 7:

定理 7 如图 10.63,以 $\triangle ABC$ 的边 BC 为实轴作半双曲线,与 AB,AC 的延长线分别交于点 E,F. 过 E,F 分别作 BC 的垂线,垂足分别为 M 和 N,线段 EN 与 MF 交于点 D,则 $AD\perp$ BC.

定理 8 如图 10.64,以 $\triangle ABC$ 的边 BC 为

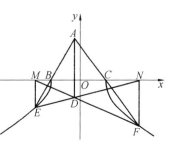

图 10.63

长轴的椭圆交此三角形的另两边 AB,AC 于点 E,F，过点 E,F 分别作该椭圆的切线交于点 D，则 $AD \perp BC$.

证明 以边 BC 所在的直线为 x 轴，线段 BC 的垂直平分线为 y 轴建立直角平分线为 y 轴建立直角坐标系. 设椭圆的方程为 $\dfrac{x^2}{a^2}+\dfrac{y^2}{b^2}=1 (a>b>0)$，则有 $B(-a,0),C(a,0)$.

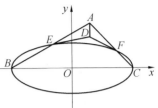

图 10.64

利用椭圆的参数方程，可设 $E(a\cos \alpha, b\sin \alpha), F(a\cos \beta, b\sin \beta)$，则过点 E,F 的切线方程分别为

$$\frac{x\cos \alpha}{a}+\frac{y\sin \alpha}{b}=1, \frac{x\cos \beta}{a}+\frac{y\sin \beta}{b}=1$$

联立解得 $x_D = \dfrac{a(\sin \beta - \sin \alpha)}{\sin(\beta - \alpha)}$.

另外，直线 BE,CF 的方程分别为

$$y=\frac{b\sin \alpha}{a(\cos \alpha+1)}(x+a), y=\frac{b\sin \beta}{a(\cos \beta-1)}(x-a)$$

联立解得 $x_A = \dfrac{a\left[\sin(\beta+\alpha)+(\sin \beta - \sin \alpha)\right]}{\sin(\beta - \alpha)+(\sin \beta + \sin \alpha)}$.

因为

$x_D - x_A$ 的分子 $=$
$a(\sin \beta - \sin \alpha)\left[\sin(\beta - \alpha)+(\sin \beta + \sin \alpha)\right]-$
$a\sin(\beta - \alpha)\left[\sin(\beta+\alpha)+(\sin \beta - \sin \alpha)\right]=$
$a\left[\sin^2 B - \sin^2 \alpha - \sin(\beta+\alpha)\sin(\beta - \alpha)\right]=0$

所以 $AD \perp BC$.

类似于定理 8 可证得下述定理 9：

定理 9 如图 10.65，以 $\triangle ABC$ 的边 BC 为实轴的双曲线交此三角形的另两边 AB,AC 的延长线于点 E,F，过点 E,F 分别作该双曲线的切线交于点 D，则 $AD \perp BC$.

定理 10 如图 10.66，以 $\triangle ABC$ 的边 BC 为长轴的椭圆交此三角形的另两边 AB,AC 于点 E,F，联结 BF,CE 交于点 Q，则 $AQ \perp BC$.

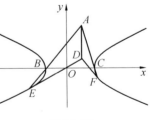

图 10.65

证明 以边 BC 所在的直线为 x 轴，线段 BC 的垂直平分线为 y 轴建立直角坐标系. 设椭圆的方程为 $\dfrac{x^2}{a^2}+\dfrac{y^2}{b^2}=1 (a>b>0)$，则有 $B(-a,0),C(a,0)$.

利用椭圆的参数方程,可设

$E(a\cos \alpha,b\sin \alpha),F(a\cos \beta,b\sin \beta)$,则直线 BF,CE 的方程分别为

$$y=\frac{b\sin \beta}{a(\cos \beta+1)}(x+a),\quad y=\frac{b\sin \alpha}{a(\cos \alpha-1)}(x-a)$$

联立解得

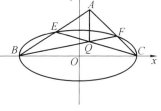

图 10.66

$$x_Q=\frac{a\left[\sin(\alpha+\beta)+(\sin \alpha-\sin \beta)\right]}{\sin(\alpha-\beta)+(\sin \alpha+\sin \beta)}=\frac{a\cos \dfrac{\alpha+\beta}{2}}{\cos \dfrac{\alpha-\beta}{2}}$$

另外,直线 BE,CF 的方程分别为

$$y=\frac{b\sin \alpha}{a(\cos \alpha+1)}(x+a),\quad y=\frac{b\sin \beta}{a(\cos \beta-1)}(x-a)$$

联立解得

$$x_A=\frac{a\left[\sin(\beta+\alpha)+(\sin \beta-\sin \alpha)\right]}{\sin(\beta-\alpha)+(\sin \beta+\sin \alpha)}=$$

$$\frac{a\cos \dfrac{\alpha+\beta}{2}}{\cos \dfrac{\alpha-\beta}{2}}$$

因为 $x_A=x_Q$,所以 $AQ\perp BC$.

类似定理 10 可证得下述定理 11:

定理 11　如图 10.67,以 $\triangle ABC$ 的边 BC 为实轴的双曲线交此三角形的另两边 AB,AC 的延长线于点 E,F,连 BF,CE 交于点 Q,则 $AQ\perp BC$.

由上,我们可得如下结论:

定理 12　如图 10.68,以 $\triangle ABC$ 的边 BC 为长轴的椭圆交此三角形的另两边 AB,AC 于点 E,F. 设 M,N 分别是点 E,F 关于直线 BC 的对称点,G,H 分别是点 E,F 在 x 轴上的射影,联结 EN 与 MF 交于点 D,联结 EH,FG 交于点 K,联结 BF,CE 交于点 Q,过点 E,F 分别作该椭圆的切线交于点 P,则 A,P,Q,K,D 五点共线.

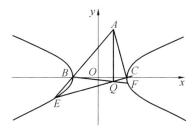

图 10.67

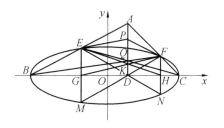

图 10.68

定理 13 如图 10.69,以 △ABC 的边 BC 为实轴的双曲线交此三角形的另两边 AB,AC 的延长线于点 E,F. 设 M,N 分别是点 E,F 关于直线 BC 的对称点,G,H 分别是点 E,F 在 x 轴上的射影,联结 EN 与 MF 交于点 D,联结 EH,FG 交于点 K,联结 BF,CE 交于点 Q,过点 E,F 分别作该双曲线的切线交于点 P,则 A,P,D,Q,K 五点共线.

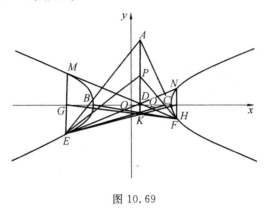

图 10.69

注 上述结论及证明参见了林新建老师的文章《对数学问题 1720 的研究性学习》,数学通报,2011(6):60-63.

❖圆锥曲线的费马分割问题

定理 1 如图 10.70,椭圆 $\dfrac{x^2}{a^2}+\dfrac{y^2}{b^2}=1(a>b>0)$,$A(-a,0),B(a,0)$,以 AB 为一边作矩形 ABCD,且 $AD=\sqrt{2}b$,P 为椭圆上任一点,直线 PC,PD 与 AB 所在直线交于 E,F,则 $AE^2+BF^2=AB^2$.①

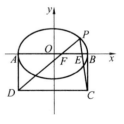

图 10.70

证明 令 $P(a\cos\theta,b\sin\theta)$,因 $C(a,-\sqrt{2}b)$,$D(-a,-\sqrt{2}b)$,故直线 PC,PD 的方程分别为

$$y=\frac{b\sin\theta+\sqrt{2}b}{a\cos\theta-a}x-\frac{\sqrt{2}\cos\theta+\sin\theta}{\cos\theta-1}b$$

① 华漫天.费马问题在圆锥曲线中的推广[J].数学通报,2006(1):59-60.

$$y = \frac{b\sin\theta + \sqrt{2}\,b}{a\cos\theta + a}x - \frac{\sqrt{2}\cos\theta - \sin\theta}{\cos\theta + 1}b$$

则

$$E(\frac{\sqrt{2}\cos\theta + \sin\theta}{\sin\theta + \sqrt{2}}a, 0), F(\frac{\sqrt{2}\cos\theta - \sin\theta}{\sin\theta + \sqrt{2}}a, 0)$$

所以

$$AE^2 + BF^2 = (-a - \frac{\sqrt{2}\cos\theta + \sin\theta}{\sin\theta + \sqrt{2}}a)^2 + (a - \frac{\sqrt{2}\cos\theta - \sin\theta}{\sin\theta + \sqrt{2}}a)^2 =$$

$$(\frac{2\sin\theta + \sqrt{2}\cos\theta + \sqrt{2}}{\sin\theta + \sqrt{2}})^2 a^2 + (\frac{2\sin\theta - \sqrt{2}\cos\theta + \sqrt{2}}{\sin\theta + \sqrt{2}})^2 a^2 =$$

$$\frac{2(2\sin\theta + \sqrt{2})^2 + 4\cos^2\theta}{(\sin\theta + \sqrt{2})^2}a^2 =$$

$$\frac{8\sin^2\theta + 8\sqrt{2}\sin\theta + 4 + 4\cos^2\theta}{(\sin\theta + \sqrt{2})^2}a^2 =$$

$$\frac{4\sin^2\theta + 8\sqrt{2}\sin\theta + 8}{(\sin\theta + \sqrt{2})^2}a^2 =$$

$$\frac{4(\sin\theta + \sqrt{2})^2}{(\sin\theta + \sqrt{2})^2}a^2 =$$

$$4a^2 = AB^2$$

证毕.

定理 2 如图 10.71，P 为双曲线 $\frac{x^2}{a^2} - \frac{y^2}{b^2} = 1$ 上一点，$C(0,b)$，$D(0,-b)$，以 CD 为一边作矩形 $ABCD$，使 $AD = \sqrt{2}\,a$，直线 PD，PC 分别与 AB 所在的直线交于 E，F，则 $AE^2 + BF^2 = AB^2$.

证明 令 $P(a\sec\theta, b\tan\theta)$，易得直线 PC，PD 的方程分别为

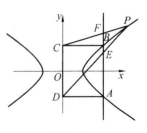

图 10.71

$$y = \frac{b\tan\theta - b}{a\sec\theta}x + b$$

$$y = \frac{b\tan\theta + b}{a\sec\theta}x - b$$

取 $x = \sqrt{2}\,a$ 得 $F(\sqrt{2}\,a, \sqrt{2}\,b(\sin\theta - \cos\theta) + b)$，$E(\sqrt{2}\,a, \sqrt{2}\,b(\sin\theta + \cos\theta) - b)$，而 $A(\sqrt{2}\,a, -b)$，$B(\sqrt{2}\,a, b)$，所以

$$AE^2 + BF^2 = 2b^2(\sin\theta + \cos\theta)^2 + 2b^2(\sin\theta - \cos\theta)^2 = 4b^2 = AB^2$$

定理 3 如图 10.72，P 为抛物线 $y^2 = 2px$ 上一点，$C(p,0)$，$D(-p,0)$，以

P
M
J
H
W
B
M
T
J
Y
Q
W
B
T
D
L
(X)

CD 为一边作矩形 $ABCD$，使 $AD=\sqrt{2}\,p$，直线 PD，PC 分别与 AB 所在的直线交于 E，F，则 $AE^2-BF^2=AB^2$.

证明 令 $P(2pt^2,2pt)$，由 $C(p,0)$ 得直线 PC 的方程为

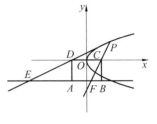

图 10.72

$$\frac{y-2pt}{x-2pt^2}=\frac{2pt}{2pt^2-p}$$

取 $y=-\sqrt{2}\,p$，得 $F(\dfrac{-2pt^2+p}{\sqrt{2}\,t}+p,-\sqrt{2}\,p)$. 同理 $E(\dfrac{-2pt^2-p}{\sqrt{2}\,t}-p,-\sqrt{2}\,p)$.

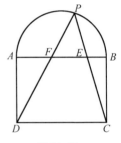

又 $A(-p,-\sqrt{2}\,p)$，$B(p,-\sqrt{2}\,p)$，故

$$AE^2-BF^2=(\frac{-2pt^2-p}{\sqrt{2}\,t})^2-(\frac{-2pt^2+p}{\sqrt{2}\,t})^2=4p^2=AB^2$$

图 10.73

注 如上定理是如下问题的推广.

费马分割问题 如图 10.73，在线段 AB 的一侧，以 AB 为直径作半圆，在另一侧，以 AB 为一边作长方形 $ABCD$，高 AD 等于圆内接正方形的边长，即 $\dfrac{AB}{\sqrt{2}}$. 如果从半圆上任一点 P，作 PC，PD，分别交 AB 于 E，F，那么 $AE^2+BF^2=AB^2$.

❖圆锥曲线中的欧拉定理

三角形欧拉定理 $\triangle ABC$ 的内心为 I，外心为 O. 设 R，r 分别是 $\triangle ABC$ 的外接圆、内切圆半径. 则 $OI^2=R^2-2Rr$.

如上定理可以推广到圆锥曲线中来①：

约定椭圆的焦距长 $2c$，长轴长 $2a$，短轴长 $2b$. 研究发现如下命题：

定理 1 （广义欧拉公式）$\triangle ABC$ 的内切椭圆的焦点为 D，E，短轴长为 $2b$，$\triangle ABC$ 的外心为 O，外接圆半径为 R. 则 $\sqrt{R^2-OD^2}\cdot\sqrt{R^2-OE^2}=2Rb$.

在证明之前，需要用到以下引理.

引理 1 如图 10.74，椭圆的焦点为 D，E，AF 切椭圆于点 F，AG 切椭圆于

① 李世臣,陆楷章.三角形欧拉公式的推广[J].数学通报,2015(1):52-55.

点 G,则 $\angle FAD = \angle EAG$.

事实上,如图,设焦点 D 关于 AF,AG 的对称点为 H,I,联结 HF,FE,HE,IE.

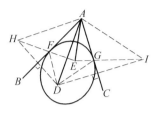

图 10.74

所以
$$\angle AFH = \angle AFD, FH = FD.$$
因为 AF 切椭圆于点 F,所以
$$\angle AFE + \angle AFD = 180°, DF + FE = 2a$$
所以 $\angle AFE + \angle AFH = 180°, H, F, E$ 共线.

所以
$$HE = HF + FE = DF + FE = 2a$$
同理 I,G,E 共线,$IE = 2a$. 所以 $HE = IE$.

又 $AH = AD = AI, AE = AE$.

所以 $\triangle AHE \cong \triangle AIE(\text{SSS})$.

所以 $\angle HAE = \angle IAE$.

因为
$$\angle HAF = \angle FAD, \angle DAG = \angle GAI$$
所以
$$\angle FAD = \angle EAG$$
由证明过程易知引理 1 的逆命题也成立.

引理 1 的逆命题 如图 1,椭圆的焦点为 D,E,若 AF 与椭圆切于点 F,点 G 在椭圆上,且 $\angle FAD = \angle EAG$,则 AG 与椭圆切于点 G.

引理 2 如图 10.75,$\triangle ABC$ 的内切椭圆的焦点为 D,E,直线 AD,AE 与 $\triangle ABC$ 的外接圆交于点 J,K. 则 $DJ \cdot EK = CK \cdot CJ$.

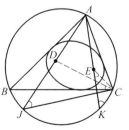

图 10.75

事实上,联结 DC,EC. 由引理 1,$\angle BAJ = \angle CAK$,$\angle ACE = \angle BCD$.

因为 $\angle BAJ = \angle BCJ$

所以

$$\angle JCD = \angle BCJ + \angle BCD = \angle BAJ + \angle ACE =$$
$$\angle EAC + \angle ACE = \angle KEC$$

又 $\angle CJD = \angle EKC$. 所以 $\triangle CJD \backsim \triangle EKC$.

所以 $\dfrac{DJ}{CK} = \dfrac{CJ}{EK}$. 即 $DJ \cdot EK = CK \cdot CJ$.

引理 3 如图 10.76，点 P 在以 D,E 为焦点的椭圆上，椭圆的短轴长为 $2b(b > 0)$，经过点 P 的切线为 l，$DM \perp l$ 于点 M，$EL \perp l$ 于点 L，则 $DM \cdot EL = b^2$.

事实上，设椭圆的长轴长为 $2a$，焦距 $DE = 2c$，点 D 关于切线的对称点为 N. 由引理 1，则 N,P,E 三点共线，且

$$NE = NP + PE = 2a$$

作 $ES \perp DM$ 于点 S，则 $SM = EL$.

在 $\triangle EDN$ 中，

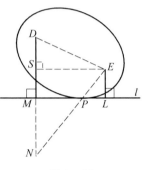

图 10.76

$$NE^2 - DE^2 = NS^2 - DS^2 =$$
$$(DM + EL)^2 - (DM - EL)^2 = 4DM \cdot EL$$

即

$$(2a)^2 - (2c)^2 = 4DM \cdot EL$$

由于 $a^2 - c^2 = b^2$，所以 $DM \cdot EL = b^2$.

引理 4 如图 10.77，$\triangle ABC$ 的外接圆半径为 R，圆心为 O，点 D 在直线 AB 上，$DE \perp AC$ 于点 E，则 $AD \cdot BC = 2R \cdot DE$.

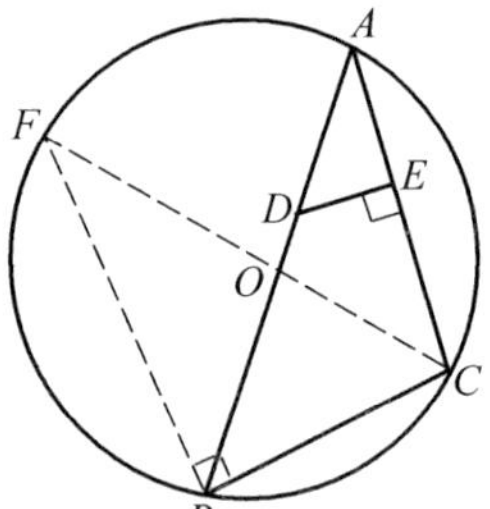

事实上，作直径 CF，联结 BF，则 $\angle CBF = 90°$. 因为 $DE \perp AC$，所以 $\angle DEA = 90°$，

所以

$$\angle CBF = \angle DEA$$

又 $\angle A = \angle F$，所以 $\triangle ADE \backsim \triangle FCB$

图 10.77

所以

$$\frac{AD}{FC} = \frac{DE}{BC}$$

即

$$AD \cdot BC = 2R \cdot DE$$

定理 1 的证明

联结 AD，延长 AD 交外接圆于点 F，联结 AE，延长 AE 交外接圆于点 G，联结 FC，GC. 作 $DI \perp AC$ 于点 I，$EH \perp AC$ 于 H.

由引理 1，$\angle BAD = \angle CAE$.

由引理 2，$FC \cdot GC = DF \cdot EG$.

由引理 3，$DI \cdot EH = b^2$.

由引理 4

$$AD \cdot FC = 2R \cdot DI$$

$$AE \cdot GC = 2R \cdot EH$$

两式相乘

$$AD \cdot AE \cdot FC \cdot GC = 4R^2 \cdot DI \cdot EH$$

代换，得

$$AD \cdot AE \cdot DF \cdot EG = 4R^2 b^2$$

由圆幂定理，得

$$AD \cdot DF = R^2 - OD^2$$

$$AE \cdot EG = R^2 - OE^2$$

所以

$$(R^2 - OD^2)(R^2 - OE^2) = 4R^2 b^2$$

即 $\sqrt{R^2 - OD^2} \cdot \sqrt{R^2 - OE^2} = 2Rb$. 证毕.

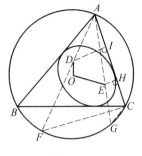

图 10.78

利用以上结论可以推出三角形内切椭圆以下性质：

性质 1 已知 $\triangle ABC$ 的外接圆圆 O 和一个内切椭圆 Φ，点 L 是圆 O 上任意一点，弦 LM，LN 分别与椭圆 Φ 相切，求证：弦 MN 也与这个椭圆相切.

证明 如图 10.79，联结 LD 并延长交外接圆于点 F，联结 LE 并延长交外接圆于点 G. 联结 DN，EN，FN，GN，OD，OE. 作 $DH \perp LN$ 于点 H，$EI \perp LN$ 于点 I.

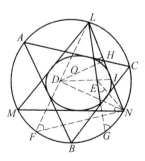

图 10.79

由圆幂定理，得

$$LD \cdot DF = R^2 - OD^2$$

$$LE \cdot EG = R^2 - OE^2$$

两式相乘，得

$$LD \cdot DF \cdot LE \cdot EG = (R^2 - OD^2)(R^2 - OE^2)$$

由命题 1

$$(R^2 - OD^2)(R^2 - OE^2) = 4R^2 b^2$$

所以

$$LD \cdot DF \cdot LE \cdot EG = 4R^2 b^2$$

由引理 3

$$DH \cdot EI = b^2$$

所以

$$LD \cdot DF \cdot LE \cdot EG = 4R^2 \cdot DH \cdot EI$$

由引理 4,得

$$2R \cdot DH = LD \cdot FN$$
$$2R \cdot EI = LE \cdot GN$$

所以

$$LD \cdot DF \cdot LE \cdot EG = LD \cdot FN \cdot LE \cdot GN$$

即

$$\frac{DF}{GN} = \frac{FN}{EG}$$

因为

$$\angle DFN = \angle NGE$$

所以

$$\triangle DFN \backsim \triangle NGE$$

所以

$$\angle DNF = \angle NEG$$

所以

$$\angle DNM + \angle MNF = \angle LNE + \angle GLN$$

由引理 1

$$\angle MLF = \angle GLN$$

所以

$$\angle MNF = \angle MLF = \angle GLN$$

所以

$$\angle DNM = \angle LNE$$

由引理 1 的逆命题知,MN 是椭圆的切线.

性质 1 说明,在三角形的外接圆和内切椭圆之间有无数个三角形,即内接于圆又与切于椭圆.

引理 5 P 为 $\triangle ABC$ 内任意一点,D,E,F 分别在边 BC,CA,AB 上,且 $\angle PDB = \angle PEC = \angle PFA = \theta$,则 $S_{\triangle DEF} = \dfrac{R^2 - OP^2}{4R^2 \sin^2 \theta} S_{\triangle ABC}$.

该引理的证明可参见三角形内一点的投影三角形定理 9.

性质 2 已知 $\triangle ABC$ 的内切椭圆的焦点为 D,E,短轴长为 $2b$,外接圆圆 O 半径为 R,F,G,H,I,J,K 分别在边 BC,CA,AB 上,且 $\angle DFB = \angle DIC = \angle DKA = \alpha$,$\angle EJA = \angle EGB = \angle EHC = \beta$,则

$$\frac{\sqrt{S_{\triangle FIK} \cdot S_{\triangle GHJ}}}{S_{\triangle ABC}} = \frac{b}{2R \sin \alpha \sin \beta}$$

证明 如图 10.80,由引理 5,得

$$S_{\triangle FIK} = \frac{R^2 - OD^2}{4R^2 \sin^2 \alpha} S_{\triangle ABC}$$

$$S_{\triangle GHJ} = \frac{R^2 - OE^2}{4R^2 \sin^2 \beta} S_{\triangle ABC}$$

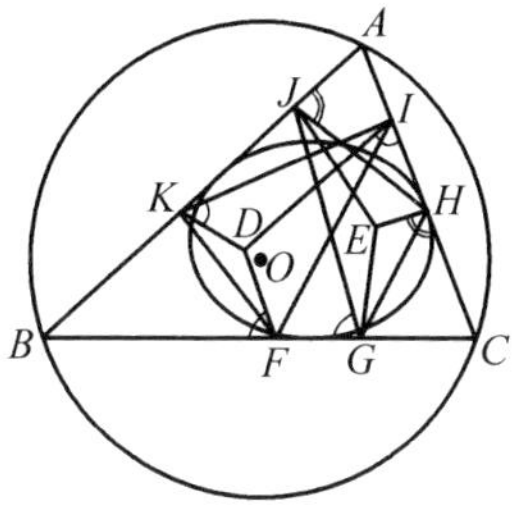

两式相乘,得

$$S_{\triangle FIK} \cdot S_{\triangle GHJ} = \frac{(R^2 - OD^2)(R^2 - OE^2)}{16R^4 \sin^2 \alpha \sin^2 \beta} (S_{\triangle ABC})^2$$

图 10.80

由定理 1,得

$$(R^2 - OD^2)(R^2 - OE^2) = 4R^2 b^2$$

代入上式,得

$$S_{\triangle FIK} \cdot S_{\triangle GHJ} = \frac{b^2}{4R^2 \sin^2 \alpha \sin^2 \beta} (S_{\triangle ABC})^2$$

所以

$$\frac{\sqrt{S_{\triangle FIK} \cdot S_{\triangle GHJ}}}{S_{\triangle ABC}} = \frac{b}{2R \sin \alpha \sin \beta}$$

当 D, E 为三角形的一对正负布罗卡点时,设三角形 Brocard 点的向量性质角为 ω,若 $\alpha = \beta = \omega$,则 $S_{\triangle FIK} = S_{\triangle GHJ} = S_{\triangle ABC}$,得 $b = 2R \sin^2 \omega$. 因为 $R \geqslant 2b$,所以 $\sin \omega \leqslant \frac{1}{2}$. 容易得出 $\omega \leqslant 30°$.

定理 1 和 4 个引理都是三角形内心性质的推广.

定理 2 已知 $\triangle ABC$ 的外接圆半径为 R,圆心为 O,旁切椭圆的焦点为 D,E,短轴长为 $2b$. 则 $\sqrt{OD^2 - R^2} \cdot \sqrt{OE^2 - R^2} = 2Rb$.

事实上,不妨设有一个与 $\triangle ABC$ 的边 BC 相切,并和 AB, AC 两边的延长线都相切的椭圆,该椭圆的焦点为 D, E,则 D, E 都在 $\triangle ABC$ 的外接圆外,由圆幂定理得,$AD \cdot DF = OD^2 - R^2$,$AE \cdot EG = OE^2 - R^2$. 容易证明引理 1 ~ 引理 4 对于旁切椭圆仍然成立,所以 $(R^2 - OD^2)(R^2 - OE^2) = AD \cdot AE \cdot DF \cdot EG = 4R^2 b^2$. 即 $\sqrt{R^2 - OD^2} \cdot \sqrt{R^2 - OE^2} = 2Rb$.

类比到双曲线又得结论:

定理 3 $\triangle ABC$ 的外接圆半径为 R,圆心为 O,双曲线的焦点为 D, E,虚轴长为 $2b$,$\triangle ABC$ 的三条边分别与双曲线相切. 则

$$\sqrt{(OD^2 - R^2)(R^2 - OE^2)} = 2Rb$$

事实上,当 $\triangle ABC$ 的三条边分别与以 D, E 为焦点的双曲线相切时,两个焦点必有一个在内,而另一个在外,不妨设焦点 D 在 $\triangle ABC$ 的外接圆内,焦点 E 在 $\triangle ABC$ 的外接圆外,由圆幂定理得,$AD \cdot DF = R^2 - OD^2$,$AE \cdot EG = $

$OE^2 - R^2$. 容易证明引理 1 ~ 引理 4 对于与三角形三条边所在直线都相切的双曲线仍然成立,所以

$$(R^2 - OD^2)(OE^2 - R^2) = AD \cdot AE \cdot DF \cdot EG = 4R^2 b^2$$

即

$$\sqrt{(OD^2 - R^2)(R^2 - OE^2)} = 2Rb$$

对于抛物线有下面结论.

定理 4　$\triangle ABC$ 的外接圆半径为 R,圆心为 O,抛物线的焦点为 F,三角形的三条边分别与抛物线相切.则 $OF = R$.

证明之前先介绍一个引理:

引理 6　设 F 是抛物线的焦点,PA,PB 是抛物线的两条切线,A,B 为切点,则 $\angle APF = \angle FBP$,$\angle BPF = \angle FAP$.

事实上,如图 10.81 设 l 是抛物线的准线,作 $AA' \perp l$ 于点 A',$BB' \perp l$ 于点 B',则 A',B' 各是焦点 F 关于切线 PA,PB 的对称点.

所以

$$\angle FAP = \angle PAA' = \angle FA'B'$$

$$\angle FBP = \angle PBB' = \angle FB'A', PA' = PF = PB'$$

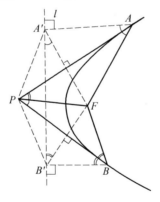

图 10.81

所以点 A',B',F 在以 P 为圆心的圆上,

所以

$$\angle FA'B' = \angle FPB, \angle FB'A' = \angle FPA$$

所以

$$\angle APF = \angle FBP, \angle BPF = \angle FAP$$

定理 4 的证明　如图 10.82,设以 F 为焦点的抛物线与 BA,BC 边的延长线切于点 D,E,与边 AC 切于点 G,联结 FA,FB,FC,FD,FE,FG.由引理 6,$\angle FBC = \angle FDB$,$\angle FAC = \angle FDB$,$\angle FBA = \angle FEB$,$\angle FCA = \angle FEB$,所以 $\angle FBC = \angle FAC$,$\angle FBA = \angle FCA$.

所以 A,B,C,F 四点共圆,即点 F 在 $\triangle ABC$ 的外接圆上,所以 $OF = R$.

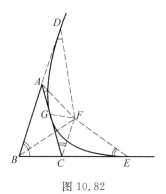

图 10.82

❖ 圆锥曲线中心张直角图形的性质定理

定理 1 设 E,F 是椭圆 $\dfrac{x^2}{a^2}+\dfrac{y^2}{b^2}=1(a>b>0)$ 上满足 $OE\perp OF$ 的两个动点(O 为坐标原点),O 到直线 EF 的距离为 d. 则 $(1)\,d=\dfrac{ab}{\sqrt{a^2+b^2}}$;$(2)\,S_{\triangle EOF}\in$

$\left[\dfrac{a^2b^2}{a^2+b^2},\dfrac{ab}{2}\right]$;$(3)\,|EF|\in\left[\dfrac{2ab}{\sqrt{a^2+b^2}},\sqrt{a^2+b^2}\right]$.

证明 (1) 设 $E(x_1,y_1),F(x_2,y_2)$,$|OE|=r_1$,$|OF|=r_2$,$x_1=r_1\cos\theta$,

$y_1=r_1\sin\theta$,则 $x_2=r_2\cos(\theta+90°),y_2=r_2\sin(\theta+90°)$. 由 E,F 为椭圆 $\dfrac{x^2}{a^2}+$

$\dfrac{y^2}{b^2}=1(a>b>0)$ 上的两个动点,所以 $\dfrac{(r_1\cos\theta)^2}{a^2}+\dfrac{(r_1\sin\theta)^2}{b^2}=1$,

$\dfrac{[r_2\cos(\theta+90°)]^2}{a^2}+\dfrac{[r_2\sin(\theta+90°)]^2}{b^2}=1$,即

$$\frac{\cos^2\theta}{a^2}+\frac{\sin^2\theta}{b^2}=\frac{1}{r_1},\ \frac{\sin^2\theta}{a^2}+\frac{\cos^2\theta}{b^2}=\frac{1}{r_2}$$

因此 $\dfrac{1}{a^2}+\dfrac{1}{b^2}=\dfrac{1}{r_1}+\dfrac{1}{r_2}$

即

$$\frac{a^2+b^2}{a^2b^2}=\frac{r_1+r_2}{r_1r_2}$$

又 $OE\perp OF$,故

$$d=\frac{|OE|\cdot|OF|}{|EF|}=\frac{|OE|\cdot|OF|}{\sqrt{|OE|^2+|OF|^2}}=\frac{r_1r_2}{\sqrt{r_1+r_2}}=\frac{ab}{\sqrt{a^2+b^2}}$$

(2) 由于

$$\frac{1}{r_1 r_2} = (\frac{\cos^2\theta}{a^2} + \frac{\sin^2\theta}{b^2})(\frac{\sin^2\theta}{a^2} + \frac{\cos^2\theta}{b^2}) =$$

$$\sin^2\theta\cos^2\theta(\frac{1}{a^4} + \frac{1}{b^4}) + \frac{1}{a^2 b^2}(\sin^4\theta + \cos^4\theta) =$$

$$\sin^2\theta\cos^2\theta(\frac{1}{a^4} + \frac{1}{b^4} - \frac{2}{a^2 b^2}) + \frac{1}{a^2 b^2}$$

$$\frac{(a^2 - b^2)^2}{4a^4 b^4}\sin^2 2\theta + \frac{1}{a^2 b^2}$$

且 $\dfrac{(a^2 - b^2)^2}{4a^4 b^4} > 0, 0 \leqslant \sin^2 2\theta \leqslant 1$,则

$$\frac{1}{r_1 r_2} \in [\frac{1}{a^2 b^2}, \frac{(a^2 + b^2)^2}{4a^4 b^4}]$$

即

$$\frac{2a^2 b^2}{a^2 + b^2} \leqslant r_1 r_2 \leqslant ab$$

故

$$S_{EOF} \in [\frac{a^2 b^2}{a^2 + b^2}, \frac{ab}{2}]$$

(3) 又 $S_{\triangle EOF} = \dfrac{1}{2} r_1 r_2 = \dfrac{1}{2} |EF| \cdot d$,即 $r_1 r_2 = |EF| \cdot d$,所以 $\dfrac{2a^2 b^2}{a^2 + b^2} \leqslant$

$|EF| \cdot d = |EF| \cdot \dfrac{ab}{\sqrt{a^2 + b^2}} \leqslant ab$,因此 $\dfrac{2ab}{\sqrt{a^2 + b^2}} \leqslant |EF| \leqslant \sqrt{a^2 + b^2}$,即

$$|EF| \in [\frac{2ab}{\sqrt{a^2 + b^2}}, \sqrt{a^2 + b^2}]$$

定理 2 设 E, F 是双曲线 $\dfrac{x^2}{a^2} - \dfrac{y^2}{b^2} = 1(b > a > 0)$ 上满足 $OE \perp OF$ 的两

个动点(O 为坐标原点),O 到直线 EF 的距离为 d. 则(1)$d = \dfrac{ab}{\sqrt{b^2 - a^2}}$;(2)

$S_{\triangle EOF} \in [\dfrac{a^2 b^2}{b^2 - a^2}, +\infty)$;(3) $|EF| \in [\dfrac{2ab}{\sqrt{b^2 - a^2}}, +\infty)$.

证明 (1) 设 $E(x_1, y_1), F(x_2, y_2)$,$|OE| = r_1$,$|OF| = r_2$,$x_1 = r_1 \cos\theta$,

$y_1 = r_1 \sin\theta$,则 $x_2 = r_2 \cos(\theta + 90°)$,$y_2 = r_2 \sin(\theta + 90°)$. 由 E, F 为双曲线 $\dfrac{x^2}{a^2} -$

$\dfrac{y^2}{b^2} = 1(b > a > 0)$ 上的两个动点,则

$$\frac{(r_1 \cos\theta)^2}{a^2} - \frac{(r_1 \sin\theta)^2}{b^2} = 1$$

$$\frac{[r_2 \cos(\theta + 90°)]^2}{a^2} - \frac{[r_2 \sin(\theta + 90°)]^2}{b^2} = 1$$

即

$$\frac{\cos^2\theta}{a^2} - \frac{\sin^2\theta}{b^2} = \frac{1}{r_1}$$

$$\frac{\sin^2\theta}{a^2} - \frac{\cos^2\theta}{b^2} = \frac{1}{r_2}$$

因此 $\frac{1}{a^2} - \frac{1}{b^2} = \frac{1}{r_1} + \frac{1}{r_2}$，则

$$\frac{b^2 - a^2}{a^2 b^2} = \frac{r_1 + r_2}{r_1 r_2}$$

又 $OE \perp OF$，故

$$d = \frac{|OE| \cdot |OF|}{|EF|} = \frac{|OE| \cdot |OF|}{\sqrt{|OE|^2 + |OF|^2}} = \frac{r_1 r_2}{\sqrt{r_1 + r_2}} = \frac{ab}{\sqrt{b^2 - a^2}}$$

(2) 由于 $\frac{1}{r_1 r_2} = (\frac{\cos^2\theta}{a^2} - \frac{\sin^2\theta}{b^2})(\frac{\sin^2\theta}{a^2} - \frac{\cos^2\theta}{b^2}) = \sin^2\theta\cos^2\theta(\frac{1}{a^4} + \frac{1}{b^4}) -$

$\frac{1}{a^2 b^2}(\sin^4\theta + \cos^4\theta) = \sin^2\theta\cos^2\theta(\frac{1}{a^4} + \frac{1}{b^4} + \frac{2}{a^2 b^2}) - \frac{1}{a^2 b^2} = \frac{(a^2 + b^2)^2}{4a^4 b^4}\sin^2 2\theta -$

$\frac{1}{a^2 b^2}$，且 $\frac{(a^2 + b^2)^2}{4a^4 b^4} > 0, 0 \leqslant \sin^2 2\theta \leqslant 1$，则 $\frac{1}{r_1 r_2} \in (0, \frac{(a^2 - b^2)^2}{4a^4 b^4}]$，即 $\frac{2a^2 b^2}{b^2 - a^2} \leqslant$

$r_1 r_2 < +\infty$，故 $S_{\triangle EOF} \in [\frac{a^2 b^2}{b^2 - a^2}, +\infty)$.

(3) 由 $S_{\triangle EOF} = \frac{1}{2} r_1 r_2 = \frac{1}{2} |EF| \cdot d$，即 $r_1 r_2 = |EF| \cdot d$，故

$$\frac{2a^2 b^2}{b^2 - a^2} \leqslant |EF| \cdot d = |EF| \cdot \frac{ab}{\sqrt{b^2 - a^2}} < +\infty$$

因此

$$\frac{2ab}{\sqrt{b^2 - a^2}} \leqslant |EF| < +\infty$$

即 $|EF| \in [\frac{2ab}{\sqrt{b^2 - a^2}}, +\infty)$.

定理 3 设 E, F 是抛物线 $y^2 = 2px (p > 0)$ 上满足 $OE \perp OF$ 的两个动点（O 为坐标原点），则

(1) 直线 EF 经过定点 $Q(2p, 0)$；

(2) $S_{\triangle EOF} \in [4p^2, +\infty)$.

证明 (1) 设 $E(x_1, y_1), F(x_2, y_2), |OE| = r_1, |OF| = r_2, x_1 = r_1\cos\theta$，$y_1 = r_1\sin\theta$，则 $x_2 = r_2\cos(\theta + 90°), y_2 = r_2\sin(\theta + 90°)$. 由 E, F 为抛物线 $y^2 = 2px (p > 0)$ 上的两个动点，则

$$(r_1\sin\theta)^2 = 2p(r_1\cos\theta), [r_2\sin(\theta + 90°)]^2 = 2p[r_2\cos(\theta + 90°)]$$

即

$$r_1 = \frac{2p\cos\theta}{\sin^2\theta}, r_2 = \frac{2p\sin\theta}{\cos^2\theta}$$

从而

$$k_{EQ} = \frac{y_1}{x_1 - 2p} = \frac{\dfrac{2p\cos\theta}{\sin\theta}}{\dfrac{2p\cos^2\theta}{\sin^2\theta} - 2p} = \frac{1}{2}\tan 2\theta$$

$$k_{FQ} = \frac{y_2}{x_2 - 2p} = \frac{-\dfrac{2p\sin\theta}{\cos\theta}}{\dfrac{2p\sin^2\theta}{\cos^2\theta} - 2p} = \frac{1}{2}\tan 2\theta$$

故 $k_{EQ} = k_{FQ}$

于是三点 E,Q,F 共线,即直线 EF 经过定点 $Q(2p,0)$.

(2) 由于

$$S_{\triangle EOF} = \frac{1}{2}r_1 r_2 = \frac{1}{2} \cdot \frac{2p\cos\theta}{\sin^2\theta} \cdot \frac{2p\sin\theta}{\cos^2\theta} =$$

$$\frac{2p^2}{\sin\theta\cos\theta} = \frac{4p^2}{\sin 2\theta} \geqslant 4p^2$$

则

$$S_{\triangle EOF} \in [4p^2, +\infty)$$

❖圆锥曲线的一条共点线性质定理

在平面几何中,有如三个点共线的命题:

命题 1 锐角 $\triangle ABC$ 中,$AB > AC$,CD,BE 分别是 AB,AC 边上的高,DE 与 BC 的延长线交于 T,过 D 作 BC 的垂线交 BE 于 F,过 E 作 BC 的垂线交 CD 于 G,则 F,G,T 三点共线.

证明 如图 10.83,注意到直角三角形射影定理有

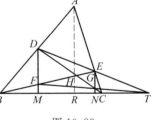

图 10.83

$$CN \cdot CB = CE^2, BM \cdot BC = BD^2$$

于是

$$\frac{CN}{BM} = \frac{CE^2}{BD^2}$$

又由直角三角形相似,有

$$GN = \frac{BD \cdot CN}{CD}, FM = \frac{CE \cdot BM}{BE}$$

从而

$$\frac{GN}{FM} = \frac{BD \cdot BE}{CD \cdot CE} \cdot \frac{CN}{BM} = \frac{BD \cdot BE}{CD \cdot CE} \cdot \frac{CE^2}{BD^2} = \frac{BE \cdot CE}{CD \cdot BD} \qquad ①$$

注意到

$$BE \cdot CE = EN \cdot BC, BD \cdot DC = DM \cdot BC$$

有

$$\frac{BE \cdot CE}{BD \cdot CD} = \frac{EN}{DM} = \frac{TN}{TM} \qquad ②$$

由 ①,② 得

$$\frac{GN}{FM} = \frac{TN}{TM}$$

因此 F, G, T 三点共线.

将上述问题放在平面直角坐标系中,则有

命题 1' 如图 10.84,以 $\triangle ABC$ 的底 BC 为直径作圆 $x^2 + y^2 = r^2$(点 A 不在圆上),分别交直线 AB, AC 于点 D, E,直线 DE 与 BC 的延长线交于点 T.过点 D 作 BC 的垂线交 BE 于点 F,过点 E 作 BC 的垂线交 CD 于点 G. 如果 $AB \neq AC$,那么 F, G, T 三点共线.

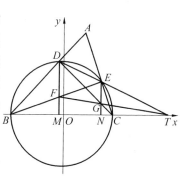

图 10.84

上述命题 1' 还可变化成下述命题:

命题 2 如图 10.85,由点 $A(x_0, y_0)$ 向圆 $x^2 + y^2 = r^2$ 引两条切线交 x 轴于 B, C, D, E 是切点,直线 DE 与 x 轴交于点 T,过 D 作 BC 的垂线交 BE 于 F,过 E 作 BC 的垂线交 CD 于 G,则

(1)F, G, T 三点共线;

(2)$x_T = \dfrac{r^2}{x_0}$.

这个命题的证明类似于下述定理 1 的证明(略).

将命题 2 推广到圆锥曲线中来. 则有下述性质定理①:

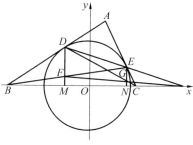

图 10.85

① 王名利,邱继勇.圆锥曲线一条共点线性质的发现之旅[J].数学通报,2011(4):47-49.

定理 1　如图 10.86,由点 $A(x_0,y_0)$ 向

椭圆 $\dfrac{x^2}{a^2}+\dfrac{y^2}{b^2}=1(a>b>0)$ 引两条切线交 x

轴于 B,C 两点,D,E 是两个切点,直线 DE 与 x 轴交于点 T,过 D 作 BC 的垂线交 BE 于点 F,过 E 作 BC 的垂线交 CD 于点 G.则

(1)F,G,T 三点共线;

(2)$x_T=\dfrac{a^2}{x_0}$.

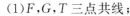

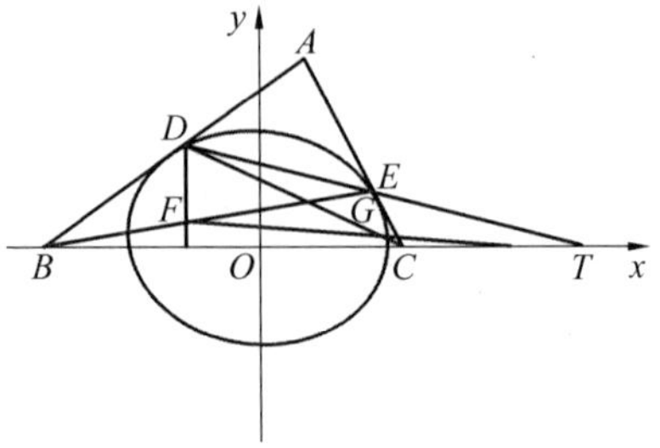

图 10.86

证明　(1) 设点 $D(x_1,y_1)$,点 $E(x_2,y_2)$,则直线 DE 方程为

$$(x_2-x_1)(y-y_1)=(y_2-y_1)(x-x_1)$$

令 $y=0$ 得 $\dfrac{x_T-x_1}{x_2-x_1}=\dfrac{-y_1}{y_2-y_1}$

因为点 D,E 分别是直线 AD,AE 与椭圆的切点,所以,直线 AD 方程为

$$\frac{x_1x}{a^2}+\frac{y_1y}{b^2}=1 \qquad\qquad ③$$

令 $y=0$ 得 $x_B=\dfrac{a^2}{x_1}$.

直线 AC 方程为

$$\frac{x_2x}{a^2}+\frac{y_2y}{b^2}=1 \qquad\qquad ④$$

令 $y=0$ 得 $x_C=\dfrac{a^2}{x_2}$.

直线 BE 方程为 $\dfrac{y}{y_2}=\dfrac{x-x_B}{x_2-x_B}$

即

$$\frac{y}{y_2}=\frac{x_1x-a^2}{x_1x_2-a^2}$$

因为 $x_F=x_1$,所以 $y_F=\dfrac{(x_1^2-a^2)y_2}{x_1x_2-a^2}$,其中

$$x_1^2-a^2=-a^2\,\frac{y_1^2}{b^2}$$

直线 CD 方程为 $\dfrac{y}{y_1}=\dfrac{x-x_C}{x_1-x_C}$

即

$$\frac{y}{y_1}=\frac{x_2x-a^2}{x_1x_2-a^2}$$

因为 $x_G=x_2$,所以 $y_G=\dfrac{(x_2^2-a^2)y_1}{x_1x_2-a^2}$,其中

$$x_2^2 - a^2 = -a^2 \frac{y_2^2}{b^2}$$

所以
$$-\frac{y_F}{y_G - y_F} = -\frac{y_1}{y_2 - y_1}$$

直线 FG 方程为 $\dfrac{y - y_F}{y_G - y_F} = \dfrac{x - x_1}{x_2 - x_1}$,设直线 FG 与 x 轴交于点 Q,则

$\dfrac{x_Q - x_1}{x_2 - x_1} = \dfrac{-y_1}{y_2 - y_1}$,所以点 Q 与点 T 重合. 即 F,G,T 三点共线.

(2)解联立③,④ 的方程组,消去 y 得

$$x_0 = \frac{y_2 - y_1}{x_1 y_2 - x_2 y_1} a^2$$

由 $\dfrac{x_T - x_1}{x_2 - x_1} = \dfrac{y_2}{y_2 - y_1}$ 得 $x_T = \dfrac{x_1 y_2 - x_2 y_1}{y_2 - y_1}$,所以 $x_T = \dfrac{a^2}{x_0}$.

继续推广到双曲线、抛物线中,类似证明:

定理 2　如图 10.87,由点 $A(x_0,y_0)$ 向双曲线 $\dfrac{x^2}{a^2} - \dfrac{y^2}{b^2} = 1$ 引两条切线交 x 轴于 B,C 两点,D,E 是两个切点,直线 DE 与 x 轴交于点 T,过 D 作 BC 的垂线交 BE 于点 F,过 E 作 BC 的垂线交 CD 于点 G. 则

(1)F,G,T 三点共线;

(2)$x_T = \dfrac{a^2}{x_0}$.

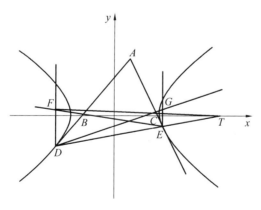

图 10.87

定理 3　如图 10.88,由点 $A(x_0,y_0)$ 向抛物线 $y^2 = 2px$($p > 0$)引两条切线交 x 轴于 B,C 两点,D,E 是两个切点,直线 DE 与 x 轴交于点 T,过 D 作 BC 的垂线交 BE 于 F,过 E 作 BC 的垂线交 CD 于 G. 则

(1)F,G,T 三点共线;

P
M
J
H
W
B
M
T
J
Y
Q
W
B
T
D
L
(X)

$(2) x_T = -x_0.$

证明 (1) 设点 $D(x_1, y_1)$,点 $E(x_2, y_2)$,则 $y_1^2 = 2px_1, y_2^2 = 2px_2$.

直线 DE 方程为 $(x_2 - x_1)(y - y_1) = (y_2 - y_1)(x - x_1)$,令 $y = 0$ 得

$$\frac{x_T - x_1}{x_2 - x_1} = \frac{-y_1}{y_2 - y_1}$$

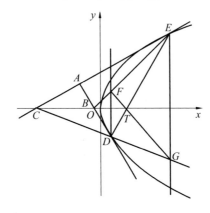

图 10.88

因为点 D, E 分别是直线 AD, AE 与抛物线的切点,所以直线 AD 方程为

$$y_1 y = p(x + x_1) \qquad ⑤$$

令 $y = 0$ 得 $x_B = -x_1$,直线 AC 方程为

$$y_2 y = p(x + x_2) \qquad ⑥$$

令 $y = 0$ 得 $x_C = -x_2$,直线 BE 方程为

$$\frac{y}{y_2} = \frac{x - x_B}{x_2 - x_B}$$

即

$$\frac{y}{y_2} = \frac{x + x_1}{x_2 + x_1}$$

因为 $x_F = x_1$,所以 $y_F = \frac{2x_1 y_2}{x_2 + x_1}$,其中 $x_1 = \frac{y_1^2}{2p}$.直线 CD 方程为

$$\frac{y}{y_1} = \frac{x - x_C}{x_1 - x_C}$$

即

$$\frac{y}{y_1} = \frac{x + x_2}{x_1 + x_2}$$

因为 $x_G = x_2$,所以 $y_G = \frac{2x_2 y_1}{x_1 + x_2}$,其中 $x_2 = \frac{y_2^2}{2p}$

所以

$$-\frac{y_F}{y_G - y_F} = -\frac{y_1}{y_2 - y_1}$$

直线 FG 方程为 $\dfrac{y-y_F}{y_G-y_F}=\dfrac{x-x_1}{x_2-x_1}$ ，设直线 FG 与 x 轴交于点 Q ，则

$\dfrac{x_Q-x_1}{x_2-x_1}=\dfrac{-y_1}{y_2-y_1}$ ，所以点 Q 与点 T 重合. 即 F,G,T 三点共线.

（2）解联立 ⑤，⑥ 的方程，消去 y 得

$$x_0=\frac{x_2y_1-x_1y_2}{y_2-y_1}$$

由 $\dfrac{x_T-x_1}{x_2-x_1}=\dfrac{y_2}{y_2-y_1}$ 得 $x_T=\dfrac{x_1y_2-x_2y_1}{y_2-y_1}$ ，所以 $x_T=-x_0$.

综合以上结果，我们给出并证明了圆锥曲线的一条共点线性质.

❖圆锥曲线中的卡诺定理

卡诺定理 1　（1）$\triangle ABC$ 各顶点均不在圆锥曲线 Γ 上. 若 $\triangle ABC$ 各边 AB，BC，CA（或其延长线）各与圆锥曲线 Γ 相交于两点，分别为 P_1,P'_1,P_2,P'_2，P_3,P'_3 则有①②

$$\frac{AP_1}{P_1B}\cdot\frac{AP'_1}{P'_1B}\cdot\frac{BP_2}{P_2C}\cdot\frac{BP'_2}{P'_2C}\cdot\frac{CP_3}{P_3A}\cdot\frac{CP'_3}{P'_3A}=1 \qquad (\ast)$$

（2）若在 $\triangle ABC$ 各边 AB，BC，CA（或其延长线上）各取异于三角形顶点的两点，分别为 $P_1,P'_1,P_2,P'_2,P_3,P'_3$，它们满足式（$\ast$），则此六点一定同在一圆锥曲线上.

证明　如图 10.89，（1）设 $A(x_1,y_1)$，$B(x_2,y_2)$，$C(x_3,y_3)$，AB 所在直线的参数方程为

$$\begin{cases} x=\dfrac{x_1+\lambda x_2}{1+\lambda} \\[2mm] y=\dfrac{y_1+\lambda y_2}{1+\lambda} \end{cases} (\lambda \text{ 为参数 } \lambda \neq -1)$$

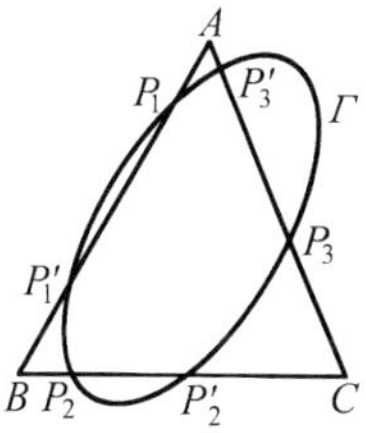

圆锥曲线 Γ 的方程为

$$F(x,y)=Ax^2+Bxy+Cy^2+Dx+Ey+F=0$$

将直线的参数方程代入上式并整理化简，得

$$(Ax_2^2+Bx_2y_2+Cy_2^2+Dx_2+Ey_2+F)\lambda^2+$$

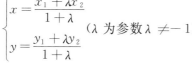

图 10.89

---

①　马晓林.涉及三角形与圆锥曲线的一个定理及应用[J].数学通报,1994(2):21-23.

②　熊曾润.卡诺定理的若干应用[J].中学数学(苏州),1994(9):11-12.

$$2(Ax_1x_2 + \frac{B}{2}(x_1y_2 + x_2y_1) + Cy_1y_2 +$$

$$\frac{D}{2}(x_1 + x_2) + \frac{E}{2}(y_1 + y_2) + F)\lambda +$$

$$(Ax_1^2 + Bx_1y_1 + Cy_1^2 + Dx_1 + Ey_1 + F) = 0$$

即 $\qquad F(x_2, y_2)\lambda^2 + G(x_1, y_1, x_2, y_2)\lambda + F(x_1, y_1) = 0$

又直线 AB 与曲线 Γ 交于两点 P_1, P'_1, 所以上面关于 λ 的二次方程必有两个根 λ_1, λ'_1, 且 λ_1, λ'_1 分别是 P_1, P'_1 分有向线段 AB 所成的比.

由韦达定理, 得

$$\lambda_1 \cdot \lambda'_1 = \frac{F(x_1, y_1)}{F(x_2, y_2)}$$

也就是

$$\frac{AP_1}{P_1B} \cdot \frac{AP'_1}{P'_1B} = \frac{F(x_1, y_1)}{F(x_2, y_2)}$$

同理可得

$$\frac{BP_2}{P_2C} \cdot \frac{BP'_2}{P'_2C} = \frac{F(x_2, y_2)}{F(x_3, y_3)}, \frac{CP_3}{P_3A} \cdot \frac{CP'_3}{P'_3A} = \frac{F(x_3, y_3)}{F(x_1, y_1)}$$

以上三式相乘, 便得式(＊).

(2) 若在 $\triangle ABC$ 的各边 AB, BC, CA(或其延长线上) 各取异于顶点的两点, 分别是 $P_1, P'_1, P_2, P'_2, P_3, P'_3$, 且它们满足式(＊).

显然上述六点中任何三点不共线, 不妨选其中五点 $P_1, P'_1, P_2, P'_2, P_3$, 则它们一定确定一圆锥曲线 Γ', 若 Γ' 与 CA 所在直线交于 P_3, P 两点. 由(1)的证明, 得

$$\frac{AP_1}{P_1B} \cdot \frac{AP'_1}{P'_1B} \cdot \frac{BP_2}{P_2C} \cdot \frac{BP'_2}{P'_2C} \cdot \frac{CP_3}{P_3A} \cdot \frac{CP}{PA} = 1$$

比较上式与式(＊), 得 $\dfrac{CP'_3}{P'_3A} = \dfrac{CP}{PA} \Leftrightarrow P$ 与 P'_3 重合.

由上述定理可得下列推论:

推论1 设 $\triangle ABC$ 的三条边 AB, BC, CA(或其延长线) 与一条圆锥曲线分别相切于 P, Q, R, 如图 10.90 所示, 则 AQ, BR, CP 三直线共点或互相平行.

证明 曲线的切线是割线的特例, 故由卡诺定理可知

$$(\frac{AP}{PB})^2 \cdot (\frac{BQ}{QC})^2 \cdot (\frac{CR}{RA})^2 = 1$$

则 $\qquad \dfrac{AP}{PB} \cdot \dfrac{BQ}{QC} \cdot \dfrac{CR}{RA} = 1$

即 $\qquad \dfrac{PA}{PB} \cdot \dfrac{QB}{QC} \cdot \dfrac{RC}{RA} = -1$

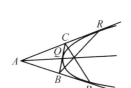 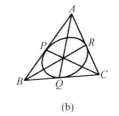

(a)　　　　　　　　　　　　(b)

图 10.90

于是,由塞瓦定理的逆定理可知,AQ,BR,CP 三直线共点或互相平行.

推论2　设 $\triangle ABC$ 的三条边 AB,BC,CA(或其延长线)与一条圆锥曲线分别相交于 P 与 P',Q 与 Q',R 与 R'. 若 AQ,BR,CP 三直线共点,则 AQ',BR',CP' 三直线共点或互相平行.

证明　由卡诺定理可知

$$\left(\frac{AP}{PB}\cdot\frac{AP'}{P'B}\right)\left(\frac{BQ}{QC}\cdot\frac{BQ'}{Q'C}\right)\left(\frac{CR}{RA}\cdot\frac{CR'}{R'A}\right)=1$$

依题设条件,AQ,BR,CP 三直线共点,所以有

$$\frac{PA}{PB}\cdot\frac{QB}{QC}\cdot\frac{RC}{RA}=-1$$

将此式代入前式,可得

$$\frac{P'A}{P'B}\cdot\frac{Q'B}{Q'C}\cdot\frac{R'C}{R'A}=-1$$

于是由塞瓦定理的逆定理可知,AQ',BR',CP' 三直线共点或互相平行.

推论3　设 $\triangle ABC$ 的三条边 AB,BC,CA(或其延长线)与一条圆锥曲线分别相交于 P 与 P',Q 与 Q',R 与 R',如图 10.91 所示. 若 $AP=P'B$,$CR=R'A$,则 $BQ=Q'C$.

证明　由卡诺定理可知

$$\left(\frac{AP}{PB}\cdot\frac{AP'}{P'B}\right)\left(\frac{BQ}{QC}\cdot\frac{BQ'}{Q'C}\right)\left(\frac{CR}{RA}\cdot\frac{CR'}{R'A}\right)=1$$

依题设 $AP=P'B$,$CR=R'A$,可知

$$AP'=PB,CR'=RA$$

代入上式就得

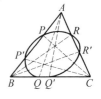

图 10.91

$$BQ\cdot BQ'=QC\cdot Q'C$$

则　　　　　　　　$$BQ(BQ+QQ')=(QQ'+Q'C)Q'C$$

即　　　　　　　　$$(BQ-Q'C)(BQ+QQ'+Q'C)=0$$

亦即　　　　　　　$$BQ-Q'C=0$$

所以　　　　　　　$$BQ=Q'C$$

由这个命题显然可得

推论 4 设 $\triangle ABC$ 的三条边 AB,BC,CA 与一条圆锥曲线分别相切于 P，Q,R，若 $AP = PB,CR = RA$，则 $BQ = QC$.

推论 5 设 $\triangle ABC$ 的三条边 AB,BC,CA（或其延长线）与一条圆锥曲线分别相切于 P，相交于 Q 与 Q'，相切于 R，如图 10.92 所示，则 PR 与 BC 平行的充要条件是 $BQ = Q'C$.

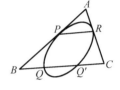

图 10.92

证明 先证条件的充分性. 由卡诺定理可知

$$\left(\frac{AP}{PB}\right)^2\left(\frac{BQ}{QC}\cdot\frac{BQ'}{Q'C}\right)\left(\frac{CR}{RA}\right)^2 = 1$$

依题设 $BQ = Q'C$，所以 $BQ' = QC$，代入上式就得

$$\frac{AP}{PB}\cdot\frac{CR}{RA} = 1 \Rightarrow \frac{AP}{PB} = \frac{AR}{RC}$$

由此可知，$PR \parallel BC$. 这就证明了条件的充分性.

仿上逆推，便可证明条件的必要性. 这里不赘述.

由这个命题显然可得

推论 6 设 $\triangle ABC$ 的三条边 AB,BC,CA（或其延长线）与一条圆锥曲线分别相切于 P,Q,R，则 PR 与 BC 平行的充要条件是 $BQ = QC$.

推论 7 设 $\triangle ABC$ 的三条边 AB,BC,CA（或其延长线）与一条圆锥曲线分别相交于 P 与 P'，Q 与 Q'，R 与 R'，如图 10.93 所示. 若 $PR' \parallel BC$，$QP' \parallel CA$，则 $RQ' \parallel AB$.

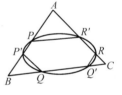

图 10.93

证明 由卡诺定理可知

$$\left(\frac{AP}{PB}\cdot\frac{AP'}{P'B}\right)\left(\frac{BQ}{QC}\cdot\frac{BQ'}{Q'C}\right)\left(\frac{CR}{RA}\cdot\frac{CR'}{R'A}\right) = 1$$

依题设 $PR' \parallel BC$，$QP' \parallel CA$，可知

$$\frac{AP}{PB} = \frac{AR'}{R'C},\frac{BQ}{BP'} = \frac{QC}{P'A}$$

代入上式就得

$$\frac{BQ'}{Q'C}\cdot\frac{CR}{RA} = 1$$

即

$$\frac{CR}{RA} = \frac{CQ'}{Q'B}$$

由此可知 $RQ' \parallel AB$.

推论 8 在 $\triangle ABC$ 中，设内角 A 之三等分角线交对边于 A_1,A_1'，内角 B 之三等分线交对边于 B_1,B_1'，内角 C 之三等分角线交对边于 C_1,C_1'，则 A_1,A_1'，

B_1，B'_1，C_1，C'_1 等六点在同一圆锥曲线上．

证明 如图 10.94，由 $\triangle ABA_1$，$\triangle AA_1C$ 的高相等，
则有

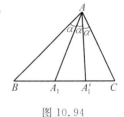

$$\frac{BA_1}{A_1C} = \frac{S_{\triangle ABA_1}}{S_{\triangle AA_1C}} = \frac{AB \cdot AA_1\sin\alpha}{AA_1 \cdot AC\sin 2\alpha} = \frac{AB}{AC} \cdot \frac{\sin\alpha}{\sin 2\alpha}$$

同理有

$$\frac{BA'_1}{A'_1C} = \frac{AB}{AC} \cdot \frac{\sin 2\alpha}{\sin\alpha}$$

图 10.94

上述两式相乘，得

$$\frac{BA_1}{A_1C} \cdot \frac{BA'_1}{A'_1C} = \left(\frac{AB}{AC}\right)^2$$

同理，可得

$$\frac{AC_1}{C_1B} \cdot \frac{AC'_1}{C'_1B} = \left(\frac{AC}{CB}\right)^2, \frac{CB_1}{B_1A} \cdot \frac{CB'_1}{B'_1A} = \left(\frac{CB}{AB}\right)^2$$

上面三式相乘，得

$$\frac{AC_1}{C_1B} \cdot \frac{AC'_1}{C'_1B} \cdot \frac{BA_1}{A_1C} \cdot \frac{BA'_1}{A'_1C} \cdot \frac{CB_1}{B_1A} \cdot \frac{CB'_1}{B'_1A} = 1$$

由卡诺定理得，点 A_1，A'_1，B_1，B'_1，C_1，C'_1 六点在同一圆锥曲线上．

推论 9 如图 10.95，四边形 $ABCD$ 是椭圆 Γ 的外切
四边形，切点分别为 P_1，P_2，P_3，P_4，则三条直线 P_1P_4，
P_2P_3，BD 互相平行或者共点．

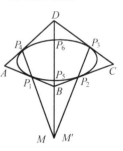

证明 设直线 DB 和椭圆 Γ 交于 P_5，P_6 两点，在
$\triangle ADB$ 和 $\triangle BCD$ 中分别根据卡诺定理，得

$$\left(\frac{AP_1}{P_1B}\right)^2 \cdot \frac{BP_5}{P_5D} \cdot \frac{BP_6}{P_6D} \cdot \left(\frac{DP_4}{P_4A}\right)^2 = 1$$

$$\left(\frac{BP_2}{P_2C}\right)^2 \cdot \left(\frac{CP_3}{P_3D}\right)^2 \cdot \frac{DP_6}{P_6B} \cdot \frac{DP_5}{P_5B} = 1$$

图 10.95

上面两式相乘，得

$$\left(\frac{AP_1}{P_1B}\right)^2 \left(\frac{BP_2}{P_2C}\right)^2 \left(\frac{CP_3}{P_3D}\right)^2 \left(\frac{DP_4}{P_4A}\right)^2 = 1$$

由于 P_1，P_2，P_3，P_4 只能是四边形各边内分点，故有

$$\frac{AP_1}{P_1B} \cdot \frac{BP_2}{P_2C} \cdot \frac{CP_3}{P_3D} \cdot \frac{DP_4}{P_4A} = 1 \tag{$**$}$$

(1) 若 $DB \ /\!/ \ P_4P_1$ 则

$$\frac{AP_1}{P_1B} = \frac{AP_4}{P_4D}$$

由式（$**$）得

$$\frac{CP_3}{P_3D} = \frac{CP_2}{P_2B'}$$

即

$$P_2P_3 \ /\!/ \ AB$$

（2）若 DB 与 P_1P_4 交于 M，由（1）可见 P_2P_3 与 DB 不平行，设 P_3P_2 与 DB 交于 M'.

在 $\triangle ADB$ 与 $\triangle BCD$ 中分别由梅涅劳斯定理得

$$\frac{AP_1}{P_1B} \cdot \frac{BM}{MD} \cdot \frac{DP_4}{P_4A} = -1, \frac{BP_2}{P_2C} \cdot \frac{CP_3}{P_3D} \cdot \frac{DM'}{M'B} = -1$$

上面两式相乘，并利用式（＊＊）得 $\dfrac{BM}{MD} = \dfrac{BM'}{M'D}$，即 M 与 M' 重合，

故 P_1P_4，BD，P_2P_3 三线共点.

我们还可以进一步利用式（＊＊）证明下面结论（证略）：四边形 $ABCD$ 和四边形 $P_1P_2P_3P_4$ 的对角线，四线共点.

我们还可将三角形推广为多边形有结论：

定理 2　若多边形 $A_1A_2\cdots A_n$ 各顶点均不在圆锥曲线 Γ 上，若各边 A_iA_{i+1} $(i=1,2,\cdots,n$ 且记 $A_{n+1}=A_1)$ 或其延长线与 Γ 交于两点 P_i，P'_i 则有

$$\prod_{i=1}^{n} \frac{A_iP_i}{P_iA_{i+1}} \cdot \frac{A_iP'_i}{P'_iA_{i+1}} = 1$$

此定理的证法与定理 1 证法类似（略）.

编后语

1979 年诺贝尔(Nobel)物理学奖得主温尼伯格指出："人们持久的希望之一就是,找到几条简单而普遍的规律,来解释具有其所有表面上的复杂性和多样性的自然为什么会如此."

在所有科学的形式上只有几何特别是平面几何具有这样的特质,用极少的几条公理推演出一个变化万千的几何世界.有人说徐光启的"几何"一词汉语的定式翻译是不够好的,不是圆满的译法,它失去了神性."几何"一词,汉语指意为事物数字意义上的多少,用于反问句中,而希腊语是指"元素""原理",意即我们这个世界的基本元素、宇宙的基本元素、构建这个宇宙的基本之因.

一般说来学习平面几何不需要从欧几里得的《几何原本》读起,正如梁文道所言:"科学史的经典是不用读的,除非你专治科学史.今天的中学生学牛顿力学,你会叫他去研究牛顿的原著吗?"现代人凡事讲的是有用,而欧几里得最反对这一想法,所以才流传下来一个青年追问他几何学的用处时他叫身边的奴隶倒给他三个硬币的故事.

欧几里得万万没有料到,两千多年后的今天,他当年想靠几何学寻找上帝的希望依旧渺茫,世俗的应用却大规模地建造了人类的物质文明,工业革命后兴盛的人造物质,几何学起到了支撑性作用,按照欧几里得批评他那位世俗的学生的理想主义的思路,近代社会,成为几何学的失败(燕晓东语).今天人们喜欢平面几何除了应付考试的功利目标外,原因与喜欢电影相似.我们看一看人们究竟为什么会喜欢电影? 霍夫曼斯塔尔在分析人们喜欢电影的原因时,曾说:个人正越来越难于理解形成现代世界(包括他自己的命运在内)的各种力量,机械结构和变化过程,世界已变得如此复杂,包括在政治和其他一切方面,以致不再能还原它的本来面目了,任何果都仿佛和它的许多可能的因脱离了关系;任何综合的企图或再造一个统一化形象的企图都终归于失败,面对着种种难以明确解释的,因而是不可控制的影响,人们便普遍产生一种无能为力的感觉.在我们中间,无疑有很多人由于无力抗拒这些影响而深感痛苦(有人意识到,有人则没有意识到这种痛苦).于是,我们便想寻求补偿.而电影看来是能暂时使人得到解脱的,在电影院里,一切都在掌握之中,在那里,被现实打垮的人摇身一变为创造万物的主人.(齐格弗里德·克拉考尔.电影的本性.邵牧君,译.北京:中国电影出版社,1993,217.)

同样的理由,我们无论是在遥远的古希腊欧几里得时代,还是在今天,我们对空间的认识,对宇宙的理解,最多也就迈出了蚂蚁般的一小步,用法国数学家、哲学家帕斯卡的一句话形容再恰当不过了,他说:"在这永恒沉默的空间面前,我索索发抖."而苏格拉底和柏拉图这师徒俩之所以怀着深厚的几何学情结,是因为他们想借这一工具找到上帝.苏格拉底看到,物质的速朽性、无常性使他自然联想到身体,再进一步联想到人的精神的属性,这时他看到了几何学的特别属性,不受时空的腐蚀,是永恒的、绝对的,这吻合了柏拉图的绝对理念,只有上帝是绝对的,于是他们认为几何学可以修筑通往上帝的天梯.所以有人说,《几何原本》与其说是数学,不如说是描述宇宙的诗歌之舞,是一种宗教情怀,一种哲学,我想也只有上升到如此的高度,才能理解,像沈先生这样的大家,几十年如一日,心无旁骛专攻平面几何,以收集几何名题为人生乐事.

数学家具有独特的思维角度,比如经济学中财富的概念,亚当·斯密很推崇思想家霍布斯对财富的定义,霍布斯说,财富就是权力(Wealth is power),而数学家古诺在1838年写了一本《财富理论的数学原理》,美国经济学家欧文·费雪把它引入到英语世界,古诺说:什么是财富,能卖出去的就是财富,有交换价值的就是财富,财富由交换价值决定,跟劳动含量无关,这个世界上没有什么

"真实价值",只有交换.从这个意义上讲,有人读或者说有人掏真金白银买的书是有价值的,而无人问津的就是无价值的,所以销量是衡量一本书有价值与否的一个重要参数,沈老师的书在我室出版之后是既叫好又叫座是名副其实的双效书.按古诺的理论,它是一笔宝贵的精神财富,以瑰宝为名恰如其分.

在剑桥大学刚出现的 13 世纪,在乔叟的时代,六、七本书的价钱大约就是一般老百姓在城里一幢房屋的价钱,看来在当时,书中未必有"颜如玉",但书中却是有"黄金屋"的了.那时,私人很少有书,只有大学有,加莱尔就说,当时"真正的大学只是书的聚藏所".几何书传世不易,以欧几里得的《几何原本》为例,原来共有 13 卷,希腊文原稿也已失传,现存的是公元 4 世纪末西翁的修订本和 18 世纪在梵蒂冈图书馆发现的希腊文手抄原本,笔者曾在梵蒂冈图书馆门前伫立许久终究没能踏入一饱眼福,见一见这价值连城的珍宝.世界公认《几何原本》是一块人类文明的极致瑰宝,沈老师这本书取名为《几何瑰宝》蕴意就在于此吧.这本书即将出版的消息公布后立即引来众多热爱几何人士的关注,许多人还建议出精装本,以便于收藏,这种现在已不多见的藏书热情让我想起《搜书记》作者谢其章在《文汇读书周报》上写的一篇"买书依旧多过读书"的文章,文章末尾谢先生说了这样一番话,他说:我想表明一个想法,生活里可以没有买书这事,买书却离不开生活,我们这种人为了书付出了许多,虽然也得到过快乐,然而随之而来的苦恼却不为外人所知,我周围的很多人,他们没有买书的嗜好,活得却比我开心得多敞亮得多,能给生活带来快乐的事物数不胜数,我们只得说,在没有找到更适合自己性情的事之前,目前还只能做买书这件事,还有一个原因,有的事现在才想起来做,时间上有些不赶趟了.

沈先生这部书论篇幅及规模可以算是目前国内平面几何著作中集之大成者,非第一莫属.

对于出版物而言,同一内容和类型篇幅上可长可短.比如百科全书,剑桥百科全书共 1 478 页,兰登书屋百科全书共 2 911 页,哥伦比亚百科全书厚达 3 000 余页,而世界上最大型的百科全书当属大英百科全书,这部巨作已经出版了十余版,其中最具声望的是 1910～1911 年所出的第 11 版,全部共 29 巨册,内容十分详尽丰富,单是 Encyclopaedia(中译"百科全书")一字的定义就用了 2 500 余字来解释.相反的,小型百科全书就简略很多,如"兰登书屋版"约用了 500 字,而"剑桥版"只用了 120 余字做解释,我们数学工作室素有做大做全的倾向,所以要求沈先生务必以"高、大、全"为目标.出版一部小书动机可暂且不论,但对如此规模之书,动机不说清楚,不合常理.全国第 20 届书博会在成都举行,到了成都有一处不可不看,那就是樊建川的博物馆,一个商人建博物馆,他为什么?答案是:为了和平,收藏战争;为了未来,收藏教训;为了安宁,收藏灾难；为了传承,收藏民俗.

仿此,如果有人问为什么出版如此大型的几何巨著.我们的答案是：为了素质,出版数学；为了思维,出版几何；为了鉴赏,出版瑰宝；为了收藏,出版经典.还是拿名人说事有说服力,按康有为的年谱,他 22 岁时"渐收西学之书,为讲求西学之基矣"；至 25 岁时经上海"大购西书以归,八月抵家,自是大讲西学,而尽释故见"；27 岁时"旁收四教,兼为算学,并涉猎西学书"；28 岁(1885 年)"从事算学,以几何著人类公理".在他 1895 年写的一篇《兴算学议》中,撰写了一篇算学馆章程,其中有这样的字句："算学为格致初基,必欲诣极精微,终身亦不能尽."可惜的是今天,人们对平面几何乃至对数学的认识尚不及梁启超时代.正如美国历史学家威廉·E·多德(William E. Dodd)曾抱怨说：有抱负的年轻人下海经商,走向了现代社会所说的成功之路,手中有大把的钞票或证券.第二流甚或第三流的年轻人走进了学术界,更差一些的年轻人则去当中学教师……我们当时所做的事情主要是用最差的材料来组成我国的思想要素,博士生的培养本身变成了教育愚笨的人,尽量把他们当作天才来使用(马尔库斯·W·杰尔内甘,哲学博士在历史上的创造力).在此情形之下,如清初杜知耕(1685 年前后)所著《数学钥》(1681)中,李子全作序有言："京师诸君子即素所号为通人者,无不望之反走,否则掩卷而不谈,或谈之亦茫然而不得其解."

学数学出身的经济学家用数学家惯用的抽象,习惯用最概括的语言描述了现代中国人深陷其中且不能自拔的教育的困境：当整个社会被嵌入到一个从人与人之间的激烈竞争为最显著特征的市场之内的时候,教育迅速地从旨在使每一个人的内在禀赋在一套核心价值观的指引下得到充分发展的过程蜕变为一个旨在赋予每一个人最适合于社会竞争的外在特征的过程(汪丁丁.串接的叙事：自由、秩序、知识.北京：三联书店,2009.180).而美国第 16 任总统林肯却说："任何人都有极大信心说服一位愿意讲道理的小孩,使他接受欧几里得那些较简单的定理；但如果对方不接受定义和公理的话,他便完全束手无策,以失败告终,但如果接受,那他一定会被降服."

经济学之父亚当·斯密在大学时代就曾受到数学家的影响,亚当·斯密,1723 年生于爱丁堡附近的一个小城市柯尔迪(kirkculdy),在那里上过小学,1737 年 14 岁时转到格拉斯哥大学上学,在这里他受到三位杰出教授的熏陶,一位是希腊语教授 Alexander Dunlop,一位是道德哲学教授哈奇森(Hutcheson),还有一位就是数学教授西姆松(Robert Simson).西姆松是苏格兰人,他曾积极宣传古代学者的几何学,他的著作《圆锥曲线五论》保持了当时已被认为过时的阿波罗尼斯的体例,这部著作的价值在于它第一次介绍了著名的笛沙格定理和帕斯卡定理,他的著作中还记录了瓦利斯发现的一条初等几何定理,被称为西姆松定理.

现代人身处剧变的时代对处变不惊的古典东西深怀敬畏是正常的,1973年,一位名叫生方史郎的17岁日本少年,写了一篇题为"汤川秀树与庄子"的小文章(汤川秀树是首位获诺贝尔物理学奖的日本物理学家,他早年从事原子核与宇宙射线的研究.他预见存在一种未知的基本粒子,产生了使原子核得以结合的力,汤川称这种新粒子为"介子").生方史郎大学毕业后成了金融业者,但他对古典学术却怀有浓厚的关切,并建立了个人主题网站"来自古典派的消息".古典学术的吸引力足以吸引凡是与其曾有过接触的人,当年徐光启只读完《几何原本》前六卷,就已洞察了该书的精神及长处,他说:"由显入微,从疑得信,盖不用为用,众用所基,真可谓万象之形囿,百家之学海"(译《几何原本》原序).所以尽管沈老师的书内容相对古老,但堪称经典,所以我们相信会遇到知音.

孔子在《论语·为政篇》中有"温故而知新,可以为师矣"的名言,但现在越来越多的人对当代学界的"知识生产"即温故过程进行了反思,特别指出在这种机械复制式的垃圾生产中,学者们实质上只是"复印机",用邓正来先生的话说,他们认真且严格地复制或放大着根本"没有他们"的各种观点或理论,进而认真且严格地复制或放大看根本"没有他们"的各种问题,甚至是理论问题."巨量的"研究著作,每年在涌向过度饱和臃肿的图书市场,然而学界的"知识增量"却毫无增加,这些"复印机"们尽管温故不能知新,但一个个都是"著作等身"的教授,一个个都在"知识流水线"上教授学生乃至社会大众.

沈老师虽也可称"著作等身",但可以肯定他并不是机械式的复印机,而是积几十年功力将平面几何的珍宝用一根红线串了起来,是一种再创作.借用几句文言文可说是:"尝得春秋,披览不倦,凡大家之手迹,古典之珍品,莫不采摭其华实,探涉其源流,钩纂枢要而编节之,改岁钥而成书."

顺便再谈一谈封面,英国浪漫主义"桂冠诗人"华兹华斯(William Wordsorth,1770—1850)在他的长诗《序曲》(*Prelude*,1805)中曾多处提到几何,尤其有一幕描述一位遭遇海难而幸存的人,沉船后登上一个荒岛,除了弃船时带的一本几何书外,孑然一身! 但他在沙滩上绘图做几何题以自娱,竟忘记了饥饿与恐惧,这感人的场面被艺术家借其灵感制作成一幅版画,苏格兰数学家格利高利(David Gregory,1659—1708)用作卷首插图,放在由他编撰的《欧几里得著作汇编》(*Euclidis Quae Supersunt Omnia*,1703)扉页上,画中是三位古代学者沉船后获救上岸,在沙滩上见到有一些几何图形画在上面,高兴得大叫:"不要害怕,我看见了人类文化的足迹!"正如华兹华斯《序曲》中所赞叹的那样:"心灵充满图形,抽象思维魅力何其巨大……纯粹智性,创建了独立的世界."

在本书的封面上笔者选用了这张版画,说起来得到这张画还颇费周折,笔者有逛旧书店的爱好,到国外也不忘,常被人视为迂腐.几年前在新西兰的奥克兰,通过黄页找到几家旧书店,一一走访,终于在一家旧书店从几万种书中找到了一本奥克兰大学前任的数学系主任退休后弟子给他整理的纪念文集,封面恰好是这幅版画,虽已破旧,但还可用,遂以40纽币买下.现在用于本书,再恰当不过了,因为现在被人称为实图时代,有好图很重要.据《文汇读书周报》报道一本首版于1999年的带插图的现代物理学入门读物《把握物理学》由一次极偶然的事件畅销起来.

世界著名高尔夫巨星老虎•伍兹在家门口发生了一起车祸.随后,在美国佛罗里达警方披露的伍兹车祸现场照片中包括一张记录事发的伍兹所驾驶的SUV车内部情景的照片.照片里,在后座的水瓶、毛巾、折伞和玻璃碎片中,人们还发现了一本翻阅已久的平装本《把握物理学》,照片公布后,该书在亚马逊图书销量排行榜上的名次迅速攀升,几日内便从第396 224位一下子跃居第2 268位.车祸让伍兹麻烦连连,却让该书作者英国萨赛克斯大学任教的科普作家约翰•格瑞宾成了最大赢家.

笔者认定沈老师的书一定会畅销,既不是因为封面精美,也不靠花边新闻,它一定是以润物细无声的方式逐步被市场所接受,我室所出版的图书,从来不搞大轰大嗡式的宣传推介,这在图书发行中是颇为少见的,当市场大潮漫过出版业之后,大多数人是无法安之若素的,精于市场之道者,轰轰烈烈借用媒体炒作,而后知后觉者则一开始就对市场不屑一顾,而从长期来看,长于经营之道的并不一定能让市场买账,后知后觉者也不一定会被市场抛弃,图书与市场都各有一套自己的规则.特别是平面几何书它有自己独立的读者群,原因可能正像利玛窦在日记中所写:"……但中国人最喜欢的莫过于欧几里得的《几何原本》.也许是因为没有人比中国人更重视数学了,尽管他们的数学方法与我们有别;他们提出各式各样的命题,却都没有证明,这样一种体系的结果是任何人都可以在数学上随意发挥自己最狂放的想象力而不必提供确凿证据."

他们看到欧几里得与之相反的一个不同的特色,亦即命题是按特定次序作叙述,而且对这些命题给予证明是如此确凿,即使最固执的人也无法否认它们.

数学的价值之一是确定性和唯一性,不像文学随意解释,"白骨精"曾是一个美妙的词,白领,骨干,精英,但也有人恶毒地将其解析为"白眼,骨灰,妖精".正是由于欧氏几何的这种推理典范使得中国学术界予以接受,近代学者梁启超在《清代学术概论》中提及:"自明之末叶,利玛窦等输入当时所谓西学者于中国,而学问研究方法上,生一种外来的变化.其初唯治天算者宗之,后则渐应用于他学."(原刊载于《改造杂志》,1920/1921).另一位史学大家陈寅恪指出:夫欧几里得之书,条理统系,精密绝伦,非仅论数论象之书,实为希腊民族精神之所表现.(《几何原本》满文译本跋,原载《历史语音研究所集刊》第二本第三分册1931)

在让一菲利浦·德·托纳克编的《别想摆脱书》(吴雅凌译.广西师范大学出版社,2010)中的前言中写到:"这一个扼杀另一个.书籍扼杀建筑."雨果借巴黎圣母院副主教克洛德·弗罗洛之口说出这一名言,建筑当然不会消失,但它将丧失文化旗帜这个功能,因为文化处于不断变化之中."思想化作书,只需几页纸,一点黑水和一支毛笔,两厢比较,人类的智慧放弃建筑而转至印刷,又何足怪哉?"

我们祝愿,由沈文选教授挖掘整理而成的几何瑰宝会永久传世,熠熠生辉,最后我想借用俄罗斯已故数学教育家沙雷金(Igor Fedororich Sharygin,1937—2004,我室正在准备出版沙雷金先生的《平面几何 5000 题》)的两段话结束.沙雷金说:"几何乃人类文化重要的一环……几何,还有更广泛的数学,对儿童的品德教育很有益处……几何培养数学直觉,引领学生进行独立原创思维……几何是从初等数学迈向高等数学的最佳途径."

"学习数学能够树立我们的德行,提升我们的正义感和尊严,增强我们天生的正直和原则.数学境界内的生活理念,乃基于证明,而这是最崇高的一种道德概念."

刘培杰

2021 年 6 月 24 日于哈工大

刘培杰数学工作室
已出版(即将出版)图书目录——初等数学

书　名	出版时间	定　价	编号
新编中学数学解题方法全书(高中版)上卷(第2版)	2018—08	58.00	951
新编中学数学解题方法全书(高中版)中卷(第2版)	2018—08	68.00	952
新编中学数学解题方法全书(高中版)下卷(一)(第2版)	2018—08	58.00	953
新编中学数学解题方法全书(高中版)下卷(二)(第2版)	2018—08	58.00	954
新编中学数学解题方法全书(高中版)下卷(三)(第2版)	2018—08	68.00	955
新编中学数学解题方法全书(初中版)上卷	2008—01	28.00	29
新编中学数学解题方法全书(初中版)中卷	2010—07	38.00	75
新编中学数学解题方法全书(高考复习卷)	2010—01	48.00	67
新编中学数学解题方法全书(高考真题卷)	2010—01	38.00	62
新编中学数学解题方法全书(高考精华卷)	2011—03	68.00	118
新编平面解析几何解题方法全书(专题讲座卷)	2010—01	18.00	61
新编中学数学解题方法全书(自主招生卷)	2013—08	88.00	261
数学奥林匹克与数学文化(第一辑)	2006—05	48.00	4
数学奥林匹克与数学文化(第二辑)(竞赛卷)	2008—01	48.00	19
数学奥林匹克与数学文化(第二辑)(文化卷)	2008—07	58.00	36′
数学奥林匹克与数学文化(第三辑)(竞赛卷)	2010—01	48.00	59
数学奥林匹克与数学文化(第四辑)(竞赛卷)	2011—08	58.00	87
数学奥林匹克与数学文化(第五辑)	2015—06	98.00	370
世界著名平面几何经典著作钩沉——几何作图专题卷(共3卷)	2022—01	198.00	1460
世界著名平面几何经典著作钩沉——民国平面几何老课本	2011—03	38.00	113
世界著名平面几何经典著作钩沉——建国初期平面三角老课本	2015—08	38.00	507
世界著名解析几何经典著作钩沉——平面解析几何卷	2014—01	38.00	264
世界著名数论经典著作钩沉——算术卷	2012—01	28.00	125
世界著名数学经典著作钩沉——立体几何卷	2011—02	28.00	88
世界著名三角学经典著作钩沉——平面三角卷Ⅰ	2010—06	28.00	69
世界著名三角学经典著作钩沉——平面三角卷Ⅱ	2011—01	38.00	78
世界著名初等数论经典著作钩沉——理论和实用算术卷	2011—07	38.00	126
世界著名几何经典著作钩沉——解析几何卷	2022—10	68.00	1564
发展你的空间想象力(第3版)	2021—01	98.00	1464
空间想象力进阶	2019—05	68.00	1062
走向国际数学奥林匹克的平面几何试题诠释.第1卷	2019—07	88.00	1043
走向国际数学奥林匹克的平面几何试题诠释.第2卷	2019—09	78.00	1044
走向国际数学奥林匹克的平面几何试题诠释.第3卷	2019—03	78.00	1045
走向国际数学奥林匹克的平面几何试题诠释.第4卷	2019—09	98.00	1046
平面几何证明方法全书	2007—08	48.00	1
平面几何证明方法全书习题解答(第2版)	2006—12	18.00	10
平面几何天天练上卷·基础篇(直线型)	2013—01	58.00	208
平面几何天天练中卷·基础篇(涉及圆)	2013—01	28.00	234
平面几何天天练下卷·提高篇	2013—01	58.00	237
平面几何专题研究	2013—07	98.00	258
平面几何解题之道.第1卷	2022—05	38.00	1494
几何学习题集	2020—10	48.00	1217
通过解题学习代数几何	2021—04	88.00	1301
最新世界各国数学奥林匹克中的平面几何试题	2007—09	38.00	14

刘培杰数学工作室
已出版(即将出版)图书目录——初等数学

书　名	出版时间	定　价	编号
数学竞赛平面几何典型题及新颖解	2010－07	48.00	74
初等数学复习及研究(平面几何)	2008－09	68.00	38
初等数学复习及研究(立体几何)	2010－06	38.00	71
初等数学复习及研究(平面几何)习题解答	2009－01	58.00	42
几何学教程(平面几何卷)	2011－03	68.00	90
几何学教程(立体几何卷)	2011－07	68.00	130
几何变换与几何证题	2010－06	88.00	70
计算方法与几何证题	2011－06	28.00	129
立体几何技巧与方法(第2版)	2022－10	168.00	1572
几何瑰宝——平面几何500名题暨1500条定理(上、下)	2021－07	168.00	1358
三角形的解法与应用	2012－07	18.00	183
近代的三角形几何学	2012－07	48.00	184
一般折线几何学	2015－08	48.00	503
三角形的五心	2009－06	28.00	51
三角形的六心及其应用	2015－10	68.00	542
三角形趣谈	2012－08	28.00	212
解三角形	2014－01	28.00	265
三角函数	2024－10	38.00	1744
探秘三角形:一次数学旅行	2021－10	68.00	1387
三角学专门教程	2014－09	28.00	387
图天下几何新题试卷.初中(第2版)	2017－11	58.00	855
圆锥曲线习题集(上册)	2013－06	68.00	255
圆锥曲线习题集(中册)	2015－01	78.00	434
圆锥曲线习题集(下册·第1卷)	2016－10	78.00	683
圆锥曲线习题集(下册·第2卷)	2018－01	98.00	853
圆锥曲线习题集(下册·第3卷)	2019－10	128.00	1113
圆锥曲线的思想方法	2021－08	48.00	1379
圆锥曲线的八个主要问题	2021－10	48.00	1415
圆锥曲线的奥秘	2022－06	88.00	1541
论九点圆	2015－05	88.00	645
论圆的几何学	2024－06	48.00	1736
近代欧氏几何学	2012－03	48.00	162
罗巴切夫斯基几何学及几何基础概要	2012－07	28.00	188
罗巴切夫斯基几何学初步	2015－06	28.00	474
用三角、解析几何、复数、向量计算解数学竞赛几何题	2015－03	48.00	455
用解析法研究圆锥曲线的几何理论	2022－05	48.00	1495
美国中学几何教程	2015－04	88.00	458
三线坐标与三角形特征点	2015－04	98.00	460
坐标几何学基础.第1卷,笛卡儿坐标	2021－08	48.00	1398
坐标几何学基础.第2卷,三线坐标	2021－09	28.00	1399
平面解析几何方法与研究(第1卷)	2015－05	28.00	471
平面解析几何方法与研究(第2卷)	2015－06	38.00	472
平面解析几何方法与研究(第3卷)	2015－07	28.00	473
解析几何研究	2015－01	38.00	425
解析几何学教程.上	2016－01	38.00	574
解析几何学教程.下	2016－01	38.00	575
几何学基础	2016－01	58.00	581
初等几何研究	2015－02	58.00	444
十九和二十世纪欧氏几何学中的片段	2017－01	58.00	696
平面几何中考.高考.奥数一本通	2017－07	28.00	820
几何学简史	2017－08	28.00	833
四面体	2018－01	48.00	880
平面几何证明方法思路	2018－12	68.00	913
折纸中的几何练习	2022－09	48.00	1559
中学新几何学(英文)	2022－10	98.00	1562
线性代数与几何	2023－04	68.00	1633
四面体几何学引论	2023－06	68.00	1648

刘培杰数学工作室
已出版(即将出版)图书目录——初等数学

书　　名	出版时间	定　价	编号
平面几何图形特性新析.上篇	2019—01	68.00	911
平面几何图形特性新析.下篇	2018—06	88.00	912
平面几何范例多解探究.上篇	2018—04	48.00	910
平面几何范例多解探究.下篇	2018—12	68.00	914
从分析解题过程学解题:竞赛中的几何问题研究	2018—07	68.00	946
从分析解题过程学解题:竞赛中的向量几何与不等式研究(全2册)	2019—06	138.00	1090
从分析解题过程学解题:竞赛中的不等式问题	2021—01	48.00	1249
二维、三维欧氏几何的对偶原理	2018—12	38.00	990
星形大观及闭折线论	2019—03	68.00	1020
立体几何的问题和方法	2019—11	58.00	1127
三角代换论	2021—05	58.00	1313
俄罗斯平面几何问题集	2009—08	88.00	55
俄罗斯立体几何问题集	2014—03	58.00	283
俄罗斯几何大师——沙雷金论数学及其他	2014—01	48.00	271
来自俄罗斯的5000道几何习题及解答	2011—03	58.00	89
俄罗斯初等数学问题集	2012—05	38.00	177
俄罗斯函数问题集	2011—03	38.00	103
俄罗斯组合分析问题集	2011—01	48.00	79
俄罗斯初等数学万题选——三角卷	2012—11	38.00	222
俄罗斯初等数学万题选——代数卷	2013—08	68.00	225
俄罗斯初等数学万题选——几何卷	2014—01	68.00	226
俄罗斯《量子》杂志数学征解问题100题选	2018—08	48.00	969
俄罗斯《量子》杂志数学征解问题又100题选	2018—08	48.00	970
俄罗斯《量子》杂志数学征解问题	2020—05	48.00	1138
463个俄罗斯几何老问题	2012—01	28.00	152
《量子》数学短文精粹	2018—09	38.00	972
用三角、解析几何等计算解来自俄罗斯的几何题	2019—11	88.00	1119
基谢廖夫平面几何	2022—01	48.00	1461
基谢廖夫立体几何	2023—04	48.00	1599
数学:代数、数学分析和几何(10—11年级)	2021—01	48.00	1250
直观几何学:5—6年级	2022—04	58.00	1508
几何学:第2版.7—9年级	2023—08	68.00	1684
平面几何:9—11年级	2022—10	48.00	1571
立体几何.10—11年级	2022—01	58.00	1472
几何快递	2024—05	48.00	1697

谈谈素数	2011—03	18.00	91
平方和	2011—03	18.00	92
整数论	2011—05	38.00	120
从整数谈起	2015—10	28.00	538
数与多项式	2016—01	38.00	558
谈谈不定方程	2011—05	28.00	119
质数漫谈	2022—07	68.00	1529

解析不等式新论	2009—06	68.00	48
建立不等式的方法	2011—03	98.00	104
数学奥林匹克不等式研究(第2版)	2020—07	68.00	1181
不等式研究(第三辑)	2023—08	198.00	1673
不等式的秘密(第一卷)(第2版)	2014—02	38.00	286
不等式的秘密(第二卷)	2014—01	38.00	268
初等不等式的证明方法	2010—06	38.00	123
初等不等式的证明方法(第二版)	2014—11	38.00	407
不等式·理论·方法(基础卷)	2015—07	38.00	496
不等式·理论·方法(经典不等式卷)	2015—07	38.00	497
不等式·理论·方法(特殊类型不等式卷)	2015—07	48.00	498
不等式探究	2016—03	38.00	582
不等式探秘	2017—01	88.00	689

书 名	出版时间	定 价	编号
四面体不等式	2017—01	68.00	715
数学奥林匹克中常见重要不等式	2017—09	38.00	845
三正弦不等式	2018—09	98.00	974
函数方程与不等式:解法与稳定性结果	2019—04	68.00	1058
数学不等式.第1卷,对称多项式不等式	2022—05	78.00	1455
数学不等式.第2卷,对称有理不等式与对称无理不等式	2022—05	88.00	1456
数学不等式.第3卷,循环不等式与非循环不等式	2022—05	88.00	1457
数学不等式.第4卷,Jensen不等式的扩展与加细	2022—05	88.00	1458
数学不等式.第5卷,创建不等式与解不等式的其他方法	2022—05	88.00	1459
不定方程及其应用.上	2018—12	58.00	992
不定方程及其应用.中	2019—01	78.00	993
不定方程及其应用.下	2019—02	98.00	994
Nesbitt不等式加强式的研究	2022—06	128.00	1527
最值定理与分析不等式	2023—02	78.00	1567
一类积分不等式	2023—02	88.00	1579
邦费罗尼不等式及概率应用	2023—05	58.00	1637
同余理论	2012—05	38.00	163
[x]与{x}	2015—04	48.00	476
极值与最值.上卷	2015—06	28.00	486
极值与最值.中卷	2015—06	38.00	487
极值与最值.下卷	2015—06	28.00	488
整数的性质	2012—11	38.00	192
完全平方数及其应用	2015—08	78.00	506
多项式理论	2015—10	88.00	541
奇数、偶数、奇偶分析法	2018—01	98.00	876
历届美国中学生数学竞赛试题及解答(第1卷)1950～1954	2014—07	18.00	277
历届美国中学生数学竞赛试题及解答(第2卷)1955～1959	2014—04	18.00	278
历届美国中学生数学竞赛试题及解答(第3卷)1960～1964	2014—06	18.00	279
历届美国中学生数学竞赛试题及解答(第4卷)1965～1969	2014—04	28.00	280
历届美国中学生数学竞赛试题及解答(第5卷)1970～1972	2014—06	18.00	281
历届美国中学生数学竞赛试题及解答(第6卷)1973～1980	2017—07	18.00	768
历届美国中学生数学竞赛试题及解答(第7卷)1981～1986	2015—01	18.00	424
历届美国中学生数学竞赛试题及解答(第8卷)1987～1990	2017—05	18.00	769
历届国际数学奥林匹克试题集	2023—09	158.00	1701
历届中国数学奥林匹克试题集(第3版)	2021—10	58.00	1440
历届加拿大数学奥林匹克试题集	2012—08	38.00	215
历届美国数学奥林匹克试题集	2023—08	98.00	1681
历届波兰数学竞赛试题集.第1卷,1949～1963	2015—03	18.00	453
历届波兰数学竞赛试题集.第2卷,1964～1976	2015—03	18.00	454
历届巴尔干数学奥林匹克试题集	2015—05	38.00	466
历届CGMO试题及解答	2024—03	48.00	1717
保加利亚数学奥林匹克	2014—10	38.00	393
圣彼得堡数学奥林匹克试题集	2015—01	38.00	429
匈牙利奥林匹克数学竞赛题解.第1卷	2016—05	28.00	593
匈牙利奥林匹克数学竞赛题解.第2卷	2016—05	28.00	594
历届美国数学邀请赛试题集(第2版)	2017—10	78.00	851
全美高中数学竞赛:纽约州数学竞赛(1989—1994)	2024—08	48.00	1740
普林斯顿大学数学竞赛	2016—06	38.00	669
亚太地区数学奥林匹克竞赛题	2015—07	18.00	492
日本历届(初级)广中杯数学竞赛试题及解答.第1卷(2000～2007)	2016—05	28.00	641
日本历届(初级)广中杯数学竞赛试题及解答.第2卷(2008～2015)	2016—05	38.00	642
越南数学奥林匹克题选:1962—2009	2021—07	48.00	1370
罗马尼亚大师杯数学竞赛试题及解答	2024—09	48.00	1746
欧洲女子数学奥林匹克	2024—04	48.00	1723
360个数学竞赛问题	2016—08	58.00	677

刘培杰数学工作室
已出版(即将出版)图书目录——初等数学

书 名	出版时间	定 价	编号
奥数最佳实战题.上卷	2017－06	38.00	760
奥数最佳实战题.下卷	2017－05	58.00	761
解决问题的策略	2024－08	48.00	1742
哈尔滨市早期中学数学竞赛试题汇编	2016－07	28.00	672
全国高中数学联赛试题及解答:1981—2019(第4版)	2020－07	138.00	1176
2024年全国高中数学联合竞赛模拟题集	2024－01	38.00	1702
20世纪50年代全国部分城市数学竞赛试题汇编	2017－07	28.00	797
国内外数学竞赛题及精解:2018—2019	2020－08	45.00	1192
国内外数学竞赛题及精解:2019—2020	2021－11	58.00	1439
许康华竞赛优学精选集.第一辑	2018－08	68.00	949
天问叶班数学问题征解100题.Ⅰ,2016—2018	2019－05	88.00	1075
天问叶班数学问题征解100题.Ⅱ,2017—2019	2020－07	98.00	1177
美国高中数学竞赛:AMC8准备(共6卷)	2019－07	138.00	1089
美国高中数学竞赛:AMC10准备(共6卷)	2019－08	158.00	1105
王连笑教你怎样学数学:高考选择题解题策略与客观题实用训练	2014－01	48.00	262
王连笑教你怎样学数学:高考数学高层次讲座	2015－02	48.00	432
高考数学的理论与实践	2009－08	38.00	53
高考数学核心题型解题方法与技巧	2010－01	28.00	86
高考思维新平台	2014－03	38.00	259
高考数学压轴题解题诀窍(上)(第2版)	2018－01	58.00	874
高考数学压轴题解题诀窍(下)(第2版)	2018－01	48.00	875
突破高考数学新定义创新压轴题	2024－08	88.00	1741
北京市五区文科数学三年高考模拟题详解:2013～2015	2015－08	48.00	500
北京市五区理科数学三年高考模拟题详解:2013～2015	2015－09	68.00	505
向量法巧解数学高考题	2009－08	28.00	54
高中数学课堂教学的实践与反思	2021－11	48.00	791
数学高考参考	2016－01	78.00	589
新课程标准高考数学解答题各种题型解法指导	2020－08	78.00	1196
全国及各省市高考数学试题审题要津与解法研究	2015－02	48.00	450
高中数学章节起始课的教学研究与案例设计	2019－05	28.00	1064
新课标高考数学——五年试题分章详解(2007～2011)(上、下)	2011－10	78.00	140,141
全国中考数学压轴题审题要津与解法研究	2013－04	78.00	248
新编全国及各省市中考数学压轴题审题要津与解法研究	2014－05	58.00	342
全国及各省市5年中考数学压轴题审题要津与解法研究(2015版)	2015－04	58.00	462
中考数学专题总复习	2007－04	28.00	6
中考数学较难题常考题型解题方法与技巧	2016－09	48.00	681
中考数学难题常考题型解题方法与技巧	2016－09	48.00	682
中考数学中档题常考题型解题方法与技巧	2017－08	68.00	835
中考数学选择填空压轴好题妙解365	2024－01	80.00	1698
中考数学:三类重点考题的解法例析与习题	2020－04	48.00	1140
中小学数学的历史文化	2019－11	48.00	1124
小升初衔接数学	2024－06	68.00	1734
赢在小升初——数学	2024－08	78.00	1739
初中平面几何百题多思创新解	2020－01	58.00	1125
初中数学中考备考	2020－01	58.00	1126
高考数学之九章演义	2019－08	68.00	1044
高考数学之难题谈笑间	2022－06	68.00	1519
化学可以这样学:高中化学知识方法智慧感悟疑难辨析	2019－07	58.00	1103
如何成为学习高手	2019－09	58.00	1107
高考数学:经典真题分类解析	2020－04	78.00	1134
高考数学解答题破解策略	2020－11	58.00	1221
从分析解题过程学解题:高考压轴题与竞赛题之关系探究	2020－08	88.00	1179
从分析解题过程学解题:数学高考与竞赛的互联互通探究	2024－06	88.00	1735
教学新思考:单元整体视角下的初中数学教学设计	2021－03	58.00	1278
思维再拓展:2020年经典几何题的多解探究与思考	即将出版		1279
中考数学小压轴汇编初讲	2017－07	48.00	788
中考数学大压轴专题微言	2017－09	48.00	846

书　名	出版时间	定　价	编号
怎么解中考平面几何探索题	2019—06	48.00	1093
北京中考数学压轴题解题方法突破(第9版)	2024—01	78.00	1645
助你高考成功的数学解题智慧:知识是智慧的基础	2016—01	58.00	596
助你高考成功的数学解题智慧:错误是智慧的试金石	2016—04	58.00	643
助你高考成功的数学解题智慧:方法是智慧的推手	2016—04	68.00	657
高考数学奇思妙解	2016—04	38.00	610
高考数学解题策略	2016—05	48.00	670
数学解题泄天机(第2版)	2017—10	48.00	850
高中物理教学讲义	2018—01	48.00	871
高中物理教学讲义:全模块	2022—03	98.00	1492
高中物理答疑解惑65篇	2021—11	48.00	1462
中学物理基础问题解析	2020—08	48.00	1183
初中数学、高中数学脱节知识补缺教材	2017—06	48.00	766
高考数学客观题解题方法和技巧	2017—10	38.00	847
十年高考数学精品试题审题要津与解法研究	2021—10	98.00	1427
中国历届高考数学试题及解答.1949—1979	2018—01	38.00	877
历届中国高考数学试题及解答.第二卷,1980—1989	2018—10	28.00	975
历届中国高考数学试题及解答.第三卷,1990—1999	2018—10	48.00	976
跟我学解高中数学题	2018—07	58.00	926
中学数学研究的方法及案例	2018—05	58.00	869
高考数学抢分技能	2018—07	68.00	934
高一新生常用数学方法和重要数学思想提升教材	2018—06	38.00	921
高考数学全国卷六道解答题常考题型解题诀窍:理科(全2册)	2019—07	78.00	1101
高考数学全国卷16道选择、填空题常考题型解题诀窍.理科	2018—09	88.00	971
高考数学全国卷16道选择、填空题常考题型解题诀窍.文科	2020—01	88.00	1123
高中数学一题多解	2019—06	58.00	1087
历届中国高考数学试题及解答:1917—1999	2021—08	118.00	1371
2000～2003年全国及各省市高考数学试题及解答	2022—05	88.00	1499
2004年全国及各省市高考数学试题及解答	2023—08	78.00	1500
2005年全国及各省市高考数学试题及解答	2023—08	78.00	1501
2006年全国及各省市高考数学试题及解答	2023—08	88.00	1502
2007年全国及各省市高考数学试题及解答	2023—08	98.00	1503
2008年全国及各省市高考数学试题及解答	2023—08	88.00	1504
2009年全国及各省市高考数学试题及解答	2023—08	88.00	1505
2010年全国及各省市高考数学试题及解答	2023—08	98.00	1506
2011～2017年全国及各省市高考数学试题及解答	2024—01	78.00	1507
2018～2023年全国及各省市高考数学试题及解答	2024—03	78.00	1709
突破高原:高中数学解题思维探究	2021—08	48.00	1375
高考数学中的"取值范围"	2021—10	48.00	1429
新课程标准高中数学各种题型解法大全.必修一分册	2021—06	58.00	1315
新课程标准高中数学各种题型解法大全.必修二分册	2022—01	68.00	1471
高中数学各种题型解法大全.选择性必修一分册	2022—06	68.00	1525
高中数学各种题型解法大全.选择性必修二分册	2023—01	58.00	1600
高中数学各种题型解法大全.选择性必修三分册	2023—04	48.00	1643
高中数学专题研究	2024—05	88.00	1722
历届全国初中数学竞赛经典试题详解	2023—04	88.00	1624
孟祥礼高考数学精刷精解	2023—06	98.00	1663
新编640个世界著名数学智力趣题	2014—01	88.00	242
500个最新世界著名数学智力趣题	2008—06	48.00	3
400个最新世界著名数学最值问题	2008—09	48.00	36
500个世界著名数学征解问题	2009—06	48.00	52
400个中国最佳初等数学征解老问题	2010—01	48.00	60
500个俄罗斯数学经典老题	2011—01	28.00	81
1000个国外中学物理好题	2012—05	48.00	174
300个日本高考数学题	2012—05	38.00	142
700个早期日本高考数学试题	2017—02	88.00	752

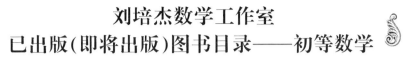

刘培杰数学工作室
已出版(即将出版)图书目录——初等数学

书　名	出版时间	定　价	编号
500 个前苏联早期高考数学试题及解答	2012—05	28.00	185
546 个早期俄罗斯大学生数学竞赛题	2014—03	38.00	285
548 个来自美苏的数学好问题	2014—11	28.00	396
20 所苏联著名大学早期入学试题	2015—02	18.00	452
161 道德国工科大学生必做的微分方程习题	2015—05	28.00	469
500 个德国工科大学生必做的高数习题	2015—06	28.00	478
360 个数学竞赛问题	2016—08	58.00	677
200 个趣味数学故事	2018—02	48.00	857
470 个数学奥林匹克中的最值问题	2018—10	88.00	985
德国讲义日本考题. 微积分卷	2015—04	48.00	456
德国讲义日本考题. 微分方程卷	2015—04	38.00	457
二十世纪中叶中、英、美、日、法、俄高考数学试题精选	2017—06	38.00	783
中国初等数学研究　2009 卷(第 1 辑)	2009—05	20.00	45
中国初等数学研究　2010 卷(第 2 辑)	2010—05	30.00	68
中国初等数学研究　2011 卷(第 3 辑)	2011—07	60.00	127
中国初等数学研究　2012 卷(第 4 辑)	2012—07	48.00	190
中国初等数学研究　2014 卷(第 5 辑)	2014—02	48.00	288
中国初等数学研究　2015 卷(第 6 辑)	2015—06	68.00	493
中国初等数学研究　2016 卷(第 7 辑)	2016—04	68.00	609
中国初等数学研究　2017 卷(第 8 辑)	2017—01	98.00	712
初等数学研究在中国. 第 1 辑	2019—03	158.00	1024
初等数学研究在中国. 第 2 辑	2019—10	158.00	1116
初等数学研究在中国. 第 3 辑	2021—05	158.00	1306
初等数学研究在中国. 第 4 辑	2022—06	158.00	1520
初等数学研究在中国. 第 5 辑	2023—07	158.00	1635
几何变换(Ⅰ)	2014—07	28.00	353
几何变换(Ⅱ)	2015—06	28.00	354
几何变换(Ⅲ)	2015—01	38.00	355
几何变换(Ⅳ)	2015—12	38.00	356
初等数论难题集(第一卷)	2009—05	68.00	44
初等数论难题集(第二卷)(上、下)	2011—02	128.00	82,83
数论概貌	2011—03	18.00	93
代数数论(第二版)	2013—08	58.00	94
代数多项式	2014—06	38.00	289
初等数论的知识与问题	2011—02	28.00	95
超越数论基础	2011—03	28.00	96
数论初等教程	2011—03	28.00	97
数论基础	2011—03	18.00	98
数论基础与维诺格拉多夫	2014—03	18.00	292
解析数论基础	2012—08	28.00	216
解析数论基础(第二版)	2014—01	48.00	287
解析数论问题集(第二版)(原版引进)	2014—05	88.00	343
解析数论问题集(第二版)(中译本)	2016—04	88.00	607
解析数论基础(潘承洞,潘承彪著)	2016—07	98.00	673
解析数论导引	2016—07	58.00	674
数论入门	2011—03	38.00	99
代数数论入门	2015—03	38.00	448

刘培杰数学工作室
已出版(即将出版)图书目录——初等数学

书　名	出版时间	定　价	编号
数论开篇	2012—07	28.00	194
解析数论引论	2011—03	48.00	100
Barban Davenport Halberstam 均值和	2009—01	40.00	33
基础数论	2011—03	28.00	101
初等数论 100 例	2011—05	18.00	122
初等数论经典例题	2012—07	18.00	204
最新世界各国数学奥林匹克中的初等数论试题(上、下)	2012—01	138.00	144,145
初等数论(Ⅰ)	2012—01	18.00	156
初等数论(Ⅱ)	2012—01	18.00	157
初等数论(Ⅲ)	2012—01	28.00	158
平面几何与数论中未解决的新老问题	2013—01	68.00	229
代数数论简史	2014—11	28.00	408
代数数论	2015—09	88.00	532
代数、数论及分析习题集	2016—11	98.00	695
数论导引提要及习题解答	2016—01	48.00	559
素数定理的初等证明.第 2 版	2016—09	48.00	686
数论中的模函数与狄利克雷级数(第二版)	2017—11	78.00	837
数论:数学导引	2018—01	68.00	849
范氏大代数	2019—02	98.00	1016
解析数学讲义.第一卷,导来式及微分、积分、级数	2019—04	88.00	1021
解析数学讲义.第二卷,关于几何的应用	2019—04	68.00	1022
解析数学讲义.第三卷,解析函数论	2019—04	78.00	1023
分析·组合·数论纵横谈	2019—04	58.00	1039
Hall 代数:民国时期的中学数学课本:英文	2019—08	88.00	1106
基谢廖夫初等代数	2022—07	38.00	1531
基谢廖夫算术	2024—05	48.00	1725
数学精神巡礼	2019—01	58.00	731
数学眼光透视(第 2 版)	2017—06	78.00	732
数学思想领悟(第 2 版)	2018—01	68.00	733
数学方法溯源(第 2 版)	2018—08	68.00	734
数学解题引论	2017—05	58.00	735
数学史话览胜(第 2 版)	2017—01	48.00	736
数学应用展观(第 2 版)	2017—08	68.00	737
数学建模尝试	2018—04	48.00	738
数学竞赛采风	2018—01	68.00	739
数学测评探营	2019—05	58.00	740
数学技能操握	2018—03	48.00	741
数学欣赏拾趣	2018—02	48.00	742
从毕达哥拉斯到怀尔斯	2007—10	48.00	9
从迪利克雷到维斯卡尔迪	2008—01	48.00	21
从哥德巴赫到陈景润	2008—05	98.00	35
从庞加莱到佩雷尔曼	2011—08	138.00	136
博弈论精粹	2008—03	58.00	30
博弈论精粹.第二版(精装)	2015—01	88.00	461
数学 我爱你	2008—01	28.00	20
精神的圣徒　别样的人生——60 位中国数学家成长的历程	2008—09	48.00	39
数学史概论	2009—06	78.00	50

刘培杰数学工作室
已出版(即将出版)图书目录——初等数学

书　名	出版时间	定　价	编号
数学史概论(精装)	2013—03	158.00	272
数学史选讲	2016—01	48.00	544
斐波那契数列	2010—02	28.00	65
数学拼盘和斐波那契魔方	2010—07	38.00	72
斐波那契数列欣赏(第2版)	2018—08	58.00	948
Fibonacci数列中的明珠	2018—06	58.00	928
数学的创造	2011—02	48.00	85
数学美与创造力	2016—01	48.00	595
数海拾贝	2016—01	48.00	590
数学中的美(第2版)	2019—04	68.00	1057
数论中的美学	2014—12	38.00	351
数学王者　科学巨人——高斯	2015—01	28.00	428
振兴祖国数学的圆梦之旅:中国初等数学研究史话	2015—06	98.00	490
二十世纪中国数学史料研究	2015—10	48.00	536
《九章算法比类大全》校注	2024—06	198.00	1695
数字谜、数阵图与棋盘覆盖	2016—01	58.00	298
数学概念的进化:一个初步的研究	2023—07	68.00	1683
数学发现的艺术:数学探索中的合情推理	2016—07	58.00	671
活跃在数学中的参数	2016—07	48.00	675
数海趣史	2021—05	98.00	1314
玩转幻中之幻	2023—08	88.00	1682
数学艺术品	2023—09	98.00	1685
数学博弈与游戏	2023—10	68.00	1692
数学解题——靠数学思想给力(上)	2011—07	38.00	131
数学解题——靠数学思想给力(中)	2011—07	48.00	132
数学解题——靠数学思想给力(下)	2011—07	38.00	133
我怎样解题	2013—01	48.00	227
数学解题中的物理方法	2011—06	28.00	114
数学解题的特殊方法	2011—06	48.00	115
中学数学计算技巧(第2版)	2020—10	48.00	1220
中学数学证明方法	2012—01	58.00	117
数学趣题巧解	2012—03	28.00	128
高中数学教学通鉴	2015—05	58.00	479
和高中生漫谈:数学与哲学的故事	2014—08	28.00	369
算术问题集	2017—03	38.00	789
张教授讲数学	2018—07	38.00	933
陈永明实话实说数学教学	2020—04	68.00	1132
中学数学学科知识与教学能力	2020—06	58.00	1155
怎样把课讲好:大罕数学教学随笔	2022—03	58.00	1484
中国高考评价体系下高考数学探秘	2022—03	48.00	1487
数苑漫步	2024—01	58.00	1670
自主招生考试中的参数方程问题	2015—01	28.00	435
自主招生考试中的极坐标问题	2015—04	28.00	463
近年全国重点大学自主招生数学试题全解及研究.华约卷	2015—02	38.00	441
近年全国重点大学自主招生数学试题全解及研究.北约卷	2016—05	38.00	619
自主招生数学解证宝典	2015—09	48.00	535
中国科学技术大学创新班数学真题解析	2022—03	48.00	1488
中国科学技术大学创新班物理真题解析	2022—03	58.00	1489
格点和面积	2012—07	18.00	191
射影几何趣谈	2012—04	28.00	175
斯潘纳尔引理——从一道加拿大数学奥林匹克试题谈起	2014—01	28.00	228
李普希兹条件——从几道近年高考数学试题谈起	2012—10	18.00	221
拉格朗日中值定理——从一道北京高考试题的解法谈起	2015—10	18.00	197

刘培杰数学工作室

已出版(即将出版)图书目录——初等数学

书　名	出版时间	定　价	编号
闵科夫斯基定理——从一道清华大学自主招生试题谈起	2014−01	28.00	198
哈尔测度——从一道冬令营试题的背景谈起	2012−08	28.00	202
切比雪夫逼近问题——从一道中国台北数学奥林匹克试题谈起	2013−04	38.00	238
伯恩斯坦多项式与贝齐尔曲面——从一道全国高中数学联赛试题谈起	2013−03	38.00	236
卡塔兰猜想——从一道普特南竞赛试题谈起	2013−06	18.00	256
麦卡锡函数和阿克曼函数——从一道前南斯拉夫数学奥林匹克试题谈起	2012−08	18.00	201
贝蒂定理与拉姆贝克莫斯尔定理——从一个拣石子游戏谈起	2012−08	18.00	217
皮亚诺曲线和豪斯道夫分球定理——从无限集谈起	2012−08	18.00	211
平面凸图形与凸多面体	2012−10	28.00	218
斯坦因豪斯问题——从一道二十五省市自治区中学数学竞赛试题谈起	2012−07	18.00	196
纽结理论中的亚历山大多项式与琼斯多项式——从一道北京市高一数学竞赛试题谈起	2012−07	28.00	195
原则与策略——从波利亚"解题表"谈起	2013−04	38.00	244
转化与化归——从三大尺规作图不能问题谈起	2012−08	28.00	214
代数几何中的贝祖定理(第一版)——从一道IMO试题的解法谈起	2013−08	18.00	193
成功连贯理论与约当块理论——从一道比利时数学竞赛试题谈起	2012−04	18.00	180
素数判定与大数分解	2014−08	18.00	199
置换多项式及其应用	2012−10	18.00	220
椭圆函数与模函数——从一道美国加州大学洛杉矶分校(UCLA)博士资格考题谈起	2012−10	28.00	219
差分方程的拉格朗日方法——从一道2011年全国高考理科试题的解法谈起	2012−08	28.00	200
力学在几何中的一些应用	2013−01	38.00	240
从根式解到伽罗华理论	2020−01	48.00	1121
康托洛维奇不等式——从一道全国高中联赛试题谈起	2013−03	28.00	337
拉克斯定理和阿廷定理——从一道IMO试题的解法谈起	2014−01	58.00	246
毕卡大定理——从一道美国大学数学竞赛试题谈起	2014−07	18.00	350
拉格朗日乘子定理——从一道2005年全国高中联赛试题的高等数学解法谈起	2015−05	28.00	480
雅可比定理——从一道日本数学奥林匹克试题谈起	2013−04	48.00	249
李天岩—约克定理——从一道波兰数学竞赛试题谈起	2014−06	28.00	349
受控理论与初等不等式:从一道IMO试题的解法谈起	2023−03	48.00	1601
布劳维不动点定理——从一道前苏联数学奥林匹克试题谈起	2014−01	38.00	273
莫德尔—韦伊定理——从一道日本数学奥林匹克试题谈起	2024−10	48.00	1602
斯蒂尔杰斯积分——从一道国际大学生数学竞赛试题的解法谈起	2024−10	68.00	1605
切博塔廖夫猜想——从一道1978年全国高中数学竞赛试题谈起	2024−10	38.00	1606
卡西尼卵形线:从一道高中数学期中考试试题谈起	2024−10	48.00	1607
格罗斯问题:亚纯函数的唯一性问题	2024−10	48.00	1608
布格尔问题——从一道第6届全国中学生物理竞赛预赛试题谈起	2024−09	68.00	1609
多项式逼近问题——从一道美国大学生数学竞赛试题谈起	2024−10	48.00	1748
中国剩余定理:总数法构建中国历史年表	2015−01	28.00	430
牛顿程序与方程求根——从一道全国高考试题解法谈起	即将出版		
库默尔定理——从一道IMO预选试题谈起	即将出版		
卢丁定理——从一道冬令营试题的解法谈起	即将出版		
沃斯滕霍姆定理——从一道IMO预选试题谈起	即将出版		
卡尔松不等式——从一道莫斯科数学奥林匹克试题谈起	即将出版		
信息论中的香农熵——从一道近年高考压轴题谈起	即将出版		

刘培杰数学工作室
已出版(即将出版)图书目录——初等数学

书　名	出 版 时 间	定　价	编号
约当不等式——从一道希望杯竞赛试题谈起	即将出版		
拉比诺维奇定理	即将出版		
刘维尔定理——从一道《美国数学月刊》征解问题的解法谈起	即将出版		
卡塔兰恒等式与级数求和——从一道 IMO 试题的解法谈起	即将出版		
勒让德猜想与素数分布——从一道爱尔兰竞赛试题谈起	即将出版		
天平称重与信息论——从一道基辅市数学奥林匹克试题谈起	即将出版		
哈密尔顿－凯莱定理:从一道高中数学联赛试题的解法谈起	2014－09	18.00	376
艾思特曼定理——从一道 CMO 试题的解法谈起	即将出版		
阿贝尔恒等式与经典不等式及应用	2018－06	98.00	923
迪利克雷除数问题	2018－07	48.00	930
幻方、幻立方与拉丁方	2019－08	48.00	1092
帕斯卡三角形	2014－03	18.00	294
蒲丰投针问题——从 2009 年清华大学的一道自主招生试题谈起	2014－01	38.00	295
斯图姆定理——从一道"华约"自主招生试题的解法谈起	2014－01	18.00	296
许瓦兹引理——从一道加利福尼亚大学伯克利分校数学系博士生试题谈起	2014－08	18.00	297
拉姆塞定理——从王诗宬院士的一个问题谈起	2016－04	48.00	299
坐标法	2013－12	28.00	332
数论三角形	2014－04	38.00	341
毕克定理	2014－07	18.00	352
数林掠影	2014－09	48.00	389
我们周围的概率	2014－10	38.00	390
凸函数最值定理:从一道华约自主招生题的解法谈起	2014－10	28.00	391
易学与数学奥林匹克	2014－10	38.00	392
生物数学趣谈	2015－01	18.00	409
反演	2015－01	28.00	420
因式分解与圆锥曲线	2015－01	18.00	426
轨迹	2015－01	28.00	427
面积原理:从常庚哲命的一道 CMO 试题的积分解法谈起	2015－01	48.00	431
形形色色的不动点定理:从一道 28 届 IMO 试题谈起	2015－01	38.00	439
柯西函数方程:从一道上海交大自主招生的试题谈起	2015－02	28.00	440
三角恒等式	2015－02	28.00	442
无理性判定:从一道 2014 年"北约"自主招生试题谈起	2015－01	38.00	443
数学归纳法	2015－03	18.00	451
极端原理与解题	2015－04	28.00	464
法雷级数	2014－08	18.00	367
摆线族	2015－01	38.00	438
函数方程及其解法	2015－05	38.00	470
含参数的方程和不等式	2012－09	28.00	213
希尔伯特第十问题	2016－01	38.00	543
无穷小量的求和	2016－01	28.00	545
切比雪夫多项式:从一道清华大学金秋营试题谈起	2016－01	38.00	583
泽肯多夫定理	2016－03	38.00	599
代数等式证题法	2016－01	28.00	600
三角等式证题法	2016－01	28.00	601
吴大任教授藏书中的一个因式分解公式:从一道美国数学邀请赛试题的解法谈起	2016－06	28.00	656
易卦——类万物的数学模型	2017－08	68.00	838
"不可思议"的数与数系可持续发展	2018－01	38.00	878
最短线	2018－01	38.00	879
数学在天文、地理、光学、机械力学中的一些应用	2023－03	88.00	1576
从阿基米德三角形谈起	2023－01	28.00	1578

刘培杰数学工作室
已出版(即将出版)图书目录——初等数学

书　名	出版时间	定价	编号
幻方和魔方(第一卷)	2012—05	68.00	173
尘封的经典——初等数学经典文献选读(第一卷)	2012—07	48.00	205
尘封的经典——初等数学经典文献选读(第二卷)	2012—07	38.00	206
初级方程式论	2011—03	28.00	106
初等数学研究(Ⅰ)	2008—09	68.00	37
初等数学研究(Ⅱ)(上、下)	2009—05	118.00	46,47
初等数学专题研究	2022—10	68.00	1568
趣味初等方程妙题集锦	2014—09	48.00	388
趣味初等数论选美与欣赏	2015—02	48.00	445
耕读笔记(上卷):一位农民数学爱好者的初数探索	2015—04	28.00	459
耕读笔记(中卷):一位农民数学爱好者的初数探索	2015—05	28.00	483
耕读笔记(下卷):一位农民数学爱好者的初数探索	2015—05	28.00	484
几何不等式研究与欣赏.上卷	2016—01	88.00	547
几何不等式研究与欣赏.下卷	2016—01	48.00	552
初等数列研究与欣赏·上	2016—01	48.00	570
初等数列研究与欣赏·下	2016—01	48.00	571
趣味初等函数研究与欣赏.上	2016—09	48.00	684
趣味初等函数研究与欣赏.下	2018—09	48.00	685
三角不等式研究与欣赏	2020—10	68.00	1197
新编平面解析几何解题方法研究与欣赏	2021—10	78.00	1426
火柴游戏(第2版)	2022—05	38.00	1493
智力解谜.第1卷	2017—07	38.00	613
智力解谜.第2卷	2017—07	38.00	614
故事智力	2016—07	48.00	615
名人们喜欢的智力问题	2020—01	48.00	616
数学大师的发现、创造与失误	2018—01	48.00	617
异曲同工	2018—09	48.00	618
数学的味道(第2版)	2023—10	68.00	1686
数学千字文	2018—10	68.00	977
数贝偶拾——高考数学题研究	2014—04	28.00	274
数贝偶拾——初等数学研究	2014—04	38.00	275
数贝偶拾——奥数题研究	2014—04	48.00	276
钱昌本教你快乐学数学(上)	2011—12	48.00	155
钱昌本教你快乐学数学(下)	2012—03	58.00	171
集合、函数与方程	2014—01	28.00	300
数列与不等式	2014—01	38.00	301
三角与平面向量	2014—01	28.00	302
平面解析几何	2014—01	38.00	303
立体几何与组合	2014—01	28.00	304
极限与导数、数学归纳法	2014—01	38.00	305
趣味数学	2014—03	28.00	306
教材教法	2014—04	68.00	307
自主招生	2014—05	58.00	308
高考压轴题(上)	2015—01	48.00	309
高考压轴题(下)	2014—10	68.00	310

刘培杰数学工作室
已出版(即将出版)图书目录——初等数学

书　名	出 版 时 间	定　价	编号
从费马到怀尔斯——费马大定理的历史	2013－10	198.00	I
从庞加莱到佩雷尔曼——庞加莱猜想的历史	2013－10	298.00	II
从切比雪夫到爱尔特希(上)——素数定理的初等证明	2013－07	48.00	III
从切比雪夫到爱尔特希(下)——素数定理100年	2012－12	98.00	III
从高斯到盖尔方特——二次域的高斯猜想	2013－10	198.00	IV
从库默尔到朗兰兹——朗兰兹猜想的历史	2014－01	98.00	V
从比勃巴赫到德布朗斯——比勃巴赫猜想的历史	2014－02	298.00	VI
从麦比乌斯到陈省身——麦比乌斯变换与麦比乌斯带	2014－02	298.00	VII
从布尔到豪斯道夫——布尔方程与格论漫谈	2013－10	198.00	VIII
从开普勒到阿诺德——三体问题的历史	2014－05	298.00	IX
从华林到华罗庚——华林问题的历史	2013－10	298.00	X
美国高中数学竞赛五十讲.第1卷(英文)	2014－08	28.00	357
美国高中数学竞赛五十讲.第2卷(英文)	2014－08	28.00	358
美国高中数学竞赛五十讲.第3卷(英文)	2014－09	28.00	359
美国高中数学竞赛五十讲.第4卷(英文)	2014－09	28.00	360
美国高中数学竞赛五十讲.第5卷(英文)	2014－10	28.00	361
美国高中数学竞赛五十讲.第6卷(英文)	2014－11	28.00	362
美国高中数学竞赛五十讲.第7卷(英文)	2014－12	28.00	363
美国高中数学竞赛五十讲.第8卷(英文)	2015－01	28.00	364
美国高中数学竞赛五十讲.第9卷(英文)	2015－01	28.00	365
美国高中数学竞赛五十讲.第10卷(英文)	2015－02	38.00	366
三角函数(第2版)	2017－04	38.00	626
不等式	2014－01	38.00	312
数列	2014－01	38.00	313
方程(第2版)	2017－04	38.00	624
排列和组合	2014－01	28.00	315
极限与导数(第2版)	2016－04	38.00	635
向量(第2版)	2018－08	58.00	627
复数及其应用	2014－08	28.00	318
函数	2014－01	38.00	319
集合	2020－01	48.00	320
直线与平面	2014－01	28.00	321
立体几何(第2版)	2016－04	38.00	629
解三角形	即将出版		323
直线与圆(第2版)	2016－11	38.00	631
圆锥曲线(第2版)	2016－09	48.00	632
解题通法(一)	2014－07	38.00	326
解题通法(二)	2014－07	38.00	327
解题通法(三)	2014－05	38.00	328
概率与统计	2014－01	28.00	329
信息迁移与算法	即将出版		330

刘培杰数学工作室
已出版(即将出版)图书目录——初等数学

书　　名	出版时间	定　价	编号
IMO 50 年. 第 1 卷(1959—1963)	2014—11	28.00	377
IMO 50 年. 第 2 卷(1964—1968)	2014—11	28.00	378
IMO 50 年. 第 3 卷(1969—1973)	2014—09	28.00	379
IMO 50 年. 第 4 卷(1974—1978)	2016—04	38.00	380
IMO 50 年. 第 5 卷(1979—1984)	2015—04	38.00	381
IMO 50 年. 第 6 卷(1985—1989)	2015—04	58.00	382
IMO 50 年. 第 7 卷(1990—1994)	2016—01	48.00	383
IMO 50 年. 第 8 卷(1995—1999)	2016—06	38.00	384
IMO 50 年. 第 9 卷(2000—2004)	2015—04	58.00	385
IMO 50 年. 第 10 卷(2005—2009)	2016—01	48.00	386
IMO 50 年. 第 11 卷(2010—2015)	2017—03	48.00	646
数学反思(2006—2007)	2020—09	88.00	915
数学反思(2008—2009)	2019—01	68.00	917
数学反思(2010—2011)	2018—05	58.00	916
数学反思(2012—2013)	2019—01	58.00	918
数学反思(2014—2015)	2019—03	78.00	919
数学反思(2016—2017)	2021—03	58.00	1286
数学反思(2018—2019)	2023—01	88.00	1593
历届美国大学生数学竞赛试题集. 第一卷(1938—1949)	2015—01	28.00	397
历届美国大学生数学竞赛试题集. 第二卷(1950—1959)	2015—01	28.00	398
历届美国大学生数学竞赛试题集. 第三卷(1960—1969)	2015—01	28.00	399
历届美国大学生数学竞赛试题集. 第四卷(1970—1979)	2015—01	18.00	400
历届美国大学生数学竞赛试题集. 第五卷(1980—1989)	2015—01	28.00	401
历届美国大学生数学竞赛试题集. 第六卷(1990—1999)	2015—01	28.00	402
历届美国大学生数学竞赛试题集. 第七卷(2000—2009)	2015—08	18.00	403
历届美国大学生数学竞赛试题集. 第八卷(2010—2012)	2015—01	18.00	404
新课标高考数学创新题解题诀窍:总论	2014—09	28.00	372
新课标高考数学创新题解题诀窍:必修 1～5 分册	2014—08	38.00	373
新课标高考数学创新题解题诀窍:选修 2—1,2—2,1—1, 1—2 分册	2014—09	38.00	374
新课标高考数学创新题解题诀窍:选修 2—3,4—4,4—5 分册	2014—09	18.00	375
全国重点大学自主招生英文数学试题全攻略:词汇卷	2015—07	48.00	410
全国重点大学自主招生英文数学试题全攻略:概念卷	2015—01	28.00	411
全国重点大学自主招生英文数学试题全攻略:文章选读卷(上)	2016—09	38.00	412
全国重点大学自主招生英文数学试题全攻略:文章选读卷(下)	2017—01	58.00	413
全国重点大学自主招生英文数学试题全攻略:试题卷	2015—07	38.00	414
全国重点大学自主招生英文数学试题全攻略:名著欣赏卷	2017—03	48.00	415
劳埃德数学趣题大全. 题目卷.1:英文	2016—01	18.00	516
劳埃德数学趣题大全. 题目卷.2:英文	2016—01	18.00	517
劳埃德数学趣题大全. 题目卷.3:英文	2016—01	18.00	518
劳埃德数学趣题大全. 题目卷.4:英文	2016—01	18.00	519
劳埃德数学趣题大全. 题目卷.5:英文	2016—01	18.00	520
劳埃德数学趣题大全. 答案卷:英文	2016—01	18.00	521

刘培杰数学工作室
已出版(即将出版)图书目录——初等数学

书 名	出版时间	定 价	编号
李成章教练奥数笔记.第1卷	2016-01	48.00	522
李成章教练奥数笔记.第2卷	2016-01	48.00	523
李成章教练奥数笔记.第3卷	2016-01	38.00	524
李成章教练奥数笔记.第4卷	2016-01	38.00	525
李成章教练奥数笔记.第5卷	2016-01	38.00	526
李成章教练奥数笔记.第6卷	2016-01	38.00	527
李成章教练奥数笔记.第7卷	2016-01	38.00	528
李成章教练奥数笔记.第8卷	2016-01	48.00	529
李成章教练奥数笔记.第9卷	2016-01	28.00	530
第19～23届"希望杯"全国数学邀请赛试题审题要津详细评注(初一版)	2014-03	28.00	333
第19～23届"希望杯"全国数学邀请赛试题审题要津详细评注(初二、初三版)	2014-03	38.00	334
第19～23届"希望杯"全国数学邀请赛试题审题要津详细评注(高一版)	2014-03	28.00	335
第19～23届"希望杯"全国数学邀请赛试题审题要津详细评注(高二版)	2014-03	38.00	336
第19～25届"希望杯"全国数学邀请赛试题审题要津详细评注(初一版)	2015-01	38.00	416
第19～25届"希望杯"全国数学邀请赛试题审题要津详细评注(初二、初三版)	2015-01	58.00	417
第19～25届"希望杯"全国数学邀请赛试题审题要津详细评注(高一版)	2015-01	48.00	418
第19～25届"希望杯"全国数学邀请赛试题审题要津详细评注(高二版)	2015-01	48.00	419
物理奥林匹克竞赛大题典——力学卷	2014-11	48.00	405
物理奥林匹克竞赛大题典——热学卷	2014-04	28.00	339
物理奥林匹克竞赛大题典——电磁学卷	2015-07	48.00	406
物理奥林匹克竞赛大题典——光学与近代物理卷	2014-06	28.00	345
历届中国东南地区数学奥林匹克试题及解答	2024-06	68.00	1724
历届中国西部地区数学奥林匹克试题集(2001～2012)	2014-07	18.00	347
历届中国女子数学奥林匹克试题集(2002～2012)	2014-08	18.00	348
数学奥林匹克在中国	2014-06	98.00	344
数学奥林匹克问题集	2014-01	38.00	267
数学奥林匹克不等式散论	2010-06	38.00	124
数学奥林匹克不等式欣赏	2011-09	38.00	138
数学奥林匹克超级题库(初中卷上)	2010-01	58.00	66
数学奥林匹克不等式证明方法和技巧(上、下)	2011-08	158.00	134,135
他们学什么:原民主德国中学数学课本	2016-09	38.00	658
他们学什么:英国中学数学课本	2016-09	38.00	659
他们学什么:法国中学数学课本.1	2016-09	38.00	660
他们学什么:法国中学数学课本.2	2016-09	28.00	661
他们学什么:法国中学数学课本.3	2016-09	38.00	662
他们学什么:苏联中学数学课本	2016-09	28.00	679

刘培杰数学工作室
已出版(即将出版)图书目录——初等数学

书 名	出版时间	定 价	编号
高中数学题典——集合与简易逻辑·函数	2016—07	48.00	647
高中数学题典——导数	2016—07	48.00	648
高中数学题典——三角函数·平面向量	2016—07	48.00	649
高中数学题典——数列	2016—07	58.00	650
高中数学题典——不等式·推理与证明	2016—07	38.00	651
高中数学题典——立体几何	2016—07	48.00	652
高中数学题典——平面解析几何	2016—07	78.00	653
高中数学题典——计数原理·统计·概率·复数	2016—07	48.00	654
高中数学题典——算法·平面几何·初等数论·组合数学·其他	2016—07	68.00	655
台湾地区奥林匹克数学竞赛试题.小学一年级	2017—03	38.00	722
台湾地区奥林匹克数学竞赛试题.小学二年级	2017—03	38.00	723
台湾地区奥林匹克数学竞赛试题.小学三年级	2017—03	38.00	724
台湾地区奥林匹克数学竞赛试题.小学四年级	2017—03	38.00	725
台湾地区奥林匹克数学竞赛试题.小学五年级	2017—03	38.00	726
台湾地区奥林匹克数学竞赛试题.小学六年级	2017—03	38.00	727
台湾地区奥林匹克数学竞赛试题.初中一年级	2017—03	38.00	728
台湾地区奥林匹克数学竞赛试题.初中二年级	2017—03	38.00	729
台湾地区奥林匹克数学竞赛试题.初中三年级	2017—03	28.00	730
不等式证题法	2017—04	28.00	747
平面几何培优教程	2019—08	88.00	748
奥数鼎级培优教程.高一分册	2018—09	88.00	749
奥数鼎级培优教程.高二分册.上	2018—04	68.00	750
奥数鼎级培优教程.高二分册.下	2018—04	68.00	751
高中数学竞赛冲刺宝典	2019—04	68.00	883
初中尖子生数学超级题典.实数	2017—07	58.00	792
初中尖子生数学超级题典.式、方程与不等式	2017—08	58.00	793
初中尖子生数学超级题典.圆、面积	2017—08	38.00	794
初中尖子生数学超级题典.函数、逻辑推理	2017—08	48.00	795
初中尖子生数学超级题典.角、线段、三角形与多边形	2017—07	58.00	796
数学王子——高斯	2018—01	48.00	858
坎坷奇星——阿贝尔	2018—01	48.00	859
闪烁奇星——伽罗瓦	2018—01	58.00	860
无穷统帅——康托尔	2018—01	48.00	861
科学公主——柯瓦列夫斯卡娅	2018—01	48.00	862
抽象代数之母——埃米·诺特	2018—01	48.00	863
电脑先驱——图灵	2018—01	58.00	864
昔日神童——维纳	2018—01	48.00	865
数坛怪侠——爱尔特希	2018—01	68.00	866
传奇数学家徐利治	2019—09	88.00	1110

刘培杰数学工作室
已出版(即将出版)图书目录——初等数学

书　　名	出版时间	定　价	编号
当代世界中的数学.数学思想与数学基础	2019－01	38.00	892
当代世界中的数学.数学问题	2019－01	38.00	893
当代世界中的数学.应用数学与数学应用	2019－01	38.00	894
当代世界中的数学.数学王国的新疆域(一)	2019－01	38.00	895
当代世界中的数学.数学王国的新疆域(二)	2019－01	38.00	896
当代世界中的数学.数林撷英(一)	2019－01	38.00	897
当代世界中的数学.数林撷英(二)	2019－01	48.00	898
当代世界中的数学.数学之路	2019－01	38.00	899
105 个代数问题：来自 AwesomeMath 夏季课程	2019－02	58.00	956
106 个几何问题：来自 AwesomeMath 夏季课程	2020－07	58.00	957
107 个几何问题：来自 AwesomeMath 全年课程	2020－07	58.00	958
108 个代数问题：来自 AwesomeMath 全年课程	2019－01	68.00	959
109 个不等式：来自 AwesomeMath 夏季课程	2019－04	58.00	960
110 个几何问题：选自各国数学奥林匹克竞赛	2024－04	58.00	961
111 个代数和数论问题	2019－05	58.00	962
112 个组合问题：来自 AwesomeMath 夏季课程	2019－05	58.00	963
113 个几何不等式：来自 AwesomeMath 夏季课程	2020－08	58.00	964
114 个指数和对数问题：来自 AwesomeMath 夏季课程	2019－09	48.00	965
115 个三角问题：来自 AwesomeMath 夏季课程	2019－09	58.00	966
116 个代数不等式：来自 AwesomeMath 全年课程	2019－04	58.00	967
117 个多项式问题：来自 AwesomeMath 夏季课程	2021－09	58.00	1409
118 个数学竞赛不等式	2022－08	78.00	1526
119 个三角问题	2024－05	58.00	1726
119 个三角问题	2024－05	58.00	1726
紫色彗星国际数学竞赛试题	2019－02	58.00	999
数学竞赛中的数学：为数学爱好者、父母、教师和教练准备的丰富资源.第一部	2020－04	58.00	1141
数学竞赛中的数学：为数学爱好者、父母、教师和教练准备的丰富资源.第二部	2020－07	48.00	1142
和与积	2020－10	38.00	1219
数论：概念和问题	2020－12	68.00	1257
初等数学问题研究	2021－03	48.00	1270
数学奥林匹克中的欧几里得几何	2021－10	68.00	1413
数学奥林匹克题解新编	2022－01	58.00	1430
图论入门	2022－09	58.00	1554
新的、更新的、最新的不等式	2023－07	58.00	1650
几何不等式相关问题	2024－04	58.00	1721
数学归纳法——一种高效而简捷的证明方法	2024－06	48.00	1738
数学竞赛中奇妙的多项式	2024－01	78.00	1646
120 个奇妙的代数问题及 20 个奖励问题	2024－04	48.00	1647
几何不等式相关问题	2024－04	58.00	1721
数学竞赛中的十个代数主题	2024－10	58.00	1745

刘培杰数学工作室
已出版(即将出版)图书目录——初等数学

书 名	出版时间	定 价	编号
澳大利亚中学数学竞赛试题及解答(初级卷)1978~1984	2019－02	28.00	1002
澳大利亚中学数学竞赛试题及解答(初级卷)1985~1991	2019－02	28.00	1003
澳大利亚中学数学竞赛试题及解答(初级卷)1992~1998	2019－02	28.00	1004
澳大利亚中学数学竞赛试题及解答(初级卷)1999~2005	2019－02	28.00	1005
澳大利亚中学数学竞赛试题及解答(中级卷)1978~1984	2019－03	28.00	1006
澳大利亚中学数学竞赛试题及解答(中级卷)1985~1991	2019－03	28.00	1007
澳大利亚中学数学竞赛试题及解答(中级卷)1992~1998	2019－03	28.00	1008
澳大利亚中学数学竞赛试题及解答(中级卷)1999~2005	2019－03	28.00	1009
澳大利亚中学数学竞赛试题及解答(高级卷)1978~1984	2019－05	28.00	1010
澳大利亚中学数学竞赛试题及解答(高级卷)1985~1991	2019－05	28.00	1011
澳大利亚中学数学竞赛试题及解答(高级卷)1992~1998	2019－05	28.00	1012
澳大利亚中学数学竞赛试题及解答(高级卷)1999~2005	2019－05	28.00	1013
天才中小学生智力测验题.第一卷	2019－03	38.00	1026
天才中小学生智力测验题.第二卷	2019－03	38.00	1027
天才中小学生智力测验题.第三卷	2019－03	38.00	1028
天才中小学生智力测验题.第四卷	2019－03	38.00	1029
天才中小学生智力测验题.第五卷	2019－03	38.00	1030
天才中小学生智力测验题.第六卷	2019－03	38.00	1031
天才中小学生智力测验题.第七卷	2019－03	38.00	1032
天才中小学生智力测验题.第八卷	2019－03	38.00	1033
天才中小学生智力测验题.第九卷	2019－03	38.00	1034
天才中小学生智力测验题.第十卷	2019－03	38.00	1035
天才中小学生智力测验题.第十一卷	2019－03	38.00	1036
天才中小学生智力测验题.第十二卷	2019－03	38.00	1037
天才中小学生智力测验题.第十三卷	2019－03	38.00	1038
重点大学自主招生数学备考全书:函数	2020－05	48.00	1047
重点大学自主招生数学备考全书:导数	2020－08	48.00	1048
重点大学自主招生数学备考全书:数列与不等式	2019－10	78.00	1049
重点大学自主招生数学备考全书:三角函数与平面向量	2020－08	68.00	1050
重点大学自主招生数学备考全书:平面解析几何	2020－07	58.00	1051
重点大学自主招生数学备考全书:立体几何与平面几何	2019－08	48.00	1052
重点大学自主招生数学备考全书:排列组合·概率统计·复数	2019－09	48.00	1053
重点大学自主招生数学备考全书:初等数论与组合数学	2019－08	48.00	1054
重点大学自主招生数学备考全书:重点大学自主招生真题.上	2019－04	68.00	1055
重点大学自主招生数学备考全书:重点大学自主招生真题.下	2019－04	58.00	1056
高中数学竞赛培训教程:平面几何问题的求解方法与策略.上	2018－05	68.00	906
高中数学竞赛培训教程:平面几何问题的求解方法与策略.下	2018－06	78.00	907
高中数学竞赛培训教程:整除与同余以及不定方程	2018－01	88.00	908
高中数学竞赛培训教程:组合计数与组合极值	2018－04	48.00	909
高中数学竞赛培训教程:初等代数	2019－04	78.00	1042
高中数学讲座:数学竞赛基础教程(第一册)	2019－06	48.00	1094
高中数学讲座:数学竞赛基础教程(第二册)	即将出版		1095
高中数学讲座:数学竞赛基础教程(第三册)	即将出版		1096
高中数学讲座:数学竞赛基础教程(第四册)	即将出版		1097

刘培杰数学工作室
已出版(即将出版)图书目录——初等数学

书　名	出版时间	定　价	编号
新编中学数学解题方法1000招丛书.实数(初中版)	2022—05	58.00	1291
新编中学数学解题方法1000招丛书.式(初中版)	2022—05	48.00	1292
新编中学数学解题方法1000招丛书.方程与不等式(初中版)	2021—04	58.00	1293
新编中学数学解题方法1000招丛书.函数(初中版)	2022—05	38.00	1294
新编中学数学解题方法1000招丛书.角(初中版)	2022—05	48.00	1295
新编中学数学解题方法1000招丛书.线段(初中版)	2022—05	48.00	1296
新编中学数学解题方法1000招丛书.三角形与多边形(初中版)	2021—04	48.00	1297
新编中学数学解题方法1000招丛书.圆(初中版)	2022—05	48.00	1298
新编中学数学解题方法1000招丛书.面积(初中版)	2021—07	28.00	1299
新编中学数学解题方法1000招丛书.逻辑推理(初中版)	2022—06	48.00	1300
高中数学题典精编.第一辑.函数	2022—01	58.00	1444
高中数学题典精编.第一辑.导数	2022—01	68.00	1445
高中数学题典精编.第一辑.三角函数·平面向量	2022—01	68.00	1446
高中数学题典精编.第一辑.数列	2022—01	58.00	1447
高中数学题典精编.第一辑.不等式·推理与证明	2022—01	58.00	1448
高中数学题典精编.第一辑.立体几何	2022—01	58.00	1449
高中数学题典精编.第一辑.平面解析几何	2022—01	68.00	1450
高中数学题典精编.第一辑.统计·概率·平面几何	2022—01	58.00	1451
高中数学题典精编.第一辑.初等数论·组合数学·数学文化·解题方法	2022—01	58.00	1452
历届全国初中数学竞赛试题分类解析.初等代数	2022—09	98.00	1555
历届全国初中数学竞赛试题分类解析.初等数论	2022—09	48.00	1556
历届全国初中数学竞赛试题分类解析.平面几何	2022—09	38.00	1557
历届全国初中数学竞赛试题分类解析.组合	2022—09	38.00	1558
从三道高三数学模拟题的背景谈起:兼谈傅里叶三角级数	2023—03	48.00	1651
从一道日本东京大学的入学试题谈起:兼谈π的方方面面	即将出版		1652
从两道2021年福建高三数学测试题谈起:兼谈球面几何学与球面三角学	即将出版		1653
从一道湖南高考数学试题谈起:兼谈有界变差数列	2024—01	48.00	1654
从一道高校自主招生试题谈起:兼谈詹森函数方程	即将出版		1655
从一道上海高考数学试题谈起:兼谈有界变差函数	即将出版		1656
从一道北京大学金秋营数学试题的解法谈起:兼谈伽罗瓦理论	2024—10	38.00	1657
从一道北京高考数学试题的解法谈起:兼谈毕克定理	即将出版		1658
从一道北京大学金秋营数学试题的解法谈起:兼谈帕塞瓦尔恒等式	2024—10	68.00	1659
从一道高三数学模拟测试题的背景谈起:兼谈等周问题与等周不等式	即将出版		1660
从一道2020年全国高考数学试题的解法谈起:兼谈斐波那契数列和纳卡穆拉定理及奥斯图达定理	即将出版		1661
从一道高考数学附加题谈起:兼谈广义斐波那契数列	即将出版		1662

书　名	出版时间	定　价	编号
从一道普通高中学业水平考试中数学卷的压轴题谈起——兼谈最佳逼近理论	2024—10	58.00	1759
从一道高考数学试题谈起——兼谈李普希兹条件	即将出版		1760
从一道北京市朝阳区高三期末数学考试题的解法谈起——兼谈希尔宾斯基垫片和分形几何	即将出版		1761
从一道高考数学试题谈起——兼谈巴拿赫压缩不动点定理	即将出版		1762
从一道中国台湾地区高考数学试题谈起——兼谈费马数与计算数论	即将出版		1763
从2022年全国高考数学压轴题的解法谈起——兼谈数值计算中的帕德逼近	即将出版		1764
从一道清华大学2022年强基计划数学测试题的解法谈起——兼谈拉马努金恒等式	即将出版		1765
从一篇有关数学建模的讲义谈起——兼谈信息熵与信息论	即将出版		1766
从一道清华大学自主招生的数学试题谈起——兼谈格点与闵可夫斯基定理	即将出版		1767
从一道1979年高考数学试题谈起——兼谈勾股定理和毕达哥拉斯定理	即将出版		1768
从一道2020年北京大学"强基计划"数学试题谈起——兼谈微分几何中的包络问题	即将出版		1769
从一道高考数学试题谈起——兼谈香农的信息理论	即将出版		1770
代数学教程.第一卷,集合论	2023—08	58.00	1664
代数学教程.第二卷,抽象代数基础	2023—08	68.00	1665
代数学教程.第三卷,数论原理	2023—08	58.00	1666
代数学教程.第四卷,代数方程式论	2023—08	48.00	1667
代数学教程.第五卷,多项式理论	2023—08	58.00	1668
代数学教程.第六卷,线性代数原理	2024—06	98.00	1669
中考数学培优教程——二次函数卷	2024—05	78.00	1718
中考数学培优教程——平面几何最值卷	2024—05	58.00	1719
中考数学培优教程——专题讲座卷	2024—05	58.00	1720

联系地址:哈尔滨市南岗区复华四道街10号　哈尔滨工业大学出版社刘培杰数学工作室
邮　编:150006
联系电话:0451－86281378　　13904613167
E-mail:lpj1378@163.com